# 한 권으로 끝내는
# 건축기사 필기

예문사

# PREFACE
## ENGINEER ARCHITECTURE

건축은 사람들의 삶을 이루는 근간으로서 오랜 세월 중요한 분야로 다루어져 왔습니다. 그리고 지금은 정보통신기술과의 접목, 기후변화에 대응하기 위한 지속가능하고 친환경적인 건축기술이 필요한 시점이 되었습니다. 또한 건축물의 초고층화 등과 같이 수직적 밀도가 높아지고 있는 요즈음입니다. 이러한 건축 기술을 실무적으로 적용하기 위한 출발점으로서 계획, 시공, 구조, 설비, 법규 등의 분야를 망라한 학습범위를 갖는 건축기사는 최적의 자격증이라고 생각합니다.

건축기사 필기시험에 합격하기 위해서는 핵심적 이론을 바탕으로 해당 이론이 문제에 어떻게 적용되는지를 파악하고 해결해 나가는 능력을 기르는 것이 중요합니다. 이 책은 단순 이론사항의 탐구보다는 문제와의 지속적인 접목을 통해 효과적인 학습이 되도록 이론과 개념이해문제, 기출문제, 실전모의고사 등으로 구성하여 그 이해를 높이고 시험합격에 한 발 더 다가갈 수 있도록 하였습니다.

이 책은 다음과 같이 구성하였습니다.

> 1. 최근 10개년 이상의 출제 경향과 이슈를 면밀히 분석하여 이론을 구성하였습니다.
> 2. 이론 내용을 문제에 바로 접목시킬 수 있도록 이론 다음에 개념이해문제를 삽입하였습니다.
> 3. 이론별로 실제 기출문제를 배치하여 실제 출제 유형을 파악토록 하였습니다.
> 4. 최종 점검을 위한 실전모의고사를 수록하여 수험생들의 실전력 향상을 도모하고자 하였습니다.

기사 시험은 핵심이론의 적절한 문제 접목이 중요한 시험입니다. 이에 대한 방법론을 반영하여 구성하였으므로 본서를 최대한 활용한다면 좋은 결과가 있을 것입니다. 끝으로 이 책을 출간하는 데 애써 주신 예문사 임직원 여러분, 책의 출간을 독려해 주신 주경야독 관계자, 그리고 늘 힘이 되어주는 가족에게 깊은 감사의 말씀을 전합니다. 이 책으로 공부하는 모든 분에게 합격의 영광이 있기를 바랍니다.

저자 이석훈

# 이 책의 구성

## 02 가설공사

### ③ 주요 직접 가설공사

**(1) 기준점(벤치마크, Bench Mark)**

| 개념 | 공사 중에 높낮이의 기준이 되도록 건축물 인근에 설치하는 것 |
|---|---|
| 특징 | • 바라보기 좋고 공사에 지장이 없는 곳에 설치<br>• 이동의 염려가 없는 곳에 설치<br>• 지반선(G.L)에서 0.5~1m 위에 둠<br>• 최소 2개소 이상 여러 곳에 표시해 두는 것이 좋음 |

> ■ 이론을 한눈에 이해할 수 있도록 핵심 내용을 간추려 구성하였습니다.

**＋ 줄쳐보기**
공사 착공 전에 건축물의 형태에 맞춰 줄을 띄우거나 석회 등으로 선을 그어 건축물의 건설위치를 표시하는 것으로 도로 및 인접 건축 물과의 관계, 건축물의 건축으로 인한 재해 및 안전대책 점검과 관련이 있다.

**(2) 규준틀**

| 수평 규준틀 | 건물의 각부 위치, 기초의 너비 또는 길이 등을 정확히 결정하기 위한 것 |
|---|---|
| 세로 규준틀 | 조적공사에서 고저 및 수직면의 기준이 되는 것 |

**＋ 평 규준틀**

> ■ 이론과 관련된 보충 내용을 수록하여 이해도를 높일 수 있습니다.

**(3) 비계**

| 강관비계<br>(단관비계) | 기둥 간격 | 보(간 사이)방향 0.9~1.5m, 도리(띠장)방향 1.5~1.8m |
|---|---|---|
| | 띠장 간격 | 1.5m(지상 제 1띠장은 지면에서 2m 이하) |
| | 장선 간격 | 1.5m |
| | 가새설치 | 수평 간격 14m 내외, 각도 40~60°로 결속 |
| | 구조체와<br>연결 간격 | 수직·수평방향 5m 이하 |
| 달비계 | | 와이어로프로 매단 비계 권상기에 의해 상하로 이동시킬 수 있는 공사용 비계 |
| 말 | | 이동이 용이한 비계 |

**규준틀 설치**

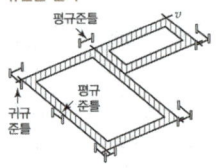

**＋ 시스템 비계**
수직재, 수평재, 가새재 등 각각의 부재를 공장에서 제작하고 현장에서 조립하여 사용하는 조립형 비계

> ■ 학습한 이론을 복습하여 부족한 부분을 보완할 수 있습니다.

---

**개념이해**

**01** 기준점(Bench Mark)에 대한 설명으로 옳지 않은 것은? [13년 2회]
① 바라보기 좋고 공사에 지장이 없는 곳에 설치한다.
② 공사 착수 전에 설정되어야 한다.
③ 이동의 우려가 없는 곳에 설치한다.
④ 기준점은 가장 중요한 장소에 1개만 설치한다.

○ 적어도 2개소 이상 설치하도록 한다.
답 ④

## 과년도 기출문제

**01** 신축할 건축물의 높이의 기준이 되는 주요 가설물로 이동의 위험이 없는 인근 건물의 벽 또는 담장에 설치하는 것은? [14년 1회, 20년 4회]
① 줄띄우기  ② 벤치마크
③ 규준틀  ④ 수평보기

[해설]
벤치마크에 대한 설명이며, 벤치마크 설치 시에는 다음과 같은 사항에 유의하여야 한다.
- 적어도 2개소 이상 설치하도록 한다.
- 이동 또는 소멸 우려가 없는 곳에 설치한다.
- 공사 완료 시까지 존치시켜야 한다.

**02** 벤치마크(Bench Mark)에 관한 설명으로 옳지 않은 것은? [21년 1회]
① 적어도 2개소 이상 설치하도록 한다.
② 이동 또는 소멸 우려가 없는 곳에 설치한다.
③ 건축물 기초의 너비 또는 길이 등을 표시하기 위한 것이다.
④ 공사 완료 시까지 존치시켜야 한다.

[해설]
건축물 기초의 너비 또는 길이 등을 표시하기 위한 것은 수평규준틀이다.

**03** 건축물 높낮이의 기준이 되는 벤치마크(Bench Mark)에 관한 설명으로 옳지 않은 것은? [18년 1회]
① 이동 또는 소멸 우려가 없는 장소에 설치한다.
② 수직 규준틀이라고도 한다.
③ 이동 등 훼손될 것을 고려하여 2개소 이상 설치한다.
④ 공사가 완료된 뒤라도 건축물의 침하, 경사 등의 확인을 위해 사용되기도 한다.

[해설]
수직 규준틀은 조적공사에서 고저 및 수직면의 기준으로 사용되는 가설재를 말하며, 벤치마크(Bench Mark)는 공사 중에 높이의 기준을 삼고자 하는 것으로서 기준점이라고도 한다.

**04** 가설공사에서 건물의 각부 위치, 기초의 너비 또는 길이 등을 정확히 결정하기 위한 것은? [13년 1회, 15년 4회]
① 벤치마크  ② 수평 규준틀
③ 세로 규준틀  ④ 현상측량

[해설]
건축물 기초의 너비 또는 길이 등을 표시하기 위한 것은 수평규준틀이다.

**05** 와이어로프로 매단 비계 권상기에 의해 상하로 이동시킬 수 있는 공사용 비계의 명칭은? [18년 1회]
① 시스템 비계  ② 틀비계
③ 달비계  ④ 쌍줄비계

[해설]
① 시스템 비계 : 수직재, 수평재, 가새재 등 각각의 부재를 공장에서 제작하고 현장에서 조립하여 사용하는 조립형 비계를 말한다.
② (강관)틀비계 : 비계의 구성부재를 미리 공장에서 생산하여 현장에서 조립하는 비계를 말하며, 조립 및 해체가 용이하다.
④ 쌍줄비계 : 발판이 놓여질 수 있도록 두 줄로 기둥을 설치한 비계를 말한다.

정답  01 ②  02 ③  03 ②  04 ②  05 ③

# 출제기준

## 건축기사 출제기준(필기)

| 직무분야 | 건설 | 중직무분야 | 건축 | 자격종목 | 건축기사 | 적용기간 | 2025.01.01.~2029.12.31. |
|---|---|---|---|---|---|---|---|

○ **직무내용**: 건축시공 및 구조에 관한 공학적 기술이론을 활용하여, 건축물 공사의 공정, 품질, 안전, 환경, 공무관리 등을 통해 건축 프로젝트를 전체적으로 관리하고 공종별 공사를 진행하며 시공에 필요한 기술적 지원을 하는 등의 업무를 수행하는 직무이다.

| 필기검정방법 | 객관식 | 문제수 | 100 | 시험시간 | 2시간 30분 |
|---|---|---|---|---|---|

| 필기과목명 | 문제수 | 주요항목 | 세부항목 | 세세항목 |
|---|---|---|---|---|
| 건축계획 | 20 | 1. 건축계획원론 | 1. 건축계획일반 | 1. 건축계획의 정의와 영역<br>2. 건축계획과정 |
| | | | 2. 건축사 | 1. 한국건축사<br>2. 서양건축사 |
| | | | 3. 건축설계 이해 | 1. 건축도면의 이해<br>2. 건축도면의 표현 |
| | | 2. 각종 건축물의 건축계획 | 1. 주거건축계획 | 1. 단독주택<br>2. 공동주택<br>3. 단지계획 |
| | | | 2. 상업건축계획 | 1. 사무소<br>2. 상점 |
| | | | 3. 공공문화건축계획 | 1. 극장<br>2. 미술관<br>3. 도서관 |
| | | | 4. 기타 건축물계획 | 1. 병원<br>2. 공장<br>3. 학교<br>4. 숙박시설<br>5. 장애인·노인·임산부 등의 편의시설계획<br>6. 기타건축물 |
| 건축시공 | 20 | 1. 건설경영 | 1. 건설업과 건설경영 | 1. 건설업과 건설경영<br>2. 건설생산조직<br>3. 건설사업관리 |

| 필기과목명 | 문제수 | 주요항목 | 세부항목 | 세세항목 |
|---|---|---|---|---|
| | | | 2. 건설계약 및 공사관리 | 1. 건설계약<br>2. 건축공사 시공방식<br>3. 시공계획<br>4. 공사진행관리<br>5. 크레임관리 |
| | | | 3. 건축적산 | 1. 적산일반<br>2. 가설공사<br>3. 토공사 및 기초공사<br>4. 철근콘크리트공사<br>5. 철골공사<br>6. 조적공사<br>7. 목공사<br>8. 창호공사<br>9. 수장 및 마무리공사 |
| | | | 4. 안전관리 | 1. 건설공사의 안전<br>2. 건설재해 및 대책 |
| | | | 5. 공정관리 및 기타 | 1. 공정관리<br>2. 원가관리<br>3. 품질관리<br>4. 환경관리 |
| | | 2. 건축시공기술 및 건축재료 | 1. 착공 및 기초공사 | 1. 착공계획수립<br>2. 지반조사<br>3. 가설공사<br>4. 토공사 및 기초공사 |
| | | | 2. 구조체공사 및 마감공사 | 1. 철근콘크리트공사<br>2. 철골공사<br>3. 조적공사<br>4. 목공사<br>5. 방수공사<br>6. 지붕공사<br>7. 창호 및 유리공사<br>8. 미장, 타일공사<br>9. 도장공사<br>10. 단열공사<br>11. 해체공사 |
| | | | 3. 건축재료 | 1. 철근 및 철강재<br>2. 목재<br>3. 석재<br>4. 시멘트 및 콘크리트<br>5. 점토질재료 |

| 필기과목명 | 문제수 | 주요항목 | 세부항목 | 세세항목 |
|---|---|---|---|---|
| | | | | 6. 금속재<br>7. 합성수지<br>8. 도장재료<br>9. 창호 및 유리<br>10. 방수재료 및 미장재료<br>11. 접착제 |
| 건축구조 | 20 | 1. 건축구조의 일반사항 | 1. 건축구조의 개념 | 1. 건축구조의 개념<br>2. 건축구조의 분류 |
| | | | 2. 건축물 기초설계 | 1. 토질<br>2. 기초 |
| | | | 3. 내진·내풍설계 | 1. 내진·내풍설계의 개념<br>2. 내진·내풍설계의 원리 |
| | | | 4. 사용성 설계 | 1. 처짐·진동에 관한 구조제한<br>2. 소음에 관한 구조제한 |
| | | 2. 구조역학 | 1. 구조역학의 일반사항 | 1. 힘과 모멘트<br>2. 구조물의 특성<br>3. 구조물의 판별 |
| | | | 2. 정정구조물의 해석 | 1. 보의 해석<br>2. 라멘의 해석<br>3. 트러스의 해석<br>4. 아치의 해석 |
| | | | 3. 탄성체의 성질 | 1. 응력도와 변형도<br>2. 단면의 성질 |
| | | | 4. 부재의 설계 | 1. 단면의 응력도<br>2. 부재단면의 설계 |
| | | | 5. 구조물의 변형 | 1. 구조물의 변형 |
| | | | 6. 부정정구조물의 해석 | 1. 부정정구조물의 개요<br>2. 변위일치법<br>3. 처짐각법<br>4. 모멘트분배법 |
| | | 3. 철근콘크리트 구조 | 1. 철근콘크리트 구조의 일반사항 | 1. 철근콘크리트구조의 개요<br>2. 철근콘크리트구조 설계방법 |
| | | | 2. 철근콘크리트 구조설계 | 1. 구조계획<br>2. 각부 구조의 설계 및 계산<br>3. 각부 구조설계기준 및 구조제한 |

| 필기과목명 | 문제수 | 주요항목 | 세부항목 | 세세항목 |
|---|---|---|---|---|
| | | | 3. 철근의 이음 · 정착 | 1. 철근의 부착<br>2. 정착길이<br>3. 갈고리에 의한 정착<br>4. 철근의 이음 |
| | | | 4. 철근콘크리트 구조의 사용성 | 1. 철근콘크리트구조의 처짐<br>2. 철근콘크리트구조의 내구성<br>3. 철근콘크리트구조의 균열 |
| | | 4. 철골구조 | 1. 철골구조의 일반사항 | 1. 철골구조의 개요<br>2. 철골구조의 구조설계방법 |
| | | | 2. 철골구조설계 | 1. 철골구조계획<br>2. 각부 구조의 구조설계 및 계산<br>3. 각부 구조설계기준 및 구조제한 |
| | | | 3. 접합부설계 | 1. 접합의 종류 및 특징<br>2. 각부 접합부의 설계와 계산 |
| | | | 4. 제작 및 품질 | 1. 공장제작 정밀도 및 검사<br>2. 현장설치 정밀도 및 검사 |
| 건축설비 | 20 | 1. 환경계획원론 | 1. 건축과 환경 | 1. 건축과 풍토<br>2. 건축과 기후<br>3. 일조와 일사<br>4. 건축과 바람<br>5. 친환경건축<br>6. 신재생에너지 |
| | | | 2. 열환경 | 1. 전열이론<br>2. 단열 및 보온계획<br>3. 습기와 결로<br>4. 건물에너지 해석 |
| | | | 3. 공기환경 | 1. 공기의 오염인자 및 영향<br>2. 환기와 통풍<br>3. 필요환기량 산정 |
| | | | 4. 빛환경 | 1. 빛 이론<br>2. 자연채광<br>3. 인공조명 |
| | | | 5. 음환경 | 1. 음향이론<br>2. 흡음과 차음<br>3. 실내음향<br>4. 소음과 진동 |

| 필기과목명 | 문제수 | 주요항목 | 세부항목 | 세세항목 |
|---|---|---|---|---|
| | | 2. 전기설비 | 1. 기초적인 사항 | 1. 전류와 전압<br>2. 직류와 교류<br>3. 전자력, 정전기 |
| | | | 2. 조명설비 | 1. 조명의 기초사항<br>2. 광원의 종류<br>3. 조명방식 및 특징 |
| | | | 3. 전원 및 배전, 배선설비 | 1. 수변전설비 및 예비전원<br>2. 전기방식 및 배선설비<br>3. 동력 및 콘센트설비 |
| | | | 4. 피뢰침설비 | 1. 피뢰설비<br>2. 항공장애등설비 |
| | | | 5. 통신 및 신호설비 | 1. 전화설비<br>2. 인터폰설비<br>3. TV공동수신설비<br>4. 표시설비<br>5. 정보화설비 |
| | | | 6. 방재설비 | 1. 방범설비<br>2. 자동화재탐지설비 |
| | | 3. 위생설비 | 1. 기초적인 사항 | 1. 유체의 물리적 성질<br>2. 위생설비용 배관 재료<br>3. 관의 접합 및 용도<br>4. 펌프의 종류 및 용도 |
| | | | 2. 급수 및 급탕설비 | 1. 급수·급탕량 산정<br>2. 급수방식 및 특징<br>3. 급탕방식 및 특징 |
| | | | 3. 배수 및 통기설비 | 1. 위생기구의 종류 및 특징<br>2. 배수의 종류와 배수방식<br>3. 통기방식<br>4. 배수·통기관의 재료 및 특징<br>5. 우수배수 |
| | | | 4. 오수정화설비 | 1. 오수의 양과 질<br>2. 오수정화방식 및 특징 |
| | | | 5. 소방시설 | 1. 소화의 원리<br>2. 소화설비<br>3. 경보설비<br>4. 피난구조설비<br>5. 소화용수설비<br>6. 소화활동설비 |

| 필기과목명 | 문제수 | 주요항목 | 세부항목 | 세세항목 |
|---|---|---|---|---|
| | | | 6. 가스설비 | 1. 도시가스 및 액화석유가스<br>2. 가스공급과 배관방식<br>3. 가스설비용기기 |
| | | 4. 공기조화설비 | 1. 기초적인 사항 | 1. 공기의 기본 구성<br>2. 습공기의 성질 및 습공기 선도<br>3. 공기조화(냉·난방) 부하<br>4. 공기조화계산식과 공조프로세스 |
| | | | 2. 환기 및 배연설비 | 1. 오염물질의 종류 및 필요 환기량<br>2. 환기설비의 종류 및 특징<br>3. 배연설비 기준 |
| | | | 3. 난방설비 | 1. 난방설비의 종류 및 특징<br>2. 난방설비의 구성요소 및 특징 |
| | | | 4. 공기조화용 기기 | 1. 중앙 및 개별 공기조화기<br>2. 덕트와 부속기구<br>3. 취출구·흡입구와 기류 분포<br>4. 열원기기<br>5. 전열교환기<br>6. 펌프와 송풍기<br>7. 공기조화배관 |
| | | | 5. 공기조화방식 | 1. 공기조화방식의 분류<br>2. 각종 공조방식 및 특징<br>3. 조닝계획과 에너지절약계획 |
| | | 5. 승강설비 | 1. 엘리베이터설비 | 1. 엘리베이터의 종류 및 특징<br>2. 엘리베이터의 대수 산정<br>3. 엘리베이터의 배치<br>4. 엘리베이터 설치 시 고려사항 |
| | | | 2. 에스컬레이터설비 | 1. 에스컬레이터의 구조 및 특징<br>2. 에스컬레이터의 대수 산정<br>3. 에스컬레이터의 배열 |
| | | | 3. 기타 수송설비 | 1. 덤웨이터<br>2. 이동보도<br>3. 컨베이어 |
| 건축관계<br>법규 | 20 | 1. 건축법·시행령·시행규칙 | 1. 건축법 | 1. 총칙<br>2. 건축물의 건축<br>3. 건축물의 유지와 관리<br>4. 건축물의 대지와 도로<br>5. 건축물의 구조 및 재료 등<br>6. 지역 및 지구의 건축물 |

| 필기과목명 | 문제수 | 주요항목 | 세부항목 | 세세항목 |
|---|---|---|---|---|
| | | | | 7. 건축설비<br>8. 특별건축구역 등<br>9. 보칙 |
| | | | 2. 건축법 시행령 | 1. 총칙<br>2. 건축물의 건축<br>3. 건축물의 유지와 관리<br>4. 건축물의 대지 및 도로<br>5. 건축물의 구조 및 재료 등<br>6. 지역 및 지구의 건축물<br>7. 건축물의 설비 등<br>8. 특별건축구역<br>9. 보칙 |
| | | | 3. 건축법 시행규칙 | 1. 총칙<br>2. 건축물의 건축<br>3. 건축물의 유지와 관리<br>4. 건축물의 대지와 도로<br>5. 건축물의 구조 및 재료 등<br>6. 지역 및 지구의 건축물<br>7. 건축설비<br>8. 특별건축구역 등<br>9. 보칙 |
| | | | 4. 건축물의 설비기준 등에 관한 규칙 및 건축물의 피난·방화구조 등의 기준에 관한 규칙 | 1. 건축물의 설비기준 등에 관한 규칙<br>2. 건축물의 피난·방화구조 등의 기준에 관한 규칙 |
| | | 2. 주차장법·시행령·시행규칙 | 1. 주차장법 | 1. 총칙<br>2. 노상주차장<br>3. 노외주차장<br>4. 부설주차장<br>5. 기계식주차장<br>6. 보칙 |
| | | | 2. 주차장법 시행령 | 1. 총칙<br>2. 노상주차장<br>3. 노외주차장<br>4. 부설주차장<br>5. 기계식주차장<br>6. 보칙 |
| | | | 3. 주차장법 시행규칙 | 1. 총칙<br>2. 노상주차장<br>3. 노외주차장 |

| 필기과목명 | 문제수 | 주요항목 | 세부항목 | 세세항목 |
|---|---|---|---|---|
| | | | | 4. 부설주차장<br>5. 기계식주차장<br>6. 보칙 |
| | | 3. 국토의 계획 및 이용에 관한 법·시행령·시행규칙 | 1. 국토의 계획 및 이용에 관한 법률 | 1. 총칙<br>2. 광역도시계획<br>3. 도시·군 기본계획<br>4. 도시·군 관리계획<br>5. 개발행위의 허가 등<br>6. 용도지역·용도지구 및 용도구역에서의 행위제한<br>7. 도시·군 계획시설 사업의 시행<br>8. 도시계획위원회 |
| | | | 2. 국토의 계획 및 이용에 관한 법률 시행령 | 1. 총칙<br>2. 광역도시계획<br>3. 도시·군 기본계획<br>4. 도시·군 관리계획<br>5. 개발행위의 허가 등<br>6. 용도지역·용도지구 및 용도구역에서의 행위제한<br>7. 도시·군 계획시설 사업의 시행<br>8. 도시계획위원회 |
| | | | 3. 국토의 계획 및 이용에 관한 법률 시행규칙 | 1. 총칙<br>2. 광역도시계획<br>3. 도시·군 기본계획<br>4. 도시·군 관리계획<br>5. 개발행위의 허가 등<br>6. 용도지역·용도지구 및 용도구역에서의 행위제한<br>7. 도시·군 계획시설 사업의 시행<br>8. 도시계획위원회 |

# CHAPTER 01. 건축계획

**SECTION 01** 건축계획일반 ······················································· 2

01 디자인 프로세스 ································································ 2
02 거주 후 평가(POE, Post Occupancy Evaluation) ················ 2
03 모듈(Module) ·································································· 2
04 척도 조정(MC, Modular Coordination)의 특징 ···················· 3

**SECTION 02** 서양건축사 ·························································· 6

01 고대 건축 ········································································ 6
02 그리스 건축 ····································································· 6
03 로마 건축 ········································································ 8
04 초기 그리스도교(기독교) 건축 ············································ 10
05 비잔틴 건축 ···································································· 10
06 이슬람(사라센) 건축 ························································· 10
07 로마네스크 ······································································ 10
08 고딕 건축 ······································································· 12
09 르네상스 건축 ·································································· 12
10 바로크 건축 ···································································· 12
11 초기 근대 건축 ································································ 14
12 근대 건축 운동 ································································ 14
13 국제주의(International Style) ············································ 15
14 주요 건축가 ···································································· 15

## SECTION 03  한국건축사 ·········· 20

- 01 삼국 시대 건축 ·········· 20
- 02 통일 신라 시대 건축 ·········· 20
- 03 고려 시대 건축 ·········· 20
- 04 조선 시대 건축 ·········· 22
- 05 근대 주요 건축물 ·········· 24
- 06 전통 건축 기법 관련 용어 ·········· 24

## SECTION 04  단독주택 ·········· 26

- 01 한식주택과 양식주택 ·········· 26
- 02 한식주택의 민가 형식 ·········· 26
- 03 1인당 주거면적기준 ·········· 26
- 04 주택의 동선계획 ·········· 28
- 05 주택 형식의 분류 ·········· 30
- 06 현관/복도/계단/거실 ·········· 30
- 07 침실 ·········· 32
- 08 식사실(식당)의 분류 ·········· 32
- 09 부엌 ·········· 33

## SECTION 05  공동주택 ·········· 38

- 01 아파트의 평면상의 분류 ·········· 38
- 02 아파트의 단면형식상의 분류 ·········· 39
- 03 연립주택의 형식 ·········· 44

## SECTION 06　단지계획 ·············· 46

- 01 주거단지의 구성 ·············· 46
- 02 페리의 근린주구이론 ·············· 46
- 03 하워드(E. Howard)의 전원도시 ·············· 46
- 04 래드번(Radburn) 설계 ·············· 47
- 05 단지 내 도로의 형식 ·············· 47
- 06 공동주택 내 기간도로와 접하는 폭 및 진입도로의 폭 ·············· 47

## SECTION 07　사무소/은행 ·············· 52

- 01 사무소의 관리상 분류 ·············· 52
- 02 사무소의 면적계획 ·············· 52
- 03 사무실의 복도형에 따른 분류 ·············· 52
- 04 사무실의 실 단위에 따른 분류 ·············· 54
- 05 사무실의 코어계획 ·············· 55
- 06 사무실의 세부계획 ·············· 60
- 07 사무실의 엘리베이터 계획 ·············· 61
- 08 은행의 평면계획 ·············· 64
- 09 은행의 세부계획 ·············· 64

## SECTION 08　상점 ·············· 68

- 01 상점의 방위 ·············· 68
- 02 상점 정면(Facade, 파사드) 구성을 위한 광고 요소 ·············· 68
- 03 상점의 외관 ·············· 70
- 04 면적구성 ·············· 70
- 05 동선계획 ·············· 70
- 06 판매방식 ·············· 72
- 07 평면배치유형 ·············· 72
- 08 진열창(Show-Window) 계획 ·············· 72

## SECTION 09 백화점 ································································ 74
01 진열대(Show-Case)의 배치 방법 ································ 74
02 매장 및 입면 계획 ······················································· 76
03 엘리베이터(Elevator) ··················································· 78
04 에스컬레이터(Escalator) ············································· 78
05 쇼핑센터(Shopping Center)의 구성요소 ····················· 80

## SECTION 10 학교/도서관 ······················································ 82
01 교사 배치의 유형 ························································· 82
02 교사의 층수계획 ··························································· 82
03 학교의 운영방식 ··························································· 84
04 교실계획 ········································································ 90
05 부속시설 계획 ······························································· 90
06 도서관의 기본계획 ······················································· 92
07 도서관 출납 시스템 ····················································· 92
08 도서관 세부계획 ··························································· 93

## SECTION 11 극장/영화관/미술관 ········································· 98
01 극장의 평면형 ······························································· 98
02 극장의 시거리와 시각 ················································ 102
03 극장 무대의 구성 ························································ 103
04 관람석의 단면계획 ······················································ 106
05 영화관의 좌석 한도 ···················································· 106
06 미술관 건축계획의 기본사항 ······································ 107
07 미술관의 순회 형식 ···················································· 108
08 미술관의 자연채광법 ·················································· 112
09 미술관의 특수전시기법 ·············································· 113

**SECTION 12** 호텔/병원 ································································· 116

01 시티 호텔(City Hotel) ················································· 116
02 리조트 호텔(Resort Hotel) ············································ 118
03 호텔의 기능별 소요실 ················································· 118
04 호텔의 세부 계획 ······················································· 120
05 병원의 건축 형식 ······················································· 121
06 병동부 ······································································ 124
07 중앙진료부 ································································ 124
08 외래진료부 ································································ 126

**SECTION 13** 기타 건축물 계획 ··············································· 128

01 공장 건축의 레이아웃(Layout) ······································ 128
02 공장 건축의 형식 ······················································· 132
03 공장의 지붕 형식 ······················································· 132
04 장애인 · 노인 · 임산부 등의 편의시설 중 매개시설 ········· 134

# CHAPTER 02 건축시공

**SECTION 01** 건설업과 건설경영 ············································· 138

01 건설생산 관계자 ························································· 138
02 건설경영기법 ····························································· 139
03 도급계약방식 ····························································· 141
04 SOC 사업의 민간투자사업 추진방법 ····························· 146
05 입찰 방식 ·································································· 146
06 공사의 인허가 ··························································· 147

| 07 시공 계획 | 147 |
| 08 공정관리 | 150 |
| 09 품질관리(Quality Control) 활동 도구 | 154 |

## SECTION 02 가설공사 … 156

| 01 가설공사의 분류 | 156 |
| 02 주요 공통 가설공사 | 157 |
| 03 주요 직접 가설공사 | 158 |

## SECTION 03 토공사 … 160

| 01 조립토(사질토)와 세립토(점토)의 특성 비교 | 160 |
| 02 지반조사방법 | 160 |
| 03 토질시험방법 | 161 |
| 04 지반개량 공법 | 164 |
| 05 터파기 공법 | 166 |
| 06 흙막이 공법 | 167 |
| 07 흙막이 하자 현상 | 168 |
| 08 토공장비 | 168 |
| 09 계측관리 | 172 |
| 10 말뚝지정 | 174 |

## SECTION 04 철근공사 … 176

| 01 철근의 가공, 조립 시 주의사항 | 176 |
| 02 철근의 순간격과 피복두께 | 176 |
| 03 철근의 이음 및 정착위치 | 178 |
| 04 철근의 이음공법 | 178 |
| 05 철근의 조립순서 | 178 |

## SECTION 05  거푸집 공사 ·········· 180

**01** 거푸집의 부속재료 ·········· 180
**02** 거푸집 고려하중 및 측압 영향요소 ·········· 180
**03** 거푸집 존치기간 ·········· 180
**04** 거푸집의 종류 ·········· 182

## SECTION 06  콘크리트 재료 ·········· 184

**01** 시멘트의 성상 ·········· 184
**02** 시멘트의 종류 ·········· 184
**03** 콘크리트 골재 ·········· 186
**04** 혼화 재료 ·········· 188

## SECTION 07  콘크리트 배합·성질 ·········· 190

**01** 배합의 표시법 ·········· 190
**02** 굳지 않은 콘크리트의 성질 ·········· 190
**03** 주요 시공하자 및 내구성 저하 현상 ·········· 194
**04** 콘크리트의 보수 및 보강 ·········· 195
**05** 압축강도의 판정 ·········· 195

## SECTION 08  콘크리트 시공 ·········· 198

**01** 콘크리트 펌프(Concrete Pump) ·········· 198
**02** 콘크리트 부어넣기(타설) 시 유의사항 ·········· 199
**03** 콘크리트 이어치기 ·········· 199
**04** 진동다짐(Vibrating Compaction) ·········· 202
**05** 양생 ·········· 202

## SECTION 09 콘크리트의 종류 ... 204

- 01 레디믹스트 콘크리트(Ready Mixed Concrete) ... 204
- 02 한중 콘크리트 ... 204
- 03 서중 콘크리트 ... 204
- 04 경량 콘크리트 ... 205
- 05 고강도 콘크리트 ... 205
- 06 프리스트레스트 콘크리트(Prestressed Concrete) ... 205
- 07 A.E(Air Entrained) 콘크리트 ... 210
- 08 수밀 콘크리트 ... 210
- 09 기타 콘크리트 ... 212

## SECTION 10 철골공사 ... 216

- 01 강재의 종류 ... 216
- 02 공장작업 ... 216
- 03 현장작업(철골 세우기) ... 218
- 04 내화피복공법의 종류 ... 219
- 05 고력볼트접합 ... 219
- 06 용접접합 일반사항 ... 220
- 07 용접결함 ... 222
- 08 철골공사 관련 기타 사항 ... 222

## SECTION 11 조적공사 ... 224

- 01 벽돌의 품질(점토벽돌 기준) ... 224
- 02 줄눈 벽돌쌓기 분류 ... 224
- 03 벽돌쌓기 시공 시 유의사항 ... 224
- 04 벽돌쌓기 방식 ... 226
- 05 벽돌조의 개구부 및 아치 ... 226
- 06 벽돌조의 균열 원인 ... 228
- 07 벽돌조의 백화현상 ... 228

08 블록쌓기 ···················································································· 228
09 석재의 분류 및 성질 ································································· 232
10 석재의 가공 ················································································ 234
11 석재의 시공 ················································································ 234
12 타일의 성분에 따른 분류 ······················································· 236
13 타일의 시공 ················································································ 236
14 타일의 시공 검사 ······································································ 236

## SECTION 12  목공사 ······················································································ 238

01 목재의 특징 ················································································ 238
02 함수율에 따른 목재의 상태 ···················································· 238
03 목재의 건조 ················································································ 239
04 목재 방부제의 종류 ·································································· 240
05 목재의 접합 보강재 ·································································· 240
06 목구조 일반사항 ········································································ 241
07 수장공사 ······················································································ 241

## SECTION 13  방수공사 ·················································································· 244

01 시멘트 액체 방수(침투성 방수) ············································ 244
02 아스팔트 방수 ············································································ 244
03 시트방수 ······················································································ 245
04 도막방수 ······················································································ 248
05 실링방수 ······················································································ 248
06 안방수와 바깥방수 ···································································· 248

## SECTION 14  지붕공사 및 홈통공사 ······················································· 252

01 지붕공사 일반사항 ···································································· 252
02 기와 잇기 ···················································································· 252
03 홈통공사 ······················································································ 252

## SECTION 15  창호 및 유리공사 ······ 254

- 01 문의 종류 ······ 254
- 02 창호 철물 ······ 254
- 03 유리의 종류와 특징 ······ 256
- 04 커튼월 공사 ······ 260

## SECTION 16  마감공사 ······ 262

- 01 미장재료의 분류 ······ 262
- 02 미장재료의 구성 ······ 263
- 03 미장바름의 종류 ······ 266
- 04 도료의 종류와 특징 ······ 267
- 05 도장공법 ······ 267
- 06 합성수지공사 일반사항 ······ 272
- 07 열가소성 수지의 종류 ······ 272
- 08 열경화성 수지의 종류 ······ 272
- 09 금속제품의 이용 ······ 273
- 10 단열재의 분류 ······ 273

## SECTION 17  적산 ······ 276

- 01 일반사항 ······ 276
- 02 가설공사의 각종 면적 ······ 278
- 03 토공사 ······ 280
- 04 철근콘크리트공사 ······ 282
- 05 철골공사의 철골량 산출 ······ 284
- 06 조적공사 물량 산출 ······ 284
- 07 타일 및 석제 물량 산출 ······ 285
- 08 목재 물량(통나무 재적 才) 산출 ······ 285
- 09 마감공사 물량산출 ······ 285

# CHAPTER 03. 건축구조

**SECTION 01** 건축구조 일반사항 ········· 290
  **01** 건축구조의 분류 ········· 290

**SECTION 02** 건축물 기초설계 ········· 292
  **01** 부동침하 ········· 292
  **02** 기초의 분류 ········· 292
  **03** 말뚝 간격 ········· 292

**SECTION 03** 내진 · 내풍설계 ········· 296
  **01** 내진구조의 분류 ········· 296
  **02** 등가정적해석법(Equivalent Static Analysis) ········· 298
  **03** 설계풍압의 산정 ········· 298

**SECTION 04** 구조역학 일반사항 ········· 300
  **01** 힘 ········· 300
  **02** 모멘트(Moment) ········· 302
  **03** 지점과 절점 ········· 302
  **04** 구조물에 작용하는 하중 ········· 303
  **05** 구조물의 판별 ········· 304

## SECTION 05  단면의 성질 ········· 310

- 01 단면1차모멘트 ········· 310
- 02 단면2차모멘트 ········· 312
- 03 평행축 정리 ········· 313
- 04 단면계수 ········· 316
- 05 회전반경(단면2차반지름) ········· 318

## SECTION 06  정정보 ········· 320

- 01 정정보의 일반사항 ········· 320
- 02 정정보의 해석과정 ········· 321
- 03 단순보의 해석 ········· 324
- 04 캔틸레버보(Cantilever Beam)의 해석 ········· 330
- 05 내민보의 해석 ········· 330

## SECTION 07  라멘, 아치 및 트러스 ········· 332

- 01 정정 라멘 ········· 332
- 02 정정 아치 ········· 332
- 03 트러스 ········· 336

## SECTION 08  응력과 변형률 ········· 340

- 01 응력 일반사항 ········· 340
- 02 응력의 종류 ········· 342
- 03 선변형률(길이 변형률) ········· 346
- 04 기타변형률 ········· 347
- 05 훅의 법칙(Hooke's Law) ········· 348
- 06 탄성계수 ········· 348

**SECTION 09** 기둥 및 기초 ........ 350

01 기둥의 판별 ........ 350
02 단주의 해석(중심축 하중이 작용하는 경우) ........ 352
03 장주의 해석 ........ 352
04 독립기초 저면의 응력 ........ 356

**SECTION 10** 구조물의 변형 ........ 360

01 탄성곡선(처짐곡선)과 처짐 ........ 360
02 처짐각과 부재각 ........ 360
03 지지형태와 하중작용 상태에 따른 보의 처짐 및 처짐각 산출식 ........ 362

**SECTION 11** 부정정구조 ........ 370

01 부정정 구조물의 정의 ........ 370
02 부정정력을 구하기 위한 추가 방정식 ........ 370
03 부정정보의 휨모멘트 산출식 ........ 374

**SECTION 12** 철근콘크리트 구조 일반사항 ........ 376

01 철근콘크리트의 기본 개념 ........ 376
02 탄성계수 ........ 376
03 경량콘크리트계수($\lambda$) ........ 378
04 철근의 간격제한 ........ 378
05 철근의 피복두께 ........ 380

**SECTION 13** 철근콘크리트구조 설계방법 ........ 382

01 허용응력설계법(WSD, Working Stress Design method) ........ 382
02 강도설계법(SDM, Strength Design Method) ........ 382
03 한계상태설계법(LSD, Limit State Design Method) ........ 383

## SECTION 14  철근콘크리트 구조설계 ·········· 386

01 보의 휨 파괴형태 ·········· 386
02 보의 지배단면 ·········· 388
03 강도설계법의 설계조건 ·········· 390
04 단철근 직사각형 보의 해석과 설계 ·········· 392
05 단철근 T형보의 플랜지 유효폭 ·········· 396

## SECTION 15  철근콘크리트보의 전단해석과 설계 ·········· 398

01 보의 전단응력 일반식 ·········· 398
02 콘크리트 및 전단철근이 부담하는 전단강도 ·········· 399
03 전단철근의 설계 ·········· 400

## SECTION 16  슬래브의 설계 ·········· 402

01 슬래브의 분류 ·········· 402
02 1방향 슬래브의 설계 ·········· 403
03 2방향 슬래브의 설계 ·········· 404
04 콘크리트 슬래브의 구조해석 방법 ·········· 405

## SECTION 17  기둥(압축재)의 설계 ·········· 408

01 기둥 구조의 제한사항 ·········· 408
02 최대 설계축하중 ·········· 410

## SECTION 18  기초판, 옹벽, 벽체 ·········· 412

01 기초판(확대기초)의 저면적($A_f$) ·········· 412
02 옹벽의 철근배치 ·········· 412
03 벽체의 철근배치 ·········· 413

**SECTION 19** 철근의 이음·정착 ·················· 414

- 01 철근의 부착에 영향을 미치는 요인 ·················· 414
- 02 철근의 정착길이 ·················· 415
- 03 이형철근의 겹이음길이 ·················· 417

**SECTION 20** 철근콘크리트 처짐 ·················· 422

- 01 탄성처짐과 장기처짐 ·················· 422
- 02 최대 허용처짐 ·················· 423

**SECTION 21** 철골구조 일반사항 ·················· 426

- 01 철골구조 특징 ·················· 426
- 02 강재의 분류 ·················· 426
- 03 강재의 응력–변형도 관계 ·················· 428
- 04 강재의 일반적인 표시기호 ·················· 430
- 05 철골구조의 허용응력설계법(ASD, WSD) ·················· 430

**SECTION 22** 인장재 ·················· 432

- 01 순단면적 및 유효순단면적 산정 ·················· 432
- 02 인장재의 설계인장강도 ·················· 433

**SECTION 23** 압축재, 휨재 ·················· 436

- 01 압축요소의 판폭두께비 ·················· 436
- 02 압축재의 설계압축강도 ·················· 436
- 03 조립압축재의 구조제한 ·················· 436
- 04 휨재(강재보)의 종류별 특징 ·················· 437

**SECTION 24** 접합부설계 ································································· 440

**01** 접합부 일반사항 ································································ 440
**02** 고력볼트접합 ····································································· 440
**03** 용접접합 ············································································ 444
**04** 부재 상대회전각의 특성에 따른 접합방법 분류 ············ 448
**05** 주각부의 설계 ··································································· 448

# CHAPTER 04. 건축설비

**SECTION 01** 환경계획원론 ································································· 452

**01** 전열이론 ············································································ 452
**02** 단열 및 보온계획 ····························································· 453
**03** 결로 ···················································································· 453
**04** 환기의 종류 ······································································· 454
**05** 필요환기량 산정 ······························································· 454
**06** 음압세기레벨(Sound Intensity Level : IL) ················· 458
**07** 잔향이론 ············································································ 458
**08** 흡음과 차음 ······································································· 458
**09** 음 관련 주요 용어 ··························································· 458

**SECTION 02** 전기의 기초 ································································· 460

**01** 전압 크기별 구분 ····························································· 460
**02** 저항의 연결방식에 다른 합 ············································ 460
**03** 기초 법칙 ·········································································· 460
**04** 전력과 전력량 ··································································· 460

**SECTION 03** 조명설비 ········································································· 462

01 빛의 단위 ···················································································· 462
02 광속의 계산(조명 개수의 계산 등) ················································ 462
03 광원의 종류 ················································································ 463
04 조명방식 ···················································································· 466
05 건축화 조명의 종류 ····································································· 468

**SECTION 04** 전원 및 배전·배선설비 ··················································· 470

01 수전용량결정 ·············································································· 470
02 수변전실의 위치 및 구조 ····························································· 472
03 발전기실 설치 시 유의사항 ························································· 472
04 예비전원설비 ·············································································· 474
05 축전지 설비의 종류 ···································································· 474
06 축전지의 충전방식 ······································································ 475
07 배전공급방식 ·············································································· 476
08 간선배전방식 ·············································································· 476
09 배전반, 분전반 및 분기회로 ························································ 478
10 접지방식 ···················································································· 478
11 배선 관련 부속 설비 ··································································· 478
12 배선공사방식 ·············································································· 480
13 교류전동기와 직류전동기 ····························································· 482
14 유도전동기 ················································································· 482
15 비상콘센트 ················································································· 482

**SECTION 05** 약전설비 ········································································· 484

01 피뢰침 ························································································ 484
02 항공장애등 설비 ·········································································· 486
03 인터폰설비의 통화망 방식에 따른 분류 ······································· 486

**04** TV공동수신설비 ······ 486
**05** 기타설비 ······ 488

## SECTION 06  위생설비 일반사항 ······ 490

**01** 유체의 특성 ······ 490
**02** 물의 경도 ······ 490
**03** 배관마찰손실 산출 ······ 490
**04** 배관재료의 종류별 특징 ······ 492
**05** 배관 연결 부속 기구 ······ 494
**06** 기타 주요부속 ······ 495
**07** 펌프의 동력 ······ 496
**08** 상사의 법칙(펌프의 회전수 변화 $N_1 \rightarrow N_2$, 임펠러의 직경 $D_1 \rightarrow D_2$) ······ 498
**09** 펌프의 구경산출 ······ 498
**10** 펌프 공동현상의 발생원인 및 대책 ······ 498

## SECTION 07  급수 및 급탕설비 ······ 500

**01** 급수방식 ······ 500
**02** 저수조 및 급수배관 설계, 시공상 유의사항 ······ 504
**03** 수격현상(Water Hammering)의 방지 ······ 504
**04** 급탕부하 및 순환수량 산출 ······ 506
**05** 개별식(국소식) 급탕방식 ······ 506
**06** 중앙식 급탕방식 ······ 508
**07** 급탕관의 신축이음 ······ 509

## SECTION 08  배수 및 통기/오수정화설비 ······ 512

**01** 대변기의 급수방식에 의한 분류 ······ 512
**02** 트랩 일반사항 ······ 513
**03** 트랩의 봉수파괴의 원인과 방지대책 ······ 513

- 04 배수관의 시공 ········ 514
- 05 통기관의 종류 ········ 516
- 06 통기관 배관 시 유의사항 ········ 518
- 07 물의 재이용 시설 관련 용어 ········ 518
- 08 수질 관련 용어 ········ 518
- 09 오수처리방식 ········ 519

## SECTION 09  소방시설/가스설비 ········ 522

- 01 화재의 분류 ········ 522
- 02 소방시설의 분류 ········ 523
- 03 소화설비 ········ 524
- 04 스프링클러(Sprinkler)설비 ········ 526
- 05 자동화재탐지기 ········ 528
- 06 소화활동설비 ········ 528
- 07 도시가스 및 액화석유가스 ········ 530
- 08 도시가스 공급압력 ········ 530
- 09 가스배관 시공 시 주의사항 및 가스계량기 설치기준 ········ 532

## SECTION 10  공기조화설비 일반사항 ········ 534

- 01 습공기선도의 구성 ········ 534
- 02 습공기선도의 해석 ········ 535
- 03 냉방부하의 종류 ········ 538
- 04 난방부하의 종류 ········ 539
- 05 공기조화계산식 ········ 540

## SECTION 11  환기 및 배연설비/난방설비 ········ 542

- 01 필요환기량 산출 ········ 542
- 02 환기방식의 종류 ········ 542

03 증기난방 ········· 544
04 온수난방 ········· 546
05 복사난방의 특징 ········· 548
06 지역난방의 특징 ········· 548
07 보일러의 종류 및 특징 ········· 550
08 보일러의 출력 ········· 552
09 방열기 ········· 552

## SECTION 12 공기조화기기/공기조화방식 ········· 554

01 고성능 공기여과기의 분류 ········· 554
02 덕트의 풍속에 따른 분류 ········· 554
03 덕트의 치수결정 방식 ········· 554
04 냉동기 ········· 556
05 기타 열원기기 ········· 558
06 공기조화방식의 분류 ········· 560
07 전공기방식 ········· 560
08 전수방식(All Water System) - 팬코일유닛방식 ········· 561

## SECTION 13 승강설비 ········· 564

01 엘리베이터의 종류 ········· 564
02 엘리베이터의 각종 안전장치 ········· 564
03 엘리베이터 기계실 설치기기 ········· 564
04 에스컬레이터의 구조 ········· 566
05 에스컬레이터의 안전장치 ········· 568
06 기타 수송설비 ········· 568

# CHAPTER 05. 건축법규

## SECTION 01 총칙 ······ 572

01 주요 정의 ······ 572
02 건축물의 용도 분류 ······ 578
03 건축물의 면적산정 ······ 588
04 건축물의 높이 산정 ······ 594
05 건축물의 층고 및 층수 산정 ······ 598
06 건축물의 범죄예방(범죄예방 건축기준 고시) ······ 598
07 건축법 적용 제외 ······ 600
08 건축위원회 ······ 600
09 다중이용건축물 ······ 600

## SECTION 02 건축물의 건축 ······ 602

01 건축허가 ······ 602
02 건축신고대상 ······ 604
03 용도변경 ······ 606
04 가설건축물 ······ 608
05 착공신고 ······ 608
06 허용오차 기준 ······ 608

## SECTION 03 건축물의 대지와 도로 ······ 610

01 대지의 조경 ······ 610
02 대지의 안전 ······ 610
03 공개공지의 확보 ······ 612

04 대지와 도로의 관계 ……………………………………………………… 612
05 건축선의 지정 …………………………………………………………… 614

**SECTION 04** 건축물의 구조 및 재료 등 ………………………………………… 616

01 내진능력 공개 대상물(건축물의 설계자 구조안전 확인이 필요한 건축물) ……… 616
02 건축물의 피난시설 및 용도제한 ……………………………………… 618
03 고층 건축물의 피난 및 안전관리 ……………………………………… 622
04 피난계단의 설치 대상 ………………………………………………… 623
05 피난계단의 구조 ………………………………………………………… 624
06 계단의 설치기준 및 용도별 계단치수 ………………………………… 628
07 공동주택 등의 난간, 바닥마감 등 …………………………………… 629
08 복도의 너비 및 설치기준 ……………………………………………… 630
09 관람석 등으로부터의 출구설치 ……………………………………… 630
10 건축물의 바깥쪽으로의 출구 설치 …………………………………… 632
11 회전문 설치기준 ………………………………………………………… 633
12 옥상광장의 설치 ………………………………………………………… 634
13 헬리포트 설치기준 ……………………………………………………… 634
14 경사지붕의 대피공간 설치기준 ……………………………………… 634
15 건축물 거실의 반자 높이 ……………………………………………… 636
16 거실의 채광 및 환기기준 ……………………………………………… 636
17 거실 용도에 따른 조도기준 …………………………………………… 638
18 거실의 방습 ……………………………………………………………… 639
19 방화구획 ………………………………………………………………… 640
20 건축물의 내화구조 ……………………………………………………… 642
21 방화벽의 구조기준 ……………………………………………………… 644
22 방화지구 내 건축물 …………………………………………………… 644
23 건축물의 마감재료 ……………………………………………………… 644
24 지하층 …………………………………………………………………… 645

**SECTION 05** 지역 및 지구의 건축물 ········································ 648

  **01** 건축물의 대지가 지역·지구 또는 구역에 걸치는 경우의 조치 ········ 648
  **02** 일조 등의 확보를 위한 건축물의 높이 제한 ···················· 648

**SECTION 06** 건축설비 ································································ 650

  **01** 건축설비의 원칙 ························································ 650
  **02** 승강기 설비 ······························································ 650
  **03** 비상용 승강기 설치 ···················································· 654
  **04** 온돌의 설치기준 ························································ 656
  **05** 개별난방설비 – 공동주택, 오피스텔의 개별난방기준 ············ 656
  **06** 건축물의 냉방설비 ······················································ 658
  **07** 공동주택 및 다중이용시설의 환기설비기준 ························ 660
  **08** 배연설비의 설치대상 ··················································· 661
  **09** 피뢰설비의 설치대상 ··················································· 661
  **10** 건축기계설비기술사 또는 공조냉동기계기술사의 협력을 받아야 하는
      대상 건축물 ······························································· 661

**SECTION 07** 특별건축구역 ······················································· 664

  **01** 특별건축구역 ···························································· 664
  **02** 결합건축 ·································································· 664

**SECTION 08** 보칙 ····································································· 665

  **01** 권한의 위임과 위탁 ···················································· 665
  **02** 건축분쟁위원회 조정 대상 ············································ 665

## SECTION 09 주차장법 ······ 666

- 01 정의 ······ 666
- 02 주차장의 주차단위구획 ······ 666
- 03 노상주차장의 구조·설비기준 ······ 670
- 04 노외주차장의 구조·설비기준 ······ 671
- 05 노외주차장의 출구 및 입구의 설치 금지 구역 ······ 676
- 06 노외주차장에 설치할 수 있는 부대시설 ······ 677
- 07 주차전용건축물 ······ 678
- 08 부설주차장 설치기준 ······ 680
- 09 기계식주차장 ······ 681

## SECTION 10 국토의 계획 및 이용에 관한 법률 ······ 684

- 01 광역도시계획 ······ 684
- 02 도시·군 기본계획 ······ 684
- 03 도시·군 관리계획 ······ 686
- 04 지구단위계획 ······ 686
- 05 용도지역 ······ 688
- 06 용도구역 ······ 694
- 07 용도지구 ······ 696
- 08 기반시설 ······ 700

# CBT 실전모의고사

**01** 제1회 CBT 실전모의고사 ·········· 704
**02** 제2회 CBT 실전모의고사 ·········· 725
**03** 제3회 CBT 실전모의고사 ·········· 745
**04** 제4회 CBT 실전모의고사 ·········· 765
**05** 제5회 CBT 실전모의고사 ·········· 786
**06** 제6회 CBT 실전모의고사 ·········· 807
**07** 제7회 CBT 실전모의고사 ·········· 827
**08** 제8회 CBT 실전모의고사 ·········· 848
**09** 제9회 CBT 실전모의고사 ·········· 869
**10** 제10회 CBT 실전모의고사 ········· 890
**11** 제11회 CBT 실전모의고사 ········· 911
**12** 제12회 CBT 실전모의고사 ········· 933
**13** 제13회 CBT 실전모의고사 ········· 954
**14** 제14회 CBT 실전모의고사 ········· 976
**15** 제15회 CBT 실전모의고사 ········· 998

# CHAPTER 01

# 건축계획

ENGINEER ARCHITECTURE

- 01 건축계획일반
- 02 서양건축사
- 03 한국건축사
- 04 단독주택
- 05 공동주택
- 06 단지계획
- 07 사무소/은행
- 08 상점
- 09 백화점
- 10 학교/도서관
- 11 극장/영화관/미술관
- 12 호텔/병원
- 13 기타 건축물 계획

# 01 건축계획일반

## 1 디자인 프로세스

| 단계 | 특징 |
|---|---|
| 기획 | 프로젝트의 경제적 타당성 등이 검토되고, 건축주 의도가 가장 직접적으로 반영되어야 하는 단계이다. |
| 조건파악 | 이 단계에서는 지형 등 지리적, 자연적 조건과 입지(교통, 학교, 편의시설 등)와 관련된 사회적 조건을 파악하게 된다. 또한 법규 상황 체크를 통해 용적률, 건폐율 등 규제사항을 확인한다. |
| 기본계획 | 주어진 프로젝트의 원칙, 이념, 사명 등을 논리적으로 해석하고 제반 조건을 분석한 후 그 결과를 종합하는 과정이다. |
| 기본설계 | • 계획 시 분석 자료를 바탕으로 한 기본 구상으로서 해석도, 분석도를 작도<br>• 설계자의 잠재적 판단을 포함한 이미지와 개념도를 작도 |
| 실시설계 | • 시공 및 제작을 위한 도면<br>• 도면에 표현되지 않은 부분의 경우 시방서를 작성하여 보완 |

+ • 기본계획 분석을 위한 조사방법 중 설문지법은 응답자의 문장이해력이나 표현 능력에 좌우된다는 결점이 있으므로, 어린이들의 행동 특성을 파악하는 데는 한계가 있다.

## 2 거주 후 평가(POE, Post Occupancy Evaluation)

| 개념 | 건축물이 완공된 후 건물 본래의 기능을 제대로 하고 있는지 현지 답사, 관찰 등을 통하여 거주 후 사용자들의 반응을 연구하는 과정이다. |
|---|---|
| 목적 | • 유사 건축물의 건축계획에 직접적인 지침이 된다.<br>• 앞으로의 건축계획 및 평가에 필요한 정보를 제공한다.<br>• 향후 건물을 유지/보수, 리모델링할 때 지침으로 활용할 수 있다. |

+ **거주 후 평가 과정의 요소**
환경장치, 사용자, 주변환경, 디자인활동

## 3 모듈(Module)

| 개념 | 모든 치수(규격)에서 수직 및 수평 간의 관계가 정배수가 되도록 한 것 |
|---|---|
| 적용 방법 | • 모든 치수는 M(10cm)의 배수가 되게 한다.<br>• 건물의 높이는 2M(20cm)의 배수가 되게 한다.<br>• 건물 평면상의 길이는 3M(30cm)의 배수가 되게 한다.<br>• 모든 모듈상의 치수는 공칭치수(줄눈의 중심과 중심 간의 길이)를 말한다. 따라서 제품 치수는 공칭치수에서 줄눈 두께를 빼야 한다.<br>☞ 제품의 치수 = 공칭치수 − 줄눈 치수<br>• 창호의 치수는 문틀과 벽 사이의 줄눈 중심선 간의 치수가 모듈 치수와 일치해야 한다.<br>• 조립식 건물은 각 조립 부재의 줄눈 중심 간 거리가 모듈 치수와 일치해야 한다.<br>• 고층 라멘 건물은 층 높이 및 기둥 중심 거리가 모듈에 일치할 뿐만 아니라, 장막벽 등의 재료를 모듈 제품으로 사용할 수 있어야 한다. |

+ **기본모듈**
기준 척도를 10cm로 하고, 이것을 1M으로 표시하여 모든 치수의 기준으로 한다.

**복합모듈**(기본 모듈인 1M의 배수가 되는 모듈)
• 20cm : 2M, 건물의 높이 방향의 기준
• 30cm : 3M, 건물의 수평 방향의 길이의 기준

## 4 척도 조정(MC, Modular Coordination)의 특징

| | |
|---|---|
| 장점 | • 설계작업이 단순하고 간편해진다.<br>• 대량 생산이 용이하다(생산 단가가 낮아지고 품질이 향상됨).<br>• 건축재료의 수송이나 취급이 편리하다.<br>• 현장작업이 단순해지고 공기가 단축된다.<br>• 국제적인 MC 사용 시 건축 구성재의 국제 교역이 용이하다. |
| 단점 | • 건축물 형태에 있어서 창조성 및 인간성을 상실할 우려가 있다.<br>• 동일한 형태가 집단을 이루는 경향이 있어 건물의 배치와 외관이 단순해질 수 있기 때문에 배색에 신중을 기해야 한다. |

**르 코르뷔지에**
- 모듈(Module)을 인체 척도(Human Scale)에 관련시킨 건축가이다.
- 정수비, 황금비, 피보나치 급수설을 종합해서 만든 아름다운 비례 척도를 인체의 치수에서 유도하여 '모듈러'라고 부르고, 이것을 공간구성에 이용하였다.

### 개념이해

**01** 건축 프로세스 중에서 선행되는 사항은 어느 것인가?
① 기본계획  ② 조건파악
③ 기본설계  ④ 실시설계

▶ 건축 프로세스
기획 → 조건파악 → 기본계획 → 기본설계 → 실시설계 → 시공
답 ②

**02** 건축 모듈(Module)에 대한 기술 중에서 가장 잘못된 것은 어느 것인가?
① 양산의 목적과 공업화를 위해 쓰여 진다.
② 모든 치수의 수직과 수평의 황금비를 이루도록 한 것이다.
③ 복합 모듈은 기본 모듈의 배수로서 정한다.
④ 모든 모듈은 인간척도에 맞추어 채택된다.

▶ 모든 치수를 수직 및 수평의 관계가 정배수의 관계가 되도록 한 것이다.
답 ②

**03** 건축의 모듈러 코디네이션의 관한 설명 중 틀린 것은?
① 건축의 공업화를 위한 선행조건이 된다.
② 절단에 의한 재료 낭비를 줄인다.
③ 다른 부품과의 호환성을 제공한다.
④ 건물의 내구성을 높인다.

▶ 건물의 내구성 향상과 척도조정(모듈러 코디네이션)은 관계가 없다.
답 ④

## 과년도 기출문제

**01** 건축계획단계에서의 조사방법에 관한 설명으로 옳지 않은 것은? [21년 2회]

① 설문조사를 통하여 생활과 공간 간의 대응관계를 규명하는 것은 생활행동 행위의 관찰에 해당된다.
② 이용 상황이 명확하게 기록되어 있는 시설의 자료 등을 활용하는 것은 기존자료를 통한 조사에 해당된다.
③ 건물의 이용자를 대상으로 설문을 작성하여 조사하는 방식은 생활과 공간의 대응관계 분석에 유효하다.
④ 주거단지에서 어린이들의 행동특성을 조사하기 위해서는 생활행동 행위 관찰방식이 일반적으로 적절하다.

[해설]
설문조사법은 관찰의 방법이 아니다.

**02** POE(Post-Occupancy Evaluation)의 의미로 가장 알맞은 것은? [19년 1회]

① 건축물 사용자를 찾는 것이다.
② 건축물을 사용해 본 후에 평가하는 것이다.
③ 건축물의 사용을 염두에 두고 계획하는 것이다.
④ 건축물모형을 만들어 설계의 적정성을 평가하는 것이다.

[해설]
거주 후 평가(POE, Post Occupancy Evaluation)
건축물이 완공된 후 건물 본래의 기능을 제대로 하고 있는지 현지답사, 관찰 등을 통하여 거주 후 사용자들의 반응을 연구하는 과정

**04** 주택의 평면과 각 부위의 치수 및 기준척도에 관한 설명으로 옳지 않은 것은? [17년 4회, 20년 3회]

① 치수 및 기준척도는 안목치수를 원칙으로 한다.
② 거실 및 침실의 평면 각 변의 길이는 10cm를 단위로 한 것을 기준척도로 한다.
③ 거실 및 침실의 층높이는 2.4m 이상으로 하되, 5cm를 단위로 한 것을 기준척도로 한다.
④ 계단 및 계단참의 평면 각 변의 길이 또는 너비는 5cm를 단위로 한 것을 기준척도로 한다.

[해설]
건물 평면상의 길이는 3M(30cm)의 배수가 되도록 한다.

**05** 다음 중 모듈 시스템의 적용이 가장 부적절한 것은? [17년 4회]

① 극장
② 학교
③ 도서관
④ 사무소

[해설]
극장은 일반적으로 넓은 기둥 간격(장스팬) 형태이고, 단위 공간이 대공간을 형성하므로 모듈화 시스템을 적용하는 것이 부적절하다.

**06** 척도조정(M.C)에 관한 설명으로 옳지 않은 것은? [19년 2회]

① 설계작업이 단순해지고 간편해진다.
② 현장작업이 단순해지고 공기가 단축된다.
③ 건축물 형태의 다양성 및 창조성 확보가 용이하다.
④ 구성재의 상호조합에 의한 호환성을 확보할 수 있다.

[해설]
척도조정을 적용하여 계획할 경우 건축물의 형태가 단순해지기 때문에 개성이 없어지고 단조로워질 수 있다.

정답 01 ① 02 ② 03 ② 04 ② 05 ① 06 ③

# MEMO

# 02 서양건축사

## ❶ 고대 건축

| 이집트 건축<br>(Egyptian Architecture) | | 나일강 유역에 형성된 고대 이집트 문명의 건축 양식 |
|---|---|---|
| | 특징 | 왕을 위한 분묘와 신전으로 대표되는 거대한 석조건축<br>(분묘, 신전건축이 발달) |
| | 주요 건축물 | 마스터바, 피라미드, 스핑크스, 오벨리스크<br>※ 파일론(Pylon) : 이집트 신전 건축의 정문에 있는 탑문 |
| 서아시아 건축<br>(Western Asia Architecture) | 배경 | 메소포타미아 문명 |
| | 특징 | 점토를 주요 건축재료로 활용(점토벽돌을 이용한 조적식 구조) |
| | 주요 건축물 | 지구라트, 샤르곤 2세 궁전, 페르세폴리스 궁전, 다리우스왕의 암굴 분묘, 솔로몬 신전 |

**＋ 서양건축 양식의 발달 순서**
이집트 → 그리스 → 로마 → 초기 기독교 → 비잔틴 → 로마네스크 → 고딕 → 르네상스 → 바로크 → 로코코

**지구라트(Ziggurat)**
- 고대 메소포타미아 지역의 건축물
- 주된 형태 요소는 점
- 이집트 건축보다 수직축을 더욱 강조
- 평면은 정사각형에 기초한 중앙집중식으로 배치됨

## ❷ 그리스 건축

| 특징 | | • 가구식(Post Lintel) 구조의 형태를 가진다.<br>• 외관 구성의 3요소 : 기둥(Columm), 엔타블러처(Entablature), 페디먼트(Pediment, 박공지붕 형태)<br>• 3가지 기둥양식(Order)을 적용한다(도리아식, 이오니아식, 코린트식).<br>• 착시 교정수법 적용한다.<br>• 석조 건축이 주를 이루었으며, 신전 건축 및 극장, 경기장 등의 민중적 건축도 발달하였다. |
|---|---|---|
| 기둥<br>양식<br>(주범,<br>Order) | 도리아식<br>(Doric Order) | • 초반(초석, Base)이 없이 주두(Capital)와 주신(Shaft)으로 구성되어 있다.<br>• 단순하고 장중하며 남성적이다.<br>• 엔타시스가 있다.<br>• 대표적 건축물 : 파르테논 신전, 포세이돈 신전, 헤라이온 신전 등 |
| | 이오니아식<br>(Ionic Order) | • 우아하고 경쾌하며 여성적이다.<br>• 초석이 있고, 엔타시스가 약하다.<br>• 대표적 건축물 : 니케 아프로테스 신전, 에레크테이온(Erechtheion) 신전, 아르테미스 신전 등 |
| | 코린트식<br>(Corinthian Order) | • 주두에 아칸더스 나뭇잎으로 화려하게 장식한다.<br>• 창시자는 익터누스이다.<br>• 대표적 건축물 : 올림피에이온, 풍답, 리스크라테스의 기념탑 |
| 대표적<br>건축 | | • 신전 : 파르테논 신전(Parthenon), 포세이돈(Poseidon)<br>• 민중 건축 : 디오니소스 극장, 에피다리우스 극장, 아테네의 스타디움(Stadium), 올림피아의 팔에스트라(Palestra)<br>• 아고라 |

**＋ 엔타블러처(Entablature)**
- 고대 그리스, 로마 건축에서 기둥에 떠받쳐지는 부분들을 총칭하는 용어이다.
- 기둥의 윗부분에 수평으로 연결된 지붕을 덮는 장식을 말한다.

**페디먼트(Pediment)**
삼각형의 박공형태로서, 입구나 창의 상부에 장식적으로 많이 사용되었다.

**착시 교정수법**
- 기둥의 하부가 가늘게 보이는 것을 교정하기 위해 적용하였다.
- 기둥의 중앙부의 직경을 상·하부의 직경보다 약간 크게 보이게 하는 기법이다.

**아고라**
시민들의 도시생활의 중심적 기능을 담당하면서 시민들의 정치, 경제, 상업 등의 일상적인 활동을 수용하였다.

# 과년도 기출문제

건 축 / 기 사 / 필 기

**01** 서양 건축 양식의 역사적인 순서가 옳게 배열된 것은? [15년 2회, 17년 1회, 22년 2회]

① 로마 → 로마네스크 → 고딕 → 르네상스 → 바로크
② 로마 → 고딕 → 로마네스크 → 르네상스 → 바로크
③ 로마 → 로마네스크 → 고딕 → 바로크 → 르네상스
④ 로마 → 고딕 → 로마네스크 → 바로크 → 르네상스

[해설]

서양 건축 양식의 발달 순서
이집트 → 그리스 → 로마 → 초기기독교 → 비잔틴 → 로마네스크 → 고딕 → 르네상스 → 바로크 → 로코코

**02** 고대 이집트의 분묘 건축 형태에 속하지 않는 것은? [17년 4회]

① 인슐라        ② 피라미드
③ 암굴분묘      ④ 마스타바

[해설]

인슐라는 고대 로마의 건축물로서, 서민들이 살던 일종의 아파트와 같은 건축물이다.

**03** 고대 그리스의 기둥 양식에 속하지 않는 것은? [21년 1회]

① 도리아식      ② 코린트식
③ 컴포지트식    ④ 이오니아식

[해설]

컴포지트 오더(Composite Order)는 고대 로마시대 건축의 기둥 양식에 속한다.

**04** 다음과 같은 특징을 갖는 그리스 건축의 오더는? [18년 4회]

- 주두는 에키누스와 아바쿠스로 구성된다.
- 육중하고 엄정한 모습을 지니는 남성적인 오더이다.

① 코린트 오더    ② 도리스 오더
③ 이오니아 오더  ④ 컴포지트 오더

[해설]

도리스 오더(도리아식, Doric Order)
- 단순하고 장중하며 남성적이다.
- 신체 비례 기준을 적용한다.
- 초석이 없다.
- 엔타시스가 있다.
- 대표적 건축물 : 파르테논 신전, 포세이돈 신전, 헤라이온 신전 등

**05** 그리스 신전 건축에 사용된 착시 현상의 보정 방법으로 옳지 않은 것은? [15년 1회]

① 모서리 쪽의 기둥 간격을 넓혔다.
② 기둥의 전체적인 윤곽을 중앙부에서 약간 부풀게 만들었다.
③ 기둥 같은 수직 부재들은 올라가면서 약간 안쪽으로 기울였다.
④ 기단, 아키트레이브, 코니스 등이 이루는 긴 수평선들을 약간 위로 불룩하게 만들었다.

[해설]

착시 교정수접 적용
- 기둥의 하부가 가늘게 보이는 것을 교정하기 위해 적용
- 기둥의 중앙부의 직경을 상·하부의 직경보다 약간 크게 보이게 하는 기법

**06** 그리스 건축의 오더 중 도릭 오더의 구성에 속하지 않는 것은? [22년 2회]

① 볼류트(Volute)      ② 프리즈(Frieze)
③ 아바쿠스(Abacus)   ④ 에키누스(Echinus)

[해설]

볼류트(Volute)는 이오니아식 오더의 주두에 쓰이는 회오리형의 장식이다.

정답  01 ①  02 ①  03 ③  04 ②  05 ①  06 ①

## 02 서양건축사

### 3 로마 건축

| | | |
|---|---|---|
| 특징 | | • 석재를 주로 이용했고, 화산재, 석회석과 물을 섞어 만드는 콘크리트가 개발되어 최초로 사용했다.<br>• 콘크리트 개발에 따라 토목공학이 발전하여 도로, 교량, 상수도 건설 등이 활성화되었다.<br>• 아치를 개발하여 건축에 적용하였으며, 규모가 커지면서 더 큰 아치를 구현하기 위해 궁륭으로 발전하였다(아치 볼트, 크로스 볼트 사용).<br>• 돔(Dome)이 개발되어 건축 양식에 적용되었다.<br>• 5가지 기둥 양식(더스칸, 도리아, 이오니아, 코린트, 콤포지트) 사용<br>• 실용적인 건축물이 발달하였고, 공간의 분할을 사용하였으며, 건물 규모가 웅대하였다(그리스 건축이 형태 위주의 조각적인 건축을 추구하였다면 로마 건축은 공간위주의 대규모 건축물을 추구함). |
| 대표적 건축 | 신전 | 판테온 신전(Pantheon, 최초의 돔 사용), 티볼의 시빌 신전, 로마의 베스트 신전, 마르스 신전, 콩코드 신전 |
| | 바실리카 | 트리얀의 바실리카, 콘스탄틴의 바실리카 |
| | 개선문 | 티투스(Titus) 개선문, 콘스탄틴(Constantine) 개선문 |
| | 민중 건축 | 로마의 콜로세움, 막시무스(Maximus) 경마장, 막센티우스 경마장, 카라칼라 목욕장 |
| | 포럼<br>(Forum) | 그리스의 아고라에 해당하는 것으로 도시의 중심이 되는 공공광장을 의미 |

+ • 로마의 판테온은 코린트식 기둥으로 이루어져 있다.

**바실리카**
• 상업의 교역소와 재판소격인 교회당으로 사용되었다.
• 포럼에 면하여 위치하였다.
• 초기 기독교 건축 양식의 기원이 되었다.

**포럼(Forum)**
• 그리스의 아고라에 해당하는 것으로 도시의 중심이 되는 공공광장을 의미한다.
• Forum Civil : 주변에 의사당, 법원, 신전, 기타 공공 건물들이 위치
• Forum Venalia : 상업상의 시민광장

---

**개념이해**

**01** 고대 로마 건축의 성격에 관한 기술 중 옳지 않은 것은?

① 에트러스컨(Etruscan)의 건축을 모태(母胎)로 한다.
② 아치 볼트의 구조적 활용으로 대규모의 건축이 가능하였다.
③ 시민생활과 관련하여 욕장(浴場), 극장, 상수도, 교량 등의 축조가 발달되었다.
④ 고대 그리스의 3가지 주범형식이 그대로 계승되었다.

◯ 고대 로마 건축에는 5가지 주범(기둥) 양식(더스칸, 도리아, 이오니아, 코린트, 콤포지트)이 사용되었다.

답 ④

## 과년도 기출문제

**01** 로마 시대의 것으로 그리스의 아고라(Agora)와 유사한 기능을 갖는 것은? [19년 1회]

① 포럼(Forum)
② 인슐라(Insula)
③ 도무스(Domus)
④ 판테온(Pantheon)

[해설]
시민들의 도심생활의 중심적 역할을 하던 곳으로, 그리스 시대에는 아고라(Agora), 로마시대에는 포럼(Forum)이 그 역할을 하였다.

**02** 로마의 판테온에 관한 설명으로 옳지 않은 것은? [15년 1회, 20년 4회]

① 로툰다 내부는 드럼(Drum)과 돔(Dome)의 두 부분으로 구성된다.
② 직사각형의 입구 공간은 외부와 내부 사이의 전이 공간으로 사용된다.
③ 드럼 하부는 깊은 니치와 독립한 컴포지트식 기둥들로 정적인 공간을 구현한다.
④ 거대한 돔을 얹은 로툰다와 대형 열주 현관이라는 두 주된 구성요소로 이루어진다.

[해설]
로마의 판테온은 코린트식 기둥들로 이루어져 있다.

**03** 고대 로마 건축에 관한 설명으로 옳지 않은 것은? [16년 1회]

① 카라칼라 황제 욕장은 정사각형 안에 직사각형을 담은 배치를 취하였다.
② 바실리카 울피아는 신전 건축물로서 로마식의 광대한 내부 공간을 전형적으로 보여준다.
③ 콜로세움의 외벽은 도리스-이오니아-코린트 오더를 수직으로 중첩시키는 방식을 사용하였다.
④ 판테온은 거대한 돔을 얹은 로툰다와 대형 열주 현관이라는 두 주된 구성요소로 이루어진다.

[해설]
바실리카 울피아는 포럼에 면하여 위치하여 상업의 교역소와 재판소적인 교회당으로 사용되었고, 초기 기독교 건축 양식의 기원이 되었다.

**04** 고대 로마 건축에 관한 설명으로 옳지 않은 것은? [17년 4회]

① 인슐라(Insula)는 다층의 집합주거 건물이다.
② 콜로세움의 1층에는 도릭 오더가 사용되었다.
③ 바실리카 울피아는 황제를 위한 신전으로 배럴 볼트가 사용되었다.
④ 판테온은 거대한 돔을 얹은 로툰다와 대형 열주 현관이라는 두 주된 구성요소로 이루어진다.

[해설]
바실리카
- 대표 건축 : 트리얀의 바실리카, 콘스탄틴의 바실리카
- 상업의 교역소와 재판소적인 교회당으로 사용되었다.
- 포럼에 면하여 위치하였다.
- 초기 기독교 건축 양식의 기원이 되었다.

정답 01 ① 02 ③ 03 ② 04 ③

# 02 서양건축사

### 4  초기 그리스도교(기독교) 건축

| 특징 | 초기 기독교 건축은 고전 건축과 중세 건축의 과도기적 위치에 있다. |
|---|---|
| 대표적 건축 | • 카타콤(지하 동굴형 무덤) : 지하 분묘이며, 기독교 박해를 피해 집회소 및 피난소로 이용<br>• 바실리카식 교회당 : 네이브, 아일, 앱스, 나르텍스, 아트리움으로 구성<br>• 성당 : 성 베드로 바실리카 성당(옛 성 베드로 성당), 성 마리아 마조레 성당<br>• 세례당 : 노세라 세례당, 콘스탄틴 세례당 |

➕ **바실리카식 교회당**
- 초기 그리스도교(기독교) 건축 양식의 기원이 된 건물 형태이다.
- 트리얀의 바실라카·콘스탄틴의 바실라카 등이 있다.

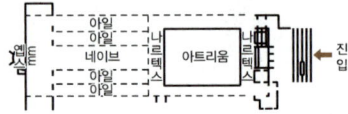

### 5  비잔틴 건축

| 특징 | • 동·서 로마로 분리되어 콘스탄티노플로 천도한 이후의 동로마 제국 건축으로서, 사라센 문화의 영향을 받았다.<br>• 외양은 단조롭고, 내부는 화려하게 장식하였으며, 평면의 각 부분은 정사각형으로 계획하였다.<br>• 펜덴티브 돔(Pendentive Dome)을 창안하였다.<br>※ 구성요소 : 아치(Arch), 부주두(Dosseret), 펜덴티브(Pendentive) |
|---|---|
| 대표적 건축 | • 성 소피아 성당(서로마의 장축형 바실리카식 평면구성과 동로마의 중앙집중식 평면구성의 조화로 계획)<br>• 성 마르크 성당, 성 비탈레 성당 |

➕ **펜덴티브 돔**

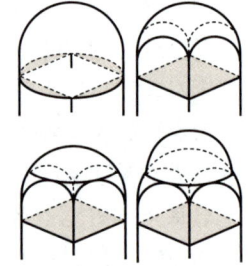

### 6  이슬람(사라센) 건축

| 특징 | • 회교(이슬람교)의 건축 양식이다.<br>• 모스크라고 하는 예배당이 중심이다.<br>• 다양한 아치가 특징이다(뾰족 아치, 말굽형 아치, 오지 아치, 다엽형 아치). |
|---|---|
| 대표적 건축 | 알함브라 궁전, 인도 타지마할의 분묘 |

➕ **미나렛(Minaret)**
이슬람 예배당(사원)의 건축 요소 중 뾰족한 첨탑

➕ **스퀸치(Squinch)**
이슬람(사라센) 건축의 돔 구조법

### 7  로마네스크

| 특징 | • 로마 건축기법과 게르만적 요소가 결합되어 서부 유럽에서 발달하였다.<br>• 초기 그리스도교 건축과 고딕 건축의 중간 양식이다.<br>• 교차 아치와 피어가 발달하였다.<br>• 크로스 볼트를 사용하였다(리브를 적용하여 보강).<br>• 라틴 십자형(라틴 크로스)의 평면형식을 채용하였다. |
|---|---|
| 대표적 건축 | 피사의 사원(사탑), 세례당, 종탑, 성 미니아토 성당, 성 제노마지오레 성당, 성 암브로지오 성당 |

➕ **볼트(Vault)**
아치(Arch) 형태에서 발전된 반원형 천장·지붕을 이루는 곡면 구조체를 말한다.

➕ **크로스 볼트(교차볼트, Cross Vault, Intersecting Vault)**
2개의 반원통 볼트를 직교시켜 만든 천장·지붕형태를 말한다. 보강을 위해 리브를 적용할 수 있다.

## 과년도 기출문제

건축 / 기사 / 필기

**01** 바실리카식 교회당의 구성에 속하지 않는 것은?
[17년 1회, 20년 1, 2회 통합]

① 아일  ② 파일론
③ 트랜셉트  ④ 나르텍스

[해설]
바실리카식 교회당은 네이브, 아일, 앱스, 나르텍스, 아트리움, 트랜셉트로 구성된다.

**02** 초기 기독교 시기의 바실리카 양식의 본당의 평면도에서 회랑의 중앙부분을 나타내는 용어는?
[17년 2회]

① 아일(Aisle)
② 네이브(Nave)
③ 아트리움(Atrium)
④ 페디먼트(Pediment)

[해설]
바실리카식 교회당은 네이브, 아일, 앱스, 나르텍스, 아트리움으로 구성되며, 그 중 회랑의 중앙부분을 나타내는 용어는 네이브(Nave)이다.

**03** 다음의 건축 양식과 해당 건축 양식의 특징적 요소 연결이 옳지 않은 것은?
[11년 2회]

① 로마네스크 건축 – 펜덴티브 돔(Pendentive Dome)
② 고딕 건축 – 플라잉 버트레스(Flying Buttress)
③ 고대 로마 건축 – 컴포지트 오더(Composite Order)
④ 비잔틴 건축 – 도저렛(Dosseret)

[해설]
펜덴티브 돔(Pendentive Dome) 양식은 사각 평면에 원형의 돔을 얹는 구법으로서, 비잔틴 건축 시기에 창안되었다.

**04** 다음과 같은 특징을 갖는 건축 양식은? [21년 3회]

- 사라센 문화의 영향을 받았다.
- 도서렛(Dosseret)과 펜던티브 돔(Pendentive Dome)이 사용되었다.

① 로마 건축  ② 이집트 건축
③ 비잔틴 건축  ④ 로마네스크 건축

[해설]
비잔틴 건축
- 동·서 로마로 분리되어 콘스탄티노플로 천도한 이후의 동로마 제국 건축으로서, 사라센 문화의 영향을 받았다.
- 외양은 단조롭고, 내부는 화려하게 장식하였으며, 평면의 각 부분은 정사각형으로 계획하였다.
- 도서렛(Dosseret) 및 펜덴티브 돔(Pendentive Dome)이 사용되었다.

**05** 비잔틴 건축에 관한 설명으로 옳지 않은 것은?
[21년 1회]

① 사라센 문화의 영향을 받았다.
② 도저렛(Dosseret)이 사용되었다.
③ 펜덴티브 돔(Pendentive Dome)이 사용되었다.
④ 평면은 주로 장축형 평면(라틴 십자가)이 사용되었다.

[해설]
장축형 평면(라틴 십자가)이 사용되었던 것은 로마네스크 양식의 특징이다.

**06** 건축물과 양식의 연결이 옳지 않은 것은?
[16년 4회]

① 노트르담 성당 – 고딕 양식
② 샤르트르 성당 – 고딕 양식
③ 피사의 사탑 – 바로크 양식
④ 성 소피아 성당 – 비잔틴 양식

[해설]
피사의 사탑은 로마네스크 건축 양식이다.

정답 01 ② 02 ② 03 ① 04 ③ 05 ④ 06 ③

## 02 서양건축사

### 8 고딕 건축

| 특징 | • 종교 건축의 구조 등 기술이 고도로 발전된 시기이다.<br>• 플라잉 버트레스(Flying Buttress, 부축벽 설치)<br>• 첨두형 아치(Pointed Arch)와 첨탑<br>• 리브 볼트(Rib Vault)의 발전[오지브 리브(Ogives Rib), 6분 리브 볼트]<br>• 창호의 적용이 증대하였고, 스테인드글라스(장미창, Rose Window)를 적용하였다. |
|---|---|
| 대표적 건축 | • 프랑스 : 파리의 노트르담 대성당(완벽한 고딕 건축 중 하나로, 플라잉 버트레스가 최초로 사용), 아미앵 성당, 샤르트르 성당, 생드니 성당<br>• 영국 : 솔즈베리 성당, 요크 성당<br>• 독일 : 퀼른 대성당<br>• 이탈리아 : 밀라노 대성당(고딕 후기 양식의 건축물로서 르네상스 시대에 완성), 도제(Doge) 궁전 |

• 고딕양식에서는 플라잉 버트레스, 첨두 아치, 리브 볼트 구조 등을 사용하여 높이를 높이고 횡력에 대한 보강을 하였다.

### 9 르네상스 건축

| 특징 | • 수평선을 외장의 주요소로 하여 인본주의의 이념을 많이 표현하였다[중세의 지나친 신(神) 중심의 세계관으로부터 벗어나 인간을 세계의 중심으로 고려].<br>• 고전 형식미를 추구하였으며, 주로 석재, 벽돌, 콘크리트 등을 주재료로 사용하였다.<br>• 드럼을 높게 하여 창을 두었으며, 돔 상부에 정탑(Lantern)을 배치하였다.<br>• 투시도법을 개발하여 건축물의 구성에 활용하였다. |
|---|---|
| 대표적 건축 | • 브루넬레스키 : 플로렌스 대성당(피렌체 성당), 파치 예배당, 피티 궁전<br>• 알베르티 : 팔라초 루첼라이, 성 안드레아 성당, 성 마리아 노벨라<br>• 브라만테 : 칸첼라이궁 템피엣토<br>• 팔라디오 : 빌라 카프라(로톤다)<br>• 미켈란젤로 : 성 베드로 대성당, 캄피돌리오 광장 |

• 르네상스 건축의 돔 구조법은 비잔틴 양식에서 이어진 것이며, 돔 하부의 드럼을 높게 하여 이 부분에 창을 두어 채광효과를 주었다.

**플로렌스(피렌체) 대성당의 돔**

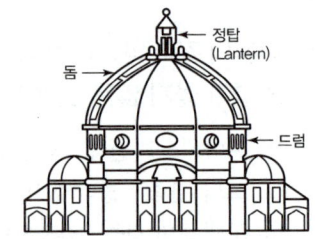

### 10 바로크 건축

| 특징 | • 르네상스 고전주의적 합리주의 경향에 반대하여 르네상스 말기(17세기) 이탈리아에서 발생하였다.<br>• 공적 생활 위주(종교, 권력)로서 많은 교회의 건축물을 축조하였다(종교적 열정을 건축적으로 표현해 낸 양식).<br>• 규모가 장대하고, 화려한 장식(유동하는 벽체, 변화무쌍한 입면)을 사용하였다. |
|---|---|
| 대표적 건축 | 세인트 폴 성당, 성 카를로 성당, 성 로렌조 성당, 베르사유 궁전, 루브르 궁전, 스칼라 레지아 |

**로코코 건축**

18세기에 바로크 건축에 뒤이어 프랑스를 중심으로 발전한 건축 양식이다. 종교의 권력을 배경으로 인간의 공적 생활 위주로 발전한 바로크 양식에 비해, 로코코 양식은 아담하고 아름다운 실내공간 장식 등 개인의 사생활(Privacy)을 위주로 한다는 특징이 있다.

## 과년도 기출문제

건축 / 기사 / 필기

**01** 다음의 건축물과 양식의 연결이 옳지 않은 것은?
[17년 2회]

① 판테온 – 로마 양식
② 파르테논 신전 – 그리스 양식
③ 성 소피아 성당 – 비잔틴 양식
④ 노트르담 성당 – 로마네스크 양식

[해설]
파리의 노트르담 성당
완벽한 고딕 건축 중 하나로, 플라잉 버트레스가 최초로 사용되었다.

**02** 다음 중 건축요소와 해당 건축요소가 사용된 건축 양식의 연결이 옳지 않은 것은?
[20년 3회]

① 장미창(Rose Window) – 고딕
② 러스티케이션(Rustication) – 르네상스
③ 첨두아치(Pointed Arch) – 로마네스크
④ 펜덴티브 돔(Pendentive Dome) – 비잔틴

[해설]
첨두아치(Pointed Arch)는 고딕 건축 양식의 주요 건축요소이다.

**03** 고딕 성당에 관한 설명으로 옳지 않은 것은?
[20년 4회]

① 중앙집중식 배치를 지배적으로 사용하였다.
② 건축 형태에서 수직성을 강하게 강조하였다.
③ 고딕 성당으로는 랭스 성당, 아미앵 성당 등이 있다.
④ 수평 방향으로 통일되고 연속적인 공간을 만들었다.

[해설]
중앙집중식 배치를 지배적으로 사용한 건축 양식은 비잔틴 양식으로, 대표적인 건축물에는 성 소피아 성당 등이 있다.

**04** 고딕양식의 건축물에 속하지 않는 것은? [21년 2회]

① 아미앵 성당    ② 노트르담 성당
③ 샤르트르 성당  ④ 성 베드로 성당

[해설]
성 베드로 성당은 초기 그리스도교(기독교) 건축에 해당한다.

**05** 르네상스 건축에 관한 설명으로 옳은 것은?
[21년 2회]

① 건축 비례와 미적 대칭 등을 중시하였다.
② 첨탑과 플라잉 버트레스가 처음 도입되었다.
③ 펜덴티브 돔이 창안되어 실내 공간의 자유도가 높아졌다.
④ 강렬한 극적효과를 추구하며 관찰자의 주관적 감흥을 중시하였다.

[해설]
② 첨탑은 이슬람(사라센) 건축에서 처음 도입되었으며, 플라잉 버트레스는 고딕 건축에서 처음 도입되었다. 이러한 첨탑과 플라잉 버트레스의 활용을 통한 건축이 발달된 것은 고딕 건축이다.
③ 비잔틴 건축의 특징이다.
④ 바로크 건축의 특징이다.

**06** 르네상스 교회 건축 양식의 일반적 특징으로 옳은 것은?
[22년 2회]

① 타원형 등 곡선평면을 사용하여 동적이고 극적인 공간연출을 하였다.
② 수평을 강조하며 정사각형, 원 등을 사용하여 유심적 공간구성을 하였다.
③ 직사각형의 평면구성으로 볼트구조의 지붕을 구성하며 종탑을 설치하였다.
④ 로마네스크 건축의 반원아치를 발전시킨 첨두형 아치를 주로 사용하였다.

[해설]
르네상스 교회 건축의 경우 수평선을 외장의 주요소로 하여 인본주의의 이념을 많이 표현하였다.

**정답** 01 ④  02 ③  03 ①  04 ④  05 ①  06 ②

## 02 서양건축사

### 11 초기 근대 건축

| 신고전주의 | 그리스와 로마의 절대미를 이상적으로 생각하고 고대 건물을 모방 |
|---|---|
| 낭만주의 | 19세기 고전 건축의 단순한 형태 추구에 대비하여 중세의 고딕 건축 채택 |
| 절충주의 | 다양한 건축 양식과 유럽 외의 건축 양식 도입 |

### 12 근대 건축 운동

| 미술공예운동<br>(Art and Craft Movement) | 예술품의 기계적 생산을 비판하고, 수공예에 의한 예술로의 복귀, 민중을 위한 예술 추구 |
|---|---|
| 시카고파<br>(Chicago School) | 근대적인 사무소 건축 발전에 이바지(철골구조에 의한 고층 건축) |
| 아르누보<br>(Art Nouveau) 운동 | • 자연형태를 디자인의 원천으로 삼아 철의 휘어지는 특성을 이용하여 식물 문양, 자유곡선 등을 장식적으로 사용<br>• 주요 건축 : 튜린가의 저택[빅토르 오르타(Victor Horta)], 사그라다 파밀리아[안토니오 가우디(Antonio Gaudi)] |
| 빈 분리파<br>(세제션, Wien Sezession) | • 과거 양식과의 분리와 해방 : 기하학적 형태 추구<br>• 주요 건축 : 빈 우편 저금국[오토 바그너(Otto Wagner)] |
| 독일공작연맹 | 독일 공업제품의 질적 향상을 목표로, 기계 생산에 의한 기술 개선과 생산 품질 향상에 기여(영국 미술공예운동에 영향, 설립자는 무지테우스) |
| 데스틸<br>(De Stijl) | 1917년 네덜란드의 화가, 조각가, 건축가들에 의해 시작되었으며, 순수 추상주의를 표방함 |
| 러시아 구성주의<br>(Constructivism) | 1917년 러시아 혁명 이후 새로운 사회의 가능성을 고전주의 양식을 탈피한 기하학적이고 동적인 형태로 표현한 과학기술의 낙관주의적 운동 |
| 바우하우스<br>(Bauhaus) | 건축가 발터 그로피우스(Walter Gropius)가 예술 및 건축 교육을 목적으로 독일 바이마르에 설립한 조형학교 |
| 독일 표현주의<br>(Expressionismus) | 20세기 초 주로 독일, 오스트리아에서 전개된 예술운동으로서, 전후 생활의 불안한 상태와 혼란의 내적 감정을 표출(리듬 있는 조형 구성, 동적 표현) |

• 아르누보(Art Nouveau) 운동의 창시자는 시카고 루이스 설비 반과 브뤼셀의 빅토르 오르타이며, 19C 말부터 20C 초까지 프랑스와 벨기에를 중심으로 전 유럽에 영향을 주었다.

**아르누보(Art Nouveau) 운동의 국가별 명칭**
• 독일 : 유겐트 슈틸(Jugend Stil : 청년 양식)
• 프랑스 : 아르누보(Art Nouveau : 새로운 예술)
• 오스트리아 : 세제션(Sezession : 빈 분리파)

**데스틸(De Stijl)의 중심인물**
몬드리안(Piet Mondrian), 반 되스버그(Theo van Doesburg), 리트벨트(Lierrit Rietvelt) 등

**레이트 모던 건축**
근대건축 이념의 지속적인 계승과 발전을 추구한 건축 양식이다.

**미래파(Futurism)**
• 19세기의 모든 전통에 대해 격렬하게 반항하고, 예술을 통하여 20세기의 다이내믹한 격정을 표현하려는 시도
• 주요 건축 : 안토니오 산텔리아의 신도시 계획안

## 13 국제주의(International Style)

| 일반사항 | • 1920년대 그로피우스(Gropius)에 의한 '국제건축' 제창<br>• 세계 어느 곳이나 적합한 새로운 건축 양식<br>• 장식의 배제와 기하학적 형태 : 합리적 기능주의<br>• CIAM(Les Congres International d'Architecture Moderne, 근대건축국제회의)의 창시로 유대감 부여 |
|---|---|
| 조형적 특징 | • 대칭선이 다양하고, 평면계획에 의해서 공간이나 매스를 유동적으로 배치한다.<br>• 단순한 수직, 수평의 직선적 구성을 주로 하며 곡선이나 곡면을 피한다.<br>• 재료의 특색을 외부에 그대로 사용하고, 백색이나 옅은 색을 많이 사용한다. |

## 14 주요 건축가

| 발터 그로피우스<br>(Walter Gropius) | • 독일공작연맹, 바우하우스를 통하여 국제주의 양식 확립<br>• 건축에 있어서 표준화, 대량 생산 시스템과 합리적 기능주의 추구<br>• 주요 건축물 : 파구스 공장, 데사우 바우하우스, 데사우 토르텐(Dessau Torten)의 2층 집합주택, 다름슈타트(Darmstadt)의 4층 집합주택, 하버드 대학의 그래듀에이트센터, 미국과학진흥협회 건물 |
|---|---|
| 프랭크 로이드 라이트<br>(Frank Lloyd Wright) | • 유기적 건축 주장 : 자연과 건물의 조화 추구<br>• 주요 건축물 : 일리노이주 칸카키의 히콕스 저택, 로비 주택, 도쿄 제국호텔, 애리조나의 산마르코 호텔, 낙수장, 존슨왁스 본사, 구겐하임 미술관 |
| 알바 알토<br>(Alvar Aalto) | • 유기적인 자연재료(목재 등)와 현대적 인공재료(강철, 콘크리트)를 적절히 조화시켜, 바우하우스적 기능주의를 유기적 합리주의로 발전시켰다.<br>• 주요 건축물 : MIT 학생기숙사(1947), 파이미오 사나토리움(1929), 핀란드의 국민연금국(1956) |
| 르 코르뷔지에<br>(Le Corbusier) | • 기본정신 : 합리적 기능주의<br>• 근대 건축의 5원칙 필로티, 옥상정원, 자유로운 평면, 자유로운 입면(Facade), 수평 띠창<br>• 주택의 4가지 유형 라로슈 주택, 가르슈 주택, 슈투트가르트 주택, 사보아 주택<br>• 주요 건축물 : 사보아 저택, 제네바 국제연맹본부계획안, 스위스 학생관, 알지에의 도시계획, 산디에(St. Die)의 중심의 도시, 마르세유의 주거단위, 롱샹 교회, 브뤼셀 만국박람회 필립관 |

---

**CIAM(Les Congres International d'Architecture Moderne, 근대건축 국제회의)**
- 1928년 스위스에서 발터 그로피우스(Walter Gropius), 르 코르뷔지에(Le Corbusier), 지크프리트 기디온(Sigfried Giedion) 등에 의해 결성
- 기능주의 및 합리주의 건축 보급

**아키그램(Archigram)**
- 1960년 영국에서 피터 쿡(P.Cook), 론 헤론(R. Herron), 웨렌 초크(W.Chalk), 데니스 크럼프턴(D. Crompton) 등이 결성한 단체
- 규범적인 권위주의적 체계의 가치 부정
- 건축과 도시의 가동성과 가변성 주창

- 르 코르뷔지에는 "집은 살기 위한 기계"라고 말했으며, 오늘날 고층 아파트로 이루어지는 주거지 계획의 이론적 배경이 된, 녹지 위의 고층(Tower in the Park)의 개념인 300만 인을 위한 도시를 제안하였다.

## 02 서양건축사

| | | |
|---|---|---|
| 미스 반 데어 로에<br>(Miss van Der Rohe) | • 유니버셜 스페이스[다목적 이용이 가능한 무한정(無限定) 공간] 제안<br>• 구조체(내부 골조)와 비구조체(외부 커튼 월)를 분리하여 고층건축물의 건립을 용이하게 함<br>• 시카고 고층건물 계획안에서 유리를 적용한 커튼월을 처음 적용<br>• 주요 건축물 : 유리의 마천루 계획안, 시그램 빌딩, 바로셀로나 박람회의 독일관, 슈투트가르트(Stuttgart)의 바이센호프, 투겐하트 저택, 일리노이 공과대학 종합건축 계획, 프로몬토리 아파트 | **"Less is More"**<br>미스 반 데어 로에는 당시 복잡했던 고딕 양식의 벽돌과 장식들을 제거하고 간결하고 단순한 건축물을 추구하였다. |
| 장 누벨<br>(Jean Nouvel) | • 빛과 기하학의 조화를 추구<br>• 주요 건축물 : 프랑스 파리 아랍문화원(Institut du Monde Arabe, 1988) | |
| 고든 분샤프트<br>(Gordon Bunshaft) | 미국 레버하우스 | **고든 분샤프트의 레버하우스**<br>고층(94m) 규모의 4면이 커튼 월(투명 외피)로 이루어진 건축물로서, 뉴욕 모더니즘의 시발점이 된 건축물이다. |
| 루이스 칸<br>(Louis Isadore Kahn) | 미국 킴벨 미술관 | |

## 과년도 기출문제

건 축 / 기 사 / 필 기

**01** 18세기에서 19세기 초에 있었던 신고전주의 건축의 특징으로 옳은 것은? [18년 4회]

① 장대하고 허식적인 벽면장식
② 고딕 건축의 정열적인 예술창조운동
③ 각 시대의 건축 양식의 자유로운 선택
④ 고대 로마와 그리스 건축의 우수성에 대한 모방

[해설]

신고전주의 건축(18C~19C)은 산업혁명을 통해 등장한 신흥 부유층 계급이 과거 귀족의 면모를 지향하여, 고대 로마와 그리스 건축의 우수한 면을 모방한 건축 양식이다.

**02** 오토 바그너(Otto Wagner)가 주장한 근대 건축의 설계지침 내용으로 옳지 않은 것은? [16년 1회, 21년 4회]

① 경제적인 구조
② 그리스 건축 양식의 복원
③ 시공재료의 적당한 선택
④ 목적을 정확히 파악하고 완전히 충족시킬 것

[해설]

오토 바그너(Otto Wagner)는 과거 양식과의 분리와 해방을 주창하는 비인 분리파(Wien Sezession)로 활동하였다.

**03** 레이트 모던(Late Modern) 건축 양식에 관한 설명으로 옳지 않은 것은? [22년 1회]

① 기호학적 분절을 추구하였다.
② 퐁피두 센터는 이 양식에 부합되는 건축물이다.
③ 공업기술을 바탕으로 기술적 이미지를 강조하였다.
④ 대표적 건축가로는 시저 펠리, 노만 포스터 등이 있다.

[해설]

레이트 모던 건축은 근대 건축 이념의 지속적인 계승과 발전을 추구한 건축 양식으로서 기호학적 분절 등을 시도하는 건축 양식과는 거리가 멀다.

**04** 론 해론(R.Herron)의 '움직이는 도시'의 계획안은 다음 중 어느 건축운동과 깊은 것인가? [04년 1회]

① CIAM          ② Archigram
③ Post-modern  ④ Bauhaus

[해설]

론 해론(R.Herron)은 아키그램(Archigram) 단체 결성의 일원이었다.

아키그램(Archigram)
• 1960년 영국에서 피터 쿡(P.Cook), 론 해론(R. Herron), 웨렌 초크(W. Chalk), 데니스 크럼프턴(D. Crompton) 등이 결성한 단체
• 규범적인 권위주의적 체계의 가치 부정
• 건축과 도시의 가동성과 가변성 주창

**05** 르 코르뷔지에(Le Corbuiser)가 주장한 건축 5대 원칙에 속하지 않는 것은? [16년 1회]

① 필로티
② 모듈러
③ 옥상정원
④ 자유로운 평면

[해설]

근대 건축의 5원칙
필로티, 옥상정원, 자유로운 평면, 자유로운 입면(Facade), 수평 띠창

**06** 다음 중 르 코르뷔지에가 제시한 근대 건축의 5원칙에 속하는 것은? [19년 2회]

① 옥상정원
② 유기적 건축
③ 노출콘크리트
④ 유니버설 스페이스

[해설]

근대 건축의 5원칙
필로티, 옥상정원, 자유로운 평면, 자유로운 입면(Facade), 수평 띠창

**정답** 01 ④  02 ②  03 ①  04 ②  05 ②  06 ①

## 과년도 기출문제

건 축 / 기 사 / 필 기

**07** 근대 건축가들의 주요 건축 사상을 나타낸 것 중 바르게 짝지어진 것은?  [00년 1회]

① 르 코르뷔지에 – 근대 건축의 5대 원칙
② 프랭크 로이드 라이트 – 유니버셜 스페이스
③ 알바 알토 – 국제주의 건축
④ 미스 반 데어 로에 – 유기적 건축

[해설]

② 프랭크 로이드 라이트 : 유기적 건축 주장(자연과 건물의 조화 추구)
③ 알바 알토 : 유기적인 자연재료(목재 등)와 현대의 인공재료(강철, 콘크리트)의 조화 추구
④ 미스 반 데 로에 : 유니버셜 스페이스[다목적 이용이 가능한 무한정(無限定)공간] 제안

**08** 다음 중 건축가와 작품이 잘못 연결된 것은?  [19년 2회]

① 르 코르뷔지에 – 사보이 주택
② 미스 반 데어 로에 – 레버 하우스
③ 오스카 니마이어 – 브라질 국회의사당
④ 프랭크 로이드 라이트 – 뉴욕 구겐하임 미술관

[해설]

레버하우스(Lever House, 1952)는 고든 분샤프트(Gordon Bunshaft)의 작품이다.

**09** 다음 중 건축가와 작품의 연결이 옳지 않은 것은?  [19년 4회]

① 르 꼬르뷔지에(Le Corbusier) – 롱샹 교회
② 월터 그로피우스(Walter Gropius) – 아테네 미국대사관
③ 프랭크 로이드 라이트(Frank Lloyd Wright) – 구겐하임 미술관
④ 미스 반 데르 로에(Mies Van der Rohe) – M.I.T 공대 기숙사

[해설]

M.I.T 공대 기숙사(1948)는 유기적인 자연재료(목재 등)와 현대의 인공재료(강철, 콘크리트)의 조화를 추구한 알바 알토(Alvar Aalto)의 작품이다.

**10** 다음의 건축 작품과 설계자의 연결이 옳지 않은 것은?  [13년 4회]

① 낙수장 – 프랭크 로이드 라이트
② 사보이(Savoye) 주택 – 르 코르뷔지에
③ 킴벨(Kimbel) 미술관 – 월터 그로피우스
④ 투켄하트(Tugendhat) 주택 – 미스 반 데 로에

[해설]

미국 킴벨 미술관(1966)은 루이스 칸(Louis Isadore Kahn)의 건축물이다.

**11** 건축가와 작품의 연결이 옳지 않은 것은?  [11년 1회]

① 렌조 피아노 – 로마 오디토리엄
② 아이 엠 페이 – 파리 아랍 문화원
③ 루이스 칸 – 리차즈 의학 연구소
④ 안토니오 가우디 – 카사 밀라

[해설]

장 누벨(Jean Nouvel)
• 빛과 기하학의 조화를 추구
• 주요 건축물 : 프랑스 파리 아랍문화원(L'Institut du Monde Arabe, 1988)

**12** 다음 중 건축가와 그의 작품의 연결이 옳지 않은 것은?  [18년 2회]

① Marcel Breuer – 파리 유네스코본부
② Le Corbusier – 동경 국립서양미술관
③ Antonio Gaudi – 시드니 오페라하우스
④ Frank Lloyd Wright – 뉴욕 구겐하임 미술관

[해설]

시드니 오페라하우스는 덴마크의 건축가인 요른 우트존(Jorn Utzon)에 의해 설계되었다.

정답  07 ①  08 ②  09 ④  10 ③  11 ②  12 ③

MEMO

# 03 한국건축사

## 1 삼국 시대 건축

| 고구려 건축 | • 진취적이고 힘 있는 표현<br>• 대표적인 가람지 : 청암리 사지<br>• 가람배치 형식 : 중앙에 8각형 목조 탑지가 있고 그 좌·우·북측에 금당지가 있는 1탑 3금당식 가람배치<br>• 주요 건축 : 평양 보통문, 청암리 사지 장군총, 쌍영총, 무용총 등 |
|---|---|
| 백제 건축 | • 탑을 중심으로 회랑을 돌린 1탑식 가람배치 형식<br>• 미륵사지 석탑 : 현존하는 가장 오래된 석탑<br>• 주요 건축 : 익산 미륵사지, 정림사지, 무령왕릉, 위봉사 보광명전 등 |
| 신라 건축 | • 1탑식 가람배치(돌을 벽돌 형태로 다듬어 쌓은 모전석탑 형식)<br>• 주요 건축 : 황룡사지, 분황사 모전석탑, 첨성대 |

**+ 가람배치**
사찰 건축의 형식화된 틀 또는 정형화된 공간배치를 의미한다. 즉, 사찰 안의 탑과 건물 간의 배치관계를 의미한다.

## 2 통일 신라 시대 건축

| 특징 | • 불교 예술이 중심(석조탑 등)을 이룬다.<br>• 불상을 안치한 금당을 중심으로 한 2탑식 가람배치 양식이다.<br>• 선종과 더불어 산지가람 형식이 이루어진다. |
|---|---|
| 주요 건축물 | 불국사, 석굴암, 해인사, 범어사, 화엄사, 법주사, 감은사, 석가탑, 다보탑 등 |

**+ 통일 신라의 가람배치**

 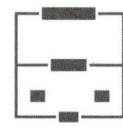

## 3 고려 시대 건축

| 특징 | • 불사 배치는 1탑식, 탑식, 산지가람 등 자유롭게 배치되었다.<br>• 주로 주심포 건축물이 많았으며, 말기에는 다포계 건축물이 나타나기 시작했다.<br>• 후기에는 도교의 영향으로 칠성각, 산신각 등의 건물이 다수 지어졌다. |
|---|---|
| 주요 건축물 | • 주심포식 : 안동 봉정사 극락전(현존하는 가장 오래된 목조 건축물), 영주 부석사 무량수전, 영주 부석사 조사당, 예산 수덕사 대웅전, 강릉 객사문<br>• 다포식 : 심원사 보광전, 석왕사 응진전<br>• 탑파 : 월정사 8각 9층 석탑, 경천사지 10층 석탑 등 |

**+ 불사 건축의 누하 진입 방식**
경사지에 건물을 지어 자연스럽게 만들어지는 건물 하부를 통해 들어가는 진입부를 만드는 방식으로, 고려 시대 건축물인 부석사가 이 방식을 취하였다.

**주심포식과 다포식**

주심포 형식      다포 형식

---

**개념이해**

**01** 한국 건축사에서 시대와 건축물이 바르게 짝지어진 것은?

① 삼국 시대 – 부석사 무량수전  ② 통일 신라 시대 – 정림사지
③ 고려 시대 – 봉정사 극락전  ④ 조선 시대 – 수덕사 대웅전

① 부석사 무량수전 – 고려 중기
② 정림사지 – 백제 시대
④ 수덕사 대웅전 – 고려 중기

답 ③

# 과년도 기출문제

건 축 / 기 사 / 필 기

**01** 한국 고대 사찰배치 중 1탑 3금당 배치에 속하는 것은? [19년 4회]

① 미륵사지  ② 불국사지
③ 정림사지  ④ 청암리 사지

[해설]
청암리 사지는 고구려 시대의 대표적인 사찰로서 고구려 시대의 가람배치 방식인 1탑 3금당식을 채용하고 있다.

**02** 다음의 건축물 중 주심포식 건축 양식에 해당하지 않는 것은?

① 강릉 객사문  ② 부석사 조사당
③ 봉정사 극락전  ④ 위봉사 보광명전

[해설]
위봉사 보광명전은 다포계 양식으로서, 삼국 시대(백제) 건축물이다.

**03** 현존하는 우리나라 목조 건축물 중 가장 오래된 것은? [17년 1회, 21년 4회]

① 부석사 무량수전  ② 봉정사 극락전
③ 법주사 팔상전  ④ 화엄사 보광대전

[해설]
안동 봉정사 극락전은 고려 시대 건축물로 주심포식 양식을 적용하였으며, 현존하는 목조 건축물 중 가장 오래되었다.

**04** 다음 중 다포식(多包式) 건물에 속하지 않는 것은? [22년 1회]

① 서울 동대문  ② 창덕궁 돈화문
③ 전등사 대웅전  ④ 봉정사 극락전

[해설]
안동 봉정사 극락전은 고려 시대 건축물로 주심포식 양식을 적용하였으며, 현존하는 목조 건축물 중 가장 오래되었다.

**05** 다음 중 다포식(多包式) 건축으로 가장 오래된 것은? [21년 1회]

① 창경궁 명정전  ② 전등사 대웅전
③ 불국사 극락전  ④ 심원사 보광전

[해설]
① 창경궁 명정전 : 조선 시대  ② 전등사 대웅전 : 조선 시대
③ 불국사 극락전 : 조선 시대  ④ 심원사 보광전 : 고려 시대

**06** 다음의 건축물 중 주심포식 건축 양식에 속하지 않는 것은? [16년 2회]

① 강릉 객사문  ② 석왕사 응진전
③ 봉정사 극락전  ④ 부석사 무량수전

[해설]
석왕사 응진전은 고려 시대 건축물로서 다포식 건축 양식을 따른다.

**07** 공포 형식 중 다포 형식에 관한 설명으로 옳지 않은 것은? [20년 3회]

① 출목은 2출목 이상으로 전개된다.
② 수덕사 대웅전이 대표적인 건물이다.
③ 내부 천장구조는 대부분 우물천장이다.
④ 기둥 상부 이외에 기둥 사이에도 공포를 배열한 형식이다.

[해설]
수덕사 대웅전은 주심포식 건축물이다.

**08** 불사 건축의 진입 방법에서 누하 진입 방식을 취한 것은? [17년 4회]

① 부석사  ② 통도사
③ 화엄사  ④ 범어사

[해설]
누하 진입 방식은 경사지에 건물을 지어 자연스럽게 만들어지는 건물 하부를 통해 들어가는 진입부를 만드는 방식으로 고려 시대 건축물인 부석사가 이 방식을 취하였다.

정답  01 ④  02 ④  03 ②  04 ④  05 ④  06 ②  07 ②  08 ①

## 03 한국건축사

### 4 조선 시대 건축

| 특징 | | • 고려 시대 건축에 비해 규모가 웅대해지고, 장식이 복잡해지는 경향이 있다.<br>• 후기에 들어 배흘림이 약해진다.<br>• 유교에 관계되는 문묘나 서원 건축이 발달하였다.<br>• 탑은 많이 세워지지 않았으며, 주심포, 다포 양식 외에 익공 양식이 나타났다. |
|---|---|---|
| 주요<br>건축물 | 주심포식 | 무위사 극락전, 도갑사 해탈문, 송광사 국사전, 고산사 대웅전, 봉정사 화엄강당, 나주 향교 대성전, 전주 풍남문 |
| | 다포식 | 서울 남대문(숭례문), 봉정사 대웅전, 신륵사 조사당, 율곡사 대웅전, 창덕궁 명정전, 창덕궁 돈화문, 전등사 대웅전, 전등사 약사전, 법주사 팔상전, 내소사 대웅전, 서울 문묘, 서울 동대문, 수원성, 팔달문, 경복궁 궁정전, 덕수궁 중화전, 불국사 극락전 |
| | 익공식 | 강릉 오죽헌, 해인사 장경판고, 서울 종묘 분전, 서울 동묘 본전, 경복궁 경희루, 남원 광한루, 서울 문묘의 명륜당 |
| | 탑파 | 월정사 8각 9층 석탑, 경천사지 10층 석탑 등 |

+ • 조선 시대에는 살림집의 터나 집 자체의 크기를 법령으로 규제하는 가사 제한이 있었다.

• 조선 시대 초기부터 방바닥 전체에 구들을 설치하는 전면 온돌이 지배층의 주택에 널리 사용되었다.

**전묘후학**
관학인 향교의 배치 방법으로서 평지 지형의 특성을 반영하여 앞쪽에 배향 공간이 있고, 뒤쪽에 강학 공간이 있는 배치 형식을 말한다.

**전조후침**
조선 시대 경복궁의 궁궐 배치는 전조공간과 후침공간으로 구성되어 있다.
• 전조공간 : 왕이 정치를 하는 곳으로 근정전, 만춘전, 천추전 등이 있다.
• 후침공간 : 왕의 거처로서 강녕전 등이 있다.

### 개념이해

**01** 다음 열거한 한국 건축물 중 익공식 건물은?

① 서울 문묘의 명륜당(明輪堂)
② 영주 부석사 조사당(組師堂)
③ 평양 보통문(普通門)
④ 창덕궁 돈화문(敦化門)

② 영주 부석사 조사당(組師堂) : 주심포식(고려 시대)
③ 평양 보통문(普通門) : 1탑 3금당식 가람배치(고구려 시대)
④ 창덕궁 돈화문(敦化門) : 다포식(조선 시대)

답 ①

## 과년도 기출문제

**01** 한국 건축의 평면 형식에 관한 설명으로 옳지 않은 것은? [16년 4회]

① 쌍봉사 대웅전은 2칸 장방형 평면이다.
② 퇴 없이 측면이 단칸인 평면은 평안도 살림집에서 많이 나타난다.
③ 중부지방 민가에서는 ㄱ자형 평면이 많은데 이를 곱은자집이라고도 한다.
④ 다각형 평면으로는 육각과 팔각이 많이 사용되었는데 대개 정자에서 나타난다.

[해설]
쌍봉사 대웅전은 1984년 화재로 소실된 바 있으며, 3층의 정방형 단칸집으로 조선 시대 중기의 법당으로서 탑파형 건축물이다.

**02** 다음 중 주심포식 건물이 아닌 것은? [22년 2회]

① 강릉 객사문       ② 서울 남대문
③ 수덕사 대웅전     ④ 무위사 극락전

[해설]
서울의 남대문(숭례문)은 다포식으로서 조선 초기의 건축물이다.

**03** 다음 조선 시대의 건축물 중 다포양식이 아닌 것은? [17년 4회]

① 내소사 대웅전     ② 창경궁 명전전
③ 전등사 대웅전     ④ 무위사 극락전

[해설]
무위사 극락전은 주심포식이다.

**04** 다음 건축물 중 익공식(翼工式)에 속하는 것은? [17년 4회]

① 강릉 오죽헌       ② 서울 동대문
③ 봉정사 대웅전     ④ 무위사 극락전

[해설]
강릉 오죽헌은 조선 시대 건축물로서 익공식에 속한다.

**05** 관학인 향교의 배치 방법 중 평지에 지어지고 대성전을 앞에 배치한 것은? [15년 2회]

① 전조후침(前朝後寢)   ② 전조후시(前朝後市)
③ 전묘후학(前廟後學)   ④ 전학후묘(前學後廟)

[해설]
**전묘후학(前廟後學)**
향교의 배치 형식으로서 평지나 지형의 특성상 앞쪽에 공자 및 제사를 지내는 배향공간이 있고 뒤쪽에는 공부를 하는 강학공간이 있을 경우의 배치 형식을 일컫는다.

**06** 경복궁의 궁궐 배치는 전조공간과 후침공간으로 이루어져 있다. 다음 중 전조공간의 구성에 속하지 않는 것은? [15년 1회, 20년 3회]

① 근정전       ② 만춘전
③ 천추전       ④ 강녕전

[해설]
**강녕전**
경복궁의 후침공간에 해당하는 곳으로서, 왕이 일상을 보내는 거처였으며 침전으로 사용하였다.
[참고]
전조후침 : 앞에는 조정(朝廷, 왕이 정치를 하는 곳)을 두고 뒤에는 침전(寢殿, 왕의 거처)을 두는 배치 방식

정답  01 ①  02 ②  03 ④  04 ①  05 ③  06 ④

# 03 한국건축사

## 5 근대 주요 건축물

| 고딕 양식 | 명동성당(1898), 보성전문학교(現 고려대학교 본관, 1937) |
|---|---|
| 르네상스 양식 | 경성역사(現 서울역 본관, 1925), 조선총독부 청사(국립박물관 現 철거, 1926), 조선은행(現 한국은행 본점, 1912), 삼월백화점(現 서울 신세계백화점, 1930) |
| 로마네스크 양식 | 서울 성공회 성당(1926) |

## 6 전통 건축 기법 관련 용어

| 주심포식 | 주두, 소첨차, 대첨차와 소로들로 짠 공포를 기둥 위에만 올려 놓아 지붕틀을 떠받치는 구조이다(평방 없음). |
|---|---|
| 다포식 | 평방이라는 수평부재를 놓고 주두와 소첨차, 대첨차 등으로 짠 공포를 놓아 주심도리와 출목도리를 받치는 구조이다(기둥과 기둥 사이에 공포 배치). |
| 도리 | 보와 각각 방향의 횡가구제인 도리는 단면이 원형(둥글게 만든 도리)인 굴도리와 단면이 방형(모가 나게 만든 도리)인 납도리가 있다. |
| 칠량가 | 한식 건물에서 도리가 일곱 개로 된 지붕틀이다. |
| 우미량 | • 주심포 건물에 주로 사용되었으며, 단차가 있는 도리를 계단 형식으로 상호 연결하는 부재이다.<br>• 소꼬리처럼 곡선으로 만들어져서 우미량이라는 이름이 붙여졌다. |
| 서까래 | • 서까래는 지붕을 형성하는 기본 부재로 일반적으로 장연, 단연, 처마서까래, 부연 등을 통틀어서 부르는 명칭이다.<br>• 겹처마의 경우 서까래를 2중으로 설치하는데 먼저 설치한 것을 홑처마, 나중에 설치하는 것을 부연이라 한다.<br>• 중도리와 중도리 사이의 길이가 짧은 서까래를 단연이라고 한다. |
| 입면구성기법 | • 조로 : 입면에서 처마의 양끝이 들려 올라가는 것<br>• 안쏠림(오금) : 귀기둥을 안쪽으로 기울어지게 하는 것<br>• 후림 : 지붕 평면상에 있어 처마선을 안쪽으로 굽게 하여 날렵하게 보이게 하는 것<br>• 귀솟음(우주) : 건물의 귀기둥을 중간 평주보다 높게 한 것 |

**➕ 한국 건축의 의장적 특징**
- 한국 건축은 자연과 조화를 이루고 있다.
- 각 공간마다 위계성을 갖고 있으며, 그 공간에는 주(主)와 종(從)의 관계가 존재한다(건넌방과 머슴방, 사랑방과 안채 등).
- 대부분의 한국 건축은 인간적 척도 개념을 나타내는 특징이 있다.
- 기둥의 안쏠림으로 건축의 외관에 시지각적인 안정감을 느끼게 한다.
- 한국 건축은 서양 건축과 달리 지붕면이 정면이 되고 박공면이 측면이 된다.

### 개념이해

**01** 주심포 건물에서 사용되었으며, 단차가 있는 도리를 계단 형식으로 상호 연결하는 부재는? [13년 1회]

① 창방　　② 평방
③ 장혀　　④ 우미량

우미량은 주심포 건물에 주로 사용되었으며, 단차가 있는 도리를 계단 형식으로 상호 연결하는 부재이다. 직선부재가 아니고 소꼬리처럼 곡선으로 만들어져서 우미량이라는 이름이 붙여졌다.

답 ④

## 과년도 기출문제

**01** 다음의 한국 근대 건축 중 르네상스 양식을 취하고 있는 것은? [18년 2회]

① 명동성당  ② 한국은행
③ 덕수궁 정관헌  ④ 서울 성공회성당

[해설]
한국은행(구 조선은행)은 르네상스 양식이다.

**02** 한국 건축의 의장적 특징에 대한 설명 중 옳지 않은 것은? [17년 2회]

① 대부분의 한국 건축은 인간적 척도 개념을 나타내는 특징이 있다.
② 기둥의 안쏠림으로 건축의 외관에 시지각적인 안정감을 느끼게 하였다.
③ 한국 건축은 서양 건축과 달리 지붕면이 정면이 되고 박공면이 측면이 된다.
④ 한국 건축은 공간의 위계성이 없어 각 공간의 관계가 주(主)와 종(從)의 관계를 갖지 않는다.

[해설]
한국 건축은 자연과 조화를 이루고 있으며, 각 공간마다 위계성을 갖고 있고, 그 공간에는 주(主)와 종(從)의 관계가 존재한다(건너방과 머슴방, 사랑방과 안채 등).

**03** 다포식(多包式) 건축 양식에 관한 설명으로 옳지 않은 것은? [18년 2회]

① 기둥 상부에만 공포를 배열한 건축 양식이다.
② 주로 궁궐이나 사찰 등의 주요 정전에 사용되었다.
③ 주심포 형식에 비해서 지붕하중을 등분포로 전달할 수 있는 합리적 구조법이다.
④ 간포를 받치기 위해 창방 외에 평방이라는 부재가 추가되었으며 주로 팔작지붕이 많다.

[해설]
다포식(多包式)은 기둥 상부 이외의 기둥 사이에도 공포를 배열한 건축 양식이다. 기둥 위에 올라간 공포를 주상포(住上包)라 하고 기둥 사이에 있는 포를 간포(間包)라고 한다.

**04** 다음 중 봉정사 극락전에 관한 설명으로 옳지 않은 것은? [19년 2회]

① 지붕은 팔작지붕의 형태를 띠고 있다.
② 공포를 주상에만 짜놓은 주심포 양식의 건축물이다.
③ 우리나라에 현존하는 목조 건축물 중 가장 오래된 것이다.
④ 정면 3칸에 측면 4칸의 규모이며 서남향으로 배치 되어 있다.

[해설]
봉정사 극락전은 옆에서 볼 때 사람 인(人)자 모양을 한 맞배지붕을 하고 있다.

**05** 주심포 형식에 관한 설명으로 옳지 않은 것은? [21년 2회]

① 공포를 기둥 위에만 배열한 형식이다.
② 장혀는 긴 것을 사용하고 평방이 사용된다.
③ 봉정사 극락전, 수덕사 대웅전 등에서 볼 수 있다.
④ 맞배지붕이 대부분이며 천장을 특별히 가설하지 않아 서까래가 노출되어 보인다.

[해설]
주심포의 경우 장혀는 짧은 것(단장혀)을 사용하고 평방은 사용되지 않는다. ②는 다포 형식의 특징이다.

정답 01 ② 02 ④ 03 ① 04 ① 05 ②

# 04 단독주택

## 1 한식주택과 양식주택

| 구분 | 한식주택 | 양식주택 |
|---|---|---|
| 공간의 융통성 | 높음(실 기능의 혼용) | 낮음(실 기능의 독립) |
| 프라이버시 | 보장되기 어려움(문으로 구획) | 보장됨(벽으로 구획) |
| 평면구성 | 조합, 폐쇄적, 분산식(각 실이 복도로 연결되어 조합된 평면) | 분화, 개방적, 집중식(각 실이 한 공간 내에서 분화되어 홀로 연결) |
| 생활방식 | 좌식 | 의자식(입식) |
| 가구 | 부차적인 존재 | 필수적 존재 |
| 구조방식 | 목조가구식 | 벽돌 조적식 |
| 난방방식 | 바닥의 복사 난방(방마다 개별 설치) | 대류식 난방(한 곳에서 집중 관리) |

**+ 한식주택의 문골 부분**
- 전통 한식주택에서는 여름철 고온다습에 대처하는 방법으로 문골 부분을 크게 만들었다.
- 기후적 조건으로 인해 남부 지방으로 갈수록 문골 부분이 크게 시공되었다.

- 한식주택은 목조가구식으로 양식주택에 비하여 바닥이 높다.

## 2 한식주택의 민가 형식

| 一자 형식 | • 남부 지방에 분포한 형식<br>• 부엌, 방, 마루 등이 일렬로 연속 배치된 형식 |
|---|---|
| ㄱ자 형식 | • 중부 지방에 분포한 형식<br>• 개성 지방 : 부엌, 안방, 웃방을 일렬 배치하고, 윗방에서 직각 방향에 대청을 두고 건넌방을 연결하는 방식<br>• 서울 지방 : 방과 마루를 일렬 배치하고, 직각 방향에 부엌을 연결하는 방식 |
| 田자 형식 | • 북부 지방에 분포한 형식<br>• 부엌의 부뚜막을 넓게 하고, 방에서 방으로 직접 연결되어 도리 방향의 칸막이벽으로 방들이 田자 같이 구성된 형식 |

+ 함경도 지방은 지역 특성상 추운 지방의 기후적인 조건을 만족시키기 위한 건축 양식이 발달하였다. 정주간과 방들의 일부가 田자형으로 구성되어 있어 田자형 주택이라고 칭해지고 있다.

## 3 1인당 주거면적기준

(단위 : m²/인)

| 구분 | | 면적 |
|---|---|---|
| 최소한 주택의 표준 | | 10 |
| 콜로뉴(Cologne) 기준 | | 16 |
| 숑바르 드 로브<br>(사회학자) | 병리 기준 | 8 |
| | 한계 기준 | 14 |
| | 표준 기준 | 16 |
| 국제주거회의(최소) | | 15 |

+ 주택설계 시 최우선적으로 고려되어야 하는 것은 주부의 동선 단축을 통한 가사노동의 경감이다.

+ 주거면적은 주택 연면적에서 공용 부분을 제외한 순수 주거면적을 말하며, 건축면적의 50~60% 정도를 차지한다.

# 과년도 기출문제

**01** 한식주택과 양식주택에 관한 설명으로 옳지 않은 것은? [19년 1회]

① 양식주택은 입식생활이며, 한식주택은 좌식생활이다.
② 양식주택의 실은 단일용도이며, 한식주택의 실은 혼용도이다.
③ 양식주택은 실의 위치별 분화이며, 한식주택은 실의 기능별 분화이다.
④ 양식주택의 가구는 주요한 내용물이며, 한식주택의 가구는 부차적 존재이다.

**[해설]**
양식주택은 집중식(각 실이 한 공간 내에서 분화되어 홀로 연결)으로서 집중된 곳에서 기능별로 분화되고, 한식주택은 분산식(각 실이 복도로 연결되어 조합된 평면)으로서 실이 위치별로 분화된다.

**02** 우리나라 전통 한식주택에서 문골 부분(개구부)의 면적이 큰 이유로 가장 적합한 것은? [22년 2회]

① 겨울의 방한을 위해서
② 하절기 고온다습을 견디기 위해서
③ 출입하는데 편리하게 하기 위해서
④ 상부의 하중을 효과적으로 지지하기 위해서

**[해설]**
우리나라 전통 한식주택에서 문골(개구부)을 크게 한 이유는 여름철 남쪽에서 불어오는 바람을 최대한 받아들여 바람에 의한 증발냉각 효과(땀이 증발하면서 시원해지는 효과)를 거두기 위함이었다.

**03** 전통 주거건축 중 부엌, 방, 대청, 방의 순으로 배열되는 일(一)자형 평면을 가진 민가형은? [16년 2회]

① 남부 지방형
② 개성 지방형
③ 평안도 지방형
④ 함경도 지방형

**[해설]**
남부 지방형은 여름철 더운 날씨에 대비하여 통풍 등을 위해 대청마루가 방과 방 사이에 있는 일(一)자형 평면으로 배치되었다.

**04** 조선 시대에 田자형 주택으로 대별되는 서민주택의 지방 유형은? [15년 2회, 20년 4회]

① 서울 지방형
② 남부 지방형
③ 중부 지방형
④ 함경도 지방형

**[해설]**
함경도 지방은 지역 특성상 추운 지방의 기후적인 조건을 만족시키기 위한 건축 양식이 발달되었다. 그것이 정주간과 방들의 일부가 田자형으로 구성된 이를 일명 田자형 주택이다.

**05** 숑바르 드 로브의 1인당 주거면적 기준으로 옳은 것은? [15년 4회, 16년 4회, 20년 3회]

① 병리 기준 : $6m^2$, 한계 기준 : $12m^2$
② 병리 기준 : $6m^2$, 한계 기준 : $14m^2$
③ 병리 기준 : $8m^2$, 한계 기준 : $12m^2$
④ 병리 기준 : $8m^2$, 한계 기준 : $14m^2$

**[해설]**
숑바르 드 로브(Chombard de Lawve, 사회학자)의 기준
- 병리 기준 : $8m^2$/인 이하이면, 거주자의 신체적 및 정신적인 건강에 나쁜 영향을 끼친다.
- 한계 기준 : $14m^2$/인 이하이면, 개인 및 가족적인 거주의 융통성을 보장할 수 없다.
- 표준 기준 : $16m^2$/인

**정답** 01 ③  02 ②  03 ①  04 ④  05 ④

# 04 단독주택

## 4 주택의 동선계획

| 동선의 3요소 | 속도 | 얼마나 빠르게 이동할 수 있는가의 정도 |
|---|---|---|
| | 빈도 | 얼마나 많이(빈번히) 통행하느냐의 정도 |
| | 하중 | 동선을 따라 통행 또는 이동하는 것에 대한 무게감의 정도 |
| 동선계획 시 유의사항 | | • 동선의 길이는 되도록 짧게 한다.<br>• 동선은 단순 명쾌하게 한다.<br>• 서로 다른 종류의 동선은 가능한 분리시켜 교차를 피한다.<br>• 빈도가 높은 동선은 짧게 한다.<br>• 동선에는 공간이 필요하며, 개인, 사회, 가사노동권은 서로 독립성을 유지해야 한다. |

### 개념이해

**01** 주택의 동선계획에 관한 다음 설명 중 틀린 것은?

① 동선의 형태는 될 수 있는 한 단순하게 한다.
② 낮공간의 동선과 밤공간의 동선은 서로 분리시킨다.
③ 다른 종류의 동선과는 될 수 있는 한 근접 교차시켜 힘이 들지 않게 한다.
④ 동선의 길이는 될 수 있는 한 굵고 짧게 해야 한다.

**02** 주택의 동선계획에 관한 내용 중 틀린 것은?

① 동선의 형태는 가능한 단순하게 한다.
② 개인, 사회, 가사노동권의 3개 동선을 일치시킨다.
③ 동선은 가능한 굵고 짧게 해야 한다.
④ 복도를 두고 동선을 정리하고 방의 프라이버시를 살린다.

---

○ 동선계획
㉠ 동선의 3요소 : 속도, 빈도, 하중
㉡ 동선계획 시 유의사항
• 동선의 길이는 되도록 짧게 한다.
• 동선은 단순 명쾌하게 한다.
• 서로 다른 종류의 동선은 가능한 분리시켜 교차를 피한다.
• 빈도가 높은 동선은 짧게 한다.
• 동선에는 공간이 필요하며, 개인, 사회, 가사노동권은 서로 독립성을 유지해야 한다.

답 ③

○ 동선에는 공간이 필요하며, 개인, 사회, 가사노동권은 서로 독립성을 유지해야 한다.

답 ②

# 과년도 기출문제

건 축 / 기 사 / 필 기

**01** 주택의 평면계획 시 공간의 조닝 방법으로 가장 적합하지 않은 것은? [15년 4회]

① 가족 전체와 개인에 의한 조닝
② 정적공간과 동적공간에 의한 조닝
③ 융통성에 의한 조닝
④ 주간과 야간의 사용시간에 의한 조닝

[해설]

주택공간의 조닝(Zoning)
• 가족 전체와 개인의 조닝
• 정적공간과 동적공간에 의한 조닝
• 주간과 야간의 사용시간에 의한 조닝

**02** 일반주택의 동선계획에 관한 설명으로 옳지 않은 것은? [17년 2회]

① 하중이 큰 가사노동의 동선은 길게 처리한다.
② 동선에는 공간이 필요하고 가구를 둘 수 없다.
③ 일반적으로 동선의 3요소라 함은 속도, 빈도, 하중을 의미한다.
④ 개인, 사회, 가사노동권의 3개 동선은 서로 분리하는 것이 바람직하다.

[해설]

하중이 큰 가사노동의 동선은 짧게 처리해야 한다.
㉠ 동선의 3요소 : 속도, 빈도, 하중
㉡ 동선계획 시 유의사항
  • 동선의 길이는 되도록 짧게 한다.
  • 동선은 단순 명쾌하게 한다.
  • 서로 다른 종류의 동선은 가능한 분리시켜 교차를 피한다.
  • 빈도가 높은 동선은 짧게 한다.
  • 동선에는 공간이 필요하며, 개인, 사회, 가사노동권은 서로 독립성을 유지해야 한다.

**03** 주택의 동선계획에 관한 설명으로 옳지 않은 것은? [21년 1회]

① 동선은 가능한 한 굵고 짧게 계획하는 것이 바람직하다.
② 동선의 3요소 중 속도는 동선의 공간적 두께를 의미한다.
③ 개인, 사회, 가사노동권의 3개 동선은 상호 간 분리하는 것이 좋다.
④ 화장실, 현관 등과 같이 사용빈도가 높은 공간은 동선을 짧게 처리하는 것이 중요하다.

[해설]

동선계획에서 속도는 얼마나 빠르게 이동할 수 있는가의 정도를 말하므로 동선의 공간적 두께와는 관계 없다.
빈도는 얼마나 많이(빈번히) 통행하느냐의 정도, 하중은 동선을 따라 통행 또는 이동하는 것의 무게감 정도를 의미한다.

**정답** 01 ③  02 ①  03 ②

## 04 단독주택

### 5 주택 형식의 분류

#### (1) 평면 형식

| | |
|---|---|
| 편복도형 | • 각 실을 한 방향으로 설치된 복도에 따라 연출한 형식이다.<br>• 각 실의 일조·통풍은 좋으나, 동선이나 건물의 길이, 외벽의 면적이 길어진다. |
| 중복도형 | • 복도의 양측에 실을 배치하는 방식이다.<br>• 동선의 길이가 줄어들고, 모든 실을 좋은 방향으로 배치할 수 있다. |
| 홀형 | 홀을 중심으로 그 주위에 각 실을 배치하는 방식이다. |
| 중정형 | 건물의 한 가운데에 정원을 두고 그 주위에 각 실을 배치하여 각 실이 중정을 향하게 하는 형식이다. |
| 코어형 | 건축의 평면, 구조, 설비의 관점에서 건물의 일부분이 어떤 집약된 형태로 존재하는 것을 의미한다. |
| 일실형 | 주택 전체를 하나의 공간에 포함시켜 각 실을 독립된 공간으로 구획하지 않는 형식이다. |

**+ 코어의 종류**
- 평면적 코어 : 홀이나 계단 등을 건물의 중심적 위치에 집약하고, 유효면적을 증대시키고자 하는 것
- 구조적 코어 : 건물의 일부에 내진벽 등을 집약 배치하여, 그 부분에서 건물 전체의 강도를 높이려는 것
- 설비적 코어 : 부엌, 욕실, 화장실 등 설비부분을 건물의 일부에 집약 배치시켜, 설비 관계 공사비를 감소시키려는 것

#### (2) 입면 형식

| | |
|---|---|
| 단층형 | 건물이 1개 층인 형식이다. |
| 중층형 | 건물의 층수가 2개 이상인 형식이다. |
| 필로티<br>(Piloty)형 | 건물 1층부에 기둥만을 두어 외부에 개방적인 공간으로 하고, 2층 이상에 실을 배치하는 방식이다. |
| 스킵 플로어<br>(Skip Floor)형 | 대지가 경사지인 경우 절토 없이, 지면의 차이에 따라 저지대는 중층으로, 고지대는 단층으로 처리한 형식이다. |
| 공정(Void)형,<br>취발형 | 같은 지붕 아래 일부는 중층, 일부는 단층을 구성하는 형식이다. |

### 6 현관 / 복도 / 계단 / 거실

| | |
|---|---|
| 현관 | • 현관의 위치를 결정하는 조건 : 도로의 위치, 건축 및 대지의 형태, 대문의 위치<br>• 현관의 크기를 결정하는 조건 : 주택의 규모(연면적), 가족의 수, 예상 방문객 수 |
| 복도 | • 50m² 이하의 주택에서는 복도를 두는 것이 비경제적이다.<br>• 전체 면적의 10%에 해당하는 넓이로 한다. |
| 계단 | 현관이나 홀에 근접하여 식사실이나 욕실, 화장실에 가까운 위치가 적합하다. |
| 거실 | • 거실은 일상생활의 중심이 되는 곳으로서, 가족의 모임의 장소(사회권)로 사용하여야 한다.<br>• 거실이 다른 공간들을 연결하는 단순한 통로로서의 역할을 수행해서는 안 된다.<br>• 거실에서 문이 열린 침실의 내부가 보이지 않도록 한다. |

**+ 주택의 공간 구분**
- 거주공간 : 거실, 식당, 침실, 응접실 등
- 생리위생공간 : 욕실, 화장실, 세면장 등
- 노동공간 : 가사실, 주방 등
- 수납공간 : 반침, 벽장 등
- 통로공간 : 현관, 복도, 계단 등

**주거시설 연면적에 대한 구성비**
- 거실 : 30%
- 복도 : 10%
- 부엌 : 8~12%(평균 10%)
- 현관 : 7%

# 과년도 기출문제

**01** 경사진 대지 형태를 절토에 의해서 평탄하게 변형시키지 않고 주택의 공간을 계획하는 입면 형식은? [13년 3회]

① 코어형(Core)
② 공정형(Void)
③ 스킵 플로어형(Skip Floor)
④ 2층형

[해설]
스킵 플로어(Skip Floor)형
대지가 경사지인 경우 절토 없이, 지면의 차이에 따라 저지대는 중층으로, 고지대는 단층으로 처리한 형식

**02** 단독주택계획에 관한 설명으로 옳지 않은 것은? [17년 4회]

① 건물이 대지의 남측에 배치되도록 한다.
② 건물은 가능한 한 동서로 긴 형태가 좋다.
③ 동지 때 최소한 4시간 이상의 햇빛이 들어오도록 한다.
④ 인접 대지에 물이 없더라도 개발 가능성을 고려하도록 한다.

[해설]
일조 확보를 위해서 남쪽에 공지가 필요하므로, 건물은 대지의 북쪽에 위치하는 것이 좋다.

**03** 다음 중 단독주택의 현관 위치 결정에 가장 주된 영향을 끼치는 것은? [21년 1회]

① 방위
② 주택의 층수
③ 거실의 위치
④ 도로와의 관계

[해설]
현관의 위치를 결정하는 조건
• 도로의 위치(가장 주된 영향)
• 건축 및 대지의 형태
• 대문의 위치

**04** 주택의 거실계획에 관한 설명으로 옳지 않은 것은? [17년 4회]

① 거실에서 문이 열린 침실의 내부가 보이지 않게 한다.
② 거실이 다른 공간들을 연결하는 단순한 통로의 역할이 되지 않도록 한다.
③ 거실의 출입구에서 의자나 소파에 앉을 경우 동선이 차단되지 않도록 한다.
④ 일반적으로 전체 연면적의 10~15% 정도의 규모로 계획하는 것이 바람직하다.

[해설]
연면적의 약 20~30% 정도(평균 30%) 규모로 계획하는 것이 일반적이다.

**05** 주택의 현관에 대한 설명 중 옳지 않은 것은? [16년 4회]

① 현관의 위치는 대지의 형태, 방위, 도로와의 관계에 영향을 받는다.
② 현관의 위치는 주택의 북측이 가장 좋으며 주택의 남측이나 중앙부분에는 위치하지 않도록 한다.
③ 현관의 크기는 현관에서 간단한 접객의 용무를 겸하는 이외의 불필요한 공간을 두지 않는 것이 좋다.
④ 현관의 크기는 주택의 규모와 가족의 수, 방문객 예상 수 등을 고려한 출입량에 중점을 두어 계획하는 것이 바람직하다.

[해설]
현관의 위치 결정 요소 중 가장 중요한 것은 도로의 위치이며, 방위적으로는 남향으로 계획하는 것이 좋다.

**정답** 01 ③  02 ①  03 ④  04 ④  05 ②

# 04 단독주택

## 7 침실

| 계획 시 주의사항 | • 침실은 소음이 차단되고 안전성을 기대할 수 있는 곳에 둔다.<br>• 노인 침실은 주거부 중심에서 약간 떨어진 곳으로서, 조용하고 전망이 좋고 안정감을 취할 수 있는 곳이면서, 동시에 가족과의 관계를 유지할 수 있는 곳에 계획한다.<br>• 침실은 독립성이 강한 부분으로서, 가급적 다른 실과 분리하여 계획한다. |
|---|---|
| 침실의 면적산정 | $침실면적(m^2) = \dfrac{시간당 환기 필요량(m^3/h)}{시간당 환기 횟수(회/h)}$ |

## 8 식사실(식당)의 분류

| 분리형 | 거실이나 부엌과 완전히 독립된 식사실 |
|---|---|
| 리빙 키친<br>(LDK형식, Living Dining Kitchen) | 거실, 식사실, 부엌을 겸용한 것 |
| 다이닝 키친<br>(DK형, Dining Kitchen) | 부엌의 일부에 간단히 식탁을 꾸며 놓은 것 |
| 다이닝 알코브<br>(DA형식, Dining Alcove) | 거실의 일부에 간단히 식탁을 꾸며 놓은 것 |
| 리빙 다이닝<br>(LD형식, Living Dining) | 거실 내에 커튼이나 스크린으로 칸막이가 설치된 식사실 |
| 다이닝 포치, 다이닝 테라스<br>(Dining Porch, Dining Terrace) | 여름철 등 좋은 날씨에 테라스나 포치에서 식사하는 것 |
| 키친 플레이 룸<br>(Kitchen Play Room) | 부엌에서 작업을 하면서 어린이를 돌볼 수 있도록 된 공간 |

**✚ 욕실계획 시 고려사항**
- 욕실의 천장은 2.1m 이상의 높이로 하고, 적당한 경사를 주어 수증기 방울이 바닥에 떨어지지 않도록 한다.
- 상하층에서 동일한 평면에 배치하여 배수 및 소음이 최소화될 수 있도록 한다.
- 욕실은 화장실과 부엌을 근접시켜 급·배수관을 경제적으로 설치할 수 있도록 하여 설비를 절약한다.

**✚ 리빙 키친(LDK형) 채택 이유**
- 소규모 주택에서 공간 및 작업의 효율성 향상
- 주부 동선의 단축

**식당(식사실) 면적**
- 가족 수와 식탁의 크기 및 배치 방식에 따라 결정된다.
- 최소한 3인 가족 5m², 4인 가족 7.5m², 6인 가족 10m² 이상이 필요하다.

## 9 부엌

| 계획 시 주의사항 | • 부엌은 음식물을 다루는 곳이므로 일사 시간이 긴 서쪽은 반드시 피해야 한다.<br>• 부엌은 습기가 높은 곳이므로, 계획 시 습기 제거가 가능한 향(向) 및 개구부에 대한 고려가 필요하다. |
|---|---|
| 부엌의 크기 결정요소 | • 작업대(개수대, 준비 조리대, 레인지, 배선대 등)의 면적<br>• 가사노동자의 동작에 필요한 공간<br>• 식기, 식품, 조리용 기구의 수납에 필요한 공간<br>• 연료의 종류와 공급 방법<br>• 주택의 연면적, 가족 수 및 평균 가사노동자 수 |
| 부엌의 작업 순서 | • 부엌의 작업 순서는 왼쪽에서 오른쪽으로 이동할 수 있도록 계획한다.<br>• 준비 → 냉장고 → 개수대(Sink) → 조리대(요리) → 가열대(레인지) → 배선대 → 해치(Hatch) → 식탁 |
| 부엌의 작업 삼각형 | • 개수대 - 냉장고 - 가열대<br>• 삼각형 세 변 길이의 합은 3.6~6.6m 사이가 적당하다. |
| 부엌의 유형 | 직선형 (-자형) | • 몸의 방향을 바꿀 필요가 없다(좁은 면적의 부엌에 사용).<br>• 동선이 길어지는 경향이 있다. |
| | 병렬형 | • 좁은 면적의 부엌에서 동선을 단축시킬 수 있다.<br>• 몸을 돌려가며 작업을 해야 한다. |
| | L자형 | • 배치에 여유가 있고 능률적이다.<br>• 모서리 부분의 이용도가 낮다. |
| | U자형 (ㄷ자형) | • 수납공간을 넓게 둘 수 있다.<br>• 작업공간이 넓고, 효율이 양호하다.<br>• 위치 설정이 난이하다. |

**배선실(Pantry)**
식당과 부엌 사이의 음식을 준비하는 공간으로서, 식품, 식기 등을 저장한다.

**부엌의 작업 삼각형**

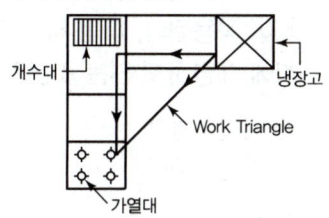

직선형

병렬형

L자형

U자형

## 과년도 기출문제

**01** 주택의 각 실 공간계획에 관한 설명으로 옳지 않은 것은?

① 부엌은 밝고, 관리가 용이한 곳에 위치시킨다.
② 거실이 통로로서 사용되는 평면배치는 피한다.
③ 식사실은 가족 수 및 식탁배치 등에 따라 크기가 결정된다.
④ 부부 침실은 주간 생활에 주로 이용되므로 동향 또는 서향으로 하는 것이 바람직하다.

[해설]
부부 침실은 야간 생활에 주로 이용되고, 조용하고 일조가 충분한 곳에 배치하며 남향으로 계획하는 것이 일반적이다.

**02** 주택 평면계획에서 일반적으로 인접 및 분리의 원칙이 적용된다. 다음 각 공간의 관계가 인접의 원칙에 해당하지 않는 것은?

① 거실-현관  ② 거실-식당
③ 식당-주방  ④ 침실-다용도실

[해설]
침실은 독립성이 강한 부분으로서 다른 실과 분리하여 계획하며, 다용도실은 부엌 등과 인접하여 계획되는 것이 부속공간으로 사용되는 것이 일반적이다.

**03** 다음과 같은 조건에 요구되는 주택 침실의 최소 넓이는?

- 2인용 침실
- 1인당 소요 공기량: 50m³/h
- 침실의 천장 높이: 2.5m
- 실내의 자연 환기 횟수: 2회/h

① 10m²   ② 20m²
③ 30m²   ④ 50m²

[해설]
1인당 소요 공기량을 토대로 실체적을 구한 후, 실체적을 천장 높이로 나눠 인당 최소 바닥 넓이를 계산하고, 인원수를 곱하여 넓이를 산출할 수 있다.

실체적 = $\dfrac{\text{소요 공기량}}{\text{환기 횟수}} = \dfrac{50m^3}{2\text{회}/hr} = 25m^3$

∴ 최소 바닥 넓이 = $\dfrac{\text{실체적}}{\text{천장 높이}} = \dfrac{25m^3}{2.5m} = 10m^2$

∴ $10 \times 2$명 $= 20m^2$

**04** 소규모 주택에서 리빙 다이닝 키친형(LDK형)을 채택하는 이유와 가장 거리가 먼 것은?

① 주부의 동선이 단축된다.
② 공간의 이용률이 극대화된다.
③ 조리, 식사, 정리 작업이 능률화된다.
④ 겨울에 취사용 화로로 난방을 겸할 수 있다.

[해설]
리빙 다이닝 키친(LDK형식, Living Dining Kitchen)
거실, 식사실, 부엌을 겸용한 것으로서, 소규모 주택에서 공간 및 작업의 효율화 및 주부 동선의 단축을 위해 적용한다.

**05** 단독주택의 리빙 다이닝 키친에 관한 설명으로 옳지 않은 것은? [21년 2회]

① 공간의 이용률이 높다.
② 소규모 주택에 주로 사용된다.
③ 주부의 동선이 짧아 노동력이 절감된다.
④ 거실과 식당이 분리되어 각 실의 분위기 조성이 용이하다.

[해설]
리빙 다이닝 키친(LDK 형식, Living Dining Kitchen)
거실, 식사실, 부엌을 겸용한 것을 의미하며, 거실과 식당이 통합되어 있다.

**06** 주택의 식당에 관한 설명으로 옳지 않은 것은? [18년 4회]

① 독립형은 쾌적한 식당 구성이 가능하다.
② 리빙 다이닝 키친은 공간의 이용률이 높다.
③ 리빙 키친은 거실의 분위기에서 식사 분위기가 연출된다.
④ 다이닝 키친은 주부의 동선이 길고 복잡하다는 단점이 있다.

**정답** 01 ④  02 ④  03 ②  04 ④  05 ④  06 ④

## 과년도 기출문제

건 축 / 기 사 / 필 기

[해설]

다이닝 키친(DK형, Dining Kitchen)은 부엌의 일부에 간단한 식탁을 설치하거나 식당과 부엌을 하나로 구성한 형태로서, 주부의 동선이 짧고 간단하다는 특징을 갖고 있다.

**07** 부엌 설계의 합리적인 크기를 결정하기 위한 내용 중 거리가 가장 먼 것은? [17년 4회]

① 작업대의 면적
② 주부의 동작에 필요한 공간
③ 후드(Hood)의 설치에 의한 공간
④ 주택의 연면적, 가족 수 및 평균 작업인 수

[해설]

후드(Hood)는 국소환기 시스템으로서, 부엌 크기 결정 시 고려사항이 아니다.

부엌의 크기를 결정하는 조건
- 작업대(개수대, 준비 조리대, 레인지, 배선대 등)의 면적
- 가사노동자의 동작에 필요한 공간
- 식기, 식품, 조리용 기구의 수납에 필요한 공간
- 연료의 종류와 공급 방법
- 주택의 연면적, 가족 수 및 평균 가사노동자 수

**08** 주택의 부엌에서 작업 순서에 맞는 작업대 배열로 알맞은 것은? [16년 2회, 22년 1회]

① 냉장고 – 개수대 – 조리대 – 가열대
② 개수대 – 조리대 – 가열대 – 냉장고
③ 냉장고 – 조리대 – 가열대 – 개수대
④ 개수대 – 냉장고 – 조리대 – 가열대

[해설]

부엌의 작업순서
- 부엌의 작업순서는 왼쪽에서 오른쪽으로 이동할 수 있도록 계획한다.
- 준비 → 냉장고 → 개수대(싱크대, Sink) → 조리대(요리) → 가열대(레인지) → 배선대 → 해치(Hatch) → 식탁

**09** 주택의 부엌계획에 관한 설명으로 옳지 않은 것은? [19년 2회]

① 일사가 긴 서쪽은 음식물이 부패하기 쉬우므로 피하도록 한다.
② 작업 삼각형은 냉장고와 개수대 그리고 배선대를 잇는 삼각형이다.
③ 부엌가구의 배치 유형 중 ㄱ자형은 부엌과 식당을 겸할 경우 많이 활용되는 형식이다.
④ 부엌가구의 배치 유형 중 일렬형은 면적이 좁은 경우 이용에 효과적이므로 소규모 부엌에 주로 활용된다.

[해설]

부엌의 작업 삼각형(개수대 – 냉장고 – 가열대)
- 삼각형 세 변 길이의 합이 짧을수록 효과적인 배치이다.
- 삼각형 세 변 길이의 합은 3.6~6.6m 사이가 적당하다.
- 냉장고와 싱크대, 싱크대와 조리대 사이는 동선이 짧아야 한다.

**10** 단독주택의 평면계획에 관한 설명으로 옳지 않은 것은? [20년 4회]

① 거실은 평면계획상 통로나 홀로 사용하지 않는 것이 좋다.
② 현관의 위치는 대지의 형태, 도로와의 관계 등에 의하여 결정된다.
③ 부엌은 주택의 서측이나 동측이 좋으며 남향은 피하는 것이 좋다.
④ 노인 침실은 일조가 충분하고 전망이 좋은 조용한 곳에 면하게 하고 식당, 욕실 등에 근접시킨다.

[해설]

부엌은 사용 시간이 길고 부패하기 쉬운 물건을 많이 수장하는 곳이므로 서향은 피하는 것이 좋고, 가급적 북향으로 위치하는 것이 좋다.

정답  07 ③  08 ①  09 ②  10 ③

## 과년도 기출문제

**11** 주택 부엌에서 작업삼각형(Work Triangle)의 구성 요소에 속하지 않는 것은? [18년 2회]

① 개수대　　② 배선대
③ 가열대　　④ 냉장고

[해설]

부엌의 작업 삼각형[개수대-냉장고-가열대(레인지)]
- 삼각형 세 변 길이의 합이 짧을수록 효과적인 배치이다.
- 삼각형 세 변 길이의 합은 3.6~6.6m 사이가 적당하다.
- 냉장고와 싱크대, 싱크대와 조리대 사이는 동선이 짧아야 한다.

**12** 주택 부엌의 작업 삼각형(Work Triangle)에 관한 설명으로 옳지 않은 것은? [17년 1회]

① 3변의 길이 합은 7~8m 정도가 기능적이다.
② 삼각형의 한 변의 길이는 1.8m 이하가 바람직하다.
③ 냉장고, 개수대, 레인지의 중간 지점을 연결한 삼각형이다.
④ 삼각형의 한 변 길이가 너무 길어지면 동선이 길어지므로 기능상 좋지 않다.

[해설]

부엌의 작업 삼각형(개수대-냉장고-가열대)
- 삼각형 세 변 길이의 합이 짧을수록 효과적인 배치이다.
- 삼각형 세 변 길이의 합은 3.6~6.6m 사이가 적당하다.
- 냉장고와 싱크대, 싱크대와 조리대 사이는 동선이 짧아야 한다.

**13** 주택의 부엌가구 배치 유형에 관한 설명으로 옳지 않은 것은? [19년 4회]

① ㄴ형 부엌과 식당을 겸할 경우 많이 활용된다.
② ㄷ자형은 작업공간이 좁기 때문에 작업효율이 나쁘다.
③ 병렬형은 작업 동선은 줄일 수 있지만 몸을 앞뒤로 바꾸는데 불편하다.
④ 일(一)자형은 좁은 면적 이용에 효과적이므로 소규모 부엌에 주로 사용된다.

[해설]

부엌의 유형

| 형태 | 장점 | 단점 |
|---|---|---|
| 직선형 (一자형) | 몸의 방향을 바꿀 필요가 없음(좁은 면적의 부엌에 사용) | 동선이 길어지는 경향이 있음 |
| 병렬형 | 좁은 면적의 부엌에서 동선을 단축시킬 수 있음 | 몸을 돌려가며 작업을 해야 함 |
| L자형 | 배치에 여유가 있고 능률적임 | 모서리 부분의 이용도가 낮음 |
| U자형 (ㄷ자형) | 수납 공간을 넓게 둘 수 있고, 작업공간이 넓음 | 위치 설정이 난이함 |

**14** 주택의 부엌 작업대 배치 유형 중 ㄷ자형에 관한 설명으로 옳은 것은? [21년 2회]

① 두 벽면을 따라 작업이 전개되는 전통적인 형태이다.
② 평면계획상 외부로 통하는 출입구의 설치가 곤란하다.
③ 작업동선이 길고 조리면적은 좁지만 다수의 인원이 함께 작업할 수 있다.
④ 가장 간결하고 기본적인 설계형태로 길이가 4.5m 이상이 되면 동선이 비효율적이다.

[해설]

부엌의 유형

| 형태 | 장점 | 단점 |
|---|---|---|
| U자형 (ㄷ자형) | 수납 공간을 넓게 둘 수 있고, 작업공간이 넓음 | 외부로 통하는 출입구의 위치 설정이 곤란함 |

정답　11 ②　12 ①　13 ②　14 ②

## 과년도 기출문제

**15** 주택 부엌의 가구 배치 유형 중 병렬형에 관한 설명으로 옳은 것은? [15년 2회, 22년 1회]

① 작업면이 가장 넓은 배치 유형으로 작업효율이 좋다.
② 연속된 두 벽면을 이용하여 작업대를 배치한 형식이다.
③ 폭이 길이에 비해 넓은 부엌의 형태에 적당한 유형이다.
④ 좁은 면적 이용에 효과적이므로 소규모 부엌에 주로 이용된다.

[해설]

병렬형은 폭이 길이에 비해 넓은 부엌의 형태에 적당한 유형으로서, 좁은 면적의 부엌에서 동선을 단축시킬 수 있으나, 몸을 돌려가며 작업을 해야 하는 단점이 있다.

**16** 부엌공간에서 배선실(Pantry)은 어떤 용도로 쓰이는가? [06년 4회]

① 세탁, 다림질 등의 작업을 위한 공간
② 연료 저장창고, 오물 처리시설 및 건조장 등의 옥외 작업공간
③ 세탁, 걸레빨기 및 잡품 창고를 위한 공간
④ 식품, 식기 등을 저장하는 공간

[해설]

**배선실(Pantry)**
식당과 부엌 사이의 음식을 준비하는 공간으로서, 식품, 식기 등을 저장한다.

정답  15 ③  16 ④

# 05 공동주택

## 1 아파트의 평면상의 분류

### (1) 홀형

| 개념 | 계단실 혹은 엘리베이터 홀로부터 단위 주호(세대)로 들어가는 형식이다. |
|---|---|
| 장점 | • 프라이버시가 양호하다.<br>• 통행부 면적이 작아서 건물의 이용도가 높다.<br>• 각 단위 주거가 자연조건 등에 균등한 방향으로 배치되어 일조, 통풍에 유리하다. |
| 단점 | • 엘리베이터 이용률이 낮다.<br>• 고층 아파트일 경우 각 계단실(홀)마다 엘리베이터를 설치해야 하므로 시설비가 많이 소요된다. |

### (2) 편복도형(갓복도형)

| 개념 | 연속된 긴 복도에 의해 각 주호로 출입하는 형식이다. |
|---|---|
| 장점 | • 복도 개방 시 각 주호의 거주성이 양호하다.<br>• 각 세대의 방위를 동일하게 함으로써 거주성이 균일한 배치가 가능하다.<br>• 통풍, 채광이 양호하다.<br>• 엘리베이터 1대당 단위 주거를 많이 둘 수 있다. |
| 단점 | • 복도 폐쇄 시 통풍, 채광상 불리해진다.<br>• 공용 복도의 경우 프라이버시 침해 우려가 있다.<br>• 고층 아파트의 경우 난간을 높게 해야 한다. |

### (3) 중복도형(속복도형)

| 개념 | 복도 양측에 주호를 배치하는 형식이다. |
|---|---|
| 장점 | • 대지의 이용률이 높다.<br>• 엘리베이터 효율이 좋다. |
| 단점 | • 프라이버시가 나쁘고 시끄럽다.<br>• 통풍, 채광상 불리하다.<br>• 복도의 면적이 넓어진다.<br>• 중앙 복도가 어두우며, 소음이 발생한다.<br>• 고도의 공기조화설비를 갖춘 것 이외에는 주택으로 적합하지 않다. |

### (4) 집중형(코어형)

| 개념 | 코어(엘리베이터, 계단실, 설비)를 중앙에 배치하고, 그 주위에 각 주호를 집중시키는 방식이다. |
|---|---|
| 장점 | 대지의 이용률이 높고, 많은 주거를 집중시킬 수 있다. |
| 단점 | • 프라이버시가 극히 나쁘며 통풍 채광상 극히 불리하다.<br>• 복도 부분의 환기 등의 문제점을 해결하기 위해 고도의 설비 시설을 해야 한다.<br>• 기후 조건에 따라 세밀한 설비적인 환경 조절이 필요하다. |

➕ **프라이버시(독립성) 양호 순서**

계단실형 > 편복도형 > 중복도형 > 집중형

• 탑상형(Tower Type)은 판상형 아파트에 비해 외관 및 조망 부분을 향상시킬 수 있으나, 일부 세대(북서향 방향의 세대 등)의 경우 일조와 채광이 충분치 못하게 되는 단점이 발생할 수 있다.

**아파트의 평면타입**

• 계단실형

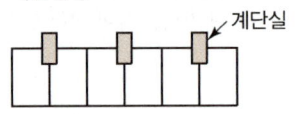

• 편복도형

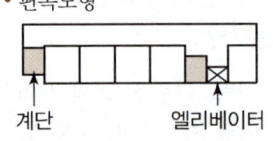

• 중복도형

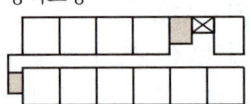

• 집중형(코어형)

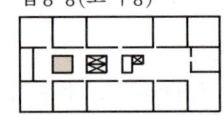

## 2 아파트의 단면형식상의 분류

### (1) 단층형(Flat Type, Simplex Type)

| 개념 | 단위 주거가 1층만으로 구성되어 있는 가장 일반적인 형식이다. |
|---|---|
| 장점 | • 평면구성에 제약이 없다.<br>• 작은 면적에서도 설계가 가능하다.<br>• 개인적 옥외공간이 충분히 제공된다. |
| 단점 | • 공용부에 접하는 면적이 많을 때 프라이버시가 침해된다.<br>• 주택의 관리 등이 난해하다. |

### (2) 메조넷형(Maisonette Type)

| 개념 | 한 주호가 2개 층 이상에 걸쳐 구성되는 형식으로서, 2개 층에 걸쳐 있는 형식을 듀플렉스(Duplex)형, 3개 층에 걸쳐 있는 형식을 트리플렉스(Triplex)형이라고 한다. |
|---|---|
| 장점 | • 엘리베이터 정지층 및 통로면적의 감소로 전용면적의 극대화를 도모할 수 있다.<br>• 공용 복도가 없는 층의 경우 프라이버시 확보가 용이하다.<br>• 복층형은 2개 층 이상을 한 세대에서 사용하므로 슬라브 면적이 2개 층으로 나누어져 작아지게 된다. 이에 따라 세대 수직방향 인접세대에 접하는 슬라브 면적이 감소하여 층간소음이 감소한다. |
| 단점 | • 소규모 주택에는 비경제적이다.<br>• 세대당 규모가 작으면 계획이 어렵다.<br>• 단면, 구조, 설비가 복잡하며 설계상 어려움이 있다.<br>• 공용 복도가 없는 층은 화재 및 위험 시 대피가 불리하다. |

### (3) 스킵 플로어형(Skip Floor Type)

| 개념 | 대지가 경사지인 경우 절토 없이, 지면의 차이에 따라 저지대는 중층으로 고지대는 단층으로 처리한 형식이다. |
|---|---|
| 장점 | • 단위 세대의 진입이 격층으로 이루어짐으로 프라이버시에 유리하다.<br>• 엘리베이터 정지 층수를 감소시킬 수 있다.<br>• 통로면적 등 공유면적을 감소시켜, 전용면적을 증가시킬 수 있다. |
| 단점 | • 비상 대피 시 대피 통로의 확보가 곤란하다.<br>• 소규모 주택 적용 시에는 비경제적이다.<br>• 구조상 복잡하여, 배관설비가 길어지고 복잡해진다. |

**+ 코리도 플로어형**

스킵 플로어형을 변형하여, 엘리베이터 정지층에 공동 시설을 집중 배치하는 계획 방식

**단면형식에 따른 분류**

• 단층형

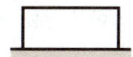

• 중층형

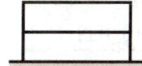

• 스킵 플로어형

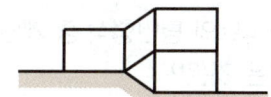

## 과년도 기출문제

건축 / 기사 / 필기

**01** 다음의 공동주택 평면형식 중 각 주호의 프라이버시와 거주성이 가장 양호한 것은? [19년 4회]

① 계단실형  ② 중복도형
③ 편복도형  ④ 집중형

[해설]

**홀형(계단실형)**
계단실 혹은 엘리베이터홀로부터 단위 주호(세대)로 들어가는 형식으로서, 프라이버시 확보가 양호한 특징을 갖고 있다.

| 장점 | 단점 |
| --- | --- |
| • 프라이버시 양호<br>• 통행부 면적이 작아서 건물의 이용도가 높음<br>• 각 단위 주거가 자연조건 등에 균등한 방향으로 배치되어 일조, 통풍에 유리 | • 엘리베이터 이용률이 낮음<br>• 고층 아파트일 경우 각 계단실(홀)마다 엘리베이터를 설치해야 하므로 시설비가 많이 듦 |

**02** 아파트의 평면형식 중 계단실형에 관한 설명으로 옳은 것은? [17년 2회, 21년 2회]

① 대지에 대한 이용률이 가장 높은 유형이다.
② 통행을 위한 공용면적이 크므로 건물의 이용도가 낮다.
③ 각 세대가 양쪽으로 개구부를 계획할 수 있는 관계로 통풍이 양호하다.
④ 엘리베이터를 공용으로 사용하는 세대가 많으므로 엘리베이터의 효율이 높다.

[해설]

**홀형(계단실형)**
계단실 혹은 엘리베이터 홀로부터 단위 주호(세대)로 들어가는 형식으로서 특징은 아래와 같다.

| 장점 | 단점 |
| --- | --- |
| • 프라이버시 양호<br>• 통행부 면적이 작아서 건물의 이용도가 높음<br>• 각 단위 주거가 자연조건 등에 균등한 방향으로 배치되어 일조, 통풍에 유리 | • 엘리베이터 이용율이 낮음<br>• 고층 아파트일 경우 각 계단실(홀)마다 엘리베이터를 설치해야 하므로 시설비가 많이 듦 |

**03** 아파트의 평면형식에 관한 설명으로 옳지 않은 것은? [19년 2회]

① 중복도형은 부지의 이용률이 적다.
② 홀형(계단실형)은 독립성(Privacy)이 우수하다.
③ 집중형은 복도 부분의 자연환기, 채광이 극히 나쁘다.
④ 편복도형은 복도를 외기에 터 놓으면 통풍, 채광이 중복도형보다 양호하다.

[해설]

중복도형은 대지의 이용률이 높으나 채광 및 통풍이 좋지 않다.

**04** 복도형인 아파트의 복도에 관한 설명으로 옳지 않은 것은? [13년 4회]

① 복도의 벽 및 반자의 마감을 불연재료 또는 준불연재료로 한다.
② 외기에 개방된 복도에는 배수구를 설치하고, 바닥의 배수에 지장이 없도록 한다.
③ 2세대 이상이 공동으로 사용하는 복도의 유효폭은 갓복도의 경우 최소 120cm 이상으로 한다.
④ 중복도에는 채광 및 통풍이 원활하도록 50m 이내마다 1개소 이상의 외기에 연하는 개구부를 설치한다.

[해설]

중복도형(속복도형)은 복도 양측에 주호를 배치하는 형식으로서, 통풍, 채광상 불리하며, 고도의 공기조화설비를 갖춘 것 이외에는 주택으로 적합하지 않다.

**정답** 01 ① 02 ③ 03 ① 04 ④

## 과년도 기출문제

**05** 아파트의 평면형식에 관한 설명으로 옳지 않은 것은? [18년 1회]

① 중복도형은 모든 세대의 향을 동일하게 할 수 없다.
② 편복도형은 각 세대의 거주성이 균일한 배치 구성이 가능하다.
③ 홀형은 각 세대가 양쪽으로 개구부를 계획할 수 있는 관계로 일조와 통풍이 양호하다.
④ 집중형은 공용 부분이 오픈되어 있으므로, 공용 부분에 별도의 기계적 설비계획이 필요 없다.

[해설]
집중형(코어형)은 코어(엘리베이터, 계단실, 설비)를 중앙에 배치하고, 그 주위에 각 주호를 집중시키는 방식으로서 공용 부분이 오픈되어 있지 않다. 그러므로 공용 부분에 기후조건에 따라 기계적 설비계획이 필요한 타입이다.

**06** 아파트의 평면형식에 관한 설명으로 옳지 않은 것은? [18년 2회]

① 집중형은 기후조건에 따라 기계적 환경조절이 필요하다.
② 편복도형은 공용 복도에 있어서 프라이버시가 침해되기 쉽다.
③ 홀형은 승강기를 설치할 경우 1대당 이용률이 복도형에 비해 적다.
④ 편복도형은 단위면적당 가장 많은 주호를 집결시킬 수 있는 형식이다.

[해설]
단위면적당 가장 많은 주호를 집결시킬 수 있는 형식은 집중형이다.

**07** 공동주택의 평면형식에 관한 설명으로 옳지 않은 것은? [16년 2회]

① 집중형은 각 세대별 조망이 다르다.
② 중복도형은 독신자 아파트에 많이 이용된다.
③ 편복도형은 각 호의 통풍 및 채광이 양호하다.
④ 계단실형은 통행부 면적이 커서 대지의 이용률이 높다.

[해설]
홀형(계단실형)은 계단실 혹은 엘리베이터 홀로부터 단위 주호(세대)로 들어가는 형식으로서, 통행부 면적을 적게 할 수 있으므로 건물의 이용도가 높고 동선이 짧아 출입하기가 편리하다.

**08** 아파트의 평면형식에 관한 설명으로 옳지 않은 것은? [22년 2회]

① 홀형은 통행부 면적이 작아서 건물의 이용도가 높다.
② 중복도형은 대지 이용률이 높으나, 프라이버시가 좋지 않다.
③ 집중형은 채광·통풍 조건이 좋아 기계적 환경조절이 필요하지 않다.
④ 홀형은 계단실 또는 엘리베이터 홀로부터 직접 주거 단위로 들어가는 형식이다.

[해설]
집중형(코어형)은 코어(엘리베이터, 계단실, 설비)를 중앙에 배치하고, 그 주위에 각 주호를 집중시키는 방식으로서 토지의 이용률은 높은 장점이 있으나, 통풍과 채광이 나빠서 이상적인 형은 못 되며, 기호조건에 따라 기계적 환경조절이 필요한 형이다.

**09** 동일한 대지조건, 동일한 단위주호 면적을 가진 편복도형 아파트가 홀형 아파트에 비해 유리한 점은? [20년 1·2회 통합]

① 피난에 유리하다.
② 공용면적이 작다.
③ 엘리베이터 이용효율이 높다.
④ 채광, 통풍을 위한 개구부가 넓다.

정답 05 ④ 06 ④ 07 ④ 08 ③ 09 ③

## 과년도 기출문제

**[해설]**

편복도형(갓복도형)은 연속된 긴 복도에 의해 각 주호로 출입하는 형식으로서, 엘리베이터 1대당 단위 주거를 많이 둘 수 있어 엘리베이터의 이용효율이 높다.

**10** 탑상형 공동주택에 관한 설명으로 옳지 않은 것은? [20년 3회]

① 각 세대에 시각적인 개방감을 준다.
② 각 세대의 거주 조건 및 환경이 균등하다.
③ 도심지 내의 랜드마크적인 역할이 가능하다.
④ 건축물 외면의 4개의 입면성을 강조한 유형이다.

**[해설]**

탑상형(Tower Type)은 판상형 아파트에 비해 외관 및 조망 부분을 향상시킬 수 있으나, 일부 세대(북서향 방향의 세대 등)의 경우 일조와 채광이 충분치 못하게 되는 단점이 발생할 수 있다.

**11** 탑상형 공동주택에 관한 설명으로 옳지 않은 것은? [18년 4회]

① 건축물 외면의 입면성을 강조한 유형이다.
② 각 세대에 시각적인 개방감을 줄 수 있다.
③ 각 세대의 채광, 통풍 등 자연조건이 동일하다.
④ 도시의 랜드마크(Landmark)적인 역할이 가능하다.

**[해설]**

탑상형(Tower Type)은 판상형 아파트에 비해 외관 및 조망 부분을 향상시킬 수 있으나, 일부 세대(북서향 방향의 세대 등)의 경우 일조와 채광이 충분치 못하게 되는 단점이 발생할 수 있다.

**12** 복층형(Maisonnette) 아파트에 관한 설명으로 옳지 않은 것은? [15년 1회]

① 주택 내의 공간의 변화가 있다.
② 거주성, 특히 프라이버시가 높다.
③ 통로면적이 늘어나므로 유효면적이 줄어든다.
④ 엘리베이터 정지 층수가 적어지므로 운행면에서 경제적이고 효율적이다.

**[해설]**

복층형(메조넷형, Maisonette Type)
소규모 주택(50m² 이하)에서는 비경제적이며, 복도가 없는 층의 경우 통로면적이 감소되므로, 전체적으로 전용면적이 증가한다. 또한 전용면적비가 크고 독립성이 우수하다.

**13** 메조넷형 아파트에 관한 설명으로 옳지 않은 것은? [22년 2회]

① 다양한 평면구성이 가능하다.
② 소규모 주택에서는 비경제적이다.
③ 통로면적이 감소되며 유효면적이 증대된다.
④ 복도와 엘리베이터홀은 각 층마다 계획된다.

**[해설]**

메조넷형(Maisonette Type)
복층형으로서 매 층이 아닌, 2개 층(듀플렉스 형) 또는 3개 층(트리플렉스 형)마다 한 번씩 복도 및 엘리베이터 홀을 두게 된다.

**14** 아파트의 형식 중 메조넷형에 관한 설명으로 옳지 않은 것은? [15년 4회]

① 다양한 평면 구성이 가능하다.
② 소규모 주택에 적용 시 경제적이다.
③ 통로가 없는 층은 통풍 및 채광 확보가 용이하다.
④ 트리플렉스형은 하나의 주거단위가 3층형으로 구성된 형식이다.

**[해설]**

메조넷형 아파트의 경우 소규모 주택(50m² 이하)에서는 비경제적이다.

**정답** 10 ② 11 ③ 12 ③ 13 ④ 14 ②

## 과년도 기출문제

**15** 아파트의 단면형식 중 메조넷형(Maisonnette Type)에 관한 설명으로 옳지 않은 것은? [22년 1회]

① 하나의 주거단위가 복층 형식을 취한다.
② 양면 개구부에 의한 통풍 및 채광이 좋다.
③ 주택 내의 공간의 변화가 없으며 통로에 의해 유효면적이 감소한다.
④ 거주성, 특히 프라이버시는 높으나 소규모 주택에는 비경제적이다.

[해설]
메조넷형(Maisonette Type) 아파트는 복도가 없는 층의 경우 통로면적이 감소되므로, 전체적으로 전용면적이 증가한다.

**16** 메조넷형(Maisonette Type) 아파트에 관한 설명으로 옳지 않은 것은? [20년 4회]

① 설비, 구조적인 해결이 유리하며 경제적이다.
② 통로가 없는 층의 평면은 프라이버시 확보에 유리하다.
③ 통로가 없는 층의 평면은 화재 발생 시 대피상 문제점이 발생할 수 있다.
④ 엘리베이터 정지 층 및 통로면적의 감소로 전용면적의 극대화를 도모할 수 있다

[해설]
단층이 아닌 복층으로 계획해야 하는 특성상 단면, 구조, 설비가 복잡하며 설계상 어려움이 있다.

**17** 아파트 형식에 관한 설명으로 옳지 않은 것은? [21년 1회]

① 계단실형은 거주의 프라이버시가 높다.
② 편복도형 복도에서 각 세대로 진입하는 형식이다.
③ 메조넷형은 평면구성의 제약이 적어 소규모 주택에 주로 이용된다.
④ 플랫형은 각 세대의 주거단위가 동일한 층에 배치 구성된 형식이다.

[해설]
메조넷형(Maisonette Type) 아파트의 경우 소규모 주택(50m² 이하)에서는 비경제적이다.

**18** 공동주택의 단면형식에 관한 설명으로 옳지 않은 것은? [15년 2회, 21년 4회]

① 트리플렉스형은 듀플렉스형보다 공용면적이 크게 된다.
② 메조넷형에서 통로가 없는 층은 채광 및 통풍 확보가 양호하다.
③ 플랫형은 평면구성의 제약이 적으며, 소규모의 평면계획도 가능하다.
④ 스킵 플로어형은 동일한 주거동에서 각기 다른 모양의 세대 배치가 가능하다.

[해설]
트리플렉스형은 3개 층이 하나의 주호로 구성되어진 형태로 공용면적을 작게 할 수 있고, 독립성(프라이버시)과 유효 실면적을 2개 층으로 구성된 듀플렉스보다 높게 확보할 수 있다.

**19** 다음 설명에 알맞은 공동주택의 단면형식은? [12년 1회]

- 대지가 경사지일 경우 경사지를 이용하여 레벨을 두어 층을 구분하는 형식에 적합하다.
- 건축물 내에 각기 다른 주호를 혼합할 수 있기 때문에 주호의 다양성 및 입면상의 변화가 가능하다.

① 단층형　　② 플랫형
③ 메조넷형　　④ 스킵 플로어형

[해설]
**스킵 플로어형(Skip Floor Type)**
부지 형태가 경사지일 경우 자연 지형에 따라 절토하지 않고 주택을 세우면 실의 바닥 높이가 계단참 정도의 차이가 생겨 전면은 중층(重層)이 되고 후면은 단층(單層)이 되는 형식으로서, 주거 단위의 단면 구성 시 층별로 어긋나게 계획하여, 엘리베이터 등이 격층으로 운행되게 하는 방식이다.

**정답** 15 ③　16 ①　17 ③　18 ①　19 ④

## 05 공동주택

### 3 연립주택의 형식

| | |
|---|---|
| 테라스 하우스<br>(Terrace House) | • 2호 이상의 주택이 수평으로 연속되어 있으며, 각 호가 전용의 뜰을 갖고 있는 형식의 연립주택<br>• 평지형 테라스 하우스 : 평지에 건립되는 테라스 하우스<br>• 경사지형 테라스 하우스 : 경사지의 지형에 따라 계단 모양의 단면형식으로 건립되는 테라스 하우스로서 타 주호의 지붕 위를 루프 테라스로 사용한다.<br>• 준접지형 테라스 하우스 : 상하에 서로 다른 세대의 주호가 중첩되어 있는 테라스 하우스<br>• 자연지형을 활용한 자연형 테라스 하우스의 경우 각 세대의 깊이가 6~7.5m 이상으로 계획되면 안됨 |
| 중정형 테라스 하우스<br>(Court-Yard-House,<br>Patio House) | 각 호마다 전용의 중정을 갖고 있는 형식의 테라스 하우스 |
| 타운 하우스<br>(Town House) | • 테라스 하우스와 같이 각 호마다 전용의 뜰을 갖고 있는 형식<br>• 공용의 뜰, 어린이 놀이터, 보도, 차도, 주차장 등의 오픈 스페이스를 갖고 있는 형식<br>• 1층은 거실 등의 생활공간으로 계획되며, 2층은 침실 등 수면공간이 배치되도록 계획됨 |
| 로 하우스<br>(Row House) | • 2동 이상의 단위 주거가 계벽을 공유하고, 단위 주거 출입은 홀을 거치지 않고 지면에서 직접 출입함<br>• 밀도를 높일 수 있는 저층 주거로, 3층 이하이며 2층이 일반적임<br>• 도시형 주택으로서 가장 이상적인 연립주택의 형식<br>• 토지의 이용률을 높일 수 있는 형식<br>• 경사지의 이용이 가능한 형식 |

> **개념이해**
>
> **01** 경사지 이용에 적절한 형식으로 각 주호마다 전용의 정원을 갖는 주택 형식은?
>
> ① 타운 하우스(Town House)
> ② 로 하우스(Row House)
> ③ 중정형 주택(Patio House)
> ④ 테라스 하우스(Terrace House)
>
> ➡ 테라스 하우스(Terrace House)
> 2호 이상의 주택이 수평으로 연속되어 있으며, 각 호의 전용의 뜰을 갖고 있는 형식의 연립주택
>
> 답 ④

## 과년도 기출문제

**01** 자연형 테라스 하우스에 관한 설명으로 옳지 않은 것은? [17년 1회]

① 각 세대마다 전용의 정원을 가질 수 있다.
② 하향식이나 상향식 모두 스플릿 레벨이 가능하다.
③ 하향식의 경우 각 세대의 규모를 동일하게 할 수 없다.
④ 일반적으로 후면에 창을 설치할 수 없으므로 각 세대 깊이가 너무 깊지 않도록 한다.

[해설]
자연형 테라스 하우스는 경사지를 이용하여 지형에 따라 건물을 축조한 것으로서, 하향식으로 할 경우 각 세대의 규모를 동일하게 할 수 있다.

**02** 테라스 하우스에 관한 설명으로 옳지 않은 것은? [21년 4회]

① 각 호마다 전용의 뜰(정원)을 갖는다.
② 각 세대의 깊이는 7.5m 이상으로 하여야 한다.
③ 진입방식에 따라 하향식과 상향식으로 나눌 수 있다.
④ 시각적인 인공테라스형은 위층으로 갈수록 건물의 내부면적이 작아지는 형태이다.

[해설]
테라스 하우스의 경우 지형을 최대한 이용하는 특성을 가지고 있어, 단위 층의 후면의 벽이 외부가 아닌 흙과 면하는 특성을 가지고 있다. 그러므로 후면 쪽에서는 채광이 어렵고 전면에서 채광을 해야 한다. 이 경우 세대 평면이 너무 깊게 형성되면 전면의 채광이 후면까지 가기 어려우므로 일반적으로 세대 평면의 깊이를 7.5m 이하로 설정하는 것이 일반적이다.

**03** 테라스 하우스에 대한 설명으로 옳지 않은 것은? [19년 2회]

① 경사가 심할수록 밀도가 높아진다.
② 각 세대의 깊이는 7.5m 이상으로 하여야 한다.
③ 평지보다 더 많은 인구를 수용할 수 있어 경제적이다.
④ 시각적인 인공테라스형은 위층으로 갈수록 건물의 내부면적이 작아지는 형태이다.

[해설]
테라스 하우스는 1층의 경우 후면에 창문이 없기 때문에 각 세대의 깊이가 6~7.5m 이상 되어서는 안 된다.

**04** 타운 하우스에 관한 설명으로 옳지 않은 것은? [18년 4회]

① 각 세대마다 주차가 용이하다.
② 프라이버시 확보를 위한 경계벽 설치가 가능하다.
③ 단독주택의 장점을 고려한 형식으로 토지 이용의 효율성이 높다.
④ 일반적으로 1층은 침실 등 개인공간, 2층은 거실 등 생활공간으로 구성된다.

[해설]
일반적으로 1층에는 거실 등 생활공간, 2층에는 침실, 서재 등을 배치한다.

정답 01 ③ 02 ② 03 ② 04 ④

# 06 단지계획

## 1 주거단지의 구성

| 구분 | 호수 | 인구 규모 | 면적 | 구성 | 중심시설 |
|---|---|---|---|---|---|
| 인보구 | 20~40호 | 100~200명 | 0.5~2.5ha | 3~4층 건물, 아파트 1~2동 | 어린이 놀이터 등 |
| 근린분구 | 400~600호 | 2,000~2,500명 | 15~25ha | 일상 소비 생활에 필요한 공동 시설이 운영 가능한 단위 | 약국, 어린이 공원 (2,000m²), 유치원 등 |
| 근린주구 | 1,600~2,000호 | 8,000~10,000명 | 100ha | 초등학교를 중심으로 하는 근린분구들의 집합체 | 초등학교, 도서관, 우체국, 소방서 등 |
| 근린지구 | 20,000호 | 100,000명 | 400ha | | 도시 생활 대부분의 시설 |

➕ **주거단지의 위계**
인보구 < 근린분구 < 근린주구 < 근린지구

## 2 페리의 근린주구이론

| 규모 | 1,000~2,000명의 학생 수를 가진 초등학교를 중심으로 하는 인구 5,000~6,000명의 근린주구이론이다. |
|---|---|
| 경계 | 근린주구와 근린주구는 간선도로를 경계로 한다. |
| 오픈스페이스 | 소공원 및 레크레이션 용지 등의 녹지면적은 전체 근린주구면적의 10%로 하고 있다(주민들을 위한 오픈스페이스 공간 구축). |
| 보행거리 | 단지에서 초등학교까지 보행거리의 한계는 800m로 하며, 가정에서 커뮤니티 센터까지의 보행거리는 400m로 하고 있다. |
| 근린점포 (상업시설) | • 주민에게 적절한 서비스를 제공하는 1~2개소 이상의 상업지구가 주거지 내에 설치되어야 한다.<br>• 위치는 근린주구의 주위, 교차 지점, 인접하는 지구의 점포지구에 인접하게 배치해야 한다. |
| 내부 가로망 | • 근린주구 내의 순환교통을 위주로 설계하고, 근린주구를 통과하는 교통은 배제한다.<br>• 근린주구 내 가로의 형태는 폭이 좁고 구불구불한 쿨데삭(Cul-De-Sac)으로 처리한다. |

➕ • 근린주구와 근린주구의 경계는 간선도로로서 구분되고, 근린주구 내의 도로 골격을 형성하는 것은 집산도로이다.

• 내부 가로망은 단지 내의 교통량을 원활하게 처리하고, 통과교통에 사용되지 않도록 계획되어야 한다.

**케빈 린치(K. Lynch)**
도시의 형태 및 시각적 환경의 지각을 형성하는 이미지 요소를 총 5가지로 규정하였다.
• 통로(Path)
• 접촉부(Edge)
• 구역(District)
• 중심(Nodes)
• 랜드마크(Land Mark)

## 3 하워드(E. Howard)의 전원도시

• 도시와 농촌의 결합으로, 중심은 400ha의 시가지로 계획하고, 주변은 200ha의 농지로 계획하였다.
• 인구 규모는 3,200명으로 제한하였다.
• 개발 이익의 사회 환원을 주장하였다.
• 자족적인 시설을 배치하였다.

➕ **하워드(E. Howard)**
영국의 대표적인 도시계획가로서 전원도시운동의 개척자이다.
하워드의 전원도시 계획은 향후 신도시 개발과 위성도시 개발로 발전되면서 계승되었다.

## 4 래드번(Radburn) 설계

- 주된 특성은 자동차와 보행자의 분리이다.
- 슈퍼 블록으로 주택들과 가구 안의 시설들, 학교, 공원까지도 보도에 의하여 연결된다.
- 래드번의 형식은 전형적인 쿨데삭(Cul-De-Sac)으로 내부의 세부 가로망을 구성하며, 쿨데삭을 통해 차량과 집과의 접근, 배달, 기타 서비스 활동을 하게 한다.
- 커뮤니티 시설의 중심 배치로 인해 간선도로변은 발달되지 않는 경향이 있다.

+ **라이트(Henry Wright)와 스타인(Clarence S. Stein)**
자동차와 보행자를 분리한 슈퍼 블록을 제안하였고, 쿨데삭(Culde-Sac)의 도로 형태를 제안하였다.

- 래드번 설계의 주거구는 슈퍼 블록 단위(Super Block Unit)로 계획하였으며, 중앙에는 대공원 설치를 계획하였다.

## 5 단지 내 도로의 형식

| | |
|---|---|
| 격자형 도로 (Grid Pattern) | 교통의 균등분산과 넓은 지역에 대한 서비스가 가능한 형식이다. 교차점은 40m 이상 이격해야 하고, 업무나 주거 지역으로 직접 연결되면 안된다. |
| 선형 도로 (Linear Road Pattern) | 폭이 좁은 단지에 유리하며, 비교적 가까이에서 보행자를 위한 공간 확보가 가능하다. |
| 쿨데삭 (Cul-De-Sac) | • 적정길이는 평균 120m에서 최대 300m로 한다.<br>• 중간에 회전 구간을 두어 전 구간 이동에 불편함이 없도록 한다.<br>• 모든 쿨데삭은 2차선 확보, 보차분리, 쿨데삭 진출입구의 교통 혼잡에 유의해야 한다. |
| 단지 순환로 | 도로가 단지 주변에 분포 시 최소 4~5m 식재를 심어 완충공간을 형성한다. |
| Loop형 | 불필요한 차량 진입이 배제되는 이점을 살리면서, 우회도로가 없는 쿨데삭형의 결점을 개량하여 만든 형식이다. |

+ 고밀도 지역을 단지 중심부에 배치할 경우 단지 중심으로 교통량이 집중될 수 있으므로, 고밀도 시설물을 가로변 등으로 적절히 분산 배치시킨다

**오버브리지(Overbridge)**
보도 위에 설치한 일종의 고가 도로로서 대표적인 입체 분리 방식이다.

## 6 공동주택 내 기간도로와 접하는 폭 및 진입도로의 폭

| 주택단지의 총 세대수 | 기간도로와 접하는 폭 또는 진입도로의 폭 |
|---|---|
| 300세대 미만 | 6m 이상 |
| 300세대 이상 500세대 미만 | 8m 이상 |
| 500세대 이상 1천 세대 미만 | 12m 이상 |
| 1천 세대 이상 2천 세대 미만 | 15m 이상 |
| 2천 세대 이상 | 20m 이상 |

+ 주택단지가 기간도로와 접하는 폭 또는 주택단지 진입도로의 폭을 결정하는 근거는 주택단지의 총 세대수이다.

**도로의 용도별 폭**
- 주택로 : 4m
- 가구로 : 6m
- 소방도로 : 8m 정도의 폭으로 300m 간격마다 설치(보도폭 1.5m 이상)

## 과년도 기출문제

**01** 주거단지의 단위를 작은 것부터 큰 순서로 올바르게 나열한 것은? [08년 1회]

① 인보구 < 근린주구 < 근린분구
② 인보구 < 근린분구 < 근린주구
③ 근린분구 < 인보구 < 근린주구
④ 근린분구 < 근린주구 < 인보구

[해설]

주택 계획은 인보구(20~40호) → 근린분구(400~600호) → 근린주구(1,600~2,000호)의 순으로 구성한다.

**02** 근린생활권의 주택단지의 단위 중 어린이 놀이터가 중심이 되는 것은? [12년 1회]

① 인보구        ② 근린분구
③ 근린주구      ④ 근린지구

[해설]

인보구는 0.5~2.5ha 면적에 인구 100~200명 정도, 20~40호 규모로 어린이 놀이터가 중심이 된다.

**03** 근린생활권에 관한 설명으로 옳지 않은 것은? [18년 2회]

① 인보구는 가장 작은 생활권 단위이다.
② 인보구 내에는 어린이 놀이터 등이 포함된다.
③ 근린주구는 초등학교를 중심으로 한 단위이다.
④ 근린분구는 주간선도로 또는 국지도로에 의해 구분된다.

[해설]

근린주구는 간선도로에 의해서 구분되고, 근린분구는 집산도로에 의해서 구분된다.

**04** 페리의 근린주구이론의 내용과 가장 거리가 먼 것은? [11년 2회]

① 내부 가로망은 단지 내의 교통량을 원활히 처리하고 통과교통에 사용되지 않도록 계획되어야 한다.
② 상업 지구는 교통의 결절점에는 설치하지 않으며 주거지 외곽의 교통이 편리한 간선도로 부근에 설치하여야 한다.
③ 근린주구의 단위는 통과교통이 내부를 관통하지 않고 용이하게 우회할 수 있는 충분한 넓이의 간선 도로에 의해 구획되어야 한다.
④ 근린주구는 하나의 초등학교가 필요하게 되는 인구에 대응하는 규모를 가져야 하고 그 물리적 크기는 인구밀도에 의해 결정된다.

[해설]

상업시설(근린점포)
• 주민에게 적절한 서비스를 제공하는 1~2개소 이상의 상업지구가 주거지 내에 설치되어야 한다.
• 위치는 주구의 주위, 교차 지점, 인접하는 지구의 점포 지구에 인접하게 배치해야 한다.
• 교통의 결절점에 설치되어 주민의 편의성을 증진해야 한다.

**05** 페리(C.A. Perry)의 근린주구이론에서 근린주구의 중심이 되는 시설은? [16년 4회]

① 약국          ② 대학교
③ 초등학교      ④ 어린이놀이터

[해설]

근린주구는 하나의 초등학교가 필요하게 되는 인구에 대응하는 규모를 가져야 하고 그 물리적 크기는 인구밀도에 의해 결정된다.

**06** 페리의 근린주구이론의 내용으로 옳지 않은 것은? [16년 1회, 22년 2회]

① 주민에게 적절한 서비스를 제공하는 1~2개소 이상의 상점가를 주요 도로의 결절점에 배치하여야 한다.
② 내부 가로망은 단지 내의 교통량을 원활히 처리하고 통과교통에 사용되지 않도록 계획되어야 한다.
③ 근린주구의 단위는 통과교통이 내부를 관통하지 않고 용이하게 우회할 수 있는 충분한 넓이의 간선도로에 의해 구획되어야 한다.
④ 근린주구는 하나의 중학교가 필요하게 되는 인구에 대응하는 규모를 가져야 하고, 그 물리적 크기는 인구밀도에 의해 결정되어야 한다.

**정답** 01 ② 02 ① 03 ④ 04 ② 05 ③ 06 ④

## 과년도 기출문제

건축 / 기사 / 필기

[해설]
근린주구는 하나의 초등학교가 필요하게 되는 인구에 대응하는 규모를 가져야 하고 그 물리적 크기는 인구밀도에 의해 결정된다.

**07** 페리(C.A.Perry)의 근린주구에 관한 설명으로 옳지 않은 것은? [17년 4회, 21년 2회]

① 경계 : 4면의 간선도로에 의해 구획
② 지구 내 상업시설 : 지구 중심에 집중하여 배치
③ 오픈 스페이스 : 주민의 일상생활 요구를 충족시키기 위한 소공원과 위락공간체계
④ 지구 내 가로체계 : 내부 가로망은 단지 내의 교통량을 원활히 처리하고 통과교통을 방지

[해설]
근린점포(지구 내 상업시설)
• 주민에게 적절한 서비스를 제공하는 1~2개소 이상의 상업지구가 주거지 내에 설치되어야 한다.
• 위치는 주구의 주위, 교차 지점, 인접하는 지구의 점포지구에 인접하게 배치해야 한다.
• 교통의 결절점에 설치되어 주민의 편의성을 증진해야 한다.

**08** 페리(C. A. Perry)의 근린주구에 관한 설명으로 옳지 않은 것은? [15년 1회]

① 경계 : 4면의 간선도로에 의해 구획
② 공공시설용지 : 지구에 분산하여 배치
③ 오픈 스페이스 : 주민의 일상생활 요구를 충족시키기 위한 소공원과 위락공간체계
④ 지구 내 가로체계 : 내부 가로망은 단지 내의 교통량을 원활히 처리하고 통과교통을 방지

[해설]
공공시설 용지는 지구 중심에 배치토록 한다.

**09** 래드번(Radburn) 계획의 5가지 기본원리로 옳지 않은 것은? [17년 1회, 21년 4회]

① 기능에 따른 4가지 종류의 도로 구분
② 자동차 통과도로 배제를 위한 슈퍼 블록 구성
③ 보도망 형성 및 보도와 차도의 평면적 분리
④ 주택단지 어디로나 통할 수 있는 공동 오픈 스페이스 조성

[해설]
보도와 차도의 평면적 분리가 아닌, 입체적 분리를 추구하였다.

**10** 래드번(Radburn) 주택단지계획에 관한 설명으로 옳지 않은 것은? [20년 3회]

① 중앙에는 대공원 설치를 계획하였다.
② 주거구는 슈퍼 블록 단위로 계획하였다.
③ 보행자의 보도와 차도를 분리하여 계획하였다.
④ 주거지 내의 통과교통으로 간선도로를 계획하였다.

[해설]
'레드번 설계'의 주된 특성은 자동차와 보행자의 분리로서, 주거지 내의 통과교통을 최소화할 수 있도록 하였다. 간선도로는 근린주구의 외곽을 구성하는 도로이다.

**11** 다음 중 래드번(Radburn) 계획에서 슈퍼 블록을 구성함으로써 얻어질 수 있는 효과로 옳지 않은 것은? [16년 2회]

① 충분한 공동의 오픈 스페이스의 확보가 가능
② 건물을 집약화함으로써 고층화, 효율화가 가능
③ 커뮤니티 시설의 중심 배치로 간선도로변의 활성화가 가능
④ 도로교통의 개선, 즉 보도와 차도의 완전한 분리가 가능

[해설]
커뮤니티 시설의 중심 배치로 인해 간선도로변의 발달이 되지 않는 경향이 있다.

정답 07 ② 08 ② 09 ③ 10 ④ 11 ③

## 과년도 기출문제

**12** 공동주택의 단지계획에서 보차분리를 위한 방식 중 평면분리에 해당하는 방식은? [22년 1회]

① 시간제 차량통행
② 쿨데삭(Cul-De-Sac)
③ 오버브리지(Overbridge)
④ 보행자 안전참(Pedestrian Safecross)

[해설]
쿨데삭(Cul-de-Sac)은 차량의 흐름을 한정시켜 차량과 보행자를 평면적으로 분리할 수 있다.
① 시간제 차량통행 : 차량과 보행자의 통행 시간을 분리하는 방법이다.
③ 오버브리지(Overbridge) : 입체적으로 차량과 보행자를 분리하는 방법이다.
④ 보행자 안전참(Pedestrian Safecross) : 보행자의 안전을 위한 공간을 확보하는 것으로서, 면적(공간)을 통한 보행자와 차량을 분리하는 개념이다.

**13** 주택단지계획에서 보차분리의 형태 중 평면분리에 해당하지 않는 것은? [15년 1회, 20년 4회]

① T자형
② 루프(Loop)
③ 쿨데삭(Cul-De-Sac)
④ 오버브리지(Overbridge)

[해설]
오버브리지(Overbridge)는 보도 위에 설치한 건물이나 가대로 고가도로로서, 평면분리가 아닌 입체분리 방식에 해당한다.

**14** 주택단지 내 도로의 형태 중 쿨데삭(Cul-De-Sac)형에 관한 설명으로 옳지 않은 것은? [19년 2회]

① 통과교통이 방지된다.
② 우회도로가 없기 때문에 방재·방범상으로는 불리하다.
③ 주거환경의 쾌적성과 안전성 확보가 용이하다.
④ 대규모 주택단지에 주로 사용되며, 도로의 최대 길이는 1km 이하로 한다.

[해설]
쿨데삭(Cul-De-Sac)의 적정길이는 평균 120m에서 최대 300m로 한다.

**15** 국지도로의 유형 중 쿨데삭(Cul-De-Sac)형에 관한 설명으로 옳은 것은? [16년 2회]

① 통과교통이 다수 발생한다.
② 우회도로가 있어 방재, 방범상 유리하다.
③ 도로의 최대 길이는 30m 이하이어야 한다.
④ 주택 배면에 보행자전용도로가 설치되어야 효과적이다.

[해설]
주택 전면에 보행자전용도로가 설치되어야 효과적이다.

**16** 주택단지 내 도로의 유형 중 쿨데삭(Cul-De-Sac)형에 관한 설명으로 옳은 것은? [21년 1회]

① 단지 내 통과교통의 배제가 불가능하다.
② 교차로가 +자형이므로 자동차의 교통처리에 유리하다.
③ 우회도로가 없기 때문에 방재상 불리하다는 단점이 있다.
④ 주행속도 감소를 위해 도로의 교차방식을 주로 T자 교차로 한 형태이다.

[해설]
① 쿨데삭은 막다른 도로 형태를 사용함으로서 단지 내 통과교통을 배제할 수 있다.
② 교차로가 +자형으로서 자동차의 교통처리에 유리한 방식은 격자형 도로 형식이다.
④ 쿨데삭형은 외곽도로에서 각 주택으로 연결되는 막다른 도로의 형태로서 교차로를 두지 않는 특성이 있다.

**정답** 12 ② 13 ④ 14 ④ 15 ④ 16 ③

## 과년도 기출문제

건축 / 기사 / 필기

**17** 다음 설명에 알맞은 국지도로의 유형은?

[20년 1·2회 통합]

> 불필요한 차량 진입이 배제되는 이점을 살리면서 우회도로가 없는 Cul-De-Sac형의 결점을 개량하여 만든 패턴으로서 보행자의 안전성 확보가 가능하다.

① Loop형 ② 격자형
③ T자형 ④ 간선분리형

[해설]

Loop형은 불필요한 차량 진입이 배제되는 이점을 살리면서 우회도로가 없는 쿨데삭(Cul-De-Sac)형의 결점을 개량하여 만든 형식이다.

**18** 주거단지의 각 도로에 관한 설명으로 옳지 않은 것은?

[19년 4회]

① 격자형 도로는 교통을 균등 분산시키고 넓은 지역을 서비스할 수 있다.
② 선형 도로는 폭이 넓은 단지에 유리하고 한쪽 측면의 단지만을 서비스할 수 있다.
③ 루프(Loop)형은 우회도로가 없는 쿨데삭(Cul-De-Sac)형의 결점을 개량하여 만든 유형이다.
④ 쿨데삭형은 통과교통을 방지함으로써 주거환경의 쾌적성과 안전성을 모두 확보할 수 있다.

[해설]

선형 도로(Linear Road Pattern)
폭이 좁은 단지에 유리하며, 양쪽 측면의 단지에 서비스를 제공할 수 있으며, 비교적 가까이에서 보행자를 위한 공간 확보가 가능하다.

**19** 주거단지의 도로형식에 관한 설명으로 옳지 않은 것은?

[17년 2회]

① 격자형은 가로망의 형태가 단순·명료하고, 가구 및 획지 구성상 택지의 이용효율이 높다.
② 쿨데삭(Cul-De-Sac)형은 각 가구와 관계없는 자동차의 진입을 방지할 수 있다는 장점이 있다.
③ 루프(Loop)형은 우회도로가 없는 쿨데삭형의 결점을 개량하여 만든 패턴으로 도로율이 높아지는 단점이 있다.
④ T자형은 도로의 교차방식을 주로 T자 교차로 한 형태로 통행거리가 짧아 보행자전용도로와의 병용이 불필요하다.

[해설]

T자 교차로의 경우 통행거리가 길어 보행자전용도로와의 병행이 필요하다.

**20** 공동주택을 건설하는 주택단지는 기간도로와 접하거나 기간도로로부터 당해 단지에 이르는 진입도로가 있어야 한다. 주택단지의 총 세대수가 400세대인 경우 기간도로와 접하는 폭 또는 진입도로의 폭은 최소 얼마 이상이어야 하는가? (단, 진입도로가 1개이며, 원룸형 주택이 아닌 경우)

[15년 1회, 19년 1회]

① 4m ② 6m
③ 8m ④ 12m

[해설]

총 세대수가 300세대 이상 500세대 미만인 경우 진입도로의 폭은 최소 8m 이상으로 한다.

정답 17 ① 18 ② 19 ④ 20 ③

# 07 사무소 / 은행

## 1 사무소의 관리상 분류

| 전용 사무소 | 순수한 자기 전용 사무소(관청도 이에 속함) |
|---|---|
| 준전용 사무소 | 몇 개의 회사가 모여서 공동소유하는 것 |
| 준대여 사무소 | 건물의 주요 부분을 자기 전용으로 하고 나머지를 임대하는 형식 |
| 대여 사무소 | 건물의 전부 또는 대부분을 임대하는 형식 |

## 2 사무소의 면적계획

| 유효율<br>(렌터블비,<br>Rentable Ratio,<br>%) | • 임대면적과 연면적의 비<br>$$유효율 = \frac{임대면적(㎡)}{연면적(㎡)} \times 100(\%)$$<br>• 전체적으로는 70~75%가 보편 타당하며, 기준층에 한해서는 80% 정도가 되도록 한다.<br>• 유효율이 높다는 것은 사무실의 대여면적비가 높아 임대료 수입을 올릴 수 있음을 의미한다. |
|---|---|
| 수용 인원 계획 | • 사무실의 크기는 사무원의 수에 비례한다.<br>• 인당 필요 임대면적 : 5.5~6.5㎡/인<br>• 연면적 : 8~11㎡/인 |

## 3 사무실의 복도형에 따른 분류

| 단일 지역 배치<br>(편복도식, Single Zone Layout) | • 복도의 한쪽에만 사무실을 둔 형식이다.<br>• 자연채광과 통풍에 유리하며, 비교적 고가이다.<br>• 경제성보다 건강, 분위기 등이 더 필요한 곳에 적합하다.<br>• 보통 소규모 사무소에서 사용한다. |
|---|---|
| 2중 지역 배치<br>(중복도식, Double Zone Layout) | • 복도를 두고 양측에 사무실을 둔 형식이다.<br>• 사무실은 동·서 방향으로 배치하고, 복도의 축은 남·북 방향으로 배치한다.<br>• 주 계단과 부 계단, 중앙의 코어에서 각 실로 들어갈 수 있다.<br>• 일반적으로 중규모 이상의 사무소에 적합하며, 코어 계획 시 주의가 필요하다. |
| 3중 지역 배치<br>(2중 복도식, Triple Zone Layout) | • 고층 건물에 사용되며, 교통시설과 위생설비는 건물 내부 제3지역 또는 중심에 위치한다.<br>• 코어에 설비 종류를 집중시켜 실배치가 자유롭고, 경제적이며 구조적 이점이 있다.<br>• 임대효율이 떨어지므로 전용 사무소에 적합하다.<br>• 사무소 내의 인공조명 및 기계환기 등의 설비가 필요하다. |

# 과년도 기출문제

건 축 / 기 사 / 필 기

**01** 다음 사무소 관리상의 분류 중 틀린 것은?

① 전용 사무소 : 순수한 자기 전용 사무소이다.
② 준전용 사무소 : 수개의 회사가 모여 하나의 사무소를 건설하여 공동소유하는 것
③ 준대여 사무소 : 건물의 주요 부분을 임대하고 나머지 부분을 자기 전용으로 쓰는 것
④ 대여 사무소 : 건물의 전부 또는 대부분을 대여하고 관리인만을 두는 것

[해설]

준대여 사무소
건물의 주요 부분을 자기 전용으로 하고 나머지는 대여하는 사무소 형식

**02** 사무소 건축물에서 유효율(Rentable Ratio)이 의미하는 것은? [14년 4회]

① 연면적과 대지면적의 비
② 임대면적과 연면적의 비
③ 업무공간과 공용공간의 비
④ 기준층의 바닥면적과 연면적의 비

[해설]

유효율(렌터블비, Rentable Ratio, %)
임대면적과 연면적의 비
$$유효율 = \frac{임대 면적(m^2)}{연면적(m^2)} \times 100(\%)$$

**03** "렌터블(Rentable)비가 높다"는 말을 설명한 것으로 가장 적절한 것은? [15년 4회]

① 서비스를 보다 좋게 할 수 있다.
② 임대료 수입을 보다 올릴 수 있다.
③ 주차장 공간을 보다 많이 확보할 수 있다.
④ 코어 부분에 대한 면적을 보다 많이 확보할 수 있다.

[해설]

유효율이 높다는 것은 사무실의 대여 면적비가 높아 임대료 수입을 올릴 수 있음을 의미한다.

**04** 고층 사무소 건축에 관한 설명으로 옳지 않은 것은? [15년 1회]

① 토지이용 효율이 높아진다.
② 화재와 지진 등의 재난에 대한 대비가 필요하다.
③ 층고를 낮게 할 경우 건축비를 절감시킬 수 있다.
④ 고층일수록 설비비의 감소로 단위 면적당 건축비가 절감된다.

[해설]

고층일수록 설비 배치가 복잡하고, 수압 등 여러 가지 고려사항이 많아지기 때문에 설비비가 증가하게 된다.

**05** 사무소 건축에서 3중 지역 배치(Triple Zone Layout)에 관한 설명으로 옳지 않은 것은? [16년 4회]

① 서비스 부분을 중심에 위치하도록 한다.
② 고층 사무소 건축의 전형적인 해결방식이다.
③ 부가적인 인공조명과 기계환기가 필요하다.
④ 대여 사무실을 포함하는 건물에 가장 적합하다.

[해설]

3중 지역 배치(2중 복도식, Triple Zone Layout)방식은 임대효율이 떨어지므로 전용 사무소에 적합하다.

3중 지역 배치(2중 복도식, Triple Zone Layout)
• 고층 건물에 사용되며, 교통시설과 위생설비는 건물 내부 제3지역 또는 중심에 위치한다.
• 코어에 설비 종류를 집중시켜 실배치가 자유롭고, 경제적이며 구조적 이점이 있다.
• 임대효율이 떨어지므로 전용 사무소에 적합하다.
• 사무소 내의 인공조명 및 기계환기 등의 설비가 필요하다.

**정답** 01 ③  02 ②  03 ②  04 ④  05 ④

# 07 사무소 / 은행

## 4 사무실의 실 단위에 따른 분류

### (1) 개실 배치(Individual Room System)

| 개념 | 복도를 통해 각 층의 여러 부분으로 들어가는 방법으로 유럽에서 널리 쓰인다. |
|---|---|
| 장점 | • 독립적이고, 쾌적하다.<br>• 자연채광의 조건이 좋다. |
| 단점 | • 공사비가 비교적 높다.<br>• 방 길이에는 변화를 줄 수 있으나, 연속된 긴 복도 때문에 방 깊이에 변화를 줄 수 없다. |

### (2) 개방식 배치(Open System)

| 개념 | 개방된 큰 방을 기본적으로 설계하고 중역들을 위해 분리된 작은 방을 두는 방법이다. |
|---|---|
| 장점 | • 전 면적을 유용하게 이용할 수 있다.<br>• 칸막이벽이 없어서 공사비가 낮다.<br>• 방의 길이나 깊이에 변화를 줄 수 있다. |
| 단점 | • 소음이 들리고, 독립성이 결핍된다.<br>• 인공조명이 필요하다. |

### (3) 오피스 랜드스케이핑(Office Landscaping)

| 개념 | 전체를 개방한 배치로, 사무공간에서 직위 서열보다 의사전달과 업무의 흐름, 작업 성격을 중시한 능률적 배치를 추구하는 방법이다. |
|---|---|
| 장점 | • 공사비를 절감할 수 있다(칸막이벽, 공조설비, 소화설비, 조명설비 등의 Zoning 최소화에 따른 공사비 절감).<br>• 고정 칸막이가 없어 평면구성이 자유롭다.<br>• 전 면적을 유용하게 이용할 수 있다. |
| 단점 | • 소음 문제가 발생한다.<br>• 독립성이 결핍된다. |

**+ 개실 배치와 개방식 배치**
• 개실 배치

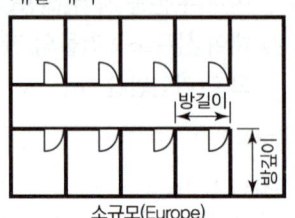

소규모(Europe)

• 개방식 배치

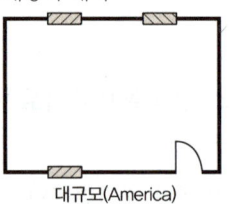

대규모(America)

**+ 소시오페탈(Sociopetal)**
마주보거나 둘러싼 형태의 배치로서 이용자 서로 간의 대화가 자연스럽게 이루어질 수 있는 배치방식이다.

## 5 사무실의 코어계획

### (1) 일반사항

| 코어계획의 개념 | 사무소의 유효면적을 높이기 위하여 각 층의 서비스 부분을 사무공간에서 분리시켜 집약하는 방법이다. | |
|---|---|---|
| 코어의 역할 (도입 효과) | 평면적 역할 | 공용부분을 집약시켜 유효면적을 늘릴 수 있음 |
| | 구조적 역할 | 내력 구조체로서의 역할을 함 |
| | 설비적 역할 | 설비의 집약으로 설비 계통의 순환이 좋아짐 |
| 코어에 설치되는 공간 | 계단실, 엘리베이터 통로 및 홀, 전기배선 공간, 덕트, 파이프 샤프트, 공조실, 화장실, 굴뚝 등 | |
| 코어계획 시 주의사항 | • 코어 내의 계단, 화장실, 엘리베이터는 가능한 근접하여 배치한다.<br>• 엘리베이터 홀은 출입구에 너무 근접시키지 않는다.<br>• 엘리베이터의 직선(직선형) 배치는 4대 이하로 한다.<br>• 엘리베이터는 가급적 중앙에 집중시킨다.<br>• 코어의 구조는 내력 구조체로 한다.<br>• 코어 내의 각 공간은 각 층마다 상하 동일 위치에 둔다.<br>• 초고층 건축물은 세장비가 크므로, 코어 계획 시 풍하중 및 지진하중 등 횡하중에 대한 고려가 필요하다. | |

### (2) 코어의 종류

| 편심 코어형 (편단 코어형) | • 기준층 바닥면적이 적은 경우에 적합하다.<br>• 고층일 경우 구조상 불리하다.<br>• 바닥면적이 커질 경우 코어 외에 피난설비, 설비 샤프트 등이 필요하다. |
|---|---|
| 독립 코어형 (외코어형) | • 코어와 관계없이 자유롭게 사무실 공간을 만들 수 있다.<br>• 코어를 업무공간에서 분리시킴으로써 업무공간의 융통성을 높인 유형이다.<br>• 코어와 업무공간 간의 설비 덕트나 배관 연결이 어렵다.<br>• 편심 코어형과 같은 성격을 띠고 있으며, 구조상 내진구조에는 불리하다.<br>• 방재상 가장 불리한 형식이다.<br>• 소음 등에서는 유리한 측면이 있으나, 배관 등의 연결 및 소요 길이 증대로 공사비가 상승하는 현상이 발생하게 된다. |
| 중심 코어형 (중앙 코어형) | • 바닥면적이 큰 경우 많이 사용한다.<br>• 유효율이 높으며, 임대 사무소로서 경제적인 계획이 가능하다.<br>• 내부공간이 획일적이며, 동선이 한 곳에 집중되므로 화재 시에 불리하다.<br>• 내력벽 및 내진구조가 가능하므로 구조적으로 바람직한 유형이다.<br>• 대규모 건물에서 보행거리를 평균화하려면 건물의 중심에 코어를 두는 것이 좋다. |
| 양단 코어형 (분리 코어형) | • 1개의 대공간을 필요로 하는 전용 사무실에 적합하다.<br>• 2방향 피난에 이상적이며, 방재상 유리하다.<br>• 양측에 코어가 있으므로 관리상 좋지 않다. |

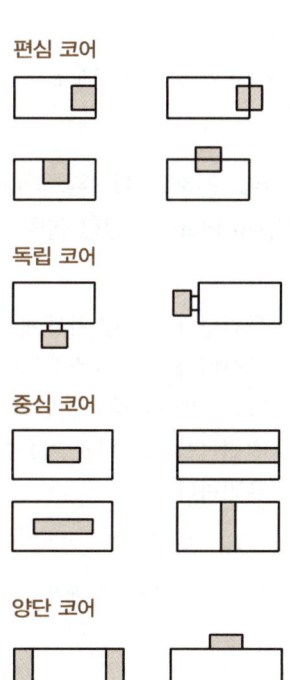

# 과년도 기출문제

**01** 사무소 건축의 실단위계획에 관한 설명으로 옳지 않은 것은? [17년 4회, 21년 1회]

① 개실 시스템은 독립성과 쾌적감의 이점이 있다.
② 개방식 배치는 전면적을 유용하게 이용할 수 있다.
③ 개방식 배치는 개실 시스템보다 공사비가 저렴하다.
④ 개실 시스템은 연속된 긴 복도로 인해 방 깊이에 변화를 주기가 용이하다.

[해설]
방 길이에는 변화를 줄 수 있으나 연속된 긴 복도 때문에 방 깊이에 변화를 줄 수 없다.

**02** 사무소 건축의 실단위계획 중 개실 시스템에 관한 설명으로 옳지 않은 것은? [20년 4회]

① 공사비가 저렴하다.
② 독립성과 쾌적감이 높다.
③ 방 길이에 변화를 줄 수 있다.
④ 방 깊이에 변화를 줄 수 없다.

[해설]
독립성과 쾌적함이 좋지만 공사비가 많이 드는 단점이 있다.

**03** 사무소 건축의 실단위계획에 있어서 개방식 배치(Open Plan)에 관한 설명으로 옳지 않은 것은? [18년 2회, 21년 2회]

① 독립성과 쾌적감 확보에 유리하다.
② 공사비가 개실 시스템보다 저렴하다.
③ 방의 길이나 깊이에 변화를 줄 수 있다.
④ 전면적을 유효하게 이용할 수 있어 공간 절약상 유리하다.

[해설]
소음이 들리고 독립성과 쾌적감의 확보가 어렵다.

**04** 사무소 건축에서 오피스 랜드스케이핑(Office Landscaping)에 관한 설명으로 옳지 않은 것은? [20년 3회]

① 프라이버시 확보가 용이하여 업무의 효율성이 증대된다.
② 커뮤니케이션의 융통성이 있고 장애요인이 거의 없다.
③ 실내에 고정된 칸막이를 설치하지 않으며 공간을 절약할 수 있다.
④ 변화하는 작업의 패턴에 따라 조절이 가능하며 신속하고 경제적으로 대처할 수 있다.

[해설]
독립성이 결여되는 단점이 있다.

**05** 오피스 랜드스케이프(Office Landscape)에 관한 설명으로 옳지 않은 것은? [22년 2회]

① 외부조경면적이 확대된다.
② 작업의 폐쇄성이 저하된다.
③ 사무능률의 향상을 도모한다.
④ 공간의 효율적 이용이 가능하다.

[해설]
오피스 랜드스케이핑(Office Landscaping)
전체를 개방한 배치로 사무공간에서 직위 서열보다 의사전달과 업무의 흐름, 작업 성격을 중시한 능률적 배치를 추구하는 방법으로서, 외부조경면적 확대와는 관계가 없다.

**정답** 01 ④  02 ①  03 ①  04 ①  05 ①

## 과년도 기출문제

**06** 사무소 건축에서 오피스 랜드스케이핑에 관한 설명으로 옳지 않은 것은? [17년 1회]

① 대형 가구 등 소리를 반향시키는 기재의 사용이 어렵다.
② 작업장의 집단을 자유롭게 그루핑하여 불규칙한 평면을 유도한다.
③ 변화하는 작업의 패턴에 따라 조절이 가능하며 신속하고 경제적으로 대처할 수 있다.
④ 개실 시스템의 한 형식으로 배치를 의사전달과 작업흐름의 실제적 패턴에 기초를 둔다.

[해설]
오피스 랜드스케이핑(Office Landscaping)
전체를 개방한 배치로 사무공간에서 직위 서열보다 의사전달과 업무의 흐름, 작업 성격을 중시한 능률적 배치를 추구하는 방법으로서, 개실 시스템과는 거리가 멀다.

**07** 사무소 건축의 실단위계획에 관한 설명으로 옳지 않은 것은? [19년 2회]

① 개실 시스템은 독립성과 쾌적감의 이점이 있다.
② 개방식 배치는 전면적을 유용하게 사용할 수 있다.
③ 개방식 배치는 개실시스템보다 공사비가 저렴하다.
④ 오피스 랜드스케이프(Office Landscape)는 개실시스템을 위한 실단위계획이다.

[해설]
오피스 랜드스케이핑은 전체를 개방한 배치로서 개실시스템과는 거리가 멀다.

**08** 사무소 건축의 오피스 랜드스케이핑(Office Landscaping)에 관한 설명으로 옳지 않은 것은? [22년 1회]

① 의사전달, 작업흐름의 연결이 용이하다.
② 일정한 기하학적 패턴에서 탈피한 형식이다.
③ 작업단위에 의한 그룹(Group)배치가 가능하다.
④ 개인적 공간으로의 분할로 독립성 확보가 용이하다.

[해설]
독립성이 결여되는 단점이 있다.

**09** 사무소 건축의 코어계획에 관한 설명으로 옳지 않은 것은? [19년 4회]

① 코어 부분에는 계단실도 포함시킨다.
② 코어 내의 각 공간은 각 층마다 공통의 위치에 두도록 한다.
③ 코어 내의 화장실은 외부 방문객이 잘 알 수 없는 곳에 배치한다.
④ 엘리베이터 홀은 출입구 문에 근접시키지 않고 일정한 거리를 유지하도록 한다.

[해설]
화장실의 위치는 계단실, 엘리베이터 홀에 근접시켜 방문객이 쉽게 인식할 수 있게 하며, 배기 등을 위해 외기에 접하는 위치에 둔다.

**10** 사무소 건축의 중심 코어형에 관한 설명으로 옳은 것은? [20년 1·2회 통합]

① 구조 코어로서 바람직한 형식이다.
② 유효율이 낮아 임대 사무소 건축에는 부적합하다.
③ 일반적으로 기준층 바닥면적이 작은 경우에 주로 사용된다.
④ 2방향 피난에는 이상적인 관계로 방재·피난상 가장 유리한 형식이다.

[해설]
② 유효율이 높아 임대 사무소 건축에 적합하다.
③ 일반적으로 기준층 바닥면적이 큰 경우에 주로 사용된다.
④ 양단 코어형에 대한 설명이다.

정답  06 ④  07 ④  08 ④  09 ③  10 ①

## 과년도 기출문제

**11** 다음 중 구조 코어로서 가장 바람직한 코어형식으로 바닥면적이 큰 고층, 초고층 사무소에 적합한 것은? [19년 2회]

① 중심 코어형
② 편심 코어형
③ 독립 코어형
④ 양단 코어형

[해설]

중심 코어형(중앙 코어형)
- 바닥면적이 큰 경우 많이 사용한다.
- 유효율이 높으며, 임대 사무소로서 경제적인 계획이 가능하다.
- 내부공간이 획일적이며 동선이 한 곳에 집중되므로 화재 시에 불리하다.
- 내력벽 및 내진구조가 가능하므로 구조적으로 바람직한 유형이다.

**12** 다음 설명에 알맞은 사무소 건축의 코어유형은? [17년 1회, 20년 4회]

- 코어와 일체로 한 내진구조가 가능한 유형이다.
- 유효율이 높으며, 임대 사무소로서 경제적인 계획이 가능하다.

① 편심형
② 독립형
③ 분리형
④ 중심형

[해설]

중심 코어형(중앙 코어형)
- 바닥면적이 큰 경우 많이 사용한다.
- 유효율이 높으며, 임대 사무소로서 경제적인 계획이 가능하다.
- 내부공간이 획일적이며 동선이 한 곳에 집중되므로 화재 시에 불리하다.
- 내력벽 및 내진구조가 가능하므로 구조적으로 바람직한 유형이다.

**13** 다음 설명에 알맞은 사무소 건축의 코어유형은? [21년 2회]

- 코어를 업무공간에서 분리시킨 관계로 업무공간의 융통성이 높은 유형이다.
- 설비 덕트나 배관을 코어로부터 업무공간으로 연결하는 데 제약이 많다.

① 외코어형
② 편단코어형
③ 양단코어형
④ 중앙코어형

[해설]

독립 코어형(외코어형)
- 코어와 관계없이 자유롭게 사무실 공간을 만들 수 있다.
- 코어를 업무공간에서 분리시킴으로서, 업무공간의 융통성을 높인 유형이다.
- 코어와 업무공간 간의 설비 덕트나 배관 연결이 어렵다.
- 편심 코어형과 같은 성격을 띄고 있으며, 구조상 내진구조에는 불리하다.
- 방재상 가장 불리한 형식이다.

**14** 사무소 건축의 코어형식 중 편심형 코어에 관한 설명으로 옳지 않은 것은? [21년 4회]

① 고층인 경우 구조상 불리할 수 있다.
② 각 층 바닥면적이 소규모인 경우에 사용된다.
③ 바닥면적이 커지면 코어 이외에 피난시설 등이 필요해진다.
④ 내진구조상 유리하며 구조 코어로서 가장 바람직한 형식이다.

[해설]

내진구조상 가장 유리한 코어형식은 중심 코어형이다.

정답  11 ①  12 ④  13 ①  14 ④

## 과년도 기출문제

건 축 / 기 사 / 필 기

**15** 사무소 건축의 코어형식에 관한 설명으로 옳은 것은? [18년 2회]

① 편심 코어형은 각 층의 바닥면적이 큰 경우 적합하다.
② 양단 코어형은 코어가 분산되어 있어 피난상 불리하다.
③ 중심 코어형은 구조적으로 바람직한 형식으로 유효율이 높은 계획이 가능하다.
④ 외코어형은 설비 덕트나 배관을 코어로부터 사무실 공간으로 연결하는데 제약이 없다.

[해설]

중심 코어형(중앙 코어형)
• 바닥면적이 큰 경우 많이 사용한다.
• 유효율이 높으며, 임대 사무소로서 경제적인 계획이 가능하다.
• 내부공간이 획일적이며 동선이 한 곳에 집중되므로 화재 시에 불리하다.
• 내력벽 및 내진구조가 가능하므로 구조적으로 바람직한 유형이다.

**16** 사무소 건축의 코어유형에 관한 설명으로 옳지 않은 것은? [21년 1회]

① 편심 코어형은 기준층 바닥면적이 작은 경우에 적합하다.
② 독립 코어형은 코어를 업무공간에서 별도로 분리시킨 형식이다.
③ 중심 코어형은 코어가 중앙에 위치한 유형으로 유효율이 높은 계획이 가능하다.
④ 양단 코어형은 수직동선이 양 측면에 위치한 관계로 피난에 불리하다는 단점이 있다.

[해설]

양단 코어형은 수직동선이 양 측면에 위치해 있어 양 방향으로 대피가 가능하여 피난에 유리하다는 장점이 있다.

**17** 사무소 건축의 코어유형에 관한 설명으로 옳지 않은 것은? [19년 1회]

① 중심 코어형은 유효율이 높은 계획이 가능하다.
② 양단 코어형은 2방향 피난에 이상적이며 방재상 유리하다.
③ 편심 코어형은 각 층 바닥면적이 소규모인 경우에 적합하다.
④ 독립 코어형은 구조적으로 가장 바람직한 유형으로 고층, 초고층 사무소 건축에 주로 사용된다.

[해설]

④는 중심 코어형에 대한 설명이다.

독립코어형의 특징
• 코어와 관계없이 자유롭게 사무실 공간을 만들 수 있다.
• 코어를 업무공간에서 분리시킴으로써 업무공간의 융통성을 높인 유형이다.
• 코어와 업무공간 간의 설비 덕트나 배관 연결이 어렵다.
• 편심 코어형과 같은 성격을 띠고 있으며, 구조상 내진구조에는 불리하다.

**18** 사무소 건축의 코어(Core)형태에 관한 설명 중 옳지 않은 것은? [11년 2회]

① 외코어형은 사무실 공간과 간섭이 적다.
② 편심 코어형은 일반적으로 소규모 사무소 건물에 많이 쓰인다.
③ 중앙 코어형은 기준층 바닥면적이 대규모인 경우에 적합하다.
④ 양단 코어형은 대여 사무소에 주로 사용되며 방재 및 피난상 불리하다.

[해설]

양단 코어형(분리 코어형)은 2방향 피난에 이상적이며 방재상 유리하다.

양단 코어형(분리 코어형)
• 1개의 대공간을 필요로 하는 전용 사무실에 적합하다.
• 2방향 피난에 이상적이며 방재상 유리하다.
• 양측에 코어가 있으므로, 관리상 좋지 않다.

정답  15 ③  16 ④  17 ④  18 ④

# 07 사무소 / 은행

## 6 사무실의 세부계획

| | | |
|---|---|---|
| 기둥 간격(Span) 결정 요소 | • 책상배치 단위<br>• 채광상 층고에 의한 안깊이<br>• 주차 배치 단위(지하주차장의 주차 간격 계획) | |
| 층고 계획 시 고려사항 (층고 결정 요소) | • 건축물의 사용목적<br>• 채광(채광률) 및 실의 안깊이<br>• 경제성(공사비)<br>• 공조 시스템 | |
| 사무실의 깊이(L)와 층고(H) | 사무실의 안깊이(L)는 외측에 면하는 실내의 경우 L/H = 2.0~2.4, 채광 정측에 면하는 실내의 경우 L/H = 1.5~2.0이다. | |
| 계단 | • 폭 : 120cm 이상<br>• 단 너비($T$)와 단 높이($R$)와의 관계<br>  $20\text{cm} > R > 15\text{cm}$, $25\text{cm} > T > 30\text{cm}$, $R+T = 45\text{cm}$<br>• 동선은 간단명료하고 최단거리의 위치에 놓을 것<br>• 엘리베이터 홀에 근접할 것<br>• 계단의 배치는 균등하게 해야 하며, 일반적으로 엘리베이터 홀에 근접시킬 것<br>• 주요 계단은 되도록 1층 주요 출입구 근처에 배치할 것 | |
| 화장실 | • 계단실, 엘리베이터 홀에 근접시킬 것<br>• 1개소 또는 2개소 이내에 집중 배치할 것<br>• 각 층마다 공통의 위치에 둘 것<br>• 외기에 접하는 위치에 둘 것 | |
| 스모크 타워 (Smoke Tower) | • 화재에 의해 침입한 연기를 배기시키기 위하여 비상계단의 전실에 설치한 샤프트(Shaft)임(공기경로 : 계단실 → 전실 → 스모크 타워)<br>• 화재 시 계단실이 굴뚝이 되는 것을 방지함<br>• 전실의 천장은 가급적 높게 함<br>• 전실의 창과는 별도로 스모크 타워를 반드시 설치해야 함 | |
| 주차계획 (주차방법) | 직각 주차 | 가장 면적을 적게 차지하는 주차방식(가장 경제적인 방식)으로서, 주로 많이 쓰임 |
| | 평행 주차 | 주차 폭이 좁을 때 또는 노상주차 방식일 때 주로 적용되며, 1대당 소요면적이 가장 크다는 단점이 있음 |
| | 60° 주차 | 직각 주차를 하기에는 통로 폭이 좁을 때 쓰는 형식으로, 운전자가 주차하기 편하다는 특성이 있음 |
| | 45° 주차 | 데드 스페이스(불필요한 공간)가 많아 지하주차장에는 거의 적용되지 않는 방식임 |

**➕ 층고를 낮게 할 경우의 특징**
• 많은 층을 얻을 수 있다.
• 건축비가 절감된다.
• 냉·난방비가 절약된다(공기조화설비 비용 절감).
• 엘리베이터가 정지하는 층의 수가 많아진다(엘리베이터 효율 저하, 엘리베이터의 일주시간 증가).

• 사무실 채광 면적은 바닥 면적의 1/10 이상을 기준으로 한다.

**스모크 타워**

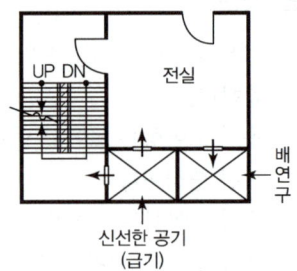

## 7 사무실의 엘리베이터 계획

| 기본 사항 | | • 엘리베이터 출발 기준층 : 2개 층(예 : 지하층 및 1층)으로 하고, 명확한 안내가 되도록 한다.<br>• 주요 출입구 홀에 직면 배치해야 한다(단, 사무실 출입문에 가까이 접근하는 것은 금지).<br>• 한 곳에 집중해서 배치해야 한다. |
|---|---|---|
| 배치 방법 | 직선형 | 1뱅크는 4대 이하로 한다. |
| | 알코브형 | 1뱅크는 4~6대로 하고, 대면 거리는 3.5~4.5m로 한다. |
| | 대면형 | 1뱅크는 4~8대의 대면 배치로 하고, 대면 거리는 3.5~4.5m로 한다. |
| | 대면 혼용형 | 저층용과 고층용을 대면 배치하는 경우에는 거리를 충분히 확보한다. |
| 대수 산정 | | 건축물의 종류, 규모, 임대상황 등을 고려하여, 엘리베이터의 5분간 총 수송능력이 승객의 집중률에 의한 5분간 최대 교통수요량과 같거나 그 이상이 되도록 한다. |
| 조닝 방식 | 컨벤셔널 조닝 방식<br>(Conventional Zoning System) | 건물을 몇 개의 존(Zone)으로 구분하고, 각 존을 1뱅크의 엘리베이터가 담당하는 방식 |
| | 스카이 로비 방식(Sky-Lobby System, Shuttle System) | 초고층 사무소 건축에 채용되는 방식으로, 큰 존을 설정하여 그 속에 세분한 조닝 시스템을 채용하는 방식 |
| | 더블 데크 방식<br>(Double Deck System) | 2중식 엘리베이터를 사용하여 2대분의 수송력을 갖추어 러시아워를 해결하는 방식 |

**+ 엘리베이터의 대수 산정(약산)**
- 유효면적 : 2,000m²당 1대
- 연면적 : 3,000m²당 1대

**엘리베이터 배치방식**

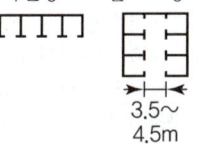
- 직선형
- 알코브형

3.5~4.5m

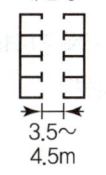 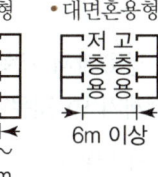
- 대면형
- 대면혼용형 (저층용 / 고층용)

3.5~4.5m  6m 이상

---

### 개념이해

**01** 승강기 배치에 관한 설명 중 옳지 않은 것은?

① 승강기를 직렬로 배치할 경우 4대를 한도로 한다.
② 승강기가 5대 이상일 때는 알코브형 배치를 고려한다.
③ 알코브형 배치는 8대 정도를 한도로 하고 그 이상일 경우 군별로 분할하는 것을 고려한다.
④ 승강기의 출발층은 승강기의 효율적 운영을 위하여 여러 개소로 분산시키는 것이 좋다.

**02** 사무실 건축의 코어계획에 관한 설명으로 옳지 않은 것은?

① 코어 내의 계단, 화장실, 엘리베이터는 가능한 근접하여 배치한다.
② 엘리베이터의 설치 대수가 6대 이상일 경우 직선형으로 배치한다.
③ 코어 내의 서비스 공간과 업무 사무실과의 동선을 단순하게 처리한다.
④ 코어의 위치와 코어 내의 각 공간의 위치가 시각적으로 명확하게 배치한다.

○ 엘리베이터 배치 계획
- 주요 출입구 홀에 직면 배치할 것(단, 사무실 출입문에 가까이 접근하는 것은 금지)
- 각 층의 위치는 되도록 동선이 짧고 간단할 것
- 방문자가 쉽게 인식할 수 있는 위치일 것
- 한 곳에 집중해서 배치할 것

답 ④

○ 엘리베이터의 직선(직선형) 배치는 4대 이하로 한다.

답 ②

## 과년도 기출문제

**01** 다음 중 사무소 건축에서 기준층 평면형태의 결정 요소와 가장 거리가 먼 것은? [22년 1회]

① 동선상의 거리
② 구조상 스팬의 한도
③ 사무실 내의 책상 배치 방법
④ 덕트, 배선, 배관 등 설비 시스템상의 한계

[해설]

평면형태 결정 시에는 구조상 스팬의 한도 및 자연채광의 유입 관련 사항, 그리고 방화구획상 면적, 피난동선 및 거리 등이 고려되며, 사무실 내의 책상 배치 방법은 스팬이 결정된 후에 하는 것으로서, 구조적 스팬의 결정사항에 고려되는 요소는 아니다.

**02** 사무소 건축에서 기둥 간격(Span)의 결정 요소와 가장 관계가 먼 것은? [18년 1회]

① 건물의 외관
② 주차배치의 단위
③ 책상배치의 단위
④ 채광상 층고에 의한 안깊이

[해설]

기둥 간격(Span) 결정 요소
• 책상배치 단위
• 채광상 층고에 의한 안깊이
• 주차배치 단위(지하주차장의 주차 간격 계획)

**03** 다음 중 사무소 건축의 기준층 층고 결정 요소와 가장 거리가 먼 것은? [18년 4회]

① 채광률
② 사용목적
③ 계단의 형태
④ 공조 시스템의 유형

[해설]

층고계획 시 고려사항(층고 결정 요소)
• 건축물의 사용목적
• 채광(채광률) 및 실의 안깊이
• 경제성(공사비)
• 공조 시스템

**04** 다음 중 사무소 건축의 기둥 간격 결정 요소와 가장 거리가 먼 것은? [22년 2회]

① 책상배치의 단위
② 주차배치의 단위
③ 엘리베이터의 설치 대수
④ 채광상 층높이에 의한 깊이

[해설]

엘리베이터의 설치 대수는 연면적에 따라 결정되는 요소로서 기둥 간격 결정과는 거리가 멀다.

기둥 간격(Span) 결정 요소
• 책상배치 단위
• 채광상 층고에 의한 안깊이
• 주차배치 단위(지하주차장의 주차 간격 계획)

**05** 고층용 엘리베이터 계획에 관한 설명으로 옳지 않은 것은? [15년 1회]

① 각 서비스 존은 10~15개 층으로 구분한다.
② 각 서비스 존별 엘리베이터 수량은 가능한 한 8대 이하로 한다.
③ 출발 기준층은 입주인원의 변화를 고려하여 2개 층 이상으로 하는 것이 바람직하다.
④ 호텔의 경우는 엘리베이터의 불특정한 이용 승객의 인지성 등을 고려하여 40층 이하의 경우에는 1개 존으로 하는 것이 바람직하다.

[해설]

출발 기준층은 입주인원의 변화를 고려하여 2개 층(예 : 지하층 및 1층)으로 하고, 명확한 안내가 되도록 한다.

**정답** 01 ③  02 ①  03 ③  04 ③  05 ③

## 과년도 기출문제

**06** 사무소 건물의 엘리베이터 배치 시 고려사항으로 옳지 않은 것은? [18년 4회, 21년 4회]

① 교통동선의 중심에 설치하여 보행거리가 짧도록 배치한다.
② 대면 배치의 경우 대면거리는 동일 군 관리의 경우 3.5~4.5m로 한다.
③ 여러 대의 엘리베이터를 설치하는 경우 그룹별 배치와 군 관리 운전방식으로 한다.
④ 일렬 배치는 6대를 한도로 하고, 엘리베이터 중심 간 거리는 10m 이하가 되도록 한다.

[해설]
엘리베이터의 직선(직선형) 배치는 4대 이하로 한다.

**07** 엘리베이터 배치 시 고려사항으로 옳지 않은 것은? [16년 2회]

① 대면 배치 시 대면거리는 동일 군 관리의 경우는 3.5~4.5m로 한다.
② 엘리베이터 홀은 엘리베이터 정원 합계의 10% 정도를 수용할 수 있도록 한다.
③ 여러 대의 엘리베이터를 설치하는 경우, 그룹별 배치와 군 관리 운전방식으로 한다.
④ 일렬 배치는 4대를 한도로 하고, 엘리베이터 중심 간 거리는 8m 이하가 되도록 한다.

[해설]
엘리베이터 홀은 엘리베이터 정원 합계의 50% 정도를 수용할 수 있어야 하며, 1인당 점유 면적은 0.5~0.8m²로 계산한다.

**08** 사무소 건축에서 엘리베이터 계획 시 고려되는 승객 집중시간은? [19년 4회]

① 출근 시 상승　② 출근 시 하강
③ 퇴근 시 상승　④ 퇴근 시 하강

[해설]
사무소 건축에서 대수 산정 시 아침 출근시간대의 피크 5분을 기준으로 하여 산정하며, 사무실의 출근 시에는 위층으로 이동하려는 수요가 커지므로 상승 시를 기준으로 한다.

**09** 사무소 건축의 엘리베이터 설치계획에 관한 설명으로 옳지 않은 것은? [18년 1회]

① 군 관리 운전의 경우 동일 군 내의 서비스 층은 같게 한다.
② 승객의 층별 대기시간은 평균 운전간격 이상이 되게 한다.
③ 서비스를 균일하게 할 수 있도록 건축물 중심부에 설치하는 것이 좋다.
④ 건축물의 출입층이 2개 층이 되는 경우는 각각의 교통수요량 이상이 되도록 한다.

[해설]
승객의 편의를 위해, 승객의 층별 대기시간은 평균 운전간격 이하가 되게 한다.

**10** 엘리베이터의 설계 시 고려사항으로 옳지 않은 것은? [20년 3회]

① 군 관리 운전의 경우 동일 군 내의 서비스 층은 같게 한다.
② 승객의 층별 대기시간은 평균 운전간격 이하가 되게 한다.
③ 건축물의 출입층이 2개 층이 되는 경우는 각각의 교통수요량 이상이 되도록 한다.
④ 백화점과 같은 대규모 매장에는 일반적으로 승객 수송의 70~80%를 분담하도록 계획한다.

[해설]
방문객의 75~80%는 에스컬레이터를 이용하므로 엘리베이터는 보조적 역할을 한다.

정답　06 ④　07 ②　08 ①　09 ②　10 ④

# 07 사무소 / 은행

## 8 은행의 평면계획

- 주 현관의 위치는 전면도로에 통행하는 사람의 동선을 고려하여 배치한다.
- 영업실 및 고객대기실을 중심으로 한 동선을 고려하여 계획한다.
- 고객이 지나는 동선은 짧아야 하며, 고객의 공간과 업무공간 사이에는 원칙적으로 구분이 없어야 한다.
- 업무 내용이 노출되지 않도록 계획한다.
- 고객의 동선과 행원의 동선이 서로 교차되지 않도록 한다.

## 9 은행의 세부계획

| 주출입구 | • 고객 출입구는 도난방지상 1개소로 하고, 안여닫이로 한다.<br>• 전실(방풍실)을 둘 경우 바깥문은 바깥여닫이 또는 자재문으로 하고, 안쪽 출입문은 안여닫이로 한다.<br>• 직원과 고객의 출입구는 동선이 간섭되지 않도록 따로 설치한다.<br>• 아이들이 많은 지역에서는 주 출입구를 회전문으로 하지 않는 것이 좋다. |
|---|---|
| 객장 | • 최소 폭은 3.2m 이상으로 한다.<br>• 영업장 : 객장 = 3 : 2 정도의 비율로 한다. |
| 영업 카운터 | • 높이 : 100~110cm(영업장 측에서는 90~95cm)<br>• 폭 : 60~75cm |
| 영업장 | • 은행의 영업장의 면적은 행원 수에 의해 결정된다.<br>• 영업장의 크기는 행원 1인당 4~6m²가 필요하다. |
| 금고실 | • 건물 측벽이나 뒤쪽벽을 따라서 위치하도록 하며, 될 수 있는 한 건물의 한쪽 구석을 이용하도록 한다.<br>• 금고는 밀폐된 공간이기 때문에 환기설비가 필요하다. |
| 드라이브 인 창구 | • 자동식과 수동식을 겸비하여 서류를 처리할 수 있도록 한다.<br>• 쌍방 통화 설비를 한다.<br>• 자동차 1대의 소요 시간은 약 1분 정도로서, 창구 계원 1인 1일의 취급량은 150~200건 정도로 계산한다. |

**+ 영업 카운터**

개념이해

**01** 은행의 주출입구에 관한 설명으로 옳지 않은 것은?

① 겨울철의 방풍을 위해 방풍실을 설치하는 것이 좋다.
② 내부 출입문은 도난방지상 안여닫이로 하는 것이 좋다.
③ 어린이들의 출입이 많은 곳에서는 회전문을 설치하는 것이 좋다.
④ 이중문을 설치하는 경우, 바깥문은 바깥여닫이 또는 자재문으로 하는 것이 좋다.

→ 어린이나 노약자에게는 회전문이 불편하고 위험할 수 있다.

**답** ③

**02** 은행 건축의 세부 계획 사항 중 옳지 않은 것은?

① 주출입구는 안여닫이문으로 한다.
② 객장의 최소폭은 4.5m이다.
③ 영업용 카운터의 높이는 100~110cm, 폭은 60~80cm로 한다.
④ 영업장의 면적은 은행원 1인당 10m²이고, 천장고는 5~7m로 한다.

→ 객장(고객의 대기공간)의 최소 폭은 3.2m 이상이 되도록 한다.

**답** ②

## 과년도 기출문제

**01** 은행 건축계획에 관한 설명으로 옳지 않은 것은?

[20년 3회]

① 고객과 직원과의 동선이 중복되지 않도록 계획한다.
② 대규모 은행일 경우 고객의 출입구는 되도록 1개소로 계획한다.
③ 이중문을 설치할 경우 바깥문은 바깥여닫이 또는 자재문으로 계획한다.
④ 어린이의 출입이 많은 경우에는 주 출입구에 회전문을 설치하는 것이 좋다.

[해설]
어린이나 노약자에게는 회전문이 불편하고 위험할 수 있다.

**02** 은행의 주출입구에 관한 설명으로 옳지 않은 것은?

[17년 4회]

① 겨울철의 방풍을 위해 방풍실을 설치하는 것이 좋다.
② 내부와 면한 출입문은 도난방지상 바깥여닫이로 하는 것이 좋다.
③ 이중문을 설치하는 경우, 바깥문은 바깥여닫이 또는 자재문으로 계획할 수 있다.
④ 어린이들의 출입이 많은 곳에서는 안전을 고려하여 회전문 설치를 배제하는 것이 좋다.

[해설]
일반적으로 출입문은 도난방지상 안여닫이로 하며, 전실을 둘 경우에 바깥문은 밖여닫이 또는 자재문으로 하기도 한다.

**03** 은행 건축에 대한 설명으로 옳은 것은? [11년 2회]

① 직원과 고객의 출입구는 보안 관계상 별도로 설치하지 않는다.
② 고객의 대기공간(객장)과 영업공간의 면적 비율은 2 : 8 정도로 하는 것이 가장 바람직하다.
③ 은행 내부의 동선계획 시 고객의 목적과 관계없이 하나의 동선으로 고객을 유도하는 것이 바람직하다.
④ 대규모의 은행일 경우에도 고객의 출입구는 되도록 1개소로 하고 안여닫이로 하는 것이 보편적이다.

[해설]
① 직원과 고객의 출입구는 동선이 간섭되지 않도록 따로 설치한다.
② 고객의 대기공간(객장)과 영업공간의 면적 비율은 2 : 3 정도로 하는 것이 가장 바람직하다.
③ 고객의 목적에 따라 동선이 계획되어 원할한 동선 흐름을 형성하는 것이 바람직하다.

**04** 은행계획에 관한 설명으로 옳지 않은 것은?

[15년 2회]

① 고객이 지나는 동선은 가능한 한 짧게 한다.
② 고객과 직원 간의 동선은 중복되지 않도록 한다.
③ 대규모의 은행일 경우 고객 출입구는 2개소 이상으로 한다.
④ 동일 목적의 고객 동선은 그루핑하여 각기 요구되는 은행업무에 적합한 동선을 유도하는 것이 좋다.

[해설]
대규모의 은행일 경우에도 고객의 출입구는 되도록 1개소로 하고 안여닫이로 하는 것이 보편적이다.

**05** 은행 건축에 관한 설명으로 옳지 않은 것은?

[16년 4회]

① 금고실은 고객대기실에서 떨어진 위치에 둔다.
② 일반적으로 출입문은 안여닫이로 함이 타당하다.
③ 영업실의 면적은 은행원 1인당 최소 $20m^2$ 이상 되어야 한다.
④ 은행실은 고객대기실과 영업실로 나누어지며 은행의 주체를 이루는 곳이다.

**정답** 01 ④  02 ②  03 ④  04 ③  05 ③

# 과년도 기출문제

건 축 / 기 사 / 필 기

**[해설]**

은행의 영업장의 면적은 행원 수에 의해 결정되며, 행원 1인당 4~6m²가 필요하다.

**06** 드라이브 인 은행(Drive in Bank)의 계획 시 참고 사항 중 옳지 않은 것은? [99년 4회]

① 주위에 충분한 주차시설을 두어야 한다.
② 너무 복잡한 중심부 도로가에 있으면 교통 혼잡때문에 좋지 않다.
③ 쌍방 통화 설비를 하여야 한다.
④ 모든 업무는 드라이브 인 창구에서만 처리한다.

**[해설]**

드라이브 인 뱅크(Drive in Bank) 계획 시 모든 업무가 드라이브 인 뱅크에서만 처리되는 것이 아니므로, 별도의 영업점과 연락을 취할 수 있는 시설이 필요하다.

**정답** 06 ④

# 08 상점

## 1 상점의 방위

| 부인용품점 | 오후에 그늘이 지지 않는 방향으로 한다. |
|---|---|
| 식료품점 | 강한 석양은 상품을 변질시키므로 서쪽을 피한다. |
| 양복점, 가구점, 서점 | 가급적 도로의 남쪽이나 서쪽을 선택하여 일사에 의한 변형, 파손 등을 방지한다. |
| 음식점 | 도로의 남쪽 또는 좁은 길 옆이 좋다. |
| 여름용품점 | 도로의 북쪽을 택하여 남쪽 광선을 받는 것이 효과적이다(겨울용품은 이와 반대). |
| 귀금속점 | 1일 중 태양광선이 직사하지 않는 방향이 좋다. |

## 2 상점 정면(Facade, 파사드) 구성을 위한 광고 요소

| 파사드 구성상 필요한 다섯 가지 광고 요소(AIDMA 법칙) ||
|---|---|
| A(Attention : 주의) | 주목시키는 배려 |
| I(Interest : 흥미) | 공간을 주는 호소력 |
| D(Desire : 욕망) | 욕구를 일으키는 연상 |
| M(Memory : 기억) | 인상적인 변화 |
| A(Action : 행동) | 들어가기 쉬운 구성 |

### 개념이해

**01** 각종 상점의 방위에 관한 설명으로 옳지 않은 것은?

① 음식점은 도로의 남측이 좋다.
② 식료품점은 강한 석양을 피할 수 있는 방위로 한다.
③ 양복점, 가구점, 서점은 가급적 도로의 북측이나 동측을 선택한다.
④ 여름용품점은 도로의 북측을 택하여 남측광선의 유입을 유도하는 것이 효과적이다.

양복점, 가구점, 서점
가급적 도로의 남쪽이나 서쪽을 선택하여 일사에 의한 변형, 파손 등을 방지한다.

답 ③

# 과년도 기출문제

**01** 상점계획 중 그 방위가 가장 적절하지 못한 것은?

[02년 2회]

① 식료품점 – 도로의 서측
② 음식점 – 도로의 북측
③ 여름용품점 – 도로의 북측
④ 양복점, 서점 – 도로의 남측

[해설]

강한 석양은 음식을 상하게 만들 수 있으므로 식료품점의 경우 서측은 피하는 것이 좋다.

**02** 상점의 매장 및 정면 구성에서 요구되는 AIDMA 법칙의 내용으로 옳지 않은 것은?

[15년 1회, 19년 2회]

① Memory
② Interest
③ Attention
④ Attraction

[해설]

상점의 파사드 구성상 필요한 다섯 가지 광고 요소(AIDMA 법칙)
• A(Attention : 주의) – 주목시키는 배려
• I(Interest : 흥미) – 공감을 주는 호소력
• D(Desire : 욕망) – 욕구를 일으키는 연상
• M(Memory : 기억) – 인상적인 변화
• A(Action : 행동) – 들어가기 쉬운 구성

**03** 상점 정면(Facade) 구성에 요구되는 5가지 광고 요소(AIDMA 법칙)에 속하지 않는 것은?

[18년 1회, 22년 1회]

① Attention(주의)
② Identity(개성)
③ Desire(욕구)
④ Memory(기억)

[해설]

상점의 파사드 구성상 필요한 다섯 가지 광고 요소(AIDMA 법칙)
• A(Attention : 주의) – 주목시키는 배려
• I(Interest : 흥미) – 공감을 주는 호소력
• D(Desire : 욕망) – 욕구를 일으키는 연상
• M(Memory : 기억) – 인상적인 변화
• A(Action : 행동) – 들어가기 쉬운 구성

**04** 상점의 정면(Facade) 구성에 요구되는 5가지 광고 요소에 해당하지 않는 것은?

[11년 1회]

① 행동(Action)
② 기억(Memory)
③ 동의(Agreement)
④ 주의(Attention)

[해설]

상점의 파사드 구성상 필요한 다섯 가지 광고 요소(AIDMA 법칙)
• A(Attention : 주의) – 주목시키는 배려
• I(Interest : 흥미) – 공감을 주는 호소력
• D(Desire : 욕망) – 욕구를 일으키는 연상
• M(Memory : 기억) – 인상적인 변화
• A(Action : 행동) – 들어가기 쉬운 구성

정답  01 ①  02 ④  03 ②  04 ③

# 08 상점

## 3 상점의 외관

### (1) 숍 프런트(Shop Front)에 의한 분류

| | |
|---|---|
| 개방형 | • 도로에 면하는 쪽은 전면적으로 개방된 구조<br>• 손님의 출입이 많고 손님이 잠시 머무르는 상점에 적합<br>• 전면 유리로 되어 있는 경우 : 일반 상점가(서점, 제과점, 지물포 등)<br>• 유리 없이 완전 개방된 경우 : 시장, 일용품 상점, 철물점 |
| 폐쇄형 | • 출입구 이외는 벽 또는 장식창에 의해서 외계와 차단되는 형식<br>• 보석상, 카메라, 귀금속점 등에 이용 |
| 혼용형(중간형) | 개방형과 폐쇄형을 조합한 형식으로 가장 많이 이용됨 |

### (2) 진열창(Show-Window) 형태에 의한 분류

| | |
|---|---|
| 평형 | 점두의 외면에 출입구를 낸 가장 일반적인 형식 |
| 돌출형 | 점 내의 일부를 돌출시킨 형식(특수 도매상 등에 적용) |
| 만입형 | • 숍 프런트(Shop Front)가 상점 대지 내로 후퇴된 형식으로서, 혼잡한 도로의 경우 고객이 자유롭게 상품을 관망할 수 있음<br>• 숍 프런트의 진열면적 증대로 상점 내로 들어가지 않고 외부에서 상품 파악이 가능함 |
| 홀형 | 만입부를 더욱 넓힌 후 진열장을 둘러친 형식 |
| 다층형 | 2층 또는 그 이상의 층을 연속되게 취급한 형식(가구점, 양복점 등) |

## 4 면적구성

| | |
|---|---|
| 판매부분(매장) | 도입공간, 통로공간, 상품전시공간, 서비스공간 |
| 부대부분 | 판매를 위한 관리부분으로 직접적인 영업 목적을 달성하기 위한 수단으로 사용되는 부분(상품관리공간, 점원후생공간, 영업관리공간, 시설관리공간, 주차장) |

## 5 동선계획

| | |
|---|---|
| 고객 동선 | • 편안한 마음으로 상품을 선택할 수 있도록 하면서 동선을 길게 함<br>• 들어오는 고객과 종업원의 시선은 서로 마주보지 않도록 함 |
| 종업원 동선 | • 고객 동선과 교차되지 않도록 하며, 보행거리는 가급적 짧게 함<br>• 적은 종업원의 수로 상품의 판매가 능률적으로 될 수 있도록 함 |
| 상품 동선 | • 상품의 반입, 보관, 포장, 발송과 같은 작업이 필요한 공간의 동선을 의미함<br>• 고객 및 직원들의 동선과 가급적 분리하는 것이 좋음 |

# 과년도 기출문제

**01** 상점의 쇼윈도우에 대한 설명 중 옳지 않은 것은?
[09년 2회, 15년 4회]

① 상점의 전면이 넓지 않을 경우 일반적으로 쇼윈도우와 출입구는 비대칭적으로 처리하는 것이 좋다.
② 평형은 일반적으로 많이 사용되는 기본형으로 상점 내의 면적을 넓게 사용할 수 있다.
③ 곡면형은 곡면유리를 사용하여 쇼윈도우의 구성에 변화를 주어 일단 형태감에서 통행인의 시선을 자연스럽게 유도할 수 있다.
④ 경사형은 유리면을 경사지게 처리하여 단조로움이 적게 되지만 유리면의 눈부심이 크다.

[해설]
경사형은 유리면을 경사지게 처리하여 단조로움을 적게함과 동시에 유리면의 눈부심을 저감시켜 준다.

**02** 상점의 동선계획에 관한 설명으로 옳지 않은 것은?
[14년 2회]

① 직원 동선은 되도록 짧게 한다.
② 상품 동선과 직원 동선은 교차해서는 안 된다.
③ 고객의 상점 내 동선은 길고 원활하게 한다.
④ 피난에 관련된 동선은 고객이 쉽게 인지하도록 한다.

[해설]
상품 동선은 고객 동선과 교차해서는 안되며, 작업의 원활함을 위해 직원 동선과 일부 교차시킨다.

**03** 상점계획에 관한 설명으로 옳지 않은 것은?
[08년 2회, 13년 1회]

① 고객의 동선은 가능한 짧게 하여 고객에게 편의를 준다.
② 종업원 동선은 고객의 동선과 교차되지 않도록 한다.
③ 내부 계단 설계 시 올라간다는 부담을 덜 들게 계획하는 것이 중요하다.
④ 소규모의 건물에서 계단의 경사가 너무 낮은 것은 매장 면적을 감소시킨다.

[해설]
상품 판매를 증진시키기 위해 고객의 동선은 가급적 길게 한다.

**04** 상점의 동선계획에 관한 설명으로 옳지 않은 것은?
[20년 4회]

① 고객 동선은 가능한 길게 한다.
② 직원 동선은 가능한 짧게 한다.
③ 상품 동선과 직원 동선은 동일하게 처리한다.
④ 고객 출입구와 상품 반입·출 출입구는 분리하는 것이 좋다.

[해설]
상품 동선
- 상품의 반입, 보관, 포장, 발송과 같은 작업이 필요한 공간의 동선을 의미한다.
- 고객 및 직원들의 동선과 가급적 분리하는 것이 좋다.

**05** 상점 건축의 진열장 배치에 관한 설명으로 옳은 것은?
[15년 1회, 21년 4회]

① 손님쪽에서 상품이 효과적으로 보이도록 계획한다.
② 들어오는 손님과 종업원의 시선이 정면으로 마주치도록 계획한다.
③ 도난을 방지하기 위하여 손님에게 감시한다는 인상을 주도록 계획한다.
④ 동선이 원활하여 다수의 손님을 수용하고 다수의 종업원으로 관리하게 한다.

[해설]
② 상점에 들어오는 손님과 종업원의 시선이 직접 마주치도록 한다.
③ 감시하기 쉬우나 손님에게는 감시한다는 인상을 주지 않도록 한다.
④ 소수의 종업원으로 다수의 손님을 관리하기에 편리하도록 한다.

**정답** 01 ④  02 ④  03 ①  04 ③  05 ①

# 08 상점

## 6 판매방식

### (1) 대면 판매

| 개념 | 고객과 종업원이 쇼케이스(Show-Case)를 가운데 두고 상담하는 방식 |
|---|---|
| 장점 | • 설명하기에 편하고, 판매원의 정위치를 정하기가 용이하다.<br>• 포장이 편리하다. |
| 단점 | 판매원의 통로를 잡게 되므로 진열면적이 감소한다. |
| 대상 | 시계, 귀금속, 카메라, 의약품, 화장품, 제과, 수예품 등 |

### (2) 측면 판매

| 개념 | 진열 상품을 같은 방향으로 보며 판매하는 방식이다. |
|---|---|
| 장점 | • 상품이 손에 잡혀서 충동적 구매와 선택이 용이하다.<br>• 진열면적이 커지고 상품에 친근감이 간다. |
| 단점 | • 판매원이 위치를 정하기 어렵고 불안정하다.<br>• 상품의 설명이나 포장 등이 불편하다. |
| 대상 | 양장, 양복, 침구, 전기 기구, 서적, 운동용품 등 |

➕ **슈퍼마켓 계획**
- 상점 배열과 구성은 상품 전체를 충분히 돌아볼 수 있도록 한다.
- 고객이 많은 쪽을 입구로 하여 넓게 하며, 출구는 좁게 한다.
- 입구 근처에는 생활 필수품과 식료품을 진열하여 고객을 많이 끌도록 한다.
- 매장 바닥은 고저차를 두지 않는다.

## 7 평면배치유형

| 직렬 배열형 | • 직선 구성으로 고객의 흐름이 빠르며, 부분별로 상품 진열이 용이하고, 대량판매 형식이 가능하다(협소한 매장에 적합).<br>• 침구점, 의복점, 식기점, 서점 등에 적합하다. |
|---|---|
| 굴절 배치형 | • 대면 판매와 측면 판매의 조합으로 이루어진 방식이다.<br>• 양품점, 모자점, 안경점, 문구점 등에 적합하다. |
| 환상 배열형 | • 중앙 고리형의 내면 판매대에는 소형이나 고액 상품을 진열하고, 벽면에는 대형 상품을 진열하는 방식이다(대면 판매와 측면 판매 병행 가능).<br>• 수예품점, 민예품점 등에 적합하다. |
| 복합형 | 후반부는 대면 판매 또는 카운터 접객부분이 된다(서점, 패션점 등). |

➕ **진열장의 평면배치유형**
- 직렬 배열형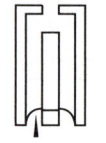
- 굴절 배열형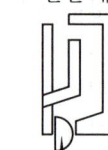
- 환상 배열형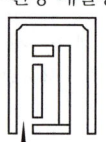
- 복합형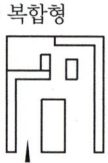

## 8 진열창(Show-Window) 계획

| 진열대의 높이 | • 스포츠용품, 양화점 등 물건의 크기가 큰 것은 낮게 한다.<br>• 시계, 귀금속 등 물건의 크기가 작은 것은 높게 한다.<br>• 가장 눈을 끄는 상품은 선 사람의 눈높이보다 약간 낮게 한다. |
|---|---|
| 진열창의 현휘<br>(반사, 눈부심)<br>방지법 | • 진열창 내의 밝기를 외부보다 더 밝게 한다.<br>• 차양을 달아 외부에 그늘을 준다.<br>• 유리면을 경사지게 하거나 특수한 곡면 유리를 사용한다.<br>• 건너편의 건물이 비치는 것을 방지하기 위해 가로수를 심는다.<br>• 반사면의 정반사율을 낮게 한다. |
| 내부 조명 | • 진열창의 조명은 전체조명과 국부조명을 병용하는 것이 좋다.<br>• 전체조명은 형광등을 사용하며, 국부조명은 스포트라이트(Spotlight)가 적당하다. |

➕ 현휘는 외부가 내부보다 10~30배 이상의 조도가 크면(밝으면) 발생한다.

## 과년도 기출문제

**01** 상점의 판매방식에 관한 설명으로 옳지 않은 것은?
[15년 2회, 19년 2회]

① 측면 판매방식은 직원동선의 이동성이 많다.
② 대면 판매방식은 측면 판매방식에 비해 상품진열 면적이 넓어진다.
③ 측면 판매방식은 고객이 직접 진열된 상품을 접촉할 수 있는 관계로 선택이 용이하다.
④ 대면 판매방식은 쇼케이스를 중심으로 판매원이 고정된 자리나 위치를 확보하는 것이 용이하다.

[해설]

대면 판매
고객과 종업원이 쇼케이스(Show-Case)를 가운데 두고 상담하는 방식
㉠ 장점
 • 설명하기에 편하고 판매원의 정위치를 정하기가 용이하다.
 • 포장이 편리하다.
㉡ 단점
 • 판매원의 통로를 확보해야 하므로 진열면적이 감소한다.
 • 쇼케이스가 많아지면 상점의 분위기가 부드럽지 않다.
㉢ 시계, 귀금속, 카메라, 의약품, 화장품, 제과, 수예품 등을 대상으로 한다.

**02** 상점 매장의 가구배치에 따른 평면 유형에 관한 설명으로 옳지 않은 것은?
[19년 4회]

① 직렬형은 부분별로 상품 진열이 용이하다.
② 굴절형은 대면 판매방식만 가능한 유형이다.
③ 환상형은 대면 판매와 측면 판매방식을 병행할 수 있다.
④ 복합형은 서점, 패션점, 악세사리점 등의 상점에 적용이 가능하다.

[해설]

굴절 배치형(굴절형)은 대면 판매와 측면 판매의 조합으로 이루어진 방식이다.

**03** 상점 내에서 조명에 의한 반사 글레어(Reflected Glare)를 방지하기 위한 대책으로 옳지 않은 것은?
[16년 2회]

① 젖빛 유리구를 사용한다.
② 간접조명 방식을 채택한다.
③ 반사면의 정반사율을 높게 한다.
④ 광도가 낮은 배광 기구를 이용한다.

[해설]

반사면의 정반사율을 높일 경우 반사 글레어(현휘 현상)가 더 많이 발생하게 된다.

**04** 상점의 쇼윈도우에 관한 설명으로 옳지 않은 것은?
[15년 4회]

① 평형은 일반적으로 많이 사용되는 기본형으로 상점내의 면적을 넓게 사용할 수 있다.
② 경사형은 유리면을 경사지게 처리하여 단조로움이 적게 되지만 유리면의 눈부심이 크다.
③ 상점의 전면이 넓지 않을 경우 일반적으로 쇼윈도우와 출입구는 비대칭적으로 처리하는 것이 좋다.
④ 곡면형은 곡면유리를 사용하여 쇼윈도우의 구성에 변화를 주어 일단 형태감에서 통행인의 시선을 자연스럽게 유도할 수 있다.

[해설]

경사형은 유리면을 경사지게 처리하여, 단조로움을 감소시켜 주며 동시에 유리면의 눈부심 현상을 감소시켜 준다.

정답 01 ② 02 ② 03 ③ 04 ②

# 09 백화점

## 1 진열대(Show-Case)의 배치 방법

| | |
|---|---|
| 직각배치<br>(Rectangular System,<br>직각배치법) | • 매장면적의 이용률을 최대로 확보할 수 있으며, 진열대의 규격화가 가능하지만, 단조롭다.<br>• 통로 폭을 조절하기 어려워 국부적인 혼란을 일으키기 쉽다.<br>• 단조롭고, 고객의 흐름이 빠르다.<br>• 일반적으로 많이 사용하는 방식이다. |
| 사행배치<br>(Inclined System,<br>사교배치법) | • 주통로를 직각으로 배치하고 부통로를 주통로에 45° 경사지게 배치하는 방법이다.<br>• 많은 방문객이 매장의 구석까지 가기 쉬운 장점이 있으나, 이형의 진열대가 많이 필요하다.<br>• 상·하의 교통을 가깝게 연결할 수 있다. |
| 자유유선배치<br>(Free Flow System,<br>자유유동법) | • 고객의 흐름에 따라 자유로운 곡선으로 진열대를 배치한 형식을 말한다.<br>• 상품의 성격이나 판매장의 종류에 따라 진열대의 배치가 자유롭다.<br>• 유기적인 계획이 가능하며, 판매장의 특수성을 살릴 수 있다.<br>• 매장의 변경이나 이동이 곤란하다.<br>• 개성있는 성격을 매장에 부여할 수 있으나, 진열대 제작비가 많아지는 단점이 있다. |
| 방사형 배치<br>(Radiated System) | • 판매장의 통로를 방사 형식으로 배치한 형식이다.<br>• 이상적인 판매방식이나, 동선이 중앙에 집중되므로 사용하기가 곤란하다. |

**➕ 진열대 배치 방법**

• 직교법      • 사교법

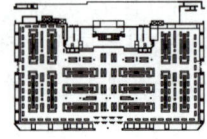 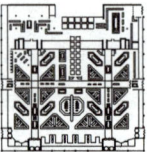

• 방사법      • 자유 유동법

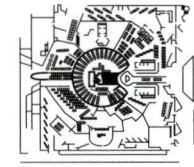 

### 개념이해

**01** 백화점의 진열대 배치 방법에 관한 설명으로 옳지 않은 것은?

① 직각배치는 판매장이 단조로워지기 쉽다.
② 직각배치는 매장면적을 최대한으로 이용할 수 있다.
③ 사행배치는 많은 고객이 판매장 구석까지 가기 쉬운 이점이 있다.
④ 자유유선배치는 매장의 변경 및 이동이 쉬우므로 계획에 있어 간단하다.

➡ 자유유선배치는 통로를 고객의 흐름에 따라 자유로운 곡선으로 진열대를 배치한 형식을 말하며, 매장의 변경이나 이동이 곤란하다는 단점을 가지고 있다.

**자유유선배치(Free Flow System : 자유유동법)의 특징**
• 상품의 성격이나 판매장의 종류에 따라 진열대의 배치가 자유롭다.
• 유기적인 계획이 가능하며 판매장의 특수성을 살릴 수 있다.
• 매장의 변경이나 이동이 곤란하다.
• 개성있는 성격을 매장에 부여할 수 있으나 진열대 제작비가 많아지는 단점이 있다.

답 ④

## 과년도 기출문제

건 축 / 기 사 / 필 기

**01** 백화점 매장이 배치 유형에 관한 설명으로 옳지 않은 것은? [17년 1회, 21년 4회]

① 직각배치는 매장면적의 이용률을 최대로 확보할 수 있다.
② 직각배치는 고객의 통행량에 따라 통로 폭을 조절하기 용이하다.
③ 사행배치는 많은 고객이 매장공간의 코너까지 접근하기 용이한 유형이다.
④ 사행배치는 Main 통로를 직각배치하며, Sub 통로를 45° 정도 경사지게 배치하는 유형이다.

[해설]

직각배치(Rectangular System, 직각배치법)
• 매장면적의 이용률을 최대로 확보할 수 있으며, 진열대의 규격화가 가능하지만, 단조롭다.
• 통로 폭을 조절하기 어려워 국부적인 혼란을 일으키기 쉽다.
• 단조롭고, 고객의 흐름이 빠르다.
• 일반적으로 많이 사용하는 방식이다.

**02** 다음 설명에 알맞은 백화점 진열장 배치방법은? [19년 1회, 22년 2회]

• Main 통로를 직각배치하며, Sub 통로를 45° 정도 경사지게 배치하는 유형이다.
• 많은 고객이 매장공간의 코너까지 접근하기 용이하지만, 이형의 진열장이 많이 필요하다.

① 직각배치    ② 방사배치
③ 사행배치    ④ 자유유선배치

[해설]

사행배치(Inclined System, 사교배치법)
• 주통로를 직각으로 배치하고 부통로를 주통로에 45° 경사지게 배치하는 방법
• 많은 방문객이 매장의 구석까지 가기 쉬운 장점이 있으나, 이형의 진열대가 많이 필요하다.
• 상·하의 교통을 가깝게 연결할 수 있다.

**03** 백화점의 진열장 배치에 관한 설명으로 옳지 않은 것은? [17년 2회]

① 직각배치는 매장면적의 이용률을 최대로 확보할 수 있다.
② 사행배치는 주통로 이외의 제2통로를 상·하 교통계를 향해서 45° 사선으로 배치한 것이다.
③ 사행배치는 많은 고객이 매장 구석까지 가기 쉬운 이점이 있으나 이형의 진열장이 필요하다.
④ 자유유선배치는 획일성을 탈피할 수 있으며, 변화와 개성을 추구할 수 있고 시설비가 적게 든다.

[해설]

자유유선배치(Free Flow System, 자유 유동법)의 특징
• 상품의 성격이나 판매장의 종류에 따라 진열대의 배치가 자유롭다.
• 유기적인 계획이 가능하며 판매장의 특수성을 살릴 수 있다.
• 매장의 변경이나 이동이 곤란하다.
• 개성있는 성격을 매장에 부여할 수 있으나 진열대 제작비가 많아지는 단점이 있다.

**04** 백화점 판매장의 진열장 배치 유형 중 직각형 배치에 관한 설명으로 옳지 않은 것은? [11년 4회]

① 진열장의 규격화가 가능하다.
② 매장면적의 이용률이 다른 유형에 비해 낮다.
③ 고객의 통행량에 따라 통로 폭을 조절하기가 어렵다.
④ 획일적인 진열장 배치로 매장 공간이 지루해질 가능성이 높다.

[해설]

직각배치는 매장면적의 이용률을 최대로 확보할 수 있는 장점을 가지고 있다.

직각배치(Rectangular System, 직각배치법)의 특징
• 매장면적의 이용률을 최대로 확보할 수 있으며 진열대의 규격화가 가능하지만 단조롭다.
• 통로 폭을 조절하기 어려워 국부적인 혼란을 일으키기 쉽다.
• 단조롭고 고객의 흐름이 빠르다.
• 일반적으로 많이 사용하는 방식이다.

정답  01 ②  02 ③  03 ④  04 ②

# 09 백화점

## ❷ 매장 및 입면 계획

| 매장 통로 | • 고객 통로 폭<br>　− 1.8m 이상<br>　− 매대 앞에 사람이 서고, 그 뒤에서 두 사람이 통행할 수 있는 공간<br>• 각 층의 주통로(엘리베이터, 로비, 계단, 에스컬레이터 앞 등)<br>　− 2.7~3m<br>　− 매대 앞에 사람이 서고, 그 뒤로 세 사람이 통행할 수 있는 공간 |
|---|---|
| 기둥 간격(Span) 결정 요소 | • 진열대의 치수와 배치방법, 주위 통로의 폭<br>• 엘리베이터, 에스컬레이터의 배치<br>• 지하주차장의 주차방식과 폭 |
| 입면계획 | 백화점의 입면계획은 내부의 전시효과를 극대화하기 위하여 창면적을 최소화하고, 가급적 무창으로 계획함 |

**무창 백화점으로 계획하는 이유**
- 진열면을 늘릴 수 있다.
- 조도가 균일하다.
- 건물 내 공기조화, 난방시설에 유리하다.
- 창으로부터의 역광에 의한 전시상의 불리점을 해소할 수 있다.

### 개념이해

**01** 백화점 스팬(Span)의 결정 요인과 가장 관계가 먼 것은?

① 공조실의 폭과 위치
② 매장 진열장의 배치방식과 치수
③ 지하주차장의 주차방식과 주차 폭
④ 엘리베이터, 에스컬레이터의 유무와 배치

○ 기둥 간격(Span)의 결정 요소
- 진열대의 치수와 배치 방법, 주위 통로 폭
- 엘리베이터, 에스컬레이터의 배치
- 지하주차장의 주차방식과 폭

답 ①

**02** 백화점 매장 부분의 파사드(Facade)를 무창으로 계획하는 이유에 대한 설명 중 틀린 것은?

① 건물 내 공기조화, 난방시설에 유리하다.
② 조도가 균일하다.
③ 외관의 특성을 주기 위해서다.
④ 창에 의한 역광으로 전시에 불리하기 때문이다.

○ 무창 백화점을 계획하는 이유
- 진열면을 늘릴 수 있다.
- 조도가 균일하다.
- 건물 내 공기조화, 난방시설에 유리하다.
- 창으로부터의 역광에 의한 전시상의 불리점 해소할 수 있다.

답 ③

## 과년도 기출문제

건축 / 기사 / 필기

**01** 다음 중 백화점 기둥 간격의 결정 요소와 가장 거리가 먼 것은? [20년 3회, 20년 4회]

① 지하주차장의 주차 방법
② 진열대의 치수와 배열법
③ 엘리베이터의 배치 방법
④ 각 층별 매장의 상품 구성

[해설]

기둥 간격(Span)의 결정 요소
- 진열대의 치수와 배치 방법, 주위 통로 폭
- 엘리베이터, 에스컬레이터의 배치
- 지하주차장의 주차방식과 폭

**02** 다음 중 백화점의 기둥 간격 결정 요소와 가장 거리가 먼 것은? [21년 2회]

① 매장의 연면적
② 진열장의 배치방법
③ 지하주차장의 주차방식
④ 에스컬레이터의 배치방법

[해설]

기둥 간격(Span)의 결정 요소
- 진열대의 치수와 배치방법, 주위 통로 폭
- 엘리베이터, 에스컬레이터의 배치
- 지하주차장의 주차방식과 폭

**03** 다음 중 백화점 건물의 기둥 간격 결정 요소와 가장 거리가 먼 것은? [22년 1회]

① 진열장의 치수
② 고객 동선의 길이
③ 에스컬레이터의 배치
④ 지하주차장의 주차방식

[해설]

고객 동선의 길이는 백화점 건물의 기둥 간격(Span) 결정 요소와 거리가 멀다.

**04** 백화점 계획에 대한 설명 중 옳지 않은 것은? [11년 2회]

① 수평 동선계획 시 백화점 내에 진입한 고객들을 매장 내부 구석까지 유도할 수 있도록 한다.
② 백화점의 속성상 각 상점이 외부의 채광으로부터 영향이 크므로 일조권 확보 계획을 우선시 한다.
③ 2면 도로의 경우 Main 도로 측에 보행자 출입구, Sub 도로 측에는 차량 및 종업원 출입구를 계획한다.
④ 통로계획 시 고객을 분산시킬 수 있으며, 단조롭거나 상대적으로 혼잡하지 않은 세밀한 계획이 필요하다.

[해설]

백화점의 입면계획은 내부의 전시 효과를 극대화 하기 위하여 창면적을 최소화하고, 가급적 무창으로 계획한다.

**05** 백화점 계획에서 매장부분의 외관을 무창으로 하는 이유로 옳지 않은 것은? [17년 2회]

① 실내의 조도를 일정하게 하기 위해서
② 벽면에 상품 전시공간을 확보하기 위해서
③ 인접건물의 화재 시 백화점으로의 인화를 방지하기 위해서
④ 창으로부터의 역광이 없도록 하여 디스플레이(Display)를 유리하게 하기 위해서

[해설]

무창 백화점을 계획하는 이유
- 진열면을 늘릴 수 있다(벽면 활용).
- 실내 조도가 균일하다.
- 건물 내 공기조화, 난방시설에 유리하다.
- 창으로부터의 역광에 의한 전시상의 불리점 해소

정답  01 ④  02 ①  03 ②  04 ②  05 ③

## 09 백화점

### 3 엘리베이터(Elevator)

| 역할 | • 방문객의 75~80%는 에스컬레이터를 이용하므로 보조적 역할이 된다.<br>• 에스컬레이터 수송능력의 1/10 정도이다. |
|---|---|
| 배치 | • 가급적 집중배치하며, 6대 이상인 경우에는 분산배치한다.<br>• 고객용, 화물용, 사무용을 구분하여 배치한다.<br>• 고객용 엘리베이터는 주출입구 반대쪽에 설치한다. |

➕ • 백화점의 엘리베이터 계획 시 고려되는 승객 집중시간은 일요일 정오 전후이다.

### 4 에스컬레이터(Escalator)

#### (1) 일반사항

| 역할 | 백화점에 가장 적당한 수송기관으로서, 전체 이용자 80% 정도의 수송을 담당한다. |
|---|---|
| 특징 | • 백화점에 가장 적합한 상하 수송기관으로, 엘리베이터 10배의 수송능력을 보유하고 있다.<br>• 수송력에 비해 점유면적이 작다.<br>• 매장을 여러 각도에서 보면서 오르내릴 수 있다.<br>• 방문객을 기다리게 하지 않는다. |
| 구조 | • 30° 이하의 경사도로 운영한다.<br>• 에스컬레이터 폭에 따른 수송능력(시간당)<br>60(cm)형 : 4,000명/h, 90(cm)형 : 6,000명/h, 120(cm)형 : 8,000명/h |
| 위치 | • 엘리베이터와 주출입구의 중간에 위치하는 것이 좋다.<br>• 매장의 중앙에 가까운 장소로서, 매장 전체를 쉽게 볼 수 있어야 한다. |

➕ **에스컬레이터 배치형식**

• 직렬식 배치

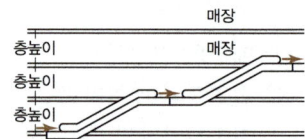

• 병렬 단속식 배치

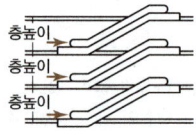

• 병렬 연속식 배치

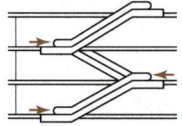

• 교차식 배치

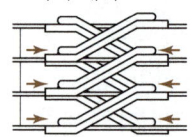

• 에스컬레이터는 화재 등의 비상 상황 발생 시 비상계단으로 사용할 수 없다.

• 계단은 기계승강설비의 보조용으로 하고 비상계단으로 계획한다.

#### (2) 배치 유형

| 직렬식 배치 | • 승객의 시야가 가장 넓다.<br>• 점유면적이 넓다.<br>• 손님의 시선이 한 방향으로 고정된다. |
|---|---|
| 병렬(복렬)<br>단속식 배치 | • 승객의 시계가 좋다.<br>• 연속적으로 승강할 수 없고 걸어야 한다. |
| 병렬(복렬)<br>연속식 배치 | • 승객의 시계가 좋다.<br>• 오르기와 내리기를 연속적으로 할 수 있다.<br>• 많은 스페이스를 필요로 한다. |
| 교차식 배치 | • 점유면적이 작다.<br>• 연속적으로 승강할 수 있다.<br>• 손님의 시계가 좋지 않다.<br>• 에스컬레이터 측면이 매장의 전망을 나쁘게 한다. |

## 과년도 기출문제

건 축 / 기 사 / 필 기

**01** 백화점의 엘리베이터 계획에 일반적으로 활용되는 승객 집중시간은? [15년 4회]

① 월요일 개점 직후  ② 금요일 폐점 직전
③ 토요일 폐점 직전  ④ 일요일 정오 전후

[해설]

백화점의 엘리베이터 계획 시 고려되는 승객 집중시간은 일요일 정오 전후이다.

**02** 백화점 매장에 에스컬레이터를 설치할 경우, 설치 위치로 가장 알맞은 곳은? [18년 4회]

① 매장의 한쪽 측면
② 매장의 가장 깊은 곳
③ 백화점의 주출입구 근처
④ 백화점의 주출입구와 엘리베이터 존의 중간

[해설]

에스컬레이터의 설치 위치
- 엘리베이터와 주출입구의 중간에 위치하는 것이 좋다.
- 매장의 중앙에 가까운 장소로서 매장 전체를 쉽게 볼 수 있어야 한다.

**03** 다음과 같은 특징을 갖는 에스컬레이터 배치 유형은? [21년 1회]

- 점유면적이 다른 유형에 비해 작다.
- 연속적으로 승강이 가능하다.
- 승객의 시야가 좋지 않다.

① 교차식 배치  ② 직렬식 배치
③ 병렬 단속식 배치  ④ 병렬 연속식 배치

[해설]

에스컬레이터의 배치 유형

| 구분 | 특징 |
|---|---|
| 교차식 배치 | • 점유면적이 작다.<br>• 연속적으로 승강할 수 있다.<br>• 손님의 시계가 좋지 않다.<br>• 에스컬레이터 측면이 매장의 전망을 나쁘게 한다. |
| 직렬식 배치 | • 승객의 시야가 가장 넓다.<br>• 점유면적이 넓다.<br>• 손님의 시선이 한 방향으로 고정된다. |
| 병렬 단속식 배치 | • 승객의 시계가 좋다.<br>• 연속적으로 승강할 수 없고 걸어야 한다. |
| 병렬 연속식 배치 | • 승객의 시계가 좋다.<br>• 오르기와 내리기를 연속적으로 할 수 있다.<br>• 많은 스페이스를 필요로 한다. |

**04** 백화점의 에스컬레이터 배치에 관한 기술 중 틀린 것은? [00년 4회, 01년 3회]

① 교차식 배치는 점유면적이 적다.
② 직렬식 배치는 점유면적이 크나 승객의 시야가 좋다.
③ 병렬 연속식 배치는 점유면적이 가장 작다.
④ 병렬 단속식 배치는 백화점 내를 내려다보기가 용이하다.

[해설]

점유면적이 가장 작은 방식은 교차식이다.

**05** 백화점의 에스컬레이터 배치에 관한 설명으로 옳지 않은 것은? [19년 1회]

① 교차식 배치는 점유면적이 작다.
② 직렬식 배치는 점유면적이 크나 승객의 시야가 좋다.
③ 병렬식 배치는 백화점 매장 내부에 대한 시계가 양호하다.
④ 병렬 연속식 배치는 연속적으로 승강할 수 없다는 단점이 있다.

[해설]

병렬(복렬) 연속식 배치

| 단면도 | 특징 |
|---|---|
|  | • 승객의 시계가 좋다.<br>• 오르기와 내리기를 연속적으로 할 수 있다.<br>• 많은 스페이스를 필요로 한다. |

**정답** 01 ④  02 ④  03 ①  04 ③  05 ④

# 09 백화점

## 5 쇼핑센터(Shopping Center)의 구성요소

| 핵상점<br>(핵점포) | 쇼핑센터의 핵으로서 고객을 끌어들이는 기능을 갖고 있으며, 일반적으로 백화점이나 종합 슈퍼마켓이 이에 해당한다. |
|---|---|
| 전문점 | 주로 단일 종류의 상품을 전문적으로 취급하는 상점과 음식점 등의 서비스점으로 구성된다. |
| 몰<br>(Mall) | • 고객의 주 보행동선으로 핵상점과 각 전문점에서 출입이 이루어지는 곳이므로 확실한 방향성, 식별성이 요구된다(전문점들과 중심 상점의 주출입구는 몰에 면하여 구성).<br>• 고객에게 변화감, 다채로움, 자극과 흥미를 주며 쇼핑을 유쾌하게 할 수 있는 휴식장소를 제공해 주어야 한다.<br>• 자연광을 끌어들여 외부공간과 같은 느낌을 주도록 한다.<br>• 개방된 오픈 몰(Open Mall)과 닫혀진 실내공간으로 형성된 인크로즈드 몰(Enclosed Mall)로 계획할 수 있다. 일반적으로 외기에 의한 영향이 최소화되고, 공기조화에 의해 쾌적한 실내 기후를 유지할 수 있는 인클로즈드 몰이 선호된다.<br>• 몰은 페데스트리언 지대(Pedestrian Area)의 일부이며, 페데스트리언 지대에는 몰, 코트, 분수, 연못, 조경이 있다. |
| 코트<br>(Court) | 고객이 머무를 수 있는 비교적 넓은 공간으로서, 몰의 군데군데에 위치하여 고객의 휴식처가 되는 동시에 각종 행사의 장이 되기도 한다. |
| 기타 | 주차장, 보행자 지대(페데스트리언 지대) |

### ➕ 면적구성
- 핵상점(핵점포) : 전체 면적의 약 50%
- 전문점 : 전체 면적의 약 25%
- 몰, 코트 등 공유공간 : 전체 면적의 약 10%
- 관리시설, 화물 처리장, 기계실 등 : 전체 면적의 약 15%

### 몰(Mall)의 조건
- 몰의 깊이 : 일반적으로 20~30m 정도
- 몰의 폭 : 6~9m

### 쇼핑센터의 구성요소

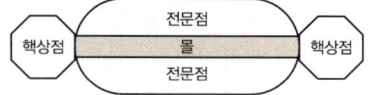

### 쇼핑센터의 건축물 규모
근린형 쇼핑센터＜커뮤니티형 쇼핑센터＜지역형 쇼핑센터

### 터미널 디파트먼트 스토어
(Terminal Department Store)
철도 여행객을 대상으로 철도 업무에 지장이 없는 범위 내에서 여러 가지 상품 및 음식 판매 등을 하는 도심의 백화점 같은 기능을 하는 곳이다.

---

### 개념이해

**01** 쇼핑센터 계획에 대한 설명 중 옳지 않은 것은?

① 몰(Mall)에는 확실한 방향성과 식별성이 요구된다.
② 전문점들과 중심 상점의 주출입구는 몰에 면하지 않도록 한다.
③ 페데스트리언 지대(Pedestrian Area)의 구성을 통해 구매 의욕을 도모하고 휴식공간을 마련한다.
④ 전문점의 레이아웃(Lay-Out)과 전체적인 구성은 쇼핑센터의 특성 및 몰(Mall) 구성의 특색에 따라 결정하는 것이 좋다.

○ 몰(Mall) 고객의 주 보행동선으로 핵상점과 각 전문점에서 출입이 이루어지는 곳이므로 전문점들과 중심 상점의 주출입구는 몰에 면하여 구성되어야 한다.
**답 ②**

**02** 쇼핑센터에서 전체 면적에 대한 중심 상점(핵상점)의 일반적인 면적 비는?

① 약 5%　　② 약 25%
③ 약 50%　　④ 약 75%

○ 쇼핑센터의 면적 구성
- 핵상점(핵점포) : 전체 면적의 약 50%
- 전문점 : 전체 면적의 약 25%
- 몰, 코트 등 공유공간 : 전체 면적의 약 10%
- 관리시설, 화물 처리장, 기계실 등 : 약 15%

**답 ③**

## 과년도 기출문제

건축 / 기사 / 필기

**01** 다음 중 쇼핑센터를 구성하는 주요 요소로 볼 수 없는 것은?

① 핵점포　　② 몰(Mall)
③ 코트(Court)　　④ 터미널(Terminal)

[해설]

쇼핑 센터(Shopping Center)의 구성요소
- 핵상점(핵점포)
- 전문점
- 몰(Mall)
- 코트(Court)
- 주차장

**02** 쇼핑센터의 몰(Mall)에 관한 설명으로 옳은 것은?
　　　　　　　　　　　　　　　　[16년 2회, 21년 2회]

① 전문점과 핵상점의 주출입구는 몰에 면하도록 한다.
② 쇼핑 체류시간을 늘릴 수 있도록 방향성이 복잡하게 계획한다.
③ 몰은 고객의 통과 동선으로서 부속시설과 서비스 기능의 출입이 이루어지는 곳이다.
④ 일반적으로 공기조화에 의해 쾌적한 실내 기후를 유지할 수 있는 오픈 몰(Open Mall)이 선호된다.

[해설]

몰(Mall) 고객의 주 보행동선으로 핵상점과 각 전문점에서 출입이 이루어지는 곳이므로 전문점들과 중심 상점의 주출입구는 몰에 면하여 구성되어야 한다.

**03** 쇼핑센터의 몰(Mall)의 계획에 관한 설명으로 옳지 않은 것은?　　[18년 1회, 21년 1회]

① 전문점들과 중심 상점의 주출입구는 몰에 면하도록 한다.
② 몰에는 자연광을 끌어들여 외부공간과 같은 성격을 갖게 하는 것이 좋다.
③ 다층으로 계획할 경우 시야의 개방감을 적극적으로 고려하는 것이 좋다.
④ 중심상점들 사이의 몰의 길이는 150m를 초과하지 않아야 하며, 길이 40~50m마다 변화를 주는 것이 바람직하다.

[해설]

쇼핑센터 몰(Mall)의 계획
- 몰의 길이는 점포의 필요 면적과 점포의 수에 따라서 결정되나, 일반적으로 20~30m 정도가 적당하다.
- 그 이상의 경우에는 어느 정도의 길이를 단위로 하여, 변화를 주거나 다층화하여 단조롭지 않게 하는 것이 필요하다.

**04** 쇼핑센터의 공간구성에서 고객을 각 상점에 유도하는 주요 보행자 동선인 동시에 고객의 휴식처로서의 기능을 갖고 있는 곳은?　　[18년 4회]

① 몰(Mall)　　② 허브(Hub)
③ 코트(Court)　　④ 핵상점(Magnet Store)

[해설]

몰(Mall)은 고객의 주 보행동선으로, 핵상점과 각 전문점에서 출입이 이루어지는 곳이다. 전문점들과 중심 상점의 주출입구는 몰에 면하여 구성되어 있으며, 고객의 휴식처로서도 활용된다.

**05** 쇼핑센터의 특징적인 요소인 페데스트리언 지대(Pedestrian Area)에 관한 설명으로 옳지 않은 것은?　　[22년 2회]

① 고객에게 변화감과 다채로움, 자극과 흥미를 제공한다.
② 바닥면의 고저차를 많이 두어 지루함을 주지 않도록 한다.
③ 바닥면에 사용하는 재료는 주위 상황과 조화시켜 계획한다.
④ 사람들의 유동적 동선이 방해되지 않는 범위에서 나무나 관엽식물을 둔다.

[해설]

바닥면의 고저차를 둘 경우 보행 시 불편이 가중될 수 있어 가급적 피하는 것이 좋다.

정답　01 ④　02 ①　03 ④　04 ①　05 ②

# 10 학교 / 도서관

## 1 교사 배치의 유형

### (1) 폐쇄형

| 개념 | 운동장을 남쪽에 두고 북쪽에서부터 건축하기 시작하여 ㄴ형, A형으로 완결지어가는 종래의 일반적인 형식이다. |
|---|---|
| 장점 | 대지의 효율적인 이용이 가능하다. |
| 단점 | • 화재 및 비상시에 불리하다.<br>• 운동장에서 교실로의 소음확산이 크다.<br>• 일조, 통풍 등 환경조건이 불균등하다.<br>• 교사 주변에 활용되지 않는 부분이 많다. |

### (2) 분산 병렬형

| 개념 | 핑거 플랜(Finger Plan)이라고도 하며, 교사를 용도에 따라 분산 배치한 형식이다. |
|---|---|
| 장점 | • 일조, 통풍 등의 환경조건이 균등하다.<br>• 각 교사의 독립성이 좋다.<br>• 구조계획이 간단하고, 규격형의 이용에 좋다.<br>• 각 건물 사이에 놀이터 및 정원 등을 확보할 수 있다. |
| 단점 | • 넓은 부지면적이 필요하다.<br>• 관리동선이 길어지며, 편복도로 할 경우 복도면적이 커지고 단조로워질 염려가 있다.<br>• 건물 간의 유기적인 구성을 하기 어렵다. |

## 2 교사의 층수계획

| 단층교사 | • 아동의 생리적 조건, 위급 시 피난, 교실로의 직접 출입이 가능하다.<br>• 학습활동의 실외 연장 및 채광과 환기가 용이하다.<br>• 구조계획이 단순하며, 내진 및 내풍 구조가 용이하다. |
|---|---|
| 다층교사 | • 대지 이용률이 높고, 시설이 집중화되어 효율적이다.<br>• 평면이 집약적으로 계획된다.<br>• 일반적으로 저학년은 1층(저층)에, 고학년은 2층 이상(고층)에 배치한다. |

➕ • 교사는 평지가 아니고 운동장보다 약간 높은 곳에 위치하는 것이 좋다.

**교지면적**
교사면적의 2.0~2.5배가 필요하다.

## 과년도 기출문제

**01** 학교의 배치 형태 중 폐쇄형의 단점이 아닌 것은?
[03년 2회]

① 일조와 통풍 등 환경조건이 불균등하다.
② 상당히 넓은 부지를 필요로 한다.
③ 교사 주변에 활용되지 않는 부분이 많다.
④ 운동장에서의 소음이 크다.

[해설]
폐쇄형은 대지의 효율적인 이용이 가능하며, 넓은 부지를 필요로 하는 것은 분산 병렬형의 특징이다.

**02** 학교 교사의 배치 형식 중 분산 병렬형에 관한 설명으로 옳지 않은 것은?
[16년 1회]

① 구조계획이 간단하다.
② 일종의 핑거 플랜(Finger Plan)이다.
③ 교실의 환경조건을 균등하게 할 수 없다는 단점이 있다.
④ 각 교사 건축물 사이의 공간을 놀이터나 정원으로 이용할 수 있다.

[해설]
분산 병렬형은 일조, 통풍 등의 환경 조건이 균등하고 구조 계획이 간단하다.

**03** 학교건축에서 분산 병렬형 배치계획에 관한 설명으로 옳지 않은 것은?
[03년 1회, 13년 2회]

① 놀이터와 정원이 생긴다.
② 구조계획이 간단하고 시공이 용이하다.
③ 부지를 최대한 효율적으로 사용할 수 있다.
④ 일조·통풍 등 교실의 환경조건이 균등하다.

[해설]
분산 병렬형은 핑거 플랜(Finger Plan)이라고도 하며, 교사를 용도에 따라 분산 배치한 형식으로서, 넓은 부지면적이 필요하다. 부지를 최대한 효율적으로 이용할 수 있는 것은 폐쇄형의 장점이다.

**04** 학교 교사의 배치 형식에 관한 설명으로 옳지 않은 것은?
[21년 4회]

① 분산 병렬형은 넓은 부지를 필요로 한다.
② 폐쇄형은 일조, 통풍 등 환경조건이 불균등하다.
③ 집합형은 이동 동선이 길어지고 물리적 환경이 나쁘다.
④ 분산 병렬형은 구조계획이 간단하고 생활환경이 좋아진다.

[해설]
집합형은 코어를 중심으로 실들이 모여 있는 경우로서, 실로의 이동 동선이 짧은 장점이 있는 반면, 일조, 통풍 등 환경적 측면이 열악한 단점이 있다.

**05** 학교건축에서 단층교사에 관한 설명으로 옳지 않은 것은?
[20년 1·2회 통합]

① 재해 시 피난이 유리하다.
② 학습활동을 실외에 연장할 수 있다.
③ 부지의 이용률이 높으며 설비의 배선, 배관을 집약할 수 있다.
④ 개개의 교실에서 밖으로 직접 출입할 수 있으므로 복도가 혼잡하지 않다.

[해설]
학교의 단층교사는 배선, 배관 등 설비가 분산되어 비경제적이다. 부지의 이용률이 높으며 설비의 배선, 배관을 집약할 수 있는 것은 다층교사의 특징이다.

**06** 학교건축에서 단층교사에 관한 설명으로 옳지 않은 것은?
[19년 4회]

① 내진·내풍 구조가 용이하다.
② 학습활동을 실외로 연장할 수 있다.
③ 계단이 필요 없으므로 재해 시 피난이 용이하다.
④ 설비 등을 집약할 수 있어서 치밀한 평면계획이 용이하다.

[해설]
학교의 단층교사는 배선, 배관 등의 설비가 분산되어 비경제적이다. 배선, 배관을 집약할 수 있는 것은 다층교사의 특징이다.

정답 01 ② 02 ③ 03 ③ 04 ③ 05 ③ 06 ④

## 10 학교 / 도서관

### 3 학교의 운영방식

#### (1) 종합교실형[U(A)형, Activity Type]

| 운영 방법 | • 교실 수는 학급 수와 일치한다.<br>• 모든 교과가 하나의 교실에서 진행된다.<br>• 초등학교 저학년에 대해 가장 권장할 만한 방식이다. |
|---|---|
| 장점 | • 학생의 이동이 전혀 없어 혼란을 최소화한다.<br>• 각 학급마다 가정적 분위기가 조성된다.<br>• 한 교실에서 모든 수업이 진행되므로 이용률을 높일 수 있다. |
| 단점 | • 초등학교 고학년 이상에는 무리가 있다.<br>• 일정 교과를 위해 사용되는 시간의 비율인 순수율은 낮아진다. |
| 적용 사항 | • 초등학교 저학년에 적당한 방식이다.<br>• 외국에서는 한 교실에 1~2개의 화장실을 부속 설치한다. |

➕ **이용률과 순수율**
- 이용률
$$= \frac{\text{교실이 사용되고 있는 시간}}{\text{1주간의 평균 수업 시간}} \times 100(\%)$$
- 순수율
$$= \frac{\text{일정한 교과를 위해 사용되는 시간}}{\text{그 교실이 사용되는 시간}} \times 100(\%)$$

#### (2) 일반교실과 특별교실형(U+V형, Usual With Variation)

| 운영 방법 | • 일반교실이 각 학급에 하나씩 계획된다.<br>• 기타 특별교실이 설치된다. |
|---|---|
| 장점 | 전용 학급 교실이 있어 홈룸 활동이 가능하고, 소지품 관리가 안정적이다. |
| 단점 | • 특별교실이 확충될 경우, 일반교실의 이용률이 낮아진다.<br>• 시설의 정도를 높일수록 비경제적이 된다. |
| 적용 사항 | • 우리나라 학교의 70%를 차지하고 있다.<br>• 가장 일반적인 운영방식이다. |

#### (3) 교과교실형(V형, Department System)

| 운영 방법 | • 모든 교실이 특정한 교과를 위해 만들어진다.<br>• 일반교실은 없다. |
|---|---|
| 장점 | 각 교과의 순수율이 높다. |
| 단점 | • 학생의 이동이 빈번하다.<br>• 순수율을 100%로 한다고 해도, 이용률이 반드시 높다고 할 수 없다.<br>• 이동할 때는 소지품을 두는 곳을 고려해야 하며, 이동에 대한 동선계획에 주의를 기울여야 한다. |

#### (4) 일반교실과 특별교실형(U+V형)과 교과교실형(V형)의 중간 형태(E형)

| 운영 방법 | • 일반교실의 수는 학급 수보다 적다.<br>• 특별교실의 순수율이 반드시 100% 유지되는 것은 아니다. |
|---|---|
| 장점 | 이용률을 상당히 높일 수 있으므로 경제적이다. |
| 단점 | • 학생의 이동이 많다.<br>• 학생이 있는 곳이 안정되지 않고 대부분의 경우 혼란스럽다.<br>• 소지품 보관과 동선을 충분히 고려하여 계획해야 한다. |

### (5) 플래툰형(P형, Platon Type)

| 운영 방법 | • 전 학급을 2분단으로 나누고 한편이 일반교실을 사용할 때 다른 한편은 특별교실을 이용한다.<br>• 일반교실에 있는 동안은 이동하지 않는다. |
|---|---|
| 장점 | • E형 정도로 이용률을 높이면서도 이동의 혼란을 적게 할 수 있다.<br>• 교과 담임제와 학급 담임제를 병용할 수 있다. |
| 단점 | • 교사의 수가 부족하거나 적당한 시설이 없으면 운영하지 못한다.<br>• 시간 배당을 하는 데 상당한 노력이 필요하다. |
| 적용 사항 | 미국의 초등학교에서 과밀을 해결하기 위해 실시한 방식이다. |

### (6) 달톤형(D형, Dalton Type)

| 운영 방법 | 학급, 학년을 없애고 학생들은 각자의 능력에 따라 교과를 골라 일정한 교과를 끝내면 졸업하는 방식이다. |
|---|---|
| 특징 | 하나의 교과에 출석하는 학생 수는 일정하지 않으므로, 크고 작은 여러 가지 크기의 교실을 설치해야 한다. |
| 적용 사항 | 우리나라에서는 사설 외국어 학원 또는 입시 학원 등에 적용하고 있는 방식이다. |

### (7) 개방학교(오픈 스쿨, Open School / 오픈 플랜 스쿨, Open Plan School)

| 운영 방법 | • 학급 단위의 수업을 부정하고 개인의 능력·자질에 따라 편성하고 학습한다.<br>• 경우에 따라서는 무학년제로 운영하기도 한다.<br>• 평면형은 가변식 벽구조(Movable Partition)로 하여 융통성을 갖도록 한다(고정 칸막이벽을 두지 않음).<br>• 인공조명 및 공기정화시설을 갖추게 되므로 자연채광과 통풍에 크게 의존하지 않는다. |
|---|---|
| 장점 | 각자의 능력, 흥미, 자질에 따라서 그룹화될 수 있고 참여할 수 있다 |
| 단점 | • 풍부한 교재와 교원의 자질, 고급시설이 필요하다.<br>• 교사가 타 운영방식에 비해 많이 필요하다(20~30명을 2~3명의 교사가 지도). |
| 적용 사항 | 초등학교 저학년 또는 유치원에 적용 가능한 운영방식이다. |

# 과년도 기출문제

**01** 다음 중 초등학교 저학년에 대해 가장 권장할 만한 학교운영방식은? [16년 2회]

① 달톤형　　② 플래툰형
③ 종합교실형　　④ 교과교실형

[해설]

종합교실형[U(A)형, Activity Type]
- 교실 수는 학급 수와 일치한다.
- 모든 교과를 자기의 교실 내에서만 진행한다.
- 초등학교 저학년에 대해 가장 권장할 만한 방식이다.

**02** 학교운영방식 중 종합교실형(Activity Type)에 관한 설명으로 옳지 않은 것은? [16년 4회]

① 교실의 이용률이 높다.
② 교실의 순수율이 높다.
③ 초등학교 저학년에 적합한 형식이다.
④ 학생의 이동을 최소한으로 할 수 있다.

[해설]

종합교실형은 한 교실에서 모든 수업이 진행되므로 이용률을 높일 수는 있으나, 그 교실이 일정 교과를 위해 사용되는 시간의 비율인 순수율은 낮아진다.

**03** 학교운영방식에 관한 설명으로 옳지 않은 것은? [21년 1회]

① 종합교실형은 각 학급마다 가정적인 분위기를 만들 수 있다.
② 교과교실형은 초등학교 저학년에 대해 가장 권장되는 방식이다.
③ 플래툰형은 미국의 초등학교에서 과밀을 해소하기 위해 실시한 것이다.
④ 달톤형은 학급, 학년 구분을 없애고 학생들은 각자의 능력에 따라 교과를 선택하고 일정한 교과를 끝내면 졸업하는 방식이다.

[해설]

교과교실형은 일반교실이 없고, 모든 교실이 특별교실로 이루어져 있어 학생의 이동이 매우 빈번하게 되어 초등학교 저학년에는 적합하지 않은 방식이다. 초등학교 저학년의 경우에는 학생의 이동이 최소화되는 종합교실형이 적합한 형식이다.

**04** 학교운영방식에 관한 설명으로 옳지 않은 것은? [13년 1회]

① 종합교실형의 경우, 교실 수는 학급 수와 일치한다.
② 종합교실형은 초등학교 저학년에 가장 권장되는 형식이다.
③ 플래툰형은 교사의 수와 적당한 시설이 없으면 실시가 곤란하다.
④ 교과교실형은 일반교실 외에 특별교실을 갖는 형태로 우리나라에서 가장 많이 사용되는 형식이다.

[해설]

교과교실형(V형, Department System)은 모든 교실이 특정한 교과를 위해 만들어지며, 일반교실은 없다.

④ 우리나라에서 가장 많이 채용하고 있는 방식은 일반교실과 특별교실형(U+V형, Usual with Variation)이다.

**05** 학교의 운영방식에 관한 설명으로 옳지 않은 것은? [20년 3회]

① 플래툰형은 교과교실형보다 학생의 이동이 많다.
② 종합교실형은 초등학교 저학년에 가장 권장할 만한 형식이다.
③ 달톤형은 규모 및 시설이 다른 다양한 형태의 교실이 요구된다.
④ 일반 및 특별교실형은 우리나라 중학교에서 일반적으로 사용되는 방식이다.

[해설]

플래툰형은 전 학급을 2분단으로 나누고 한편이 일반교실을 사용할 때 다른 한편은 특별교실을 이용하는 방식으로서, 일반교실을 이용하는 편은 이동이 없으므로 교과교실형에 비해 전체적인 이동량은 적다.

**정답** 01 ③　02 ②　03 ②　04 ④　05 ①

## 과년도 기출문제

**06** 학교운영방식에 관한 설명으로 옳지 않은 것은?
[21년 2회]

① 종합교실형은 교실의 이용률이 높지만 순수율은 낮다.
② 일반교실 및 특별교실형은 우리나라 중학교에서 주로 사용되는 방식이다.
③ 교과교실형에서는 모든 교실이 특정교과를 위해 만들어지고, 일반교실이 없다.
④ 플라톤형은 학년과 학급을 없애고 학생들은 각자의 능력에 따라 교과를 선택하고 일정한 교과가 끝나면 졸업을 한다.

[해설]
플라톤형은 각 학급을 2분단으로 나누어 운영하는 방식이다. ④는 달톤형에 대한 설명이다.

**07** 학교운영방식에 관한 설명으로 옳지 않은 것은?
[17년 4회]

① 달톤형은 다양한 크기의 교실이 요구된다.
② 교과교실형은 각 교과교실의 순수율이 낮다는 단점이 있다.
③ 플래툰형은 교사 수 및 시설이 부족하면 운영이 곤란하다는 단점이 있다.
④ 종합교실형은 학생의 이동이 없으며, 초등학교 저학년에 적합한 형식이다.

[해설]
교과교실형(V형)은 일반교실이 없고, 순수율이 높은 운영방식이다.

**08** 학교운영방식에 관한 설명으로 옳지 않은 것은?
[20년 4회]

① 종합교실형은 초등학교 저학년에 권장되는 방식이다.
② 교과교실형은 교실의 이용률은 높으나 순수율은 낮다.
③ 달톤형은 학급과 학년을 없애고 각자의 능력에 따라 교과를 선택하는 방식이다.
④ 플라톤형은 전 학급을 2분단으로 나누어 한 쪽이 일반교실을 사용할 때, 다른 쪽은 특별교실을 사용한다.

[해설]
교과교실형은 순수율이 높은 형태이며, 사용 방식에 따라 이용률이 결정된다.

**09** 다음 설명에 알맞은 학교운영방식은?
[22년 1회]

> 각 학급을 2분단으로 나누어 한 쪽이 일반교실을 사용할 때, 다른 한 쪽은 특별교실을 사용한다.

① 달톤형　　　② 플래툰형
③ 개방학교　　④ 교과교실형

[해설]
**플래툰형**
전 학급을 2분단으로 나누고 한편이 일반교실을 사용할 때 다른 한편은 특별교실을 이용하는 방식으로서, 교과 담임제와 학급 담임제를 병용할 수 있는 형식이다.

**10** 학교운영방식 중 플래툰형에 관한 설명으로 옳은 것은?
[17년 2회]

① 교실 수는 학급 수와 동일하다.
② 초등학교 저학년에 가장 적합한 형식이다.
③ 교과 담임제와 학급 담임제를 병용할 수 있는 형식이다.
④ 모든 교실이 특정한 교과수업을 위해 만들어진 형식으로, 일반교실은 없다.

[해설]
**플래툰형**
전 학급을 2분단으로 나누고 한편이 일반교실을 사용할 때 다른 한편은 특별교실을 이용하는 방식으로서, 교과 담임제와 학급 담임제를 병용할 수 있는 형식이다.

정답　06 ④　07 ②　08 ②　09 ②　10 ③

# 과년도 기출문제

**11** 학교운영방식에 관한 설명으로 옳지 않은 것은? [19년 1회]

① 교과교실형은 교실의 순수율은 높으나 학생의 이동이 심하다.
② 종합교실형은 학생의 이동이 없고 초등학교 저학년에 적합하다.
③ 일반 및 특별교실형은 각 학급마다 일반교실을 하나씩 배당하고 그 외에 특별교실을 갖는다.
④ 플래툰형은 학급과 학년을 없애고 학생들은 각자의 능력에 따라 교과를 선택하는 방식이다.

[해설]
④는 달톤형(D형)에 대한 설명이다.

**12** 학교운영방식 중 교과교실형에 관한 설명으로 옳지 않은 것은? [17년 1회]

① 교실의 순수율이 높다.
② 학생들의 동선계획에 많은 고려가 필요하다.
③ 시간표 짜기와 담당교사 수 맞추기가 용이하다.
④ 학생 소지품을 두는 곳을 별도로 만들 필요가 있다.

[해설]
교과교실형은 모든 교실이 특정한 교과 수업을 위해 만들어진 형식으로서, 시간표 편성과 담당교사 배정이 난해한 특성이 있다.

**13** 학급, 학년을 없애고 학생 각자의 능력에 따라 일정한 교과를 끝내면 졸업하게 되는 학교운영방식은? [11년 4회]

① P형(Platoon Type)
② A형(Activity Type)
③ V형(Department System)
④ D형(Dalton Type)

[해설]
달톤형(D형, Dalton type)
학급, 학년을 없애고 학생들은 각자의 능력에 따라 교과를 골라 일정한 교과를 끝내면 졸업하는 방식이다.

**14** 1주간 평균 수업시간이 40시간인 어느 학교의 음악교실이 사용되는 시간이 20시간이며, 그중 5시간은 영어수업을 위해 사용된다. 이 음악교실의 이용률과 순수율은? [18년 4회]

① 이용률 : 50%, 순수율 : 50%
② 이용률 : 25%, 순수율 : 50%
③ 이용률 : 50%, 순수율 : 75%
④ 이용률 : 25%, 순수율 : 75%

[해설]

$$이용률 = \frac{교실이\ 사용되고\ 있는\ 시간}{1주간의\ 평균\ 수업\ 시간} \times 100(\%)$$
$$= \frac{20}{40} \times 100(\%) = 50\%$$

$$순수율 = \frac{일정한\ 교과를\ 위해\ 사용되는\ 시간}{그\ 교실이\ 사용되는\ 시간} \times 100(\%)$$
$$= \frac{15}{20} \times 100(\%) = 75\%$$

**15** 주당 평균 40시간을 수업하는 어느 학교에서 음악실에서의 수업이 총 20시간이며 이중 15시간은 음악시간으로, 나머지 5시간은 학급 토론시간으로 사용되었다면 이 음악실의 이용률과 순수율은? [22년 2회]

① 이용률 : 37.5%, 순수율 : 75%
② 이용률 : 50%, 순수율 : 75%
③ 이용률 : 75%, 순수율 : 37.5%
④ 이용률 : 75%, 순수율 : 50%

정답 11 ④ 12 ③ 13 ④ 14 ③ 15 ②

## 과년도 기출문제

**[해설]**

이용률 = $\dfrac{\text{교실이 사용되고 있는 시간}}{\text{1주간의 평균 수업 시간}} \times 100(\%)$

　　　= $\dfrac{20}{40} \times 100(\%) = 50\%$

순수율 = $\dfrac{\text{일정한 교과를 위해 사용되는 시간}}{\text{그 교실이 사용되는 시간}} \times 100(\%)$

　　　= $\dfrac{20-5}{20} \times 100(\%) = 75\%$

**16** 어느 학교의 1주간의 평균 수업 시간이 40시간인데 제도교실이 사용되는 시간은 20시간이다. 그중 4시간은 다른 과목을 위해 사용된다. 제도교실의 이용율과 순수율은 각각 얼마인가? [15년 4회]

① 이용율 : 20%, 순수율 : 50%
② 이용율 : 50%, 순수율 : 20%
③ 이용율 : 50%, 순수율 : 80%
④ 이용율 : 80%, 순수율 : 50%

**[해설]**

이용률 = $\dfrac{\text{교실이 사용되고 있는 시간}}{\text{1주간의 평균 수업 시간}} \times 100(\%)$

　　　= $\dfrac{20}{40} \times 100(\%) = 50\%$

순수율 = $\dfrac{\text{일정한 교과를 위해 사용되는 시간}}{\text{그 교실이 사용되는 시간}} \times 100(\%)$

　　　= $\dfrac{20-4}{20} \times 100(\%) = 80\%$

**정답** 16 ③

# 10 학교 / 도서관

## 4 교실계획

| 일반교실형 | • 복도를 이용하여 각 교실로 출입하는 형식으로, 일반적으로 가장 많이 채용한다.<br>• 복도가 혼잡하며, 복도 소음이 교실로 전달되는 단점이 있다. |
|---|---|
| 엘보 엑세스<br>(Elbow<br>Access)형 | • 복도를 교실에서 떨어지게 배치한 형식이다.<br>• 교실에 접근 시에는 연결통로를 이용하는 방식이다.<br>• 각 교실의 독립성, 채광성, 환기 등이 좋으나 복도의 면적이 커질 수 있다.<br>• 장래의 교실 통합이 불가능하다. |
| 클러스터<br>(Cluster)형 | • 교실을 소단위별(Grouping)로 분리하여 배치한 방식으로서, 교실 간 독립성을 확보하기 좋다.<br>• 각 교실이 외부와 접하는 면이 많으며, 교실의 채광성, 환기성, 통풍성이 좋다.<br>• 각 교실군 사이에는 고유의 정원 등을 확보하기 용이하다.<br>• 넓은 부지가 필요하며, 복도의 면적이 커지고 관리동선이 길어져 운영비가 많이 들어가는 단점이 있다. |

## 5 부속시설 계획

| 체육관 | • 농구 코트를 둘 수 있는 크기를 표준으로 한다.<br>• 천장 높이 : 6m 이상<br>• 바닥 : 목재 마루판을 이중으로 설치한다.<br>• 창문을 설치할 경우 실내 측에 철망을 붙인다.<br>• 채광 : 장축을 동서로 하고, 남북측으로부터 채광을 한다.<br>• 강당 겸 체육관은 체육관으로 사용하는 빈도가 높으므로 체육관 위주로 계획한다.<br>• 체육관의 기능은 크게 경기 부분, 관람 부분, 관리 부분으로 구성된다. |
|---|---|
| 복도 | • 통풍, 채광을 고려하여 중복도식보다 편복도로 계획한다.<br>• 복도의 폭 : 편복도는 1.8m 이상, 중복도는 2.4m 이상 |

| 계단 | 종류 | 계단참의 폭 | 단 높이 | 단 너비 | 계단참 |
|---|---|---|---|---|---|
| | 초등학교 | 150 이상 | 16 이하 | 26 이상 | 계단의 높이가 3m를 초과할 경우, 높이 3m 이내마다 계단참을 설치한다. |
| | 중·고등학교 | | 18 이하 | | |

**교실의 채광과 조명**
- 채광창의 유리면적은 교실면적의 1/10 이상으로 한다.
- 칠판을 향해 좌측 채광이 원칙이며, 칠판의 현휘를 방지하기 위해 좌측벽 1m는 벽으로 처리한다.
- 칠판의 조도가 책상면의 조도보다 높아야 한다(최저 100lux 이상).
- 미술실은 균일한 조도를 위해 복층 채광을 적용한다.

**교실형태**
- 일반교실형

- 엘보우형

- 클러스터형

- 알코브형

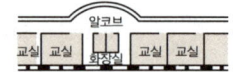

## 과년도 기출문제

**01** 학교건축에 있어서 블록 플랜(Block Plan)을 위한 클러스터링(Clustering)이란? [96년 3회]

① 층수마다 학년단위로 분할 배치하는 것
② 교실을 일렬로 배치하는 것
③ 일반교실 동(棟) 양끝에 특별교실을 배치하는 것
④ 교실을 단위별로 그룹핑(Grouping)하여 독립시키는 것

[해설]
클러스터(Cluster)형
교실을 소단위별(Grouping)로 분리하여 배치한 방식으로 교실 간 독립성을 확보하기 좋다.

**02** 학교의 강당계획에 관한 설명으로 옳지 않은 것은? [18년 1회]

① 체육관의 크기는 배구 코트의 크기를 표준으로 한다.
② 강당은 반드시 전교생을 수용할 수 있도록 크기를 결정하지는 않는다.
③ 강당 및 체육관으로 겸용하게 될 경우 체육관 목적으로 치중하는 것이 좋다.
④ 강당 겸 체육관은 커뮤니티의 시설로서 이용될 수 있도록 고려하여야 한다.

[해설]
체육관은 표준적으로 농구 코트를 둘 수 있는 크기가 필요하다.

**03** 학교의 강당계획에 관한 다음 사항 중 가장 부적당한 것은 어느 것인가? [93년 3회, 96년 1회]

① 강당은 이용률이 적으므로 체육관과 겸용하여도 된다.
② 강당의 위치는 외부와의 연락이 좋은 교문 부근에 배치한다.
③ 체육관과 겸용할 때는 배구 코트의 표준 규모로 하는 것이 좋다.
④ 강당의 규모는 전교생을 수용할 필요가 없다.

[해설]
체육관과 겸용할 때는 농구 코트의 표준 규모로 하는 것이 좋다.

**04** 다음 중고등학교 계획에 있어서 특별교실군의 계획방침을 정하는 방법 중 옳지 않은 것은 어느 것인가? [95년 3회, 00년 3회]

① 학년 구분에 관계없이 전학년의 균등한 동선거리에 그룹핑하여 둔다.
② 음악실과 시청각실의 유기적인 관계를 고려한다.
③ 화학실험실은 가급적 1층에 배치하되 드래프트 챔버를 중심으로 고정 실험대를 갖춘다.
④ 미술교과실은 채광효율이 가장 좋은 남향채광으로 하고 복도를 북측에 둔다.

[해설]
미술교과실은 균일한 조도가 필요하므로, 하루 중 광량의 변화 폭이 크지 않은 북측채광을 하고 복도를 남측에 둔다.

**정답** 01 ④  02 ①  03 ③  04 ④

# 10 학교 / 도서관

## 6 도서관의 기본계획

- 도서관의 장서는 20년에 약 2배가 되므로, 30~40년 장래의 확장을 고려하여 대지를 선정하며, 평면적 구성을 고려하여 계획한다.
- 대지 조건과 도서관의 내부 기능의 관계를 검토하여 출입구의 배치 장소를 결정한다.
- 도서관의 각 구성요소의 조합에 따른 평면형식 중 서고식의 경우, 서고와 열람실은 제각기 독립된 방향의 확장을 고려한다.
- 도서관 건축에서는 필요한 전체 바닥면적에 대한 층수를 적게 하여 1층당 면적을 크게 하는 것이 좋다.

## 7 도서관 출납 시스템

| 구분 | 내용 |
|---|---|
| 자유 개가식<br>(Free Open System) | • 열람자가 서가에서 자유롭게 책을 꺼내, 체크를 받지 않고 열람하는 형식이다.<br>• 보통 1실형(서고와 열람실이 통합)이고, 10,000권 이하의 서적 보관과 열람에 적당하다.<br>• 도서목록을 볼 필요가 없다.<br>• 책을 선택하고 열람 시, 대출 및 기록 등의 절차가 필요 없다.<br>• 서가 정리가 잘 안 되면 혼란이 생길 수 있다.<br>• 책이 마모되거나 훼손되기 쉽다. |
| 안전 개가식<br>(Safe Guarded Open Access) | • 열람자는 자유롭게 책을 꺼낼 수 있으나, 좌석으로 가기 전에 체크를 받는 형식이다.<br>• 출납 시스템이 필요하지 않아 혼잡하지 않다.<br>• 도서 열람의 체크 시설이 필요하다.<br>• 서가 열람이 가능하여 책을 직접 뽑을 수 있다.<br>• 감시가 필요하지 않다. |
| 반 개가식<br>(Semi Open Access) | • 열람자는 직접 서가에서 책의 표제 정도는 볼 수 있으나, 그 내용을 보려면 관원에게 대출을 요구해야 한다.<br>• 신간 서적 코너 등에 적용되며, 다량의 도서에는 적합하지 않다.<br>• 출납 시설이 필요하다.<br>• 서가의 열람이나 감시가 필요하지 않다. |
| 폐가식<br>(Closed Access) | • 열람자가 제출한 목록에 의해 관원이 책을 꺼내 주는 방식으로, 열람자는 서가에 접근할 수 없다.<br>• 대규모 도서관의 독립된 서고의 경우에 적합하다.<br>• 도서의 유지 관리가 양호하다.<br>• 열람자가 책을 볼 동안 감시할 필요가 없다.<br>• 원하는 내용의 책이 아닐 수 있다.<br>• 책을 대출받는 절차가 복잡하고 관원의 작업량이 많다. |

## 8 도서관 세부계획

| | |
|---|---|
| 열람실 | • 아동 열람실은 가급적 1층에 배치하고, 이용이 빈번하지 않은 장소에 별도의 출입구를 계획하여야 한다.<br>• 중·소 열람실들로 분할 계획하여, 가급적 도서에 가까운 위치에 설치한다. |
| 서고 | • 책을 보관하는 서고에서 모듈 계획 시 주안점은 책의 보관 형태 및 이동통로의 확보이다.<br>• 서고 안의 책의 수장 권수에 의해 기둥 간격이 결정된다.<br>• 모듈에 의한 계획이 가능하다.<br>• 서고의 층고는 2.3m 전후로, 일반 열람실과는 별도로 층고계획을 한다(일반 열람실은 3.0~3.5m 정도로 층고를 계획한다).<br>• 서고의 면적 1m²당 150~250권(평균 200권/m², 밀집 서가일 경우 280~350권/m²)<br>• 서고의 공간(체적) 1m³당 약 66권 정도<br>• 통로 폭 : 0.75~1.0m 정도(서가 사이를 열람자가 이용할 경우에는 1.4m 정도)<br>• 서고 내의 온습도 기준을 준수해야 한다(온도 : 16℃, 습도 : 63% 이하 수준으로 관리).<br>• 서고의 내부는 자연채광을 하지 않고, 인공조명을 사용한다. |
| 기타의 실 | • 참고실 : 일반 열람실과는 별실로 하되, 목록실이나 출납실에 가까이 배치한다.<br>• 레퍼런스 서비스(Reference Service) : 관원이 이용자의 조사연구상의 의문사항이나 질문에 대한 적절한 자료를 제공하여 돕는 서비스이다.<br>• 목록실 : 대출실과 같은 층(1층)에 둔다. |

➕ • 캐럴(carrel)은 서고 내에 설치하는 소연구실이다.

### 서고의 구조

| | |
|---|---|
| 적층 서가식 구조 | 대단위 서고처럼 건물의 한쪽을 최하층에서 최상층까지 차지할 수 있는 경우로, 특수 구조를 사용할 수 있다. |
| 단독 서가식 구조 | 건물 각 층 바닥에 서가를 계획한 것으로, 고정실이 아니기 때문에 평면계획상 유연성이 있다. |
| 절충 서가식 구조 | 단독식과 적층식을 혼합한 방법으로, 적층식 서가 3층에 열람실이나 사무실의 구조체 슬라브 2층을 조합시킨 방법이다. |

---

**개념이해**

**01** 도서관의 서고에 대한 계획 조건으로 옳지 않은 것은?

① 개가식 서고 통로는 폐쇄식 서고의 통로보다 커야 한다.
② 아동 열람실은 개가식으로 하는 것이 이상적이다.
③ 서고의 채광과 통풍을 원활히 할 수 있는 넓은 창호가 되어야 한다.
④ 서고의 층고는 열람실의 층고와 달리 별도 계획도 할 수 있다.

○ 서고는 도서 보존을 위해 어두운 편이 좋고 인공조명과 기계환기로 방진, 방온, 방습과 함께 세균의 침입을 막아야 한다.

답 ③

## 과년도 기출문제

**01** 도서관 건축계획에 관한 설명으로 옳지 않은 것은? [09년 1회, 11년 4회]

① 대지 조건과 도서관의 내부 기능의 관계를 검토하여 출입구의 배치 장소를 결정한다.
② 증축 예정지는 기능적 긴밀성의 유지를 위해 도서관의 평면 구성보다는 단면 구성을 고려하여 계획한다.
③ 도서관의 신축 시에는 대지 선정과 배치 단계에서부터 장래의 성장에 따른 증축 가능한 공간을 확보할 필요가 있다.
④ 도서관의 각 구성요소의 조합에 따른 평면 형식 중 서고식의 경우, 서고와 열람실은 제각기 독립된 방향의 확장을 고려한다.

[해설]
도서관의 장서는 20년에 약 2배가 되므로, 30~40년 장래의 확장을 고려하여 대지를 선정하며, 평면적 구성을 고려하여 계획해야 한다.

**02** 다음은 도서관 건축계획에서 주요한 사항들이다. 다른 종류의 건축 계획에서 보다 상대적으로 중요도가 가장 큰 내용은? [03년 2회, 05년 4회]

① 관내시설과 인근의 유아시설과 상호 관계 검토
② 시설물의 운영 목적, 내용, 방법의 구체적 분석
③ 도서관의 내용의 성장에 따른 증축 고려
④ 건설기금과 경상비에 대한 검토

[해설]
도서관 계획 시 중요한 것은 규모와 성장의 문제로서, 장래의 확장을 고려하여 대지를 선정하며, 전체면적의 약 50%(30~40년 기준) 이상의 확장을 고려한 계획을 해야 한다.

**03** 도서관 건축계획에서 장래에 증축을 반드시 고려해야 할 부분은? [18년 4회, 21년 2회]

① 서고         ② 대출실
③ 사무실       ④ 휴게실

[해설]
서고 안의 책의 수장 권수에 의해 도서관의 기둥 간격이 결정되며, 책의 수장 권수가 늘어날 것에 대비하여 장래 증축을 반드시 고려하여야 한다.

**04** 도서관 출납 시스템 중 자유 개가식에 대한 설명으로 옳은 것은? [11년 1회]

① 서고와 열람실이 분리되어 있다.
② 도서 열람의 체크 시설이 필요하다.
③ 책의 내용 파악 및 선택이 자유롭다.
④ 대출 절차가 복잡하고 관원의 작업량이 많다.

[해설]
자유 개가식(Free Open System)
열람자가 자유로이 서가에서 책을 꺼내 체크를 받지 않고 열람하는 형식으로서, 책의 내용 파악 및 선택이 자유롭고 용이하다.

**05** 도서관의 출납 시스템 중 자유 개가식에 관한 설명으로 옳은 것은? [15년 2회, 22년 2회]

① 도서의 유지 관리가 용이하다.
② 책의 내용 파악 및 선택이 자유롭다.
③ 대출 절차가 복잡하고 관원의 작업량이 많다.
④ 열람자는 직접 서가에 면하여 책의 표지 정도는 볼 수 있으나 내용은 볼 수 없다.

[해설]
자유 개가식(Free Open System)
• 보통 1실형(서고와 열람실이 통합)이고, 10,000권 이하의 서적 보관과 열람에 적당하다.
• 열람자가 자유로이 서가에서 책을 꺼내 체크를 받지 않고 열람하는 형식이다.

**06** 도서관의 출납 시스템 중 열람자는 직접 서가에 면하여 책의 체제나 표지 정도는 볼 수 있으나 내용을 보려면 관원에게 요구하여 대출 기록을 남긴 후 열람하는 형식은? [16년 1회, 19년 1회]

① 폐가식        ② 반 개가식
③ 안전 개가식   ④ 자유 개가식

**정답** 01 ② 02 ③ 03 ① 04 ③ 05 ② 06 ②

## 과년도 기출문제

[해설]

반 개가식(Semi Open Access)
㉠ 열람자는 직접 서가에 와서 책의 표제 정도는 볼 수 있으나 그 내용을 보려면 관원에게 대출을 요구해야 한다.
㉡ 신간 서적 코너 등에 적용되며, 다량의 도서에는 적합하지 않다.
㉢ 특징
 • 출납 시설이 필요하다.
 • 서가의 열람이나 감시가 필요하지 않다.

**07** 열람자가 서가에서 책을 자유롭게 선택하나 관원의 검열을 받고 열람하는 도서관 출납 시스템은?
[15년 4회, 18년 1회, 20년 4회, 21년 4회]

① 폐가식  ② 반 개가식
③ 안전 개가식  ④ 자유 개가식

[해설]

안전 개가식(Safe Guarded Open Access)
열람자는 자유롭게 책을 꺼낼 수 있으나 좌석으로 가기 전에 체크를 받는 형식이다.

**08** 도서관 출납 시스템에 관한 설명으로 옳지 않은 것은?
[19년 4회]

① 폐가식은 서고와 열람실이 분리되어 있다.
② 반 개가식은 새로 출간된 신간 서적 안내에 채용된다.
③ 안전 개가식은 서가 열람이 가능하여 도서를 직접 뽑을 수 있다.
④ 자유 개가식은 이용자가 자유롭게 도서를 꺼낼 수 있으나 열람석으로 가기 전에 관원에게 체크를 받는 형식이다.

[해설]

④는 안전 개가식에 대한 설명이다.

**09** 도서관 출납 시스템에 관한 설명으로 옳지 않은 것은?
[17년 4회, 22년 1회]

① 자유 개가식은 책 내용의 파악 및 선택이 자유롭다.
② 자유 개가식은 서가의 정리가 잘 안 되면 혼란스럽게 된다.
③ 폐가식은 규모가 큰 도서관의 독립된 서고의 경우에 채용한다.
④ 폐가식은 서가나 열람실에서 감시가 필요하나 대출 절차가 간단하여 관원의 작업량이 적다.

[해설]

폐가식(Closed Access)은 열람자가 제출한 목록에 의해 관원이 책을 꺼내 주는 방식으로 열람자는 서가에 접근할 수 없다. 그러므로 열람자가 책을 볼 동안 감시할 필요가 없다.

**10** 도서관의 출납 시스템 중 폐가식에 관한 설명으로 옳지 않은 것은?
[15년 1회, 19년 2회]

① 서고와 열람실이 분리되어 있다.
② 도서의 유지 관리가 좋아 책의 망실이 적다.
③ 대출 절차가 간단하여 관원의 작업량이 적다.
④ 규모가 큰 도서관의 독립된 서고의 경우에 많이 채용된다.

[해설]

폐가식(Closed Access)은 열람자가 제출한 목록에 의해 관원이 책을 꺼내 주는 방식으로서, 대출 절차가 복잡하고 관원의 작업량이 많다.

**11** 도서관 건축에 관한 설명으로 옳지 않은 것은?
[20년 3회]

① 캐럴(Carrel)은 서고 내에 설치된 소연구실이다.
② 서고의 내부는 자연채광을 하지 않고 인공조명을 사용한다.
③ 일반 열람실의 면적은 $0.25 \sim 0.5 m^2/$인 정도의 규모로 계획한다.
④ 서고면적 $1m^2$당 150~250권 정도의 수장능력을 갖도록 계획한다.

정답 07 ③ 08 ④ 09 ④ 10 ③ 11 ③

[해설]
일반 열람실의 면적은 성인 1인을 기준으로 1.5~2.0m² 정도의 규모로 계획한다.

**12** 도서관의 열람실 및 서고계획에 관한 설명으로 옳지 않은 것은? [21년 1회]

① 서고 안에 캐럴(Carrel)을 둘 수도 있다.
② 서고면적 1m²당 150~250권의 수장능력으로 계획한다.
③ 열람실은 성인 1인당 3.0~3.5m²의 면적으로 계획한다.
④ 서고실은 모듈러 플래닝(Modular Planning)이 가능하다.

[해설]
열람실은 성인 1인당 1.5~2.0m²의 면적으로 계획한다(통로 포함 시 2.5m²/인).

**13** 다음 중 도서관에 있어 모듈계획(Module Plan)을 고려한 서고계획 시 결정 및 선행되어야 할 요소와 가장 거리가 먼 것은? [21년 4회]

① 엘리베이터의 위치
② 서가 선반의 배열 깊이
③ 서고 내의 주요 통로 및 교차 통로의 폭
④ 기둥의 크기와 방향에 따른 서가의 규모 및 배열의 길이

[해설]
책을 보관하는 서고에서 모듈계획 시 중요한 고려사항 및 결정사항은 책의 보관 및 이동통로 등과 같은 사항이며, 엘리베이터의 설치 위치는 모듈계획의 주요 고려사항이 아니다.

**14** 다음 중 도서관의 기둥 간격 결정과 가장 밀접한 관계가 있는 공간은? [15년 2회]

① 서고        ② 캐럴
③ 출납실      ④ 시청각자료실

[해설]
서고 안의 책의 수장 권수에 의해 기둥 간격이 결정된다.

**15** 다음 중 도서관에서 능률적인 작업 용량으로서 20만 권을 수장할 서고의 면적으로 가장 알맞은 것은? [17년 1회]

① 300m²       ② 500m²
③ 700m²       ④ 1,000m²

[해설]
서고의 면적에 따른 수용 능력
서고면적 1m²당 150~250권(평균 200권/m²)
200,000권÷200권/m²=1,000m²(m²당 평균 200권을 적용하여 산출)

**16** 능률적인 작업 용량으로서 10만 권을 수장할 도서관 서고의 면적으로 가장 알맞은 것은? [17년 2회]

① 350m²       ② 500m²
③ 800m²       ④ 950m²

[해설]
서고의 면적에 따른 수용 능력
서고면적 1m²당 150~250권(평균 200권/m²)
100,000권÷200권/m²=500m²(m²당 평균 200권을 적용하여 산출)

**17** 도서관 서고의 능률적인 작업용량을 고려한 수용 능력으로 가장 적당한 것은? [13년 1회]

① 100권/m²     ② 200권/m²
③ 300권/m²     ④ 400권/m²

[해설]
서고의 면적에 따른 수용 능력
서고면적 1m²당 150~250권(평균 200권/m²)

정답  12 ③  13 ①  14 ①  15 ④  16 ②  17 ②

## 과년도 기출문제

**18** 다음 중 도서관에서 장서가 50만 권일 경우 능률적인 작업 용량으로서 가장 적정한 서고의 면적은?
[11년 4회]

① 1,500m²
② 2,500m²
③ 4,000m²
④ 4,500m²

[해설]

서고의 면적에 따른 수용 능력
서고면적 1m²당 150~250권(평균 200권/m²)
500,000권÷200권/m²=2,500m²(m²당 평균 200권을 적용하여 산출)

**19** 도서관에서는 이용자가 일정 기간 자료를 점유하여 이용하거나 연구하기 위한 독립적인 개실이 요구되는데, 이러한 독립적인 개실을 일반적으로 무엇이라 하는가?
[07년 2회, 12년 4회]

① 캐럴(Carrel)
② 북 모빌(Book Mobile)
③ 계원석(Information Desk)
④ 레퍼런스 서비스(Reference Service)

[해설]

캐럴(Carrel)
• 서고 내에 설치하는 소연구실
• 1인당 1.4~4m²의 면적이 필요

**20** 도서관 출입구의 배치에 대한 설명 중 옳지 않은 것은?
[07년 1회]

① 출입구의 배치장소에 따라 건물 내부의 공간배치가 좌우된다.
② 이용자 측과 직원, 자료의 출입구를 가능한 한 별도로 계획하는 것이 바람직하다.
③ 대지조건과 도서관의 내부기능의 관계를 충분히 검토하여 결정해야 한다.
④ 집회공간의 출입구는 이용자 출입구와 공용으로 하는 것이 바람직하다.

[해설]

집회공간의 출입구는 도서관 이용자 출입구와 별도로 구성하는 것이 바람직하다.

정답 18 ② 19 ① 20 ④

# 11 극장 / 영화관 / 미술관

## 1 극장의 평면형

| | | |
|---|---|---|
| 아레나 스테이지<br>(Arena Stage,<br>Center Stage) | • 관객이 연기자를 360°로 둘러싸고 관람하는 타입이다.<br>• 가까운 거리에서 관람할 수 있으며, 가장 많은 관객을 수용할 수 있다.<br>• 배경을 만들지 않으므로 경제성이 있다.<br>• 무대배경은 주로 낮은 가구들로 구성한다.<br>• 연기자가 다른 연기자를 가리게 되는 단점이 있다. | **극장의 평면형**<br>• 아레나 스테이지<br>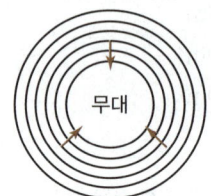 |
| 오픈 스테이지<br>(Open Stage) | • 관객이 부분적으로 연기자를 둘러싸고 관람하는 타입이다.<br>• 관객이 연기자에게 좀 더 접근하여 관람할 수 있다(친밀감 상승).<br>• 연기자는 혼란된 방향감 때문에 통일된 효과를 내기 어렵다. | • 오픈 스테이지<br>  |
| 프로시니엄<br>스테이지<br>(Proscenium<br>Stage, 픽쳐<br>프레임 스테이지) | • 프로시니어(Proscenia) 벽에 의해 연기공간이 분리되어 관객이 프로시니엄 아치(Proscenuim Arch)의 개구부를 통해서 무대를 보는 가장 일반적인 형식이다.<br>• 강연, 음악회, 독주, 연극공연 등에 가장 좋다.<br>• 연기자는 제한된 방향으로만 관객을 대하게 된다.<br>• 연기가 한정된 고정 액자 속에서 하나의 구성화로 보이게 해준다.<br>• 여러 가지 무대배경이 용이하며, 조명효과가 좋다.<br>• 연기자와 관객의 접촉면이 한정되어 있으므로 많은 관람석을 두기 위해서는 스테이지와 관람석 간의 거리가 멀어지게 된다. | • 프로시니엄 스테이지<br>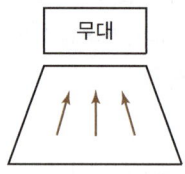 |
| 가변형 무대<br>(Adaptable<br>Stage) | • 필요에 따라 무대와 객석이 변화될 수 있는 타입이다.<br>• 상연 종목, 출연 방법에 따라 가장 적합한 공간을 구성한다.<br>• 실험적 요소가 강한 공간에 이용된다. | |

### 개념이해

**01** 아레나(Arena)형 평면계획과 관계없는 것은?

① 가까운 거리에서 가장 많은 관객을 수용할 수 있다.
② 갖가지 무대배경이 용이하여 조명효과가 좋다.
③ 연기 도중 다른 연기자를 가리는 결함이 있다.
④ 무대배경은 주로 낮은 기구로 구성한다.

▶ 아레나(Arena)형은 관객이 연기자를 360°로 둘러싸고 관람하는 타입으로서 무대 배경 설치가 난해하다.
답 ②

**02** 극장의 평면형 중 프로시니엄형에 관한 설명으로 옳지 않은 것은?

① Picture Frame Stage라고도 불린다.
② 강연, 콘서트, 독주, 연극공연 등에 적합하다.
③ 무대의 배경을 만들지 않으므로 경제성이 있다.
④ 연기자가 일정한 방향으로만 관객을 대하게 된다.

▶ 프로시니엄 스테이지(Proscenium Stage, 픽쳐 프레임 스테이지)는 무대 배경을 여러 가지로 표현할 수 있으나, 배경의 제작이 필요하여 무대 제작적인 측면에서는 경제적이지 않다.
답 ③

## 과년도 기출문제

건축 / 기사 / 필기

**01** 다음 설명에 알맞은 극장 건축의 평면형식은?
[21년 1회]

- 가까운 거리에서 관람하면서 가장 많은 관객을 수용할 수 있다.
- 객석과 무대가 하나의 공간에 있으므로 양자의 일체감이 높다.
- 무대의 배경을 만들지 않으므로 경제성이 있다.

① 아레나(Arena)형
② 가변형(Adaptable Stage)
③ 프로시니엄(Proscenium)형
④ 오픈 스테이지(Open Stage)형

[해설]

아레나(Arena)형에 대한 설명이다. 위 보기에서의 장점과 더불어 연기 도중 다른 연기자를 가리는 단점을 갖고 있는 타입이다.

**02** 극장의 평면형식 중 아레나형에 관한 설명으로 옳지 않은 것은?
[17년 4회]

① 무대의 배경을 만들지 않으므로 경제성이 있다.
② 무대의 장치나 소품은 주로 낮은 가구들로 구성된다.
③ 연기는 한정된 액자 속에서 나타나는 구성화의 느낌을 준다.
④ 가까운 거리에서 관람하면서 가장 많은 관객을 수용할 수 있다.

[해설]

연기는 한정된 액자 속에서 나타나는 구성화의 느낌을 주는 타입은 프로시니엄 스테이지(Proscenium Stage, 픽쳐 프레임 스테이지)이다.

**03** 극장의 평면형 중 아레나(Arena)형에 관한 설명으로 옳은 것은?
[16년 2회]

① 투시도법을 무대공간에 응용한 형식이다.
② 무대의 장치나 소품은 주로 높은 기구로 구성된다.
③ 픽츄어 프레임 스테이지(Picture Frame Stage)라고도 한다.
④ 가까운 거리에서 관람하면서 가장 많은 관객을 수용할 수 있다.

[해설]

아레나(Arena)형
- 가까운 거리에서 가장 많은 관객을 수용할 수 있다.
- 연기 도중 다른 연기자를 가리는 결함이 있다.
- 무대배경은 주로 낮은 가구로 구성한다.

**04** 극장의 평면형식 중 오픈 스테이지(Open Stage)형에 관한 설명으로 옳은 것은?
[20년 4회]

① 연기자가 남측 방향으로만 관객을 대하게 된다.
② 강연, 음악회, 독주, 연극공연에 가장 적합한 형식이다.
③ 가장 일반적인 극장의 형식으로 어떠한 배경이라도 창출이 가능하다.
④ 무대와 객석이 동일공간에 있는 것으로 관객석이 무대의 대부분을 둘러싸고 있다.

[해설]

①, ②, ③은 프로시니엄 스테이지(Proscenium Stage, 픽쳐 프레임 스테이지)에 대한 설명이다.

**05** 극장의 평면형식 중 프로시니엄형에 관한 설명으로 옳지 않은 것은?
[18년 1회]

① 픽쳐 프레임 스테이지형이라고도 한다.
② 배경은 한 폭의 그림 같은 느낌을 준다.
③ 연기자는 제한된 방향으로만 관객을 대하게 된다.
④ 가까운 거리에서 관람하면서 가장 많은 관객을 수용할 수 있다.

[해설]

④는 아레나형에 대한 설명이다.

정답 01 ① 02 ③ 03 ④ 04 ④ 05 ④

## 과년도 기출문제

**06** 극장의 평면형식에 관한 설명으로 옳지 않은 것은?
[19년 4회]

① 오픈 스테이지형은 무대장치를 꾸미는 데 어려움이 있다.
② 프로시니엄형은 객석 수용 능력에 있어서 제한을 받는다.
③ 가변형 무대는 필요에 따라서 무대와 객석을 변화시킬 수 있다.
④ 아레나형은 무대 배경설치 비용이 많이 소요된다는 단점이 있다.

[해설]

아레나형은 가까운 거리에서 관람하면서 가장 많은 관객을 수용할 수 있으며, 무대의 배경을 만들지 않으므로 경제성이 있다는 장점을 가지고 있다.

**07** 극장의 평면에 관한 설명으로 옳지 않은 것은?
[11년 4회]

① 프로시니엄형은 강연, 콘서트, 독주 등에 적합하다.
② 아레나형에서 무대의 장치나 소품은 주로 낮은 기구들로 구성된다.
③ 아레나형은 가까운 거리에서 관람하면서 가장 많은 관객을 수용할 수 있다.
④ 오픈 스테이지형은 연기자와 관객의 접촉면이 1면으로 한정되어 있어 많은 관람석을 두려면 거리가 멀어져 객석 수용 능력에 있어서 제한을 받는다.

[해설]

④는 프로시니엄 스테이지(Proscenium Stage, 픽쳐 프레임 스테이지)에 대한 설명이다.
오픈 스테이지(Open Stage)는 관객이 부분적으로 연기자를 둘러싸고 관람하는 타입이다.

**08** 연극을 감상하는 경우 배우의 표정이나 동작을 상세히 감상할 수 있는 시각 한계는?
[15년 1회, 18년 1회]

① 3m  ② 5m
③ 10m  ④ 15m

[해설]

가시한계 거리(시각 한계)
- 연기자의 표정이나 세밀한 동작을 볼 수 있는 생리적 한도 구역으로서, 보통 15m 정도를 한도로 한다.
- 아동극 또는 인형극 등 연기자의 표정이나 세밀한 동작을 파악해야 하는 경우 이 한도 내에서 관람석이 계획되어야 한다.

**09** 다음은 극장의 가시거리에 관한 설명이다. ( ) 안에 알맞은 것은?
[15년 4회, 16년 1회, 19년 4회]

연극 등을 감상하는 경우 연기자의 표정을 읽을 수 있는 가시한계는 ( ㉠ ) m 정도이다. 그러나 실제적으로 극장에서는 잘 보여야 되는 동시에 많은 관객을 수용해야 하므로 ( ㉡ ) m까지를 1차 허용 한도로 한다.

① ㉠ 15, ㉡ 22  ② ㉠ 20, ㉡ 35
③ ㉠ 22, ㉡ 35  ④ ㉠ 22, ㉡ 38

[해설]

가시한계 거리
- 연기자의 표정이나 세밀한 동작을 볼 수 있는 생리적 한도 구역으로서, 보통 15m 정도를 한도로 한다.
- 아동극 또는 인형극 등 연기자의 표정이나 세밀한 동작을 파악해야 하는 경우 이 한도 내에서 관람석이 계획되어야 한다.

1차 허용 한도 거리
실제 극장에서는 잘 보여야 되는 것과 동시에 될수록 많은 관객을 수용해야 하는 요구가 있으며, 이에 따라 22m까지가 1차 허용 한도가 되고, 현대극, 소규모의 국악, 실내악 등은 이 범위 내에 객석을 두어야 한다.

정답  06 ④  07 ④  08 ④  09 ①

MEMO

# 11 극장 / 영화관 / 미술관

## 2 극장의 시거리와 시각

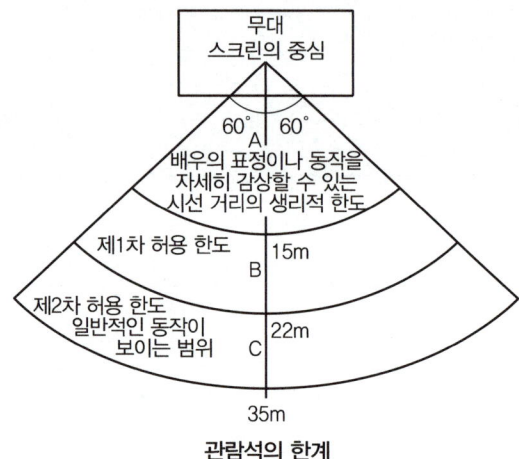

관람석의 한계

| A구역<br>(생리적 한계 거리) | • 연기자의 표정이나 세밀한 동작을 볼 수 있는 생리적 한도 구역으로서, 보통 15m 정도를 한도로 한다.<br>• 아동극 또는 인형극 등 연기자의 표정이나 세밀한 동작을 파악해야 하는 경우 이 한도 내에서 관람석이 계획되어야 한다. |
|---|---|
| B구역<br>(1차 허용 한도 거리) | • 실제 극장에서는 잘 보여야 되는 것과 동시에, 가능한 많은 관객을 수용해야 하는 요구가 있다.<br>• 22m까지가 1차 허용 한도가 되며, 현대극, 소규모의 국악, 실내악 등은 이 범위 내에 객석을 두어야 한다. |
| C구역<br>(2차 허용 한도 거리) | 그랜드 오페라, 발레, 뮤지컬 등은 연기자의 일반적인 동작을 어느 정도만 볼 수 있으면 되므로, 2차 허용 한도인 35m까지 계획이 가능하다. |

### 개념이해

**01** 공연장의 객석 계획에서 잘 보이는 동시에 실제적으로 관객을 수용해야 하는 공연장에서 큰 무리가 없는 거리인 제1차 허용 거리의 한도는?

[21년 4회]

① 15m  ② 22m
③ 38m  ④ 52m

> 1차 허용 한도 거리
> 실제 극장에서는 잘 보여야 되는 것과 동시에 될수록 많은 관객을 수용해야 하는 요구가 있으며, 이에 따라 22m까지가 1차 허용 한도가 되고, 현대극, 소규모의 국악, 실내악 등은 이 범위 내에 객석을 두어야 한다.
>
> 답 ②

## 3 극장 무대의 구성

| 프로시니엄 아치 (Proscenium Arch) | • 관람석과 무대 사이에 설치된 벽의 개구부를 통해 극을 관람하게 되는데, 이 개구부의 틀을 프로시니엄 아치라고 한다.<br>• 형상은 보통 직사각형으로, 종횡 비율을 황금비로 구성하는 것이 일반적이다. | |
|---|---|---|
| 무대의 평면 | 에이프런 스테이지(Apron Stage, Force Stage) | 막을 경계로 하여 객석쪽으로 나온 부분의 무대 |
| | 측면 무대(Aide Stage) | 객석의 측면벽을 따라 돌출한 부분 |
| | 연기부분 무대(Acting Area) | 커튼 라인 바로 안쪽 무대 |
| | 무대 폭 | 프로시니엄 아치 폭의 2배 이상의 크기 |
| | 무대 깊이 | 프로시니엄 아치 폭 이상의 크기 |
| | 무대 상부공간(Fly Loft)의 이상적인 높이 | 프로시니엄 높이의 4배 |
| | 그리드 아이언 (Grid Iron, 격자 철판) | 무대의 천장 밑에 철골로 촘촘히 깔아 바닥을 이루게 한 것으로, 여기에 배경이나 조명기구, 연기자 또는 음향반사판 등을 매어 달 수 있게 한 장치 |
| | 플라이 갤러리 (Fly Gallery) | 그리드 아이언으로 올라가는 계단과 연결되게 무대 주위의 벽에 6~9m 높이로 설치되는 좁은 통로(폭은 1.2~2.0m 정도)로, 조명 또는 눈이 내리는 장면을 위해 사용 |
| | 록 레일 (Lock Rail) | 와이어 로프를 한 곳에 모아서 조정하는 장소로서 무대 벽 좌우에 설치 |
| | 사이클로라마(Cyclorama, Kupplel Horizont) | 무대의 제일 뒤에 설치되는 무대 배경용의 벽으로서, 프로시니엄 높이의 3배임 |
| | 잔교 (Light Bridge) | 프로시니엄 바로 뒤에 접하여 설치된 발판으로, 조명을 설치하거나 눈·비가 내리는 장면을 연출하기 위해 필요함 |
| | 오케스트라 피트(Orchestra Pit, Orchestra Box) | 오페라, 연극 등에서 음악을 연주하는 곳으로, 무대 앞쪽에 객석의 바닥보다 낮게 둠 |
| 부속실 | 배경 제작실 | 위치는 무대에 가까울수록 편리하며, 제작 중의 소음을 고려하여 차음설비가 요구됨 |
| | 분장실 | 연기자가 분장 또는 화장을 하고 의상을 갈아입는 공간 |
| | 프롬프터 박스 (Prompter Box) | 무대 중앙이나 측면에 설치하여 연기자에게 대사를 불러주는 공간 |
| | 앤티룸(Anti Room) | 출연자들이 출연 바로 직전에 기다리는 공간 |
| | 그린룸(Green Room) | 출연 대기실로 무대와 같은 층의 가까운 곳에 두고, 크기는 30m² 이상으로 함 |
| | 의상실 | 1인당 최소 4~5m²가 필요하며, 그린룸에 포함되어 있는 경우 무대와 동일한 층에 배치 |
| | 박스 오피스(Box Office) | 매표소 및 간단한 음료를 판매하는 공간 |

• 무대 쪽으로 갈수록 좁은 부채꼴형이 음의 전달상 좋다.
• 무대 쪽의 벽은 반사재를 사용하여 객석 쪽까지 음이 전달되도록 하고, 객석 쪽의 벽은 흡음재를 사용한다.

# 과년도 기출문제

**01** 다음 중 극장 무대의 각 부분 명칭과 관계없는 것은? [11년 1회]

① 팬트리(Pantry)
② 프로시니엄(Proscenium)
③ 사이클로라마(Cyclorama)
④ 그리드 아이언(Grid Iron)

[해설]

팬트리는 부엌에 배치되며, 배식을 하는 장소이다.

**02** 다음 용어 중 극장 건축과 무관한 것은? [96년 4회]

① Cubicle        ② Cyclorama
③ Fly Loft       ④ Orchestra pit

[해설]

Cubicle System(큐비클 시스템)은 병원 건축에서 병실 간의 칸막이 계획과 관련된 사항이다.

**03** 다음 용어 중 극장 건축과 가장 거리가 먼 것은? [11년 2회]

① 캐럴(Carrel)
② 그린룸(Green Room)
③ 그리드아이언(Grid Iron)
④ 사이클로라마(Cyclorama)

[해설]

캐럴(Cerrel)은 도서관 서고 내에 설치하는 소연구실이다.

**04** 극장 건축에서 무대의 제일 뒤에 설치되는 무대 배경용의 벽을 나타내는 용어는? [17년 4회, 19년 2회, 21년 2회, 22년 2회]

① 프로시니엄
② 사이클로라마
③ 플라이 로프트
④ 그리드 아이언

[해설]

사이클로라마(Cyclorama, Kupplel Horizont)
무대의 제일 뒤에 설치되는 무대 배경용의 벽으로서 프로시니엄 높이의 3배이다.

**05** 극장 무대 주위의 벽에 6~9m 높이로 설치되는 좁은 통로로, 그리드 아이언에 올라가는 계단과 연결되는 것은? [18년 2회, 22년 1회]

① 그린룸
② 록 레일
③ 플라이 갤러리
④ 슬라이딩 스테이지

[해설]

플라이 갤러리(Fly Gallery)
그리드 아이언으로 올라가는 계단과 연결되게 무대 주위의 벽에 6~9m 높이로 설치되는 좁은 통로(폭은 1.2~2.0m 정도)로, 조명 또는 눈이 내리는 장면을 위해 사용된다.

**06** 극장의 무대에 관한 설명으로 옳지 않은 것은? [19년 1회]

① 프로시니엄 아치는 일반적으로 장방형이며, 종횡의 비율은 황금비가 많다.
② 프로시니엄 아치의 바로 뒤에는 막이 쳐지는데, 이 막의 위치를 커튼라인이라고 한다.
③ 무대의 폭은 적어도 프로시니엄 아치 폭의 2배, 깊이는 프로시니엄 아치 폭 이상으로 한다.
④ 플라이 갤러리는 배경이나 조명기구, 연기자 또는 음향반사판 등을 매달 수 있도록 무대 천장 밑에 철골로 설치한 것이다.

[해설]

④는 그리드 아이언에 대한 설명이다.
플라이 갤러리(Fly Gallery)는 그리드 아이언으로 올라가는 계단과 연결되게 무대 주위의 벽에 6~9m 높이로 설치되는 좁은 통로(폭은 1.2~2.0m 정도)로, 조명 또는 눈이 내리는 장면을 위해 사용된다.

**정답** 01 ① 02 ① 03 ① 04 ② 05 ③ 06 ④

## 과년도 기출문제

**07** 극장 무대에서 그리드 아이언(Grid Iron)이란 무엇인가? [20년 1·2회 통합]

① 조명 조작 등을 위해 무대 주위 벽에 6~9m의 높이로 설치되는 좁은 통로
② 조명 기구, 연기자 또는 음향 반사판을 매달기 위해 무대 천정 밑에 설치되는 시설
③ 하늘이나 구름 등 자연현상을 나타내기 위한 무대 배경용 벽
④ 무대와 객석의 경계를 이루는 곳으로 액자와 같은 시각적 효과를 갖게 하는 시설

[해설]
① 플라이 갤러리(Fly Gallery)
③ 사이클로라마(Cyclorama 혹은 Kupplel Horizont)
④ 프로시니엄 아치(Proscenium Arch)

**08** 극장 건축에서 그린룸(Green Room)의 역할로 가장 알맞은 것은? [18년 4회]

① 의상실　　② 배경제작실
③ 관리관계실　④ 출연 대기실

[해설]
그린룸(Green Room)
출연 대기실로서 무대와 같은 층의 가까운 곳에 두고 크기는 30m² 이상으로 한다.

**09** 극장 건축과 관련된 용어 설명으로 옳지 않은 것은? [20년 3회]

① 플라이 갤러리(Fly Gallery) : 무대 주위의 벽에 설치되는 좁은 통로이다.
② 사이클로라마(Cyclorama) : 무대의 제일 뒤에 설치되는 무대 배경용 벽이다.
③ 그린룸(Green Room) : 연기자가 분장 또는 화장을 하고 의상을 갈아입는 곳이다.
④ 그리드 아이언(Grid Iron) : 무대 천장 밑에 설치한 것으로 배경이나 조명 기구 등이 매달린다.

[해설]
③은 분장실에 대한 설명이며, 그린룸은 출연자 대기실을 의미한다.

**10** 극장 건축의 관련 제실에 관한 설명으로 옳지 않은 것은? [20년 4회]

① 앤티룸(Anti Room)은 출연자들이 출연 바로 직전에 기다리는 공간이다.
② 그린룸(Green Room)은 출연자 대기실을 말하며 주로 무대 가까운 곳에 배치한다.
③ 배경제작실의 위치는 무대에 가까울수록 편리하며, 제작 중의 소음을 고려하여 차음설비가 요구된다.
④ 의상실은 실의 크기가 1인당 최소 8m²가 필요하며, 그린룸이 있는 경우 무대와 동일한 층에 배치하여야 한다.

[해설]
의상실은 1인당 최소 4~5m²가 필요하며, 그린룸에 포함되어 있는 경우 무대와 동일한 층에 배치하여야 한다.

**11** 극장 건축의 음향 계획에 관한 설명으로 옳지 않은 것은? [22년 2회]

① 음향 계획에 있어서 발코니의 계획은 될 수 있는 한 피하는 것이 좋다.
② 음의 반복 반사 현상을 피하기 위해 가급적 원형에 가까운 평면형으로 계획한다.
③ 무대에 가까운 벽은 반사체로 하고 멀어짐에 따라서 흡음재의 벽을 배치하는 것이 원칙이다.
④ 오디토리움 양쪽의 벽은 무대의 음을 반사에 의해 객석 뒷부분까지 이르도록 보강해 주는 역할을 한다.

[해설]
음의 반복 반사 현상을 피하기 위해 가급적 무대쪽으로 갈수록 좁은 부채꼴형의 평면이 음의 전달상 좋다.

정답　07 ②　08 ④　09 ③　10 ④　11 ②

# 11 극장 / 영화관 / 미술관

### 4 관람석의 단면계획

- 앞 사람의 머리 때문에 관람에 방해되지 않도록 뒤로 갈수록 높아져야 한다.
- 앞으로부터 1/3을 수평으로 하고, 뒷부분 2/3를 구배 1/12 정도의 경사진 바닥으로 하는 경우가 많다.
- 의자가 놓이는 단의 폭을 80cm 이상, 단의 높이는 50cm 이하로 한다.
- 의자에 앉은 관객의 눈 높이는 바닥에서부터 110cm로, 관객의 눈과 머리 최고부의 높이차는 12cm 내외로 가정한다.
- 2층 발코니의 단면형 : 발코니의 양쪽 끝이 1층 제일 뒷열의 시선을 가리지 않도록 한다.

**+ 2층 발코니의 단면형**
- 영화관 : 1층 제일 뒤에 선 사람의 눈과 스크린 상부로부터 60~90cm 높이를 연결하는 가시선 이상의 위치
- 극장 : 1층 제일 뒷열에 선 사람의 눈과 프로시니엄 상단을 연결하는 가시선 이상의 위치

### 5 영화관의 좌석 한도

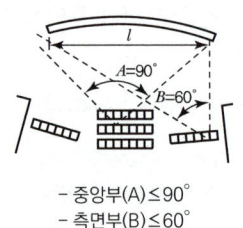

- 중앙부(A)≤90°
- 측면부(B)≤60°

**평면상 최전열 좌석의 한도**

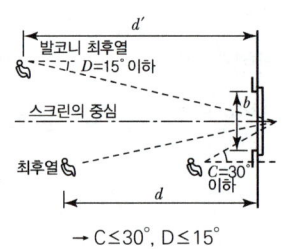

→ C≤30°, D≤15°

**단면상 최전열 좌석의 한도**

| 스크린과 객석의 거리 | • 최소 : 스크린 폭의 1.2~1.5배<br>• 최대 : 스크린 폭의 4~6배(30m 정도)<br>• 최후열 객석의 폭 : 스크린 폭의 2.5~3.5배 |
|---|---|
| 좌석의 시야각 한도 | • 최전열 좌석의 평면상 한도 : A≤90°, B≤60°<br>• 최전열 좌석의 단면상 한도 : C≤90°<br>• 최후열 좌석의 단면상 한도 : D≤60° |

**+ 통로**
- 세로 통로의 폭 : 80cm 이상, 편측 통로일 경우 60~100cm
- 가로 통로의 폭 : 100cm 이상
- 구배 : 1/10~1/12 정도

## 6 미술관 건축계획의 기본사항

- 대지는 도심 가까이 교통이 편리한 곳을 선정하되 매연, 소음, 방재에 안전한 장소를 선정한다.
- 진열실의 조명 및 채광은 항상 적당한 조도로서 균일해야 하며, 방향성이 나타나는 점광원을 사용할 경우도 고려한다.
- 회화를 감상할 위치는 화면 대각선의 1~1.5배의 거리가 이상적이다.
- 관람자가 원하는 것을 최대한 볼 수 있게 효율적으로 동선계획을 수립한다.

### 개념이해

**01** 미술관의 건축계획에 관한 설명 중 부적당한 것은?

① 대지는 도심 가까이 교통이 편리한 곳을 선정하되 매연, 소음, 방재에 안전한 장소를 선정한다.
② 진열실의 조명 및 채광은 항상 적당한 조도로서 균일하여야 하며, 방향성이 나타나는 점광원을 사용할 경우도 고려한다.
③ 회화를 감상할 위치는 화면 대각선의 1~1.5배의 거리가 이상적이다.
④ 특정의 진열실만을 보고 가는 관람자가 없도록 모든 진열실을 거쳐서 출구로 나가도록 한다.

> 이상적인 동선계획은 관람자가 원하는 것을 최대한 볼 수 있게 효율적으로 동선계획을 수립하는 것이다.
>
> 답 ④

# 11 극장 / 영화관 / 미술관

## 7 미술관의 순회 형식

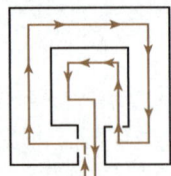
연속순로 형식

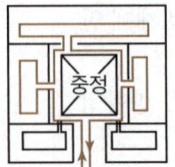
갤러리 및 코리도 형식

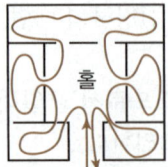
중앙홀 형식

| | |
|---|---|
| 연속 순로<br>(순회) 형식 | • 사각형 또는 다각형의 각 전시실을 연속적으로 연결한 형식이다.<br>• 단순하고 공간이 절약된다.<br>• 많은 실을 순서별로 통해야 하는 불편이 있고, 하나의 실을 폐문시키면 전체 동선이 막히게 되는 단점이 있다.<br>• 소규모의 전시실에 적합하다(대규모의 미술관 전시실의 순회 형식으로는 부적합). |
| 갤러리(Gallery) 및<br>코리도(Corridor)<br>형식 | • 연속된 전시실의 한쪽 복도에 의해서 각 실을 배치한 형식으로, 그 복도가 중정(中庭)을 포위하여 순로(巡路)를 구성하는 경우가 많다.<br>• 각 실에 직접 들어갈 수 있는 점이 유리하며, 필요시에는 자유로이 독립적으로 폐쇄할 수가 있다.<br>• 복도 자체도 전시공간으로 이용이 가능하다. |
| 중앙홀 형식 | • 중심부에 하나의 큰 홀을 두고 그 주위에 각 전시실을 배치하여 자유로이 출입하는 형식이다.<br>• 대규모 미술관 평면계획에 있어서 전시실의 순회 형식으로 적합하다.<br>• 과거에 많이 사용한 평면으로, 중앙홀에 높은 천창을 설치하여 고창(高窓)으로부터 채광하는 방식이 주로 적용되었다.<br>• 대지의 이용률이 높은 지점에 건립할 수 있으며, 중앙홀이 크면 동선의 혼란은 없으나 장래의 확장에 많은 무리가 따르게 된다.<br>• 프랭크 로이드 라이트의 구겐하임 미술관은 중앙홀 형식을 기본으로 르 코르뷔지에의 와상동선을 발전시켜 입체화한 것이다. |

• 일반적으로 관람객은 좌회로 순회하여 우측벽을 바라보려는 경향이 있다.

### 퐁피두 센터
영국인 건축가 리차드 로저스와 이탈리아 건축가인 렌조 피아노가 합작하여 설계한 건축물로서, 현대미술관, 연구도서관, 디자인센터, 음향 연구관 등 네 가지 전문영역으로 복합적으로 구성되어 전시공간의 융통성을 추구하였다.

## 과년도 기출문제

건 축 / 기 사 / 필 기

**01** 다음 미술관 전시실 계획에 관한 설명 중 연속 순로 형식에 해당하는 것은? [14년 2회]

① 각 실에 직접 들어갈 수 있고 필요시에는 부분적으로 폐쇄할 수 있다.
② 단순하고 공간 절약의 장점이 있으나 여러 실을 순서별로 통해야 하는 불편이 있다.
③ 중앙에 큰 홀을 두어 동선의 혼란을 줄이고 높은 천장을 설치할 수 있다.
④ 연속된 전시실의 한쪽으로 복도를 두어 각실을 배치할 수 있다.

[해설]

연속 순로(순회) 형식
- 사각형 또는 다각형의 각 전시실을 연속적으로 연결한 형식
- 단순하고 공간이 절약되는 이점이 있으나, 여러 실을 순서별로 통해야 하는 불편이 있다.
- 많은 실을 순서별로 통해야 하고 하나의 실을 폐문시키면 전체 동선이 막히게 되는 단점이 있다.
- 소규모의 전시실에 적합하다(대규모의 미술관 전시실의 순회 형식으로는 부적합).

**02** 미술관 전시실의 순회 형식 중 연속 순로 형식에 관한 설명으로 옳은 것은? [22년 2회]

① 각 실을 필요시에는 자유로이 독립적으로 폐쇄할 수 있다.
② 평면적인 형식으로 2, 3개 층의 입체적인 방법은 불가능하다.
③ 많은 실을 순서별로 통하여야 하는 불편이 있으나 공간절약의 이점이 있다.
④ 중심부에 하나의 큰 홀을 두고 그 주위에 각 전시실을 배치하여 자유로이 출입하는 형식이다.

[해설]

연속 순로(순회) 형식
- 사각형 또는 다각형의 각 전시실을 연속적으로 연결한 형식
- 단순하고 공간이 절약되는 이점이 있으나, 여러 실을 순서별로 통해야 하는 불편이 있다.
- 많은 실을 순서별로 통해야 하고 하나의 실을 폐문시키면 전체 동선이 막히게 되는 단점이 있다.
- 소규모의 전시실에 적합하다(대규모의 미술관 전시실의 순회 형식으로는 부적합).

**03** 미술관 전시실의 순회 형식 중 연속 순회 형식에 관한 설명으로 옳은 것은? [21년 1회]

① 각 전시실에 바로 들어갈 수 있다는 장점이 있다.
② 연속된 전시실의 한 쪽 복도에 의해서 각 실을 배치한 형식이다.
③ 중심부에 하나의 큰 홀을 두고 그 주위에 각 전시실을 배치한 형식이다.
④ 전시실을 순서별로 통해야 하고, 한 실을 폐쇄하면 전체 동선이 막히게 된다.

[해설]

연속 순로(순회) 형식
- 사각형 또는 다각형의 각 전시실을 연속적으로 연결한 형식
- 단순하고 공간이 절약되는 이점이 있으나, 여러 실을 순서별로 통해야 하는 불편이 있다.
- 많은 실을 순서별로 통해야 하고 하나의 실을 폐문시키면 전체 동선이 막히게 되는 단점이 있다.
- 소규모의 전시실에 적합하다(대규모의 미술관 전시실의 순회 형식으로는 부적합).

**04** 다음과 같은 특징을 갖는 미술관 전시실의 순회 형식은? [15년 1회]

- 각 전시실이 연속적으로 동선을 형성하고 있으며, 단순함과 공간 절약의 의미에서 이점을 갖고 있다.
- 많은 실을 순서별로 통하여야 하는 불편이 있다.
- 한 실을 폐문시켰을 때는 전체 동선이 막히게 된다.

① 연속 순로 형식
② 갤러리 형식
③ 중앙홀 형식
④ 코리도 형식

[해설]

연속 순로 형식은 각 전시실이 연속적으로 동선을 형성하고 있으면 비교적 소규모 전시에 적합하다.

**정답** 01 ② 02 ③ 03 ④ 04 ①

## 과년도 기출문제

**05** 미술관 전시실의 순회 형식 중 갤러리 및 코리도 형식에 관한 설명으로 옳은 것은? [15년 2회]

① 많은 전시실을 순서별로 통하여야 하는 불편이 있다.
② 필요시에는 자유로이 독립적으로 전시실을 폐쇄할 수 있다.
③ 프랭크 로이드 라이트는 이 형식을 기본으로 뉴욕 구겐하임 미술관을 설계하였다.
④ 중심부에 하나의 큰 홀을 두고 그 주위에 각 전시실을 배치하여 자유로이 출입하는 형식이다.

[해설]
①은 연속 순로(순회) 형식, ③·④는 중앙홀 형식에 대한 설명이다.

**06** 미술관 전시공간의 순회 형식 중 갤러리 및 코리도 형식에 관한 설명으로 옳은 것은? [16년 2회, 19년 2회]

① 복도의 일부를 전시장으로 사용할 수 있다.
② 전시실 중 하나의 실을 폐쇄하면 동선이 단절된다는 단점이 있다.
③ 중앙에 커다란 홀을 계획하고 그 홀에 접하여 전시실을 배치한 형식이다.
④ 이 형식을 채용한 대표적인 건축물로는 뉴욕 근대 미술관과 프랭크 로이드 라이트의 구겐하임 미술관이 있다.

[해설]
갤러리(Gallery) 및 코리도(Corridor) 형식은 연속된 전시실의 한쪽 복도에 의해서 각 실을 배치한 형식으로서, 복도의 일부를 전시장으로 사용할 수 있고 각 실에 직접 들어갈 수 있는 점이 장점이다.

**07** 전시실의 순회 형식에 관한 설명으로 옳지 않은 것은? [12년 4회]

① 연속 순로 형식은 소규모의 전시실에 이용하면 적은 대지 면적에서도 가능하고 편리하다.
② 중앙홀 형식은 중심부에 큰 홀을 두고 그 주위에 각 전시실이 배치되어 있다.
③ 연속 순로 형식은 많은 실을 순서별로 통하여야 하는 불편이 있다.
④ 갤러리 및 코리도 형식은 각 실을 독립적으로 폐쇄할 수 없다는 단점이 있다.

[해설]
갤러리(Gallery) 및 코리도(Corridor) 형식은 연속된 전시실의 한쪽 복도에 의해서 각 실을 배치한 형식으로서, 각 실에 직접 들어갈 수 있는 점이 유리하며 필요시에는 자유로이 독립적으로 폐쇄할 수가 있다.

**08** 전시실의 순회 형식에 관한 설명으로 옳지 않은 것은? [15년 4회]

① 연속 순로 형식은 많은 실을 순서별로 통하여야 하는 불편이 있다.
② 연속 순로 형식은 소규모의 전시실에 이용하면 적은 대지 면적에서도 가능하고 편리하다.
③ 갤러리 및 코리도 형식은 각 실에 직접 들어갈 수 있으며, 필요시 독립적으로 폐쇄할 수 있다.
④ 중앙홀 형식은 중심부에 큰 홀을 두고 그 주위에 각 전시실이 배치되어 있으며, 장래 확장이 용이하다.

[해설]
중앙홀 형식은 중앙홀이 크면 동선의 혼란은 없으나 장래의 확장에 많은 무리를 가지고 있다.

**09** 미술관 전시실의 순회 형식에 관한 설명으로 옳지 않은 것은? [20년 3회]

① 연속 순회 형식은 전시 벽면이 최대화되고 공간 절약 효과가 있다.
② 연속 순회 형식은 한 실을 폐쇄하면 다음 실로의 이동이 불가능하다.
③ 갤러리 및 복도 형식은 관람자가 전시실을 자유롭게 선택하여 관람할 수 있다.
④ 중앙홀 형식에서 중앙홀이 크면 장래의 확장에는 용이하나 동선의 혼잡이 심해진다.

정답 05 ② 06 ① 07 ④ 08 ④ 09 ④

# 과년도 기출문제

건축 / 기사 / 필기

[해설]
중앙홀 형식은 중앙홀이 크면 동선의 혼란은 없으나 장래의 확장에 많은 무리를 가지고 있다.

**10** 미술관의 전시실 순회 형식에 관한 설명으로 옳지 않은 것은? [21년 2회]

① 갤러리 및 코리도 형식에서는 복도 자체도 전시공간으로 이용이 가능하다.
② 중앙홀 형식에서 중앙홀이 크면 동선의 혼란은 많으나 장래의 확장에는 유리하다.
③ 연속 순회 형식은 전시 중에 하나의 실을 폐쇄하면 동선이 단절된다는 단점이 있다.
④ 갤러리 및 코리도 형식은 복도에서 각 전시실에 직접 출입할 수 있으며 필요시에 자유로이 독립적으로 폐쇄할 수가 있다.

[해설]
중앙홀 형식은 중앙홀이 크면 동선의 혼란은 없으나 장래의 확장에 많은 무리를 가지고 있다.

**11** 전시실의 순회 형식에 관한 설명으로 옳지 않은 것은? [22년 1회]

① 중앙홀 형식은 각 실에 직접 들어갈 수 없다는 단점이 있다.
② 연속 순회 형식은 많은 실을 순서별로 통하여야 하는 불편이 있다.
③ 갤러리 및 코리도 형식에서는 복도 자체도 전시공간으로 이용할 수 있다.
④ 갤러리 및 코리도 형식은 각 실에 직접 들어갈 수 있으며, 필요시 독립적으로 폐쇄할 수 있다.

[해설]
중앙홀 형식은 중심부에 큰 홀을 두고 그 주위에 각 전시실이 배치되어 있어 각 전시실에 직접 들어갈 수 있는 순회 형식이다.

**12** 전시공간의 융통성을 주요 건축개념으로 한 것은? [19년 2회]

① 퐁피두 센터       ② 루브르 박물관
③ 구겐하임 미술관   ④ 슈투트가르트 미술관

[해설]
**퐁피두 센터**
영국인 건축가 리차드 로저스와 이탈리아 건축가인 렌조 피아노가 합작하여 설계한 건축물로서, 현대미술관, 연구도서관, 디자인센터, 음향 연구관 등 네 가지 전문영역으로 복합적으로 구성되어 전시 공간의 융통성을 추구하였다.

정답  10 ②  11 ①  12 ①

## 11 극장 / 영화관 / 미술관

### 8 미술관의 자연채광법

| 형식 | 설명 |
|---|---|
| 정광창 형식<br>(Top Light) | • 천장의 중앙에 천창을 설계하는 방법이다.<br>• 전시실의 중앙부는 가장 밝게 하여 전시 벽면에 조도를 균등하게 한다.<br>• 천장을 통한 주간의 직접 광선 때문에 반사 장애가 일어나기 쉬우므로 천창부분에 루버를 설치하거나 창을 2중으로 하는 것이 좋다.<br>• 채광량이 많아 조각품들의 전시에는 적합하지만, 유리 케이스 내의 공예품 등의 전시에는 부적합하다. |
| 측광창 형식<br>(Side Light) | • 측면 창에서 직접 광선을 들여오는 방법이다.<br>• 광선이 강하게 투과할 때는 광선(光線)의 확산, 광량(光量)의 조절, 열절연 설비(熱絕緣設備)를 병용하는 것이 좋다.<br>• 소규모 전시실 이외의 대부분 미술관 형식에 적합하지 않다. |
| 고측광창 형식<br>(Clerestory) | • 천장에 가까운 측면에서 채광하는 방법이다.<br>• 측광식, 정광식을 절충한 방법이다. |
| 정측광창 형식<br>(Top Side Light Monitor) | • 관람자가 서 있는 위치의 상부에 천창을 불투명하게 하여 측벽에 가깝게 채광창을 설치하는 방법이다.<br>• 관람자의 위치는 어둡고 전시 벽면의 조도가 밝은 이상적인 채광방식이다.<br>• 천장이 높아지기 때문에 정측광창의 광선이 약할 우려가 있다. |
| 특수 채광 방식 | 천장의 상부에서 경사방향으로 빛을 도입하여 벽면을 비추게 하는 방법이다. |

**➕ 채광 형식의 종류**
• 정광 형식    • 측광 형식

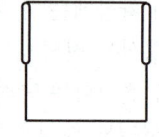

• 고측광 형식    • 정측광 형식

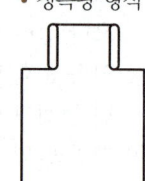

### 개념이해

**01** 미술관의 자연채광법 중 정측광 형식에 관한 설명으로 옳은 것은?

① 전시실의 중앙부를 가장 밝게 하여 전시 벽면의 조도를 균등하게 한다.
② 전시실의 측면창에서 직접 광선을 삽입하는 방법으로 소규모 전시에 적합하다.
③ 측광식과 정광식을 절충한 방법으로 천장 높이가 3m를 넘는 경우에는 적용할 수 없다.
④ 관람자가 서 있는 위치의 상부에 천장을 불투명하게 하여 중앙부는 어둡게 하고 전시 벽면에 조도를 충분하게 하는 방법이다.

**02** 미술관 자연채광 형식 중 가장 부적합한 것은?

① 측광창 형식(Side Light)
② 정광창 형식(Top Light)
③ 고측창 형식(Clearstory)
④ 정측광 형식(Top Side Light)

> 정측광창 형식(Top Side Light Monitor)
> • 관람자가 서 있는 위치의 상부에 천창을 불투명하게 하여 측벽에 가깝게 채광창을 설치하는 방법
> • 관람자의 위치는 어둡고 전시 벽면의 조도가 밝은 이상적인 채광 방식이다.
> • 천장이 높게 되기 때문에 정측광창의 광선이 약할 우려가 있다.
>
> 답 ④

> 측광창 형식(Side Light)은 측면 창에서 직접 광선을 들여오는 방법으로서 소규모 전시실 이외의 대부분 미술관 형식에 적합하지 않다.
>
> 답 ①

## 9 미술관의 특수전시기법

| 파노라마<br>(Panorama) 전시 | • 파노라마란 전경(全景)이라는 뜻으로, 실내에서 실제 경관을 보듯, 관객에게 전경으로 펼쳐지도록 연출하는 전시기법이다.<br>• 배경으로는 흔히 회화, 사진, 그래픽 패턴 등이 사용된다. |
|---|---|
| 디오라마<br>(Diorama) 전시 | • 전시물을 부각시켜 관객에게 현장감을 부여하는 입체적인 전시기법이다.<br>• 하나의 사실 또는 주제의 시간 상황을 고정시켜 연출하는 것으로, 현장에 있는 듯한 느낌을 가지고 관찰할 수 있는 전시기법이다. |
| 아일랜드<br>(Island) 전시 | 벽이나 천장을 직접 이용하지 않고 전시물 또는 전시장치를 배치하여 전시공간을 만들어내는 전시기법이다. |
| 하모니카<br>(Harmonica) 전시 | • 전시평면이 하모니카 흡입구처럼 동일한 공간으로 연속되게 배치하는 전시기법이다.<br>• 동일 종류의 전시물을 반복 전시할 때 적용한다. |
| 영상 전시 | 현물을 직접 전시할 수 없는 경우나, 오브제 전시만의 한계를 극복하기 위하여 영상매체를 사용하는 전시기법이다. |

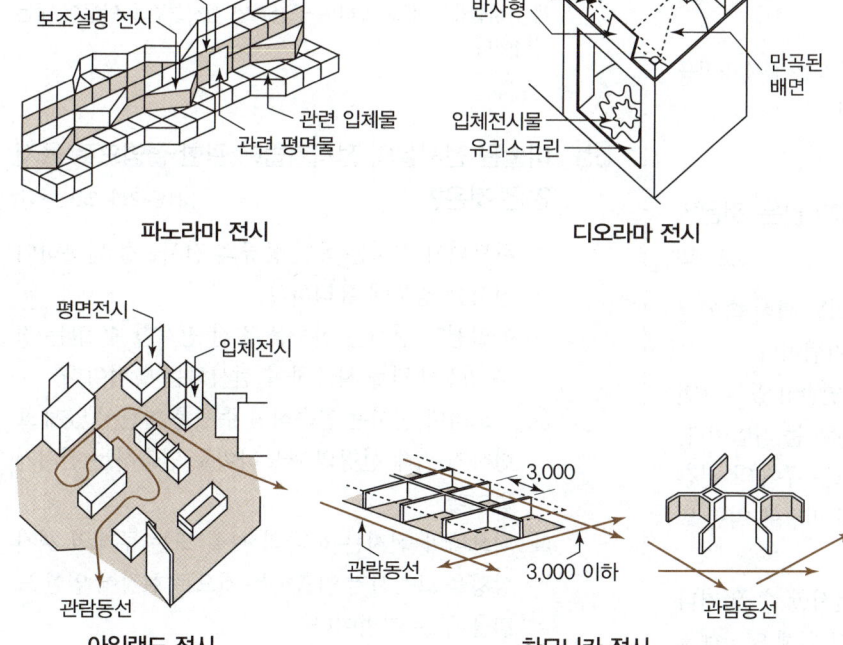

파노라마 전시

디오라마 전시

아일랜드 전시

하모니카 전시

# 과년도 기출문제

**01** 연속적인 주제를 선(線)적으로 관계성 깊게 표현하기 위하여 전경(全景)으로 펼쳐지도록 연출하는 것으로 맥락이 중요시될 때 사용되는 특수전시기법은? [21년 1회]

① 아일랜드 전시　② 파노라마 전시
③ 하모니카 전시　④ 디오라마 전시

[해설]

파노라마(Panorama) 전시
- 파노라마란 전경(全景)이라는 뜻으로, 실내에서 관객에게 실제 경관을 보듯, 전경으로 펼쳐지도록 연출하는 전시기법
- 배경으로는 흔히 회화, 사진, 그래픽 패턴 등이 사용됨

**02** 사방에서 감상해야 할 필요가 있는 조각물이나 모형을 전시하기 위해 벽면에서 띄어놓아 전시하는 특수전시기법은? [18년 2회]

① 아일랜드 전시　② 디오라마 전시
③ 파노라마 전시　④ 하모니카 전시

[해설]

아일랜드(Island) 전시
벽이나 천장을 직접 이용하지 않고 전시물 또는 전시 장치를 배치하여 전시공간을 만들어내는 전시기법

**03** 특수전시기법에 관한 설명으로 옳지 않은 것은? [15년 1회]

① 하모니카 전시는 전시 내용을 통일된 형식 속에서 규칙적으로 반복시켜 표현하는 기법이다.
② 파노라마 전시는 연속적인 주제를 연관성 있게 표현하기 위해 선형의 파노라마로 연출하는 기법이다.
③ 디오라마 전시는 하나의 사실 또는 주제의 시간 상황을 고정시켜 연출하는 것으로 현장에 임한 느낌을 주는 기법이다.
④ 아일랜드 전시는 실물을 직접 전시할 수 없거나 오브제 전시만의 한계를 극복하기 위해 영상매체를 사용하여 전시하는 기법이다.

[해설]

아일랜드(Island) 전시
벽이나 천장을 직접 이용하지 않고 전시물 또는 전시 장치를 배치하여 전시공간을 만들어내는 전시기법이다.

**04** 전시공간의 특수전시기법에 관한 설명으로 옳지 않은 것은? [20년 1·2회 통합]

① 파노라마 전시는 전체의 맥락이 중요하다고 생각될 때 사용된다.
② 하모니카 전시는 동일 종류의 전시물을 반복하여 전시할 경우에 유리하다.
③ 디오라마 전시는 하나의 사실 또는 주제의 시간 상황을 고정시켜 연출하는 기법이다.
④ 아일랜드 전시는 벽면전시기법으로 전체 벽면의 일부만을 사용하며 그림과 같은 미술품 전시에 주로 사용된다.

[해설]

아일랜드 전시는 벽면이나 천장을 직접 이용하지 않고 주로 입체 전시물을 중심으로 하여 공간적인 전시공간을 만들어 내는 기법이다.

**05** 미술관 전시실의 전시기법에 관한 설명으로 옳지 않은 것은? [21년 2회, 22년 1회]

① 하모니카 전시는 동일 종류의 전시물을 반복하여 전시할 경우에 유리하다.
② 아일랜드 전시는 실물을 직접 전시할 수 없는 경우 영상매체를 사용하여 전시하는 방법이다.
③ 파노라마 전시는 연속적인 주제를 연관성 있게 표현하기 위해 선형의 파노라마로 연출하는 전시기법이다.
④ 디오라마 전시는 하나의 사실 또는 주제의 시간 상황을 고정시켜 연출하는 것으로 현장에 임한 느낌을 주는 기법이다.

정답　01 ②　02 ①　03 ④　04 ④　05 ②

## 과년도 기출문제

건축 / 기사 / 필기

[해설]

아일랜드(Island) 전시는 벽이나 천장을 직접 이용하지 않고 전시물 또는 전시 장치를 배치하여 전시공간을 만들어내는 전시기법이다. ②는 영상전시에 대한 설명이다.

**06** 전시공간의 특수전시기법 중 하나의 사실 또는 주제의 시간 상황을 고정시켜 연출하는 것으로 현장에 임한 듯한 느낌을 가지고 관찰할 수 있는 전시기법은?

[18년 1회, 21년 4회]

① 알코브 전시
② 아일랜드 전시
③ 디오라마 전시
④ 하모니카 전시

[해설]

디오라마(Diorama) 전시
- 전시물을 부각시켜 관객에게 현장감을 부여하는 입체적인 전시 기법이다.
- 하나의 사실 또는 주제의 시간 상황을 고정시켜 연출하는 것으로, 현장에 있는 듯한 느낌을 가지고 관찰할 수 있는 전시 기법이다.

**07** 미술관의 전시기법 중 전시평면이 동일한 공간으로 연속되어 배치되는 전시기법으로 동일 종류의 전시물을 반복 전시할 경우에 유리한 방식은?

[19년 1회]

① 디오라마 전시
② 파노라마 전시
③ 하모니카 전시
④ 아일랜드 전시

[해설]

하모니카 전시는 전시 내용을 통일된 형식 속에서 규칙적으로 반복시켜 표현하는 기법이다.

**08** 미술관 건축 계획에 관한 설명 중 옳은 것은?

[16년 4회]

① 하모니카 전시기법은 동일 종류의 전시물을 반복 전시할 경우 유리하다.
② 연속 순회 형식이 가장 이상적으로 반영되어 있는 건축물로는 뉴욕의 구겐하임 미술관이 있다.
③ 미술관의 채광방식을 편측창 방식으로 할 경우 실 전체의 조도분포가 균일하여 별도의 조명설비가 필요 없다.
④ 아일랜드 전시기법은 벽이나 천장을 직접 이용하여 전시물을 배치하는 기법으로 관람자의 시거리를 짧게 할 수 없다는 단점이 있다.

[해설]

하모니카 전시
전시 내용을 통일된 형식 속에서 규칙적으로 반복시켜 표현하는 기법이다.

정답  06 ③  07 ③  08 ①

# 12 호텔 / 병원

## 1 시티 호텔(City Hotel)

### (1) 개념 및 입지조건

| 개념 | 도시의 시가지에 위치하여 일반 여객의 단기 체재나 각종 비즈니스를 위한 여행자에 대해서 최대한의 편의를 제공하는 호텔이다. |
|---|---|
| 입지 조건 | • 교통이 편리해야 한다.<br>• 환경이 양호하고 쾌청해야 한다.<br>• 자동차 교통에 대한 접근(Approach)이 양호하고, 주차설비가 충분해야 한다.<br>• 근처 호텔과 경영상의 경쟁과 제휴의 고려가 필요하다. |

+ • 시티 호텔은 일반적으로 고밀도, 고층형으로 계획한다.

### (2) 종류

| 커머셜 호텔<br>(Commercial Hotel) | • 일반 여행자용 호텔로서 비즈니스를 주체로 해야 한다.<br>• 교통이 편리한 도시 중심지에 위치한다.<br>• 부지 제한에 따른 고층화 특성을 가지며, 외래객에게 집회, 연회 등의 장소로서 개방한다.<br>• 연면적에 대한 숙박 관계 부분의 비율이 가장 크다. |
|---|---|
| 레지덴셜 호텔<br>(Residential Hotel) | • 사업상의 여행자나 관광객 등이 단기로 체재하는 호텔이다.<br>• 커머셜 호텔보다 규모가 작고, 설비는 고급이다.<br>• 도심을 피하여 안정된 곳에 위치한다. |
| 아파트먼트 호텔<br>(Apartment Hotel) | • 장기간 체재하는 데 적합한 호텔이다.<br>• 일반적으로 부엌과 셀프 서비스 시설을 갖추고 있다. |
| 터미널 호텔<br>(Terminal Hotel) | • 교통 기관의 발착지점에 위치한 호텔이다.<br>• 철도역 호텔(Station Hotel), 부두 호텔(Harbor Hotel), 공항 호텔(Airport Hotel) |

+ **호텔 종류별 수익성 비중이 높은 사항**
• 커머셜 호텔 : 숙박료
• 레지덴셜 호텔 : 식사료
• 리조트 호텔 : 숙박과 식사의 중간을 고려한 수익성 비중

**연면적에 대한 숙박 관계 부분의 면적비**
커머셜 호텔 > 리조트 호텔 > 아파트먼트 호텔 > 레지덴셜 호텔

### 개념이해

**01** 다음 중 시티 호텔(City Hotel)에 속하지 않는 것은?

① 클럽 하우스
② 터미널 호텔
③ 커머셜 호텔
④ 아파트먼트 호텔

○ 클럽 하우스는 스포츠/레저 중심의 리조트 호텔의 한 종류이다.
**답** ①

**02** 다음 중 시티 호텔(City Hotel) 계획에서 크게 고려하지 않아도 되는 것은?

① 연회장
② 레스토랑
③ 발코니
④ 주차장

○ 발코니는 전망 계획이 요구되는 리조트 호텔의 필수 요소이며, 도심지에 위치한 시티 호텔의 경우에는 해당되지 않는다.
**답** ③

## 과년도 기출문제

건 축 / 기 사 / 필 기

**01** 다음 중 연면적에 대한 숙박 관계 부분의 비율이 가장 큰 호텔은?

[18년 1회, 19년 2회, 20년 1·2회 통합, 20년 4회]

① 리조트 호텔  ② 클럽 하우스
③ 커머셜 호텔  ④ 레지덴셜 호텔

[해설]

연면적에 대한 숙박 관계 부분의 면적비
커머셜 호텔 > 리조트 호텔 > 아파트먼트 호텔 > 레지덴셜 호텔

**02** 호텔 건축에 관한 설명으로 옳지 않은 것은?

[20년 3회]

① 커머셜 호텔은 가급적 저층으로 한다.
② 아파트먼트 호텔은 장기 체류용 호텔이다.
③ 리조트 호텔은 자연경관이 좋은 곳을 선택한다.
④ 터미널 호텔은 교통기관의 발착지점에 위치한다.

[해설]

커머셜 호텔(Commercial Hotel)은 교통이 편리한 도시 중심지에 위치하며, 도시 중심지의 부지 제한에 따른 고층화 특성을 가진다.

**03** 호텔에 관한 설명으로 옳지 않은 것은? [21년 2회]

① 커머셜 호텔은 일반적으로 고밀도의 고층형이다.
② 터미널 호텔에는 공항 호텔, 부두 호텔, 철도역 호텔 등이 있다.
③ 리조트 호텔의 건축 형식은 주변 조건에 따라 자유롭게 이루어진다.
④ 레지덴셜 호텔은 여행자의 장기간 체재에 적합한 호텔로서, 각 객실에는 주방 설비를 갖추고 있다.

[해설]

④는 아파트먼트 호텔(Apartment Hotel)에 대한 설명이다. 레지덴셜 호텔(Residential Hotel)은 사업상의 여행자나 관광객 등이 단기로 체재하는 호텔이다.

**04** 다음 중 시티 호텔에 속하지 않는 것은?

[21년 1회, 22년 1회]

① 비치 호텔  ② 터미널 호텔
③ 커머셜 호텔  ④ 아파트먼트 호텔

[해설]

비치 호텔(Beach Hotel, 해변 호텔)은 리조트 호텔(Resort Hotel)에 속한다.

**05** 호텔에 관한 설명으로 옳지 않은 것은? [15년 2회]

① 시티 호텔은 일반적으로 고밀도의 고층형이다.
② 터미널 호텔에는 공항 호텔, 부두 호텔, 철도역 호텔 등이 있다.
③ 리조트 호텔의 건축 형식은 주변 조건에 따라 자유롭게 이루어진다.
④ 커머셜 호텔은 여행자의 장기간 체재에 적합한 호텔로서, 각 객실에는 주방 설비를 갖추고 있다.

[해설]

④는 아파트먼트 호텔에 대한 설명으로, 여행자의 장기간 체재에 적합한 호텔이며, 각 객실에는 주방 설비를 갖추고 있다.

**06** 교통 및 상업의 중심지인 도시에 위치하여 일반 관광객 외에 상업, 사무 등 각종 비즈니스를 위한 여행자를 대상으로 하며, 일반적으로 호텔 경영내용의 주체로 식사료 비중을 두고 있는 것은?

[03년 1회]

① 커머셜 호텔(Commercial Hotel)
② 레지던셜 호텔(Residential Hotel)
③ 아파트먼트 호텔(Apartment Hotel)
④ 터미널 호텔(Terminal Hotel)

[해설]

호텔 종류별 수익성 비중이 높은 사항
• 커머셜 호텔 : 숙박료
• 레지덴셜 호텔 : 식사료
• 리조트 호텔 : 숙식의 중간을 고려한 수익성 비중

정답  01 ③  02 ①  03 ④  04 ①  05 ④  06 ②

# 12 호텔 / 병원

## 2 리조트 호텔(Resort Hotel)

| 일반 사항 | • 피서, 피한을 목적으로 오는 관광객이나 휴양객에게 많이 이용되는 숙박시설이다.<br>• 전망 계획상 발코니를 필수적으로 설치한다.<br>• 리조트 호텔은 퍼블릭 스페이스(Public Space) 공간이 가장 큰 호텔 형태로 복도 면적이 크고, 별도의 레크레이션 공간도 존재한다.<br>• 조망 및 주변 경관의 조건이 좋은 곳에 위치하는 것이 좋다. | |
|---|---|---|
| 종류 | 휴양, 관광 | 해변 호텔(Beach Hotel), 산장 호텔(Mountain Hotel), 온천 호텔(Hot Spring Hotel) |
| | 스포츠, 레저 | 스키 호텔(Ski Hotel), 스포츠 호텔(Sport Hotel), 클럽 하우스(Club House) |

**＋ 기타 숙박시설**

| 모텔 | 모터리스트의 호텔(Motorists Hotel)이라는 뜻으로, 자동차 여행자를 위한 숙박시설 |
|---|---|
| 유스 호스텔 (Youth Hostel) | 청소년의 국제적 활동을 위한 장소로서, 서로 환경이 다른 청소년이 우호적 분위기에서 화합할 수 있는 휴게장소 |

## 3 호텔의 기능별 소요실

| 숙박 부분 | 객실, 보이실, 메이트실, 린넨실, 트렁크실 등 |
|---|---|
| 관리 부분 | 프런트 오피스(Front Office), 클로크룸(Cloakroom), 지배인실, 사무실, 공작실, 창고, 복도, 화장실, 전화교환실 |
| Public Space (공용, 공공, 사교 부분) | • 공용·사교 부분의 면적은 전체 면적의 30%를 넘지 않도록 계획한다.<br>• 현관, 홀, 로비, 라운지, 식당, 연회장, 오락실, 바, 무도장, 이·미용실, 엘리베이터, 계단, 정원 등 |
| 요리 관계 부분 | 배선실, 주방, 식기실, 냉장고, 식료 창고 및 이에 부수되는 창고, 복도, 계단 등 |
| 설비 관계 부분 | 보일러실, 전기실, 세탁실 및 이에 부수되는 창고, 복도, 계단 등 |
| 대실(임대실) | 상점, 창고, 대여사무소, 클럽실 |

**＋ 호텔의 동선 계획**
- 고객 동선과 서비스 동선이 교차되지 않도록 한다.
- 숙박 고객이 프런트를 통하지 않고 직접 주차장으로 가는 동선은 관리상 피하도록 한다.
- 숙박 고객과 연회 고객의 출입구는 별도로 분리하여 서비스 동선의 혼란을 방지하여야 한다.
- 호텔의 외형은 숙박 부분에 의해 결정된다.

---

**개념이해**

**01** 호텔 계획에 관한 설명으로 옳지 않은 것은? [11년 1회]

① 시티 호텔은 대부분 고밀도의 고층형이다.
② 호텔의 적정 규모는 일반적으로 시장성을 따른다.
③ 리조트 호텔의 건축 형식은 주변 조건에 따라 자유롭게 이루어진다.
④ 커머셜 호텔은 일반적으로 리조트 호텔에 비해 넓은 공공 공간(Public Space)을 갖는다.

➡ 리조트 호텔은 공공 공간(Public Space)이 가장 큰 호텔 형태로 복도면적이 크고, 별도의 레크레이션 공간이 존재한다.

**답** ④

## 과년도 기출문제

건축 / 기사 / 필기

**01** 다음 중 터미널 호텔의 종류에 속하지 않는 것은? [18년 4회]

① 해변 호텔
② 부두 호텔
③ 공항 호텔
④ 철도역 호텔

[해설]
해변 호텔(Beach Hotel)은 리조트 호텔의 일종이다.

**02** 리조트 호텔에 속하지 않는 것은? [16년 2회, 17년 4회]

① 해변 호텔(Beach Hotel)
② 부두 호텔(Harbor Hotel)
③ 클럽 하우스(Club House)
④ 산장 호텔(Mountain Hotel)

[해설]
부두 호텔(Harbor Hotel)은 터미널 호텔의 일종으로 시티 호텔에 속한다.

**03** 호텔 계획에 관한 설명으로 옳지 않은 것은? [15년 1회]

① 로비(Lobby)는 라운지(Lounge)와 명확히 구별하여 계획한다.
② 일반적으로 호텔의 형태는 숙박 부분의 계획에 의해 영향을 받는다.
③ 공공 부분, 사교 부분은 일반적으로 저층에 배치하는 것이 이용성이 좋다.
④ 로비(Lobby)는 퍼블릭 스페이스(Public Space)의 중심이 되도록 계획한다.

[해설]
로비, 라운지와 분리하지 않고 통합시켜서, 퍼블릭 스페이스로서의 원활한 동선 계획이 이루어지도록 한다.

**04** 호텔의 퍼블릭 스페이스(Public Space) 계획에 관한 설명으로 옳지 않은 것은? [21년 4회]

① 로비는 개방성과 다른 공간과의 연계성이 중요하다.
② 프론트 데스크 후방에 프론트 오피스를 연속시킨다.
③ 주 식당은 외래객이 편리하게 이용할 수 있도록 출입구를 별도로 설치한다.
④ 프론트 오피스는 기계화된 설비보다는 많은 사람을 고용함으로써 고객의 편의와 능률을 높여야 한다.

[해설]
프론트 오피스에 최소한의 인력을 두도록 합리적인 동선 계획을 수립하는 것이 경영상 효율적인 방안이다.

**05** 호텔 건축에 관한 설명으로 옳은 것은? [17년 2회]

① 호텔의 동선에서 물품 동선과 고객 동선은 교차시키는 것이 좋다.
② 프론트 오피스는 수평 동선이 수직 동선으로 전이되는 공간이다.
③ 현관은 퍼블릭 스페이스의 중심으로 로비, 라운지와 분리하지 않고 통합시킨다.
④ 주 식당은 숙박객 및 외래객을 대상으로 하며, 외래객이 편리하게 이용할 수 있도록 출입구를 별도로 설치하는 것이 좋다.

[해설]
주식당(Main Dining Room)은 숙박객 및 외래객의 방문이 빈번한 곳으로서, 외래객이 편리하게 이용할 수 있도록 출입구를 별도로 설치한다.

**06** 호텔의 동선계획에 대한 설명 중 옳지 않은 것은? [11년 1회]

① 고객 동선과 서비스 동선이 교차되지 않도록 한다.
② 숙박 고객과 연회 고객의 출입구는 별도로 분리하지 않는 것이 좋다.
③ 숙박 고객이 프론트를 통하지 않고 직접 주차장으로 가는 동선은 관리상 피하도록 한다.
④ 최상층에 레스토랑을 둘 것인가 하는 문제는 엘리베이터 계획에도 영향을 미치므로 기본계획 시에 결정하는 것이 좋다.

[해설]
숙박 고객과 연회 고객의 출입구는 별도로 분리하여 서비스 동선의 혼란을 방지하여야 한다.

정답  01 ①  02 ②  03 ①  04 ④  05 ④  06 ②

# 12 호텔 / 병원

## 4 호텔의 세부 계획

| | |
|---|---|
| 프런트 오피스 (Front Office) | 대접객 카운터가 되는 프런트 데스크와 그 후방의 업무공간으로 구성된다. |
| 지배인실 | 외래객이 인지하기 쉬운 곳에 두며, 누구에게도 방해받지 않고 이야기할 수 있는 곳에 둔다. |
| 클로크룸 (Cloakroom) | • 클로크룸은 연회장이나 파티장을 방문한 손님의 외투 및 휴대품의 보관소이다.<br>• 클로크룸은 프런트 오피스 옆에 설치한다. |
| 객실 | • 일반적인 기준층의 스팬(Span)은 최소 욕실 폭과 각 실 입구 통로 및 반침 폭을 모두 합한 값의 2배로 한다.<br>• 침대 및 가구의 배치에 영향을 끼치는 요인 : 반침의 위치, 욕실의 위치, 실 폭과 실 길이의 비, 벽장의 위치<br>• 객실은 폭 대비 깊이를 0.8~1.6 정도로 한다(평균 1.2 정도). |
| 린넨실 (Linen Room) | 숙박객을 위한 시트, 베개, 의류 등을 넣어 두는 곳이다. |
| 트렁크룸 (Trunk Room) | 숙박객의 짐을 보관하는 장소로서, 화물용 엘리베이터가 필요하다. |

### 개념이해

**01** 다음 중 호텔 객실의 평면 계획에서 침대 및 가구의 배치에 영향을 끼치는 요인과 가장 거리가 먼 것은?

① 객실의 층수
② 반침의 위치
③ 욕실의 위치
④ 실폭과 실길이의 비

▶ 침대 및 가구의 배치에 영향을 끼치는 요인
• 반침의 위치
• 욕실의 위치
• 실폭과 실길이의 비
• 벽장의 위치

답 ①

**02** 호텔 건축에서 리넨실(Linen Room)의 용도는?

① 주방의 식품고
② 종업원 대기실
③ 화물 엘리베이터 홀
④ 객실의 시트, 침구 등을 수납하는 실

▶ 린넨실(Linen Room)
숙박객을 위한 시트, 베개, 의류 등을 넣어 두는 곳

답 ④

## 5 병원의 건축 형식

### (1) 분관식(Pavilion Type, 분동식)

| 배치 형식 | • 전체 병원에서 기능이 다른 각 부분을 동별로 설치한 형식(평면 분산 형식)이다.<br>• 일반적으로 저층(3층 이하)의 여러 동으로 구성된다. |
|---|---|
| 특성 | • 각 병실을 남향으로 할 수 있으므로 일조, 통풍조건이 좋다(각 실의 채광을 균등히 할 수 있음).<br>• 넓은 대지가 필요하므로 도시 지역에 불리하며, 설비가 분산되고 보행거리가 길다.<br>• 저층으로 구성되어 있어, 재난 시 환자의 피난이 용이하다. |

### (2) 집중식(Block Type, 개형식)

| 배치 형식 | 병원의 각 기능을 집약적으로 편성하여 한 동의 대규모 건물에 종합하는 방식이다. |
|---|---|
| 특성 | • 의료, 간호, 급식 등의 서비스가 원활하다.<br>• 관리가 편하고 동선을 짧게 할 수 있으며, 설비 등의 시설비가 적게 든다(급탕, 난방 등의 배관이 짧게 된다).<br>• 일조, 통풍 등의 조건이 불리하며, 각 병실의 환경이 균일하지 못하다.<br>• 현대의 큰 도심지 병원은 주로 이 방식을 택한다.<br>• 대지 이용의 효율성이 높다.<br>• 고층 집약식 배치형식을 갖는다.<br>• 외래부·부속진료부는 저층부에, 병동은 고층부에 배치한다.<br>• 환자의 이동은 주로 엘리베이터를 이용한다.<br>• 최근 많이 이용되고 있는 형태이다. |

➕ **병원의 건축형식**
• 집중식

• 분관식

• 다익형

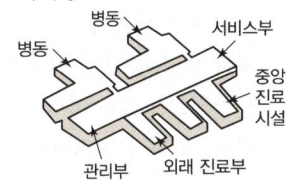

### 개념이해

**01** 병원 건축 형식 중 분관식에 대한 설명으로 옳은 것은?

① 관리가 편리하고 동선이 짧게 된다.
② 대지가 협소할 경우에 주로 이용된다.
③ 급수, 난방 등의 배관 길이가 짧게 된다.
④ 각 병실마다 고르게 일조를 얻을 수 있다.

**02** 병원 건축의 배치 형식에서 집중식(Block Type)에 대한 설명으로 적당하지 않은 것은?

① 전체적으로 통풍과 일조가 유리하다.
② 시설 및 설비를 집중시킬 수 있어 관리비, 설비비가 절약된다.
③ 고층이 되기 쉽다.
④ 최근 많이 적용되고 있는 형태이다.

➡ **분관식(Pavilion Type, 분동식)**
• 각 병실을 남향으로 할 수 있으므로 일조, 통풍 조건이 좋다(각 실의 채광을 균등히 할 수 있다).
• 넓은 대지가 필요하므로 도시 지역에 불리하며 설비가 분산되고 보행 거리가 길다.

답 ④

➡ 통풍과 일조가 유리한 것은 분관식(Pavilion Type, 분동식) 배치이다.

답 ①

## 과년도 기출문제

**01** 병원 건축에 있어서 파빌리온 타입(Pavilion Type)에 관한 설명으로 옳은 것은? [21년 4회]

① 대지 이용의 효율성이 높다.
② 고층 집약식 배치형식을 갖는다.
③ 각 실의 채광을 균등히 할 수 있다.
④ 도심지에서 주로 적용되는 형식이다.

[해설]
분관식(Pavilion Type, 분동식) 배치는 각 병실을 남향으로 할 수 있으므로 일조, 통풍 조건이 좋으며, 각 실의 채광을 균등히 할 수 있다.
①, ②, ④는 집중식(Block Type)에 대한 설명이다.

**02** 종합병원의 건축 형식 중 분관식(Pavilion Type)에 관한 설명으로 옳지 않은 것은? [20년 1·2회 통합]

① 평면 분산식이다.
② 채광 및 통풍 조건이 좋다.
③ 일반적으로 3층 이하의 저층건물로 구성된다.
④ 재난 시 환자의 피난이 어려우며 공사비가 높다.

[해설]
저층으로 구성되어 있어, 재난 시 환자의 피난이 용이하다.

**03** 병원 건축의 형식 중 분관식에 관한 설명으로 옳지 않은 것은? [18년 2회]

① 동선이 길어진다.
② 채광 및 통풍이 좋다.
③ 대지면적에 제약이 있는 경우에 주로 적용된다.
④ 환자는 주로 경사로를 이용한 보행 또는 들것으로 운반된다.

[해설]
대지면적에 제약이 있는 경우에 주로 적용되는 형식은 집중식(Block Type)으로서, 도심지에서 많이 적용되는 형식이다.

**04** 병원 건축의 형식 중 분관식(Pavilion Type)에 관한 설명으로 옳은 것은? [17년 4회]

① 저층 분산형의 형태이다.
② 각 병실의 채광 및 통풍조건이 불리하다.
③ 환자의 이동은 주로 에스컬레이터를 이용한다.
④ 외래부, 부속진료부는 저층부에, 병동은 고층부에 배치한다.

[해설]
분관식(Pavilion Type)은 저층으로 구성되어 있어, 재난 시 환자의 피난이 용이하다.

**05** 병원 건축 형식 중 분관식(Pavillion Type)에 관한 설명으로 옳은 것은? [21년 2회]

① 대지가 협소할 경우 주로 적용된다.
② 보행길이가 짧아져 관리가 용이하다.
③ 각 병실의 일조, 통풍 환경을 균일하게 할 수 있다.
④ 급수, 난방 등의 배관 길이가 짧아져 설비비가 적게 된다.

[해설]
분관식(Pavilion Type, 분동식)
• 각 병실을 남향으로 할 수 있으므로 일조, 통풍 조건이 좋다(각 실의 채광을 균등히 할 수 있다).
• 넓은 대지가 필요하므로 도시 지역에 불리하며 설비가 분산되고 보행 거리가 길다.

**06** 병원 건축의 병동 배치 방법 중 분관식(Pavilion Type)에 관한 설명으로 옳은 것은? [22년 1회]

① 각종 설비 시설의 배관길이가 짧아진다.
② 대지의 크기와 관계없이 적용이 용이하다.
③ 각 병실을 남향으로 할 수 있어 일조와 통풍조건이 좋다.
④ 병동부는 5층 이상의 고층으로 하며 환자는 엘리베이터로 운송된다.

**정답** 01 ③  02 ④  03 ③  04 ①  05 ③  06 ③

## 과년도 기출문제

**[해설]**

분관식(Pavilion Type, 분동식)
- 각 병실을 남향으로 할 수 있으므로 일조, 통풍조건이 좋다 (각 실의 채광을 균등히 할 수 있음).
- 넓은 대지가 필요하므로 도시 지역에 불리하며 설비가 분산되고 보행 거리가 길다.

**07** 고층 밀집형 병원에 관한 설명으로 옳지 않은 것은? [22년 2회]

① 병동에서 조망을 확보할 수 있다
② 대지를 효과적으로 이용할 수 있다.
③ 각종 방재대책에 대한 비용이 높다.
④ 병원의 확장 등 성장변화에 대한 대응이 용이하다.

**[해설]**

고층 밀집형 병원은 집중식(Block Type, 개형식)을 의미하며, 집중식은 일반적으로 도심의 제한된 대지에 한 동의 대규모 건물로 건립하는 방식이기 때문에, 대지의 제약 등으로 확장이 용이하지 않은 특징이 있다.

정답 07 ④

## 12 호텔 / 병원

### 6 병동부

| 병동부의 간호단위 | • 1간호단위는 간호원 8~10명을 기준으로 하며, 병상 수는 25bed가 이상적이고, 보통 30~40bed 정도로 한다.<br>• 간호 작업에 편리한 계단, 엘리베이터에 가까운 곳으로 하며, 외부인의 출입도 감시할 수 있는 곳에 계획한다.<br>• 간호원 대기실은 병실의 중앙에 설치하며, 간호원의 보행거리가 24m 이내가 되도록 한다. |
|---|---|
| 병실의 출입문 | • 안여닫이로 하고 문지방은 두지 않는다.<br>• 출입문 폭은 1.1m 이상으로 한다.<br>• 병실 출입구는 침대가 통과할 수 있는 폭이어야 한다. |
| 병실의 내부계획 | • 병실의 천장은 환자의 시선이 늘 닿는 곳으로서, 반사율이 큰 마감재료는 피하고, 적당한 조도를 갖도록 한다.<br>• 창 면적은 바닥면적의 1/3~1/4 정도가 되도록 한다. |

### 7 중앙진료부

| 계획상 중요점 | • 수술실, 물리치료실, 분만실 등은 통과 동선이 가급적 없도록 계획한다.<br>• 중앙진료부는 외래부와 병동부 사이에 위치하도록 계획하여 양쪽이 모두 이용하게 배치한다.<br>• 병동부 및 응급부에서 환자 수송이 용이한 곳에 둔다. |
|---|---|
| 수술실 | • 타 부분의 통과교통이 없는 장소로서, 격리된 위치에 계획한다.<br>• 출입구는 쌍여닫이로 1.5m 전후의 폭으로 하고, 손잡이는 팔꿈치 조작식으로 한다.<br>• 방위와는 전혀 무관하고, 인공조명(무영등)으로 목표 조도를 계획한다.<br>• 실온은 약 26.6℃, 습도는 약 55%를 유지한다.<br>• 공조 시 공기는 재순환시키지 않는다.<br>• 벽은 녹색계 타일로 한다. |

+ • 병동부는 병원에서 가장 큰 면적(전체의 약 1/3 정도)을 차지한다.

**환자 증세에 따른 간호단위 구분**
- 집중 간호단위(Intensive Care Unit)
- 중간 간호단위(Intermediate Care Unit)
- 자가 간호단위(Self Care Unit)

**큐비클 시스템(Cubicle System)**
천장에 닿지 않는 칸막이를 사용하여 총실을 몇 개의 단위로 나누어 베드를 배치하는 방식이다.

• 병원의 병원의 환자용 계단에 대체하여 설치하는 경사로의 경사는 최대 1/20 이하로 한다.

## 과년도 기출문제

건 축 / 기 사 / 필 기

**01** 병원 계획에 관한 설명으로 옳지 않은 것은?

[15년 1회]

① 입원환자와 외래환자의 출입구는 분리시킨다.
② 환자 병상 수에 따라 병원의 시설규모가 결정된다.
③ 수술실 앞에는 홀이나 다른 통과교통이 없도록 한다.
④ 종합병원의 간호단위는 60병상 정도로 하는 것이 바람직하다.

[해설]

1간호단위
- 간호원 8~10명을 기준으로 한다.
- 병상수는 25bed가 이상적이며, 보통 30~40bed 정도로 한다.
- 간호원 대기실은 병실의 중앙에 설치하며, 간호원의 보행거리가 24m 이내가 되도록 한다.

**02** 종합병원 건축의 면적 배분에서 가장 많이 차지하는 부분은?

[16년 4회]

① 외래부          ② 병동부
③ 관리부          ④ 중앙진료부

[해설]

전체 면적에서 입원환자가 위치하는 병동부가 차지하는 면적이 전체 연면적의 1/3 정도(약 30~40%)로 가장 큰 부분을 차지한다.

**03** 병원 건축의 시설규모를 결정하는 기준이 되는 것은?

[15년 2회]

① 병상 수          ② 병실 수
③ 의사 수          ④ 간호사 수

[해설]

전체 면적에서 입원환자가 위치하는 병상이 위치한 병동부가 차지하는 면적이 전체 연면적의 1/3 정도(약 30~40%)로 가장 큰 부분을 차지하므로, 병상 수는 병원 건축의 시설규모를 결정하는 기준이 된다.

**04** 종합병원 계획에 관한 설명으로 옳지 않은 것은?

[15년 4회, 19년 2회]

① 수술부는 타 부분의 통과교통이 없는 장소에 배치한다.
② 수술실의 바닥은 전기도체성 마감을 사용하는 것이 좋다.
③ 간호사 대기실은 각 간호단위 또는 층별, 동별로 설치한다.
④ 평면 계획 시 모듈을 적용하여 각 병실을 모두 동일한 크기로 하는 것이 좋다.

[해설]

병실은 1인실, 2인실, … 5인실, 6인실 등 다양한 크기로 계획한다.

**05** 병원의 수술실에 대한 설명으로 옳지 않은 것은?

[11년 2회]

① 타 부분의 통과교통이 없는 장소에 배치한다.
② 인공 조명은 음영이 생기지 않는 조명으로 한다.
③ 자연채광을 충분히 할 수 있도록 남측에 큰 창을 설계하는 것이 좋다.
④ 공기조화는 다른 병실과는 별도 계통으로 하여 수술실만을 독립하여 조정할 수 있게 한다.

[해설]

수술실의 채광 및 조명
- 방위와는 전혀 무관하고 인공조명(무영등)으로 목표 조도를 계획한다.
- 직사광선을 피하고 일정한 밝기로 조명한다.
- 안과 수술은 암막 장치가 필요하다.

정답  01 ④  02 ②  03 ①  04 ④  05 ③

## 12 호텔 / 병원

### 8 외래진료부

#### (1) 진료방식의 분류

| | |
|---|---|
| 오픈 시스템<br>(Open System) | • 종합병원 근처의 일반 개업 의사는 종합병원에 등록되어 있는 형태이다.<br>• 개인 의사가 갖추기 힘든 각종 큰 병원의 시설을 이용할 수 있다.<br>• 본인 뿐만 아니라 자기 환자의 진찰 치료를 큰 병원 진찰실에서 예약한 날짜와 장소에서 행하며, 입원도 시킬 수 있는 진료방식이다. |
| 클로우즈드 시스템<br>(Closed System) | • 우리나라 대부분의 종합병원에서 사용하는 방식이다.<br>• 대규모의 각 과(科)를 설치하여 환자가 병원에 출입하는 형식이다.<br>• 외과 계통의 각 과는 1실에서 다수의 환자를 볼 수 있도록 대실(大室) 형태로 계획한다.<br>• 환자의 이용이 편리하도록 1층 또는 2층 이하에 둔다.<br>• 중앙주사실, 회계 등은 정면 출입구 근처에 설치한다.<br>• 전체 병원에 대한 외래부의 면적 비율은 10~15% 정도로 한다. |

#### (2) 주요 각 과별 계획

| | |
|---|---|
| 내과 | 내과 계통은 진료 검사에 시간이 걸리므로 소진료실을 다수 설치한다. |
| 외과 | 외과 계통의 각 과는 1실에서 여러 환자를 볼 수 있도록 대실로 한다. |
| 정형외과 | • 보행이 부자유스러운 환자가 많으므로 1층에 계획한다.<br>• X-선실과 인접하여 배치한다. |
| 이비인후과 | • 남쪽 광선을 차단하고, 북측 채광을 한다.<br>• 소수술 후 회복할 수 있는 침대를 설치한다.<br>• 청력 검사용 방음실을 둔다. |
| 안과 | 시력 검사를 위해 5m 이상의 폭을 확보한다. |

• 접수, 회계, 중앙주사실 등은 정면 출입구 근처에 둔다.

# 과년도 기출문제

**01** 클로즈드 시스템(Closed System)의 종합병원에서 외래진료부 계획에 관한 설명으로 옳지 않은 것은? [16년 1회, 21년 1회]

① 환자의 이용이 편리하도록 2층 이하에 두도록 한다.
② 부속 진료시설을 인접하게 하여 이용이 편리하게 한다.
③ 중앙주사실, 약국은 정면 출입구에서 멀리 떨어진 곳에 둔다.
④ 외과 계통 각 과는 1실에서 여러 환자를 볼 수 있도록 대실로 한다.

[해설]
중앙주사실, 회계, 약국 등은 정면 출입구 근처에 설치한다.

**02** 종합병원의 건축 계획에 관한 설명으로 옳지 않은 것은? [18년 1회]

① 부속진료부는 외래환자 및 입원환자 모두가 이용하는 곳이다.
② 간호사 대기소는 각 간호단위 또는 각층 및 동별로 설치한다.
③ 집중식 병원 건축에서 부속진료부와 외래부는 주로 건물의 저층부에 구성된다.
④ 외래진료부의 운영방식에 있어서 미국의 경우는 대개 클로즈드 시스템인데 비하여, 우리나라는 오픈 시스템이다.

[해설]
클로우즈드 시스템(Closed System)은 대규모의 각 과(科)를 설치하여 환자가 병원에 출입하는 형식으로서 우리나라 대부분의 종합병원에서 채용하고 있는 시스템이다.

**03** 종합병원의 외래진료부를 클로즈드 시스템(Closed System)으로 계획할 경우 고려할 사항으로 가장 부적절한 것은? [20년 3회]

① 1층에 두는 것이 좋다.
② 부속 진료시설을 인접하게 한다.
③ 약국, 회계 등은 정면출입구 근처에 설치한다.
④ 외과 계통은 소진료실을 다수 설치하도록 한다.

[해설]
외과 계통의 각 과는 1실에서 다수의 환자를 볼 수 있도록 대실(大室) 형태로 계획한다.

**04** 종합병원 계획에 관한 설명으로 옳지 않은 것은? [18년 4회]

① 수술부는 타 부분의 통과교통이 없는 장소에 배치한다.
② 전체적으로 바닥의 단차이를 가능한 줄이는 것이 좋다.
③ 외래진료부의 구성단위는 간호단위를 기본단위로 한다.
④ 내과는 진료검사에 시간이 걸리므로 소진료실을 다수 설치한다.

[해설]
외래진료부의 구성단위는 외과, 내과, 이비인후과, 치과, 안과 등 각 과의 진료실을 기본단위로 한다.

**05** 종합병원에서 클로즈드 시스템(Closed System)의 외래진료부에 관한 설명으로 옳지 않은 것은? [20년 4회]

① 내과는 소규모 진료실을 다수 설치하도록 한다.
② 환자의 이용이 편리하도록 1층 또는 2층 이하에 둔다.
③ 중앙주사실, 회계, 약국 등 정면 출입구 근처에 설치한다.
④ 전체 병원에 대한 외래진료부의 면적비율은 40~45% 정도로 한다.

[해설]
전체 병원에 대한 외래부의 면적비율은 10~15% 정도로 한다.

정답  01 ③  02 ④  03 ④  04 ③  05 ④

# 13 기타 건축물 계획

## 1 공장 건축의 레이아웃(Layout)

| 구분 | 특징 | 적용 대상 |
|---|---|---|
| 제품 중심의 레이아웃 (연속 작업식) | • 생산에 필요한 모든 공정과 기계기구류를 제품의 흐름에 따라 배치하는 형식이다.<br>• 대량 생산이 가능하며 생산단가가 싸다.<br>• 공정 간에 시간적·수량적 밸런스가 좋다.<br>• 생산성이 높고, 공정시간이 단축된다.<br>• 사용자의 조건이 무시된다.<br>• 주문 생산 및 소량, 다종 생산이 무시된다. | 장치공업(석유, 시멘트 공장), 가전 제품, 자동차 조립 공장 등 |
| 공정 중심의 레이아웃 (기계설비중심) | • 동일한 기계, 유사한 기능을 가진 것을 하나로 그룹핑(Grouping)하는 형식이다.<br>• 다품종, 소량 생산이 가능하다.<br>• 생산성이 낮으며, 소량 생산이므로 생산단가가 비싸다. | • 주문 생산품 공장<br>• 다품종 소량 생산에 따른 예상 생산이 불가능한 경우나 표준화가 이루어지기 어려운 경우에 적용 |
| 고정식 레이아웃 | 주가 되는 재료나 조립 부품이 고정된 장소에 있고, 사람이나 기계가 이동하며 작업하는 방식이다. | 선박, 건축과 같이 제품이 크고, 수가 적을 경우에 적합 |
| 혼성식 레이아웃 | • 위의 방식이 조합된 형태이다.<br>• 제품 중심의 레이아웃 + 공정 중심의 레이아웃<br>• 제품 중심의 레이아웃 + 고정식 레이아웃 | |

**작업장의 Zoning 설정**
- 생산, 관리, 연구, 후생 등의 각 부분별 시설을 명쾌하게 분리하고, 유기적으로 결합시킨다.
- 동력의 종류에 따라 배치한다.

### 개념이해

**01** 다음 설명에 알맞은 공장 건축의 레이아웃 형식은?

- 다종의 소량 생산의 경우나 표준화가 이루어지기 어려운 경우에 채용된다.
- 생산성이 낮으나 주문 생산품 공장에 적합하다.

① 제품 중심 레이아웃  ② 공정 중심 레이아웃
③ 고정식 레이아웃  ④ 혼성식 레이아웃

**공정 중심의 레이아웃(기계설비중심)**
- 동일한 기계, 유사한 기능을 가진 것을 하나로 그룹핑(Grouping)하는 형식이다.
- 다품종, 소량 생산이 가능하다.
- 생산성이 낮으며, 소량 생산이므로 생산단가가 비싸다.

답 ②

# 과년도 기출문제

**01** 공장 건축의 레이아웃 계획에 관한 설명으로 옳지 않은 것은? [18년 1회, 20년 1·2회 통합]

① 플랜트 레이아웃은 공장 건축의 기본설계와 병행하여 이루어진다.
② 고정식 레이아웃은 조선소와 같이 제품이 크고 수량이 적을 경우에 적용된다.
③ 다품종 소량 생산이나 주문 생산 위주의 공장에는 공정 중심의 레이아웃이 적합하다.
④ 레이아웃 계획은 작업장 내의 기계설비 배치에 관한 것으로 공장규모 변화에 따른 융통성은 고려대상이 아니다.

[해설]
공장의 건축적 배치 및 평면 검토 시, 공장 구성요소의 레이아웃을 고려하여 계획하여야 하며, 레이아웃은 공장의 장래 확장 등 규모의 변화에 대응한 융통성을 반영하여 설정되어야 한다.

**02** 공장 건축의 레이아웃(Layout)에 관한 설명으로 옳지 않은 것은? [22년 2회]

① 제품 중심의 레이아웃은 대량 생산에 유리하며 생산성이 높다.
② 레이아웃이란 공장 건축의 평면요소 간의 위치 관계를 결정하는 것을 말한다.
③ 고정식 레이아웃은 조선소와 같이 제품이 크고 수량이 적은 경우에 행해진다.
④ 중화학 공업, 시멘트 공업 등 장치 공업 등은 시설의 융통성이 크기 때문에 신설 시 장래성에 대한 고려가 필요 없다.

[해설]
공장의 장래 확장 등 규모의 변화에 대응한 융통성을 반영하여 레이아웃이 설정되어야 한다. 특히, 중화학 공업 등 장치 공업은 레이아웃의 유연성이 크지 않으므로, 장래의 확장성을 고려하여 계획하는 것이 필요하다.

**03** 공장 건축에 관한 설명으로 옳은 것은? [17년 1회]

① 계획 시부터 장래 증축을 고려하는 것이 필요하며 평면형은 가능한 요철이 많은 것이 유리하다.
② 재료 반입과 제품 반출 동선은 동일하게 하고 물품 동선과 사람 동선은 별도로 하는 것이 바람직하다.
③ 외부인 동선과 작업원 동선은 동일하게 하고, 견학자는 생산과 교차하지 않는 동선을 확보하도록 한다.
④ 자연환기 방식의 경우 환기방법은 채광 형식과 관련하여 건물형태를 결정하는 매우 중요한 요소가 된다.

[해설]
공장의 경우 금속의 가루 및 먼지 등의 비산, 각종 화학약품이 실내에 체류하게 되므로 자연환기가 매우 중요하다. 따라서 환기 방법은 건물형태를 결정하는데 중요한 요소가 된다.

**04** 공장 건축 계획에 관한 설명으로 옳지 않은 것은? [19년 2회]

① 기능식 레이아웃은 소종 다량 생산이나 표준화가 쉬운 경우에 주로 적용된다.
② 공장의 지붕 형식 중 톱날지붕은 균일한 조도를 얻을 수 있다는 장점이 있다.
③ 평면 계획 시 관리 부분과 생산공정 부분을 구분하고 동선이 혼란되지 않게 한다.
④ 공장 건축의 형식에서 집중식(Block Type)은 건축비가 저렴하고 공간효율도 좋다.

[해설]
기능식 레이아웃(공정 중심의 레이아웃)
• 동일한 기계, 유사한 기능을 가진 것을 하나로 그룹핑(Grouping)하는 형식이다.
• 다종의 소량 생산이나 표준화가 어려운 경우에 채용되는 공장 레이아웃(Layout) 방식으로서, 다품종·소량 생산이 가능하다.
• 생산성이 낮으며, 소량 생산이므로 생산단가가 비싸다.

정답  01 ④  02 ④  03 ④  04 ①

## 과년도 기출문제

**05** 다음 설명에 알맞은 공장 건축의 레이아웃 형식은? [19년 1회]

- 동종의 공정, 동일한 기계설비 또는 기능이 유사한 것을 하나의 그룹으로 집합시키는 방식
- 다종 소량 생산의 경우, 예상 생산이 불가능한 경우, 표준화가 이루어지기 어려운 경우에 채용

① 고정식 레이아웃
② 혼성식 레이아웃
③ 공정 중심의 레이아웃
④ 제품 중심의 레이아웃

[해설]

공정 중심의 레이아웃(기계설비중심)
- 동일한 기계, 유사한 기능을 가진 것을 하나로 그룹핑(Grouping)하는 형식이다.
- 다품종, 소량 생산이 가능하다.
- 생산성이 낮으며, 소량 생산이므로 생산단가가 비싸다.

**06** 다음 설명에 알맞은 공장 건축의 레이아웃(Layout) 형식은? [18년 4회, 21년 2회]

- 생산에 필요한 모든 공정과 기계류를 제품의 흐름에 따라 배치하는 형식이다.
- 대량 생산에 유리하며 생산성이 높다.

① 고정식 레이아웃
② 혼성식 레이아웃
③ 제품 중심의 레이아웃
④ 공정 중심의 레이아웃

[해설]

제품 중심의 레이아웃(연속 작업식)
- 생산에 필요한 모든 공정과 기계기구류를 제품의 흐름에 따라 배치하는 형식이다.
- 대량 생산이 가능하며 생산단가가 싸다.
- 공정 간에 시간적, 수량적 밸런스가 좋다.
- 생산성이 높고 공정시간이 단축된다.
- 사용자의 조건이 무시된다.
- 주문생산 및 소량, 다품종 생산이 무시된다.

**07** 공장의 레이아웃 형식 중 생산에 필요한 모든 공정과 기계류를 제품의 흐름에 따라 배치하는 형식은? [19년 4회]

① 고정식 레이아웃
② 혼성식 레이아웃
③ 제품 중심의 레이아웃
④ 공정 중심의 레이아웃

[해설]

제품 중심의 레이아웃은 생산에 필요한 모든 공정, 기계기구를 제품의 흐름에 따라 재배치하여, 대량 생산에 유리하며 생산성이 높다.

**08** 공장 건축의 레이아웃(Layout)에 관한 설명으로 옳지 않은 것은? [17년 2회, 20년 4회]

① 제품 중심의 레이아웃은 대량 생산에 유리하며 생산성이 높다.
② 레이아웃은 장래 공장 규모의 변화에 대응한 융통성이 있어야 한다.
③ 공정 중심의 레이아웃은 다품종 소량 생산이나 주문 생산에 적합한 형식이다.
④ 고정식 레이아웃은 기능이 동일하거나 유사한 공정, 기계를 집합하여 배치하는 방식이다.

[해설]

고정식 레이아웃은 주가 되는 재료나 조립 부품이 고정된 장소에 있고, 사람이나 기계가 이동하며 작업하는 방식으로서, 선박, 건축과 같은 제품이 크고, 수가 적을 경우에 적합하다.
④는 공정 중심의 레이아웃(기계설비중심) 방식에 대한 설명이다.

정답 05 ③ 06 ③ 07 ③ 08 ④

## 과년도 기출문제

**09** 공장 건축의 레이아웃에 관한 설명으로 옳지 않은 것은? [21년 4회]

① 장래 공장 규모의 변화에 대응한 융통성이 있어야 한다.
② 제품 중심의 레이아웃은 생산에 필요한 모든 공정, 기계기구를 제품의 흐름에 따라 배치한다.
③ 이동식 레이아웃은 사람이나 기계가 이동하여 작업하는 방식으로 제품이 크고, 수량이 적을 때 사용된다.
④ 레이아웃은 공장 생산성에 미치는 영향이 크므로 공장의 배치계획, 평면 계획은 이것에 부합되는 건축계획이 되어야 한다.

[해설]
③은 고정식 레이아웃에 대한 설명이다.

**10** 공장 건축의 레이아웃(Layout)에 관한 설명으로 옳지 않은 것은? [21년 1회]

① 제품 중심의 레이아웃은 대량 생산에 유리하며 생산성이 높다.
② 레이아웃이란 생산품의 특성에 따른 공장의 건축면적 결정 방식을 말한다.
③ 공정 중심의 레이아웃은 다종 소량 생산으로 표준화가 행해지기 어려운 경우에 적합하다.
④ 고정식 레이아웃은 조선소와 같이 조립부품이 고정된 장소에 있고 사람과 기계를 이동시키며 작업을 행하는 방식이다.

[해설]
레이아웃이란 공장 건축의 평면 요소 간 위치 관계를 결정하는 것을 말한다.

정답 09 ③ 10 ②

# 13 기타 건축물 계획

## ② 공장 건축의 형식

| 분관식<br>(파빌리온 타입,<br>Pavilion Type) | • 공장의 신설 확장이 비교적 용이하다.<br>• 채광, 통풍, 환기 등이 양호하다.<br>• 각 동의 공장 건설을 병행할 수 있어 조기 완공이 가능하다.<br>• 대지의 형태가 부정형이거나 고저차가 있는 경우에 적합하다.<br>• 건축의 구조 형식을 각 동별로 다르게 계획할 수 있다.<br>• 공간 효율성이 집중식(Block Type)에 비해 상대적으로 떨어지며, 건축비가 많이 든다. |
|---|---|
| 집중식<br>(Block Type) | • 내부시설 배치계획 시 탄력성이 있다.<br>• 공간 효율성이 좋으며, 운반이 용이하고 흐름이 단순하다.<br>• 건축비가 저렴하다.<br>• 단층 건물로서, 일반기계 조립공장의 용도로 많이 계획되며, 평지붕 무창공장에 적합하다. |

## ③ 공장의 지붕 형식

| 평지붕 | 중층식 건물의 최상층에 주로 사용한다. |
|---|---|
| 뾰족지붕 | 직사광선을 어느 정도 허용하는 결점이 있다. |
| 솟을지붕 | • 채광창의 경사에 따라 채광이 조절된다.<br>• 상부 창의 개폐에 의하여 환기량도 조절될 수 있다.<br>• 채광 및 자연환기에 적합한 형식이다.<br>• 중기계 생산공장에 적합하다. |
| 톱날지붕 | • 공장 특유의 지붕형태이다.<br>• 채광창을 북향으로 할 경우 종일 균일한 조도를 얻을 수 있으며, 약한 광선을 받아들여 작업능률에 지장이 없도록 계획될 수 있다. |
| 샤렌 구조에<br>의한 지붕 | 기둥의 소요가 적은 장점이 있다. |

➕ **지붕의 형태**

• 뾰족지붕 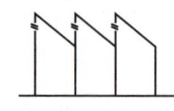 • 솟을지붕

• 톱날지붕 • 샤렌 구조

---

### 개념이해

**01** 공장 건축의 지붕 형태에 관한 설명으로 옳지 않은 것은?

① 솟을지붕은 채광 및 환기에 적합하다.
② 뾰족지붕은 어느 정도 직사광선을 허용하는 단점이 있다.
③ 샤렌 구조에 의한 지붕은 기둥이 적게 소요되는 장점이 있다.
④ 톱날지붕은 채광창을 서향으로 한 경우 하루종일 변함없는 조도가 제공된다.

 톱날지붕 형태일 경우 채광창은 북향으로 하여, 종일 균일한 조도를 얻도록 한다.

답 ④

## 과년도 기출문제

**01** 공장 건축 형식 중 파빌리온 타입(Pavilion Type)에 대한 설명으로 틀린 것은? [15년 1회]

① 통풍, 채광이 좋다.
② 공장의 신설과 확장이 용이하다.
③ 공간 효율이 좋고 건축비가 저렴하다.
④ 공장 건설을 병행할 수 있으므로 조기 완성이 가능하다.

[해설]

분관식(파빌리온 타입, Pavilion Type)은 공간 효율성이 집중식(Block type)에 비해 상대적으로 떨어지며, 건축비가 많이 든다.

**02** 기계 공장의 지붕 형식으로 톱날지붕을 채용하는 가장 주된 이유는? [17년 4회]

① 실내 소음을 감소시키기 위해
② 실내 조도를 일정하게 하기 위해
③ 우수 처리를 용이하게 하기 위해
④ 실내 온·습도를 일정하게 하기 위해

[해설]

**톱날지붕**
- 공장 특유의 지붕 형태이다.
- 채광창을 북향으로할 경우 종일 균일한 조도를 얻을 수 있으며, 약한 광선을 받아들여 작업 능률에 지장이 없도록 계획한다.

**03** 기계 공장에서 지붕의 형식을 톱날지붕으로 하는 가장 주된 이유는? [22년 1회]

① 소음을 작게 하기 위하여
② 빗물의 배수를 충분히 하기 위하여
③ 실내 온도를 일정하게 유지하기 위하여
④ 실내의 주광조도를 일정하게 하기 위하여

[해설]

톱날지붕 형태일 경우 채광창은 북향으로 하여, 종일 균일한 조도를 얻을 수 있다.

**04** 공장 건축의 지붕형에 관한 설명으로 옳지 않은 것은? [18년 2회]

① 솟을지붕은 채광, 환기에 적합한 방법이다.
② 샤렌지붕은 기둥이 많이 소요되는 단점이 있다.
③ 뾰족지붕은 직사광선을 어느 정도 허용하는 결점이 있다.
④ 톱날지붕은 북향의 채광창으로 일정한 조도를 유지할 수 있다.

[해설]

샤렌 구조에 의한 지붕의 특징 중 가장 두드러지는 것은 기둥의 소요가 적다는 것이다.

**05** 공장의 지붕 형태에 관한 설명으로 옳은 것은? [16년 2회, 20년 3회]

① 솟을지붕은 채광 및 환기에 적합한 방법이다.
② 샤렌 구조는 기둥이 많이 소요된다는 단점이 있다.
③ 뾰족지붕은 직사광선이 완전히 차단된다는 장점이 있다.
④ 톱날지붕은 남향으로 할 경우 하루 종일 변함없는 조도를 가진 약광선을 받아들일 수 있다.

[해설]

솟을지붕은 채광창의 경사에 따라 채광이 조절되고, 상부창의 개폐에 의하여 환기량도 조절됨에 따라 채광 및 자연환기에 적합한 형식이다.

**정답** 01 ③  02 ②  03 ④  04 ②  05 ①

## 13 기타 건축물 계획

### 4 장애인·노인·임산부 등의 편의시설 중 매개시설

- 주 출입구 접근로
- 장애인 전용주차구역
- 주 출입구 높이 차이 제거 : 건축물의 주 출입구와 통로의 높이차는 2cm 이하가 되도록 설치하여야 한다.
- 접근로의 최소유효폭 : 1.2m 이상

**개념이해**

**01** 업무시설 중 사무소에서 장애인 등의 편의를 위해 건축물의 주 출입구에 턱 낮추기를 하는 경우 주 출입구와 통로의 높이 차이는 최대 얼마 이하가 되도록 하여야 하는가?

① 1cm     ② 2cm
③ 4cm     ④ 5cm

▶ **높이 차이가 제거된 건축물 출입구(턱 낮추기)**
건축물의 주 출입구와 통로의 높이차는 2cm 이하가 되도록 설치하여야 한다.

**답 ②**

**02** 장애인 등의 통행이 가능한 접근로를 설치할 경우, 접근로의 유효폭은 최소 얼마 이상으로 하여야 하는가? [11년 2회]

① 0.6m     ② 0.9m
③ 1.2m     ④ 1.5m

▶ 장애인 등의 통행이 가능한 접근로를 설치할 경우, 접근로의 최소 유효폭은 1.2m 이상으로 해야 한다.

**답 ③**

## 과년도 기출문제

건 축 / 기 사 / 필 기

**01** 장애인·노인·임산부 등을 위한 편의시설은 매개시설, 내부시설, 위생시설, 안내시설 등으로 구분할 수 있다. 다음 중 매개시설에 속하는 것은?

[16년 1회]

① 점자블록
② 장애인 전용주차구역
③ 장애인 등의 통행이 가능한 복도
④ 시각 및 청각장애인 경보·피난설비

[해설]
- 매개시설 : 주 출입구 접근로, 장애인 전용주차구역, 주 출입구 높이 차이 제거
- 안내시설 : 점자블럭
- 내부시설 : 장애인 등의 통행이 가능한 복도
- 안내시설 : 시각 및 청각장애인 경보·피난시설

**02** 장애인·노인·임산부 등의 편의증진 보장에 관한 법령에 따른 편의시설 중 매개시설에 속하지 않는 것은?

[15년 4회, 19년 4회, 22년 2회]

① 주 출입구 접근로
② 유도 및 안내설비
③ 장애인 전용주차구역
④ 주 출입구 높이 차이 제거

[해설]
② 유도 및 안내시설은 안내시설 범주에 속한다.
※ 매개시설 : 주 출입구 접근로, 장애인 전용주차구역, 주 출입구 높이 차이 제거

**03** 아파트에 의무적으로 설치하여야 하는 장애인·노인·임산부 등의 편의시설에 속하지 않는 것은?

[19년 1회]

① 점자블록
② 장애인 전용주차구역
③ 높이 차이가 제거된 건축물 출입구
④ 장애인 등의 통행이 가능한 접근로

[해설]
아파트에 의무적으로 장애인 등의 편의시설을 설치하여야 하는 시설
- 매개시설 : 장애인 전용주차구역, 주 출입구 접근로, 높이 차이가 제거된 건축물 출입구
- 내부시설 : 출입구(문), 계단 또는 승강기

**정답** 01 ③  02 ②  03 ①

# CHAPTER 02

# 건축시공

ENGINEER ARCHITECTURE

01 건설업과 건설경영
02 가설공사
03 토공사
04 철근공사
05 거푸집 공사
06 콘크리트 재료
07 콘크리트 배합·성질
08 콘크리트 시공
09 콘크리트의 종류
10 철골공사
11 조적공사
12 목공사
13 방수공사
14 지붕공사 및 홈통공사
15 창호 및 유리공사
16 마감공사
17 적산

# 01 건설업과 건설경영

## 1 건설생산 관계자

| 건축주 | 건물을 소유할 권리를 가지며 공사대금을 지급할 의무가 있는 사람으로 발주자라고도 함 | |
|---|---|---|
| 설계자 | 설계도서를 작성하는 자 | |
| 감리자 | 건축물이 설계도서대로 시공되는지 여부를 확인·지도하는 자 | |
| 관리자 (시공자) | 직접적인 건축물을 시공하는 공사업무를 담당하는 자를 뜻하며 하도급자까지 포함됨 | |
| 도급자 | 원도급자 | 건축주와 직접 도급계약을 체결한 자 |
| | 하도급자 | 건축주와 관계없이 원도급자와 도급공사 일부를 수행하기로 계약한 자 |
| | 재도급자 | 건축주와 무관하게 원도급자와 도급공사 전부를 수행하기로 계약한 자 |
| 건설 노무자 | 직용노무자 | 원도급자에게 직접 고용된 노무자로서 대부분 미숙련자 |
| | 정용노무자 | 전문업자, 하도급자에게 고용된 노무자로서 대부분 숙련공 |
| | 임시 고용노무자 | 날품 노무자, 보조 노무자 |

### 개념이해

**01** 다음 중 공사감리업무와 가장 거리가 먼 항목은? [19년 1회]

① 설계도서의 적정성 검토
② 시공상의 안전관리지도
③ 공사 실행예산의 편성
④ 사용자재와 설계도서와의 일치 여부 검토

▶ 공사 실행예산 편성은 시공에 필요한 예산으로서 시공사의 업무이다.
답 ③

**02** 발주자에 의한 현장관리로 볼 수 없는 것은? [16년 4회]

① 착공신고
② 하도급계약
③ 현장회의 운영
④ 클레임 관리

▶ 하도급 업체는 원도급 시공사(일반적으로 종합건설사)와 계약을 체결하는 업체로서, 발주자에 의한 관리가 아니라 원도급 시공사에 의해 현장관리를 받게 된다.
답 ②

**03** 건설현장에서 공사감리자로 근무하고 있는 A씨가 하는 업무로 옳지 않은 것은? [19년 2회, 22년 2회]

① 상세시공도면의 작성
② 공사시공자가 사용하는 건축자재가 관계 법령에 의한 기준에 적합한 건축자재인지 여부의 확인
③ 공사현장에서의 안전관리지도
④ 품질시험의 실시 여부 및 시험성과의 검토, 확인

▶ 상세시공도면은 시공을 위한 도면으로서 시공사가 작성하게 된다.
답 ①

## 2 건설경영기법

### (1) C.M(Construction Management)

| 개념 | 기획, 설계, 시공까지의 전 과정에 대하여 건설 산업을 보다 효율적이고 경제적으로 수행하기 위해서 각 부문의 전문가들로 구성된 집단의 통합된 관리기술을 말한다. | |
|---|---|---|
| 주요 업무 | • 설계부터 공사 관리까지 전반적인 지도, 조언, 관리 업무<br>• 입찰 및 계약 관리 업무와 원가관리 업무<br>• 현장 조직 관리 업무와 공정 관리 업무<br>• 부동산, 빌딩 및 계약 관련 관리 업무<br>• 비용 관리, 시공 관리, 현장 조직 관리 업무 | |
| 효과 | 공기단축, 원가 절감, 설계자와 시공자 간의 의사소통 개선 | |
| 종류 | CM for Fee | CM 관리자가 발주자의 대행인으로서 업무를 수행하는 방식 |
| | CM at Risk | CM 관리자가 직접 계약까지 참여하여 시공 품질에 대한 책임을 지는 방식 |

**종합건설업 (EC화 ; Engineering Construction)**
종래의 단순한 시공업과 비교하여 건설 사업의 발굴 및 기획, 설계, 시공, 유지관리에 이르기까지 사업 전반에 관한 것을 종합, 기획 관리하는 업무 영역의 확대

### (2) V.E(Value Engineering, 가치공학)

| 개념 | 최소의 비용을 통해 최대의 기능을 구현하고자 하는 관리 기법을 말한다(원가 절감 기법). |
|---|---|
| 특징 | • Design 단계(설계단계)에서 효과가 가장 크다.<br>• 수량이 많고 반복효과가 큰 것, 공사 절감액이 큰 것, 개선 효과가 큰 것, 하자가 빈번한 것을 대상으로 선정한다. |

**L.C.C(Life Cycle Cost, 생애주기비용)**
건물의 기획, 설계단계로부터 시공, 유지관리, 해체에 이르는 건물 생애 전 과정(Life Cycle)의 제비용을 합계한 것

**린건설(Lean Construction)**
건설에 필요한 양만큼만 제조 생산하여 조달하는 시스템으로 불필요한 과정을 생략하여 낭비를 최소화하는 관리 방식

# 01 건설업과 건설경영

## (3) 건설프로젝트 전산관리 시스템

| | |
|---|---|
| CIC<br>(Computer Integrated Construction) | 건설 프로세스의 효율적인 운영을 위해 형성된 개념으로 건설생산에 초점을 맞추고 이에 관련된 계획, 관리, 엔지니어링, 설계, 구매, 계약, 시공, 유지 및 보수 등의 요소들을 주요 대상으로 한다. |
| C.A.L.S<br>(Computer Aided Logistic Support) | 건설공사 기획부터 설계, 입찰 및 구매, 시공, 유지 관리의 전 단계에 있어 업무절차의 전자화를 추구하는 종합건설정보망 체계를 의미한다. |
| BIM<br>(Building Information Modeling, 건축정보모델링) | 3D 모델링으로서, 건축요소의 속성을 부여하여 각종 정보를 모델화할 수 있어 공정, 원가 관리 등에 활용할 수 있다. |

**＋ PMIS**
프로젝트 연관 참여자들에 공유, 이용되는 프로젝트 관리 정보 시스템

## (4) 건설관리조직

| | |
|---|---|
| 직계 조직<br>(Line Organization, 라인 조직) | 상급직에서 하급직에 이르기까지 지휘명령 계통이 직선적으로 연결되며 소규모 기업에서 많이 사용되는 조직이다. |
| 기능별 조직<br>(Functional Organization) | 건설 산업에서 전통적으로 사용된 것으로 조직의 규모가 작고 업무의 내용이 단순한 경우 적용한다. |
| 라인-스태프 조직<br>(Line-staff Organization) | 공기단축을 목적으로 공정에 따라 부분적으로 완성된 도면만을 가지고 각 분야별 전문가를 구성하여 패스트 트랙(Fast Track) 공사를 진행하기에 가장 적합한 조직구조이다. |
| 프로젝트 전담 조직<br>(Task Force Organization) | 사업의 성격이 구체적이고 분명하지만 그 내용이 복잡한 경우 각 분야의 전문가들이 모여 사업수행 기간동안 운영되는 한시적 조직이다. |

## 3 도급계약방식

### (1) 도급계약형태에 따른 분류

| 일식도급(일괄도급) | 공사 전체를 한 업자에게 일임하여 시공하게 하는 도급 |
|---|---|
| 분할도급 | • 공사를 일정한 형식에 따라 부분적으로 여러 업자에게 나누어 일임하게 하는 도급<br>• 종류 : 공정별 분할도급, 공정별 분할도급, 공구별 분할도급 |
| 공동도급 | 2개 이상의 회사가 임시로 결합하여 조직을 구성하고 공동 출자하여 연대 책임하에 공사를 수급하여 완성한 후 해체되는 도급 |

**+ 공동도급방식의 특징**

| 장점 | 융자력 증대, 기술의 확충, 위험분산, 시공의 확실성 |
|---|---|
| 단점 | 경비 증가, 업무흐름의 곤란, 조직 상호 간의 불일치, 하자 부분의 책임한계 불분명 |

**컨소시엄(Consortium)**

계약제도의 하나로서 독립된 회사의 연합으로 법인을 설립하지 않으며 공사의 책임과 공사 클레임 등을 각각 독립된 회사의 계약 당사자가 책임을 지는 방식

### (2) 도급금액형태에 따른 분류

| 정액도급 | 총공사비를 결정하고, 경쟁 입찰에 의해 최저 입찰자와 계약을 체결하는 것 |
|---|---|
| 단가도급 | • 재료단가, 노임단가 또는 면적단가만을 결정하여 공사를 도급하는 방식<br>• 긴급공사 또는 수량이 명확하지 않을 경우 적용되는 방식<br>• 공사완공 시까지의 총공사비를 예측하기 어려움 |
| 실비정산 보수<br>가산식 도급 | • 건축주, 감독자, 시공자의 삼자가 입회하여 공사에 필요한 실비와 보수를 협의하여 정하고, 시공자에게 지급하는 방법<br>• 설계와 시공의 중첩이 가능한 단계별 시공이 가능<br>• 복잡한 변경이 예상되거나 긴급을 요하는 공사에 적합<br>• 계약체결 시 공사비용의 최댓값을 정하는 최대보증한도 실비정산 보수 가산계약이 일반적으로 사용됨 |

### (3) 턴키도급(Turn Key Based Contract)

| 개념 | 대상 계획의 기업, 금융, 토지조달, 설계, 시공, 기계기구 설치, 시운전 및 조업지도 등 모든 요소를 포함한 도급 계약 방식으로 주문자가 필요로 하는 모든 것을 조달하여 주문자에게 인도하는 방식 |
|---|---|
| 장점 | • 책임시공 가능<br>• 설계와 시공 간의 의사소통 원활<br>• 공사비 절감, 공기단축 |
| 단점 | • 과다경쟁으로 인한 덤핑의 우려 증가<br>• 건축주 의도 반영 불충분<br>• 중소 업체 불리 |

**+ 공사 수행 방식에 따른 도급계약 분류**

설계·시공분리계약, 설계·시공일괄계약, 턴키계약

**파트너링(Partnering) 방식**

발주자가 직접 설계와 시공에 참여하여, 발주자·설계자·시공자 및 프로젝트 관련자들이 하나의 팀으로 조직하여 공사를 완성하는 방식

## 과년도 기출문제

**01** 다음 중 건설사업관리(CM)의 주요 업무로 옳지 않은 것은? [18년 4회]

① 입찰 및 계약 관리 업무
② 건축물의 조사 또는 감정 업무
③ 제네콘(Genecon) 관리 업무
④ 현장 조직 관리 업무

[해설]

건축물의 조사 또는 감정 업무는 감정평가사의 업무 영역이다.

**02** 공사 관리 방법 중 CM 계약 방식에 대한 설명으로 옳지 않은 것은? [14년 1회]

① 프로젝트의 성공 여부는 발주자와 설계자의 능력에 크게 의존한다.
② 프로젝트의 전 과정에 걸쳐 공사비, 공기 및 시공성에 대한 종합적인 평가 및 설계변경에 대한 효율적인 평가가 가능하여 발주자의 의사결정에 도움이 된다.
③ 설계과정에서 설계가 시공에 미치는 영향을 예측할 수 있어 설계도서의 현실성을 향상시킬 수 있다.
④ 단계별 시공을 적용할 수 있어 설계 및 시공기간을 크게 단축시킬 수 있다.

[해설]

건설사업관리(CM, Construction Management) 계약 방식의 경우 공사전반을 관리하는 건설사업관리자(CM, Construction Manager)의 능력에 크게 의존한다.

**03** 공사 관리 방법 중 CM 계약 방식에 관한 설명으로 옳지 않은 것은? [20년 1·2회 통합]

① 대리인형 CM(CM for Fee)인 경우 공사품질에 책임을 지며, 품질 문제 발생 시 책임소재가 명확하다.
② 프로젝트의 전 과정에 걸쳐 공사비, 공기 및 시공성에 대한 종합적인 평가 및 설계변경에 대한 효율적인 평가가 가능하여 발주자의 의사결정에 도움이 된다.
③ 설계과정에서 설계가 시공에 미치는 영향을 예측할 수 있어 설계도서의 현실성을 향상시킬 수 있다.
④ 단계적 발주 및 시공의 적용이 가능하다.

[해설]

①은 책임자형 CM(CM at Risk)에 대한 설명이며, 대리인형 CM(CM for Fee)의 경우는 프로젝트의 전반에 걸쳐 일정 수수료(용역비용)를 받고 발주자의 컨설턴트 역할만을 수행하는 계약방식이다.

**04** 건축 공사에서 V.E(Value Engineering)의 사고 방식으로 옳지 않은 것은? [21년 1회]

① 기능분석  ② 제품 위주의 사고
③ 비용절감  ④ 조직적 노력

[해설]

V.E는 개별 제품이 아닌 전체 프로젝트 관점에서 검토·분석을 실시하여 대상을 도출한다.

**05** 공사 계약 제도 중 공사관리방식(CM)의 단계별 업무 내용 중 비용의 분석 및 VE 기법의 도입 시 가장 효과적인 단계는? [16년 1회]

① Pre-Design 단계(기획단계)
② Design 단계(설계단계)
③ Pre-Construction 단계(입찰·발주단계)
④ Construction 단계(시공단계)

[해설]

VE 기법의 적용 시 가장 효과적인 단계는 설계(Design) 단계이다.

**정답** 01 ② 02 ① 03 ① 04 ② 05 ②

## 과년도 기출문제

**06** 건설 공사 기획부터 설계, 입찰 및 구매, 시공, 유지관리의 전 단계에 있어 업무절차의 전자화를 추구하는 종합건설정보망체계를 의미하는 것은?
[17년 2회]

① CALS  ② BIM
③ SCM  ④ B2B

【해설】
건설 CALS(Continuous Acquisition & Life Cycle Support)는 건설 생산활동 전 과정[생애(Life)]의 건설정보통합전산망을 구축한 건설사업정보시스템을 의미한다.

**07** 개념설계에서 유지관리단계에까지 건물의 전 수명주기 동안 다양한 분야에서 적용되는 모든 정보를 생산하고 관리하는 기술을 의미하는 용어는?
[21년 4회]

① ERP(Enterprise Resource Planning)
② SOA(Service Oriented Architecture)
③ BIM(Building Information Modeling)
④ CIC(Computer Integrated Construction)

【해설】
BIM(Building Information Modeling, 건물정보모델링)
설계사항을 3D로 표현하고 각종 자재들의 속성을 반영하여 시각화가 용이하고 공정, 적산 등 다양한 공사 과정에 활용되고 있는 기법을 말하며, 동시에 개념설계에서 유지관리단계에까지 건물의 전 수명주기 동안 다양한 분야에서 적용되는 모든 정보를 생산하고 관리하는 기술을 의미한다.

**08** PMIS(프로젝트관리정보시스템)의 특징에 관한 설명으로 옳지 않은 것은?
[21년 1회]

① 합리적인 의사결정을 위한 프로젝트용 정보관리 시스템이다.
② 협업관리체계를 지원하며 정보의 공유와 축적을 지원한다.
③ 공정 진척도는 구체적으로 측정할 수 없으므로 별도 관리한다.
④ 조직 및 월간업무 현황 등을 등록하고 관리한다.

【해설】
PMIS는 프로젝트 연관 참여자들에 공유·이용되는 프로젝트 관리정보시스템으로서, 공정 진척 사항도 함께 관리 및 공유가 가능하다.

**09** 공기단축을 목적으로 공정에 따라 부분적으로 완성된 도면만을 가지고 각 분야별 전문가를 구성하여 패스트 트랙(Fast Track) 공사를 진행하기에 가장 적합한 조직구조는?
[17년 4회]

① 기능별 조직(Functional Organization)
② 매트릭스 조직(Matrix Organization)
③ 태스크포스 조직(Task Force Organization)
④ 라인스태프 조직(Line-Staff Organization)

【해설】
패스트 트랙(Fast Track) 공사를 진행을 위해서는 각 분야의 전문가들로 구성된 조직인 라인스태프 조직이 적합하다.
- 기능별 조직(Functional Organization) : 직무를 기능별로 나누고 분할하여 복수의 책임자를 만들고, 각 책임자가 작업자에게 분담업무에 대해 지시하는 형태
- 매트릭스 조직(Matrix Organization) : 기능 조직과 전담반 조직을 결합한 조직형태. 지하철, 공항, 발전소 등 대규모 복합사업에 적합
- 태스크포스 조직(Task Force Organization) : 다양한 기능 조직으로부터 파견된 작업자들이 한시적으로 팀을 구성하여 주어진 임무를 수행하고 다시 본래의 조직으로 복귀하는 조직형태
- 라인스태프 조직(Line-Staff Organization) : 직계식 조직에 전문적인 사업관리 지식을 갖춘 관리자(Staff)들의 지원을 받는 조직형태

**10** 공사금액의 결정방법에 따른 도급방식이 아닌 것은?
[18년 1회]

① 정액도급  ② 공종별 도급
③ 단가도급  ④ 실비정산 보수가산도급

정답  06 ①  07 ③  08 ③  09 ④  10 ②

# 과년도 기출문제

[해설]

공종별 도급은 공사실시방식에 따른 분류에 해당한다.

계약방식

| 구분 | 계약방식 |
|---|---|
| 공사실시방식 | 일식도급, 분할도급, 공동도급 |
| 공사금액 지불방식 | 정액도급, 단가도급, 실비정산보수가산도급 |

**11** 발주자가 시공자에게 공사를 발주하는 경우 계약방식에 의한 시공방식으로 옳지 않은 것은?  [18년 4회]

① 보증방식
② 직영방식
③ 실비정산방식
④ 단가도급방식

[해설]

보증방식은 계약방식에 의한 시공방식이 아닌, 각종 예상치 못한 상황에 대비한 계약상 명시사항이다.

**12** 공동도급(Joint Venture)방식의 장점에 관한 설명으로 옳지 않은 것은?  [15년 4회]

① 2명 이상의 업자가 공동으로 도급하므로 자금부담이 경감된다.
② 대규모 공사를 단독으로 도급하는 것보다 적자 등 위험부담의 분산이 가능하다.
③ 공동도급 구성원 상호 간의 이해충돌이 없고 현장관리가 용이하다.
④ 각 구성원이 공사에 대하여 연대책임을 지므로, 단독도급에 비해 발주자는 더 큰 안정성을 기대할 수 있다.

[해설]

공동도급은 대규모 공사에서 수 개의 건설회사가 공동으로 출자하여 한 회사의 입장에서 공사를 수주하고 연대책임으로 시공하는 방식이기 때문에 이해충돌이 생길 수 있으며 현장관리가 어렵다.

**13** 공동도급방식(Joint Venture)에 관한 설명으로 옳은 것은?  [21년 2회]

① 2명 이상의 수급자가 어느 특정 공사에 대하여 협동으로 공사계약을 체결하는 방식이다.
② 발주자, 설계자, 공사관리자의 세 전문집단에 의하여 공사를 수행하는 방식이다.
③ 발주자와 수급자가 상호 신뢰를 바탕으로 팀을 구성하여 공동으로 공사를 수행하는 방식이다.
④ 공사 수행방식에 따라 설계/시공(D/B)방식과 설계/관리(D/M)방식으로 구분한다.

[해설]

공동도급은 대규모 공사에서 수 개의 건설회사가 공동으로 출자하여 한 회사의 입장에서 공사를 수주하고 연대책임으로 시공하는 방식이다.

**14** 계약제도의 하나로서 독립된 회사의 연합으로 법인을 설립하지 않으며 공사의 책임과 공사 클레임 등을 각각 독립된 회사의 계약 당사자가 책임을 지는 방식은?  [17년 4회]

① 공동도급(Joint Venture)
② 파트너링(Partnering)
③ 컨소시엄(Consortium)
④ 분할도급(Partial Contract)

[해설]

① 공동도급(Joint Venture) : 대규모 공사를 수 개의 건설회사가 공동으로 출자하여 한 회사의 입장에서 공사를 수주하고 연대책임으로 시공하는 방식
② 파트너링(Partnering) : 발주자와 수급자가 상호신뢰를 바탕으로 팀을 구성해서 프로젝트의 성공과 상호이익확보를 목표로 공동으로 프로젝트를 관리하는 방식
④ 분할도급(Partial Contract) : 공사를 유형별로 구분하여 각각 전문적인 업자에게 분할하는 도급

정답 11 ① 12 ③ 13 ① 14 ③

## 과년도 기출문제

**15** 실비정산 보수가산계약제도의 특징이 아닌 것은? [21년 4회]

① 설계와 시공의 중첩이 가능한 단계별 시공이 가능하다.
② 복잡한 변경이 예상되거나 긴급을 요하는 공사에 적합하다.
③ 계약체결 시 공사비용의 최댓값을 정하는 최대보증한도 실비정산 보수가산계약이 일반적으로 사용된다.
④ 공사금액을 구성하는 물량 또는 단위공사 부분에 대한 단가만을 확정하고 공사 완료 시 실시수량의 확정에 따라 정산하는 방식이다.

[해설]
④는 단가계약(단가도급)에 대한 설명이다.

**16** 아래 설명은 어느 방식에 해당되는가? [22년 1회]

> 도급자가 대상계획의 기업, 금융, 토지조달, 설계, 시공, 기계·기구설치, 시운전 및 조업지도까지 주문자가 필요로 하는 모든 것을 조달하여 주문자에게 인도하는 방식으로, 산업기술의 고도화, 전문화와 건축물의 고층화, 대형화에 따라 계속 증가 추세인 것

① 프로젝트관리방식(PM)
② 공사관리방식(CM)
③ 파트너링방식
④ 턴키방식

[해설]
턴키도급(Turn-key)방식은 모든 요소(대상 계획의 기업, 금융, 토지조달, 설계, 시공, 기계기구 설치, 시운전 및 조업지도 등)를 포함한 도급계약방식으로 주문자가 필요로 하는 모든 것을 조달하여 주문자에게 인도하는 방식이다.

**17** 주문받은 건설업자가 대상계획의 기업, 금융, 토지조달, 설계, 시공 기타 모든 요소를 포괄하여 발주하는 도급계약 방식은? [22년 2회]

① 실비정산 보수가산도급
② 정액도급
③ 공동도급
④ 턴키도급

[해설]
턴키도급(Turn-key)방식은 모든 요소(대상 계획의 기업, 금융, 토지조달, 설계, 시공, 기계기구 설치, 시운전 및 조업지도 등)를 포함한 도급계약방식으로 주문자가 필요로 하는 모든 것을 조달하여 주문자에게 인도하는 방식이다.

정답 15 ④ 16 ④ 17 ④

## 01 건설업과 건설경영

### 4 SOC 사업의 민간투자사업 추진방법

| | |
|---|---|
| BOO (Build-Operate-Own) | • 사회간접시설을 민간사업자가 주도하여 Project를 설계·시공한 후 그 시설의 운영과 함께 소유권도 민간에 이전하는 방식이다.<br>• 설계·시공 → 운영 → 소유권 획득 |
| BOT (Build-Operate-Transfer) | • 사회간접시설을 민간사업자가 주도하여 Project를 설계·시공한 후 일정 기간 동안 시설물을 운영하여 투자금액을 회수한 다음, 그 시설물과 운영권을 무상으로 정부나 사회단체에 이전해 주는 방식이다.<br>• 설계·시공 → 운영 → 소유권 이전 |
| BTO (Build-Transfer-Operate) | • 사회간접시설을 민간사업자가 주도하여 Project를 설계·시공한 후 시설물의 소유권을 공공 부분에 먼저 이전하고 약정 기간 동안 그 시설물을 운영하여 투자금액을 회수해가는 방식이다.<br>• 설계·시공 → 소유권 이전 → 운영 |
| BTL (Build-Transfer-Lease) | • 민간사업자가 공공시설을 건설(Build)한 후 정부에 소유권을 이전(Transfer, 기부채납)함과 동시에 정부에 임대(Lease)한 임대료를 징수하여 시설투자비를 회수해가는 방식이다.<br>• 설계·시공 → 소유권 이전 → 임대료 징수 |

### 5 입찰 방식

| | |
|---|---|
| 공개경쟁입찰 | • 입찰 참가를 공고하여 유자격자는 모두 참가시키는 입찰 방식<br>• 장점 : 담합의 우려가 적음, 공사비 절감, 공정하고 자유로운 경쟁, 입찰자 선정이 공정<br>• 단점 : 입찰수속이 복잡, 공사의 품질 저하 우려, 과다한 경쟁 |
| 제한경쟁입찰 | 일정 자격 외에 특수한 기술, 실적 등 추가적 요건을 갖춘 불특정 다수인을 참여시키는 제도로서, 불성실, 무능력자 배제가 목적 |
| 지명경쟁입찰 | • 공사에 가장 적격이라고 인정하는 3~7개 정도의 시공회사를 재산, 신용, 기술경력에 의해 선정하여 입찰시키는 방식<br>• 장점 : 양질의 시공결과 기대, 부당한 업자 참여 배제<br>• 단점 : 담합 우려 |
| 특명입찰 | • 시공회사의 신용, 자산, 공사경력, 보유기재, 자재, 기술을 고려하여 그 공사에 가장 적격한 1개 회사를 지정하여 입찰시키는 방식<br>• 장점 : 공사 기밀 유지, 입찰 수속 간단, 우량의 공사 기대<br>• 단점 : 공사비 증대, 공사금액 결정 불명확, 불공평한 일이 내재 |
| 성능발주방식 | 건축주가 제시하는 기본요건(면적, 용도, 환경)에 맞게 응모 입찰자가 제출한 설계, 시공법, 공사비 등을 대상으로 심사하여 가장 좋은 것을 채용하는 방식 |
| 대안입찰 | • 대형공사에서 원안입찰과 함께 입찰자의 의사에 따라 대안의 제출이 허용된 공사의 입찰<br>• 공사비를 절감할 수 있음<br>• 설계상 문제점의 보완이 가능<br>• 신기술의 개발 및 축적을 기대할 수 있음<br>• 대안의 평가 심의 등에 따라 입찰기간이 길어질 수 있음 |

**입찰 순서**

입찰통지 → 현장설명 → 입찰 → 개찰 → 낙찰 → 계약

**공사도급계약 시 필요 첨부서류**

공사도급계약 서류, 설계도서(설계도 및 시방서)

**공사도급계약 시 명시사항**

공사 내용, 도급 금액, 공사 착수시기, 완공시기, 도급액 지불방법, 지불시기, 설계변경, 공사중지의 경우 도급액 변경, 손해부담, 천재지변에 의한 손해 부담, 인도·검사 및 인도 시기, 도급대금의 지불시기, 계약에 관한 분쟁의 해결방법

**건설 클레임**

계약 당사자 간의 계약조건에 대한 요구 또는 주장이 불일치되어 양 당사자에 의해 해결될 수 없는 것을 말한다.

**입찰보증**

응찰 시 낙찰자가 계약을 체결할 의사가 없는 자의 입찰참가자를 방지하기 위한 제도로서 낙찰되지 않은 자에게는 개찰 후 반환하여 주고 낙찰자에게는 계약체결 후에 반환하여 주는 보증을 말한다.

| | |
|---|---|
| 부대입찰방식 | 건설공사 입찰에 있어 불공정 하도급 거래를 예방하고 하도급 계열화를 촉진하기 위한 목적으로 시행하는 제도 |
| PQ제도<br>(Pre-Qualification) | 건설업체의 공사 수행 능력을 시공 경험, 기술능력, 재무상태, 조직관리 등 비가격 요인을 종합적으로 검토하여 가장 효율적으로 공사를 수행할 수 있는 업체에 입찰 참가 자격을 부여하는 제도 |
| T.E.S방식(Two Envelope System) | 입찰자가 봉투 속에 봉투를 넣어서 입찰한다는 개념으로 1차 적으로 입찰에 응한 회사가 기술 능력이 있는가 평가하고, 그 상한선을 통과된 회사 중에서 2차적으로 입찰가격으로 평가하여 낙찰자를 선정하는 방식 |

## 6 공사의 인허가

| 공통 인허가 | 건축 인허가 |
|---|---|
| • 도로점용허가 신청<br>• 방화관리자 선임신고<br>• 건설폐기물 처리계획 신고<br>• 사업장폐기물배출자 신고<br>• 비산먼지 발생사업 신고<br>• 품질시험계획서<br>• 유해위험 방지 계획서<br>• 안전관리계획서<br>• 특정공사 사전신고(소음/진동) | • 건축물 착공신고<br>• 경계측량<br>• 가설건축물 축조신고 및 사용승인<br>• 품질관리계획서<br>• 화약류 사용허가 신청<br>• 화약류 운반신고 |

## 7 시공 계획

| | |
|---|---|
| 개념 | 시공 계획의 목표로서는 공사의 목적으로 하는 건축물을 설계도면 및 시방서에 따라 소정의 공사기간 내에 예산에 맞게 최소의 비용으로 안전하게 시공할 수 있는 조건과 방법을 세우는 것 |
| 시공 계획 시<br>주요 고려사항 | • 가설사무실의 위치선정, 공사용 장비의 배치 등 가설 계획의 수립<br>• 현장직원의 조직편성 계획 수립, 예정 공정표의 작성<br>• 자재, 노무, 장비 등의 투입 계획 수립 |
| 시공 계획 순서 | 현장원 편성 → 공정표 작성 → 실행예산의 편성과 조성 → 하도급자의 선정 → 가설 준비물의 결정 → 재료의 선정 및 노력의 결정 → 재해방지 |

**실행예산**
도급자가 공사를 착공하기 전에 공사내용과 공기를 가장 효과적으로 달성하면서 집행 가능한 최소의 투자를 전제하여 시공 계획과 손익의 목표를 합리적으로 표현한 금액적 계획서

**건설산업기본법**
건설공사의 조사, 설계, 감리, 기술관리 등에 관한 기본적인 사항과 건설법의 등록 및 건설공사의 도급 등에 필요한 사항을 정해 놓은 법

## 과년도 기출문제

**01** 건축주가 시공회사의 신용, 자산, 공사경력, 보유 기자재 등을 고려하여 그 공사에 적격한 하나의 업체를 지명하여 입찰시키는 방법은? [19년 4회]

① 공개경쟁입찰　② 제한경쟁입찰
③ 지명경쟁입찰　④ 특명입찰

[해설]
① 공개경쟁입찰 : 입찰 참가자를 공모하여 유자격자는 모두 참여시켜 입찰하는 방식
② 제한경쟁입찰 : 업체 자격에 제한을 가하여 입찰에 참가시키는 방식(지역제한경쟁입찰 등)
③ 지명경쟁입찰 : 건축주가 해당 공사에 적격하다고 인정되는 수개의 도급업자를 선정하여 입찰시키는 방식

**02** 지명경쟁입찰을 택하는 이유 중 가장 중요한 것은? [15년 1회, 22년 2회]

① 양질의 시공 결과 기대
② 공사비의 절감
③ 준공기일의 단축
④ 공사 감리의 편리

[해설]
지명경쟁입찰은 공사에 가장 적격한 업체 3~7개 정도의 시공회사를 재산, 신용, 기술경력에 의해 선정하여 입찰시키는 방식으로서 양질의 시공 결과를 얻고자 시행하는 입찰방식이다.

**03** 건축주 자신이 특정의 단일 상태를 선정하여 발주하는 방식으로서, 특수공사나 기밀보장이 필요한 경우, 또 긴급을 요하는 공사에서 주로 채택되는 것은? [21년 1회]

① 공개경쟁입찰　② 제한경쟁입찰
③ 지명경쟁입찰　④ 특명입찰

[해설]
① 공개경쟁입찰 : 입찰 참가자를 공모하여 유자격자는 모두 참여시켜 입찰하는 방식
② 제한경쟁입찰 : 업체 자격에 제한을 가하여 입찰에 참가시키는 방식(지역제한경쟁입찰 등)
③ 지명경쟁입찰 : 건축주가 해당 공사에 적격하다고 인정되는 수개의 도급업자를 선정하여 입찰시키는 방식

**04** 대안입찰제도의 특징에 관한 설명으로 옳지 않은 것은? [20년 1·2회 통합]

① 공사비를 절감할 수 있다.
② 설계상 문제점의 보완이 가능하다.
③ 신기술의 개발 및 축적을 기대할 수 있다.
④ 입찰기간이 단축된다.

[해설]
대안입찰제도는 건축주가 제시한 원안보다 비용이 저렴하고 공기가 단축될 수 있는 대안을 도급자가 제시하고, 이를 평가하여 선정하는 입찰제도로서, 대안을 마련하는 과정에서 시간이 소모되므로 입찰기간이 길어질 수 있다.

**05** 입찰참가 사전자격심사(Pre-Qualification)에 관한 설명으로 옳지 않은 것은? [16년 1회]

① 공사입찰 시 참가자의 기술능력, 관리 및 경영상태 등을 종합 평가한다.
② 공사입찰 시 입찰자로 하여금 산출내역서를 제출하도록 한 입찰제도이다.
③ 댐, 지하철, 고속도로 등의 토목 대형 공사에 주로 적용된다.
④ 부실공사를 방지하기 위한 수단이다.

[해설]
②는 내역입찰제도에 대한 설명이다.

**06** 기술제안입찰제도의 특징에 관한 설명으로 옳지 않은 것은? [21년 2회]

① 공사비 절감방안의 제안은 불가하다.
② 기술제안서 작성에 추가비용이 발생된다.
③ 제안된 기술의 지적재산권 인정이 미흡하다.
④ 원안 설계에 대한 공법, 품질 확보 등이 핵심 제안요소이다.

정답　01 ④　02 ①　03 ④　04 ④　05 ②　06 ①

[해설]
기술제안입찰은 신기술 등을 활용한 공사비 절감방안 등의 제안이 가능하다.

**07** 다음 중 건설공사의 입찰 순서로 옳은 것은?
[15년 4회, 19년 4회]

ⓐ 입찰통지    ⓑ 계약
ⓒ 입찰        ⓓ 현장설명
ⓔ 낙찰        ⓕ 개찰

① ⓐ-ⓓ-ⓒ-ⓑ-ⓔ-ⓕ
② ⓐ-ⓑ-ⓔ-ⓕ-ⓒ-ⓓ
③ ⓐ-ⓔ-ⓑ-ⓕ-ⓒ-ⓓ
④ ⓐ-ⓓ-ⓒ-ⓕ-ⓔ-ⓑ

[해설]
입찰경쟁의 업무순서
입찰공고(입찰통지) → 참가등록 → 현장설명 → 견적 → 입찰등록 → 입찰 → 개찰 및 낙찰 → 계약

**08** 건설 클레임과 분쟁에 관한 설명으로 옳지 않은 것은?
[17년 2회]

① 클레임의 예방대책으로는 프로젝트의 모든 단계에서 시공의 기술과 경험을 이용한 시공성 검토가 있다.
② 작업범위 관련 클레임은 주로 예상치 못했던 지하구조물의 출현이나 지반 형태로 인해 시공자가 작업 수행을 위해 입찰 시 책정된 예정 가격을 초과 부담해야 할 경우에 발생한다.
③ 분쟁은 발주자와 계약자의 상호 이견 발생 시 조정, 중재, 소송의 개념으로 진행되는 것이다.
④ 클레임의 접근절차는 사전평가단계, 근거자료확보단계, 자료분석단계, 문서작성단계, 청구금액 산출단계, 문서제출단계 등으로 진행된다.

[해설]
②의 클레임은 현장조건 상이 클레임에 해당하며, 작업(공사) 범위 관련 클레임은 기술적, 기능적으로 수행해야 하는 작업(공사)의 범위에 대해, 이해 당사자 간(발주자와 시공자 등) 견해 차이가 있을 경우의 클레임 유형이다.

**09** 공사 착공시점의 인허가 항목이 아닌 것은?
[18년 2회]

① 비산먼지 발생사업 신고
② 오수처리시설 설치신고
③ 특정공사 사전신고
④ 가설건축물 축조신고

[해설]
착공시점의 인허가 항목은 이미 허가를 마친 건설프로젝트에서 착공하기 전에 공사착공 시 필요한 시설 및 환경적 관련 사항들에 대한 인허가 항목을 의미한다.
② 오수처리시설은 이러한 착공시점의 인허가 항목이 아닌, 최초 건축허가 시점에 신고되는 사항으로 다른 보기들보다 선행하여 진행하는 사항이다.

정답 07 ④ 08 ② 09 ②

# 01 건설업과 건설경영

## 8 공정관리

### (1) 공정표의 종류

| 열기식 공정표 | 기본공정표와 상세공정표에 표시된 대로 공사를 진행시키기 위해 재료, 노력, 원척도 등이 필요한 기일까지 반입, 동원될 수 있도록 작성한 공정표이다. |
|---|---|
| 사선식 공정표 | • 세로에 공사량, 총인부 등을 표시하고 가로에 월, 일, 일수를 취하여 일정한 절선을 가지고 공사진행 상태를 수량적으로 표시한다.<br>• 작업 관련성을 나타낼 수는 없으나, 공사의 기성고를 표시하는 데에는 편리하다.<br>• 노무자와 재료의 수배에 알맞은 공사지연에 대한 조속한 대처가 가능하다. |
| 횡선식 공정표 | • 횡선에 의해 진도관리가 되고, 공사 착수 및 완료일이 시각적으로 명확하다.<br>• 전체 공정 시기가 일목요연하고 경험이 적은 사람도 이용하기 쉽다.<br>• 공기에 영향을 주는 작업의 발견이 어렵다.<br>• 작업 상호 간에 관계가 불분명하다.<br>• 사전 예측 및 통계 기능이 약하다. |
| 네트워크 공정표 | • 네트워크 공정표는 작업의 상호 관계를 ○표와 화살표(→)로 표시한 망상도로서, 각 화살표나 ○표에는 그 작업의 명칭, 작업량, 소요시간, 투입자재, 코스트 등 공정상 계획 및 관리상 필요한 정보를 기입하여 프로젝트 수행에 관련하여 발생하는 공정상의 제문제를 도해나 수리적 모델로 해명하고 진척 관리하는 것이다.<br>• 공사계획의 전모와 공사 전체의 파악을 용이하게 할 수 있다.<br>• 각 작업의 흐름과 공정이 분해됨과 동시에 작업의 상호 관계가 명확하게 표시된다.<br>• 계획단계에서부터 공정상의 문제점이 명확하게 파악되고 작업 전에 수정을 가할 수 있다.<br>• 공사의 진척상황이 누구에게나 쉽게 알려지게 된다.<br>• 작성시간이 길며, 작성 및 검사에 특별한 기능이 요구된다. |

✚ **공사 실행 공정표의 작성시기**
공사착수 직전에 작성

**LOB(Line of Balance)**
반복되는 작업을 수량적으로 도식화하는 공정관리기법으로 아파트 및 오피스 건축에서 주로 활용하는 공정관리기법

**중간관리일**
전체 사업 중 관리목적상 반드시 지켜야 하는 중요한 작업의 시작과 종료를 의미하는 특정시점

**공정계획의 순수계획과 일정계획(순수계획 후 일정계획 수립)**

| 순수계획 | 프로젝트를 단위작업으로 분해, 각 작업의 순서를 붙여서 행하며, 네트워크로 표현, 각 작업시간을 견적 |
|---|---|
| 일정계획 | 시간계산 실시, 공기조정 실시, 공정표 작성 |

### (2) PERT와 CPM의 비교

| 구분 | PERT | CPM |
|---|---|---|
| 개발 및 응용 | • 미군수국 특별계획부(S.P)에 의하여 개발<br>• 함대 탄도탄(F.B.M) 개발에 응용 | • Walker(Dupont)와 Kelly(Remington)에 의하여 개발<br>• 듀폰에 있어서 보전에 응용 |
| 대상계획 및 사업종류 | 신규사업, 비반복 사업, 경험이 없는 사업 등에 이용 | 반복사업, 경험이 있는 사업 등에 이용 |
| 소요시간 추정 | 3점 시간 추정<br>$t_e = \dfrac{t_0 + 4t_m + t_p}{6}$<br>$t_e$ : 평균기대시간, $t_0$ : 낙관 시간치<br>$t_m$ : 정상 시간치, $t_p$ : 비관 시간치 | 1점 시간 추정 $t_e = t_m$ |

## (3) 네트워크 공정표의 주요용어

| Critical Path (주공정선) | 처음 작업부터 마지막 작업에 이르는 모든 경로 중에서 가장 긴 시간이 걸리는 경로 |
|---|---|
| Activity | 프로젝트를 구성하는 단위작업 |
| Float | 각 작업에 허용되는 시간적인 여유 |
| Event | 작업과 작업을 결합하는 점 및 프로젝트의 개시점 혹은 종료점 |
| Dummy | 네트워크 공정표에서 작업의 상호 관계만을 도시하기 위하여 사용하는 화살선 |

## (4) 공기단축

| 시간과 비용과의 관계 | • 총 공사비는 직접비와 간접비의 합으로 구성된다.<br>• 시공속도를 빨리하면 간접비는 감소되고 직접비는 증대된다.<br>• 직접비와 간접비의 총 합계가 최소가 되도록 한 시공속도를 최적 시공속도 또는 경제속도라 한다. |
|---|---|
| 비용구배 | • 비용구배란 공기 1일 단축 시 증가비용을 말한다.<br>• 시간 단축 시 증가되는 비용의 곡선을 직선으로 가정한 기울기의 값이다.<br>• 비용구배 = $\dfrac{\text{특급비용} - \text{표준비용}}{\text{표준공기} - \text{특급공기}}$<br>• 단위는 원/일이다.<br>• 공기단축 가능일수 = 표준공기 − 특급공기<br>• 특급점이란 더 이상 단축이 불가능한 시간(절대공기)을 말한다. |
| MCX(Minimum Cost Expediting, 최소비용계획법) | 주공정상의 비용구배(Cost Slope)가 가장 작은 작업부터 단축하여 최소비용으로 공기를 단축하는 대표적인 공기단축기법이다. |
| EVMS(Earned Value Management System) | 건설 프로젝트의 비용 및 일정에 대한 계획 대비 실적을 통합된 기준으로 비교, 관리하는 통합공정관리시스템 |

➕ 비용구배

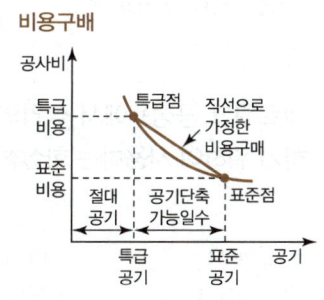

## 과년도 기출문제

**01** 기본공정표와 상세공정표에 표시된 대로 공사를 진행시키기 위해 재료, 노력, 원척도 등이 필요한 기일까지 반입, 동원될 수 있도록 작성한 공정표는? [18년 2회]

① 횡선식 공정표　② 열기식 공정표
③ 사선 그래프식 공정표　④ 일순식 공정표

[해설]

**열기식 공정표**
기본 또는 상세 공정표에 계획된 대로 공사를 진행시키기 위하여 재료, 노무자 등이 필요한 시기까지 반입, 동원될 수 있도록 작성한 나열식 공정표이다.

**02** 네트워크 공정표에서 작업의 상호 관계만을 도시하기 위하여 사용하는 화살선을 무엇이라 하는가? [17년 1회, 22년 1회]

① Event　② Dummy
③ Activity　④ Critical Path

[해설]

① Event : 화살표형 네트워크의 작업과 작업을 결합하는 점 및 개시점·종료점
③ Activity : 프로젝트를 구성하는 작업단위
④ Critical Path : 개시 결합점에서 종료 결합점에 이르는 가장 긴 패스

**03** 네트워크(Network) 공정표의 장점이라고 볼 수 없는 것은? [14년 2회, 20년 3회]

① 작업 상호 간의 관련성을 알기 쉽다.
② 공정계획의 초기 작성시간이 단축된다.
③ 공사의 진척 관리를 정확히 할 수 있다.
④ 공기단축 가능 요소의 발견이 용이하다.

[해설]

네트워크(Network) 공정표는 공정계획의 초기 작성시간이 길어지는 단점이 있다.

**04** 네트워크(Network) 공정표의 장점이라고 볼 수 없는 것은? [15년 4회]

① 작업 상호 간의 관련성 파악이 용이하다.
② 진도 관리를 명확하게 실시할 수 있으며 적절한 조치를 취할 수 있다.
③ 작업의 선후관계 및 소요일정 파악이 용이하다.
④ 작성 및 검사에 특별한 기능이 필요 없고, 경험이 없는 사람도 쉽게 작성할 수 있다.

[해설]

네트워크(Network) 공정표는 작성 및 검사에 특별한 기능이 요구되고, 작성 경험이 중요하므로, 공정계획의 초기 작성시간이 길어지는 단점이 있다.

**05** 고층건축물 공사의 반복작업에서 각 작업조의 생산성을 기울기로 하는 직선으로 각 반복작업의 진행을 표시하여 전체 공사를 도식화하는 기법은? [17년 2회, 20년 4회]

① CPM　② PERT
③ PDM　④ LOB

[해설]

**LOB(Line Of Balance)**
반복되는 각 작업들의 상호 관계를 명확하게 나타낼 수 있어 도로나 고층빌딩골조와 같은 반복되는 공사에 주로 사용된다.

**06** 낙관적 시간 a=4, 개연적 시간 m=7, 비관적 시간 b=8이라고 할 때 PERT 기법에서 적용하는 예상시간은 얼마인가?(단, 단위는 주) [15년 2회]

① 5.8주　② 6.0주
③ 6.3주　④ 6.7주

[해설]

평균예상시간($t_e$)

$$= \frac{\text{낙관적 시간}(t_0) + 4 \times \text{개연적시간}(\text{정상시간}\, t_m) + \text{비관적시간}(t_p)}{6}$$

$$= \frac{4 + 4 \times 7 + 8}{6} = 6.67 = 6.7\text{주}$$

**정답** 01 ②　02 ②　03 ②　04 ④　05 ④　06 ④

## 과년도 기출문제

**07** 네트워크 공정표에 사용되는 용어에 대한 설명으로 틀린 것은? [15년 1회]

① Critical Path : 처음 작업부터 마지막 작업에 이르는 모든 경로 중에서 가장 긴 시간이 걸리는 경로
② Activity : 작업을 수행하는 데 필요한 시간
③ Float : 각 작업에 허용되는 시간적인 여유
④ Event : 작업과 작업을 결합하는 점 및 프로젝트의 개시점 혹은 종료점

[해설]

Activity는 프로젝트를 구성하는 작업단위이다.

**08** 그림과 같은 네트워크 공정표에서 주공정선(Critical Path)은? [19년 1회]

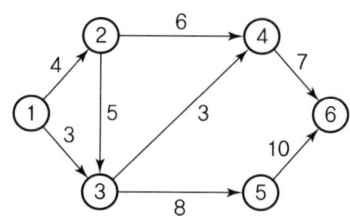

① ① → ③ → ⑤ → ⑥
② ① → ② → ④ → ⑥
③ ① → ② → ③ → ④ → ⑥
④ ① → ② → ③ → ⑤ → ⑥

[해설]

가장 긴 경로를 찾는다.
① ① → ③ → ⑤ → ⑥ : 3 + 8 + 10 = 21일
② ① → ② → ④ → ⑥ : 4 + 6 + 7 = 17일
③ ① → ② → ③ → ④ → ⑥ : 4 + 5 + 3 + 7 = 19일
④ ① → ② → ③ → ⑤ → ⑥ : 4 + 5 + 8 + 10 = 27일

**09** 공정관리의 공정계획에는 수순계획과 일정계획이 있다. 다음 중 일정계획에 속하지 않는 것은? [15년 1회]

① 시간계획
② 공사기일 조정
③ 프로젝트를 단위작업으로 분해
④ 공정도 작성

[해설]

프로젝트를 단위작업으로 분해하는 것은 수순계획에 속한다. 공정계획(공정표 작성) 순서는 수순계획과 일정계획의 순으로 구성되며, 다음과 같이 진행된다.

**공정계획(공정표 작성) 순서**

| 수순계획 | ① 프로젝트를 단위작업으로 분해<br>② 각 작업에 순서를 부여하고 네트워크를 표현<br>③ 각 작업의 소요시간을 정함 |
|---|---|
| 일정계획 | ④ 시간 계획(계산)<br>⑤ 공사기일 조정<br>⑥ 공정표 작성 |

**10** MCX(Minimum Cost Expediting) 기법에 의한 공기단축에서 아무리 비용을 투자해도 그 이상 공기를 단축할 수 없는 한계점을 무엇이라 하는가? [14년 1회]

① 표준점  ② 특급점
③ 포화점  ④ 경제 속도점

[해설]

MCX(Minimum Cost Expediting)기법은 1일 공기를 단축할 때 필요한 비용이 최소인 것부터 공정을 단축하는 기법으로서, 비용을 아무리 많이 투자해도 공기가 단축되지 않는 점을 특급점이라고 한다.

**11** 공정관리에서 공기단축을 시행할 경우에 관한 설명으로 옳지 않은 것은? [21년 4회]

① 특별한 경우가 아니면 공기단축 시행 시 간접비는 상승한다.
② 비용구배가 최소인 작업을 우선 단축한다.
③ 주공정선상의 작업을 먼저 대상으로 단축한다.
④ MCX(Minimum Cost Expediting)법은 대표적인 공기단축방법이다.

[해설]

특별한 경우가 아니면 공기단축 시행 시 간접비는 감소하고, 직접비는 상승하게 된다.

정답 07 ② 08 ④ 09 ③ 10 ② 11 ①

## 01 건설업과 건설경영

### 9 품질관리(Quality Control) 활동 도구

| | |
|---|---|
| 히스토그램 | 계량치의 분포(데이터)가 어떠한 분포로 되어 있는지 알아보기 위하여 작성하는 것 |
| 특성요인도 | 결과에 원인이 어떻게 관계하고 있는가를 한눈에 알아보기 위하여 작성하는 것(체계적 정리, 원인 발견) |
| 파레토도 | 불량, 결점, 고장 등의 발생건수를 분류항목별로 나누어 크기 순서대로 나열해 놓은 것(불량항목과 원인의 중요성 발견) |
| 체크시트 | 계수치의 데이터가 분류항목별 어디에 집중되어 있는가를 알아보기 쉽게 나타낸 것(불량항목 발생, 상황파악 데이터의 사실 파악) |
| 그래프 | 품질관리에서 얻은 각종 자료의 결과를 알기 쉽게 그림으로 정리한 것 |
| 산점도 | 서로 대응되는 두 개의 짝으로 된 데이터를 그래프 용지에 점으로 나타내어 두 변수 간의 상관관계를 짐작할 수 있음 |
| 층별 | 집단을 구성하고 있는 많은 데이터를 어떤 특징에 따라 몇 개의 부분집단으로 나눈 것 |

+ 품질관리순서(데밍의 PDCA cycle) : Plan → Do → Check → Action
- Plan(계획) : 작업표준 및 품질표준 설정, 품질관리 대상 항목 결정
- Do(실시) : 표준과 동일한 작업을 실시
- Check(확인) : 작업상황 및 결과를 체크
- Action(시정) : Check한 결과에 따라 시정

### 개념이해

**01** 품질관리(Quality Control) 활동의 도구에 해당되지 않는 것은? [13년 2회]

① 기능계통도  ② 특성요인도
③ 파레토도  ④ 히스토그램

○ QC(Quality Control) 활동 도구 7가지
산점도, 히스토그램, 특성요인도, 파레토도, 체크시트, 층별, 그래프

답 ①

**02** 다음 중 QC활동의 도구가 아닌 것은? [20년 4회]

① 특성요인도  ② 파레토그램
③ 층별  ④ 기능계통도

○ QC(Quality Control) 활동 도구 7가지
산점도, 히스토그램, 특성요인도, 파레토도, 체크시트, 층별, 그래프

답 ④

## 과년도 기출문제

건축 / 기사 / 필기

**01** 다음 중 통계적 품질관리기법의 종류에 해당되지 않는 것은? [20년 3회]

① 히스토그램 ② 특성요인도
③ 브레인스토밍 ④ 파레토도

[해설]

QC(Quality Control) 활동 도구 7가지
산점도, 히스토그램, 특성요인도, 파레토도, 체크시트, 층별, 그래프

**02** TQC를 위한 7가지 도구 중 다음 설명에 해당하는 것은? [19년 4회, 22년 2회]

> 모집단에 대한 품질특성을 알기 위하여 모집단의 분포상태, 분포의 중심위치, 분포의 산포 등을 쉽게 파악할 수 있도록 막대 그래프 형식으로 작성한 도수분포도를 말한다.

① 히스토그램 ② 특성요인도
③ 파레토도 ④ 체크 시트

[해설]

② 특성요인도 : 결과에 원인이 어떻게 관계하고 있는가를 한눈에 알아보기 위하여 작성하는 것이다(체계적 정리, 원인 발견).
③ 파레토도 : 불량, 결점, 고장 등의 발생건수를 분류항목별로 나누어 크기 순서대로 나열해 놓은 것이다(불량항목과 원인의 중요성 발견).
④ 체크시트 : 계수치의 데이터가 분류항목별 어디에 집중되어 있는가를 알아보기 쉽게 나타낸 것이다(불량항목 발생, 상황파악 데이터의 사실 파악).

**03** 통합품질관리 TQC(Total Quality Control)를 위한 도구에 관한 설명으로 옳지 않은 것은? [16년 1회]

① 파레토도란 층별 요인이나 특성에 대한 불량점유율을 나타낸 그림으로서 가로축에는 층별 요인이나 특성을, 세로축에는 불량건수나 불량손실금액 등을 표시하여 그 점유율을 나타낸 불량해석도이다.
② 특성요인도란 문제로 하고 있는 특성요인 간의 관계, 요인 간의 상호 관계를 쉽게 이해할 수 있도록 화살표를 이용하여 나타낸 그림이다.
③ 히스토그램이란 모집단에 대한 품질특성을 알기 위하여 모집단의 분포상태, 분포의 중심위치, 분포의 산포 등을 쉽게 파악할 수 있도록 막대그래프 형식으로 작성한 도수분포도를 말한다.
④ 관리도란 통계적 요인이나 특성에 대한 두 변량 간의 상관관계를 파악하기 위한 그림으로서 두 변량을 각각 가로축과 세로축에 취하여 측정값을 타점하여 작성한다.

[해설]

④는 산점도(Scatter Diagram)에 대한 설명이며, 관리도는 품질관리에서 얻은 각종 자료를 알기 쉽게 정리한 그림으로 Data가 설정된 기준 내에 들어가는지 판정하는데 적용되는 품질관리도구이다.

**04** 품질관리사이클의 순서로 옳은 것은? [13년 4회]

① 계획 – 검토 – 실시 – 조치
② 계획 – 검토 – 조치 – 실시
③ 계획 – 실시 – 조치 – 검토
④ 계획 – 실시 – 검토 – 조치

[해설]

Deming의 품질 Cycle 4단계
① Plan(계획) 단계 : 목적달성을 위한 수단과 방법의 결정(작업 표준화)
② Do(실시) 단계 : 작업 표준화에 대한 교육과 훈련 및 작업 실시
③ Check(검토) 단계 : 결과와 실시방법을 대상으로 검사(품질의 검사 및 평가)
④ Action(조치) 단계 : Check 사항에 대한 시정조치 및 원인분석 결과를 Feedback

정답 01 ③ 02 ① 03 ④ 04 ④

# 02 가설공사

## 1 가설공사의 분류

| 공통가설공사 | 공사 전반에 걸쳐 여러 공종에 공통으로 사용되는 공사로서 울타리, 가설건물, 가설전기, 가설용수 등이 있다. |
|---|---|
| 직접가설공사 | 특정 공정에 사용되는 공사로서 규준틀, 비계, 먹매김, 양중, 운반, 보양 등이 있다. |

- 가설공사는 공사기간 중 임시로 설치하여 공사를 완성할 목적으로 쓰이는 제반시설 및 수단을 총칭한다.
- 가설울타리는 비산먼지 발생 신고 대상 건축물로서 공사장 경계에서 50m 이내에 주거·상가 건축물이 있는 경우 높이 3m 이상 방진벽 형태로 설치한다.

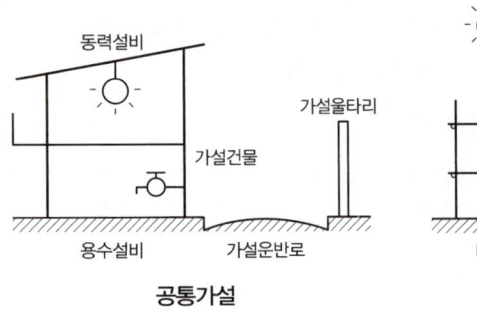

공통가설

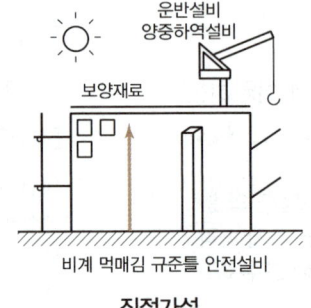

직접가설

### 개념이해

**01** 가설공사에서 공통가설공사에 해당되지 않는 가설물은? [13년 1회]

① 가설사무실  ② 동바리
③ 가설울타리  ④ 각종 실험실

○ 동바리는 직접가설공사에 해당한다.

답 ②

**02** 다음 중 공통가설공사에 해당하지 않는 것은? [13년 2회]

① 가설울타리  ② 현장사무소
③ 공사용수    ④ 비계

○ 비계는 직접가설공사에 해당한다.

답 ④

**03** 건축공사의 원가계산상 현장의 공사용수설비는 어느 항목에 포함되는가? [18년 4회]

① 재료비      ② 외주비
③ 가설공사비  ④ 콘크리트 공사비

○ 공사용수설비는 공통가설공사로 가설공사비 항목에 속하게 된다.

답 ③

## 2 주요 공통 가설공사

### (1) 가설 건축물

| 현장 사무실 | 1인당 3.3m² 기준으로 설치한다. |
|---|---|
| 시멘트 창고 | • 바닥은 지면에서 30cm 이상 띄어서 마루널 또는 철판을 깐다.<br>• 출입구를 제외하고는 가능한 개구부를 설치하지 않는다.<br>• 시멘트를 한 곳에 쌓는 높이는 13포대 이하로 한다. |
| 가연성 도료창고 | • 독립한 단층건물로서 주위 건물에서 1.5m 이상 떨어져 있게 한다.<br>• 건물 내의 일부를 도료의 저장장소로 이용할 때는 내화구조 또는 방화구조로 구획된 장소를 선택한다.<br>• 바닥에는 침투성이 없는 재료를 깐다.<br>• 지붕은 불연재료로 하고, 적정한 높이의 천장을 설치하지 않는다. |

### 개념이해

**01** 가설건축물 중 시멘트 창고에 관한 설명으로 옳지 않은 것은?
[17년 4회]

① 바닥구조는 일반적으로 마루널깔기로 한다.
② 창고의 크기는 시멘트 100포당 2~3m²로 하는 것이 바람직하다.
③ 공기의 유통이 잘 되도록 개구부를 가능한 한 크게 한다.
④ 벽은 널판붙임으로 하고 장기간 사용하는 것은 함석붙이기로 한다.

○ 시멘트 창고는 풍화의 방지를 위해 통풍이 되지 않도록 출입구 외에는 개구부 설치를 금하고, 벽, 천장, 바닥에는 방수, 방습처리한다.
답 ③

**02** 도장공사에 필요한 가연성 도료를 보관하는 창고에 관한 설명으로 옳지 않은 것은?
[20년 3회]

① 독립한 단층건물로서 주위 건물에서 1.5m 이상 떨어져 있게 한다.
② 건물 내의 일부를 도료의 저장장소로 이용할 때는 내화구조 또는 방화구조로 구획된 장소를 선택한다.
③ 바닥에는 침투성이 없는 재료를 깐다.
④ 지붕은 불연재료로 하고, 적정한 높이의 천장을 설치한다.

○ 지붕은 불연재료로 마감해야 한다. 그리고 화재 시 유독성 가스의 농도를 낮추기 위해 내부 공간을 크게 형성할 필요가 있어, 천장(반자)을 설치하지 않는다.
답 ④

# 02 가설공사

## 3 주요 직접 가설공사

### (1) 기준점(벤치마크, Bench Mark)

| 개념 | 공사 중에 높낮이의 기준이 되도록 건축물 인근에 설치하는 것 |
|---|---|
| 특징 | • 바라보기 좋고 공사에 지장이 없는 곳에 설치<br>• 이동의 염려가 없는 곳에 설치<br>• 지반선(G.L)에서 0.5~1m 위에 둠<br>• 최소 2개소 이상 여러 곳에 표시해 두는 것이 좋음 |

### (2) 규준틀

| 수평 규준틀 | 건물의 각부 위치, 기초의 너비 또는 길이 등을 정확히 결정하기 위한 것 |
|---|---|
| 세로 규준틀 | 조적공사에서 고저 및 수직면의 기준이 되는 것 |

### (3) 비계

| 강관비계<br>(단관비계) | 기둥 간격 | 보(간 사이)방향 0.9~1.5m, 도리(띠장)방향 1.5~1.8m |
|---|---|---|
| | 띠장 간격 | 1.5m(지상 제 1띠장은 지면에서 2m 이하) |
| | 장선 간격 | 1.5m |
| | 가새설치 | 수평 간격 14m 내외, 각도 40~60°로 결속 |
| | 구조체와<br>연결 간격 | 수직·수평방향 5m 이하 |
| 달비계 | | 와이어로프로 매단 비계 권상기에 의해 상하로 이동시킬 수 있는 공사용 비계 |
| 말비계 | | 설치높이 2m 이하로서 실내공사에서 이동이 용이한 비계 |

+ **줄쳐보기**
공사 착공 전에 건축물의 형태에 맞춰 줄을 띄우거나 석회 등으로 선을 그어 건축물의 건설위치를 표시하는 것으로 도로 및 인접 건축 물과의 관계, 건축물의 건축으로 인한 재해 및안전대책 점검과 관련이 있다.

+ **평 규준틀**

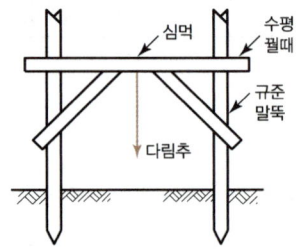

**규준틀 설치**

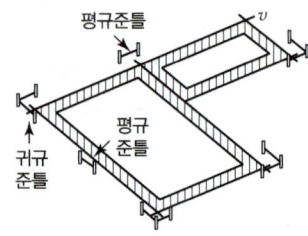

+ **시스템 비계**
수직재, 수평재, 가새재 등 각각의 부재를 공장에서 제작하고 현장에서 조립하여 사용하는 조립형 비계

### 개념이해

**01** 기준점(Bench Mark)에 대한 설명으로 옳지 않은 것은? [13년 2회]

① 바라보기 좋고 공사에 지장이 없는 곳에 설치한다.
② 공사 착수 전에 설정되어야 한다.
③ 이동의 우려가 없는 곳에 설치한다.
④ 기준점은 가장 중요한 장소에 1개만 설치한다.

○ 적어도 2개소 이상 설치하도록 한다.

답 ④

## 과년도 기출문제

건 축 / 기 사 / 필 기

**01** 신축할 건축물의 높이의 기준이 되는 주요 가설물로 이동의 위험이 없는 인근 건물의 벽 또는 담장에 설치하는 것은? [14년 1회, 20년 4회]

① 줄띄우기　② 벤치마크
③ 규준틀　　④ 수평보기

[해설]
벤치마크에 대한 설명이며, 벤치마크 설치 시에는 다음과 같은 사항에 유의하여야 한다.
- 적어도 2개소 이상 설치하도록 한다.
- 이동 또는 소멸 우려가 없는 곳에 설치한다.
- 공사 완료 시까지 존치시켜야 한다.

**02** 벤치마크(Bench Mark)에 관한 설명으로 옳지 않은 것은? [21년 1회]

① 적어도 2개소 이상 설치하도록 한다.
② 이동 또는 소멸 우려가 없는 곳에 설치한다.
③ 건축물 기초의 너비 또는 길이 등을 표시하기 위한 것이다.
④ 공사 완료 시까지 존치시켜야 한다.

[해설]
건축물 기초의 너비 또는 길이 등을 표시하기 위한 것은 수평 규준틀이다.

**03** 건축물 높낮이의 기준이 되는 벤치마크(Bench Mark)에 관한 설명으로 옳지 않은 것은? [18년 1회]

① 이동 또는 소멸 우려가 없는 장소에 설치한다.
② 수직 규준틀이라고도 한다.
③ 이동 등 훼손될 것을 고려하여 2개소 이상 설치한다.
④ 공사가 완료된 뒤라도 건축물의 침하, 경사 등의 확인을 위해 사용되기도 한다.

[해설]
수직 규준틀은 조적공사에서 고저 및 수직면의 기준으로 사용되는 가설재를 말하며, 벤치마크(Bench Mark)는 공사 중에 높이의 기준을 삼고자 하는 것으로서 기준점이라고도 한다.

**04** 가설공사에서 건물의 각부 위치, 기초의 너비 또는 길이 등을 정확히 결정하기 위한 것은? [13년 1회, 15년 4회]

① 벤치마크　　② 수평 규준틀
③ 세로 규준틀　④ 현상측량

[해설]
건축물 기초의 너비 또는 길이 등을 표시하기 위한 것은 수평 규준틀이다.

**05** 와이어로프로 매단 비계 권상기에 의해 상하로 이동시킬 수 있는 공사용 비계의 명칭은? [18년 1회]

① 시스템 비계　② 틀비계
③ 달비계　　　④ 쌍줄비계

[해설]
① 시스템 비계 : 수직재, 수평재, 가새재 등 각각의 부재를 공장에서 제작하고 현장에서 조립하여 사용하는 조립형 비계를 말한다.
② (강관)틀비계 : 비계의 구성부재를 미리 공장에서 생산하여 현장에서 조립하는 비계를 말하며, 조립 및 해체가 용이하다.
④ 쌍줄비계 : 발판이 놓여질 수 있도록 두 줄로 기둥을 설치한 비계를 말한다.

[정답] 01 ②　02 ③　03 ②　04 ②　05 ③

# 03 토공사

## 1 조립토(사질토)와 세립토(점토)의 특성 비교

| 토질 특성 | 조립토(사질토) | 세립토(점토) |
|---|---|---|
| 투수성 | 크다 | 작다 |
| 압밀성 | 작다 | 크다 |
| 압밀기간 | 단기압밀 | 장기압밀 |
| 압밀속도 | 순간침하 | 장기침하 |
| 소성 | 비소성토 | 소성토 |
| 점착성 | 거의 없다 | 있다 |
| 불교란시료 | 채취 곤란 | 비교적 채취 용이 |
| 마찰력 | 크다 | 작다 |

## 2 지반조사방법

| | |
|---|---|
| 터파보기<br>(시험파기) | 굳은 층이 극히 얕거나 중량이 적은 소규모 건물의 경우, 대지의 일부분을 시험 파기하여 그 지층의 상태를 보고 내력을 추정한다. |
| 짚어보기 | 지름 9mm 정도 철봉을 땅 속에 박아보아 저항, 울림 및 침하력에 의한 손짐작으로 지반의 단단함을 판단한다. |
| 물리적<br>지하탐사 | • 광대한 대지의 지하구성층의 개략적 탐사를 통해 조사한다.<br>• 종류 : 탄성파식, 전기저항식, 방사능 검측법 등 |
| 보링(Boring)<br>시험 | • 지표면에서 지반을 천공한 후 토질의 시료를 채취하여 지층의 상황을 판단하는 시험이다.<br>• 토질조사에서 가장 중요하며, 주로 점토층에서 시험한다.<br>• 보링의 최종 목적은 기초구조, 설계의 근거를 제시하는 것이다.<br>• 종류 : 오거 보링, 수세식 보링, 충격식 보링, 회전식 보링 등 |

**＋ 토질주상도**

지층의 단면을 그린 그림으로 토층의 형성, 깊이, 상태 등을 표시한 그림으로서, 지하수위, 토층의 구성 및 두께, 토질의 깊이, 표준관입시험 N치 등을 알 수 있다.

## 3 토질시험방법

### (1) 사운딩(Sounding)

| | |
|---|---|
| 사운딩 시험<br>(Sounding Test) | • 로트(Rod) 선단에 설치한 저항체를 땅 속에 삽입하여 관입, 회전, 인발 등의 저항치로부터 지반의 특성을 파악하는 지반 조사방법이다.<br>• 종류 : 베인전단시험, 표준관입시험, 콘관입시험, 스웨덴식 사운딩 |
| 표준관입시험<br>(Standard Penetration Test, SPT) | • 주로 사질지반의 밀도(지내력)를 측정하거나 선단의 샘플러로부터 시료를 조사하여 토질주상도를 작성한다.<br>• 로드 선단에 샘플러(Sampler)를 부착하여 로드 상단에서 63.5kg의 추를 76cm 높이에서 자유낙하시켜 30cm 관입시킬 때의 타격횟수 N값(치)을 구하고 동시에 샘플러로 시료를 채취한다.<br>• N값이 클수록 밀실한 지반이다.<br>• 사질토 보통 N값 10~30, 점토 보통 N값 4~8이다. |
| 베인 전단시험<br>(Vane Shear Test) | • 로드 끝에 +자형 날개를 달아 지중에 눌러 박고 회전시켜 점착력을 측정하는 시험이다.<br>• 주로 연약한 점토지반에 사용된다. |
| 스웨덴식 사운딩 시험<br>(Swedish Sounding Test) | 로드의 선단에 붙은 스크루 포인트(Screw Point)를 회전시키며 압입하여 흙의 관입저항을 측정하고, 흙의 경도나 다짐상태를 판정하는 시험이다. |

### (2) 지내력시험(재하시험)

| | |
|---|---|
| 평판재하시험<br>(Plate Bearing Test, PBT) | • 예정 기초 저면 위에 재하판을 놓고 유압식 잭 등으로 하중을 가하여 매회 발생되는 침하량을 다이얼 게이지로 측정하여 허용지지력을 산정하는 시험이다.<br>• 평판재하시험의 재하판은 정방형 또는 원형의 면적 $0.2m^2$의 것을 표준으로 한다(일반적으로 45cm 각 사용).<br>• 평판재하시험의 재하는 5단계 이상으로 나누어 시행하고 각 하중 단계에 있어서 침하가 정지되었다고 인정된 상태에서 하중을 증가한다.<br>• 매회 재하는 1t 이상, 예정 파괴하중의 1/5 이하로 침하가 정지할 때까지 하여 침하량을 측정한다. 침하정지란 2시간에 0.1mm 이하 침하할 때를 말한다. |
| 말뚝재하시험 | • 말뚝재하시험에서 최대하중은 지반의 극한지지력 또는 예상되는 장기 설계하중의 3배를 원칙으로 한다.<br>• 말뚝박기시험에 있어서는 말뚝박기기계를 적절히 선택하고 필요한 깊이에서 매회의 관입량과 리바운드량을 측정하는 것을 원칙으로 한다.<br>• 말뚝재하실험을 실시하는 방법으로는 정재하실험과 동재하실험이 있다. |

**➕ 지반 지내력 순서**

연반암 > 자갈 > 모래 > 점토

**단기하중에 대한 허용지내력**

총 침하량이 20mm일 때의 하중, 침하곡선이 항복점을 표시할 때의 하중, 파괴하중의 2/3 중 작은 값

**장기하중에 대한 허용지내력**

단기하중의 허용지내력의 1/2
(단기하중의 허용지내력 = 장기하중의 허용지내력 × 2)

# 과년도 기출문제

**01** 사질 및 점토층 지반에 관한 기술 중 틀린 것은?
[15년 1회]

① 내부마찰각은 점토층보다 모래층이 크다.
② 일반적으로 투수성은 점토층보다 모래층이 좋다.
③ 모래층은 입도와 밀도에 따라 유동화 현상을 일으킬 가능성이 크다.
④ 압밀침하량은 점토층보다 모래층이 크다.

[해설]
압밀침하량은 모래층보다 점토층이 크다.

**02** 지반조사 중 보링에 대한 설명으로 옳지 않은 것은?
[14년 2회, 18년 2회]

① 보링의 깊이는 일반적인 건물의 경우 대략 지지지층 이상으로 한다.
② 채취시료는 충분히 햇빛에 건조시키는 것이 좋다.
③ 부지 내에서 3개소 이상 행하는 것이 바람직하다.
④ 보링 구멍은 수직으로 파는 것이 중요하다.

[해설]
채취시료는 채취 시 그대로의 시료로 적용하는 것이 좋다.

**03** 지질조사를 통한 주상도에서 나타나는 정보가 아닌 것은?
[17년 2회]

① N치
② 투수계수
③ 토층별 두께
④ 토층의 구성

[해설]
주상도는 지층의 단면을 그린 그림으로서, 지하수위, N치(표준관입시험 결과), 토층별 두께, 토층의 구성 등은 표현하고 있으나, 투수계수에 대한 정보는 나타내지 않는다.

**04** 사운딩은 로드 선단에 붙인 저항체를 지중에 넣고 관입, 회전, 인발 등에 의해 토층의 성상을 탐사하는 시험법인데, 이러한 사운딩에 속하지 않는 시험은?
[14년 1회]

① 표준관입시험
② 콘관입시험
③ 베인전단시험
④ 말뚝재하시험

[해설]
사운딩시험에는 베인테스트, 표준관입시험, 콘시험, 스웨덴식 사운딩 등이 있다.

**05** 표준관입시험(SPT)에 대한 설명으로 옳은 것은?
[15년 2회]

① 점토지반에서는 표준관입시험이 불가능하다.
② 추의 낙하 높이는 100cm이다.
③ 모래지반의 상대밀도를 직접 측정하는 방법이다.
④ N값은 샘플러를 30cm 관입하는 데 소요되는 타격횟수이다.

[해설]
① 주로 사질지반에서 실시하지만, 점토지반에서도 표준관입시험의 실시가 가능하다.
② 추의 낙하 높이는 76cm이다.
③ 모래지반의 상대밀도를 샘플러의 관입정도를 통해 간접적으로 측정하는 방법이다.

**06** 표준관입시험에서 상대밀도의 정도가 중간(Medium)에 해당될 때의 사질지반의 N값으로 옳은 것은?
[16년 2회]

① 0~4
② 4~10
③ 10~30
④ 30~50

**정답** 01 ④  02 ②  03 ②  04 ④  05 ④  06 ③

## 과년도 기출문제

건축 / 기사 / 필기

[해설]

N값에 따른 모래의 지반의 상태(상대밀도)

| N값 | 지반의 상태 |
|---|---|
| 0~4 | 몹시 느슨함 |
| 4~10 | 느슨함 |
| 10~30 | 중간(보통) |
| 50 이상 | 다진 상태 |

**07** 사질토의 경우 표준관입시험의 타격횟수 N이 50이면 이 지반의 상태(모래의 상대밀도)는?

[14년 4회]

① 몹시 느슨하다.  ② 느슨하다.
③ 보통이다.  ④ 다진 상태이다.

[해설]

N값에 따른 모래의 지반의 상태(상대밀도)

| N값 | 지반의 상태 |
|---|---|
| 0~4 | 몹시 느슨함 |
| 4~10 | 느슨함 |
| 10~30 | 중간(보통) |
| 50 이상 | 다진 상태 |

**08** 사질토의 상대밀도를 측정하는 방법으로 가장 적합한 것은?

[21년 2회]

① 표준관입시험(Standard Penetration Test)
② 베인테스트(Vane Test)
③ 깊은 우물(Deep Well) 공법
④ 아일랜드 공법

[해설]

② 베인테스트(Vane Test) : 점토질 점착력 측정
③ 깊은 우물(Deep Well) 공법 : 강제 배수 공법의 일종
④ 아일랜드 공법 : 흙파기 방식의 일종

**09** 연약점토의 점착력을 판정하기 위한 지반조사 방법으로 가장 알맞은 것은?

[13년 2회]

① 표준관입시험  ② 베인테스트
③ 샘플링  ④ 탄성파탐사법

[해설]

베인테스트(Vane Test)는 점토질 점착력을 측정하고, 표준관입시험은 사질토의 밀실도 시험에 주로 적용된다.

**10** 평판재하시험에 관한 설명으로 옳지 않은 것은?

[19년 4회]

① 재하판의 크기는 45cm 각을 사용한다.
② 침하의 증가가 2시간에 0.1mm 이하가 되면 정지한 것으로 판정한다.
③ 시험할 장소에서의 즉시침하를 방지하기 위하여 다짐을 실시한 후 시작한다.
④ 지반의 허용지지력을 구하는 것이 목적이다.

[해설]

시험은 자연상태 그대로 실시하며, 즉시침하도를 측정하게 된다.

**11** 지반조사 시 실시하는 평판재하시험에 관한 설명으로 옳지 않은 것은?

[19년 1회]

① 시험은 예정 기초면보다 높은 위치에서 실시해야 하기 때문에 일부 성토작업이 필요하다.
② 시험재하판은 실제 구조물의 기초면적에 비해 매우 작으므로 재하판 크기의 영향 즉, 스케일 이펙트(Scale Effect)를 고려한다.
③ 하중시험용 재하판은 정방형 또는 원형의 판을 사용한다.
④ 침하량을 측정하기 위해 다이얼게이지 지지대를 고정하고 좌우측에 2개의 다이얼게이지를 설치한다.

[해설]

평판재하시험은 예정 기초저면에서 실시하므로 별도의 성토작업은 불필요하다.

정답  07 ④  08 ①  09 ②  10 ③  11 ①

## 03 토공사

### 4 지반개량 공법

#### (1) 치환법
지반의 흙을 양호한 흙으로 전체 바꾸어서 지반을 개량하는 방법

#### (2) 탈수법

| | | |
|---|---|---|
| 사질토 | 웰 포인트<br>(Well Point) 공법 –<br>강제배수 공법 | • 사질지반에 대표적인 탈수공법으로 집수장치를 붙인 파이프를 지중에 박아 이것을 지상의 집수관에 연결하여 펌프로 지중의 물을 배수하는 공법<br>• 인접 대지에서 지하수위 저하로 우물 고갈의 우려가 있음<br>• 투수성이 비교적 낮은 사질실트층까지도 강제배수가 가능함 |
| 점성토 | 샌드 드레인 공법<br>(Sand Drain 공법) | 연약한 점성토 지반에 주상의 특수층인 모래말뚝을 다수 설치하여 그 토층 속의 수분을 배수하여 지반의 압밀강화를 도모하는 공법 |
| | 페이퍼 드레인 공법<br>(Paper Drain 공법) | 샌드 파일(Sand Pile)을 형성한 후 모래 대신에 흡수지를 삽입하여 지반의 물을 뽑아내는 공법 |
| | 생석회 말뚝 공법 | 연약한 점토층에 생석회 말뚝을 박아서 생석회가 흡수 팽창하는 원리를 이용하여 연약지반 중의 수분을 탈수하는 공법 |

#### (3) 기타 지반개량 공법

| | |
|---|---|
| 재하(압밀)법<br>(점성토에 적용) | 구조물에 상당하는 무게를 미리 연약지반 위에 일정기간 방치하여 연약지반을 압밀시키는 공법 |
| 다짐법<br>(사질토에 적용) | • 바이브로 플로테이션(Vibro Flotation)<br>• 바이브로 콤포저(Vibro Composer)<br>• 샌드 콤팩션 말뚝(Sand Compaction Pile) |
| 약액주입법<br>(고결안정공법/그라우트 공법) | 지반 내에 시멘트, 약액 등을 주입하여 연약지반을 고결시켜 지내력을 증진시키는 공법 |
| 동결법 | 지반에 파이프를 박고 액체질소나 프레온가스를 주입하여 지하수를 동결시켜 지반의 강도와 차수성을 향상시키는 공법 |
| 중력 배수 공법 | • 집수통 배수<br>• 깊은 우물 공법 |

## 과년도 기출문제

건축 / 기사 / 필기

**01** 웰 포인트 공법에 대한 설명으로 옳지 않은 것은?

[15년 4회]

① 흙파기 밑면의 토질 약화를 예방한다.
② 진공펌프를 사용하여 토 중의 지하수를 강제적으로 접수한다.
③ 지하수 저하에 따른 인접지반과 공동매설물 침하에 주의가 필요하다.
④ 사질지반보다 점토층 지반에서 효과적이다.

[해설]
웰 포인트 공법은 주로 사질토에 적용하는 대표적인 강제배수 공법이다.

**02** 배수공법 중 웰 포인트 공법에 관한 내용으로 옳지 않은 것은?

[14년 1회]

① 비교적 용수량이 많은 지반에 활용된다.
② 강제배수공법의 일종이다.
③ 수분이 많은 점토질 지반에 적당한 공법이다.
④ 지하수 저하에 따른 인접지반과 공동매설물 침하에 주의가 필요하다.

[해설]
웰 포인트 공법은 점토층 지반보다 사질토 지반에서 효과적이다.

**03** 웰 포인트(Well Point) 공법에 관한 설명 중 틀린 것은?

[14년 4회, 18년 4회]

① 인접 대지에서 지하수위 저하로 우물 고갈의 우려가 있다.
② 투수성이 비교적 낮은 사질실트층까지도 강제배수가 가능하다.
③ 압밀침하가 발생하지 않아 주변 대지, 도로 등의 균열 발생 위험이 없다.
④ 흙의 안전성을 대폭 향상시킨다.

[해설]
웰 포인트(Well Point) 공법은 지하수 저하에 따른 인접지반과 공동매설물 침하에 주의가 필요하다.

**04** 점토질 연약지반의 탈수공법으로 적합하지 않은 것은?

[13년 4회, 16년 1회]

① 샌드 드레인(Sand Drain) 공법
② 생석회 말뚝(Chemico Pile) 공법
③ 페이퍼 드레인(Paper Drain) 공법
④ 웰 포인트(Well Point) 공법

[해설]
웰 포인트 공법은 주로 사질토에 적용하는 대표적인 강제배수 공법이다.

**05** 지하수가 많은 지반을 탈수(脫水)하여 지내력을 갖춘 지반으로 만들기 위한 공법이 아닌 것은?

[15년 1회, 21년 4회]

① 샌드 드레인 공법  ② 웰 포인트 공법
③ 페이퍼 드레인 공법  ④ 베노토 공법

[해설]
베노토 공법은 기계굴삭방법을 활용하는 제자리콘크리트 말뚝 형성 공법 중 하나이다.

**06** 다음 설명에서 의미하는 공법은?

[21년 2회]

> 구조물 하중보다 더 큰 하중을 연약지반(점성토) 표면에 프리로딩하여 압밀침하를 촉진시킨 뒤 하중을 제거하여 지반의 전단강도를 증대하는 공법

① 고결안정공법  ② 치환공법
③ 재하공법  ④ 탈수공법

[해설]
재하공법은 하중을 표면에 가중하여 토질을 밀실하게 만드는 방법이다.

**07** 다음 배수공법 중 중력배수공법에 해당하는 것은?

[15년 2회]

① 웰 포인트 공법  ② 진공압밀 공법
③ 전기삼투 공법  ④ 집수정 공법

[해설]
집수정 공법은 집수정을 설치하고 중력에 의해 자연스럽게 지하수 등이 집수정으로 고이게 하여 배수하는 공법을 말한다.

**정답** 01 ④  02 ③  03 ③  04 ④  05 ④  06 ③  07 ④

## 03 토공사

### 5 터파기 공법

| 버팀대 공법<br>(Strut 공법) | 흙막이널에 띠장을 대고 버팀대를 설치하여 토압을 지지하는 공법 |
|---|---|
| 어스앵커 공법<br>(Earth Anchor, Tie-back Method) | • 버팀대 대신 흙막이벽을 Earth Drill로 천공한 후 인장재와 Mortar를 주입하여 경화시킨 후 인장력에 의해 토압을 지지하는 공법<br>• 버팀대가 없어 굴착공간을 넓게 활용<br>• 대형기계 반입 용이<br>• 공기단축 용이<br>• 시공 후 검사 곤란<br>• 인접한 구조물의 기초나 매설물이 있는 경우 부적합 |
| 아일랜드 컷 공법<br>(Island Cut 공법) | 중앙부분을 먼저 파고 기초를 축조한 다음, 버팀대로 지지하여 주변부분을 굴착하여 지하 구조물을 완성하는 공법 |
| 트렌치 컷 공법<br>(Trench Cut 공법) | 아일랜드 공법과 역순으로 건물의 측벽이나 주열선 부분을 먼저 파내고 주변부 기초를 축조한 다음 중앙부를 굴착하여 지하 구조물을 완성하는 공법 |
| 구체흙막이<br>지보공법(支保工法) | • 흙막이 공법 중 그 자체가 지하구조물이면서 흙막이 및 버팀대 역할을 하는 공법<br>• 우물통(Well 공법), 개방잠함(Open Caisson), 용기잠함(Pneumatic Caisson) |

+ • 휴식각은 흙의 마찰력만으로 중력에 대해 정지하는 흙의 사면각도를 말하며, 터파기 경사각은 휴식각의 2배로 한다.

### 개념이해

**01** 어스앵커 공법에 대한 설명으로 틀린 것은? [15년 1회, 20년 4회]

① 버팀대가 없어 굴착공간을 넓게 활용할 수 있다.
② 인접한 구조물의 기초나 매설물이 있는 경우 효과가 크다.
③ 대형기계의 반입이 용이하다.
④ 시공 후 검사가 어렵다.

⊙ 어스앵커 공법은 앵커를 삽입해야 하므로 인접 구조물의 기초나 매설물이 없어야 한다.
**답** ②

**02** 건물의 중앙부만 남겨두고, 주위부분에 먼저 흙막이를 설치하고 굴착하여 기초부와 주위벽체, 바닥판 등을 구축하고 난 다음 중앙부를 시공하는 터파기 공법은? [18년 4회]

① 복수공법
② 지멘스웰 공법
③ 트렌치 컷 공법
④ 아일랜드 컷 공법

⊙ 트렌치 컷 공법(Trench Cut Method)
건물의 측벽이나 주열선 부분을 먼저 파내고 주변부 기초를 축조한 다음 중앙부를 굴착하여 지하 구조물을 완성하는 공법을 말한다.
**답** ③

## 6 흙막이 공법

| | | |
|---|---|---|
| 버팀대식 흙막이 | 수평버팀대식 | 빗버팀대식과 같이 중앙부의 흙을 파고, 중간 지주 말뚝을 박는 공법 |
| | 빗버팀대식 | 흙막이 내부에 빗버팀대를 설치하여 토압에 저항하게 하는 공법 |
| 널말뚝<br>(Sheet Pile)식<br>흙막이 | 목재 널말뚝 | 수밀성이 적으므로 지하수가 많은 곳에는 부적당 |
| | 철근콘크리트<br>기성재 널말뚝 | 프리캐스트(Precast) 콘크리트 널말뚝을 사용 |
| | 철재 널말뚝 | 용수가 많고 토압이 크고 기초가 깊을 때 사용 |
| 지하연속벽식 공법<br>(Slurry Wall 공법) | 방법 | 벤토나이트 이수(泥水)를 사용해서 지반을 굴착하여 여기에 철근망을 삽입하고 콘크리트를 타설하여 지중에 철근콘크리트 연속벽체를 형성하는 공법 |
| | 종류 | 슬러리 월(Slurry Wall) 공법, CIP(Cast In Place Pile) 공법, PIP(Packed In Place Pile) 공법 등 |
| | 장점 | 인접건물에 근접시공이 가능, 소음·진동 최소화, 강성이 높아 주변침하의 악영향 낮음, 차수성 높음, 형상, 치수 자유롭게 구성 |
| | 단점 | 공사비 고가, 콘크리트 타설 시 품질관리 유의, 수평방향의 연속성 부족, 고도의 경험과 기술 필요, Joint부의 구조적 처리 미흡 |
| Top Down 공법<br>(역타 공법) | | • 지하층 외부 옹벽과 지하층 기둥을 토공사에 앞서 지상에서 시공한 후 지하 터파기와 지상층 공사를 병행 실시하는 공법<br>• 지하와 지상 동시 작업으로 공기단축<br>• Slab 밑에서 작업하므로 전천후 시공 가능<br>• 1층 바닥 선시공으로 작업공간 활용 가능<br>• 주변지반 및 인접건물에 악영향 적음<br>• 소음 및 진동이 적어 도심지 공사에 적합<br>• 흙막이 안전성이 높음 |
| SPS(Strut as<br>Permanent<br>System) 공법 | | Top Down 공법의 문제점인 지하공사 시 조명 및 환기 부족을 개선하여 개발된 공법으로 가설 Strut(버팀대) 공법의 성능을 개선하여 본 구조체인 기둥, 보를 흙막이 버팀대로 활용하는 공법 |

# 03 토공사

## 7 흙막이 하자 현상

| 융기(히빙, Heaving) 현상 | 점토지반에서 하부지반이 연약할 때 흙막이 바깥에 있는 흙의 중량과 지표면의 적재하중으로 인하여 저면 흙이 붕괴되어 흙막이 바깥에 있는 흙이 안으로 밀려 들어와 불룩하게 되는 현상 |
|---|---|
| 분사(보일링, Boiling) 현상 | 투수성이 좋은 사질지반에서 흙막이벽 뒷면의 수위가 높아서 지하수가 흙막이벽을 돌아서 모래와 같이 솟아오르는 현상 |
| 파이핑(Piping) 현상 | 흙막이벽의 부실공사로서 흙막이벽의 뚫린 구멍 또는 이음새를 통하여 물이 공사장 내부 바닥으로 스며드는 현상 |

## 8 토공장비

### (1) 굴착용 기기

| 파워 셔블(Power Shovel) | 기계가 서 있는 지반보다 높은 곳의 굴착에 적당 |
|---|---|
| 드래그 셔블(Drag Shovel) = 백호(Back Hoe) | • 기계가 서 있는 지반보다 낮은 곳의 굴착에 적당<br>• 도랑파기에 적당하며 굴삭력이 우수 |
| 클램셀(Clam Shell) | • 좁고 깊은 곳의 수직굴착에 적당<br>• 지하연속벽 공사, 깊은 우물통 파기에 사용 |
| 드래그 라인(Drag Line) | • 지반보다 낮은 연질지반의 굴착에 적당<br>• 굴삭범위가 크지만 굴삭력이 약함 |
| 트렌처(Trencher) | 일정한 폭의 구덩이를 연속으로 팜 |

### (2) 정지용

| 불도저(Bulldozer) | 운반거리 50~60m 이내의 배토작업 |
|---|---|
| 앵글도저(Angledozer) | 산허리 등 깎는 데 유용, 배토판 30° 회전 가능 |
| 그레이더(Grader) | 정지작업(땅고르기, 노면정리)에 적당 |
| 스크레이퍼(Scraper) | 토사의 운반과 100~150m의 중거리 정지공사에 적당 |

---

**흙막이 하자 현상**
- 융기 현상

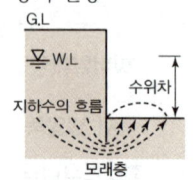

- 분사 현상

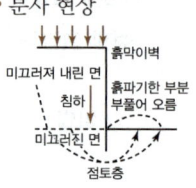

- 파이핑 현상

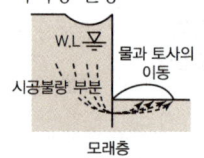

**언더피닝(Under Pinning) 공법**
기존 건물의 기초 혹은 지정을 보강하는 공법이며, 종류로는 갱·피어 공법, 그라우트 주입공법, 잭파일(Jacked Pile) 공법 등이 있다.

**로더(Loader)**
- 굴착토사의 상차작업에 적당
- 토사적재

**다짐장비**
Rammer, 소형 진동 Roller, Plate Compactor

## 과년도 기출문제

건축 / 기사 / 필기

**01** 연속벽 공법 중 슬러리 월(Slurry Wall)에 대한 특징으로 옳지 않은 것은? [13년 4회]

① 시공 시 소음·진동이 크다.
② 인접건물의 경계선까지 시공이 가능하다.
③ 주변 지반에 대한 영향이 적고 차수효과가 확실하다.
④ 지반 굴착 시 안정액을 사용한다.

[해설]
슬러리 월(Slurry Wall) 공법은 소음 및 진동이 상대적으로 적은 공법으로서 도심지 공사에 적합한 특성을 갖고 있다.

**02** 연속벽(Slurry Wall)에 관한 설명으로 옳지 않은 것은? [17년 1회]

① 차수성이 우수하다.
② 비교적 지반조건에 좌우되지 않는다.
③ 소음·진동이 적고, 벽체의 강성이 높다.
④ 공사비가 타 공법에 비하여 저렴하고 공기가 단축된다.

[해설]
지하연속벽(Slurry Wall)은 좁고 깊은 벽체의 굴착, 철근 및 콘크리트, 공벽의 붕괴 방지 등을 위해 많은 장비 및 재료가 들어가므로 타 공법에 비해 공사비가 고가인 특징을 갖는다.

**03** 연속벽 공법 중 슬러리 월의 특징으로 옳은 것은? [16년 4회]

① 인접건물의 경계선까지 시공이 불가능하다.
② 주변지반에 대한 영향이 크다.
③ 시공 시의 소음·진동이 크다.
④ 일반적으로 차수효과가 뛰어나다.

[해설]
①, ② 지하벽체를 조성하기 위해 다른 토공사 방식에 비해 좁게만 굴착하기 때문에 인접건물의 경계선까지 시공이 가능하고, 주변지반에 대한 영향이 최소화 되게 된다.
③ 소음 및 진동이 상대적으로 적은 공법으로서 도심지 공사에 적합한 특성을 갖고 있다.

**04** 연속 흙막이 공법인 슬러리 월(Slurry Wall) 공법과의 관련성이 가장 적은 것은? [15년 2회]

① 가이드 월(Guide Wall)
② 벤토나이트(Bentonite) 용액
③ 파워 셔블(Power Shovel)
④ 트레미 관(Tremie Pipe)

[해설]
파워 셔블(Power Shovel)은 기계가 서 있는 지반면보다 위에 있는 흙의 굴착에 쓰는 장비로서 아래로 좁고 깊은 벽체를 굴착하는 슬러리 월(Slurry Wall) 공법과는 거리가 멀다.

**05** Top-Down 공법(역타공법)에 관한 설명으로 옳지 않은 것은? [22년 1회]

① 지하와 지상작업을 동시에 한다.
② 주변지반에 대한 영향이 적다.
③ 수직부재 이음부 처리에 유리한 공법이다.
④ 1층 슬래브의 형성으로 작업공간이 확보된다.

[해설]
Top-Down 공법은 지상을 먼저 건립하고 지하를 건립하는 방법으로서, 지상과 지하 간 수직 구조부재의 이음 처리가 난해한 특징을 갖고 있다.

**06** 지표 재하 하중으로 흙막이 저면 흙이 붕괴되고 바깥에 있는 흙이 안으로 밀려 볼록하게 되어 파괴되는 현상은? [20년 1·2회 통합]

① 히빙(Heaving) 파괴
② 보일링(Boiling) 파괴
③ 수동토압(Passive Earth Pressure) 파괴
④ 전단(Shearing) 파괴

[해설]
히빙(Heaving) 파괴(융기 현상)
연약점토지반에서 흙막이 바깥에 있는 흙의 중량과 지표면의 적재하중으로 인하여 흙막이 저면으로 흙막이 바깥에 있는 흙이 안으로 밀려 들어와 불룩하게 되는 현상

정답  01 ①  02 ④  03 ④  04 ③  05 ③  06 ①

## 과년도 기출문제

건 축 / 기 사 / 필 기

**07** 사질 지반 굴착 시 벽체 배면의 토사가 흙막이 틈새 또는 구멍으로 누수가 되어 흙막이벽 배면에 공극이 발생하여 물의 흐름이 점차 커져 결국에는 주변 지반을 함몰시키는 현상을 일컫는 것은?
[15년 1회, 19년 1회]

① 보일링 현상   ② 히빙 현상
③ 액상화 현상   ④ 파이핑 현상

[해설]
① 보일링 현상(분사 현상) : 투수성이 좋은 사질지반에서 흙막이 벽 뒷면의 수위가 높아서 지하수가 흙막이벽을 돌아서 모래와 같이 솟아오르는 현상
② 히빙 현상(융기 현상) : 점토지반에서 하부지반이 연약할 때 흙막이 바깥에 있는 흙의 중량과 지표면의 적재하중으로 인하여 저면 흙이 붕괴되어 흙막이 바깥에 있는 흙이 안으로 밀려 들어와 불룩하게 되는 현상
③ 액상화 현상 : 흙막이벽을 이용하여 지하수위 이하의 사질토 지반을 굴착하는 경우에 생기는 현상으로 사질토 속을 상승하는 물의 침투압에 의해 모래가 입자 사이의 평형을 잃고 액상화되어 분출되는 현상

**08** 시공한 흙막이에 대한 수밀성이 불량하여 널말뚝의 틈새로 물과 미립토사가 유실되면서 지반 내에 파이프 모양의 수로가 형성되어 지반이 점차 파괴되는 현상은?
[13년 1회]

① 보일링   ② 히빙
③ 보링     ④ 파이핑

[해설]
① 보일링 현상(분사 현상) : 투수성이 좋은 사질지반에서 흙막이 벽 뒷면의 수위가 높아서 지하수가 흙막이벽을 돌아서 모래와 같이 솟아오르는 현상
② 히빙 현상(융기 현상) : 점토지반에서 하부지반이 연약할 때 흙막이 바깥에 있는 흙의 중량과 지표면의 적재하중으로 인하여 저면 흙이 붕괴되어 흙막이 바깥에 있는 흙이 안으로 밀려 들어와 불룩하게 되는 현상
③ 보링(Boring) : 지중의 토사에 철관을 꽂아 시료를 채취하여 지층의 상황을 판단하기 위한 토질조사법

**09** 건축공사에서 활용되는 언더피닝(Under Pinning) 공법에 대한 설명으로 옳은 것은?
[13년 2회]

① 용수량이 많은 깊은 기초 구축에 쓰이는 공법이다.
② 기존 건물의 기초 혹은 지정을 보강하는 공법이다.
③ 터파기 공법의 일종이다.
④ 일명 역구축 공법이라고도 한다.

[해설]
언더피닝(Under Pinning) 공법은 기존 건물 가까이에 신축 공사를 할 때 기존 건물의 지반과 기초를 보강하는 공법으로서 기존 건축물의 기초를 보강하거나 새로운 기초를 설치하여 기존 건물을 보호할 때 기울어진 건축물을 바로 잡을 때, 인접한 토공사의 터파기 작업 시 기존 건축물 침하를 방지하기 위해 적용한다.

**10** 다음 각 건설기계와 주된 작업의 연결이 틀린 것은?
[15년 2회]

① 클램셸-굴착
② 백호-정지
③ 파워셔블-굴착
④ 그레이더-정지

[해설]
백호(Back Hoe)는 굴착에 적합한 장비이다.

**11** 기계가 위치한 곳보다 높은 곳의 굴착에 가장 적당한 건설기계는?
[22년 2회]

① Dragline
② Back Hoe
③ Power Shovel
④ Scraper

[해설]
Dragline과 Back Hoe는 기계가 위치하는 곳보다 낮은 곳의 굴착에 적합한 장비이며, Scraper는 굴착기계가 아닌 지정 장비이다.

정답  07 ④  08 ④  09 ②  10 ②  11 ③

## 과년도 기출문제

**12** 수직굴삭, 수중굴삭 등에 사용되는 깊은 흙파기용 기계이며, 연약지반에 사용하기에 적당한 기계는?　[21년 1회]

① 드래그 셔블
② 클램셸
③ 모터 그레이더
④ 파워 셔블

[해설]
① 드래그 셔블(라인) : 장비보다 낮은 곳 굴착
③ 모터 그레이더 : 옆도랑 파기 등의 정지 작업용
④ 파워 셔블 : 장비보다 높은 곳 굴착

**13** 토공사용 기계에 관한 설명 중 옳지 않은 것은?　[16년 4회]

① 파워 셔블(Power Shovel)은 지반보다 낮은 곳을 깊게 팔 수 있는 기계로서 보통 약 5m까지 팔 수 있다.
② 드래그 라인(Drag Line)은 기계를 설치한 지반보다 낮은 장소 또는 수중을 굴착하는 데 사용된다.
③ 불도저(Bull Dozer)는 일반적으로 흙의 표면을 밀면서 깎아 단거리 운반을 하거나 정지를 한다.
④ 클램셸(Clamshell)은 수직굴착 등 일반적으로 협소한 장소의 굴착에 적합한 것으로 자갈 등의 적재에도 사용된다.

[해설]
①은 드래그 셔블(백호)에 대한 설명이다. 파워셔블(Power Shovel)은 기계가 서 있는 위치보다 높은 곳의 굴착에 적합한 장비이다.

**14** 다음 각종 건설기계에 관한 설명 중 옳지 않은 것은?　[14년 1회]

① 타워크레인은 골조공사의 거푸집, 철근 양중에 주로 사용된다.
② 파워셔블은 위치한 지면보다 높은 곳의 굴착에 적합하다.
③ 스크레이퍼는 굴착, 적재, 운반, 정지 등의 작업을 연속적으로 할 수 있는 중·장거리용 토공기계이다.
④ 바이브레이팅 롤러(Vibrating Roller)는 콘크리트 다지기에 사용된다.

[해설]
바이브레이팅 롤러(Vibrating Roller)는 지반을 다질 때 사용하는 장비이다.

정답　12 ②　13 ①　14 ④

## 03 토공사

### ⑨ 계측관리

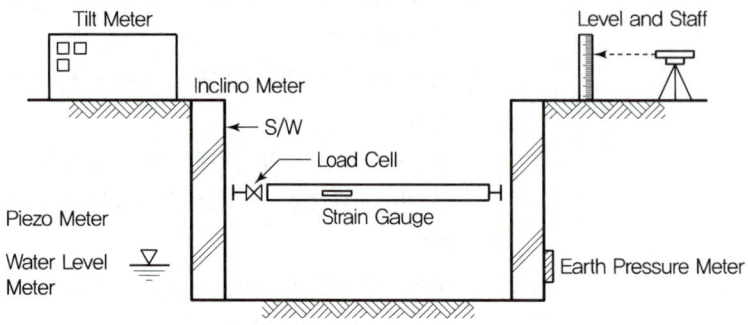

| 계측기 | 용도 |
|:---:|:---:|
| Tilt Meter | 인접구조물 기울기 측정 |
| Crack Gauge | 인접구조물 균열 측정 |
| Inclino Meter | 지중 수평 변위 계측 |
| Extenso Meter | 지중 수직 변위 계측 |
| Water Level Meter | 지하 수위 계측 |
| Piezo Meter | 간극 수압 계측 |
| Load Cell | 흙막이 부재 응력 측정 |
| Strain Gauge | 버팀대 변형 계측 |
| Soil Pressure Gauge | 토압측정 |
| Level & Staff | 지표면 침하측정 |
| Sound Level Meter | 소음측정 |
| Vibro Meter | 진동측정 |

## 과년도 기출문제

**01** 건축물의 터파기 공사 시 실시하는 계측의 항목과 계측기를 연결한 것으로 옳지 않은 것은?

[16년 1회]

① 지하수의 수압 – 트랜싯
② 흙막이벽의 측압, 수동토압 – 토압계
③ 흙막이벽의 중간부 변형 – 경사계
④ 흙막이벽의 응력 – 변형계

[해설]

지하수의 수압은 지하수의 수위(Level)에 따라 달라지므로, 지하수위를 측정하는 지하수위계(Water Level Meter)로 측정한다. 트랜싯(Transit)은 각도를 측정할 때 사용되는 것으로서 측량 등을 할 때 적용되는 장비이다.

**02** 계측관리 항목 및 기기에 관한 설명으로 옳지 않은 것은?

[21년 2회]

① 흙막이벽의 응력은 변형계(Strain Gauge)를 이용한다.
② 주변 건물의 경사는 건물경사계(Tiltmeter)를 이용한다.
③ 지하수의 간극수압은 지하수위계(Water Level Meter)를 이용한다.
④ 버팀보, 앵커 등의 축하중 변화 상태의 측정은 하중계(Load Cell)를 이용한다.

[해설]

지하수의 간극수압은 피에조미터(Piezo Meter)로 계측하고, 지하수위계(Water Level Meter)는 지하수위 계측에 이용한다.

**03** 탄성계수를 구할 때 변형 측정에 이용하는 것으로 가장 정밀도가 높은 것은?

[14년 1회]

① 다이얼 게이지
② 콤퍼레이터
③ 마이크로미터
④ 와이어스트레인 게이지

[해설]

와이어 스트레인 게이지(Wire Strain Gage)는 유압 건물 또는 기타 콘크리트 구조 등의 응력에 의한 변형을 측정하는 장비로서 탄성계수(응력/변형률)를 파악할 수 있다.

**정답** 01 ① 02 ③ 03 ④

## 03 토공사

### ⑩ 말뚝지정

#### (1) 지지방법에 따른 분류

| 지지말뚝 | 상부의 점토지반을 관통하여 하부의 암반에 도달한 말뚝이며, 순전히 말뚝 선단의 지지력에 의존하는 말뚝 |
|---|---|
| 마찰말뚝 | • 말뚝의 주면 마찰력에 의존하는 말뚝<br>• 마찰말뚝군의 지지력은 개개의 마찰말뚝 지지력을 합한 것보다 작게 산정함 |

#### (2) 기성콘크리트 말뚝

| 적용 시 주의사항 | • 시험말뚝은 실제 말뚝과 똑같은 조건으로 시공한다.<br>• 시험말뚝은 3개 이상으로 한다.<br>• 소정의 침하량에 도달하면 그 이상 무리하게 박지 않는다.<br>• 시험말뚝은 정확한 위치에서 수직으로 박는다.<br>• 말뚝의 최종관입량은 5회 또는 10회 타격한 평균값을 적용한다.<br>• 타격횟수 5회 총관입량이 6mm 이하일 때는 거부현상으로 본다.<br>• 기초 면적 1,500m²까지는 2개, 3,000m²까지는 3개의 시험말뚝을 설치한다.<br>• 무리말뚝은 지지력이 증가하도록 주변을 먼저 박고 점차 중앙을 박는다. |
|---|---|
| 시공법 | 타격공법, 프리보링 공법, 프리보링 병용 타격공법, 수사법, 중굴공법, 회전압입 공법 |
| 이음방법 | 충전식 이음, 볼트식 이음, 용접식 이음, 장부식 이음 |

➕ 기성말뚝 세우기 공사 시 말뚝의 연직도나 경사도는 1/100 이내로 하여야 한다.

**바이브로 컴포저 공법**(Vibro Composer Method, 타격공법)

특수 파이프를 관입하여 모래를 투입하고 이것을 진동하여 다지면서 파이프를 빼내어 진동다짐 모래말뚝을 형성하는 공법

#### (3) 제자리 콘크리트 말뚝(현장타설 콘크리트 말뚝)

| | | |
|---|---|---|
| 기계 굴삭공법 | 어스드릴 공법(Earth Drill Method) | 회전식 Drilling Bucket에 의해 지중에 필요 깊이까지 굴착하고, 그 굴착공에 철근을 삽입하여 콘크리트를 타설하여 말뚝을 조성하는 공법 |
| | 베노토 공법(Benoto Method) | 해머그래브를 케이싱 내에 낙하시켜 굴착을 완료한 후 철근망을 삽입하고 케이싱을 뽑아 올리면서 콘크리트를 타설하는 현장타설 콘크리트말뚝 공법 |
| | 리버스 서큘레이션 (RCD) 공법(Reverse Circulation Drill Method) | 굴착구멍 내 지하수위보다 2m 이상 높게 물을 채워 굴착함으로써 굴착 벽면에 2t/m² 이상의 정수압에 의해 벽면의 붕괴를 방지하면서 현장타설 콘크리트 말뚝을 형성하는 공법 |
| 프리팩트 (Pre-Pack) 공법 | CIP(Cast In Place Pile) 말뚝 | 오거로 구멍을 뚫고 자갈을 충전시킨 다음 모르타르를 주입하는 공법 |
| | PIP(Packed In Place Pile) 말뚝 | 어스오거로 소정의 깊이까지 뚫은 후, 흙과 오거를 함께 끌어올리면서 오거 선단을 통하여 모르타르를 주입하여 말뚝 형성 |
| | MIP(Mixed In Place Pile) 말뚝 | 파이프 회전봉의 선단에 커터를 장치한 것으로 지중을 파고 다시 회전시켜 빼내면서 모르타르를 분출시켜 지중에 소일 콘크리트 파일을 형성시킨 말뚝 |

➕ **관입공법**

| 컴프레서 파일 (Compressor Pile) | 끝이 뾰쪽한 추로 천공하고, 끝이 둥근 추로 콘크리트를 다져 넣은 다음 평면 진 추로 다지는 공법 |
|---|---|
| 심플렉스 파일 (Simplex Pile) | 굳은 지반에 외관을 쳐박고 콘크리트를 추로 다져 넣으며 외관을 빼내는 공법 |
| 레이몬드 파일 (Raymond Pile) | 얇은 철판의 외관에 심대를 넣어 쳐박은 후 심대를 빼내고 콘크리트를 다져 넣는 공법 |
| 페데스탈 파일 (Pedestal Pile) | 심플렉스 파일을 개량한 것으로 지내력을 증진하기 위하여 말뚝선단에 구근(球根)을 형성하는 공법 |

## 과년도 기출문제

**01** 말뚝시험에 관한 설명 중 옳지 않은 것은?
[13년 2회]

① 시험말뚝은 3개 이상으로 한다.
② 말뚝은 연속적으로 박되 휴식시간을 두지 말아야 한다.
③ 최종침하량은 최후 타격 시의 침하량을 말한다.
④ 시험말뚝은 사용말뚝과 똑같은 조건으로 한다.

[해설]
최종침하량은 5회 또는 10회 타격 시의 평균 침하량으로 한다.

**02** 기성말뚝 세우기 공사 시 말뚝의 연직도나 경사도는 얼마 이내로 하여야 하는가?
[20년 4회]

① 1/50
② 1/75
③ 1/80
④ 1/100

[해설]
기성말뚝 세우기 공사 시 말뚝의 연직도(경사도)의 제한범위는 말뚝길이의 1/100이다.

**03** 시험말뚝박기에서 다음 항목 중 말뚝의 허용지지력 산출에 거의 영향을 주지 않는 것은? [17년 1회]

① 추의 낙하높이
② 말뚝의 길이
③ 말뚝의 최종관입량
④ 추의 무게

[해설]
시험말뚝박기에서 허용지지력 산출은 말뚝의 관입깊이(말뚝의 최종관입량)가 가장 중요한 요소를 차지하게 된다. 이 말뚝의 관입깊이는 말뚝을 치는 추의 낙하높이, 추의 무게 등과 연관이 있으며, 말뚝의 길이와는 연관성이 적다.

**04** 강재말뚝의 부식에 대한 대책과 가장 거리가 먼 것은?
[18년 2회]

① 부식을 고려하여 두께를 두껍게 한다.
② 에폭시 등의 도막을 설치한다.
③ 부마찰력에 대한 대책을 수립한다.
④ 콘크리트로 피복한다.

[해설]
부식을 방지하기 위해 도막 및 피복, 두께 증강 등의 방법을 쓸 수 있다. 부마찰력은 말뚝과 주변과의 물리적 마찰작용과 관련된 사항으로 부식 대책과는 거리가 멀다.

**05** 타격에 의한 말뚝박기공법을 대체하는 저소음, 저진동의 말뚝공법에 해당되지 않는 것은? [19년 2회]

① 압입 공법
② 사수(Water Jetting) 공법
③ 프리보링 공법
④ 바이브로 컴포저 공법

[해설]
바이브로 컴포저(Vibro Composer) 공법
특수 파이프를 관입하여 모래를 투입하고 이것을 진동하여 다지면서 파이프를 빼내어 진동다짐 모래말뚝을 형성하는 공법이다.

**06** 굴착구멍 내 지하수위보다 2m 이상 높게 물을 채워 굴착함으로써 굴착 벽면에 $2t/m^2$ 이상의 정수압에 의해 벽면의 붕괴를 방지하면서 현장타설 콘크리트 말뚝을 형성하는 공법은?
[17년 4회]

① 베노토 파일
② 프랭키 파일
③ 리버스 서큘레이션 파일
④ 프리팩트 파일

[해설]
리버스 서큘레이션(Reverse Circulation Drill) 공법은 굴착에 있어 안정액(굴착벽면의 붕괴 방지를 위한 액체)으로 물을 사용하여, 물의 압력(정수압)으로 굴착벽면의 붕괴방지를 예방한다.

**정답** 01 ③  02 ④  03 ②  04 ③  05 ④  06 ③

# 04 철근공사

## 1 철근의 가공, 조립 시 주의사항

- 철근은 상온에서 가공하는 것을 원칙으로 한다.
- 철근의 조립은 녹, 기름 등을 제거한 후 실시한다.
- 경미한 황갈색의 녹이 발생한 철근은 일반적으로 콘크리트와의 부착을 해치지 않으므로 사용할 수 있다.
- 철근의 절단 시 절단기를 사용한다.
- 철근의 피복두께를 정확하게 확보하기 위해 적절한 간격으로 고임재 및 간격재를 배치하여야 한다.
- 철근을 조립한 다음 장기간 경과한 경우에는 콘크리트를 타설 전에 다시 조립검사를 하고 청소하여야 한다.

**➕ 갈고리(Hook)의 설치**
- 원형철근의 말단부는 원칙적으로 Hook를 설치
- 이형철근의 말단부는 다음 부분만 Hook를 설치[보·기둥의 단부, 굴뚝의 주근, 대근(Hoop), 늑근(Stirrup), 단순보의 지지단, 캔틸레버 보]

## 2 철근의 순간격과 피복두께

### (1) 철근의 순간격
철근 지름의 1.5배 이상, 2.5cm 이상, 굵은 골재 지름의 4/3배 이상 중 가장 큰 값

### (2) 철근의 피복두께

| 정의 | 콘크리트 표면에서 제일 외측에 가까운 철근의 표면까지의 치수 |
|---|---|
| 목적 | 내화성, 내구성(방청), 시공상 유동성 확보, 적절한 응력전달 |

**➕ 피복두께**

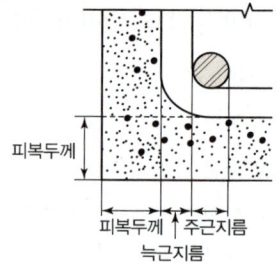

**➕ 원형철근의 단면적(A) 산출방식**

$A = \pi D^2 / 4$

여기서, $D$ : 철근의 공칭지름

---

**개념이해**

**01** 철근콘크리트구조의 철근공사와 관련된 내용으로 옳지 않은 것은?

[13년 1회]

① 기둥의 주근은 기초에, 바닥철근은 보 또는 벽체에 정착시킨다.
② 기둥에서의 철근 피복두께는 콘크리트 표면에서 기둥주근 표면까지의 길이이다.
③ 철근의 이음에서 겹침이음은 용접이음에 비해 응력전달의 효과가 낮다.
④ 나선철근이란 기둥의 주철근을 연속으로 감싸는 철근으로서 주로 원형 단면에 사용한다.

○ 기둥에서의 철근 피복두께는 콘크리트 표면에서 전단 및 좌굴보강을 위해 주근을 횡으로 감싸는 횡보강근(나선철근 혹은 띠철근)의 표면까지의 길이를 말한다.

**답** ②

## 과년도 기출문제

**01** 철근공사에 관한 설명으로 옳지 않은 것은?
[15년 3회]

① 한번 구부린 철근은 다시 펴서 사용해서는 안 된다.
② 철근은 상온에서 냉간가공하는 것이 원칙이다.
③ 철근에 반드시 녹막이칠을 한다.
④ 스터럽 및 띠철근의 단부에는 표준갈고리를 만들어야 한다.

[해설]
철근은 콘크리트에 매립되므로 녹막이칠을 반드시 하지 않아도 된다.

**02** 철근의 가공 및 조립에 관한 설명으로 옳지 않은 것은?
[21년 1회]

① 철근의 가공은 철근상세도에 표시된 형상과 치수가 일치하고 재질을 해치지 않는 방법으로 이루어져야 한다.
② 철근상세도에 철근의 구부리는 내면 반지름이 표시되어 있지 않은 때에는 KS D에 규정된 구부림의 최소 내면 반지름 이상으로 철근을 구부려야 한다.
③ 경미한 녹이 발생한 철근이라 하더라도 일반적으로 콘크리트와의 부착성능을 매우 저하시키므로 사용이 불가하다.
④ 철근은 상온에서 가공하는 것을 원칙으로 한다.

[해설]
경미한 녹은 부착성능에 큰 영향을 주지 않으므로 사용이 가능하다.

**03** 철근콘크리트 공사에서 철근조립에 관한 설명으로 옳지 않은 것은?
[20년 3회]

① 황갈색의 녹이 발생한 철근은 그 상태가 경미하더라도 사용이 불가하다.
② 철근의 피복두께를 정확하게 확보하기 위해 적절한 간격으로 고임재 및 간격재를 배치하여야 한다.
③ 거푸집에 접하는 고임재 및 간격재는 콘크리트 제품 또는 모르타르 제품을 사용하여야 한다.
④ 철근을 조립한 다음 장기간 경과한 경우에는 콘크리트를 타설 전에 다시 조립검사를 하고 청소하여야 한다.

[해설]
황갈색의 녹이 발생한 철근은 그 상태가 경미할 경우 사용이 가능하다.

**04** 철근의 가공·조립에 관한 설명으로 옳지 않은 것은?
[17년 4회]

① 철근배근도에 철근의 구부리는 내면 반지름이 표시되어 있지 않은 때에는 건축구조기준에 규정된 구부림의 최소 내면 반지름 이하로 철근을 구부려야 한다.
② 철근은 상온에서 가공하는 것을 원칙으로 한다.
③ 철근 조립이 끝난 후 철근배근도에 맞게 조립되어 있는지 검사하여야 한다.
④ 철근의 조립은 녹, 기름 등을 제거한 후 실시한다.

[해설]
내면 반지름은 구부림의 완만한 정도(클수록 완만)를 나타내므로 철근배근도에 철근의 구부리는 내면 반지름이 표시되어 있지 않은 때에는 건축구조기준에 규정된 구부림의 최소 내면 반지름 이상으로 철근을 구부려야 한다.

**05** 다음 중 철근의 단부에 갈고리를 설치할 필요가 없는 것은?
[13년 1회]

① 스터럽
② 지중보의 돌출부분의 철근
③ 띠철근
④ 굴뚝의 철근

[해설]
기둥 및 보의 돌출부분의 철근은 단부에 갈고리를 설치하여야 하나, 보 중 지중보는 제외된다.

**정답** 01 ③  02 ③  03 ①  04 ①  05 ②

## 04 철근공사

### 3 철근의 이음 및 정착위치

| 이음위치 | • 응력이 큰 곳은 피하고 엇갈려 잇게 한다.<br>• 한 곳에서 철근수의 반 이상을 이어서는 안 된다.<br>• D35를 초과하는 철근은 겹침이음을 할 수 없다.<br>• 주근의 이음은 인장력이 가장 작은 곳에 두어야 한다. |
|---|---|
| 정착위치 | • 기둥의 주근은 기초에 정착<br>• 큰 보의 주근은 기둥에 정착<br>• 작은 보의 주근은 큰 보에 정착<br>• 벽철근은 기둥, 보, 바닥에 정착<br>• 바닥철근은 보, 벽체에 정착<br>• 지중보의 주근은 기초 또는 기둥에 정착 |

### 4 철근의 이음공법

| 겹침 이음 | #18~20 철선으로 결속하여 이음 |
|---|---|
| 용접 이음 | • 철근을 서로 겹쳐대어 아크(Arc)나 전기로 용접<br>• 단면이 크게 되어 충분한 강도 신뢰<br>• 철근량 절약<br>• 콘크리트 부어넣기 용이 |
| 가스압접 | • 철근의 단면을 산소-아세틸렌 불꽃 등을 사용하여 가열하고, 기계적 압력을 가하여 맞댄이음하는 것<br>• 이음공법 중 접합강도가 극히 크고 성분원소의 조직변화가 적음<br>• 압접공은 작업 대상과 압접 장치에 관하여 충분한 경험과 지식을 가진 자로 책임기술자 승인을 받아야 함<br>• 가스압접할 부분은 직각으로 자르고 절단면을 깨끗하게 함<br>• 철근의 지름이나 종류가 같은 것을 압접하는데 적용한다. |
| 기계적 이음 | 각종 연결재(Sleeve, 나사 등)를 이용한 철근의 이음 |

• 철근의 이음방법에는 콘크리트와의 부착력에 의한 겹침 이음 외에 용접 이음 또는 연결재를 사용한 기계적 이음이 있다.

**슬리브 압착 이음**
철근 이음의 종류 중 원형강관 내에 이형철근을 삽입하고 이 강관을 상온에서 압착 가공함으로써 이형철근의 마디와 밀착되게 하는 이음 방법

**철근의 선조립공법(Pre-fab화)**
철근콘크리트 공사에서 철근을 현장에서 가공조립하지 않고 철근을 부재별로 나누어 미리 조립해두고 현장에서 접합하는 공법

### 5 철근의 조립순서

| 철근콘크리트조 | 기초 → 기둥 → 벽 → 보 → 바닥판 → 계단 |
|---|---|
| 철골철근콘크리트조 | 기초 → 기둥 → 보 → 벽 → 바닥판 → 계단 |
| 기초 | 잡석다짐 → 밑창콘크리트 → 먹매김 → 기초거푸집조립 → 기초철근배근 → 기둥철근을 기초에 정착 → 콘크리트 타설 → 양생 |
| 기초와 기둥 | 거푸집 위치 먹줄치기 → 철근간격표시 → 직교 철근배근 → 대각선 철근배근 → 스페이서 설치 → 기둥주근 설치 → 띠근(Hoop) 끼우기 |

## 과년도 기출문제

건축 / 기사 / 필기

**01** 철근의 이음에 대한 설명으로 옳지 않은 것은?
[13년 1회]

① 철근의 이음은 균열을 방지하기 위해 한 곳에 집중하지 않도록 해야 한다.
② 주근의 이음은 구조부재에 있어 인장력이 가장 큰 부분에 둔다.
③ 철근이음의 종류에는 겹침이음, 용접이음, 기계적 이음 등이 있다.
④ 동일한 개소에 철근 수의 반 이상을 이어서는 안된다.

[해설]

철근의 주근은 인장에 주로 대응하므로, 주근의 이음은 구조부재에 있어 인장력이 가장 적은 부분에 적용한다.

**02** 철근의 정착 위치에 관한 설명으로 옳지 않은 것은?
[21년 2회]

① 지중보의 주근은 기초 또는 기둥에 정착한다.
② 기둥 철근은 큰 보 혹은 작은 보에 정착한다.
③ 큰 보의 주근은 기둥에 정착한다.
④ 작은 보의 주근은 큰 보에 정착한다.

[해설]

작은 보의 주근은 큰 보에 정착하고 큰 보의 주근은 기둥에 정착한다.

**03** 철근이음방법 중 철근을 가열하면서 압력을 가하는 방식으로 모재와 동등한 기계적 강도를 가지며 조직의 성분의 변화가 적고 접합강도가 큰 것은?
[15년 4회]

① 겹침 이음  ② 가스압접
③ 나사식 이음  ④ Cad Welding

[해설]

가스압접은 이음공법 중 접합강도가 극히 크고 성분원소의 조직변화가 적다.

**04** 철근의 가스압접에 관한 설명으로 옳지 않은 것은?
[20년 4회]

① 이음공법 중 접합강도가 극히 크고 성분원소의 조직변화가 적다.
② 압접공은 작업 대상과 압접 장치에 관하여 충분한 경험과 지식을 가진 자로 책임기술자 승인을 받아야 한다.
③ 가스압접할 부분은 직각으로 자르고 절단면을 깨끗하게 한다.
④ 접합되는 철근의 항복점 또는 강도가 다른 경우에 주로 사용한다.

[해설]

철근의 가스압접의 경우 접합되는 철근의 항복점 또는 강도가 다른 경우는 사용할 수 없으며, 해당 물성이 동일해야 사용 가능하다.

**05** 철근콘크리트 구조물에서 철근 조립순서로 옳은 것은?
[20년 3회]

① 기초철근 → 기둥철근 → 보철근 → 슬래브철근 → 계단철근 → 벽철근
② 기초철근 → 기둥철근 → 벽철근 → 보철근 → 슬래브철근 → 계단철근
③ 기초철근 → 벽철근 → 기둥철근 → 보철근 → 슬래브철근 → 계단철근
④ 기초철근 → 벽철근 → 보철근 → 기둥철근 → 슬래브철근 → 계단철근

[해설]

철근 조립순서는 기초 → 수직부재 → 수평부재 → 계단철근 순으로 진행하며, 그것을 구체화하면 기초철근 → 기둥철근(수직부재) → 벽철근(수직부재) → 보철근(수평부재) → 슬래브철근(수평부재) → 계단철근의 순이 된다.

정답  01 ②  02 ②  03 ②  04 ④  05 ②

# 05 거푸집 공사

## 1 거푸집의 부속재료

| 긴장재(Form Tie) | 철근콘크리트 공사 중 거푸집이 벌어지지 않게 하는 긴장재 |
|---|---|
| 박리재(Form Oil) | 콘크리트를 부어 넣은 후 거푸집의 탈형을 용이하게 하기 위해 미리 거푸집 면에 도포하는 약제 |
| 격리재(Separator) | 거푸집 상호 간의 간격 유지, 측벽 두께를 유지하기 위한 것 |
| 간격재(Spacer) | 철근과 거푸집 간격 유지, 철근과 철근 간격 유지 |

+ 거푸집의 부속재료

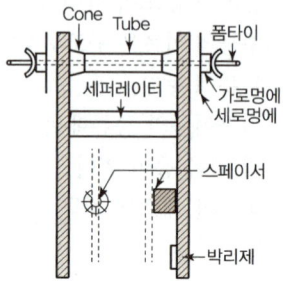

+ 콘크리트 헤드(Concrete Head)
콘크리트 타설 윗면에서부터 최대측압이 생기는 지점까지의 거리

## 2 거푸집 고려하중 및 측압 영향요소

| 고려하중 | 보 밑, 슬래브 밑면 | 생 콘크리트 중량($23kN/m^3$) + 작업하중 + 충격하중 |
|---|---|---|
| | 벽, 기둥, 보 옆 | 생 콘크리트 중량($23kN/m^3$) + 측압 |
| 측압 영향요소 | 슬럼프 | 슬럼프가 클수록 측압은 크다. |
| | 배합 | 부배합(富配合)일수록 측압은 크다. |
| | 부어넣기 속도 | 속도가 빠를수록 측압은 크다. |
| | 벽두께 | 벽두께가 두꺼울수록 측압은 크다. |
| | 대기 중의 습도 | 습도가 높을수록 측압은 크다. |
| | 온도 | 온도가 낮을수록 측압은 크다. |
| | 다짐 | 다짐이 과다할수록 측압은 크다. |
| | 거푸집의 강성 | 강성이 클수록 측압은 크다. |
| | 철골 또는 철근량 | 철골 또는 철근량이 적을수록 측압은 크다. |

## 3 거푸집 존치기간

### (1) 콘크리트 압축강도를 시험할 경우

| 부재 | 콘크리트 압축강도 |
|---|---|
| 기초, 보, 기둥, 벽 등의 측면 | 5MPa 이상 |
| 슬래브 및 보의 밑면, 아치 내면(단층일 경우) | 설계기준압축강도의 2/3배 이상, 최소 14MPa 이상 |

### (2) 콘크리트 압축강도를 시험하지 않을 경우 해체 시기(기초, 보, 기둥 및 벽의 측면)

| 시멘트의 종류<br>평균기온 | 조강 포틀랜드 시멘트 | 보통 포틀랜드 시멘트,<br>고로 슬래그 시멘트(1종),<br>플라이 애시 시멘트(1종),<br>포틀랜드 포졸란 시멘트(A종) | 고로 슬래그 시멘트(2종),<br>플라이 애시 시멘트(2종),<br>포틀랜드 포졸란 시멘트(B종) |
|---|---|---|---|
| 20℃ 이상 | 2일 | 3일 | 4일 |
| 20℃ 미만 10℃ 이상 | 3일 | 4일 | 6일 |

# 과년도 기출문제

건축 / 기사 / 필기

**01** 철근콘크리트공사 중 거푸집이 벌어지지 않게 하는 긴장재는? [19년 1회]

① 세퍼레이터(Separator)
② 스페이서(Spacer)
③ 폼 타이(Form tie)
④ 인서트(Insert)

[해설]

① 세퍼레이터(Separator) : 거푸집과 거푸집 간격 유지
② 스페이서(Spacer) : 거푸집과 철근의 간격 유지
④ 인서트(Insert) : 행거 Bolt 등을 부착하기 위해 슬라브 콘크리트에 미리 매입한 철물

**02** 철근콘크리트공사 시 벽체 거푸집 또는 보 거푸집에서 거푸집판을 일정한 간격으로 유지시켜 주는 동시에 콘크리트의 측압을 최종적으로 지지하는 역할을 하는 부재는? [22년 2회]

① 인서트       ② 컬럼밴드
③ 폼타이       ④ 턴버클

[해설]

벽체 거푸집의 고정 및 측압 버팀대 용도로 적용되는 것은 폼타이이며, 기둥 거푸집의 고정 및 측압 버팀대 용도로 적용되는 것은 컬럼밴드이다.

**03** 콘크리트 거푸집용 박리제 사용 시 주의사항으로 옳지 않은 것은? [21년 1회]

① 거푸집 종류에 상응하는 박리제를 선택·사용한다.
② 박리제 도포 전에 거푸집면의 청소를 철저히 한다.
③ 거푸집뿐만 아니라 철근에도 도포하도록 한다.
④ 콘크리트 색조에 영향이 없는지를 시험한다.

[해설]

철근에 박리제를 도포하면 콘크리트와의 부착력이 저하될 수 있다.

**04** 바닥판과 보 밑 거푸집설계 시 고려해야 하는 하중을 옳게 짝지은 것은? [18년 1회]

① 굳지 않은 콘크리트 중량, 충격하중
② 굳지 않은 콘크리트 중량, 측압
③ 작업하중, 풍하중
④ 충격하중, 풍하중

[해설]

부위별 거푸집 설계 시 고려하중

| 부위 | 고려하중 |
|---|---|
| 밑판 거푸집(바닥판, 보 밑 등) | 굳지 않은 콘크리트 중량, 충격하중, 작업하중 |
| 옆판 거푸집(보 옆, 벽, 기둥 등) | 굳지 않은 콘크리트 중량, 측압 |

**05** 거푸집에 작용하는 콘크리트의 측압에 끼치는 영향요인과 가장 거리가 먼 것은? [19년 4회]

① 거푸집의 강성      ② 콘크리트 타설 속도
③ 기온               ④ 콘크리트의 강도

[해설]

거푸집에 작용하는 콘크리트의 측압에 대한 영향요인
거푸집 강성, 거푸집의 매끈한 정도, 철근량, 콘크리트 타설 속도, 콘크리트의 비중, 시멘트의 종류, 콘크리트 타설 높이, 기온 등

**06** 콘크리트의 압축강도를 시험하지 않을 경우 다음과 같은 조건에서의 거푸집널 해체 시기로 옳은 것은? [22년 1회]

- 기초, 보, 기둥 및 벽의 측면의 경우
- 평균기온 20℃ 이상
- 조강 포틀랜드 시멘트 사용

① 1일      ② 2일
③ 3일      ④ 4일

[해설]

평균기온이 20℃ 이상인 경우 조강 포틀랜드 시멘트 사용 시 콘크리트 재령이 2일 이상 경과하면 압축강도시험을 하지 않고도 해체할 수 있다.

정답  01 ③  02 ③  03 ③  04 ①  05 ④  06 ②

## 05 거푸집 공사

### 4 거푸집의 종류

#### (1) 벽전용

| 갱 폼<br>(Gang Form) | • 사용할 때마다 작은 부재의 조립, 분해를 반복하지 않고 대형화, 단순화하여 한 번에 설치하고 해체하는 거푸집<br>• 조립분해가 생략되므로 인력절감<br>• 이음부위 감소로 마감이 단순화되므로 비용절감<br>• 대형 양중장비 필요<br>• 초기 세팅기간(조립시간) 많이 소요됨 |
|---|---|
| 클라이밍 폼<br>(Climing Form) | 벽체용 거푸집으로 거푸집과 벽체 마감공사를 위한 비계틀을 일체로 조립하여 한꺼번에 인양시켜 설치하는 공법 |

#### (2) 일체식 거푸집

| 플라잉 폼(Flying Form,<br>바닥전용 일체식 거푸집) | 바닥에 콘크리트를 타설하기 위한 거푸집으로서 거푸집판, 장선, 멍에, 서포트 등을 일체로 제작하며 부재화한 거푸집으로서, 테이블 폼(Table Form)이라고도 한다. |
|---|---|
| 터널 폼(Tunnel Form, 벽과<br>바닥 전용 일체식 거푸집) | 한 구획 전체의 벽판과 바닥판을 ㄱ자형 또는 ㄷ자형으로 써서 이동식 거푸집으로 이용되는 거푸집 |

#### (3) 연속공법

| 슬라이딩 폼<br>(Sliding Form) | 콘크리트를 부어 넣으면서 거푸집을 연속적으로 끌어올려 Silo, 굴뚝 등 단면 형상의 변화가 없는 구조물에 사용(일체성 확보 용이) |
|---|---|
| 트래블링 폼(이동 거푸집,<br>Traveling Form) | 거푸집 전체를 다음 장소로 이동하여 사용하는 대형의 수평이동 거푸집 |

**무지보공 거푸집**
천장이 높을 때 받침기둥(Support) 없이 보에 수평지지보를 걸어서 거푸집을 지지하는 공법

**데크 플레이트(Deck Plate)**
아연도 철판을 절곡하여 제작한 바닥(Slab) 콘크리트 타설을 위한 슬래브 하부 거푸집판으로서 일반적으로 사무실 용도의 건물에서 철골구조의 슬래브 바닥재로 사용함

**와플 폼(Waffle Form)**
무량판 구조 혹은 평판구조에 사용되는 특수상자 모양(우물반자 형식)의 기성재 거푸집

**유로 폼(Euro Form)**
경량형강과 내수(코팅)합판으로 제작된 모듈식 철재 패널 거푸집(Moudular Form)으로 조립·해체가 간단함

**요크(York)**
슬라이딩 폼(Sliding Form)에서 거푸집을 일정한 속도로 계속 끌어올리는 장치

---

### 개념이해

**01** 거푸집 공사에서 사용할 때마다 작은 부재의 조립, 분해를 반복하지 않고 대형화·단순화하여 한번에 설치하고 해체하는 벽체용 거푸집의 명칭은?

[15년 1회]

① 슬라이딩 폼(Sliding Form)  ② 갱 폼(Gang Form)
③ 플라잉 폼(Flying Form)  ④ 유로 폼(Euro Form)

갱 폼(Gang Form)은 사용할 때마다 부재의 조립, 분해를 반복하지 않아도 되므로 이음부위가 감소하고, 기능공들의 시공소요가 적으며 그에 따라 기능공의 기능도의 영향을 덜 받게 된다.

답 ②

## 과년도 기출문제

**01** 사용할 때마다 부재의 조립, 분해를 반복하지 않아 벽식구조인 아파트 건축물에 적용효과가 큰 대형 벽체거푸집은? [14년 1회]

① Gang Form　② Sliding Form
③ Air Tube Form　④ Traveling Form

[해설]

갱 폼(Gang Form)은 사용할 때마다 부재의 조립, 분해를 반복하지 않아도 되므로 이음부위가 감소하고, 기능공들의 시공 소요가 적으며 그에 따라 기능공의 기능도의 영향을 덜 받게 된다.

**02** 철근콘크리트 공사에 사용되는 거푸집 중 갱 폼 (Gang Form)의 특징으로 틀린 것은? [14년 4회, 21년 4회]

① 기능공의 기능도에 따라 시공 정밀도가 크게 좌우된다.
② 대형 장비가 필요하다.
③ 초기 투자비가 과다하다.
④ 거푸집의 대형화로 이음부위가 감소한다.

[해설]

갱 폼(Gang Form)은 시스템 거푸집의 일종으로, 미리 짜여진 대형 폼을 활용하므로 기능공들의 시공소요가 적고, 그에 따라 기능공의 기능도의 영향을 덜 받게 된다.

**03** 클라이밍 폼의 특징에 대한 설명으로 옳지 않은 것은? [17년 1회]

① 고소 작업 시 안전성이 높다.
② 거푸집 해체 시 콘크리트에 미치는 충격이 적다.
③ 초기 투자비가 적은 편이다.
④ 비계 설치가 불필요하다.

[해설]

클라이밍폼(Climing Form)은 거푸집과 비계를 인양시키면서 작업이 가능한 벽 전용 거푸집으로서 인양 관련 설비 등의 적용이 필요하므로 초기 투자비가 높은 편이다.

**04** 콘크리트를 타설하면서 거푸집을 수직방향으로 이동시켜 연속작업을 할 수 있게 한 것으로 사일로 등의 건설공사에 적합한 것은? [21년 4회]

① Euro Form　② Sliding Form
③ Air Tube Form　④ Traveling Form

[해설]

슬라이딩 폼(Sliding Form)은 수직부재를 끊김 없이 연속타설할 수 있는 거푸집 공법으로 콘크리트의 일체성 확보가 용이하다.

**05** 사무실 용도의 건물에서 철골구조의 슬래브 바닥재로 일반적으로 사용되는 것은? [16년 1회]

① 데크 플레이트　② 커버 플레이트
③ 거싯 플레이트　④ 베이스 플레이트

[해설]

문제의 설명은 철골조의 보에 걸어 사용되는 슬래브용 철판인 데크 플레이트에 대한 사항이다.

**06** 무지보공 거푸집에 관한 설명으로 옳지 않은 것은? [19년 1회]

① 하부공간은 넓게 하여 작업공간으로 활용할 수 있다.
② 슬래브(Slab) 동바리의 감소 또는 생략이 가능하다.
③ 트러스 형태의 빔(Beam)을 보거푸집 또는 벽체 거푸집에 걸쳐 놓고 바닥판 거푸집을 시공한다.
④ 층고가 높을 경우 적용이 불리하다.

[해설]

무지보공 거푸집은 동바리를 대지 않는 거푸집을 의미하며 기존 공법으로는 동바리 소요량이 많이 소모되는 높은 층고의 거푸집 시공 시 원가 및 공정상 유리한 측면을 갖는다.

**정답** 01 ①　02 ①　03 ③　04 ②　05 ①　06 ④

# 06 콘크리트 재료

## 1 시멘트의 성상

| 구분 | 내용 |
|---|---|
| 성분 특성 | • 수화열 및 조기강도의 순서 : 알루민산 3석회($3CaO \cdot Al_2O_3$) > 규산 3석회($3CaO \cdot SiO$) > 규산 2석회($2CaO \cdot SiO_2$)<br>• 색상과 관계된 성분 : 알루민산 철 4석회($4CaO \cdot Al_2O_3 \cdot Fe_2O_3$) |
| 분말도 | • 입자의 굵고 가는 정도로서 분말도가 크면 수화작용이 빠르고 초기강도가 좋으나, 장기강도는 저하된다.<br>• 시험방법 : 브레인법(마노미터액), 체가름법(체분석법), 피크노메타법 |
| 응결 | • 시멘트의 응결시간은 1(초결)~10(종결)시간 정도이다.<br>• 시험방법 : 길모아 바늘, 비카 바늘에 의한 이상응결시험 |
| 안정성 | • 시멘트가 경화 중 체적이 팽창하는 정도<br>• 시험방법 : 오토 클레이브(Auto Clave) 팽창도 시험 |

**+ 비중시험**
르샤틀리에 비중병 사용

**+ 강도시험**
표준모래를 사용하여 휨시험, 압축강도 시험

## 2 시멘트의 종류

### (1) 포틀랜드 시멘트

| 구분 | 명칭 | 주요 특징 |
|---|---|---|
| 1종 | 보통 포틀랜드 시멘트 | 일반 시멘트 |
| 2종 | 조강 포틀랜드 시멘트 | • 조기강도 큼<br>• 한중공사 및 긴급공사에 적용 |
| 3종 | 중용열 포틀랜드 시멘트 | • 초기 수화반응속도가 느림<br>• 수화열이 적음<br>• 건조수축이 적음, 매스콘크리트 등에 적용 |
| 4종 | 저열 포틀랜드 시멘트 | 중용열 시멘트에 비해 수화열이 10% 정도 더 적음 |
| 5종 | 내황산염 포틀랜드 시멘트 | 황산염에 대한 저항성능 큼(온천지대나 하수관로 공사에 적용) |

### (2) 혼합시멘트(보통 포틀랜드 시멘트 + 혼화재)

| 구분 | 내용 |
|---|---|
| 플라이 애쉬 시멘트 | • 보통 포틀랜드 시멘트 + 플라이 애쉬<br>• 초기수화반응이 늦고, 건조수축이 적으며, 장기강도 우수 |
| 고로 슬래그 시멘트 | • 보통 포틀랜드 시멘트 + 고로 슬래그 분말<br>• 내식성 우수, 내열성 우수, 장기강도 우수 |

**+ 특수시멘트**

| 구분 | 내용 |
|---|---|
| 백색 포틀랜드 시멘트 | 줄눈용, 타일줄눈마감 |
| 팽창 시멘트 | 팽창재를 혼입하여 수축작용 최소화 |
| 알루미나 시멘트 | 긴급공사용으로서 재령 1일에 보통 포틀랜드 시멘트 재령 28일 강도 발현 |
| 초속경 시멘트 | 긴급공사용으로서 재령 1시간에 7MPa, 3시간만에 25MPa 강도 발현 |

## 과년도 기출문제

건축 / 기사 / 필기

**01** 포틀랜드시멘트 화학성분 중 1일 이내 수화를 지배하며 응결이 가장 빠른 것은? [14년 4회, 22년 2회]

① 알루민산 3석회
② 알루민산 철 4석회
③ 규산 3석회
④ 규산 2석회

[해설]

응결속도, 수화열(발열량), 조기강도 및 수축률 크기
알루민산 3석회 > 규산 3석회 > 규산 2석회
※ 알루민산 철 4석회는 색상과 관계된 성분이다.

**02** 시멘트 광물질의 조성 중에서 발열량이 높고 응결시간이 가장 빠른 것은? [19년 2회, 21년 4회]

① 알루민산 3석회
② 규산 3석회
③ 규산 2석회
④ 알루민산 철 4석회

[해설]

응결속도, 수화열(발열량), 조기강도 및 수축률 크기
알루민산 3석회 > 규산 3석회 > 규산 2석회
※ 알루민산 철 4석회는 색상과 관계된 성분이다.

**03** 시멘트 분말도 시험방법이 아닌 것은? [18년 1회]

① 플로우시험법
② 체분석법
③ 피크노메타법
④ 브레인법

[해설]

플로우(Flow) 시험은 흐름시험이라고도 하며, 슬럼프 시험, 비비시험 등과 함께 굳지 않은 콘크리트의 시공연도와 반죽질기(유동성)를 평가하는 시험이다.

**04** 다음 시멘트 중 시멘트 분말의 비표면적이 가장 큰 것은? [17년 1회]

① 보통 포틀랜드 시멘트
② 중용열 포틀랜드 시멘트
③ 조강 포틀랜드 시멘트
④ 백색 포틀랜드 시멘트

[해설]

비표면적이 크다는 것은 반응속도가 빠르다는 것으로 보기 중에서는 조강 포틀랜드 시멘트가 가장 반응속도가 빠르며 이에 따라 비표면적이 가장 크다.

**05** 콘크리트용 재료 중 시멘트에 관한 설명으로 틀린 것은? [15년 2회, 18년 2회]

① 중용열 포틀랜드 시멘트는 수화작용에 따르는 발열이 적기 때문에 매스콘크리트에 적당하다.
② 조강 포틀랜드 시멘트는 조기강도가 크기 때문에 한중콘크리트 공사에 주로 쓰인다.
③ 알칼리 골재반응을 억제하기 위한 방법으로써 내황산염 포틀랜드 시멘트를 사용한다.
④ 조강 포틀랜드 시멘트를 사용한 콘크리트의 7일 강도는 보통 포틀랜드 시멘트를 사용한 콘코리트의 28일 강도와 거의 비슷하다.

[해설]

알칼리 골재반응을 억제하기 위한 방법으로써 사용하는 시멘트는 플라이 애시 시멘트이며, 황산염 포틀랜드 시멘트는 황산염에 대한 저항성능이 큰 시멘트로서 온천지대나 하수관로공사에 적용한다.

정답  01 ①  02 ①  03 ①  04 ③  05 ③

# 06 콘크리트 재료

## ③ 콘크리트 골재

| 종류 | 천연골재 | • 천연작용에 의해 암석에서 생긴 골재<br>• 강모래, 강자갈, 바닷모래, 바닷자갈, 산모래, 산자갈 등 |
|---|---|---|
| | 인공골재 | • 암석을 부수어 만든 부순 모래<br>• 깬자갈, 슬랙 깬자갈 등 |
| 요구 성질 | | • 모양이 구형에 가까운 것으로, 표면이 거친 것이 좋음<br>• 골재의 강도는 콘크리트 중의 경화시멘트 페이스트의 강도 이상인 것이 좋음<br>• 내마모성이 있는 것을 선택<br>• 풍화와 강도를 떨어뜨리지 않도록 하기 위해 석회석, 운모 등의 함유량이 적은 것을 선택<br>• 입도는 조립에서 세립까지 연속적으로 균등히 혼합되어 있어야 함<br>• 유해량의 먼지, 흙, 유기불순물 등을 포함하지 않은 것이 좋음<br>• 골재의 입도는 골재의 작고 큰 입자의 혼합된 정도를 의미<br>• 적당한 입도의 사용이 필요함<br>• 골재의 치수가 너무 클 경우 철근과 철근 사이에 골재가 끼여, 낀 골재 밑으로 콘크리트 타설이 되지 않아 콘크리트 속에 텅 빈 공간이 생기게 됨. 이러한 현상을 방지하기 위해 굵은 골재에 대한 최대치수 규정을 설정하고 있음 |
| 함수 상태 | 흡수량 | 흡수량 = 표면건조상태의 중량 − 절대건조상태의 중량 |
| | 흡수율 | 흡수율 = $\dfrac{흡수량}{절대건조상태의 중량} \times 100(\%)$ |
| | 유효흡수량 | 유효흡수량 = 표면건조상태의 중량 − 기건상태의 중량 |
| | 함수량 | 함수량 = 습윤상태의 중량 − 절대건조상태의 중량 |
| | 표면수량 | 표면수량 = 함수량 − 흡수량 |
| | 표면수율 | 표면수율 = $\dfrac{표면수량}{표면건조내부포수상태의 중량} \times 100(\%)$ |
| 공극률과 실적률 | 공극률 | 공극률 = $100 - 실적률 = \left(1 - \dfrac{단위용적중량}{비중(절대건조밀도)}\right) \times 100(\%)$ |
| | 실적률 | 실적률 = $\dfrac{단위용적중량}{비중(절대건조밀도)} \times 100(\%)$ |

### 굵은골재 관련 기타 용어 및 기준

| 조립률(F·M: Finess Modulus) | 골재의 입도를 수량으로 나타낸 것 |
|---|---|
| 잔골재율(S/A) | 전 골재 용적 대비 잔 골재의 용적 |
| 염화물 기준 | 잔골재 중량의 0.04% 이하, 콘크리트 체적의 0.3kg/m³ 이하 |

함수 상태 그림: 절건상태, 기건상태, 표면건조 내부포수상태, 습윤상태
- 흡수량: 절건상태 ~ 표면건조내부포수상태
- 유효흡수량: 기건상태 ~ 표면건조내부포수상태
- 표면수량: 표면건조내부포수상태 ~ 습윤상태
- 함수량: 절건상태 ~ 습윤상태

## 과년도 기출문제

**01** 콘크리트용 골재의 품질에 관한 설명으로 옳지 않은 것은? [20년 1·2회 통합]

① 골재는 청정, 견경하고 유해량의 먼지, 유기불순물이 포함되지 않아야 한다.
② 골재의 입형은 콘크리트의 유동성을 갖도록 한다.
③ 골재는 예각으로 된 것을 사용하도록 한다.
④ 골재의 강도는 콘크리트 내 경화한 시멘트 페이스트의 강도보다 커야 한다.

[해설]
골재는 둔각으로 된 것을 사용하도록 한다.

**02** 골재의 함수상태에 따른 설명으로 옳지 않은 것은? [13년 2회]

① 절건상태 : 골재를 100~110℃의 온도 상태에서 중량 변화가 없어질 때까지 건조하여 골재 속의 모세관 등에 흡수된 수분이 거의 없는 상태
② 기건상태 : 골재를 공기 중에 24시간 이상 건조하여 골재 속에 수분이 없는 상태
③ 표건상태 : 내부는 포화상태이나 표면은 수분이 없는 상태
④ 습윤상태 : 골재의 내부는 이미 포화상태이고, 표면에도 수분이 있는 상태

[해설]
②는 절건상태에 대한 설명이다. 기건상태는 골재를 공기 중에 건조하여 내부는 수분을 포함하고 있는 상태를 말한다.

**03** 골재의 실적률이 클 경우 콘크리트에 주는 영향으로 옳지 않은 것은? [13년 4회]

① 콘크리트의 투수성이 커진다.
② 콘크리트의 수화발열량을 감소시킨다.
③ 콘크리트의 마모저항성이 커진다.
④ 콘크리트의 건조수축을 감소시킨다.

[해설]
실적률은 골재의 비중대비 단위용적중량으로서 실적률이 클 경우 밀실도가 커지므로 투수성은 작아지게 된다.

**정답** 01 ③ 02 ② 03 ①

# 06 콘크리트 재료

## 4 혼화 재료

### (1) 혼화제

| | |
|---|---|
| AE제 | • 콘크리트용 표면활성제로 콘크리트 속에 독립된 미세한 기포(Entrained Air)를 생성, 골고루 분포시킴<br>• 블리딩을 감소시키며, 시공연도가 좋아짐에 따른 작업성 향상<br>• 많이 사용하면 강도가 저하됨<br>• 동결융해에 대한 저항성이 개선됨<br>• 적정 공기량 4~6% |
| 방청제 | 철근의 부식을 억제할 목적으로 사용되며, 철근 표면의 보호피막을 보강하는 용도로 사용 |
| 증점제 | 점성, 응집작용 등을 향상시켜 재료 분리를 억제하여 수중콘크리트에 사용 |
| 방동제 | • 무근콘크리트의 동결을 방지하기 위한 목적으로 사용<br>• 염화칼슘, 규산소다, 염화 제2철, 염화마그네슘 등 적용 |

### (2) 혼화재

| | |
|---|---|
| 포졸란 | • 화산회 등의 광물질(실리카질) 분말로 된 콘크리트 혼화재의 일종<br>• 조기강도는 작으나 장기간 습윤 양생하면 장기강도, 수밀성 및 염류에 대한 화학적 저항성이 커짐<br>• 시공연도가 좋아지고 블리딩, 재료분리 현상 감소 |
| 플라이 애시 | • 분탄이 보일러 내에서 연소할 때 부유하는 회분을 전기 집진기로 채집한 표면이 매끄러운 구형의 미세립 분말<br>• 비중이 1.95~2.40 정도로 작고, 적용 시 유동성이 개선됨<br>• 수화열이 감소하며 장기강도가 증가됨<br>• 알칼리 골재반응의 억제, 황산염에 대한 저항성 및 수밀성의 향상을 기대할 수 있음 |
| 고로 슬래그 | • 선철을 제조하는 과정에서 발생되는 부유물질인 슬래그를 냉각시켜 분말화한 것<br>• 수축 균열이 적고 해수·동결 융해에 대한 저항성이 큼 |
| 실리카 품<br>(Silica Fume) | 전기로에서 금속규소나 규소철을 생산하는 과정 중 부산물로 생성되는 매우 미세한 입자로써 고강도 콘크리트 제조 시 사용되는 포졸란계 혼화재 |

**➕ 혼화제**
- 콘크리트 속 시멘트 중량의 5% 이하의 극히 적은 양을 사용(배합계산에 포함되지 않음)
- 종류 : AE제, 분산제, AE감수제 등의 표면활성제, 유동화제, 응결경화촉진제, 응결지연제, 방청제, 방동제 등

**잠재공기(Entrapped Air)**
콘크리트에 AE제를 사용하지 않아도 함유되는 1~2%의 크고 부정형한 기포

- 시멘트 분말도가 크면 공기량은 감소한다.

**➕ 포졸란 반응**
실리카가 콘크리트 중의 수산화칼슘과 화합하여 불용성(녹지 않는)의 화합물을 만드는 반응

---

**개념이해**

**01** 플라이 애시를 콘크리트에 사용함으로써 얻을 수 있는 장점에 해당되지 않는 것은? [13년 2회]

① 워커빌리티가 개선된다.  ② 건조수축이 적어진다.
③ 초기강도가 높아진다.  ④ 수화열이 낮아진다.

➡ 플라이 애시는 장기강도 증진에 효과적이다.

답 ③

## 과년도 기출문제

**01** 콘크리트 혼화제 중 AE제를 첨가함으로써 나타나는 결과가 아닌 것은? [13년 2회]

① 철근과의 부착강도 증진
② 내구성 증진
③ 동결융해 저항성 증대
④ 압축강도 감소

[해설]

AE제의 적용은 공기량과 관계있는 것으로서, 철근과 콘크리트 간의 부착강도와는 큰 상관관계가 없다.

**02** AE제, AE감수제 및 고성능 AE감수제를 사용하는 콘크리트의 적정 공기량은 콘크리트 용적 대비 얼마인가?(단, 굵은 골재의 최대치수가 20mm이며 일반 노출인 경우) [13년 2회]

① 1%  ② 3%
③ 5%  ④ 7%

[해설]

AE제 등을 적용하여 동해를 예방하면서, 동시에 콘크리트의 압축강도를 유지할 수 있는 콘크리트의 적정 공기량은 4~6% 정도이다.

**03** 콘크리트 중 공기량의 변화에 관한 설명으로 옳은 것은? [18년 2회]

① AE제의 혼입량이 증가하면 연행공기량도 증가한다.
② 시멘트 분말도 및 단위시멘트양이 증가하면 공기량은 증가한다.
③ 잔골재 중에 0.15~0.3mm의 골재가 많으면 공기량은 감소한다.
④ 슬럼프가 커지면 공기량은 감소한다.

[해설]

② 시멘트 분말도 및 단위시멘트양이 증가하면 공기량은 감소한다.
③ 잔골재 중에 0.15~0.3mm의 미립분 골재가 많으면 공기량은 증가한다.
④ 슬럼프가 커지면 공기량은 증가하게 된다.

**04** 수밀 콘크리트의 재료 및 시공에 관한 설명 중 틀린 것은? [14년 4회]

① 수영장, 지하실 등 압력수가 작용하는 구조물에 시공하는 콘크리트이다.
② 골재는 입도분포가 고르고 흡수성이 작으며, 밀도가 큰 것을 사용한다.
③ 콘크리트 내의 기포는 수밀성을 저하시키므로 AE제를 사용하지 않는다.
④ 콘크리트의 다짐을 충분히 하며 가급적 이어치기 하지 않는다.

[해설]

AE제(공기연행, Air Entraining Agent)를 사용하여 미세한 기포를 발생시키면 시공연도 향상, 동결융해 저항성 증대, 수밀성 향상 등의 효과를 기대할 수 있다.

**05** 콘크리트에 사용되는 혼화제 중 플라이 애쉬의 사용에 따른 이점으로 볼 수 없는 것은? [17년 2회, 20년 3회]

① 유동성의 개선
② 초기 강도의 증진
③ 수화열의 감소
④ 수밀성의 향상

[해설]

플라이 애시는 장기 강도 증진에 효과적이다.

**정답** 01 ① 02 ③ 03 ① 04 ③ 05 ②

# 07 콘크리트 배합·성질

## 1 배합의 표시법

| 절대용적배합 | 콘크리트 비벼내기 1m³에 소요되는 각 재료를 절대용적(m³)으로 표시한 배합 |
|---|---|
| 중량 배합 | 콘크리트 비벼내기 1m³에 소요되는 각 재료를 중량(kg)으로 표시한 배합 |
| 표준계량 용적배합 | 콘크리트 1m³에 소요되는 재료의 양을 표준계량용적(m³)으로 표시한 배합(단, 시멘트는 1,500kg을 1m³로 한다) |
| 현장계량 용적배합 | 콘크리트 1m³에 소요되는 각 재료 중 시멘트는 포대수로, 골재는 현장계량법에 의한 용적(m³)으로 표시한 배합 |

**➕ 배합 결정 요소**

시멘트 강도, 물시멘트비, 슬럼프 값, 골재크기 및 잔골재율, 소요공기량

- 물-결합재비(시멘트비)가 클수록 콘크리트 강도는 저하된다(물-결합재비는 원칙적으로 60% 이하).

## 2 굳지 않은 콘크리트의 성질

| Workability (시공연도) | • 묽기 정도 및 재료분리에 저항하는 정도 등 복합적 의미에서의 시공 난이 정도<br>• 워커빌리티에 영향을 미치는 요인 : 시멘트의 성질과 양, 골재의 입도와 모양, 혼화재료의 종류와 양, 물시멘트비, 배합 및 비비기 정도, 혼합 후의 시간<br>• 워커빌리티의 측정방법(=컨시스턴시 측정방법) : 슬럼프 시험, 흐름 시험, 비비(Vee-Bee Test) 시험, 다짐계수(Compaction Factor) 시험 등 |
|---|---|
| Consistency (반죽질기, 유동성) | • 컨시스턴시는 주로 수량의 다소에 따라 반죽이 질고 된 정도를 나타내는 콘크리트의 성질로 유동성의 정도임 |
| Compactability (다짐성) | 콘크리트 묽기에 따른 다짐의 용이한 정도 |
| Plasticity(성형성) | 구조체에 타설된 콘크리트가 거푸집에 잘 채워질 수 있는지의 난이 정도 |
| Pumpability(압송성) | 펌프에서 콘크리트가 잘 밀려가는지의 난이 정도 |
| Stability(안정성) | Bleeding, 재료분리에 대한 저항성 |
| Finishability(마감성) | 도로포장 등에서 골재의 최대치수에 따르는 표면정리의 난이 정도 |
| Mobility(가동성) | 점성(Viscosity), 응집력, 내부저항 등에 관한 유동변형의 용이성 |

**➕ 슬럼프(Slump) 값**

콘크리트 시공연도[워커빌리티(Workability)]의 양부를 측정

- 슬럼프테스트

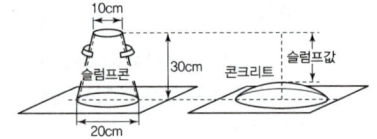

## 과년도 기출문제

**01** 콘크리트 배합에 직접적인 영향을 주는 요소가 아닌 것은? [16년 2회]

① 시멘트 강도
② 물-시멘트비
③ 철근의 품질
④ 골재의 입도

[해설]
철근의 품질은 콘크리트 배합과정에 직접적 영향을 미치지 않는다. 배합과정에서 영향을 미치는 인자는 콘크리트의 구성요소인 시멘트(결합재), 골재(모래, 자갈), 물, 혼화재료 등이 있다.

**02** 콘크리트 배합에 직접적으로 영향을 주는 요소가 아닌 것은? [20년 4회]

① 단위수량
② 물-결합재 비
③ 철근의 품질
④ 골재의 입도

[해설]
철근의 품질은 콘크리트 배합과정에 직접적 영향을 미치지 않는다. 배합과정에서 영향을 미치는 인자는 콘크리트의 구성요소인 시멘트(결합재), 골재(모래, 자갈), 물, 혼화재료 등이 있다.

**03** 콘크리트의 시공연도에 영향을 주는 요인에 대한 설명으로 틀린 것은? [14년 4회]

① 포졸란이나 플라이 애시 등을 사용하면 시공연도가 증가한다.
② 굵은 골재 사용 시 쇄석을 사용하면 시공연도가 증가한다.
③ 풍화된 시멘트를 사용하면 시공연도가 감소한다.
④ 비빔시간이 과도하면 시공연도가 감소한다.

[해설]
입형이 둥근 골재를 적용할 경우 시공연도가 좋으나, 쇄석은 깬자갈로서 입형이 각을 갖고 있는 경우가 많다.

**04** 콘크리트 배합 시 시공연도와 가장 거리가 먼 것은? [17년 4회]

① 시멘트 강도
② 골재의 입도
③ 혼화제물
④ 혼합시간

[해설]
시공연도는 반죽질기의 여하에 따른 작업의 난이 정도 및 재료 분리에 저항하는 정도를 나타내는 굳지 않은 Concrete의 성질을 말하는 것으로서 시멘트 강도는 영향을 주지 않는다.

**05** 굳지 않은 콘크리트의 성질을 나타내는 용어의 정의로 옳지 않은 것은? [13년 1회]

① 워커빌리티 : 반죽질기 여하에 따르는 작업의 난이도 및 재료의 분리에 저항하는 정도를 나타내는 성질
② 컨시스턴시 : 주로 수량의 다소에 따르는 반죽의 되고 진 정도를 나타내는 성질
③ 피니셔빌리티 : 굵은 골재의 최대 치수, 잔골재율, 잔골재의 입도, 반죽질기에 따르는 마무리하기 쉬운 정도를 나타내는 성질
④ 플라스틱시티 : 굳지 않은 시멘트 페이스트, 모르타르 또는 콘크리트의 유동성의 정도를 나타내는 성질

[해설]
④는 Consistency(반죽질기, 유동성)에 대한 설명이다.
플라스티시티(Palsticity)는 굳지 않은 콘크리트의 성질을 표시하는 용어 중 거푸집 등의 형상에 순응하여 채우기 쉽고 재료의 분리가 일어나지 않는 성질을 말한다.

정답  01 ③  02 ③  03 ②  04 ①  05 ④

## 과년도 기출문제

**06** 콘크리트의 시공성에 영향을 주는 요인에 대한 설명으로 옳지 않은 것은? [13년 2회]

① 단위수량이 커지면 컨시스턴시는 증가한다.
② 슬럼프가 과도하게 커지면 굵은골재의 분리와 블리딩량이 증가하게 된다.
③ 동일 슬럼프에서 공기량이 증가하면 단위수량은 감소한다.
④ 기온이 올라가면 슬럼프는 증가한다.

[해설]
기온이 올라가면 경화가 빨라지기 때문에 유동성이 저하되어 슬럼프가 감소하는 경향이 있다.

**07** 건설현장에서 굳지 않은 콘크리트에 대해 실시하는 시험으로 옳지 않은 것은? [19년 1회]

① 슬럼프(Slump) 시험
② 코어(Core) 시험
③ 염화물 시험
④ 공기량 시험

[해설]
코어(Core) 시험은 준공 후 하자 여부를 판단하고자 하는 것으로, 경화부 콘크리트를 부분 절취하여 실시하는 시험이다.

정답  06 ④  07 ②

MEMO

# 07 콘크리트 배합·성질

## ③ 주요 시공하자 및 내구성 저하 현상

### (1) 시공 중 재료 분리 현상

| 시공 중 | | • 굵은 골재의 최대치수가 지나치게 큰 경우<br>• 입자가 거친 잔골재를 사용한 경우<br>• 단위 골재량이 너무 많은 경우<br>• 단위 수량이 너무 많은 경우<br>• 배합이 적절하지 않은 경우 |
|---|---|---|
| 시공 후 | 블리딩<br>(Bleeding) | 콘크리트 타설 후 시멘트와 골재입자 등이 침하함으로써 물이 분리 상승되어 콘크리트 표면에 떠오르는 현상으로서, 골재와 페이스트의 부착력 저하, 철근과 페이스트의 부착력 저하, 콘크리트의 수밀성 저하의 원인이 됨 |
| | 레이턴스<br>(Laitance) | 콘크리트 타설 후 블리딩에 의해서 부상한 미립물은 콘크리트 표면에 얇은 피막이 되어 침착하는 것 |

### (2) 크리프 현상

- 경화 중인 콘크리트에 하중이 지속적으로 작용하면 하중의 증가가 없어도 콘크리트의 변형은 시간에 따라 증대하는 현상
- 원인 : 단위시멘트량이 많을수록, 물시멘트비가 클수록, 작용하중이 클수록, 외부 습도가 낮고 온도가 높을수록 큼

### (3) 내구성 저하현상

| 탄산화(중성화) | • 탄산가스, 산성비 등의 영향으로 콘크리트가 수산화칼슘(강알칼리) 상태에서 탄산칼슘(약알칼리) 상태로 변하는 현상으로 철근의 부식을 가져와 구조물의 내구성 저하<br>• 콘크리트의 탄산화(중성화)를 억제하는 방법 : 물시멘트비를 적게 함, 피복두께를 두껍게 함, 혼화재 사용을 억제함 |
|---|---|
| 건조수축 | • 콘크리트 타설 시 콘크리트 수화반응 후 블리딩(Bleeding) 현상에 의하여 콘크리트 속에 있던 자유수가 증발함에 따라 콘크리트가 수축하는 현상<br>• 콘크리트의 건조수축은 단위수량과 단위시멘트량의 영향을 크게 받음<br>• 철근에는 압축응력이 일어나고 콘크리트에는 인장응력이 일어남 |
| 알칼리 골재반응<br>(Alkali Aggregate Reaction ; AAR) | 포틀랜드 시멘트 중의 알칼리 성분과 골재 등의 실리카 광물이 화학반응을 일으켜 팽창을 유발하는 반응으로 균열을 발생시켜 내구성을 저하시킴 |
| 염해 | 콘크리트 중 염소이온의 함량이 클 경우 발생하며, 굳지 않은 콘크리트 중의 전 염소이온량은 원칙적으로 $0.3kg/m^3$ 이하로 해야 함 |

---

**건조수축에 영향을 주는 요인**
- 콘크리트는 습기를 흡수하면 팽창하고, 건조하면 수축하게 된다. 이것은 시멘트풀이 수축하고 팽창하기 때문이다.
- 건조수축량은 초기에는 크고, 점차 감소한다.
- 단위수량, 단위시멘트량이 적을수록 건조수축이 감소한다.
- 습윤양생을 하면 건조수축이 감소한다.
- 철근을 많이 사용하면 건조수축이 작아진다.
- 부재 단면치수 및 골재 최대 치수가 클수록 건조수축이 감소한다.
- 흡수율이 큰 골재를 사용하면 수축이 증가한다.

**Pop Out 현상**
콘크리트 속의 수분이 동결 융해 작용으로 인해 콘크리트 표면의 골재 및 모르타르가 팽창하면서 박리되어 떨어져 나가는 현상

- 콘크리트는 500℃에서의 강도가 상온에 비해 약 35%까지 저하되므로, 600℃ 정도에서의 압축강도는 상당히 저하된다고 볼 수 있다.

## 4 콘크리트의 보수 및 보강

### (1) 보수공법

| 표면처리법 | 균열 0.2mm 이하 부위에 수지로 충전하고 균열표면에 보수재료를 씌우는 공법 |
|---|---|
| 주입공법 | 균열부위에 주입용 파이프를 적당한 간격으로 설치하고 저점성의 에폭시 수지 등을 주입하는 공법 |
| 충전공법 | 비교적 큰 폭의 균열(0.5mm 이상)보수에 적당한 공법으로 균열선에 따라 콘크리트를 절단하고 그 부분에 보수재를 충전하는 공법 |

➕ **보수**
열화요인에 의해 발생된 시설물의 손상을 치유하고, 내구성을 회복하기 위해 실시하는 것

### (2) 보강공법

| 강판접착공법 | 콘크리트 부재의 인장측 표면에 강판을 접착시켜 콘크리트와 강판을 일체화시키는 공법 |
|---|---|
| 앵커접합공법 | 콘크리트에 설치된 앵커용 볼트에 강판을 끼워 너트조임으로 콘크리트에 밀착시키는 공법 |
| 탄소섬유판 접착공법 | 탄소섬유판을 에폭시 수지 등으로 콘크리트 면에 부착시켜 콘크리트와 탄소섬유판을 일체화시키는 공법 |
| 단면증가공법 | 가설부재에 콘크리트를 다져 넣어 단면을 증가시키는 공법 |

➕ **보강**
역학적 성능이 저하된 시설물의 성능회복이나 향상을 목적으로 실시하는 것

## 5 압축강도의 판정

### (1) 시기, 시험횟수

타설일마다, 타설량 120m³마다, 1회 시험에는 3개의 공시체 사용

### (2) 비파괴 시험법

| 타격법(슈미트 해머법) | 콘크리트 표면 타격 시 반발경도로 강도 추정 |
|---|---|
| 음속법(초음파법) | 초음파의 통과 속도에 의해 강도 추정 |
| 복합법 | 슈미트 해머법과 초음파 속도법을 병행해서 강도 추정 |
| 공진법 | 물체의 고유진동주기를 이용하여 강도 추정 |
| 인발법 | 콘크리트에 미리 볼트를 매설하고 인발함으로 강도 추정 |

➕ **압축강도(MPa, N/mm²)**

$$\frac{P(압축하중)}{A(작용 \cdot 단면적)}$$

## 과년도 기출문제

**01** 콘크리트의 블리딩에 관한 설명으로 옳지 않은 것은? [17년 1회]

① 콘크리트 타설 후 비교적 가벼운 물이나 미세한 물질 등이 상승하는 현상을 의미한다.
② 콘크리트의 물시멘트비가 클수록 블리딩 양은 증대한다.
③ 콘크리트의 컨시스턴시가 클수록 블리딩 양은 증대한다.
④ 단위시멘트량이 많을수록 블리딩 양은 크다.

[해설]
단위시멘트량이 많으면 수화반응에 따른 물 양이 적어지므로 블리딩 양은 작아진다.

**02** 콘크리트 균열의 발생 시기에 따라 구분할 때 콘크리트의 경화 전 균열의 원인이 아닌 것은? [19년 2회]

① 크리프 수축     ② 거푸집의 변형
③ 침하           ④ 소성수축

[해설]
크리프 수축은 경화 후 장기간에 걸쳐 진행되는 수축균열이다.

**03** 콘크리트의 크리프에 관한 설명으로 옳지 않은 것은? [13년 2회, 17년 2회, 20년 1·2회 통합]

① 습도가 높을수록 크리프는 크다.
② 물-시멘트 비가 클수록 크리프는 크다.
③ 콘크리트의 배합과 골재의 종류는 크리프에 영향을 끼친다.
④ 하중이 제거되면 크리프 변형은 일부 회복된다.

[해설]
콘크리트 크리프는 습도가 낮을수록 크다.

**04** 콘크리트의 건조수축 영향인자에 관한 설명으로 옳지 않은 것은? [21년 4회]

① 시멘트의 화학성분이나 분말도에 따라 건조수축량이 변화한다.
② 골재 중에 포함된 미립분이나 점토, 실트는 일반적으로 건조수축을 증대시킨다.
③ 바다모래에 포함된 염분은 그 양이 많으면 건조수축을 증대시킨다.
④ 단위수량이 증가할수록 건조수축량은 작아진다.

[해설]
단위수량이 증가할수록 건조수축량은 증가하게 되며, 이러한 단위수량은 소요의 워커빌리티를 유지할 수 있는 범위 내에서 되도록 작게 정해야 한다.

**05** 알칼리 골재반응의 대책으로 적절하지 않은 것은? [15년 2회]

① 반응성 골재를 사용한다.
② 콘크리트 중의 알칼리양을 감소시킨다.
③ 포졸란 반응을 일으킬 수 있는 혼화재를 사용한다.
④ 단위시멘트량을 최소화한다.

[해설]
반응성 골재를 사용할 경우 알칼리 골재반응이 더 많이 일어날 수 있다.

**06** 일반콘크리트에서 굳지 않은 콘크리트 중의 전 염소이온량은 얼마 이하로 하여야 하는가?(단, 콘크리트표준시방서 기준) [16년 2회]

① $0.10kg/m^3$     ② $0.20kg/m^3$
③ $0.30kg/m^3$     ④ $0.40kg/m^3$

[해설]
굳지 않은 콘크리트 중의 전 염소이온량은 원칙적으로 $0.3 kg/m^3$ 이하로 하여야 한다.

**정답** 01 ④  02 ①  03 ①  04 ④  05 ①  06 ③

## 과년도 기출문제

**07** 다음은 콘크리트 구조물의 동해에 의한 피해 현상을 나타낸 것이다. 어느 현상을 설명한 것인가?
[13년 1회]

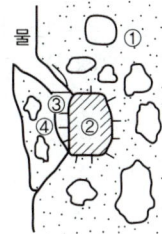

[보기]
① 콘크리트가 흡수
② 흡수율이 큰 쇄석이 흡수, 포화 상태가 됨
③ 빙결하여 체적 팽창압력
④ 표면부분 박리

① 레이턴스  ② Pop Out
③ 폭열현상  ④ 알칼리골재반응

[해설]
Pop Out에 대한 그림 및 설명이며, Pop Out은 동해 현상에 의해 골재가 콘크리트에서 떨어져 나가는 현상을 말한다.

**08** 콘크리트의 내화, 내열성에 관한 설명으로 옳지 않은 것은?
[20년 4회]

① 콘크리트의 내화, 내열성은 사용한 골재의 품질에 크게 영향을 받는다.
② 콘크리트는 내화성이 우수해서 600℃ 정도의 화열을 장시간 받아도 압축강도는 거의 저하하지 않는다.
③ 철근콘크리트 부재의 내화성을 높이기 위해서는 철근의 피복두께를 충분히 하면 좋다.
④ 화재를 입은 콘크리트의 탄산화 속도는 그렇지 않은 것에 비하여 크다.

[해설]
콘크리트는 500℃에서의 강도가 상온에 비해 약 35%까지 저하되므로, 600℃ 정도에서의 압축강도는 상당히 저하된다고 볼 수 있다.

**09** 콘크리트의 보수 및 보강에 관한 설명으로 옳지 않은 것은?
[16년 4회]

① 주입공법은 작업의 신속성을 위하여 균열부위에 주입파이프를 설치하여 보수재를 고압고속으로 주입하는 공법이다.
② 표면처리 공법은 균열 0.2mm 이하 부위에 수지로 충전하고 균열표면에 보수재료를 씌우는 공법이다.
③ 충전공법 사용재료는 실링재, 에폭시수지 및 폴리머시멘트, 모르타르 등이 있다.
④ 탄소섬유접착공법은 탄소섬유판을 에폭시수지 등으로 콘크리트 면에 부착시켜 탄소섬유판의 높은 인장저항성으로 콘크리트를 보강하는 공법이다.

[해설]
주입공법은 균열부위에 주입파이프를 설치하여 저점성의 에폭시 수지 등의 보수재를 주입하는 공법으로서 고속고압 주입은 적용하지 않는다.

**10** 지름 10cm, 높이 20cm인 원주공시체로 콘크리트의 압축강도를 시험하였더니 200kN에서 파괴되었다면 이 콘크리트의 압축강도는 약 얼마인가?
[15년 1회, 17년 4회]

① 12.7MPa  ② 17.8MPa
③ 25.5MPa  ④ 50.9MPa

[해설]

$$\text{압축강도}(MPa, N/mm^2) = \frac{P(\text{압축하중})}{A(\text{작용 단면적})}$$
$$= \frac{200kN \times 10^3}{\pi d^2/4}$$
$$= \frac{200kN \times 10^3}{\pi (100mm)^2/4}$$
$$= 25.46' ≒ 25.5 N/mm^2(MPa)$$

# 08 콘크리트 시공

## 1 콘크리트 펌프(Concrete Pump)

| 개념 | | 콘크리트를 강관의 속을 통하여 압송하는 장치이다. |
|---|---|---|
| 종류 | 압축공기식 | 압축공기의 압력으로 밀어내는 방식 |
| | 피스톤 압송식 | 피스톤의 왕복운동으로 압송하는 방식 |
| | 스퀴즈식 | 튜브 속의 콘크리트를 짜내는 방식 |
| 적용 시 주의사항 | | • 압송관의 지름 및 배관의 경로는 콘크리트의 종류 및 품질, 굵은 골재의 최대치수, 콘크리트 펌프의 기종, 압송 조건, 압송 작업의 용이성, 안전성 등을 고려하여 정해야 함<br>• 콘크리트 펌프의 기종은 압송 능력이 펌프에 걸리는 최대 압송 부하보다 크게 선정함<br>• 압송은 계획에 따라 연속적으로 실시하며, 가능한 한 중단되지 않도록 해야 함<br>• 콘크리트 펌프를 사용하여 시공하는 콘크리트는 소요의 워커빌리티를 가지며, 시공 시 및 경화 후에 소정의 품질을 갖는 것이어야 함 |

➕ **배처 플랜트(Batcher Plant)**
물, 시멘트, 골재 등의 콘크리트 각 재료를 정확하게 중량으로 계량하는 기계설비

### 개념이해

**01** 콘크리트 펌프 사용에 관한 설명으로 옳지 않은 것은? [18년 4회]

① 콘크리트 펌프를 사용하여 시공하는 콘크리트는 소요의 워커빌리티를 가지며, 시공 시 및 경화 후에 소정의 품질을 갖는 것이어야 한다.
② 압송관의 지름 및 배관의 경로는 콘크리트의 종류 및 품질, 굵은 골재의 최대치수, 콘크리트 펌프의 기종, 압송 조건, 압송 작업의 용이성, 안전성 등을 고려하여 정하여야 한다.
③ 콘크리트 펌프의 형식은 피스톤식이 적당하고 스퀴즈식은 적용이 불가하다.
④ 압송은 계획에 따라 연속적으로 실시하며, 되도록 중단되지 않도록 하여야 한다.

콘크리트 펌프 압송형식으로 피스톤식과 더불어 스퀴즈식, 압축공기식 등이 적용되고 있다.

🅰 ④

## ② 콘크리트 부어넣기(타설) 시 유의사항

| 타설순서 | 기초 → 기둥 → 벽 → 계단 → 보 → 바닥판 → 파라펫 |
|---|---|
| 유의사항 | • 비비는 장소(또는 호퍼)에서 먼 곳부터 가까운 곳으로 타설한다.<br>• 낮은 곳에서 높은 곳으로 타설한다.<br>• 자유낙하 거리는 재료분리를 고려하여 1m 이하로 한다.<br>• 한 구획의 부어 넣기가 시작되면 콘크리트가 일체가 되도록 연속적으로 부어 넣어 콜드 조인트가 생기지 않도록 한다. |

## ③ 콘크리트 이어치기

| 이어치기 위치 | 공통 사항 | | • 구조물의 강도에 영향이 적은 곳<br>• 이음길이가 짧은 곳<br>• 시공순서에 무리가 없는 곳<br>• 응력에 직각방향·수직·수평 |
|---|---|---|---|
| | 부위별 | 보, 바닥판 | 스팬(Span)의 중앙에서 수직 |
| | | 중앙에 작은 보가 있는 바닥판 | 작은 보 너비의 2배 정도 떨어진 곳에서 수직 |
| | | 기둥 | 슬래브 또는 기초 위에서 수평 |
| | | 벽 | 개구부(문꼴) 주위에서 수직, 수평 |
| | | 아치 | 아치축에 직각 |
| | | 캔틸레버 | 이어붓지 않음을 원칙으로 함 |
| 이음(줄눈) 종류 | | 콜드 조인트<br>(Cold Joint) | 시공과정 중 휴식시간 등으로 응결하기 시작한 콘크리트에 새로운 콘크리트를 이어칠 때 일체화가 저해되어 생기는 줄눈 |
| | | 컨스트럭션 조인트<br>(Construction Joint, 시공 줄눈) | 시공상 콘크리트를 한 번에 계속하여 부어나가지 못할 곳에 생기는 줄눈 |
| | | 딜레이 조인트<br>(Delay Joint, 지연 줄눈) | 장 Span의 구조물(100m가 넘는)에 Expansion Joint를 설치하지 않고, 건조 수축을 감소시킬 목적으로 설치하는 줄눈 |
| | | 익스팬션 조인트<br>(Expansion Joint, 신축 줄눈) | 기초의 부동침하와 온도·습도 변화에 따른 신축팽창을 흡수시킬 목적으로 설치하는 줄눈 |
| | | 컨트롤 조인트<br>(Control Joint, 조절 줄눈) | 바닥판의 수축에 의한 표면균열방지를 목적으로 설치하는 줄눈 |

**➕ 콘크리트 이어치기 시간간격**
• 외기 25℃ 이상 : 2시간 이내
• 외기 25℃ 미만 : 2.5시간 이내

## 과년도 기출문제

**01** 철근콘크리트공사에서 콘크리트 이어치기에 대한 설명으로 틀린 것은? [15년 2회]

① 콘크리트의 이어치기는 원칙적으로 응력이 집중되는 곳에서 한다.
② 보는 스팬의 중앙 또는 단부의 1/4 부분에서 이어친다.
③ 기둥 및 벽은 바닥슬래브 및 기초의 상단에서 이어친다.
④ 캔틸레버 보는 이어치기를 하지 않고 한번에 타설한다.

[해설]
콘크리트의 이어치기는 원칙적으로 응력이 집중되는 곳은 피해야 한다.

**02** 콘크리트 이어치기에 관한 설명으로 옳지 않은 것은? [18년 4회]

① 보의 이어치기는 전단력이 가장 작은 스팬의 중앙부에서 수직으로 한다.
② 슬래브(Slab)의 이어치기는 가장자리에서 한다.
③ 아치의 이어치기는 아치축에 직각으로 한다.
④ 기둥의 이어치기는 바닥판 윗면에서 수평으로 한다.

[해설]
슬래브(Slab)에서 이어치는 전단력이 가장 작은 스팬의 중앙부 혹은 스팬의 1/3~2/3 구간에서 한다.

**03** 콘크리트 이어붓기에 대한 설명으로 옳지 않은 것은? [15년 4회]

① 보 및 슬래브의 이어붓기 위치는 전단력이 작은 스팬의 중앙부에 수직으로 한다.
② 아치이음은 아치축에 직각으로 설치한다.
③ 부득이 전단력이 큰 위치에 이음을 설치할 경우에는 시공이음에 촉 또는 홈을 두거나 적절한 철근을 내어 둔다.

④ 염분 피해의 우려가 있는 해양 및 항만 콘크리트 구조물에서는 시공이음부를 설치하는 것이 좋다.

[해설]
염분 피해의 우려가 있는 해양 및 항만 콘크리트 구조물에서는 염해 등을 최소화 하기 위해 시공이음부를 설치하지 않는 것이 좋다.

**04** 시공과정 중 휴식시간 등으로 응결하기 시작한 콘크리트에 새로운 콘크리트를 이어칠 때 일체화가 저해되어 생기는 줄눈은? [15년 2회]

① 컨스트럭션 조인트(Construction Joint)
② 익스팬션 조인트(Expansion Joint)
③ 콜드 조인트(Cold Joint)
④ 컨트롤 조인트(Control Joint)

[해설]
① 컨스트럭션 조인트(Construction Joint) : 시공상의 여건 등에 의해 부어넣기 작업을 일시적으로 중단해야 하는 경우에 설치하는 줄눈
② 익스팬션 조인트(Expansion Joint) : 구조물이 장대한 경우 수축, 팽창에 따른 변위를 흡수하기 위해 설치하는 줄눈
④ 컨트롤 조인트(Control Joint) : 지반 등 안정된 위치에 있는 바닥판 또는 벽면이 수축에 의하여 표면에 균열이 생길 수 있는데 이러한 균열이 일정한 곳에만 일어나도록 유도하는 줄눈

**05** 익스팬션 조인트(Expansion Joint)의 설치원인과 목적에 관한 기술 중 옳지 않은 것은? [13년 4회]

① 콘크리트를 이어치기할 때 신구 콘크리트의 구조적 일체성 확보 강화를 위해 설치한다.
② 콘크리트의 팽창, 수축에 대한 유해한 균열 방지를 목적으로 한다.
③ 건축물을 평면적으로 증축하고자 할 때 설치한다.
④ 기초의 부등침하에 대비하여 이를 예방하고, 변위흡수를 목적으로 한다.

[정답] 01 ① 02 ② 03 ④ 04 ③ 05 ①

## 과년도 기출문제

[해설]
익스팬션 조인트(Expansion Joint)는 콘크리트의 팽창 등을 흡수하는 것으로서, 이어치는 부재끼리 일체화되지 않고, 서로 절연되게 설치하게 된다.

**06** 콘크리트 타설 후 부재가 건조수축에 대하여 내·외부의 구속을 받지 않도록 일정폭을 두어 어느 정도 양생한 후 남겨둔 부분을 콘크리트로 채워 처리하는 조인트는? [17년 1회]

① Construction Joint
② Delay Joint
③ Cold Joint
④ Expansion Joint

[해설]
① Construction Joint(컨스트럭션 조인트) : 시공상의 여건 등에 의해 부어넣기 작업을 일시적으로 중단해야 하는 경우에 설치하는 줄눈
③ Cold Joint(콜드 조인트) : 시공과정 중 휴식시간 등으로 응결하기 시작한 콘크리트에 새로운 콘크리트를 이어칠 때 일체화가 저해되어 생기는 줄눈
④ Expansion Joint(익스팬션 조인트) : 구조물이 장대한 경우 수축, 팽창에 따른 변위를 흡수하기 위해 설치하는 줄눈

**정답** 06 ②

# 08 콘크리트 시공

## 4 진동다짐(Vibrating Compaction)

| 목적 | 콘크리트의 밀실화 유지를 위해 사용 |
|---|---|
| 유의사항 | • 진동기를 콘크리트 속으로 0.1m 정도 찔러 넣는다.<br>• 진동기의 삽입간격은 0.5m 이하로 하는 것이 좋다.<br>• 1개소당 진동시간은 다짐할 때 시멘트 페이스트가 표면상부로 약간 부상하기까지 한다.<br>• 진동기는 천천히 빼내어 구멍이 남지 않도록 한다. |

**＋ 진동기(Vibrator)의 종류**

막대형(꽂이식)진동기, 거푸집진동기, 표면진동기

• 진동기는 빈배합이면서 슬럼프가 적을 경우 진동기의 효과가 크게 나타난다.

## 5 양생

| 개념 | 콘크리트를 타설 후 수화작용을 충분히 발휘시킴과 동시에 건조 및 외력에 의한 균열발생을 예방하고 오손, 변형, 파손 등으로부터 보호하는 것 |
|---|---|
| 유의사항 | • 수화작용이 충분히 되도록 습윤상태 유지<br>• 경화 중인 콘크리트에 충격 및 하중을 주지 말 것<br>• 적당한 온도를 유지하여 급격한 건조방지<br>• 부재단면의 중심부 온도가 외기기온보다 25℃ 이상 높아질 경우에는 거푸집 장기간 존치<br>• 한기에 대하여 적절한 양생을 하여 콘크리트 온도 2℃ 이상 유지 |

**＋ 양생 종류**

| 습윤양생 | 보통 수중 보양 또는 살수 보양 |
|---|---|
| 증기양생 | 단시일에 소요 강도 내기 위해서 고온·고압증기로 보양 |
| 전기양생 | 저압교류를 통하여 전기 저항에 의한 열을 이용하여 양생 |
| 피막양생 | 표면에 피막보양제 뿌려 수분 증발 방지 |

## 과년도 기출문제

건 축 / 기 사 / 필 기

**01** 콘크리트 시공 시 진동다짐에 관한 설명으로 옳지 않은 것은? [13년 1회, 16년 1회]

① 진동의 효과는 봉의 직경, 진동수 등에 따라 다르다.
② 안정되어 엉기거나 굳기 시작한 콘크리트라도 콘크리트의 표면에 페이스트가 엷게 떠오를 때까지 진동기를 사용하여야 한다.
③ 진동기를 인발할 때에는 진동을 주면서 천천히 뽑아 콘크리트에 구멍을 남기지 말아야 한다.
④ 고강도콘크리트에서는 고주파 내부진동기가 효과적이다.

[해설]

안정되어 엉기거나 굳기 전까지 진동을 진행하며, 굳기 전 진동 시 시멘트 페이스트가 표면 상부로 약간 부상할 때까지 진행한다.

**02** 콘크리트공사에서 진동기의 효과가 가장 잘 발휘될 수 있는 콘크리트는? [14년 1회]

① 부배합 저슬럼프
② 부배합 고슬럼프
③ 빈배합 저슬럼프
④ 빈배합 고슬럼프

[해설]

빈배합이면서 슬럼프가 적을 경우 진동기의 효과가 크게 나타난다.

정답  01 ②  02 ③

# 09 콘크리트의 종류

## 1 레디믹스트 콘크리트(Ready Mixed Concrete)

| 개념 | 제조설비를 갖춘 공장에서 제조해 주문자의 필요에 따라 필요장소에 운반해 사용하는 굳지 않은 콘크리트로 레미콘이라고도 한다. |
|---|---|
| 사용이유 | • 시가지에서는 콘크리트를 혼합할 장소가 좁다.<br>• 현장에서는 균질인 골재를 얻기 힘들다.<br>• 콘크리트의 혼합이 충분하여 품질이 고르다. |
| 종류 | **센트럴 믹스트 콘크리트**<br>(Central-Mixed Concrete) — 믹싱 플랜트 고정믹서로 비빔이 완료된 것을 애지테이터 트럭으로 운반하는 것(완전비빔 출발)<br>**슈링크 믹스트 콘크리트**<br>(Shrink-Mixed Concrete) — 믹싱 플랜트 고정 믹서에서 어느 정도 비빈 것을 트럭 믹서에 실어 운반 도중 완전히 비비는 것(반비빔 출발)<br>**트랜시트 믹스트 콘크리트**<br>(Transit-Mixed Concrete) — 트럭 믹서에 모든 재료가 공급되어 운반 도중에 비벼지는 것(건비빔 출발) |

**＋ 레미콘 공장 선정 시 고려사항**
운반거리, 품질관리, 제조능력

**레미콘 규격 25 - 30 - 210**
• 25 : 굵은 골재 최대치수(mm)
• 30 : 호칭강도(MPa)
• 210 : 슬럼프(mm)

## 2 한중 콘크리트

| 개념 | 일 평균기온이 4℃ 이하의 동결 우려가 있는 기간에 시공하는 콘크리트 |
|---|---|
| 유의사항 | • 재료를 가열하는 경우 물을 가열하는 것을 원칙으로 하고 시멘트는 절대로 가열하지 않는다.<br>• 부어 넣을 때 콘크리트의 온도는 10℃ 이상, 20℃ 미만으로 한다.<br>• 동결한 지반 위에 콘크리트를 부어 넣거나 거푸집의 동바리를 세우지 않는다.<br>• 콘크리트가 타설된 후 압축강도가 $5N/mm^2$(MPa) 이상이 될 때까지 초기양생을 실시한다.<br>• 물시멘트비 : 60% 이하, 단열보온, 가열보온 양생 실시 |

**＋ 적산온도**
한중 콘크리트의 강도발현을 비빈 후부터의 양생온도(°D, Degree)와 경과시간(日, Day)의 곱의 적분함수[Σ(양생온도 × 경과기간)]로 나타낸 것

## 3 서중 콘크리트

| 개념 | 일 평균기온이 25℃ 또는 일 최고 온도가 30℃를 초과할 때 시공하는 콘크리트 |
|---|---|
| 발생현상 | • 콜드 조인트의 발생, 내구성·수밀성의 저하<br>• 장기강도의 저하, 표면마감의 불량, 충전성 불량<br>• 건조수축균열의 증가, 플라스틱 균열 발생<br>• 온도균열의 발생 |
| 대응방안 | • 중용열 Cement 사용, 양질의 AE제, 감수제 사용<br>• 운반 및 타설시간을 단축, 습윤양생 실시 |

## ④ 경량 콘크리트

| 개념 | 구조물의 경량화를 목적으로 경량골재를 사용하여 만든 기건 단위용적중량이 1,400~2,000kg/m³인 콘크리트 | |
|---|---|---|
| 특징 | 장점 | 자중이 적고 건물 중량이 경감, 운반·부어넣기의 노력이 절감, 높은 내화성, 낮은 열전도율, 방음효과 |
| | 단점 | 동해에 취약, 시공성 난해, 저강도, 건조수축, 다공질 |
| 관련 기준 | 단위시멘트양의 최솟값 | 300kg/m³ |
| | 물-결합재비의 최댓값 | 60% |
| | 기건단위질량(경량골재 콘크리트 1종) | 1,700~2,000kg/m³ |
| | 굵은 골재의 최대치수 | 20mm |

## ⑤ 고강도 콘크리트

| 개념 | 콘크리트의 설계기준강도가 보통 콘크리트에서 40MPa, 경량 골재 콘크리트에서 27MPa 이상인 콘크리트 |
|---|---|
| 배합 및 시공 | • 물-시멘트비 50% 이하, 슬럼프 150mm 이하, 공기연행제 미적용<br>• 단위시멘트량, 단위수량, 잔골재율은 가급적 적게 사용<br>• 콘크리트 부어넣기의 낙하고는 1m 이하<br>• 단위수량은 180kg/m³ 이하로 한다.<br>• 굵은 골재의 흡수율은 2.0% 이하, 잔골재의 흡수율은 3.0% 이하 |

## ⑥ 프리스트레스트 콘크리트(Prestressed Concrete)

| 개념 | 콘크리트의 인장응력이 생기는 부분에 PS강재에 의해 미리 압축력을 주어 콘크리트의 인장강도를 증가시켜 휨저항성을 크게 한 콘크리트 |
|---|---|
| 종류 | • 프리텐션(Pre-tension) : PS강재에 미리 인장력을 가한 상태로 콘크리트를 넣고 경화한 후에 인장력을 풀어주는 방법<br>• 포스트텐션(Post-tension) : 콘크리트 타설, 경화 후 미리 묻어둔 쉬스(Sheath) 내에 PS강재를 삽입하여 긴장시키고 정착한 다음 그라우팅하는 방법 |
| 특징 | • 구조물의 자중을 경감할 수 있으며, 부재단면을 줄일 수 있음<br>• 고강도이면서 수축 또는 크리프 등의 변형이 적은 균일한 품질의 콘크리트가 요구됨<br>• 처짐 및 충격에 의한 진동이 큼 |

**주의사항**
- PS 강재는 되도록 열의 영향을 적게 받는 강재를 사용하는 것이 좋음
- 콘크리트를 타설할 때 쉬스(Sheath)의 내부에 시멘트 페이스트가 들어가 막히지 않도록 주의
- 정착장치의 지압면은 긴장재와 수직
- 덕트 내에 PS그라우트를 주입할 때 빈틈없이 잘 충전해야 함
- 화재에 약하며, 내화피복이 필요

## 과년도 기출문제

건축 / 기사 / 필기

**01** 건설공사현장에서 보통 콘크리트를 KS규격품인 레미콘으로 주문할 때의 요구항목이 아닌 것은?
[14년 2회]

① 잔골재의 조립률
② 굵은 골재의 최대 치수
③ 호칭강도
④ 슬럼프

[해설]
레미콘 주문 시에 호칭규격을 요구한다.
호칭규격의 의미(예 : 25-24-150)
25(굵은 골재 최대치수 mm) - 24(호칭강도 MPa) - 150(슬럼프치 mm)

**02** 래디믹스트 콘크리트 발주 시 호칭규격인 25-24-150에서 알 수 없는 것은? [15년 2회, 22년 1회]

① 염화물 함유량
② 슬럼프(Slump)
③ 호칭강도
④ 굵은 골재의 최대치수

[해설]
호칭규격의 의미(예 : 25-24-150)
25(굵은 골재 최대치수 mm) - 24(호칭강도 MPa) - 150(슬럼프치 mm)

**03** 한중(寒中) 콘크리트의 양생에 관한 설명 중 옳지 않은 것은? [15년 4회]

① 가열 보온양생을 실시할 경우 가열 중 살수를 금한다.
② 타설한 콘크리트는 어느 부분에서도 그 온도를 5℃ 이상으로 하여 초기양생을 실시한다.
③ 초기양생은 콘크리트의 압축강도가 5MPa 이상이 얻어진 것을 확인하고 담당원의 승인을 받아 중지한다.
④ 타설 후의 콘크리트 온도를 시트, 매트 및 단열 거푸집 등에 의하여 계획한 양생온도로 유지하는 것을 단열 보온양생이라 한다.

[해설]
가열 보온양생을 실시할 경우 콘크리트가 건조되지 않게 가열과 함께 살수를 하여야 한다.

**04** 한중(寒中) 콘크리트의 양생에 관한 설명으로 옳지 않은 것은? [18년 2회]

① 보온양생 또는 급열양생을 끝마친 후에는 콘크리트의 온도를 급격히 저하시켜 양생을 마무리 하여야 한다.
② 초기양생에서 소요 압축강도를 얻을 때까지 콘크리트의 온도를 5℃ 이상으로 유지하여야 한다.
③ 초기양생에서 구조물의 모서리나 가장자리의 부분은 보온하기 어려운 곳이어서 초기동해를 받기 쉬우므로 초기양생에 주의하여야 한다.
④ 한중 콘크리트의 보온양생 방법은 급열양생, 단열양생, 피복양생 및 이들을 복합한 방법 중 한 가지 방법을 선택하여야 한다.

[해설]
보온양생 또는 급열양생을 끝마친 후 콘크리트 온도를 급격히 낮추면 콘크리트 내부온도와 외면온도 차이가 커져 온도균열의 발생 가능성이 있으므로, 콘크리트 온도의 저하를 완만히 진행해야 한다.

**05** 한중 콘크리트에 관한 설명으로 옳은 것은?
[20년 3회]

① 한중 콘크리트는 공기연행 콘크리트를 사용하는 것을 원칙으로 한다.
② 타설할 때의 콘크리트 온도는 구조물의 단면 치수, 기상조건 등을 고려하여 최소 25℃ 이상으로 한다.
③ 물-결합재비는 50% 이하로 하고, 단위수량은 소요의 워커빌리티를 유지할 수 있는 범위 내에서 되도록 크게 정하여야 한다.
④ 콘크리트를 타설한 직후에 찬바람이 콘크리트 표면에 닿도록 하여 초기양생을 실시한다.

**정답** 01 ① 02 ① 03 ① 04 ① 05 ①

[해설]
② 타설할 때의 콘크리트 온도는 구조물의 단면 치수, 기상조건 등을 고려하여 최소 25℃ 이하(보통 약 10~20℃)로 한다.
③ 물-결합재비는 60% 이하로 하고, 단위수량은 소요의 워커빌리티를 유지할 수 있는 범위 내에서 되도록 작게 정하여야 한다.
④ 콘크리트를 타설한 직후에 찬바람이 콘크리트 표면에 닿지 않도록 하여 초기양생을 실시한다.

## 06 콘크리트 공사 중 적산온도와 가장 관계 깊은 것은?
[14년 1회, 18년 2회]

① 매스(Mass) 콘크리트 공사
② 수밀(水密) 콘크리트 공사
③ 한중(寒中) 콘크리트 공사
④ AE 콘크리트 공사

[해설]
적산온도는 콘크리트의 양생기간과 양생온도의 곱을 적분함수로 나타낸 것을 말하며, 한중 콘크리트에서 배합강도와 w/b를 보정하기 위해 적용된다.

## 07 서중 콘크리트에 대한 설명으로 옳은 것은?
[15년 4회, 18년 4회]

① 동일 슬럼프를 얻기 위한 단위수량이 많아 진다.
② 장기강도의 증진이 크다.
③ 콜드조인트가 쉽게 발생하지 않는다.
④ 워커빌리티가 일정하게 유지된다.

[해설]
②, ③ 날씨가 더우므로 경화가 빨라져 조기강도의 증진이 커지고, 그에 따라 콜드조인트가 쉽게 발생하게 된다.
④ 더운 날씨에 따른 급격한 경화, 수분의 증발 등의 원인으로 워커빌리티가 변화하게 된다.

## 08 경량골재 콘크리트와 관련된 기준으로 옳지 않은 것은?
[18년 1회]

① 단위시멘트양의 최솟값 : 400kg/m³
② 물-결합재비의 최댓값 : 60%
③ 기건단위질량(경량골재 콘크리트 1종) : 1,700~2,000kg/m³
④ 굵은 골재의 최대치수 : 20mm

[해설]
단위시멘트양의 최솟값은 300kg/m³이다.

## 09 건축공사 표준시방서에 규정된 고강도 콘크리트의 설계기준강도로 옳은 것은?
[15년 1회]

① 보통 콘크리트-40MPa 이상, 경량 콘크리트-24MPa 이상
② 보통 콘크리트-40MPa 이상, 경량 콘크리트-27MPa 이상
③ 보통 콘크리트-33MPa 이상, 경량 콘크리트-21MPa 이상
④ 보통 콘크리트-33MPa 이상, 경량 콘크리트-24MPa 이상

[해설]
고강도 콘크리트는 보통 콘크리트의 경우 압축강도가 40MPa 이상일 때, 경량(골재) 콘크리트의 경우 27MPa 이상을 말한다.

## 10 고강도 콘크리트 시공 시 배합에 관한 사항 중 옳지 않은 것은?
[14년 1회]

① 물결합재비는 50% 이하로 한다.
② 단위수량은 210kg/m³ 이하로 하고 소요 워커빌리티를 얻을 수 있는 범위 내에서 가능한 한 작게 한다.
③ 슬럼프값은 150mm 이하로 한다.
④ 잔골재율은 소요 워커빌리티를 얻도록 시험에 의하여 결정해야 하며, 가능한 한 작게 하도록 한다.

정답  06 ③  07 ①  08 ①  09 ②  10 ②

## 과년도 기출문제

건축 / 기사 / 필기

[해설]

단위수량은 180kg/m³ 이하로 하고 소요 워커빌리티를 얻을 수 있는 범위 내에서 가능한 한 작게 한다.

**11** 고강도 콘크리트공사에 사용되는 굵은 골재에 대한 품질기준으로 옳지 않은 것은?(단, 건축공사표준시방서 기준) [17년 1회]

① 절대건조밀도 : 2.5g/cm³ 이상
② 흡수율 : 3.0% 이하
③ 점토량 : 0.25% 이하
④ 씻기 시험에 의한 손실량 : 1.0% 이하

[해설]

굵은 골재의 흡수율은 2.0% 이하이고, 잔골재의 경우 흡수율은 3.0% 이하를 기준으로 한다.

**12** 최근 고층건물에 많이 사용되는 고강도 콘크리트에 대한 설명 중 틀린 것은? [15년 1회]

① 콘크리트에 포함된 염화물량은 염소이온량으로서 0.3kg/m³ 이하가 되어야 한다.
② 물-결합재비는 50% 이하로 한다.
③ 단위수량은 180kg/m³ 이하로 한다.
④ 잔골재율은 시험에 의하여 결정하며, 가능한 크게 한다.

[해설]

고강도 콘크리트에서 잔골재율은 요구되는 시공연도를 확보할 수 있도록 시험에 의하여 결정하며, 가능한 한 작게 하도록 한다.

**13** 고강도 콘크리트의 배합에 대한 기준으로 옳지 않은 것은? [19년 2회]

① 단위수량은 소요의 워커빌리티를 얻을 수 있는 범위 내에서 가능한 한 작게 하여야 한다.
② 잔골재율은 소요의 워커빌리티를 얻도록 시험에 의하여 결정하여야 하며, 가능한 한 작게 하도록 한다.

③ 고성능 감수제의 단위량은 소요 강도 및 작업에 적합한 워커빌리티를 얻도록 시험에 의해서 결정하여야 한다.
④ 기상의 변화 등에 관계없이 공기연행제를 사용하는 것을 원칙으로 한다.

[해설]

고강도 콘크리트의 배합은 기상의 변화 등에 따라 동결융해 등이 예상되면 공기연행제의 사용을 검토해야 한다.

**14** 고강도 콘크리트에 관한 내용으로 옳지 않은 것은? [22년 2회]

① 설계기준압축강도는 보통 또는 중량골재콘크리트에서 40MPa 이상인 것으로 한다.
② 고성능 감수제의 단위량은 소요 강도 및 작업에 적합한 워커빌리티를 얻도록 시험에 의해서 결정하여야 한다.
③ 단위수량은 소요의 워커빌리티를 얻을 수 있는 범위 내에서 가능한 한 작게 하여야 한다.
④ 기상의 변화나 동결융해 발생 여부에 관계없이 공기연행제를 사용하는 것을 원칙으로 한다.

[해설]

공기연행제는 적용 시 강도저하의 원인이 될 수 있으므로 필요 시 적용하는 것이 합리적이다.

**15** 고강도 콘크리트에 관련된 내용으로 옳지 않은 것은? [13년 4회]

① 고강도 콘크리트는 결합재량의 증가로 점성이 증가하고 낮은 물-시멘트비로 인해 시간의 경과에 따른 슬럼프 감소가 큰 편이다.
② 고강도 콘크리트는 점성과 유동성이 커서 측압의 증가에 따른 거푸집 붕괴사례가 많다.
③ 고강도 콘크리트는 블리딩이 많아 표면건조가 느리기 때문에 플라스틱 균열 발생 위험이 적다.
④ 초고강도 콘크리트는 높은 점성 때문에 충분한 타설 시간이 필요하다.

정답 11 ② 12 ④ 13 ④ 14 ④ 15 ③

## 과년도 기출문제

건축 / 기사 / 필기

**[해설]**
고강도 콘크리트는 블리딩에 의한 경화전 재료분리에 의해 플라스틱 균열의 발생 위험이 크므로 습윤양생 등을 실시하여 이에 대한 대응을 하여야 한다.

**16** 프리스트레스트 콘크리트(Prestressed Concrete)에 관한 설명으로 옳지 않은 것은? [19년 2회]

① 포스트텐션(Post-tension)공법은 콘크리트의 강도가 발현된 후에 프리스트레스를 도입하는 현장형 공법이다.
② 구조물의 자중을 경감할 수 있으며, 부재단면을 줄일 수 있다.
③ 화재에 강하며, 내화피복이 불필요하다.
④ 고강도이면서 수축 또는 크리프 등의 변형이 적은 균일한 품질의 콘크리트가 요구된다.

**[해설]**
프리스트레스트 콘크리트는 콘크리트 두께가 얇고, 내화성이 약한 강재로 보강되어 있어 화재에 취약하므로 내화피복이 필요하다.

**17** 프리스트레스트 콘크리트에 관한 설명으로 옳은 것은? [22년 2회]

① 진공매트 또는 진공펌프 등을 이용하여 콘크리트로부터 수화에 필요한 수분과 공기를 제거한 것이다.
② 고정시설을 갖춘 공장에서 부재를 철재거푸집에 의하여 제작한 기성제품 콘크리트(PC)이다.
③ 포스트텐션 공법은 미리 강선을 압축하여 콘크리트에 인장력으로 작용시키는 방법이다.
④ 장스팬 구조물에 적용할 수 있으며, 단위부재를 작게 할 수 있어 자중이 경감되는 특징이 있다.

**[해설]**
① 진공 콘크리트에 대한 설명이다.
② 프리캐스트 콘크리트에 대한 설명이다.
③ 미리 강선을 압축하여 콘크리트에 인장력으로 작용시키는 방법은 프리텐션공법이다.

정답 16 ③ 17 ④

## 09 콘크리트의 종류

### 7 A.E(Air Entrained) 콘크리트

| 개념 | 콘크리트에 AE제(공기연행, Air Entraining Agent)를 사용해 미세한 기포를 발생하여 단위수량을 적게 하면서 시공연도를 증진시킨 콘크리트 |
|---|---|
| 특징 | • 워커빌리티가 좋아지고 블리딩 및 재료분리 감소<br>• 단위수량 감소, 수밀성 향상, 수화발열량 감소<br>• 장기강도(내구성) 증대, 철근과의 부착강도 감소<br>• 동결융해 저항성 증대, 알칼리 골재반응 억제<br>• 공기량이 약 6% 이상 초과하면 강도는 급격히 저하 |

### 8 수밀 콘크리트

| 개념 | 수조(水曹), 수영장, 지하실 등과 같이 수밀성이 특별히 요구되는 곳에 사용하는 콘크리트 |
|---|---|
| 주의사항 | • 불가피하게 이어치기 할 경우 이어치기 면의 레이턴스를 제거하고 부배합 콘크리트를 사용<br>• 콘크리트의 표면 마감은 진공처리방법을 사용하는 것이 좋음<br>• 타설이 완료된 콘크리트면은 충분한 습윤 양생을 함<br>• 연속타설 시간 간격은 외기온도가 25℃를 넘었을 경우는 1.5시간, 25℃ 이하일 경우는 2시간을 넘어서는 안 됨<br>• 콘크리트의 소요 슬럼프는 되도록 작게 하여 180mm를 넘지 않도록 함<br>• 공기량은 보통 콘크리트 수준(4.5%±1.5%)<br>• 물결합재비는 50% 이하를 표준으로 함<br>• 콘크리트 타설 시 다짐을 충분히 하여, 가급적 이어붓기를 하지 않아야 함 |

## 과년도 기출문제

**01** 수밀 콘크리트의 물-결합재비 기준으로 옳은 것은?(단, 건축공사표준시방서 기준) [17년 1회]

① 40% 이하　　② 45% 이하
③ 50% 이하　　④ 55% 이하

[해설]
물-결합재비는 50% 이하를 표준으로 한다.

**02** 수밀 콘크리트 시공에 대한 설명 중 옳지 않은 것은? [16년 2회]

① 불가피하게 이어치기 할 경우 이어치기 면의 레이턴스를 제거하고 빈배합 콘크리트를 사용한다.
② 콘크리트의 표면 마감은 진공처리방법을 사용하는 것이 좋다.
③ 타설이 완료된 콘크리트면은 충분한 습윤양생을 한다.
④ 연속타설 시간 간격은 외기온도가 25℃를 넘었을 경우는 1.5시간, 25℃ 이하일 경우는 2시간을 넘어서는 안 된다.

[해설]
불가피하게 이어치기 할 경우 이어치기 면의 레이턴스를 제거하고 부배합 콘크리트를 사용한다.

**03** 수밀 콘크리트의 재료 및 시공에 관한 설명 중 틀린 것은? [14년 4회]

① 수영장, 지하실 등 압력수가 작용하는 구조물에 시공하는 콘크리트이다.
② 골재는 입도분포가 고르고 흡수성이 작으며, 밀도가 큰 것을 사용한다.
③ 콘크리트 내의 기포는 수밀성을 저하시키므로 AE제를 사용하지 않는다.
④ 콘크리트의 다짐을 충분히 하며 가급적 이어치기 하지 않는다.

[해설]
AE제(공기연행, Air Entraining Agent)를 사용하여 미세한 기포를 발생시키면 시공연도 향상, 동결융해 저항성 증대, 수밀성 향상 등의 효과를 기대할 수 있다.

**04** 수밀 콘크리트에 관한 설명으로 옳지 않은 것은? [19년 1회]

① 콘크리트의 소요 슬럼프는 되도록 작게 하여 180mm를 넘지 않도록 한다.
② 콘크리트의 워커빌리티를 개선시키기 위해 공기연행제, 공기연행감수제 또는 고성능 공기연행감수제를 사용하는 경우라도 공기량은 2% 이하가 되게 한다.
③ 물결합재비는 50% 이하를 표준으로 한다.
④ 콘크리트 타설 시 다짐을 충분히 하여, 가급적 이어붓기를 하지 않아야 한다.

[해설]
콘크리트의 워커빌리티를 개선시키기 위해 공기연행제, 공기연행감수제 또는 고성능 공기연행감수제를 사용하는 경우라도 공기량은 4% 이하가 되게 한다.

**05** 수밀 콘크리트의 시공에 관한 설명으로 옳지 않은 것은? [20년 4회]

① 수밀 콘크리트는 누수 원인이 되는 건조수축균열의 발생이 없도록 시공하여야 하며, 0.1mm 이상의 균열 발생이 예상되는 경우 누수를 방지하기 위한 방수를 검토하여야 한다.
② 거푸집의 긴결재로 사용한 볼트, 강봉, 세퍼레이터 등의 아래쪽에는 블리딩 수가 고여서 콘크리트가 경화한 후 물의 통로를 만들어 누수를 일으킬 수 있으므로 누수에 대하여 나쁜 영향이 없는 재질의 것을 사용하여야 한다.
③ 소요 품질을 갖는 수밀 콘크리트를 얻기 위해서는 전체 구조부가 시공이음 없이 설계되어야 한다.
④ 수밀성의 향상을 위한 방수제를 사용하고자 할 때에는 방수제의 사용방법에 따라 배처플랜트에서 충분히 혼합하여 현장으로 반입시키는 것을 원칙으로 한다.

[해설]
타설두께 제한으로 시공이음이 발생하게 되며, 이 경우 지수판(Water Stop) 등을 활용하여 철저한 수밀·방수 시공이 필요하다.

**정답**　01 ③　02 ①　03 ③　04 ②　05 ③

## 09 콘크리트의 종류

### 9 기타 콘크리트

| 종류 | 내용 |
|---|---|
| 중량(방사선 차폐용) 콘크리트 | 방사선 자폐를 목적으로 금속물질이 포함된 중정석 등의 골재를 넣은 콘크리트 |
| 유동화 콘크리트 | • 단위수량이 적은 콘크리트에 분산성이 우수한 유동화제(고성능 감수제)를 첨가하여 유동성을 일시적으로 증대시킨 콘크리트<br>• 높은 유동성을 가지면서도 단위수량은 보통콘크리트보다 적음<br>• 일반적으로 유동성을 높이기 위하여 화학 혼화제를 사용<br>• 일반적으로 건조수축은 묽은 비빔 콘크리트보다 작음 |
| 프리팩트 콘크리트 | 거푸집 안에 미리 굵은 골재를 채워 넣은 후 그 공극 속으로 특수한 모르타르를 주입하여 만든 콘크리트 |
| 진공 콘크리트<br>(Vacuum Concrete) | 콘크리트를 타설한 직후 진공매트(Vacuum Mat)로 수분과 공기를 흡수하고, 대기의 압력으로 다짐하여 동결방지, 초기강도, 내구성을 증대시킨 콘크리트 |
| 쇄석 콘크리트<br>(깬자갈 콘크리트) | • 깬자갈 콘크리트는 강자갈 대신에 인공적으로 부순 돌을 사용한 콘크리트<br>• 모래의 사용량은 보통 콘크리트에 비해서 많음<br>• 쇄석은 각이 둔각인 것을 사용<br>• 보통 콘크리트에 비해 시멘트 페이스트의 부착력이 높음 |
| 매스 콘크리트<br>(Mass Concrete) | • 부재단면치수가 800mm 이상이고, 콘크리트 내외부 온도차가 25℃ 이상인 콘크리트<br>• 수화열이 적은 시멘트(중용열 시멘트)를 사용, 단위시멘트량 저감<br>• 급격한 온도변화를 피하고 시공 시 온도상승을 억제<br>• 온도균열을 방지하기 위해 줄눈을 설치<br>• Pre-cooling, Pipe-cooling 이용<br>• 이어붓기 : 외기 25℃ 미만일 경우 120분 이내, 외기 25℃ 이상일 경우는 90분 이내 실시 |
| 제치장 콘크리트 | • 콘크리트 면에 미장 등을 하지 않고, 직접 노출시켜 마무리한 콘크리트<br>• 콘크리트는 된비빔 진동다짐으로 함 |
| 폴리머 콘크리트 | • 시멘트계의 재료를 건조시켜 미세한 공극에 수용성 폴리머(Polymer)를 함침·중합시켜 일체화한 것<br>• 내화성에 취약<br>• 내구성 및 내약품성이 뛰어남<br>• 고속도로 포장이나 댐의 보수공사 등에 사용 |
| ALC(Autoclaved Lightweight Concrete) | ALC는 경량 기포 콘크리트라고도 하며, 발포제에 의하여 콘크리트 내부에 무수한 기포를 독립적으로 분산시켜 중량을 가볍게 한 기포 콘크리트로 고온고압으로 증기양생(Autoclave)하여 제조 |
| 섬유보강 콘크리트<br>(Fiber Reinforced Concrete, FRC) | 콘크리트의 휨강도, 전단강도, 인장강도, 인성 등을 개선하기 위하여 단섬유상 재료를 균등히 분산시켜 제조한 콘크리트 |
| 숏크리트(Shot-crete) | 모르타르를 압축공기로 분사하여 바르는 뿜칠 콘크리트공법 |
| 신더 콘크리트<br>(Cinder Concrete) | 석탄재를 골재로 한 일종의 경량 콘크리트 |
| 서모콘(Thermo-con) | 자갈, 모래 등의 골재를 사용하지 않고 시멘트와 물 그리고 발포제를 배합하여 만드는 일종의 경량 콘크리트 |

+ **고성능(High Performance Concrete) 콘크리트**

고강도 콘크리트, 고내구성 콘크리트, 고유동성 콘크리트

**베이스 콘크리트**

유동화 콘크리트를 제조하기 위하여 혼합된 유동화제를 첨가하기 전의 콘크리트

• 프리패브 콘크리트는 공장생산으로 자재를 규격화하여 표준화 및 대량 생산을 할 수 있다.

## 과년도 기출문제

건축 / 기사 / 필기

**01** 유동화 콘크리트에 관한 설명으로 옳지 않은 것은? [20년 1·2회 통합]

① 높은 유동성을 가지면서도 단위수량은 보통 콘크리트보다 적다.
② 일반적으로 유동성을 높이기 위하여 화학혼화제를 사용한다.
③ 동일한 단위시멘트량을 갖는 보통 콘크리트에 비하여 압축강도가 매우 높다.
④ 일반적으로 건조수축은 묽은 비빔 콘크리트보다 작다.

[해설]
유동화 콘크리트는 압축강도를 유사하게 유지하면서 유동성의 향상에 초점이 맞추어져 있는 특수 콘크리트이다.

**02** 건축공사표준시방서에 따른 유동화 콘크리트 공기량의 표준값은?(단, 보통 콘크리트의 경우) [13년 4회]

① 4%  ② 4.5%
③ 5%  ④ 5.5%

[해설]
유동화 콘크리트 공기량의 표준값은 4.5±1.5%이다.

**03** 쇄석 콘크리트에 관한 설명으로 옳지 않은 것은? [21년 4회]

① 모래의 사용량은 보통 콘크리트에 비해서 많아진다.
② 쇄석은 각이 둔각인 것을 사용한다.
③ 보통 콘크리트에 비해 시멘트 페이스트의 부착력이 떨어진다.
④ 깬자갈 콘크리트라고도 한다.

[해설]
쇄석 콘크리트는 깬자갈을 활용한 콘크리트로서, 보통 콘크리트에 적용되는 골재(자갈)에 비해 표면적이 넓은 깬자갈을 활용함으로서 시멘트 페이스트 부착력을 크게 할 수 있다.

**04** 특수 콘크리트 공사에 관한 설명으로 옳지 않은 것은? [17년 2회]

① 하루의 평균기온이 4℃ 이하가 예상되는 조건일 때 한중 콘크리트로 시공한다.
② 하루의 평균기온이 25℃를 초과하는 것이 예상되는 경우 서중 콘크리트로 시공한다.
③ 매스 콘크리트로 다루어야 할 부재치수는 일반적인 표준으로서 하단이 구속된 벽조의 경우 두께 0.8m 이상으로 한다.
④ 섬유보강 콘크리트의 시공은 품질이 얻어지도록 재료, 배합, 비비기 설비 등에 대하여 충분히 고려한다.

[해설]
매스 콘크리트로 다루어야 할 부재치수는 일반적인 표준으로 넓이가 넓은 평판구조의 경우 두께 0.8m 이상, 하단이 구속된 벽체의 경우 두께 0.5m 이상으로 한다.

**05** 매스 콘크리트(Mass Concrete)의 타설 및 양생에 관한 설명으로 옳지 않은 것은? [17년 4회]

① 내부온도가 최고온도에 달한 후에는 보온하여 중심부와 표면부의 온도차 및 중심부의 온도강하 속도가 크지 않도록 양생한다.
② 신구 콘크리트의 유효탄성계수 및 온도 차이가 클수록 이어붓기 시간 간격을 길게 하면 할수록 좋다.
③ 부어넣는 콘크리트의 온도는 온도균열을 제어하기 위해 가능한 한 저온(일반적으로 35℃ 이하)으로 해야 한다.
④ 거푸집널 및 보온을 위하여 사용한 재료는 콘크리트 표면부의 온도와 외기온도의 차이가 작아지면 해체한다.

[해설]
신구 콘크리트의 유효탄성계수 및 온도 차이가 클수록 이어붓기 시간 간격을 길게 하면 할수록 온도균열은 더욱 많이 발생하게 된다.

정답  01 ③  02 ②  03 ③  04 ③  05 ②

09 콘크리트의 종류 | 213

## 과년도 기출문제

건축 / 기사 / 필기

**06** 제치장 콘크리트의 시공에 관한 설명으로 옳지 않은 것은? [13년 4회]

① 배합수로 사용하는 지하수질도 착색을 일으키는 원인이 될 수 있으므로 주의해야 한다.
② 콘크리트를 한꺼번에 높이 타설하는 경우 기포가 쉽게 발생할 수 있다.
③ 콘크리트는 묽은 비빔으로 사용하므로 진동기를 사용하지 않는다.
④ 창문, 벽체줄눈, 폼 타이 구멍 등의 위치가 맞지 않은 경우 재시공 및 보수가 어려운 편이다.

[해설]
콘크리트는 된 비빔을 사용하므로 진동기를 적용해야 한다.

**07** 폴리머 함침 콘크리트에 관한 설명으로 옳지 않은 것은? [17년 4회]

① 시멘트계의 재료를 건조시켜 미세한 공극에 수용성 폴리머를 함침·중합시켜 일체화한 것이다.
② 내화성이 뛰어나며 현장시공이 용이하다.
③ 내구성 및 내약품성이 뛰어나다.
④ 고속도로 포장이나 댐의 보수공사 등에 사용된다.

[해설]
폴리머 함침 콘크리트는 가연성 물질인 폴리머를 함유하기 때문에 내화성 및 내열성이 좋지 않은 특징을 갖고 있다.

**08** 아파트 온돌바닥 미장용 콘크리트로서 고층적용 실적이 많고 배합을 조닝별로 다르게 하며 타설 바탕면에 따라 배합비 조정이 필요한 것은? [21년 2회]

① 경량기포 콘크리트  ② 중량 콘크리트
③ 수밀 콘크리트   ④ 유동화 콘크리트

[해설]
경량기포 콘크리트를 통해 소정의 단열성능을 확보가 가능하며, 온돌 배관층 아래에 타설 적용된다.

**09** 경량기포 콘크리트(ALC)에 관한 설명으로 옳지 않은 것은? [14년 1회, 19년 4회]

① 기건 비중은 보통 콘크리트의 약 1/4 정도로 경량이다.
② 열전도율은 보통 콘크리트의 약 1/10 정도로서 단열성이 우수하다.
③ 무기질 소재를 주원료로 사용하여 내화재료로 부적당하다.
④ 흡음성과 차음성이 우수하다.

[해설]
경량기포 콘크리트(ALC)는 석회, 규산 등의 무기질 재료를 적용하여 불연, 내화성이 우수한 특징을 갖는다.

**10** ALC 제품에 관한 설명으로 옳지 않은 것은? [16년 2회]

① 절건상태에서의 비중이 0.75~1 정도이다.
② 압축강도는 3~4MPa 정도이다.
③ 내화성능을 보유하고 있다.
④ 사용 후 변형이나 균열이 적다.

[해설]
ALC(Autoclaved Lightweight Concrete)의 비중은 절건상태에서 약 0.45~0.55 정도이다.

**11** 프리패브 콘크리트(Prefab Concrete)에 관한 설명으로 옳지 않은 것은? [21년 4회]

① 제품의 품질을 균일화 및 고품질화할 수 있다.
② 작업의 기계화로 노무 절약을 기대할 수 있다.
③ 공장생산으로 부재의 규격을 다양하고 쉽게 변경할 수 있다.
④ 자재를 규격화하여 표준화 및 대량 생산을 할 수 있다.

[해설]
프리패브 콘크리트는 규격화(단일규격 혹은 종류 최소화)를 통해 표준화 및 대량 생산을 하는 것을 특징으로 하므로, 규격을 다양화 하고, 쉽게 변경하는 것과는 거리가 멀다.

**정답** 06 ③ 07 ② 08 ① 09 ③ 10 ① 11 ③

MEMO

# 10 철골공사

## 1 강재의 종류

| 명칭 | 강종 |
|---|---|
| SS | 일반구조용 압연강재(Steel Structure) |
| SM | 용접구조용 압연강재(Steel Marine) |
| SMA | 용접구조용 내후성 열간 압연강재(Steel Marine Atmosphere) |
| SN | 건축구조용 압연강재(Steel New) |
| FR | 건축구조용 내화강재(Fire Resistance) |

## 2 공장작업

| | | |
|---|---|---|
| 원척도 작성 | 설계도 및 시방서에 따라 공장 원척소의 바닥 위에 각부 상세 및 재의 길이 등을 원척(Full Size)으로 그림 | |
| 본뜨기 | 원척도에서 얇은 강판으로 본뜨기를 하여 본판을 정밀하게 작성함 | |
| 변형 바로잡기 | 금매김하기 전에 강재의 변형을 바로 잡음 | |
| 금매김(Marking) | 리벳 구멍위치, 절단개소 등을 강재에 기입하는 작업 | |
| 절단 | 전단절단 | 판두께 13mm 이하의 강판절단 시 Sheaving Machine 등으로 절단 |
| | 톱 절단 | 형강이나 정밀절단 시 Hawk Saw, Friction Saw 등으로 절단 |
| | 가스절단 | 주위 3mm 정도 변형되므로 여유 있게 자동 가스절단기로 절단 |
| 가공 | 휨 가공은 상온 또는 800~1,100℃로 가열 가공 | |
| 구멍뚫기 | 펀칭(Punching) | 부재두께 12mm 이하, 리벳지름 9mm 이하일 때 사용 |
| | 송곳뚫기(Drilling) | 부재두께 13mm 이상, 주철재일 때, 수조·유조일 때, 두께 13mm 이하라도 세밀 가공 시 |
| | 구멍가심(Reaming) | 조립 시 구멍지름 다를 때 리머(Reamer)로 구멍가심 |
| 가조립 | • 각 부재는 1~2개의 Bolt나 Pin으로 가조립하고, Drift Pin으로 부재구멍을 맞춤<br>• 가볼트 죄임은 Impact Wrench, Torque Wrench를 사용 | |
| 본조립 | 리벳치기, 고력볼트접합, 용접접합 | |
| 녹막이칠 | • 가공조립이 완료된 철골 부재에 현장 반입 전 녹막이칠을 1회 함<br>• 녹막이칠을 하지 않는 부위 : 현장 용접하는 부분, 고력볼트 접합부의 마찰면, 콘크리트에 묻히는 부분, 조립에 의하여 맞닿는(밀착되는) 부분, 밀폐되는 내면 | |
| 운반 | 공장검사가 완료되고 공장칠이 건조하면 현장으로 반입 | |

**철골부재의 공장작업 순서**

원척도 → 본뜨기 → 금매김 → 절단 및 가공 → 구멍뚫기 → 가조립 → 본조립 → 검사

**고장력 볼트의 구멍직경(mm)**
- $d \leq 27$ : $d + 2.0$
- $d > 27$ : $d + 3.0$
  여기서, $d$는 고장력 볼트의 직경(mm)

- 철골의 구멍뚫기에서 이형철근 D22의 관통구멍의 구멍직경은 35mm이다.

# 과년도 기출문제

건축 / 기사 / 필기

**01** 강재의 종류에 대한 설명으로 옳지 않은 것은?
[14년 1회]

① SS계열 : 일반구조용 압연강재
② SM계열 : 용접구조용 압연강재
③ SN계열 : 건축구조용 내화강재
④ SMA계열 : 용접구조용 내후성 열간 압연강재

[해설]
SN(Steel for New structure)계열은 건축구조용 압연강재에 해당한다. 건축구조용 내화강재는 FR(Fire Resistance steels) 계열이다.

**02** 철골부재의 공장제작 시 대략적인 작업순서를 옳게 나열한 것은?
[16년 1회]

① 원척도 → 본뜨기 → 금매김 → 절단 및 가공 → 구멍뚫기 → 가조립 → 본조립 → 검사
② 본뜨기 → 원척도 → 금매김 → 절단 및 가공 → 구멍뚫기 → 가조립 → 본조립 → 검사
③ 원척도 → 금매김 → 본뜨기 → 절단 및 가공 → 구멍뚫기 → 가조립 → 본조립 → 검사
④ 원척도 → 본뜨기 → 금매김 → 구멍뚫기 → 절단 및 가공 → 가조립 → 본조립 → 검사

[해설]
철골부재의 공장제작 작업순서
원척도 → 본뜨기 → 금매김 → 절단 및 가공 → 구멍뚫기 → 가조립 → 본조립 → 검사

**03** 철골공사 접합 중 용접에 관한 주의사항으로 옳지 않은 것은?
[20년 4회]

① 현장용접을 하는 부재는 그 용접 부위에 얇은 에나멜 페인트를 칠하되, 이 밖에 다른 칠을 해서는 안 된다.
② 용접봉의 교환 또는 다층용접일 때에는 먼저 슬래그를 제거하고 청소한 후 용접한다.
③ 용접할 소재는 용접에 의한 수축변형이 생기고, 또 마무리 작업도 고려해야 하므로 치수에 여분을 두어야 한다.
④ 용접이 완료되면 슬래그 및 스패터를 제거하고 청소한다.

[해설]
용접접합부위에는 도장작업은 해서는 안 되며, 에나멜 페인트도 예외는 아니다.

**04** 철골공사에 관한 설명으로 옳지 않은 것은?
[18년 1회]

① 볼트접합부는 부식하기 쉬우므로 방청도장을 하여야 한다.
② 볼트조임에는 임팩트렌치, 토크렌치 등을 사용한다.
③ 철골조는 화재에 의한 강성저하가 심하므로 내화피복을 하여야 한다.
④ 용접부 비파괴 검사에는 침투탐상법, 초음파탐상법 등이 있다.

[해설]
접합부의 경우 미끄러짐 등에 의해 접합력이 약해질 수 있기 때문에 방청도장을 하지 않는다.

**05** 철골공사의 접합에 관한 설명으로 옳지 않은 것은?
[19년 2회]

① 고력볼트접합의 종류에는 마찰접합, 지압접합이 있다.
② 녹막이도장은 작업장소 주위의 기온이 5℃ 미만이거나 상대습도가 85%를 초과할 때는 작업을 중지한다.
③ 철골이 콘크리트에 묻히는 부분은 특히 녹막이 칠을 잘해야 한다.
④ 용접 접합에 대한 비파괴시험의 종류에는 자분탐상시험, 초음파탐상시험 등이 있다.

[해설]
철골이 콘크리트에 묻히는 부분은 콘크리트에 의해 피복되므로 녹막이 칠을 하지 않아도 된다.

**정답** 01 ③ 02 ① 03 ① 04 ① 05 ③

# 10 철골공사

## ❸ 현장작업(철골 세우기)

| | | |
|---|---|---|
| 앵커볼트 매입 | 고정 매입법 | 기초 시공 시 앵커볼트를 고정시키고 콘크리트를 타설하는 공법으로 시공정밀도가 요구되는 곳에 사용하며 위치수정이 불가능 |
| | 가동 매입법 | 함석갈대기(얇은 철판통)를 끼워 두고 콘크리트를 타설하며 다소 위치수정 가능 |
| | 나중 매입법 | 앵커볼트 묻을 자리를 내 두었다가 콘크리트를 타설 후 나중에 고정하는 방법으로 경미한 공사에 사용되며 위치수정 가능(앵커볼트의 지름이 작은 경우 적용) |
| 기초 상부 고름질 | 전면바름 마무리법 | 기둥 저면의 주위에 3cm 이상 지정된 높이로 수평되게 된비빔 1 : 2 모르타르로 펴 바르고 경화 후 세우기를 함 |
| | 나중채워넣기 중심바름법 | 기둥 저면의 중심부만 지정높이만큼 수평으로 된비빔 1 : 1 모르타르로 바르고 기둥을 세운 후 사방에서 모르타르를 주입 |
| | 나중채워넣기 十자바름법 | 기둥 저면에서 대각선 방향 十자형으로 지정높이만큼 수평으로 모르타르를 바르고 기둥을 세운 후 사방에서 모르타르를 주입 |
| | 나중채워넣기법 | 베이스 플레이트 중앙에 구멍을 내고 기초 위의 베이스 플레이트 4귀에 워셔 등 철판제 굄을 써서 수평조절을 하고 기둥을 세운 후 1 : 1 모르타르를 베이스 플레이트의 중앙부 구멍에 주입 |
| 세우기용 장비 | 가이데릭 (Guy Derrick) | 가장 일반적으로 사용되는 기중기의 일종, Guy의 수 6~8개, 붐(Boom)의 회전범위 360°, 당김줄은 지면과 45° 이하 |
| | 스티프레그 데릭 (Stiff Leg Derrick) | 삼각데릭으로 수평이동이 가능하므로 층수가 낮은 긴평면에 유리함 |
| | 진폴(Gin Pole) | 소규모 철골공사에 사용하는 가장 간단한 설비 |
| | 타워 크레인 (Tower Crane) | 고정형, T형 타워 크레인(T-Tower Crane)과 러핑 크레인(Luffing Crane) 등의 종류가 있음 |
| | 트럭 크레인 (Truck Crane) | 트럭에 설치한 크레인으로 이동이 용이하고 작업능률이 좋음 |

**＋ 철골부재의 현장작업 순서**

기초 주각부 심먹매김 → 앵커 볼트 설치 → 기초 상부 고름질 → 철골 세우기 → 가조립 → 변형 바로잡기 → 정조립(본조립) → 접합부 검사 → 도장

- 철골공사에서 베이스 플레이트(Base Plate) 시공 시에 사용되는 충전재는 무수축 모르타르를 사용한다.

**주각부의 구성**

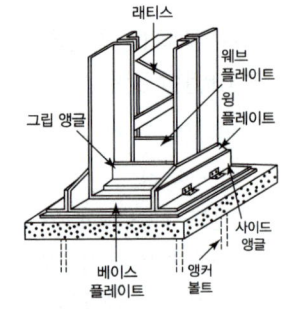

**가이데릭과 스티프레그 데릭**

- Guy derrik

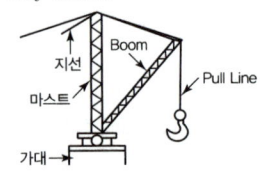

- Stiffleg derrick

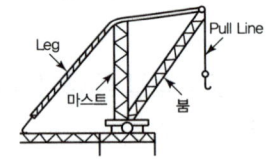

---

### 개념이해

**01** 가이데릭(Guy Derick)에 대한 설명 중 옳지 않은 것은? [16년 4회]

① 기계대수는 평면높이의 가동범위·조립능력과 공기에 따라 결정한다.
② 일반적으로 붐(Boom)의 길이는 마스터의 길이보다 길다.
③ 불 휠(Bull Wheel)은 가이데릭 하단부에 위치한다.
④ 붐(Boom)의 회전각은 360°이다.

▶ 붐이 마스터의 길이보다 길 경우 전도될 우려가 있으므로 붐은 마스터보다 짧아야 한다.

답 ②

## 4 내화피복공법의 종류

| 도장공법 | 내화도료공법 |
|---|---|
| 습식공법 | 타설공법, 조적공법, 미장공법, 뿜칠(락울 등 사용)공법 |
| 건식공법 | 성형판(ALC판 등 사용) 붙임공법, 세라믹울 피복공법 |
| 합성공법 | 이질재료 혼합 적용 공법 |

## 5 고력볼트접합

| 개념 | • 접합시키는 양쪽 재료에 압력을 주고, 양쪽 재료 간의 마찰력에 의하여 응력이 전달되도록 하는 방법이다.<br>• 고력볼트 이음에는 마찰이음, 지압이음, 인장이음이 있으며, 그 중 마찰이음을 기본으로 한다. |
|---|---|
| 특징 | • 고력볼트 이음은 내화력이 리벳이나 용접이음보다 크다.<br>• 소음이 덜하고, 이음매의 강도가 크다.<br>• 불량한 부분의 교체가 쉽다.<br>• 연결부의 증설이나 변경이 쉽다.<br>• 현장 시공설비가 간편하다.<br>• 노동력이 절약되고, 공사기간을 단축하므로 경제적이다. |
| 볼트의 조임 | • 고력볼트의 설계볼트장력을 확보하기 위해서는 표준볼트장력을 목표로 조여야 한다.<br>• 고력볼트군의 중앙에서 양측단 쪽으로 조여 나간다.<br>• 고력볼트는 2회 조임하는 것으로 하며, 1차 조임은 토크값으로 조인 후, 본조임(2차 조임)을 실시한다. 이 경우 너트와 고력볼트 및 와셔와의 공회전을 확인해야 한다.<br>• 작업온도에 따른 토크계수의 변화로 인하여 고력볼트장력의 크기가 달라지므로 온도의 영향을 고려해야 한다.<br>• 조임 순서 : 1차 조임 → 마킹 표시(금매김) → 본조임(2차 조임) |

➕ • 볼트의 조임방법 중 너트회전법은 본조임 완료 후 모든 볼트에 대해 1차 조임 후에 표시한 금매김에 의해 너트 회전량을 육안으로 검사한다.

### 개념이해

**01** 고력볼트접합에 관한 설명으로 옳지 않은 것은? [14년 2회, 18년 2회]

① 현대건축물의 고층화·대형화 추세에 따라 소음이 심한 리벳은 현재 거의 사용하지 않고 볼트접합과 용접접합이 대부분을 차지하고 있다.
② 토크쉐어형 고력볼트는 조여서 소정의 축력이 얻어지면 자동적으로 핀테일이 파단되는 구조로 되어 있다.
③ 고력볼트의 조임기구로는 토크렌치와 임팩트렌치 등이 있다.
④ 고력볼트의 접합형태는 모두 마찰접합이며, 마찰접합은 하중이나 응력을 볼트가 직접 부담하는 방식이다.

◯ 고력볼트접합의 종류에는 마찰접합, 지압접합이 있다.

답 ④

# 10 철골공사

## 6 용접접합 일반사항

| 개념 | | 용접은 2개 이상의 강재를 국부적으로 일체화시키는 접합으로서, 접합부에 용융금속을 생성하거나 또는 공급하여 국부용융으로 접합하는 방법이며, 모재의 용융을 동반한다. |
|---|---|---|
| 종류 | 홈용접(Groove Welding, 그루브용접, 맞댄용접) | 부재의 한쪽 또는 양쪽 끝을 용접이 양호하게 될 수 있도록 끝 단면을 비스듬히 절단하여 용접하는 방법 |
| | 필렛용접(Fillet Welding, 모살용접, 겹대기용접) | 2장의 판재를 겹쳐서 목두께의 방향이 모재의 면과 45°가 되게 하는 용접으로, 전면 또는 측면 필렛용접, T자형, +자형 필렛용접이 있음 |
| | 가스압접 | 접합하는 두 부재에 압력을 가하면서 1,200~1,300℃의 열을 가하여 접합하는 방법 |
| 용접 검사 | 용접 착수 전 | 트임새 모양, 모아대기법, 구속법, 자세의 적부 |
| | 용접 작업 중 | 용접봉, 운봉, 전류 |
| | 용접 완료 후 | 외관검사, X선 및 γ선(방사선)투과법, 초음파 탐상법, 침투 탐상법, 자기분말 탐상법 |

+ **위핑(Weeping)**
철골용접작업 중 운봉을 용접방향에 대하여 가로로 왔다갔다 움직여 용착금속을 녹여 붙이는 것

**용접자세 기호**
- F : 하향자세
- O : 상향자세
- H : 수평자세
- V : 수직자세

- 현장용접을 하는 경우에는 용접부위에 얇은 보일드유를 제외한 페인트칠은 해서는 안 된다.

**플럭스(Flux)**
철골가공 및 용접에 있어 자동용접의 경우 용접봉의 피복재 역할로 쓰이는 분말상의 재료

**스캘럽(Scallop)**
용접접합부에 있어서 용접이음새나 받침쇠의 관통을 위해 또는 용접이음새끼리 교차를 피하기 위하여 설치한 원호상의 구멍

### 개념이해

**01** 철근이음방법 중 철근을 가열하면서 압력을 가하는 방식으로 모재와 동등한 기계적 강도를 가지며 조직의 성분의 변화가 적고 접합강도가 큰 것은? [15년 4회]

① 겹침 이음  ② 가스 압접
③ 나사식 이음  ④ Cad Welding

○ 가스압접은 이음공법 중 접합강도가 극히 크고 성분원소의 조직변화가 적다.

답 ②

## 과년도 기출문제

건축 / 기사 / 필기

**01** 철골공사에서 겹침이음, T자이음 등에 사용되는 용접으로 목두께의 방향이 모재의 면과 45° 또는 거의 45°의 각을 이루는 것은?
[13년 1회, 17년 2회, 22년 1회]

① 완전용입 맞댐용접
② 부분용입 맞댐용접
③ 모살용접
④ 다층용접

[해설]

모살용접(Fillet Welding, 필릿용접, 겹대기용접)
2장의 판재를 겹쳐서 목두께의 방향이 모재의 면과 45°가 되게 하는 용접으로, 용접되는 부재의 교차되는 면 사이에 일반적으로 삼각형의 단면이 만들어지며, 전면 또는 측면 필렛용접, T자형, +자형 필렛용접이 있다.

**02** 철판과 철판이 겹치는 부분 등을 용접하는 것으로 모재에 개선 등의 사전 가공을 하지 않고 가능한 용접은?
[14년 4회]

① 홈용접
② 가스압접
③ 맞댐용접
④ 모살용접

[해설]

모살용접(Fillet Welding, 필릿용접, 겹대기용접)
2장의 판재를 겹쳐서 목두께의 방향이 모재의 면과 45°가 되게 하는 용접으로, 용접되는 부재의 교차되는 면 사이에 일반적으로 삼각형의 단면이 만들어지며, 전면 또는 측면 필렛용접, T자형, +자형 필렛용접이 있다.

**03** 철골공사 용접작업의 용접자세를 표현하는 각 기호의 의미하는 바가 옳은 것은?
[17년 4회]

① F : 수평자세
② H : 수직자세
③ O : 상향자세
④ V : 하향자세

[해설]

① F(Flat Position) : 하향(아래보기)자세
② H(Horizontal Position) : 수평자세
③ O(Overhead Position) : 상향(위보기)자세
④ V(Vertical Position) : 수직자세

**04** 철골가공 및 용접에 있어 자동용접의 경우 용접봉의 피복재 역할로 쓰이는 분말상의 재료를 무엇이라 하는가?
[14년 2회]

① 플럭스(Flux)
② 슬래그(Slag)
③ 시드(Sheathe)
④ 샤모테(Chamotte)

[해설]

플럭스(Flux)는 자동용접 시 용접봉의 피복재 역할을 하는 분말상 재료로서 용착금속의 산화 방지하는 등의 특성을 가지고 있다.

**05** 철골공사에서 용접봉의 내밀기, 이동 등을 기계화한 것으로, 서브머지 아크용접법에 쓰이며, 피복재 대신에 분말상의 플럭스를 쓰는 용접기기 명칭으로 옳은 것은?
[16년 4회]

① 직류아크용접기
② 교류아크용접기
③ 자동용접기
④ 반자동용접기

[해설]

용접봉의 내밀기, 이동 등을 기계화(자동화)한 자동용접기에 대한 설명이다.

**06** 철골부재의 용접 시 이음 및 접합부위의 용접선의 교차로 재용접된 부위가 열 영향을 받아 취약해짐을 방지하기 위하여 모재에 부채꼴 모양으로 모따기를 한 것은?
[15년 1회, 21년 2회]

① Blow Hole
② Scallop
③ End Tap
④ Crater

[해설]

스캘럽(Scallop)
용접접합부에 있어서 용접이음새나 받침쇠의 관통을 위해 또는 용접이음새끼리 교차를 피하기 위하기 위해 설치한 원호상의 구멍

정답 01 ③ 02 ④ 03 ③ 04 ① 05 ③ 06 ②

# 10 철골공사

## 7 용접결함

| | |
|---|---|
| 균열 (Crack) | 비드(Bead) 균열, 크레이터(Crater) 균열, 루트 균열, 측단 균열, 고온균열, 저온 균열 등 |
| 블로 홀 (Blow Hole) | 금속이 녹아들 때 생기는 기포(용융금속이 응고할 때 방출되어야 할 가스가 잔류한 것) |
| 슬래그 함입 | 용융금속이 급속하게 냉각되면 슬래그의 일부분이 달아나지 못하고 용착금속 내에 혼입되는 것 |
| 크레이터(Crater) | 용접 시 Bead 끝에 항아리 모양처럼 오목하게 파인 현상 |
| 언더 컷(Under Cut) | 모재가 녹아 용착금 속이 채워지지 않고 홈으로 남게 된 부분 |
| 피트(Pit) | 비드 표면에 입을 벌리고 있는 것 |
| 용입 부족 | 용입 깊이가 불량하거나 모재와의 융합이 불량한 것 |
| 피시 아이(Fish Eye) | 용접작업 시 용착금속 단면에 생기는 작은 은색의 점 |
| 오버 랩(Over Lap) | 용접금속과 모재가 융합되지 않고 겹쳐지는 것 |

+ **용접결함의 종류**
  - Slag
  - 언더컷
  - 오버랩
  - 블로 홀
  - 피트
  - 용입부족

## 8 철골공사 관련 기타 사항

| | |
|---|---|
| 경량철골 | • 두께(1.6~4.0mm)가 얇고 너비가 일정한 판을 휨에 대한 단면성능이 좋도록 접어 만든 경량형 강재를 사용함<br>• 장점 : 강재량에 비해 휨강도, 좌굴강도가 큼, 경량으로 자중경감<br>• 단점 : 판재가 얇아 국부좌굴, 비틀림이 생기기 쉬움, 녹방지에 주의 |
| 파이프 구조 | • 파이프 구조는 경량이며, 외관이 경쾌함<br>• 파이프 구조는 대규모의 공장, 창고, 체육 관, 동·식물원 등에 이용<br>• 접합부의 절단 가공이 어려움<br>• 파이프의 부재 형상이 간단하여 공사비가 절감됨 |
| 합성보 | 콘크리트 슬래브와 강재보를 전단연결재(Shear Connector)로 연결하여 외력에 대한 구조체의 거동을 일체화시킨 구조 |
| 밀스케일 | 압연강재가 냉각할 때 표면에 생기는 산화철 표피 |

+ **전단연결재(Shear Connector)**
철골구조의 합성보에서 철골보와 슬래브를 일체화시킬 때 그 접합부에 생기는 전단력에 저항시키기 위하여 사용되는 접합재

### 개념이해

**01** 압연강재가 냉각할 때 표면에 생기는 산화철 표피를 무엇이라 하는가?
[18년 4회]

① 스패터   ② 밀스케일
③ 슬래그   ④ 비드

① 스패터(Spatter) : 용접 시에 비산하는 슬래그 및 금속입자가 경화된 것
③ 슬래그(Slag) : 용접봉의 피복재 용해물인 회분(Slag)
④ 비드(Bead) : 용착금속이 모재 위에 열상을 이루고 이어지는 용접층

답 ②

## 과년도 기출문제

건축 / 기사 / 필기

**01** 다음과 같은 원인으로 인하여 발생하는 용접결함의 종류는? [19년 4회]

> 원인 : 도료, 녹, 밀 스케일, 모재의 수분

① 피트
② 언더 컷
③ 오버 랩
④ 엔드 탭

[해설]

피트는 표면에 생기는 작은 구멍으로서 도료, 녹, 밀 스케일, 모재의 수분에 의해 발생하는 용접결함이다.
② 언더 컷 : 용접상부에 모재가 녹아 용착금속이 채워지지 않고 홈으로 남게 된 부분
③ 오버 랩 : 용접금속과 모재가 융합되지 않고 겹쳐지는 것
④ 엔드 탭 : Blow Hole, Crater 등의 용접결함이 생기기 쉬운 용접 Bead의 시작과 끝지점에 용접을 하기 위해 용접접합하는 모재의 양단에 부착하는 보조강판

**02** 용접작업 시 용착금속 단면에 생기는 작은 은색의 점을 무엇이라 하는가? [18년 2회, 21년 1회]

① 피시 아이(Fish Eye)
② 블로 홀(Blow Hole)
③ 슬래그 함입(Slag Inclusion)
④ 크레이터(Crater)

[해설]

② 블로 홀(Blow Hole) : 용접금속 내부에 존재하는 공기가 표면으로 부상하여 발생하는 표면의 작은 구멍
③ 슬래그 함입(Slag Inclusion) : 용융금속이 급속하게 냉각되면 슬래그의 일부분이 달아나지 못하고 용착금속 내에 혼입되는 것
④ 크레이터(Crater) : 용접전류의 과대에 따라 발생하는 용접결함

**03** 용접결함에 관한 설명으로 옳지 않은 것은? [19년 1회]

① 슬래그 함입 – 용융금속이 급속하게 냉각되면 슬래그의 일부분이 달아나지 못하고 용착금속 내에 혼입되는 것
② 오버 랩 – 용접금속과 모재가 융합되지 않고 겹쳐지는 것
③ 블로우 홀 – 용융금속이 응고할 때 방출되어야 할 가스가 잔류한 것
④ 크레이터 – 용접전류가 과소하여 발생

[해설]

크레이터는 용접전류가 과대할 경우 발생하는 용접하자이다.

**04** 철골용접에 관한 설명 중 옳지 않은 것은? [13년 2회]

① 금속아크용접이란 용접봉과 용접될 모체 금속에 전류를 보내서 전기아크를 일으켜 이때 생기는 열로 용접봉과 모재를 동시에 녹이는 방식이다.
② 위핑(Weeping)이란 용착 금속과 모재가 융합되지 않고 겹쳐져 있는 상태를 말한다.
③ 루트(Root)란 맞댄 용접에 있어 트임새 끝의 최소 간격을 말한다.
④ 그루브(Groove)용접이란 두 부재 간의 사이를 트이게 한 홈에 용착 금속을 채워 용접하는 것이다.

[해설]

②는 용접하자 중 하나인 오버랩(Overlap)에 대한 설명이며, 위핑(Weeping)은 용접 하자가 아닌 용착 금속을 붙이는 용접 기술 중 한 방법이다.

정답  01 ①  02 ①  03 ④  04 ②

# 11 조적공사

## 1 벽돌의 품질(점토벽돌 기준)

| 구분 | 1종 | 2종 | 3종 |
|---|---|---|---|
| 압축강도(MPa, N/mm$^2$) | 24.50 이상 | 20.59 이상 | 10.78 이상 |
| 흡수율(%) | 10 이하 | 13 이하 | 15 이하 |

**➕ 표준형 벽돌의 규격**
- 190×90×57mm
- 압축강도와 흡수율은 벽돌의 품질을 결정하는데 가장 중요한 요소이다.

## 2 줄눈 벽돌쌓기 분류

| 막힌줄눈 | • 세로줄눈과 위, 아래가 막힌 줄눈<br>• 상부에서 오는 하중을 하부에 골고루 분산<br>• 벽체가 집중하중을 받는 것을 방지 |
|---|---|
| 통줄눈 | • 세로줄눈과 위, 아래가 통하는 줄눈<br>• 상부에서 오는 하중을 집중적으로 받게 되어 균열 가능성이 높음<br>• 외관이 막힌 줄눈에 비해 수려하나, 구조용으로는 부적합 |
| 치장줄눈 | • 벽돌쌓기가 완료 후에 벽돌 면을 10mm 정도 줄눈 파기하고 치장용 모르타르로 마무리<br>• 제물치장줄눈이라고도 함 |

**➕ 치장줄눈의 종류**

- 평줄눈  • 볼록줄눈

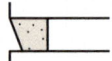

- 엇빗줄눈  • 내민줄눈

 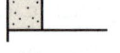

- 민줄눈  • 오목줄눈
- 빗줄눈  • 둥근줄눈

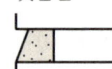 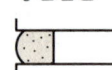

## 3 벽돌쌓기 시공 시 유의사항

- 하루 쌓기 높이 : 평균 1.2m(18켜)에서 최대 1.5m(22켜), 블록조는 1.5m인 7켜 정도
- 막힌줄눈을 적용하여 응력 분산을 하는 것을 원칙으로 함
- 테두리보를 설치하여 벽돌 벽체를 일체로 함
- 1시간 이상 경과한 모르타르 적용 금지
- 급격한 양생에 따른 수축을 막기 위해 물 축이기를 실시함
- 모르타르 줄눈은 10mm 두께를 표준으로 함
- 벽돌쌓기는 도면 또는 공사시방서에서 정한 바가 없을 때에는 영식 쌓기 또는 화란식 쌓기로 함
- 세로줄눈의 모르타르는 벽돌 마구리면에 충분히 발라 쌓도록 함

**➕ 신축줄눈(균열예방)의 설치위치**

벽높이가 변하는 곳, 벽두께가 변하는 곳, 창 및 출입구 등 개구부의 양측

**테두리 보 쌓기**
- 분산된 벽체를 일체화함으로써, 하중을 균등히 배분, 수직 균열을 방지
- 최상층을 철근콘크리트 바닥으로 할 때를 제외하고는 철근콘크리트의 테두리 보 설치 필요
- 세로철근의 끝 부분을 정착

# 과년도 기출문제

## 01 벽돌공사에 관한 설명으로 옳지 않은 것은?
[16년 4회]

① 치장줄눈은 줄눈 모르타르가 충분히 굳은 후에 줄눈파기를 한다.
② 벽돌쌓기에서 하루의 쌓기 높이는 1.2m를 표준으로 한다.
③ 붉은 벽돌은 벽돌 쌓기 하루 전에 물호스로 충분히 젖게 하여 표면에 습도를 유지한 상태로 준비한다.
④ 세로줄눈의 모르타르는 벽돌 마구리면에 충분히 발라 쌓도록 한다.

[해설]
치장줄눈은 줄눈 모르타르가 굳기 전에 줄눈파기를 해야 한다.

## 02 조적조의 치장줄눈 표기로 옳지 않은 것은?
[14년 1회]

① 민줄눈
② 오목줄눈
③ 내민줄눈
④ 빗줄눈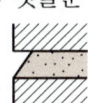

[해설]
③은 볼록줄눈에 대한 사항이다.

## 03 다음 중 조적벽 치장줄눈의 종류로 옳지 않은 것은?
[19년 2회]

① 오목줄눈
② 빗줄눈
③ 통줄눈
④ 실줄눈

[해설]
통줄눈은 구조적 줄눈으로서, 보강조적조(철근/콘크리트 매입 블록 등의 적용)의 경우에 적용되는 줄눈 방식이다.

## 04 벽돌쌓기공사에 관한 설명으로 옳지 않은 것은?
[16년 1회]

① 가로 및 세로줄눈의 너비는 도면 또는 공사시방서에 정한 바가 없을 때에는 20mm를 표준으로 한다.
② 벽돌쌓기는 도면 또는 공사시방서에서 정한 바가 없을 때에는 영식 쌓기 또는 화란식 쌓기로 한다.
③ 세로줄눈의 모르타르는 벽돌 마구리면에 충분히 발라 쌓도록 한다.
④ 하루의 쌓기 높이는 1.2m(18켜 정도)를 표준으로 하고, 최대 1.5m(22켜 정도) 이하로 한다.

[해설]
가로 및 세로줄눈의 너비는 도면 또는 공사시방서에 정한 바가 없을 때에는 10mm를 표준으로 한다.

**정답** 01 ① 02 ③ 03 ③ 04 ①

# 11 조적공사

## 4 벽돌쌓기 방식

| 영식쌓기 | 한 켜는 길이, 다음 켜는 마구리로 쌓는 방법으로, 마구리 켜의 모서리는 반절 또는 이오토막을 사용함(가장 튼튼한 쌓기 공법, 내력벽) |
|---|---|
| 화란(네덜란드)식 쌓기 | 쌓기 방법은 영식쌓기와 같으나, 모서리 또는 끝부분에 칠오토막을 사용(가장 많이 사용, 작업성 좋음) |
| 불(프랑스)식 쌓기 | 한 켜에 길이와 마구리를 번갈아서 같이 쌓는 방법으로 통줄눈이 발생하여 구조적으로 튼튼하지 못함(비내력벽, 장식용 벽돌담에 사용) |
| 미식쌓기 | 5켜 정도 길이쌓기, 다음 한 켜는 마구리쌓기로 하며, 뒷면을 영식쌓기로 물리는 방식임(외부를 붉은 벽돌, 내부를 시멘트 벽돌로 쌓는 경우) |
| 영롱쌓기 | 벽돌 면에 구멍을 내어 쌓는 방식으로 장식적인 효과가 우수한 쌓기임(장식적인 벽돌담) |
| 엇모쌓기 | 벽돌쌓기 중 담 또는 처마부분에서 내쌓기를 할 때에 벽돌을 45° 각도로 모서리가 면에 돌출되도록 쌓는 방식(장식적 벽돌담) |

## 5 벽돌조의 개구부 및 아치

| 창대쌓기 | • 창대벽돌은 윗면을 15° 내외로 경사지게 옆세워 쌓는다.<br>• 벽면에서의 돌출 길이는 벽돌 벽면에 일치시키거나 1/8~1/4B 정도 내밀어 쌓는다.<br>• 창대쌓기의 길이는 1.5B 또는 벽두께 이하로 하며 방수 처리에 주의한다. |
|---|---|
| 아치쌓기 | • 벽이나 수직의 조적조 건물의 개구부 적용<br>• 상부의 하중을 지지하기 위하여 돌 또는 벽돌 여러 개를 맞대어 곡선형으로 쌓아 올리는 건축 구조<br>• 상부에서 오는 수직 압축력이 아치 구조의 중심선을 따라 좌우로 나누어 전달<br>• 하부에 인장력이 생기지 않는 구조 |

- 내쌓기는 한 켜당 1/8B 또는 두 켜당 1/4B로 하고, 내미는 정도는 2B를 한도로 한다.
- 내력벽쌓기는 하중에 대한 저항면적 확대를 고려하여 일반적으로 눕혀쌓기를 한다.

### 공간쌓기(Cavity Wall Bond)
- 공간쌓기는 도면 또는 공사시방서에서 정한 바가 없을 때에는 바깥쪽을 주벽체로 한다.
- 외부 조적벽의 방습, 방열, 방한, 방서 등을 위해서 설치하는 쌓기법이다.
- 안쌓기는 연결재를 사용하여 주벽체에 튼튼히 연결한다.
- 연결재로 벽돌을 사용할 경우 벽돌을 걸쳐 대고 끝에는 이오토막 또는 칠오토막을 사용한다.
- 연결재의 배치 및 거리 간격의 최대 수직거리는 400mm를 초과해서는 안 된다.

### 아치의 종류

| 본아치 | 주문하여 제작한 아치벽돌을 사용하여 쌓는 아치 |
|---|---|
| 거친 아치 | 보통벽돌을 사용하고 줄눈을 쐐기 모양으로 하여 쌓은 아치 |
| 막 만든 아치 | 아치벽돌처럼 보통벽돌을 다듬어 쌓는 아치 |
| 숨은 아치 | 개구부의 인방 위에 설치한 아치 |

## 과년도 기출문제

건축 / 기사 / 필기

**01** 벽돌벽에 장식적으로 구멍을 내어 쌓는 벽돌쌓기 방식은? [17년 2회]

① 불식쌓기
② 영롱쌓기
③ 무늬쌓기
④ 층단떼어쌓기

[해설]

영롱쌓기
벽돌 면에 구멍을 내어 쌓는 방식으로 장식적인 효과가 우수한 쌓기이다(장식적인 벽돌담).

**02** 벽돌벽 내쌓기에서 내쌓을 수 있는 총 길이의 한도는? [16년 1회]

① 2.0B
② 1.0B
③ 1/2B
④ 1/4B

[해설]

내쌓기는 일반적으로 한 켜(1/8B) 내쌓기, 두 켜(1/4B) 내쌓기 등이 많이 적용되며, 최대 내민 한도는 2.0B 이하이다.

**03** 외부 조적벽의 방습, 방열, 방한, 방서 등을 위해서 설치하는 쌓기법은? [20년 3회]

① 내쌓기
② 기초쌓기
③ 공간쌓기
④ 엇모쌓기

[해설]

① 내쌓기 : 내밀어 쌓는 방식을 의미하며, 일반적으로 한 켜(1/8B) 내쌓기, 두 켜(1/4B) 내쌓기 등이 많이 적용된다.
② 기초쌓기 : 기초 콘크리트 판 위에 쌓는 방식을 의미한다.
④ 엇모쌓기 : 벽돌쌓기 중 담 또는 처마부분에서 내쌓기를 할 때에 벽돌을 45° 각도로 모서리가 면에 돌출되도록 쌓는 방식(장식적 벽돌담)을 말한다.

**04** 벽돌쌓기 시공에 관한 설명으로 옳지 않은 것은? [17년 4회]

① 연속되는 벽면의 일부를 나중쌓기 할 때에는 그 부분을 층단 들여쌓기로 한다.
② 내력벽 쌓기에서는 세워쌓기나 옆쌓기가 주로 쓰인다.
③ 벽돌쌓기 시 줄눈모르타르가 부족하면 하중 분담이 일정하지 않아 벽면에 균열이 발생할 수 있다.
④ 창대쌓기는 물흘림을 위해 벽돌을 15° 정도 기울여 벽면에서 3~5cm 정도 내밀어 쌓는다.

[해설]

내력벽 쌓기는 하중에 대한 저항면적 확대를 고려하여 일반적으로 눕혀쌓기를 한다.

**05** 벽돌공사 중 창대쌓기에서 창대벽돌은 공사시방에 정한 바가 없을 때에는 그 윗면을 몇 도의 경사로 옆세워 쌓는가? [14년 4회]

① 10°
② 15°
③ 20°
④ 25°

[해설]

창대쌓기는 창대벽돌의 윗면을 15° 내외로 경사지어 옆세워 쌓는다.

정답 01 ② 02 ① 03 ③ 04 ② 05 ②

## 11 조적공사

### 6 벽돌조의 균열 원인

| 계획·설계상 원인 | • 기초의 부동침하<br>• 건물의 평면·입면의 불균형 및 벽의 불합리 배치<br>• 불균형 하중, 큰 집중하중, 횡력 및 충격<br>• 벽돌벽의 길이·높이·두께에 대한 벽돌벽체의 강도 부족<br>• 문꼴크기의 불합리 및 불균형 배치 |
|---|---|
| 시공상의 원인 | • 벽돌 및 모르타르의 강도 부족<br>• 재료의 신축성<br>• 이질재와의 접합부<br>• 모르타르의 사춤 부족<br>• 모르타르, 회반죽 바름의 신축 및 들뜨기 |

**+ 조적식 구조의 기초**
- 내력벽의 기초는 연속기초로 한다.
- 기초판은 철근콘크리트 구조로 할 수 있다.
- 기초판은 무근콘크리트 구조로 할 수 있다.
- 기초벽의 두께는 최하층의 벽체 두께보다 20% 정도 두껍게 시공한다.
- 조적식 구조의 내력벽 두께는 벽높이의 최소 1/20 이상이어야 한다.

### 7 벽돌조의 백화현상

| 개념 | 벽표면에서 침투하는 빗물에 의해 모르타르 중의 석회분이 유출되어 공기 중의 탄산가스와 결합하여 벽돌벽의 표면에 백색의 미세한 물질이 생기는 현상 |
|---|---|
| 원인 | • 벽돌벽에 빗물침입<br>• 재료 및 시공불량 |
| 대책 | • 소성이 잘된 벽돌을 사용한다.<br>• 줄눈 모르타르에 방수제를 혼합하고 밀실하게 사춤시킨다.<br>• 벽면에 비막이를 설치한다.<br>• 벽면에 파라핀 도료 등을 발라 방수처리를 한다. |

### 8 블록쌓기

#### (1) 일반사항

- 일반 블록쌓기는 막힌 줄눈, 보강 블록조는 통줄눈으로 한다.
- 기초 또는 바닥판 윗면은 깨끗이 청소하고 충분히 물을 축인다.
- 블록의 모르타르 접착면은 적당히 물축이기를 한다.
- 보강 블록쌓기일 경우 철근위치를 정확히 유지시키고, 세로근은 이음을 하지 않는 것을 원칙으로 한다.
- 1일 쌓기 높이는 1.2~1.5m 이내로 한다.
- 블록은 살두께가 두꺼운 편이 위로 향하게 쌓는다.

**+ 콘크리트 기본 블록의 크기**
- 390 × 190 × 190
- 390 × 190 × 150
- 390 × 190 × 100

**블록 벽체에 와이어 메시를 가로줄눈에 묻어 쌓는 이유**
- 전단작용에 대한 보강이다.
- 수직하중을 분산시키는 데 유리하다.
- 교차부의 균열을 방지하는 데 유리하다.

## (2) 인방보
- 창문 위를 건너질러 상부에서 오는 하중을 좌우벽으로 전달시키기 위하여 설치하는 보이다.
- 인방블록은 좌우 벽면에 20cm 이상 걸쳐야 한다.

## (3) 보강 콘크리트 블록조
- 내력벽으로 둘러싸인 부분의 바닥면적은 80cm²을 넘지 않도록 한다.
- 벽체의 줄눈은 통줄눈이 되도록 한다.
- 철근 보강 시 철근은 굵은 것을 조금 넣는 것보다 가는 것을 많이 넣는 것이 좋다.
- 벽은 집중적으로 배치하지 말아야 하며, 가능한 한 균등히 배치한다.

**대린벽**
서로 직각으로 교차되는 내력벽

**벽량(cm/m²)**
단위면적(m²)에 대한 그 면적 내에 있는 내력벽의 길이(cm)

# 과년도 기출문제

## 01 벽돌벽의 균열 원인과 가장 관계가 먼 것은?
[14년 4회]

① 기초의 부동침하
② 내력벽의 불균형 배치
③ 상하 개구부의 수직선 상 배치
④ 벽돌 및 모르타르의 강도 부족과 신축성

[해설]

상하 개구부가 상하로 서로 엇갈리게 배치될 경우 벽돌벽의 균열 원인이 된다.

## 02 벽돌벽의 균열 원인과 가장 거리가 먼 것은?
[21년 4회]

① 문꼴의 불균형 배치
② 벽돌벽의 공간쌓기
③ 기초의 부동침하
④ 하중의 불균등분포

[해설]

벽돌벽의 공간쌓기는 방습, 방열, 방한, 방서 등의 목적을 가진 쌓기 방식이다.

## 03 조적조 건물의 벽체 균열에 대한 계획, 설계상 대책으로 틀린 것은?
[15년 4회]

① 건축물의 복잡한 평면구성을 피한다.
② 건축물의 자중을 크게 한다.
③ 테두리보를 설치한다.
④ 상하층의 창문 위치 및 너비를 일치시킨다.

[해설]

건물의 자중을 크게 할 경우 침하에 따른 균열의 우려가 있으므로 가급적 건물의 자중은 작게 한다.

## 04 조적식 구조의 기초에 관한 설명으로 옳지 않은 것은?
[19년 2회]

① 내력벽의 기초는 연속기초로 한다.
② 기초판은 철근콘크리트 구조로 할 수 있다.
③ 기초판은 무근콘크리트 구조로 할 수 있다.
④ 기초벽의 두께는 최하층의 벽체 두께와 같게 하되, 250mm 이하로 하여야 한다.

[해설]

조적식 구조의 기초벽 두께는 최하층의 벽체 두께와 같게 하되, 200mm 이상으로 하여야 한다.

## 05 조적조에 발생하는 백화현상을 방지하기 위하여 취하는 조치로서 효과가 없는 것은?
[18년 1회]

① 줄눈 부분을 방수처리하여 빗물을 막는다.
② 잘 구워진 벽돌을 사용한다.
③ 줄눈 모르타르에 방수제를 넣는다.
④ 석회를 혼합하여 줄눈 모르타르를 바른다.

[해설]

백화는 수분과 석회, 그리고 이산화탄소 간의 반응으로서, 석회를 첨가할 경우 백화현상이 심화될 수 있다.

## 06 벽돌벽에 발생하는 백화를 방지하는 방법으로 옳지 않은 것은?
[13년 2회]

① 줄눈 모르타르에 석회를 넣어 사용한다.
② 흡수율이 적고 소성이 잘 된 벽돌을 사용한다.
③ 구조적으로 차양, 돌림띠 등의 비막이를 설치한다.
④ 파라핀 도료 등의 뿜칠로서 벽면에 방수 처리를 한다.

[해설]

백화는 수분과 석회, 그리고 이산화탄소 간의 반응으로서, 석회를 첨가할 경우 백화현상이 심화될 수 있다.

**정답** 01 ③ 02 ② 03 ② 04 ④ 05 ④ 06 ①

## 과년도 기출문제

**07** 백화현상에 대한 설명으로 옳지 않은 것은?
[16년 1회, 21년 2회]

① 시멘트는 수산화칼슘의 주성분인 생석회(CaO)의 다량 공급원으로서 백화의 주된 요인이다.
② 백화 현상은 미장 표면뿐만 아니라 벽돌벽체, 타일 및 착색 시멘트 제품 등의 표면에도 발생한다.
③ 겨울철보다 여름철의 높은 온도에서 백화 발생 빈도가 높다.
④ 배합수 중에 용해되는 가용 성분이 시멘트 경화체의 표면건조 후 나타나는 현상을 백화라 한다.

[해설]
표면 결로 발생 등에 따른 표면수분 증가로 인해 여름철보다 겨울철 낮은 온도에서 백화 발생 빈도가 높다.

**08** 벽돌에 생기는 백화를 방지하기 위한 방법으로 옳지 않은 것은?
[22년 2회]

① 10% 이하의 흡수율을 가진 양질의 벽돌을 사용한다.
② 벽돌면 상부에 빗물막이를 설치한다.
③ 파라핀 도료를 발라 염류가 나오는 것을 방지한다.
④ 줄눈 모르타르에 석회를 넣어 바른다.

[해설]
백화는 수분과 석회, 그리고 이산화탄소 간의 반응으로서, 석회를 첨가할 경우 백화현상이 심화될 수 있다.

**09** 블록쌓기에 대한 설명으로 틀린 것은?
[15년 2회, 20년 4회]

① 살두께가 큰 편을 아래로 하여 쌓는다.
② 특별한 지정이 없으면 줄눈은 10mm가 되게 한다.
③ 하루의 쌓기 높이는 1.5m 이내를 표준으로 한다.
④ 줄눈 모르타르는 쌓은 후 줄눈 누르기 및 줄눈 파기를 한다.

[해설]
블록쌓기에서는 살두께가 큰 편을 위로 하여 쌓는다.

**10** 벽돌조 건물에서 벽량이란 해당 층의 바닥면적에 대한 무엇의 비를 말하는가?
[21년 1회]

① 벽면적의 총합계
② 내력벽 길이의 총합계
③ 높이
④ 벽두께

[해설]
$$벽량(cm/m^2) = \frac{해당층 내력벽 길이의 합(cm)}{해당층 바닥면적(m^2)}$$

**정답** 07 ③  08 ④  09 ①  10 ②

# 11 조적공사

## ⑨ 석재의 분류 및 성질

| | | |
|---|---|---|
| 화성암 | 화강암 | • 질이 단단하고 내구성 및 강도가 크고 외관이 수려함<br>• 견고하고 절리의 거리가 비교적 커서 대형재의 생산이 가능<br>• 바탕색과 반점이 미려하여 구조재, 내외장재로 많이 사용<br>• 내화도가 낮아 고열을 받는 곳에는 적당하지 않음(600℃ 정도에서 강도 저하)<br>• 세밀한 가공이 난해<br>• 석영, 장석 및 운모로 이루어져 있음 |
| | 안산암 | • 강도, 경도가 크고 내화력이 우수하며 구조용 석재로 사용(1,200℃에서 파괴)<br>• 조직과 색조가 균일하지 않아 대재를 얻기 어려움<br>• 가공이 용이하여 조각을 필요로 하는 곳에 적합<br>• 갈아도 광택이 나지 않음(화강석보다 열에 강하나 광택이 없음) |
| | 현무암 | 판석(板石)재로 많이 사용 |
| 수성암 | 점판암 | 점토가 바다 밑에 침선, 응결된 것을 이판암이라 하고, 이판암이 다시 오랜 세월 동안 지열, 지압으로 변질되어 층상으로 응고된 것으로 청회색의 치밀한 판석이며 방수성이 있어 기와 대신의 지붕재로 사용됨 |
| | 석회암 | 주로 시멘트의 원료로 사용됨 |
| | 사암 | 흡수율이 높고 가공성이 좋음 |
| | 응회암 | 화산재, 화산 모래 등이 퇴적, 응고되거나 물에 의하여 운반되어 암석 분쇄물과 혼합 후 침전된 것으로, 구조재로 적합하지 않고 주로 내화재 또는 장식재로 많이 사용 |
| 변성암 | 대리석 | • 석회암이 변성된 것으로 강도가 높고 색채와 결이 아름다우며, 풍화하기 쉬우므로 주로 내장재로 사용<br>• 열, 산에 약하며 실외용으로는 적합하지 않음(내화도 700~800℃) |
| | 석면 | 사문석에 속하는 섬유질 광물로 내화성, 보온성이 우수함 |
| | 사문암 | 감람석이 변질된 것으로 색조는 암녹색 바탕에 흑백색의 아름다운 무늬가 있고 경질이나 풍화성이 있어 외벽보다는 실내장식용으로 사용 |
| | 트래버틴 | 대리석의 한 종류로 다공질이고, 석질이 균질하지 못하며 암갈색 무늬가 있음(특수한 실내 장식재로 이용) |

➕ **석재의 특징**
- 불연성이고 압축강도가 큼
- 인장강도가 압축강도의 1/10~1/20 정도여서 장대재를 얻기 어려움
- 중량이 크고 견고하여 가공하기가 어려움
- 내수성, 내구성, 내화학성이 풍부하고 내마모성이 큼
- 외관이 장중하고, 치밀하며, 갈면 아름다운 광택이 남
- 고열에 약하여 화열이 닿으면 균열 발생
- 석재의 강도는 조성결정형이 작을수록 (입자가 작을수록) 큼

## 과년도 기출문제

건축 / 기사 / 필기

**01** 다음 중 화성암에 속하지 않는 것은? [16년 4회]

① 화강암  ② 섬록암
③ 안산암  ④ 점판암

[해설]

점판암은 수성암에 속한다.

**02** 석재에 관한 설명으로 옳지 않은 것은?
[13년 4회, 16년 2회]

① 심성암에 속한 암석은 대부분 입상의 결정 광물로 되어 있어 압축강도가 크고 무겁다.
② 화산암의 조암광물은 결정질이 작고 비결정질이어서 경석과 같이 공극이 많고 물에 뜨는 것도 있다.
③ 안산암은 강도가 약하고 내화적이지 않으나, 색조가 균일하며 가공도 용이하다.
④ 수성암은 화성암의 풍화물, 유기물, 기타 광물질이 땅속에 퇴적되어 지열과 지압을 받아서 응고된 것이다.

[해설]

안산암은 강도, 경도가 크고 내화력이 우수하며 구조용 석재로 사용되며, 갈아도 광택이 나지 않는 특징이 있다.

**03** 석재의 주용도를 표기한 것으로 옳지 않은 것은?
[13년 2회]

① 화강암 – 구조용, 외부장식용
② 안산암 – 구조용
③ 응회암 – 경량골재용
④ 트래버틴 – 외부장식용

[해설]

트래버틴(Travertine)
대리석의 한 종류로 다공질이고, 석질이 균질하지 못하며 암갈색 무늬가 있으며, 특수한 실내장식재로 이용된다.

**04** 보통 콘크리트용 부순 골재의 원석으로서 가장 적합하지 않은 것은? [19년 2회]

① 현무암  ② 응회암
③ 안산암  ④ 화강암

[해설]

응회암은 다공질로서 강도가 낮아 콘크리트용 골재로의 사용은 부적합하다.

**05** 석재에 관한 설명으로 옳은 것은? [21년 2회]

① 인장강도는 압축강도에 비하여 10배 정도 크다.
② 석재는 불연성이긴 하나 화열에 닿으면 화강암과 같이 균열이 생기거나 파괴되는 경우도 있다.
③ 장대재를 얻기에 용이하다.
④ 조직이 치밀하여 가공성이 매우 뛰어나다.

[해설]

① 압축강도는 인장강도에 비하여 10배 정도 크다.
③ 장대재를 얻기가 어렵다
④ 조직이 치밀하여 비중이 크고 가공성이 좋지 않다.

**06** 석재의 일반적 성질에 관한 설명으로 옳지 않은 것은? [20년 4회]

① 석재의 비중은 조암광물의 성질·비율·공극의 정도 등에 따라 달라진다.
② 석재의 강도에서 인장강도는 압축강도에 비해 매우 작다.
③ 석재의 공극률이 클수록 흡수율이 크고 동결융해 저항성은 떨어진다.
④ 석재의 강도는 조성결정형이 클수록 크다.

[해설]

석재의 강도는 조성결정형이 작을수록(입자가 작을수록) 크다.

**정답** 01 ④  02 ③  03 ④  04 ②  05 ②  06 ④

# 11 조적공사

## 10 석재의 가공

| 가공순서 | 혹두기 → 정다듬 → 도드락다듬 → 잔다듬 → 물갈기 |
|---|---|
| 혹두기 | 원석의 두드러진 부분을 쇠메나 망치로 대강 다듬는 것 |
| 정다듬 | 혹두기 면을 정으로 곱게 쪼아서 대략 평탄하게 하는 것 |
| 도드락다듬 | 거친 정다듬한 면을 도드락 망치로 더욱 평탄하게 다듬는 것 |
| 잔다듬 | 정다듬한 면을 날망치를 이용하여 평행 방향으로 치밀하고 곱게 쪼아 표면을 평판하게 다듬는 것 |
| 물갈기 | 화강암, 대리석과 같은 치밀한 돌은 갈면 광택이 나며, 일반적으로 숫돌로 거친 갈기, 마무리 갈기 등을 함(금강사, 숫돌, 산화주석 등의 재료 적용) |

## 11 석재의 시공

### (1) 시공법

| 습식공법 | 구조체와 석재 사이를 연결철물과 모르타르 채움에 의해 붙이는 공법 |
|---|---|
| 건식공법 | 앵커긴결공법, 트러스 지지공법 등으로서 시공속도가 빠르고 노동비가 절감되며, 고층 건물에 유리함 |

### (2) 쌓기법

| 습식공법 | 구조체와 석재 사이를 연결철물과 모르타르 채움에 의해 붙이는 공법 |
|---|---|
| 건식공법 | 앵커긴결공법, 트러스 지지공법 등으로서 시공속도가 빠르고 노동비가 절감되며, 고층 건물에 유리함 |
| 거친돌 막쌓기 | 막 생긴 거친돌을 맞댐면을 다듬지 않고, 그대로 또는 거친 다듬정도로 하여 쌓음 |
| 다듬돌 쌓기 | 돌의 모서리나 맞댐면을 일정한 모양으로 다듬어 줄눈을 바르게 쌓는 방법으로 가장 튼튼하고 외관이 좋음 |
| 허튼층 쌓기 | 면이 네모진 돌을 수평줄눈이 부분적으로 연속되고, 세로 줄눈이 일부 통하도록 쌓는 돌쌓기 방식 |
| 바른층 쌓기 | 돌 한 켜 한 켜가 수평직선으로 되게 쌓는 것으로, 층지어 쌓기는 허튼층 쌓기로 하되, 3켜 정도마다 수평줄눈을 일직선으로 통하게 한 것 |

**＋ Fastener**

건식 공법에 의한 석재 붙이기에 필요한 연결철물로 석재의 상하 양단에 설치하여 1차 연결철물은 지지용으로, 2차 연결철물은 고정용으로 사용하는 것

**석축 쌓기 방식**

| 건쌓기 | 돌 뒤에 뒤고임돌만 다져 놓는 것 |
|---|---|
| 사춤 쌓기 | 돌의 맞댐면에 모르타르 또는 콘크리트를 깔고 뒤에는 잡석 다짐 |
| 찰쌓기 | 모든 석재와 콘크리트가 잘 부착되도록 쌓고, 콘크리트가 앞면 접촉부까지 채워지도록 다지는 돌쌓기 방법 |

**두겁돌**

난간벽 위에 설치하는 돌

## 과년도 기출문제

**01** 석재의 표면 마무리의 갈기 및 광내기에 사용하는 재료가 아닌 것은? [19년 4회]

① 금강사
② 황산
③ 숫돌
④ 산화주석

[해설]
황산은 탈수효과를 필요로 할 때 적용한다.

**02** 모든 석재와 콘크리트가 잘 부착되도록 쌓고, 콘크리트가 앞면 접촉부까지 채워지도록 다지는 돌쌓기 방법은? [16년 2회]

① 메쌓기
② 찰쌓기
③ 막돌쌓기
④ 건쌓기

[해설]
콘크리트 사춤을 통해 쌓는 방식인 찰쌓기에 대한 설명이다.

**03** 건축 석공사에 관한 설명으로 옳지 않은 것은? [21년 1회]

① 건식쌓기 공법의 경우 시공이 불량하면 백화현상 등의 원인이 된다.
② 석재 물갈기 마감 공정의 종류는 거친갈기, 물갈기, 본갈기, 정갈기가 있다.
③ 시공 전에 설계도에 따라 돌나누기 상세도, 원척도를 만들고 석재의 치수, 형상, 마감방법 및 철물 등에 의한 고정방법을 정한다.
④ 마감면에 오염의 우려가 있는 경우에는 폴리에틸렌 시트 등으로 보양한다.

[해설]
백화현상은 물성분이 원인이므로, 건식이 아닌 습식 공법의 경우 시공이 불량하면 백화현상 등의 원인이 된다.

**04** 건축용 석재 사용 시 주의사항으로 옳지 않은 것은? [22년 1회]

① 석재를 구조재로 사용 시 압축강도가 큰 것을 선택하여 사용할 것
② 석재를 다듬어 쓸 때는 석질이 균일한 것을 사용할 것
③ 동일 건축물에는 다양한 종류 및 다양한 산지의 석재를 사용할 것
④ 석재를 마감재로 사용 시 석리와 색채가 우아한 것을 선택하여 사용할 것

[해설]
동일 건축물에는 가급적 동일한 종류의 석재를 활용해야 한다. 다양한 석재를 혼용할 경우 석재들 간의 팽창율 차이로 파손 등이 우려될 수 있고, 각각 석재의 접착 등에 사용되는 부자재들이 다양해 짐에 따라 공사비 및 시공 난이도 상승을 초래할 수 있다.

정답  01 ②  02 ②  03 ①  04 ③

# 11 조적공사

## 12 타일의 성분에 따른 분류

| 종류 | | 제품 | 소성온도 |
|---|---|---|---|
| 소지 | 흡수성 | | |
| 토기 | 20~30% | 붉은벽돌, 토관, 기와 | 600~800℃ |
| 도기 | 15~20% | 내장타일 | 1,200~1,300℃ |
| 석기 | 8% 이하 | 클링거 타일 | 1,300~1,400℃ |
| 자기 | 1% 이하 | 외장타일, 바닥타일, 모자이크 타일 | 1,300~1,400℃ |

## 13 타일의 시공

| 타일의 시공순서 | 바탕처리 → 재료조정 → 타일 나누기 → 타일 붙이기 → 치장줄눈 → 정리 및 보양 |
|---|---|
| 타일 시공 시 주의사항 | • 흡수성이 있는 타일에는 적당히 물을 뿌려서 사용한다.<br>• 타일은 전체 온장을 쓸 수 있도록 계획한다.<br>• 모르타르는 건비빔 한 후 3시간 이내에 사용하며 물을 부어 반죽한 후 1시간 이내에 사용한다. 1시간 이상 경과한 것은 사용하지 아니한다.<br>• 기온이 2℃ 이하인 때는 시공부분을 보양한다.<br>• 바닥타일을 붙인 후 톱밥으로 보양하고, 7일간 진동이나 보행을 금한다.<br>• 타일 나누기는 먼저 기준선을 정확히 정하고 될 수 있는 대로 온장을 사용하도록 한다. |

### ✚ 타일의 줄눈 너비

| 타일 | 줄눈 너비 |
|---|---|
| 대형(외부) | 9 |
| 대형(내부일반) | 6 |
| 소형 | 3 |
| 모자이크 | 2 |

• 치장줄눈의 경우 타일을 붙인 후 3시간이 경과한 후 줄눈파기를 하여 줄눈 부분을 충분히 청소한다.

### 타일의 동해방지
• 소성온도가 높은 타일을 사용한다.
• 흡수율이 낮은 타일을 사용한다.
• 줄눈누름을 충분히 하여 우수의 침투를 방지한다.
• 모르타르의 단위수량을 적게 한다.
• 바탕면과 접착모르타르의 접착성을 좋게 한다.

## 14 타일의 시공 검사

| 두들김 검사 | • 붙임 모르타르의 경과 후 검사봉으로 전면적을 두들겨 본다.<br>• 들뜸, 균열 등이 발견된 부위는 줄눈 부분을 잘라내어 다시 붙인다. |
|---|---|
| 접착력 시험 | • 타일의 접착력 시험은 600m²당 한 장씩 시험한다.<br>• 시험할 타일은 먼저 줄눈 부분을 콘크리트면까지 절단하여 주위의 타일과 분리시킨다.<br>• 시험할 타일을 부속장치의 크기로 하되 그 이상은 180×60mm 크기로 콘크리트 면까지 절단한다. 다만, 40mm 미만의 타일을 4매를 1개조로 하여 부속장치를 붙여 시험한다.<br>• 시험은 타일 시공 후 4주 이상일 때 행한다.<br>• 시험결과의 판정은 접착강도가 0.4MPa 이상이어야 한다. |

## 과년도 기출문제

건축 / 기사 / 필기

**01** 타일의 흡수율 크기의 대소관계로 옳은 것은?
[20년 3회]

① 석기질 > 도기질 > 자기질
② 도기질 > 석기질 > 자기질
③ 자기질 > 석기질 > 도기질
④ 석기질 > 자기질 > 도기질

[해설]

타일의 종류에 따른 흡수율

| 소지 | 흡수성 |
|---|---|
| 토기 | 20~30% |
| 도기 | 15~20% |
| 석기 | 8% 이하 |
| 자기 | 1% 이하 |

**02** 건축물에 이용하는 타일 중 흡수율이 작아 겨울철 동파의 우려가 가장 적은 것은? [14년 2회]

① 도기질 타일   ② 석기질 타일
③ 토기질 타일   ④ 자기질 타일

[해설]

타일의 종류에 따른 흡수율

| 소지 | 흡수성 |
|---|---|
| 토기 | 20~30% |
| 도기 | 15~20% |
| 석기 | 8% 이하 |
| 자기 | 1% 이하 |

**03** 타일공사에 관한 설명 중 옳은 것은? [16년 4회]

① 모자이크 타일의 줄눈너비의 표준은 5mm이다.
② 벽체타일이 시공되는 경우 바닥타일은 벽체타일을 붙이기 전에 시공한다.
③ 타일을 붙이는 모르타르에 시멘트 가루를 뿌리면 백화가 방지된다.
④ 치장줄눈은 24시간이 경과한 뒤 붙임모르타르의 경화 정도를 보아 시공한다.

[해설]

① 모자이크 타일의 줄눈너비의 표준은 2mm이다.
② 벽체타일이 시공되는 경우, 바닥타일은 벽체타일을 먼저 붙인 후 시공한다.
③ 타일을 붙이는 모르타르에 시멘트 가루를 뿌릴 경우 백화의 주성분인 석회의 양이 많아지므로, 백화현상이 가중될 수 있다.

**04** 타일공사에서 시공 후 타일접착력 시험에 관한 설명으로 옳지 않은 것은? [18년 2회, 21년 1회]

① 타일의 접착력 시험은 600m²당 한 장씩 시험한다.
② 시험할 타일은 먼저 줄눈 부분을 콘크리트면까지 절단하여 주위의 타일과 분리시킨다.
③ 시험은 타일 시공 후 4주 이상일 때 행한다.
④ 시험결과의 판정은 타일 인장 부착강도가 10MPa 이상이어야 한다.

[해설]

시험결과의 판정은 타일 인장 부착강도가 0.4MPa 이상이어야 한다.

**정답** 01 ②  02 ④  03 ④  04 ④

# 12 목공사

## 1 목재의 특징

| 장점 | 단점 |
|---|---|
| • 비중에 비해 강도가 크다.<br>• 열전도율이 작다.<br>• 나무 고유의 색깔과 무늬가 있어 아름답다.<br>• 건물의 무게가 가볍고 시공이 용이하다.<br>• 가공속도가 빠르고 보수가 용이하다.<br>• 보강철물을 이용하여 구조접합이 용이하다.<br>• 이축, 개축이 용이하다.<br>• 음을 흡수하여 반사하는 성질이 적다. | • 가연성이 있어 화재에 취약하다.<br>• 함수율에 따른 변형이 크다.<br>• 부패 및 충해가 생기기 쉽다.<br>• 고층 건축이나 간사이가 큰 건축에는 곤란하다.<br>• 천연재료이므로 옹이, 결 등이 있다.<br>• 압축응력을 받으면 뒤틀리는 현상이 발생한다. |

**+ 침엽수의 특징**
- 일반적으로 구조용재로 사용된다.
- 직선부재를 얻기에 용이하다.
- 종류로는 소나무, 잣나무 등이 있다.
- 활엽수에 비해 비중과 경도가 작다.

**변재와 심재**

| | |
|---|---|
| 변재 | • 수심부 쪽의 색깔이 진한 암갈색<br>• 변재에서 변화된 것으로서 수목의 강도를 크게 함<br>• 수분의 함량이 적어 단단하고 부패하지 않음 |
| 심재 | • 수목의 횡단면에서 표피 쪽의 연한 색<br>• 수분이 많아 부패되기 쉬우며, 강도가 약하고 수축률이 큼 |

## 2 함수율에 따른 목재의 상태

| | |
|---|---|
| 섬유포화점 | • 목재가 건조하게 되면 유리수가 증발하고 세포수만 남게 되는 시점(약 30%의 함수상태)<br>• 섬유포화점 이하에서는 목재의 수축, 팽창 등 재질의 변화가 일어나고 섬유포화점 이상에서는 불변<br>• 목재의 강도는 섬유포화점 이하에서는 함수율이 감소하면 증가하고 섬유포화점 이상에서는 불변 |
| 기건상태 | 목재를 건조하여 대기 중에 습도와 균형상태가 된 것(함수율은 약 15%) |
| 전건상태 | 완전히 건조(함수율이 0%) |

**+ 함수율**
목재 자신의 중량에 대한 목재 중에 함유된 수분의 중량비(함유된 수분의 중량 / 전건 중량)

**목재의 강도**
인장 강도 > 휨 강도 > 압축 강도 > 전단 강도 순임

---

**개념이해**

**01** 목구조재료로 사용되는 침엽수의 특징에 해당하지 않는 것은?
[20년 1·2회 통합]

① 직선부재의 대량 생산이 가능하다.
② 단단하고 가공이 어려우나 미관이 좋다.
③ 병충해에 약하여 방부 및 방충처리를 하여야 한다.
④ 수고(樹高)가 높으며 통직하다.

> 침엽수는 활엽수에 비해 경도가 낮고 가공이 용이하며, 미관을 활용하기 보다는 주로 구조적 용도로 적용된다.
> 답 ②

**02** 건축용 목재의 일반적인 성질에 대한 설명 중 틀린 것은?
[15년 1회, 21년 1회]

① 섬유포화점 이하에서는 목재의 함수율이 증가함에 따라 강도는 감소한다.
② 기건상태의 목재의 함수율은 15% 정도이다.
③ 목재의 심재는 변재보다 건조에 의한 수축이 적다.
④ 섬유포화점 이상에서는 목재의 함수율이 증가함에 따라 강도는 증가한다.

> 섬유포화점 이상에서는 목재의 함수율이 증가해도 강도는 변하지 않는다.
> 답 ④

## 3 목재의 건조

### (1) 자연(천연)건조 시 유의사항
- 지상에서 20cm 이상 이격하여 건조
- 그늘지고 서늘한 곳에서 건조
- 마구리에 페인트칠하여 급격한 건조 방지

### (2) 인공건조의 분류

| | |
|---|---|
| 증기법 | 가장 많이 사용되며, 건조실을 증기로 가열하여 건조시키는 방법 |
| 열기법 | 건조실 내의 공기를 가열하여 건조시키는 방법 |
| 훈연법 | 짚이나 톱밥을 태운 연기를 건조실에 도입하여 건조시키는 방법 |
| 진공법 | 원통형 탱크 속에 목재를 넣고 밀폐하여 고온·저압상태에서 수분을 없애는 방법 |

### (3) 자연건조와 인공건조의 비교

| 구분 | 자연(천연)건조 | 인공건조 |
|---|---|---|
| 건조시간 | 길게 소요 | 짧게 소요 |
| 건조장소 크기 | 큰 장소 필요 | 상대적으로 작은 장소 |
| 변형 | 크게 발생 | 작게 발생 |
| 비용 | 적게 소요 | 많이 소요 |
| 품질 | 상대적으로 불균일 | 균일 |
| 건조량 | 대량 건조 | 소량 건조 |

---

**개념이해**

**01** 목재를 천연건조시킬 때의 장점이 아닌 것은? [13년 2회, 18년 1회]
① 비교적 균일한 건조가 가능하다.
② 시설투자 비용 및 작업 비용이 적다.
③ 시간적 효율이 높다.
④ 옥외용으로 사용 시 예상되는 수축, 팽창의 발생을 감소시킬 수 있다.

○ 목재는 천연건조 시 인공건조에 비해 소요시간이 많이 걸린다.

답 ③

# 12 목공사

## 4 목재 방부제의 종류

| 구분 | 내용 |
|---|---|
| 크레오소트 오일<br>(Creosote Oil) | • 유성방부제의 일종으로 도장이 불가능<br>• 독성이 적으나, 흑갈색으로 외관이 좋지 않음<br>• 자극적인 냄새가 나서 실내에 사용할 수 없음<br>• 토대, 기둥, 도리 등에 사용 |
| 콜타르 | 석탄의 고온 건류 시 부산물로 얻어지는 흑갈색의 유성 액체로서 가열도포하면 방부성은 좋으나 목재를 흑갈색으로 착색하고 페인트 칠도 불가능하게 하므로 보이지 않는 곳에 주로 이용되는 유성 방부제 |
| 수성방부제 | 황산동 1% 용액, 염화아연 4% 용액, 염화제2수은 1% 용액, 불화소다 2% 용액 등이 있음 |
| 유기계 방충제<br>(PCP, Penta-Chloro Phenol) | • 무색이고 방부력이 가장 우수<br>• 침투성이 매우 양호<br>• 수용성 및 유용성이 있음<br>• 페인트 칠 가능<br>• 고가이며, 석유 등의 용제에 녹여 써야 함 |

### 방부법의 종류

| 일광직사법 | 자외선 살균 |
|---|---|
| 침지법 | 물속에 넣어 공기를 차단 |
| 표면탄화법 | 목재의 표면을 태워서 하는 방법 |

## 5 목재의 접합 보강재

| 구분 | 연결 사항 |
|---|---|
| 안장쇠 | 큰보와 작은보의 연결 |
| 주걱볼트 | 처마도리 + 평보 + 깔도리 연결 |
| 양나사볼트 | 평보와 ㅅ자보 연결 |
| 감잡이쇠 | 평보와 왕대공 연결(평보를 대공에 달아맬 때 사용하는 ㄷ자형 접합철물) |
| 꺾쇠 | 빗대공과 ㅅ자보의 맞춤부 보강철물 |
| 띠쇠 | • 띠형 철판에 못구멍을 뚫은 보강 철물<br>• 기둥과 층도리, ㅅ자보와 왕대공 사이에 주로 사용됨 |

### 보강철물의 종류

• 꺾쇠 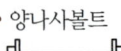  • 엇꺾쇠

• 주걱꺾쇠 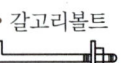  • 양나사볼트

• 주걱볼트   • 갈고리볼트

• 가락지듀벨  • O식듀벨

• 띠쇠<br>가시못구멍   • ㄱ자쇠

• 안장쇠  • 감잡이쇠

## 6 목구조 일반사항

| 뼈대 세우기 | | 기둥 → 인방보 → 층도리 → 큰보 |
|---|---|---|
| 토대 | | 기초 위에 가로놓아 상부에서 오는 하중을 기초로 전달하며, 기둥 밑을 고정하고 벽을 치는 뼈대가 되는 것 |
| 기둥 | 통재기둥 | 목구조에서 밑층에서 위층까지 1개의 부재로 된 기둥 |
| | 평기둥 | 각 층별 기둥으로 설치간격은 2m 정도 |
| | 샛기둥 | 본 기둥 사이에 설치되는 기둥으로 설치간격은 45cm 정도 |
| 횡력보강부재 | 가새 | 횡력에 저항하기 위해 대각선 방향으로 설치하는 경사부재 |
| | 버팀대 | 수직재와 수평재의 모서리에 45° 경사로 설치하는 보강재 |
| | 귀잡이 | 수평재가 서로 만나는 귀부분에 수평으로 댄 버팀대 |

✦ **가새 적용 시 유의사항**
- 건물 전체에 대하여 대칭으로 배치한다(모양은 X 자형 또는 ∧자형).
- 수평에 대한 각도는 60° 이하로, 보통 45°로 한다.
- 가새와 샛기둥이 만날 때는 샛기둥을 따내고 가새는 따내지 않는다.
- 압축가새는 기둥단면의 1/3 이상의 단면적으로 한다.
- 인장가새는 기둥단면의 1/5 이상의 단면적으로 한다.

## 7 수장공사

| 마루 | N1층 마루 | 동바리 마루 | 동바리돌 → 동바리 → 멍에 → 장선 → 마루널 |
|---|---|---|---|
| | | 납작 마루 | 동바리 돌 → 멍에 → 장선 → 마루널 |
| | 2층 마루 | 홑마루(장선마루) | 장선 → 마루널(간사이 2.4m 이하) |
| | | 보마루 | 보 → 장선 → 마루널(간사이 2.4m 이상) |
| | | 짠마루 | 큰보 → 작은보 → 장선 → 마루널(간사이 6.4m 이상) |
| 반자 | 반자틀 구조 | | 반자틀 → 반자틀받이 → 달대 → 달대받이 |
| 판벽 | 걸레받이 | | 벽하부의 바닥과 접하는 부분에 높이 20cm 정도로 설치한 것 |
| | 징두리 판벽 | | 실내부의 벽하부에 1~1.5m 정도로 널을 댄 것 |

✦ **2층 주택 마루널과 반자널 까는 작업순서**
2층 마룻바닥 → 2층 반자 → 1층 마룻바닥 → 1층 반자

**구성반자**
층단으로 만들어서 장식 및 음향효과를 갖도록 하고 전기조명장치도 간접조명으로 할 수 있는 반자

## 과년도 기출문제

건축 / 기사 / 필기

**01** 목재에 사용하는 방부재에 해당되지 않는 것은?
[17년 2회]

① 클레오소트 유(Creosote Oil)
② 콜타르(Coal Tar)
③ 카세인(Casein)
④ P.C.P(Penta Chloro Phenol)

[해설]
카세인(Casein)은 수성페인트 제조 시 사용되는 재료 중 하나이다.

**02** 방부력이 약하고 도포용으로만 쓰이며, 상온에서 침투가 잘 되지 않고 흑색이므로 사용 장소가 제한되는 유성방부제는?
[21년 1회]

① 캐로신
② PCP
③ 염화아연 4% 용액
④ 콜타르

[해설]
방부력이 약하고 도포용으로만 쓰이는 것은 콜타르이며, 보기 중 방부력이 가장 우수한 방부제는 PCP이다.

**03** 목조지붕틀 구조에 있어서 중도리와 ㅅ자 보를 연결하는 데 가장 적합한 철물은?
[13년 4회]

① 띠쇠
② 감잡이쇠
③ 주걱볼트
④ 엇꺾쇠

[해설]
감잡이쇠
감잡이쇠는 평보를 대공에 달아매는 경우 또는 평보와 ㅅ자보의 밑에 쓰인다.

**04** 목조지붕틀 구조에 있어서 모서리 기둥과 층도리 맞춤에 사용하는 철물은?
[16년 2회]

① 띠쇠
② 감잡이쇠
③ 주걱볼트
④ ㄱ자쇠

[해설]
① 띠쇠 : 기둥(평기둥, 샛기둥 등)과 층도리, ㅅ자보와 왕대공 사이에 주로 사용
② 감잡이쇠 : 평보와 왕대공 연결(평보를 대공에 달아맬 때 사용하는 ㄷ자형 접합철물)
③ 주걱볼트 : 처마도리＋평보＋깔도리 연결

**05** 목공사에 사용되는 철물에 관한 설명으로 옳지 않은 것은?
[19년 1회, 22년 2회]

① 감잡이쇠는 큰 보에 걸쳐 작은 보를 받게 하고, 안장쇠는 평보를 대공에 달아매는 경우 또는 평보와 ㅅ자보의 밑에 쓰인다.
② 못의 길이는 박아대는 재두께의 2.5배 이상이며, 마구리 등에 박는 것은 3.0배 이상으로 한다.
③ 볼트 구멍은 볼트지름보다 3mm 이상 커서는 안 된다.
④ 듀벨은 볼트와 같이 사용하여 듀벨에는 전단력, 볼트에는 인장력을 분담시킨다.

[해설]
안장쇠는 큰 보에 걸쳐 작은 보를 받게 하고, 감잡이쇠는 평보를 대공에 달아매는 경우 또는 평보와 ㅅ자보의 밑에 쓰인다.

**정답** 01 ③  02 ④  03 ②  04 ④  05 ①

## 과년도 기출문제

**06** 벽체구조에 관한 설명으로 옳지 않은 것은?

[18년 4회]

① 목조 벽체를 수평력에 견디게 하고 안정한 구조로 하기 위해 귀잡이를 설치한다.
② 벽돌구조에서 각 층의 대린벽으로 구획된 각 벽에 있어서 개구부의 폭의 합계는 그 벽의 길이의 2분의 1이하로 하여야 한다.
③ 목조 벽체에서 샛기둥은 본기둥 사이에 벽체를 이루는 것으로서 가새의 옆휨을 막는 데 유효하다.
④ 너비 180cm가 넘는 문꼴의 상부에는 철근콘크리트 인방보를 설치하고, 벽돌 벽면에서 내미는 창 또는 툇마루 등은 철골 또는 철근콘크리트로 보강한다.

[해설]
목조 벽체를 수평력에 견디게 하고 안정한 구조로 하기 위해 가새를 설치한다.

정답 06 ①

# 13 방수공사

## 1 시멘트 액체 방수(침투성 방수)

| 개념 | 모체 표면에 시멘트 방수제를 도포하고 방수모르타르를 덧발라 방수층을 형성하는 공법(침투성 방수) |
|---|---|
| 특징 | • 지하실의 내방수나 소규모인 지붕방수 등과 같은 비교적 경미한 방수공사에 활용 (옥상 등 실외에서는 효력의 지속성을 기대할 수 없음)<br>• 바탕콘크리트의 침하, 경화 후의 건조수축, 균열 등 구조적 변형이 심한 부분에도 사용이 어려움 |
| 시공 순서 | **1공정**: 방수액 침투 → 시멘트 풀먹임 → 방수액 침투 → 시멘트 모르타르 바름<br>**2공정**: 1공정 위에 덧붙여 다시 방수액 침투 → 시멘트 풀먹임 → 방수액 침투 → 시멘트 모르타르 바름 |

## 2 아스팔트 방수

### (1) 천연 아스팔트

석유질 원유가 지구 표면을 흘러나오거나 암석에 스며들어 오랜 시간 동안 휘발성 유류가 태양, 기후, 바람 등의 영향으로 증발하여 자연적으로 생성된 것

| 레이크 아스팔트 | 지표의 낮은 곳에 괴어 생긴 것 |
|---|---|
| 록 아스팔트 | 다공질의 암석 사이에 스며들어 생긴 것 |
| 샌드 아스팔트 | 모래 속에 스며들어 생긴 것 |
| 아스팔타이트 | • 천연 석유가 암석의 갈라진 틈에 스며들어 지열이나 공기 등의 작용으로 오랜 기간 동안 화학반응을 일으켜서 생긴 것<br>• 중합 또는 축합 반응을 일으켜 탄성력이 풍부한 블론 아스팔트와 성질이 비슷함<br>• 길소나이트(Gilsonit), 그래하마이트(Grahamite), 그랜스 피치(Grance Pitch) 등 |

**아스팔트 종별 용융온도**

| 1종 | 220~230℃ |
|---|---|
| 2종 | 240~250℃ |
| 3, 4종 | 260~270℃ |

### (2) 석유 아스팔트

석유 아스팔트는 암갈색 혹은 검정의 결합성이 있는 고형 또는 반고형 물질의 원유를 인공적인 증류에 의해 얻은 잔유물의 역청으로 되어 있음

| 아스팔트 프라이머 | 솔, 롤러 등으로 용이하게 도포할 수 있도록 블론 아스팔트를 휘발성 용제에 희석한 흑갈색의 저점도 액체로서, 방수 시공의 첫 번째 공정에 쓰이는 바탕처리재 |
|---|---|
| 스트레이트 아스팔트 | • 신축성이 우수하고 교착력도 좋지만 연화점 낮고, 내구력이 떨어져 옥외 적용이 어려우며 주로 지하실 방수용으로 사용<br>• 연화점이 비교적 낮고 온도에 의한 변화가 큼 |
| 아스팔트 펠트 | 목면, 마사, 양모, 폐지 등을 원료로 만든 원지에 스트레이트 아스팔트를 침투시켜 롤러로 압착하여 만든 것(아스팔트 방수 중간층재로 이용) |

| | | | |
|---|---|---|---|
| 아스팔트 루핑 | 아스팔트 제품 중 펠트의 양면에 블론 아스팔트를 피복하고 활석 분말 등을 부착하여 만든 제품(지붕에 기와 대신 사용) | | |
| 아스팔트 싱글 | 돌입자로 코팅한 루핑을 각종 형태로 절단하여 경사진 지붕에 사용하는 스트레이트형 지붕재료로서, 색상이 다양하고 외관이 미려한 지붕에 사용함 | | |
| 블론 아스팔트 | • 스트레이트 아스팔트 정제 이전의 잔류유에 파라핀계 석유 찌꺼기 기름을 200~320℃로 가열하여 공기를 불어 넣어 아스팔트를 화학적으로 안정시킨 것<br>• 융점이 높고, 감온성이 작고, 탄력성이 크며 연화점이 높음<br>• 방수재료, 접착제, 방식 도장용, 옥상 방수 등에 사용 | | |
| 아스팔트 컴파운드 | 블론 아스팔트에 동식물성 유지나 광물성 분말 등을 혼합하여 내열성, 탄성, 접착성, 내구성 등을 개량한 것으로 신축이 크며 최우량품임 | | |
| 아스팔트 타일 | • 아스팔트와 쿠마론인덴수지, 염화비닐수지에 석면, 돌가루, 탄산칼슘, 안료 등을 혼합한 후 고열 및 고압으로 녹여 얇은 판으로 만든 것을 규격에 맞게 재단한 것<br>• 내수성이 크고 내화성이 좋음<br>• 전기 절연성이 높고 내산성이 부족하며 내알칼리성은 좋음<br>• 방수재료로 사용하기는 곤란하며 마모성이 적은 편임 | | |

**➕ 아스팔트 품질시험**

| | |
|---|---|
| 신도 | • 아스팔트의 연성을 나타내는 것<br>• 규정된 모양으로 한 시료의 양 끝을 규정한 온도, 규정한 속도로 인장했을 때까지 늘어나는 길이를 cm로 표시 |
| 인화점 | 시료를 가열하여 불꽃을 가까이 했을 때 공기와 혼합된 기름 증기에 인화된 최저 온도 |
| 연화점 | 유리, 내화물, 플라스틱, 아스팔트, 타르 따위의 고형(固形) 물질이 열에 의하여 변형되어 연화를 일으키기 시작하는 온도 |
| 침입도 | • 아스팔트의 경도를 표시하는 것<br>• 규정된 침이 시료 중에 수직으로 진입된 길이를 나타내며, 단위는 0.1mm를 1로 함 |
| 감온성 | 온도에 따른 견고성 변화의 정도를 나타냄 |

**➕ 감온성**

온도에 따라 반죽질기가 변하는 성질

## (3) 시공 시 주의사항

- 아스팔트 프라이머는 건조하고 깨끗한 바탕면에 솔, 롤러, 뿜칠기 등을 이용하여 규정량을 균일하게 도포한다(콘크리트 모체는 완전히 건조).
- 지붕방수에는 침입도가 크고 연화점(軟化 點)이 높은 것을 사용한다.
- 한랭지에서 사용되는 아스팔트는 침입도 지수가 큰 것이 좋다.
- 아스팔트의 용융 중에는 최소한 30분에 1회 정도로 온도를 측정하며, 접착력 저하 방지를 위하여 200℃ 이하가 되지 않도록 한다.
- 아스팔트 용융솥은 가능한 한 시공장소와 근접한 곳에 설치한다.
- 방수층의 균열 발생정도가 시멘트 액체 방수에 비해 적으나, 보수 시에 결함부분을 발견하기가 쉽지 않다.

➕ • 아스팔트 프라이머는 콘크리트면과 아스팔트 방수층의 접착을 위해 사용한다.

## ③ 시트방수

| 개념 | 합성고무와 열가소성 수지를 사용하여 1겹으로 방수 효과를 내는 공법 |
|---|---|
| 시공 일반사항 | • 접착제 도포에 앞서 먼저 도포한 프라이머의 적정한 건조를 확인한다.<br>• 수용성의 프라이머는 저온 시 동결 피해 발생에 주의한다.<br>• 시트 접착 방법으로 온통 접착, 줄접착, 갓접착, 점접 착법이 있다. |

**➕ 시트방수 공법 종류**

접착 공법, 금속고정 공법, 열풍융착 공법 등

## 과년도 기출문제

**01** 시멘트 액체방수에 관한 설명으로 옳은 것은?
[17년 2회]

① 모체 표면에 시멘트 방수제를 도포하고 방수모르타르를 덧발라 방수층을 형성하는 공법이다.
② 구조체 균열에 대한 저항성이 매우 우수하다.
③ 시공은 바탕처리 → 혼합 → 바르기 → 지수 → 마무리 순으로 진행한다.
④ 시공 시 방수층의 부착력을 위하여 방수할 콘크리트 바탕면은 충분히 건조시키는 것이 좋다.

[해설]
시멘트 액체방수는 막을 형성하는 방수가 아닌, 시멘트와 방수제가 혼합된 재료를 타설하는 방식의 방수공법이다.

**02** 시멘트 액체방수에 관한 설명으로 옳지 않은 것은?
[18년 4회]

① 값이 저렴하고 시공 및 보수가 용이한 편이다.
② 바탕의 상태가 습하거나 수분이 함유되어 있더라도 시공할 수 있다.
③ 옥상 등 실외에서는 효력의 지속성을 기대할 수 없다.
④ 바탕콘크리트의 침하, 경화 후의 건조수축, 균열 등 구조적 변형이 심한 부분에도 사용할 수 있다.

[해설]
바탕체에서 발생하는 균열 등의 영향으로 시멘트 액체방수체도 균열양상을 띨 수 있기 때문에 바탕콘크리트의 침하, 경화 후의 건조수축, 균열 등 구조적 변형이 심한 부분에는 사용할 수 없다.

**03** 아스팔트 방수공사에서 아스팔트 프라이머를 사용하는 가장 중요한 이유는?
[20년 4회]

① 콘크리트 면의 습기 제거
② 방수층의 습기 침입 방지
③ 콘크리트면과 아스팔트 방수층의 접착
④ 콘크리트 밑바닥의 균열방지

[해설]
아스팔트 프라이머는 구조체 아스팔트 방수공사 시 가장 먼저 하는 공정으로서, 구조체(콘크리트면 등)에 시공하여 구조체와 아스팔트 방수층의 접착이 용이하게 하는 역할을 한다.

**04** 아스팔트 방수재료에 관한 설명으로 옳지 않은 것은?
[22년 1회]

① 아스팔트 컴파운드는 블로운 아스팔트에 동식물성 섬유를 혼합한 것이다.
② 아스팔트 프라이머는 아스팔트 싱글을 용제로 녹인 것이다.
③ 아스팔트 펠트는 섬유원지에 스트레이트 아스팔트를 가열용해하여 흡수시킨 것이다.
④ 아스팔트 루핑은 원지에 스트레이트 아스팔트를 침투시키고 양면에 컴파운드를 피복한 후 광물질 분말을 살포시킨 것이다.

[해설]
아스팔트 프라이머는 블로운 아스팔트에 휘발성 용제를 넣어 묽게 한 것이다.

**05** 잔류유(찌꺼기)를 저온으로 장시간 증류한 것으로 응집력이 크고 온도에 의한 변화가 적으며 연화점이 높고 안전하여 방수공사에 많이 사용되는 것은?
[20년 1·2회 통합]

① 아스팔트 펠트
② 블로운 아스팔트
③ 아스팔타이트
④ 레이크 아스팔트

[해설]
블로운 아스팔트는 연질의 스트레이트 아스팔트를 가열 가공한 아스팔트로서 단단하고 연화점이 높으며 온도에 대한 변화가 작아 루핑, 방수공사 등에 사용한다.

**정답**  01 ①  02 ④  03 ③  04 ②  05 ②

## 과년도 기출문제

**06** 방수공사용 아스팔트의 종류 중 표준용융온도가 가장 낮은 것은? [20년 3회]

① 1종　　② 2종
③ 3종　　④ 4종

[해설]

아스팔트 표준용융 온도
1종(220~230℃) < 2종(240~250℃) < 3종과 4종(260~270℃)

**07** 방수공사에 사용하는 아스팔트의 견고성 정도를 침(針)의 관입저항으로 평가하는 방법은? [15년 1회]

① 침입도　　② 마모도
③ 연화점　　④ 신도

[해설]

침입도
- 아스팔트의 경도(견고성)를 표시하는 것이다.
- 규정된 침이 시료 중에 수직으로 진입된 길이를 나타내며, 단위는 0.1mm를 1로 한다.

**08** 아스팔트 방수공사에 관한 설명 중 옳지 않은 것은? [16년 1회]

① 아스팔트의 용융 중에는 최소한 30분에 1회 정도로 온도를 측정하며, 접착력 저하 방지를 위하여 200℃ 이하가 되지 않도록 한다.
② 한랭지에서 사용되는 아스팔트는 침입도 지수가 적은 것이 좋다.
③ 지붕방수에는 침입도가 크고 연화점(軟化點)이 높은 것을 사용한다.
④ 아스팔트 용융솥은 가능한 한 시공장소와 근접한 곳에 설치한다.

[해설]

일반적으로 침입도가 작은 것은 연화점이 높기 때문에 온난한 지역은 침입도가 작은 것을 사용하고, 한랭지는 침입도가 크고 연화점이 낮은 것을 사용한다.

**09** 합성고무와 열가소성 수지를 사용하여 한 겹으로 방수효과를 내는 공법은? [17년 1회]

① 도막방수　　② 시트방수
③ 아스팔트방수　　④ 표면도포방수

[해설]

시트 방수공법은 여러겹의 층을 적용하여 시공하는 아스팔트 방수와 달리, 시트 1겹으로 방수처리하는 공법이다.

**10** 시트 방수공법에 관한 설명 중 틀린 것은? [15년 2회]

① 접착제 도포에 앞서 먼저 도포한 프라이머의 적정한 건조를 확인한다.
② 시트의 너비와 길이에는 제한이 없고, 3겹 이상 적층하여 방수하는 것이 원칙이다.
③ 수용성의 프라이머는 저온 시 동결 피해 발생에 주의한다.
④ 접착공법은 모서리부, 드레인 주변 등 특수한 부위를 먼저 세심하게 작업한다.

[해설]

시트 방수공법은 여러겹의 층을 적용하여 시공하는 아스팔트 방수와 달리, 시트 1겹으로 방수처리하는 공법이다.

정답　06 ①　07 ①　08 ②　09 ②　10 ②

## 13 방수공사

### ④ 도막방수

| 개념 | 도료상태의 방수재를 바탕면에 여러 번 칠하여 얇은 수지피막을 만들어 방수효과를 얻는 것으로 에멀션형, 용제형, 에폭시계 형태의 방수공법 |
|---|---|
| 적용 재료별 특징 | **용제형(Solvent)** 외부 충격에 약하므로 보호층 필요, 화기에 주의 |
| | **유제형(Emalsion)** 건조시간이 늦음(우천이나 동절기 시공 금지) |
| | **에폭시계(Epoxy)** 접착성, 내열성, 강도, 내마모성, 내약품성 우수 |
| 시공 일반사항 | • 도막두께는 원칙적으로 사용량을 중심으로 관리한다.<br>• 도막방수 공사는 바탕면 시공과 관통공사가 종결된 후 실시한다.<br>• 도막방수의 바탕처리는 시멘트 액체방수에 준하여 실시한다.<br>• 방수재의 도포 시 치켜올림 부위를 도포한 다음, 평면부위의 순서로 도포한다.<br>• 방수재의 겹쳐 바르기 폭은 100mm 내외로 한다. |

✚ **라이닝공법(Lining)**
유리섬유, 합성섬유 등의 망상포를 적층하여 도포하는 도막방수 공법

✚ **멤브레인 방수(막방수)**
아스팔트 방수층, 개량 아스팔트 시트 방수층, 합성고분자계 시트 방수층 및 도막방수층 등 불투수성 피막을 형성하여 방수하는 공사

### ⑤ 실링방수

| 개념 | Calking이나 Sealant 등을 이용하여 방수층을 형성하는 공법 |
|---|---|
| 구성 재료별 특징 | **가스켓** 콘크리트의 균열부위를 충전하기 위하여 사용하는 정형 재료 |
| | **프라이머** 접착면과 실링재의 접착성을 좋게 하기 위하여 도포하는 바탕처리 재료 |
| | **백업재** 소정의 줄눈깊이를 확보하기 위하여 줄눈 속을 채우는 재료 |
| | **마스킹테이프** 시공 중에 실링재 충전개소 이외의 오염방지와 줄눈선을 깨끗이 마무리하기 위한 보호 테이프 |

### ⑥ 안방수와 바깥방수

| 구분 | 안방수 | 바깥방수 |
|---|---|---|
| 적용수압 | 수압이 적은 지하실 | 수압관계 없음 |
| 바탕구성유무 | 구성 필요 없음 | 구성 필요 |
| 공사시기 | 특별한 시기 없음 | 본공사 선행 필요 |
| 공사 난이도 | 용이 | 난해 |
| 공사비 | 상대적 저가 | 상대적 고가 |
| 보호누름 | 보호누름 필요 | 별도 보호누름 필요 없음 |

## 과년도 기출문제

건 축 / 기 사 / 필 기

**01** 도막방수에 관한 설명으로 옳지 않은 것은?

[16년 4회]

① 도막방수의 바탕처리는 시멘트 액체방수에 준하여 실시한다.
② 도막방수에는 노출공법과 비노출공법이 있다.
③ 아크릴계 도막방수는 인화성이 강하므로 시공 시 화기를 엄금한다.
④ 용제형 도막방수는 강풍이 불 경우 방수층 접착이 불량하다.

[해설]

아크릴계 도막방수는 유제형 도막방수(에멀션형)로서 인화성이 크지 않으며, 인화성이 강해 시공 시 화기를 엄금해야 하는 것은 용제형 도막방수(솔벤트형)이다.

**02** 도막방수에 관한 설명으로 옳지 않은 것은?

[19년 4회]

① 복잡한 형상에 대한 시공성이 우수하다.
② 용제형 도막방수는 시공이 어려우나 충격에 매우 강하다.
③ 에폭시계 도막방수는 접착성, 내열성, 내마모성, 내약품성이 우수하다.
④ 셀프레벨링 공법은 방수 바닥에서 도료상태의 도막재를 바닥에 부어 도포한다.

[해설]

용제형 도막방수는 시공이 용이하나, 충격에 약한 특징을 갖고 있어 별도 보호층이 필요하다.

**03** 용제형(Solvent) 고무계 도막방수공법에 관한 설명으로 옳지 않은 것은?

[20년 4회]

① 용제는 인화성이 강하므로 부근의 화기는 엄금한다.
② 한 층의 시공이 완료되면 1.5~2시간 경과 후 다음 층의 작업을 시작하여야 한다.

③ 완성된 도막은 외상(外傷)에 매우 강하다.
④ 합성고무를 휘발성 용제에 녹인 일종의 고무도료를 칠하여 두께 0.5~0.8mm의 방수피막을 형성하는 것이다.

[해설]

용제형(Solvent) 고무계 도막방수공법의 완성된 도막은 외상(外傷)에 의해 흠 등이 발생할 수 있다.

**04** 도막방수 시공 시 유의사항으로 옳지 않은 것은?

[18년 2회]

① 도막방수재는 혼합에 따라 재료 물성이 크게 달라지므로 반드시 혼합비를 준수한다.
② 용제형의 프라이머를 사용할 경우에는 화기에 주의하고, 특히 실내 작업의 경우 환기장치를 사용하여 인화나 유기용제 중독을 미연에 예방하여야 한다.
③ 코너부위, 드레인 주변은 보강이 필요하다.
④ 도막방수 공사는 바탕면 시공과 관통공사가 종결되지 않더라도 할 수 있다.

[해설]

도막방수 공사는 바탕면 시공과 관통공사가 완료 된 후 실시해야 한다.

**05** 유리섬유, 합성섬유 등의 망상포를 적층하여 도포하는 도막방수 공법은?

[18년 2회]

① 시멘트액체방수공법
② 라이닝공법
③ 스터코마감공법
④ 루핑공법

[해설]

라이닝 공법은 유리섬유, 합성섬유 등의 망상포를 적층하여 도포하는 도막방수 공법으로서 내수성, 내구성, 내약품성이 뛰어나며, 방수기능과 함께 마감기능을 갖추고 있다.

정답  01 ③  02 ②  03 ③  04 ④  05 ②

## 과년도 기출문제

**06** 아스팔트 방수층, 개량 아스팔트 시트 방수층, 합성고분자계 시트 방수층 및 도막 방수층 등 불투수성 피막을 형성하여 방수하는 공사를 총칭하는 용어로 옳은 것은?

[18년 1회]

① 실링방수
② 멤브레인방수
③ 구체침투방수
④ 벤토나이트방수

[해설]

멤브레인 방수는 막을 형성하는 방수로서 막방수라고도 불리며 시트방수, 도막방수, 아스팔트 방수 등이 있다.

**07** 멤브레인 방수공법에 해당되지 않는 것은?

[16년 4회]

① 아스팔트 방수
② 콘크리트 구체방수
③ 도막방수
④ 합성고분자 시트방수

[해설]

멤브레인 방수는 막을 형성하는 방수로서 막방수라고도 불리며 시트방수, 도막방수, 아스팔트 방수 등이 있다.

**08** 멤브레인 방수에 속하지 않는 방수공법은?

[17년 1회, 21년 2회]

① 시멘트 액체방수
② 합성고분자 시트방수
③ 도막방수
④ 시트 도막 복합방수

[해설]

멤브레인 방수는 막을 형성하는 방수로서 막방수라고도 불리며 시트방수, 도막방수, 아스팔트 방수 등이 있다. 시멘트 액체방수는 막을 형성하는 방수가 아닌, 시멘트와 방수제가 혼합된 재료를 타설하는 방식의 방수공법이다.

**09** 다음 중 멤브레인 방수공사에 해당되지 않는 것은?

[19년 1회]

① 아스팔트방수공사
② 실링방수공사
③ 시트방수공사
④ 도막방수공사

[해설]

멤브레인 방수는 막을 형성하는 방수로서 막방수라고도 불리며 시트방수, 도막방수, 아스팔트 방수 등이 있다. 실링방수는 막을 형성하는 방수가 아닌, 일종의 충진 등 틈을 메꾸는 방식의 방수공법이다.

**10** 프리패브 건축, 커튼월 공법에 따른 건축물에서 각 부분의 접합부, 특히 스틸 새시의 부위 틈새 및 균열부 보수 등에 많이 이용되는 방수 공법은?

[14년 4회]

① 아스팔트 방수
② 시트방수
③ 도막방수
④ 실링재방수

[해설]

Calking이나 Sealant 등을 이용하여 방수층을 형성하는 실링재방수에 대한 설명이다.

**11** 실링공사의 재료에 관한 설명으로 옳지 않은 것은?

[18년 2회]

① 가스켓은 콘크리트의 균열부위를 충전하기 위하여 사용하는 부정형 재료이다.
② 프라이머는 접착면과 실링재의 접착성을 좋게 하기 위하여 도포하는 바탕처리 재료이다.
③ 백업재는 소정의 줄눈깊이를 확보하기 위하여 줄눈 속을 채우는 재료이다.
④ 마스킹테이프는 시공 중에 실링재 충전개소 이외의 오염방지와 줄눈선을 깨끗이 마무리하기 위한 보호 테이프이다.

[해설]

가스켓은 규격재료로 정형화된 재료이다.

**정답** 06 ② 07 ② 08 ① 09 ② 10 ④ 11 ①

## 과년도 기출문제

**12** 바깥방수와 비교한 안방수의 특징에 관한 설명으로 옳지 않은 것은? [16년 1회, 20년 3회]

① 공사가 간단하다.
② 공사비가 비교적 싸다.
③ 보호누름이 없어도 무방하다.
④ 수압이 작은 곳에 이용된다.

[해설]
안방수는 보호누름이 필요하고, 바깥방수는 보호누름이 필요 없다.

**13** 방수공사에서 안방수와 바깥방수를 비교한 설명으로 옳지 않은 것은? [17년 2회]

① 바탕 만들기에서 안방수는 따로 만들 필요가 없으나 바깥방수는 따로 만들어야 한다.
② 경제성(공사비)에서는 안방수는 비교적 저렴한 편인 반면 바깥방수는 고가인 편이다.
③ 공사시기에서 안방수는 본공사에 선행해야 하나 바깥방수는 자유로이 선택할 수 있다.
④ 안방수는 바깥방수에 비해 시공이 간편하다.

[해설]
공사시기에서 바깥방수는 본공사에 선행해야 하나 안방수는 자유로이 선택할 수 있다.

**14** 방수공사에 관한 설명으로 옳은 것은? [19년 1회]

① 보통 수압이 적고 얕은 지하실에는 바깥방수법, 수압이 크고 깊은 지하실에는 안방수법이 유리하다.
② 지하실에 안방수법을 채택하는 경우, 지하실 내부에 설치하는 칸막이벽, 창문틀 등은 방수층 시공 전 먼저 시공하는 것이 유리하다.
③ 바깥방수법은 안방수법에 비하여 하자보수가 곤란하다.
④ 바깥방수법은 보호누름이 필요하지만, 안방수법은 없어도 무방하다.

[해설]
① 보통 수압이 적고 얕은 지하실에는 안방수법, 수압이 크고 깊은 지하실에는 바깥방수법이 유리하다.
② 지하실에 안방수법을 채택하는 경우, 지하실 내부에 설치하는 칸막이벽, 창문틀 등은 방수층 시공 후 나중에 시공하는 것이 유리하다.
④ 안방수법은 보호누름이 필요하지만, 바깥방수법은 없어도 무방하다.

정답  12 ③  13 ③  14 ③

# 14 지붕공사 및 홈통공사

## 1 지붕공사 일반사항

| | |
|---|---|
| 지붕재료의 요구사항 | • 수밀·내수적이며, 습도에 의한 신축성이 크지 않을 것<br>• 가볍고 내구성이 크고, 내풍적일 것<br>• 방화적이고, 내한·내열적이며, 차단성이 클 것<br>• 외관이 미려하고, 건물에 조화가 잘 될 것<br>• 시공이 용이하고, 수리에 편리할 것 |
| 지붕의 물매 결정 요소 | 지붕 크기, 지붕 재료 성질, 크기 및 모양, 풍우량 |

## 2 기와 잇기

| | | |
|---|---|---|
| 기와<br>명칭 | 알매흙 | 한식기와 잇기에서 산자 위에 펴 까는 흙 |
| | 홍두깨흙 | 수키와 밑에 홍두깨 모양으로 둥글게 뭉쳐 까는 흙 |
| | 너새 | 박공옆에 직각으로 대는 암키와 |
| | 단골막이 | 착고막이로 수키와 반토막을 간단히 댄 것 |
| | 내림새 | 비흘림판(瓦當)이 달린 처마끝의 암키와 |
| | 막새 | 비흘림판(瓦當)이 달린 처마끝에 덮는 수키와 |
| | 머거불 | 용마루 끝에 마구리에 옆세워 댄 수키와 |
| | 착고 | 지붕마루에 특수 제작한 수키와 모양의 기와를 옆세워 댄 것 |
| | 부고 | 착고 위에 수키와를 옆세워 쌓은 것 |
| | 아귀토 | 암키와 끝에서 60mm 들여 진흙을 암키와 사이에 뭉쳐 놓는 흙 |
| 금속<br>기와<br>잇기 | • 금속판 지붕은 다른 재료에 비해 가볍고, 시공이 용이<br>• 겹침의 두께가 작으며 물매를 완만하게 할 수 있음<br>• 열전도가 크고 온도변화에 의한 신축이 크기 때문에 바탕재와의 연결에 주의함<br>• 대기 중에 장기간 노출되면 산화하며, 염류나 가스에 부식되기 쉬움<br>• 급경사의 지붕이나 뾰족탑 등에 사용 가능<br>• 금속판의 종류에는 아연판, 동판, 알루미늄판 등이 있음 | |

## 3 홈통공사

| | |
|---|---|
| 우수의 흐름 | 처마홈통 → 깔대기홈통 → 장식홈통 → 선홈통 → 보호관 → 낙수받이돌 |
| 처마홈통 | • 처마홈통의 경사는 보통 1/50 정도로 하는 것이 좋다.<br>• 일반적으로 골홈통·처마홈통 등은 선홈통보다 부식이 빠르다.<br>• 처마홈통의 양 갓은 둥글게 감되, 안감기를 원칙으로 한다. |
| 선홈통 | • 선홈통의 홈걸이의 간격은 보통 0.9m마다 바르게 고정한다.<br>• 선홈통의 맞붙임은 거멀접기로 하고, 수밀하게 눌러 붙인다.<br>• 선홈통의 하단부 배수구는 45° 경사로 건물 바깥쪽을 향하게 설치한다.<br>• 선홈통 하부 1.5m는 철관으로 보호관을 댄다.<br>• 선홈통은 노출하여 설치하여 유지·보수를 용이케 한다. |

## 과년도 기출문제

**01** 지붕 잇기 중 금속판 지붕 잇기에 대한 설명으로 틀린 것은? [15년 1회]

① 금속판 지붕은 다른 재료에 비해 무겁고, 시공이 어렵다.
② 겹침의 두께가 작으며 물매를 완만하게 할 수 있다.
③ 열전도가 크고 온도변화에 의한 신축이 크기 때문에 바탕재와의 연결에 주의한다.
④ 대기 중에 장기간 노출되면 산화하며, 염류나 가스에 부식되기 쉽다.

[해설]
금속판 지붕은 다른 지붕재료(기와 등)에 비해 가볍고, 시공이 용이한 특성을 갖고 있다.

**02** 선홈통 공사에 대한 설명 중 옳지 않은 것은? [14년 2회]

① 선홈통이 지반에 접하는 하부에는 보호관을 설치한다.
② 선홈통의 홈걸이의 간격은 보통 0.9m마다 줄 바르게 고정한다.
③ 접합겹침은 3cm 이상 꽂아 넣어 납땜한다.
④ 선홈통은 건물의 관에 대한 고려와 동파를 방지하기 위하여 가능한 한 콘크리트 기둥 속이나 조적 벽체 속에 매설한다.

[해설]
선홈통은 빗물을 내리기 위하여 지붕에서 땅바닥까지 수직으로 댄 홈통을 말하며, 수리 등의 용이성, 누수의 우려 때문에 노출시공으로 한다.

정답 01 ① 02 ④

# 15 창호 및 유리공사

## 1 문의 종류

### (1) 목재문의 종류

| | |
|---|---|
| 플러시문 (Flush Door) | 울거미를 짜고 중간살을 간격 30cm 이내로 배치하며 양면에 합판을 교착한 것 |
| 양판문 (Panel Door) | 문울거미(선대, 중간선대, 웃막이, 밑막이, 중간막이, 띠장, 말 등)를 짜고 그 중간에 양판(넓은 판)을 끼워 넣은 문 |
| 도듬문 | 울거미를 짜고 그 중간에 가는 살을 가로, 세로 약 20cm 간격으로 짜대고 종이를 두껍게 바른 문 |

### (2) 특수문의 종류

| | |
|---|---|
| 주름문 | 문을 닫았을 때 창살처럼 되는 문으로 세로살, 마름모살로 구성되며 상하 가드레일을 설치, 방도용 |
| 회전문 | 원통형의 중심축에 돌개철물을 대어 자유롭게 회전시키는 문 |
| 양판철재문 | 각종 방화문으로 적용 |
| 홀딩 도어 (Folding Door) | 문짝이 접히거나 펼쳐지는 형식(병풍 모양)으로 개폐되는 문으로서 실의 크기 조절 및 칸막이 조절이 용이한 문의 형식 |

## 2 창호 철물

| | |
|---|---|
| 자유정첩 (Spring Hinge) | 안팎 개폐용 철물로 자재문에 사용 |
| 레버터리 힌지 (Lavatory Hinge) | 공중용 변소, 전화실 출입문에 쓰이며 저절로 닫히지만 15cm 정도 열려 있게 된 것 |
| 도어 클로저(Door Closer), 도어 체크(Door Check) | 자동으로 문이 닫히는 장치 |
| 크레센트(Cresent) | 오르내리기 창이나 미서기 창의 자물쇠 |
| 피봇 힌지, 지도리 (Pivot Hinge) | 중량문에 사용되는데 용수철을 사용하지 않고 볼베어링이 들어 있고, 자재 여닫이 중량문에 사용 |
| 플로어 힌지 (Floor Hinge) | 중량이 큰 여닫이문에 사용되고, 힌지장치를 한 철틀함이 바닥에 설치됨 |
| 함자물쇠 | 손잡이를 돌리면 열어지는 자물통 즉 래치 볼트(Latch Bolt)와 열쇠로 회전하여 잠그는 데드 볼트(Dead Bolt)가 있음 |
| 실린더 자물쇠 (Cylinder Lock) | 자물통이 실린더로 된 것으로 텀블러(Tumbler) 대신 핀(Pin)을 넣은 실린 더록(Cylinder Lock)으로 고정하고, 핀 텀블러 록(Pin Tumbler Lock)이라고도 함 |

**＋ 행거 도어**

창고, 격납고, 차고, 현장 정문 등 대형문에 이용하고 중량문일 때는 레일 및 바퀴를 설치하기도 함

**＋ 아코디언 도어**

칸막이용 가변적 구획을 할 수 있음

**＋ 무테문**

테두리에 울거미가 없는 일반용, 현관용 문

**＋ 접문**

문짝끼리 경첩으로 연결하고 상부에 도어행거 사용. 칸막이용

**＋ 창호 타입별 적용 철물**

| 미서기, 미닫이 창호 | 레일, 문바퀴(호차), 오목 손걸이, 꽂이쇠, 도어 행거 |
|---|---|
| 오르내리창 철물 | 달끈, 도르레, 크레센트, 추, 손걸이 |
| 여닫이 창호 철물 | (자유)정첩, 레버터리 힌지, 플로어 힌지, 피벗 힌지, 도어 클로저, 손잡이볼, 체인록 |

## 과년도 기출문제

**01** 실의 크기 조절이 필요한 경우 칸막이 기능을 하기 위해 만든 병풍 모양의 문은? [19년 4회, 22년 2회]

① 여닫이문　　② 자재문
③ 미서기문　　④ 홀딩 도어

[해설]
홀딩 도어(Folding Door)는 문짝이 접히거나 펼쳐지는 형식(병풍 모양)으로 개폐되는 문으로서 실의 크기 조절 및 칸막이 조절이 용이한 문의 형식이다.

**02** 윗틀과 문짝에 설치하여 문이 자동적으로 닫히게 하며, 개폐압력을 조절할 수 있는 장치는? [14년 1회, 21년 1회]

① 도어 체크(Door Check)
② 도어 홀더(Door Holder)
③ 피봇 힌지(Pivot Hinge)
④ 도어 체인(Door Chain)

[해설]
자동으로 문이 닫히는 장치인 도어 체크(Door Check)에 대한 설명이다.

**03** 창호철물과 창호의 연결로 옳지 않은 것은? [20년 1·2회 통합]

① 도어 체크(Door Check) - 미닫이문
② 플로어 힌지(Floor Hinge) - 자재 여닫이문
③ 크리센트(Crescent) - 오르내리창
④ 레일(Rail) - 미서기창

[해설]
도어 체크는 자동으로 문이 닫히게 하는 장치로서 여닫이문에 사용하는 철물이다.

**04** 건축물에 사용되는 금속제품과 그 용도가 바르게 연결되지 않은 것은? [17년 2회]

① 피벗 : 문 하부의 발이 닿는 부분에 대하여 문짝이 손상되는 것을 방지하는 철물
② 코너비드 : 벽, 기둥 등의 모서리에 대는 보호용 철물
③ 논슬립 : 계단에 사용하는 미끄럼 방지 철물
④ 조이너 : 천장, 벽 등의 이음새 감추기용 철물

[해설]
①은 첼판에 대한 설명이며, 피벗은 문의 위아래에 설치하여 회전을 원활한 속도로 진행하게 해 주는 철물이다.

**05** 창호철물 중 여닫이문에 사용하지 않는 것은? [19년 4회]

① 도어 행거(Door Hanger)
② 도어 체크(Door Check)
③ 실린더 록(Cylinder Lock)
④ 플로어 힌지(Floor Hinge)

[해설]
도어 행거(Door Hanger)는 문을 위에서 메다는 것으로서 미닫이 문이나 폴딩 도어 등에 사용한다.
② 도어 체크(Door Check) : 자동으로 문이 닫히는 장치
③ 실린더 록(Cylinder Lock) : 잠금장치의 일종
④ 플로어 힌지(Floor Hinge) : 여닫이문 바닥에 설치하는 힌지

정답　01 ④　02 ①　03 ①　04 ①　05 ①

# 15 창호 및 유리공사

## 3 유리의 종류와 특징

| 종류 | 특징 |
|---|---|
| 강화유리<br>(열처리유리) | • 판유리를 약 650~700℃로 가열했다가 급랭하여 기계적 성질을 증가시킨 유리<br>• 보통유리 강도의 3~4배 정도 크며, 충격 강도는 7~8배 정도임(단, 현장에서 손으로는 절단이 불가능함) |
| 복층유리<br>(Pair Glass) | • 2장 또는 3장의 판유리를 일정한 간격을 두고 금속 테두리(간봉)로 기밀하게 접해서 내부를 건조공기로 채운 유리<br>• 단열성, 차음성이 좋고 결로현상을 예방할 수 있음 |
| 망입유리 | • 유리 액을 롤러로 제판하고 그 내부에 금속망을 삽입하여 성형한 유리<br>• 도난(방도용) 및 화재방지용(방화용)으로 적용하며, 내부 삽입한 금속망 때문에 깨지더라도 비산되지 않는 특성이 있음 |
| 열선 흡수유리 | • 철, 니켈, 크롬을 첨가하여 만든 유리로 차량유리, 서향의 창문 등에 적용<br>• 단열유리라고도 불리우며 태양광선 중 장파부분을 흡수 |
| 자외선 흡수유리 | • 산화제이철($Fe_2O_3$)을 10% 정도 함유하여, 변색 등을 방지하기 위해 사용<br>• 진열장, 용접공 및 컴퓨터 보안경 등에 적용함 |
| 자외선 투과유리 | 자외선 치료 등을 위한 병원이나 식물 생장을 위해 자외선 투과가 필요한 온실 등에 이용 |
| 유리 블록<br>(Glass Block) | • 벽돌, 블록 모양의 상자형 유리를 맞댄 후 저압의 공기를 불어 넣고 녹여서 붙여 만듦<br>• 실내의 투시를 어느 정도 방지하면서 벽에 붙여 간접채광, 의장벽면, 방음, 단열, 결로 방지의 목적이 있음 |
| 프리즘 유리<br>(Prism Glass) | • 투사광의 방향을 변화시키거나 집중 또는 확산시킬 목적으로 프리즘의 이론을 이용하여 만든 제품<br>• 지하실, 옥상의 채광용으로 사용 |
| 스팬드럴 유리<br>(Spandrel Glass) | • 판유리의 한쪽 면에 세라믹 도료를 코팅한 다음 고온에서 융착, (반)강화시킨 불투명한 색상을 가진 유리<br>• 주로 커튼월 건축물의 스팬드럴 구간에 적용되는 유리 |
| 로이유리<br>(Low-e Glass) | • 유리 표면에 금속 또는 금속산화물을 얇게 코팅한 것<br>• 열의 이동을 최소화시켜주는 에너지 절약형 유리이며 저방사 유리라고도 함 |
| 스테인드 글라스<br>(Stained Glass) | • 각종 색유리의 작은 조각을 도안에 맞추어 절단하여 조합해서 만든 것으로 성당의 창 등에 사용<br>• 세부적인 디자인은 유색의 에나멜 유약을 써서 표현함 |
| 에칭유리<br>(Etching Glass) | • 화학적인 부식작용을 이용한 가공법을 이용한 유리<br>• 5mm 이상의 후판유리에 그림이나 글 등을 새겨 넣은 유리 |
| 접합유리<br>(Laminated Glass) | 2장 또는 그 이상의 판유리 사이에 유연성 있는 강하고 투명한 플라스틱필름을 넣고 판유리 사이에 있는 공기를 완전히 제거한 진공상태에서 고열로 강하게 접착하여 파손되더라도 그 파편이 접착제로부터 떨어지지 않도록 만든 유리 |

**＋ 유리의 주성분**
이산화규소($SiO_2$)

**＋ 유리의 주강도**
휨강도

**＋ 유리 설치 공법**
- 서스펜션 : 대형 판유리를 벽 전체에 매달아 설치하여 유리만으로 벽면을 구성하는 공법
- SSGS(Structural Sealant Glazing System) : 금속 프레임에 구조용 접착제를 사용하여 유리를 공정하는 방법
- SPG(Structural Point Glazing) : 유리 설치를 위한 프레임 없이 강화유리판에 구멍을 뚫어 특수 시스템 볼트를 사용하여 유리를 점 지지 형태로 고정하는 공법

# 과년도 기출문제

**01** 유리를 연화점(500~600℃)에 가깝게 가열하고 양면에 냉기를 불어 넣고 급랭시켜 표면에 압축, 내부에 인장력을 도입한 유리는? [16년 1회]

① 망입유리
② 강화유리
③ 형판유리
④ 물유리

[해설]

강화유리
판유리를 약 650~700℃로 가열했다가 급랭하여 기계적 성질을 증가시킨 유리로서, 보통 유리강도의 3~4배 정도로 크며, 충격강도는 7~8배 정도이다(단, 현장에서 절단은 불가능).

**02** 다음 각 유리의 관한 설명으로 옳지 않은 것은? [19년 2회]

① 망입유리는 파손되더라도 파편이 튀지 않으므로 진동에 의해 파손되기 쉬운 곳에 사용된다.
② 복층유리는 단열 및 차음성이 좋지 않아 주로 선박의 창 등에 이용된다.
③ 강화유리는 압축강도를 한층 강화한 유리로 현장 가공 및 절단이 되지 않는다.
④ 자외선 투과유리는 병원이나 온실 등에 이용된다.

[해설]

복층유리는 단열 및 차음성이 좋은 특징을 갖고 있어, 주로 주택, 사무 공간 등에 적용되고 있다.

**03** 유리 내부 중심에 철, 황동, 알루미늄 등의 금속망을 삽입하고 압착성형한 판유리로 파손 방지, 내열 효과가 있으며 도난방지, 방화 목적으로 사용하는 유리는? [14년 2회]

① 강화유리
② 무늬유리
③ 망입유리
④ 복층유리

[해설]

망입유리란, 유리액을 롤러로 제판하고 그 내부에 금속망을 삽입하여 성형한 유리로서 도난(방도용) 및 화재방지용(방화용)으로 적용하며, 내부 삽입한 금속망 때문에 깨지더라도 비산되지 않는 특성이 있다.

**04** 각종 유리에 관한 설명으로 옳지 않은 것은? [15년 4회]

① 망입유리는 방화, 방재용으로 사용된다.
② 복층유리는 단열 목적의 유리이다.
③ 열선흡수유리는 실내의 냉방효과를 좋게 하기 위해 사용된다.
④ 자외선 투과유리는 의류품의 진열장, 식품이나 약품의 창고 등에 사용된다.

[해설]

자외선 투과유리는 자외선 치료 등을 위한 병원이나 식물 생장을 위해 자외선 투과가 필요한 온실 등에 이용된다.

**05** Low-E 유리의 특징으로 틀린 것은? [15년 2회]

① 가시광선 투과율은 맑은 유리와 비교할 때 큰 차이가 난다.
② 근적외선 영역의 열선 투과율은 현저히 낮다.
③ 색유리를 사용했을 때보다 실내는 훨씬 밝아진다.
④ 실외의 물체들이 자연색 그대로 실내로 전달된다.

[해설]

Low-E 유리는 열적외선을 반사하는 은소재 도막으로 코팅하여 방사율과 열관류율이 낮고 가시광선 투과율이 높다.

정답  01 ②  02 ②  03 ③  04 ④  05 ①

## 과년도 기출문제

**06** 열적외선을 반사하는 은소재 도막으로 코팅하여 방사율과 연관류율을 낮추고 가시광선 투과율을 높인 유리는? [19년 2회]

① 스팬드럴 유리  ② 접합유리
③ 배강도유리  ④ 로이유리

[해설]
① 스팬드럴 유리 : 커튼월 건축물에서 슬라브 등 구조체를 가리기 위해 사용되는 유리
② 접합유리 : 2장 이상의 판유리를 투명한 합성수지로 겹붙여 댄 것
③ 배강도유리 : 일반유리 강도의 2배 정도로 강화된 유리(높은 강도가 요구되는 건축물의 입면에 주로 적용)

**07** 다음 중 유리의 주성분으로 옳은 것은? [20년 3회]

① $Na_2O$  ② $CaO$
③ $SiO_2$  ④ $K_2O$

[해설]
이산화규소($SiO_2$)는 유리의 주성분으로서 유리 성분의 약 71~73% 정도를 차지하고 있다.

**08** 보통 창유리의 특성 중 투과에 관한 설명으로 옳지 않은 것은? [16년 1회]

① 투사각 0도일 때 투명하고 청결한 창유리는 약 90%의 광선을 투과한다.
② 보통의 창유리는 많은 양의 자외선을 투과시키는 편이다.
③ 보통 창유리도 먼지가 부착되거나 오염되면 투과율이 현저하게 감소한다.
④ 광선의 파장이 길고 짧음에 따라 투과율이 다르게 된다.

[해설]
보통의 창유리는 자외선에 비하여 가시광선 및 적외선을 많이 투과시키는 특성이 있다.

정답  06 ④  07 ③  08 ②

# MEMO

# 15 창호 및 유리공사

## ④ 커튼월 공사

| 개념 | 외벽을 구성하는 비내력벽 구조 |
|---|---|
| 특징 | • 외장비구조재 적용, 외벽의 경량화<br>• 공업화 제품에 따른 품질 제고<br>• 가설비계 불필요, 공기단축<br>• 용접이나 볼트조임으로 구조물에 고정 |
| 외관형태별 분류 | Mullion 방식(수직 프레임 강조), Spandrel 방식(수평 프레임 강조), Sheath 방식(프레임이 숨겨지는 방식) |
| 성능시험<br>(Mock-up Test) | 예비시험, 기밀시험, 정압수밀시험, 동압수밀시험, 구조시험, 잔류변위시험, 층간변위시험, 결로저항성시험 |
| 시공 허용오차 | 연직방향±10mm, 수평방향±25mm |

**+ 멀리언(Mullion)**
창면적이 클 때에는 스틸바(Steel Bar)만으로는 부족하며, 또한 여닫을 때의 진동으로 유리가 파손될 우려가 있으므로 이것을 보강하고 외관을 꾸미기 위하여 강판을 중공형으로 접어 가로 또는 세로로 대는 것

### 개념이해

**01** 건축물 외벽공사 중 커튼월 공사의 특징으로 옳지 않은 것은?
[17년 2회, 21년 4회]

① 외벽의 경량화
② 공업화 제품에 따른 품질 제고
③ 가설비계의 증가
④ 공기단축

→ 대부분 공장 생산 및 현장 조립하고, 크레인 혹은 곤돌라로 승강하여 인양하여 외면에 부착하므로, 비계 발판 등의 가설비계 공사가 불필요하다.
**답 ③**

**02** 커튼월(Curtain Wall)의 외관 형태별 분류에 해당하지 않는 방식은?
[20년 4회]

① Unit 방식
② Mullion 방식
③ Spandrel 방식
④ Sheath 방식

→ Unit 방식은 커튼월의 공급제작방식으로서 공장에서 제작하고 현장에서 설치하는 방식을 말한다. 이와 대별되는 공급제작방식으로는 Stick 방식이 있으며, Stick 방식은 현장에서 제작하고 현장에서 설치하는 방식을 말한다.
**답 ①**

## 과년도 기출문제

**01** 커튼월(Curtain Wall)에 대한 설명으로 옳지 않은 것은? [13년 1회, 22년 2회]

① 주로 내력벽에 사용된다.
② 공장생산이 가능하다.
③ 고층건물에 많이 사용된다.
④ 용접이나 볼트조임으로 구조물에 고정시킨다.

[해설]
커튼월은 힘을 받지 않는 외장 비구조재로 주로 적용된다.

**02** 건축물의 외부에 설치하는 커튼월에 대한 설명으로 틀린 것은? [15년 2회, 20년 1·2회 통합]

① 커튼월이란 외벽을 구성하는 비내력벽 구조이다.
② 공장에서 생산하여 반입하는 프리패브 제품이다.
③ 일반적으로 콘크리트나 벽돌 등의 외장재에 비하여 경량이어서 건물의 전체 무게를 줄이는 역할을 한다.
④ 커튼월의 조립은 대부분 외부에 대형 발판이 필요하므로 비계공사를 반드시 해야 한다.

[해설]
대부분 공장 생산 및 현장 조립하고, 크레인 혹은 곤돌라로 승강하여 인양하여 외면에 부착하므로, 비계 발판 등의 비계 공사가 불필요하다.

**03** 금속 커튼월의 Mock Up Test에 있어 기본성능 시험의 항목에 해당되지 않는 것은? [19년 2회]

① 정압수밀시험
② 방재시험
③ 구조시험
④ 기밀시험

[해설]
금속 커튼월의 Mock Up Test의 기본성능 시험 항목
예비시험, 기밀시험, 정압수밀시험, 동압수밀시험, 구조시험, 잔류변위시험, 층간변위시험, 결로저항성시험 등이 있다.

**04** 금속 커튼월의 성능시험 관련 항목과 가장 거리가 먼 것은? [22년 1회]

① 내동해성 시험
② 구조시험
③ 기밀시험
④ 정압수밀시험

[해설]
내동해성은 콘크리트에서의 동해(동결) 관련된 특성으로, 금속 커튼월 성능시험과는 거리가 멀다.

**05** 금속 커튼월 시공 시 구체 부착철물 설치위치의 연직방향 및 수평방향의 치수 허용차의 표준치로 옳은 것은? [15년 4회]

① 연직방향 ±5mm, 수평방향 ±15mm
② 연직방향 ±10mm, 수평방향 ±25mm
③ 연직방향 ±15mm, 수평방향 ±25mm
④ 연직방향 ±25mm, 수평방향 ±25mm

[해설]
금속 커튼월은 설계 도서에 따라 부착철물을 구조물에 설치하되 허용오차의 표준치는 연직방향 ±10mm, 수평방향 ±25mm로 함을 원칙으로 한다.

**06** 창면적이 클 때에는 스틸바(Steel Bar)만으로는 부족하며, 또한 여닫을 때의 진동으로 유리가 파손될 우려가 있으므로 이것을 보강하고 외관을 꾸미기 위하여 강판을 중공형으로 접어 가로 또는 세로로 대는 것을 무엇이라 하는가? [17년 1회, 21년 1회]

① Mullion
② Ventilator
③ Gallery
④ Pivot

[해설]
멀리언(Mullion)에 대한 설명이며, 멀리언은 풍압 및 층간변위 등에 견딜 수 있는 사양으로 적용되어야 한다.

정답 01 ① 02 ④ 03 ② 04 ① 05 ② 06 ①

# 16 마감공사

## 1 미장재료의 분류

| 수경성 재료 | • 수화작용에 따라 물만 있으면 공기 중이나 수중에서도 굳는 것을 말하며 시멘트계와 석고계 플라스터가 이에 속함<br>• 시멘트계 : 시멘트모르타르, 인조석, 테라초 현장바름<br>• 석고계 플라스터 : 순석고 플라스터, 혼합석고 플라스터, 보드용 플라스터, 경석고 플라스터 |
|---|---|
| 기경성 재료 | • 충분한 물이 있더라도 공기 중(탄산가스와 반응)에서만 경화하고, 수중에서는 굳어지지 않는 것을 말하며 석회계 플라스터와 흙, 섬유벽 등이 이에 속함<br>• 석회계 플라스터 : 회반죽, 회사벽, 돌로마이트 플라스터<br>• 흙반죽 및 섬유벽 : 진흙, 새벽흙 |

### 개념이해

**01** 수경성 마무리 재료로 가장 적합하지 않은 것은? [21년 4회]

① 돌로마이트 플라스터　② 혼합 석고 플라스터
③ 시멘트 모르타르　　　④ 경석고 플라스터

▶ 돌로마이트 플라스터는 기체 중(공기 중)에서 경화되는 기경성 재료이다.
**답 ①**

**02** 다음 미장재료 중 기경성 재료로만 짝지어진 것은? [15년 2회, 18년 4회]

① 회반죽, 석고 플라스터, 돌로마이트 플라스터
② 시멘트 모르타르, 석고 플라스터, 회반죽
③ 석고 플라스터, 돌로마이트 플라스터, 진흙
④ 진흙, 회반죽, 돌로마이트 플라스터

▶ ① 석고 플라스터 : 수경성
② 시멘트 모르타르, 석고 플라스터 : 수경성
③ 석고 플라스터 : 수경성
**답 ④**

## 2 미장재료의 구성

### (1) 고결재

| 소석회<br>(기경성) | 소석회에 물을 가하여 미장하면 수분이 증발하며 대기 중의 이산화탄소($CO_2$)와 반응하여 경화(일종의 기경성 시멘트) |
|---|---|
| 돌로마이터 석회<br>(돌로마이트<br>플라스터 : 기경성) | • 돌로마이트 석회+모래+여물 또는 시멘트를 혼합 사용하여 마감표면의 경도가 회반죽보다 큼<br>• 소석회보다 점성이 높아 풀을 넣을 필요가 없고 작업성이 좋음<br>• 변색, 냄새, 곰팡이가 생기지 않음<br>• 회반죽에 비하여 조기강도 및 최종강도가 큼<br>• 건조, 경화 시에 수축률이 가장 커서 균열 보강을 위한 여물을 꼭 사용해야 함<br>• 실내온도가 5℃ 이하일 때는 공사를 중단하거나 난방하여 5℃ 이상으로 유지<br>• 정벌바름용 반죽은 물과 혼합한 후 12시간 정도 지난 다음 사용하는 것이 바람직함<br>• 초벌바름에 균열이 없을 때에는 고름질한 후 7일 이상 두어 고름질면의 건조를 기다린 후 균열이 발생하지 아니함을 확인한 다음 재벌바름을 실시<br>• 재벌바름이 지나치게 건조한 때는 적당히 물을 뿌리고 정벌바름함 |
| 마그네시아 시멘트<br>(기경성) | 마그네사이트($MgCO^2$)를 800~900℃로 구우면 산화 마그네슘으로 변화하며, 여기에 간수(소금물)와 혼합하여 사용 |
| 점토<br>(기경성) | 흙재료는 진흙, 풍화토, 모래, 짚여물 등을 사용하고 물로 이겨 반죽하여 초벌바름함 |
| 석고 플라스터<br>(수경성) | • 다른 미장재료보다 응고가 빠르며 팽창함<br>• 미장재료 중 점성이 가장 많아 해초풀을 사용할 필요가 없음<br>• 약산성이므로 유성페인트 마감을 할 수 없음<br>• 경화, 건조 시 치수안정성과 내화성이 뛰어남<br>• 경석고 플라스터는 고온소성의 무수석고에 특별한 화학처리를 한 것으로 경화 후 아주 단단해짐<br>• 반수석고는 가수 후 20~30분에서 급속 경화하지만, 무수석고는 경화가 늦기 때문에 경화촉진제를 필요로 함 |

➕ **고결재**
독자적으로 물리적, 화학적으로 경화하여 미장재료의 주체가 되는 재료

**드라이 모르타르**
시멘트와 건조모래 및 특성 개선재를 배합한 공장제품을 현장에서 물만 가하여 사용하는 모르타르

### (2) 결합재

| 여물 | 바름벽의 보강 및 균열을 분산, 경감시키기 위해 사용 |
|---|---|
| 풀 | 풀을 혼합하여 점성을 늘려 주어, 끈기가 없고 잘 붙지 않아 떨어지고, 표면이 매끈하게 발라지지 않는 것을 보강함 |

➕ **결합재**
시멘트, 플라스터, 소석회, 벽토, 합성수지 등 다른 미장재료를 결합하여 경화 시키는 재료

## 과년도 기출문제

건축 / 기사 / 필기

**01** 돌로마이트 플라스터 바름에 관한 설명으로 옳지 않은 것은? [21년 2회]

① 정벌바름용 반죽은 물과 혼합한 후 12시간 정도 지난 다음 사용하는 것이 바람직하다.
② 바름 두께가 균일하지 못하면 균열이 발생하기 쉽다.
③ 돌로마이트 플라스터는 수경성이므로 해초풀을 적당한 비율로 배합해서 사용해야 한다.
④ 시멘트와 혼합하여 2시간 이상 경과한 것은 사용할 수 없다.

[해설]
돌로마이트 플라스터는 기경성이고, 교착력이 우수하여 해초풀 배합 없이 바를 수 있다.

**02** 돌로마이트 플라스터 바름에 대한 설명으로 옳지 않은 것은? [14년 1회, 19년 1회]

① 실내온도가 5℃ 이하일 때는 공사를 중단하거나 난방하여 5℃ 이상으로 유지한다.
② 정벌바름용 반죽은 물과 혼합한 후 2시간 정도 지난 다음 사용하는 것이 바람직하다.
③ 초벌바름에 균열이 없을 때에는 고름질하고 나서 7일 이상 경과한 후 재벌바름한다.
④ 재벌바름이 지나치게 건조한 때는 적당히 물을 뿌리고 정벌바름한다.

[해설]
정벌바름용 반죽은 물과 혼합한 후 12시간 정도 사용하는 것이 바람직하다.

**03** 다음 중 공기의 유통이 좋지 않은 지하실과 같이 밀폐된 방에 사용하는 미장 마무리 재료로 가장 적합하지 않은 것은? [15년 1회]

① 돌로마이트 플라스터  ② 혼합 석고 플라스터
③ 시멘트 모르타르      ④ 경석고 플라스터

[해설]
지하실과 같이 공기의 유통이 원활하지 않은 장소에서 미장공사를 할 경우 수경성 재료로 시공하여야 하며, 돌로마이트 플라스터는 기경성 재료이므로 적합하지 않다.

**04** 석고 플라스터에 관한 설명으로 옳지 않은 것은? [22년 2회]

① 석고 플라스터는 경화지연제를 넣어서 경화시간을 너무 빠르지 않게 한다.
② 경화・건조 시 치수 안정성과 내화성이 뛰어나다.
③ 석고 플라스터는 공기 중의 탄산가스를 흡수하여 표면부터 서서히 경화한다.
④ 시공 중에는 될 수 있는 한 통풍을 피하고 경화 후에는 적당한 통풍을 시켜야 한다.

[해설]
석고 플라스터는 수분에 의해 경화되는 수경성 재료이고, 공기 중의 탄산가스를 흡수하여 표면부터 서서히 경화하는 것은 기경성 재료의 특징이다.

**05** 석고 플라스터 바름에 대한 설명으로 옳지 않은 것은? [16년 2회, 21년 2회]

① 보드용 플라스터는 초벌바름, 재벌바름의 경우 물을 가한 후 2시간 이상 경과한 것은 사용할 수 없다.
② 실내온도가 10℃ 이하일 때는 공사를 중단하거나 난방하여 10℃ 이상으로 유지한다.
③ 바름 작업 중에는 될 수 있는 한 통풍을 방지한다.
④ 바름 작업이 끝난 후 실내를 밀폐하지 않고 가열과 동시에 환기하여 바름면이 서서히 건조되도록 한다.

[해설]
실내온도가 2℃ 이하일 때는 공사를 중단하거나 난방하여 5℃ 이상으로 유지한다.

**정답** 01 ③  02 ②  03 ①  04 ③  05 ②

# MEMO

# 16 마감공사

## 3 미장바름의 종류

| | |
|---|---|
| 단열 모르타르 | • 바닥, 벽, 천장 등의 열손실 방지를 목적으로 사용<br>• 골재는 경량골재를 주재료로 사용 |
| 회반죽 | • 소석회+모래+해초풀+여물 등이 배합된 미장 재료<br>• 경화건조에 의한 수축률이 크기 때문에 여물로서 균열을 분산, 경감<br>• 실내용으로 목조바탕, 콘크리트 블록 및 벽돌 바탕 등에 사용 |
| 석고 플라스터 | • 균열발생빈도가 낮음<br>• 혼합용 석고 플라스터 : 소석회+돌로마이트 플라스터+아교질(응결 지연재로 사용) 재료를 공장에서 미리 섞어 만듦<br>• 보도용 석고 플라스터 : 혼합 석고 플라스터보다 소석고의 함유량을 많게 하여 접착성을 크게 한 제품으로서 습기에 약하여 물을 사용하는 공간에는 피하는 것이 좋음<br>• 킨즈 시멘트(경석고 플라스터) : 고온소성의 무수석고를 특별한 화학처리한 것으로서 응결과 경화의 속도가 소석고에 비하여 매우 늦어 경화 촉진제로 화학처리하여 사용하며, 경화 후 강도와 경도가 높고 광택을 갖는 미장재료 |
| 인조석 | • 재료 : 백시멘트, 종석(안산암, 대리석), 안료<br>• 인조석 갈기는 정벌바름한 후 시멘트경화 정도를 판단하여 숫돌로 갈고 다시 시멘트 페이스트를 바르고 갈아주기를 반복 |
| 테라초 | • 재료 : 백시멘트, 종석(안산암, 대리석), 안료<br>• 테라초 바르기의 줄눈 나누기 크기 : 면적 1.2m² 이내, 최대 줄눈 간격 1.2m 이하<br>• 테라초 갈기는 주로 백시멘트에 종석을 반죽하여 바르고 숫돌로 갈아내는 방법으로 시공<br>• 갈기는 테라초를 바른 후 시공시기, 배합에 따라 손갈기일 때는 1일 이상, 기계갈기일 때는 5~7일 이상 경과한 후 경화 정도를 보아 갈아내기를 함<br>• 중갈기는 초벌갈기 후 테라초와 동색의 시멘트 풀을 문질러 바르고, 잔구멍, 튄 돌알 등의 구멍을 메운 후 시멘트 풀이 경화된 다음 실시<br>• 정벌 갈기는 중갈기가 끝나고 시멘트 풀먹임을 2~3회 거듭한 후 행함<br>• 광내기 왁스칠은 시간을 두고 얇게 여러번 행하는 것이 좋음 |

**➕ 미장바름 시 주의사항**
- 일반적으로 바탕조정과 초벌, 재벌, 정벌의 3개 층으로 이루어진다.
- 바탕면의 적당한 물축임과 면을 거칠게 해둔다.
- 미장바르기 순서는 보통 위에서부터 아래로 하는 것을 원칙으로 한다.
- 초벌바름 후 2주일 이상 방치하여 바름면 또는 라스의 이음매 등에서 균열을 충분히 발생시킨다.
- 초벌바름 후 표면을 거칠게 하여 재벌바름 시 접착력이 좋아지도록 한다.
- 정벌바름은 공사의 조건에 따라 색조, 촉감을 결정하여 순마감재료를 사용하거나 혼합물을 첨가하여 바른다.
- 1회의 바름 두께는 가급적 얇게 한다.
- 초벌바름은 완전히 건조하여 균열을 발생시킨 후 재벌 및 정벌 바름한다.
- 이질바탕재 간 접속미장 부위의 균열 방지 방법 : 긴결철물 처리, 메탈라스 보강 붙임, 크랙컨트롤버드 설치 등

**테라초 현장갈기 줄눈대 설치 목적**
바름의 구획, 균열방지, 보수용이 등

**셀프레벨링(Self Leveling)재**
- 바닥 Mortar의 대용 공법으로 재료를 흘려보내면 표면이 평탄해지면서 수평면을 만드는 공법
- 돌출부는 사전에 제거하며, 시공 중이나 시공 완료 후에도 기온이 5℃ 이하가 되지 않도록 함

---

**개념이해**

**01** 테라초(Terrazzo) 현장 갈기에 대한 설명으로 틀린 것은? [15년 2회]

① 갈기는 5~7일 이상 충분히 경화시킨 다음 갈기 시작한다.
② 초벌 갈기는 돌알이 균등하게 나타나도록 하고 시멘트 풀먹임이 경화되기 전 중갈기를 한다.
③ 정벌 갈기는 중갈기가 끝나고 시멘트 풀먹임을 2~3회 거듭한 후 행한다.
④ 광내기 왁스칠은 시간을 두고 얇게 여러번 행하는 것이 좋다.

▶ 초벌 갈기는 돌알이 균등하게 나타나도록 하고 시멘트 풀먹임이 경화된 다음 중 갈기를 한다.

**답** ②

## 4 도료의 종류와 특징

| 수성 페인트 | 아교(접착제), 카세인, 녹말, 안료, 물을 혼합한 페인트로서, 용제형 도료에 비해 냄새가 없어 안전하고 위생적이나, 내수성과 내구성이 좋지 않음 |
|---|---|
| 유성 페인트 | • 안료와 건조성 지방유를 주원료로 하는 것(안료＋보일드 유＋희석재)<br>• 내알칼리성이 약하므로 콘크리트 바탕면에 사용하지 않음 |
| 합성수지 도료 (염화비닐수지 도료) | • 합성수지와 안료 및 휘발성 용제를 혼합하여 사용<br>• 건조시간이 빠르고(1시간 이내), 도막이 견고함<br>• 내산, 내알칼리에 침식되지 않아 콘크리트나 플라스터 면에 사용할 수 있음<br>(도막은 인화할 염려가 적어 방화성이 우수) |
| 에나멜 페인트 | • 보통 페인트 안료에 기름 니스를 용해한 착색 도료<br>• 광택이 잘 나고 내후성과 내수성이 좋음(금속 면, 목재 면 등에 사용) |
| 방청도료 (녹막이 페인트) | • 철재와의 부착성을 높이기 위해 사용되며 철강재, 경금속재 바탕에 산화되어 녹 나는 것을 방지함<br>• 에칭 프라이머, 아연분말 프라이머, 알루미늄 도료, 징크로메이트 도료, 아스팔트(역청질) 도료, 광명단 조합페인트 등이 속함 |
| 방화도료 | 목재의 착화를 지연하여 연소를 방지하는 데 사용 |
| 에폭시 도료 | 에폭시 수지를 성분으로 한 도료로 내약품성, 내후성이 있는 도막을 형성 |
| 유성바니시 (유성 니스) | • 수지류 또는 섬유소를 건섬유, 휘발성 용재로 용해한 도료임<br>• 무색 또는 담갈색 투명 도료로서, 건조가 빠르며 목재부의 도장(상도 공정)에 사용 |
| 클리어 래커 | • 건조가 빠르므로 스프레이 시공이 가능<br>• 안료가 들어가지 않으며, 주로 목재 면의 투명 도장에 사용 |

**＋ 용제**
도료의 도막을 형성하는데 필요한 유동성을 얻기 위해 첨가

**징크로메이트 도료**
크롬산 아연을 안료로 하고, 알키드 수지를 전색료로 한 것으로서 알루미늄 녹막이 초벌질에 적당하다.

## 5 도장공법

| 붓도장 | 위에서 밑으로, 왼편에서 오른편으로 칠한다. |
|---|---|
| 롤러도장 | 평활하고 큰 면을 칠할 때 유리하다. |
| 주걱도장 | 도장공사에서 표면의 요철이나 홈, 빈틈을 없애기 위하여 주로 점도가 높은 퍼티나 충전제를 메우고 여분의 도료는 긁어 평활하게 하는 도장방법이다. |
| 뿜칠 (스프레이 도장) | • 스프레이 건을 사용하여 칠을 압축 공기로 분무하여 칠하는 공법이다.<br>• 뿜칠거리는 뿜칠면에서 30cm를 표준으로 한다.<br>• 뿜칠은 1/3 정도 겹쳐지도록 하고 뿜칠방향은 전회의 방향에 직각으로 한다. |

**＋ 도장공사 시 주의사항**
- 눈·비가 내릴 때, 바람이 강하게 부는 날은 작업하지 않는다.
- 기온이 5℃ 미만이거나 상대습도가 85%를 초과할 때는 작업하지 않는다.
- 바름 두께는 얇게 여러 번 칠하고, 급격한 건조를 피한다.
- 칠하는 회수(초벌, 재벌, 정벌)를 구분하기 위해 색을 바꾸는 것이 좋다.

## 과년도 기출문제

**01** 석고 플라스터에 대한 설명으로 틀린 것은?
[15년 1회]

① 석고 플라스터는 경화지연제를 넣어서 경화시간을 너무 빠르지 않게 한다.
② 경화·건조 시 치수 안정성과 내화성이 뛰어나다.
③ 석고 플라스터는 공기 중의 탄산가스를 흡수하여 표면부터 서서히 경화한다.
④ 시공 중에는 될 수 있는 한 통풍을 피하고 경화 후에는 적당한 통풍을 시켜야 한다.

[해설]
석고 플라스터는 수분에 의해 경화되는 수경성 재료이고, 공기 중의 탄산가스를 흡수하여 표면부터 서서히 경화하는 것은 기경성 재료의 특징이다.

**02** 테라초(Terrazzo) 현장 바름 공사에 대한 내용으로 옳지 않은 것은?
[15년 4회]

① 줄눈 나누기는 최대줄눈 간격을 2m 이하로 한다.
② 바닥 바름 두께의 표준은 접착공법(초벌바름)일 때 20mm 정도이다.
③ 갈기는 테라초를 바른 후 손갈기일 때 2일, 기계갈기일 때 3일 이상 경과한 후 경화 정도를 보아 실시한다.
④ 마감은 수산으로 중화 처리하여 때를 벗겨내고, 헝겊으로 문질러 손질한 후 왁스 등을 바른다.

[해설]
갈기는 테라초를 바른 후 시공시기, 배합에 따라 손갈기일 때는 1일 이상, 기계갈기일 때는 5~7일 이상 경과한 후 경화 정도를 보아 갈아내기를 한다.

**03** 미장공사에 관한 설명으로 옳지 않은 것은?
[13년 1회]

① 미장재료는 미화, 보호, 방습 등을 위하여 내·외벽, 바닥, 천장 등에 흙손 또는 뿜칠에 의해 일정한 두께로 발라 마감하는 재료를 말한다.
② 일반적으로 미장재료는 한 번에 두껍게 발라서 흘러내림 등의 문제가 발생하지 않게 한다.
③ 미장재료의 배합은 원칙적으로 바탕에 가까운 바름층일수록 부배합, 정벌바름에 가까울수록 빈배합으로 한다.
④ 미장공사 시 바탕면은 거칠게 하고 바름면은 평활하게 한다.

[해설]
일반적으로 미장재료는 여러 번 얇게 발라 흘러내림 등의 문제 발생하지 않게 한다.

**04** 미장 공사에서 균열을 방지하기 위하여 고려해야 할 사항 중 옳지 않은 것은?
[22년 2회]

① 바름면은 바람 또는 직사광선 등에 의한 급속한 건조를 피한다.
② 2회의 바름 두께는 가급적 얇게 한다.
③ 쇠 흙손질을 충분히 한다.
④ 모르타르 바름의 정벌바름은 초벌바름보다 부배합으로 한다.

[해설]
바탕에 가까울수록 부배합, 정벌(상도)에 가까울수록 빈배합으로 한다.

**05** 미장공사에서 나타나는 결함의 유형과 가장 거리가 먼 것은?
[18년 1회]

① 균열   ② 부식
③ 탈락   ④ 백화

[해설]
부식은 주로 금속재료에서 나타내는 현상이다.

**정답** 01 ③  02 ③  03 ②  04 ④  05 ②

## 과년도 기출문제

건축 / 기사 / 필기

**06** 다음에서 설명하고 있는 도장결함은?
[20년 1·2회 통합]

> 도료를 겹칠하였을 때 하도의 색이 상도막 표면에 떠올라 상도의 색이 변하는 현상

① 번짐  ② 색 분리
③ 주름  ④ 핀홀

[해설]
보기의 내용은 하도가 상도로 번지는 결함인 번짐에 대한 설명이다.

**07** 다음 중 녹막이 칠에 사용하는 도료가 아닌 것은?
[16년 2회, 21년 2회]

① 광명단  ② 크레오소트유
③ 아연분말 도료  ④ 역청질 도료

[해설]
녹막이 칠은 금속표면 녹방지에 대한 사항인 반면, 크레오소트유는 목부재 방식도료이다.

**08** 철골공사에서 크롬산 아연을 안료로 하고, 알키드 수지를 전색료로 한 것으로서 알루미늄 녹막이 초벌칠에 적당한 것은?
[16년 4회]

① 그래파이트 도료  ② 징크로메이트 도료
③ 광명단  ④ 알루미늄 도료

[해설]
징크로메이트(Zincromate)는 알루미늄, 아연철판의 녹막이 초벌용으로 적용되는 도료이다.

**09** 다음 중 도장공사를 위한 목부 바탕 만들기 공정으로 옳지 않은 것은?
[18년 4회, 21년 1회]

① 오염, 부착물의 제거  ② 송진의 처리
③ 옹이 땜  ④ 바니시 칠

[해설]
바니시 칠은 바탕공정이 아닌 상도 공정에 적용되는 상부칠 공법이다.

**10** 목재의 무늬나 바탕의 재질을 잘 보이게 하는 도장방법은?
[17년 1회, 20년 1·2회 통합]

① 유성 페인트 도장
② 에나멜 페인트 도장
③ 합성수지 페인트 도장
④ 클리어 래커 도장

[해설]
클리어 래커 도장은 투명 도장에 일종으로 목재의 무늬와 바탕의 재질을 잘 보이게 하는 도장방법이다.

**11** 도장시공 전 및 도료 사용 시 주의사항으로 옳지 않은 것은?
[13년 4회]

① 도료는 사용 전 잘 교반하여 균일하게 한 후 사용하고, 과도한 희석은 피한다.
② 기온이 5℃ 이하이거나 상대습도 85% 이상인 환경이 도장하기에 가장 적합하다.
③ 하도용 도료와 적합한 상도용 도료를 선택하고 층간 밀착성이 양호해야 한다.
④ 소지조정, 표면처리의 방법에 따라 녹이나 기름기 제거, 표면의 거칠기 정도를 관리한다.

[해설]
저온 다습 시에는 작업을 피한다.

**12** 도장공사에 관한 주의사항으로 틀린 것은?
[15년 2회, 19년 1회]

① 바탕의 건조가 불충분하거나 공기의 습도가 높을 때에는 시공하지 않는다.
② 불투명한 도장일 때에는 초벌부터 정벌까지 같은 색으로 시공해야 한다.
③ 야간에는 색을 잘못 도장할 염려가 있으므로 시공하지 않는다.
④ 직사광선은 가급적 피하고 도막이 손상될 우려가 있을 때에는 도장하지 않는다.

**정답** 06 ①  07 ②  08 ②  09 ④  10 ④  11 ②  12 ②

[해설]

불투명 도장 시 칠 횟수의 구분을 위해 초벌부터 정벌까지 서로 다른 색으로 시공해야 한다. 단, 투명 도장 시에는 초벌부터 정벌까지 동일 색으로 시공해야 한다.

**13** 칠공사에 관한 설명 중 옳지 않은 것은?
[15년 4회, 21년 2회]

① 한랭 시나 습기를 가진 면은 작업을 하지 않는다.
② 초벌부터 정벌까지 같은 색으로 도장해야 한다.
③ 강한 바람이 불 때는 먼지가 묻게 되므로 외부 공사를 하지 않는다.
④ 야간에는 색을 잘못 칠할 염려가 있으므로 칠하지 않는 것이 좋다.

[해설]

도장 횟수를 확인할 수 있도록 약간 다른 색으로 도장하는 것이 좋다.

**14** 페인트칠의 경우 초벌과 재벌 등을 도장할 때마다 색을 약간씩 다르게 하는 주된 이유는? [17년 2회]

① 희망하는 색을 얻기 위하여
② 색이 진하게 되는 것을 방지하기 위하여
③ 착색안료를 낭비하지 않고 경제적으로 사용하기 위하여
④ 초벌, 재벌 등 페인트칠 횟수를 구별하기 위하여

[해설]

도장을 초벌, 재벌 등 수회 반복할 때에는 칠의 색을 다르게 하여 혼동을 방지한다.

**15** 도장공사 시 유의사항으로 옳지 않은 것은?
[22년 1회]

① 도장마감은 도막이 너무 두껍지 않도록 얇게 몇 회로 나누어 실시한다.
② 도장을 수회 반복할 때에는 칠의 색을 동일하게 하여 혼동을 방지해야 한다.
③ 칠하는 장소에서 저온, 다습하고 환기가 충분하지 못할 때는 도장작업을 금지해야 한다.
④ 도장 후 기름, 산, 수지, 알칼리 등의 유해물이 배어 나오거나 녹아 나올 때에는 재시공한다.

[해설]

도장을 수회 반복할 때에는 칠의 색을 다르게 하게 하여 혼동을 방지해야 한다.

**16** 건축공사 스프레이 도장방법에 관한 설명으로 옳지 않은 것은? [19년 2회, 22년 2회]

① 도장거리는 스프레이 도장면에서 300mm를 표준으로 한다.
② 매회에 에어스프레이는 붓도장과 동등한 정도의 두께로 하고, 2회분의 도막 두께를 한번에 도장하지 않는다.
③ 각 회의 스프레이 방향은 전회의 방향에 평행으로 진행한다.
④ 스프레이할 때는 항상 평행이동하면서 운행의 한 줄마다 스프레이 너비의 1/3 정도를 겹쳐 뿜는다.

[해설]

각 회의 스프레이 방향은 전회의 방향에 수직으로 진행한다.

**17** 페인트칠의 경우 초벌과 재벌 등을 도장할 때마다 색을 약간씩 다르게 하는 주된 이유는? [21년 4회]

① 희망하는 색을 얻기 위하여
② 색이 진하게 되는 것을 방지하기 위하여
③ 착색안료를 낭비하지 않고 경제적으로 사용하기 위하여
④ 초벌, 재벌 등 페인트칠 횟수를 구별하기 위하여

[해설]

도장할 때마다 페인트 색을 약간 다르게 하는 이유는 초벌의 실시여부, 재벌의 실시여부를 파악하여 불필요한 추가 시공을 방지하고, 필요한 도장횟수 및 요구도막두께 준수를 위함이다.

정답  13 ②  14 ④  15 ②  16 ③  17 ④

## 과년도 기출문제

건축 / 기사 / 필기

**18** 스프레이 도장방법에 관한 설명으로 옳지 않은 것은?
[19년 4회]

① 도장거리는 스프레이 도장면에서 150mm를 표준으로 하고 압력에 따라 가감한다.
② 스프레이할 때에는 매끈한 평면을 얻을 수 있도록 하고, 항상 평행이동하면서 운행의 한 줄마다 스프레이 너비의 1/3 정도를 겹쳐 뿜는다.
③ 각 회의 스프레이 방향은 전회의 방향에 직각으로 한다.
④ 에어리스 스프레이 도장은 1회 도장에 두꺼운 도막을 얻을 수 있고 짧은 시간에 넓은 면적을 도장할 수 있다.

[해설]
도장거리는 스프레이 도장면에서 300mm를 표준으로 하고 압력에 따라 가감한다.

**19** 도장공사에서의 뿜칠에 관한 설명으로 옳지 않은 것은?
[18년 2회]

① 큰 면적을 균등하게 도장할 수 있다.
② 스프레이건과 뿜칠면 사이의 거리는 30cm를 표준으로 한다.
③ 뿜칠은 도막두께를 일정하게 유지하기 위해 겹치지 않게 순차적으로 이행한다.
④ 뿜칠 공기압은 2~4kg/cm$^2$를 표준으로 한다.

[해설]
뿜칠은 뿜칠너비의 1/3 정도씩 겹쳐가면서 시공한다.

**20** 도장작업 시 주의사항으로 옳지 않은 것은?
[20년 4회]

① 도료의 적부를 검토하여 양질의 도료를 선택한다.
② 도료량을 표준량보다 두껍게 바르는 것이 좋다.
③ 저온 다습 시에는 작업을 피한다.
④ 피막은 각 층마다 충분히 건조 경화한 후 다음 층을 바른다.

[해설]
도료량을 두껍게 바를 경우 양생 불균일 현상이 나타날 수 있으므로 적정량을 바르는 것이 좋다.

정답 18 ① 19 ③ 20 ②

# 16 마감공사

### 6 합성수지공사 일반사항

| 개념 | 화학적인 합성에 의하여 인공적으로 만들어진 수지와 유사한 합성 고분자 화합물로 열가소성 수지와 열경화성 수지가 있음 |
|---|---|
| 특징 | • 내화, 내열성이 작고 비교적 저온에서 연화, 연질됨<br>• 흡수성이 적고 투수성이 없으므로 습기가 많은 곳에 적합<br>• 일반적으로 투명 또는 백색이므로 안료나 염료에 의해 다양한 착색 가능<br>• 성형성, 가공성이 좋아 형상이 자유롭고 대량 생산이 가능함<br>• 비중이 철이나 콘크리트보다 작음<br>• 플라스틱 재료는 내마모성이 우수하고 탄성이 큰 특징을 갖고 있음 |

### 7 열가소성 수지의 종류

| 염화비닐 수지 | 내수·내약품성, 전기절연성이 양호하고 내후성도 우수한 편이며, 파이프, 튜브, 물받이통 등의 제품에 사용 |
|---|---|
| 폴리에틸렌 수지 (P.E) | 내충격성이 일반 플라스틱의 5배 정도로 내약품성, 내수성이 아주 좋으며, 건축용 성형품, 방수 필름과 벽체 발포 보온판에 주로 사용 |
| 폴리프로필렌 수지 | 비중이 가장 가볍고, 기계적 강도가 뛰어남 |
| 폴리스티렌 수지 | • 유기용제에 침해되고 취약하며, 내수, 내화학약품성, 전기절연성, 가공성이 우수<br>• 건축벽 타일, 천장재, 블라인드, 도료 등에 사용되며 특히 발포제품은 저온 단열재로 쓰임 |
| 아크릴 수지 (메타그릴 수지) | • 투명도가 85~90% 정도로 좋고, 무색 투명하므로 착색이 자유로움<br>• 내충격강도는 유리의 10배 정도 크며 절단, 가공성, 내후성, 내약품성, 전기절연성이 좋음<br>• 각종 성형품, 채광판, 시멘트 혼화재료 등에 사용 |
| ABS 수지 | 충격성, 치수 안정성, 경도 등이 우수하며, 파이프, 판재, 전기부품, 변성 재료 등에 사용함 |
| 메탈 아크릴산 | 투명도가 매우 높고 내후성, 착색이 자유로우며, 항공기의 방풍유리, 조명기구, 도료, 접착제, 의자 등에 사용함 |
| 폴리카보네이트 | • 강화 유리의 약 150배 이상의 충격 강도를 지니고 있으며, 유연성 및 가공성이 우수함<br>• 톱 라이트, 온수 풀의 옥상, 아케이드 등에 유리의 대응품으로 사용 |

**+ 열가소성 수지의 개념**
가열하면 연화되어 가소성이 생기지만 냉각하면 원래의 고체로 돌아가는 고분자물질

### 8 열경화성 수지의 종류

| 페놀 수지 (베이클라이트) | 전기절연성, 내후성, 접착성이 크고 내열성이 0~60℃ 정도, 석면혼합품은 125℃이며, 내수합판의 접착제, 화장판류 도료 등으로 사용 |
|---|---|
| 폴리우레탄 수지 | 열경화성 수지이며 내충격성, 내마모성, 강성 등이 우수하고 단열성이 있음(도막방수재료 등에 사용) |

**+ 열경화성 수지의 개념**
가열하면 경화되고 일단 경화되면 아무리 가열하여도 연화되거나 용매에 녹지 않는 성질을 가짐

| | |
|---|---|
| 요소 수지 | • 무색으로 착색이 자유롭고 내수성, 전기적 성질이 페놀수지보다 약함<br>• 일용품(완구, 장식품), 마감재, 가구재, 접착제(준내수합판) 등에 사용 |
| 멜라민 수지 | • 성질은 요소 수지보다 우수하고 무색, 투명하여 착색이 자유로움<br>• 기계적 강도, 전기적 성질이 우수 |
| 불포화<br>폴리에스테르 수지 | • 150℃에서 −90℃의 범위에서 이용 가능하며, 내수성이 우수함<br>• 항공기, 선박, 차량재, 건축의 천장, 루버, 아케이트, 파티션 접착제 등의 구조재로 쓰이며, 도료로도 사용됨 |
| 실리콘 수지 | 내열성이 우수하고 −60~260℃까지 탄성이 유지되며, 270℃에서도 수 시간 이용 가능함(방수용 재료, 접착제 등으로 사용) |
| 에폭시 수지 | • 접착성이 매우 우수하고 휘발물의 발생이 없음<br>• 금속유리, 플라스틱, 도자기, 목재, 고무 등의 접착성이 좋음<br>• 주형재료, 접착제, 도료, 유리섬유의 보강품 등에 사용됨 |

## 9 금속제품의 이용

| | |
|---|---|
| 메탈 라스<br>(Metal Lath) | 얇은 철판에 많은 절목을 넣어 이를 옆으로 늘여서 만든 것으로 도벽 바탕에 쓰이는 금속 제품 |
| 코너 비드<br>(Corner Bead) | 벽, 기둥 등의 모서리를 보호하기 위하여 미장공사 전에 사용하는 철물로서 아연도금 철제, 스테인리스 철제, 황동제, 플라스틱 등이 있음 |
| 와이어 라스<br>(Wire Lath) | 철선 또는 아연 도금 철근을 가공하여 그물처럼 만든 것으로 미장 바탕용에 사용되며 마름모형, 귀갑형, 원형 등이 있음 |
| 와이어 메시<br>(Wire Mesh) | 연강 철선을 전기 용접하여 정방형 또는 장방형으로 만든 것으로 콘크리트 다짐 바닥 지면 콘크리트 포장 등에 사용하는 금속재 |
| 인서트(Insert) | 콘크리트 슬래브에 묻어 천장의 반자를 잡아주는 달대의 역할을 함 |
| 조이너(Joiner) | 천장, 벽 등에 보드를 붙이고 그 이음새를 감추고 누르는 데 사용 |
| 펀칭메탈<br>(Punching Metal) | 얇은 판에 여러 가지 모양으로 도려낸 철물로서 환기구·라디에이터 커버 등에 이용 |

**논 슬립(Non-slip)**
계단의 디딤판 끝에 대어 미끄러지지 않게 하는 철물

**인서트(Insert)**
콘크리트 구조 바닥판 밑에 반자 틀, 기타 구조물을 달아맬 때 사용하는 철물

**경량철골 M-BAR**
경량철골 M-BAR는 경량 천장 시공을 위한 구조용 지지틀

**금속의 이온화 경향**
K>Ca>Na>Mg>Al>Za>Fe>Sn>Pb

## 10 단열재의 분류

| 무기질 단열재 | 유기질 단열재 |
|---|---|
| • 유리면(글라스울, Glass Wool)<br>• 미네랄울(암면, Mineral Wool)<br>• 규산 칼슘판 | • 경질 폴리우레탄폼(PU, Rigid Polyurethane Foam)<br>• 폴리스틸렌 폼<br>• 셀룰로즈 섬유판<br>• 연질 섬유판 |

## 과년도 기출문제

건 축 / 기 사 / 필 기

**01** 합성수지의 일반적인 성질에 대한 설명으로 옳지 않은 것은? [14년 2회]

① 전성, 연성이 크고 피막이 강하고 광택이 있다.
② 접착성이 크고 기밀성, 안정성이 큰 것이 많다.
③ 내열성·내화성이 적고 비교적 저온에서 연화·연질된다.
④ 강재와 비교하여 강성은 적으나 탄성계수가 커 다방면에 활용도가 높다.

**[해설]**
강재와 비교하여 강성 및 탄성계수가 모두 적다.

**02** 다음 중 열가소성 수지에 해당하는 것은? [19년 2회]

① 페놀 수지
② 염화비닐 수지
③ 요소 수지
④ 멜라민 수지

**[해설]**
페놀 수지, 요소 수지, 멜라민 수지는 열경화성 수지에 해당한다.

**03** 합성수지 중 건축물의 천장재, 블라인드 등을 만드는 열가소성 수지는? [13년 1회, 21년 4회]

① 알키드 수지
② 요소 수지
③ 폴리스티렌 수지
④ 실리콘 수지

**[해설]**
폴리스티렌 수지
- 유기용제에 침해되고 취약하며, 내수, 내화학약품성, 전기절연성, 가공성이 우수
- 건축벽 타일, 천장재, 블라인드, 도료 등에 사용되며, 특히 발포제품은 저온단열재로 쓰임

**04** 목재의 접착제로 활용되는 수지로 가장 거리가 먼 것은? [16년 1회, 21년 2회]

① 요소 수지
② 멜라민 수지
③ 폴리스티렌 수지
④ 페놀 수지

**[해설]**
폴리스티렌 수지는 열가소성 수지로서 열을 받으면 연화되므로 접착제로는 부적합하다.

**05** 합성수지에 관한 설명으로 옳지 않은 것은? [19년 1회]

① 에폭시 수지는 접착제, 프린트 배선판 등에 사용된다.
② 염화비닐 수지는 내후성이 있고, 수도관 등에 사용된다.
③ 아크릴 수지는 내약품성이 있고, 조명 기구 커버 등에 사용된다.
④ 페놀 수지는 알칼리에 매우 강하고, 천장 채광판 등에 주로 사용된다.

**[해설]**
페놀 수지는 알칼리에 약한 특성을 갖고 있고, 천장 채광판에 주로 사용되는 것은 아크릴 수지이다.

**06** 다음 합성수지에 관한 설명으로 틀린 것은? [15년 2회]

① 페놀 수지는 접착성, 전기 절연성이 크다.
② 요소 수지는 무색으로 착색이 자유롭다.
③ 에폭시 수지는 산 및 알칼리에 약하나 내수성이 뛰어나다.
④ 실리콘 수지는 내열성이 우수하고 발포 보온재에 사용된다.

**[해설]**
에폭시 수지는 급경성으로 내알칼리성 등의 내화학성 및 접착력, 내수성이 우수한 합성수지 재료이다.

정답  01 ④  02 ②  03 ③  04 ③  05 ④  06 ③

## 과년도 기출문제

건축 / 기사 / 필기

**07** 도료의 원료로 사용되는 천연수지에 해당되지 않는 것은? [16년 1회]

① 로진(Rosin)
② 셸락(Shellac)
③ 코펄(Copal)
④ 알키드 수지(Alkyd Resin)

[해설]
알키드 수지(Alkyd Resin)를 포화폴리에스테르수지라고도 하며 합성수지의 한 종류이다.

**08** 얇은 강판에 동일한 간격으로 펀칭하고 잡아 늘여 그물처럼 만든 것으로 천장, 벽, 처마둘레 등의 미장바탕에 사용하는 재료로 옳은 것은? [18년 4회]

① 와이어 라스(Wire Lath)
② 메탈 라스(Metal Lath)
③ 와이어 메시(Wire Mesh)
④ 펀칭 메탈(Punching Metal)

[해설]
① 와이어 라스(Wire Lath) : 철선 또는 아연도금 철근을 가공하여 그물처럼 만든 것으로 미장 바탕용에 사용되며 마름모형, 귀갑형, 원형 등이 있다.
③ 와이어 메시(Wire Mesh) : 연강철선을 전기 용접하여 정방형 또는 장방형으로 만든 것으로 블록을 쌓을 때나 보호 콘크리트를 타설할 때 사용한다.
④ 펀칭 메탈(Punching Metal) : 얇은 판에 여러 가지 모양으로 도려낸 철물로서 환기구·라디에이터 커버 등에 이용한다.

**09** 블록조 벽체에 와이어 메시를 가로줄눈에 묻어 쌓기도 하는데 이에 관한 설명 중 틀린 것은? [14년 4회, 17년 2회, 20년 1·2회 통합]

① 전단작용에 대한 보강이다.
② 수직하중을 분산시키는 데 유리하다.
③ 블록과 모르타르의 부착을 좋게 하기 위한 것이다.
④ 교차부의 균열을 방지하는 데 유리하다.

[해설]
와이어 메시는 블록과 모르타르의 부착성능 증진이 아닌, 균열 등에 대한 보강을 위해 적용한다.

**10** 건축물에 사용되는 금속자재와 그 용도가 바르게 연결되지 않은 것은? [22년 1회]

① 경량철골 M-BAR : 경량벽체 시공을 위한 구조용 지지틀
② 코너비드 : 벽, 기둥 등의 모서리에 대는 보호용 철물
③ 논슬립 : 계단에 사용하는 미끄럼 방지 철물
④ 조이너 : 천장, 벽 등의 이음새 감추기용 철물

[해설]
경량철골 M-BAR는 경량 천장 시공을 위한 구조용 지지틀이다.

**11** 서로 다른 종류의 금속재가 접촉하는 경우 부식이 일어나는 경우가 있는데 부식성이 큰 금속 순으로 옳게 나열된 것은? [19년 4회, 22년 2회]

① 알루미늄>철>주석>구리
② 주석>철>알루미늄>구리
③ 철>주석>구리>알루미늄
④ 구리>철>알루미늄>주석

[해설]
이온화 경향이 큰 순서대로 연결된 것(알루미늄>철>주석>구리)을 찾는다.

**12** 다음 중 무기질 단열재료가 아닌 것은? [18년 2회]

① 셀룰로오스 섬유판   ② 세라믹 섬유
③ 펄라이트 판        ④ ALC 패널

[해설]
셀룰로오스 섬유판은 유기질 단열재료이다.

정답  07 ④  08 ②  09 ③  10 ①  11 ①  12 ①

# 17 적산

## 1 일반사항

### (1) 견적의 종류

| 명세견적(明細見積, Detailed Estimate) | 설계도서·현장설명·질의응답에 의거하여 정밀히 적산·견적을 하여 공사비를 산출하는 방법으로 정밀견적(精密見積)이라고도 함 |
|---|---|
| 개산견적(槪算見積, Approximate Estimate) | 설계도서가 불안전할 때 또는 정밀산출시간이 없을 때 과거의 유사한 건물의 실적통계 등을 참고로 공사비를 개산으로 산출하는 방법 |

**+ 적산**
공사에 필요한 재료 및 품의 수량. 즉, 공사량을 산출하는 기술활동

**견적**
공사량에 단가를 곱하여 공사비를 산출하는 기술활동

### (2) 공사비의 구성

| 직접비 | 재료(자재)비 | 건설생산에 필요한 소재, 반제품, 제품 등의 비용 |
|---|---|---|
| | 노무비 | 공사계약목적물을 완성하기 위하여 직접 작업에 종사하는 종업원 및 기능공에 제공되는 노동력의 대가 |
| | 외주비 | 건축물의 일부를 위탁하고 그 비용을 지급하는 것 |
| | 경비 | 현장에서 발생하는 순공사비 이외의 관리비용(전력비, 운반비, 기계경비, 가설비, 교통비, 외주제작비, 업무추진비, 보험료 등) |
| 간접공사비 | | 공사수행에 간접적으로 발생하는 비용(감리비, 임차료, 사무비, 감가상각비 등) |
| 일반관리비 | | 기업의 유지를 위한 관리활동부문에서 발생하는 제비용(본사직원급료, 수당, 퇴직금 등) |
| 이윤 | | 영업이익 |

### (3) 수량산출 시 적용되는 재료별 할증률

| 1% | 유리, 철근콘크리트 |
|---|---|
| 2% | 도료, 무근콘크리트 |
| 3% | 이형철근, 고력볼트, 붉은벽돌, 내화벽돌, 타일(점토계), 타일(클링커), 테라코타, 일반합판, 슬레이트 |
| 4% | 시멘트블록 |
| 5% | 원형철근, 일반철근, 리벳, 강관, 봉강, 소형형강(Angle), 시멘트벽돌, 타일(합성수지계), 수장합판, 목재(각재), 텍스, 석고보드, 기와 |
| 6% | 테라초 판 |
| 7% | 대형형강 |
| 10% | 강판(Plate), 단열재, 석재(정형), 목재(판재) |

**+ 정미량과 소요량**

| 정미량 | 설계도서에 의해 산출된 양으로서 할증이 적용되지 않은 재료량 |
|---|---|
| 소요량 | 정미량에 각 재료별 할증량이 적용된 재료량 |

**수량산출방법**
시공 순서대로, 내부에서 외부로 나가면서, 큰 곳에서 작은 곳으로, 수평에서 수직으로, 단위세대에서 전체로

# 과년도 기출문제

건축 / 기사 / 필기

**01** 건축공사에서 활용되는 견적방법 중 가장 상세한 공사비의 산출이 가능한 견적방법은?
[14년 4회, 19년 1회, 22년 2회]

① 명세견적  ② 개산견적
③ 입찰견적  ④ 실행견적

**[해설]**
명세견적은 설계도서(도면, 시방서), 현장설명서, 구조 계산서 등에 의거하여 가장 정확하고 정밀하게 공사비를 산출하는 방법을 말한다.

**02** 건축공사에서 공사원가를 구성하는 직접공사비에 포함되는 항목을 옳게 나열한 것은?
[19년 1회, 22년 1회]

① 자재비, 노무비, 이윤, 일반관리비
② 자재비, 노무비, 이윤, 경비
③ 자재비, 노무비, 외주비, 경비
④ 자재비, 노무비, 외주비, 일반관리비

**[해설]**
직접공사비는 공사에 직접투입되는 비용으로 자재비, 노무비, 외주비, 경비 등으로 구성되어 있다.

**03** 다음 각 건축 재료의 할증률로 옳지 않은 것은?
[13년 4회]

① 붉은벽돌 3% 이내  ② 자기타일 3% 이내
③ 단열재 10% 이내    ④ 내화벽돌 1% 이내

**[해설]**
내화벽돌 3% 이내를 할증률로 한다.

**04** 건축재료의 수량 산출 시 적용하는 할증률이 옳지 않은 것은?
[17년 2회, 20년 1·2회 통합]

① 유리 : 1%      ② 단열재 : 5%
③ 붉은벽돌 : 3%  ④ 이형철근 : 3%

**[해설]**
단열재의 할증률은 10%이다.

**05** 철골재의 수량 산출에서 사용되는 재료별 할증률로 옳지 않은 것은?
[17년 4회]

① 고장력볼트 : 5%  ② 강판 : 10%
③ 봉강 : 5%        ④ 강관 : 5%

**[해설]**
고장력볼트의 할증률은 3%이다.

**06** 재료별 할증률을 표기한 것으로 옳은 것은?
[21년 2회]

① 시멘트벽돌 : 3%  ② 강관 : 7%
③ 단열재 : 7%      ④ 봉강 : 5%

**[해설]**
① 시멘트벽돌 : 5%
② 강관 : 5%
③ 단열재 : 10%

**07** 수량산출작업을 함에 있어 효율적인 적산방법이 아닌 것은?
[15년 4회]

① 수직방향에서 수평방향으로 적산한다.
② 시공 순서대로 적산한다.
③ 내부에서 외부로 적산한다.
④ 큰 곳에서 작은 곳으로 적산한다.

**[해설]**
일반적인 수량산출작업(적산작업)은 수평방향에서 수직방향으로 진행한다.

**정답** 01 ①  02 ③  03 ④  04 ②  05 ①  06 ④  07 ①

## 17 적산

### 2 가설공사의 각종 면적

| | |
|---|---|
| 시멘트 창고 면적(A) | • 기본식 $A(m^2) = 0.4 \times \dfrac{N}{n}$<br>　여기서, $A$ : 창고면적($m^2$)<br>　　　　　$n$ : 쌓기단수(단기저장 13포, 장기저장 7포)<br>　　　　　$N$ : 저장할 수 있는 시멘트량<br>• 600포 미만일 경우 $A(m^2) = 0.4 \times \dfrac{N}{n}$<br>• 600포 이상~1,800포 이하 $A(m^2) = 0.4 \times \dfrac{600}{n}$<br>• 1,800포 초과 $A(m^2) = 0.4 \times \dfrac{N}{n} \times \dfrac{1}{3}$ |
| 변전소 면적 | $A(m^2) = 3.3\sqrt{W}$<br>여기서, $A$ : 면적($m^2$), $W$ : 전력용량(kWh), 1Hp(마력) = 0.746kW |
| 동바리량 (공$m^3$, 10공$m^3$) | 동바리량(공$m^3$, 10공$m^3$) = 상층 슬래브 바닥 밑면적 × 높이 × 0.9 |
| 비계면적 | • 내부비계 : 연면적의 90%(연면적 × 0.9)<br>• 외줄비계면적 : $A = (\Sigma l + 0.45 \times 8) \times H$<br>　　　　여기서, $l$ : 건물둘레길이, $H$ : 비계높이<br>• 겹비계면적 : $A = (\Sigma l + 0.45 \times 8) \times H$<br>• 쌍줄비계면적 : $A = (\Sigma l + 0.9 \times 8) \times H$ |

#### 개념이해

**01** 가설공사에서 설치하는 전력용량이 150KWH인 동력소의 최소 필요 면적($m^2$)은?　　　　　　　　　　　　　　　　　　　　　　[13년 1회]

① 10$m^2$　　　　　　　　② 20$m^2$
③ 30$m^2$　　　　　　　　④ 40$m^2$

▶ 변전소의 면적
$A = 3.3\sqrt{전력용량(kWH)}$
　$= 3.3\sqrt{150} = 40.42 ≒ 40m^2$

답 ④

## 과년도 기출문제

건축 / 기사 / 필기

**01** 시멘트 600포대를 저장할 수 있는 시멘트 창고의 최소 필요면적으로 옳은 것은?(단, 시멘트 600포대 전량을 저장할 수 있는 면적으로 산정)

[21년 1회]

① 18.46m²  ② 21.64m²
③ 23.25m²  ④ 25.84m²

[해설]

필요면적$(A) = 0.4 \times \dfrac{N}{n} = 0.4 \times \dfrac{600}{13} = 18.46\text{m}^2$

여기서, $n$ : 최고 쌓기단수(특별한 조건이 없으면 13단)
$N$ : 저장 포대수(특별한 조건이 없으면 600포 미만일 경우 전량, 600포 이상일 경우 전량의 1/3)

**02** 8개월간 공사하는 어느 공사 현장에 필요한 시멘트량이 2,397포이다. 이 공사 현장에 필요한 시멘트 창고면적으로 적당한 것은?(단, 쌓기단수는 13단)

[16년 1회, 20년 3회]

① 24.6m²  ② 54.2m²
③ 73.8m²  ④ 98.5m²

[해설]

필요면적$(A) = 0.4 \times \dfrac{N}{n} = 0.4 \times \dfrac{2,397 \times (1/3)}{13}$
$= 24.58 = 24.6\text{m}^2$

여기서, $n$ : 최고 쌓기단수(특별한 조건이 없으면 13단)
$N$ : 저장 포대수(특별한 조건이 없으면 600포 미만일 경우 전량, 600포 이상일 경우 전량의 1/3)

**03** 철근콘크리트 건축물이 6m×10m의 평면에 높이가 4m일 때 동바리 소요량은 몇 공m³가 되는가?

[17년 1회]

① 216  ② 228
③ 240  ④ 264

[해설]

동바리소요량(공m³) = 평면면적×높이×0.9
= (6×10)×4×0.9 = 216(공m³)

**04** 다음과 같은 철근 콘크리트조 건축물에서 외줄비계면적으로 옳은 것은?(단, 비계 높이는 건축물의 높이로 함)

[19년 2회]

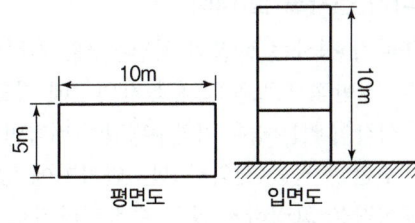

① 300m²  ② 336m²
③ 372m²  ④ 400m²

[해설]

외줄비계면적(m²) = ($\sum l + 8 \times 0.45$)×H
= [(10+5+10+5)×8×0.45]×10
= 336m²

**정답** 01 ①  02 ①  03 ①  04 ②

# 17 적산

## 3 토공사

### (1) 터파기 경사도 및 너비
- 흙파기 경사는 토질의 치밀 상태, 지하수위 및 유출상황에 따라 다르지만, 일반적으로 흙의 휴식각의 2배 정도로 한다.
- 휴식각이 없는 경우 비탈수평길이(비탈면 여유폭)는 0.3×기초깊이로 한다.
- 특수한 토질을 제외하고는 터파기에 있어서 깊이가 1m 미만일 때에는 휴식각을 고려하지 않은 수직터파기로 계산함을 원칙으로 한다.

### (2) 터파기량(V) 산출

① 독립기초

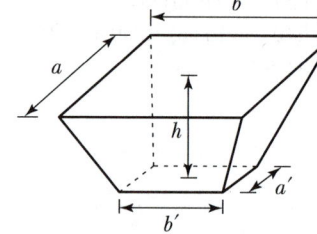

$$V = \frac{h}{6}\{(2a + a')b + (2a' + a)b'\}$$

② 줄기초

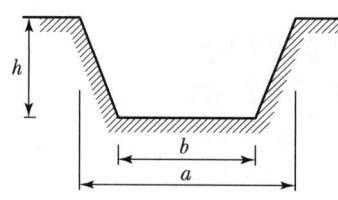

$$V = \left(\frac{a+b}{2}\right) \times h \times 줄기초 길이$$

### (3) 토량환산계수

| 흐트러진 상태(Loose)의 토량의 변화율 | $L = \dfrac{흐트러진 상태의 토량(m^3)}{자연 상태의 토량(m^3)}$ |
|---|---|
| 다져진 상태(Compact)의 토량의 변화율 | $C = \dfrac{다져진 상태의 토량(m^3)}{자연 상태의 토량(m^3)}$ |

- 터파기 후 토량의 부피 변화가 가장 큰 것은 점토이다.

### (4) 토량기계 작업량($Q$) 산정

| 불도저 | $Q = \dfrac{60 \times q \times f \times E}{C_m}$<br>여기서, $Q$ : 1시간당의 작업량($m^3$/hr), $q$ : 1회의 굴착 압토량($m^3$),<br>$f$ : 토량환산계수(1/L), $E$ : 불도저의 작업 효율,<br>$C_m$ : 사이클 타임(min) |
|---|---|
| 셔블계<br>굴착기 | $Q = \dfrac{3,600 \times q \times K \times f \times E}{C_m}$<br>여기서, $Q$ : 1시간당의 작업량($m^3$/hr), $q$ : 버킷 또는 딥퍼 용량($m^3$),<br>$K$ : 버킷 또는 디퍼 계수, $f$ : 토량환산계수(1/L),<br>$E$ : 작업 효율, $C_m$ : 사이클 타임(min) |

- 기계경비 산정 관련 시간당 손료계수 구성 3요소

  상각비 계수, 관리비 계수, 정비비 계수

# 과년도 기출문제

**01** 다음 그림과 같은 줄기초파기의 파낸 토량은 얼마인가?(단, 토량환산계수 $L=1.2$임) [14년 4회]

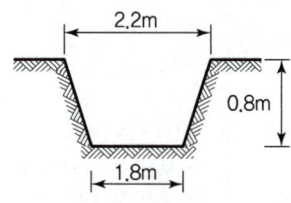

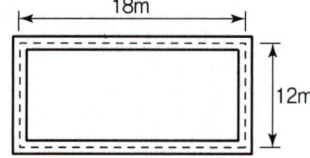

① $96m^3$  ② $115.2m^3$
③ $130.7m^3$  ④ $145.9m^3$

[해설]

줄기초의 터파기량(V)

$V = \dfrac{\text{윗변 길이} + \text{아랫변 길이}}{2} \times \text{높이} \times \text{줄기초 길이} \times \text{토량환산계수}$

$= (\dfrac{2.2+1.8}{2}) \times 0.8 \times (18+12+18+12) \times 1.2 = 115.2m^3$

**02** 토공사에 적용되는 체적환산계수 $L$의 정의로 옳은 것은? [17년 2회, 21년 2회]

① $\dfrac{\text{흐트러진 상태의 체적}(m^3)}{\text{자연상태의 체적}(m^3)}$

② $\dfrac{\text{자연상태의 체적}(m^3)}{\text{흐트러진 상태의 체적}(m^3)}$

③ $\dfrac{\text{다져진 상태의 체적}(m^3)}{\text{자연상태의 체적}(m^3)}$

④ $\dfrac{\text{자연상태의 체적}(m^3)}{\text{다져진 상태의 체적}(m^3)}$

[해설]

체적환산계수$(L) = \dfrac{\text{흐트러진 상태의 체적}(m^3)}{\text{자연상태의 체적}(m^3)}$

**03** 토량 $470m^3$ 불도저로 작업하려고 한다. 작업을 완료하기까지의 소요시간을 구하면?(단, 불도저의 삽날용량은 $1.2m^3$, 토량환산계수는 0.8, 작업효율은 0.8, 1회 사이클 시간은 12분이다.) [13년 2회]

① 120.40시간  ② 122.40시간
③ 132.40시간  ④ 140.40시간

[해설]

- 1cycle 작업량
  = $Q$(삽날용량)$\times f$(토량환산계수)$\times E$(작업효율)
  = $1.2 \times 0.8 \times 0.8 = 0.768m^3$
- cycle(횟수) = 토량/1cycle 작업량 = $470/0.768$
  = 611.98 cycle
- 소요시간 = cycle(횟수)$\times$cycle 당 소요시간
  = $611.98 \times 12min = 7,343.76min$
  = 122.4 h(시간)

**04** Power Shovel의 1시간당 추정 굴착 작업량을 다음 조건에 따라 구하면? [20년 4회]

- $Q = 1.2m^3$   ・ $f = 1.28$
- $E = 0.9$     ・ $K = 0.9$
- $C_m = 60$초

① $67.2m^3/h$  ② $74.7m^3/h$
③ $82.2m^3/h$  ④ $89.6m^3/h$

[해설]

시간당 굴착 작업량 = 1회 작업량$\times$시간당 작업횟수
- 1회 작업량 = $Q \times f \times E \times K = 1.2 \times 1.28 \times 0.9 \times 0.9$
  = 1.24416
- 시간당 작업횟수 = 3,600초 $\div C_m$ = $3,600 \div 60 = 60$회
∴ 시간당 굴착 작업량 = 1회 작업량$\times$시간당 작업횟수
  = $1.24416 \times 60 = 74.65 ≒ 74.7m^3/h$

정답  01 ②  02 ①  03 ②  04 ②

# 17 적산

## ❹ 철근콘크리트공사

### (1) 콘크리트 1m³당 재료량

약산식(시멘트 : 모래 : 자갈 = 1 : m : n)일 경우 $V = 1.1m + 0.57n$

| | |
|---|---|
| 시멘트량 | $C = \dfrac{1}{V} \times 1{,}500 (\text{kg}/\text{m}^3)$ |
| 모래량 | $S = \dfrac{m}{V}$ |
| 자갈량 | $G = \dfrac{n}{V}$ |
| 물의 양 | $W = $ 시멘트량 $\times$ 물시멘트비 |

**➕ 단위 용적 중량**
- 무근 콘크리트 : $2.3 \text{ton}/\text{m}^3$
- 철근 콘크리트 : $2.4 \text{ton}/\text{m}^3$

### (2) 건물 각 부위별 콘크리트 수량 산출 방법

| | |
|---|---|
| 독립기초 | • 수평부 = 가로×세로×높이<br>• 경사부 : $V = \dfrac{h}{6}(2a + a')b + (2a' + a)b'$  [독립기초 터파기량] |
| 1개 기준층 | • 기둥 = 기둥단면적×높이(층고 − 슬래브 두께)<br>• 보 = 너비×깊이(전체 깊이 − 슬래브 두께)×기둥 안목거리<br>• 슬래브 = 가로×세로×슬래브 두께 |

**➕**
- 벽의 거푸집 면적은 기둥과 보의 면적을 산입하지 아니 한다.
- 기초 경사부가 경사도 30° 미만의 경우 거푸집을 설치하지 않는다.

# 과년도 기출문제

건축 / 기사 / 필기

**01** 시멘트 200포를 사용하여 배합비가 1 : 3 : 6의 콘크리트를 비벼 냈을 때의 전체 콘크리트 양은? (단, 물-시멘트 비는 60%이고 시멘트 1포대는 40kg이다.)    [16년 2회, 21년 1회]

① 25.25m³
② 36.36m³
③ 39.39m³
④ 44.44m³

[해설]
- 1 : 3 : 6 배합의 경우, 콘크리트 1m³ 당 시멘트 220kg(5.5포×40kg), 모래 0.47m³, 자갈 : 0.94m³이다(시멘트 220kg일 때, 콘크리트 1m³).
- 시멘트 200포일 경우, 시멘트는 200포×40kg : 8,000kg이다.
- 다음의 비례식을 통해 전체 콘크리트량(x)을 산정한다.
  220kg : 1m³ = 8,000kg : x
  ∴ x = 36.36m³

**02** 각 부재에 대한 콘크리트량 산출방법으로서 틀린 것은?    [14년 4회]

① 기둥 : 기둥 단면적×슬래브 두께를 포함한 층높이
② 계단 : 길이×평균 두께×계단폭
③ 보 : 보폭×바닥판 두께를 뺀 보춤×내부 유효길이
④ 연속기초 : 단면적×중심 연장길이

[해설]
기둥은 "단면적 × 슬래브 두께를 뺀 층 높이"로서 콘크리트량을 산출한다.

**03** 다음 그림과 같은 건물에서 G1과 같은 보가 8개 있다고 할 때 보의 총 콘크리트량을 구하면?(단, 보의 단면상 슬래브와 겹치는 부분은 제외하며, 철근량은 고려하지 않는다.)    [14년 1회, 18년 4회, 22년 2회]

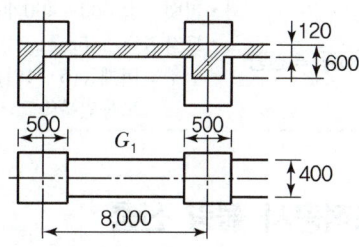

① 11.52m³
② 12.23m³
③ 13.44m³
④ 15.36m³

[해설]
㉠ 보높이 : 0.6 - 0.12 = 0.48m
㉡ 보폭 : 0.4m
㉢ 길이 : 8 - 0.5 = 0.75m
∴ 보의 총 콘크리트량 = ㉠×㉡×㉢×개수
  = 0.48×0.4×0.75×8개
  = 11.52m³

정답   01 ②   02 ①   03 ①

# 17 적산

## 5 철골공사의 철골량 산출

| 연면적 1m²당 철골량 | • 단층(공장, 창고) : 50~80kg<br>• 기타 : 100~150kg |
|---|---|
| 철골 1top당 적산량 | • 리벳 : 총 300~400개(현장치기 리벳수는 총 리벳수의 1/3)<br>• 도장면적 : 45m²<br>• 인부 : 비계공(3~4인), 철골공(10~13인),<br>　　　　보통인부(0.25~0.3인) |

## 6 조적공사 물량 산출

### (1) 기본형 벽돌(190mm×90mm×57mm) 1m²당 정미량(매)

| 0.5B | 1.0B | 1.5B | 2.0B | 2.5B | 3.0B |
|---|---|---|---|---|---|
| 75 | 149 | 224 | 298 | 373 | 447 |

### (2) 기본형 벽돌(일반벽돌) 1m²당 쌓기 모르타르 소요량(m³)

| 0.5B | 1.0B | 1.5B |
|---|---|---|
| 0.019 | 0.049 | 0.078 |

### (3) 블록 1m²당 쌓기 모르타르 소요량(m³)

| 390×190×190 | 390×190×150 | 390×190×100 |
|---|---|---|
| 0.010 | 0.009 | 0.006 |

**+ 할증률**
점토(붉은)벽돌 3%, 시멘트 벽돌 5%

• 기본형 블록 1m²당 정미량은 13매(정미량과 소요량 동일)

## 7 타일 및 석제 물량 산출

| 타일 | 1m² 당 시공수량 = $\dfrac{1,000(\text{mm})}{\text{타일 한 변 크기} + \text{줄눈}} \times \dfrac{1,000(\text{mm})}{\text{타일 다른 변 크기} + \text{줄눈}}$ |
|---|---|
| 석재량 | 시공면적(m²)에 할증률 반영하여 산출(정형 10%, 부정형 30%) |

## 8 목재 물량(통나무 재적 才) 산출

| 길이 6m 미만 | • 말구지름(D)을 한 변으로 하는 각재로 환산하여 수량을 산출<br>• $才 = \dfrac{D(\text{mm}) \times D(\text{mm}) \times L(\text{mm})}{30 \times 30 \times 3,600}$ |
|---|---|
| 길이 6m 이상 | • 원래 말구지름(D)보다 조금 더 큰 가상의 말구지름(D')을 한 변으로 하는 각재로 환산하여 수량 산출<br>• $D' = D + \dfrac{L' - 4}{2}$ (여기서, $L'$는 $L$에서 절하시킨 정수)<br>• $才 = \dfrac{D'(\text{mm}) \times D'(\text{mm}) \times L(\text{mm})}{30 \times 30 \times 3,600}$ |

## 9 마감공사 물량산출

| | | |
|---|---|---|
| 도장면적 | 철골 Ton당 도장 소요면적 | 33~50m² |
| | 철제계단(양면칠) 도장 소요면적 | 경사면적×(3~5배) |
| | 목재 미서기창(양면칠) 도장 소요면적 | 안목면적×(1.1~1.7배) |
| | 스틸 새시(양면칠) 도장 소요면적 | 안목면적×(1.6~2.0배) |
| 지붕면적과 홈통 크기 | 지붕면적 30m² 내외 | 처마홈통 9cm, 선홈통 6cm |
| | 지붕면적 60m² 내외 | 처마홈통 12cm, 선홈통 9cm |
| | 지붕면적 100m² 내외 | 처마홈통 15cm, 선홈통 12cm |
| | 지붕면적 200m² 내외 | 처마홈통 18cm, 선홈통 15cm |

# 과년도 기출문제

**01** 벽면적 4.8m² 크기에 1.5B 두께로 붉은벽돌을 쌓고자 할 때 벽돌소요 매수로 옳은 것은?(단, 표준형 벽돌을 사용하며, 할증률은 3%로 한다.)
[13년 2회, 16년 4회]

① 374매  ② 743매
③ 1,108매  ④ 1,487매

[해설]
벽돌은 표준형(190×90×57mm)의 경우, 벽두께 1.5B에는 정미량 기준 224매/m²가 필요하게 된다(정미량에 할증률 3%도 감안 필요).
• 벽돌소요매수 = 224매/m² × 4.8m² × 1.03 = 1,107.46
  = 1,108매
※ 벽돌소요매수는 특별한 조건이 없는 한 소수점 첫째자리에서 올림하여 구한다.

**02** 조적벽 40m²를 쌓는 데 필요한 벽돌량은?(단, 표준형벽돌 0.5B 쌓기, 할증은 고려하지 않음)
[18년 2회]

① 2,850장  ② 3,000장
③ 3,150장  ④ 3,500장

[해설]
• 벽돌은 표준형(190×90×57mm)을 적용하고 있고, 별도 할증이 없는 정미량을 구하라 하였으므로, 벽두께 0.5B에는 75장/m²가 필요하게 된다.
• 벽돌의 정미량 = 75매/m² × 40m² = 3,000장

**03** 벽두께 1.0B, 벽면적 30m² 쌓기에 소요되는 벽돌의 정미량은?[단, 기본벽돌(190×90×57) 사용]
[14년 2회, 20년 3회]

① 3,900매  ② 4,095매
③ 4,470매  ④ 4,604매

[해설]
• 벽돌은 표준형(190×90×57mm)을 적용하고 있고, 별도 할증이 없는 정미량(매)을 구하라 하였으므로, 벽두께 1.0B에는 149매/m²가 필요하게 된다.
• 벽돌의 정미량 = 149매/m² × 30m² = 4,470매

**04** 벽두께 1.5B, 벽 면적 20m² 쌓기에 소요되는 기본벽돌(190×90×57)의 정미량은?
[15년 4회]

① 2,240매  ② 3,360매
③ 4,480매  ④ 6,720매

[해설]
벽돌은 표준형(190×90×57mm)을 적용하고 있고, 별도 할증이 없는 정미량(매)을 구하라 하였으므로, 벽두께 1.5B에는 224매/m²가 필요하게 된다.
• 벽돌의 정미량 = 224매/m² × 20m² = 4,480매
※ 벽돌소요매수는 특별한 조건이 없는 한 소수점 첫째자리에서 올림하여 구한다.

**05** 기본벽돌(190×90×57)로 100m², 벽두께 1.0B로 쌓을 때 필요한 모르타르량은 얼마인가?
[14년 1회]

① 4.9m³  ② 5.9m³
③ 0.99m³  ④ 0.19m³

[해설]
• 벽돌은 표준형(190×90×57mm)을 적용하고 있고, 벽두께 1.0B에는 149매/m²가 필요하게 된다.
• 모르타르량 = $\dfrac{벽돌의 정미량}{1,000}$ × 단위수량
  = $\dfrac{149}{1,000}$ × 0.33 × 100 = 4.9m³
여기서, 1.0B 표준형 벽돌의 모르타르 단위수량 : 0.33m³

**06** 벽돌쌓기 시 벽면적 1m²당 소요되는 벽돌(190×90×57mm)의 정미량(매)과 모르타르량(m³)으로 옳은 것은?(단, 벽두께 1.0B, 모르타르의 재료량은 할증이 포함된 것이며, 배합비는 1 : 3이다.)
[22년 1회]

① 벽돌매수 : 224매, 모르타르량 : 0.078m³
② 벽돌매수 : 224매, 모르타르량 : 0.049m³
③ 벽돌매수 : 149매, 모르타르량 : 0.078m³
④ 벽돌매수 : 149매, 모르타르량 : 0.049m³

정답  01 ③  02 ②  03 ③  04 ③  05 ①  06 ④

## 과년도 기출문제

건축 / 기사 / 필기

**[해설]**
- 벽돌은 표준형(190×90×57mm)을 적용하고 있고, 벽두께 1.0B에는 149매/m²가 필요하게 된다.
- 모르타르량 = $\dfrac{\text{벽돌의 정미량}}{1,000} \times \text{단위수량}$

  $= \dfrac{149}{1,000} \times 0.33 = 0.049 \text{m}^3$

  여기서, 1.0B 표준형 벽돌의 모르타르 단위수량 : 0.33m³

**07** 콘크리트 블록벽체 2m²를 쌓는 데 소요되는 콘크리트 블록 장수로 옳은 것은?(단, 블록은 기본형이며, 할증은 고려하지 않음) [18년 2회]

① 26장　② 30장
③ 34장　④ 38장

**[해설]**
블록 장수 = 블록벽체면적 × 면적당 단위수량
= 2m² × 13장/m² = 26장
여기서, 단위수량 : 기본형 블록의 경우 1m²의 면적에 13장

**08** 콘크리트 블록(Block)벽체의 크기가 3×5m일 때 쌓기 모르타르의 소요량으로 옳은 것은?(단, 블록의 치수는 390×190×190mm, 재료량은 할증이 포함되었으며, 모르타르 배합비는 1:3) [20년 1·2회 통합]

① 0.10m³　② 0.12m³
③ 0.15m³　④ 0.18m³

**[해설]**
블록 쌓기 1m² 당 모르타르 필요량

| 구분 | 단위 | 수량(블럭규격) | | |
|---|---|---|---|---|
| | | 390×190×190 | 390×190×150 | 390×190×100 |
| 모르타르 | m³ | 0.010 | 0.009 | 0.006 |

**09** 타일크기가 10cm×10cm이고 가로세로 줄눈을 6mm로 할 때 면적 1m²에 필요한 타일의 정미수량은? [22년 1회]

① 94매　② 92매
③ 89매　④ 85매

**[해설]**
타일매수 = $\dfrac{\text{시공면적}}{\text{줄눈 포함 타일 1장 면적}}$

$= \dfrac{1\text{m}^2}{(0.10+0.006)\times(0.10+0.006)} = 89\text{매}$

**10** 벽마감공사에서 규격 200×200mm인 타일을 줄눈너비 10mm로 벽면적 100m²에 붙일 때 붙임매수는 몇 장인가?(단, 할증률 및 파손은 없는 것으로 가정한다.) [17년 4회]

① 2,238매　② 2,248매
③ 2,258매　④ 2,268매

**[해설]**
타일장수
$= \dfrac{\text{시공면적(m}^2\text{)}}{\text{줄눈 포함 타일 1장 면적(m}^2\text{)}}$
$= \dfrac{\text{시공면적(m}^2\text{)}}{\text{줄눈 포함 가로길이(m)} \times \text{줄눈 포함 세로길이(m)}}$
$= \dfrac{100\text{m}^2}{(0.2+0.01)\text{m} \times (0.2+0.01)\text{m}} = 2,267.57 ≒ 2,268$장

※ 특별한 조건이 없으면, 타일장수는 소수점 첫째자리에서 올림하여 산출한다.

**11** 타일 108mm 각으로, 줄눈을 5mm로 벽면 6m²를 붙일 때 필요한 타일의 장수는?(단, 정미량으로 계산) [19년 4회]

① 350장　② 400장
③ 470장　④ 520장

**정답** 07 ①　08 ③　09 ③　10 ④　11 ③

# 과년도 기출문제

건축 / 기사 / 필기

[해설]

타일장수

$$= \frac{시공면적(m^2)}{줄눈 포함 타일 1장 면적(m^2)}$$

$$= \frac{시공면적(m^2)}{줄눈 포함 가로길이(m) \times 줄눈 포함 세로길이(m)}$$

$$= \frac{6m^2}{(0.108+0.005)m \times (0.108+0.005)m} = 469.88 = 470장$$

**12** 다음 조건에 따라 바닥재로 화강석을 사용할 경우 소요되는 화강석의 재료량(할증률 고려)으로 옳은 것은? [18년 4회]

- 바닥면적 : 300m²
- 화강석 판의 두께 : 40mm
- 정형돌
- 습식공법

① 315m²  ② 321m²
③ 330m²  ④ 345m²

[해설]

화강석 재료는 바닥면적에 할증률을 곱하여 산출한다. 할증률은 10%이다.
화강석 재료량(m²) = 시공 바닥면적×할증 = 300×1.1
= 330m²

**13** 칠공사에서 철제 계단(양면칠)의 소요면적 계산식으로 옳은 것은? [15년 4회]

① 경사면적×1배
② 경사면적×1.5배
③ 경사면적×(2~2.5배)
④ 경사면적×(3~5배)

[해설]

양면칠을 하는 철제 계단의 경우 칠공사의 소요면적은 경사면적의 3~5배 정도를 하여 계산하게 된다.

정답  12 ③  13 ④

# 03 CHAPTER

# 건축구조

ENGINEER ARCHITECTURE

01 건축구조 일반사항
02 건축물 기초설계
03 내진·내풍설계
04 구조역학 일반사항
05 단면의 성질
06 정정보
07 라멘, 아치 및 트러스
08 응력과 변형률
09 기둥 및 기초
10 구조물의 변형
11 부정정구조
12 철근콘크리트 구조 일반사항
13 철근콘크리트구조 설계방법
14 철근콘크리트 구조설계
15 철근콘크리트보의 전단해석과 설계
16 슬래브의 설계
17 기둥(압축재)의 설계
18 기초판, 옹벽, 벽체
19 철근의 이음·정착
20 철근콘크리트의 처짐
21 철골구조 일반사항
22 인장재
23 압축재, 휨재
24 접합부설계

# 01 건축구조 일반사항

## 1 건축구조의 분류

### (1) 건축물의 구성방식에 의한 분류

| | |
|---|---|
| 일체식 구조 | • 기둥, 보, 바닥 등과 같이 하중을 받는 구조체 전체를 하나의 틀로 만들어 건축물을 완성하는 구조<br>• RC, SRC 등 |
| 가구식 구조 | • 수직하중과 수평하중을 받는 기둥과 보를 조립하여 건축물을 만드는 방식<br>• 목구조, 철골구조 등 |
| 조적식 구조 | • 벽돌이나 블록, 돌 등의 개별 재료를 석회나 시멘트 등의 접착제를 이용하여 구조체를 만드는 방식<br>• 주로 벽체를 만들 때 사용함 |
| 조립식 구조 | • 건축물의 주요 뼈대를 공장에서 제작한 후 현장으로 운반하여 접합·조립하는 구조<br>• 규격화할 수 있고 품질이 양호하고 균일하며, 기후의 영향이 적음 |

### (2) 특수구조

| | |
|---|---|
| 셸 구조<br>(Shell Structure) | 조개껍데기나 달걀껍데기처럼 얇은 판의 곡면을 이용해 하중을 처리하는 구조체 |
| 돔 구조<br>(Dome Structure) | 마치 공을 반으로 잘라 놓은 듯한 형태의 구조체로, 넓은 의미에서 셸 구조의 하나로 볼 수 있음 |
| 스페이스 프레임 구조<br>(Space Frame Structure) | • 선형 부재로 만든 트러스(Truss)를 삼각형, 사각형으로 가로, 세로 두 방향으로 접합하여 평면이나 곡면의 판을 만드는 구조 형식<br>• 주로 대규모 공간을 덮는 지붕 구조에 사용 |
| 막구조<br>(Membrane Structure) | 얇은 섬유 재료를 이용한 텐트처럼 구조체의 지붕을 천막의 형태로 덮는 구조 방식 |
| 케이블 구조<br>(Cable Structure) | 인장력에 강한 케이블을 이용하여 구조체의 주요 부분을 잡아당겨 줌으로써 구조체를 지지하는 구조 방식 |
| 절판 구조<br>(Folded Plate Structure) | 얇은 판을 접어 형태를 만들어 지지력을 증가시키는 구조 방식 |
| 골조-아웃리거 구조시스템 | 고층 건축물에서 횡하중을 부담하는 중앙부의 전단벽 코어에서 캔틸레버와 같은 형식(Outrigger)으로 뻗어 나와 외곽부 기둥이나 벨트 트러스(Belt Truss)에 직접 연결하여 주변 구조를 코어에 묶어주는 구조시스템 |

---

**＋ 건축구조의 목적**

건축물은 이용 목적과 그에 따른 공간의 기능에 적합해야 하고, 기능에 적합한 건축 공간을 만들기 위해 적절한 구조방식이 필요하다.

**철근콘크리트의 구조**
- 내구적, 내화적, 내진적
- 설계가 자유로움
- 고층 건물 가능
- 공사기간이 긺
- 균일한 시공이 어려움
- 자중이 큼

**건축구조의 목적**
- 넓은 스팬 가능
- 내진적, 내풍적
- 해체, 수리가 용이
- 공사비가 비쌈
- 정밀 시공 요구
- 내화성이 부족

## 과년도 기출문제

**01** 철골구조와 비교한 철근콘크리트구조의 특징으로 옳지 않은 것은? [21년 4회]

① 진동이 적고 소음이 덜 난다.
② 시공 시 동절기 기후의 영향을 받을 수 있다.
③ 내화성이 크다.
④ 구조의 개조나 보강이 쉽다.

[해설]

철근콘크리트는 일체식 구조로서 시공 후 구조의 개조나 보강이 난해하다.

**02** 강구조에 관한 설명으로 옳지 않은 것은? [18년 4회]

① 장스팬의 구조물이나 고층 구조물에 적합하다.
② 재료가 불에 타지 않기 때문에 내화성이 크다.
③ 강재는 다른 구조재료에 비하여 균질도가 높다.
④ 단면에 비하여 부재길이가 비교적 길고 두께가 얇아 좌굴하기 쉽다.

[해설]

철골구조는 내진, 내풍적이나 내화성이 부족하여 고열에서 강도가 저하되는 특징을 갖는다.

**03** 건축구조별 특징에 관한 설명 중 옳지 않은 것은? [17년 2회]

① 가구식 구조는 삼각형보다 사각형으로 조립하면 안정한 구조체를 이룰수 있다.
② 조적식 구조는 압축력에는 강하지만 횡력에 취약하다.
③ 조립식 구조는 부재를 공장에서 생산·가공하여 현장에서 조립하므로 공기가 짧다.
④ 일체식 구조는 비교적 균일한 강도를 가진다.

[해설]

가구식 구조는 삼각형으로 조립하여 트러스 형태를 가지면 안정한 구조체를 이룰 수 있다.

**04** 곡면판이 지니는 역학적 특성을 응용한 구조로서 외력은 주로 판의 면내력으로 전달되기 때문에 경량이고 내력이 큰 구조물을 구성할 수 있는 것은? [15년 1회]

① 셸 구조
② 튜브 시스템
③ 스페이스 프레임
④ 절판 구조

[해설]

셸 구조(Shell Structure)
셸 구조는 입체형 구조로서 조개껍데기나 달걀껍데기처럼 얇은 판의 곡면을 이용해 하중을 처리하는 구조체이다.

**05** 고층건물의 구조형식 중에서 건물의 중간층에 대형 수평부재를 설치하여 횡력을 외곽기둥이 분담할 수 있도록 한 형식은? [18년 4회, 22년 1회]

① 트러스 구조
② 골조 아웃리거 구조
③ 튜브 구조
④ 스페이스 프레임 구조

[해설]

골조 – 아웃리거 구조시스템
고층 건축물에서 횡하중을 부담하는 중앙부의 전단벽 코어에서 캔틸레버와 같은 형식(Outrigger)으로 뻗어 나와 외곽부 기둥이나 벨트 트러스(Belt Truss)에 직접 연결하여 주변 구조를 코어에 묶어주는 구조시스템이다.

정답  01 ④  02 ②  03 ①  04 ①  05 ②

# 02 건축물 기초설계

## 1 부동침하

| 원인 | • 구조물의 기초지반이 침하함에 따라 구조물의 여러 부분에서 불균등하게 침하를 일으키는 현상<br>• 연약지반, 경사지반, 이질지층, 낭떠러지, 일부 증축, 지하수위 변경, 지하구멍, 메운 땅, 이질지정, 일부지정일 경우 발생 |
|---|---|
| 대책 | • 상부구조에 대한 대책 : 건물경량화, 이웃건물과의 거리 이격, 건물의 평면길이를 짧게, 건물의 중량 균등배분, 건물의 강성 증대<br>• 기초구조에 대한 대책 : 마찰말뚝 사용, 지하실 설치, 경질지반에 지지, 복합기초, 온통기초 사용<br>• 지반에 대한 대책 : 지반개량공법(치환법, 탈수법, 다짐법, 주입법, 동결법, 재하법 등)으로 지반의 성질을 개량 |

➕ **지반의 허용지내력 크기**
경암반 > 연암반 > 자갈 모래

➕ **흙의 전단강도**
$\tau = C + \bar{\sigma}\tan\phi$
여기서, $C$ : 점착력
$\bar{\sigma}$ : 수직응력
$\phi$ : 내부마찰각

➕ **점토질 지반(Clay)**
내부마찰각 $\phi = 0$, $\tau = C$

➕ **사질토 지반(Sand)**
점착력 $C = 0$, $\tau = \bar{\sigma}\tan\phi$

➕ **지중보**
• 기초의 주각부를 연결하는 수평보이다.
• 기초와 기초를 연결하여 주각부의 강성을 증대한다.
• 지진에 대한 저항 효과, 건축물의 부등침하를 억제한다.
• 기초에 중심축 하중을 유도한다.

## 2 기초의 분류

| 독립기초 | 기둥 1개를 1개의 기초판으로 지지하도록 만든 기초이다. |
|---|---|
| 복합기초 | 2개 이상의 기둥을 1개의 기초판으로 지지하도록 만든 기초이다. |
| 연속(줄)기초 | 벽 또는 1열의 기둥을 연속된 기초판으로 지지하도록 만든 기초이다. |
| 온통(전면)기초 | • 기초지반이 연약한 경우에 사용되는 기초로서 모든 기둥을 하나의 기초판으로 지지하도록 만든 기초이며 매트(Mat)기초라고도 한다.<br>• 설계가 까다로우나 부동침하를 줄이는데 효과적이다. |
| 뗏목기초 | 연약지반이 깊이 있을 때, 부력에 의해 하중을 지지하도록 만든 기초이다. |

## 3 말뚝 간격

### (1) 공통사항

기초판의 연단에서 말뚝 중심까지의 거리는 1.25D 이상으로 한다(여기서 D는 말뚝지름).

### (2) 말뚝 종류별 말뚝 간격 기준

| 종류 | 간격(말뚝 중심 간 최소 간격 이상) |
|---|---|
| 나무말뚝 | 600mm 이상 또한 2.5D 이상 |
| 기성콘크리트말뚝 | 750mm 이상 또한 2.5D 이상 |
| 제자리(현장타설) 콘크리트말뚝 | 2.0D 또한 말뚝머리 직경 + 1,000mm 이상 |
| 매입말뚝 | 2.0D 이상 |
| 강재말뚝 | 750mm 또한 2.0D 이상(단, 폐단강관말뚝은 2.5D 이상) |

# 과년도 기출문제

건축 / 기사 / 필기

**01** 부동침하의 원인과 가장 거리가 먼 것은?
　　　　　　　　　　　　　　　　　[17년 2회, 22년 1회]

① 건물이 경사지반에 근접되어 있을 경우
② 건물이 이질지반에 걸쳐 있을 경우
③ 이질의 기초구조를 적용했을 경우
④ 건물의 강도가 불균등할 경우

[해설]
기초의 강도(강성)이 불균등할 때 발생하며 건물의 강도와는 관계가 없다.

**02** 연약지반에서 부동침하를 방지하는 대책으로 옳지 않은 것은?　　　　　　　　　　　[15년 4회]

① 건물을 경량화 한다.
② 지하실을 강성체로 설치한다.
③ 줄기초와 마찰말뚝기초를 병용한다.
④ 건물의 구조강성을 높인다.

[해설]
기초를 병용할 경우 부동침하의 원인이 된다.

**03** 연약한 지반에 대한 대책 중 하부구조의 조치사항으로 옳지 않은 것은?　　　　　　　[22년 2회]

① 동일 건물의 기초에 이질 지정을 둔다.
② 경질지반에 기초판을 지지한다.
③ 지하실을 설치한다.
④ 경질지반이 깊을 때는 마찰말뚝을 사용한다.

[해설]
동일 건물의 기초에 이질 지정을 둘 경우 부동침하의 원인이 될 수 있다.

**04** 연약한 지반에 대한 대책 중 상부구조의 조치사항으로 옳지 않은 것은?　　　[18년 2회, 20년 3회]

① 건물의 수평길이를 길게 한다.
② 건물을 경량화 한다.
③ 건물의 강성을 높여준다.
④ 건물의 인동간격을 멀리한다.

[해설]
건물의 수평길이를 길게 할 경우 부동침하가 가중되게 된다.

**05** 연약지반에 대한 대책으로 옳지 않은 것은?
　　　　　　　　　　　　　　　　　[17년 4회, 21년 4회]

① 지반개량공법을 실시한다.
② 말뚝기초를 적용한다.
③ 독립기초를 적용한다.
④ 건물을 경량화 한다.

[해설]
독립기초보다는 복합기초, 온통기초를 적용하여 기초 간의 응력의 차이를 최소화 한다.

**06** 각 지반의 허용지내력의 크기가 큰 것부터 순서대로 올바르게 나열된 것은?　　[19년 1회, 21년 4회]

| A. 자갈 | B. 모래 |
| C. 연암반 | D. 경암반 |

① B > A > C > D　② A > B > C > D
③ D > C > A > B　④ D > C > B > A

[해설]
지반의 허용지내력 크기
경암반 > 연암반 > 자갈 > 모래

정답　01 ④　02 ③　03 ①　04 ①　05 ③　06 ③

## 과년도 기출문제

**07** 온통기초에 관한 설명으로 옳지 않은 것은?
[20년 4회]

① 연약지반에 주로 사용된다.
② 독립기초에 비하여 구조해석 및 설계가 매우 단순하다.
③ 부동침하에 대하여 유리하다.
④ 지하수가 높은 지반에서도 유효한 기초방식이다.

[해설]
온통기초는 모든 기둥을 하나의 기초판으로 지지하도록 만든 기초형식으로서 독립기초에 비하여 구조해석 및 설계가 까다롭다.

**08** 연약지반에서 부동침하를 줄이기 위한 가장 효과적인 기초의 종류는?
[19년 1회]

① 독립기초  ② 복합기초
③ 연속기초  ④ 온통기초

[해설]
온통(전면)기초
기초지반이 연약한 경우에 사용되는 기초로, 모든 기둥을 하나의 기초판으로 지지하도록 만듦으로 부동침하를 줄이는데 효과적이다. 매트(Mat)기초라고도 한다.

**09** 기초 설계 시 인접대지를 고려하여 편심기초를 만들고자 한다. 이때 편심기초의 지내력이 균등해지도록 하기 위한 가장 타당한 방법은?
[18년 1회, 20년 4회]

① 지중보를 설치한다.
② 기초 면적을 넓힌다.
③ 기둥의 단면적을 크게 한다.
④ 기초 두께를 두껍게 한다.

[해설]
지중보는 기초와 주각부를 연결하는 수평보로서 기초에 중심축 하중을 유도하여 건축물의 부등침하를 억제한다.

**10** 건축물의 기초구조 설계 시 말뚝재료별 구조세칙으로 옳지 않은 것은?
[20년 1·2회 통합]

① 나무말뚝을 타설할 때 그 중심간격은 말뚝머리지름의 2.5배 이상 또한 600mm 이상으로 한다.
② 기성콘크리트말뚝을 타설할 때 그 중심간격은 말뚝머리지름의 2.5배 이상 또한 1,100mm 이상으로 한다.
③ 강재말뚝을 타설할 때 그 중심간격은 말뚝머리의 지름 또는 폭의 2.0배 이상(다만, 폐단강관 말뚝에 있어서 2.5배) 또한 750mm 이상으로 한다.
④ 현장타설콘크리트말뚝을 배치할 때 그 중심간격은 말뚝머리지름의 2.0배 이상 또한 말뚝머리 지름에 1,000mm를 더한 값으로 한다.

[해설]
기성콘크리트말뚝을 타설할 때 그 중심간격
말뚝머리지름의 2.5배 이상 또한 750mm 이상으로 한다.

**11** 말뚝머리지름이 400mm인 기성콘크리트말뚝을 시공할 때 그 중심간격으로 가장 적당한 것은?
[16년 4회, 17년 4회]

① 750mm
② 800mm
③ 900mm
④ 1,000mm

[해설]
기성콘크리트말뚝을 타설할 때 그 중심간격
말뚝머리지름의 2.5배 이상 또한 750mm 이상으로 한다.
∴ 400×2.5 = 1,000mm

**정답** 07 ②  08 ④  09 ①  10 ②  11 ④

## 과년도 기출문제

건축 / 기사 / 필기

**12** 현장타설콘크리트말뚝의 구조세칙으로 틀린 것은? [15년 1회]

① 현장타설콘크리트말뚝은 특별한 경우를 제외하고 주근은 6개 이상으로 한다.
② 현장타설콘크리트말뚝은 배치할 때 그 중심간격은 말뚝머리지름의 1.5배 이상 또한 말뚝머리지름에 500mm를 더한 값 이상으로 한다.
③ 현장타설콘크리트말뚝의 선단부는 지지층에 확실히 도달시켜야 한다.
④ 저부의 단면을 확대한 현장타설콘크리트말뚝의 측면경사가 수직면과 이루는 각은 30° 이하로 한다.

[해설]

현장타설콘크리트말뚝을 배치할 때 그 중심간격
말뚝머리지름의 2.0배 이상 또한 말뚝머리지름에 1,000mm를 더한 값 이상으로 한다.

**13** 다음 ( ) 안에 알맞은 숫자가 순서대로 옳게 짝지어진 것은? [15년 4회]

> 현장타설콘크리트말뚝을 배치할 때 그 중심간격은 말뚝머리지름의 ( ㉠ )배 이상 또는 말뚝머리지름에 ( ㉡ )mm를 더한 값 이상으로 한다.

① ㉠ 2.5, ㉡ 750
② ㉠ 2.5, ㉡ 1,000
③ ㉠ 2.0, ㉡ 750
④ ㉠ 2.0, ㉡ 1,000

[해설]

현장타설콘크리트말뚝을 배치할 때 그 중심간격
말뚝머리지름의 2.0배 이상 또한 말뚝머리지름에 1,000mm를 더한 값으로 한다.

정답 **12** ② **13** ④

# 03 내진·내풍설계

## 1 내진구조의 분류

| 건물골조방식 | 수직하중은 입체골조가 저항하고, 지진하중은 전단벽이나 가새골조가 저항하는 구조방식 |
|---|---|
| 내력벽방식 | 수직하중과 횡력을 전단벽이 부담하는 구조방식 |
| 모멘트골조방식 | 수직하중과 횡력을 보와 기둥으로 구성된 라멘골조가 저항하는 구조방식 |
| 보통모멘트골조 | 연성거동을 확보하기 위한 특별한 상세를 사용하지 않은 모멘트골조 |
| 연성모멘트골조 | 횡력에 대한 저항능력을 증가시키기 위하여 부재와 접합부의 연성을 증가시킨 모멘트골조 |
| 가새골조 | 횡력에 저항하기 위하여 건물골조방식 또는 이중골조방식에서 중심형 또는 편심형의 수직트러스 또는 이와 동등한 구성체 |
| 중심가새골조 | 트러스메카니즘에 의하여 부재의 축력에 의하여 횡하중을 저항하는 가새골조 |
| 중간모멘트골조 | 연성모멘트골조의 일종으로서 중연성도의 연성능력을 가지도록 설계된 모멘트골조 |
| 이중골조방식 | 지진력의 25% 이상을 부담하는 연성모멘트골조가 전단벽이나 가새골조와 조합되어 있는 구조방식 |
| 전단벽–골조 상호작용시스템 | 전단벽과 골조의 상호작용을 고려하여 강성에 비례하여 지진력을 저항하도록 설계되는 전단벽과 골조의 조합구조시스템 |
| 편심가새골조 | 경사가새가 설치되어 가새부재 양단부의 한쪽 이상이 보–기둥 접합부로부터 약간의 거리만큼 떨어져 보에 연결되어 있는 가새골조 |
| 특수모멘트골조 | 연성모멘트골조의 일종으로서 고연성도의 연성능력을 가지도록 설계된 모멘트골조 |

+ **내진등급에 따른 허용층간변위($\triangle_a$)**
- 내진 특등급 : $0.010 h_{sx}$
- 내진 I 등급 : $0.015 h_{sx}$
- 내진 II 등급 : $0.020 h_{sx}$

여기서, $h_{sx}$는 $x$층의 층고이다.

**지진구역계수**(평균재현주기 500년에 해당)

| 지진구역 | I | II |
|---|---|---|
| 지진구역계수, $Z$ | 0.11 | 0.07 |

**내진보강대책**
- 구조물의 강도 증가
- 연성 증가
- 중량 감소
- 감쇠 증가

---

### 개념이해

**01** 횡력의 25% 이상을 부담하는 연성모멘트골조가 전단벽이나 가새골조와 조합되어 있는 구조방식을 무엇이라 하는가? [19년 2회]

① 재진시스템방식 ② 면진시스템방식
③ 이중골조방식 ④ 메가칼럼–전단벽 구조방식

◎ 이중골조방식
지진력의 25% 이상을 부담하는 연성모멘트골조가 전단벽이나 가새골조와 조합되어 있는 구조방식

답 ③

## 과년도 기출문제

**01** 지진력저항시스템의 분류 중 이중골조시스템에 관한 설명으로 옳지 않은 것은? [18년 1회]

① 모멘트골조가 최소한 설계지진력의 75%를 부담한다.
② 모멘트골조와 전단벽 또는 가새골조로 이루어져 있다.
③ 전체 지진력은 각 골조의 횡강성비에 비례하여 분배한다.
④ 일정 이상의 변형능력을 갖도록 연성상세설계가 되어야 한다.

[해설]

이중골조시스템은 (연성)모멘트골조가 최소한 설계지진력에 25% 이상을 부담하는 방식이다.

**02** 다음 각 구조시스템에 관한 정의로 옳지 않은 것은? [16년 2회, 18년 2회, 21년 1회]

① 모멘트골조방식 : 수직하중과 횡력을 보와 기둥으로 구성된 라멘골조가 저항하는 구조방식
② 연성모멘트골조방식 : 횡력에 대한 저항능력을 증가시키기 위하여 부재와 접합부의 연성을 증가시킨 모멘트골조방식
③ 이중골조방식 : 횡력의 25% 이상을 부담하는 전단벽이 연성모멘트골조와 조합되어 있는 구조방식
④ 건물골조방식 : 수직하중은 입체골조가 저항하고 지진하중은 전단벽이나 가새골조가 저항하는 구조방식

[해설]

이중골조방식
횡력(지진력)의 25% 이상을 부담하는 연성모멘트골조가 전단벽이나 가새골조와 조합되어 있는 구조방식

**03** 다음 중 내진 I등급 구조물의 허용층간변위로 옳은 것은?(단, KDS 기준, $h_{sx}$는 $x$층 층고) [17년 1회, 21년 2회]

① $0.005h_{sx}$  ② $0.010h_{sx}$
③ $0.015h_{sx}$  ④ $0.020h_{sx}$

[해설]

내진등급에 따른 허용층간변위($\Delta_a$)
• 내진 특등급 : $0.010h_{sx}$
• 내진 I 등급 : $0.015h_{sx}$
• 내진 II 등급 : $0.020h_{sx}$

**04** 건축구조기준에 따른 우리나라 지진구역 및 이에 따른 지진구역계수 값이 옳게 연결된 것은? [17년 2회 문제변형]

① 지진구역 I : 0.11g, 지진구역 II : 0.07g
② 지진구역 I : 0.17g, 지진구역 II : 0.11g
③ 지진구역 I : 0.11g, 지진구역 II : 0.17g
④ 지진구역 I : 0.14g, 지진구역 II : 0.22g

[해설]

지진구역계수(평균재현주기 500년에 해당)

| 지진구역 | I | II |
|---|---|---|
| 지진구역계수, $Z$ | 0.11 | 0.07 |

**05** 구조물의 내진보강 대책으로 적합하지 않은 것은? [19년 2회]

① 구조물의 강도를 증가시킨다.
② 구조물의 연성을 증가시킨다.
③ 구조물의 중량을 증가시킨다.
④ 구조물의 감쇠를 증가시킨다.

[해설]

구조물의 중량을 감소시켜야 한다.

정답  01 ①  02 ③  03 ③  04 ①  05 ③

# 03 내진·내풍설계

## ② 등가정적해석법(Equivalent Static Analysis)

| 일반사항 | | • 지진력을 정적인 횡력으로 계산하여 건축물의 지진거동을 해석하는 방법<br>• 저층의 정형구조물에 적합한 해석방법 |
|---|---|---|
| 밑면<br>전단력 | 정의 | • 밑면(Base) : 지반운동에 의한 수평지진력이 작용하는 기준면<br>• 밑면전단력(Base Shear) : 구조물의 밑면에 작용하는 설계용 총전단력 |
| | 밑면<br>전단력의<br>산정 | $V = C_s W = \dfrac{S_{D1}}{\left[\dfrac{R}{I_E}\right]T} W$<br><br>여기서, $C_s$ : 지진응답계수<br>$W$ : 고정하중을 포함한 유효 건물 중량<br>$I_E$ : 건축물의 중요도계수<br>$R$ : 반응수정계수<br>$S_{D1}$ : 주기 1초에서의 설계스펙트럼 가속도<br>$T$ : 건축물의 고유주기(초) |

**➕ 반응수정계수**

구조부재의 연성이 클수록 큰 값을 가지게 되는데, 지진하중은 반응수정계수에 역비례하므로 연성이 큰 구조물에 대해서는 지진하중을 낮추어 산정하게 된다.

• 규모 : 절대적 개념의 지진크기
• 진도 : 상대적 개념의 지진크기
• 진원시 : 지진파가 처음 발생한 시각
• 지진동 : 지진파가 지표에 도달하여 관측되는 표면층의 진동

## ③ 설계풍압의 산정

| 주골조 설계용<br>설계풍압의 산정 | 설계풍압 = 설계속도압 × 가스트영향계수 × 주골조 설계용 풍압계수<br>× 풍력계수 |
|---|---|
| 외장재 설계용<br>설계풍압의 산정 | 설계풍압 = 설계속도압 × 가스트영향계수 × 외장재용 풍압계수 |

**➕ 풍압력 산정요소**

풍압력의 크기를 결정할 때에는 설계풍속, 건축물의 높이와 형상, 지형, 건축물의 규모 및 용도, 주변 건축물의 분포 등이 고려된다.

• 가스트영향계수는 바람의 난류로 인해 발생되는 구조물의 동적 거동 성분이다.

### 개념이해

**01** 지진하중 설계 시 밑면전단력과 관계없는 것은? [16년 4회, 19년 1회]

① 유효 건물 중량  ② 중요도계수
③ 지반증폭계수  ④ 가스트계수

가스트영향계수는 바람의 난류로 인해 발생되는 구조물의 동적 거동 성분으로서 지진하중 설계 시 적용하는 밑면전단력과는 관계가 없다.

**답** ④

**02** 건축물에 작용하는 풍압력의 크기를 결정하는 요소와 가장 거리가 먼 것은? [15년 4회]

① 건축물의 무게  ② 건축물의 높이
③ 건축물의 형상  ④ 풍속

풍압력의 크기를 결정할 때에는 설계풍속, 건축물의 높이와 형상, 지형, 건축물의 규모 및 용도, 주변 건축물의 분포 등이 고려된다.

**답** ①

# 과년도 기출문제

건 축 / 기 사 / 필 기

**01** 내진설계에 있어서 밑면전단력 산정인자가 아닌 것은? [19년 4회]

① 건물의 중요도계수　② 반응수정계수
③ 진도계수　　　　　④ 유효 건물 중량

[해설]

밑면전단력의 산정

$$V = C_s W = \frac{S_{D1}}{\left[\frac{R}{I_E}\right] T} W$$

여기서, $C_s$ : 지진응답계수, $I_E$ : 건축물의 중요도계수
　　　　$W$ : 고정하중을 포함한 유효 건물 중량
　　　　$R$ : 반응수정계수, $T$ : 건축물의 고유주기(초)
　　　　$S_{D1}$ : 주기 1초에서의 설계스펙트럼 가속도

**02** 등가정적해석법에 따른 지진응답계수의 산정식과 가장 거리가 먼 것은? [18년 2회]

① 가스트영향계수
② 반응수정계수
③ 주기 1초에서의 설계스펙트럼 가속도
④ 건축물의 고유주기

[해설]

지진응답계수($C_s$)의 구성

$$C_s = \frac{S_{D1}}{\left[\frac{R}{I_E}\right] T}$$

여기서, $C_s$ : 지진응답계수, $I_E$ : 건축물의 중요도계수
　　　　$R$ : 반응수정계수, $T$ : 건축물의 고유주기(초)
　　　　$S_{D1}$ : 주기 1초에서의 설계스펙트럼 가속도

**03** 밑면전단력 산정 시 활용되는 지진응답계수를 구성하는 4가지 항목과 가장 거리가 먼 것은? [15년 4회]

① 반응수정계수　　② 건물의 중요도계수
③ 건물의 유효중량　④ 건물의 고유주기

[해설]

지진응답계수($C_s$)의 구성

$$C_s = \frac{S_{D1}}{\left[\frac{R}{I_E}\right] T}$$

여기서, $C_s$ : 지진응답계수
　　　　$I_E$ : 건축물의 중요도계수
　　　　$R$ : 반응수정계수
　　　　$S_{D1}$ : 주기 1초에서의 설계스펙트럼 가속도
　　　　$T$ : 건축물의 고유주기(초)

**04** 등가정적해석법에 의한 건축물의 내진설계 시 고려해야 할 사항이 아닌 것은? [20년 1·2회 통합]

① 지역계수　　　② 노풍도계수
③ 지반종류　　　④ 반응수정계수

[해설]

노풍도계수는 바람의 흐름을 막는 정도를 계수로 나타낸 것으로서 풍하중 산출 시 활용한다.

**05** 지진계에 기록된 진폭을 진원의 깊이와 진앙까지의 거리 등을 고려하여 지수로 나타낸 것으로 장소에 관계없는 절대적 개념의 지진크기를 말하는 것은? [16년 4회, 21년 1회]

① 규모　　　② 진도
③ 진원시　　④ 지진동

[해설]

② 진도 : 상대적 개념의 지진크기
③ 진원시 : 지진파가 처음 발생한 시각
④ 지진동 : 지진파가 지표에 도달하여 관측되는 표면층의 진동

**06** 바람의 난류로 인해서 발생되는 구조물의 동적 거동 성분을 나타내는 것으로 평균변위에 대한 최대변위의 비를 통계적인 값으로 나타낸 계수는? [20년 4회, 22년 1회]

① 지형계수　　　　② 가스트영향계수
③ 풍속고도분포계수　④ 풍력계수

[해설]

가스트영향계수는 바람의 난류로 인해 발생되는 구조물의 동적 거동 성분이다.

정답　01 ③　02 ①　03 ③　04 ②　05 ①　06 ②

# 04 구조역학 일반사항

## 1 힘

### (1) 힘의 3요소

| 크기($l$) | 힘의 축적에 의한 화살표의 길이로 표시 |
|---|---|
| 방향($\theta$) | 기준선과 이루는 각도 |
| 작용점(x, y) | 힘이 작용하는 점으로 작용선상에 있음. 이동성(전달성)의 원리가 성립됨 |
| 힘의 3요소 | |

### (2) 평행한 힘의 합성과 위치

| 합력 | $R = P_1 + P_2$<br>$R = \sqrt{P_1^2 + P_2^2 + 2P_1P_2\cos\theta}$ |
|---|---|
| 위치 | $\sum M_B = 0$에 의하여 $x = \dfrac{P_1l_1 + P_2l_2 + P_3l_3}{R}$ |
| 평행한 힘의 합성 | |

### (3) 정역학적 힘의 평형

| 힘의 평형 조건 | • 힘의 평형개념 : 물체가 움직이거나 회전하지 않는 경우, 즉 정지 상태<br>• 구조물이 좌우로 움직이지 않아야 한다($\sum F_x = 0$, $\sum H = 0$).<br>• 구조물이 상하로 움직이지 않아야 한다($\sum F_y = 0$, $\sum V = 0$).<br>• 구조물이 회전하지 않아야 한다($\sum M_x = 0$, $\sum M = 0$). |
|---|---|

## 과년도 기출문제

**01** 점 A에 작용하는 두 개의 힘 $P_1$과 $P_2$의 합력을 구하면?                                      [22년 1회]

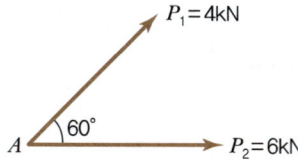

① $\sqrt{72}$ kN   ② $\sqrt{74}$ kN
③ $\sqrt{76}$ kN   ④ $\sqrt{78}$ kN

[해설]

합력($R$)산출
$R = \sqrt{P_1^2 + P_2^2 + 2P_1P_2\cos\theta}$
$= \sqrt{4^2 + 6^2 + 2 \times 4 \times 6 \times \cos 60°} = \sqrt{76}$ kN

**02** 그림과 같은 직각삼각형인 구조물에서 AC부재가 받는 힘은?                                      [18년 4회]

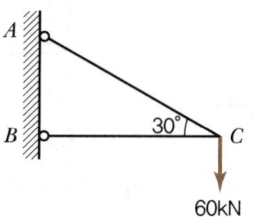

① 30kN   ② $30\sqrt{3}$ kN
③ $60\sqrt{3}$ kN   ④ 120kN

[해설]

AC 부재가 받는 힘($F_{AC}$) 산출
$\sum V = 0$
$\sum V = -60 + F_{AC} \times \sin 30° = 0$
$F_{AC} = 120$kN

**03** 그림과 같은 구조물에 작용하는 4개의 힘이 평형을 이룰 때 $F$의 크기 및 거리 $x$는?       [16년 4회]

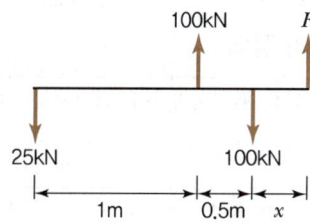

① $F = 25$kN, $x = 1$m
② $F = 50$kN, $x = 1$m
③ $F = 25$kN, $x = 0.5$m
④ $F = 50$kN, $x = 0.5$m

[해설]

㉠ $F$의 산출
  $\sum V = 0$
  $\sum V = -25 + 100 - 100 + F = 0$
  ∴ $F = 25$kN

㉡ $x$의 산출
  25kN 작용점을 기준으로 모멘트를 합산 정리한다.
  $\sum M = 0$
  $\sum M = 25 \times 0 - 100 \times 1 + 100 \times 1.5 - 25 \times (1.5 + x) = 0$
  ∴ $x = 0.5$m

정답  01 ③   02 ④   03 ③

# 04 구조역학 일반사항

## 2 모멘트(Moment)

### (1) 모멘트의 정의

| 정의 | "힘 × 거리(수직거리, 최단거리)"로서 회전하려고 하는 힘<br>$M = P \times L$<br>여기서, $P$ : 힘, $L$ : 거리 |
|---|---|
| 단위 | tf·m, kgf·cm |
| 부호 | 시계방향(+), 반시계방향(−) |

### (2) 우력모멘트(Couple Moment)

| 우력(Couple Force) | 크기가 같고 방향이 반대인 한 쌍의 나란한 힘 |
|---|---|
| 우력 모멘트의 특성 | • 우력의 합력 : $R = 0$<br>• 우력모멘트의 크기는 항상 일정 |
| 모멘트 | $M_0 = \oplus P \cdot l \sin\theta$ (모멘트)<br>$M = -P \cdot l$ (우력모멘트) |

## 3 지점과 절점

### (1) 반력(Reaction)

어떤 물체가 외력을 받았을 때 그 물체 내부에서 평형상태를 이루기 위하여 수동적으로 발생하는 힘으로 수동외력이다.

### (2) 지점(Support)

구조물과 지반이 연결된 곳을 지점이라고 한다.

| 이동지점<br>(가동지점, 롤러지점) | 롤러에 의하여 회전이 자유롭고, 수평방향의 이동이 자유로우나, 지지면에 수직한 방향으로는 이동할 수 없는 구조 |
|---|---|
| 회전지점<br>(활절지점, 힌지지점) | 힌지를 중심으로 자유롭게 회전할 수 있으나, 어느 방향으로도 이동할 수 없는 구조 |
| 고정지점 | 보가 다른 구조물과 일체로 된 구조체로, 어느 방향으로도 이동할 수 없을 뿐만 아니라 회전도 할 수 없는 구조 |

➕ **바리뇽(Varignon)의 정리**

여러 힘의 한 점에 대한 모멘트는 그 합력의 모멘트의 크기와 같다. 즉, 합력에 의한 모멘트는 분력에 의한 모멘트의 합과 같고, 그의 역도 성립한다.

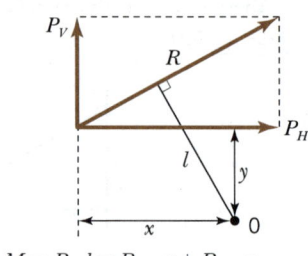

$M_o = R \cdot l = P_V \cdot x + P_H \cdot y$

## (3) 절점(Panel Point)

구조물을 구성하고 있는 부재와 부재가 연결된 곳을 절점이라고 한다.

| 힌지절점<br>(Hinge 또는 Pin, 활절점) | 부재와 부재의 절점이 핀(Pin)으로 연결되어 회전이 가능한 상태 |
|---|---|
| 고정절점<br>(Fixed, 강절점) | 각 부재의 절점이 고정되어 각도가 변하지 않는 절점 |

## (4) 평면구조물 지점의 종류 및 반력수

| 종류 | 지점 구조상태 | 기호 | 반력 수 |
|---|---|---|---|
| 이동지점<br>(Roller Support) | | | $R=1$<br>수직반력 1개 |
| 회전지점<br>(Hinged Support) | | | $R=2$<br>수직반력 1개<br>수평반력 1개 |
| 고정지점<br>(Fixed Support) | | | $R=3$<br>수직반력 1개<br>수평반력 1개<br>모멘트반력 1개 |

# 4 구조물에 작용하는 하중

## (1) 하중의 작용형태에 의한 분류

| 정하중(Static Load) | 사하중(Dead Load), 활하중(Live Load), 적설하중(Snow Load) |
|---|---|
| 동하중<br>(Dynamic Load) | • 교대하중(교번하중, Alternated Load) : 부재에 인장과 압축하중이 주기적으로 작용하는 하중<br>• 반복하중(Repeated Load) : 인장하중 또는 압축하중만이 주기적으로 부재에 작용하는 하중<br>• 충격하중(Impulsive Load) : 활하중의 충격에 의해 발생하는 하중<br>• 풍하중(Wind Load), 지진하중(Seismic Load) |

**정하중(Static Load)**
- 시간적으로나 공간(장소)적으로도 변함 없이 정지한 하중
- 극히 서서히 가해지는 하중

**동하중(Dynamic Load)**
- 정하중에 대해 동적으로 작용하는 하중
- 크기, 방향이 일정하지 않은 하중

# 04 구조역학 일반사항

## (2) 하중의 분포형태에 의한 분류

| 집중하중 | 구조물의 임의의 한 점에 단독으로 작용하는 하중 |
|---|---|
| 등분포하중 | 하중의 강도(크기)가 일정하게 분포하는 하중 |
| 등변분포하중 | 하중의 강도(크기)가 직선변화하는 하중 |
| 모멘트하중(우력모멘트) | 모멘트 또는 우력으로 작용하는 하중 |
| 하중의 작용형태 | 집중하중 / 등분포하중 / 등변분포하중 / 모멘트하중 |

## 5 구조물의 판별

### (1) 안정과 불안정

| 안정(Stable) | 외력이 작용했을 경우 구조물이 평형을 이루는 상태 |
|---|---|
| 불안정(Unstable) | 외력이 작용했을 경우 구조물이 평형을 이루지 못하는 상태 |

### (2) 외적과 내적

| 외적 | 외력이 작용했을 때 구조물 위치의 이동 여부 |
|---|---|
| 내적 | 외력이 작용했을 때 구조물 형태의 변형 여부 |

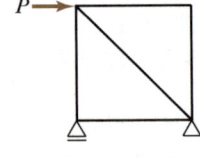
(a) 내적 : 안정, 외적 : 안정

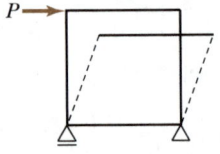
(b) 내적 : 불안정, 외적 : 안정

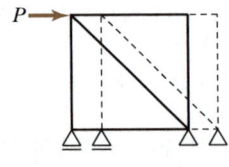
(c) 내적 : 안정, 외적 : 불안정

**안정과 불안정**

### (3) 정정과 부정정

| 정정<br>(Statically Determinate) | 힘의 평형조건식만으로 반력과 부재력을 구할 수 있는 경우 |
|---|---|
| 부정정<br>(Statically Indeterminate) | 힘의 평형조건만으로는 반력과 부재력을 구할 수 없는 경우 |

### (4) 구조물의 판별식

$$n = 반력\ 수 + 부재\ 수 + 강절점\ 수 - 2 \times 절점\ 수$$

① n의 값에 따라 다음과 같이 판정된다.

| $n=0$인 경우 | 정정구조(안정) |
|---|---|
| $n>0$인 경우 | 부정정구조($n$ : 부정정 차수) |
| $n<0$인 경우 | 불안정구조 |

② 절점에 따른 부재 수, 절점 수 및 강절점 수의 산정 예

| 절점<br>형태 | | | | | |
|---|---|---|---|---|---|
| m | 2 | 2 | 3 | 3 | 3 |
| j | 1 | 1 | 1 | 1 | 1 |
| k | 1 | 0 | 2 | 0 | 1 |

| 절점<br>형태 | | | | | |
|---|---|---|---|---|---|
| m | 4 | 4 | 4 | 4 | 4 |
| j | 1 | 1 | 1 | 1 | 1 |
| k | 3 | 3 | 0 | 1 | 2 |

| 절점<br>형태 | | | |
|---|---|---|---|
| m | 2 | 3 | 3 |
| j | 3 | 4 | 4 |
| k | 1 | 2 | 1 |

# 04 구조역학 일반사항

**(5) 형태불안정(기하학적 불안정) 구조**

구조물은 차수판별로는 안정구조물이 되지만, 구조물의 지점 이동 및 절점 변형이 나타나는 형태불안정(기하학적 불안정) 구조이다.

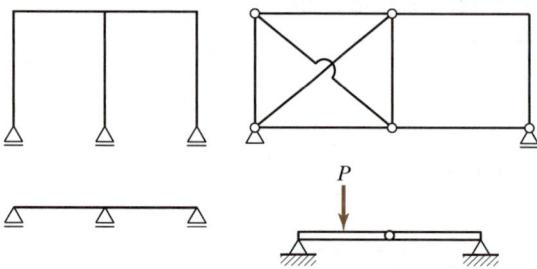

형태불안정(기하학적 불안정) 구조

## 과년도 기출문제

건 축 / 기 사 / 필 기

**01** 그림과 같은 구조물의 부정정 차수는? [16년 2회]

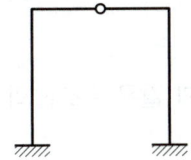

① 1차 부정정  ② 2차 부정정
③ 3차 부정정  ④ 4차 부정정

[해설]

부정정 차수 산출
N = 반력 수 + 부재 수 + 강절점 수 − 2×절점 수
= 6 + 4 + 2 − 2×5 = 2 → 2차 부정정

**02** 그림과 같은 구조물의 부정정 차수는? [17년 4회]

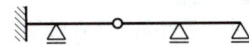

① 1차  ② 2차
③ 3차  ④ 4차

[해설]

부정정 차수 산출
N = 반력 수 + 부재 수 + 강절점 수 − 2×절점 수
= 6 + 4 + 0 − 2×4 = 2 → 2차 부정정

**03** 그림과 같은 구조물의 부정정 차수는?
[18년 2회, 22년 2회]

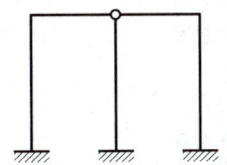

① 1차 부정정  ② 2차 부정정
③ 3차 부정정  ④ 4차 부정정

[해설]

부정정 차수 산출
N = 반력 수 + 부재 수 + 강절점 수 − 2×절점 수
= 9 + 5 + 2 − 2×6 = 4 → 4차 부정정

**04** 그림과 같은 구조물의 부정정 차수는? [20년 4회]

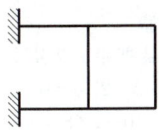

① 3차 부정정  ② 4차 부정정
③ 5차 부정정  ④ 6차 부정정

[해설]

부정정 차수 산출
N = 반력 수 + 부재 수 + 강절점 수 − 2×절점 수
= 6 + 6 + 6 − 2×6 = 6 → 6차 부정정

**05** 다음 그림과 같은 라멘의 부정정 차수는?
[19년 4회]

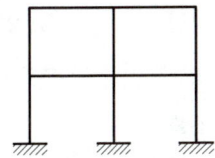

① 6차 부정정  ② 8차 부정정
③ 10차 부정정 ④ 12차 부정정

[해설]

부정정 차수 산출
N = 반력 수 + 부재 수 + 강절점 수 − 2×절점 수
= 9 + 10 + 11 − 2×9 = 12 → 12차 부정정

**06** 다음 구조물의 부정정 차수의 합은? [17년 2회]

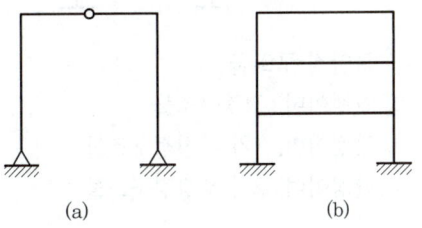

(a)    (b)

① 9   ② 10
③ 11  ④ 12

**정답** 01 ②  02 ②  03 ④  04 ④  05 ④  06 ①

# 과년도 기출문제

**[해설]**

부정정 차수 산출
N＝반력 수＋부재 수＋강절점 수－2×절점 수
(a) N＝4＋4＋2－2×5＝0
(b) N＝6＋9＋10－2×8＝9
∴ 0＋9＝9

**07** 그림과 같은 구조물의 판별로 옳은 것은?  [15년 1회]

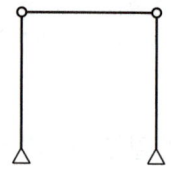

① 불안정　　② 정정
③ 1차 부정정　　④ 2차 부정정

**[해설]**

부정정 차수 산출
N＝반력 수＋부재 수＋강절점 수－2×절점 수
　＝4＋3＋0－2×4＝－1
∴ N＜0 이므로 불안정

**08** 그림과 같은 라멘 구조물의 판별은?  [15년 2회, 21년 1회]

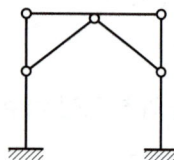

① 불안정 구조물
② 안정이며, 정정구조물
③ 안정이며, 1차 부정정구조물
④ 안정이며, 2차 부정정구조물

**[해설]**

라멘 구조물의 판별
㉠ 변형이나 이동이 없으므로 안정상태이다.
㉡ 부정정차수 산출

N＝반력 수＋부재 수＋강절점 수－2×절점 수
　＝6＋8＋0－2×7＝0 → 정정구조물

**09** 다음 그림과 같은 구조물의 판별로 옳은 것은?  [17년 1회]

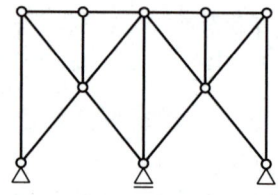

① 불안정　　② 정정
③ 1차 부정정　　④ 2차 부정정

**[해설]**

라멘 구조물의 판별
㉠ 변형이나 이동이 없으므로 안정상태이다.
㉡ 부정정 차수 산출
　N＝반력 수＋부재 수＋강절점 수－2×절점 수
　　＝5＋17＋0－2×10＝2 → 2차 부정정

**10** 다음 구조물의 부정정 차수는?  [16년 1회]

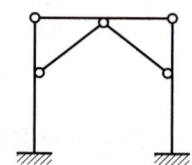

① 1차 부정정　　② 2차 부정정
③ 3차 부정정　　④ 4차 부정정

**[해설]**

부정정 차수 산출
N＝반력 수＋부재 수＋강절점 수－2×절점 수
　＝6＋8＋2－2×7＝2 → 2차 부정정

정답　07 ①　08 ②　09 ④　10 ②

# 과년도 기출문제

**11** 그림과 같은 구조물의 부정정 차수는? [21년 4회]

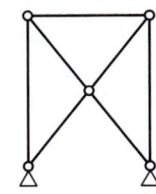

① 1차  ② 2차
③ 3차  ④ 4차

[해설]

부정정 차수 산출
N = 반력 수 + 부재 수 + 강절점 수 − 2×절점 수
  = 4 + 7 + 0 − 2×5 = 1 → 1차 부정정

**12** 다음 그림과 같은 구조물의 부정정 차수로 옳은 것은? [20년 3회]

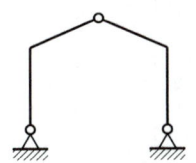

① 정정  ② 1차 부정정
③ 2차 부정정  ④ 3차 부정정

[해설]

라멘 구조물의 판별
㉠ 변형이나 이동이 없으므로 안정상태이다.
㉡ 부정정 차수 산출
   N = 반력 수 + 부재 수 + 강절점 수 − 2×절점 수
     = 4 + 4 + 2 − 2×5 = 0 → 정정구조물

**13** 다음과 같은 구조물의 판별로 옳은 것은?(단, 그림의 하부지점은 고정단임) [16년 4회, 19년 1회, 21년 2회]

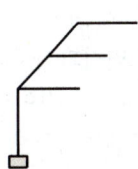

① 불안정  ② 정정
③ 1차 부정정  ④ 2차 부정정

[해설]

㉠ 변형이나 이동이 없으므로 안정상태이다.
㉡ 부정정차수 산출
   N = 반력 수 + 부재 수 + 강절점 수 − 2×절점 수
     = 3 + 6 + 5 − 2×7 = 0 → 정정구조물

**14** 다음 그림과 같은 부정정보를 정정보로 만들기 위해 필요한 내부 힌지의 최소 개수는? [18년 1회]

① 1개  ② 2개
③ 3개  ④ 4개

[해설]

부정정 차수와 같은 개수로 내부 힌지를 적용하면 정정보가 된다.
N = 반력 수 + 부재 수 + 강절점 수 − 2×절점 수
  = 5 + 3 + 0 − 2×3 = 2 → 2차 부정정
∴ 정정보가 되기 위해서는 2개의 힌지가 필요하다.

정답  11 ①  12 ①  13 ②  14 ①

# 05 단면의 성질

## 1 단면1차모멘트

### (1) 정의

① 단면의 미소면적과 구하려는 축에서 도심까지의 거리를 곱하여 전단면에 대하여 적분한 것이다.
② 단면 1차 모멘트＝도형의 면적×축에서 도심까지의 거리
③ 단위 : $cm^3$, $m^3$, $ft^3$

$$G_x = \int_A y dA = A \cdot y_0$$
$$G_y = \int_A y dA = A \cdot x_0$$

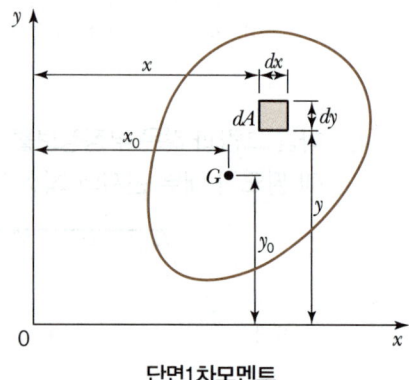

**단면1차모멘트**

### (2) 도심

① 단면1차모멘트가 0이 되는 좌표의 원점이다.

$$x_0 = \frac{G_y}{A},$$
$$y_0 = \frac{G_x}{A}$$

② 기본 단면의 도심

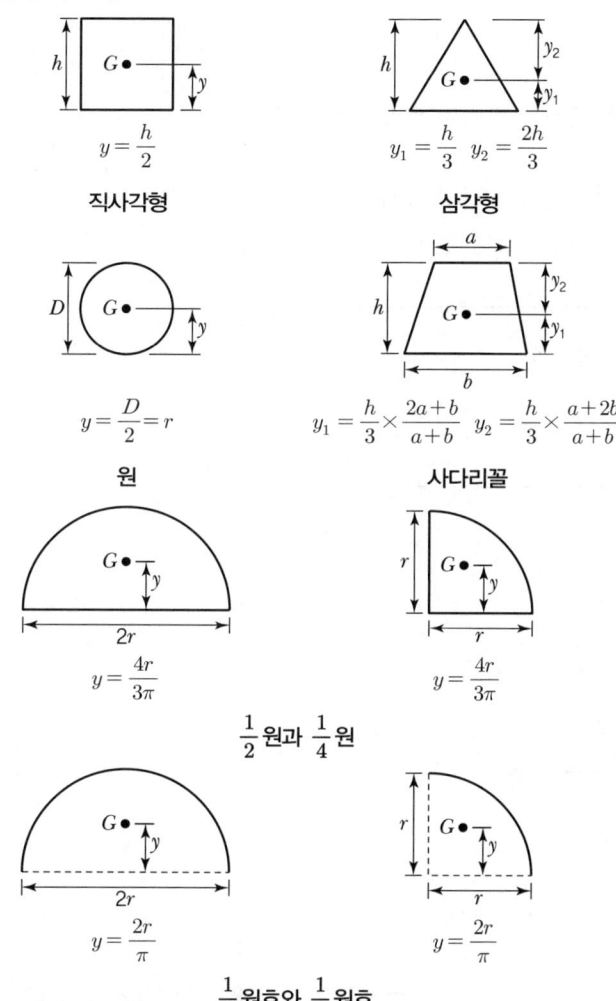

**(3) 단면1차모멘트의 특성**
① 단면의 도심을 통과하는 축에 대한 단면1차모멘트는 0이다.
② 동일 단면에 여러 도형이 있을 경우 도형 전체 도심 $x_0$, $y_0$ 값

$$x_0 = \frac{G_y}{A} = \frac{A_1x_1 + A_2x_2 + A_3x_3 + \cdots A_nx_n}{A_1 + A_2 + A_3 + \cdots A_n}$$

$$y_0 = \frac{G_x}{A} = \frac{A_1y_1 + A_2y_2 + A_3y_3 + \cdots A_ny_n}{A_1 + A_2 + A_3 + \cdots A_n}$$

③ 단면1차모멘트는 좌표축에 따라 (+), (−)의 값을 모두 가질 수 있다.

# 05 단면의 성질

## 2 단면2차모멘트

### (1) 정의

① 단면의 미소면적과 구하려는 축에서 도심까지의 거리의 제곱을 곱하여 전단면에 대하여 적분한 것이다.
② 단면2차모멘트 = 면적 × 축에서 미소면적까지의 거리의 제곱
③ 단위 : $cm^4$, $m^4$, $ft^4$
④ 단면2차모멘트는 양의 값을 갖는다.

$$I_X = \int_A y^2 dA = A \cdot y^2$$
$$I_Y = \int_A x^2 dA = A \cdot x^2$$

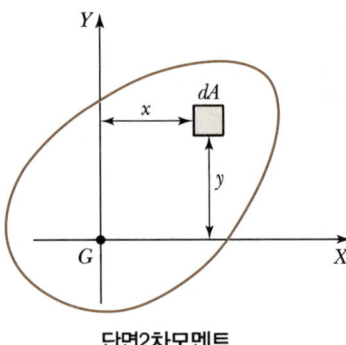

단면2차모멘트

### (2) 도심축에 대한 단면2차모멘트

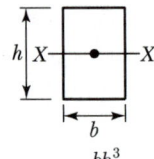

$I_x = \dfrac{bh^3}{12}$

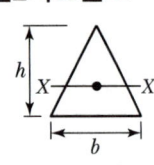

$I_x = \dfrac{bh^3}{36}$

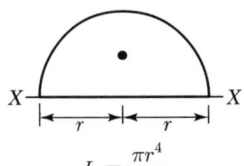

$I_x = \dfrac{a^4}{12}$

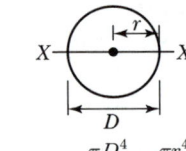

$I_x = \dfrac{\pi D^4}{64} = \dfrac{\pi r^4}{4}$

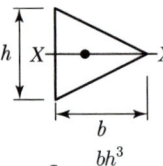

$I_x = \dfrac{bh^3}{48}$

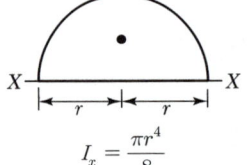

$I_x = \dfrac{\pi r^4}{8}$

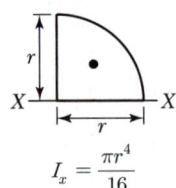

$I_x = \dfrac{\pi r^4}{16}$

**＋ 단면2차모멘트의 특징**
- 단면2차모멘트는 항상 (+)의 값을 가진다.
- 도심축에 대한 단면2차모멘트는 최솟값을 가진다.
- 원형 및 정사각형의 도심축에 대한 단면2차모멘트는 축의 회전에 관계 없이 모두 일정하다.

## 3 평행축 정리

### (1) 의의
축의 평행이동에 따른 단면2차모멘트 값을 산출한다.

### (2) 산출방식

$$I_x = I_X + Ae^2$$

여기서, $I_x$ : 이동한 $x$축에 대한 단면2차모멘트
$I_X$ : $X$축의 단면2차모멘트(도심축)
$A$ : 단면적
$e$ : 도심축($X$)과 평행한 $x$축 간의 거리

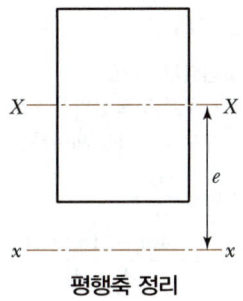

**평행축 정리**

# 과년도 기출문제

**01** 다음과 같은 사다리꼴 단면의 도심 $y_0$ 값은?

[15년 2회, 17년 1회, 22년 2회]

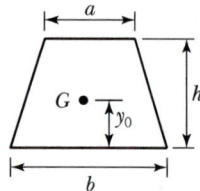

① $\dfrac{h(2a+b)}{3(a+b)}$  ② $\dfrac{h(a+b)}{3(2a+b)}$

③ $\dfrac{3h(2a+b)}{(a+b)}$  ④ $\dfrac{h(a+2b)}{3(a+b)}$

[해설]

도심($y_0$)산출

$y_0 = \dfrac{G}{A}$

여기서 $G$ : 단면1차모멘트, $A$ : 면적

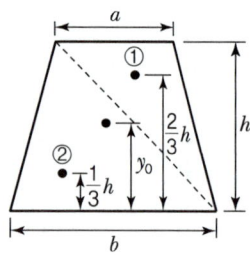

$y_0 = \dfrac{\frac{1}{2}ah \cdot y_1 + \frac{1}{2}bh \cdot y_2}{\frac{1}{2}ah + \frac{1}{2}bh} = \dfrac{\frac{1}{2}ah \cdot \frac{2}{3}h + \frac{1}{2}bh \cdot \frac{1}{3}h}{\frac{1}{2}ah + \frac{1}{2}bh}$

$= \dfrac{\frac{2}{6}ah^2 + \frac{bh^2}{6}}{\frac{1}{2}h(a+b)} = \dfrac{\frac{1}{6}h^2(2a+b)}{\frac{1}{2}h(a+b)} = \dfrac{h(2a+b)}{3(a+b)}$

**02** 다음과 같은 볼트군의 $x_o$부터의 도심위치 $x$를 구하면?(단, 그림의 단위는 mm)

[20년 3회]

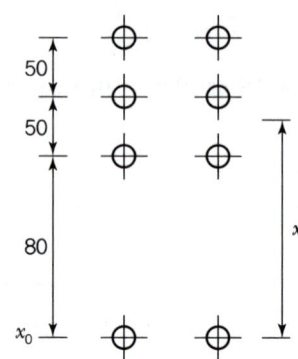

① 80mm  ② 89.5mm
③ 90mm  ④ 97.5mm

[해설]

도심위치 $x$산출

- $x_o$로부터 도심위치 $x$를 구하라는 것은, $x$축으로부터 도심까지의 거리를 의미하는 $y_o$를 구하라는 의미이다.

- $y_0 = \dfrac{G_x}{A}$

$= \dfrac{A_1 y_1 + A_2 y_2 + A_3 y_3 + \cdots A_n y_n}{A_1 + A_2 + A_3 + \cdots A_n}$

$= \dfrac{A \times 80 \times 2 + A \times 130 \times 2 + A \times 180 \times 2}{8A} = 97.5\text{mm}$

**03** 그림과 같은 단면에서 $x$축에 대한 단면2차모멘트는?

[20년 3회]

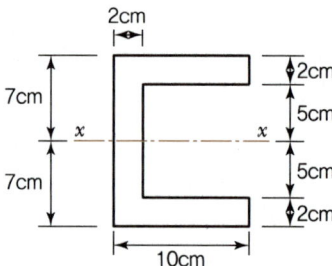

① $1,420\text{cm}^4$  ② $1,520\text{cm}^4$
③ $1,620\text{cm}^4$  ④ $1,720\text{cm}^4$

정답  01 ①  02 ④  03 ③

# 과년도 기출문제

[해설]

$x$축에 대한 단면2차모멘트($I_x$) 산출

$I_x = \dfrac{BH^3}{12} - \dfrac{bh^3}{12} = \dfrac{10 \times 14^3}{12} - \dfrac{8 \times 10^3}{12} = 1{,}620\,\text{cm}^4$

**04** $x-x$축에 대한 단면2차모멘트를 구하면?

[16년 4회]

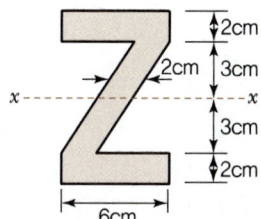

① $76\,\text{cm}^4$  ② $258\,\text{cm}^4$
③ $428\,\text{cm}^4$  ④ $500\,\text{cm}^4$

[해설]

$x$축에 대한 단면2차모멘트($I_x$) 산출

$I_x = \dfrac{BH^3}{12} - \dfrac{bh^3}{12} = \dfrac{6 \times 10^3}{12} - \dfrac{4 \times 6^3}{12} = 428\,\text{cm}^4$

**05** 다음 그림과 같이 단면적이 같은 4개의 단면을 보 부재로 각각 사용할 경우 X축에 대한 처짐에 가장 유리한 단면은?

[21년 4회]

①    ②

③ 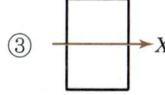   ④

[해설]

단면2차모멘트가 클 경우 처짐은 작아지므로, 단면2차모멘트가 가장 큰 값을 찾는 문제이다. 보기 중 단면적이 같을 경우 단면2차모멘트가 가장 큰 것은 높이(h, 축과 직각 방향)가 큰 ③이 되게 된다.

**06** 그림과 같은 도형의 $x-x$축에 대한 단면 2차모멘트는?

[19년 2회]

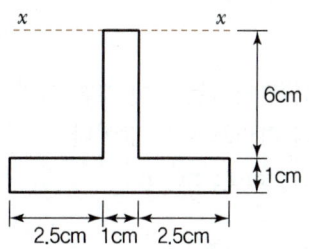

① $326\,\text{cm}^4$  ② $278\,\text{cm}^4$
③ $215\,\text{cm}^4$  ④ $188\,\text{cm}^4$

[해설]

평행축 정리를 통한 $x-x$축에 대한 단면2차모멘트($I_x$) 산출

$I_x = I_X + Ae^2$
$= \left(\dfrac{1 \times 6^3}{12} + 6 \times 1 \times 3^2\right) + \left(\dfrac{6 \times 1^3}{12} + 1 \times 6 \times 6.5^2\right)$
$= 326\,\text{cm}^4$

정답  04 ③  05 ③  06 ①

# 05 단면의 성질

## 4 단면계수

### (1) 정의
① 도심을 지나는 축에 대한 단면2차모멘트를 도심에서 상·하 최연단까지의 거리로 나눈 값이다.
② 단위 : $cm^3$, $m^3$, $ft^3$

### (2) 기본식

- 인장 측 단면계수 : $Z_t = \dfrac{I_X}{y_1}$
- 압축 측 단면계수 : $Z_c = \dfrac{I_X}{y_2}$

### (3) 특성
① 단면계수가 클수록 재료의 강도가 커진다.
② 도심을 지나는 단면계수의 값은 0이다.
③ 단면계수가 큰 단면일수록 휨에 대하여 강하다.
④ 보의 휨응력 산정에 주로 적용된다.

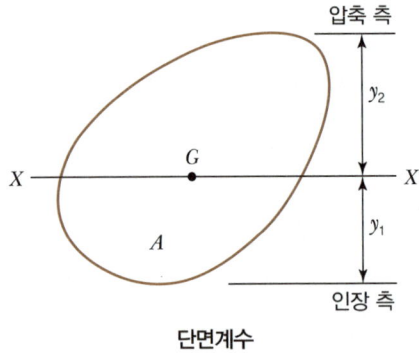

단면계수

### (4) 단면계수 종류별 산출식

- 탄성단면계수 : $Z = \dfrac{bh^2}{6}$
- 소성단면계수 : $Z_p = \dfrac{bh^2}{4}$

# 과년도 기출문제

건축 / 기사 / 필기

**01** 그림에서 같은 H형강 H-300×150×6.5×9의 $x-x$축에 대한 단면계수 값으로 옳은 것은?(단, $I_x$=5,080,000mm⁴이다.)

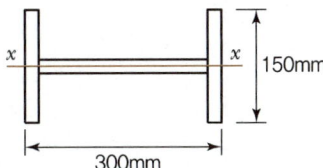

① 58,539mm³  ② 60,568mm³
③ 67,733mm³  ④ 71,384mm³

[해설]

단면계수($Z$) 산출

$Z = \dfrac{I_X}{y} = \dfrac{5,080,000}{\dfrac{150}{2}} = 67,733.33 = 67,733\text{mm}^3$

**02** 도심축에 대한 빗줄(사선)친 부분의 단면계수 값은? [21년 2회]

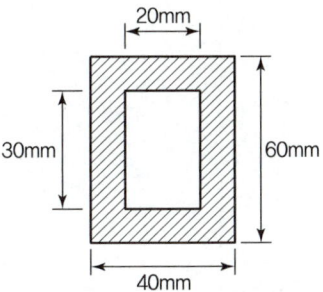

① 19,000mm³  ② 20,500mm³
③ 21,000mm³  ④ 22,500mm³

[해설]

단면계수($Z$) 산출

- $Z = \dfrac{I_X}{y}$
- $I_X = \dfrac{BH^3}{12} - \dfrac{bh^3}{12} = \dfrac{40 \times 60^3}{12} - \dfrac{20 \times 30^3}{12} = 675,000$
- $y = \dfrac{60}{2} = 30$

∴ $Z = \dfrac{I_X}{y} = \dfrac{675,000}{30} = 22,500\text{mm}^3$

**03** 그림과 같은 단면의 $x$축에 대한 단면계수 값으로서 옳은 것은? [16년 2회]

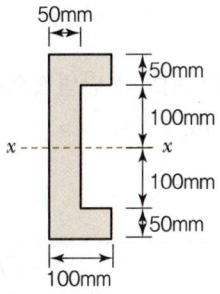

① $1.278 \times 10^6 \text{mm}^3$  ② $1.298 \times 10^6 \text{mm}^3$
③ $1.378 \times 10^6 \text{mm}^3$  ④ $1.398 \times 10^6 \text{mm}^3$

[해설]

단면계수($Z$) 산출

- $Z = \dfrac{I_X}{y}$
- $I_X = \dfrac{BH^3}{12} - \dfrac{bh^3}{12} = \dfrac{100 \times 300^3}{12} - \dfrac{50 \times 200^3}{12}$
  $= 191,666,666.7$
- $y = \dfrac{300}{2} = 150$

∴ $Z = \dfrac{I_X}{y} = \dfrac{191,666,666.7}{150} = 1277777.778$
$= 1.28 \times 10^6 \text{mm}^3$

**04** 직사각형 단면의 탄성단면계수에 대한 소성단면계수의 비(比)는? [16년 2회]

① 0.67  ② 1.20
③ 1.50  ④ 3.00

[해설]

- 직사각형의 탄성단면계수 $Z_1 = \dfrac{bh^2}{6}$
- 직사각형의 소성단면계수 $Z_2 = \dfrac{bh^2}{4}$

∴ $Z_1 : Z_2 = \dfrac{bh^2}{6} : \dfrac{bh^2}{4} = 2 : 3$ 이므로,
탄성단면계수에 대한 소성단면계수의 비는 1.5이다.

정답  01 ③  02 ④  03 ①  04 ③

# 05 단면의 성질

## 5 회전반경(단면2차반지름)

**(1) 정의**
① 단면2차모멘트를 단면적으로 나눈 값의 제곱근이다.
② 단위 : cm, m, ft

**(2) 기본식**

$$r_z = \sqrt{\frac{I_z}{A}}, \quad r_y = \sqrt{\frac{I_y}{A}}$$

**(3) 특성**
① 봉이나 기둥 등의 설계에서 최소 회전반경을 사용한다.
② 좌굴하중을 검토하는 데 적용한다.

**(4) 평행축 정리에 의한 회전반경**

$$I_x = I_X + Ay_o^2, \; r_x^2 = r_X^2 + y_o^2, \quad \therefore r_x = \sqrt{r_x^2 + y_o^2}$$

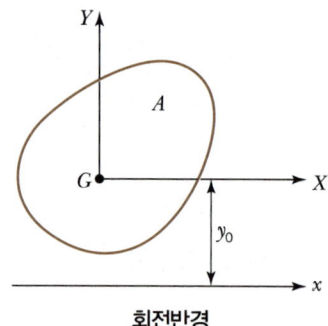

회전반경

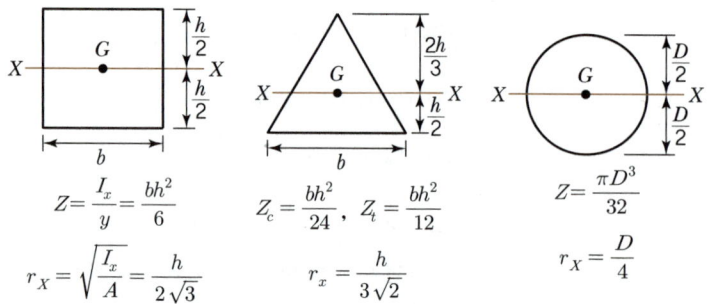

각 단면의 탄성단면계수($Z$) 및 회전반지름($r$)

# 과년도 기출문제

**01** 그림과 같은 단면에서 $x-x$축에 대한 단면2차반경으로 옳은 것은? [19년 4회]

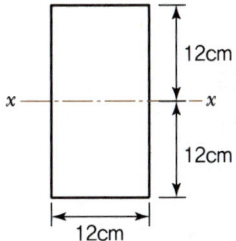

① 5.5cm  ② 6.9cm
③ 7.7cm  ④ 8.1cm

[해설]

단면2차반경 $r_x$ 산출

$$r_x = \sqrt{\frac{I}{A}} = \sqrt{\frac{\frac{bh^3}{12}}{bh}} = \sqrt{\frac{h^2}{12}} = \frac{h}{\sqrt{12}} = \frac{24}{\sqrt{12}} = 6.93\text{cm}$$

**02** 다음 그림과 같은 중공형 단면에 대한 단면2차반경 $r_x$는? [19년 1회]

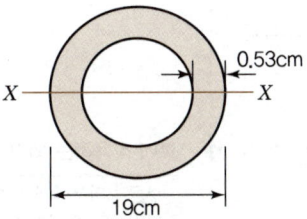

① 3.21cm  ② 4.62cm
③ 6.53cm  ④ 7.34cm

[해설]

중공형 단면의 2차반경($r_x$) 산출

$$r_x = \sqrt{\frac{I}{A}} = \sqrt{\frac{\frac{\pi \cdot 19^4}{64} - \frac{\pi \cdot (19-0.53\times2)^4}{64}}{\frac{\pi \cdot 19^2}{4} - \frac{\pi \cdot (19-0.53\times2)^2}{4}}} = 6.53\text{mm}$$

**03** 그림과 같은 $2L_s-90\times90\times7$ 조립압축재의 단면2차반경 $r_Y$는 얼마인가?(단, 개재의 중심축에 대한 단면2차반경 $r_y$는 27.6mm, $c_y$는 24.6mm) [16년 4회]

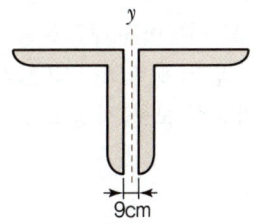

① 38.5mm  ② 40.1mm
③ 52.2mm  ④ 58mm

[해설]

조립 압축재의 2차반경($r_Y$) 산출

$$r_Y = \sqrt{\frac{I}{A}} = \sqrt{r_Y^2 + \left(\frac{e}{2}\right)^2} = \sqrt{27.6^2 + \left(\frac{2\times24.6+9}{2}\right)^2}$$
$$= 40.1\text{mm}$$

정답  01 ②  02 ③  03 ②

# 06 정정보

## 1 정정보의 일반사항

### (1) 정정보의 정의
① 부재의 축에 대하여 직각 방향으로 작용하는 하중을 지지하며, 몇 개의 지점으로 이루어진 구조물을 들보라고 하며, 보통 보(Beam)라고 한다.
② 이 보를 힘의 평형조건식($\sum H = 0$, $\sum V = 0$, $\sum M = 0$)에 의하여 해석이 가능한 보를 정정보라고 한다.

### (2) 보의 종류

| | |
|---|---|
| 단순보 (Simple Beam) | 한쪽 끝을 힌지(회전) 지점으로, 다른 쪽 끝을 롤러(이동) 지점으로 지지된 보를 말하며, 단순지지보라고도 한다. |
| 캔틸레버보 (Cantilever Beam) | 한쪽 끝을 고정지점으로, 다른 쪽 끝은 자유단(Free End)으로 지지된 보를 말하며, 외팔보라고도 한다. |
| 내민보 (Overhanging Beam) | 단순보와 캔틸레버보의 조합으로 이루어진 보를 말하며, 한쪽 내민보와 양쪽 내민보가 있다. 내다지보 또는 돌출보라고도 한다. |
| 게르버보 (Gerber Beam) | 연속보에서 지점 이외의 곳에 적절한 힌지(내부 활절, Hinge)를 넣어 정정보로 변화시킨 보를 말하며, 단순보, 캔틸레버보와 내민보의 조합으로 구성된다. |

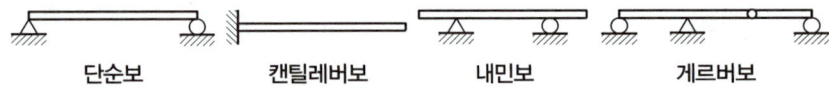

단순보     캔틸레버보     내민보     게르버보

### (3) 보의 단면력
보에 외력이 작용할 때 외력에 저항하기 위해 부재축에 직각인 단면(수직단면) 내부에서 발생하는 힘을 단면력이라고 한다.

| | | |
|---|---|---|
| 전단력 | 정의 | 부재를 2축의 수직 방향으로 절단하려는 힘이다. |
| | 단위 | kgf, tf, kN(힘의 단위와 동일) |
| | 부호 | 시계 방향의 전단력을 (+), 반시계 방향의 전단력을 (−)로 표시한다. |
| | 단면력도 | 기선의 상부에 (+), 하부에 (−)로 표시한다. |
| 휨모멘트 | 정의 | 부재를 구부리거나 휘려고 하는 힘으로 굽힘모멘트라고도 한다 |
| | 단위 | kgf·cm, tf·m, kN·m |
| | 부호 | 아래로 볼록(위로 오목)을 (+), 위로 볼록(아래로 오목)을 (−)로 표시한다. |
| | 단면력도 | 기선의 하부에 (+), 상부에 (−)로 표시한다. |
| 축방향력 | 정의 | 부재의 축방향으로 작용하는 힘으로 축력 또는 수직력이라고도 한다. |
| | 단위 | kgf, tf, kN(힘의 단위와 동일) |
| | 부호 | 인장은 (+), 압축은 (−)로 표시한다. |
| | 단면력도 | 기선의 상부에 (+), 하부에 (−)로 표시한다. |

**보에 작용하는 외력**

| 주동 외력 | 외부에서 보에 작용하는 모든 힘, 즉 하중이다. |
|---|---|
| 수동 외력 | 평형을 유지하기 위해 부재 내부에서 발생하는 힘, 즉 반력이다. |

**전단력**
- 전단력은 수직전단력과 수평전단력이 있다.
- 등분포하중이 작용하는 구간에서의 전단력의 분포형태는 1차 직선이 된다.
- 휨모멘트는 전단력이 0인 곳 중에서 최댓값을 나타낸다.

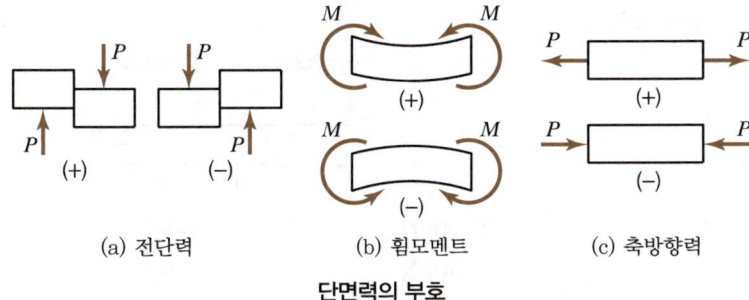

(a) 전단력     (b) 휨모멘트     (c) 축방향력

**단면력의 부호**

### (4) 단면력과 하중의 관계

① 전단력과 하중의 관계

전단력을 거리로 미분하면 단위하중에 (−)의 부호를 붙인 것과 같다.

$$\sum V = 0,\ S_x - w_x dx - (S_x + dS_x) = 0$$

$$\therefore \frac{dS_x}{dx} = -w_x$$

② 전단력과 휨모멘트의 관계

휨모멘트를 거리로 미분하면 그 단면에 작용하는 전단력이 된다.

$$\therefore \frac{dM_x}{dx} = S_x$$

## 2 정정보의 해석과정

| | |
|---|---|
| 반력의 계산 | • 지점의 상태에 따라 반력의 형태를 표시하고 반력의 방향을 가정한다.<br>• 힘의 평형조건식($\sum H = 0$, $\sum V = 0$, $\sum M = 0$)에 의하여 반력을 계산한다. 이때의 개념은 모멘트 하중 개념이다. |
| 각 구간별로 자유물체도를 그려서 단면력을 계산 | • 임의의 점 $x$에 대한 전단력은 자유물체도에서 구간 내 하중(수직력)의 대수합이다.<br>• 임의의 점 $x$에 대한 휨모멘트는 자유물체도에서 구간 내 하중에 의한 모멘트의 대수합이다.<br>• 전단력은 좌측에서 우측으로 계산하는 것이 편리하다.<br>• 휨모멘트는 지점의 위치에 관계없이 자유단에서 시작하는 것이 편리하다. |
| 단면력도(SFD, BMD, AFD)를 그린다. | |
| 보의 변형을 생각한다. | |

## 과년도 기출문제

**01** 다음 그림과 같은 트러스의 반력 $R_A$와 $R_B$는?

[22년 1회]

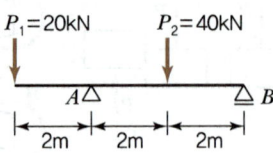

① $R_A = 60$kN, $R_B = 90$kN
② $R_A = 70$kN, $R_B = 80$kN
③ $R_A = 80$kN, $R_B = 70$kN
④ $R_A = 100$kN, $R_B = 50$kN

[해설]

㉠ $R_A$ 산출
  $\sum V = 0$
  $\sum V = R_A - 60 - 40 - 50 + 70 = 0$
  ∴ $R_A = 80$kN
㉡ $R_B$ 산출
  $\sum M_A = 0$
  $\sum M_A = 60 \times 3 + 5 \times 6 + 40 \times 9 - R_B \times 12 = 0$
  ∴ $R_B = 70$kN

**02** 그림과 같은 단순보에서 반력 $R_A$의 값은?

[15년 2회, 21년 2회]

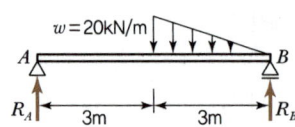

① 5kN   ② 10kN
③ 20kN  ④ 25kN

[해설]

반력 $R_A$ 산출
  $\sum M_B = 0$
  $\sum M_B = R_A \times 6 - \left(20 \times 3 \times \frac{1}{2}\right) \times 2 = 0$
  $R_A = \dfrac{\left(20 \times 3 \times \frac{1}{2}\right) \times 2}{6} = 10$kN

**03** 그림과 같은 내민보에서 A지점의 반력값은?

[18년 1회]

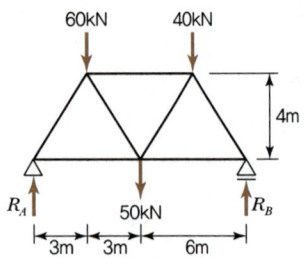

① 20kN   ② 30kN
③ 40kN   ④ 50kN

[해설]

반력 $R_A$ 산출
  $\sum M_B = 0$
  $\sum M_B = -20 \times 6 + R_A \times 4 - 40 \times 2 = 0$
  $R_A = \dfrac{20 \times 6 + 40 \times 2}{4} = 50$kN

**04** 그림과 같은 단순보에서 A점 및 B점에서의 반력을 각각 $R_A$, $R_B$라 할 때 반력의 크기로 옳은 것은?

[18년 2회]

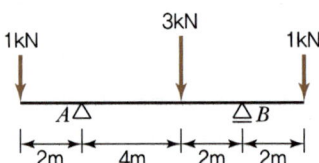

① $R_A = 3$kN, $R_B = 2$kN
② $R_A = 2$kN, $R_B = 3$kN
③ $R_A = 2.5$kN, $R_B = 2.5$kN
④ $R_A = 4$kN, $R_B = 1$kN

[해설]

㉠ 반력 $R_A$ 산출
  $\sum M_B = 0$
  $\sum M_B = -1 \times 8 + R_A \times 6 - 3 \times 2 + 1 \times 2 = 0$
  $R_A = \dfrac{1 \times 8 + 3 \times 2 - 1 \times 2}{6} = 2$kN
㉡ 반력 $R_B$ 산출
  $\sum V = 0$
  $\sum V = -1 + 2 - 3 + R_B - 1 = 0$
  $R_B = 3$kN

정답  01 ③  02 ②  03 ④  04 ②

## 과년도 기출문제

**05** 그림과 같은 단순보에서 A점과 B점에 발생하는 반력으로 옳은 것은? [19년 2회]

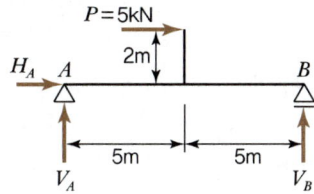

① $H_A = +5kN$, $V_A = +1kN$, $V_B = +1kN$
② $H_A = -5kN$, $V_A = -1kN$, $V_B = +1kN$
③ $H_A = +5kN$, $V_A = +1kN$, $V_B = -1kN$
④ $H_A = -5kN$, $V_A = +1kN$, $V_B = +1kN$

[해설]
㉠ $H_A$ 산출
  $\Sigma H = 0$, $H_A + 5 = 0$, $H_A = -5kN$
㉡ $V_A$ 산출
  $\Sigma M_B = 0$, $M_B = V_A \times 10 + 5 \times 2 = 0$, $V_A = -1kN$
㉢ $V_B$ 산출
  $\Sigma M_A = 0$, $M_A = -V_B \times 10 + 5 \times 2 = 0$, $V_B = 1kN$

**06** 그림과 같은 단순보의 양단 수직반력을 구하면? [17년 4회, 22년 1회]

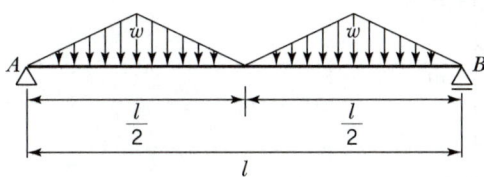

① $R_A = R_B = \dfrac{wl}{2}$   ② $R_A = R_B = \dfrac{wl}{4}$
③ $R_A = R_B = \dfrac{wl}{6}$   ④ $R_A = R_B = \dfrac{wl}{8}$

[해설]
하중이 좌우 대칭으로 균등하게 적용되므로 양단의 수직반력은 전체 작용하중의 1/2 값을 갖게 된다.
전체작용하중 $= w \times \dfrac{l}{2} \times \dfrac{1}{2} \times 2 = \dfrac{wl}{2}$
∴ 양단 수직반력 = 전체작용하중 $\times \dfrac{1}{2} = \dfrac{wl}{4}$

**07** 다음 그림과 같은 보에서 A점의 수직반력을 구하면? [20년 4회]

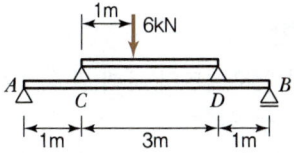

① 2.4kN   ② 3.6kN
③ 4.8kN   ④ 6.0kN

[해설]
A점의 수직반력 산출
㉠ 상부보의 하중을 분할하면 C 지점에는 4kN, D 지점에는 2kN의 반력이 작용하게 된다. 작용반작용에 의해 C 지점에는 수직력 4kN, D 지점에는 수직력 2kN이 작용하게 된다.
㉡ $R_A$ 산출
  $\Sigma M_B = 0$
  $\Sigma M_B = R_A \times 5 - 4 \times 4 - 2 \times 1 = 0$
  $R_A = 3.6kN$

**08** 그림과 같은 정정라멘에서 BD부재의 축방향력으로 옳은 것은?(단, + : 인장력, − : 압축력) [21년 4회]

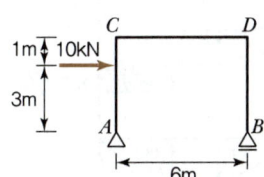

① 5kN      ② −5kN
③ 10kN    ④ −10kN

[해설]
정정라멘에서 BD의 축방향력($N_{BD}$) 산출
㉠ BD의 축방향력($N_{BD}$)은 부재의 균형을 위해 B점의 반력($R_B$)과 반대 방향으로 동일한 크기로 작용한다.
  $N_{BD} = -R_B$
㉡ 반력 $R_B$ 산출
  $\Sigma M_A = 0$
  $\Sigma M_A = 10 \times 3 - R_B \times 6 = 0$
  $R_B = 5kN$
  ∴ $N_{BD} = -R_B = -5kN$

정답 05 ②  06 ②  07 ②  08 ②

# 06 정정보

## 3 단순보의 해석

### (1) 해석일반

① 보의 휨모멘트의 극대 및 극소는 전단력이 0인 단면에서 생기며, 이 반대도 성립한다.
② 집중하중만을 받는 보의 극대 또는 극소 휨모멘트는 그 좌우에 있어서 전단력의 부호가 바뀌는 단면에서 생긴다. 그러므로 반드시 하중이 작용하는 점에서 생긴다.
③ 하중이 없는 부분의 전단력도는 기선과 나란한 직선이 되고, 이 부분의 휨모멘트도 직선이 된다.
④ 모멘트가 아닌 하중을 받는 보의 임의의 단면에서 휨모멘트의 절댓값은 그 단면의 좌측 또는 우측에서 전단력도의 넓이의 절댓값과 같다.
⑤ 단순보에 모멘트 하중이 작용하지 않을 경우 전단력도의 (+)의 면적과 (−)의 면적은 같다.

### (2) 작용하중별 해석

① 집중하중이 작용하는 경우

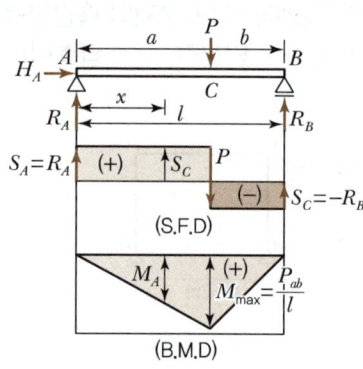
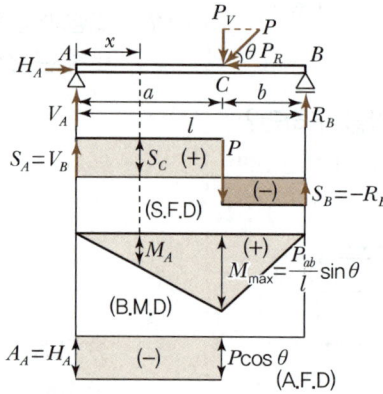

② 등분포하중이 작용하는 경우

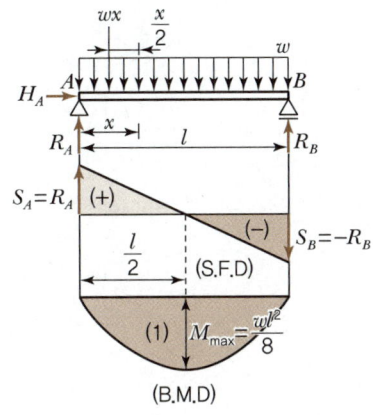 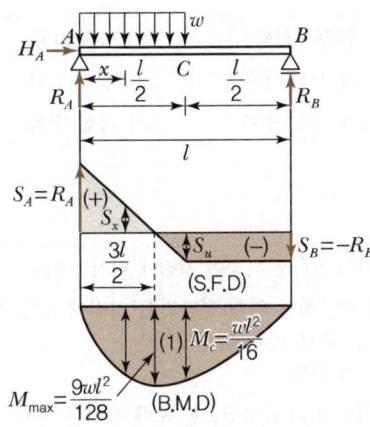

③ 등변분포하중이 작용하는 경우

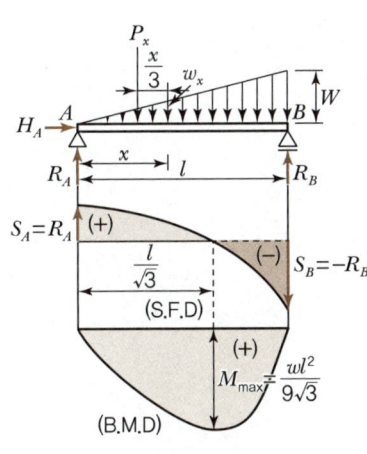 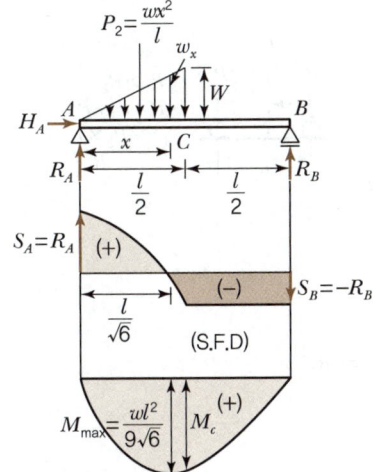

④ 모멘트 하중이 작용하는 경우

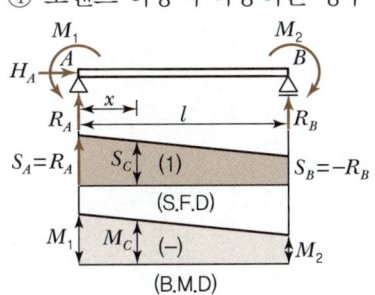 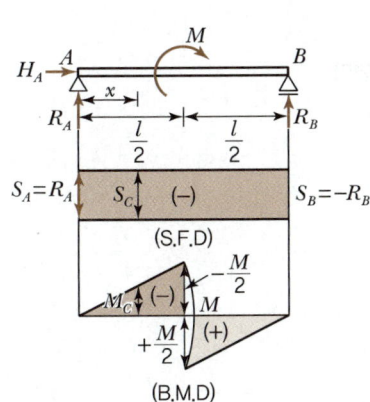

# 06 정정보

## (3) 작용하중에 따른 단면력도의 곡선 변화

| 단면력 | 집중하중 | 등분포하중 | 등변분포하중 |
|---|---|---|---|
| 전단력(S) | 기선과 나란한 직선 | 1차 사선 변화 | 2차 곡선 변화 |
| 휨모멘트(M) | 1차 사선 변화 | 2차 곡선 변화 | 3차 곡선 변화 |

## (4) 절대 최대 단면력

| 최대 반력 | 단순보에 이동하중이 작용할 경우, 최대 반력은 하중이 지점에 위치할 때이다. |
|---|---|
| 절대 최대 전단력 | • 단순보에 이동 연행하중이 작용할 때, 절대 최대 전단력은 지점에 무한히 가까운 단면에서 일어나고, 그 값은 최대 반력과 같다.<br>• 즉, 절대 최대 전단력은 최대 반력과 같다. |
| 절대 최대 휨모멘트 | 연행하중이 단순보 위를 지날 때의 절대 최대 휨모멘트는 보에 실리는 전하중의 합력(R)의 작용점과 그와 가장 가까운 하중(또는 큰 하중)과의 1/2 되는 점이 보의 중앙에 있을 때 큰 하중 바로 밑의 단면에서 생긴다. |

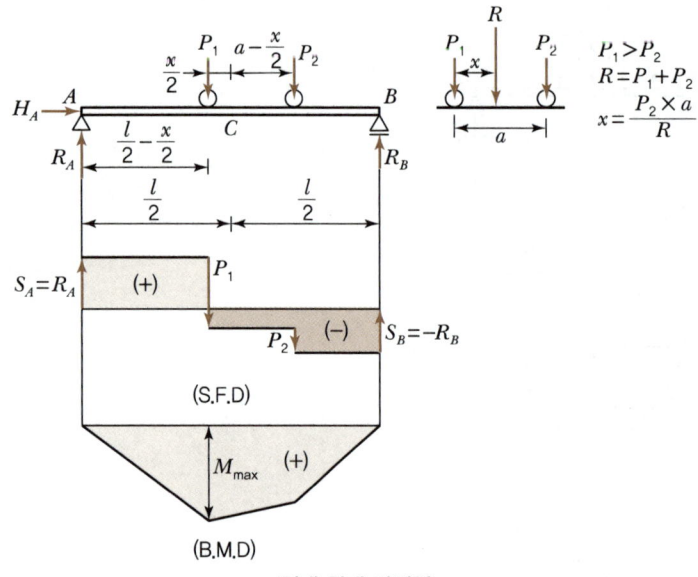

절대 최대 단면력

# 과년도 기출문제

**건 축 / 기 사 / 필 기**

**01** 다음 그림은 단순보의 전단력도이다. 각 구간에 대한 역학적 설명으로 틀린 것은? [15년 1회]

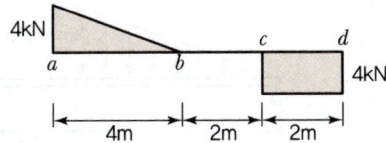

① a-b 구간에는 등분포하중 1kN/m가 작용한다.
② b-c 구간에는 하중이 작용하지 않는다.
③ c점에는 집중하중 2kN이 작용한다.
④ 양단부(지점)의 반력의 크기는 4kN이다.

[해설]

c점에는 집중하중 4kN이 작용한다.

**02** 그림과 같은 하중을 받는 단순보에서 E점의 전단력값은? [17년 1회]

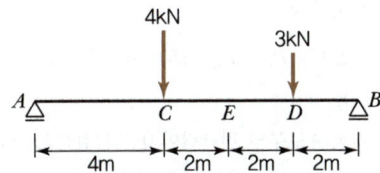

① $-1kN$    ② $-2kN$
③ $-3kN$    ④ $-4kN$

[해설]

$R_A$ 산출

$\sum M_B = R_A \times 10 - 4 \times 6 - 3 \times 2 = 0$

$R_A = 3kN$

∴ $S_E = R_A - 4 = 3 - 4 = -1kN$

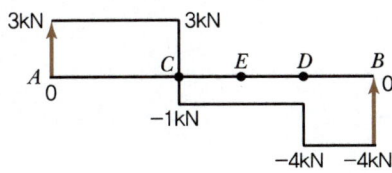

**03** 그림과 같은 단순보의 일부 구간으로부터 떼어낸 자유물체도에서 각 좌우측면(가, 나면)에 작용하는 전단력의 방향과 그 값으로 옳은 것은? [18년 2회]

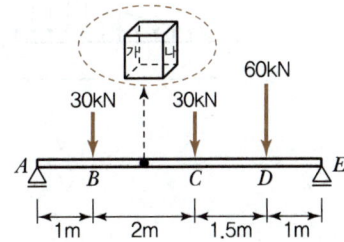

① 가 : 19.1kN(↑), 나 : 19.1kN(↓)
② 가 : 19.1kN(↓), 나 : 19.1kN(↑)
③ 가 : 16.1kN(↑), 나 : 16.1kN(↓)
④ 가 : 16.1kN(↓), 나 : 16.1kN(↑)

[해설]

전단력(S) 크기와 방향 산출

㉠ $R_A$ 반력의 산출
　$\sum M_E = 0$
　$\sum M_E = R_A \times 5.5 - 30 \times 4.5 - 30 \times 2.5 - 60 \times 1 = 0$
　$R_A = 49.09kN$

㉡ $S_{가}$, $S_{나}$ 산출
　$S_{가} = 49.09 - 30 = 19.09 = 19.1kN(↑)$
　$S_{나}$는 $S_{가}$의 우력(크기는 같고 방향이 반대인 힘)이므로
　$S_{나} = 19.1(↓)$이다.

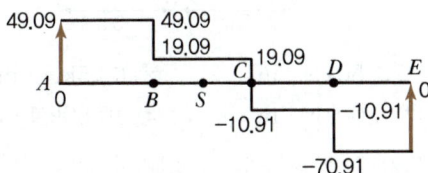

정답  01 ③  02 ①  03 ①

## 과년도 기출문제

**04** 다음 그림과 같은 단순보에 변등분포하중이 작용할 때 전단력이 '0'이 되는 점에 대하여 A점으로부터의 거리를 구하면? [17년 2회]

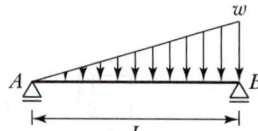

① $\dfrac{L}{\sqrt{2}}$  ② $\dfrac{L}{\sqrt{3}}$

③ $\dfrac{L}{\sqrt{4}}$  ④ $\dfrac{L}{\sqrt{5}}$

[해설]

㉠ 단순보 등변삼각형일 때 양 지점의 반력

$R_A = \dfrac{wl}{6}, R_B = \dfrac{wl}{3}$

㉡ A로부터 전단력이 '0'이 되는 점까지의 거리($x$)

$S_x = \dfrac{wl}{6} - x\left(\dfrac{wx}{L}\right)\dfrac{1}{2} = 0$

∴ $x = \dfrac{L}{\sqrt{3}}$

**05** 다음 그림과 같은 보에서 중앙점(C점)의 휨모멘트($M_C$)를 구하면? [19년 4회]

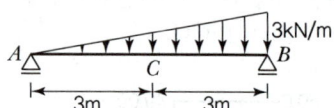

① 4.50kN·m  ② 6.75kN·m
③ 8.00kN·m  ④ 10.50kN·m

[해설]

중앙점(C점)의 휨모멘트($M_C$) 산출

㉠ $V_A$ 산출

$\Sigma M_B = 0$

$\Sigma M_B = V_A \times 6 - \left(3 \times 6 \times \dfrac{1}{2}\right) \times \left(6 \times \dfrac{1}{3}\right) = 0$

$V_A = 3\text{kN}$

㉡ $M_C$ 산출

$M_C = 3 \times 3 - \left(3 \times 1.5 \times \dfrac{1}{2}\right) \times 1 = 6.75\text{kN} \cdot \text{m}$

**06** 그림과 같은 등변분포하중이 작용하는 단순보의 최대 휨모멘트 $M_{\max}$ 는? [21년 1회]

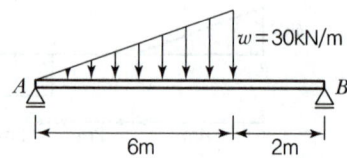

① $25\sqrt{3}\,\text{kN} \cdot \text{m}$  ② $25\sqrt{2}\,\text{kN} \cdot \text{m}$
③ $90\sqrt{3}\,\text{kN} \cdot \text{m}$  ④ $90\sqrt{2}\,\text{kN} \cdot \text{m}$

[해설]

㉠ 최대 휨모멘트 $M_{\max}$ 에서 전단력은 "0"이다.
㉡ 반력산출($R_A, R_B$)

• $R_A$ 산출

$\Sigma M_B = R_A \times 8 - \left(30 \times 6 \times \dfrac{1}{2}\right) \times 4 = 0$

$R_A = \dfrac{30 \times 6 \times \dfrac{1}{2} \times 4}{8} = 45\text{kN}$

• $R_B$ 산출

$\Sigma V = R_A + R_B - \left(30 \times 6 \times \dfrac{1}{2}\right) = 0$

$R_B = 45\text{kN}$

㉢ 지점 A로부터 전단력이 0인 지점간의 거리($x$) 산출

$S_0 = 45 - \left(30 \times \dfrac{x}{6} \times x \times \dfrac{1}{2}\right) = 0$

$\dfrac{5}{2}x^2 = 45,\ x = \sqrt{18}$

㉣ $M_{\max}$ 산출 → 전단력이 0 인 지점을 기준으로 좌측 산출

$M_{\max} = 45 \times \sqrt{18} - \left(30 \times \dfrac{\sqrt{18}}{6} \times \sqrt{18} \times \dfrac{1}{2}\right) \times \left(\sqrt{18} \times \dfrac{1}{3}\right)$
$= 127.28 = 90\sqrt{2}$

정답  04 ②  05 ②  06 ④

**07** 다음 그림은 각 구간에서 직선적으로 변화하는 단순보의 모멘트도이다. C점과 D점에 동일한 힘 $P_1$이 작용하고 보의 중앙점 E에 $P_2$가 작용할 때 $P_1$과 $P_2$의 절대값은? [16년 1회, 20년 4회]

① $P_1=4kN$, $P_2=6kN$
② $P_1=4kN$, $P_2=8kN$
③ $P_1=8kN$, $P_2=10kN$
④ $P_1=8kN$, $P_2=12kN$

[해설]

$P_1$과 $P_2$의 절대값 산출
㉠ $R_A$ 산출
　$M_C = R_A \times 2 = 4$
　$R_A = 2kN$
　A지점과 B지점이 대칭으로 배치하므로 $R_B = R_A = 2kN$
㉡ $P_1$ 산출
　$M_E = R_A \times 4 - P_1 \times 2 = -8$
　$2 \times 4 - P_1 \times 2 = -8$
　$P_1 = 8kN$
㉢ $P_2$ 산출
　$M_O = R_A \times 6 - 8 \times 4 + P_2 \times 2 = 4$
　$2 \times 6 - 8 \times 4 + P_2 \times 2 = 4$
　$P_2 = 12kN$

**08** 그림과 같은 이동하중이 스팬 10m의 단순보위를 지날 때 절대 최대 휨모멘트를 구하면? [18년 2회]

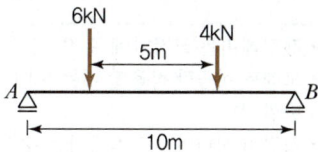

① $16kN \cdot m$　② $18kN \cdot m$
③ $25kN \cdot m$　④ $30kN \cdot m$

[해설]

절대 최대 휨모멘트($M_{max}$) 산출
㉠ 6kN으로부터 작용점의 거리($x$) 산출
　합력 $R = 6 + 4 = 10kN$
　$R \times x = 4 \times 5$, $10 \times x = 4 \times 5$
　$x = 2m$
㉡ $R_A$ 산출
　$\Sigma M_B = 0$
　$\Sigma M_B = R_A \times 10 - 6 \times 6 - 4 \times 1 = 0$
　$R_A = 4kN$
　∴ $M_{max} = 4 \times 4 = 16kN \cdot m$

# 06 정정보

## 4 캔틸레버보(Cantilever Beam)의 해석

| | |
|---|---|
| 반력 | • 캔틸레버는 고정단에 수직, 수평, 모멘트 반력이 생긴다.<br>• 모멘트 하중만 작용할 때는 모멘트 반력만 생긴다. 모멘트 반력은 모멘트의 대수합이다.<br>• 지점이 하나이므로 작용하는 수직 및 수평 하중의 대수합이 수직 및 수평 반력이다. |
| 전단력 | • 캔틸레버의 전단력은 하중이 하향 또는 상향으로만 작용하는 경우 고정단에서 최대이다.<br>• 전단력의 계산은 고정단의 위치에 관계없이 좌측에서 우측으로 계산해 나간다.<br>• 캔틸레버에 모멘트 하중만 작용할 경우에는 전단력도는 기선과 같다.<br>• 전단력의 부호는 고정단이 좌측이면 (+), 고정단이 우측이면 (−)이다. |
| 휨모멘트 | • 휨모멘트 계산은 고정단의 위치에 관계없이 자유단에서 시작한다.<br>• 휨모멘트의 부호는 하향일 경우 고정단의 위치에 관계없이 (−)이다.<br>• 자유단에서 임의의 단면까지 전단력의 면적은 그 단면의 휨모멘트 크기와 같다.<br>• 캔틸레버에서 하중이 하향 또는 상향일 때는 고정단에서 최대이다. |

## 5 내민보의 해석

① 한 지점의 내민 부분에 하중이 작용할 때에는 반대측 지점에서 (−)반력이 생긴다.
② 단면력 계산 시 중앙부 구간은 단순보와 같고, 내민부 구간은 지점을 고정 지점으로 하는 캔틸레버와 같다.
③ 내민 부분의 전단력은 하중이 하향일 경우는 캔틸레버와 같이 지점 좌측에서는 (−), 지점 우측에서는 (+)이다.
④ 내민보의 중앙부에 작용하는 하중은 단순보와 같이 (+)휨모멘트가 생기며, 내민 부분에 작용하는 하중은 캔틸레버와 같이 (−)휨모멘트를 일으킨다.
⑤ 내민보의 양 지점 사이의 해법은 내민 부분의 휨모멘트를 먼저 구하고, 그 휨모멘트를 지점에 작용시켜 모멘트 하중을 받는 단순보의 해법과 같다.

---

**＋ 게르버보의 해법**

• 주어진 게르버보를 단순보 구간, 내민보 구간과 캔틸레버보 구간 등으로 구분한다.
• 단순보 구간을 먼저 해석한다. 힌지를 지점으로 생각하여 반력을 산정한다.
• 산정한 반력을 해당하는 부분에, 크기는 같고 방향이 반대인 하중으로 작용시켜 다른 하중과 함께 해석한다.
• 구조상 단순보에 실린 하중은 내민보 부분의 지점반력이나 단면력에 영향을 주지만, 내민보에 실린 하중은 단순보에 아무런 영향을 주지 못한다.

# 과년도 기출문제

**01** 다음 그림과 같은 보에서 고정단에 생기는 휨모멘트는? [20년 3회]

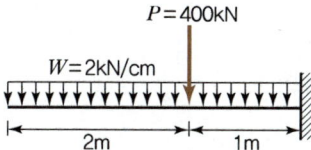

① 500kN·m ② 900kN·m
③ 1,300kN·m ④ 1,500kN·m

[해설]

고정단의 M 산출
고정단에 발생하는 Moment는 반력이므로 −로 산출식을 정리한다.
M = −[−400×1−(200×3)×1.5] = 1,300kN·m

**02** 다음 그림과 같은 내민보에서 휨모멘트가 0이 되는 두 개의 반곡점 위치를 구하면?(단, 반곡점 위치는 A점으로부터의 거리임) [20년 4회]

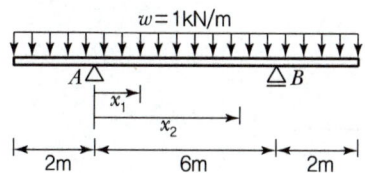

① $x_1 = 0.765\text{m},\ x_2 = 5.235\text{m}$
② $x_1 = 0.785\text{m},\ x_2 = 5.215\text{m}$
③ $x_1 = 0.805\text{m},\ x_2 = 5.195\text{m}$
④ $x_1 = 0.825\text{m},\ x_2 = 5.175\text{m}$

[해설]

반곡점 위치 산출
반곡점은 $M$이 0이 되는 지점이다.
㉠ $M_x = 0$
$$M_x = V_A \times x - w \times (2+x) \times \frac{2+x}{2} = 0$$
$$M_x = V_A \times x - \frac{w(2+x)^2}{2} = 0$$

㉡ $V_A$ 산출
A와 B가 대칭 위치에 있으므로 전체 하중을 반반씩 나눠서 지지한다.

$V_A = 5\text{kN}$

㉢ $M_x = V_A \times x - \dfrac{w(2+x)^2}{2} = 5x - \dfrac{1 \times (2+x)^2}{2}$
$\quad = 0.5x^2 + 3x - 2 = 0$
∴ $x_1 = 0.765\text{m},\ x_2 = 5.235\text{m}$

정답 01 ③ 02 ①

# 07 라멘, 아치 및 트러스

## 1 정정 라멘

### (1) 개념
2개 이상의 부재가 서로 고정절점으로 되어 있는 뼈대구조로 구조물의 모양은 변해도 부재각(절점각)은 변하지 않는다고 본다.

### (2) 라멘의 종류

| | | | |
|---|---|---|---|
| 단순보형 라멘 | | 3이동지점 라멘 | |
| 고정지점 라멘 | | 3활절 라멘 | |
| 합성 라멘 | | | |

**+ 라멘의 해법**
- 정정 라멘은 힘의 평형조건($\Sigma H=0$, $\Sigma V=0$, $\Sigma M=0$)에 의해서 반력을 구한다.
- 단면력은 단순보의 해법과 같은 방법으로 구한다. 단, 내측을 기준으로 한다.
- 자유물체도(F.B.D)를 그려서 해석한다.

## 2 정정 아치

### (1) 개념
라멘에서 직선재 대신 곡선재로 형성되어 외력에 저항하는 구조물로서 휨모멘트를 감소시켜 주로 축방향력에 저항하는 구조물이다.

### (2) 아치의 종류

| | | | |
|---|---|---|---|
| 단순보형 아치 | | 3활절형 아치 | |
| 캔틸레버형 아치 | | 타이드 아치 | |

**+ 아치의 해법**
힘의 평형조건식($\Sigma H=0$, $\Sigma V=0$, $\Sigma M=0$)을 이용하여 지점반력을 구한다.

- 3힌지(3회전단) 포물선 아치의 경우 등분포하중 작용 시 축방향력만 작용하고 전단력과 휨모멘트는 작용하지 않는다.

## 과년도 기출문제

**01** 그림과 같은 구조물에서 휨모멘트가 작용하지 않는 부재($M=0$)는? [16년 4회]

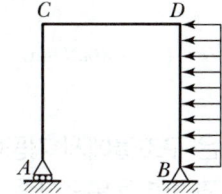

① 없음
② CD부재
③ BD부재
④ AC부재

[해설]

휨모멘트가 작용하지 않는 부재
C점을 기준으로 좌우로 나누고 C점에 대한 좌측의 모멘트를 계산하면, A의 수직반력만 작용하고 거리가 발생하지 않으므로 모멘트는 0이 된다.

**02** 그림과 같은 구조물에 힘 $P$가 작용할 때 휨모멘트가 0이 되는 곳은 모두 몇 개인가? [15년 1회, 21년 2회]

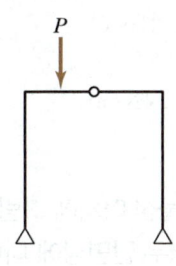

① 2
② 3
③ 4
④ 5

[해설]

라멘구조의 휨모멘트(B.M.D)에 따라 휨모멘트가 0이 되는 곳은 4개이다.

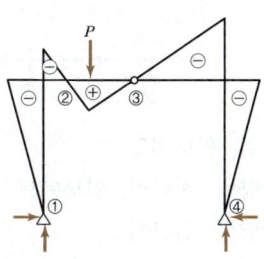

**03** 그림과 같은 3회전단 구조물의 반력은? [22년 2회]

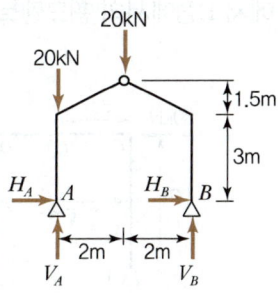

① $H_A=4.44\text{kN}$, $V_A=30\text{kN}$
   $H_B=-4.44\text{kN}$, $V_B=10\text{kN}$
② $H_A=0$, $V_A=30\text{kN}$
   $H_B=0$, $V_B=10\text{kN}$
③ $H_A=-4.44\text{kN}$, $V_A=-30\text{kN}$
   $H_B=4.44\text{kN}$, $V_B=10\text{kN}$
④ $H_A=4.44\text{kN}$, $V_A=50\text{kN}$
   $H_B=-4.44\text{kN}$, $V_B=-10\text{kN}$

[해설]

㉠ 수평력
  $\Sigma H=0 \leftrightarrow \Sigma H = H_A + H_B = 0 \to H_A = -H_B$
㉡ $\Sigma M_B = 0$
  $\Sigma M_B = V_A \times 4 - 20 \times 4 - 20 \times 2 = 0$
  $V_A = 30\text{kN}$, $V_B = 10\text{kN}$
㉢ $M_C = 0$
  $M_C$(좌측계산)$= V_A \times 2 - H_A \times 4.5 - 20 \times 2 = 0$
  $H_A = 4.44\text{kN}$
㉣ $H_A = -H_B$이므로 $H_B = -4.44\text{kN}$

정답  01 ④  02 ③  03 ①

## 과년도 기출문제

**04** 다음 그림과 같이 수평하중 30kN이 작용하는 라멘구조에서 E점에서의 휨모멘트 값(절대값)은?

[19년 1회, 21년 4회]

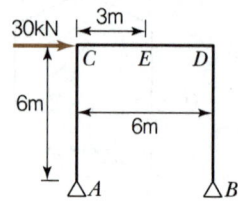

① 40kN·m  ② 45kN·m
③ 60kN·m  ④ 90kN·m

**[해설]**

E를 중심으로 우측을 통해 산출
㉠ $V_B$ 산출
  $\Sigma M_A = 0$
  $\Sigma M_A = 30 \times 6 - V_A \times 6 = 0$
  $V_B = 30\text{kN}(\uparrow)$
㉡ $M_E = -30 \times 3 = -90\text{kN}\cdot\text{m}$
∴ 절대값이므로 90kN·m

**05** 그림과 같은 정정구조의 CD 부재에서 C, D점의 휨모멘트 값 중 옳은 것은?

[16년 2회, 20년 1·2회 통합]

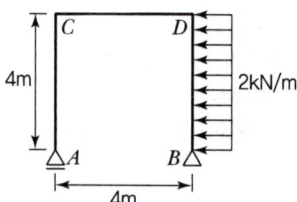

① C점 : 0, D점 : 16kN·m
② C점 : 16kN·m, D점 : 16kN·m
③ C점 : 0, D점 : 32kN·m
④ C점 : 32kN·m, D점 : 32kN·m

**[해설]**

휨모멘트 산출
C, D 모두 해당 지점의 좌측을 통해 산출한다.

$V_A$ 산출
  $\Sigma M_B = 0$
  $\Sigma M_B = V_A \times 4 - (2 \times 4) \times 2 = 0$
  $V_A = 4\text{kN}$
∴ $C = 0, D = 4 \times 4 = 16\text{kN}\cdot\text{m}$

**06** 그림과 같은 구조물에서 기둥에 발생하는 휨모멘트가 0이 되려면 등분포하중 $w$는? [20년 3회]

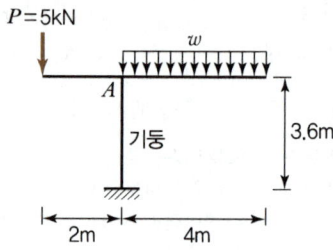

① 2.5kN/m  ② 0.8kN/m
③ 1.25kN/m  ④ 1.75kN/m

**[해설]**

등분포하중 $w$ 산출
A점을 기준으로 좌우 모멘트가 같으면 기둥부재에는 휨모멘트가 발생하지 않는다.
$5 \times 2 = (w \times 4) \times 2$
$w = \dfrac{5 \times 2}{8} = 1.25\text{kN/m}$

**07** 3회전단 포물선 아치에 그림과 같이 등분포하중이 가해졌을 경우 단면상에 나타나는 부재력의 종류는?

[20년 1·2회 통합]

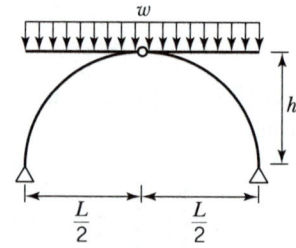

① 전단력, 휨모멘트
② 축방향력, 전단력, 휨모멘트
③ 축방향력, 전단력
④ 축방향력

**정답** 04 ④  05 ①  06 ③  07 ④

# 과년도 기출문제

[해설]
3힌지(3회전단) 포물선 아치의 경우 등분포하중 작용 시 축방향력만 작용하고 전단력과 휨모멘트는 작용하지 않는다.

[해설]
아치를 수평으로 쭉 펼쳤다고 보면 단순보와 같아지게 되며, 중앙부에는 단순보에 등분포하중이 작용할 때의 휨모멘트값인 $\dfrac{wl^2}{8}$ 이 작용하게 된다.

**08** 등분포하중을 받는 그림과 같은 3회전단 아치에서 C점의 전단력을 구하면? [19년 1회]

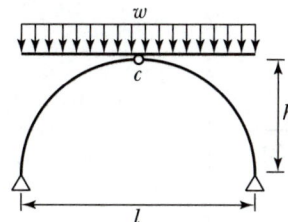

① 0
② $\dfrac{wl}{2}$
③ $\dfrac{wh}{4}$
④ $\dfrac{wl}{8}$

[해설]
3힌지(3회전단) 포물선 아치의 경우 등분포하중 작용 시 축방향력만 작용하고 전단력과 휨모멘트는 작용하지 않는다(전단력=0).

**09** 그림의 포물선 아치에서 중앙점(C)의 휨모멘트($M_c$) 값으로 옳은 것은? [15년 4회]

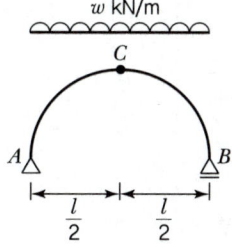

① $\dfrac{Wl^2}{16}$
② $\dfrac{Wl^2}{8}$
③ $\dfrac{Wl^2}{4}$
④ 0

정답  08 ①  09 ②

# 07 라멘, 아치 및 트러스

### ③ 트러스

#### (1) 개념

트러스(Truss)란 2개 이상(최소 3개)의 직선 부재의 양단을 마찰이 전혀 없는 힌지(Hinge)에 의하여 1개 또는 그 이상의 가장 안정된 삼각형 형상으로 결합하여 만든 구조물을 말한다. 해법상 가정에 의하여 축방향력(인장, 압축)만을 부담하게 되며, 이 축방향력을 부내력이라고 한다.

#### (2) 트러스의 해석일반

| | |
|---|---|
| 트러스의 해법상 가정 | • 각 부재는 마찰 없는 힌지로 결합되어 있다. 핀(Pin) 트러스는 실제와 같으나 리벳 또는 용접된 트러스에서는 실제와 같지 않다($\Sigma M=0$). <br> • 각 부재는 직선재이다. 곡선재는 아치(Arch) 구조에 사용된다. <br> • 격점의 중심을 맺는 직선은 부재의 축과 일치한다($\Sigma M = P \cdot e = 0$). <br> • 외력은 모두 격점에 집중하여 작용한다($\Sigma V=0$). <br> • 모든 외력의 작용선은 트러스와 동일 평면 내에 있다($\Sigma T=0$). <br> • 부재 응력은 그 구조 재료의 탄성한도 이내에 있다($\sigma = E\varepsilon$). |
| 트러스의 해법 | • 트러스의 지점반력은 단순보나 라멘과 같이 힘의 평형조건식으로 구한다. <br> • 트러스의 부재력은 축방향력으로 인장력, 압축력만 생기며 편의상 인장력을 (+), 압축력을 (−)로 생각한다. <br> • 절점법의 부호는 절점을 향하여 들어가는 부재력을 압축(−), 절점에서 밖으로 나오는 부재력을 인장(+)으로 가정한다. |

#### (3) 트러스의 해석방법

| | |
|---|---|
| 절점법 (격점법) | • 부재의 한 절점에 대하여 절점을 중심으로 힘의 평형조건식을 적용하여 미지의 부재력을 구하는 방법으로 비교적 간단한 트러스에 적용시킨다($\Sigma V=0$, $\Sigma H=0$). <br> • 절점법은 임의 부재의 부재력을 바로 구할 수 없고, 한 부재의 잘못된 계산이 다른 부재에 영향을 미친다. |
| 단면법 (절단법) | • 절단된 단면을 중심으로 힘의 평형조건식을 적용하여 미지의 부재력을 구하는 방법이다. <br> • 모멘트법 : 상현재나 하현재의 부재력을 구할 때 적용한다($\Sigma M=0$). <br> • 전단력법 : 수직재나 사재의 부재력을 구할 때 적용한다($\Sigma V=0$). <br> • 단면법은 임의의 부재의 부재력을 바로 구할 수 있고, 잘못된 계산이 다른 부재에 전달되지 않는다. |

### (4) 트러스 응력의 특징

① 2개의 부재가 모이는 절점에 외력이 작용하지 않을 때는 이 두 부재의 응력은 0이다(부재의 응력이 0인 부재를 0부재라고 한다).
② 절점에 외력이 한 부재의 방향으로 작용할 때는 그 부재의 응력은 외력과 같고, 다른 부재의 응력은 0이 된다.
③ 한 절점에 3개의 부재가 교차하고, 외력이 작용하지 않는 경우, 그 중 2개의 부재가 동일 직선상에 있을 경우 2개의 부재 응력은 같고, 다른 부재의 응력은 0이 된다.
④ ③의 경우에 동일 직선상에 있지 않은 부재에 외력 P가 그 부재의 축방향으로 작용할 때, 이 부재의 응력은 외력 P와 같고 동일 직선상에 있는 두 개의 부재 응력은 서로 같다.
⑤ 한 절점에 4개의 부재가 교차해 있고, 그 절점에 외력이 작용하지 않을 때, 동일 성상에 있는 두 개의 부재 응력은 서로 같다.

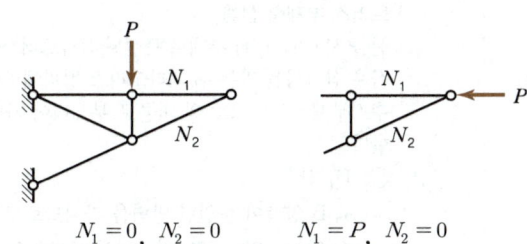

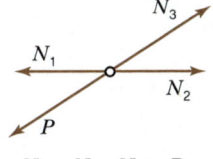 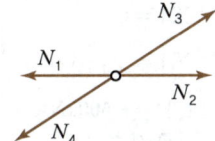 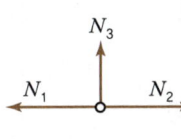

**트러스 부재의 특징**

## 과년도 기출문제

**01** 그림과 같은 트러스(Truss)에서 T부재에 발생하는 부재력으로 옳은 것은? [19년 2회]

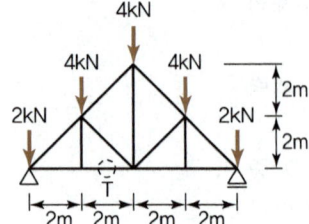

① 4kN  ② 6kN
③ 8kN  ④ 16kN

[해설]

T부재에 발생하는 부재력(T) 산출
$M_0 = 8 \times 2 - 2 \times 2 - T \times 2 = 0$
$\therefore T = 6kN$

**02** 그림과 같은 트러스에서 a부재의 부재력은 얼마인가? [17년 4회, 21년 1회]

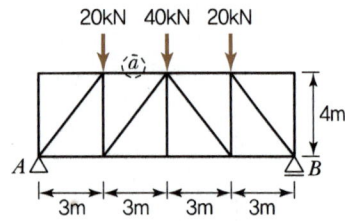

① 20kN(인장)  ② 30kN(압축)
③ 40kN(인장)  ④ 60kN(압축)

[해설]

㉠ 반력($R_A$) 산출
  $R_A = 40kN$
㉡ $M_C = 0$ (A 지점으로부터 우측 첫 번째 아래 힌지접합부를 C로 놓고 산출한다)
  $M_C = a \times 4 + 40 \times 3 = 0$
  $\therefore a = \dfrac{-40 \times 3}{4} = -30kN = 30kN(압축)$

**03** 그림과 같은 트러스에서 '가' 및 '나' 부재의 부재력을 옳게 구한 것은?(단, −는 압축력, +는 인장력을 의미한다.) [20년 1·2회 통합]

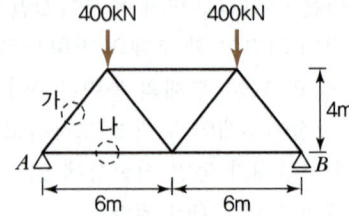

① 가=−500kN, 나=300kN
② 가=−500kN, 나=400kN
③ 가=−400kN, 나=300kN
④ 가=−400kN, 나=400kN

[해설]

트러스 부재력 산출
산출 시 (가), (나) 부재로 구성된 삼각트러스를 수직으로 나눠 작은 삼각형을 만든 뒤 피타고라스 정리에 의해 (가) : (나) : 수직부재=5 : 4 : 3 의 비율로 부재력이 가해지는 것을 이용한다.

㉠ $V_A$ 산출
  A, B 양측이 동일한 반력을 가지므로 $V_A$는 전체 작용하중(400+400=800)의 1/2인 400kN의 반력을 갖는다.
㉡ (가) 산출
  $\Sigma V = 0$
  $\Sigma V = V_A + (가) \times \dfrac{4}{5} = 0$
  (가) = −500kN
㉢ (나) 산출
  $\Sigma H = 0$
  $\Sigma H = (나) + (가) \times \dfrac{3}{5} = 0$
  (나) = 300kN

정답 01 ② 02 ② 03 ①

## 과년도 기출문제

**04** 트러스 해법의 기본가정으로 틀린 것은?

[15년 2회]

① 절점을 연결하는 직선은 재축과 일치한다.
② 외력은 모두 절점에 작용하는 것으로 한다.
③ 부재를 연결하는 절점은 강절점으로 간주한다.
④ 외력은 모두 트러스를 포함한 평면 안에 있는 것으로 한다.

[해설]

부재를 연결하는 절점은 회전을 허용하는 힌지(핀)로 연결되어 있다고 가정한다.

**05** 그림과 같은 트러스가 절점 C 및 D에서 하중을 지지하고 있다. 이 트러스에서 응력이 발생하지 않는 부재는 어느 것인가?

[15년 4회]

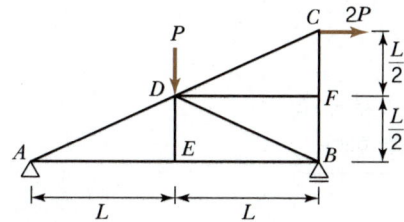

① DF
② DE 및 DB
③ DE 및 DF
④ DE, DB 및 DF

[해설]

절점을 기준으로 좌우로 대칭되는 부재가 있는 상태에서의 수직부재(3부재)인 DE와 DF 부재가 0부재가 된다.

**06** 다음 트러스 구조물에서 부재력이 0이 되는 부재의 개수는?

[18년 4회]

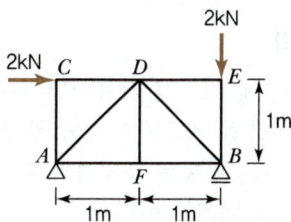

① 1개    ② 2개
③ 3개    ④ 4개

[해설]

부재력이 0이 되는 부재는 절점을 기준으로 좌우로 대칭되는 부재(힘이 적용될 경우 힘도 하나의 부재로 간주)가 있는 상태에서의 수직부재(3부재)인 CA, FD, ED 부재이다.

정답  04 ③  05 ③  06 ③

# 08 응력과 변형률

## 1 응력 일반사항

### (1) 단순응력

① 구조물에 외력이 작용하면 부재에 단면력(전단력, 휨모멘트, 축방향력, 비틀림 모멘트)이 발생하게 되고, 이 단면력에 의하여 구조물의 내부에서는 평형을 유지하기 위하여 내력이 발생하는데 이 내력을 응력(Stress)이라고 한다.

② 일반적으로 구조물이 하중에 저항하는 능력을 강도(Strength)라고 하는데, 재료의 강도는 보통 응력으로 나타낸다.

$$\sigma(응력,\ N/m^2) = \frac{P(힘,\ N)}{A(작용면적,\ m^2)}$$

③ 재료 단면에 수직(법선 방향)으로 발생하기 때문에 수직응력(Normal Stress)이라고 한다.

④ 응력의 단위 : $kgf/cm^2$, $tf/m^2$, $N/m^2 (=Pa)$ 등

### (2) 변형률

① 축방향으로 하중이 작용하는 경우 축방향 변형이 발생한다. 이때 구조물 본래의 길이와 늘어나거나 줄어든 길이의 비를 변형률이라고 한다.

$$\varepsilon(변형률) = \frac{\delta(늘어나거나\ 줄어든\ 길이,\ m)}{L(본래의\ 길이,\ m)}$$

② 재료 단면에 수직(법선 방향)으로 변형이 발생하므로 수직변형률(Normal Strain)이라고 한다.

## 과년도 기출문제

**01** 1변의 길이가 각각 50mm(A), 100mm(B)인 두 개의 정사각형 단면에 동일한 압축하중 P가 작용할 때 압축응력도의 비(A : B)는? [18년 1회]

① 2 : 1  ② 4 : 1
③ 8 : 1  ④ 16 : 1

[해설]

압축응력도($\sigma$) 비의 산출
㉠ 압축응력도 $\sigma = \dfrac{P}{A}$
㉡ $\sigma_A : \sigma_B = \dfrac{P}{50^2} : \dfrac{P}{100^2} = 4 : 1$

**02** 직경 24mm의 봉강에 65kN의 인장력이 작용할 때 인장응력은 약 얼마인가? [18년 4회]

① 128MPa  ② 136MPa
③ 144MPa  ④ 150MPa

[해설]

인장응력($\sigma$) 산출
$\sigma = \dfrac{P}{A} = \dfrac{P}{\dfrac{\pi d^2}{4}} = \dfrac{65 \times 10^3 (\text{N})}{\dfrac{\pi \times 24^2}{4}} = 143.68 = 144\text{MPa}$

**03** 인장력을 받는 원형단면 강봉의 지름을 4배로 하면 수직응력도(Normal Stress)는 기존 응력도의 얼마로 줄어드는가? [21년 2회]

① $\dfrac{1}{2}$  ② $\dfrac{1}{4}$
③ $\dfrac{1}{8}$  ④ $\dfrac{1}{16}$

[해설]

원형단면을 갖는 강봉의 수직응력 $\sigma = \dfrac{P}{A} = \dfrac{P}{\dfrac{\pi d^2}{4}}$ 이므로, 지름 $d$를 4배로 할 경우 $4^2$배만큼 수직응력이 감소하게 된다.
∴ $\dfrac{1}{16}$ 만큼 감소

**04** 직경(D) 30mm, 길이(L) 4m인 강봉에 90kN의 인장력이 작용할 때 인장응력($\sigma_t$)과 늘어난 길이($\Delta L$)는 약 얼마인가?(단, 강봉의 탄성계수 $E$=200,000MPa) [22년 1회]

① $\sigma_t = 127.5\text{MPa}$, $\Delta L = 1.43\text{mm}$
② $\sigma_t = 127.5\text{MPa}$, $\Delta L = 2.55\text{mm}$
③ $\sigma_t = 132.5\text{MPa}$, $\Delta L = 1.43\text{mm}$
④ $\sigma_t = 132.5\text{MPa}$, $\Delta L = 2.55\text{mm}$

[해설]

㉠ $\Delta L$ 산출
$\Delta L = \dfrac{PL}{EA} = \dfrac{90 \times 10^3 (\text{N}) \times 4 \times 10^3}{200,000 \text{N/mm}^2 \times \dfrac{\pi \times 30^2}{4}} = 2.55\text{mm}$

㉡ $\sigma_t$ 산출
$E = \dfrac{\sigma_t}{\varepsilon} \Leftrightarrow \sigma_t = E \cdot \varepsilon = E \cdot \dfrac{\Delta L}{L} = 2 \times 10^5 \times \dfrac{2.55}{4 \times 10^3}$
$= 127.5\text{MPa}$

[정답] 01 ②  02 ③  03 ④  04 ②

# 08 응력과 변형률

## 2 응력의 종류

| 수직응력 (축응력, 법선응력) | 부재의 축방향으로 하중이 작용하는 경우에 발생하는 응력이다(인장, 압축응력). |
|---|---|
| 전단응력 (접선응력) | • 부재 축의 직각 방향으로 하중이 작용하는 경우에 발생하는 응력이다.<br>• 최대 전단응력 산출<br>$V_{max} = k \cdot \dfrac{P}{A}$<br>여기서, 원형단면 $k = \dfrac{4}{3}$,<br>　　　　직사각형 $k = \dfrac{3}{2}$ |
| 휨응력 | • 휨을 받는 부재의 단면에서 발생하는 응력으로 정(+)의 휨을 받는 경우 상연이 압축, 하연이 인장을 받는다.<br>• 보의 최대 휨응력(인장응력)<br>$\sigma_{max} = \dfrac{M}{Z} = \dfrac{PL}{bh^2/6}$<br>여기서, $M$ : 작용모멘트<br>　　　　$Z$ : 단면계수 |
| 비틀림응력 | 비틀림 모멘트를 받는 부재의 단면에서 발생하는 응력이다. |
| 온도응력 | • 온도 변화에 따른 변형에 의하여 부재의 단면에서 발생하는 응력을 말한다.<br>• 온도 응력의 산출<br>$\sigma = E\varepsilon_t = E\alpha\Delta T$ |

### 개념이해

**01** 그림과 같이 양단이 고정된 강재 부재에 온도가 $\Delta T = 30℃$ 증가될 때 이 부재에 발생되는 압축응력은 얼마인가?(단, 강재의 탄성계수 $E_s = 2.0 \times 10^5 \text{MPa}$, 부재단면적은 $5,000\text{mm}^2$, 선팽창 계수 $\alpha = 1.2 \times 10^{-5}$ /℃이다.) [20년 3회]

① 25MPa  　　② 48MPa
③ 64MPa  　　④ 72MPa

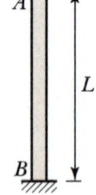

○ 온도응력($\sigma_t$) 산출
$\sigma_t = E \cdot \alpha \cdot \Delta t$
　　$= 2.0 \times 10^5 \times 1.2 \times 10^{-5} \times 30$
　　$= 72\text{MPa}$

답 ④

## 과년도 기출문제

**01** 원형단면에 전단력 $S=30$kN이 작용할 때 단면의 최대 전단응력도는?(단, 단면의 반경은 180mm이다.)  [19년 4회]

① 0.19MPa
② 0.24MPa
③ 0.39MPa
④ 0.44MPa

[해설]

최대전단응력도($V_{\max}$) 산출

$V_{\max} = k \cdot \dfrac{P}{A} = k \cdot \dfrac{P}{\pi r^2} = \dfrac{4}{3} \times \dfrac{30 \times 10^3 (\text{N})}{\pi \times 180^2}$
$= 0.393\text{N/mm}^2 = 0.39\text{MPa}$

여기서, 원형단면일 경우 $k = \dfrac{4}{3}$

**02** 폭이 $b=100$mm, 높이가 $h=200$mm인 단면에 전단력 4kN이 작용할 때 최대전단응력을 구하면?  [17년 4회]

① 0.3MPa
② 0.4MPa
③ 0.5MPa
④ 0.6MPa

[해설]

최대전단응력도($V_{\max}$) 산출

$V_{\max} = k \cdot \dfrac{P}{A} = \dfrac{3}{2} \times \dfrac{4 \times 10^3 (\text{N})}{100 \times 200} = 0.3\text{N/mm}^2 = 0.3\text{MPa}$

여기서, 직사각형 단면일 경우 $k = \dfrac{3}{2}$

**03** 그림과 같은 보의 웨브에 발생하는 최대 전단응력도는?(단, 사용강재는 SS400, 단면 H-250×125×6×9이며, 횡좌굴이 일어나지 않도록 충분히 보강되었으며, 전단면적 산정 시 플랜지 두께는 제외함)  [15년 4회]

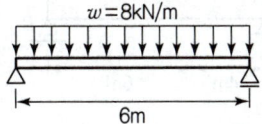

① 24.48MPa     ② 17.24MPa
③ 14.67MPa     ④ 9.82MPa

[해설]

보의 웨브에서 발생하는 최대 전단응력도($\tau_{\max}$) 산출

$\tau_{\max} = \dfrac{S}{t_w h}$

$S(\text{전단력}) = R_A = \dfrac{wl}{2} = \dfrac{8 \times 6}{2} = 24\text{kN}$

$\therefore \tau_{\max} = \dfrac{S}{t_w h} = \dfrac{24 \times 10^3}{6 \times (250 - 2 \times 9)} = 17.24\text{N/mm}^2$
$= 17.24\text{MPa}$

**04** 그림과 같은 직사각형 단면을 가지는 보에 최대 휨모멘트 $M=20$kN·m가 작용할 때 최대 휨응력은?  [22년 2회]

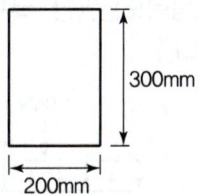

① 3.33MPa     ② 4.44MPa
③ 5.56MPa     ④ 6.67MPa

[해설]

보의 최대 휨응력($\sigma_{\max}$) 산출

$\sigma_{\max} = \dfrac{M}{Z} = \dfrac{PL}{bh^2/6} = \dfrac{20\text{kN·m} \times 10^6}{\dfrac{200 \times 300^2}{6}} = 6.67\text{MPa}$

정답  01 ③  02 ①  03 ②  04 ④

## 과년도 기출문제

**05** 다음 그림과 같은 부재의 최대 휨응력은 약 얼마인가?(단, 부재의 자중은 무시한다.) [16년 2회]

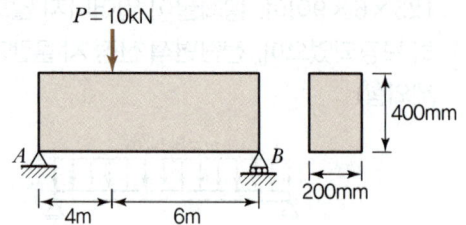

① 1.2MPa  ② 2.2MPa
③ 3.6MPa  ④ 4.5MPa

[해설]
최대 휨응력도($\sigma_{\max}$) 산출
㉠ 최대 휨모멘트($M$) 산출
  $R_A$ 산출, $\Sigma M_B = 0$
  $\Sigma M_B = R_A \times 10 - 10 \times 6 = 0$
  $R_A = 6\text{kN}$
  $M_{\max} = 6 \times 4 = 24\text{kN} \cdot \text{m}$

㉡ $\sigma_{\max} = \dfrac{M_{\max}}{Z} = \dfrac{M_{\max}}{\dfrac{bh^2}{6}} = \dfrac{24}{\dfrac{0.20 \times 0.40^2}{6}}$
  $= 4{,}500\text{kN/m}^2 = 4{,}500{,}000\text{N/m}^2$
  $= 4.5\text{N/mm}^2(\text{MPa})$

**06** 그림과 같은 하중을 받는 단순보에서 단면에 생기는 최대 휨응력도는?(단, 목재는 결함이 없는 균질한 단면이다.) [19년 1회]

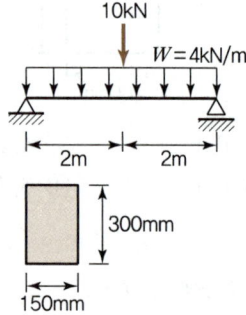

① 8MPa  ② 10MPa
③ 12MPa  ④ 15MPa

[해설]
최대 휨응력도($\sigma_{\max}$) 산출

$\sigma_{\max} = \dfrac{M_{\max}}{Z} = \dfrac{\dfrac{wL^2}{8} + \dfrac{PL}{4}}{\dfrac{bh^2}{6}} = \dfrac{\dfrac{4 \times 4^2}{8} + \dfrac{10 \times 4}{4}}{\dfrac{0.15 \times 0.3^2}{6}}$
$= 8{,}000\text{kN/m}^2 = 8{,}000{,}000\text{N/m}^2 = 8\text{N/mm}^2(\text{MPa})$

**07** 길이가 1.5m이고, 한 변이 100mm인 정사각형 단면을 가지고 있는 캔틸레버보의 최대 휨응력과 최대 처짐을 구하면?(단, 부재의 탄성계수 : $1 \times 10^4 \text{MPa}$) [17년 4회]

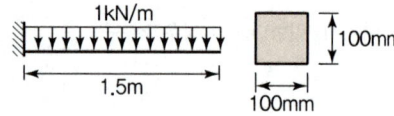

① 최대 휨응력 : 3.37MPa, 최대 처짐 : 3.8mm
② 최대 휨응력 : 3.37MPa, 최대 처짐 : 7.6mm
③ 최대 휨응력 : 6.75MPa, 최대 처짐 : 3.8mm
④ 최대 휨응력 : 6.75MPa, 최대 처짐 : 7.6mm

[해설]
㉠ 최대 휨응력($\sigma_{\max}$) 산출

$\sigma_{\max} = \dfrac{M}{Z} = \dfrac{\dfrac{wL^2}{2}}{bh^2/6} = \dfrac{\dfrac{1 \times 1{,}500^2}{2}}{\dfrac{100 \times 100^2}{6}} = 6.75\text{MPa}$

㉡ 최대 처짐($\delta_{\max}$) 산출

$\sigma_{\max} = \dfrac{wL^4}{8EI} = \dfrac{1 \times 1{,}500^4}{8 \times 1 \times 10^4 \times \dfrac{100 \times 100^3}{12}} = 7.6\text{mm}$

정답  05 ④  06 ①  07 ④

## 과년도 기출문제

**08** 그림과 같은 단면의 단순보에서 보의 중앙점 C단면에 생기는 휨응력 $\sigma_b$와 전단응력 $v$의 값은?

[21년 4회]

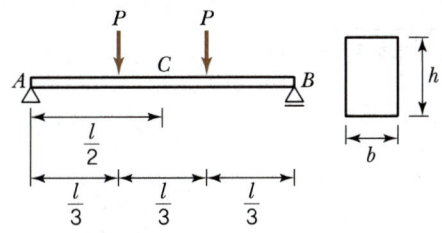

① $\sigma_b = \dfrac{Pl}{bh^2}$, $v = \dfrac{3Pl}{2bh}$

② $\sigma_b = \dfrac{2Pl}{bh^2}$, $v = 0$

③ $\sigma_b = \dfrac{2Pl}{bh^2}$, $v = \dfrac{3Pl}{2bh}$

④ $\sigma_b = \dfrac{Pl}{bh^2}$, $v = 0$

[해설]

C점에서 $\sigma_b$는 최대가 되며 이때의 전단력 $v$는 0이 된다.

$$\sigma_b = \frac{M}{Z} = \frac{\frac{Pl}{3}}{\frac{bh^2}{6}} = \frac{2Pl}{bh^2}$$

∴ $\sigma_b = \dfrac{2Pl}{bh^2}$, $v = 0$

정답 **08** ②

## 08 응력과 변형률

### 3 선변형률(길이 변형률)

**(1) 일반사항**

| 개념 | 축방향력을 받았을 때의 변형량을 본래 변형 전 길이로 나눈 값을 변형률(Strain)이라고 한다.<br>$$변형률 = \frac{변형된 길이(\Delta l)}{원래 길이(l)}$$ |
|---|---|
| 세로 변형률(축방향 변형률) | $\varepsilon_x = \dfrac{\Delta l}{l}$ |
| 가로 변형률(횡방향 변형률) | $\beta = \dfrac{\Delta d}{d}$ |

**(2) 푸아송 비와 푸아송 수**

| 푸아송 비<br>(Poisson's Ratio) | 세로 변형률에 대한 가로 변형률의 비로 나타낸다.<br>$\nu = \dfrac{가로\ 변형률}{세로\ 변형률} = \dfrac{1}{m} = \dfrac{\beta}{\varepsilon} = \dfrac{\frac{\Delta d}{d}}{\frac{\Delta l}{l}} = \dfrac{l \cdot \Delta d}{d \cdot \Delta l}$ |
|---|---|
| 푸아송 수 | 푸아송 수는 푸아송 비의 역수로 나타낸다.<br>$m = \dfrac{\varepsilon}{\beta} = \dfrac{\frac{\Delta l}{l}}{\frac{\Delta d}{d}} = \dfrac{d \cdot \Delta l}{l \cdot \Delta d}$ |

> **개념이해**
>
> **01** 직경 2.2cm, 길이 50cm의 강봉에 축방향 인장력을 작용시켰더니 길이는 0.04cm 늘어났고 직경은 0.0006cm 줄었다. 이 재료의 포아송 수는?
>
> [15년 1회, 18년 1회]
>
> ① 0.34　　② 2.93
> ③ 0.015　　④ 66.67

푸아송 수는 푸아송 비의 역수로 나타낸다.

$$m = \dfrac{\varepsilon}{\beta} = \dfrac{\frac{\Delta l}{l}}{\frac{\Delta d}{d}} = \dfrac{d \cdot \Delta l}{l \cdot \Delta d}$$

$$= \dfrac{2.2\text{cm} \times 0.04\text{cm}}{50\text{cm} \times 0.0006\text{cm}} = 2.93$$

답 ②

## 4 기타변형률

| | | |
|---|---|---|
| 전단변형률<br>(Shear Strain) | $\gamma_s = \dfrac{\lambda}{l} \fallingdotseq \tan\phi$ | |
| 체적변형률<br>(Bulk Strain) | 체적변형률은 선변형률의 3배이다.<br>$\varepsilon_v = \dfrac{\Delta V}{V} = \pm 3\dfrac{\Delta l}{l} = \pm 3\varepsilon_x$ | |
| 온도변형률 | $\varepsilon_t = \dfrac{\Delta l}{l} = \dfrac{\alpha \cdot l \cdot \Delta T}{l} = \alpha \cdot \Delta T$ | |
| 휨변형률 | $\varepsilon_b = k \cdot y = \dfrac{y}{R} = \dfrac{\Delta dx}{dx}$<br>여기서, $R$ : 곡률반경<br>$k$ : 곡률<br>$y$ : 중립축으로부터의 거리<br>$dx$ : 미소거리<br>$\Delta dx$ : $dx$의 변형량 | |
| 비틀림변형률 | $\gamma_t = R \cdot \theta = R \cdot \dfrac{\phi}{l} = \dfrac{\gamma d\phi}{dx}$ | |

### 개념이해

**01** 그림과 같은 강재가 전단력을 받아 점선과 같이 변형되었을 때 이 강재의 전단변형률은?

[17년 2회]

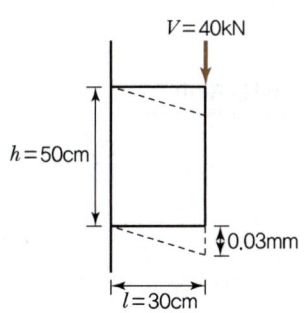

① 0.00006rad
② 0.0001rad
③ 0.00125rad
④ 0.00075rad

○ 전단변형률($\gamma_s$) 산출
$\gamma_s = \dfrac{\lambda}{l} = \dfrac{0.03\text{mm}}{300} = 0.0001\text{rad}$

답 ②

# 08 응력과 변형률

## ⑤ 훅의 법칙(Hooke's Law)

### (1) 정의
재료의 탄성한도 내에서 응력은 변형률에 비례한다.

$$\sigma = E \cdot \varepsilon$$

### (2) 탄성계수와 변형량

| | |
|---|---|
| 탄성계수 | $E = \dfrac{\sigma}{\varepsilon} = \dfrac{\frac{P}{A}}{\frac{\Delta l}{l}} = \dfrac{P \cdot l}{A \cdot \Delta l}$ |
| 변형량 | $\Delta l = \dfrac{Pl}{EA}$ |

## ⑥ 탄성계수

| | |
|---|---|
| 정의 | $\sigma - \varepsilon$ 선도의 탄성범위에서의 기울기를 의미한다. 즉, 훅의 법칙에서 비례상수 E를 탄성계수(Elastic Modulus)라고 한다.<br>$0E = \dfrac{\sigma}{\varepsilon} = \dfrac{\frac{P}{A}}{\frac{\Delta l}{l}} = \dfrac{P \cdot L}{\Delta L \cdot A}$ |
| 단위 | $kg/cm^2$, $MPa (= N/mm^2)$ |
| 특성 | • 재료에 따라 탄성계수 E의 값은 다르다.<br>• E는 재료에 따라 거의 일정한 값을 가진다.<br>• 탄성계수 E가 크다는 것은 외력에 대한 변형의 저항능력이 크다는 뜻이다. |

## 과년도 기출문제

건축 / 기사 / 필기

**01** 탄성계수가 $10^5$MPa이고 균일한 단면을 가진 부재에 인장력이 작용하여 10MPa의 인장응력이 발생하였다. 이때 부재의 길이가 0.5mm 늘어났다면 부재의 원래의 길이는? [17년 1회]

① 2m  ② 5m
③ 8m  ④ 10m

[해설]

부재의 원래 길이($L$) 산출

$$\Delta L = \frac{PL}{EA} = \frac{\sigma L}{E}$$

$$L = \frac{E\Delta L}{\sigma} = \frac{10^5 \times 0.5}{10} = 5,000\text{mm} = 5\text{m}$$

**02** 단면의 지름이 150mm, 재축방향 길이가 300mm인 원형 강봉의 윗면에 300kN의 힘이 작용하여 재축방향 길이가 0.16mm 줄어들었고, 단면의 지름이 0.02mm 늘어났다면 이 강봉의 탄성계수 $E$와 푸아송 비는? [20년 1·2회 통합]

① 31,830MPa, 0.25
② 31,830MPa, 0.125
③ 39,630MPa, 0.25
④ 39,630MPa, 0.125

[해설]

탄성계수($E$)와 푸아송 비($v$) 산출
㉠ 탄성계수($E$) 산출

$$E = \frac{P \cdot L}{\Delta L \cdot A} = \frac{300 \times 10^3 \times 300}{0.16 \times \frac{\pi \cdot 150^2}{4}} = 31,830\text{MPa}$$

㉡ 푸아송비($v$) 산출

$$v = \frac{\frac{\Delta d}{d}}{\frac{\Delta L}{L}} = \frac{\frac{0.02}{150}}{\frac{0.16}{300}} = 0.25$$

**03** 직경($D$) 30mm, 길이($L$) 4m인 강봉에 90kN의 인장력이 작용할 때 인장응력($\sigma t$)과 늘어난 길이($\Delta L$)는 약 얼마인가?(단, 강봉의 탄성계수 $E$= 200,000 MPa) [22년 1회]

① $\sigma_t = 127.5$MPa, $\Delta L = 1.43$mm
② $\sigma_t = 127.5$MPa, $\Delta L = 2.55$mm
③ $\sigma_t = 132.5$MPa, $\Delta L = 1.43$mm
④ $\sigma_t = 132.5$MPa, $\Delta L = 2.55$mm

[해설]

㉠ $\Delta L$ 산출

$$\Delta L = \frac{PL}{EA} = \frac{90 \times 10^3 (\text{N}) \times 4 \times 10^3}{200,000\text{N/mm}^2 \times \frac{\pi \times 30^2}{4}} = 2.55\text{mm}$$

㉡ $\sigma_t$ 산출

$$\Delta E = \frac{\sigma_t}{\varepsilon} \Leftrightarrow \sigma_t = E \cdot \varepsilon = E \cdot \frac{\Delta L}{L}$$

$$= 2 \times 10^5 \times \frac{2.55}{4 \times 10^3} = 127.5\text{MPa}$$

**정답** 01 ② 02 ① 03 ②

# 09 기둥 및 기초

## 1 기둥의 판별

### (1) 세장비
① 기둥의 세장비를 이용하여 판별한다.
② 기둥의 세장비($\lambda$)는 기둥이 가늘고 긴 정도의 비를 말한다.
③ 세장비 산출

$$\lambda = \frac{KL}{r_{\min}} = \frac{KL}{\sqrt{\dfrac{I_{\min}}{A}}}$$

여기서, $KL$ : 유효좌굴길이
$r_{\min}$ : 단면2차반경
$I_{\min}$ : 단면2차모멘트
$A$ : 단면적

**단주**
기둥의 길이에 비하여 단면이 크고 비교적 길이가 짧은 압축재의 기둥

**장주**
기둥의 길이가 그 단면의 최소 회전반지름에 비하여 상당히 큰 기둥으로서 좌굴현상이 발생하는 기둥

### 개념이해

**01** 단일 압축재에서 세장비를 구할 때 필요하지 않은 것은?
[15년 2회, 20년 4회]

① 유효좌굴길이
② 단면적
③ 탄성계수
④ 단면2차모멘트

세장비 산출
$$\lambda = \frac{KL}{r_{\min}} = \frac{KL}{\sqrt{\dfrac{I_{\min}}{A}}}$$

여기서, $KL$ : 유효좌굴길이
$r_{\min}$ : 단면2차반경
$I_{\min}$ : 단면2차모멘트
$A$ : 단면적

답 ③

**02** 정방향 단면의 크기가 120mm×120mm이고, 길이 3m인 기둥의 세장비는 약 얼마인가?
[16년 1회]

① 67
② 76
③ 87
④ 95

세장비($\lambda$) 산출
$$\lambda = \frac{KL}{r} = \frac{KL}{\sqrt{\dfrac{I}{A}}} = \frac{KL}{\sqrt{\dfrac{\frac{bh^3}{12}}{bh}}}$$

$$= \frac{1.0 \times 3{,}000\text{mm}}{\sqrt{\dfrac{\frac{120 \times 120^3}{12}}{120 \times 120}}} = 86.6 = 87$$

여기서, 지지조건에 대한 조건이 없으므로 $K=1$로 간주한다.

답 ③

## 과년도 기출문제

건축 / 기사 / 필기

**01** 그림과 같이 양단이 회전단인 부재의 좌굴축에 대한 세장비는? [21년 1회]

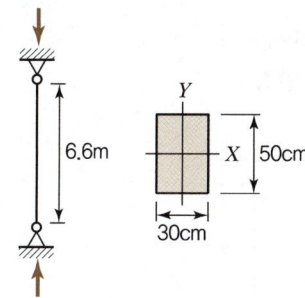

① 76.21  ② 84.28
③ 94.64  ④ 103.77

[해설]

㉠ 약축 판별 : 긴 변을 따라 약축이 형성되므로 $b : 50\text{cm}$, $h : 30\text{cm}$가 된다.
㉡ 양단 힌지이므로, $K=1$이 되게 된다.
㉢ 세장비($\lambda$) 산출

$$\lambda = \frac{KL}{r} = \frac{KL}{\sqrt{\frac{I}{A}}} = \frac{KL}{\sqrt{\frac{bh^3}{12}}{bh}} = \frac{1.0 \times 6.6 \times 10^2 (\text{cm})}{\sqrt{\frac{50 \times 30^3}{12}{50 \times 30}}}$$

$= 76.21$

**02** 그림과 같은 압축재에 $V-V$ 축의 세장비 값으로 옳은 것은?(단, $A=10\text{cm}^2$, $I_v=36\text{cm}^4$) [20년 1·2회 통합]

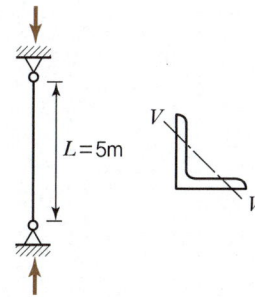

① 270.3  ② 263.5
③ 254.8  ④ 236.4

[해설]

$V-V$ 축의 세장비($\lambda$) 산출

$$\lambda = \frac{KL}{r} = \frac{KL}{\sqrt{\frac{I}{A}}} = \frac{1.0 \times 500}{\sqrt{\frac{36}{10}}} = 263.52$$

여기서, 양단 힌지이므로, $K=1$이 되게 된다.

**03** H형강이 사용된 압축재의 양단이 핀으로 지지되고 부재 중간에서 $x$축 방향으로만 이동할 수 없도록 지지되어 있다. 부재의 전 길이가 4m일 때 세장비는?(단, $r_x=8.62\text{cm}$, $r_y=5.02\text{cm}$임) [22년 1회]

① 26.4  ② 36.4
③ 46.4  ④ 56.4

[해설]

$x$축과 $y$축의 세장비를 구하고, 큰 값을 세장비로 산정한다(여기서, $K$는 양단 힌지이므로 1.0을 적용한다).

$$\lambda_x = \frac{KL_x}{r_x} = \frac{1.0 \times 400\text{cm}}{8.62\text{cm}} = 46.4$$

$$\lambda_y = \frac{KL_y}{r_y} = \frac{1.0 \times 200\text{cm}}{5.02\text{cm}} = 39.8$$

∴ 세장비는 둘 중 큰 값인 46.4가 된다.

**04** 양단 힌지인 길이 6m의 H-300×300×10×15의 기둥이 부재중앙에서 약축방향으로 가새를 통해 지지되어 있을 때 설계용 세장비는?(단, $r_x=131\text{mm}$, $r_y=75.1\text{mm}$) [18년 2회, 19년 1회, 22년 2회]

① 39.9  ② 45.8
③ 58.2  ④ 66.3

[해설]

단면2차반경이 적은 $y$축을 약축으로 보고 계산한다.

$$\lambda_y = \frac{KL_x}{r_x} = \frac{1.0 \times 6{,}000\text{mm}}{75.1\text{mm}} = 45.8$$

여기서, $K$는 양단 힌지이므로 1.0을 적용한다.

정답  01 ①  02 ②  03 ③  04 ②

# 09 기둥 및 기초

## 2 단주의 해석(중심축 하중이 작용하는 경우)

압축응력이 극한강도에 도달하여 압축에 의한 파괴(압축파괴)가 나타나는 기둥으로, 전단면에 걸쳐 균일한 압축응력만 발생한다. 압축을 (+), 인장을 (−)로 한다.

$$\sigma_c = \frac{P}{A}$$

여기서, $\sigma_c$ : 압축응력
$P$ : 중심축 하중
$A$ : 단면적($bh$)

## 3 장주의 해석

### (1) 좌굴현상(Buckling)

장주에 축하중이 증가하여 그 기둥의 고유한 임계값(극한값)에 도달하면 휘어져 있는 위치에서 평행상태를 유지하며, 중립평형상태를 조금이라도 초과하는 하중이 작용하면 기둥은 무한대로 휘어져 그 기능을 상실한다. 이러한 현상을 좌굴이라 하며, 그 축하중의 임계값을 좌굴하중($P_b$) 또는 임계하중($P_{cr}$)이라고 한다.

### (2) 좌굴방향

① 단면2차모멘트가 최대인 축의 방향
② 단면2차모멘트가 최소인 축의 직각 방향

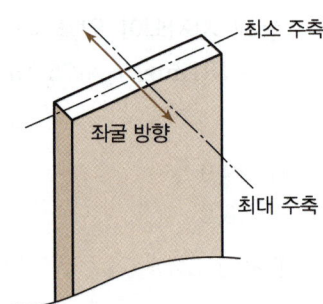

## (3) 오일러(Euler) 장주공식

| 좌굴하중(임계하중) | $P_b = \dfrac{n\pi^2 EI}{l^2} = \dfrac{\pi^2 EI}{(kl)^2}$ |
|---|---|
| 좌굴응력(임계응력) | $\sigma_b = \dfrac{P_b}{A} = \dfrac{\pi^2 E}{\lambda^2} = \dfrac{\pi^2 E}{\left(\dfrac{kl}{r}\right)^2}$ |

## (4) 장주의 계수

| 구분 | 1단 자유 타단고정 | 양단 힌지 | 1단 힌지 타단고정 | 양단고정 |
|---|---|---|---|---|
| 양단 지지상태 | | | | |
| 유효좌굴길이($kl$) | $2l$ | $l$ | $0.7l$ | $0.5l$ |
| 강도계수($n$) | 1/4 | 1 | 2 | 4 |

## (5) 유효길이계수와 강도계수의 관계

$$k = \dfrac{1}{\sqrt{n}}, \ n = \dfrac{1}{k^2}$$

# 과년도 기출문제

**01** 다음 중 압축재의 좌굴하중 산정 시 직접적인 관계가 없는 것은? [19년 2회]

① 부재의 푸아송 비
② 부재의 단면2차모멘트
③ 부재의 탄성계수
④ 부재의 지지조건

**[해설]**

좌굴하중(임계하중)

$$P_b = \frac{\pi^2 EI}{(kl)^2}$$

여기서, $E$ : 탄성계수
$I$ : 단면2차모멘트
$k$ : 지지형태에 따른 계수
$l$ : 부재의 비지지 길이

**02** 철골기둥의 좌굴하중(Critical Bucking Load)을 계산하는데 직접적인 영향을 주지 않는 것은? [15년 4회]

① 재료의 항복강도
② 재료의 탄성계수
③ 단면2차모멘트
④ 유효좌굴길이

**[해설]**

좌굴하중(임계하중)

$$P_b = \frac{\pi^2 EI}{(kl)^2}$$

여기서, $E$ : 탄성계수
$I$ : 단면2차모멘트
$k$ : 지지형태에 따른 계수
$l$ : 부재의 비지지 길이

**03** 부재의 $EI$가 일정하고, 양단의 지지상태가 그림과 같은 경우, A기둥의 탄성좌굴하중은 B기둥의 탄성좌굴하중의 몇 배인가? [16년 2회]

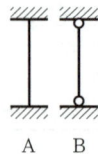

A    B

① 4배          ② 6배
③ 8배          ④ 16배

**[해설]**

㉠ 탄성좌굴하중의 산출식이 $P_b = \frac{\pi^2 EI}{(kl)^2}$ 이므로, 탄성좌굴하중은 지지상태를 나타내는 $k$(지지형태에 따른 유효길이계수)의 제곱에 반비례하게 된다.
㉡ A는 양단 고정지지로서 $k = 0.5$
㉢ B는 양단 힌지지지로서 $k = 1.0$
∴ 탄성좌굴하중은 $k$ 계수의 제곱에 반비례하므로 A가 B에 비하여 4배만큼 탄성좌굴하중이 크다 (A : B = $\frac{1}{0.5^2}$ : $\frac{1}{1^2}$ = 4 : 1).

**04** 1단은 고정, 1단은 자유인 길이 10m인 철골기둥에서 오일러의 좌굴하중은?(단, $A = 6,000\text{mm}^2$, $I_x = 4,000\text{cm}^4$, $I_y = 2,000\text{cm}^4$, $E = 205,000\text{MPa}$) [19년 4회]

① 101.2kN       ② 168.4kN
③ 195.7kN       ④ 202.4kN

**[해설]**

좌굴하중(임계하중)

$$P_b = \frac{\pi^2 EI}{(kl)^2} = \frac{\pi^2 \times 205,000 \times 2,000 \times 10^4}{(2 \times 10,000)^2}$$

$= 101,163.45\text{N} = 101.2\text{kN}$

여기서, $E$ : 탄성계수
$I$ : 단면2차모멘트
$k$ : 지지형태에 따른 계수
$l$ : 부재의 비지지 길이

**정답** 01 ① 02 ① 03 ① 04 ①

## 과년도 기출문제

**05** 그림과 같은 단면을 가진 압축재에서 유효좌굴길이 $KL = 250\text{mm}$일 때 Euler의 좌굴하중 값은? (단, $E = 210,000\text{MPa}$이다.) [18년 1회, 21년 4회]

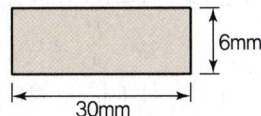

① 17.9kN  ② 43.0kN
③ 52.9kN  ④ 64.7kN

[해설]
좌굴하중(임계하중)

$$P_b = \frac{\pi^2 EI}{(KL)^2} = \frac{\pi^2 \times 210,000 \times \frac{30 \times 6^3}{12}}{250^2} = 17,907.41\text{N}$$
$$= 17.9\text{kN}$$

여기서, $E$ : 탄성계수
$I$ : 단면2차모멘트 $\left(\dfrac{bh^3}{12}\right)$
$KL$ : 유효좌굴길이

**06** 다음 그림과 같은 압축재 H-200×200×8×12가 부재의 중앙지점에서 약축에 대해 휨변형이 구속되어 있다. 이 부재의 탄성좌굴응력도를 구하면? (단, 단면적 $A = 63.53 \times 10^2 \text{mm}^2$, $I_x = 4.72 \times 10^7 \text{mm}^4$, $I_y = 1.60 \times 10^7 \text{mm}^4$, $E = 205,000\text{MPa}$)

[20년 3회]

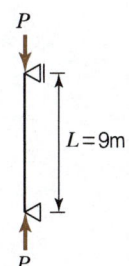

① 252N/mm²  ② 186N/mm²
③ 132N/mm²  ④ 108N/mm²

[해설]
탄성좌굴응력도($\sigma_b$)
$$\sigma_b = \frac{\pi^2 E}{\lambda^2}$$

세장비($\lambda$) 산출
$x$축과 $y$축에 대하여 산출하며, 산출 값을 중 큰 값을 탄성좌굴응력도 계산 시 활용한다.

$$\lambda_x = \frac{kL}{r} = \frac{kL}{\sqrt{\dfrac{I}{A}}} = \frac{1.0 \times 9 \times 10^3}{\sqrt{\dfrac{4.72 \times 10^7}{63.53 \times 10^2}}} = 104.4\text{mm}$$

$$\lambda_y = \frac{1.0 \times 4.5 \times 10^3}{\sqrt{\dfrac{1.60 \times 10^7}{63.53 \times 10^2}}} = 89.67\text{mm}$$

$$\therefore \sigma_b = \frac{\pi^2 E}{\lambda^2} = \frac{\pi^2 \times 205 \times 10^3}{(104.4)^2} = 185.6\text{N/mm}^2$$

정답 05 ① 06 ②

# 09 기둥 및 기초

## 4 독립기초 저면의 응력

① 압축을 정(+), 인장을 부(−)로 한다(기초 저면의 응력은 대부분 압축).
② 압축 측의 응력(최대 응력)

$$\sigma_{max} = \frac{N}{A} + \frac{M}{Z} = \alpha \frac{N}{A}$$

③ 인장 측의 응력(최소 응력)

$$\sigma_{min} = \frac{N}{A} - \frac{M}{Z} = \alpha' \frac{N}{A}$$

④ 편심거리에 따른 $\alpha$ 및 $\alpha'$ 값

| 구분 | $e$ | $\alpha$ | $\alpha'$ |
|---|---|---|---|
| 직사각형 | $e < \frac{l}{6}$ | $1 + \frac{6e}{l}$ | $1 - \frac{6e}{l}$ |
|  | $e = \frac{l}{6}$ | 2 | 0 |
|  | $e > \frac{l}{6}$ | $\frac{2}{3\left(\frac{1}{2} - \frac{e}{l}\right)}$ | − |
| 원형 | $e < \frac{l}{8}$ | $1 + \frac{8e}{l}$ | $1 - \frac{8e}{l}$ |
|  | $e = \frac{l}{8}$ | 2 | 0 |

**기초판의 크기($A$) 산출**

$$q_o \geq \frac{F}{A}, \quad A \geq \frac{F}{q_a}$$

여기서, $q_o$ : 허용지내력($kN/m^2$)
$\quad\quad\quad F$ : 작용하중($kN$)

- $\sigma$ : 기초 저면의 응력
- $e$ : 편심거리($e = M/N$)

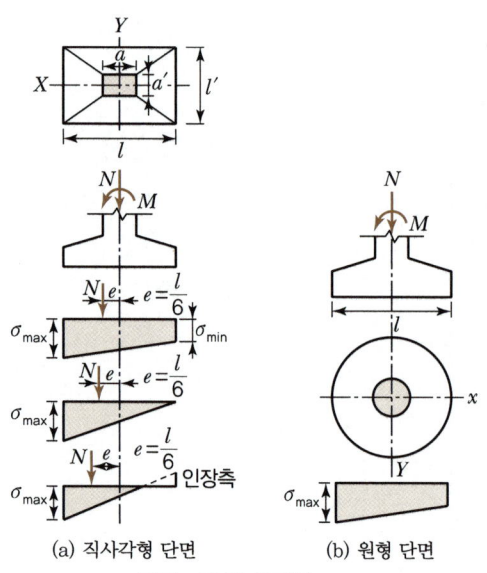

(a) 직사각형 단면    (b) 원형 단면

**독립 기초판 응력분포도**

## 과년도 기출문제

**01** 그림과 같은 독립기초에 $N=480$kN, $M=96$kN·m가 작용할 때 기초저면에 발생하는 최대 지반반력은? [18년 2회, 21년 1회]

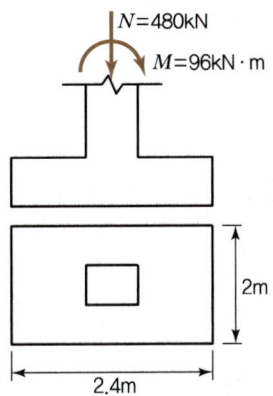

① $15$kN/m²  ② $150$kN/m²
③ $20$kN/m²  ④ $200$kN/m²

[해설]

최대 지반반력($\sigma_{\max}$) 산출

$\sigma_{\max} = \dfrac{P}{A} + \dfrac{M}{Z} = \dfrac{480\text{kN}}{2\times 2.4} + \dfrac{96\text{kN}\cdot\text{m}}{\dfrac{2\times 2.4^2}{6}} = 150\text{kN/m}^2$

**02** 그림과 같은 기둥단면이 $300\text{mm}\times 300\text{mm}$인 사각형 단주에서 기둥에 발생하는 최대압축응력은?(단, 부재의 재질은 균등한 것으로 본다.) [16년 1회, 22년 1회]

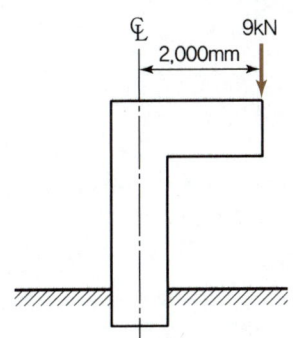

① $-2.0$MPa  ② $-2.6$MPa
③ $-3.1$MPa  ④ $-4.1$MPa

[해설]

최대압축응력($\sigma_{\max}$) 산출

$\sigma_{\max} = -\dfrac{P}{A} - \dfrac{M}{Z} = -\dfrac{9\times 10^3(\text{N})}{300\times 300} - \dfrac{9\times 10^3 \times 2{,}000}{\dfrac{300\times 300^2}{6}}$

$= -4.1\text{MPa}$

**03** 기초설계 시 장기 150kN(자중포함)의 하중을 받는 경우 장기허용지내력도 20kN/m²의 지반에서 필요한 기초판의 크기는? [17년 4회]

① $1.6\text{m}\times 1.6\text{m}$  ② $2.0\text{m}\times 2.0\text{m}$
③ $2.4\text{m}\times 2.4\text{m}$  ④ $2.8\text{m}\times 2.8\text{m}$

[해설]

기초판의 크기($A$) 산출

$q_a \geq \dfrac{F}{A}$

$A \geq \dfrac{F}{q_a} = \dfrac{150}{20} = 7.5\text{m}^2$

∴ $A$는 7.5m² 이상이어야 하므로 2.8m×2.8m의 기초판 크기가 필요하다.

**04** 독립기초(자중포함)가 축방향력 650kN, 휨모멘트 130kN·m를 받을 때 기초 저면의 편심거리는? [19년 1회]

① $0.2$m  ② $0.3$m
③ $0.4$m  ④ $0.6$m

[해설]

편심거리($e$) 산출

$e = \dfrac{M}{P} = \dfrac{130}{650} = 0.2\text{m}$

정답  01 ②  02 ④  03 ④  04 ①

## 과년도 기출문제

**05** 독립기초에 $N = 20kN$, $M = 10kN \cdot m$가 작용할 때 접지압이 압축력만 발생하도록 하기 위한 기초 저면의 최소길이는?(단, 직사각형 단면의 기초이다.)

[20년 4회 문제변형]

① 2m　　② 3m
③ 4m　　④ 5m

**[해설]**

기초저면의 최소길이($l$) 산출
㉠ 직사각형 단면일 경우 편심길이
$$e = \frac{l}{6} \rightarrow l = 6 \times e$$
㉡ 모멘트 $M = N \times e$이므로
$$e = \frac{M}{N} = \frac{10}{20} = 0.5$$
$$\therefore l = 6 \times e = 6 \times 0.5 = 3m$$

**06** 철근콘크리트 독립기초를 설계할 때 수직압력만 받도록 하기 위한 방법으로 가장 효과적인 것은?

[16년 1회]

① 기초판의 크기를 증가시킨다.
② 기초판의 두께를 증가시킨다.
③ 기초 위 주각을 연결하는 지중보의 크기를 증가시킨다.
④ 기초 위의 기둥단면의 크기를 증가시킨다.

**[해설]**

수직압력만 받는다는 것은 편심에 의한 모멘트, 전단력 등의 요소를 최소화 한다는 것으로 이를 위해서는 지중보의 크기를 증가시키는 것이 효과적이다.

정답　05 ②　06 ③

**MEMO**

# 10 구조물의 변형

## 1 탄성곡선(처짐곡선)과 처짐

| 탄성곡선 (처짐곡선) | • 직선이었던 보가 하중을 받게 되면 부재축은 변형되어 곡선을 이룬다. 이 곡선을 탄성곡선(Elastic Curve) 또는 처짐곡선(Deflection Curve)이라고 한다.<br>• 구조물의 형태가 변하는 것을 변형(Deformation)이라고 하며, 하중에 의해 변형된 곡선(처짐곡선)상 임의의 점에서의 이동량을 변위(Displacement)라고 한다. |
|---|---|
| 처짐 | • 보가 하중을 받아 변형하였을 때 그 축상 임의 점의 변위에 대한 연직 방향의 거리(연직성분)를 처짐(Deflection, $\delta_c$)이라고 한다. 이 경우 수평변위는 미소하므로 보통 무시한다.<br>• 부호 : 하향(↓)일 때(+), 상향(↑)일 때(-) |

**➕ 탄성처짐에 영향을 주는 요소**

탄성계수와 단면형상(단면2차모멘트), 부재의 단부 지점조건, 하중의 크기 및 형태, 보의 길이에 영향을 받는다.

## 2 처짐각과 부재각

| 처짐각 (Deflection Angle) | 탄성곡선상의 한 점에서 그은 접선이 변형 전 보의 축과 이루는 각을 말한다.<br>$$\tan\theta = \frac{dy}{dx} \fallingdotseq \theta$$ |
|---|---|
| 부재각 (Joint Translation Angle) | 지점 침하 또는 절점의 이동으로 변위가 발생하였을 때 부재가 이루는 각을 말한다.<br>$$R = \frac{\delta}{l}$$ |
| 부호 | 시계 방향일 때 (+), 반시계 방향일 때 (-) |

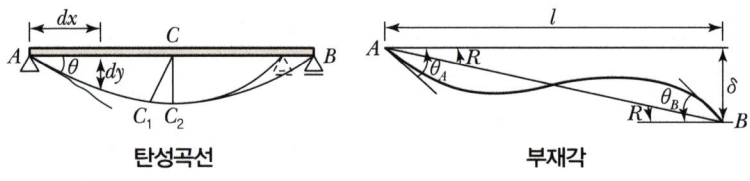

탄성곡선      부재각

# 과년도 기출문제

**01** 다음 캔틸레버보의 자유단의 처짐각은?(단, 탄성계수 $E$, 단면 2차모멘트 $I$) [16년 2회, 20년 4회]

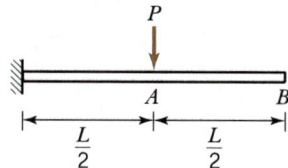

① $\dfrac{PL^2}{2EI}$  ② $\dfrac{PL^2}{3EI}$

③ $\dfrac{PL^2}{6EI}$  ④ $\dfrac{PL^2}{8EI}$

[해설]

캔틸레버보 중앙 집중하중 작용 시 처짐각은 $\dfrac{PL^2}{8EI}$ 이다.

**02** 다음 그림과 같은 캔틸레버보에서 B점의 처짐각($\theta_B$)은?(단, $EI$는 일정함) [18년 1회, 18년 4회]

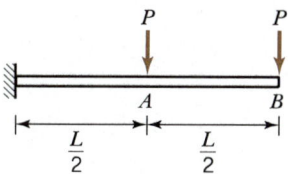

① $-\dfrac{PL^2}{2EI}$  ② $-\dfrac{PL^2}{8EI}$

③ $-\dfrac{5PL^2}{8EI}$  ④ $-\dfrac{2PL^2}{3EI}$

[해설]

캔틸레버보 중앙과 자유단의 집중하중 작용 시 처짐각은 $-\dfrac{5PL^2}{8EI}$ 이다.

**03** 그림과 같은 내민보에 집중하중이 작용할 때 A점의 처짐각 $\theta_A$를 구하면? [17년 1회, 22년 2회]

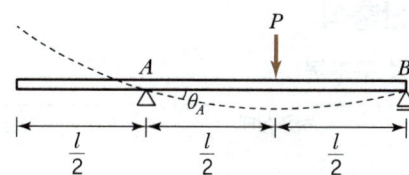

① $\dfrac{Pl^2}{4EI}$  ② $\dfrac{Pl^2}{16EI}$

③ $\dfrac{Pl^2}{128EI}$  ④ $\dfrac{Pl^2}{256EI}$

[해설]

내민보의 집중하중이 작용할 때 지점 A의 처짐각 $\theta_A$는 $\dfrac{Pl^2}{16EI}$ 이다.

정답  01 ④  02 ③  03 ②

# 10 구조물의 변형

## 3 지지형태와 하중작용 상태에 따른 보의 처짐 및 처짐각 산출식

(1) 정정 구조물

| 연번 | 하중상태 | 처짐각 | 처짐 |
|---|---|---|---|
| 1 | 단순보 중앙 집중하중 $P$ (위치 $l/2$) | $\theta_A = -\theta_B$ <br> $\dfrac{Pl^2}{16EI}$ | $y_{max} = \dfrac{Pl^3}{48EI}$ |
| 2 | 단순보 임의위치 집중하중 $P$ (거리 $a$, $b$) | $\theta_A = \dfrac{P_a b}{6EIl}(l+b)$ <br> $\theta_B = -\dfrac{P_a b}{6EIl}(l+a)$ | $y_{max} = \dfrac{Pa^2 b^2}{3EI}$ |
| 3 | 단순보 등분포하중 $w$ | $\theta_A = -\theta_B$ <br> $\dfrac{wl^3}{24EI}$ | $y_{max} = \dfrac{5wl^4}{384EI}$ |
| 4 | 단순보 삼각분포하중 (우측최대 $w$) | $\theta_A = \dfrac{7wl^3}{360EI}$ <br> $\theta_B = -\dfrac{wl^3}{45EI}$ | $y_{max} = 0.00652 \times \dfrac{wl^4}{EI}$ |
| 5 | 단순보 중앙최대 삼각분포하중 $w$ | $\theta_A = -\theta_B$ <br> $\dfrac{5wl^4}{192EI}$ | $y_{max} = \dfrac{wl^4}{120EI}$ |
| 6 | 단순보 양단 모멘트 $M_A$, $M_B$ | $\theta_A = \dfrac{l}{6EI}(2M_A + M_B)$ <br> $\theta_B = -\dfrac{l}{6EI}(M_A + 2M_B)$ | $M_A = M_B = M$ <br> $y_{max} = \dfrac{Ml^2}{8EI}$ |
| 7 | 단순보 좌단 모멘트 $M_A$ | $\theta_A = \dfrac{M_A l}{3EI}$ <br> $\theta_B = -\dfrac{M_A l}{6EI}$ | $y_{max} = \dfrac{Ml^2}{16EI}$ |
| 8 | 단순보 좌단 모멘트 $M_A$ (반대방향) | $\theta_A = -\dfrac{M_A l}{3EI}$ <br> $\theta_B = \dfrac{M_A l}{6EI}$ | $y_{max} = \dfrac{Ml^2}{9\sqrt{3}\,EI}$ |
| 9 | 캔틸레버 자유단 집중하중 $P$ | $\theta_B = \dfrac{Pl^2}{2EI}$ | $y_B = \dfrac{Pl^3}{3EI}$ |
| 10 | 캔틸레버 임의위치 집중하중 $P$ | $\theta_C = \theta_B = \dfrac{Pa^2}{2EI}$ | $y_B = \dfrac{Pa^2}{6EI}(3l-a)$ <br> $y_C = \dfrac{Pa^3}{3EI}$ |

| 연번 | 하중상태 | 처짐각 | 처짐 |
|---|---|---|---|
| 11 | (캔틸레버, A고정, B자유단, 중앙 C에 P하중, 길이 $l$, $l/2$) | $\theta_C = \theta_B = \dfrac{Pl^2}{8EI}$ | $y_B = \dfrac{5Pl^3}{48EI}$ |
| 12 | (캔틸레버, B에 P하중 하향, C에 P상향, $l/2$ 구간) | $\theta_B = \dfrac{3Pl^2}{8EI}$ | $y_B = \dfrac{11Pl^3}{48EI}$ |
| 13 | (캔틸레버, 전체 등분포하중 $w$) | $\theta_B = \dfrac{wl^3}{6EI}$ | $y_B = \dfrac{wl^4}{8EI}$ |
| 14 | (캔틸레버, 좌측 반구간 등분포하중 $w$, $l/2$) | $\theta_C = \theta_B = \dfrac{wl^3}{48EI}$ | $y_B = \dfrac{7wl^4}{384EI}$ |
| 15 | (캔틸레버, B단에 모멘트 $M$) | $\theta_B = \dfrac{Ml}{EI}$ | $y_B = \dfrac{Ml^2}{2EI}$ |
| 16 | (캔틸레버, 중앙 C에 모멘트 $M$) | $\theta_B = \dfrac{Ml}{2EI}$ | $y_B = \dfrac{3Ml^2}{8EI}$ |

## (2) 부정정 구조물

| 연변 | 하중상태 | 처짐각 | 처짐 |
|---|---|---|---|
| 1 | (일단고정 타단단순, 중앙 C에 P하중) | $\theta_B = -\dfrac{Pl^2}{32EI}$ | $y_C = \dfrac{7Pl^3}{786EI}$ |
| 2 | (일단고정 타단단순, 전체 등분포하중 $w$) | $\theta_B = -\dfrac{wl^3}{8EI}$ | $y_{max} = \dfrac{wl^4}{185EI}$ |
| 3 | (양단고정, 중앙에 P하중) | — | $y_{max} = \dfrac{Pl^3}{192EI}$ |
| 4 | (양단고정, 전체 등분포하중 $w$) | — | $y_{max} = \dfrac{wl^4}{384EI}$ |
| 5 | (일단고정 타단단순, B단에 모멘트 $M$) | $\theta_B = -\dfrac{Ml}{4EI}$ | — |

## 과년도 기출문제

**01** 그림과 같은 보의 C점에서의 최대 처짐은?
[19년 4회]

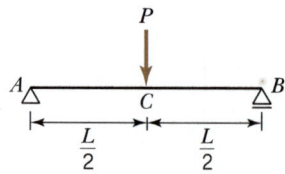

① $\dfrac{PL^3}{2EI}$  ② $\dfrac{PL^3}{48EI}$

③ $\dfrac{PL^3}{384EI}$  ④ $\dfrac{5PL^3}{384EI}$

[해설]
단순보 집중하중 작용 시 최대 처짐
$\delta_{max} = \dfrac{PL^3}{48EI}$

**02** 그림과 같은 단순보에서 최대 처짐은?[단, 보의 단면 $(b \times h)$은 200mm×300mm, $E$=200,000MPa]
[18년 4회]

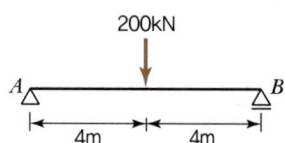

① 13.6mm  ② 18.1mm
③ 23.7mm  ④ 27.1mm

[해설]
단순보 집중하중 작용 시 최대 처짐($\delta_{max}$) 산출
$\delta_{max} = \dfrac{PL^3}{48EI} = \dfrac{200 \times 10^3 (N) \times (8 \times 10^3)^3}{48 \times 200,000 \times \dfrac{200 \times 300^3}{12}} = 23.7\text{mm}$

**03** 그림과 같은 단순보에서 중앙점의 처짐량이 2cm로 나타났다. 만일 보의 춤을 2배로 크게 하면 처짐량은 얼마로 되는가?
[16년 4회]

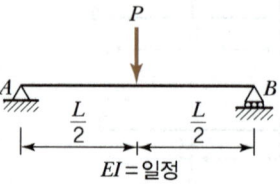

$EI$ = 일정

① 1cm  ② 0.5cm
③ 0.25cm  ④ 0.125cm

[해설]
단순보 집중하중 작용 시 최대 처짐은 $\delta_{max} = \dfrac{PL^3}{48EI}$ 이다.
보의 춤의 경우 해당식에서 단면2차모멘트($I$)와 관련되며, 단면2차모멘트 산출식 $\dfrac{bh^3}{12}$에 의해 단면의 춤($h$)를 2배할 경우 단면2차모멘트는 8배($h^3 = 2^3 = 8$)가 되고,
최대 처짐은 단면2차모멘트에 반비례하므로, 1/8이 된다.
∴ 중앙부 최대 처짐은 $2 \times \dfrac{1}{8} = 0.25\text{cm}$가 된다.
※ 단면에 대한 특별한 조건이 없는 경우 사각형 단면을 기준으로 하고, 단순보의 중앙에 집중하중 작용 시 중앙부에서 최대 처짐 발생하므로, 최대 처짐 산출식으로 정리한다.

**04** 그림과 같은 단순보의 중앙점에서 보의 최대 처짐은?(단, 부재의 $EI$는 일정하다.)
[19년 1회]

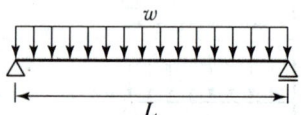

① $\dfrac{wL^3}{24EI}$  ② $\dfrac{wL^3}{48EI}$

③ $\dfrac{wL^4}{384EI}$  ④ $\dfrac{5wL^4}{384EI}$

[해설]
단순보 등분포하중 작용 시 최대 처짐
$\delta_{max} = \dfrac{5wL^4}{384EI}$

정답  01 ②  02 ③  03 ③  04 ④

## 과년도 기출문제

건축 / 기사 / 필기

**05** H형강을 사용한 길이 6m인 단순보에 5kN/m의 등분포하중 재하 시 최대 처짐량은?(단, $E_s =$ 206,000MPa, $I_x = 4,720cm^4$, 좌굴의 영향은 없는 것으로 가정)  [15년 4회]

① 1.70mm  ② 5.69mm
③ 8.68mm  ④ 12.49mm

[해설]
단순보 등분포하중 최대 처짐량($\delta_{max}$) 산출
$\delta_{max} = \dfrac{5wL^4}{384EI} = \dfrac{5 \times 5 \times (6 \times 10^3)^4}{384 \times 206,000 \times 4,720 \times 10^4} = 8.678$
$= 8.68mm$

**06** 그림과 같은 단순보를 I−200×100×7로 설계하였다면 최대 처짐량은?(단, $I_x = 2.18 \times 10^7 mm^4$, $E = 2.0 \times 10^5 MPa$)  [17년 4회]

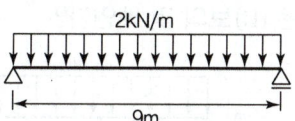

① 32.1mm  ② 33.6mm
③ 34.5mm  ④ 39.2mm

[해설]
단순보 등분포하중 최대 처짐량($\delta_{max}$) 산출
$\delta_{max} = \dfrac{5wL^4}{384EI} = \dfrac{5 \times 2 \times (9 \times 10^3)^4}{384 \times 200,000 \times 2.18 \times 10^7} = 39.2mm$

**07** 그림과 같은 보에서 C점의 처짐은?(단, $I$는 전 경간에 걸쳐 일정하다.)  [17년 2회, 21년 4회]

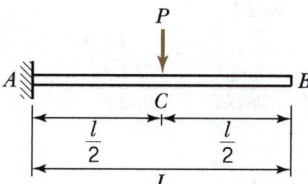

① $\dfrac{PL}{2EI}$  ② $\dfrac{PL^3}{24EI}$
③ $\dfrac{PL^3}{48EI}$  ④ $\dfrac{PL^3}{96EI}$

[해설]
캔틸레버보에 집중하중($P$)이 작용할 경우 중앙부(C점)의 최대 처짐
$\delta_{max} = \dfrac{PL^3}{24EI}$

**08** 다음 그림과 같은 캔틸레버보에서 집중하중 $P$가 작용할 때 $C$점의 처짐의 크기는?(단, 보의 $EI$는 일정한 값)  [16년 1회]

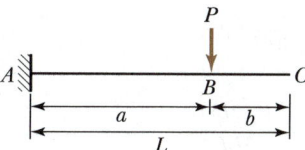

① $\dfrac{Pa^2\left(b+\dfrac{2a}{3}\right)}{2EI}$  ② $\dfrac{Pa}{2EI}$
③ $\dfrac{Pa}{EI}$  ④ $\dfrac{Pa\left(b+\dfrac{2a}{3}\right)}{2}$

[해설]
캔틸레버보의 임의의 점에서 집중하중 작용 시 C(단부)의 처짐 크기($\delta_C$)
$\delta_C = \dfrac{Pa^2\left(b+\dfrac{2a}{3}\right)}{2EI}$

정답  05 ③  06 ④  07 ②  08 ①

## 과년도 기출문제

**09** 다음 그림에서 동일한 처짐이 되기 위한 $P_1$, $P_2$의 값의 비로 옳은 것은?(단, 부재의 $EI$는 일정하다.) [17년 4회]

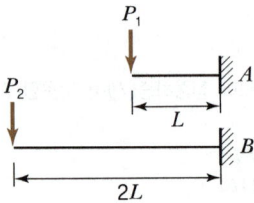

① $P_1 : P_2 = 2 : 1$   ② $P_1 : P_2 = 4 : 1$
③ $P_1 : P_2 = 6 : 1$   ④ $P_1 : P_2 = 8 : 1$

[해설]

캔틸레버 자유단에 집중하중 작용 시 최대 처짐은
$\delta_{\max} = \dfrac{PL^3}{3EI}$ 이다.
A = B
$\dfrac{P_1 L^3}{3EI} = \dfrac{P_2 (2L)^3}{3EI}$
$P_1 = 8 P_2$
∴ $P_1 : P_2 = 8 : 1$

**10** 그림과 같은 캔딜레버보에서 $B$점의 처짐을 구하면? [20년 3회]

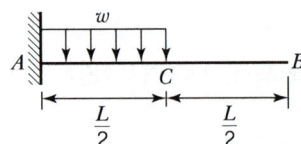

① $\dfrac{WL^4}{128EI}$   ② $\dfrac{3WL^4}{128EI}$
③ $\dfrac{3WL^4}{384EI}$   ④ $\dfrac{7WL^4}{384EI}$

[해설]

캔틸레버보에서 지점으로부터 반만큼의 구간에 등분포하중이 작용할 때, 캔틸레버 연단($B$)의 처짐량은 $\dfrac{7wL^4}{384EI}$ 이다.

**11** 다음 그림과 같은 단순보에서 부재 길이가 2배로 증가할 때 보의 중앙점 최대 처짐은 몇 배로 증가되는가? [21년 2회]

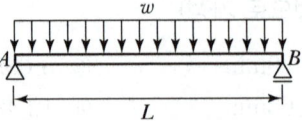

① 2배   ② 4배
③ 8배   ④ 16배

[해설]

단순보의 등분포하중일 때 최대 처짐은 $\delta_{\max} = \dfrac{5wL^4}{384EI}$ 로서, $L$의 4제곱에 비례하므로 부재 길이가 2배 늘어나면 최대 처짐은 $2^4 = 16$배가 늘어나게 된다.

**12** 보의 재질과 단면의 크기가 같을 때 (A)보의 최대 처짐은 (B)보의 몇 배인가? [21년 1회]

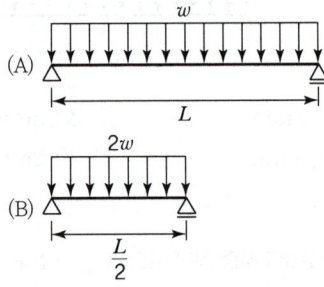

① 2배   ② 4배
③ 8배   ④ 16배

[해설]

등변분포하중의 최대 처짐($\delta_{\max}$)

$\delta_{\max} = \dfrac{5wL^4}{384EI}$

$\delta_A : \delta_B = \dfrac{5wL^4}{384EI} : \dfrac{5 \times 2w \left(\dfrac{L}{2}\right)^4}{384EI} = 1 : \dfrac{1}{8} = 8 : 1$

## 과년도 기출문제

**13** 동일단면, 동일재료를 사용한 캔틸레버보 끝단에 집중하중이 작용하였다. $P_1$이 작용한 부재의 최대처짐량이, $P_2$가 작용한 부재의 최대 처짐량의 2배일 경우 $P_1 : P_2$는? [18년 2회]

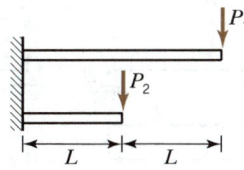

① 1 : 4     ② 1 : 8
③ 4 : 1     ④ 8 : 1

[해설]

집중하중의 최대 처짐($\delta_{max}$)

$\delta_{max} = \dfrac{PL^3}{48EI}$

$\delta_1 = 2\delta_2$

$\dfrac{P_1(2L)^3}{48EI} = \dfrac{P_2(L)^3}{48EI}$

$4P_1 = P_2$

$\therefore P_1 : P_2 = 1 : 4$

**14** 동일재료를 사용한 캔틸레버보에서 작용하는 집중하중의 크기가 $P_1 = P_2$일 때, 보의 단면이 그림과 같다면 최대 처짐 $y_1 : y_2$의 비는? [22년 1회]

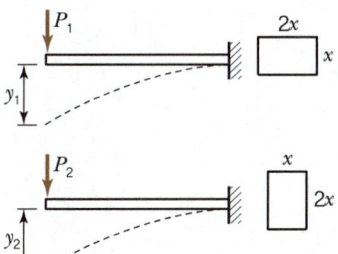

① 2 : 1     ② 4 : 1
③ 8 : 1     ④ 16 : 1

[해설]

캔틸레버의 처짐 기본식을 갖고 산출한다.

$y = \dfrac{PL^3}{EI}$

$P_1$과 $P_2$가 같고, 길이 $L$이 같으며, 동일재료이므로 탄성계수 $E$도 같다.
따라서, 분모에 있는 단면2차모멘트 $I$를 비교하여 산출한다.

$y_1 : y_2 = \dfrac{1}{I_1} : \dfrac{1}{I_2} = \dfrac{1}{\dfrac{2x \cdot x^3}{12}} : \dfrac{1}{\dfrac{x \cdot (2x)^3}{12}} = 4 : 1$

**15** 다음 두 보의 최대 처짐량이 같기 위한 등분포하중의 비로 옳은 것은?(단, 부재의 재질과 단면은 동일하며 $A$부재의 길이는 $B$부재 길이의 2배임) [20년 1·2회 통합]

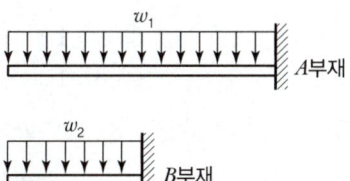

① $w_2 = 2w_1$     ② $w_2 = 4w_1$
③ $w_2 = 8w_1$     ④ $w_2 = 16w_1$

[해설]

등변분포하중의 최대 처짐($\delta_{max}$)

$\delta_{max} = \dfrac{wL^4}{8EI}$

$\delta_A = \delta_B$

$\dfrac{w_1(2L)^4}{8EI} = \dfrac{w_2(L)^4}{8EI}$

$w_2 = \dfrac{(2L)^4}{L^4}w_1 = \left(\dfrac{2L}{L}\right)^4 w_1 = 2^4 w_1 = 16w_1$

정답 13 ①   14 ②   15 ④

**16** 다음 그림에서 경간이 같은 2개의 단순보의 하중 $P$에 의한 처짐 $y_1$과 $y_2$와의 비(比) 값은 얼마인가? [15년 2회]

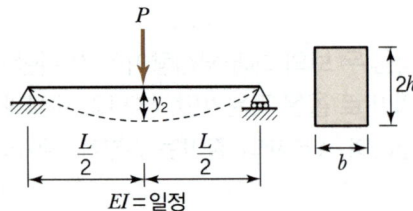

① 2 : 1
② 4 : 1
③ 6 : 1
④ 8 : 1

[해설]

단순보 집중하중 작용 시의 최대 처짐은 $\frac{PL^3}{48EI}$이다.

$P, L, EI$가 일정할 경우 단면적이 변할 때의 비율을 산출한다. 단면적과 연관된 단면2차모멘트를 비교하여 비율을 산출한다.

$y_1 : y_2 = \frac{1}{I_1} : \frac{1}{I_2} = \frac{1}{\frac{bh^3}{12}} : \frac{1}{\frac{b(2h)^3}{12}} = \frac{1}{bh^3} : \frac{1}{8bh^3} = 8 : 1$

**17** 다음 그림과 같은 두 개의 단순보에 크기가 $(P = wL)$하중이 작용할 때, A지점에서 발생하는 처짐각의 비율(가 : 나)은?(단, 부재의 $EI$는 일정하다.) [15년 2회, 18년 4회]

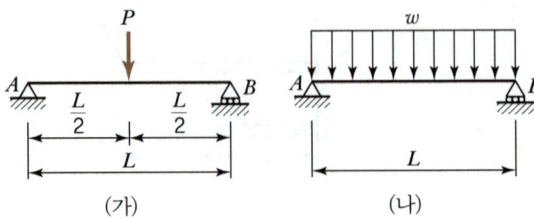

① 1.5 : 1
② 0.67 : 1
③ 1 : 1.5
④ 1 : 0.5

[해설]

• (가) 단순보 중앙 집중하중의 처짐각
$\theta = \frac{PL^2}{16EI}$

• (나) 단순보 등분포하중의 처짐각
$\theta = \frac{wL^3}{24EI} = \frac{PL^2}{24EI}$ ($\because P = wl$)

∴ (가) : (나) $= \frac{PL^2}{16EI} : \frac{PL^2}{24EI} = 3 : 2 = 1.5 : 1$

정답 16 ④ 17 ①

MEMO

# 11 부정정구조

## 1 부정정 구조물의 정의

힘의 평형조건($\sum H = 0$, $\sum V = 0$, $M = 0$)만으로는 해석할 수 없는 구조물로서 경계조건이나 층방정식, 절점방정식 등을 추가로 이용해 부정정여력(부정정력)을 구하고, 완전한 단면력은 다시 정정구조로 해석해야 한다.

➕ **부정적여력(부정정력)**
정역학적 평형조건으로 해석하지 못하는 미지의 반력을 부정정력(잉여력)이라고 한다.

## 2 부정정력을 구하기 위한 추가 방정식

### (1) 단층 라멘의 층방정식

층에서 전단력의 합은 그 층에 작용하는 외력 횡하중과 같다.

$$P = -\left(\frac{M_{AB} + M_{BA}}{h} + \frac{M_{CD} + M_{DC}}{h}\right)$$

$$M_{AB} + M_{BA} + M_{CD} + M_{DC} + Ph = 0$$

$$\sum(M_\text{상} + M_\text{하}) + (\text{그 층의 수평력}) \times (\text{기둥의 높이}) = 0$$

➕ **층방정식**

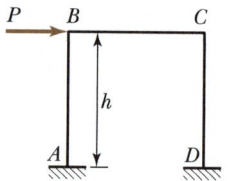

### (2) 절점방정식

① 한 절점에 모인 각 부재의 재단 모멘트의 합은 0이 되어야 한다. 절점방정식은 절점 수만큼 방정식이 생긴다.
② 절점 0점에 대한 절점방정식

$$\sum M_0 = 0$$
$$M - (M_{01} + M_{02} + M_{03} + M_{04}) = 0$$
$$\therefore M = M_{01} + M_{02} + M_{03} + M_{04}$$

➕ **절점방정식**

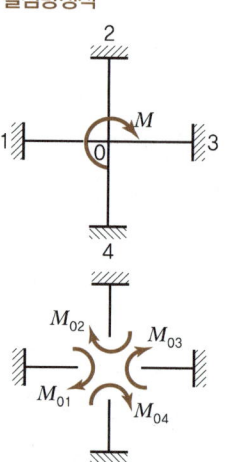

### (3) 전달모멘트($M_{AB}$) 산출 해법

① 강비에 따른 분배율 산출

$$DF_{BA} = \frac{k_{BA}}{\sum k}$$

② 분배모멘트($M_{BA}$) 산출

$$M_{BA} = M_{Total} \times DF_{BA}$$

③ 전달모멘트($M_{AB}$) 산출

$$M_{AB} = \frac{1}{2} M_{BA}$$

# 과년도 기출문제

**01** 그림과 같은 부정정 라멘의 BMD에서 $P$값을 구하면? [15년 2회, 18년 1회, 21년 2회]

① 20kN
② 30kN
③ 50kN
④ 60kN

**[해설]**

층방정식을 활용하여 산출한다.

$$P = \frac{재단모멘트의 합}{층고} = \frac{40+20+20+40}{4} = 30\text{kN}$$

여기서, 재단모멘트는 부재의 끝 부분에서 그 부재를 굽히려고 작용하는 모멘트를 말한다.

**02** 다음 그림과 같은 휨모멘트도를 통해 구조물에 작용하는 수평하중 $P$를 구하면? [16년 2회]

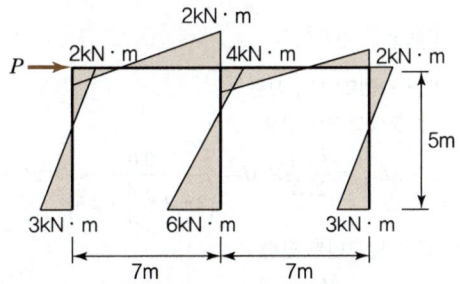

① 2kN
② 3kN
③ 4kN
④ 6kN

**[해설]**

층방정식을 활용하여 산출한다.

$$P = \frac{재단모멘트의 합}{층고} = \frac{2+3+4+6+2+3}{5} = 4\text{kN}$$

여기서, 재단모멘트는 부재의 끝 부분에서 그 부재를 굽히려고 작용하는 모멘트를 말한다.

**03** 절점 B에 외력 $M=200\text{kN}\cdot\text{m}$가 작용하고 각 부재의 강비가 그림과 같은 경우 $M_{AB}$는? [15년 2회, 20년 3회]

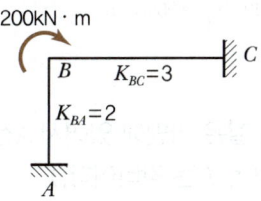

① 20kN·m
② 40kN·m
③ 60kN·m
④ 80kN·m

**[해설]**

㉠ 강비에 따른 분배율

$$DF_{BA} = \frac{k}{\sum k} = \frac{2}{5}$$

㉡ 분배모멘트($M_{BA}$) 산출

$$M_{BA} = M \times DF_{BA} = 200\text{kN}\cdot\text{m} \times \frac{2}{5} = 80\text{kN}\cdot\text{m}$$

㉢ 전달모멘트($M_{AB}$) 산출

$$M_{AB} = \frac{1}{2}M_{BA} = \frac{1}{2} \times 80\text{kN}\cdot\text{m} = 40\text{kN}\cdot\text{m}$$

**04** 그림과 같은 부정정 라멘에서 A점의 $M_{AB}$는? [17년 2회, 21년 2회]

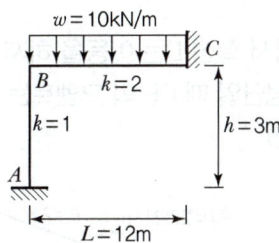

① 0
② 20kN·m
③ 40kN·m
④ 60kN·m

**[해설]**

$$DF_{BA} = \frac{k}{\sum k} = \frac{1}{1+2} = \frac{1}{3}$$

$$DF_{BC} = \frac{k}{\sum k} = \frac{1}{3}$$

**정답** 01 ② 02 ③ 03 ② 04 ②

# 과년도 기출문제

$$M_B = \frac{wL^2}{12} = \frac{10 \times 12^2}{12} = 120$$

$$M_{BA} = 120 \times \frac{1}{3} = 40$$

$$M_{AB} = 40 \times \frac{1}{2} = 20\text{kN} \cdot \text{m}$$

**05** 그림과 같은 라멘에 있어서 A점의 모멘트는 얼마인가?(단, $k$는 강비이다.) [22년 2회]

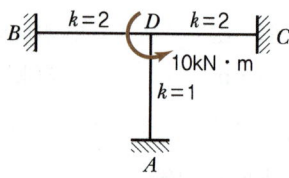

① 1kN·m  ② 2kN·m
③ 3kN·m  ④ 4kN·m

[해설]

A점의 도달모멘트($M_A$) 산출
㉠ 분배모멘트 산출
$$M_{AD} = \frac{K_{AD}}{\Sigma K} = \frac{1}{5} \times 10 = 2\text{kN} \cdot \text{m}$$
㉡ 도달모멘트 산출
$$M_A = \frac{M_{AD}}{2} = \frac{2}{2} = 1\text{kN} \cdot \text{m}$$

**06** 그림에서 절점 D는 이동을 하지 않으며, A, B, C는 고정단일 때 C단의 모멘트는?(단, $k$는 부재의 강비임) [20년 1·2회 통합]

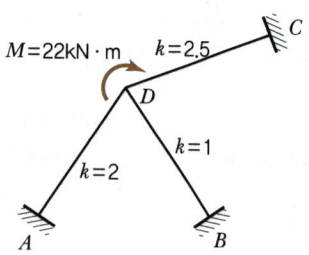

① 4.0kN·m  ② 4.5kN·m
③ 5.0kN·m  ④ 5.5kN·m

[해설]

C단 모멘트($M_C$) 산출
㉠ 분배모멘트 산출
$$M_{DC} = \frac{K_{DC}}{\Sigma K} \times M = \frac{2.5}{(1+2+2.5)} \times 22 = 10\text{kN} \cdot \text{m}$$
㉡ 도달모멘트 산출
$$M_C = \frac{M_{DC}}{2} = \frac{10}{2} = 5\text{kN} \cdot \text{m}$$

**07** 그림과 같은 구조물에서 C점에 발생되는 모멘트는? [20년 4회]

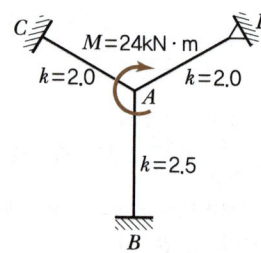

① 4.0kN·m
② 3.5kN·m
③ 3.0kN·m
④ 2.5kN·m

[해설]

C단 모멘트($M_C$) 산출
㉠ 분배모멘트 산출
$$M_{CA} = \frac{K_{CA}}{\Sigma K} \times M = \frac{2.0}{\left(2 + 2 \times \frac{3}{4} + 2.5\right)} \times 24 = 8\text{kN} \cdot \text{m}$$
㉡ 도달모멘트 산출
$$M_C = \frac{M_{CA}}{2} = \frac{8}{2} = 4\text{kN} \cdot \text{m}$$

정답  05 ①  06 ③  07 ①

# 과년도 기출문제

**08** 그림에서 B점에 도달되는 모멘트는 얼마인가?
[17년 4회]

① 2.7kN·m
② 3.0kN·m
③ 5.4kN·m
④ 6.0kN·m

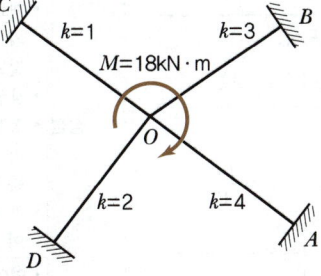

[해설]

B단 발생모멘트($M_B$) 산출
㉠ 분배모멘트 산출
$$M_{OB} = \frac{K_{OB}}{\Sigma K} \times M = \frac{3}{(4+3+1+2)} \times 18 = 5.4 \text{kN·m}$$
㉡ 도달(발생)모멘트 산출
$$M_B = \frac{M_{OB}}{2} = \frac{5.4}{2} = 2.7 \text{kN·m}$$

**09** 그림과 같은 구조에서 C단에 발생하는 휨모멘트는?
[16년 4회]

① 2.4kN·m
② 5kN·m
③ 6.5kN·m
④ 10kN·m

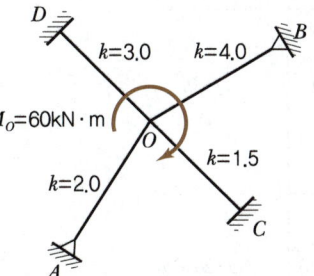

[해설]

C단 모멘트($M_C$) 산출
㉠ 분배모멘트 산출
$$M_{CO} = \frac{K_{CO}}{\Sigma K} \times M = \frac{1.5}{\left(2 \times \frac{3}{4} + 4 \times \frac{3}{4} + 1.5 + 3.0\right)} \times 60$$
$$= 10 \text{kN·m}$$
㉡ 도달모멘트 산출
$$M_C = \frac{M_{CO}}{2} = \frac{10}{2} = 5 \text{kN·m}$$

**10** 다음 부정정 구조물에서 A단에 도달하는 모멘트의 크기는 얼마인가?
[18년 4회]

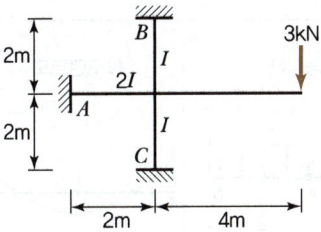

① 1.5kN·m   ② 2.0kN·m
③ 2.5kN·m   ④ 3.0kN·m

[해설]

A단 발생모멘트($M_A$) 산출
㉠ 분배모멘트 산출
$$M_{OA} = \frac{K_{OA}}{\Sigma K} \times M_O = \frac{2}{(2+1+1)} \times (3 \times 4) = 6.0 \text{kN·m}$$
㉡ 도달(발생)모멘트 산출
$$M_A = \frac{M_{OA}}{2} = \frac{6}{2} = 3.0 \text{kN·m}$$

**11** 그림과 같이 수평하중을 받는 라멘에서 휨모멘트의 값이 가장 큰 위치는?
[18년 2회]

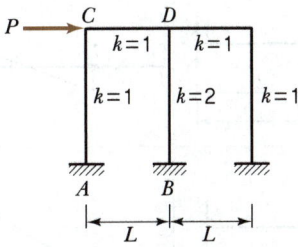

① A   ② B
③ C   ④ D

[해설]

강비($k$)와 강성이 비례하며, 강성이 클수록 큰 모멘트를 부담하므로 강비($k$)가 가장 큰 DB 부재의 B점에서의 휨모멘트값이 가장 크다.

# 11 부정정구조

### 3 부정정보의 휨모멘트 산출식

| 하중상태 | 휨모멘트도 | 휨모멘트 공식 | | |
|---|---|---|---|---|
| | | $M_A$ | $M_C$ 또는 $M_D$ | $M_S$ |
| 양단고정보, 등분포하중 (A-C-B, l/2, l/2) | | $\dfrac{wl^2}{12}$ | $+\dfrac{wl^2}{24}$ | $-\dfrac{wl^2}{12}$ |
| 일단힌지 타단고정, 등분포하중 (A-D-B, 3l/8, 5l/8) | | 0 | $+\dfrac{9wl^2}{128}$ | $-\dfrac{wl^2}{8}$ |
| 양단고정보, 중앙 집중하중 P (A-C-B, l/2, l/2) | | $-\dfrac{Pl}{8}$ | $+\dfrac{Pl}{8}$ | $-\dfrac{Pl}{8}$ |
| 일단힌지 타단고정, 중앙 집중하중 P (A-C-B, l/2, l/2) | | 0 | $+\dfrac{5Pl}{32}$ | $-\dfrac{3Pl}{16}$ |
| 양단고정보, 집중하중 P (A-D-B, a, b) | | $-\dfrac{Pab^2}{l^2}$ | $+\dfrac{Pa^2b^2}{l^3}$ | $-\dfrac{Pa^2b}{l^2}$ |
| 일단힌지 타단고정, 집중하중 P (A-D-B, a, b) | | 0 | $+\dfrac{Pab^2(3a+2b)}{2l^3}$ | $-\dfrac{Pab(2a+b)}{2l^2}$ |
| 양단고정보, 3등분점 집중하중 P, P (A-D-C-D-B, l/3, l/3, l/3) | | $-\dfrac{2Pl}{9}$ | $+\dfrac{Pl}{9}$ | $-\dfrac{2Pl}{9}$ |

**부정정 구조물의 장단점**

**장점**
- 재료의 절감으로 경제적이다(연속보의 강교에서 부재절약 : 10~20%, 철도교에서 부재절약 : 10%).
- 강성이 크므로 처짐이 작게 일어난다.
- 정정 구조물에 비하여 지간의 길이가 크므로 외관상으로 우아하고 아름답다.
- 과대응력을 재분배할 수 있는 기능이 있으므로 안정성이 있다.

**단점**
- 연약지반에서 지점의 침하 등으로 인한 응력이 발생한다.
- 정확한 응력해석과 최종설계가 이루어질 때까지 예비설계를 반복해야 한다.
- 응력교체가 정정 구조물보다 많이 일어나므로 부가적인 부재가 필요하게 된다.

## 과년도 기출문제

**01** 다음 부정정 구조물의 A단의 휨모멘트 값은?
[15년 1회]

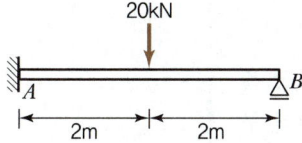

① $-15kN \cdot m$   ② $-20kN \cdot m$
③ $-30kN \cdot m$   ④ $-40kN \cdot m$

[해설]

부정정 구조물의 해석에 대한 문제이다.
한 변이 고정단(A), 한 변이 이동 힌지(B)이고, 가운데 집중하중(20kN)이 작용할 경우 고정단에서의 모멘트는 다음과 같이 산출한다.

$M_A = -\dfrac{3Pl}{16} = -\dfrac{3 \times 20 \times 4}{16} = -15kN \cdot m$

**02** 그림과 같은 양단 고정보에서 B단의 휨모멘트 값은?
[16년 1회, 22년 2회]

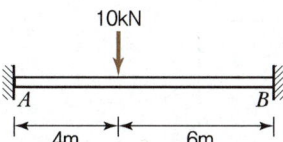

① $2.4kN \cdot m$   ② $9.6kN \cdot m$
③ $14.4kN \cdot m$   ④ $24.8kN \cdot m$

[해설]

집중하중이 작용하는 양단 고정보 한쪽 끝단의 휨모멘트($M_B$) 산출

$M_B = -\dfrac{Pa^2 b}{l^2} = -\dfrac{10kN \times 4^2 \times 6}{10^2} = -9.6kN \cdot m$

**03** 그림과 같은 양단 고정보에서 A점의 휨모멘트는 얼마인가?(단, 두께는 일정)
[15년 1회]

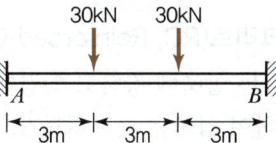

① $-40kN \cdot m$   ② $-50kN \cdot m$
③ $-60kN \cdot m$   ④ $-70kN \cdot m$

[해설]

부정정 휨모멘트 해석법에 따라 다음과 같이 산출한다.
$M_A = -\dfrac{2PL}{9} = -\dfrac{2 \times 30 \times 9}{9} = -60kN \cdot m$

**04** 그림과 같은 양단 고정보의 단부 휨모멘트는?
[16년 2회]

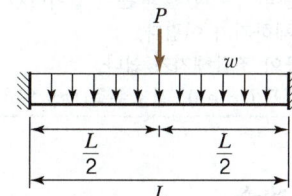

① $M = -\dfrac{wL^2}{16} - \dfrac{PL}{12}$

② $M = -\dfrac{wL^2}{12} - \dfrac{PL}{8}$

③ $M = -\dfrac{wL^2}{8} - \dfrac{PL}{4}$

④ $M = -\dfrac{wL^2}{16} - \dfrac{PL}{8}$

[해설]

양단고정보의 단부 휨모멘트 산출

㉠ 등분포하중에 따른 휨모멘트 $M_w = -\dfrac{wL^2}{12}$

㉡ 집중하중에 따른 휨모멘트 $M_P = -\dfrac{PL}{8}$

∴ 등분포하중과 집중하중이 작용하므로
$M = M_w + M_P = -\dfrac{wL^2}{12} - \dfrac{PL}{8}$

정답   01 ①   02 ②   03 ③   04 ②

# 12 철근콘크리트 구조 일반사항

## 1 철근콘크리트의 기본 개념

### (1) 철근콘크리트(RC, Reinforced Concrete)의 정의

콘크리트는 압축에 강하고 인장에 약하다. 인장력에 강한 철근을 인장 측에 배치하여 압축은 콘크리트가, 인장은 철근이 부담하도록 한 일체식 구조를 철근콘크리트(RC)구조라고 한다.

### (2) 철근콘크리트구조의 장단점

| | |
|---|---|
| 장점 | • 내구성, 내화성, 내진성을 가진다.<br>• 임의 형태, 모양, 크기, 치수의 시공이 가능하다.<br>• 강구조에 비해 경제적이고, 구조물의 유지·관리가 쉽다.<br>• 일체식 구조로서 강성이 큰 재료를 만들 수 있다.<br>• 압축강도가 크다.<br>• 재료의 공급이 용이하며 경제적이다. |
| 단점 | • 콘크리트에 균열이 발생한다.<br>• 중량이 비교적 크다.<br>• 부분적(국부적)인 파손이 일어나기 쉽고, 구조물의 시공 후에 검사·개조·보강·해체하기가 어렵다.<br>• 시공이 조잡해지기 쉽다.<br>• 크리프(Creep), 건조수축(Dry Shrinkage) 등의 소성변형이 크다. |

**철근콘크리트의 성립 이유**
- 철근과 콘크리트 사이의 부착강도가 크다.
- 콘크리트 속의 철근은 부식되지 않는다. → 콘크리트의 불투수성
- 취성재료인 콘크리트와 연성재료인 철근을 결합하여 구조부재의 연성파괴를 유도할 수 있다.
- 철근과 콘크리트 두 재료의 열팽창계수(온도변화율)가 거의 같다.

## 2 탄성계수

### (1) 콘크리트 탄성계수

| | |
|---|---|
| 초기접선 탄성계수 | 곡선 처음 부분의 기울기로, 크리프 계산에 사용된다.<br>$E_{ci} = \tan\theta_1 = 1.18 E_c$ |
| 접선탄성계수 | 임의의 점에서의 기울기로 나타낸다.<br>$E_c = \tan\theta_2$ |
| 할선탄성계수 | 절반정도 응력($0.5 f_{ck}$)의 기울기로 나타낸다. |

**콘크리트의 탄성계수**
일반적으로 콘크리트의 탄성계수는 할선탄성계수(세컨드계수)를 의미하며, 이는 압축강도의 30~50% 정도의 응력을 사용하여 구한다.

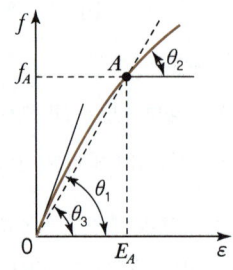

### (2) 콘크리트구조기준에 따른 탄성계수

| 콘크리트 탄성계수<br>(할선탄성계수) | $E_c = 0.077 m_c^{1.5} \sqrt[3]{f_{cu}} = 8,500 \sqrt[3]{f_{cu}}$ [MPa]<br>여기서, $f_{cu} = f_{ck} + \Delta f$ [MPa]이며,<br>$\Delta f$는<br>• $f_{ck} \leq 40$MPa 인 경우 $\Delta f = 4$MPa<br>• $f_{ck} \geq 60$MPa 인 경우 $\Delta f = 6$MPa<br>• 그 사이는 직선보간 |
|---|---|
| 크리프변형계산에 사용되는<br>탄성계수(초기접선 탄성계수) | $E_{ci} = 1.18 E_c = 10,000 \sqrt[3]{f_{cu}}$ |

➕ $f_{cu}$
재령 28일에서 콘크리트 평균압축강도 (MPa)

$m_c$
콘크리트 단위용적 질량(2,300kg/m³)

**탄성계수 비($n$)**
재료 간의 탄성계수 비를 말한다. 보통 큰 값을 분자에 표시하고, 작은 값을 분모에 표시한다.

$$n = \frac{E_s}{E_c} = \frac{철근의\ 탄성계수}{콘크리트의\ 탄성계수}$$

## 개념이해

**01** 콘크리트 압축강도가 30MPa일 때 보통골재를 사용한 콘크리트의 탄성계수는?  [17년 4회]

① $2.62 \times 10^4$MPa
② $2.75 \times 10^4$MPa
③ $2.95 \times 10^4$MPa
④ $3.12 \times 10^4$MPa

➡ 콘크리트 탄성계수($E_c$) 산출
$E_c = 8,500 \sqrt[3]{f_{cu}}$
여기서,
$f_{cu} = f_{ck} + \Delta f$ [MPa]이며,
$\Delta f$는
• $f_{ck} \leq 40$MPa 인 경우 $\Delta f = 4$MPa
• $f_{ck} \geq 60$MPa 인 경우 $\Delta f = 6$MPa
• 그 사이는 직선보간
$f_{cu} = f_{ck} + \Delta f = 30 + 4 = 34$MPa
$\therefore E_c = 8,500 \sqrt[3]{f_{cu}} = 8,500 \sqrt[3]{34}$
$= 27,536.7 = 2.75$MPa

답 ②

**02** 보통골재를 사용한 철근콘크리트보에 콘크리트 압축강도($f_{ck} = $ 24MPa), 철근의 항복강도($f_y = 400$MPa)의 재료를 사용할 경우 탄성계수 비는 약 얼마인가?(단, $E_s = 200,000$MPa)  [16년 4회]

① 6.75
② 7.75
③ 8.25
④ 9.15

➡ 탄성계수 비($n$) 산출
$n = \dfrac{E_s}{E_c}$
$E_c = 0.077 m_c^{1.5} \sqrt[3]{f_{cu}} = 8,500 \sqrt[3]{f_{cu}}$ [MPa]
여기서,
$f_{cu} = f_{ck} + \Delta f$ [MPa]이며,
$\Delta f$는
• $f_{ck} \leq 40$MPa 인 경우 $\Delta f = 4$MPa
• $f_{ck} \geq 60$MPa 인 경우 $\Delta f = 6$MPa
• 그 사이는 직선보간
$f_{cu} = f_{ck} + \Delta f = 24 + 4 = 28$MPa
$E_c = 8,500 \sqrt[3]{f_{cu}}$ [MPa] $= 8,500 \sqrt[3]{28}$
$= 25,800$MPa
$\therefore n = \dfrac{E_s}{E_c} = \dfrac{200,000}{25,800} = 7.75$

답 ②

# 12 철근콘크리트 구조 일반사항

### ❸ 경량콘크리트계수(λ)

| 적용 이유 | 경량콘크리트 사용에 따른 영향을 반영하기 위해서 사용한다. |
|---|---|
| 보통중량콘크리트 | $\lambda = 1.0$ |
| $f_{sp}$ 값이 규정되어 있지 않은 경우 | • 전경량콘크리트 $\lambda = 0.75$<br>• 모래경량콘크리트 $\lambda = 0.85$ |
| $f_{sp}$ 값이 주어진 경우 | $\lambda = \dfrac{f_{sp}}{(0.56\sqrt{f_{ck}})} \leq 1.0$ |
| 보통 잔골재, 경량 굵은골재를 사용한 콘크리트의 경우 | $\lambda = 0.85$ |
| 보통 굵은골재를 사용한 콘크리트의 경우 | $\lambda = 1.0$ |

➕ • 부분 경량 굵은골재가 섞인 경우는 직선 보간하여 경량콘크리트계수를 구한다.

$f_{sp}$
조갬인장강도(할렬인장강도)

### ❹ 철근의 간격제한

| 동일 평면에서 철근의 평행한 수평 순간격 | • 25mm 이상<br>• 철근 공칭지름 이상<br>• 굵은골재 최대 치수의 4/3배 이상 |
|---|---|
| 2단 이상 배치된 철근의 상하 연직 순간격 | • 동일 연직면 내에 배치<br>• 연직 순간격 25mm 이상 |

# 과년도 기출문제

건축 / 기사 / 필기

**01** 철근콘크리트보 설계 시 적용되는 경량콘크리트 계수 중 모래경량콘크리트의 경우에 적용되는 계수 값은 얼마인가? [21년 2회]

① 0.65   ② 0.75
③ 0.85   ④ 1.0

[해설]

경량콘크리트 계수($\lambda$)
- 일반중량콘크리트 : 1.0
- 모래경량콘크리트 : 0.85
- 전경량콘크리트 : 0.75

**02** 압축이형철근의 정착길이에 관한 기준으로 옳지 않은 것은? [20년 3회]

① 계산된 정착길이는 항상 200mm 이상이어야 한다.
② 기본정착길이는 최소 $0.043d_b f_y$ 이상이어야 한다.
③ 해석결과 요구되는 철근량을 초과하여 배치한 경우 (소요철근량/배근철근량)을 곱하여 보정한다.
④ 전경량콘크리트를 사용한 경우 기본정착길이에 0.85배하여 정착길이를 산정한다.

[해설]

전경량콘크리트를 사용한 경우 기본정착길이에 0.75배하여 정착길이를 산정한다.

**03** 다음 그림과 같은 보 단면에서 정착되는 철근의 수평 순간격을 구하면? [17년 2회]

- D22(인장, 압축철근), 지름 : 22mm로 계산
- D13@150(스터럽), 지름 : 13mm로 계산
- 최소피복두께 : 40mm
- 구부림 최소내면반지름은 무시

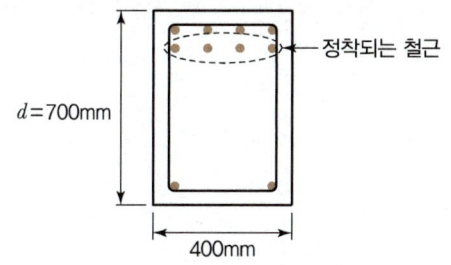

① 60.7mm   ② 63.7mm
③ 66.7mm   ④ 68.7mm

[해설]

철근의 수평 순간격($h$) 산출
$h = (400 - 40 \times 2 - 13 \times 2 - 22 \times 4) \div 3 = 68.67 = 68.7\text{mm}$

**04** 강도설계법에서 그림과 같이 보의 이음이 없는 경우 요구되는 보의 최소폭 $b$는 약 얼마인가?(단, 전단철근의 구부림 내면반지름은 고려하지 않으며, 굵은골재의 최대치수는 25mm, 피복두께 40mm, 주철근 D22, 스터럽 D10mm) [18년 4회]

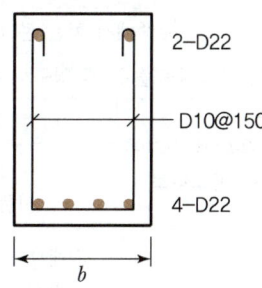

① 290mm   ② 330mm
③ 375mm   ④ 400mm

[해설]

보의 최소폭($b$) 산출
㉠ 주철근의 수평 순간격
  다음 중 큰 값으로 철근의 수평 순간격을 산정한다.
  25mm 이상 또는 굵은골재 최대치수의 $\frac{4}{3}$ 이상
  $25 \times \frac{4}{3} = 33.3 = 34\text{mm}$
  ∴ 철근의 수평 순간격은 34mm
㉡ 보의 최소폭($b$) 산출
  $b = (\text{피복두께} + \text{스터럽}) \times 2 + \text{주철근직경} \times 4 + \text{순간격} \times 3$
  $= (40 + 10) \times 2 + 22 \times 4 + 34 \times 3 = 290\text{mm}$

정답  01 ③  02 ④  03 ④  04 ①

## 12 철근콘크리트 구조 일반사항

### 5 철근의 피복두께

#### (1) 개념 및 목적

| 개념 | 콘크리트 표면과 그에 가장 가까이 배근된 주철근 또는 보조철근 표면 사이의 콘크리트 두께를 말한다. |
|---|---|
| 피복의 목적 | • 철근의 녹방지<br>• 부착력 확보<br>• 단열작용(열로부터 철근 보호) |

#### (2) 피복두께 규정(프리스트레스하지 않은 부재의 현장치기 콘크리트의 경우)

| 조건 | | | 최소 피복두께 |
|---|---|---|---|
| 수중에서 치는 콘크리트 | | | 100mm |
| 흙에 접하여 콘크리트를 친 후 영구히 흙에 묻혀 있는 콘크리트 | | | 75mm |
| 흙에 접하거나 옥외의 공기에 직접 노출되는 콘크리트 | D19 이상의 철근 | | 50mm |
| | D16 이하의 철근, 지름 16mm 이하의 철선 | | 40mm |
| 옥외의 공기나 흙에 직접 접하지 않은 콘크리트 | 슬래브, 벽체, 장선구조 | D35 초과하는 철근 | 40mm |
| | | D35 이하의 철근 | 20mm |
| | 보, 기둥 | | 40mm |
| | 쉘, 절판부재 | | 20mm |

보, 기둥의 경우 콘크리트 설계기준 압축강도 $f_{ck}$가 40MPa 이상인 경우 규정된 값에서 10mm를 저감시킬 수 있음

## 과년도 기출문제

**01** KDS에서 철근콘크리트 구조의 최소 피복두께를 규정하는 이유로 보기 어려운 것은? [21년 2회]

① 철근이 부식되지 않도록 보호
② 철근의 화해(火害) 방지
③ 철근의 부착력 확보
④ 콘크리트의 동결융해 방지

[해설]

콘크리트의 동결융해는 골재 등에 함유된 수분의 동결에 의해 발생되는 현상이므로 최소 피복두께 규정 이유와 거리가 멀다.

**02** 프리스트레스하지 않는 부재의 현장치기 콘크리트 중 흙에 접하여 콘크리트를 친 후 영구히 흙에 묻혀 있는 콘크리트의 최소 피복두께 기준으로 옳은 것은? [18년 1회, 22년 2회]

① 100mm    ② 75mm
③ 50mm     ④ 40mm

[해설]

피복두께 규정(프리스트레스하지 않은 부재의 현장치기 콘크리트의 경우)
흙에 접하여 콘크리트를 친 후 영구히 흙에 묻혀 있는 콘크리트 : 75mm

**03** 강도설계법에서 흙에 접하는 기둥의 최소 피복두께 기준으로 옳은 것은?(단, 프리스트레스하지 않는 부재의 현장치기 콘크리트로서 D25인 철근임) [16년 4회]

① 20mm    ② 30mm
③ 40mm    ④ 50mm

[해설]

흙에 접하거나 옥외의 공기에 직접 노출되는 D19 이상의 철근은 50mm 두께 이상 피복하여야 한다.

정답  01 ④   02 ②   03 ④

# 13 철근콘크리트구조 설계방법

## 1 허용응력설계법(WSD, Working Stress Design method)

| 설계원리 | • 탄성이론에 의해 철근콘크리트구조가 탄성거동을 한다는 가정하에 사용하중 작용 시 부재 내에 발생하는 응력을 계산하고, 이를 허용응력과 비교하여 구조물의 안전 여부를 판별하는 설계방법으로, 탄성이론에 의해 해석하므로 탄성설계법이라고도 한다.<br>• 설계하중(사용하중)을 사용하여 선형 탄성해석을 한다.<br>• 안전율은 파괴(극한)하중을 허용응력으로 나누어서 구한다. |
|---|---|
| 설계조건 | • 작용(발생)응력 ≤ 허용응력<br>• 사용하중에 의해 발생된 모멘트 ≤ 단면의 저항모멘트 |

**구조물 설계 시 고려사항**

안전성, 사용성, 내구성, 미관성, 경제성, 시공용이성, 준공 후 유지관리 편리성

## 2 강도설계법(SDM, Strength Design Method)

### (1) 일반사항

| 설계원리 | • 소성이론에 의해 철근콘크리트를 소성체로 보고 그 부재의 계수강도를 알아내 안전성을 확보하는 설계법으로, 소성설계법이라고도 한다.<br>• 강도설계법은 하중증가계수와 강도감소계수를 곱해줌으로써 안전성을 확보하는 설계법이다.<br>• 극한강도설계법(USD, Ultimate Strength Design method) 또는 하중계수설계법(LFD, Load Factor Design method)이라고도 한다. |
|---|---|
| 설계조건 | 설계강도($S_d$) = 강도감소계수($\phi$) × 공칭강도($S_n$) ≥ 소요강도($S_u$, 극한강도) |

**공칭강도($S_n$)**

강도설계법의 규정과 가정에 따라 계산된 부재 또는 단면의 강도를 말한다.

**소요강도($S_u$)**

외력에 견딜 수 있도록 필요한 강도로 사용하중에 하중계수를 곱한 강도이다. 극한강도라고도 한다.

**설계강도($S_d$)**

극한 외력으로 설계된 부재의 공칭강도에 강도감소계수($\phi$)를 곱한 강도이다.

### (2) 강도감소계수($\phi$)의 사용목적

설계강도를 산출할 때, 부재나 단면이 받을 수 있는 공칭강도에 곱해주는 계수로서 다음을 고려하기 위한 안전계수이다.

① 재료의 공칭강도와 실제 강도와의 차이
② 부재를 제작 또는 시공할 때 설계도와의 차이
③ 부재 강도의 추정과 해석에 관련된 불확실성
④ 구조물에서 차지하는 부재의 중요도 차이 등

## (3) 하중계수

| | | |
|---|---|---|
| 사용목적 | 소요강도를 산출할 때 실제 하중에 곱해주는 계수로서 다음을 고려하기 위한 안전계수이다.<br>• 예상되는 초과 하중에 대비한다.<br>• 구조물 설계 시에 사용하는 가정과 실제와의 차이에 대비한다.<br>• 주요 하중의 변화에 대비한다. | |
| 하중계수($U$)의 규정 | • 하중계수와 하중조합을 모두 고려하여 최대 소요 강도에 만족하도록 설계하여야 한다.<br>• 구조물과 구조부재의 소요강도는 공칭하중이 고정하중, 활하중, 풍하중, 적설하중, 지진하중 등이 작용할 경우, 하중조합을 고려하여 큰 값으로 결정한다. | |
| 건축물에 주로 사용되는 하중조합 | 기본하중조합 | • $U = 1.4D$<br>• $U = 1.2D + 1.6L$ |
| | 풍하중($W$) 추가 | • $U = 1.2D + 1.0L + 1.3W$<br>• $U = 0.9D + 1.3W$ |
| | 지진하중($E$) 추가 | • $U = 1.2D + 1.0L + 1.0E$<br>• $U = 0.9D + 1.0E$ |
| | 적설하중($S$) 추가 | • $U = 1.2D + 1.6L + 0.5S$<br>• $U = 1.2D + 1.0L + 1.6S$ |

> • $U$ : 계수하중, 소요강도
> $D$ : 고정하중
> $L$ : 활하중
> $W$ : 풍하중
> $E$ : 지진하중
> $S$ : 적설하중
>
> **활하중의 영향면적**
> • 기둥 및 기초에서는 부하면적의 4배
> • 보에서는 부하면적의 2배
> • 캔틸레버 부분은 영향면적에 단순 합산
> • 슬래브에서는 부하면적의 1배(단순합산)

## 3 한계상태설계법(LSD, Limit State Design Method)

### (1) 설계원리

한계상태설계법은 안전성의 척도를 구조물이 파괴될 확률(파괴확률) 또는 신뢰성 이론에 의해 구조물이 파괴되지 않을 확률(신뢰성)로 나타내는 설계법이다. 즉, 구조물이 한계상태로 되는 확률을 구조물의 모든 부재에 대하여 일정한 값이 되도록 하려는 설계법이다.

### (2) 한계상태의 종류

| 사용한계상태 | 처짐, 균열, 피로, 진동 등 |
|---|---|
| 극한(강도)한계상태 | 재료강도 초과, 부재의 피로파괴, 좌굴 등 |

# 과년도 기출문제

**01** 콘크리트구조의 내구성 설계기준에 따른 보수·보강 설계에 관한 설명으로 옳지 않은 것은?

[22년 1회]

① 손상된 콘크리트 구조물에서 안전성, 사용성, 내구성, 미관 등의 기능을 회복시키기 위한 보수는 타당한 보수설계에 근거하여야 한다.
② 보수·보강 설계를 할 때는 구조체를 조사하여 손상 원인, 손상 정도, 저항내력 정도를 파악한다.
③ 책임구조기술자는 보수·보강 공사에서 품질을 확보하기 위하여 공정별로 품질관리검사를 시행하여야 한다.
④ 보강설계를 할 때에는 사용성과 내구성 등의 성능은 고려하지 않고, 보강 후의 구조내하력 증가만을 반영한다.

[해설]

보강설계를 할 때에는 사용성과 내구성 등의 성능도 고려해야 한다.

**02** 철근콘크리트 구조설계 시 고려하는 강도설계법에 관한 설명으로 옳지 않은 것은?

[20년 1·2회 통합]

① 보의 압축 측의 응력분포는 사다리꼴, 포물선 등의 형태로 본다.
② 규정된 허용하중이 초과될지도 모를 가능성을 예측하여 하중계수를 사용한다.
③ 재료의 변화, 시공오차 등의 기술적인 면을 고려하여 강도감소계수를 사용한다.
④ 이 설계방법은 탄성이론하에서 이루어진 설계법이다.

[해설]

강도설계법은 소성이론에 의해 철근콘크리트를 소성체로 보고 그 부재의 계수강도를 알아내 안전성을 확보하는 설계법으로, 소성설계법이라고도 한다. 탄성이론하에서 이루어진 설계법은 허용응력설계법(WSD, Working Stress Design method)이다.

**03** 다음 그림과 같은 모살용접 이음부의 설계강도를 구하고, 이 설계강도를 근거로 고정하중 $P_D = 40$ kN, 활하중 $P_L = 30$kN이 작용하는 경우에 이음부의 안전성을 옳게 검토한 것은?(단, 강재는 SM490, $F_y = 325$MPa, $\phi = 0.9$)

[15년 4회]

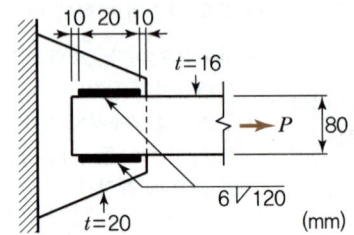

① 설계강도 : 159.2kN, 검토결과 : 안전
② 설계강도 : 79.6kN, 검토결과 : 안전
③ 설계강도 : 159.2kN, 검토결과 : 불안전
④ 설계강도 : 79.6kN, 검토결과 : 불안전

[해설]

설계강도를 산출하고, 소요강도와 비교하여 안전여부를 판단한다.
㉠ 설계강도($\phi R_n$) 산출
$$\phi R_n = \phi F_w A_w = \phi(0.6F_y)(al_e)$$
$$= 0.9 \times (0.6 \times 325) \times (0.7 \times 6 \times 216) \times 10^{-3}$$
$$= 159.21\text{kN}$$
여기서, 유효길이($l_e$) $= l - 2s = 2(120 - 2 \times 6)$
$$= 216\text{mm}$$
㉡ 소요강도($P_u$) 산출
$$P_u = 1.2P_D + 1.6P_L = 1.2 \times 40 + 1.6 \times 30 = 96\text{kN}$$
∴ 설계강도(159kN) > 소요강도(96kN)이므로 안전하다.

## 과년도 기출문제

**04** 강도설계법에서 철근콘크리트 구조물 설계 시 고려해야 하는 하중조합으로 옳지 않은 것은?(단, $D$는 고정하중, $F$는 유체압 및 유기내용물하중, $L$은 활하중, $W$는 풍하중, $E$는 지진하중, $S$는 적설하중) [16년 2회]

① $U = 1.4(D+F)$
② $U = 1.2D + 1.3W + 1.0L + 0.5S$
③ $U = 1.2D + 1.0E + 1.0L + 0.2S$
④ $U = 1.4D + 1.3L + 1.6S$

[해설]
고정하중($D$)과 활하중($L$), 적설하중($S$)을 적용할 경우
$U = 1.2D + 1.0L + 1.6S$과 $U = 1.2D + 1.6L + 0.5S$ 중 큰 값으로 조합하게 된다.

**05** 강도설계법에서 고정하중 40kN, 활하중 30kN이 작용할 때 계수하중은 얼마인가? [17년 2회]

① 135kN   ② 124kN
③ 116kN   ④ 96kN

[해설]
계수하중($U$) 산출
$U = 1.2D(\text{고정하중}) + 1.6L(\text{활하중})$
$= 1.2 \times 40 + 1.6 \times 30$
$= 96\text{kN}$

**06** 철근콘크리트 구조물 설계를 위해 선형탄성 구조해석을 수행한 결과, 보 단면에 다음과 같은 단면력이 계산되었다. 이 값을 사용해서 계수 휨 모멘트를 구하면? [15년 4회]

- 고정하중에 의한 모멘트 $M_D = 150\text{kN} \cdot \text{m}$
- 활하중에 의한 모멘트 $M_L = 120\text{kN} \cdot \text{m}$
- 풍하중에 의한 모멘트 $M_W = 60\text{kN} \cdot \text{m}$

① 288kN·m   ② 318kN·m
③ 358kN·m   ④ 378kN·m

[해설]
계수휨모멘트($M_U$) 산출
$M_U = 1.2M_D + 1.0M_L + 1.3M_W$
$= 1.2 \times 150 + 1.0 \times 120 + 1.3 \times 60 = 378\text{kN} \cdot \text{m}$

**07** 활하중의 영향면적에 대해 옳게 설명한 것은? [16년 1회, 21년 2회]

① 기둥 및 기초에서는 부하면적의 6배
② 보에서는 부하면적의 5배
③ 캔틸레버 부분은 영향면적에 단순 합산
④ 슬래브에서는 부하면적의 2배

[해설]
① 기둥 및 기초에서는 부하면적의 4배
② 보에서는 부하면적의 2배
④ 슬래브에서는 부하면적의 1배(단순합산)

**08** 다음 중 한계상태설계법에서 강도한계상태를 구성하는 요소가 아닌 것은? [20년 1·2회 통합, 20년 4회]

① 바닥재의 진동
② 기둥의 좌굴
③ 골조의 불안정성
④ 취성파괴

[해설]
바닥재의 진동은 사용한계상태에 해당한다.

정답  04 ④  05 ④  06 ④  07 ③  08 ①

# 14 철근콘크리트 구조설계

## 1 보의 휨 파괴형태

### (1) 철근비

| | |
|---|---|
| 기본사항 | 철근콘크리트 부재의 단면에 있어서 콘크리트 단면적과 철근 단면적과의 비를 말한다.<br>$$\rho = \frac{A_s}{bd}$$ |
| 균형철근비 ($\rho_b$) | • 균형단면의 철근비를 균형(평형)철근비라 한다.<br>• 즉, 콘크리트의 압축 연단의 압축변형률이 극한변형률에 도달함과 동시에 철근의 응력이 항복응력에 도달하는 경우의 철근비를 말한다.<br>• 균형상태의 콘크리트 압축력($C$) = 철근 인장력($T$)으로부터 $0.85f_{ck}ab = A_s f_y$ (아래 식은 $f_{ck}$가 40MPa 이하인 경우이다)<br>$$\rho_b = \frac{0.85f_{ck}\beta_1}{f_y} \times \frac{\varepsilon_c}{\varepsilon_c + \varepsilon_y} = \frac{0.85f_{ck}\beta_1}{f_y} \times \frac{660}{660 + f_y}$$ |
| 최대 철근비 ($\rho_{\max}$)의 제한 | • 휨부재의 최대 철근비는 최외단 인장철근의 순인장변형률을 최소 허용변형률 조건으로 규정하고 있다.<br>• 최대 철근비는 보의 연성파괴 유도 또는 취성파괴 방지를 위해 제한한다.<br>• 철근비의 상한 산출<br>$$\rho_{\max} = \frac{0.85f_{ck}\beta_1}{f_y} \times \frac{\varepsilon_c}{\varepsilon_c + \varepsilon_{t\min}}$$<br>• 최대 철근량<br>$$A_{s,\max} = \rho_{\max} b \cdot d$$ |
| 최소 철근비 ($\rho_{\min}$)의 제한 | • 최소 철근비는 너무 작은 철근이 배근되는 것을 막기 위한 규정으로, 인장측 콘크리트의 갑작스런 취성파괴를 방지하기 위해 제한한다.<br>• 최소철근비는 다음 두 식 중 큰 값으로 한다.<br>$$\rho_{\min} \geq \frac{0.25\sqrt{f_{ck}}}{f_y},\ \rho_{\min} \geq \frac{1.4}{f_y}$$<br>• 최소 철근량<br>$$A_{s,\min} = \rho_{\min} b \cdot d$$ |

- $A_s$ : 철근 단면적의 합
- $b$ : 보폭
- $d$ : 유효춤(보춤)
- $f_y$ : 철근의 설계기준 인장항복강도

**콘크리트의 극한변형률($\varepsilon_{cu}$)**

콘크리트 설계강도 $f_{ck}$가 40MPa 이하일 경우 0.0033, 40MPa 초과 시 매 10MPa 증가에 0.0001씩 감소, 90MPa 초과 시에는 성능실험값을 적용한다.

### (2) 파괴양상

| | |
|---|---|
| 연성파괴 거동 | • 철근콘크리트 부재의 파괴 시 붕괴되지 않고 큰 변형을 일으키므로 위험을 예측할 수 있는 파괴형태이다.<br>• 연성파괴 조건<br>$\rho_{\min} < \rho < \rho_{\max}$ |
| 취성파괴 거동 | • 철근콘크리트 부재의 파괴 시 큰 변형을 일으키지 않고 예고 없이 갑자기 파괴되는 파괴형태이다.<br>• 취성파괴 조건<br>$\rho > \rho_{\max}$ 또는 $\rho < \rho_{\min}$ |

# 과년도 기출문제

건 축 / 기 사 / 필 기

**01** $f_{ck}=27\text{MPa}$, $f_y=400\text{MPa}$, $d=550\text{mm}$인 철근콘크리트 단근직사각형 보에서 균형철근비 $\rho_b$를 구하면?(단, $E_s=2.0\times10^5\text{MPa}$)

[17년 1회 문제변형]

① 0.0260  ② 0.0286
③ 0.0325  ④ 0.0352

**[해설]**

균형철근비 산출

$$\rho_b=\frac{0.85f_{ck}\beta_1}{f_y}\times\frac{\varepsilon_c}{\varepsilon_c+\varepsilon_y}=\frac{0.85f_{ck}\beta_1}{f_y}\times\frac{660}{660+f_y}$$

$$=\frac{0.85\times27\times0.80}{400}\times\frac{660}{660+400}=0.0286$$

여기서, $\beta_1$은 $f_{ck}$ 40MPa 이하일 경우 0.80이다.

**02** 철근콘크리트 단근보에서 균형철근비를 계산한 결과 $\rho_b=0.039$이었다. 최대철근비는?(단, $E=20,000\text{MPa}$, $f_y=400\text{MPa}$, $f_{ck}=24\text{MPa}$)

[16년 1회, 19년 2회]

① 0.01863  ② 0.02256
③ 0.02607  ④ 0.02785

**[해설]**

철근의 인정강도 $f_y$가 400MPa일 경우 최대철근비($\rho_{max}$) 산출
$\rho_{max}=0.714\rho_b=0.714\times0.039=0.027846=0.02785$

**03** 단면 $b_w\times d=300\text{mm}\times550\text{mm}$ 콘크리트보 부재의 최소인장철근량으로 옳은 것은?(단, $f_{ck}=40\text{MPa}$, $f_y=400\text{MPa}$)

[16년 4회]

① 495mm²  ② 577mm²
③ 652mm²  ④ 725mm²

**[해설]**

㉠ 최소철근비의 산출
둘 중 큰 값으로 산정

$$\rho_{min}=\frac{0.25\sqrt{f_{ck}}}{f_y}=\frac{0.25\sqrt{40}}{400}=0.00395$$

$$\rho_{min}=\frac{1.4}{f_y}=\frac{1.4}{400}=0.0035$$

최소철근비($\rho_{min}$)는 0.00395

㉡ 최소철근량($A_{s,min}$) 산출
$A_{s,min}=\rho_{min}\cdot b_w\cdot d=0.00395\times300\times550=651.75$
$=652\text{mm}^2$

**04** 강도설계법을 근거로 그림과 같은 단극직사각형 보의 최소 철근량을 구하면?(단, $f_{ck}=21\text{MPa}$, $f_y=400\text{MPa}$)

[15년 4회]

① 354mm²
② 462mm²
③ 588mm²
④ 643mm²

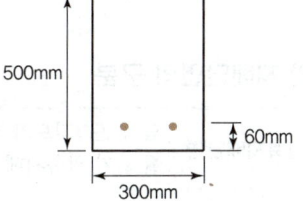

**[해설]**

㉠ 최소철근비의 산출
둘 중 큰 값으로 산정

$$\rho_{min}=\frac{0.25\sqrt{f_{ck}}}{f_y}=\frac{0.25\sqrt{21}}{400}=0.00286$$

$$\rho_{min}=\frac{1.4}{f_y}=\frac{1.4}{400}=0.0035$$

최소철근비($\rho_{min}$)는 0.0035

㉡ 최소철근량($A_{s,min}$) 산출
$A_{s,min}=\rho_{min}\cdot b_w\cdot d=0.0035\times300\times(500-60)$
$=462\text{mm}^2$

**05** 강도설계법에서 휨 또는 휨과 축력을 동시에 받는 부재의 콘크리트 압축연단에서 극한변형률은 얼마로 가정하는가?(단, $f_{ck}$가 40MPa 이하인 경우)

[20년 3회 문제변형]

① 0.002  ② 0.0033
③ 0.005  ④ 0.0075

**[해설]**

콘크리트의 극한변형률($\varepsilon_{cu}$)
콘크리트 설계강도 $f_{ck}$가 40MPa 이하일 경우 0.0033, 40MPa 초과 시 매 10MPa 증가에 0.0001씩 감소, 90MPa 초과 시에는 성능실험값을 적용한다.

**정답** 01 ②  02 ④  03 ③  04 ②  05 ②

# 14 철근콘크리트 구조설계

## 2 보의 지배단면

### (1) 순인장변형률($\varepsilon_t$)

① 최외단 인장철근 또는 긴장재의 인장변형률에서 프리스트레스, 크리프, 건조수축, 온도 변화에 의한 변형률을 제외한 인장변형률을 말한다.

② 변형률 분포에서 비례식을 사용하면 $c : \varepsilon_c = (d_t - c) : \varepsilon_t$로부터

$$\varepsilon_t = \frac{\varepsilon_c(d_t - c)}{c}$$

### (2) 지배단면의 구분

| | |
|---|---|
| 압축지배단면 | 압축 콘크리트가 극한변형률에 도달할 때 최외단 인장철근의 순인장변형률 $\varepsilon_t$가 압축지배변형률 한계 이하인 단면 |
| 인장지배단면 | 압축 콘크리트가 극한변형률에 도달할 때 최외단 인장철근의 순인장변형률 $\varepsilon_t$가 인장지배변형률 한계 이상인 단면 |
| 변화구간단면 | 순인장변형률 $\varepsilon_t$가 압축지배변형률 한계와 인장지배변형률 한계 사이의 단면 |

### (3) 지배단면의 변형률 관계

| 강재 종류 | | 압축지배 변형률 한계 | 인장지배 변형률 한계 | 휨부재의 최소 허용변형률 |
|---|---|---|---|---|
| 철근 | SD300 | $\varepsilon_y(0.0015)$ | 0.005 | 0.004 |
| | SD350 | $\varepsilon_y(0.00175)$ | | |
| | SD400 | $\varepsilon_y(0.002)$ | | |
| | SD500 | $\varepsilon_y(0.0025)$ | $2.5\varepsilon_y(0.00625)$ | $2.0\varepsilon_y(0.005)$ |
| PS강재 | | 0.002 | 0.005 | — |

### (4) 지배단면에 따른 강도감소계수

| 지배단면 구분 | 순인장변형률($\varepsilon_t$) 조건 | 강도감소계수($\phi$) |
|---|---|---|
| 압축지배단면 | $\varepsilon_t \leq \varepsilon_y$ | 나선철근 0.7, 그 외 0.65 |
| 변화구간단면 | SD400 이하 : $\varepsilon_y < \varepsilon_t < 0.005$ | 0.65~0.85 |
| | SD400 초과 : $\varepsilon_y < \varepsilon_t < 2.5\varepsilon_y$ | |
| 인장지배단면 | SD400 이하 : $0.005 \leq \varepsilon_t$ | 0.85 |
| | SD400 초과 : $2.5\varepsilon_y \leq \varepsilon_t$ | |

✚ 변화구간단면의 강도감소계수(SD400 이하인 경우)
• 나선철근인 경우 : 0.80
• 기타(띠철근)인 경우 : 0.78

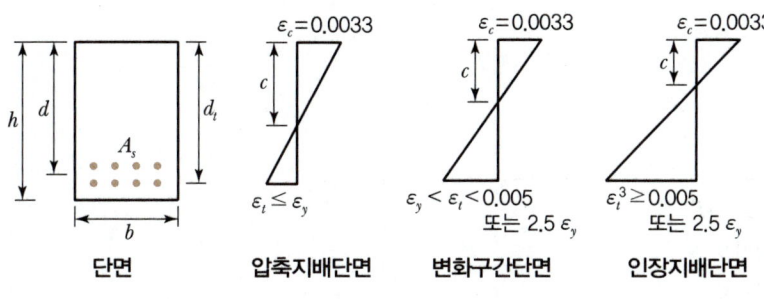

| 단면 | 압축지배단면 | 변화구간단면 | 인장지배단면 |

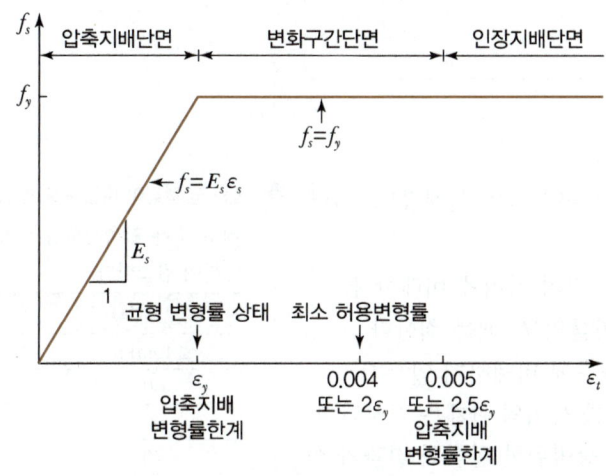

지배단면의 구분

### 개념이해

**01** 폭 250mm, $f_{ck}=-30$MPa인 철근콘크리트보 부재의 압축변형률 $\varepsilon_c$ =0.003일 경우 인장철근의 변형률은?(단, $d=440$mm, $A_s=1,520.1$mm², $f_y=400$MPa)

[18년 4회 문제변형]

① 0.00197
② 0.00368
③ 0.00523
④ 0.00807

▶ 인장철근의 변형률($\varepsilon_c$) 산출
㉠ 중립축 위치(c) 산출
$$a = \frac{A_s f_y}{0.85 f_{ck} b} = \frac{1,520.1 \times 400}{0.85 \times 30 \times 250}$$
$$= 95.38 \text{mm}$$
$\beta_1$은 40MPa 이하이므로 0.80
$$c = \frac{a}{\beta_1} = \frac{95.38}{0.80} = 119.225$$

㉡ 인장철근의 변형률($\varepsilon_c$) 산출
변형률 분포에 따른 비례식 적용
$c : \varepsilon_c = (d_t - c) : \varepsilon_t$
$$\varepsilon_t = \frac{\varepsilon_c(d_t - c)}{c}$$
$$= \frac{0.003 \times (440 - 119.225)}{119.225}$$
$$= 0.00807$$

답 ④

# 14 철근콘크리트 구조설계

## 3 강도설계법의 설계조건

### (1) 휨설계조건

설계휨강도 ≥ 소요휨강도(극한휨강도)

$$M_d = \phi M_n \geq M_u$$

여기서, $M_n$ : 공칭휨강도
$M_u$ : 소요휨강도
$M_d$ : 설계휨강도
$\phi$ : 강도감소계수

### (2) 강도설계법의 기본가정

① 압축 측 연단에서 콘크리트의 극한변형률은 콘크리트 설계강도 $f_{ck}$에 따라 가정한다.
② 철근 및 콘크리트의 변형률은 중립축으로부터의 거리에 비례한다.
③ 항복강도($f_y$) 이하에서 철근의 응력은 변형률의 $E_s$배를 취한다.
④ 극한강도상태에서 콘크리트의 응력은 변형률에 비례하지 않는다.
⑤ 콘크리트 압축응력의 분포와 콘크리트변형률 사이의 관계는 직사각형, 사다리꼴, 포물선형 또는 강도의 예측에서 광범위한 실험의 결과와 실질적으로 일치하는 어떤 형상으로도 가정할 수 있다.
⑥ 콘크리트 압축응력분포는 등가직사각형 응력블록으로 가정한다(등가 폭 : 0.85, 등가 깊이 : $\alpha = \beta_1 \cdot c$).
⑦ 콘크리트의 인장강도는 휨계산 시 무시한다.
⑧ 연속 휨부재에서 휨모멘트의 재분배는 휨모멘트를 감소시킬 단면에서 최외단 인장철근의 순인장변형률이 0.0075 이상인 경우에만 가능하다.
⑨ 긴장재를 제외한 철근의 설계기준항복강도는 600MPa을 초과하지 않아야 한다.

+ **등가응력깊이비(등분포 범위계수 $\beta_1$)**

계수 $\beta_1$은 압축강도가 증가할수록 반비례하여 감소한다.

| $f_{ck}$(MPa) | $\beta_1$ |
|---|---|
| ≤40MPa | 0.80 |
| 50 | 0.80 |
| 60 | 0.76 |
| 70 | 0.74 |
| 80 | 0.72 |
| 90 | 0.70 |

• 휨철근의 설계기준항복강도 $f_y$는 600 MPa을 초과할 수 없다.

## 과년도 기출문제

**01** 철근콘크리트보의 공칭 휨 강도를 산정할 때 기본 가정으로 틀린 것은? [15년 1회 문제변형]

① 계수 $\beta_1$은 콘크리트 압축강도에 비례하여 증가한다.
② 철근과 콘크리트의 변형률은 중립축으로부터의 거리에 비례한다.
③ $f_{ck}$가 40MPa 이하인 경우 콘크리트 압축연단의 극한변형률은 0.0033이다.
④ 철근의 응력이 설계기준항복강도 $f_y$ 이하일 때 철근의 응력은 그 변형률에 $E_s$ 곱한 값으로 한다.

[해설]
등가응력깊이비(등분포 범위계수 $\beta_1$)는 콘크리트의 압축강도에 반비례하여 감소한다.

| $f_{ck}$(MPa) | $\beta_1$ |
|---|---|
| ≤40MPa | 0.80 |
| 50 | 0.80 |
| 60 | 0.76 |
| 70 | 0.74 |
| 80 | 0.72 |
| 90 | 0.70 |

**02** 강도설계법에서 등가응력블록을 산정할 때 사용하는 계수 $\beta_1$에 대한 설명 중 틀린 것은? [15년 2회 문제변형]

① $f_{ck}$가 40MPa을 초과할 경우, 40MPa을 초과하는 매 10MPa의 강도에 대하여 0.02씩 $\beta_1$의 값을 감소시킨다.
② $\beta_1$은 $f_{ck}$가 40MPa 이하일 경우에는 일정한 값을 갖는다.
③ $\beta_1$은 콘크리트의 압축강도에 반비례하여 감소한다.
④ $\beta_1$의 최대값은 0.75이다.

[해설]
$\beta_1$의 최대값은 0.80이다.
등가응력깊이비 $\beta_1$

| $f_{ck}$(MPa) | $\beta_1$ |
|---|---|
| ≤40MPa | 0.80 |
| 50 | 0.80 |
| 60 | 0.76 |
| 70 | 0.74 |
| 80 | 0.72 |
| 90 | 0.70 |

**정답** 01 ① 02 ④

# 14 철근콘크리트 구조설계

## ❹ 단철근 직사각형 보의 해석과 설계

### (1) 등가사각형(등가응력분포) 깊이($a$)와 중립축의 위치($c$)

① 균형상태로부터 $C = T$(콘크리트의 압축력 = 철근의 인장력)에서, 등가사각형 깊이($a$)

$$0.85 f_{ck} ab = A_s f_y$$

여기서, 콘크리트의 압축력 : $0.85 f_{ck} ab$, 철근의 인장력 : $A_s f_y$

$$\therefore a = \frac{A_s f_y}{0.85 f_{ck} b} = \frac{\rho d f_y}{0.85 f_{ck}}$$

② 중립축의 위치 $c$는 $a = \beta_1 c$ 로부터

$$\therefore c = \frac{a}{\beta_1} = \frac{A_s f_y}{0.85 f_{ck} b \beta_1}$$

### (2) 공칭휨강도($M_n$)

① 공칭휨강도는 내부의 우력모멘트가 외력에 의한 모멘트를 저항한다고 보는 개념

$$M_n = 0.85 f_{ck} ab \left( d - \frac{a}{2} \right) = A_s f_y \left( d - \frac{a}{2} \right)$$

② 여기에 등가깊이 a와 철근비 $\rho$를 대입하여 정리하면

$$M_n = \rho b d^2 f_y \left( 1 - 0.59 \rho \frac{f_y}{f_{ck}} \right) = f_{ck} q b d^2 (1 - 0.59 q)$$

여기서, $q = \rho \dfrac{f_y}{f_{ck}}$

### (3) 설계휨강도($M_d$)

$$M_d = \phi M_n = \phi A_s f_y \left( d - \frac{a}{2} \right)$$

### (4) 균열모멘트($M_{cr}$) 산출

$$M_{cr} = Z(\text{단면계수}) \cdot f_r(\text{파괴계수}) = \left( \frac{bh^2}{6} \right) \times (0.63 \times \lambda \times \sqrt{f_{ck}})$$

여기서, $\lambda$ : 콘크리트 중량 계수(보통중량일 경우 1)

+ • 단철근 직사각형 보는 직사각형 단면에서 인장응력을 받고 있는 곳에만 철근을 배치하여 보강한 보를 말한다.

# 과년도 기출문제

**01** 철근콘크리트 단근보를 강도설계법으로 설계 시 콘크리트의 전압축력으로 옳은 것은?(단, $f_{ck}$=24 MPa, 보의 폭 300mm, 응력블록의 깊이 110mm)

[17년 2회]

① 750.6kN ② 724.4kN
③ 673.2kN ④ 650.8kN

**[해설]**

전압축력($C$) 산출
$C = 0.85 f_{ck} ab = 0.85 \times 24 \times 110 \times 300 = 673,200N = 673.2kN$

**02** 인장철근량 $A_s$=1,500mm²인 단철근 장방향 보에서 사각형 응력분포깊이 $a$는 얼마인가?(단, $f_{ck}$=24MPa, $f_y$=300MPa, $b$=300mm, $d$=500mm)

[15년 2회]

① 65.12mm ② 73.53mm
③ 82.57mm ④ 89.69mm

**[해설]**

$a = \dfrac{A_s f_y}{0.85 f_{ck} b} = \dfrac{1,500 \times 300}{0.85 \times 24 \times 300} = 73.53mm$

**03** 강도설계법에서 단근직사각형 보의 $c$(압축연단에서 중립축까지 거리) 값으로 옳은 것은?(단, $f_{ck}$=24MPa, $f_y$=400MPa, $b$=300mm, $A_s$=1,161mm², 포물선-직선 형상의 응력-변형률 관계 이용)

[22년 2회]

① 92.65mm ② 94.85mm
③ 96.65mm ④ 98.85mm

**[해설]**

보의 $c$(압축연단에서 중립축까지 거리)값 산출

㉠ 등가직사각형 응력 블록 깊이 $a = \beta_1 c \Leftrightarrow c = \dfrac{a}{\beta_1}$

㉡ $f_{ck} \leq 40MPa$ 이하일 경우 $\beta_1 = 0.80$

㉢ $a = \dfrac{A_s \times f_y}{0.85 f_{ck} \times b} = \dfrac{1161 \times 400}{0.85 \times 24 \times 300} = 75.88mm$

$\therefore c = \dfrac{a}{\beta_1} = \dfrac{75.88}{0.80} = 94.85mm$

**04** 강도설계법에서 단철근 직사각형 보의 단면이 $b$=400mm, $d$=800mm이고 등가응력블록깊이 $a$가 100mm일 경우 철근비는?(단, $f_y$=300MPa, $f_{ck}$=24MPa)

[17년 4회]

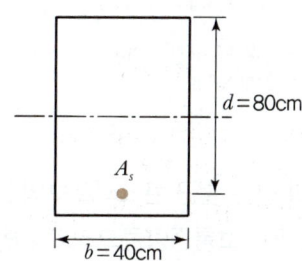

① 0.0035 ② 0.0057
③ 0.0085 ④ 0.0103

**[해설]**

철근비($\rho$) 산출

$a = \dfrac{A_s f_y}{0.85 f_{ck} b} = \dfrac{\rho d f_y}{0.85 f_{ck}}$

$\therefore \rho = \dfrac{0.85 f_{ck} a}{d f_y} = \dfrac{0.85 \times 24 \times 100}{800 \times 300} = 0.0085$

**05** 강도설계법 적용 시 그림과 같은 단철근 직사각형 보 단면의 공칭휨강도 $M_n$은?(단, $f_{ck}$=21MPa, $f_y$=400MPa, $A_s$=1,200mm²)

[19년 4회]

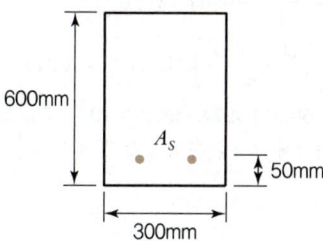

① 162kN · m ② 182kN · m
③ 202kN · m ④ 242kN · m

**정답** 01 ③  02 ②  03 ②  04 ③  05 ④

## 과년도 기출문제

[해설]

단철근 직사각형보 단면의 공칭휨강도($M_n$)

㉠ $M_n = 0.85 f_{ck} ab\left(d - \dfrac{a}{2}\right) = A_s f_y \left(d - \dfrac{a}{2}\right)$

㉡ $a = \dfrac{A_s \cdot f_y}{0.85 f_{ck} b} = \dfrac{1{,}200 \times 400}{0.85 \times 21 \times 300} = 89.64\text{mm}$

㉢ $M_n = A_s f_y \left(d - \dfrac{a}{2}\right)$
  $= (1{,}200 \times 400) \times \left(550 - \dfrac{89.64}{2}\right)$
  $= 242{,}486{,}400\text{N} \cdot \text{mm}$
  $= 242\text{kN} \cdot \text{m}$

**06** 그림과 같은 철근 콘크리트보의 균열모멘트($M_{cr}$) 값은?(단, 보통중량콘크리트 사용, $f_{ck}$=24MPa)

[15년 2회, 17년 4회, 20년 4회]

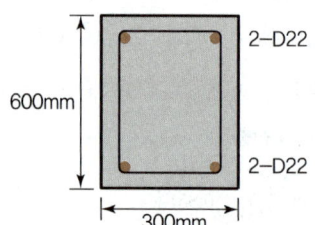

① 21.5kN · m   ② 33.6kN · m
③ 42.8kN · m   ④ 55.6kN · m

[해설]

균열모멘트($M_{cr}$) 산출

$M_{cr} = Z(\text{단면계수}) \cdot f_r(\text{파괴계수})$
$= \left(\dfrac{bh^2}{6}\right) \times (0.63 \times \lambda \times \sqrt{f_{ck}})$
$= \left(\dfrac{300 \times 600^2}{6}\right) \times (0.63 \times 1 \times \sqrt{24})$
$= 55{,}554{,}427\text{N} \cdot \text{mm}^2 \times 10^{-6} = 55.55\text{kN} \cdot \text{m}$

여기서, $\lambda$ : 콘크리트 중량 계수(보통중량일 경우 1)

**07** 보통중량콘크리트를 사용한 그림과 같은 보의 단면에서 외력에 의해 휨 균열을 일으키는 균열모멘트($M_{cr}$) 값으로 옳은 것은?(단, $f_{ck}$=27MPa, $f_y$=400MPa, 철근은 개략적으로 도시되었음)

[17년 1회, 21년 2회]

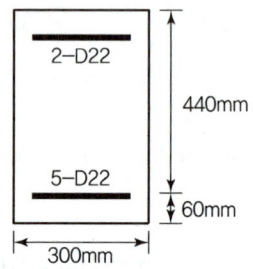

① 29.5kN · m   ② 34.7kN · m
③ 40.9kN · m   ④ 52.4kN · m

[해설]

균열모멘트($M_{cr}$) 산출

$M_{cr} = Z(\text{단면계수}) \cdot f_r(\text{파괴계수})$
$= \dfrac{bh^2}{6} \times 0.63 \lambda \sqrt{f_{ck}} = \dfrac{300 \times 500^2}{6} \times 0.63 \times 1.0 \times \sqrt{27}$
$= 40{,}919{,}700\text{N} \cdot \text{mm} = 40.9\text{kN} \cdot \text{m}$

여기서, $\lambda$ : 콘크리트 중량 계수(보통중량일 경우 1)

**08** 폭 $b$=250mm, 높이 $h$=500mm인 직사각형 콘크리트보 부재의 균열모멘트 $M_{cr}$ 은?(단, 경량콘크리트계수 $\lambda$=1, $f_{ck}$=24MPa)  [16년 1회, 19년 2회]

① 8.3kN · m    ② 16.4kN · m
③ 24.5kN · m   ④ 32.2kN · m

[해설]

균열모멘트($M_{cr}$) 산출

$M_{cr} = Z(\text{단면계수}) \cdot f_r(\text{파괴계수})$
$= \dfrac{bh^2}{6} \times 0.63 \lambda \sqrt{f_{ck}} = \dfrac{250 \times 500^2}{6} \times 0.63 \times 1.0 \times \sqrt{24}$
$= 32{,}149{,}552.87\text{N} \cdot \text{mm} = 32.15\text{kN} \cdot \text{m} = 32.2\text{kN} \cdot \text{m}$

정답  06 ④   07 ③   08 ④

## 과년도 기출문제

건 축 / 기 사 / 필 기

**09** 다음과 같은 조건의 단면을 가진 부재의 균열모멘트 $M_{cr}$을 구하면? [22년 1회]

- 단면의 중립축에서 인장연단까지의 거리
  $y_t = 420mm$
- 총 단면 2차모멘트
  $I_g = 1.0 \times 10^{10} mm^4$
- 보통중량 콘크리트 설계기준압축강도
  $f_{ck} = 21MPa$

① 50.6kN·m  ② 53.3kN·m
③ 62.5kN·m  ④ 68.8kN·m

[해설]

균열모멘트($M_{cr}$) 산출

$M_{cr} = Z$(단면계수) · $f_r$(파괴계수)

$= \dfrac{I_g}{y_t} \times 0.63\lambda\sqrt{f_{ck}} = \dfrac{1.0 \times 10^{10} mm^4}{420} \times 0.63 \times 1.0 \times \sqrt{21}$

$= 68,738,635 N \cdot mm = 68.8 kN \cdot m$

여기서, $\lambda$ : 콘크리트 중량 계수(보통중량일 경우 1)

**정답** 09 ④

## 5 단철근 T형보의 플랜지 유효폭

### (1) 일반사항

플랜지의 유효폭은 플랜지가 폭 방향으로 균일하게 압축응력을 받는다고 가정할 수 있는 한계의 플랜지 폭을 말한다.

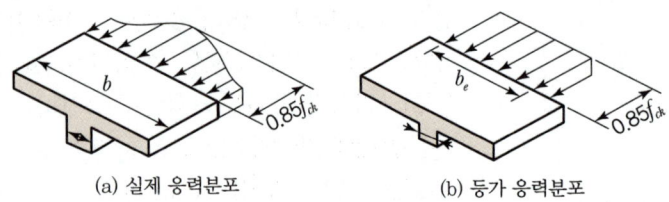

(a) 실제 응력분포  (b) 등가 응력분포

**T형보의 압축응력 분포**

### (2) 플랜지의 유효폭 기준

플랜지의 유효폭 기준은 다음 중 작은 값이다.

| T형보(대칭) | 반T형보(비대칭) |
|---|---|
| • $16t_f + b_w$<br>• 슬래브 중심 간 거리<br>• 보 경간의 1/4 | • $6t_f + b_w$<br>• 인접보와 내측 거리의 $1/2 + b_w$<br>• 보 경간의 $1/12 + b_w$ |

## 과년도 기출문제

**01** 철근콘크리트 T형보의 유효폭 산정식에 관련된 사항과 거리가 먼 것은? [19년 2회]

① 보의 폭
② 슬래브 중심 간 거리
③ 슬래브의 두께
④ 보의 춤

[해설]

다음 중 가장 작은 값을 유효폭으로 한다(대칭 T형보의 경우).
• $16t_f$(슬래브의 두께)$+b_w$(보의 폭)
• 슬래브 중심 간 거리
• 보 경간의 1/4

**02** 그림과 같은 T형보($G_I$)의 유효폭 B의 값은?(단, 슬래브 두께는 120mm, 보의 폭은 300mm) [16년 4회]

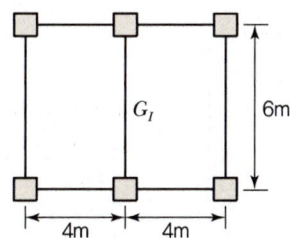

① 150cm
② 192cm
③ 222cm
④ 400cm

[해설]

다음 중 가장 작은 값을 유효폭으로 한다(대칭 T형보인 경우).
㉠ $16t_f$(슬래브의 두께)$+b_w$(보의 폭)$=16×120+300$
  $=2,220\text{mm}=222\text{cm}$
㉡ 슬래브 중심 간 거리$=400\text{cm}$
㉢ 보 경간의 $1/4=600×(1/4)=150\text{cm}$

**03** 반T형보의 유효폭으로 옳은 것은?(단, 보 경간은 6m) [16년 2회]

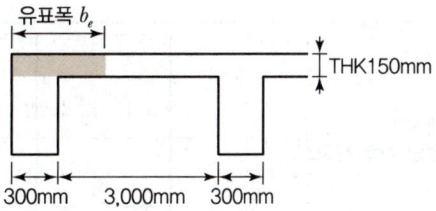

① 800mm
② 1,200mm
③ 1,800mm
④ 2,300mm

[해설]

다음 중 가장 작은 값을 유효폭으로 한다(반대칭 T형보의 경우).
㉠ $6t_f+b_w=6×150+300=1,200\text{mm}$
㉡ 인접보와 내측 거리의 $1/2+b_w=3,000×\dfrac{1}{2}+300$
  $=1,800\text{mm}$
㉢ 보 경간의 $1/12+b_w=6,000×\dfrac{1}{12}+300=800\text{mm}$

**04** 보폭은 400mm, 한쪽으로 내민 플랜지 두께는 150mm, 보의 경간은 9m, 인접보와의 내측 거리 3m인 경우, 슬래브와 보가 일체로 타설된 반T형 보의 유효폭은? [16년 1회]

① 1,000mm
② 1,150mm
③ 1,300mm
④ 1,900mm

[해설]

다음 중 가장 작은 값을 유효폭으로 한다(반대칭 T형보의 경우).
㉠ $6t_f+b_w=6×150+400=1,300\text{mm}$
㉡ 인접보와 내측 거리의 $1/2+b_w=3,000×\dfrac{1}{2}+400$
  $=1,900\text{mm}$
㉢ 보 경간의 $1/12+b_w=9,000×\dfrac{1}{12}+400=1,150\text{mm}$

정답  01 ④  02 ③  03 ①  04 ②

# 15 철근콘크리트보의 전단해석과 설계

## 1 보의 전단응력 일반식

| | |
|---|---|
| 전단응력 분포도 | 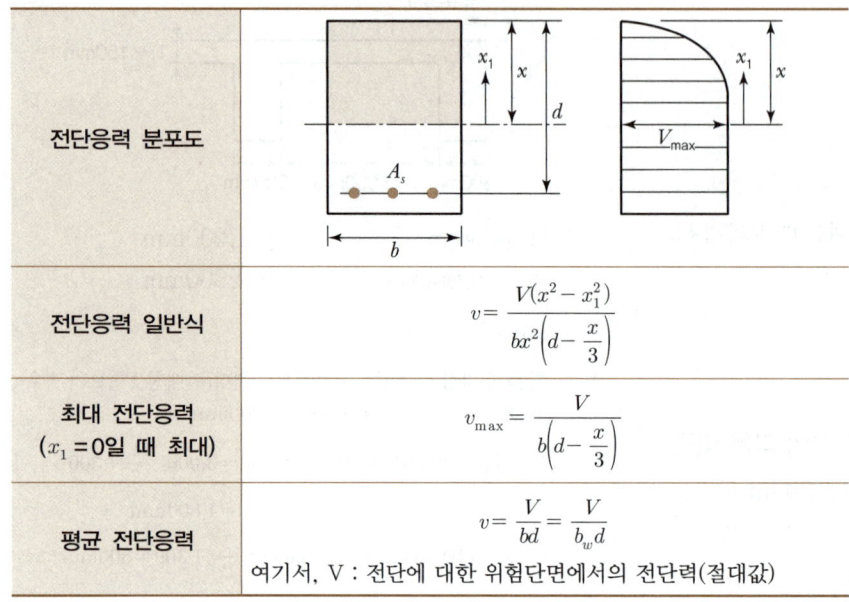 |
| 전단응력 일반식 | $v = \dfrac{V(x^2 - x_1^2)}{bx^2\left(d - \dfrac{x}{3}\right)}$ |
| 최대 전단응력 ($x_1 = 0$일 때 최대) | $v_{\max} = \dfrac{V}{b\left(d - \dfrac{x}{3}\right)}$ |
| 평균 전단응력 | $v = \dfrac{V}{bd} = \dfrac{V}{b_w d}$ |

여기서, $V$ : 전단에 대한 위험단면에서의 전단력(절대값)

+ **깊은보**
순경간이 부재 깊이의 4배 이하인 부재

+ **사인장균열**
전단력의 작용에 의하여 보의 축방향에 45° 가까운 경사 방향으로 발생하는 균열

### 개념이해

**01** 강도설계법에서 깊은보는 순경간이 부재 깊이의 몇 배 이하인 부재인가? [17년 1회]

① 2배　　　② 3배
③ 4배　　　④ 5배

○ 깊은보는 순경간($d$)이 부재 깊이($d$)의 4배 이하($l_n/d \leq 4$)인 보이다.
**답** ③

**02** 철근콘크리트보의 사인장 균열에 관한 설명으로 옳지 않은 것은? [20년 3회]

① 전단력 및 비틀림에 의하여 발생한다.
② 보의 축과 약 45°의 각도를 이룬다.
③ 주인장응력도의 방향과 사인장 균열의 방향은 일치한다.
④ 보의 단부에 주로 발생한다.

○ 주인장응력도의 방향과 사인장 균열의 방향은 서로 직각이다.
**답** ③

## 2 콘크리트 및 전단철근이 부담하는 전단강도

### (1) 기본사항

전단을 받는 철근콘크리트 단면은 다음의 식에 따라 설계한다.

$$V_d = \phi V_n = \phi(V_c + V_s) \geq V_u$$

여기서, $V_d$ : 설계전단강도     $V_n$ : 공칭전단강도
$V_c$ : 콘크리트가 부담하는 전단강도
$V_s$ : 전단철근이 부담하는 전단강도
$V_u$ : 계수전단력(계수전단강도, 소요전단강도)
$\phi$ : 강도감소계수(0.75)

### (2) 콘크리트가 부담하는 전단강도

① 전단강도 $V_c$를 결정할 때, 구속된 부재에서 크리프와 건조수축으로 인한 축방향 인장력의 영향을 고려하여야 하며, 깊이가 일정하지 않은 부재의 경사진 휨압축력의 영향도 고려하여야 한다.

② $\sqrt{f_{ck}}$는 8.4MPa을 초과하지 않도록 해야 한다.

③ 실용식($V_c$)

$$V_c = \phi \frac{1}{6} \lambda \sqrt{f_{ck}} b_w d$$

여기서, $\phi$ : 강도감소계수(0.75)

**＋ 깊은 보의 공칭전단강도($V_n$)**

$$\frac{5}{6} \lambda \sqrt{f_{ck}} b_w d$$

**전단과 휨만을 받는 철근콘크리트보일 경우 콘크리트만으로 지지할 수 있는 전단강도**

$$V_c = \frac{1}{6} \lambda \sqrt{f_{ck}} b_w d$$

### (3) 전단철근이 부담하는 전단강도 및 철근상세

① 굽힘철근을 전단철근으로 사용할 때는 그 경사길이의 중앙 3/4만이 전단철근으로서 유효하다고 본다.

② 여러 종류의 전단철근이 부재의 같은 부분을 보강하기 위해 사용되는 경우의 전단강도 $V_s$는 각 종류별로 구한 $V_s$를 합한 값으로 하여야 한다.

③ 전단철근이 부담하는 전단강도 $V_s$는 $0.2(1-f_{ck}/250)f_{ck}b_w d$ 이하이어야 한다.

④ 실용식($V_s$)

$$V_s = \frac{A_v f_{yt} d}{s}$$

여기서, $A_v$ : $s$ 거리 내(전단보강근의 간격 내)의 전단보강근의 단면적(mm²)
$s$ : 전단 보강근의 간격(mm)
$f_{yt}$ : 전단 보강철근의 항복강도(MPa)

**＋ 전단철근의 간격($s$)**

$$s = \frac{A_v f_{yt} d}{V_s}$$

**전단철근에 의한 전단강도의 크기에 영향을 미치는 요인**

- 전단철근의 설계기준항복강도($f_y$)
- 인장철근의 중심에서 압축콘크리트 연단까지의 거리(d)
- 전단철근의 간격(s)
- 전단보강근 간격 내에 있는 전단보강근의 단면적($A_v$)

# 15 철근콘크리트보의 전단해석과 설계

## 3 전단철근의 설계

### (1) 전단철근의 배치

| 전단철근의 필요 유무 | 구간 |
|---|---|
| 전단철근 불필요 | $V_u \leq \frac{1}{2}\phi V_c$ |
| 최소 전단철근 배치 | $\frac{1}{2}\phi V_c < V_u \leq \phi V_c$ |
| 계산된 전단철근 배치 | $V_u \geq \phi V_c$ |

### (2) 최소 전단철근량의 산정

$$A_{v,\min} = 0.0625\sqrt{f_{ck}}\frac{b_w s}{f_{yt}} \geq 0.35\frac{b_w s}{f_y}$$

여기서, $A_{v,\min}$ : 최소 전단철근량
 $s$ : 전단철근 간격(mm)
 $b_w$ : 복부폭(mm)

**+ 최소전단철근 배치 규정**

철근콘크리트 부재의 전단설계에서 계수 전단력이 콘크리트에 의한 설계전단강도의 1/2을 초과하는 휨부재에는 최소 전단 철근을 배치해야 한다.

---

**개념이해**

**01** 강도설계법에 의해서 전단보강 철근을 사용하지 않고 계수하중에 의한 전단력 $V_u$=50kN을 지지하기 위한 직사각형 단면보의 최소 유효깊이 $d$는?(단, 보통중량콘크리트 사용, $f_{ck}$=28MPa, $b_w$=300mm) [18년 1회]

① 405mm  ② 444mm
③ 504mm  ④ 605mm

▶ 전단보강 철근을 사용하지 않을 경우 단면보의 최소유효깊이($d$) 산출

$V_u \leq \frac{1}{2}\phi V_c$

$\frac{1}{2}V_c = \frac{1}{2}\phi\frac{1}{6}\lambda\sqrt{f_{ck}}\,b_w d < 50\text{kN}$

$\frac{1}{2}\times 0.75 \times \frac{1}{6} \times 1.0\sqrt{28}\times 300 \times d$

$= 50{,}000\text{N}$

$\therefore d = 503.95 = 504\text{mm}$

**답** ③

# 과년도 기출문제

**01** 강도설계법에서 철근콘크리트 부재 중 콘크리트의 공칭전단강도($V_c$)가 40kN, 전단철근에 의한 공칭전단강도($V_s$)가 20kN일 때, 이 부재의 설계전단강도($\phi V_n$)는?(단, 강도감소계수는 0.75 적용)  [21년 1회]

① 60kN  ② 48kN
③ 52kN  ④ 45kN

**[해설]**

설계전단강도($\phi V_n$) 산출
설계전단강도=강도감소계수×(콘크리트 공칭전단강도+철근의 공칭전단강도)
$= 0.75 \times (40+20) = 45 \text{kN}$

**02** 강도설계법에 의한 철근콘크리트보에서 콘크리트만의 설계전단강도는 얼마인가?(단, $f_{ck}$=24MPa, $\lambda$=1)  [15년 1회, 20년 1·2회 통합]

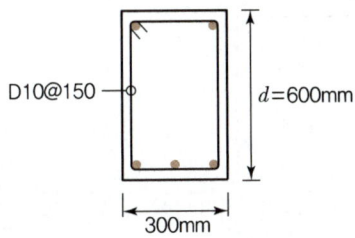

① 31.5kN  ② 75.8kN
③ 110.2kN ④ 145.6kN

**[해설]**

콘크리트가 부담하는 전단강도
$V_c = \phi \dfrac{1}{6} \lambda \sqrt{f_{ck}} b_w d = 0.75 \times \dfrac{1}{6} \times 1 \times \sqrt{24} \times 300 \times 600$
$= 110,227\text{N} = 110.2\text{kN}$

**03** 그림과 같은 복근보에서 전단보강철근이 부담하는 전단력 $V_s$를 구하면?(단, $f_{ck}$=24MPa, $f_y$=400MPa, $f_{yt}$=300MPa, $A_v$=71mm²)  [22년 2회]

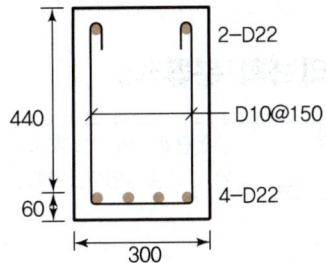

① 약 110kN  ② 약 115kN
③ 약 120kN  ④ 약 125kN

**[해설]**

전단력($V_s$) 산출

㉠ 기본식 $V_s = \dfrac{A_v f_{yt} d}{s}$

여기서, $A_v$ : s거리 내(전단보강근의 간격 내)의 전단보강근의 단면적(mm²)
$s$ : 전단 보강근의 간격(mm)
$f_{yt}$ : 전단 보강철근의 항복강도(MPa)

㉡ U자형 보강근의 경우 보강근의 경우 철근단면적의 2배를 하여 산출한다.

$V_s = \dfrac{2A_v f_{yt} d}{s} = \dfrac{2 \times 71 \times 300 \times 440}{150} = 124,960\text{N}$
$= 125\text{kN}$

**04** 보의 유효깊이 $d$=550mm, 보의 폭 $b_w$=300mm인 보에서 스터럽이 부담할 전단력 $V_s$=200kN일 경우, 수직 스터럽의 간격으로 가장 타당한 것은? (단, $A_u$=142mm², $f_{yt}$=400MPa, $f_{ck}$=24MPa)  [19년 1회, 21년 4회]

① 120mm  ② 150mm
③ 180mm  ④ 200mm

**[해설]**

전단철근(수직스터럽)의 간격 산출
$s = \dfrac{A_v f_{yt} d}{V_s} = \dfrac{142\text{mm}^2 \times 400\text{MPa} \times 550\text{mm}}{200\text{kN} \times 10^3}$
$= 156.2\text{mm}$ 이하
∴ 약 150mm

**정답** 01 ④  02 ③  03 ④  04 ②

# 16 슬래브의 설계

## 1 슬래브의 분류

| | |
|---|---|
| 1방향 슬래브 | 주철근을 1방향으로 배치한 슬래브로, 마주보는 두 변에 의하여 지지되는 슬래브이다. 이때 주철근은 단변방향으로만 배치된다. $\dfrac{L}{S} > 2$ ($L$ : 장변, $S$ : 단변) |
| 2방향 슬래브 | • 주철근을 2방향으로 배치한 슬래브로, 네 변으로 지지되는 슬래브로서, 서로 직교하는 두 방향으로 주철근을 배치한 슬래브이다. $1 \leq \dfrac{L}{S} \leq 2$<br>• 단변방향의 인장철근이 주근이 된다. |
| 다방향 슬래브 | 주철근을 3방향 이상으로 배치한 슬래브를 말한다. |
| 플랫 슬래브<br>(Flat Slab) | • 보 없이 기둥만으로 지지된 슬래브이다.<br>• 받침판(Drop Panel, 지판)과 기둥머리(Column Capital)가 있다. |
| 플랫 플레이트<br>(Flat Plate Slab,<br>평판 슬래브) | • 순수하게 기둥만으로 지지된 슬래브이다.<br>• 받침판(지판)과 기둥머리가 없다.<br>• 하중이 크지 않거나 경간이 짧은 경우에 사용된다. |
| 격자 슬래브<br>(와플 슬래브 /<br>장선 슬래브) | • 격자 모양으로 비교적 작은 리브가 붙은 철근콘크리트 슬래브이다.<br>• 슬래브의 자중을 줄이기 위해 사각형 모양의 빈 공간을 갖는 2방향 장선구조로 되어 있다. |

**＋ 슬래브(Slab)의 정의**
구조물의 바닥이나 천장을 구성하고 있는 판 형상의 구조로서, 두께에 비하여 폭이 넓은 판 모양의 보

**장선구조**
슬래브를 지지하는 작은 보 구조시스템으로서 장선의 폭은 100mm 이상 깊이는 장선 최소폭의 3.5배 이하이고 장선 사이의 순간격은 750mm 이하인 구조이다. 2방향으로 장선이 배치된 경우를 2방향 장선구조 또는 와플(Waffle)구조라고 한다.

### 개념이해

**01** 보 또는 보의 역할을 하는 리브나 지판이 없어 기둥으로 하중을 전달하는 2방향으로 철근이 배치된 콘크리트 슬래브는? [19년 2회]

① 와플 슬래브(Waffle Slab)
② 플랫 플레이트(Flat Plate)
③ 플랫 슬래브(Flat Slab)
④ 데크플레이트 슬래브(Deck Plate Slab)

● 플랫 플레이트(Flat Plate Slab, 평판 슬래브)
• 순수하게 기둥만으로 지지된 슬래브이다.
• 받침판(지판)과 기둥머리가 없다.
• 하중이 크지 않거나 경간이 짧은 경우에 사용된다.

답 ②

## 2 1방향 슬래브의 설계

### (1) 1방향 슬래브의 두께
과다처짐을 방지하거나 해로운 처짐을 피하기 위하여 다음 값 이상, 그리고 100mm 이상이어야 한다.

① 1방향 슬래브의 최소두께

| 부재 | 캔틸레버 | 단순지지 | 일단연속 | 양단연속 |
|---|---|---|---|---|
| 1방향 슬래브(리브 있는 경우), 보 | $\dfrac{l}{8}$ | $\dfrac{l}{16}$ | $\dfrac{l}{18.5}$ | $\dfrac{l}{21}$ |
| 1방향 슬래브(리브 없는 경우) | $\dfrac{l}{10}$ | $\dfrac{l}{20}$ | $\dfrac{l}{24}$ | $\dfrac{l}{28}$ |

$l$ : 경간길이(단위 : cm), $f_y=400$MPa 철근을 사용한 경우의 값

② $f_y=400$MPa 이외의 경우에는 계산된 값에 다음을 곱하여 구한다.

$$h \times \left(0.43 + \frac{f_y}{700}\right)$$

③ 경량콘크리트에 대해서는 $h \times (1.65 - 0.00031 m_c)$로 구한다.
단, $(1.65 - 0.00031 m_c) \geq 1.09$이어야 한다.

### (2) 주철근의 간격
① 최대 모멘트 발생 단면 : 슬래브 두께의 2배 이하, 300mm 이하이다.
② 기타 단면 : 슬래브 두께의 3배 이하, 450mm 이하이다.

### (3) 수축·온도 철근의 배치
① 정·부모멘트 철근에 직각 방향으로 수축·온도 철근을 배치하여야 한다.
② 수축·온도 철근의 배치 간격은 슬래브 두께의 5배 이하, 450mm 이하이다.

### (4) 수축·온도 철근으로 배근되는 이형철근의 철근비
① 설계기준항복강도가 400MPa 이하인 이형철근을 사용한 슬래브 : 0.0020
② 항복변형률이 0.0035일 때 철근의 설계기준항복강도가 400MPa을 초과한 슬래브

$$0.0020 \times \frac{400}{f_y}$$

③ 어느 경우에도 0.0014 이상

## 16 슬래브의 설계

**(5) 기타사항**
① 슬래브 끝의 단순받침부에서도 내민슬래브에 의하여 부모멘트가 일어나는 경우에는 이에 상응하는 철근을 배치하여야 한다.
② 슬래브의 단변방향 보의 상부에 부모멘트로 인해 발생하는 균열을 방지하기 위하여 슬래브의 장변방향으로 슬래브 상부에 철근을 배치하여야 한다.

### ③ 2방향 슬래브의 설계

**(1) 소요철근량과 간격**

2방향 슬래브 시스템의 각 방향의 철근 단면적은 위험단면의 휨모멘트에 의해 결정하며, 요구되는 최소철근량은 다음 값 이상이어야 한다. 1방향 슬래브와 같다.
① 설계기준항복강도가 400MPa 이하인 이형철근을 사용한 슬래브 : 0.0020
② 항복변형률이 0.0035일 때 철근의 설계기준항복강도가 400MPa을 초과한 슬래브

$$0.0020 \times \frac{400}{f_y}$$

③ 어느 경우에도 0.0014 이상

**(2) 간격**

위험단면에서 철근의 간격은 슬래브 두께의 2배 이하, 300mm 이하로 하여야 한다. 다만, 워플구조나 리브구조로 된 부분은 예외로 한다.

**(3) 2방향 슬래브의 주철근의 배치**

짧은 경간 방향의 하중 분담률이 크기 때문에, 짧은 경간 방향의 주철근을 슬래브 바닥에 가장 가깝게 놓는다.

## 4 콘크리트 슬래브의 구조해석 방법

### (1) 직접설계법

| 개념 | 기본적으로 슬래브를 얇은 보로서 기둥과 함께 연결된 골조의 일부로 해석한 실용해법이다. |
|---|---|
| 적용제한 조건 | • 각 방향으로 3스팬 이상이 연속되어야 한다.<br>• 직사각형 슬래브로 긴 변이 짧은 변의 2배 이하이어야 한다(2방향 슬래브).<br>• 각 방향으로 연속한 받침부 중심 간의 경간길이는 긴 경간의 1/3 이상의 차이가 나서는 안 된다.<br>• 기둥은 어떠한 축에서도 연속되는 기둥 중심선에서 경간길이의 1/10 이상 벗어나서는 안 된다.<br>• 모든 하중은 등분포된 연직하중으로, 적재하중은 고정하중의 2배 이하이여야 한다. |

### (2) 근사해법(실용해법)

| 구조물의 실용해법에 의한 계수값 적용 | 계수모멘트 $M_u$ = 모멘트 계수 × 등분포하중 × 순경간의 제곱 |
|---|---|
| 적용제한 조건 | • 2경간 이상<br>• 서로 인접한 2개 경간 길이의 차이가 20% 이하<br>• 등분포하중일 것<br>• 적재하중이 고정하중의 3배 이하<br>• 부재 단면의 크기가 일정할 때(변단면부재가 아닐 때) |

### (3) 등가골조법

3차원의 건물 구조체를 기둥 중심선을 따라 종방향과 횡방향의 2차원의 등가골조로 분할하여 해석하는 방법이다.

---

**개념이해**

**01** 강도설계법에서 직접설계법을 이용한 콘크리트 슬래브 설계 시 적용 조건으로 옳지 않은 것은? [18년 2회, 22년 1회]

① 각 방향으로 3경간 이상 연속되어야 한다.
② 슬래브 판들은 단변 경간에 대한 장변 경간의 비가 2 이하인 직사각형이어야 한다.
③ 각 방향으로 연속한 받침부 중심 간 경간 차이는 긴 경간의 1/3 이하이어야 한다.
④ 모든 하중은 슬래브판의 특정지점에 작용하는 집중하중이어야 하며 활하중은 고정하중의 3배 이하이어야 한다.

○ 모든 하중은 슬래브판의 특정지점에 작용하는 집중하중이어야 하며 활하중은 고정하중의 2배 이하이어야 한다.

답 ④

## 과년도 기출문제

**01** 강도설계법에 의한 철근콘크리트보 설계에서 양단연속인 경우 처짐을 계산하지 않아도 되는 보의 최소 두께로 옳은 것은?(단, 보통콘크리트 $w_c=2,300\,kg/m^3$와 설계기준항복강도 400MPa 철근을 사용) [19년 4회]

① $l/16$  ② $l/21$
③ $l/24$  ④ $l/28$

[해설]
1방향 슬래브(리브 있는 경우), 보의 최소두께 기준

| 부재 | 캔틸레버 | 단순지지 | 일단연속 | 양단연속 |
|---|---|---|---|---|
| 1방향 슬래브 (리브 있는 경우), 보 | $\dfrac{l}{8}$ | $\dfrac{l}{16}$ | $\dfrac{l}{18.5}$ | $\dfrac{l}{21}$ |

**02** 강도설계법에서 처짐을 계산하지 않는 경우 철근콘크리트보의 최소 두께 규정으로 옳지 않은 것은?(단, 보통콘크리트와 설계기준항복강도 400MPa 철근을 사용한 부재임) [18년 1회]

① 단순지지 : $\dfrac{l}{16}$  ② 1단연속 : $\dfrac{l}{18.5}$
③ 양단연속 : $\dfrac{l}{12}$  ④ 캔틸레버 : $\dfrac{l}{8}$

[해설]
1방향 슬래브(리브 있는 경우), 보의 최소두께 기준

| 부재 | 캔틸레버 | 단순지지 | 일단연속 | 양단연속 |
|---|---|---|---|---|
| 1방향 슬래브 (리브 있는 경우), 보 | $\dfrac{l}{8}$ | $\dfrac{l}{16}$ | $\dfrac{l}{18.5}$ | $\dfrac{l}{21}$ |

**03** 강도설계법에서 처짐을 계산하지 않는 경우 철근콘크리트보의 최소두께 규정으로 옳은 것은?(단, 보통콘크리트 $m_c=2,300\,kg/m^3$와 설계기준항복강도 400MPa 철근을 사용한 부재) [15년 1회, 17년 4회]

① 단순지지 : $\dfrac{l}{20}$  ② 1단연속 : $\dfrac{l}{18.5}$
③ 양단연속 : $\dfrac{l}{24}$  ④ 캔틸레버 : $\dfrac{l}{10}$

[해설]
1방향 슬래브(리브 있는 경우), 보의 최소두께 기준

| 부재 | 캔틸레버 | 단순지지 | 일단연속 | 양단연속 |
|---|---|---|---|---|
| 1방향 슬래브 (리브 있는 경우), 보 | $\dfrac{l}{8}$ | $\dfrac{l}{16}$ | $\dfrac{l}{18.5}$ | $\dfrac{l}{21}$ |

**04** 강도설계법에서 처짐을 계산하지 않는 경우 스팬이 8.0m인 단순지지된 보의 최소 두께로 옳은 것은?(단, 보통중량콘크리트와 $f_y=400$MPa 철근을 사용한 경우) [19년 2회, 21년 4회]

① 380mm  ② 430mm
③ 500mm  ④ 600mm

[해설]
단순지지보의 최소 두께($h$) 산출
$h=\dfrac{l}{16}=\dfrac{8,000}{16}=500\,mm$

정답 01 ② 02 ③ 03 ② 04 ③

## 과년도 기출문제

**05** 경간이 4m인 1방향 슬래브에서 양단연속일 경우 처짐을 계산하지 않은 슬래브의 최소두께는?

[15년 4회]

① 112mm  ② 125mm
③ 143mm  ④ 156mm

[해설]

양단연속 1방향 슬래브의 최소 두께($h$) 산출
$h = \dfrac{l}{28} = \dfrac{4,000}{28} = 142.86 = 143\text{mm}$

**06** 1방향 철근콘크리트 슬래브에 배치하는 수축·온도철근에 관한 기준으로 옳지 않은 것은?

[22년 2회]

① 수축·온도철근으로 배치되는 이형철근 및 용접철망의 철근비는 어떤 경우에도 0.0014 이상이어야 한다.
② 수축·온도철근으로 배치되는 설계기준항복강도가 400MPa을 초과하는 이형철근 또는 용접철망을 사용한 슬래브의 철근비는 $0.0020 \times \dfrac{400}{f_y}$로 산정한다.
③ 수축·온도철근의 간격은 슬래브 두께의 6배 이하, 또한 600mm 이하로 하여야 한다.
④ 수축·온도철근은 설계기준항복강도 $f_y$를 발휘할 수 있도록 정착되어야 한다.

[해설]

수축·온도철근의 간격은 슬래브 두께의 5배 이하, 또한 450mm 이하로 하여야 한다.

**07** 1방향 철근콘크리트 슬래브에서 철근의 설계기준항복강도가 500MPa인 경우 콘크리트 전체 단면적에 대한 수축·온도 철근비는 최소 얼마 이상이어야 하는가?(단, KDS기준, 이형철근 사용)

[17년 2회, 20년 4회]

① 0.0015  ② 0.0016
③ 0.0018  ④ 0.0020

[해설]

수축·온도 철근비($\rho$) 산출
$\rho = 0.0020 \times \dfrac{400}{f_y} = 0.002 \times \dfrac{400}{500} = 0.0016$

**정답**  05 ③  06 ③  07 ②

# 17 기둥(압축재)의 설계

## 1 기둥 구조의 제한사항

| 구분 | | 띠철근 기둥 | 나선철근 기둥 |
|---|---|---|---|
| 축방향 철근 (주철근) | 철근비 | 1~8%($0.01A_g \leq A_{st} \leq 0.08A_g$) | |
| | 최소 개수 | • 직사각형, 원형단면 : 4개 이상<br>• 삼각형 단면 : 3개 이상 | 6개 이상<br>$f_{ck} \geq 21MPa$ |
| | 간격 | • 40mm 이상<br>• 철근지름의 1.5배 이상<br>• 굵은골재 최대치수 4/3배 이상 | 좌동 |
| 띠철근 또는 나선철근 (보조철근) | 직경 | • 축철근이 D32 이하일 때 : D10 이상<br>• 축철근이 D35 이상일 때 : D13 이상 | 10mm 이상 |
| | 간격 | • 축철근 지름의 16배 이하<br>• 띠철근 지름의 48배 이하<br>• 기둥 단면의 최소치수 이하 | 25~75mm |

**+ 기둥의 정의**
축방향 압축을 받는 부재를 기둥(Column) 또는 압축부재(Compression Member)라고 한다. 축방향 압축하중을 받는 데 사용하는 부재로서 높이가 단면의 최소치수의 3배 이상인 것을 기둥이라고 한다.

### 개념이해

**01** 철근콘크리트 압축부재의 철근량 제한 조건에 따라 사각형이나 원형 띠철근으로 둘러싸인 경우 압축부재의 축방향 주철근의 최소 개수는 얼마인가?  [21년 1회]

① 2개  ② 3개
③ 4개  ④ 6개

**○ 축방향 주철근의 최소 개수**
• 직사각형, 원형단면 : 4개 이상
• 삼각형 단면 : 3개 이상

**답** ③

## 과년도 기출문제

**01** 단면이 400mm×400mm인 콘크리트 기둥에 D22($a_1$=387mm²) 철근을 사용하여 최소철근비를 만족하도록 주철근을 배근하였다. 배근할 주철근의 최소 개수로 옳은 것은? [15년 1회]

① 3개  ② 4개
③ 5개  ④ 6개

[해설]

띠철근 기둥의 주철근량 기준은 $0.01A_g \le A_{st} \le 0.08A_g$ 이므로, 띠철근의 최소철근비를 만족하는 띠철근 기둥 주철근의 단면적($A_{st}$)은 $A_{st} = 0.01A_g = 0.01 \times 400 \times 400 = 1,600$mm²이다.

∴ 주철근의 최소 개수 $= \dfrac{A_{st}}{a_1} = \dfrac{1,600}{387} = 4.13 \to 5$개

**02** 콘크리트 구조 설계 시 철근간격제한에 관한 내용으로 옳지 않은 것은? [20년 1·2회 통합]

① 벽체 또는 슬래브에서 휨 주철근의 간격은 벽이나 슬래브 두께의 3배 이하로 하여야 하고, 또한 450mm 이하로 하여야 한다.
② 상단과 하단에 2단 이상으로 배치된 경우 상하 철근은 동일 연직면 내에 배치하여야 하고, 이때 상하 철근의 순간격은 25mm 이상으로 하여야 한다.
③ 나선철근 또는 띠철근이 배근된 압축부재에서 축방향 철근의 순간격은 25mm 이상, 또한 철근 공칭 지름의 2.5배 이상으로 하여야 한다.
④ 2개 이상의 철근을 묶어서 사용하는 다발철근은 이형철근으로 그 개수는 4개 이하이어야 하며, 이들은 스터럽이나 띠철근으로 둘러싸여져야 한다.

[해설]

나선철근 또는 띠철근이 배근된 압축부재에서 축방향 철근의 순간격은 40mm 이상, 또한 철근 공칭 지름의 1.5배 이상으로 하여야 한다.

**03** 그림과 같은 장방형 기둥에서 사용되는 띠철근의 최소 간격은?(단, 주철근=D19, 띠철근=D10) [15년 4회]

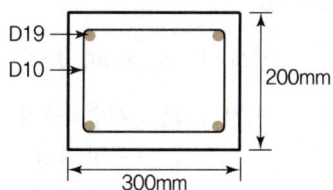

① 150mm  ② 200mm
③ 300mm  ④ 400mm

[해설]

띠철근 간격은 다음 중 가장 작은 값으로 한다.
• 축철근 지름의 16배 이하 → 19×16=304mm
• 띠철근 지름의 48배 이하 → 10×48=480mm
• 기둥 단면의 최소치수 이하 → 200mm
∴ 띠철근 간격은 가장 작은 값인 200mm로 한다.

**04** 그림과 같은 직사각형 기둥에서 띠철근의 최대간격은?(단, 주근은 D22, 띠철근은 D10) [16년 2회]

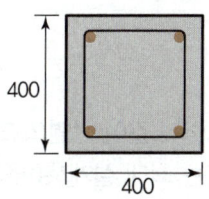

① 300mm  ② 352mm
③ 400mm  ④ 480mm

[해설]

띠철근 간격은 다음 중 가장 작은 값으로 한다.
• 축철근 지름의 16배 이하 → 22×16=352mm
• 띠철근 지름의 48배 이하 → 10×48=480mm
• 기둥 단면의 최소치수 이하 → 400mm
∴ 띠철근 간격은 가장 작은 값인 352mm로 한다.

정답  01 ③  02 ③  03 ②  04 ②

# 17 기둥(압축재)의 설계

## 2 최대 설계축하중

### (1) 띠철근 기둥

$$P_u \leq \phi P_n = \phi 0.80[0.85 f_{ck}(A_g - A_{st}) + f_y A_{st}]$$

여기서, $P_u$ : 계수하중에 의한 축력(소요강도)
$P_n$ : 공칭 축강도
$\phi$ : 강도감소계수(0.65)
$f_{ck}$ : 콘크리트 설계기준 압축강도
$A_g$ : 콘크리트의 단면적
$A_{st}$ : 철근의 단면적
$f_y$ : 철근의 항복강도

### (2) 나선기둥 또는 합성기둥

$$P_u \leq \phi P_n = \phi 0.85[0.85 f_{ck}(A_g - A_{st}) + f_y A_{st}]$$

여기서, $\phi$ : 강도감소계수(0.70)

---

**개념이해**

**01** 다음 그림과 같이 단면의 크기가 500mm×500mm인 띠철근 기둥이 저항할 수 있는 최대 설계축하중 $\phi P_n$은?(단, $f_y$=400Mpa, $f_{ck}$=27MPa)

[19년 1회]

① 3,591kN
② 3,972kN
③ 4,170kN
④ 4,275kN

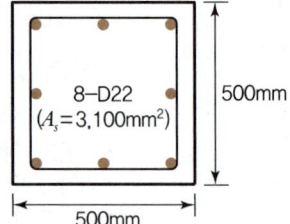
8-D22 ($A_s$=3,100mm²), 500mm × 500mm

○ 설계축하중 $\phi P_n$ 산출
$\phi P_n$
$= \phi 0.80[0.85 f_{ck}(A_g - A_{st}) + f_y A_{st}]$
$= 0.65 \times 0.80[0.85 \times 27(500^2 - 3,100)$
$\quad + 400 \times 3,100]$
$= 3,591,305\text{N} = 3,591\text{kN}$

답 ①

# 과년도 기출문제

**01** 다음 그림과 같은 띠철근 기둥의 설계축하중($\phi P_n$) 값으로 옳은 것은?[단, $f_{ck}$=24MPa, $f_y$=400Mpa, 주근 단면적($A_{st}$)=3,000mm²] [16년 1회, 20년 3회]

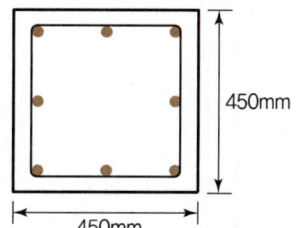

① 2,740kN  ② 2,952kN
③ 3,335kN  ④ 3,359kN

[해설]

설계축하중 $\phi P_n$ 산출
$\phi P_n = \phi 0.80[0.85 f_{ck}(A_g - A_{st}) + f_y A_{st}]$
$= 0.65 \times 0.80[0.85 \times 24(450 \times 450 - 3,000) + 400 \times 3,000]$
$= 2,740,296\text{N} = 2,740\text{kN}$

**02** 아래 단면을 가진 철근콘크리트 기둥의 최대 설계축하중($\phi P_n$)은?(단, $f_{ck}$=30MPa, $f_y$=400MPa)

[19년 4회]

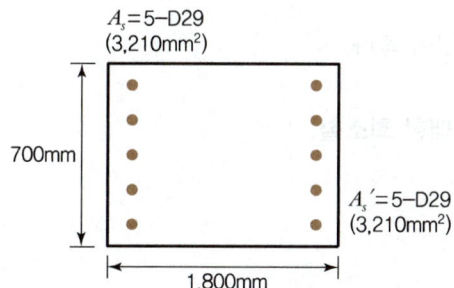

① 12,958kN  ② 15,425kN
③ 17,958kN  ④ 21,425kN

[해설]

설계축하중 $\phi P_n$ 산출
$\phi P_n = \phi 0.80[0.85 f_{ck}(A_g - A_{st}) + f_y A_{st}]$
$= 0.65 \times 0.80[0.85 \times 30(700 \times 1,800 - 3,210 \times 2)$
$\quad + 400 \times 3,210 \times 2]$
$= 17,957,830.8\text{N} = 17,958\text{kN}$

**03** 강도설계법에 의한 띠철근을 가진 철근콘크리트의 기둥설계에서 단주의 최대 설계축하중은 약 얼마인가?[단, 기둥의 크기는 400mm×400mm, $f_{ck}$=24MPa, $f_y$=400MPa, 12-D22($A_{st}$=4,644 mm²), $\phi$=0.65] [18년 4회]

① 2,452kN  ② 2,525kN
③ 2,614kN  ④ 3,234kN

[해설]

설계축하중 $\phi P_n$ 산출
$\phi P_n = \phi 0.80[0.85 f_{ck}(A_g - A_{st}) + f_y A_{st}]$
$= 0.65 \times 0.80[0.85 \times 24(400 \times 400 - 4,644)$
$\quad + 400 \times 4,644]$
$= 2,613,968\text{N} = 2,614\text{kN}$

정답  01 ①  02 ③  03 ③

# 18 기초판, 옹벽, 벽체

## 1 기초판(확대기초)의 저면적($A_f$)

① 사용하중과 허용지지력을 사용하여 구함

$$A_f \geq \frac{P}{q_a} \Leftrightarrow q_a \geq \frac{P}{A_f}$$

여기서, $A_f$ : 확대기초 저면적(m²)
$P$ : 사용하중(N)
$q_a$ : 지반의 허용지지력(N/m²)

② 기초판(확대기초) 지반의 극한지지력

$$q_u = \frac{P_u}{A_f}$$

여기서, $A_f$ : 확대기초 저면적(m²)
$P$ : 사용하중(N)
$q_u$ : 지반의 극한지지력(N/m²)

## 2 옹벽의 철근배치

### (1) 수직, 수평철근의 배치

① 수축과 온도 변화에 의한 균열을 방지하기 위하여 벽의 노출면에 가깝게 수평, 수직 두 방향으로 철근을 배치하여야 한다.
② 이 철근은 가능한 한 가는 것을 좁은 간격으로 배치하는 것이 좋다.

### (2) 수평으로 배치되는 수축 및 온도철근의 콘크리트 총단면에 대한 최소철근비의 설계기준

① 지름 16mm 이하, $f_y \geq$ 400MPa인 이형철근 : 0.0020
② 그 밖의 이형철근 : 0.0025
③ 지름이 16mm 이하인 용접철망 : 0.0020
④ 수평철근의 간격 : 벽체두께의 3배 이하, 450mm 이하

## ❸ 벽체의 철근배치

### (1) 수직 및 수평철근의 간격
벽체 두께의 3배 이하 및 450mm 이하이어야 한다.

### (2) 최소 수직 및 수평철근비

| | |
|---|---|
| 최소 수직 철근비 | 벽체의 전체 단면적에 대한 최소 수직철근비는 다음 조건을 따라야 한다.<br>• 설계기준항복강도 400MPa 이상으로서 D16 이하의 이형철근 : 0.0012 이상<br>• 기타 이형철근 : 0.0015 이상<br>• 지름 16mm 이하의 용접철망 : 0.0012 이상 |
| 최소 수평 철근비 | 벽체의 전체 단면적에 대한 최소 수평철근비는 다음 조건을 따라야 한다.<br>• 설계기준항복강도 400MPa 이상으로서 D16 이하의 이형철근 : 0.0020 이상<br>• 기타 이형철근 : 0.0025 이상<br>• 지름 16mm 이하의 용접철망 : 0.0020 이상 |

### (3) 개구부의 철근 배치
모든 창이나 출입구 등의 개구부 주위에는 최소 배근 이외에도 D16 이상의 철근을 2개 이상 배치하여야 하며, 그 철근은 개구부 모서리에서 600mm 이상 연장하여 정착하여야 한다.

---

> **개념이해**

**01** 다음 조건을 만족하는 철근콘크리트 벽체의 최소 수직철근량과 최소 수평철근량은 얼마인가?
[16년 4회]

- 벽체 길이 : 3,000mm
- 벽체 두께 : 200mm
- 벽체 높이 : 2,600mm
- $f_y$ = 400MPa, D16

① 수직철근량 : 720mm², 수평철근량 : 1,020mm²
② 수직철근량 : 730mm², 수평철근량 : 1,020mm²
③ 수직철근량 : 720mm², 수평철근량 : 1,040mm²
④ 수직철근량 : 730mm², 수평철근량 : 1,040mm²

○ 벽체의 최소철근량 산출
 ㉠ 설계기준항복강도 400MPa 이상으로서 D16 이하의 이형철근이므로 최소 수직 철근비 0.0012, 최소 수평 철근비 0.0020
 ㉡ 최소 수직 철근량 = 벽체 길이×벽의 두께×최소 수직 철근비 = 3,000×200×0.0012 = 720mm²
 ㉢ 최소 수평 철근량 = 벽체 높이×벽의 두께×최소 수직 철근비 = 2,600×200×0.0020 = 1,040mm²

답 ③

# 19 철근의 이음·정착

## 1 철근의 부착에 영향을 미치는 요인

| 철근의 표면상태 | 원형철근보다 이형철근이 부착 강도가 크며, 약간 녹이 슬어 거친 표면을 갖는 철근이 부착에 유리하다. |
|---|---|
| 콘크리트의 강도 | • 고강도일수록 부착에 유리하지만, 부착강도가 압축강도에 비례해서 커지는 것은 아니다.<br>• 부착은 콘크리트의 인장강도와 밀접한 관계가 있다. |
| 철근의 묻힌 위치 및 방향 | 블리딩(Bleeding) 현상 때문에 수평철근보다는 연직철근이 부착에 유리하며, 수평철근이라도 하부철근이 상부철근보다 부착에 유리하다. |
| 피복두께 | 철근이 부착강도를 제대로 발휘하기 위해서는 충분한 두께의 피복두께가 필요하다. 피복두께가 부족하면 콘크리트의 할렬로 인해서 부착 파괴를 유발하는 경우가 있다. |
| 다짐 정도 | 콘크리트의 다지기가 불충분해도 부착강도가 저하된다. |
| 철근의 직경 | 동일한 철근비를 사용할 경우, 굵은 철근보다는 직경이 작은 철근을 여러 개 사용하는 것이 부착에 유리하다. |

### 개념이해

**01** 철근의 부착성능에 영향을 주는 요인에 관한 설명으로 옳지 않은 것은? [18년 4회]

① 이형철근이 원형철근보다 부착강도가 크다.
② 블리딩의 영향으로 수직철근이 수평철근보다 부착강도가 작다.
③ 보통의 단위중량을 갖는 콘크리트의 부착강도는 콘크리트의 압축강도, 즉 $\sqrt{f_{ck}}$에 비례한다.
④ 피복두께가 크면 부착강도가 크다.

◉ 블리딩(Bleeding) 현상 때문에 수평철근보다는 연직철근이 부착에 유리하며, 수평철근이라도 하부철근이 상부철근보다 부착에 유리하다.

**답** ②

## 2 철근의 정착길이

### (1) 인장 이형철근의 정착길이

① 인장 이형철근의 정착길이 $l_d$는 기본정착길이에 보정계수를 곱하여 구한다.

② 정착길이 $l_d$는 300mm 이상이어야 한다.

③ 기본정착길이

$$l_{db} = \frac{0.6 d_b f_y}{\lambda \sqrt{f_{ck}}}$$

④ 정착길이

$$l_d = 기본정착길이(l_{db}) \times 보정계수 \geq 300mm$$

⑤ 보정계수

| 구분 | | 보정계수 |
|---|---|---|
| $\alpha$ (철근배치 위치계수) | 상부철근(정착길이 또는 겹침이음부 아래 300mm를 초과되게 굳지 않은 콘크리트를 친 수평철근) | 1.3 |
| | 기타 철근 | 1.0 |
| $\beta$ (철근도막계수) | 피복두께가 $3d_b$ 미만 또는 순간격이 $6d_b$ 미만인 에폭시 도막철근 또는 철선 | 1.5 |
| | 기타 에폭시 도막철근 또는 철선 | 1.2 |
| | 아연도금 철근 | 1.0 |
| | 도막되지 않은 철근 | 1.0 |

### (2) 압축 이형철근의 정착길이

① 압축 이형철근의 정착길이 $l_d$는 기본정착길이에 보정계수를 곱하여 구한다.

② 정착길이 $l_d$는 200mm 이상이어야 한다.

③ 기본정착길이

$$l_{db} = \frac{0.25 d_b f_y}{\lambda \sqrt{f_{ck}}} \geq 0.043 d_b f_y$$

④ 정착길이

$$l_d = 기본정착길이(l_{db}) \times 보정계수 \geq 200mm$$

# 19 철근의 이음 · 정착

⑤ 보정계수

| 조건 | 보정계수 |
|---|---|
| 요구되는 철근량을 초과하여 배치한 경우 | $\dfrac{\text{소요}A_s}{\text{배근}A_s}$ |
| 지름이 6mm 이상이고 나선 간격이 100mm 이하인 나선 철근 또는 중심 간격이 100mm 이하이고 설계기준에 따라 배치된 D13 띠철근으로 둘러싸인 압축 이형철근 | 0.75 |

## (3) 확대머리 이형철근의 정착길이

인장을 받는 확대머리 이형철근의 정착길이 $l_{dt}$는 정착 부위에 따라 구할 수 있다. 다만, 이렇게 구한 정착길이 $l_{dt}$는 항상 $8d_b$ 또한 150mm 이상이어야 한다. 다음 조건을 만족해야 한다.
① 확대머리의 순지압면적은 $4A_b$ 이상이어야 한다.
② 확대머리 이형철근은 경량콘크리트에 적용할 수 없으며, 보통중량콘크리트에만 사용한다.

- 압축력을 받는 경우에 확대머리의 영향을 고려할 수 없다.

## (4) 표준갈고리에 의한 정착길이

① 표준갈고리를 갖는 인장 이형철근의 정착길이 $l_{dh}$는 기본정착길이에 보정계수를 곱하여 구한다.
② 정착길이 $l_{dh}$는 $8d_b$ 이상, 150mm 이상이어야 한다.
③ 기본정착길이

$$l_{hd} = \frac{0.24\beta d_b f_y}{\lambda \sqrt{f_{ck}}}$$

④ 정착길이

$$l_{dh} = \text{기본정착길이}(l_{hd}) \times \text{보정계수} \geq 8d_b,\ 150\text{mm}$$

⑤ 보정계수

| 조건 | 보정계수 |
|---|---|
| D35 이하의 철근에서 갈고리 평면에 수직 방향인 측면 피복두께가 70mm 이상이고, 90° 갈고리의 경우, 갈고리를 넘어선 부분의 피복두께가 50mm 이상인 경우 | 0.7 |
| D35 이하 90º 갈고리 철근에서 정착길이 $l_{dh}$ 구간을 $3d_b$ 이하의 간격으로, 띠철근 또는 스터럽이 정착되는 철근을 수직으로 둘러싼 경우 또는 갈고리 끝 연장부와 구부림부의 전 구간을 $3d_b$ 이하의 간격으로, 띠철근 또는 스터럽이 정착되는 철근을 평행하게 둘러싼 경우 | 0.8 |
| D35 이하 180º 갈고리 철근에서 정착길이 $l_{dh}$ 구간을 $3d_b$ 이하의 간격으로, 띠철근 또는 스터럽이 정착되는 철근을 수직으로 둘러싼 경우 | 0.8 |
| 전체 $f_y$를 발휘하도록 정착을 특별히 요구하지 않는 단면에서 휨철근이 소요 철근량 이상 배치된 경우 | $\dfrac{소요 A_s}{배근 A_s}$ |

- 갈고리는 압축을 받는 경우 철근정착에 유효하지 않은 것으로 보아야 한다.

**표준갈고리의 정착길이($l_{dh}$)**
위험단면에서부터 갈고리 외측까지의 거리.

**표준갈고리의 최소 구부림의 내면 반지름**

| 철근의 크기 | 최소 내면 반지름 |
|---|---|
| D10~D25 | $3d_b$ |
| D29~D35 | $4d_b$ |
| D38 이상 | $5d_b$ |

### (5) 다발철근의 정착

① 인장 또는 압축을 받는 하나의 다발철근 내에 있는 개개 철근의 정착길이 $l_d$는 다발철근이 아닌 경우의 각 철근의 정착길이보다 3개의 철근으로 구성된 다발철근에 대해서는 20%, 4개의 철근으로 구성된 다발철근에 대해서는 33%를 증가시켜야 한다.
② 다발철근의 정착길이 $l_d$를 계산할 때에는 순간격, 피복두께 및 도막계수, 그리고 구속효과 관련 항을 계산할 경우에는 다발철근 전체와 동등한 단면적과 도심을 가지는 하나의 철근으로 취급하여야 한다.

## 3 이형철근의 겹이음길이

① 인장 이형철근의 최소 겹이음길이는 300mm 이상이어야 한다.
② A급 이음 : $1.0l_d$ 이상, 300mm 이상
③ B급 이음 : $1.3l_d$ 이상, 300mm 이상
④ 서로 다른 직경의 철근을 겹이음하는 경우의 이음길이는 크기가 큰 철근의 정착길이와 크기가 작은 철근의 정착길이 중 큰 값을 기준으로 한다.

- A급 이음
배근된 철근량이 소요 철근량의 2배 이상이고, 겹이음된 철근량이 총 철근량의 1/2 이하인 경우이며, 이외에는 B급 이음이라 한다.

- 압축철근의 겹이음 길이는 300mm 이상이어야 한다.

## 과년도 기출문제

건축 / 기사 / 필기

**01** 인장 이형철근 및 압축 이형철근의 정착길이($l_d$)에 관한 기준으로 옳지 않은 것은?(단, KDS 기준)

[17년 4회, 21년 2회]

① 계산에 의하여 산정한 인장 이형철근의 정착길이는 항상 200mm 이상이어야 한다.
② 계산에 의하여 산정한 압축 이형철근의 정착길이는 항상 200mm 이상이어야 한다.
③ 인장 또는 압축을 받는 하나의 다발철근 내에 있는 개개 철근의 정착길이 $l_d$는 다발철근이 아닌 경우의 각 철근의 정착길이보다 3개의 철근으로 구성된 다발철근에 대해서는 20%를 증가시켜야 한다.
④ 단부에 표준갈고리가 있는 인장 이형철근의 정착길이는 항상 8db 이상, 또한 150mm 이상이어야 한다.

**[해설]**
계산에 의하여 산정한 인장 이형철근의 정착길이는 항상 300mm 이상이어야 한다.

**02** 철근의 정착길이에 관한 사항으로 옳지 않은 것은?

[19년 4회]

① 인장 이형철근 및 이형철선의 정착길이 $l_d$는 항상 300mm 이상이어야 한다.
② 압축 이형철근의 정착길이 $l_d$는 항상 150mm 이상이어야 한다.
③ 인장 또는 압축을 받는 하나의 다발철근 내에 잇는 개개 철근의 정착길이 $l_d$는 다발철근이 아닌 경우의 각 철근의 정착길이보다 3개의 철근으로 구성된 다발철근에 대해서 20% 증가시켜야 한다.
④ 단부에 표준갈고리를 갖는 인장 이형철근의 정착길이 $l_{dh}$는 항상 8db 이상 또한 150mm 이상이어야 한다.

**[해설]**
압축 이형철근의 정착길이 $l_d$는 항상 200mm 이상이어야 한다.

**03** 인장을 받는 이형철근의 정착길이($l_d$)는 기본정착길이($l_{ab}$)에 보정계수를 곱하여 산정한다. 다음 중 이러한 보정계수에 영향을 미치는 사항이 아닌 것은?

[22년 1회]

① 하중계수
② 경량콘크리트 계수
③ 에폭시 도막 계수
④ 철근배치 위치계수

**[해설]**
하중계수는 강도설계법에서 사용하중에 곱해주는 계수이다. 경량콘크리트 계수($\lambda$), 에폭시 도막 계수($\beta$), 철근배치 위치계수($\alpha$)는 철근의 정착길이 관계 요소이다.

**04** 인장을 받는 이형철근의 정착길이($l_d$)는 기본정착길이($l_{db}$)에 보정계수를 곱하여 구한다. 이 보정계수에 대한 설명 중 옳지 않은 것은?(단, KCI2012 기준)

[16년 2회]

① 철근배치 위치계수 $\alpha$ 상부철근일 경우 1.5이고, 기타 철근일 경우 1.0이다.
② 철근크기계수 $\gamma$는 철근직경이 D22 이상인 경우 1.0이고, D19 이하일 경우 0.8이다.
③ 철근 도막계수 $\beta$는 도막되지 않은 철근일 경우 1.0이다.
④ 경량콘크리트계수 $\lambda$는 일반콘크리트인 경우 1.0이다.

**[해설]**
철근배치 위치계수 $\alpha$ 상부철근일 경우 1.3이고, 기타 철근일 경우 1.0이다.

**05** 인장 이형철근의 정착길이를 산정할 때 적용되는 보정계수에 해당되지 않는 것은?

[19년 2회]

① 철근배근 위치 계수
② 철근도막계수
③ 크리프 계수
④ 경량콘크리트 계수

**정답** 01 ① 02 ② 03 ① 04 ① 05 ③

## 과년도 기출문제

건축 / 기 사 / 필 기

**[해설]**

크리프 계수는 크리프 변형 산출 시 적용하는 계수이다. 경량콘크리트 계수($\lambda$), 철근 (에폭시)도막 계수($\beta$), 철근배치 위치계수($\alpha$)는 철근의 정착길이 관계 요소이다.

**06** 강도설계법에서 D22 압축 이형철근의 기본정착길이 $l_{db}$는?(단, 경량콘크리트 계수 $\lambda$=1.0, $f_{ck}$=27MPa, $f_y$=400MPa) [19년 1회]

① 200.5mm
② 378.4mm
③ 423.4mm
④ 604.6mm

**[해설]**

다음 중 큰 값을 기본정착길이로 산정한다.

㉠ $l_{db} = \dfrac{0.25 d_b f_y}{\lambda \sqrt{f_{ck}}} = \dfrac{0.25 \times 22 \times 400}{1 \times \sqrt{27}} = 423.4mm$

㉡ $l_{db} = 0.043 d_b f_y = 0.043 \times 22 \times 400 = 378.4mm$

∴ 둘 중 큰 값인 423.4mm가 기본 정착길이가 된다.

**07** 압축 이형철근(D19)의 기본정착길이를 구하면? (단, 보통콘크리트 사용, D19의 단면적 : 287 mm², $f_{ck}$=21MPa, $f_y$=400MPa) [17년 1회, 20년 4회]

① 674mm
② 570mm
③ 482mm
④ 415mm

**[해설]**

다음 중 큰 값을 기본정착길이로 산정한다.

㉠ $l_{db} = \dfrac{0.25 d_b f_y}{\lambda \sqrt{f_{ck}}} = \dfrac{0.25 \times 19 \times 400}{1 \times \sqrt{21}} = 414.6 = 415mm$

㉡ $l_{db} = 0.043 d_b f_y = 0.043 \times 19 \times 400 = 326.8mm$

∴ 둘 중 큰 값인 415mm가 기본 정착길이가 된다.

**08** 압축을 받는 이형철근의 기본정착길이($l_{db}$)가 420mm으로 계산되었다. 해석결과 요구되는 철근량보다 20%를 초과하여 배치한 경우 압축을 받는 이형철근의 정착길이($l_d$)를 구하면? [15년 4회]

① 320mm
② 350mm
③ 420mm
④ 504mm

**[해설]**

정착길이($l_d$) 산출

$l_d = 420 - 0.2 l_d$
$l_d + 0.2 l_d = 420$
$1.2 l_d = 420$
∴ $l_d = \dfrac{420}{1.2} = 350mm$

**09** 표준갈고리를 갖는 인장 이형철근(D13)의 기본정착길이는?(단, D13의 공칭지름 : 12.7mm, $f_{ck}$=27MPa, $f_y$=400MPa, $\beta$=1.0, $m_c$=2,300kg/m³) [17년 1회, 22년 1회]

① 190mm
② 205mm
③ 220mm
④ 235mm

**[해설]**

표준갈고리를 갖는 이형철근의 정착길이($l_{hb}$) 산출

$l_{hb} = \dfrac{0.24 \beta d_b f_y}{\lambda \sqrt{f_{ck}}} = \dfrac{0.24 \times 1.0 \times 12.7 \times 400}{1.0 \sqrt{27}}$

$= 234.64mm = 235mm$

**정답** 06 ③ 07 ④ 08 ② 09 ④

## 과년도 기출문제

**10** 다음 그림과 같이 D16 철근이 90° 표준갈고리로 정착되었다면 이 갈고리의 소요정착길이($l_{hb}$)는 약 얼마인가?  [21년 1회]

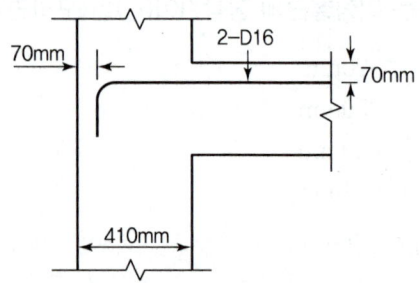

- $l_{hb} = \dfrac{0.24\beta d_b f_y}{\lambda \sqrt{f_{ck}}}$
- 철근도막계수 : 1
- 경량콘크리트 계수 : 1
- D16의 공칭지름 : 15.9mm
- $f_{ck}$ : 21MPa
- $f_y$ : 400MPa

① 233mm  ② 243mm
③ 253mm  ④ 263mm

**[해설]**

정착길이 산출
㉠ $l_{dh}$(정착길이) = 기본정착길이 × 보정계수
㉡ $l_{hb}$(기본정착길이) = $\dfrac{0.24\beta d_b f_y}{\lambda \sqrt{f_{ck}}}$
   $= \dfrac{0.24 \times 1.0 \times 15.9 \times 400}{1.0 \times \sqrt{21}} = 333.09$
㉢ 보정계수
   D35 이하에서 90° 표준갈고리에 대하여 갈고리를 넘어선 부분의 철근 피복 두께가 50mm를 넘는 경우 보정계수 0.7을 적용한다.
∴ $l_{dh}$(정착길이) = 기본정착길이 × 보정계수
   $= 333.09 \times 0.7 = 233.16$mm

**11** 주철근으로 사용된 D22 철근 180° 표준갈고리의 구부림 최소 내면 반지름($\gamma$)으로 옳은 것은?  [18년 1회, 21년 4회]

① $\gamma = 1d_b$  ② $\gamma = 2d_b$
③ $\gamma = 2.5d_b$  ④ $\gamma = 3d_b$

**[해설]**

최소 구부림의 내면 반지름

| 철근의 크기 | 최소 내면 반지름 |
|---|---|
| D10~D25 | $3d_b$ |
| D29~D35 | $4d_b$ |
| D38 이상 | $5d_b$ |

정답  10 ①  11 ④

**MEMO**

# 20 철근콘크리트의 처짐

## 1 탄성처짐과 장기처짐

### (1) 탄성처짐(순간처짐)
① 개념 : 하중이 실리자마자 발생되는 처짐으로 순간처짐, 즉시처짐이라고도 한다.
② 탄성이론에 의해 발생하는 탄성처짐은 최대 처짐공식을 사용하여 구하며, 아래 공식은 예로서 단순보의 최대 처짐 공식을 나타낸 것이다.

$$\delta_{i,\max} = \frac{5wl^4}{384EI} = \frac{Pl^3}{48EI}$$

여기서, $w$ : 등분포 하중
$l$ : 지지점 간의 부재길이
$E$ : 탄성계수
$I$ : 단면2차모멘트
$P$ : 집중하중

### (2) 장기 추가처짐
① 개념 : 크리프와 건조수축 등 지속하중에 의한 변형으로 인하여 시간이 경과함에 따라 진행되는 처짐이다.
② 장기 추가처짐은 순간처짐에 장기 추가처짐계수를 곱하여 구한다.

장기 추가처짐량($\delta_l$) = 탄성처짐($\delta_i$) × 장기 추가처짐계수($\lambda_\Delta$)

※ 장기 추가처짐계수($\lambda_\Delta$)

$$\lambda_\Delta = \frac{\xi}{1+50\rho'}$$

여기서, $\rho'$ : 압축철근비 $\left(= \dfrac{A_s'}{bd}\right)$
$\xi$ : 시간경과계수(3개월 1.0, 6개월 1.2, 1년 1.4, 2년 이상 2.0)

### (3) 최종처짐

최종처짐량($\delta_t$)은 탄성처짐과 장기 추가처짐을 합하여 구한다.

$$\text{최종처짐} = \text{탄성처짐(순간처짐)} + \text{장기 추가처짐}$$
$$\delta_t = \delta_i + \delta_l = \delta_i + \delta_i \cdot \lambda_\Delta = \delta_i(1 + \lambda_\Delta)$$

## 2 최대 허용처짐

| 부재의 종류 | 고려해야 할 처짐 | 처짐 한계 |
|---|---|---|
| 과도한 처짐에 의해 손상되기 쉬운 비구조 요소를 지지 또는 부착하지 않은 평지붕구조 | 활하중 L에 의한 순간처짐 | $\dfrac{l}{180}$ |
| 과도한 처짐에 의해 손상되기 쉬운 비구조 요소를 지지 또는 부착하지 않은 바닥구조 | | $\dfrac{l}{360}$ |
| 과도한 처짐에 의해 손상되기 쉬운 비구조 요소를 지지 또는 부착한 지붕 또는 바닥구조 | 전체 처짐 중에서 비구조 요소가 부착된 후에 발생하는 처짐 부분(모든 지속하중에 의한 장기처짐과 추가적인 활하중에 의한 순간처짐의 합) | $\dfrac{l}{480}$ |
| 과도한 처짐에 의해 손상될 염려가 없는 비구조 요소를 지지 또는 부착한 지붕 또는 바닥구조 | | $\dfrac{l}{240}$ |

## 과년도 기출문제

**01** 일반 또는 경량콘크리트 휨부재의 크리프와 건조수축에 의한 추가 장기처짐 산정과 관련하여 5년 이상일 때 지속하중에 대한 시간경과계수 $\xi$는 얼마인가? [20년 1·2회 통합, 20년 3회]

① 2.4
② 2.2
③ 2.0
④ 1.4

**[해설]**

시간경과계수($\xi$)는 3개월 1.0, 6개월 1.2, 1년 1.4, 2년 이상 2.0의 값으로 산정한다.

**02** 단근보에서 하중이 재하됨과 동시에 순간처짐이 20mm가 발생되었다. 이 하중이 5년 이상 지속되는 경우 총처짐량은 얼마인가?(단, $\lambda = \dfrac{\xi}{1+50p'}$ 이고, 지속하중에 의한 시간경과계수 $\xi$는 2이다.) [17년 2회]

① 30mm
② 40mm
③ 60mm
④ 80mm

**[해설]**

총처짐량 산출
총처짐량
= 순간탄성처짐 + 장기추가처짐
= 순간탄성처짐 + (순간탄성처짐 × 장기추가처짐계수($\lambda$))
= 순간탄성처짐 + $\left(\text{순간탄성처짐} \times \dfrac{\text{시간경과계수}(\xi)}{1+50 \times \text{압축철근비}(\rho')}\right)$
= $20 + \left(20 \times \dfrac{2}{1+50 \times 0}\right) = 60\text{mm}$

**03** 철근콘크리트 단순보에서 순간탄성처짐이 0.9mm이었다면 1년 뒤 이 부재의 총처짐량을 구하면?(단, 시간경과계수 $\xi=1.4$, 압축철근비 $\rho'=0.01071$) [21년 1회]

① 1.52mm
② 1.72mm
③ 1.92mm
④ 2.12mm

**[해설]**

총처짐량 산출
총처짐량
= 순간탄성처짐 + 장기추가처짐
= 순간탄성처짐 + $\left(\text{순간탄성처짐} \times \dfrac{\text{시간경과계수}}{1+50 \times \text{압축철근비}}\right)$
= $0.9 + \left(0.9 \times \dfrac{1.4}{1+50 \times 0.01071}\right) = 1.72\text{mm}$

**04** 압축철근 $A_s'=2,400\text{mm}^2$로 배근된 복철근보의 탄성처짐이 15mm라 할 때 지속하중에 의해 발생되는 5년 후 장기처짐은?(단, $b=300$mm, $d=400$mm, 5년 후 지속하중 재하에 따른 계수 $\xi=2.0$) [21년 4회]

① 9mm
② 12mm
③ 15mm
④ 30mm

**[해설]**

장기처짐($\delta_l$) 산출
㉠ 장기처짐($\delta_l$) = 탄성처짐($\delta_i$) × 장기 추가처짐계수($\lambda_\Delta$)
㉡ 장기 추가처짐계수($\lambda_\Delta$) 산출
$\lambda_\Delta = \dfrac{\xi}{1+50\rho'} = \dfrac{2.0}{1+50\left(\dfrac{2,400}{300 \times 400}\right)} = 1$

여기서, $\rho'$ : 압축철근비 $\left(=\dfrac{A_s'}{bd}\right)$

$\xi$ : 시간경과계수(3개월 1.0, 6개월 1.2, 1년 1.4, 2년 이상 2.0)

∴ 장기처짐($\delta_l$) = 탄성처짐($\delta_i$) × 장기 추가처짐계수($\lambda_\Delta$)
= $15 \times 1 = 15\text{mm}$

**정답** 01 ③  02 ③  03 ②  04 ③

## 과년도 기출문제

건축 / 기사 / 필기

**05** 과도한 처짐에 의해 손상되기 쉬운 비구조 요소를 지지 또는 부착하지 않은 바닥구조의 활하중 L에 의한 순간처짐의 한계는? [18년 4회, 22년 2회]

① $\dfrac{l}{180}$

② $\dfrac{l}{240}$

③ $\dfrac{l}{360}$

④ $\dfrac{l}{480}$

[해설]

과도한 처짐에 의해 손상되기 쉬운 비구조 요소를 지지 또는 부착하지 않은 바닥구조로서 활하중 L에 의한 순간처짐의 처짐한계는 $\dfrac{l}{360}$ 이다.

정답 05 ③

# 21 철골구조 일반사항

## 1 철골구조 특징

| | |
|---|---|
| 장점 | • 단위면적당 강도가 대단히 크다.<br>• 재료가 균질성을 가지고 있다.<br>• 내구성이 우수하다.<br>• 지진 등에 대해 저항할 수 있는 연성을 가지고 있다.<br>• 손쉽게 구조변경을 할 수 있다.<br>• 리벳, 볼트, 용접 등 연결재를 사용하여 체결할 수 있다. |
| 단점 | • 부식되기 쉽고 정기적으로 도장을 해야 하므로 유지비용이 많이 든다.<br>• 강재는 내화성이 약하다.<br>• 압축재로 사용한 강재는 단면에 비해 부재가 길고 두께가 얇아 좌굴 위험성이 많다.<br>• 반복하중에 의해 피로(Fatigue)가 발생하여 강도의 감소 또는 파괴가 일어날 수 있다.<br>• 처짐 및 진동을 고려해야 한다.<br>• 접합부의 신중한 설계와 용접부의 검사가 필요하다. |

## 2 강재의 분류

| | |
|---|---|
| 탄소강<br>(Carbon Steel, Mild Steel) | • 탄소량에 따라 강도와 인성이 결정된다.<br>• 탄소량이 증가하면 강도는 증가하나, 연성이나 용접성은 떨어진다. |
| 구조용 합금강<br>(High-Strength Alloy Steels) | 탄소강의 단점을 보완하기 위해서 합금원소를 첨가시킨 강재이다. |
| 열처리강<br>(High-Strength Quenched And Tempered Alloy Steels) | • 담금질과 뜨임의 열처리를 통해 얻어낸 고강도 강재이다.<br>• 높은 강도를 유지하면서 연성이 큰 특징을 갖는다. |
| TMCP강<br>(Thermo Mechanical Control Process Steel) | • 용접성과 내진성이 뛰어난 극후판의 고강도 강재이다.<br>• 높은 강도와 인성을 갖는 강재이다.<br>• 적은 탄소량으로 우수한 용접성을 나타낸다.<br>• 강재 사용량 절감이 가능하다. |

**SN재**

건축물의 내진성능을 확보하기 위하여 항복점의 상한치를 제한하는 강재이다.

**TMCP강**

압연가공 과정에서 열처리 공정을 동시에 실행하여 제조된 강재이다.

**압연가공**

반대방향으로 회전하는 Roller에 강을 끼워 성형해가는 방법이다.

# 과년도 기출문제

**01** 철골구조에 관한 설명으로 옳지 않은 것은?

[19년 1회]

① 수평하중에 의한 접합부의 연성능력이 낮다.
② 철근콘크리트조에 비하여 넓은 전용면적을 얻을 수 있다.
③ 정밀한 시공을 요한다.
④ 장스팬 구조물에 적합하다.

[해설]
철골구조는 수평하중에 의한 접합부의 연성능력이 높아 지진 등에 대한 대응성이 양호하다.

**02** 강구조에 관한 설명으로 옳지 않은 것은?

[18년 4회]

① 장스팬의 구조물이나 고층 구조물에 적합하다.
② 재료가 불에 타지 않기 때문에 내화성이 크다.
③ 강재는 다른 구조재료에 비하여 균질도가 높다.
④ 단면에 비하여 부재길이가 비교적 길고 두께가 얇아 좌굴하기 쉽다.

[해설]
강구조(철골구조)는 온도상승에 따라 응력을 상실하는 특성을 갖고 있어 내화성이 좋지 않으며, 별도의 내화피복이 필요하다.

**03** 강구조에 사용하는 강재에 대한 설명으로 틀린 것은?

[15년 1회]

① SN재는 건축물의 내진성능을 확보하기 위하여 항복점의 상한치를 제한하는 강재이다.
② TMCP 강재는 판두께 증가에 따른 항복강도의 저감이 크게 나타난다.
③ SMA는 내후성을 높인 강재이다.
④ SM 490 B 강재의 기호 B는 충격흡수에너지를 제한하는 값에 대한 기호이다.

[해설]
TMCP강은 용접성과 내진성이 뛰어난 극후판(두꺼운 판)의 고강도 강재로서 판두께 증가에 따른 항복강도의 저감이 크지 않은 특성을 갖는다.

**04** 건축구조용 압연강이라 하며, 건축물의 내진성능을 확보하기 위하여 항복점의 상한치 제한 등에 의한 품질의 편차를 줄이고, 용접성 및 냉간 가공성을 향상시킨 강재는?

[16년 4회]

① SM강재
② TMCP강재
③ SS강재
④ SN강재

[해설]
SN재는 건축물의 내진성능을 확보하기 위하여 항복점의 상한치를 제한하는 강재이다.

정답  01 ①  02 ②  03 ②  04 ④

## 21 철골구조 일반사항

### ③ 강재의 응력 – 변형도 관계

| 직선구간 | • $\sigma$와 $\varepsilon$의 관계는 직선이며 비례적이다.<br>• 이 구간의 기울기를 탄성계수(E, 영계수)라 하며, $\sigma = E\varepsilon$ 의 관계(훅의 법칙)가 성립한다. |
|---|---|
| 비례한도($P$) | 응력과 변형도가 비례하며, 선형관계를 유지하는 한계의 응력이다. |
| 탄성한도($E$) | • 비례한도보다 다소 높으며, 탄성한도까지 하중을 가했다가 제거하면 원점으로 돌아가는 지점이다.<br>• 이 구간은 탄성이지만 비선형이다.<br>• $\sigma$와 $\varepsilon$은 비례관계가 아니다. |
| 항복점($Y$) | • 응력의 증가 없이 변형도가 크게 증가하기 시작하는 지점의 응력을 말한다.<br>• 상항복점($Y_U$)과 하항복점($Y_L$)이 있다. |
| 극한강도(인장강도, $U$) | 인장강도($F_u$)는 시험편이 받을 수 있는 최대 응력이다. |
| 파괴점($B$) | 재료가 파괴되는 점이다. |
| I구간(탄성영역) | 응력과 변형도가 비례하는 영역이다. |
| II구간(소성영역) | 응력의 변화 없이 변형도만 증가하는 영역이다. |
| III구간<br>(변형도 경화영역) | 응력과 변형도가 비선형적으로 증가하는 영역이다. |
| IV구간<br>(파괴영역, 네킹구간) | • 변형도는 증가하지만 응력은 오히려 줄어드는 부분이다.<br>• 네킹(Necking)현상에 의하여 단면적이 현저히 감소한다. |

➕ **바우싱거(Baushinger) 효과**
- 소성변형을 일으킨 재료를 역방향으로 변형시킬 경우 응력 및 변형률 곡선의 비례한도가 현저하게 저하되는 현상이다.
- 강재와 같은 금속재료가 인장과 압축을 교대로 받는 경우 인장과 압축에서 같은 성향을 나타내지만, O → A → B 이후 압축하면 A점에 대응하는 인장응력($\sigma_e{'}$)보다 훨씬 작은 압축응력($\sigma_c$)에서 탄성을 잃어버린다.

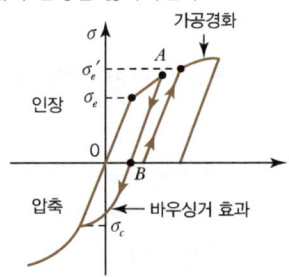

**피로강도**
변동하는 응력의 반복에 의한 파괴현상에 대한 저항능력이다.

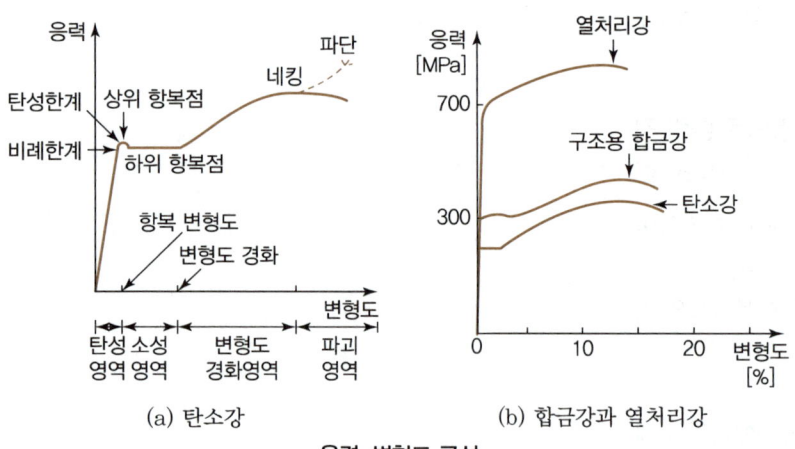

응력-변형도 곡선

## 과년도 기출문제

**01** 인장시험을 통하여 얻어진 탄소강의 응력–변형도 곡선에서 변형도 경화영역의 최대응력을 의미하는 것은? [22년 1회]

① 인장강도　　② 항복강도
③ 탄성강도　　④ 비례한도

[해설]
인장강도는 인장시험에서 시험편이 받을 수 있는 최대 응력을 의미한다.

**02** 강재의 응력–변형도 시험에서 인장력을 가해 소성상태에 들어선 강재를 다시 반대 방향으로 압축력을 작용하였을 때의 압축항복점이 소성상태에 들어서지 않은 강재의 압축항복점에 비해 낮은 것을 볼 수 있는데 이러한 현상을 무엇이라 하는가? [15년 2회, 20년 1·2회 통합]

① 뤼더선(Luder's Line)
② 소성흐름(Plastic Flow)
③ 바우싱거 효과(Baushinger's Effect)
④ 응력집중(Stress Concentration)

[해설]
바우싱거(Baushinger) 효과
소성변형을 일으킨 재료를 역방향으로 변형시킬 경우 응력 및 변형률 곡선의 비례한도가 현저하게 저하되는 현상이다.

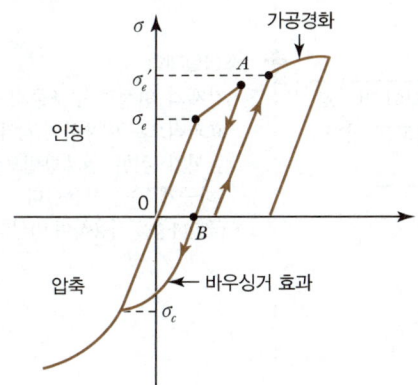

# 21 철골구조 일반사항

## ④ 강재의 일반적인 표시기호

| | SMA | 355 | B | W | N | ZC |
|---|---|---|---|---|---|---|
| | (1) | (2) | (3) | (4) | (5) | (6) |

| 강재의 명칭 (강종) | • SS : 일반구조용 압연강재(Steel Structure)<br>• SM : 용접구조용 압연강재(Steel Marine)<br>• SMA : 용접구조용 내후성 열간 압연강재(Steel Marine Atmosphere)<br>• SN : 건축구조용 압연강재(Steel New)<br>• FR : 건축구조용 내화강재(Fire Resistance)<br>• HSA : 건축구조용 고성능 압연강재<br>• SHN : 건축구조용 열간 압연H형강<br>• SCW : 용접구조용 원심력 주강관 |
|---|---|
| 강재의 항복강도 | • 275 : 275MPa<br>• 355 : 355MPa |
| 샤르피 흡수에너지 등급 | • A : 별도 조건 없음<br>• B : 일정 수준 충격치 요구, 27J(0℃) 이상<br>• C : 우수한 충격치 요구, 47J(0℃) 이상 |
| 내후성 등급 | • W : 녹안정화 처리<br>• P : 일반도장 처리 후 사용 |
| 열처리 등급 | • N : 불림(Normalizing)<br>• QT : 담금질과 뜨임(Quenching Tempering)<br>• TMC : 열가공 제어(Thermo Mechanical Control) |
| 내라멜라티어 등급 | • ZA : 별도 보증 없음<br>• ZB : Z방향 15% 이상<br>• ZC : Z방향 25% 이상 |

**➕ 연결용 재료(접합재료)**

| 명칭 | 강종 |
|---|---|
| 6각 볼트, 6각 너트 | 4.6 |
| 마찰 접합용 고장력 6각 볼트, 6각 너트, 평 와셔의 세트 | • 1종(F8T/F10/F35) (볼트/너트/와셔의 종류)<br>• 2종(F10T/F10/F35)<br>• 4종(F13T/F13/F35)<br>※ 여기서 가운데 숫자는 인장강도를 나타낸다. |
| 기초 볼트 | • 모양 : L형, J형, LA형, JA형<br>• 강도등급구분 : 4.6, 6.8, 8.8 |

## ⑤ 철골구조의 허용응력설계법(ASD, WSD)

| 개념 | • 허용응력설계법(Allowable Stress Design)은 구조체를 탄성상태인 것으로 가정하여 탄성이론에 의해 해석하는 설계법으로 탄성설계법이라고도 한다.<br>• 설계하중(사용하중)을 사용하여 선형 탄성해석을 한다. |
|---|---|
| 기본식 | $$R_a \leq \frac{R_n}{F_s} = F_a$$<br>여기서, $R_a$ : 소요강도(Required Strength)<br>$R_n$ : 공칭강도(Nominal Strength)<br>$F_s$ : 안전율(Safety Factor)<br>$F_a$ : 허용응력(Allowable Strength) |

**➕ 소성설계법**

• 강재의 인성과 구조물의 부정 정도를 효과적으로 이용하여 강재의 경제성을 높이기 위한 설계방법으로 계수하중(하중계수)을 사용한다.
• 극한하중을 사용하여 비선형해석을 한다.

# 과년도 기출문제

건 축 / 기 사 / 필 기

**01** 다음 강종 표시기호에 관한 설명으로 옳지 않은 것은?(단, KS 강종기호 개정사항 반영) [19년 2회]

| SMA | 355 | B | W |
|---|---|---|---|
| (가) | (나) | (다) | (라) |

① (가) : 용도에 따른 강재의 명칭 구분
② (나) : 강재의 인장강도 구분
③ (다) : 충격흡수에너지 등급 구분
④ (라) : 내후성 등급 구분

[해설]
(나)는 강재의 항복강도이다.

**02** 다음 강종 중 건축구조용 압연강재를 나타내는 것은? [15년 2회]

① SS400  ② SM490
③ SMA490  ④ SN490

[해설]
① SS400 : 일반구조용 압연강재(Steel Structure)
② SM490 : 용접구조용 압연강재(Steel Marine)
③ SMA490 : 용접구조용 내후성 열간 압연강재(Steel Marine Atmosphere)

**03** 다음 구조용 강재의 명칭에 관한 내용으로 옳지 않은 것은? [21년 2회]

① SM : 용접구조용 압연강재(KS D 3515)
② SS : 일반구조용 압연강재(KS D 3503)
③ SN : 건축구조용 각형 탄소강관(KS D 3864)
④ SGT : 일반구조용 탄소강관(KS D 3566)

[해설]
SN은 건축구조용 강재의 기호이다. 건축구조용 각형 탄소강관은 SNRT로 표기한다.

**04** 볼트의 기계적 등급을 나타내기 위해 표시하는 F8T, F10T, F11T에서 가운데 숫자는 무엇을 의미하는가? [20년 1·2회 통합]

① 휨강도  ② 인장강도
③ 압축강도  ④ 전단강도

[해설]
가운데 숫자는 인장강도를 나타내며, 예를 들어 F8T라면 해당 등급의 인장강도는 800~1,000MPa에 해당한다.

**05** 철골조의 소성설계와 관계없는 항목은? [15년 1회, 20년 4회]

① 소성힌지  ② 안전율
③ 붕괴기구  ④ 하중계수

[해설]
소성설계법은 강재의 인성과 구조물의 부정 정도를 효과적으로 이용하여 강재의 경제성을 높이기 위한 설계방법으로 계수하중(하중계수)을 사용하는 방법이다.
② 안전율은 허용응력설계법에 적용되는 항목이다.

**06** 다음 중 철골구조의 소성설계와 관계 없는 것은? [17년 1회]

① 형상계수(Form Factor)
② 소성힌지(Plastic Hinge)
③ 붕괴기구(Collapse Mechanism)
④ 잔류응력(Residual Stress)

[해설]
소성설계법은 강재의 인성과 구조물의 부정 정도를 효과적으로 이용하여 강재의 경제성을 높이기 위한 설계방법으로 계수하중(하중계수)을 사용하는 방법이다.
④ 잔류응력(Residual Stress)은 금속조직 내 남아있는 힘을 의미하는 것으로 철골구조의 소성설계와 관계가 없다.

정답  01 ②  02 ④  03 ③  04 ②  05 ②  06 ④

# 22 인장재

## 1 순단면적 및 유효순단면적 산정

### (1) 순단면적($A_n$) 산정

| 순단면적의 개념 | 볼트 구멍 등에 의한 단면손실을 고려한 총단면적이다. |
|---|---|
| 정렬(일렬) 배치 | 총단면적($A_g$)에서 구멍 개수에 해당하는 총지름을 제외한 길이에 두께($t$)를 곱하여 빼준다.<br>$$A_n = A_g - ndt$$<br>여기서, $d$ : 볼트구멍의 지름<br>$A_g$ : 총단면적(부재축에 직각 방향으로 측정된 각 요소 단면의 합) |
| 지그재그 (엇모, 불규칙) 배치 | 배열된 구멍을 순차적으로 이어 전체 폭을 절단하는 모든 경로에 대해 순단면적을 계산하고 이 중 최솟값을 순단 면적으로 정한다.<br>$$A_n = A_g - ndt + \sum \frac{p^2}{4g} \cdot t$$<br>여기서, $t$ : 판의 두께<br>$p$ : 볼트 피치<br>$g$ : 볼트의 응력에 직각 방향인 볼트선 간의 길이(게이지) |

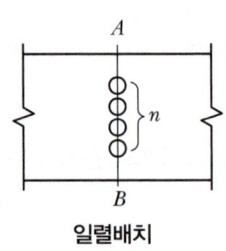
일렬배치

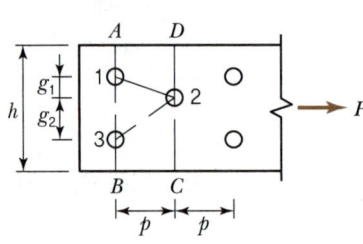
지그재그(엇모)배치

### (2) 유효 순단면적($A_e$) 산정

① 하중이 연결재 전체 단면이 아닌 일부 단면요소에 파스너나 용접에 의해 전달될 때에는 전단지연의 영향을 고려하기 위해 유효 순단면적을 사용한다.
② 인장부재의 유효 순단면적은 순단면적에 전단지연계수를 곱하여 구한다.
③ 유효 순단면적($A_e$)

$$A_e = U \cdot A_n$$

여기서, $A_e$ : 유효 순단면적, $A_n$ : 순단면적
$U$ : 감소계수(전단지연계수, Shear Lag Factor)

**+ 전단지연(Shear Lag)**

인장재의 한 변만 접합에 사용되는 경우에는 접합에 사용된 면은 전체가 인장력을 받게 되지만 접합에 사용되지 않는 면에는 인장력이 불균등하게 생기게 되는 현상

④ 단일 ㄱ형강, 쌍 ㄱ형강, T형강 부재의 접합부는 전단지연계수가 0.6 이상이어야 한다.
⑤ 인장력이 용접이나 파스너를 통해 각각의 단면요소에 직접적으로 전달되는 모든 인장재의 전단지연계수는 1.0을 사용한다.

## 2 인장재의 설계인장강도

### (1) 총단면의 항복에 의한 설계인장강도

$$\phi_t P_n = \phi F_y A_g \; [\phi_t = 0.90]$$

여기서, $F_y$ : 항복강도(MPa, N/mm²)
$A_g$ : 부재의 총단면적(mm²)
$P_n$ : 공칭인장강도(N)

### (2) 유효 순단면의 파단에 의한 설계인장강도

$$\phi_t P_n = \phi F_u A_e \; [\phi_t = 0.75]$$

여기서, $F_u$ : 인장강도(MPa, N/mm²)
$A_e$ : 유효 순단면적(mm²)

---

✚ 인장재의 설계와 인장재 접합부의 설계를 위한 검토사항
- 총단면 항복
- 유효 순단면 파단
- 블록전단 파단
- 고력볼트·용접접합부
- 거셋 플레이트(Gusset Plate)

# 과년도 기출문제

**01** 다음 그림과 같은 인장재의 순단면적을 구하면? [단, F10T-M20 볼트 사용(표준구멍), 판의 두께는 6mm임] [17년 1회, 22년 2회]

① 296mm²  ② 396mm²
③ 426mm²  ④ 536mm²

[해설]

일렬배치의 순단면적($A_n$) 산출

$A_n = A_g - ndt = (30+50+30) \times 6 - 2 \times 22 \times 6 = 396\text{mm}^2$

여기서, M20 볼트 표준구멍은 22mm(20+2)이다.

**02** 다음 그림에서 파단선 A-B-F-C-D의 인장재 순단면적은?(단, 볼트구멍지름 $d$ : 22mm, 인장재 두께는 6mm) [16년 2회, 21년 1회]

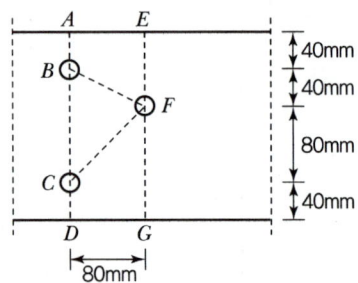

① 1,164mm²  ② 1,364mm²
③ 1,564mm²  ④ 1,764mm²

[해설]

엇모배치일 경우 순단면적($A_n$) 산출

$A_n = A_g - ndt + \sum \left( \dfrac{s^2}{4g} \times t \right)$

$= (40+40+80+40) \times 6 - (3 \times 22 \times 6)$

$\quad + \left( \dfrac{80^2}{4 \times 40} \times 6 + \dfrac{80^2}{4 \times 80} \times 6 \right)$

$= 1,164\text{mm}^2$

여기서, $A_g$ : 강재의 종단면적
$n$ : 파단선에 있는 구멍의 개수
$d$ : 구멍의 직경
$t$ : 인장재의 직경
$s$ : 볼트 간 중심간격(수평)
$g$ : 볼트 간 중심간격(수직)

**03** 그림에서 파단선 a-1-2-3-d의 인장재의 순단면적은?(단, 판두께는 10mm, 볼트 구멍지름은 22mm) [17년 1회, 22년 1회]

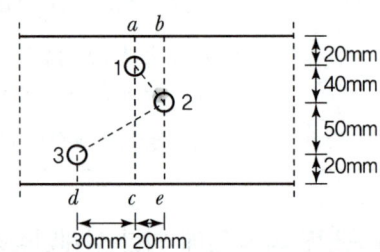

① 690mm²  ② 790mm²
③ 890mm²  ④ 990mm²

[해설]

엇모배치일 경우 순단면적($A_n$) 산출

$A_n = A_g - ndt + \sum \left( \dfrac{s^2}{4g} \times t \right)$

$= (20+40+50+20) \times 10 - (3 \times 22 \times 10)$

$\quad + \left( \dfrac{20^2}{4 \times 40} \times 10 + \dfrac{50^2}{4 \times 50} \times 10 \right)$

$= 790\text{mm}^2$

여기서, $A_g$ : 강재의 종단면적
$n$ : 파단선에 있는 구멍의 개수
$d$ : 구멍의 직경
$t$ : 인장재의 직경
$s$ : 볼트 간 중심간격(수평)
$g$ : 볼트 간 중심간격(수직)

정답 01 ②  02 ①  03 ②

**04** 다음 그림과 같은 구멍 2열에 대하여 파단선 A-B-C를 지나는 순단면적과 동일한 순단면적을 갖는 파단선 D-E-F-G의 피치($s$)는?(단, 구멍은 여유폭을 포함하여 23mm임) [19년 4회]

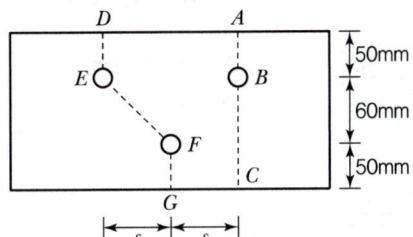

① 3.7cm  ② 7.4cm
③ 11.1cm  ④ 14.8cm

[해설]

파단선 A-B-C의 순단면적과 파단선 D-E-F-G의 순단면적이 동일하다는 가정을 갖고 산출한다는 문제이다. 단, 문제에서 철판두께가 주어지지 않았으므로 철판두께는 1mm로 가정한다.

㉠ 파단선 A-B-C의 순단면적
$$A_n = A_g - ndt = 160 - 1 \times 23 \times 1 = 137 \text{mm}^2$$

㉡ 파단선 D-E-F-G의 순단면적
$$A_n = A_g - ndt + \sum \left(\frac{s^2}{4g} \times t\right)$$
$$= (50+60+50) \times 1 - (2 \times 23 \times 1) + \frac{s^2}{4 \times 60} \times 1$$
$$= 114 + \frac{s^2}{240}$$

∴ 두 순단면적은 동일하므로, $114 + \frac{s^2}{240} = 137$

$s = 74 \text{mm} = 7.4 \text{cm}$

**05** 그림과 같은 앵글(Angle)의 유효 단면적으로 옳은 것은?(단, Ls-50×50×6 사용, $a$=5.644cm², $d$=1.7cm) [20년 1·2회 통합]

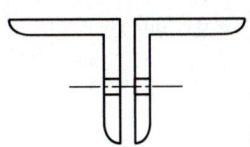

① 8.0cm²  ② 8.5cm²
③ 9.0cm²  ④ 9.25cm²

[해설]

앵글 유효단면적($A_e$) 산출
$$A_e = A_n = A_g - ndt$$
$$= (5.644 \times 2) - (1 \times 1.7 \times 0.6 \times 2) = 9.248 \text{cm}^2$$

감소계수(전단지연계수)가 주어지지 않았으므로, 순단면적($A_g$)이 유효단면적($A_e$)이 된다.

# 23 압축재, 휨재

## 1 압축요소의 판폭두께비

| 판요소에 대한 설명 | 판폭두께비($\lambda$) | 판폭두께비 제한값 | | 예 |
|---|---|---|---|---|
| | | $\lambda_p$(조밀) | $\lambda_r$(비조밀) | |
| 압연 H형강의 플랜지 | $\dfrac{b}{t_f}$ | – | $0.56\sqrt{\dfrac{E}{F_y}}$ | |
| 압연 H형강의 웨브 | $\dfrac{h}{t_w}$ | – | $1.49\sqrt{\dfrac{E}{F_y}}$ | |

**+ 압연 H형강 웨브**
$h = H - (2t_f + 2r)$

**+ 용접 H형강 웨브**
$h = H - 2t_f$

## 2 압축재의 설계압축강도

$$\phi_c P_n = \phi_c F_{cr} A_g \ [\phi_c = 0.09]$$

여기서, $F_{cr}$ : 휨좌굴강도(MPa, N/mm²), $A_g$ : 부재의 총단면적(mm²)
$P_n$ : 공칭압축강도(N)

**+ 압축재의 세장비 제한**
$\dfrac{KL}{r} \leq 200$

## 3 조립압축재의 구조제한

### (1) 일반사항

① 2개 이상의 압연형강으로 구성된 조립압축재는 접합재 사이의 개재 세장비가 조립압축재의 전체세장비의 3/4배를 초과하지 않도록 한다.
② 덧판을 사용한 조립압축재의 파스너 및 단속용접의 최대간격은 가장 얇은 덧판 두께의 $0.75\sqrt{E/F_y}$ 배 또는 300mm 이하로 한다.
③ 도장 내후성 강재로 만든 조립압축재의 긴결간격은 가장 얇은 판 두께의 14배 또는 170mm 이하로 한다.
④ 조립재 단부에서 개재 상호간을 고력볼트로 접합할 때, 조립재 최대폭의 1.5배 이상의 구간에 대해서 길이방향으로 볼트직경의 4배 이하 간격으로 접합한다.

**+ 소재세장비**
소재의 직경과 두께의 비를 말한다.

### (2) 레티스형식 조립압축재

① 조립부재의 재축방향의 접합간격은 소재세장비가 조립압축재의 최대세장비를 초과하지 않도록 한다.

② 단일래티스부재의 세장비 L/r(부재의 비지지 길이/단면2차반경)은 140 이하, 복래티스의 경우는 200 이하로 한다.
③ 압축력을 받는 래티스의 길이는 단일래티스의 경우 주부재와 접합되는 비지지된 대각선의 길이이며, 복래티스의 경우 이 길이의 70%로 한다.
④ 단일래티스의 경우 부재축에 대한 래티스부재의 기울기는 60° 이상으로 한다.
⑤ 레티스 형식에 적용되는 띠판의 두께는 조립부재 개재를 연결시키는 용접 또는 파스너열 사이 거리의 1/50 이상이 되어야 한다.
⑥ 띠판의 조립부재에 접합은 용접의 경우 용접길이는 띠판 길이의 1/3 이상이어야 한다.
⑦ 부재단부에 사용되는 띠판의 폭은 조립부재 개재를 연결하는 용접 또는 파스너열 간격 이상이 되어야 한다.
⑧ 부재중간에 사용되는 띠판의 폭은 부재단부 띠판길이의 1/2 이상이 되어야 한다.

## 4 휨재(강재보)의 종류별 특징

### (1) 플레이트 거더보(Plate Girder, 판보)

| 구성 | 플레이트 거더의 구성요소는 커버 플레이트, 웨브 플레이트, 플랜지 앵글, 스티프너, 필러 등이다. |
|---|---|
| 구조 제한 | • 커버 플레이트는 플랜지 보강용으로 휨모멘트에 저항한다.<br>• 커버 플레이트 수는 4장 이하, 플랜지 단면적의 70% 이하로 제한된다.<br>• 리벳접합일 경우 리벳 간격은 3~8$d$이다($d$는 리벳의 공칭직경).<br>• 웨브 플레이트는 전단력을 부담하며, 전단면에 대해 전단응력은 균등한 것으로 가정한다.<br>• 웨브 플레이트의 좌굴방지를 위해 스티프너를 설치한다. |

### (2) 합성보(Composite Beam)

① 콘크리트 슬래브와 강재보를 전단연결재(Shear Connector)로 연결하여 외력에 대한 구조체의 거동을 일체화시킨 구조이다. 장스팬에 가장 유리하다.
② 합성보 설계 시 동바리를 사용하지 않는 경우, 콘크리트의 강도가 설계기준 강도의 75%에 도달하기 전에 작용하는 모든 시공하중은 강재단면 만에 의해 지지될 수 있어야 한다.
③ 강재보와 데크플레이트슬래브로 이루어진 합성부재에서 데크플레이트의 공칭 골깊이는 75mm 이하이어야 한다.
④ 합성단면의 공칭강도를 결정하는 데에는 소성응력분포법과 변형률적합법의 2가지 방법이 사용될 수 있다.

---

+ 보는 휨과 전단에 의해 하중을 지지하는 구조부재로서 주로 휨모멘트가 구조적 거동을 지배하는 휨재이다.

**전단중심**
부재의 비틀림이 발생하지 않고 휨변형만을 유발시키는 하중작용점을 의미하며, 대칭단면의 경우 전단중심이 도심과 일치하고 비대칭단면의 경우 전단중심과 도심은 일치하지 않는 특성이 있다.

**필러**
요소의 두께를 증가시키는 데 사용하는 플레이트이다.

**플레이트거더의 전단강도**
웨브의 판폭 두께비 및 중간 스티프너의 간격에 의해 좌우된다.

+ **전단연결재(Shear Connector)**
• 합성보에서 바닥슬래브와 강재보를 일체화시켜 그 접합부에 발생되는 미끄러짐을 방지하고, 수평전단력을 부담시키기 위한 연결재이다.
• 스터드, C형강, 나선 철근 등이 있다.

# 과년도 기출문제

**01** 용접 H형강 H-450×450×20×28의 플랜지 및 웨브에 대한 판폭두께비를 구하면? [16년 4회]

① 플랜지 : 16.07, 웨브 : 14.07
② 플랜지 : 16.07, 웨브 : 19.7
③ 플랜지 : 8.04, 웨브 : 14.07
④ 플랜지 : 8.04, 웨브 : 19.7

[해설]

용접 H형강의 판폭두께비($\lambda$) 산출
㉠ 플랜지 $\lambda_f = \dfrac{b}{t_f} = \dfrac{450 \div 2}{28} = 8.04$
   여기서, $b = B(폭) \div 2$
㉡ 플랜지 $\lambda_f = \dfrac{h}{t_w} = \dfrac{H - 2t_f}{t_w} = \dfrac{450 - 2 \times 28}{20} = 19.7$

**02** 래티스형식 조립압축재에 관한 설명으로 옳지 않은 것은? [17년 4회]

① 단일래티스 부재의 세장비 L/r은 140 이하로 한다.
② 단일래티스 부재의 부재축에 대한 기울기는 60° 이상으로 한다.
③ 복래티스 부재의 세장비 L/r은 180 이하로 한다.
④ 복래티스 부재의 부재축에 대한 기울기는 45° 이상으로 한다.

[해설]

복래티스 부재의 세장비 L/r은 200 이하로 한다.

**03** H형강의 플랜지에 커버 플레이트를 붙이는 주목적으로 옳은 것은? [18년 1회]

① 수평부재 간 접합 시 틈새를 메우기 위하여
② 슬래브와의 전단접합을 위하여
③ 웨브플레이트의 전단내력 보강을 위하여
④ 휨내력의 보강을 위하여

[해설]

커버 플레이트(Cover Plate)
• 커버 플레이트는 플랜지 보강용으로 휨모멘트(휨내력)에 저항한다.
• 커버 플레이트 수는 4장 이하, 플랜지 단면적의 70% 이하로 제한된다.

**04** 플랜지에 작용하는 전단력으로 인해 비틀림 모멘트가 생기게 되므로 부재가 비틀림이 없이 휨을 받으려면, 하중의 작용선이 단면의 어느 특정 지점을 지나야 한다. 이 점을 무엇이라 하는가? [15년 4회]

① 하중중심(Force Center)
② 비틀림중심(Torsion Center)
③ 무게중심(Gravity Center)
④ 전단중심(Shear Center)

[해설]

전단중심
부재의 비틀림이 발생하지 않고 휨변형만을 유발시키는 하중 작용점을 의미하며, 대칭단면의 경우 전단중심이 도심과 일치하고 비대칭단면의 경우 전단중심과 도심은 일치하지 않는 특성이 있다.

**05** 그림과 같은 ㄷ형강(Channel)에서 전단중심(剪斷中心)의 대략적인 위치는? [19년 2회]

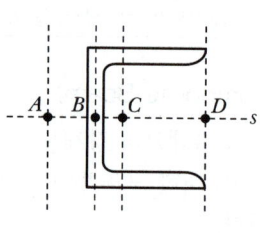

① A점
② B점
③ C점
④ D점

[해설]

ㄷ형강의 주축의 중심은 C이고, 전단의 중심은 A이다.

정답  01 ④  02 ③  03 ④  04 ④  05 ①

## 과년도 기출문제

**06** 합성보에서 강재보와 철근콘크리트 또는 합성슬래브 사이의 미끄러짐을 방지하기 위하여 설치하는 것은? [21년 2회]

① 스터드 볼트
② 퍼린
③ 윈드칼럼
④ 턴버클

[해설]

전단연결재(Shear Connector)
- 합성보에서 바닥슬래브와 강재보를 일체화시켜 그 접합부에 발생되는 미끄러짐을 방지하고, 수평전단력을 부담시키기 위한 연결재이다.
- 스터드, C형강, 나선 철근 등이 있다.

**07** 바닥슬래브와 철골보 사이에 발생하는 전단력에 저항하기 위해 설치하는 것은? [19년 4회]

① 커버 플레이트(Cover Plate)
② 스티프너(Stiffener)
③ 턴버클(Turn Buckle)
④ 쉬어 커넥터(Shear Connector)

[해설]

전단연결재(Shear Connector)
- 합성보에서 바닥슬래브와 강재보를 일체화시켜 그 접합부에 발생되는 미끄러짐을 방지하고, 수평전단력을 부담시키기 위한 연결재이다.
- 스터드, C형강, 나선 철근 등이 있다.

정답  06 ①  07 ④

# 24 접합부설계

## 1 접합부 일반사항

① 접합부에서 계산된 응력보다 큰 응력에 저항하도록 설계하는 것이 원칙이다.
② 접합부의 강도가 모재강도의 75% 이상이 되도록 설계해야 한다.
③ 부재 사이의 응력전달이 확실해야 한다.
④ 가급적 편심이 발생하지 않도록 한다.
⑤ 응력 집중이 없어야 한다.
⑥ 부재의 변형에 따른 영향을 고려해야 한다.
⑦ 잔류응력이나 2차 응력을 일으키지 않아야 한다.

## 2 고력볼트접합

### (1) 고력볼트 이음의 분류

고력볼트 이음에는 마찰이음, 지압이음, 인장이음이 있으며, 그 중 마찰이음을 기본으로 한다.

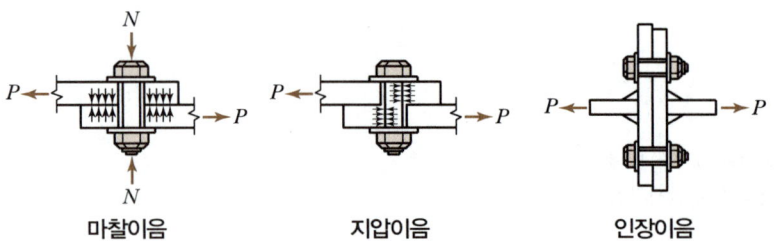

마찰이음 　 지압이음 　 인장이음

- 지압접합에서 전단 또는 인장에 의한 소요응력 값이 설계응력의 20% 이하이면 조합응력의 효과를 무시할 수 있다.

**볼트 연결부의 파괴형태**
- 볼트의 전단파괴, 지압파괴
- 강판(피접합재)의 전단파괴, 지압파괴
- 볼트의 인장파괴, 휨파괴
- 강판(피접합재)의 인장파괴, 연단파괴

**표준볼트구멍($d_b$)의 크기**
- $\phi < 24\text{mm}$ : 경우 $d_b = \phi + 2\text{mm}$
- $\phi \geq 24\text{mm}$ : 경우 $d_b = \phi + 3\text{mm}$
  여기서, $\phi$ : 볼트의 직경

### (2) 연단거리

① 볼트구멍의 중심에서 판의 연단까지의 거리를 말한다.
② 최대 연단거리 : 표면판 또는 형강두께의 12배로 한다. 단, 150mm 이하로 한다.

- 고장력볼트의 구멍중심 간 거리는 공칭 직경의 2.5배 이상으로 한다.

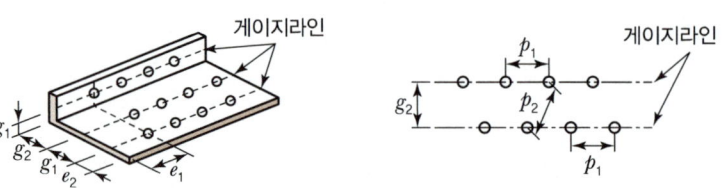

여기서, $e_1$ : 연단거리, $e_2$ : 측단거리, $g_1$, $g_2$ : 게이지, $p_1$, $p_2$ : 피치

**볼트의 게이지 및 피치**

### (3) 고력볼트의 강도

① 설계전단강도

> 설계전단강도 = 강도감소계수 × 공칭전단강도 × 볼트 단면적
> (볼트 1개의 단면적 × 개수)

② 설계볼트장력과 표준볼트장력

| | |
|---|---|
| **설계볼트장력**<br>($T_0$, kN) | 고력볼트의 설계볼트장력은 볼트의 인장강도($F_u$)의 0.7배에 볼트의 유효단면적[공칭단면적($A$)의 0.75배]을 곱한 값이다.<br>$T_0 = (0.7F_u) \times (0.75A)$<br>여기서, $A$ : 공칭단면적, $F_u$ : 인장강도 |
| **표준볼트장력**<br>($N$, kN) | $N = 1.1\,T_0$<br>여기서, $T_0$ : 설계볼트장력 |

**＋ 조임력(Torque) 산정**

$T = k \cdot d_1 \cdot N$

여기서, $k$ : 토크계수(0.11~0.19)
  $d_1$ : 고력볼트 축부의 공칭직경 (mm)
  $N$ : 고력볼트의 축력(표준볼트장력)

# 과년도 기출문제

**01** 고장력볼트접합에 관한 설명으로 옳지 않은 것은?
[22년 1회]

① 유효단면적당 응력이 크며, 피로강도가 작다.
② 강한 조임력으로 너트의 풀림이 생기지 않는다.
③ 응력방향이 바뀌더라도 혼란이 일어나지 않는다.
④ 접합방식에는 마찰접합, 지압접합, 인장접합이 있다.

[해설]
고장력볼트는 유효단면적당 응력이 작으며, 피로강도가 큰 특징을 갖는다.

**02** 강구조에 사용되는 고력볼트 M24 표준구멍의 직경으로 옳은 것은?
[16년 1회, 19년 2회]

① 26mm  ② 27mm
③ 28mm  ④ 30mm

[해설]
M22 이하일 경우는 +2mm, M24 이상일 경우는 +3mm를 하게 된다.
M24이므로 24+3=27mm를 표준구멍 직경으로 한다.

**03** 강구조의 볼트접합에 관한 일반적인 설명으로 옳지 않은 것은?
[16년 2회, 21년 4회]

① 볼트는 가공정밀도에 따라 상볼트, 중볼트, 흑볼트로 나뉜다.
② 볼트 중심 사이의 간격을 게이지라인(Gauge Line)이라고 한다.
③ 게이지라인과 게이지라인과의 거리를 게이지(Gauge)라고 한다.
④ 배치방식은 정렬배치와 엇모배치가 있다.

[해설]
볼트 중심 사이의 간격은 피치(Pitch)라고 한다. 게이지라인(Gauge Line)은 볼트의 중심선을 연결한 선을 의미한다.

**04** 다음 그림과 같은 단순 인장접합부의 강도한계 상태에 따른 고력볼트의 설계전단강도를 구하면? [단, 강재의 재질은 SS275이며 고력볼트는 M22(F10T), 공칭전단강도 $F_{nv}$=500MPa, $\phi$=0.75]
[18년 4회, 21년 2회]

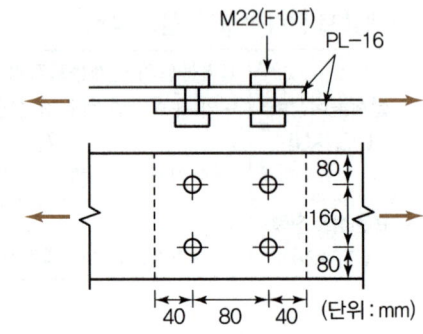

① 500kN  ② 530kN
③ 550kN  ④ 570kN

[해설]
설계전단강도 산출
설계전단강도 = 강도감소계수×공칭전단강도×볼트 단면적(볼트 1개의 단면적×개수)
$= 0.75 \times 500\text{N/mm}^2 \times \dfrac{\pi \times (22\text{mm})^2}{4} \times 4 = 570,199\text{N}$
$= 570\text{kN}$

**05** 고력볼트 F10T(M20) 1면전단일 때 볼트 한 개당 설계전단강도($\phi R_u$)를 구하면?(단, 고력볼트의 $F_u$=1,000MPa, $\phi$=0.75, $F_v$=0.5$F_u$임) [17년 2회]

① 117.8kN  ② 94.2kN
③ 58.8kN   ④ 47.1kN

[해설]
설계전단강도 산출
설계전단강도 = 강도감소계수($\phi$)×공칭전단강도(0.5$F_u$)× 볼트 단면적(볼트 1개의 단면적×개수)
$= 0.75 \times 0.5 \times 1,000\text{N/mm}^2 \times \dfrac{\pi \times (20\text{mm})^2}{4}$
$= 117,809.72\text{N} = 117.8\text{kN}$
※ 별도 개수 조건이 없을 경우에는 1개로 가정하고 계산한다.

정답 01 ① 02 ② 03 ② 04 ④ 05 ①

## 과년도 기출문제

**06** 고력볼트 F10T-M24의 현장시공을 위한 본조임의 조임력(T)은 얼마인가?(단, 토크계수는 0.13, F10T-M24볼트의 설계볼트장력은 200kN이며 표준볼트장력은 설계볼트장력에 10%를 할증한다.) [21년 4회]

① 568,573N·mm
② 686,400N·mm
③ 799,656N·mm
④ 892,638N·mm

[해설]

조임력($T$) 산출

㉠ $T = k \cdot d_1 \cdot N$

여기서, $k$ : 토크계수(0.11~0.19)
$d_1$ : 고력볼트 축부의 공칭직경(mm)
$N$ : 고력볼트의 축력(표준볼트장력)

㉡ 표준볼트장력($N$) 산출
$N = 1.1 T_0 = 1.1 \times 200\text{kN} = 220\text{kN}$

여기서, $T_0$ : 설계볼트장력

∴ $T = k \cdot d_1 \cdot N = 0.13 \times 24 \times 220 = 686.4\text{N} \cdot \text{mm}$

정답 06 ②

# 24 접합부설계

## ❸ 용접접합

### (1) 용접의 주요용어

| 개열(Lamellar Tearing) | 용접금속의 수축에 의한 국부변형으로 발생되는 층상균열이다. |
|---|---|
| 앤드탭(End Tab) | 용접선의 단부에 붙인 보조판으로 아크의 시작부나 종단부의 크레이터 등의 결함을 방지하기 위해 사용하고 용접 후 제거한다. |
| 뒷댐재 | 용접에서 부재의 밑에 대는 금속판으로 모재와 함께 용접된다. |

### (2) 용접이음의 종류

| 홈용접<br>(Groove Welding,<br>그루브용접,<br>맞댐용접) | 부재의 한쪽 또는 양쪽 끝을 용접이 양호하게 될 수 있도록 끝 단면을 비스듬히 절단하여 용접하는 방법이다.<br>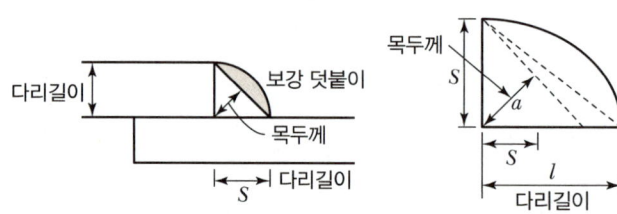 |
|---|---|
| 필렛용접<br>(Fillet Welding,<br>모살용접,<br>겹대기용접) | 2장의 판재를 겹쳐서 목두께의 방향이 모재의 면과 45°가 되게 하는 용접으로, 용접되는 부재의 교차되는 면 사이에 일반적으로 삼각형의 단면이 만들어지며, 전면 또는 측면 필렛용접, T자형, +자형 필렛용접이 있다. |

➕ **엔드탭과 뒷댐재**

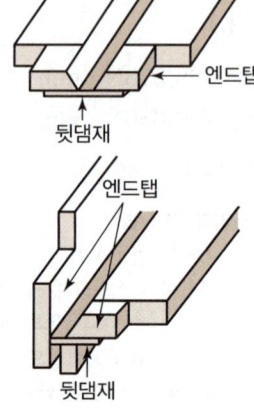

➕ **홈용접 적용 시 유의사항**

- 부분용입용접에서 유효단면에 직교인 장응력이 작용하는 경우, 용접모재의 공칭강도는 용접모재의 공칭강도에 0.6배를 사용한다.
- 맞댐용접을 할 때는 개선 부분을 먼저 용접하고, 백가우징을 한 후 뒤쪽을 용접하거나 백가우징이 어려울 때는 뒷댐재를 대고 용접한다.
- 그루브용접의 유효길이는 접합되는 부분의 폭으로 한다.
- 그루브용접의 유효면적은 용접의 유효길이에 유효목두께를 곱한 것으로 한다.

## (3) 용접부의 강도

| | |
|---|---|
| 유효 목두께(a) | • 정의 : 응력을 전달하는 용접부의 유효두께<br>• 홈용접의 경우 : $a=t$(모재의 두께가 다를 경우 얇은 쪽)<br>• 필렛용접의 경우 : $a=0.7s$ |
| 유효 길이($l_e$) | • 응력의 직각 방향에 투영시킨 거리, 즉 재축에 직각인 접합부분의 폭<br>• 홈용접 : 용접각도에 관계없이 수직길이($l_e = l\sin\theta$)가 유효길이임<br>• 필렛용접의 유효길이는 필렛용접의 총길이(L)에서 필렛사이즈($s$, 용접사이즈, 용접치수, 다리길이)의 2배를 공제함(L−2s) |
| 유효 용접면적 | 유효면적($A$) = 유효목두께($a$) × 유효길이($l$) = $0.7s \times (L-2s)$ |
| 필렛(모살) 용접 치수 | • 2장의 강구조용 판재를 모살용접할 때에는 얇은 쪽 판재를 기준으로 모살용접의 최소사이즈를 설정함<br>• 모살용접의 최소·최대사이즈(치수, mm)<br><br>\| 접합부의 얇은 쪽 모재두께($t$) \| 모살용접의 최소 사이즈 \| 모살용접의 최대 사이즈 \|<br>\|---\|---\|---\|<br>\| $t \leq 6$ \| 3 \| $t<6$mm일 때, $s=t$ \|<br>\| $6<t \leq 13$ \| 5 \| \|<br>\| $13<t \leq 19$ \| 6 \| $t \geq 6$mm일 때, $s=t-2$ \|<br>\| $t>19$ \| 8 \| \| |
| 용접부의 목두께와 유효길이 | ($a=t$) 맞댐(홈)용접의 목두께<br>($a=0.7s$) 필렛(모살)용접의 목두께<br>($l_e = l\sin\theta$) 맞댐(홈)용접의 유효길이<br>($l_e = l-2s$) 필렛(모살)용접의 유효길이 |

# 과년도 기출문제

**01** 강구조에서 용접선 단부에 붙인 보조판으로 아크의 시작이나 종단부의 크레이터 등의 결함을 방지하기 위해 붙이는 판은? [15년 1회, 18년 1회, 20년 4회]

① 스티프너
② 윙플레이트
③ 커버플레이트
④ 엔드탭

[해설]

엔드탭(End Tab)
용접선의 단부에 붙인 보조판으로 아크의 시작부나 종단부의 크레이터 등의 결함을 방지하기 위해 사용하고 용접 후 제거한다.

**02** 강구조 용접에서 용접 개시점과 종료점에 용착금속에 결함이 없도록 임시로 부착하는 것은? [17년 1회]

① 엔드탭(End Tap)
② 오버랩(Overlap)
③ 뒷댐재(Backing Strip)
④ 언더컷(Under Cut)

[해설]

엔드탭(End Tab)
용접선의 단부에 붙인 보조판으로 아크의 시작부나 종단부의 크레이터 등의 결함을 방지하기 위해 사용하고 용접 후 제거한다.

**03** 그루브용접부에서 A와 D 부위의 명칭으로 옳은 것은? [16년 4회]

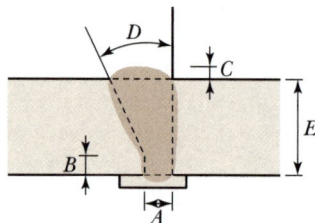

① A : 루트간격, D : 개선각
② A : 루트면, D : 유효목두께
③ A : 루트간격, D : 보강살높이
④ A : 루트면, D : 개선각

[해설]

- A : 루트간격
- B : 루트면
- C : 보강살높이
- D : 개선각

**04** 다음 그림과 같이 용접을 할 때, 용접의 목두께(a)를 구하는 식으로 옳은 것은? [16년 2회]

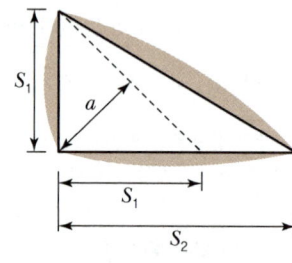

① $a = \sqrt{2S_1}$
② $a = \sqrt{2S_2}$
③ $a = 0.7S_1$
④ $a = 0.7S_2$

[해설]

용접의 목두께(a)는 짧은 변을 기준으로 다음과 같이 산정한다.
$a = 0.7S_1$

**05** 강구조 필릿용접에 관한 설명으로 옳지 않은 것은? [17년 2회]

① 필릿용접의 유효면적은 유효길이에 유효목두께를 곱한 것으로 한다.
② 필릿용접의 유효길이는 필릿용접의 총길이에서 2배의 필릿사이즈를 공제한 값으로 하여야 한다.
③ 필릿용접의 유효목두께는 용접루트로부터 용접표면까지의 최단거리로 한다. 단, 이음면이 직각인 경우에는 필릿사이즈의 $\sqrt{2}$ 배로 한다.
④ 구멍필릿과 슬롯필릿용접의 유효길이는 목두께의 중심을 잇는 용접중심선의 길이로 한다.

[해설]

필릿용접의 유효목두께는 필릿사이즈의 0.7배로 한다.

정답 01 ④  02 ①  03 ①  04 ③  05 ③

## 과년도 기출문제

**06** 다음 그림의 모살용접부의 유효목두께는?
[15년 1회, 19년 1회]

① 4.0mm
② 4.2mm
③ 4.8mm
④ 5.6mm

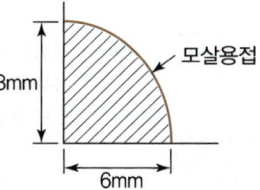

[해설]
유효목두께(a) = 0.7×모살사이즈(s) = 0.7×6 = 4.2mm

**07** 그림과 같은 모살용접의 유효용접길이는?(단, 유효용접길이는 1면에 대해서만 산정)
[20년 3회]

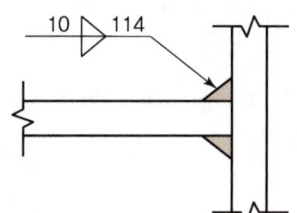

① 10mm    ② 94mm
③ 107mm   ④ 114mm

[해설]
유효용접길이($l_e$) 산출
$l_e = L - 2s = 114 - 2 \times 10 = 94$mm

**08** 다음 그림과 같은 필릿용접부의 유효면적은?
[15년 2회, 17년 4회, 21년 1회]

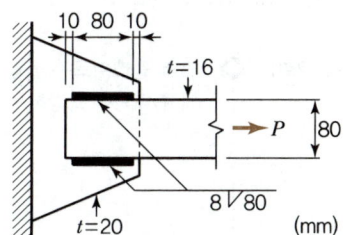

① 614.4mm²    ② 691.2mm²
③ 716.8mm²    ④ 806.4mm²

[해설]
필릿 용접부의 유효면적($A_w$) 산출
$A_w = a \cdot l_e = 0.7s \times (l-2s) = 0.7 \times 8 \times (80-2 \times 8)$
     $= 358.4$mm²
∴ 양면이므로 $358.4 \times 2 = 716.8$mm²

**09** 모살치수 8mm, 용접길이 500mm인 양면모살용접 전체의 유효단면적은 약 얼마인가?
[18년 1회, 20년 4회]

① 2,100mm²    ② 3,221mm²
③ 4,300mm²    ④ 5,421mm²

[해설]
필릿(모살) 용접부의 유효면적($A_w$) 산출
$A_w = a \cdot l_e = 0.7s \times (l-2s) = 0.7 \times 8 \times (500-2 \times 8)$
     $= 2,710.4$mm²
∴ 양면이므로 $2,710.4 \times 2 = 5,420.8 = 5,421$mm²

**10** 다음과 같은 조건에서의 필릿용접의 최소 사이즈는 얼마인가?
[17년 4회, 21년 4회]

| 접합부의 얇은 쪽 모재두께(t), mm |
|---|
| 6 < t ≤ 13 |

① 3mm    ② 5mm
③ 6mm    ④ 8mm

[해설]
모살용접의 최소·최대사이즈(치수, mm)

| 접합부의 얇은 쪽 모재두께($t$) | 모살용접의 최소 사이즈 | 모살용접의 최대 사이즈 |
|---|---|---|
| $t \leq 6$ | 3 | $t < 6$mm일 때, $s=t$ |
| $6 < t \leq 13$ | 5 | |
| $13 < t \leq 9$ | 6 | $t \geq 6$mm일 때, $s=t-2$ |
| $t > 19$ | 8 | |

정답  06 ②  07 ②  08 ③  09 ④  10 ②

# 24 접합부설계

## 4 부재 상대회전각의 특성에 따른 접합방법 분류

| 전단접합<br>(단순접합) | • 보의 단부가 회전저항에 유연하여 모멘트가 전달되지 않는 접합부이다.<br>• 기둥에는 전단력만 전달하고 휨모멘트는 전달하지 못한다.<br>• 일반적으로 전단력에 대해서만 설계한다. |
|---|---|
| 반강접합<br>(부분강접합) | • 부재 단부의 회전저항에 따른 단부모멘트를 발생시킬 수 있는 접합부이다.<br>• 모멘트 저항능력이 20~90% 정도의 접합부이다. |
| 완전강접합 | • 이론적으로 보 단부에서 회전을 허용하지 않고 100%에 가까운 단부모멘트를 기둥 또는 이음부에 전달시키는 접합부이다.<br>• 휨모멘트와 전단력의 조합력에 따라 설계한다.<br>• 용접 후 고력볼트를 체결한 모멘트 접합부에 작용되는 하중은 모두 용접이 부담한다. |

+ • 접합부의 설계강도는 45kN 이상 지지하도록 설계한다. 다만, 연결재, 새그로드 또는 띠장은 제외한다.

## 5 주각부의 설계

① 주각은 기둥의 하중과 모멘트를 기초를 통하여 지지기반에 전달하고, 기초 콘크리트에 지압응력이 잘 분포되도록 베이스플레이트를 둔다.
② 주각의 매입형태 : 고정매입, 가동매입, 나중매입 등
③ 기둥의 응력이 크면 윙플레이트, 접합앵글, 리브 등으로 보강하여 응력을 분산시킨다.
④ 앵커볼트는 기초콘크리트에 매입되어 주각부의 이동을 방지하는 역할을 한다.
⑤ 주각의 구성 : 베이스 플레이트(Base Plate), 윙 플레이트(Wing Plate), 웨브 플레이트(Web Plate), 접합앵글(Clip Angle), 사이드앵글(Side Angle), 리브(Rib), 앵커볼트(Anchor Bolt) 등

+ H형강 기둥의 주각부

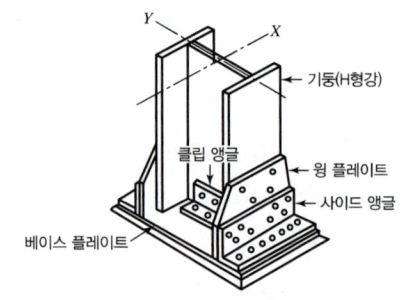

### 개념이해

**01** 철골구조 주각부의 구성요소가 아닌 것은?  [19년 4회, 22년 2회]

① 커버 플레이트
② 앵커볼트
③ 베이스 모르타르
④ 베이스 플레이트

➡ 커버 플레이트는 플랜지 상단에 적용하여 휨내력을 보강하는 부재이다.

답 ①

## 과년도 기출문제

**01** 다음 강구조 접합부 중 회전저항에 유연해서 모멘트를 전달하지 않는 형태로 기둥에 보의 플랜지를 연결하지 않고 웨브만 접합한 형태는? [15년 1회]

① 강접 접합부
② 스플릿 티 모멘트 접합부
③ 전단 접합부
④ 반강접 접합부

[해설]
전단접합(단순접합)
- 보의 단부가 회전저항에 유연하여 모멘트가 전달되지 않는 접합부이다.
- 기둥에는 전단력만 전달하고 휨모멘트는 전달하지 못한다.
- 일반적으로 전단력에 대해서만 설계한다.

**02** 강구조에서 규정된 별도의 설계하중이 없는 경우 접합부의 최소 설계강도 기준은?(단, 연결재, 새그로드 또는 띠장은 제외) [17년 2회]

① 30kN 이상
② 35kN 이상
③ 40kN 이상
④ 45kN 이상

[해설]
접합부의 설계강도는 45kN 이상 지지하도록 설계한다. 다만, 연결재, 새그 로드 또는 띠장은 제외한다.

**03** 강구조 기둥의 주각부에 관한 설명으로 옳지 않은 것은? [17년 4회]

① 기둥의 응력이 크면 윙플레이트, 접합앵글 리브 등으로 보강하여 응력의 분산을 도모한다.
② 앵커볼트는 기초콘크리트에 매입되어 주각부의 이동을 방지하는 역할을 한다.
③ 주각은 조건에 관계없이 고정으로만 가정하여 응력을 산정한다.
④ 축방향력이나 휨모멘트는 베이스플레이트 저면의 압축력이나 앵커볼트의 인장력에 의해 전달된다.

[해설]
주각은 고정매입, 가동매입, 나중매입 등 고정방식만이 아닌 다양한 방식으로 매입하므로 고정으로만 가정하여 응력을 산정하지는 않는다.

**04** 강구조에서 기초콘크리트에 매입되어, 주각부의 이동을 방지하는 역할을 하는 것은? [16년 1회, 22년 1회]

① 턴 버클
② 클립 앵글
③ 앵커 볼트
④ 사이드 앵글

[해설]
앵커 볼트는 강구조를 기초콘크리트에 고정시키는 역할을 하는 것으로서, 기초콘크리트에 매입되어 강성을 통해 주각부의 이동을 방지하게 된다.

**05** 철골주각부에 부착하는 강판으로 사이드앵글을 거쳐서 또는 직접 용접에 의해 기둥으로부터의 응력을 베이스 플레이트에 전달하기 위해 붙이는 판은? [15년 2회]

① 스티프너
② 커버플레이트
③ 윙플레이트
④ 엔드탭

[해설]
① 스티프너 : 웨브의 좌굴방지를 위해 설치하는 보강재이다.
② 커버플레이트 : 플랜지 보강용으로 휨모멘트에 저항한다.
④ 엔드탭 : 용접선의 단부에 붙인 보조판으로 아크의 시작부나 종단부의 크레이터 등의 결함을 방지하기 위해 사용하고 용접 후 제거한다.

**06** 철골조 주각부분에 사용하는 보강재에 해당되지 않는 것은? [18년 4회]

① 윙플레이트
② 데크플레이트
③ 사이드앵글
④ 클립앵글

[해설]
데크플레이트(Deck Plate)는 주로 합성보 또는 합성슬라브 구성시 적용하는 얇은 철골판재이다.

정답 01 ③ 02 ④ 03 ③ 04 ③ 05 ③ 06 ②

# 04 CHAPTER

# 건축설비

ENGINEER ARCHITECTURE

01 환경계획원론
02 전기의 기초
03 조명설비
04 전원 및 배전·배선설비
05 약전설비
06 위생설비 일반사항
07 급수 및 급탕설비
08 배수 및 통기 / 오수정화설비
09 소방시설 / 가스설비
10 공기조화설비 일반사항
11 환기 및 배연설비 / 난방설비
12 공기조화기기 / 공기조화방식
13 승강설비

# 01 환경계획원론

## 1 전열이론

### (1) 온열요소

| 물리적 온열요소 (4요소) | 기온(가장 중요 요소), 습도, 기류, 복사열(주위 벽의 열 방사) |
|---|---|
| 주관적 온열요소 | 착의량(clo : Clothing Quantity), 활동량(Activity, MET), 성별, 나이 등 주관적이고, 개인적인 온열요소 |

### (2) 쾌적도 평가

| 실감온도 (유효온도, 감각온도, ET : Effective Temperature) | 기온(온도), 습도, 기류의 3요소로 공기의 쾌적조건을 표시한 것 |
|---|---|
| 불쾌지수 (DI : Discomfort Index) | • 온습지수의 하나로 생활상 불쾌감을 느끼는 수치를 표시한 것<br>• 불쾌지수(DI) = (건구온도 + 습구온도) × 0.72 + 40.6 |
| 작용온도 (Operative Temperature) | 효과온도라고도 하며, 기온·기류 및 주위벽 복사열 등의 종합적 효과를 나타낸 것으로 쾌적정도 등 체감도를 나타내는 척도로 습도는 고려되지 않음 |
| 등온지수 | 등가온감, 등가온도라고도 하며, 기온·기습·기류에 더하여 복사열의 영향을 포함하여, 이 4개의 인자를 조합하여 온감각(溫感覺)과의 관계를 나타내는 지수 |

### (3) 전열의 표현 및 산출

| 열전도율 | 물체의 고유 성질로, 전도(벽체 내)에 의한 열의 이동정도를 표시한 것(W/mK) |
|---|---|
| 열전달 | 고체 벽과 이에 접하는 공기층과의 전열현상으로, 전도, 대류, 복사가 조합된 상태 (W/m²K) |
| 열저항 | 열저항($R$, m²K/W) = $\dfrac{1}{\text{외표면 열전달률(W/m}^2\text{K)}} + \sum \dfrac{\text{두께(m)}}{\text{열전도율}} + \dfrac{1}{\text{내표면 열전달률(W/m}^2\text{K)}}$ |
| 열관류율 | • 열관류는 열전도와 열전달의 복합형식이다.<br>• 전달 → 전도 → 전달이라는 과정을 거쳐 열이 이동하는 것이다.<br>• 열관류율이 큰 재료일수록 단열성이 좋지 않다.<br>• 열관류율의 역수를 열저항이라 한다.<br>• 벽체의 단열효과는 기밀성 및 두께와 큰 관계가 있다.<br>• 벽체열관류율은 열저항의 합을 구한 후, 그것의 역수를 취해 구한다.<br>열관류율(W/m²K) = $\dfrac{1}{\sum \text{열저항(m}^2\text{K/W)}}$ |
| 열손실량 | $q$(손실열량, W) = $K$(열관류율, W/m²K) × $A$(면적, m²) × $\Delta t$(실내외 온도차, ℃) |

## ② 단열 및 보온계획

| 내단열 | • 구조체를 중심으로 실내측에 단열재를 설치하는 공법이다.<br>• 열교가 발생할 수 있는 부위가 발생할 수 있어 결로에 취약하다.<br>• 구조체의 열용량이 작아, 난방 및 냉방 시 온도 변화가 크다.<br>• 간헐난방에 적합하다. |
|---|---|
| 외단열 | • 구조체를 중심으로 실외측에 단열재를 설치하는 공법이다.<br>• 열교가 차단되어 결로 예방에 효과적이다.<br>• 구조체의 열용량이 커서, 난방 및 냉방 시 온도 변화가 작다.<br>• 지속난방에 적합하다. |

## ③ 결로

| 발생원리 | | 벽체 등의 표면온도가 노점온도보다 낮을 때 발생 |
|---|---|---|
| 원인 | | • 환기의 부족 및 습기의 과다 발생<br>• 실내외 온도 차가 심한 경우<br>• 습기처리 시설이 빈약한 곳에서 주로 발생<br>• 춥고 상대습도가 높은 북향의 벽<br>• 목조 주택 대비 콘크리트 주택이 결로현상에 취약 |
| 방지법 | 표면결로 | • 실내기온을 노점온도 이상으로 올릴 것<br>• 단열 강화, 환기에 의한 절대습도 저하<br>• 실내에 가능한 저온 부분을 만들지 말 것 |
| | 내부결로 | • 실내 발생 수증기 억제<br>• 단열재 시공한 벽의 고온 측에 방습층 설치<br>• 환기에 의한 절대습도 저하<br>• 높은 온도의 난방을 짧게 할 것 |

| 노점<br>온도 | 공기가 포화상태(습도 100%)가 될 때의 온도를 그 공기의 노점온도 |
|---|---|
| 표면<br>결로 | 벽체/창, 유리 등의 표면상 결로 |
| 내부<br>결로 | 벽체 내부에서 발생하는 결로 |

# 01 환경계획원론

## 4 환기의 종류

| 자연<br>환기 | 풍력환기 | 외기의 바람(풍력)에 의한 환기 |
|---|---|---|
| | 중력환기(밀도 차 환기) | 실내외 공기의 온도 차(밀도 차)에 의한 환기 |
| 기계<br>환기 | 1종 환기<br>(급기팬과 배기팬 조합) | 급기와 배기 모두 기계식으로 제어(수술실 등) |
| | 2종 환기<br>(급기팬만 있고, 배기는 자연배기) | • 급기는 기계식, 배기는 자연적으로 배출<br>• 오염공기 침투되면 안 되는 곳 : 클린룸 등 |
| | 3종 환기<br>(환기팬만 있고, 급기는 자연급기) | • 급기는 자연식, 배기는 기계식으로 배출<br>• 실내 오염 공기를 다른 쪽으로 나가지 않게 하는 곳 : 화장실 등 |

**실내공기의 오염척도 및 허용치**
- 실내공기의 오염의 척도는 이산화탄소의 농도로 판단
- 허용치는 이산화탄소 기준 농도 1,000 ppm 이하이다.

## 5 필요환기량 산정

| $CO_2$ 농도를<br>기준으로 한 환기량 | $$Q = \frac{K}{C_i - C_o}$$<br>여기서, $Q$ : 필요환기량(m³/h)<br>　　　　$K$ : 실내에서의 $CO_2$ 발생량(m³/h)<br>　　　　$C_i$ : $CO_2$ 허용농도(m³/m³)<br>　　　　$C_o$ : 외기의 $CO_2$ 농도(m³/m³) |
|---|---|
| 온도(발열량)를<br>기준으로 한 환기량 | $$Q = \frac{H_s}{C_p \cdot \rho(t_0 - t_s)}$$<br>여기서, $Q$ : 필요환기량(m³/h)<br>　　　　$H_s$ : 발열량(현열)(W)<br>　　　　$C_p$ : 공기비열(kJ/kg·K)<br>　　　　$\rho$ : 공기밀도(kg/m³)<br>　　　　$t_0$ : 실내 설정온도(℃)<br>　　　　$t_s$ : 급기온도(℃) |

## 과년도 기출문제

건축 / 기사 / 필기

**01** 온열감각에 영향을 미치는 물리적 온열 4요소에 속하지 않는 것은? [14년 2회, 21년 2회]

① 기온 　② 습도
③ 일사량 　④ 복사열

[해설]

물리적 온열 환경 4요소
기온, 습도, 기류, 복사열

**02** 온열 지표 중 기온, 습도, 기류, 주벽면 온도의 4요소를 조합하여 체감과의 관계를 나타낸 것은?
[14년 1회]

① 작용온도 　② 불쾌지수
③ 등온지수 　④ 유효온도

[해설]

등온지수
등가온감, 등가온도라고도 하며, 기온·기습·기류에 더하여 복사열의 영향을 포함하여, 이 4개의 인자를 조합하여 온감각(溫感覺)과의 관계를 나타내는 지수이다.

**03** 다음과 같은 벽체의 열관류율은? [16년 2회]

[조건]
㉠ 내표면 열전달률 : $8W/m^2 \cdot K$
㉡ 외표면 열전달률 : $20W/m^2 \cdot K$
㉢ 재료의 열전도율 : • 콘크리트 : $1.2W/m \cdot K$
　　　　　　　　　• 유리면 : $0.036W/m \cdot K$
　　　　　　　　　• 타일 : $1.1W/m \cdot K$

① 약 $0.90W/m^2 \cdot K$ 　② 약 $1.05W/m^2 \cdot K$
③ 약 $1.20W/m^2 \cdot K$ 　④ 약 $1.35W/m^2 \cdot K$

[해설]

벽체열관류율은 열저항의 합을 구한 후, 그것의 역수를 취해 구한다.
열저항(R, $m^2K/W$)

$$= \frac{1}{외표면열전달률(W/m^2K)} + \Sigma \frac{두께(m)}{열전도율}$$

$$+ \frac{1}{내표면열전달률(W/m^2K)}$$

$$= \frac{1}{20} + \frac{0.25}{1.2} + \frac{0.02}{0.036} + \frac{0.01}{1.1} + \frac{1}{8} = 0.948$$

열관류율($W/m^2K$)

$$= \frac{1}{열저항(m^2K/W)} = \frac{1}{0.948} ≒ 1.05$$

**04** 의복의 단열성을 나타내는 단위로서, 그 값이 클수록 인체에서 발생되는 열이 주위 공기로 적게 발산되는 것을 의미하는 것은? [13년 2회]

① clo 　② dB
③ NC 　④ MRT

[해설]

clo
의복의 열저항치를 나타낸 것으로 1clo의 보온력이란 온도 21.2℃, 습도 50% 이하, 기류 0.1m/s의 실내에서 의자에 앉아 안정하고 있는 성인남자가 쾌적하면서 평균피부온도가 33℃로 유지할 수 있는 착의의 보온력을 말한다.

**05** 불쾌지수의 결정 요소로만 구성된 것은?
[15년 1회]

① 기온, 습도 　② 습도, 기류
③ 기류, 복사열 　④ 기온, 복사열

[해설]

불쾌지수(Discomfort Index)
DI = 0.72 (t + t') + 40.6
여기서 t는 건구온도, t'는 습구온도로서, 기온과 습도를 고려하여 사람의 온열환경 중 특히 불쾌정도를 판단하는 수치이다.

**06** 실내열환경지표 중 공기의 습도가 고려되지 않은 것은? [17년 2회]

① 작용온도 　② 유효온도
③ 등온지수 　④ 신유효온도

정답 01 ③ 02 ③ 03 ② 04 ① 05 ① 06 ①

**[해설]**

작용온도(Operative Temperature)
효과온도라고도 하며, 기온·기류 및 주위벽 복사열 등의 종합적 효과를 나타낸 것으로 쾌적정도 등 체감도를 나타내는 척도이다. 습도는 고려되지 않는다.

**07** 벽체를 구성하는 재료의 열전도율 단위로 옳은 것은?
[13년 2회]

① W/m·K
② W/m·h
③ W/m·h·K
④ W/m²·K

**[해설]**

열전도율의 단위는 W/m·K이며, 열관류율의 단위는 W/m²·K이다.

**08** 벽체의 열관류율 계산에 고려되지 않는 것은?
[16년 1회]

① 실내복사열
② 재료의 두께
③ 공기층의 열저항
④ 재료의 열전도율

**[해설]**

벽체의 열관류율 계산 시에는 재료의 두께, 열전도율, 공기의 열저항, 벽체의 표면열전달율 등이 들어가게 된다. 열관류율 계산 시 실내복사에 의한 부분은 반영되지 않는다.

**09** 건축물의 단열계획에 관한 설명으로 옳지 않은 것은?
[15년 4회, 19년 4회]

① 외벽 부위는 내단열로 시공한다.
② 열손실이 많은 북측 거실의 창 및 문의 면적을 최소화한다.
③ 외피의 모서리 부분은 열교가 발생하지 않도록 단열재를 연속적으로 설치한다.
④ 발코니 확장을 하는 공동주택에는 단열성이 우수한 로이(Low-E) 복층창이나 삼중창 이상의 단열성능을 갖는 창을 설치한다.

**[해설]**

열교 현상을 최소화하여 결로 예방 및 난방 부하 절감을 하기 위해, 외벽 부위는 외단열로 시공하여야 한다.

**10** 다음 중 겨울철 실내 유리창 표면에 발생하기 쉬운 결로의 방지 방법과 가장 거리가 먼 것은?
[13년 2회, 20년 4회]

① 실내 공기의 움직임을 억제한다.
② 실내에서 발생하는 수증기를 억제한다.
③ 이중 유리로 하여 유리창의 단열 성능을 높인다.
④ 난방 기기를 이용하여 유리창 표면 온도를 높인다.

**[해설]**

겨울철 결로를 예방하기 위해서는, 환기 등을 통해 낮은 습도를 가진 실외 공기를 유입하여, 실내 공기와 외기를 순환(움직임을 촉진)시킬 필요가 있다.

**11** 표면 결로의 방지 대책으로 옳지 않은 것은?
[14년 4회]

① 실내에서 발생하는 수증기를 억제한다.
② 환기에 의해 실내 절대습도를 상승시킨다.
③ 단열 강화에 의해 실내측 표면 온도를 상승시킨다.
④ 직접 가열에 의해 실내측 표면 온도를 상승시킨다.

**[해설]**

표면 결로 방지를 위하여 환기를 통해 절대습도를 낮추어야 한다.

**12** 이산화탄소의 실내공기질 유지기준으로 옳은 것은?(단, 다중이용시설 중 실내주차장의 경우)
[15년 4회]

① 200ppm 이하
② 500ppm 이하
③ 1,000ppm 이하
④ 2,000ppm 이하

**정답** 07 ① 08 ① 09 ① 10 ① 11 ② 12 ③

## 과년도 기출문제

건축 / 기사 / 필기

[해설]
다중이용시설 중 실내주차장 뿐만 아니라, 다중이용시설 전 부분에서 이산화탄소의 실내공기질 유지기준은 1,000ppm 이하이다.

**13** 실내에 4,500W를 발열하고 있는 기기가 있다. 이 기기의 발열로 인해 실내 온도 상승이 생기지 않도록 환기를 하려고 할 때, 필요한 최소 환기량은? (단, 공기의 밀도는 1.2kg/m³, 비열은 1.01kJ/kgK, 실내 온도는 20℃, 외기 온도는 0℃이다.)

[14년 1회]

① 약 452m³/h  ② 약 668m³/h
③ 약 856m³/h  ④ 약 928m³/h

[해설]

$$Q = \frac{q}{\rho C p \Delta t}$$

여기서 $Q$ : 필요환기량(m³/h)
$q$ : 실내 발열량(kJ/h)
$\rho$ : 공기의 밀도 1.2kg/m³
$Cp$ : 공기의 정압 비열 1.01kJ/kgK
$\Delta t$ : 실내외 외기(환기) 온도차(℃)

$$Q = \frac{4,500 \times 3,600}{1,000 \times 1.2 \times 1.01 \times (20-0)} = 668.317(m^3/h)$$

**14** 실내공기의 탄산가스 함유량을 0.1%로 유지하는데 필요한 환기량은?(단, 실내발생 탄산가스량은 51L/h, 외기의 탄산가스 함유량은 0.03%이다)

[16년 1회]

① 약 23m³/h  ② 약 35m³/h
③ 약 43m³/h  ④ 약 73m³/h

[해설]

$Q$(필요환기량, m³/h) = $\dfrac{CO_2 \text{ 발생량}(m^3)}{C_i(\text{실내 허용 } CO_2 \text{ 농도}) - C_O(\text{신선 외기} CO_2 \text{농도})}$

$= \dfrac{0.051}{0.001 - 0.0003} = 72.86$

$≒ 73(m^3/h)$

정답 13 ②  14 ④

## 01 환경계획원론

### 6 음압세기레벨(Sound Intensity Level : IL)

음압세기레벨은 기준음의 세기에 대한 음의 세기정도를 대수로써 표시한 것이다.

$$IL = 10\log\frac{I}{I_0}$$

여기서, $I$ : 음의 세기(W/m²), $I_0$ : 기준음의 세기(W/m²)

### 7 잔향이론

① 음원을 정지시킨 후에도 일정시간 동안 실내에 소리가 남는 현상이다.
② 잔향시간은 실내음의 발생을 중지시킨 후 60dB까지 감소하는 데 소요되는 시간이다.
③ 잔향시간은 실의 형태와 무관하다.
④ 실의 용적이 크면 클수록 잔향시간이 길다.
⑤ 천장과 벽의 흡음력을 크게 하면 잔향시간을 짧게 할 수 있다.
⑥ 강연장 등 청취가 중요한 곳은 잔향시간을 짧게 하여 음성의 명료도를 높이고, 오케스트라 등이 펼쳐지는 음악공연장의 경우 잔향시간을 길게 하여 음질을 높이는 것이 좋다.

### 8 흡음과 차음

| | |
|---|---|
| 흡음 | 음의 입사에너지와 재료표면에 흡수된 에너지와의 비율인 흡음률로서 흡음의 정도가 계산되며, 흡음이 잘 되는 건축재료를 쓸 경우 잔향 등이 최소화되어 실내 음환경 개선에 도움이 된다. |
| 차음 | 중량의 구조체 등을 사용하여, 음을 반사·차단하는 것으로서, 이중벽, 두께가 두꺼운 중량벽, 밀도가 높은 벽 등을 사용한다. |

**＋ 흡음재료의 종류**

| | |
|---|---|
| 다공성 흡음재료 | • 암면, 석면, 글라스울 등이 있다.<br>• 소리가 작은 구멍 속에서 마찰, 진동 등에 의해 소멸된다.<br>• 다공성 흡음재료는 단열재의 역할까지 복합적으로 하게 된다. |
| 판진동 흡음재료 | • 합판, 하드보드, 플렉시블 보드 등이 있다.<br>• 소리에너지가 판의 운동에너지로 바뀌면서 흡음된다. |
| 공명성 흡음재료 | 합판, 금속판 등에 구멍을 뚫어 구멍부분에서 진동과 마찰 등에 의해 소리가 소멸된다. |

### 9 음 관련 주요 용어

| | |
|---|---|
| 반향<br>(Echo) | 음원에서 나온 음파가 물체 등에 부딪혀 반사된 후 다시 관찰자에게 들리는 현상으로 잔향이라고도 함 |
| 간섭 | 서로 다른 음원 사이에서 중첩, 합성되어 음의 쌍방의 조건에 따라 강해지고 약해지는 현상 |
| 회절 | 음의 진행을 가로막고 있는 것을 타고 넘어가 후면으로 전달되는 현상 |

## 과년도 기출문제

**01** 음의 세기가 $10^{-9}$W/m²일 때 음의 세기 레벨은? (단, 기준음의 세기 $I_0 = 10^{-12}$W/m²이다.) [15년 2회, 21년 1회]

① 3dB
② 30dB
③ 0.3dB
④ 0.03dB

[해설]

$$IL = 10\log\frac{I}{I_0} = 10\log\frac{10^{-9}}{10^{-12}} = 10\log 10^3 = 30\text{dB}$$

여기서, $I$ : 음의 세기(W/m²)
$I_0$ : 기준음의 세기(W/m²)

**02** 다음 중 건축물 실내공간의 잔향시간에 가장 큰 영향을 주는 것은? [18년 4회, 21년 2회, 22년 1회]

① 실의 용적
② 음원의 위치
③ 벽체의 두께
④ 음원의 음압

[해설]

**잔향이론**
- 음원을 정지시킨 후 일정시간 동안 실내에 소리가 남는 현상
- 잔향시간은 실내음의 발생을 중지시킨 후 60dB까지 감소하는데 소요되는 시간
- 잔향시간은 실의 형태와는 무관하며, 실의 용적에 밀접한 관계가 있으며 실의 용적이 클수록 길어짐
- 천장과 벽의 흡음력을 크게 하면 잔향시간을 짧게 할 수 있음
- 강연장 등 청취가 중요한 곳은 잔향시간을 짧게 하여 음성의 명료도를 높이고, 오케스트라 등이 펼쳐지는 음악 공연장의 경우 잔향시간을 길게하여 음질을 높이는 것이 좋음

**03** 실내 음환경의 잔향시간에 관한 설명으로 옳은 것은? [22년 2회]

① 실의 흡음력이 높을수록 잔향시간은 길어진다.
② 잔향시간을 길게 하기 위해서는 실내공간의 용적을 작게 하여야 한다.
③ 잔향시간은 음향청취를 목적으로 하는 공간이 음성전달을 목적으로 하는 공간보다 짧아야 한다.
④ 잔향시간은 실내가 확장음장이라고 가정하여 구해진 개념으로 원리적으로는 음원이나 수음점의 위치에 상관없이 일정하다.

[해설]

잔향시간은 실내가 확장음장(확산음장)이라고 가정하여 구해진 개념이다. 원리적으로 잔향시간의 값은 음원이나 수음점의 위치, 실의 형상, 흡음재의 배치 등에 의하지 않고 일정하게 된다.
① 실의 흡음력이 높을수록 잔향시간은 짧아진다.
② 잔향시간을 길게 하기 위해서는 실내공간의 용적을 크게 하여야 한다.
③ 잔향시간은 음향청취를 목적으로 하는 공간이 음성전달을 목적으로 하는 공간보다 길어야 한다.

**04** 흡음 및 차음에 관한 설명으로 옳지 않은 것은? [16년 4회, 20년 1·2회 통합]

① 벽의 차음성능은 투과손실이 클수록 높다.
② 차음성능이 높은 재료는 흡음성능도 높다.
③ 벽의 차음성능은 사용재료의 면밀도에 크게 영향을 받는다.
④ 벽의 차음성능은 동일 재료에서도 두께와 시공법에 따라 다르다.

[해설]

차음은 음을 차단하는 것으로서, 주로 밀도가 높은 중량 구조물의 형태가 많고, 흡음은 음을 흡수하는 것으로서, 다공질을 띠고 있는 저항형 단열재를 많이 사용하고 있다.
차음은 음의 반사, 흡음은 흠의 흡수를 주로 하므로 차음이 커질 경우 흡수량이 줄어들 가능성이 높다.

**정답** 01 ② 02 ① 03 ④ 04 ②

# 02 전기의 기초

## 1 전압 크기별 구분

| 구분 | 교류 | 직류 |
|---|---|---|
| 저압 | 1,000V 이하 | 1,500V 이하 |
| 고압 | 1,000V 초과 7,000V 이하 | 1,500V 초과 7,000V 이하 |
| 특고압 | 7,000V 초과 ||

## 2 저항의 연결방식에 다른 합

| 직렬연결 | $R(총저항) = R_1 + R_2 + \cdots + R_n$ |
|---|---|
| 병렬연결 | $R(총저항) = \dfrac{1}{\left(\dfrac{1}{R_1} + \dfrac{1}{R_2} + \cdots + \dfrac{1}{R_n}\right)}$ |

## 3 기초 법칙

| 옴의 법칙 | • 옴의 법칙은 전압·전류·저항 간의 관계를 나타낸 것이다.<br>• 도체 내의 두 점 사이를 흐르는 전류의 세기는 두 점 간의 전압에 비례하고 두 점 간의 저항에 반비례한다는 것을 식으로 나타낸 것이다.<br>$$I = \dfrac{V}{R}$$<br>여기서, $I$ : 전류(A), $V$ : 전압(V), $R$ : 저항(Ω) ||
|---|---|---|
| 키르히호프의 법칙<br>(Kirchhoff's law) | 제1법칙<br>(전류평형의 법칙) | • 전기회로의 어느 접속점에서도 접속점에 유입하는 전류의 합은 유출하는 전류의 합과 같다.<br>• 유입하는 전류의 합 = 유출하는 전류의 합 |
| | 제2법칙<br>(전압평형의 법칙) | • 전기회로의 기전력의 합은 전기회로에 포함된 저항 등에서 발생하는 전압강하의 합과 같다.<br>• 기전력의 합 = 전압강하의 합 |

**＋ 발전기와 전동기**

| 발전기 | • 기계적 에너지를 전기적 에너지로 만드는 것<br>• 적용원리 : 플레밍의 오른손의 법칙 |
|---|---|
| 전동기 | • 전기적 에너지를 기계적 에너지로 만드는 것<br>• 적용원리 : 플레밍의 왼손 법칙 |

## 4 전력과 전력량

| 전력 | 개념 | 전력이란 전류가 단위시간에 하는 일의 양, 또는 단위시간 동안에 전송되는 전기에너지 |
|---|---|---|
| | 소비전력($P$)의 산출 | $P = \dfrac{V^2}{R}$ |
| 전력량 | 개념 | 전류가 어떤 시간 내에 행한 일의 총량 |
| | 산출식 | 전력량[Wh] = 전력[W] × 시간[h] |

# 과년도 기출문제

건축 / 기사 / 필기

**01** 220V, 200W 전열기를 110V에서 사용하였을 경우 소비 전력은? [14년 4회, 21년 4회]

① 50W
② 100W
③ 200W
④ 400W

[해설]

220V, 200W 전열기에서 저항을 구한 후, 소비전력을 산출하는 문제이다.
㉠ 저항 산출
$P = \dfrac{V^2}{R} \Leftrightarrow R = \dfrac{V^2}{P} = \dfrac{220^2}{200} = 242\,\Omega$
㉡ 소비전력 산출
$P = \dfrac{V^2}{R} = \dfrac{110^2}{242} = 50\,W$

**02** 전기설비의 전압구분에서 저압 기준으로 옳은 것은? [18년 1회 문제변형]

① 직류 400V 이하, 교류 400V 이하
② 직류 600V 이하, 교류 600V 이하
③ 직류 750V 이하, 교류 750V 이하
④ 직류 1,500V 이하, 교류 1,000V 이하

[해설]

전압의 분류

| 구분 | 교류 | 직류 |
|---|---|---|
| 저압 | 1,000V 이하 | 1,500V 이하 |
| 고압 | 1,000V 초과 7,000V 이하 | 1,500V 초과 7,000V 이하 |
| 특고압 | 7,000V 초과 | |

**03** 전기설비의 전압 구분에서 고압의 범위 기준으로 옳은 것은?(단, 교류의 경우) [16년 1회 문제변형]

① 300V 이상
② 600V 이상
③ 1,000V 초과 7,000V 이하
④ 1,500V 초과 7,000V 이하

[해설]

2번 해설 참고

**04** 10Ω의 저항 0개를 직렬로 접속할 때의 합성저항은 병렬로 접속할 때의 합성저항의 몇 배가 되는가? [16년 1회, 22년 1회]

① 5배
② 10배
③ 50배
④ 100배

[해설]

저항의 연결 방식에 따른 합
㉠ 직렬연결 : $R(총저항) = R_1 + R_2 + \ldots + R_{10} = 100\,\Omega$
㉡ 병렬연결 : $R(총저항) = \dfrac{1}{\left(\dfrac{1}{R_1} + \dfrac{1}{R_2} + \ldots + \dfrac{1}{R_{10}}\right)} = 1\,\Omega$

∴ 직렬연결과 병렬연결시의 저항의 비는 100배이다.

**05** 전기에 관한 기초사항으로 옳지 않은 것은? [15년 2회]

① 전류는 발열작용, 화학작용, 자기작용을 한다.
② 병렬회로에서는 각각의 저항에 흐르는 전류의 값이 같다.
③ 오옴(Ohm)의 법칙은 전압, 전류, 저항 사이의 규칙적인 관계를 나타낸다.
④ 1W란 전압이 1V일 때 1A의 전류가 1s 동안에 하는 일을 말한다.

[해설]

병렬회로에서는 각각의 저항에 흐르는 전압의 값이 같으며, 직렬회로에서는 각각의 저항에 흐르는 전류의 값이 같다.

**06** 발전기에 적용되는 법칙으로 유도기전력의 방향을 알기 위하여 사용되는 법칙은? [22년 2회]

① 오옴의 법칙
② 키르히호프의 법칙
③ 플레밍의 왼손의 법칙
④ 플레밍의 오른손의 법칙

[해설]

• 발전기의 원리 : 플레밍의 오른손의 법칙
• 전동기의 원리 : 플레밍의 왼손 법칙

정답 01 ① 02 ④ 03 ③ 04 ④ 05 ② 06 ④

# 03 조명설비

## 1 빛의 단위

| 구분 | 단위 | 내용 |
|---|---|---|
| 광속($F$) | 루멘(lm) | 복사에너지를 눈으로 보아 빛으로 느끼는 크기로 나타낸 것으로 광원으로부터 발산되는 빛의 양이다. |
| 광도($I$) | 칸델라(cd) | 광원에서 어떤 방향에 대한 단위입체각당 발산되는 광속으로서 광원의 능력을 나타내며, 빛의 세기라고도 한다. |
| 조도($E$) | 럭스(lx) | • 어떤 면의 단위면적당의 입사 광속으로서 피조면의 밝기를 나타낸다.<br>• 조도는 광도에 비례하고 거리의 제곱에 반비례한다. |
| 휘도($B$) | 니트(nt) | 광원의 임의의 방향에서 본 단위투영면적당의 광도로서 광원의 빛나는 정도이며, 눈부심의 정도라고도 한다. |
| 광속발산도($R$) | 레들럭스(rlx) | 광원의 단위면적으로부터 발산하는 광속으로서 광원 혹은 물체의 밝기를 나타낸다. |

**+ 연색평가지수(Ra)**
- 자연의 태양광과의 유사 정도를 판단하는 연색성을 수치화, 계량화 한 것
- 연색평가지수는 0~100 범위의 수치를 가지며, 100에 가까울수록 연색성이 좋다고 한다.

## 2 광속의 계산(조명 개수의 계산 등)

$$F = \frac{E \times A \times D}{N \times U} = \frac{E \times A}{N \times U \times M} \text{(lm)}$$

여기서, $F$ : 램프 1개당의 전광속(lm)
$E$ : 요구하는 조도(lx)
$A$ : 조명하는 실내의 면적(m²)
$D$ : 감광보상률$\left(=\frac{1}{M}\right)$
$N$ : 필요로 하는 램프 개수
$U$ : 기구의 그 실내에서의 조명률
$M$ : 램프감광과 오손에 대한 보수율(유지율)

**+ 조명설계 순서**
소요조도 결정 → 전등 종류 결정 → 조명방식 및 조명기구 선정 → 광속의 계산 → 광원의 크기와 배치

### 개념이해

**01** 작업면의 필요조도가 400lx, 면적이 10m², 전등 1개의 광속이 2,000 lm, 감광 보상률이 1.5, 조명률이 0.6일 때 전등의 소요 수량은? [17년 4회]

① 3등  ② 5등
③ 8등  ④ 10등

소요 전등의 수($N$)

$\dfrac{E(\text{조도}) \cdot A(\text{면적}) \cdot D(\text{감광보상률})}{F(\text{램프1개의 광속}) \cdot U(\text{조명률})}$

$= \dfrac{400 \times 10 \times 1.5}{2000 \times 0.6} = 5$개

답 ②

## 3 광원의 종류

| 백열등(전구) | • 일반적으로 휘도가 높고 열의 발산이 많음<br>• 온도가 높을수록 주광색에 가까움 | |
|---|---|---|
| 형광등 | • 점등장치를 필요로 하며, 광질이 좋고 고효율로서 경제적임<br>• 백열등 전구보다 최대 10배 정도 수명이 긺 | |
| 고압방전등<br>(HID, High Intensity Discharge Lamp) | 수은등 | • 휘도는 높으나 연색성은 나쁨<br>• 점등 시 약 10분의 시간이 소요 |
| | 고압<br>나트륨등 | • 효율은 높지만 색온도가 낮아서(2,050K) 연색성이 좋지 않음<br>• 경제적이므로 도로, 광장 등의 옥외조명에 사용 |
| | 메탈<br>할라이드등 | • 고압 수은램프보다 효율과 연색성이 우수하고, 옥외조명(운동장, 경기장) 및 옥내 고천장조명에 적합<br>• 시동과 재시동에 시간이 소요(5~10분) |
| 할로겐전구 | • 별도의 점등장치가 필요치 않음<br>• 수명이 백열전구에 비해 2배 긺<br>• 단위 광속이 크고 휘도가 높고 연색성이 좋음<br>• 온도가 높음(베이스로 세라믹을 사용)<br>• 흑화가 거의 발생하지 않음 | |
| 무전극형광램프 | 광속의 안정성도 빠르며, 연색성과 효율도 좋음 | |
| LED램프 | • 전체 광효율이 높고 에너지 절감효과가 커 각광<br>• 소비전력이 백열등 및 형광등에 비해 낮음<br>• 수명(5만~10만 시간)이 길고, 깜박거리는 현상과 필라멘트가 끊어지는 현상이 없음 | |

### 개념이해

**01** 조명설비의 광원 중 할로겐램프에 관한 설명으로 옳지 않은 것은?

[20년 1·2회 통합]

① 휘도가 낮다.
② 백열전구에 비해 수명이 길다.
③ 연색성이 좋고 설치가 용이하다.
④ 흑화가 거의 일어나지 않고 광속이나 색온도의 저하가 극히 적다.

○ 할로겐램프는 휘도가 높고 연색성이 좋은 특징을 갖는다.

답 ①

# 과년도 기출문제

**01** 다음은 조명설비와 관련된 용어에 관한 설명이다. ( ) 안에 알맞은 내용은? [14년 2회]

> 어떤 물체에 광속이 투사되면 그 면은 밝게 비추어진다. 그 광원에 의해 비춰진 면의 밝기 정도를 ( )라 하며 단위는 럭스[lx]이다.

① 광도
② 휘도
③ 조도
④ 광속발산도

[해설]

① 광도 : 광원에서 어떤 방향에 대한 단위입체각당 발산되는 광속으로서 광원의 능력을 나타내며, 빛의 세기라고도 함
② 휘도 : 빛을 받는 반사 면에서 나오는 광도의 면적으로서, 눈부심의 정도로 이해하는 것이 좋음
④ 광속 발산도 : 어떤 물체의 표면으로부터 방사되는 광속 밀도

**02** 광속이 2,000lm인 백열 전구로부터 2m 떨어진 책상에서 조도를 측정하였더니 200lx이다. 이 책상을 백열 전구로부터 4m 떨어진 곳에 놓고 측정하였을 때 조도는? [14년 4회, 17년 4회]

① 50lx
② 100lx
③ 150lx
④ 200lx

[해설]

조도는 광도에 비례하고, 거리의 제곱에 반비례한다.
$$조도(E) = \frac{광도(I)}{거리(D)^2}$$
이에 광원과의 거리가 2m → 4m로 2배 멀어졌기 때문에 조도는 1/4배(200lx → 50lx)로 감소하게 된다.

**03** 어느 점광원에서 1m 떨어진 곳의 직각면 조도가 200lx일 때, 이 광원에서 2m 떨어진 곳의 직각면 조도는? [16년 4회, 17년 1회, 20년 3회, 21년 2회]

① 25lx
② 50lx
③ 100lx
④ 200lx

[해설]

조도는 광도에 비례하고, 거리의 제곱에 반비례 한다.
$$조도(E) = \frac{광도(I)}{거리(D)^2}$$
이에 광원과의 거리가 1m → 2m로 2배 멀어졌기 때문에 조도는 1/4배(200lx → 50lx)로 감소하게 된다.

**04** 조명설비에서 연색성에 관한 설명으로 옳지 않은 것은? [16년 2회]

① 평균 연색평가수(Ra)가 0에 가까울수록 연색성이 좋다.
② 일반적으로 할로겐전구가 고압수은램프보다 연색성이 좋다.
③ 연색성이란 물체가 광원에 의하여 조명될 때, 그 물체의 색의 보임을 정하는 광원의 성질을 말한다.
④ 평균 연색평가수(Ra)란 많은 물체의 대표색으로서 7종류의 시험색을 사용하여 그 평균값으로부터 구한 것이다.

[해설]

**연색평가지수(Ra)**
- 자연의 태양광과의 유사 정도를 판단하는 연색성을 수치화, 계량화 한 것
- 연색평가지수는 0∼100 범위의 수치를 가지며, 100에 가까울수록 연색성이 좋다고 한다.

**05** 평균 조도의 계산과 관련하여, 면적을 $A$, 사용 램프의 전광속을 $F$, 조명률을 $U$, 보수율을 $M$, 평균 조도를 $E$라고 할 때 성립하는 식은? [16년 1회]

① $E = \dfrac{F \times U \times A}{M}$
② $E = \dfrac{F \times U \times M}{A}$
③ $E = \dfrac{E \times U}{A \times M}$
④ $E = \dfrac{A \times M}{F \times U}$

[해설]

일반적으로 평균 조도를 구하는 식은 다음과 같이 두 가지로 나눌 수 있다.

정답 01 ③ 02 ① 03 ② 04 ① 05 ②

# 과년도 기출문제

건축 / 기사 / 필기

㉠ 감광보상률($D$)이 주어질 경우

평균 조도($E$) = $\dfrac{F \cdot U}{A \cdot D}$

㉡ 보수율($M$)이 주어질 경우

평균 조도($E$) = $\dfrac{F \cdot U \cdot M}{A}$

• 감광보상률($D$)과 보수율($M$)은 역수의 관계 $\left(D = \dfrac{1}{M}\right)$에 있음에 유의하여 문제를 풀어야 한다.

**06** 바닥면적이 50m²인 사무실이 있다. 32W 형광등 20개를 균등하게 배치할 때 사무실의 평균 조도는?(단, 형광등 1개의 광속은 3,300lm, 조명율은 0.5, 보수율은 0.76이다.) [21년 1회]

① 약 350lx  ② 약 400lx
④ 약 450lx  ④ 약 500lx

[해설]

$E$(조도)

$= \dfrac{F(광속) \times U(조명률) \times M(보수율) \times N(전등개수)}{A(사무실 면적)}$

$= \dfrac{3,300 \times 0.5 \times 0.76 \times 20}{50} = 501.6 \text{lx}$

∴ 약 500lx

**07** 다음과 같은 조건에서 사무실의 평균조도를 800 lx로 설계하고자 할 경우, 광원의 필요수량은? [18년 2회]

- 광원 1개의 광속 : 2,000lm
- 실의 면적 : 10m²
- 감광 보상률 : 1.5
- 조명률 : 0.6

① 3개  ② 5개
③ 8개  ④ 10개

[해설]

소요 전등의 수($N$)

$= \dfrac{E(조도) \cdot A(면적) \cdot D(감광보상률)}{F(램프1개의 광속) \cdot U(조명률)}$

$= \dfrac{800 \times 10 \times 1.5}{2,000 \times 0.6} = 10$개

**08** 면적이 100m²인 어느 강당의 야간 소요 평균 조도가 300lx이다. 1개당 광속이 2,000lm인 형광등을 사용할 경우 소요 형광등 수는?(단, 조명률은 60%이고 감광보상률은 1.5이다.) [20년 4회]

① 25개  ② 29개
③ 34개  ④ 38개

[해설]

소요 전등의 수($N$)

$\dfrac{E(조도) \cdot A(면적) \cdot D(감광보상률)}{F(램프1개의 광속) \cdot U(조명률)}$

$= \dfrac{300 \times 10 \times 1.5}{2000 \times 0.6} = 37.5 = 38$개

정답  06 ④  07 ④  08 ④

# 03 조명설비

## 4 조명방식

### (1) 배광(配光)에 따른 분류

| 직접조명 | • 조명방식 중 가장 간단하고 적은 전력으로 높은 조도를 얻을 수 있으나, 방 전체의 균일한 조도를 얻기 어렵고 물체에 강한 음영(陰影)이 생기므로 눈이 쉽게 피로해진다.<br>• 공장이나 사무실에 적합하다. |
|---|---|
| 간접조명 | • 광원으로부터의 빛을 천장이나 벽에 반사시켜 산광으로써 피조명물을 비추도록 한 것이다.<br>• 조명효율은 떨어지지만 음영이 부드럽고 균일한 조도를 얻을 수 있으며, 현휘(눈부심)가 발생되지 않고, 안정된 분위기를 유지할 수 있다.<br>• 중역실, 호텔의 로비 등에 적합하다. |
| 반직접·<br>반간접 조명 | 직접조명과 간접조명의 장점만을 채택한 조명이다. |

### (2) 배치에 따른 분류

| 전반<br>조명방식 | • 하나의 실내 전체를 고른 조도로 조명하는 것을 목적으로 한다.<br>• 계획과 설치가 용이하고, 책상의 배치나 작업대상물이 바뀌어도 대응이 용이하다. |
|---|---|
| 국부<br>조명방식 | • 실내에서 각 구역별 필요 조도에 따라 부분적 또는 국소적으로 설치하는 방식이다.<br>• 하나의 실에서 밝고 어둠의 차가 크기 때문에 눈이 쉽게 피로해지는 결점이 있다.<br>• 조명기구를 작업대에 직접 설치하거나 작업부의 천장에 매다는 형태이다. |
| 전반 국부<br>조명방식 | • 넓은 실내공간에서 각 구역별 작업성이나 활동영역을 고려하여 실 전체에 비교적 낮은 조도의 전반조명을 한 다음, 세밀한 작업을 하는 구역에는 고조도로 조명하는 방식이다.<br>• 조도의 변화를 작게 하여 명시효과를 높이기 위한 것이다.<br>• 정밀공장, 실험실, 조립 및 가공공장 등에 주로 적용된다. |
| TAL<br>조명방식<br>(Task &<br>Ambient<br>Lighting) | • 작업구역(Task)에는 전용의 국부조명방식으로 조명하고, 기타 주변(Ambient) 환경에 대하여는 간접조명과 같은 낮은 조도레벨로 조명하는 방식을 말한다. 여기서 주변조명에는 직접 조명방식도 포함된다.<br>• 실의 전체적인 밝기를 낮게 억제할 수 있기 때문에 에너지 소비적인 측면에서는 유리하지만 데스크 조명 설치로 인한 초기 비용이 증가한다.<br>• 필요한 장소만 밝히기 때문에 실이 전체적으로 어두워지는 단점도 발생한다. |

### 개념이해

**01** 직접조명방식에 관한 설명으로 옳지 않은 것은? [15년 1회]

① 조명률이 크다.
② 실내면 반사율의 영향이 적다.
③ 상반부 광속은 보통 0~10% 정도이다.
④ 분위기를 중요시하는 조명에 적합하다.

▶ 분위기를 중요시하는 조명에 적합한 것은 간접조명방식이다.

답 ④

# 과년도 기출문제

건축 / 기사 / 필기

**01** 직접조명방식에 관한 설명으로 옳은 것은?

[14년 4회]

① 조명률이 크다.
② 실내면 반사율의 영향이 크다.
③ 분위기를 중요시하는 조명에 적합하다.
④ 발산 광속 중 상향 광속이 90~100%, 하향 광속이 0~10% 정도이다.

[해설]
직접조명은 조명률이 커서, 어떠한 작업면을 집중적으로 밝게 유지하고 싶을 때 유리하다. ②, ③, ④는 간접조명에 대한 설명이다.

**02** 조명기구의 배광에 따른 분류 중 직접조명형에 관한 설명으로 옳은 것은?

[22년 1회]

① 상향광속과 하향광속이 거의 동일하다.
② 천장을 주광원으로 이용하므로 천장의 색에 대한 고려가 필요하다.
③ 매우 넓은 면적이 광원으로서의 역할을 하기 때문에 직사 눈부심이 없다.
④ 작업면에 고조도를 얻을 수 있으나 심한 휘도차 및 짙은 그림자가 생긴다.

[해설]
① 직접조명방식은 하향(방향)광속 90% 이상을 차지하는 방식이다.
② 천장을 주광원으로 이용하는 방식은 간접조명방식이다.
③ 직접조명방식은 광원의 면적이 작고, 효율이 좋으나 직사 눈부심이 발생할 수 있다는 특징이 있다.

**03** 조명기구를 배광에 따라 분류할 경우, 다음과 같은 특징을 갖는 것은?

[17년 2회]

> 발산광속 중 상향광속이 60~90% 정도이고, 하향광속이 10~40% 정도이며, 천장을 주광원으로 이용한다.

① 직접조명기구
② 반직접조명기구
③ 반간접조명기구
④ 전반확산조명기구

[해설]
반간접조명기구
발산광속의 대부분을 상향광속으로 하여, 천장을 통한 간접조명(반사광)이 주가 되고, 일부를 하향광속(직사광)으로 조명하는 기구 형식이다.

**04** 간접조명기구에 관한 설명으로 옳지 않은 것은?

[19년 1회]

① 직사 눈부심이 없다.
② 매우 넓은 면적이 광원으로서의 역할을 한다.
③ 일반적으로 발산광속 중 상향광속이 90~100% 정도이다.
④ 천장, 벽면 등은 빛이 잘 흡수되는 색과 재료를 사용하여야 한다.

[해설]
간접조명기구는 천정 또는 벽면으로 입사된 빛이 천장면에서 반사되어 간접적으로 실내로 채광되어야 하므로 천정, 벽면 등에는 반사율이 높은 재료를 적용하는 것이 계획상 유리하다.

**05** 작업구역에는 전용의 국부조명방식으로 조명하고, 기타 주변환경에 대하여는 간접조명과 같은 낮은 조도레벨로 조명하는 방식은?

[19년 2회]

① TAL조명방식
② 반직접조명방식
③ 반간접조명방식
④ 전반확산조명방식

[해설]
TAL조명방식(Task & Ambient Lighting)
• 작업구역(Task)에는 전용의 국부조명방식으로 조명하고, 기타 주변(Ambient)환경에 대하여는 간접조명과 같은 낮은 조도레벨로 조명하는 방식을 말한다.
• 실의 전체적인 밝기를 낮게 억제할 수 있기 때문에 에너지 소비적인 측면에서는 유리하지만 데스크 조명 설치로 인한 초기 비용이 증가한다.

**정답** 01 ① 02 ④ 03 ③ 04 ④ 05 ①

## 03 조명설비

### 5 건축화 조명의 종류

#### (1) 천장 건축화 조명 종류

| 다운라이트 조명 | 천장에 작은 구멍을 뚫어 그 속에 기구를 매입한 것으로 직접조명방식 |
|---|---|
| 루버 천장 조명 | • 천장면에 루버를 설치하고 그 속에 광원을 배치하는 방법<br>• 루버의 재질 : 금속, 플라스틱, 목재 등 |
| 코브라이트 조명 | • 광원을 천장에 매입하여 벽에 빛을 반사시켜 간접조명으로 조명하는 방식<br>• 천장을 고르게 밝게 하고 반사율을 높임 |
| 라인라이트 조명 | 천장에 매입하는 조명의 하나로서, 광원을 선형으로 배치하는 방법 |
| 광천장 조명 | • 확산투과성 플라스틱 판이나 루버로 천장을 마감하여 그 속에 전등을 넣는 방법<br>• 그림자 없는 쾌적한 빛을 얻을 수 있음<br>• 마감재료와 설치방법에 따라 변화 있는 인테리어 분위기를 연출할 수 있음 |

**건축화 조명의 일반사항**
- 건물의 일부를 광원화하는 것으로 조명효율은 떨어지지만 조도분포는 균일하다.
- 천장, 벽, 기둥 등 건축물의 일부에 광원을 만들어 건축물과 일체화하여 실내를 조명하는 것이다.

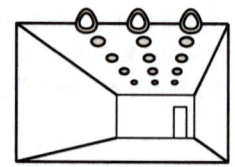
다운라이트 조명(핀홀 라이트)

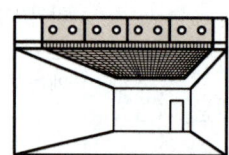
루버 천장 조명

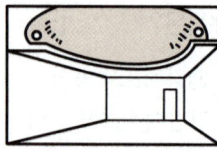
코브 조명(간접조명)

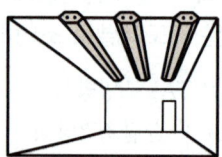
라인라이트 조명

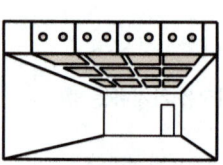
광천장 조명

## (2) 벽면 건축화 조명 종류

| 코니스 조명 | 천장과 벽면의 경계구역에 건축적으로 턱을 만들어 그 내부에 조명기구를 설치하여 아래 방향의 벽면을 조명하는 방식 |
|---|---|
| 밸런스 조명 | • 벽면에 투과율이 낮은 나무나 금속판 등을 시설하고 그 내부에 램프를 설치하여 광원의 직접광이 위쪽의 천장이나 아래쪽의 벽, 커튼 등을 이용하는 조명방식<br>• 분위기 조명에 효과적인 방식이며, 광원으로는 형광등을 많이 사용 |

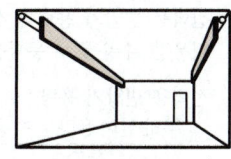
코니스 조명

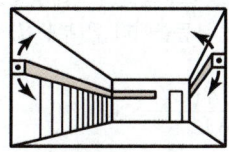
밸런스 조명

### 개념이해

**01** 건축화 조명 중 천장 전면에 광원 또는 조명기구를 배치하고, 발광면을 확산투과성 플라스틱 판이나 루버 등으로 전면을 가리는 조명 방법은?

[16년 1회]

① 밸런스 조명
② 광천장 조명
③ 코니스 조명
④ 다운라이트 조명

○ 광천장 조명
• 확산투과성 플라스틱판이나 루버 등으로 천장을 마감하여 그 속에 전등을 넣는 방법
• 그림자 없는 쾌적한 빛을 얻을 수 있으며, 마감 재료의 설치방법에 따라 변화있는 인테리어 분위기를 연출할 수 있음

답 ②

# 04 전원 및 배전·배선설비

## 1 수전용량결정

| | |
|---|---|
| **수용률**<br>(수요율) | 설비기기의 전 용량에 대하여 실제 사용하고 있는 부하의 최대 전력비율을 나타낸 계수로서 설비 용량을 이용하여 최대수요전력을 결정할 때 사용<br>$$수용률(\%) = \frac{최대수요전력(kW)}{부하설비용량(kW)} \times 100(\%)$$ |
| **부등률** | 몇 개의 부하가 하나의 배전변압기로부터 전력을 공급받고 있을 때 각 부하에서의 최대수요전력이 발생하는 시각은 부하별로 상이하게 되는 것이 일반적임. 이러한 경우 배전변압기에서의 합성 최대수요 전력은 각 부하의 최대수요전력의 합계보다 적은 값이 되는 것이 일반적인데, 이를 부등률이라 함(부등률 적용 시 배전 변압기의 용량을 낮출 수 있다)<br>$$부등률(\%) = \frac{개별부하의 최대수요전력 합계(kW)}{합성 최대수요전력(kW)} \times 100(\%)$$ |
| **부하율** | 부하율이 클수록 부하에 대한 전력공급설비가 유효하게 사용되었음을 의미하며, 공급가능한 최대수요전력과 실제 사용된 평균전력의 비율을 나타낸 것<br>$$부하율(\%) = \frac{부하의 평균전력(kW)}{합성 최대수요전력(kW)} \times 100(\%)$$ |

**+ 수변전설비의 개념**
수·변전설비는 발전소, 변전소, 송·배전선로를 통해 전기를 공급받는 수요자가 그 전력을 받고, 전압조절을 하기 위해 설치하는 설비

**변압기 용량산정**
전력용 변압기 용량의 산정식은 부하설비용량, 수용률, 부등률을 통해 산출

전력용 변압기 용량
$$= \frac{부하설비용량 \times 수용률}{부등률}$$

**변압기의 발생전압**
발생 전압은 코일의 권수에 비례하여 변화함
$$\frac{N_2}{N_1} = \frac{V_2}{V_1}$$
여기서 $N_1$ : 변압기 1차 측 코일 권수
$N_2$ : 2차 측 코일 권수
$V_1$ : 1차 측 전압
$V_2$ : 2차 측 전압

---

### 개념이해

**01** 전기 설비가 어느 정도 유효하게 사용되는가를 나타내며, 다음과 같이 표현되는 것은? [13년 4회, 19년 1회, 21년 1회]

> 부하의 평균 전력/최대 수용 전력×100%

① 역률　　　　　② 부등률
③ 부하율　　　　④ 수용률

○ **부하율**
부하율이 클수록 부하에 대한 전력공급설비가 유효하게 사용되었음을 의미하며, 공급가능한 최대수요전력과 실제 사용된 평균전력의 비율을 나타낸 것이다.
답 ③

**02** 전기설비용량이 각각 80kW, 90kW, 100kW인 부하설비가 있다. 그 수용률이 70%인 경우 최대수요전력은? [15년 4회]

① 63kW　　　　② 70kW
③ 189kW　　　④ 270kW

○ 최대수요전력은 수용률 공식에서 산출할 수 있다.
$$수용률(\%) = \frac{최대수요전력(kW)}{부하설비용량(kW)} \times 100\%$$
⇔ 최대수요전력(kW)
= 수용률(%)×부하설비용량(kW)
÷100%
= 70×(80+90+100)÷100
= 189kW
답 ③

# 과년도 기출문제

건 축 / 기 사 / 필 기

**01** 전력용 변압기 용량의 산정식으로 옳은 것은?

[14년 4회]

① $\dfrac{\text{부하설비용량} \times \text{부등률}}{\text{부하율}}$

② $\dfrac{\text{부하설비용량} \times \text{부하율}}{\text{부등률}}$

③ $\dfrac{\text{부하설비용량} \times \text{수용률}}{\text{부등률}}$

④ $\dfrac{\text{부하설비용량} \times \text{부등률}}{\text{수용률}}$

[해설]

전력용 변압기 용량의 산정식은 부하설비용량, 수용률, 부등률을 통해 아래와 같이 산출한다.

전력용 변압기 용량 = $\dfrac{\text{부하설비용량} \times \text{수용률}}{\text{부등률}}$

**02** 최대수요전력을 구하기 위한 것으로 최대수요전력의 총부하용량에 대한 비율로 나타내는 것은?

[15년 1회, 19년 4회]

① 역률   ② 수용률
③ 부등률   ④ 부하율

[해설]

수용률(수요율)

설비기기의 전 용량에 대하여 실제 사용하고 있는 부하의 최대전력비율을 나타낸 계수로서 설비용량을 이용하여 최대수요전력을 결정할 때 사용한다.

수용률 = $\dfrac{\text{최대수요전력(kW)}}{\text{부하설비용량(kW)}} \times 100\%$

**03** 다음과 같은 공식을 통해 산출되는 값으로 전기 설비가 어느 정도 유효하게 사용되는가를 나타내는 것은?

[15년 2회, 20년 3회]

$\dfrac{\text{부하의 평균전력}}{\text{최대수용 전력}} \times 100\%$

① 부하율   ② 보상률
③ 부등률   ④ 수용률

[해설]

부하율

부하율이 클수록 부하에 대한 전력공급설비가 유효하게 사용되었음을 의미하며, 공급가능한 최대수요전력과 실제 사용된 평균전력의 비율을 나타낸 것이다.

**04** 합성 최대 수용전력이 1,000kW, 부하율이 0.6일 때 평균 전력(kW)은?

[17년 4회]

① 600   ② 800
③ 1,000   ④ 1,667

[해설]

부하율 = $\dfrac{\text{부하의 평균전력(kW)}}{\text{합성 최대수요전력(kW)}} \times 100\%$

문제에서 부하율을 0.6으로서 백분율(%)로서 제시하지 않았으므로, 아래식으로 부하의 평균전력을 구해준다.

부하의 평균전력(kW) = 부하율 × 합성 최대수요전력(kW)
= 0.6 × 1,000 = 600kW

**05** 변압기의 1차 측 코일의 권수가 6,000, 2차 측 코일의 권수가 200일 때 1차 측 코일에 교류전압 3,000V 인가 시 2차 측 코일에 발생하는 교류전압(V)은?

[15년 1회]

① 500   ② 200
③ 100   ④ 50

[해설]

발생 전압은 코일의 권수에 비례하여 변화한다.

$\dfrac{N_2}{N_1} = \dfrac{V_2}{V_1} \Leftrightarrow V_2 = V_1 \dfrac{N_2}{N_1} = 3,000 \times \dfrac{200}{6,000} = 100\text{V}$

여기서 $N_1$ : 변압기 1차 측 코일 권수
$N_2$ : 2차 측 코일 권수
$V_1$ : 1차 측 전압
$V_2$ : 2차 측 전압

정답   01 ③   02 ②   03 ①   04 ①   05 ③

## 04 전원 및 배전·배선설비

### 2 수변전실의 위치 및 구조

① 부하의 중심에 가깝고 배전에 편리한 곳일 것
② 보일러실, 펌프실, 예비발전실, 엘리베이터기계실과 관련성을 고려할 것
③ 전원 인입과 기기의 반출입이 용이할 것
④ 천정 높이는 높을수록 좋으며, 고압인 경우 3m 이상(보 아래), 특별 고압인 경우 4.5m 이상으로 할 것
⑤ 습기가 적고 채광 통풍(변압기 열의 해소를 위함)이 양호할 것
⑥ 출입구는 방화문으로, 격벽은 내화 구조로 할 것
⑦ 바닥은 배관, 케이블 등을 고려하여 20~30cm 정도로 할 것
⑧ 바닥 하중의 설계는 중량에 견디도록 할 것
⑨ 변전실의 면적 산정 시 고려 요소에는 변압기 용량, 수전 전압, 수전 방식 및 큐비클의 종류 등이 있다.

**수변전실의 면적**
- 추정식
  바닥면적($m^2$)
  $= 3.3\sqrt{\text{변압기 용량 kVA}}$
- 일반식
  바닥면적($m^2$)
  $= K(\text{변압기 용량 kVA})^{0.7}$
  여기서, $K$는 보통 고압(0.4~1.3) : 중앙 0.98
  특별고압 → 보통고압(1.0~3.0) : 중앙 1.7
  특별고압 → 400V(1.0~2.0) : 중앙 1.4

### 3 발전기실 설치 시 유의사항

① 기기의 반출입 및 운전, 보수가 편리할 것
② 건축의 배기배출구에 가까이 있을 것
③ 실내환기를 충분히 시행할 수 있을 것
④ 급배수설비의 설치가 용이할 것
⑤ 연료유의 보급이 용이할 것
⑥ 변전실에 가까이 있을 것
⑦ 바닥은 절연재료로 할 것
⑧ 내화구조여야 하며, 방음과 방진구조여야 할 것
⑨ 주위 온도가 5℃ 이내로 내려가지 않아야 할 것
⑩ 발전기실의 유효높이는 발전장치 최고 높이의 2배 정도로 하여 설계할 것

## 과년도 기출문제

**01** 변전실에 관한 설명으로 옳지 않은 것은?
[14년 4회]

① 건축물의 최하층에 설치하는 것이 원칙이다.
② 용량의 증설에 대비한 면적을 확보할 수 있는 장소로 한다.
③ 사용 부하의 중심에 가깝고, 간선의 배선이 용이한 곳으로 한다.
④ 변전실의 높이는 바닥 트렌치 및 무근 콘크리트 설치 여부 등을 고려한 유효 높이로 한다.

[해설]
변전실은 습기가 적고, 채광 통풍이 양호한 곳에 설치해야 하므로, 건축물의 최하층은 피하는 것이 좋다.

**02** 변전실 면적에 영향을 주는 요소로 볼 수 없는 것은?
[15년 4회, 19년 4회]

① 수전방식  ② 변압기 용량
③ 발전기실의 면적  ④ 기기의 배치 방법

[해설]
변전실의 면적 산정 시 고려 요소에는 변압기 용량, 수전 전압, 수전 방식 및 큐비클의 종류, 기기의 배치방법 등이 있다.

**03** 변전실의 위치에 관한 설명으로 옳지 않은 것은?
[17년 1회]

① 습기와 먼지가 적은 곳일 것
② 전기 기기의 반·출입이 용이한 곳일 것
③ 가능한 한 부하의 중심에서 먼 곳일 것
④ 외부로부터 전원의 인입이 쉬운 곳일 것

[해설]
변전실은 가능한 한 부하의 중심에서 가까운 곳에 설치한다.

**04** 다음 중 변전실 면적 결정 시 영향을 주는 요소와 가장 거리가 먼 것은?
[13년 2회, 20년 1·2회 통합]

① 수전 전압  ② 수전 방식
③ 발전기 용량  ④ 큐비클의 종류

[해설]
변전실의 면적 산정 시 고려 요소에는 변압기 용량, 수전 전압, 수전 방식 및 큐비클의 종류 등이 있다.

**05** 전기설비용 시설공간(실)의 계획에 관한 설명으로 옳지 않은 것은?
[15년 1회]

① 변전실은 부하의 중심에 설치한다.
② 변전실은 외부로부터 전력의 수전이 용이해야 한다.
③ 중앙감시실은 일반적으로 방재센터와 겸하도록 한다.
④ 발전기실은 변전실에서 최소 10m 이상 떨어진 위치에 배치한다.

[해설]
발전기실과 변전실은 근거리에 위치시킨다.

정답  01 ①  02 ③  03 ③  04 ③  05 ④

# 04 전원 및 배전·배선설비

## 4 예비전원설비

| 용도<br>(필요한 곳) | 병원의 수술실, 아파트의 엘리베이터, 복도 비상등, 교통신호등, 은행 전산실, 환기용 팬 등 |
|---|---|
| 종류 | 자가용 발전설비, 축전지 설비(연축전지, 알칼리 축전지 등), 무정전 전원설비 |

## 5 축전지 설비의 종류

| 연축전지 | • 축전지의 대표적인 것으로 전해액은 희류산, 양극에는 산화연, 음극에는 납이 사용되며 기전력은 2V 정도(공칭전압 2.0V/셀)<br>• 값이 싸고 전해질의 비중으로 충방전상태를 알 수 있음 |
|---|---|
| 알칼리<br>축전지 | • 전해액으로 알칼리용액을 사용하는 축전지(공칭전압 1.2V/셀)<br>• 연축전지보다 설치공간도 적어지고 수명(10년 이상)이 길고 보수가 용이함<br>• 부식성 가스가 발생하지 않음<br>• 고율방전특성이 좋음<br>• 가격이 고가임 |

### 개념이해

**01** 알칼리 축전지에 관한 설명으로 옳지 않은 것은? [17년 4회, 20년 3회]

① 고율방전특성이 좋다.
② 공칭전압은 2V/셀이다.
③ 기대수명이 10년 이상이다.
④ 부식성의 가스가 발생하지 않는다.

○ 알칼리 축전지의 공칭전압은 1.2V/셀이다.

답 ②

## 6 축전지의 충전방식

| 보통충전 방식 | 필요 시마다 표준 시간율로 소정의 충전을 하는 방식 |
|---|---|
| 급속충전 방식 | 비교적 단시 간에 급속으로 보통 충전전류의 2~3배의 전류로 충전하는 방식 |
| 부동충전 방식 | 전지의 자기방전을 보충함과 동시에 상용부하에 대한 전력공급은 충전기가 부담하도록 하되 충전기가 부담하기 어려운 일시적인 대전류부하는 축전지로 하여금 부담하게 하는 방식 |
| 세류충전 방식 | 부동충전 방식의 일종으로 자기 방전량만을 항상 충전하는 방식 |
| 균등충전 방식 | 상시전원 이상 시 또는 전압이 낮을 시 배터리에서 전원을 공급하는 방식 |

### 개념이해

**01** 축전지의 충전 방식 중 필요할 때마다 표준 시간율로 소정의 충전을 하는 방식은? [13년 4회, 18년 2회]

① 보통충전
② 급속충전
③ 세류충전
④ 균등충전

➡ 축전지의 충전방식

| 구분 | 충전 방식 |
|---|---|
| 보통충전 방식 | 필요 시마다 표준 시간율로 소정의 충전을 하는 방식 |
| 급속충전 방식 | 비교적 단시간에 급속으로 보통 충전전류의 2~3배의 전류로 충전하는 방식 |
| 세류충전 방식 | 부동 충전 방식의 일종으로 자기 방전량만을 항상 충전하는 방식 |
| 균등충전 방식 | 상시전원 이상 시 또는 전압이 낮을 시 배터리에서 전원을 공급하는 방식 |

답 ①

**02** 축전지의 충전방식 중 전지의 자기방전을 보충함과 동시에 상용부하에 대한 전력공급은 충전기가 부담하도록 하되, 충전기가 부담하기 어려운 일시적인 대전류부하는 축전지로 하여금 부담하게 하는 방식은?

① 보통충전
② 급속충전
③ 균등충전
④ 부동충전

➡ 1번 해설 참고

답 ④

# 04 전원 및 배전·배선설비

## 7 배전공급방식

| 구분 | 장점 및 단점 | 부하전류 계산식 |
|---|---|---|
| 단상 2선식 | • 부하의 불평형이 없다.<br>• 소요동량이 크다.<br>• 대용량부하에 부적합하다. | • 유효전력 : $P = VI\cos\theta\,(W)$<br>• 피상전력 : $P_a = \dfrac{P}{\cos\theta}\,(VA)$ |
| 단상 3선식 | • 부하를 110/220V 동시 사용한다.<br>• 부하의 불평형이 있다. | • 유효전력 : $P = 2VI\cos\theta\,(W)$<br>• 피상전력 : $P_a = \dfrac{P}{\cos\theta}\,(VA)$ |
| 3상 3선식 | • 2선식에 비해 동량이 적고, 전압강하 등이 개선된다.<br>• 동력부하에 적합한 방식이다. | • 유효전력 : $P = \sqrt{3}\,VI\cos\theta\,(W)$<br>• 피상전력 : $P_a = \dfrac{P}{\cos\theta}\,(VA)$ |
| 3상 4선식 | • 빌딩·공장의 전등 및 동력 간선으로 사용한다(220/380V 공급).<br>• 중성선 단선 시 이상전압이 발생한다.<br>• 단상과 3상 부하를 동시에 사용한다.<br>• 부하의 불평형이 발생한다. | • 유효전력 : $P = \sqrt{3}\,VI\cos\theta\,(W)$<br>• 피상전력 : $P_a = \dfrac{P}{\cos\theta}\,(VA)$ |

+ • 간선 및 배선설비 설계에서 일반적으로 가장 먼저 이루어지는 작업은 부하의 산정이다.

+ 단상 2선식
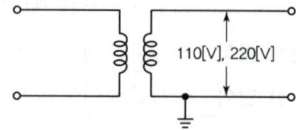

단상 3선식
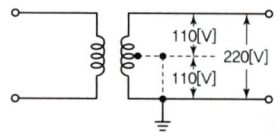

3상 3선식
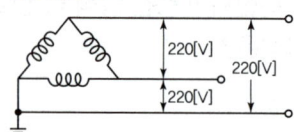

3상 4선식
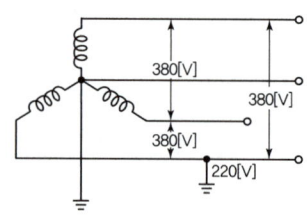

## 8 간선배전방식

| 평행식<br>(개별방식) | 각 분전반마다 배전반에서 단독으로 배선되며, 전압 강하가 적고 사고 발생 시 범위가 좁으나 설비비가 많이 소요되어 대규모건물에 적합하다. |
|---|---|
| 나뭇가지식 | • 한 개의 간선이 각 분전반을 거쳐 가며 공급된다.<br>• 말단 분전반에서 전압 강하가 커질 수 있다.<br>• 중소 규모에 이용된다.<br>• 경제적이나 1개소의 사고가 전체에 영향을 미친다.<br>• 각 분전반별로 동일전압을 유지할 수 없다. |
| 병용식 | 평행식과 나뭇가지식을 병용한 것으로 전압 강하도 크지 않고 설비비도 줄일 수 있어 가장 많이 사용된다. |

+ 옥내 배선 전선의 굵기 산정 결정 요소
허용전류, 전압강하, 기계적 강도

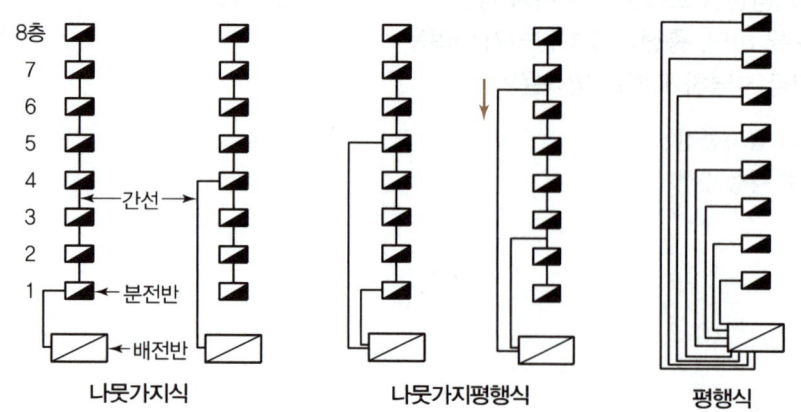

나뭇가지식　　나뭇가지평행식　　평행식

## 과년도 기출문제

**01** 220/380V 전원을 공급하는 빌딩 및 공장의 전등 및 동력용 간선으로 가장 많이 사용되는 배선방식은? [17년 1회]

① 단상 2선식　② 단상 3선식
③ 3상 3선식　④ 3상 4선식

[해설]

3상 4선식
동력과 전등 부하를 동시에 공급할 수 있어 대규모 건물에 적합하다.

**02** 다음 중 간선 및 배선설비 설계에서 일반적으로 가장 먼저 이루어지는 작업은? [15년 1회]

① 부하 산정
② 보호방식 결정
③ 간선의 배선방식 결정
④ 배선의 부설방식 결정

[해설]

간선 및 배선설비 설계에서 일반적으로 가장 먼저 이루어지는 작업은 부하의 산정이다.

**03** 간선의 배선방식 중 분전반에서 사고가 발생했을 때 그 파급 범위가 가장 적은 것은? [14년 1회, 18년 4회]

① 루프식　② 평행식
③ 나뭇가지식　④ 나뭇가지 평행식

[해설]

평행식
각 분전반마다 배전반에서 단독으로 배선되며, 전압 강하가 적고 사고 발생 시 범위가 좁으나 설비비가 많이 소요되는 특징을 갖고 있다.

**04** 간선의 배선방식 중 평행식에 관한 설명으로 옳은 것은? [20년 4회]

① 공급 신뢰도가 낮아 중요 부하에 적응이 곤란하다.
② 나뭇가지식에 비해 배선이 단순하며 설비비가 저렴하다.
③ 용량이 큰 부하에 대하여는 단독의 간선으로 배선할 수 없다.
④ 사고발생 시 타부하에 파급효과를 최소한으로 억제할 수 있다.

[해설]

평행식은 각 분전 반마다 배전반으로부터 1 : 1 단독으로 배선되어, 사고 발생 시 그 범위를 좁힐 수 있다.

**05** 옥내 배선에서 전선의 굵기 산정의 결정 요소에 속하지 않는 것은? [13년 2회, 17년 2회]

① 배전방식　② 허용 전류
③ 전압 강하　④ 기계적 강도

[해설]

옥내 배선의 전선 굵기 산정 결정 요소
허용전류, 전압 강하, 기계적 강도

**06** 전선의 굵기 결정 요소에 속하지 않는 것은? [16년 1회]

① 전압강하
② 기계적 강도
③ 전선의 허용전류
④ 전선외곽의 보호관 굵기

[해설]

전선 굵기 산정 결정 요소
허용전류, 전압 강하, 기계적 강도

정답　01 ④　02 ①　03 ②　04 ④　05 ①　06 ④

# 04 전원 및 배전·배선설비

## 9 배전반, 분전반 및 분기회로

| | |
|---|---|
| 배전반 | 분전반으로 전원을 공급하는 전기설비 |
| 분전반 | • 배전반(전원)으로부터 전기를 공급받아 말단부하에 배전하는 것<br>• 분전반 설비는 주개폐기, 분기회로, 개폐기, 자동차단기(퓨즈차단기, 노퓨즈차단기)를 모아놓은 것<br>• 분전반은 가능한 부하의 중심에 두어야 함<br>• 분전반 설치간격은 분기회로 길이 30m 이내가 되게 함 |
| 분기회로 | • 간선에서 분기하여 회로를 보호하는 최종 과전류 차단기와 부하 사이의 전로<br>• 1회로에 접속되는 콘센트 수[보통 사무실 : 콘센트 7~8개(사무실 콘센트는 5m 간격으로 설치), 동력 : 콘센트 1개] |

**+ 전기 샤프트(ES) 설치 시 유의사항**
- 각 층마다 같은 위치에 설치한다.
- 전력용과 정보 통신용은 공용으로 사용해서는 안되는 것이 원칙이지만, 부득이한 경우 공용으로 사용이 가능하다.
- 전기 샤프트의 면적은 보, 기둥 부분을 제외하고 산정한다.
- 현재 장비 이외에 장래의 배선 등에 대한 여유성을 고려한 크기로 한다.

## 10 접지방식

| | |
|---|---|
| 단독접지 | (특)고압계통의 접지극과 저압 접지계통의 접지극을 독립적으로 시설하는 접지방식 |
| 통합접지 | • (특)고압 접지계통과 저압 접지계통을 등전위 형성을 위해 공통으로 접지하는 방식<br>• 기능상 목적이 서로 다르거나 동일한 목적의 개별 접지들을 전기적으로 서로 연결하여 구현한 접지시스템<br>• 전기기기뿐만 아니라 수도관, 가스관, 철근, 철골 등과 같이 전기와 무관한 도체도 모두 함께 접지하여, 그들 간에 전위차가 없도록 함으로서 사람의 감전 우려를 최소화 하는 접지방식 |

**+ 접지시스템의 구분**

| | |
|---|---|
| 계통접지 | 전력계통의 이상현상에 대비하여 대지와 계통을 접속 |
| 보호접지 | 감전보호를 목적으로 기기의 한 점 이상을 접지 |
| 피뢰시스템 접지 | 뇌격전류를 안전하게 대지로 방류하기 위한 접지 |

## 11 배선 관련 부속 설비

| | |
|---|---|
| 단로 스위치(단로기) | 부하전류를 제거한 후 회로를 격리하도록 하기 위한 장치로서, 단로기 양측에서 회로가 기계적으로 구분되므로 점검·수리 등에 편리하고 차단기와는 달리 극히 적은 전류만을 제어하므로 구조가 비교적 간단함 |
| 누전차단기 | 전동기계기구가 접속되어 있는 전로(電路)에서 누전에 의한 감전위험을 방지하기 위해 사용되는 기기로서, 전원을 자동으로 차단하는 장치 |
| 절연피복 | 절연피복의 적용목적인 절연저항의 확보는 전기가 통하지 못하게 하는 저항을 의미하는 것 |
| 배선용차단기<br>(Mccb, Molded Case Circuit Breaker) | 계폐기구, 트립장치 등을 절연물 용기 내에 일체화 조립한 것으로서, 과부하 및 단로 등의 이상상태 시 자동적으로 전류를 차단하는 기구 |
| 영상 변류기<br>(Zero-Phase-Sequence Current Transformer) | 수·변전계통에서 지락사고 발생 시 흐르는 영상전류를 검출하여 지락 계전기에 의하여 차단기를 동작시킴 |

**+** 금속관에 부설되는 전선의 절연피복을 포함한 총 단면적은 금속관 내 단면적의 최대 40% 이하가 되어야 한다.

## 과년도 기출문제

건축 / 기사 / 필기

**01** 전기 설비에서 다음과 같이 정의되는 것은?

[13년 4회, 19년 1회]

> 전면이나 후면 또는 양면에 계류기, 과전류 차단 장치 및 기타 보호 장치, 모선 및 계측기 등이 부착되어 있는 하나의 대형 패널 또는 여러 개의 패널, 프레임 또는 패널 조립용으로서, 전면과 후면에서 접근할 수 있는 것

① 캐비닛　　② 차단기
③ 배전반　　④ 분전반

[해설]

분전반으로 전원을 공급하는 전기설비로서, 배전반에 대한 설명이다.

**02** 전기 샤프트(ES)에 관한 설명으로 옳지 않은 것은?

[19년 4회]

① 전기 샤프트(ES)는 각 층마다 같은 위치에 설치한다.
② 전기 샤프트(ES)의 면적은 보, 기둥부분을 제외하고 산정한다.
③ 전기 샤프트(ES)는 전력용(EPS)과 정보통신용(TPS)을 공용으로 설치하는 것이 원칙이다.
④ 전기 샤프트(ES)의 점검구는 유지보수 시 기기의 반입 및 반출이 가능하도록 하여야 한다.

[해설]

전기 샤프트(ES, Electrical Shaft)는 용도별로 전력용(EPS)과 정보통신용(TPS)으로 구분하여 설치하는 것이 원칙이다. 다만, 각 용도의 설치 장비 및 배선이 적은 경우는 공용으로도 사용이 가능하다.

**03** 다음 설명에 알맞은 접지의 종류는?

[17년 1회, 21년 2회]

> 기능상 목적이 서로 다르거나 동일한 목적의 개별 접지들을 전기적으로 서로 연결하여 구현한 접지시스템

① 단독접지　　② 공통접지
③ 통합접지　　④ 종별접지

[해설]

통합접지
전기기기뿐만 아니라 수도관, 가스관, 철근, 철골 등과 같이 전기와 무관한 도체도 모두 함께 접지하여, 그들 간에 전위차가 없도록 함으로서 사람의 감전 우려를 최소화 하는 접지 방식

**04** 지락전류를 영상변류기로 검출하는 전류동작형으로 지락전류가 미리 정해 놓은 값을 초과할 경우, 설정된 시간 내에 회로나 회로의 일부의 전원을 자동으로 차단하는 장치는?

[20년 1·2회 통합]

① 단로 스위치　　② 절환스위치
③ 누전차단기　　④ 과전류차단기

[해설]

누전차단기
전동기계기구가 접속되어 있는 전로(電路)에서 누전에 의한 감전위험을 방지하기 위해 사용되는 기기로서, 전원을 자동으로 차단하는 장치이다.

**05** 다음 중 최근 저압선로의 배선보호용 차단기로 가장 많이 사용되는 것은?

[18년 4회]

① ACB　　② GCB
③ MCCB　　④ ABCB

[해설]

배선용차단기(MCCB, Molded Case Circuit Breaker)
- 계폐기구, 트립장치 등을 절연물 용기 내에 일체화 조립한 것으로서, 과부하 및 단로 등의 이상상태 시 자동적으로 전류를 차단하는 기구
- 소형이며 조작이 안전하고 작동 후 퓨즈의 교체 없이 즉시 재사용 가능

정답  01 ③  02 ③  03 ③  04 ③  05 ③

# 04 전원 및 배전·배선설비

## 12 배선공사방식

| 공사 종류 | 내용 |
|---|---|
| 애자사용 공사 | • 노출 및 은폐장소에서 애자를 사용하여 전선을 고정한다.<br>• 상호 간의 간격은 6cm 이상으로 하고, 전선과 건축물의 간격은 300V 이하에서는 2.5cm 이상, 300V 이상에서는 4.5cm 이상을 격리시킨다. |
| 목재 몰드 공사 | • 목재에 홈을 파서 절연전선을 넣고, 뚜껑을 덮는 방식이다.<br>• 옥내배선의 건조한 곳에 저압용(일반적으로 300V 이하)으로 이용된다. |
| 금속 몰드 공사 | • 철재 홈통에 절연전선을 넣고 뚜껑을 덮은 것이다.<br>• 철근 콘크리트 건물의 증설배관 시 용이하다. |
| 금속관 공사 | • 건물의 종류와 장소에 구애받지 않고 시공이 가능하다.<br>• 주로 콘크리트의 매입 배선에 사용한다.<br>• 화재에 대한 위험성이 적고 전선의 기계적 손상이 적다.<br>• 전선 교체가 용이하다.<br>• 전선은 접속점이 없는 절연전선은 사용한다. |
| 가요전선관 공사(Flexible Conduit) | • 플렉시블 콘듀트 공사라고도 하며, 굴곡이 심한 기기 주변 말단 접속 배선에 주로 쓰인다.<br>• 특히 움직임이 많고 진동이 많은 엘리베이터, 전동기, 기차 등의 배선에 적합하다.<br>• 콘크리트에 매립해서는 안 된다. |
| 합성수지 몰드 공사 | 화학공장 등에 간단한 배선을 할 때 적합하다. |
| 합성수지관(경질비닐관) 공사 | • 열적 영향이나 기계적 외상을 받기 쉬운 곳이 아니면 금속배관과 같이 광범위하게 사용 가능하다.<br>• 관 자체가 절연체이므로 감전의 우려가 없으며 시공이 쉬운게 장점이다.<br>• 내식성, 내화학성 및 절연성이 양호하여 화학공장이나 연구소 등에 간단히 배선을 요할 때 적합하다. |
| 버스덕트 공사 | 간선 등의 대전류에 이용(공장, 빌딩 등에 적합)하며, 동바 등을 이용한다. |
| 금속덕트 공사 | • 천장이나 벽면에 노출하여 배선하는 방식이다.<br>• 금속덕트 내에 부설하는 전선 및 케이블의 절연 피복을 포함한 단면적의 총합은 덕트 단면적의 20% 이하가 되도록 한다. |
| 플로어덕트 공사 | • 넓은 사무실이나 백화점 등에 사용하는 것으로서, 콘크리트 바닥에 덕트를 설치하여 전기를 공급하는 방식이다.<br>• 옥내의 은폐장소로서 건조한 콘크리트 바닥면에 매입 사용되는 것으로, 사무용 건물 등에 채용되는 배선방법이다.<br>• 강전과 약전의 교차점에는 접속함을 사용하여 전선끼리 접촉하지 않도록 해야 한다. |

# 과년도 기출문제

건축 / 기사 / 필기

**01** 옥내의 습기가 많은 노출장소에 시설이 가능한 배선 공사는? [19년 2회]

① 금속관 공사  ② 금속몰드 공사
③ 금속덕트 공사  ④ 플로어덕트 공사

**[해설]**

금속관 배선공사 특징
- 건물의 종류와 장소에 구애받지 않고 시공이 가능하다.
- 주로 콘크리트의 매입 배선에 사용한다.
- 화재에 대한 위험성이 적고 전선의 기계적 손상이 적다.
- 전선 교체가 용이하다.
- 전선은 접속점이 없는 절연전선을 사용한다.

**02** 저압옥내 배선공사 중 직접 콘크리트에 매설할 수 있는 공사는? [15년 4회]

① 금속관 공사  ② 금속덕트 공사
③ 버스덕트 공사  ④ 금속몰드 공사

**[해설]**

금속관 공사
- 건물의 종류와 장소에 구애받지 않고 시공이 가능하다.
- 주로 콘크리트의 매입 배선에 사용한다.
- 화재에 대한 위험성이 적고 전선의 기계적 손상이 적다.
- 전선 교체가 용이하다.
- 전선은 접속점이 없는 절연전선을 사용한다.

**03** 다음과 같은 특징을 갖는 배선공사방식은? [16년 2회, 20년 3회]

- 열적 영향이나 기계적 외상을 받기 쉬운 곳이 아니면 금속배관과 같이 광범위하게 사용 가능하다.
- 관 자체가 절연체이므로 감전의 우려가 없으며 시공이 쉬운 게 장점이다.

① 버스덕트 공사  ② 애자사용 공사
③ 합성수지관 공사  ④ 플로어덕트 공사

**[해설]**

합성수지관 공사(경질비닐관 공사)
- 열적 영향이나 기계적 외상을 받기 쉬운 곳이 아니면 금속배관과 같이 광범위하게 사용 가능하다.
- 관 자체가 절연체이므로 감전의 우려가 없으며 시공이 쉬운 게 장점이며, 화학공장 등 간단히 배선을 요할 때 적합하다.

**04** 다음과 같은 특징을 갖는 배선공사는? [16년 4회]

- 열적 영향이나 기계적 외상을 받기 쉽다.
- 관 자체가 절연체이므로 감전의 우려가 없다.
- 옥내의 점검할 수 없는 은폐 장소에도 사용이 가능하다.

① 금속관 공사  ② 버스덕트 공사
③ 경질비닐관 공사  ④ 라이팅덕트 공사

**[해설]**

경질비닐관 공사
- 우수한 절연성 보유
- 경량이고 시공이 용이
- 내식성 우수
- 내열성이 약하고, 기계적 강도가 낮음

**05** 다음 중 옥내의 건조한 노출 장소에 시설할 수 없는 배선 공사는? [14년 1회]

① 금속관 배선  ② 금속 몰드 배선
③ 플로어덕트 배선  ④ 합성수지 몰드 배선

**[해설]**

플로어덕트 배선 공사
- 은행, 회사 등의 사무실 콘크리트 바닥면에 매입 사용되는 것
- 강전과 약전의 교차점에는 접속함을 사용하여 전선끼리 접촉하지 않도록 함
- 옥내의 건조한 노출 장소에 설치할 수 없음

정답 01 ① 02 ① 03 ③ 04 ③ 05 ③

# 04 전원 및 배전·배선설비

## 13 교류전동기와 직류전동기

| 교류전동기 | • 가격이 저렴하고 구조가 간단하여 일반적으로 이용한다.<br>• 유도전동기, 동기전동기, 정류자전동기 등이 있다. |
|---|---|
| 직류전동기 | • 속도조절이 간단하고 시동토크가 크므로 속도제어가 요구되는 장소에 적합하다.<br>• 큰 시동토크를 필요로 하는 엘리베이터·전차 등에 사용한다.<br>• 가격이 고가이다.<br>• 직권전동기, 복권전동기, 분권전동기 등이 있다. |

➕ **전동기 설비의의 일반사항**
- 우리나라에서의 배전은 교류 배전이므로 전동기도 보편적으로 교류전동기가 사용되고 있으며, 그중에서도 값이 싸고 구조가 간단하여 보수상의 문제가 적은 유도전동기가 가장 보편적으로 사용되고 있다.
- 직류전동기는 건축 설비용으로는 직류 엘리베이터 구동용 등 극히 일부분에서만 사용되고 있다.

## 14 유도전동기

| 특징 | | • 구조와 취급이 간단하여 건축설비에서 가장 널리 사용된다.<br>• 회전자계를 만드는 여자 전류가 전원 측으로부터 흐르는 관계로 역률이 나쁘다는 결점이 있다. |
|---|---|---|
| 종류 | 농형<br>유도전동기 | 회전자가 바구니형으로 되어 있으며, 가격이 싸고 구조가 간단하여 보수점검이 용이하다. |
| | 권선형<br>유도전동기 | 회전자에 고정자와 같은 3상 권선을 감아서 권선에 흐르는 전류를 슬립링과 브러쉬를 통하여 외부에 유도하며, 이것을 외부의 가변 저항기로 제어한다. |

➕ **전동기의 회전수**

$$N = \frac{120f}{P}(1-s)$$

여기서, $N$ : 회전수(rpm)
$f$ : 주파수(Hz)
$P$ : 극수
$s$ : 슬립(미끄럼계수)

## 15 비상콘센트

| 필요성 | 화재 시 소방대가 활동하기 위한 조명설비나 소화활동 설비의 장비에 전원을 공급하기 위한 설비 |
|---|---|
| 설치대상 | • 지하층을 포함하는 층수가 11층 이상인 소방대상물<br>• 지하 3층 이상이고 지하층의 바닥면적의 합계가 1,000m² 이상인 지하층의 전층<br>• 지하가 중 터널로서 길이가 500m 이상인 곳 |
| 설치기준 | • 바닥으로부터 0.8m 이상 1.5m 이하의 위치에 설치할 것<br>• 아파트 또는 바닥면적이 1,000m² 미만인 층은 계단 등의 출입구로부터 5m 이내에 설치<br>• 바닥면적 1,000m² 이상인 층(아파트 제외)은 계단 등의 출입구 또는 계단 부속실의 출입구로부터 5m 이내에 설치 |

➕ **일반콘센트 선정 시 유의사항**
- 주택의 옥내전로에는 반드시 접지극이 있는 콘센트를 사용하여 접지하여야 하며 무접지 콘센트는 사용할 수 없으며, 옥내전로에서는 정격감도전류 30 mA 이하, 동작시간 0.03초 이하 전류동작형을 사용한다.
- 욕실 등 인체가 물에 젖어있는 상태에서 물을 사용하는 장소에 시설하는 콘센트는 인체감전보호용 누전차단기(정격감도전류 15mA 이하, 동작시간 0.03초 이하 전류동작형)에 보호된 전로에 접속하거나 인체감전보호용 누전차단기가 부착된 콘센트를 반드시 시설하여야 한다.

## 과년도 기출문제

**01** 다음 설명에 알맞은 전동기는? [16년 4회]

- 구조와 취급이 간단하고 기계적으로 견고하다.
- 가격이 비교적 싸고 운전이 대체로 쉽다.
- 건축설비에서 가장 널리 사용되고 있다.

① 유도전동기
② 동기전동기
③ 직류전동기
④ 정류전동기

[해설]

우리나라에서의 배전은 교류 배전이므로 전동기도 보편적으로 교류전동기가 사용되고 있으며, 그 중에서도 값이 싸고 구조가 간단하여 보수상의 문제가 적은 유도전동기가 가장 보편적으로 사용되고 있다. 직류전동기는 건축설비용으로는 직류 엘리베이터 구동용 등 극히 일부분에서만 사용되고 있다.

**02** 다음 설명에 알맞은 전동기의 종류는? [16년 2회]

- 회전자계를 만드는 여자 전류가 전원 측으로부터 흐르는 관계로 역률이 나쁘다는 결점이 있다.
- 구조와 취급이 간단하여 건축설비에서 가장 널리 사용된다.

① 직권전동기
② 분권전동기
③ 유도전동기
④ 동기전동기

[해설]

우리나라에서의 배전은 교류 배전이므로 전동기도 보편적으로 교류전동기가 사용되고 있으며, 그 중에서도 값이 싸고 구조가 간단하여 보수상의 문제가 적은 유도전동기가 가장 보편적으로 사용되고 있다. 직류전동기는 건축설비용으로는 직류 엘리베이터 구동용 등 극히 일부분에서만 사용되고 있다.

**03** 3상 유도전동기의 속도제어방법으로 옳지 않은 것은? [17년 2회]

① 인버터를 사용하여 주파수를 변화시킨다.
② 2선의 접속을 바꿔 회전자계의 방향이 반대로 되도록 한다.
③ 회전자에 접속되어 있는 저항을 변화시켜 비례추이의 원리로 제어한다.
④ 독립된 2조의 극수가 서로 다른 고정자 권선을 감아 놓고 필요에 따라 극수를 선택하여 극수를 변화시킨다.

[해설]

2선의 접속을 바꿔 회전자계의 방향이 같은 방향이 되도록 한다.

**04** 비상콘센트설비에 관한 설명으로 옳지 않은 것은? [16년 4회]

① 층수가 6층 이상인 특정소방대상물의 전층에 설치하여야 한다.
② 전원회로는 각 층에 있어서 2 이상이 되도록 설치하는 것을 원칙으로 한다.
③ 비상콘센트는 바닥으로부터 높이 0.8m 이상 1.5m 이하의 위치에 설치한다.
④ 소방시설 중 화재를 진압하거나 인명구조활동을 위하여 사용하는 소화활동설비에 속한다.

[해설]

비상콘센트 설치대상
- 지하층을 포함하는 층수가 11층 이상인 소방대상물의 11층 이상의 층
- 지하 3층 이상이고 지하층의 바닥면적의 합계가 1,000$m^2$ 이상인 지하층의 전층
- 지하가 중 터널로서 길이가 500m 이상인 곳

정답  01 ①  02 ③  03 ②  04 ①

# 05 약전설비

## 1 피뢰침

| 설치대상 | | 20m 이상 높이의 건축물이나 공작물에 설치 |
|---|---|---|
| 피뢰침의 설치 | | • 낙뢰의 피해를 안전하게 보호하는 돌침 및 수평도체의 보호각은 일반 건축물의 경우 60°, 위험물 관계 건축물의 경우 45°로 해야 함<br>• 피뢰침의 보호각은 가급적 작게 잡는 것이 안전 |
| 피뢰설비의 수뢰부의 구성 | | 뇌격전류를 받아들이기 위한 외부 피뢰설비의 일부분을 말하며, 돌침, 수평도체, 메시도체 등이 있음 |
| 수뢰부 시스템의 보호범위 산정방식 | 메시법 | 보호 건물 주위에 망상도체를 적당한 간격으로 보호하는 방법 |
| | 보호각법 | 피뢰침 보호각 내에 보호하는 방법 |
| | 회전구체법 | 피뢰침과 지면에 닿는 회전구체를 그려 회전구체가 닿지 않는 부분을 보호범위로 산정하는 방법 |
| 피뢰설비 보호방식 | 간이보호<br>(가공지선) | 보통보호보다 간단하며, 뇌해가 많은 지방의 높이 20m 이하 건물에서 자주적인 피뢰설비를 실시할 때 이용 |
| | 보통보호<br>(돌침) | 목조 가옥에서는 증강보호가 좋고, 철근콘크리트 건축물로서 옥상에 난간이 있는 경우는 보통보호로 함 |
| | 증강보호<br>(수평도체 방식) | 건축물 윗면의 모서리 부분, 뽀족한 모양을 한 부분의 위쪽에 수평도체식 피뢰설비를 하여 전체의 보호 능력이 증강된 방식 |
| | 완전보호<br>(케이지 방식) | 어떠한 뇌격에 대해서도 건물이나 내부에 있는 사람에게 위해를 가하지 않는 방식(산꼭대기 관측소, 휴게소, 매점 등) |
| 피뢰 시스템의 등급분류 | | 피뢰 시스템의 효율(낙뢰 등에 의한 방전능력)에 따라 등급 분류 |

| 등급 | 시스템의 효율 |
|---|---|
| I | 0.98 |
| II | 0.95 |
| III | 0.90 |
| IV | 0.80 |

### 피뢰침의 설치

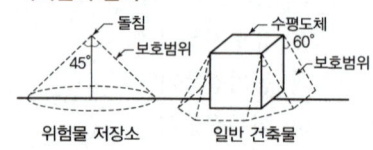

위험물 저장소 / 일반 건축물

### 피뢰침의 보호방식

• 간이보호

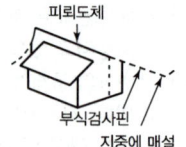

• 보통보호

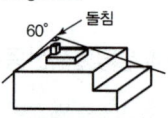

피보호물 전체가 돌침의 보호각 속에 들어간다.

• 증강보호

뇌격을 받을 만한 곳에 수평도체를 배치한다.

• 완전보호

케이지식 금속체

---

### 개념이해

**01** 피뢰 설비에서 수뢰부 시스템의 설치 시 사용되는 보호 범위 산정 방식에 속하지 않는 것은? [14년 4회]

① 메시법  ② 면적법
③ 보호각법  ④ 회전 구체법

#### 수뢰부 시스템의 보호범위 산정방식

| 산정방식 | 내용 |
|---|---|
| 메시법 | 보호 건물 주위에 망상 도체를 적당한 간격으로 보호하는 방법 |
| 보호각법 | 피뢰침 보호각 내에 보호하는 방법 |
| 회전구체법 | 피뢰침과 지면에 닿는 회전구체를 그려 회전구체가 닿지 않는 부분을 보호 범위로 산정하는 방법 |

답 ②

## 과년도 기출문제

**01** 피뢰설비에서 수뢰부 시스템의 보호범위 산정방식에 속하지 않는 것은? [16년 2회]

① 보호각  ② 메시법
③ 축점조도법  ④ 회전구체법

[해설]

보호범위 산정방식

| 산정 방식 | 보호 방법 |
|---|---|
| 메시법 | 보호 건물 주위에 망상 도체를 적당한 간격으로 보호하는 방법 |
| 보호각법 | 피뢰침 보호각 내에 보호하는 방법 |
| 회전구체법 | 피뢰침과 지면에 닿는 회전구체를 그려 회전구체가 닿지 않는 부분을 보호 범위로 산정하는 방법 |

**02** 피뢰 시스템에 관한 설명으로 옳지 않은 것은? [14년 1회, 18년 2회]

① 피뢰 시스템은 보호성능 정도에 따라 등급을 구분한다.
② 피뢰 시스템의 등급은 Ⅰ, Ⅱ, Ⅲ의 3등급으로 구분된다.
③ 수뢰부 시스템은 보호범위 산정방식(보호각, 회전구체법, 메시법)에 따라 설치한다.
④ 피보호 건축물에 적용하는 피뢰 시스템의 등급 및 보호에 관한 사항은 한국산업표준의 낙뢰 리스트 평가에 의한다.

[해설]

피뢰 시스템의 등급 분류(4개 등급으로 분류)

| 등급 | 시스템의 효율 |
|---|---|
| Ⅰ | 0.98 |
| Ⅱ | 0.95 |
| Ⅲ | 0.90 |
| Ⅳ | 0.80 |

**03** 피뢰 시스템의 수뢰부에 사용되지 않는 것은? [16년 1회]

① 돌침  ② 인하도선
③ 메시도체  ④ 수평도체

[해설]

수뢰부란 뇌격전류를 받아들이기 위한 외부 피뢰설비의 일부분을 말하며, 돌침, 수평도체, 메시도체 등이 있다.

정답 01 ③ 02 ② 03 ②

# 05 약전설비

## 2 항공장애등 설비

① 항공장애등은 비행기의 야간비행이나 저공비행 시 안전하게 운항할 수 있도록 설치하는 것
② 건축물 또는 공작물의 높이가 60m 이상인 경우 설치 필요
③ 수직거리 45m 간격으로 설치

## 3 인터폰설비의 통화망 방식에 따른 분류

| | |
|---|---|
| 모자식 | • 1대의 모기에 2대 이상의 자기를 접속해서 모기와 자기가 서로 호출해서 통화하는 방식이다.<br>• 자기끼리의 통화는 모기를 통해서 한다. |
| 상호식 | • 설치하는 각 기기가 전부 구조와 사용법이 동일하다.<br>• 서로 어느 기기에서든지 임의의 다른 기기를 자유롭게 호출해서 통화할 수 있다.<br>• 통화 중인 기기의 통화에는 혼선되지 않고 별도로 몇 쌍의 통화가 가능하다. |
| 복합식 | • 몇 대의 자기를 접속한 모기 그룹이 몇 개 있는 경우 모자 간은 모자식으로 모기끼리는 상호식으로 호출해서 통화한다.<br>• 모자식과 상호식의 조합에 의한 통화망이다. |

## 4 TV공동수신설비

| | |
|---|---|
| 구성요소 | 안테나, 정합기, 분배·분기장치, 증폭기 등 |
| 설치방법 | • 피뢰침 보호각 내에 있어야 한다.<br>• 강전류선으로부터 3m 이상 이격한다.<br>• 방향성 결합기나 분배기를 사용하지 않는 플러그에는 더미 로드를 부착한다.<br>• 풍속 40m/s 정도에 견디어야 한다.<br>• 접합기의 설치높이는 바닥 위에서 30cm 높이로 한다. |

---

**➕ 인터폰설비의 개념**

인터폰설비는 국선접속(일반적으로 공중통신망에 접속)을 목적으로 하지 않는 구내연락을 위한 유선통화 전반적 설비를 말한다.

**인터폰의 접속방식**

• 모자식

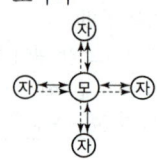

• 상호식

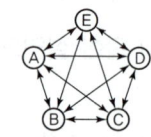

• 복합식

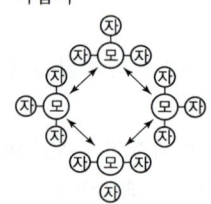

**➕ 약전설비의 종류**

전화설비, 인터폰설비, 전기시계설비, 안테나(공동수신)설비 등

# 과년도 기출문제

건축 / 기사 / 필기

**01** 건축물 등에서 항공기의 추돌을 방지하기 위하여 설치하는 각종의 안전등화를 무엇이라 하는가?

[16년 2회]

① 선회등　　② 유도로등
③ 항공등화　④ 항공장애표시등

[해설]

항공장애표시등
- 항공장애등은 비행기의 야간비행이나 저공비행 시 안전하게 운항할 수 있도록 설치하는 것
- 건축물 또는 공작물의 높이가 60m 이상인 경우 설치 필요
- 수직거리 45m 간격으로 설치

**02** 인터폰설비의 통화망 구성방식에 속하지 않는 것은?

[17년 2회]

① 모자식　　② 상호식
③ 복합식　　④ 프레스토크식

[해설]

통화망 방식에 따른 분류

| | |
|---|---|
| 모자식 | • 1대의 모기에 2대 이상의 자기를 접속해서 모기와 자기가 서로 호출해서 통화하는 방식이다.<br>• 자기끼리의 통화는 모기를 통해서 한다. |
| 상호식 | • 설치하는 각 기기가 전부 구조와 사용법이 동일하다.<br>• 서로 어느 기기에서든지 임의의 다른 기기를 자유롭게 호출해서 통화할 수 있다.<br>• 통화중인 기기의 통화에는 혼선되지 않고 별도로 몇 쌍의 통화가 가능하다. |
| 복합식 | • 몇 대의 자기를 접속한 모기 그룹이 몇 개 있는 경우 모자 간은 모자식으로 모기끼리는 상호식으로 호출해서 통화한다.<br>• 모자식과 상호식의 조합에 의한 통화망이다. |

**03** TV 공청 설비의 주요 구성 기기에 해당하지 않는 것은?

[13년 4회, 19년 2회]

① 증폭기　　② 월패드
③ 컨버터　　④ 혼합기

[해설]

월패드(Wall-pad)
가정의 주방이나 거실 벽면에 부착된 형태로, 비디오 도어폰 기능뿐 아니라 조명·보일러·가전제품 등 가정 내 각종 기기를 제어할 수 있는 단말기를 말한다.

**04** 다음 중 약전설비에 속하는 것은?

[17년 4회]

① 변전설비　　② 전화설비
③ 축전지설비　④ 자가발전설비

[해설]

약전설비
전화설비, 인터폰설비, 전기시계설비, 안테나(공동수신)설비 등

정답　01 ④　02 ④　03 ②　04 ②

# 05 약전설비

## 5 기타설비

| 표시설비 및 정보화설비 | | • 유도등(표시 색채 : 바탕은 녹색, 표시글자는 백색)<br>• 유도표지(표시 색채 : 바탕은 백색, 화살표 및 문자는 녹색)<br>• 전기시계설비<br>• 월패드(Wall-pad) | | |
|---|---|---|---|---|
| 자동화재<br>탐지설비 | 수신기 | • 수신기는 감지기 또는 발신기에서 보내온 신호를 수신하여 화재의 발생을 당해 건물의 관계자에게 램프 표시 및 음향장치 등으로 알려주는 것<br>• 종류 : P형(1급, 2급), R형, M형 | | |
| | 감지기 | 화재발생 시에 생기는 열 또는 연기 등에 의해서 자동적으로 화재의 발생을 감지하는 것. 작동방식에 따라 열감지기와 연기감지기가 있음 | | |
| | | 구분 | | 감지 원리 |
| | | 열<br>감지기 | 정온식 | 주변온도의 일정한 온도상승에 의한 감지 |
| | | | 차동식 | 주변온도가 일정 온도에 달하였을 때 감지 |
| | | | 보상식 | 정온식과 차동식의 성능을 가진 열감지기 |
| | | 연기<br>감지기 | 광전식 | 연기에 의해 반응하는 것으로 광전효과 이용하여 감지 |
| | | | 이온화식 | 연기에 의해 이온농도가 변화되는 것으로 감지 |
| | 발신기 | 감지기의 동작 이전에 화재의 발생을 발견한 사람이 발신기의 단추를 눌러서 화재발생을 수신기에 전달하여 관계자에게 통보하는 것 | | |
| | 음향<br>장치 | • 감지기에 의해서 화재의 발생을 발견하면 벨 또는 사이렌 등으로 경종을 울리는 설비<br>• 음량은 설치 위치 중심 1m 떨어진 위치에서 90폰(Phon) 이상이고, 각 층마다 그 층의 각 부분으로부터 하나의 음향장치까지의 수평거리는 25m 이하가 되도록 설치 | | |

# 과년도 기출문제

건 축 / 기 사 / 필 기

**01** 정보통신설비는 정보설비와 통신설비로 구분할 수 있다. 다음 중 통신설비에 속하지 않는 것은?

[13년 2회]

① 전화설비
② 인터폰설비
③ TV공청 설비
④ 전기시계설비

[해설]

전기시계설비는 정보설비에 해당한다.

**02** 자동화재탐지설비의 열감지기 중 주위온도가 일정 온도 이상일 때 작동하는 것은?

[15년 2회, 17년 4회, 20년 3회, 21년 2회, 22년 1회]

① 차동식
② 정온식
③ 광전식
④ 이온화식

[해설]

- 차동식 : 주변온도의 일정한 온도상승에 의한 감지
- 정온식 : 주변온도가 일정 온도에 달하였을 때 감지
- 광전식 : 연기에 의해 반응하는 것으로 광전효과 이용하여 감지
- 이온화식 : 연기에 의해 이온농도가 변화되는 것으로 감지

**03** 자동화재 탐지설비의 감지기 중 주위의 온도 상승률이 일정한 값을 초과하는 경우 동작하는 것은?

[18년 4회]

① 차동식
② 정온식
③ 광전식
④ 이온화식

[해설]

- 차동식 : 주변온도의 일정한 온도상승에 의한 감지
- 정온식 : 주변온도가 일정 온도에 달하였을 때 감지
- 광전식 : 연기에 의해 반응하는 것으로 광전효과 이용하여 감지
- 이온화식 : 연기에 의해 이온농도가 변화되는 것으로 감지

**04** 다음의 자동화재 탐지설비의 감지기 중 설치가능한 부착 높이가 가장 높은 것은?

[14년 1회]

① 연기 감지기
② 정온식 감지기
③ 차동식 분포형 감지기
④ 차동식 스포트형 감지기

[해설]

감지기별 설치 높이

| 구분 | 설치 높이 |
|---|---|
| 연기 감지기 | 15m 이상 ~ 20m 미만 |
| 정온식 감지기 | 4m 이상 ~ 8m 미만 |
| 차동식 분포형 감지기 | 8m 이상 ~ 15m 미만 |
| 차동식 스포트형 감지기 | 4m 이상 ~ 8m 미만 |

정답  01 ④  02 ②  03 ①  04 ①

# 06 위생설비 일반사항

## 1 유체의 특성

| | |
|---|---|
| 연속의 법칙 | 관 내 흐름이 정상류일 때, 단위시간에 흘러가는 유량은 어느 단면에서나 일정하다. $$Q = A_1 V_1 = A_2 V_2 = \cdots$$ |
| 베르누이(Bernoulli)의 정리 | 에너지보존의 법칙을 유체의 흐름에 적용한 것으로 정상류, 비점성, 비압축성의 유체가 유선운동을 할 때 같은 유선상의 각 지점에서의 압력수두, 속도수두, 위치수두의 합은 일정하다는 법칙(정리)이다. |
| 토리첼리의 정리(Torricelli's Theorem Equation) | 수조의 측면에 작은 구멍이 뚫려 액체가 흘러갈 때의 속도는 수면에서부터 구멍까지의 높이와 중력가속도에 의해 결정된다는 것이다. |

➕ **토리첼리 관련식**
$V = \sqrt{2gh}$
여기서, $V$ : 유속
　　　　$g$ : 중력가속도
　　　　$h$ : 높이

➕ **토리첼리의 정리**

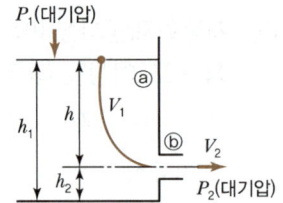

➕ 경도가 높은 물을 보일러에 사용했을 때 나타나는 현상 → 보일러 내면에 스케일(Scale) 발생
- 보일러 수명 단축의 원인
- 보일러 전열면의 과열 원인이 된다.
- 열의 전도를 방해하고 보일러 효율을 불량하게 한다.
- 수처리장치 등을 이용하여 발생을 방지할 수 있다.

## 2 물의 경도

| | |
|---|---|
| 개념 | 물속에 녹아 있는 칼슘(Ca)이나 마그네슘(Mg)의 양을 이것에 대응하는 탄산칼슘(CaCO₃) 또는 탄산마그네슘(MgCO₃)의 백만분율(ppm, parts per million)로 환산표시한 것을 말하며, 1L의 물속에 탄산칼슘(CaCO₃)이 10mg 함유된 것을 1도라 한다. |
| 물의 경도 산출식(ppm) | $$물의\ 경도 = \frac{CaCO_3(탄산칼슘)}{Mg(마그네슘)} \times 1,000,000$$ |
| 경도에 따른 급수의 특성 | • 경도가 큰 물을 경수, 경도가 낮은 물을 연수라 한다.<br>• 일반적으로 지표수는 연수, 지하수는 경수로 간주한다. |

## 3 배관마찰손실 산출

| | |
|---|---|
| 수두(mAq) 형식 계산 | $$\Delta h = f \times \frac{l}{d} \times \frac{v^2}{2g} \times \gamma$$ 여기서, $\Delta h$ : 마찰손실수두(mAq)　$f$ : 마찰손실계수(관마찰계수)<br>　　　　$l$ : 배관길이(m)　　　　$d$ : 배관관경(m)<br>　　　　$v$ : 유속(m/s)　　　　　$g$ : 중력가속도(9.8)<br>　　　　$\gamma$ : 유체의 비중(kgf/m³) |
| 압력(kPa) 형식 계산 | $$\Delta P = f \times \frac{l}{d} \times \frac{v^2}{2} \times \rho$$ 여기서, $\Delta P$ : 마찰손실압력(kPa)　$f$ : 마찰손실계수(관마찰계수)<br>　　　　$l$ : 배관길이(m)　　　　$d$ : 배관관경(m)<br>　　　　$v$ : 유속(m/s)　　　　　$\rho$ : 유체의 밀도(kg/m³) |

# 과년도 기출문제

건 축 / 기 사 / 필 기

**01** 다음과 가장 관계가 깊은 것은? [15년 2회, 20년 4회]

> 에너지보존의 법칙을 유체의 흐름에 적용한 것으로서 유체가 갖고 있는 운동에너지, 중력에 의한 위치에너지 및 압력에너지의 총합은 흐름 내 어디에서나 일정하다.

① 뉴턴의 점성법칙
② 베르누이의 정리
③ 보일-샤를의 법칙
④ 오일러의 상태방정식

[해설]

베르누이의 정리
- 정상류, 비점성, 비압축성의 유체가 유선운동을 할 때 같은 유선상의 각 지점에서의 압력수두, 속도수두, 위치수두의 합은 일정하다는 법칙이다.
- 베르누이 방정식

압력수두 + 속도수두 + 위치수두 $= \dfrac{P}{\rho} + \dfrac{V^2}{2} + Zg =$ 일정

**02** 물의 경도에 관한 설명으로 옳지 않은 것은?

[16년 2회]

① 일반적으로 지표수는 연수, 지하수는 경수로 간주한다.
② 경도가 큰 물을 경수, 경도가 낮은 물을 연수라고 한다.
③ 경수를 보일러 용수로 사용하면 그 내면에 스케일이 생겨 전열효율이 감소된다.
④ 물의 경도는 물속에 녹아있는 칼슘, 마그네슘 등의 염류의 양을 탄산마그네슘의 농도로 환산하여 나타낸 것이다.

[해설]

탄산칼슘의 농도로 환산하여 물의 경도를 나타낼 때 적용한다.

물의 경도 $= \dfrac{CaCO_3 (탄산칼슘)}{Mg(마그네슘)} \times 1,000,000$

**03** 길이 1m, 구경 100mm의 관 내를 유속 2.0m/s로 물이 흐르고 있을 때 직관부의 마찰 손실은 얼마인가?(단, 물의 밀도는 1,000kg/m³, 관마찰 계수는 0.03이다.) [14년 1회]

① 6Pa  ② 60Pa
③ 600Pa  ④ 6,000Pa

[해설]

정답을 수두(mAq)로 요구했을 때와 압력(kPa)으로 요구했을 때는 다음과 같이 적용하는 식이 다르니, 참고하여 산출이 필요하다.

㉠ 수두(mAq) $\Delta h = f \times \dfrac{l}{d} \times \dfrac{v^2}{2g} \times \gamma$

㉡ 압력(kPa) $\Delta P = f \times \dfrac{l}{d} \times \dfrac{v^2}{2} \times \rho$

본 문제에서는 압력(kPa)으로 물어봤으므로,

$\Delta P = f \times \dfrac{l}{d} \times \dfrac{v^2}{2} \times \rho = 0.03 \times \dfrac{1}{0.1} \times \dfrac{2^2}{2} \times 1000$
$= 600 kPa$

**04** 길이 20m, 지름 400mm인 덕트에 평균속도 12m/s로 공기가 흐를 때 발생하는 마찰저항은?(단, 덕트의 마찰저항계수는 0.02, 공기의 밀도는 1.2kg/m³이다.) [15년 4회, 22년 1회]

① 7.3Pa  ② 8.6Pa
③ 73.2Pa  ④ 86.4Pa

[해설]

덕트의 마찰저항

$\Delta P = f \cdot \dfrac{l}{d} \cdot \dfrac{v^2}{2} \cdot \rho = 0.02 \cdot \dfrac{20}{0.4} \cdot \dfrac{12^2}{2} \cdot 1.2 = 86.4 Pa$

$\Delta P$ : 덕트의 마찰저항(Pa)
여기서, $f$ : 덕트의 마찰저항계수
$d$ : 관의 지름(m)
$l$ : 관의 길이(m)
$v$ : 공기의 이동 속도(m/s)
$\rho$ : 공기의 밀도(kg/m³)

**정답** 01 ② 02 ④ 03 ③ 04 ④

# 06 위생설비 일반사항

## 4  배관재료의 종류별 특징

### (1) 금속관

| 종류 | 특징 | 접합방법 |
|---|---|---|
| 주철관 | • 내식성, 내구성, 내압성 우수<br>• 충격에 약하며, 인장강도가 작음<br>• 방열성능이 열세<br>• 선철의 함량이 적을수록 고급주철<br>• 강관에 비해 가격 저렴 | • 소켓접합 : 누수 우려<br>• 플랜지접합(Flange Joint) : 기밀 우수(고압배관 적합), 관 교체 용이<br>• 메커니컬접합(Mechanical Joint) : 내진성 우수, 시공 복잡, 고가<br>• 빅토리접합(Victoric Joint) |
| 강관 | • 경량과 인장강도 우수, 가장 많이 사용<br>• 부식하기 쉬운 특징 때문에 내구연한 짧음<br>• 내충격성이 좋으며, 굴곡성이 양호<br>• 배관용, 수도용, 열전달용, 구조용 등으로 사용 | • 나사접합(유니접합) : 50A 이하 접합<br>• 플랜지접합 : 관 교체 용이<br>• 용접접합 : 맞댐용접과 슬리브용접 |
| 연관<br>(납관) | • 굴곡성이 우수하고 시공성 양호<br>• 내산성 좋으나, 알칼리에는 약한 특성(콘크리트에 매입 시 주의 요함)<br>• 가격이 저렴하고 쉽게 변형<br>• 연관은 용도에 따라 1종(화학공업용), 2종(일반용), 3종(가스용)으로, 사용방법에 따라 수도용과 배수용으로 나눔 | • 플라스터접합<br>• 납땜접합 |
| 동관 | • 열전도율이 크고, 내식성이 강함(난방, 급탕용)<br>• 저온취성에 강함(냉동관 등에 이용)<br>• 가격이 비교적 고가 | • 납땜접합<br>• 플레어접합<br>• 용접접합<br>• 경납땜 |
| 황동관 | 동의 합금관으로 관의 내외면에 주석도금을 한 것 | 접합방법은 동관과 동일 |
| 스테인리스관 | • 철에 12~20% 정도의 크롬 등을 첨가하여 만든 합금강으로서, 외부 표면에 얇은 피막을 형성하여 부식을 방지<br>• 피막이 파손되더라도 화학적으로 곧 재생되어 부식을 방지 | • 플랜지접합<br>• 용접접합<br>• 무용접접합 |

### (2) 비금속관

| 종류 | 특징 | 접합방법 |
|---|---|---|
| 경질염화비닐관<br>(PVC관) | • 내화학적(내산 및 내알칼리)<br>• 내열성 취약<br>• 마찰손실이 적고, 전기절연성과 열팽창률이 큼 | • 열간공법<br>• 냉간공법 |
| 콘크리트관 | 옥외배수나 상하수도의 배관으로 이용 | • 칼라조인트   • 가볼트조인트<br>• 심플렉스조인트   • 모르타르조인트 |
| 폴리에틸렌 피복관 | 지하매설용 가스관에 이용 | • 플랜지접합   • 용착슬리브접합<br>• 인서트접합 |

**＋ 체크밸브**
- 유체의 흐름이 한쪽 방향으로만 흐르게 하는 일종의 역류방지밸브
- 종류 : 스윙형(수직, 수평배관에 사용)과 리프트형(수평배관에 사용)
- 유량에 대한 조정은 불가함

# 과년도 기출문제

**01** 배관재료에 관한 설명으로 옳지 않은 것은?

[19년 4회]

① 주철관은 오배수관이나 지중 매설 배관에 사용된다.
② 경질염화비닐관은 내식성은 우수하나 충격에 약하다.
③ 연관은 내식성이 작아 배수용보다는 난방배관에 주로 사용된다.
④ 동관은 전기 및 열전도율이 좋고 전성·연성이 풍부하며 가공도 용이하다.

[해설]

연관은 내산성이 우수하나 알칼리에는 약한 특성을 가지고 있으며, 난방배관이 아닌, 주로 급수용 수도관에 사용되어진다.

**02** 경질 비닐관 공사에 관한 설명으로 옳은 것은?

[18년 2회]

① 절연성과 내식성이 강하다.
② 자성체이며 금속관보다 시공이 어렵다.
③ 온도 변화에 따라 기계적 강도가 변하지 않는다.
④ 부식성 가스가 발생하는 곳에는 사용할 수 없다.

[해설]

경질 비닐관 공사
- 우수한 절연성 보유
- 경량이고 시공이 용이
- 내식성 우수
- 내열성이 약하고, 기계적 강도가 낮음

**03** 유체의 흐름을 한 방향으로만 흐르게 하고 반대 방향으로는 흐르지 못하게 하는 밸브는? [17년 2회]

① 콕
② 체크밸브
③ 게이트밸브
④ 글로브밸브

[해설]

체크밸브
- 유체의 흐름이 한쪽 방향으로만 흐르게 하는 일종의 역류 방지 밸브이다.
- 종류에는 스위형(수직, 수평배관에 사용)과 리프트형(수평배관에 사용)이 있다.
- 유량에 대한 조정은 불가하다.

정답  01 ③  02 ①  03 ②

## 06 위생설비 일반사항

### 5 배관 연결 부속 기구

| 엘보 | 배관을 방향 전환시킬 때(45° 엘보, 90° 엘보, 이경엘보) |
|---|---|
| 티 | 분기관을 낼 때(이경티, 편심이경티) |
| 소켓 | 배관을 직선연결(이경소켓, 암수소켓, 편심이경소켓) |
| 니플 | 부속과 부속을 연결할 때(이경니플) |
| 부싱 | 지름이 다른 배관과 부속을 연결할 때(암수이경소켓) |
| 리듀서 | 관경이 다른 두 관을 직선연결(이경소켓) |
| 플러그, 캡 | 배관 말단을 막을 때 |
| 유니언, 플랜지 | 배관의 최종 조립, 분해 시 이용 |

(a) 소켓    (b) 이경소켓    (c) 유니언    (d) 90° 엘보

   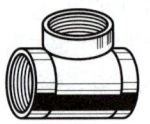

(e) 45° 엘보    (f) 암수엘보(스트리트엘보)    (g) 크로스    (h) 티

(i) 부싱    (j) 캡    (k) 니플    (l) 플러그

**각종 연결 부속기구 형상**

## 6 기타 주요부속

| 볼탭<br>(Ball Tap) | • 고가수조 등에서 일정 수위를 유지하고자 할 때 이용한다.<br>• 플로트(부자)의 부력에 의해 밸브가 작동한다. |
|---|---|
| 플러시밸브<br>(Flush Valve) | • 대변기, 소변기의 세정밸브에 사용한다.<br>• 레버를 한 번 누르면 0.07MPa의 수압으로 일정량의 물이 분출되고 잠긴다. |
| 스트레이너<br>(Strainer) | • 배관 중의 오물을 제거하기 위한 부속품이다.<br>• 보호밸브 앞에 설치한다.<br>• 종류 : 나사이음용 Y형, 주철제 U형, V형 |

### 개념이해

**01** 강관의 배관 부속품에 관한 설명으로 옳지 않은 것은? [14년 2회]

① 엘보는 배관을 굴곡할 때 사용된다.
② 티와 크로스는 분기관을 낼 때 사용된다.
③ 플러그는 구경이 다른 관을 접합할 때 사용된다.
④ 소켓, 유니언, 플랜지는 직관을 접합할 때 사용된다.

▶ 플러그는 배관 말단을 막을 때 사용하는 배관 부속품이며, 구경이 다른 관을 접합할 때 사용하는 것에는 이경소켓, 이경엘보 등이 있다.

답 ③

**02** 관 속의 유체에 섞여 있는 모래, 쇠 부스러기 등의 이물질을 제거하여 기기의 성능을 보호하기 위해 배관에 설치하는 것은? [13년 4회]

① 패킹
② 볼탭
③ 체크밸브
④ 스트레이너

▶ 스트레이너(Strainer)
• 배관 중의 오물을 제거하기 위한 부속품이다.
• 보호밸브 앞에 설치한다.
• 종류 : 나사이음용 Y형, 주철제 U형, V형

답 ④

## 06 위생설비 일반사항

### 7 펌프의 동력

| | |
|---|---|
| 수동력 | 양정과 유량만이 고려된 동력으로서, 이론동력이라고도 한다.<br>$$\text{펌프의 수동력}[kW] = \frac{QH}{102}$$<br>여기서, $Q$ : 양수량(L/s)<br>$H$ : 전양정(m) |
| 축동력 | 펌프의 효율이 적용된 동력으로서, 모터에 의해 펌프에 전해지는 동력이다.<br>$$\text{펌프의 축동력}[kW] = \frac{QH}{102E}$$<br>여기서, $Q$ : 양수량(L/s)<br>$H$ : 전양정(m)<br>$E$ : 효율 |
| 소요동력 | 실제 펌프 가동을 위해 필요한 동력으로서, 모터동력이라고도 하며 모터의 전달계수가 적용되게 된다.<br>$$\text{펌프의 소요동력}[kW] = \frac{QH}{102E} \cdot k$$<br>여기서, $Q$ : 양수량(L/s)<br>$H$ : 전양정(m)<br>$E$ : 효율<br>$k$ : 모터의 전달계수 |

**+ 펌프의 특성곡선**
펌프의 양수량, 양정, 동력 및 효율 사이의 관계를 밝히기 위해 가로축에 양수량, 세로축에 양정, 동력, 효율을 나타낸 곡선

**원심식 펌프의 특징**
- 급수, 급탕, 배수 등에 주로 사용
- 고속도 운전에 적합
- 진동이 적고, 장치가 간단
- 전체의 형이 적고, 운전상의 성능이 우수
- 양수량의 조절이 용이하고, 송수압의 변동이 적음

### 개념이해

**01** 전양정 24m, 양수량 13.8m³/h, 효율 60%일 때 펌프의 축동력은?

[13년 2회, 16년 4회]

① 약 0.5kW  ② 약 1.0kW
③ 약 1.5kW  ④ 약 3.0kW

펌프의 축동력(kW) $= \frac{QH}{102E}$

양수량 $Q$(L/s) : 13.8m³/h → 3.83L/s
전양정 $H$(mAq) : 24m
효율 $E$ : 0.60

∴ 펌프의 축동력(kW) $= \frac{3.83 \times 24}{102 \times 0.60}$
$= 1.50\text{kW}$

답 ③

# 과년도 기출문제

**01** 양수량 2m³/min, 전양정 50m, 효율이 60%인 펌프의 축동력은?(단, 유체의 밀도는 1,000kg/m³이다.) [15년 4회]

① 2.77kW  ② 9.82kW
③ 16.33kW  ④ 27.23kW

[해설]

펌프의 축동력(kW) = $\dfrac{QH}{102E}$

양수량 $Q$(L/s) : 2m³/min → 33.33L/s
전양정 $H$(mAq) : 50m
효율 $E$ : 0.60

∴ 펌프의 축동력(kW) = $\dfrac{33.33 \times 50}{102 \times 0.60}$ = 27.23kW

**02** 다음과 같은 조건에 있는 양수펌프의 축동력은? [16년 1회, 20년 1·2회 통합]

[조건]
- 양수량 : 490L/min
- 전양정 : 30m
- 펌프의 효율 : 60%

① 약 3kW  ② 약 4kW
③ 약 5kW  ④ 약 6kW

[해설]

펌프의 축동력(kW) = $\dfrac{QH}{102E}$

양수량 $Q$(L/s) : 490L/min → 8.17L/s
전양정 $H$(mAq) : 30m
효율 $E$ : 0.60

∴ 펌프의 축동력(kW) = $\dfrac{8.17 \times 30}{102 \times 0.60}$ = 4.01kW ≒ 4kW

**03** 펌프의 양수량이 10m³/min, 전양정이 10m, 효율이 80%일 때, 이 펌프의 소요 동력은?(단, 여유율은 10%로 한다.) [15년 2회]

① 22.5kW  ② 26.5kW
③ 30.6kW  ④ 32.4kW

[해설]

펌프의 축동력(kW) = $\dfrac{QH}{102E}$

양수량 $Q$(L/s) : 10m³/min → 166.67L/s
전양정 $H$(mAq) : 10m
효율 $E$ : 0.80
여유율 : 0.10

∴ 펌프의 소요동력(kW) = $\dfrac{166.67 \times 10}{102 \times 0.80} \times 1.1$ = 22.47kW
≒ 22.5kW

**04** 다음 중 급탕설비에서 온수 순환 펌프로 주로 이용되는 것은? [21년 1회]

① 사류 펌프  ② 원심식 펌프
③ 왕복식 펌프  ④ 회전식 펌프

[해설]

원심식 펌프의 특징
- 급수, 급탕, 배수 등에 주로 사용
- 고속도 운전에 적합
- 진동이 적고, 장치가 간단
- 전체의 형이 적고, 운전상의 성능이 우수
- 양수량의 조절이 용이하고, 송수압의 변동이 적음

정답  01 ④  02 ②  03 ①  04 ②

# 06 위생설비 일반사항

### 8 상사의 법칙(펌프의 회전수 변화 $N_1 \rightarrow N_2$, 임펠러의 직경 $D_1 \rightarrow D_2$)

| 유량(Q) | $Q_2 = Q_1 \dfrac{N_2}{N_1} = Q_1 \left(\dfrac{D_2}{D_1}\right)^3$ |
|---|---|
| 양정(H) | $H_2 = H_1 \left(\dfrac{N_2}{N_1}\right)^2 = H_1 \left(\dfrac{D_2}{D_1}\right)^2$ |
| 축동력(L) | $L_2 = L_1 \left(\dfrac{N_2}{N_1}\right)^3 = L_1 \left(\dfrac{D_2}{D_1}\right)^5$ |

### 9 펌프의 구경산출

$$Q(수량) = A(단면적) \times V(유속)$$

위의 식에서, $A(단면적) = \dfrac{\pi d^2}{4}$, $d$ : 펌프의 구경(직경)

이에 따라 $Q = \dfrac{\pi d^2}{4} \times V \rightarrow d = \sqrt{\dfrac{4Q}{\pi V}}$

### 10 펌프 공동현상의 발생원인 및 대책

| 발생원인 | 방지대책 |
|---|---|
| 펌프의 흡입양정이 클 경우 | 흡입양정을 작게 한다(설비에서 얻는 유효흡입양정이 펌프의 필요흡입양정보다 커야 한다). |
| 펌프의 마찰손실이 과대할 경우 | 부속류를 적게 하여 마찰손실수두를 줄인다. |
| 펌프의 임펠러속도가 클 경우 | 펌프의 임펠러속도, 즉 회전수를 낮게 한다. |
| 펌프의 흡입관경이 작을 경우 | 펌프의 흡입관경을 양수량에 맞추어 크게 설계한다. |
| 펌프의 흡입수온이 높을 경우 | 펌프의 흡입수온을 낮게 한다. |

**펌프의 공동현상**
수온이 상승하거나 빠른 속도로 물이 운동할 때 물의 압력이 증기압 이하로 낮아져 물속에 공동(기포, 기체거품)이 발생하는 현상

**펌프의 서징현상**
산형(山形) 특성의 양정곡선을 갖는 펌프의 산형 왼쪽부분에서 유량과 양정이 주기적으로 변동하는 현상

## 과년도 기출문제

건축 / 기사 / 필기

**01** 양수량이 1m³/min, 전양정이 50m인 펌프에서 회전수를 1.2배 증가시켰을 때 양수량은?

[17년 1회, 20년 3회]

① 1.2배 증가   ② 1.44배 증가
③ 1.73배 증가   ④ 2.4배 증가

[해설]
상사의 법칙에 의해 풀어주는 문제로서, 회전수 증가에 따라 양수량(유량)은 비례하는 형태로 증가하므로 회전수를 1.2배 증가시켰을 때, 양수량(유량)은 기존의 양수량(유량)에 1.2로 증가하게 된다.

**02** 수량 20m³/h를 양수하는 데 필요한 펌프의 구경은?(단, 양수펌프 내 유속은 2m/s로 한다.)

[17년 1회]

① 30mm   ② 40mm
③ 50mm   ④ 60mm

[해설]

$Q(수량) = A(단면적) \times V(유속)$

$A(단면적) = \dfrac{\pi d^2}{4}$

$d$ : 펌프의 구경(직경)

이에 따라 $Q = \dfrac{\pi d^2}{4} \times V \rightarrow d = \sqrt{\dfrac{4Q}{\pi v}}$

$= \sqrt{\dfrac{4 \times 20\text{m}^3}{3,600 \times \pi \times 2\text{m/s}}}$

$= 0.0595\text{m} = 59.5\text{mm}$

$\fallingdotseq 60\text{mm}$

**03** 펌프에서 발생하는 공동현상(Cavitation)의 방지대책으로 가장 알맞은 것은?

[17년 2회]

① 펌프의 설치위치를 높인다.
② 펌프의 흡입양정을 낮춘다.
③ 펌프의 토출양정을 높인다.
④ 펌프의 토출구경을 확대한다.

[해설]
공동현상의 원인과 대책

| 발생원인 | 방지대책 |
| --- | --- |
| 펌프의 흡입 양정이 클 경우 | 흡입양정을 작게 한다(설비에서 얻는 유효흡입양정이 펌프의 필요흡입양정보다 커야 한다). |
| 펌프의 마찰 손실이 과대할 경우 | 부속류를 적게 하여 마찰손실수두를 줄인다. |
| 펌프의 임펠러 속도가 클 경우 | 펌프의 임펠러 속도, 즉 회전수를 낮게 한다. |
| 펌프의 흡입 관경이 작을 경우 | 펌프의 흡입관경을 양수량에 맞추어 크게 설계한다. |
| 펌프의 흡입 수온이 높을 경우 | 펌프의 흡입수온을 낮게 한다. |

정답  01 ①  02 ④  03 ②

# 07 급수 및 급탕설비

## 1 급수방식

### (1) 수도직결방식

| 개념 | 도로 밑의 수도본관에서 분기하여 건물 내에 직접 급수하는 방식이다. |
|---|---|
| 급수경로 | 인입계량기 이후 수도전까지 직접 연결하여 급수한다. |
| 특징 | • 급수의 수질오염 가능성이 가장 낮다.<br>• 정전 시 급수가 가능하나, 단수 시 급수가 전혀 불가능하다.<br>• 급수압의 변동이 있으며, 일반적으로 4층 이상에는 부적합하다. |
| 수도보관<br>필요수압<br>($P_0$) | $P_0 \geq P_1 + P_2 + 10h$<br>여기서, $P_1$ : 기구별 최저소요압력(kPa)<br>$P_2$ : 관내마찰손실수두(kPa)<br>$h$ : 수전고(수도 본관과 최고층 수전까지의 높이)(m) → $10h$(kPa) |

➕ 수도직결방식

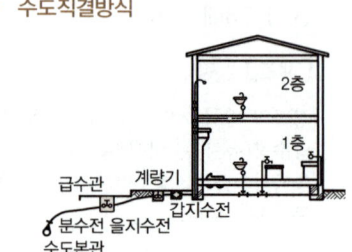

### (2) 고가탱크(고가수조, 옥상탱크)방식

| 개념 | 수돗물을 지하저수조에 모은 후 양수펌프에 의해 고가탱크로 양수하여, 탱크에서 급수관을 통해 필요 장소로 하향급수하는 방식이다. |
|---|---|
| 급수경로 | 지하저수조 → 양수펌프 → 고가탱크 → 급수전 |
| 특징 | • 수질오염의 가능성이 높다.<br>• 항상 일정한 수압으로 급수가 가능하다.<br>• 정전, 단수 시 일정시간 동안 급수가 가능하다.<br>• 대규모 급수설비에 일반적으로 적용하고 있다. |
| 고가탱크<br>설치 높이<br>($H$) | $H \geq H_1 + H_2 + h$(m)<br>여기서, $H_1$ : 최고층 급수전 또는 기구에서의 소요압력에 상당하는 높이(m)<br>$H_2$ : 관내마찰손실수두(m)<br>$h$ : 지상에서 최고층에 있는 수전까지의 높이(m) |

➕ 고가탱크방식

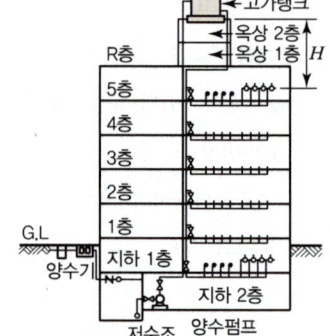

### (3) 압력탱크방식

| 개념 | 지하저수탱크에 저장된 물을 양수펌프로 압력탱크 내로 공급하면 공기압축기(컴프레서)에 의해 가압된 공기압에 의하여 건물 상부로 급수하는 방식이다. |
|---|---|
| 급수경로 | 지하저수조 → 양수펌프 → 압력탱크(공기압축기로 가압) → 급수전 |
| 특징 | • 수압변동이 심하다.<br>• 고압이 요구되는 특정 위치가 있을 경우 유용하다.<br>• 정전 시 즉시 급수가 중단되며, 단수 시에는 저수조수량으로 일정시간 급수가 가능하다. |
| 압력탱크방식<br>(압력수조급수<br>방식)을<br>채택하는 이유 | • 설치환경의 제약으로 고가탱크방식의 적용이 어려운 경우<br>• 고가탱크방식으로는 제일 높은 층에서 필요로 하는 압력을 얻을 수 없는 경우 |

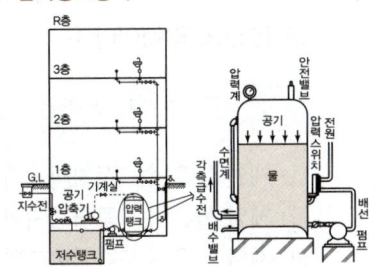

+ 압력탱크방식

### (4) 탱크리스부스터방식(펌프직송방식)

| 개념 | 저수조에 저장한 물을 펌프를 이용하여 수전까지 직송하는 방식이다. |
|---|---|
| 급수경로 | 지하저수조 → 부스터펌프 → 급수전 |
| 특징 | • 옥상탱크나 압력탱크가 필요 없다.<br>• 설비비가 고가이다.<br>• 정전이나 단수 시 급수가 중단된다(단, 비상발전시스템을 갖춘 경우에는 정전 시 가동이 가능하다).<br>• 전력소비가 많다.<br>• 자동제어시스템으로 고장 시 수리가 어렵다.<br>• 제어방식에는 정속방식과 변속방식이 있다. |

**개념이해**

**01** 고가수조 급수방식에서 물 공급 순서로 옳은 것은? [16년 4회]

① 상수도 → 저수조 → 펌프 → 고가수조 → 위생기구
② 상수도 → 고가수조 → 펌프 → 저수조 → 위생기구
③ 상수도 → 고가수조 → 저수조 → 펌프 → 위생기구
④ 상수도 → 저수조 → 고가수조 → 펌프 → 위생기구

○ 고가수조 급수방식의 물 공급순서
상수도 → 저수조 → 펌프 → 고가수조 → 위생기구

답 ①

## 과년도 기출문제

**01** 급수방식 중 수도직결방식에서 수도 본관의 압력은 다음의 식을 만족하여야 한다. 다음 식의 $P_1$, $P_2$, $P_3$의 구성에 속하지 않는 것은?(단, $P$는 수도 본관의 압력이다.) [14년 4회]

$$P \geq P_1 + P_2 + P_3$$

① 제일 높은 수도꼭지까지의 높이
② 제일 높은 수도꼭지까지의 배관 길이
③ 제일 높은 수도꼭지까지의 관마찰 손실
④ 제일 높은 수도꼭지에서 필요로 하는 압력

[해설]

수도 직경 방식에서의 수도 본관의 압력($P$)
$P \geq P_1 + P_2 + P_3$
여기서,
$P_1$(kPa) : 낙차 압력 – 제일 높은 수도꼭지까지의 높이
$P_2$(kPa) : 배관, 밸브류 등의 마찰손실수두 압력 – 제일 높은 수도꼭지까지의 관마찰 손실
$P_3$(kPa) : 기구의 최소 필요 압력 – 제일 높은 수도꼭지에서 필요로 하는 압력

**02** 급수방식 중 고가수조방식에 관한 설명으로 옳은 것은? [17년 4회]

① 상향급수 배관방식이 주로 사용된다.
② 3층 이상의 고층으로의 급수가 어렵다.
③ 압력수조방식에 비해 급수압 변동이 크다.
④ 펌프직송방식에 비해 수질오염 가능성이 크다.

[해설]

고가수조방식은 옥상탱크에 물을 저수한 후 건물에 하향급수하는 방식이다. 옥상탱크에 물 저수 시 온습도 환경에 따라 수질이 오염될 수 있다.

**03** 급수방식에 관한 설명으로 옳지 않은 것은? [15년 4회]

① 상수도 직결방식은 위생성 측면에서 바람직한 방식이다.
② 고가탱크방식은 중력으로 필요한 곳에 급수하는 방식이다.
③ 펌프직송방식 중 변속방식은 토출압력을 감지하여 펌프의 회전수를 제어하는 방식이다.
④ 압력탱크방식은 대규모의 급수 수요에 쉽게 대응할 수 있어 고층 건물에 주로 사용된다.

[해설]

압력탱크방식은 저수조의 물을 압력탱크로 보내 컴프레셔의 압력을 통해 급수하는 방식으로 수압부분이 일정하지 않아, 대규모 고층 건물의 급수부하에 대응이 어렵다.

**04** 압력탱크 급수방식에 관한 설명으로 옳지 않은 것은? [17년 2회]

① 정전 시 급수가 곤란하다.
② 급수 압력을 일정하게 유지할 수 있다.
③ 단수 시 저수조의 물을 사용할 수 있다.
④ 탱크를 높은 곳에 설치하지 않아도 된다.

[해설]

압력탱크방식은 저수조의 물을 압력탱크로 보내 컴프레셔의 압력을 통해 급수하는 방식으로 수압부분이 일정하지 않아, 대규모 고층 건물의 급수부하에 대응이 어렵다.

**05** 압력수조 급수방식에 관한 설명으로 옳지 않은 것은? [17년 1회]

① 정전 시 급수가 곤란하다.
② 고가수조가 필요 없어 미관상 좋다.
③ 고가수조방식에 비해 급수압의 변동이 크다.
④ 고가수조방식에 비해 수조의 설치위치에 제한이 많다.

**정답** 01 ②  02 ④  03 ④  04 ②  05 ④

[해설]
압력수조 급수방식은 고가탱크방식과 같이 고가수조 등의 설치가 필요 없고, 수조에서 직송하지 않고 압력탱크를 거치기 때문에 수조의 설치위치에 대한 제한도 크지 않다.

**06** 급수방식 중 펌프직송방식에 관한 설명으로 옳지 않은 것은? [15년 2회]

① 상향공급방식이 일반적이다.
② 전력공급이 중단되면 급수가 불가능하다.
③ 자동제어에 필요한 설비비가 적고, 유지관리가 간단하다.
④ 적절한 대수분할, 압력제어 등에 의해 에너지 절약을 꾀할 수 있다.

[해설]
펌프직송방식(탱크리스 부스터 펌프방식)은 수도 본관으로부터 저수탱크에 물을 받은 후 여러 대의 자동펌프를 이용하여 각 수전 또는 기구에 급수하는 방식이다. 본 방식은 설비비가 고가이며, 자동제어 시스템이어서 고장 시 수리가 어려운 단점이 있다.

정답 06 ③

# 07 급수 및 급탕설비

## ② 저수조 및 급수배관 설계, 시공상 유의사항

| 저수조의 설치 | • 저수 및 고가탱크는 물을 저장하는 공간으로 유해물질의 침입 및 오염이 최소화되어야 하므로, 건축부분과의 겸용은 피해야 한다.<br>• 상수탱크에 설치하는 뚜껑은 유효안지름 1,000mm 이상의 것으로 한다.<br>• 상수관 이외의 관은 상수용 탱크를 관통하거나 상부를 횡단해서는 안 된다.<br>• 상수탱크는 청소 시 급수에 지장이 있을 경우 또는 기간에 따라 급수부하의 변동이 있는 경우에 대비하여 분할하여 설치하거나 또는 칸막이를 설치한다. |
|---|---|
| 급수배관 설계 및 시공상 주의사항 | • 급수배관의 최소관경은 15mm 이상으로 하며, 구배(기울기)는 1/300~1/200 정도로 한다.<br>• 주배관에는 적당한 위치에 플랜지이음을 하여 보수점검을 용이하게 하여야 한다.<br>• 수격작용이 발생할 염려가 있는 급수계통에는 에어챔버나 워터해머 방지기 등의 완충장치를 설치한다.<br>• 수평배관에는 공기가 정체하지 않도록 하며, 어쩔 수 없이 공기정체가 일어나는 곳에는 공기빼기밸브를 설치한다.<br>• 벽 관통 시 슬리브(Sleeve)를 설치하고 그 속으로 배관이 관통할 경우, 구조체와 배관을 분리(이격)시켜 관의 설치 및 수리, 교체를 용이하게 하여야 한다. |

## ③ 수격현상(Water Hammering)의 방지

| 개념 | 관 속을 충만하게 흐르는 액체(물)의 속도를 정지시키거나 흘려보내 물의 운동상태를 급격히 변화시킴으로써 일어나는 압력파현상 |
|---|---|
| 특징 | • 배관파손 및 접속부 이완과 누설<br>• Pipe Hanger, Guide의 이완 및 파손<br>• Valve 및 기기류 파손<br>• 배관의 진동·소음으로 주거환경에 악영향 |
| 발생장소 | 개폐 V/V, 펌프 토출 측, 곡관, 관경이 급변하는 곳 등 |
| 원인 | • 관 내 유속 또는 압력이 급변할 때 일어나기 쉽다(밸브 급개폐 및 급조작 시, 펌프 급정지 시, 배관에 굴곡 지점이 많을 때).<br>• 관 내 유속이 클 때 일어나기 쉽다(관경이 작을 때, 수압이 클 때, 20m 이상 고양정일 때).<br>• 감압밸브 미사용 시 일어나기 쉽다. |
| 대책 | • 배관 상단 및 기구류 가까이에 공기실(Air Chamber)이나 수격방지기를 설치한다.<br>• 수압을 감소시키고 관 내 유속을 2m/s 이내로 느리게 하는 것이 좋다.<br>• 밸브 및 수전류를 서서히 개폐한다.<br>• 급수관경을 크게 한다.<br>• 가능하면 직선배관으로 한다.<br>• 자동수압조절밸브를 설치한다.<br>• 펌프의 토출 측에 스모렌스키 체크밸브를 설치한다. |

**➕ 급수오염 방지**
- 크로스커넥션(Cross Connection) 방지
  - 음용수의 오염현상으로서 수돗물에 수돗물 이외의 물질이 혼입되어 오염이 발생하는 현상이다.
  - 배관의 잘못된 연결에 의해 발생하므로, 각 계통마다 배관을 색깔로 구분하여 크로스커넥션의 방지가 필요하다.
- 배관의 부식 방지
- 저수탱크의 정체수 수질관리

## 과년도 기출문제

건 축 / 기 사 / 필 기

**01** 바닥이나 벽을 관통하는 배관에 슬리브(Sleeve)를 설치하는 가장 주된 이유는? [20년 4회]

① 방동, 방로를 위해 설치한다.
② 수격작용을 방지하기 위해 설치한다.
③ 관의 설치 및 교체·수리를 위해 설치한다.
④ 배관 내 압력변동 등을 감지하여 펌프를 기동한다.

[해설]

벽의 관통 시 슬리브(Sleeve)를 설치하고 그 속으로 배관을 관통할 경우, 구조체와 배관을 분리(이격)시켜, 관의 설치 및 수리, 교체를 용이하게 할 수 있다.

**02** 급수관에 워터해머(Water Hammer)가 생기는 가장 주된 원인은? [18년 2회]

① 배관의 부식
② 배관 지름의 확대
③ 수원(水原)의 고갈
④ 배관 내 유수(流水)의 급정지

[해설]

**수격현상(워터해머, Water Hammer)**
관 속을 충만하게 흐르는 액체(물)의 속도를 정지시키는 등 물의 운동상태를 급격히 변화시켰을 때 일어나는 압력파 현상이다. 이에 배관 내의 압력변화가 수격작용의 가장 주된 요인이라 할 수 있다.

**03** 수격작용의 발생원인과 가장 거리가 먼 것은? [19년 1회]

① 밸브의 급폐쇄
② 감압밸브의 설치
③ 배관방법의 불량
④ 수도 본관의 고수압(高水壓)

[해설]

감압밸브는 압력의 일정하게 낮추기 위해 사용하는 것으로서, 수격작용의 발생원인과는 거리가 멀다.

**04** 급수설비에서 수격작용(워터 해머)에 관한 설명으로 옳지 않은 것은? [16년 1회]

① 관경이 클수록 발생하기 쉽다.
② 굴곡개소로 인해 발생하기 쉽다.
③ 유속이 빠를수록 발생하기 쉽다.
④ 플러시 밸브나 수전류를 급격히 열고 닫을 때 발생하기 쉽다.

[해설]

수격작용(워터 해머)은 압력의 급격한 변화, 특히 밸브 급폐쇄 등 압력이 급격하게 커질 때 발생하므로, 관경이 클 경우 압력이 작아지므로 수격작용이 발생하기 쉽다고 할 수 없다.

정답 01 ③ 02 ④ 03 ② 04 ①

# 07 급수 및 급탕설비

## 4 급탕부하 및 순환수량 산출

| 급탕부하 | 급탕부하(kW) = 급탕량 × 비열 × 온도차(급탕온도 − 급수온도) |
|---|---|
| 순환수량 ($L$/min) | $W = \dfrac{q}{\rho C \Delta t}$<br>여기서, $W$ : 순환수량(L/min)<br>$q$ : 총 손실열량(W)<br>$\rho$ : 물의 밀도 1kg/L<br>$C$ : 물의 비열 4.19kJ/kgK<br>$\Delta t$ : 급탕 및 반탕 온도차(℃) |
| 가열 필요 열량(kJ/h) | $q = G \cdot C \cdot \Delta t$<br>여기서, $q$ : 필요 열량(kJ)<br>$G$ : 온수량(L)<br>$C$ : 물의 정압 비열 4.2kJ/kgK<br>$\Delta t$ : 급수/온수 온도차(℃) |

## 5 개별식(국소식) 급탕방식

| 개념 | 주택 등 소규모 건축물에서 사용장소에 급탕기를 설치하여 간단히 온수를 얻는 급탕방식 |
|---|---|
| 장점 | • 배관길이가 짧아 배관 중의 열손실이 적게 일어난다.<br>• 수시로 급탕하여 사용할 수 있다.<br>• 높은 온도의 온수가 필요할 때 쉽게 얻을 수 있다.<br>• 급탕개소가 적을 경우 시설비가 적게 든다.<br>• 급탕개소의 증설이 비교적 용이하다. |
| 단점 | • 급탕규모가 커지면 가열기가 필요하므로 유지관리가 어렵다.<br>• 급탕개소마다 가열기의 설치공간이 필요하다.<br>• 가스탕비기를 사용하는 경우 구조적으로 제약을 받기 쉽다. |
| 종류 | 순간온수기(즉시탕비기), 저탕형 탕비기, 기수혼합식 탕비기 |

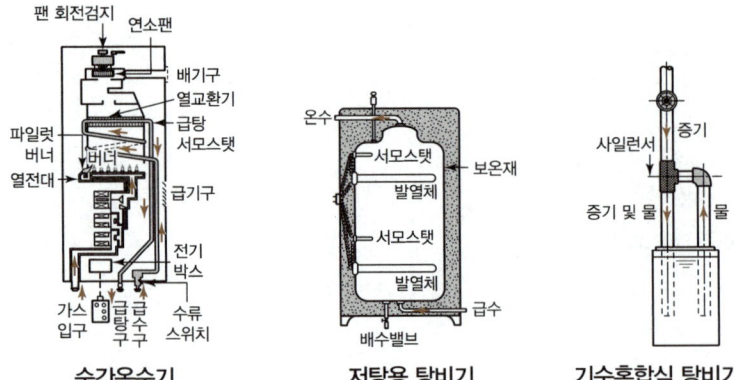

순간온수기     저탕용 탕비기     기수혼합식 탕비기

## 과년도 기출문제

**01** 1일 급탕량이 12,000L/d일 때 급탕부하는 얼마인가?(단, 급탕온도는 80℃, 급수온도는 10℃, 물의 비열은 4.2kJ/kg·K이다.) [15년 1회]

① 35.6kW  ② 40.8kW
③ 44.6kW  ④ 48.2kW

[해설]

급탕부하(kW)
= 급탕량×비열×온도차(급탕온도 − 급수온도)
= 12,000L/d÷24÷3600×4.2kJ/kg·K×(80−10)
= 40.83kW ≒ 40.8kW

**02** 한 시간당 급탕량이 5m³일 때 급탕부하는 얼마인가?(단, 물의 비열은 4.2kJ/kg·K, 급탕온도는 70℃, 급수온도는 10℃이다.) [15년 2회, 22년 2회]

① 35kW  ② 126kW
③ 350kW  ④ 1,260kW

[해설]

급탕부하(kW)
= 급탕량×비열×온도차(급탕온도 − 급수온도)
= 5m³/h×1,000÷3,600×4.2kJ/kg·K×(70−10)
= 350kW

**03** 급탕 배관 계통에서 총 손실열량이 30,000W이고 급탕온도가 80℃, 반탕온도가 70℃라면 순환수량은?(단, 물의 비열은 4.2kJ/kgK, 물의 밀도는 1kg/L이다.) [14년 4회]

① 약 43L/min  ② 약 56L/min
③ 약 66L/min  ④ 약 72L/min

[해설]

$W = \dfrac{q}{\rho C \Delta t}$

여기서, $W$ : 순환수량(L/min)
$q$ : 총 손실열량(W)
$\rho$ : 물의 밀도 1kg/L
$C$ : 물의 비열 4.19kJ/kgK
$\Delta t$ : 급탕 및 반탕 온도차(℃)

$Q = \dfrac{30,000 \times 60}{1000 \times 1 \times 4.19 \times (80-70)} = 42.96(L/min)$
≒ 43(L/min)

**04** 급탕설비 중 개별식 급탕방식에 관한 설명으로 옳지 않은 것은? [21년 1회]

① 배관길이가 길어 배관 중의 열손실이 크다.
② 건물 완공 후에도 급탕 개소의 증설이 비교적 쉽다.
③ 급탕개소마다 가열기의 설치 스페이스가 필요하다.
④ 용도에 따라 필요한 개소에서 필요한 온도의 탕을 비교적 간단하게 얻을 수 있다.

[해설]

개별식 급탕방식은 배관길이가 짧아 배관 중의 열손실이 작은 특징을 갖고 있다.

**정답** 01 ②  02 ③  03 ①  04 ①

# 07 급수 및 급탕설비

## 6 중앙식 급탕방식

| 개념 | 중앙기계실에서 보일러에 의해 가열한 온수를 배관을 통하여 각 사용소에 공급하는 방식 |
|---|---|
| 장점 | • 연료비가 적게 든다.<br>• 열효율이 좋다.<br>• 관리가 편리하다.<br>• 기구의 동시이용률을 고려하여 가열장치의 총열량을 적게 할 수 있다.<br>• 대규모 급탕에 적합하다. |
| 단점 | • 초기투자비용, 즉 설비비가 많이 든다.<br>• 전문기술자가 필요하다.<br>• 배관 도중 열손실이 크다.<br>• 시공 후 증설에 따른 배관변경이 어렵다. |
| 종류 | 직접 가열식 | • 온수보일러로 가열한 온수를 저탕조에 저장하여 공급하는 방식이다.<br>• 열효율면에서 좋지만, 보일러에 공급되는 냉수로 인해 보일러 본체에 불균등한 신축이 생길 수 있다.<br>• 건물높이에 따라 고압의 보일러가 필요하다.<br>• 급탕전용 보일러를 필요로 한다.<br>• 스케일이 생겨 열효율이 저하되고 보일러의 수명이 단축된다.<br>• 주택 또는 소규모 건물에 적합하다. |
| | 간접 가열식 | • 저탕조 내에 안전밸브와 가열코일을 설치하고 증기 또는 고온수를 통과시켜 저탕조 내의 물을 간접적으로 가열하는 방식이다.<br>• 증기보일러에서 공급된 증기로 열교환기에서 냉수를 가열하여 온수를 공급하는 방식으로서, 저장탱크에 설치된 서모스탯에 의해 증기공급량이 조절되어 일정한 온수를 얻을 수 있다.<br>• 난방용 보일러에 증기를 사용할 경우 별도의 급탕용 보일러가 불필요하다.<br>• 열효율이 직접가열식에 비해 나쁘다.<br>• 보일러 내면에 스케일이 거의 생기지 않는다.<br>• 고압용 보일러가 불필요하다.<br>• 대규모 급탕설비에 적합하다. |

➕ **팽창관(Expansion Pipe) 또는 안전관(Escape Pipe)**

• 온수난방배관에서 발생하는 온수의 체적팽창을 팽창탱크로 도출시키기 위한 역할을 한다.
• 보일러에서 온수가 과열되어 증기가 발생하였을 경우에 도출을 위해 팽창탱크 수면으로 돌출시킨 관으로, 팽창관 또는 안전관(도피관)이라고도 한다.

**급탕관의 팽창량($\Delta L$)**

$$\Delta L = L \cdot \alpha \cdot \Delta t$$

여기서, $\Delta L$ : 관의 팽창량(신축량)(m)
$L$ : 관 길이(m)
$\alpha$ : 관의 선팽창계수
$\Delta t$ : 온도변화(급탕온도 − 급수온도)(℃)

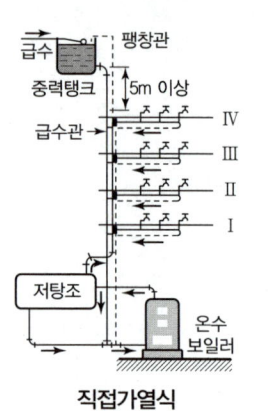

직접가열식

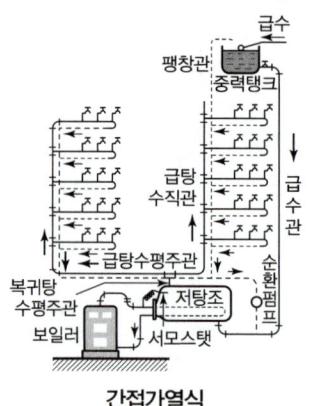

간접가열식

## 7 급탕관의 신축이음

| | |
|---|---|
| 스위블조인트<br>(Swivel Joint) | • 2개 이상의 엘보를 이용하여 나사부의 회전으로 신축을 흡수한다.<br>• 난방배관 주위에 설치하여 방열기의 이동을 방지한다.<br>• 누수의 우려가 크다. |
| 신축곡관<br>(Expansion<br>Loop : 루프관) | • 파이프를 원형 또는 ㄷ자형으로 밴딩하여 신축을 흡수한다.<br>• 고압배관의 옥외배관에 주로 사용한다.<br>• 신축길이가 길며 다소 넓은 공간이 요구된다.<br>• 누수가 거의 없는 신축이음방식이다. |
| 슬리브형 이음쇠<br>(Sleeve Type) | • 관의 신축을 슬리브에 의해 흡수한다.<br>• 패킹의 파손 우려가 있어 누수되기 쉽다.<br>• 보수가 용이한 곳에 설치한다.<br>• 벽, 바닥용의 관통배관에 사용한다. |
| 벨로스형 이음쇠<br>(Bellows Type) | • 주름모양의 벨로스에서 신축을 흡수한다.<br>• 고압에는 부적당하다. |
| 볼조인트<br>(Ball Joint) | • 관 끝에 볼 부분을 만들고 이것을 케이싱으로 싸되 그 사이를 개스킷으로 밀봉한 것으로서 볼 부분이 케이싱 내에서 360° 회전하면서 회전과 굽힘작용을 한다.<br>• 이음을 2~3개 사용하면 관절작용을 하여 관의 신축을 흡수한다.<br>• 고온이나 고압에 사용한다. |

**급탕관 신축이음 필요성**
• 급탕배관은 온수의 온도차에 의해 관의 신축이 심하여 누수의 원인이 된다.
• 누수를 방지하고, 밸브류 등의 파손을 방지하며, 신축을 흡수하기 위하여 신축이음을 설치한다.

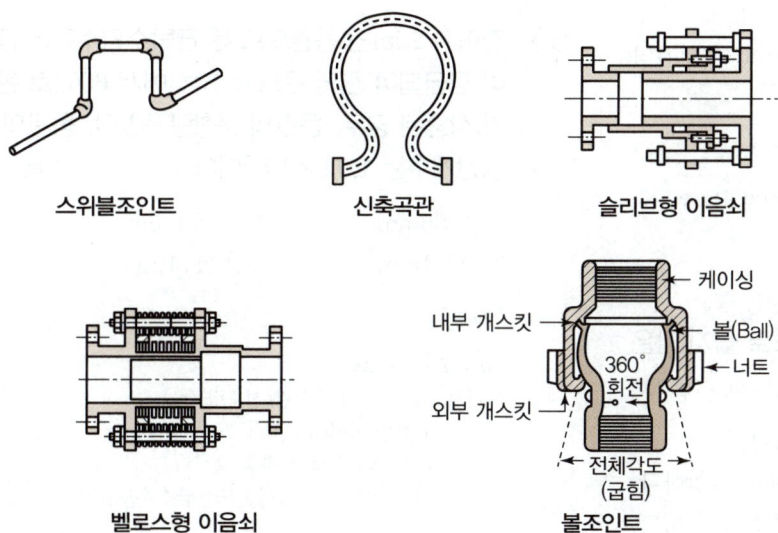

스위블조인트  신축곡관  슬리브형 이음쇠

벨로스형 이음쇠  볼조인트

# 과년도 기출문제

**01** 중앙식 급탕방식에 관한 설명으로 옳지 않은 것은? [15년 4회, 21년 4회]

① 주로 중규모 이상의 건물에 적용하는 방식이다.
② 온수를 사용하는 개소마다 가열장치가 설치된다.
③ 직접가열방식, 간접가열방식 및 순간가열방식이 있다.
④ 상향 또는 하향 순환식 배관에 의해 필요개소에 온수를 공급한다.

[해설]
온수를 사용하는 개소마다 가열장치가 설치되는 것은 국소식(개별식) 급탕방식이다.

**02** 중앙식 급탕법에 관한 설명으로 옳지 않은 것은? [16년 2회]

① 배관 및 기기로부터의 열손실이 많다.
② 급탕 개소마다 가열기의 설치 스페이스가 필요하다.
③ 일반적으로 열원장치는 공조설비와 겸용하여 설치된다.
④ 급탕기구의 동시사용률을 고려하기 때문에 가열장치의 전체용량을 줄일 수 있다.

[해설]
온수를 사용하는 급탕 개소마다 가열장치가 설치되는 것은 국소식(개별식) 급탕방식이다.

**03** 간접가열식 급탕방식에 관한 설명으로 옳지 않은 것은? [17년 2회, 21년 2회]

① 저압보일러를 써도 되는 경우가 많다.
② 직접가열식에 비해 소규모 급탕설비에 적합하다.
③ 급탕용 보일러는 난방용 보일러와 겸용할 수 있다.
④ 직접가열식에 비해 보일러 내면에 스케일이 발생할 염려가 적다.

[해설]
간접가열식의 특징
• 난방 보일러로 동시에 급탕이 가능하다.
• 건물 높이에 따른 수압이 보일러에 작용하지 않으므로 저압 보일러로도 가능하다.
• 대규모 설비에 적합하다.
• 스케일 형성이 적고 보일러 수명이 길다.

**04** 간접가열식 급탕법에 관한 설명으로 옳지 않은 것은? [18년 1회]

① 대규모 급탕설비에 적합하다.
② 보일러 내부에 스케일의 발생 가능성이 높다.
③ 가열코일에 순환하는 증기는 저압으로도 된다.
④ 난방용 증기를 사용하면 별도의 보일러가 필요 없다.

[해설]
직접가열식에 비해 보일러 내면에 스케일이 발생할 염려가 적고 보일러 수명이 길다.

**05** 길이가 20m인 동관으로 된 급탕수평주관에 급탕이 공급되어 관의 온도가 10℃에서 60℃로 온도가 상승된 경우, 동관의 팽창량은?(단, 동관의 선팽창계수는 $1.71 \times 10^{-5}$이다.) [16년 2회]

① 0.86mm  ② 8.6mm
③ 17.1mm  ④ 171mm

[해설]
$\Delta L = L \cdot \alpha \cdot \Delta t$
여기서, $\Delta L$ : 관의 팽창량(신축량)(m)
$L$ : 관 길이(m)
$\alpha$ : 관의 선팽창 계수
$\Delta t$ : 온도변화(급탕온도 − 급수온도)(℃)
$\Delta L = 20 \times 1.71 \times 10^{-5} \times (60-10) = 0.0171\text{m} = 17.1\text{mm}$

**정답** 01 ② 02 ② 03 ② 04 ② 05 ③

## 과년도 기출문제

**06** 급탕설비에 관한 설명으로 옳지 않은 것은?
[16년 4회, 19년 2회]

① 냉수, 온수를 혼합 사용해도 압력차에 의한 온도 변화가 없도록 한다.
② 배관은 적정한 압력손실 상태에서 피크시를 충족시킬 수 있어야 한다.
③ 도피관에는 압력을 도피시킬 수 있도록 밸브를 설치하고 배수는 직접배수로 한다.
④ 밀폐형 급탕시스템에는 온도상승에 의한 압력을 도피시킬 수 있는 팽창탱크 등의 장치를 설치한다.

[해설]
도피관(팽창관) 도중에는 절대 밸브를 달아서는 안되며, 도피관(팽창관)의 배수는 간접배수로 한다.

**07** 급탕배관에 관한 설명으로 옳지 않은 것은?
[17년 4회]

① 관의 신축을 고려하여 굽힘 부분에는 스위블 이음 등으로 접합한다.
② 관의 신축을 고려하여 건물의 벽관통 부분의 배관에는 슬리브를 사용한다.
③ 역구배나 공기 정체가 일어나기 쉬운 배관 등 온수의 순환을 방해하는 것은 피한다.
④ 배관재로 동관을 사용하는 경우 관내유속을 느리게 하면 부식되기 쉬우므로 2.5m/s 이상으로 하는 것이 바람직하다.

[해설]
관내 유속을 빠르게 하면 부식의 원인이 될 수 있다. 유속은 1.5m/s 이하로 제어되는 것이 부식 방지에 좋다.

**08** 급탕배관의 신축이음의 종류에 속하지 않는 것은?
[17년 1회]

① 루프형　　② 칼라형
③ 슬리브형　④ 벨로즈형

[해설]
급탕배관의 신축이음에는 스위블형, 슬리브형, 루프형, 벨로즈형 등이 있다.

정답　06 ③　07 ④　08 ②

# 08 배수 및 통기 / 오수정화설비

## 1 대변기의 급수방식에 의한 분류

| 하이탱크식 | • 낙차에 의해 수압으로 대변기를 세척하는 방식이다.<br>• 설치면적이 작다.<br>• 세정 시 소리가 크다. |
|---|---|
| 로탱크식 | • 소음이 적어 주택, 호텔에 이용되고, 급수압이 낮아도 이용이 가능하다.<br>• 설치면적이 크다. |
| 세정밸브식<br>(플러시밸브,<br>Flush Valve) | • 한 번 밸브를 누르면 일정량의 물이 나오고 잠긴다.<br>• 수압이 0.1MPa(100kPa) 이상이어야 한다.<br>• 급수관의 최소관경은 25A이다.<br>• 소음이 크고, 연속사용이 가능하다(일반 가정용으로는 사용이 곤란).<br>• 오수가 급수관으로 역류하는 것을 방지하기 위해 진공방지기(Vaccum Breaker)를 설치한다. |

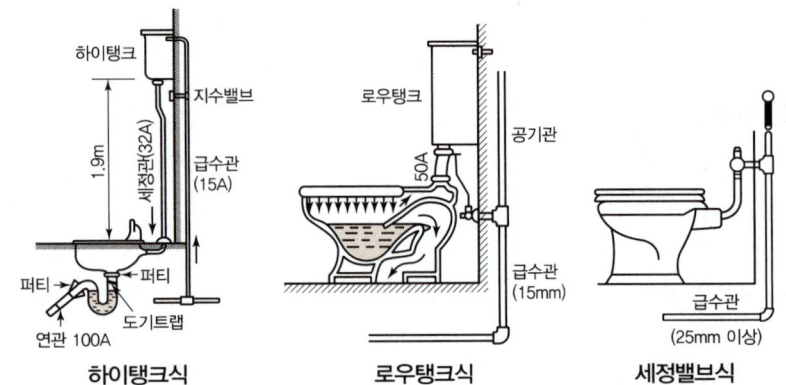

하이탱크식 　 로우탱크식 　 세정밸브식

### 개념이해

**01** 세정밸브식 대변기의 최소 급수관경은? [17년 1회]

① 15A　　② 20A
③ 25A　　④ 32A

**02** 대변기에 설치한 세정밸브(Flush Valve)의 최저 필요 압력은? [17년 4회]

① 10kPa 이상　　② 30kPa 이상
③ 50kPa 이상　　④ 100kPa 이상

○ 세정밸브식(플래쉬밸브, Flush Valve)
• 한 번 밸브를 누르면 일정량의 물이 나오고 잠김
• 수압은 0.1MPa(100kPa) 이상
• 급수관의 최소 관경은 25A
• 레버식, 버튼식, 전자식이 있음
• 소음이 크고, 연속사용이 가능하며, 단시간에 다량의 물이 필요함(일반 가정용으로는 사용이 곤란)
• 점유면적이 작음

답 ③

○ 세정밸브식(Flush Valve)
• 최저 필요 압력 100kPa 이상
• 급수관의 관경은 25mm 이상
• 세정 시 소음이 가장 크나, 점유면적은 가장 작음
• 크로스 커넥션(Cross Connection)을 방지하기 위해 진공 방지기(Vaccum Breaker)를 설치

답 ④

## 2 트랩 일반사항

| 설치목적 | • 트랩은 배수관 내의 악취, 유독가스 및 벌레 등이 실내로 침투하는 것을 방지하기 위해 설치<br>• 역류방지를 위해 배수계통의 일부에 봉수를 고이게 하여 방지하는 기구<br>• 일반적으로 봉수의 유효깊이는 50~100mm. 봉수의 깊이가 50mm 이하이면 봉수가 파괴되기 쉽고, 100mm 이상이면 배수저항이 증가하게 됨 |
|---|---|
| 구비조건 | • 구조가 간단하여 오물이 체류하지 않을 것<br>• 자체의 유수로 배수로를 세정하고 평활하여 오수가 정체하지 않을 것<br>• 봉수가 파괴되지 않을 것, 내식·내구성이 있을 것, 관 내 청소가 용이할 것 |
| 설치 금지 트랩 | • 수봉식이 아닌 것, 가동부분이 있는 것, 격벽에 의한 것<br>• 정부에 통기관이 부착된 것, 이중트랩 |

### 트랩의 봉수

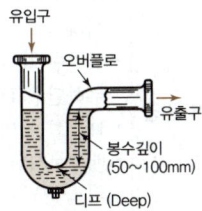

**사이펀식 트랩(관트랩)**

사이펀작용을 이용하여 배수하는 트랩으로서, 종류에는 S트랩, P트랩, U트랩 등이 있으며, 주로 세면기, 소변기, 대변기 등에 적용되고 있다.

## 3 트랩의 봉수파괴의 원인과 방지대책

| 구분 | 봉수파괴의 원인 | 방지대책 |
|---|---|---|
| 자기사이펀작용 | 만수된 물의 배수 시 배수의 유속에 의하여 사이펀작용이 일어나 봉수를 남기지 않고 모두 배수 | 통기관 설치 시 S트랩 사용 자제 → P트랩 사용 |
| 감압에 의한 흡입 (유도사이펀) 작용 | 하류 측에서 물을 배수하면 상류 측의 물에 의해서 회주관 내 관의 압력이 저하되면서 봉수를 흡입파괴 | 통기관 설치 |
| 분출(토출)작용 | 상류에서 배수한 물이 하류 측에 부딪쳐서 관 내 압력이 상승하여 봉수를 분출하여 파손 | 통기관 설치 |
| 모세관현상 | 트랩 내에 실, 머리카락, 천조각 등이 걸려 아래로 늘어져 있어 모세관현상에 의해 봉수파괴 | 청소(머리카락, 이물질 제거), 내면이 미끄러운 재질의 트랩 사용 |
| 증발현상 | 오랫동안 사용하지 않는 베란다, 다용도실 바닥배수에서 봉수가 증발하여 파괴 | 기름막 형성으로 물의 증발 방지 → 트랩에 물 공급 |
| 자기운동량에 의한 관성작용 | 강풍 등에 의해 관 내 기압이 변동하여 봉수가 파괴되는 현상 | 기압변동 원인 감소, 유속 감소 |

---

**개념이해**

**01** 배수관에 트랩을 설치하는 가장 주된 이유는?  [15년 2회]

① 배수의 동결을 막기 위하여
② 배수의 소음을 감소하기 위하여
③ 배수관의 신축을 조절하기 위하여
④ 하수가스, 악취 등이 실내로 침입하는 것을 막기 위하여

→ 배수관의 트랩의 주목적은 봉수를 채워 놓고, 하수가스, 악취 등이 실내로 역류하는 것을 방지하는 것이다.

답 ④

# 08 배수 및 통기 / 오수정화설비

## 4 배수관의 시공

| | |
|---|---|
| 배수관의 관경 | • 배수관의 관경은 단위시간당 최대유량을 기준으로 결정하는 것이 합리적이다.<br>• 시간당 최대유량과 기구의 동시사용률 및 사용빈도수를 감안한 기구배수부하단위(DFU, Drain Fixture Unit)를 이용하여 결정한다.<br>• 1DFU는 세면기의 배수량(28.5L/min)을 의미한다.<br>• 배수부하단위의 기준이 되는 세면기(1FU) 배수관의 최소 관경(부속트랩의 구경)은 30mm이다. 소변기의 최소관경은 30mm, 대변기의 최소관경은 75mm이다. |
| 청소구<br>(Clean Out)<br>설치 | 배수배관은 관이 막혔을 때 이를 점검·수리하기 위해 배관 굴곡부나 분기점에 반드시 청소구를 설치한다.<br>• 가옥배수관과 부지하수관이 접속하는 곳<br>• 배수수직관의 최하단부<br>• 수평주관의 최상단부<br>• 가옥배수 수평주관의 기점<br>• 45° 이상 굴곡부<br>• 각종 트랩<br>• 수평관(관경 100mm 이하)의 직선거리 15m 이내마다, 100mm 초과의 관에서는 직선거리 30m 이내마다 설치 |

**➕ 배수관의 구배**
- 배수의 평균유속은 1.2m/s 정도이다 (최소 0.6m/s에서 최대 2.4m/s로 한다. 단, 옥내배수관에서는 0.6~1.2m/s로 한다).
- 옥내배수관의 표준구배는 관경(mm)의 역수보다 크게 한다.

**배수배관 설치원칙**
- 건물 내에서 지중배관은 피하고 피트 내 또는 가공배관을 한다.
- 배수는 원칙적으로 중력에 의해 옥외로 배출하도록 한다.
- 엘리베이터 샤프트, 엘리베이터 기계실 등에는 배수배관을 설치하지 않는다.
- 트랩의 봉수보호, 배수의 원활한 흐름, 배관 내의 환기를 위해 통기배관을 설치한다.

### 개념이해

**01** 배수관에 있어서 청소구(Clean Out)를 원칙적으로 설치해야 하는 곳이 아닌 것은? [13년 4회, 18년 2회]

① 배수수직관의 최상부
② 배수수평주관의 기점
③ 배수관이 45° 이상의 각도로 방향을 바꾸는 곳
④ 배수수평주관과 옥외 배수관의 접속장소와 가까운 곳

➡ 배수 수직관의 최하단부에 설치가 필요하다.
**답 ①**

**02** 기구배수단위 산정의 기준이 되는 것은? [13년 2회]

① 싱크
② 세면기
③ 소변기
④ 대변기

➡ 세면기의 배수량 28.5L/min을 배수기구단위(DFU, Drain Fixture Unit) 1로 정하여 다른 기구의 배수량을 그 배수로 표시한다.
**답 ②**

# 과년도 기출문제

**01** 배수 트랩에 관한 설명으로 옳지 않은 것은? [14년 4회]

① 내부 치수가 동일한 S트랩은 사용하지 않는 것이 좋다.
② 하나의 배수관에 직렬로 2개 이상의 트랩을 설치하지 않는다.
③ 수봉식 트랩은 중력식 배수 방식에서 하수가스 침입 방지 장치로서 안전하고 신뢰성이 높다.
④ 유수의 힘으로 가동부분이 열리고 유수가 끝나면 자동으로 닫히게 되는 구조의 것이 좋다.

[해설]
트랩에 가동부분이 있을 경우 봉수파괴의 원인이 된다.

**02** 트랩의 필요조건으로 옳지 않은 것은? [15년 4회]

① 가동부분이 있을 것
② 자정 작용이 가능할 것
③ 청소가 용이한 구조일 것
④ 봉수깊이는 50mm 이상 100mm 이하일 것

[해설]
트랩에 가동부분이 있을 경우 봉수파괴의 원인이 된다.

**03** 다음 중 일반적으로 사용이 금지되는 트랩에 속하지 않는 것은? [16년 1회]

① 2중 트랩
② 격벽 트랩
③ 수봉식 트랩
④ 가동부분이 있는 트랩

[해설]
**수봉식 트랩**
물을 통해 역류를 방지하는 즉, 트랩에 봉수를 적용한 것이라고 쉽게 이해하면 된다.

**04** 다음 중 사이폰식 트랩에 속하지 않는 것은? [18년 2회]

① P트랩
② S트랩
③ U트랩
④ 드럼트랩

[해설]
• 사이폰식 트랩 : 사이펀 작용을 이용하여 배수하는 트랩으로서, 종류에는 S트랩, P트랩, U트랩 등이 있으며, 주로 세면기, 소변기, 대변기 등에 적용되고 있다.
• 드럼트랩 : 봉수부가 드럼형으로 된 트랩으로서 봉수는 잘 파괴되지 않지만 침전물이 고이기 쉬워 점검이나 청소를 하기 쉬운 곳에 설치할 필요가 있는 트랩이다.

**05** 배수트랩의 봉수 파괴원인 중 통기관을 설치함으로써 봉수파괴를 방지할 수 있는 것이 아닌 것은? [18년 4회, 22년 1회]

① 분출작용
② 모세관작용
③ 자기사이펀작용
④ 유도사이펀작용

[해설]
모세관현상에 의한 봉수파괴는 트랩에 걸레조각이나 머리카락이 낀 경우 모세관현상에 의하여 봉수가 빠져 나가는 것으로, 배수 시 압력 조절을 하는 통기관의 역할과는 연관이 없다.

**06** 배수트랩의 봉수가 파손되는 것을 방지하기 위한 방법으로 옳지 않은 것은? [22년 2회]

① 자기사이펀작용에 의한 봉수파괴를 방지하기 위하여 S트랩을 설치한다.
② 유도사이펀작용에 의한 봉수파괴를 방지하기 위하여 도피통기관을 설치한다.
③ 증발현상에 의한 봉수파괴를 방지하기 위하여 트랩 봉수 보급수 장치를 설치한다.
④ 역압에 의한 분출작용을 방지하기 위하여 배수 수직관의 하단부에 통기관을 설치한다.

[해설]
S트랩을 설치할 경우 자기사이펀작용에 의한 봉수파괴현상이 가중될 수 있어, S트랩이 아닌 P트랩을 설치하여 자기사이펀 작용에 의한 봉수파괴를 방지할 필요가 있다.

정답  01 ④  02 ①  03 ③  04 ④  05 ②  06 ①

# 08 배수 및 통기 / 오수정화설비

## 5 통기관의 종류

| 구분 | 용도 | 관경 |
|---|---|---|
| 각개통기관 | 위생기구마다 각각 통기관을 설치하는 방법으로 가장 이상적인 방법이다. | 32A 이상, 배수관경의 1/2 이상 |
| 회로통기관 (환상, Loop 통기관) | • 2개 이상의 기구트랩에 공통으로 하나의 통기관을 설치하는 통기방식이다.<br>• 배수수평주관 최상류 기구 바로 아래의 배수관에 통기관을 세워 통기수직관 또는 신정통기관에 연결한다.<br>• 회로통기 1개당 최대 담당 기구수는 8개 이내(세면기 기준)이며 통기수직관까지는 7.5m 이내가 되게 한다. | 32A 이상, 배수관경의 1/2 이상 |
| 도피통기관 | • 도피통기관은 배수·통기 양계통 간의 공기의 유통을 원활히 하기 위해 설치하는 통기관이다.<br>• 배수수평주관 하류에 통기관을 연결한다.<br>• 회로통기를 돕는다. | 32A 이상, 배수관경의 1/2 이상 |
| 신정통기관 | 배수수직관 상부에 통기관을 연장하여 대기에 개방시킨다. | 배수관경 |
| 결합통기관 | 오배수입상관으로부터 취출하여 위쪽의 통기관에 연결하는 배관으로, 오배수입상관 내의 압력을 같게 하기 위한 도피통기관의 일종이다. | 수직통기관 관경 |
| 습윤(습식) 통기관 | 배수수평주관 최상류 기구에 설치하여 배수와 통기를 동시에 하는 통기관이다. | 배수관경 |

**+ 통기관의 설치목적**
- 트랩의 봉수 보호
- 배수 흐름을 원활하게 유지(압력변화 방지)
- 배수관 내 악취 배출 방지 및 청결 유지

**특수통기방식**
- 소벤트시스템(Sovent System)
  - 통기관을 따로 설치하지 않고 하나의 배수수직관으로 배수와 통기를 겸하는 시스템이다.
  - 2개의 특수이음쇠 적용 : 공기혼합이음쇠(Aerator Fitting), 공기분리이음쇠(Deaerator Fitting)
- 섹스티아시스템(Sextia System) 배수수직관에 섹스티아이음(Sextia 이음쇠와 Sextia 벤트관을 사용)을 통한 선회류 발생으로, 수직관에 공기코어(Air Core)를 형성시켜 통기역할을 하도록 하는 시스템이다.

### 개념이해

**01** 다음 설명에 알맞은 통기관의 종류는? [16년 2회]

> 1개의 트랩을 위해 트랩 하류에서 취출하여, 그 기구보다 윗부분에서 통기계통에 접속하거나 또는 대기 중에 개구하도록 설치한 통기관을 말한다.

① 루프통기관　　② 신정통기관
③ 결합통기관　　④ 각개통기관

각 위생기구마다 통기관을 접속하는 방법을 각개통기 방식이라 하며, 그때의 통기관을 각개통기관이라 한다.

답 ④

## 과년도 기출문제

건축 / 기사 / 필기

**01** 통기관의 설치 목적으로 옳지 않은 것은?  [19년 1회]

① 트랩의 봉수를 보호한다.
② 오수와 잡배수가 서로 혼합되지 않게 한다.
③ 배수계통 내의 배수 및 공기의 흐름을 원활히 한다.
④ 배수관 내에 환기를 도모하여 관 내를 청결하게 유지한다.

[해설]
통기관의 설치목적
- 배수의 흐름을 원활히 한다.
- 배수관 내의 환기를 도모한다.
- 사이폰 작용에 의한 봉수파괴를 방지한다.

**02** 배수수직관 내의 압력변화를 방지 또는 완화하기 위해, 배수수직관으로부터 분기·입상하여 통기수직관에 접속하는 도피통기관은?  [16년 4회]

① 각개통기관    ② 신정통기관
③ 결합통기관    ④ 루프통기관

[해설]
결합통기관
고층건물에서 원활한 통기를 목적으로 5개 층마다 통기수직관과 입상 오·배수관에 연결된 통기관이다.

**03** 다음 설명에 알맞은 통기방식은?  [21년 2회]

- 회로통기방식이라고도 한다.
- 2개 이상의 기구트랩에 공통으로 하나의 통기관을 설치하는 방식이다.

① 공용통기방식    ② 루프통기방식
③ 신정통기방식    ④ 결합통기방식

[해설]
루프(회로, 환상)통기방식
2개 이상의 기구트랩에 공통으로 하나의 통기관을 설치하는 통기방식으로서, 루프통기 1개당 최대 담당 기구 수는 8개 이내(세면기 기준)이며 통기수직관까지는 7.5m 이내가 되게 한다.

**04** 다음 설명에 알맞은 통기관의 종류는?  [22년 1회]

기구가 반대방향(좌우분기) 또는 병렬로 설치된 기구배수관의 교점에 접속하여 입상하며, 그 양 기구의 트랩 봉수를 보호하기 위한 1개의 통기관을 말한다.

① 공용통기관    ② 결합통기관
③ 각개통기관    ④ 신정통기관

[해설]
공용통기관은 트랩이 달린 2개의 위생기구를 동시에 통기하는 통기관을 의미한다.

**05** 통기방식에 관한 설명으로 옳지 않은 것은?  [20년 3회]

① 신정통기방식에서는 통기수직관을 설치하지 않는다.
② 루프통기방식은 각 기구의 트랩마다 통기관을 설치하고 각각을 통기 수평지관에 연결하는 방식이다.
③ 신정통기방식은 배수수직관의 상부를 연장하여 신정통기관으로 사용하는 방식으로, 대기 중에 개구한다.
④ 각개통기방식은 트랩마다 통기되기 때문에 가장 안정도가 높은 방식으로, 자기사이폰작용의 방지에도 효과가 있다.

[해설]
②는 각개통기방식에 대한 설명이다. 루프통기방식은 2개 이상의 기구트랩에 공통으로 하나의 통기관을 설치하는 통기방식이다.

정답  01 ②  02 ③  03 ②  04 ①  05 ②

# 08 배수 및 통기 / 오수정화설비

## 6 통기관 배관 시 유의사항

- 바닥 아래의 통기관은 금지해야 한다.
- 오물정화조의 배기관은 단독으로 대기 중에 개구해야 하며, 일반통기관과 연결해서는 안 된다.
- 통기수직관을 빗물수직관과 연결해서는 안 된다.
- 오수피트 및 잡배수피트 통기관은 양자 모두 개별 통기관을 갖지 않으면 안 된다.
- 통기관은 실내환기용 덕트에 연결하여서는 안 된다.
- 간접배수계통의 통기관은 단독배관한다.

+ 배수 배관의 경우 지중배관을 가급적 피하는 것이 좋다.

## 7 물의 재이용 시설 관련 용어

| 물의 재이용 | 빗물, 오수(汚水), 하수처리수, 폐수처리수 및 발전소 온배수를 물 재이용 시설을 이용하여 처리하고, 그 처리된 물을 생활, 공업, 농업, 조경, 하천 유지 등의 용도로 이용하는 것을 말한다. |
|---|---|
| 물 재이용 시설 | 빗물 이용시설, 중수도, 하·폐수처리수 재이용 시설 및 온배수 재이용 시설을 말한다. |
| 빗물 이용 시설 | 건축물의 지붕면 등에 내린 빗물을 모아 이용할 수 있도록 처리하는 시설을 말한다. |
| 중수도 | 개별 시설물 등에서 발생하는 오수를 공공하수도로 배출하지 아니하고 재이용할 수 있도록 개별적 또는 지역적으로 처리하는 시설을 말한다. |

## 8 수질 관련 용어

| BOD(Biochemical Oxygen Demand, 생화학적 산소요구량) | • 오수 중의 유기물이 이와 공존하는 미생물에 의해 분해되어 안정화하는 과정에서 소비되는 수중에 녹아 있는 산소의 감소를 나타내는 값<br>• 물의 오염 정도를 나타냄(낮을수록 깨끗한 물을 의미) |
|---|---|
| COD(Chemical Oxygen Demand, 화학적 산소요구량) | • 용존유기물을 화학적으로 산화시키는 데 필요한 산소량<br>• 일반적으로 공장폐수는 무기물을 함유하고 있어 BOD 측정이 불가능하여 COD로 측정(값이 적을수록 수질이 좋음) |
| DO(Dissolved Oxygen, 용존(溶存)산소) | • 물속에 용해되어 있는 산소를 ppm으로 나타낸 것<br>• 깨끗한 물은 7~14ppm의 산소가 용존되어 있음<br>• 오염도가 높은 물은 산소가 용존되어 있지 않음 |
| SS(Suspended Solids, 부유물질) | 탁도의 정도로 입경 2mm 이하의 불용성의 뜨는 물질을 ppm으로 표시한 것 |

+ BOD 제거율

$$\text{BOD 제거율}(\%) = \frac{\text{유입수의 BOD} - \text{유출수의 BOD}}{\text{유입수의 BOD}} \times 100(\%)$$

+ BOD 부하량

BOD 부하량(g/인·일)
= 1인 1일 오수량 × 오수의 BOD 농도 $(g/m^3)$

## 9 오수처리방식

### (1) 물리적 처리방법
부유물 침전방식(응집제 등 이용)

### (2) 화학적 처리방법
화학약품 이용(오존, 산화제 등 이용)

### (3) 생물학적 처리방법
미생물에 의한 하수처리(미생물에 의한 호기성 분해 등)

- 건물에서 정화조로의 오수의 유입은 기계식(펌프)이 아닌, 자연(중력) 배수로 한다.

**정화조의 구성**
부패조(혐기성 처리) → 여과조(부유물이나 잡물 제거) → 산화조(호기성 처리) → 소독조(소독제 적용)

---

### 개념이해

**01** 통기 배관에 관한 설명으로 옳지 않은 것은? [13년 4회]

① 간접배수계통의 통기관은 단독배관한다.
② 통기수직관과 우수수직관은 겸용 배관한다.
③ 각 개통기 방식에서는 반드시 통기수직관을 설치한다.
④ 배수수직관의 상부는 연장하여 신정통기관으로 사용한다.

통기수직관을 우수수직관과 연결해서 겸용 배관해서는 안 된다.

답 ②

**02** 건물·시설 등에서 발생하는 오수를 다시 처리하여 생활용수·공업용수 등으로 재이용하는 시설로 정의되는 것은? [16년 1회]

① 중수도
② 하수관거
③ 배수설비
④ 개인하수도

중수도(Wastewater Reclamation and Reusing System, 中水道)
한 번 사용한 수돗물을 생활용수, 공업용수 등으로 재활용할 수 있도록 다시 처리하는 시설로서 관련 법규에서 특정 용도 및 일정 규모 이상의 시설에 중수도 설비를 설치하게 되어 있다.

답 ①

# 과년도 기출문제

**건축 / 기사 / 필기**

**01** 배수 배관에 관한 설명으로 옳지 않은 것은?
[15년 1회]

① 배수계통은 원칙적으로 중력에 의해 옥외로 배출하도록 한다.
② 고온의 배수는 원칙적으로 45℃ 미만으로 냉각한 후 배수한다.
③ 건물 내에서 피트 내 또는 가공배관은 피하고 지중배관을 한다.
④ 엘리베이터 샤프트, 수변전실에는 배수 배관을 설치하지 않는다.

[해설]

배수 배관의 경우 지중배관을 가급적 피하는 것이 좋다.

**02** 수질과 관련된 용어 중 부유물질로서 오수 중에 현탁되어 있는 물질을 의미하는 것은?
[14년 4회]

① BOD  ② COD
③ SS   ④ 염소 이온

[해설]

S.S(Suspended Solids, 부유물질)
탁도의 정도로 입경 2mm 이하의 불용성의 뜨는 물질을 ppm으로 표시한 것

**03** 오수의 BOD 제거율이 95%인 정화조로 유입되는 오수의 BOD 농도가 300ppm일 경우, 방류수의 BOD 농도는?
[15년 4회]

① 15ppm   ② 85ppm
③ 150ppm  ④ 285ppm

[해설]

BOD 제거율(%) = $\dfrac{\text{유입수 BOD} - \text{유출수 BOD}}{\text{유입수 BOD}} \times 100(\%)$

$95 = \dfrac{300 - \text{유출수 BOD}}{300} \times 100(\%)$

상기식에서 유출수 BOD로 정리하여 산출하면, 유출수 BOD는 15ppm이 나온다.

**04** 오수 정화조로 유입되는 오수의 BOD 농도가 150ppm이고 방류수의 BOD 농도가 60ppm일 때 이 정화조의 BOD 제거율은?
[16년 2회]

① 40%  ② 60%
③ 75%  ④ 90%

[해설]

BOD 제거율(%) = $\dfrac{\text{유입수 BOD} - \text{유출수 BOD}}{\text{유입수 BOD}} \times 100(\%)$

$\dfrac{150 - 60}{150} \times 100(\%) = 60\%$

**05** 주택의 1인 1일 오수량이 0.05m³/인·일이고, 오수의 BOD 농도가 260g/m³일 때 1인 1일당 BOD 부하량은?
[17년 2회]

① 5g/인·일    ② 13g/인·일
③ 26g/인·일   ④ 50g/인·일

[해설]

BOD 부하량(g/인·일)
= 1인 1일 오수량 × 오수의 BOD 농도(g/m³)
= 0.05 × 260 = 13g/인·일

**06** 오수처리 방법 중 물리 및 화학적 처리 방법에 속하지 않는 것은?
[13년 2회]

① 오존을 이용하는 방법
② 산화제를 이용하는 산화법
③ 미생물에 의한 호기성 분해 방법
④ 응집제를 이용하여 부유물질을 침전시키는 방법

[해설]

미생물에 의한 호기성 분해 방법은 생물학적 처리방법에 해당한다.

**정답** 01 ③  02 ③  03 ①  04 ②  05 ②  06 ③

# MEMO

# 09 소방시설 / 가스설비

## 1 화재의 분류

| 일반화재(A급 화재 : 백색) | 연소 후 재를 남기는 화재로서 나무, 종이, 섬유 등의 화재이다. |
|---|---|
| 유류화재(B급 화재 : 황색) | 석유 등의 유류에 의한 화재로서 소화 시 질식에 의한 소화가 효과적이다. |
| 전기화재(C급 화재 : 청색) | 전기에 의한 화재로서 소화 시 질식에 의한 소화가 효과적이며, 물에 의한 소화는 금해야 한다. |
| 금속화재(D급 화재 : 무색) | 마그네슘, 티타늄, 지르코늄, 나트륨, 칼륨 등의 가연성 금속 등에서 발생하는 화재를 말하며, 물을 사용할 경우 폭발의 위험이 있다. |
| 주방화재(K급 화재 : 적색) | 주방에서 동식물유를 취급하는 조리기구에서 일어나는 화재를 말한다. |

### 개념이해

**01** 전류가 흐르고 있는 전기기기, 배선과 관련된 화재를 의미하는 것은?　　　　[19년 4회]

① A급 화재　　　　② B급 화재
③ C급 화재　　　　④ K급 화재

○ 전기화재(C급 화재 : 청색)
전기에 의한 화재로서 소화 시 질식에 의한 소화가 효과적이며, 물에 의한 소화는 금해야 한다.
답 ③

**02** 다음 설명에 알맞은 화재의 종류는?　　　　[20년 1·2회 통합]

> 나무, 섬유, 종이, 고무, 플라스틱류와 같은 일반 가연물이 타고 나서 재가 남는 화재

① A급 화재　　　　② B급 화재
③ C급 화재　　　　④ K급 화재

○ ② 유류 화재
③ 전기 화재
④ 주방기름(식용유 등)에 의한 화재
답 ①

## 2 소방시설의 분류

| 소화설비 | 옥내소화전, 스프링클러, 물분무, 포말, 분말, $CO_2$, 할로겐화물 |
|---|---|
| 경보설비 | 자동화재탐지설비, 전기화재경보기, 자동화재속보설비, 비상경보설비 |
| 피난설비 | 미끄럼대, 피난사다리, 완강기, 유도등, 비상조명 등 |
| 소화용수설비 | 소화수조, 상수도 소화용수설비 등 |
| 소화활동설비 | 배연설비, 연결살수설비, 연결송수관설비, 비상콘센트 등 |

### 개념이해

**01** 소방시설은 소화설비, 경보설비, 피난설비, 소화용수설비, 소화활동설비로 구분할 수 있다. 다음 중 소화활동설비에 속하는 것은?
[16년 2회, 19년 2회]

① 제연설비
② 비상방송설비
③ 스프링클러설비
④ 자동화재탐지설비

② 비상방송설비 – 경보설비
③ 스프링클러설비 – 소화설비
④ 자동화재탐지설비 – 경보설비

답 ①

**02** 소방시설은 소화설비, 경보설비, 피난설비, 소화활동설비 등으로 구분할 수 있다. 다음 중 소화활동설비에 속하지 않은 것은? [15년 1회]

① 제연설비
② 연결살수설비
③ 비상방송설비
④ 연소방지설비

비상방송설비는 경보설비에 속한다.

답 ③

# 09 소방시설 / 가스설비

## ③ 소화설비

| 구분 | 내용 |
|---|---|
| 목적 | 소화설비는 화재 발생의 초기 진압을 목적으로 한다. |
| 소화기 | • 소방대상물의 각 부분에서 보행거리가 20m 이내가 되도록 배치한다(대형소화기는 30m 이내).<br>• 소화기는 바닥에서 1.5m 이내에 배치한다.<br>• 화재안전기준에 따라 소화기구를 설치하여야 하는 특정소방 대상물의 연면적기준은 33$m^2$ 이상이다. |
| 옥내소화전 | • 복도 등에 설치된 소화호스를 화재 시 사람이 수동으로 작동시켜 물을 분사하여 진화한다.<br>• 표준방수압력 : 최소 0.17MPa 이상, 최대 0.7MPa 이하<br>• 표준방수량 : 130L/min(20분 이상 방수)<br>• 설치간격 : 각 층 각 부분에서 소화전까지 수평거리는 25m 이내로 한다.<br>• 옥내소화전 설비 수원의 저수량($Q$)<br>　＝130L/min×20min×설치 개소($N$)<br>　＝2,600L×설치 개소($N$)<br>　＝2.6$m^3$×설치 개소($N$)<br>• 소화전 높이(개폐밸브) : 바닥에서 1.5m 이내<br>• 송수구는 지면으로부터 높이가 0.5m 이상 1m 이하의 위치에 설치한다. |
| 옥외소화전 | • 대규모 건물의 화재 시 건물 외부에서 물을 방사하여 소화하는 것으로, 주로 건물 1, 2층의 화재 진압을 목적으로 하는 설비이다.<br>• 표준방수압력 : 0.25MPa 이상<br>• 표준방수량 : 350L/min(20분간 방수 필요)<br>• 설치간격 : 건물 각 부분에서 소화전까지 수평거리는 40m 이내로 한다.<br>• 옥외소화전 설비 수원의 저수량($Q$)<br>　＝350L/min×20min×설치 개소($N$) ＝7,000L×설치 개소($N$)<br>　＝7$m^3$×설치 개소($N$)<br>• 호스의 구경 : 65mm |
| 드렌처<br>(Drencher)설비 | 건축물의 창, 외벽, 지붕 등에 노즐을 설치하여 인접 건물 화재 시, 노즐에서의 방수로 인해 수막(Water Curtain)을 형성하여 인접 건물로 인한 화재의 확산을 방지하는 설비이다. |
| 스프링클러<br>(Sprinkler)설비 | ④ 스프링클러 설비 내용 참고 |

**옥내소화전용 펌프의 토출량**

옥내소화전이 가장 많이 설치된 층의 설치개수에 2.6$m^3$(130L/min×20min)를 곱한 양 이상이어야 한다(여기서 1$m^3$ : 1,000L).

**옥내소화전 설비의 개수**

옥내소화전이 가장 많이 설치된 층에서의 옥내소화전 개수($N$)를 적용하며, 산출 시 최대 옥내소화전 개수($N$)는 2개이다(2개 이상 시 2개로 가정한다).

**옥외소화전 설비의 개수**

옥외소화전이 가장 많이 설치된 층에서의 옥외소화전 개수($N$)를 적용하며, 산출 시 최대 옥외소화전 개수($N$)는 2개이다(2개 이상 시 2개로 가정한다).

**옥외소화전 설치 의무 건축물 기준**

| 구분 | 1, 2층 면적 합계 |
|---|---|
| 내화건축물 | 9,000$m^2$ 이상 |
| 준내화건축물 | 6,000$m^2$ 이상 |
| 기타건축물 | 3,000$m^2$ 이상 |
| 중요문화재 | 1,000$m^2$ 이상 |

## 과년도 기출문제

**01** 화재안전기준에 따라 소화기구를 설치하여야 하는 특정소방대상물의 연면적 기준은?

[15년 4회, 21년 1회]

① 10m² 이상  ② 25m² 이상
③ 33m² 이상  ④ 50m² 이상

[해설]
화재안전기준에 따라 소화기구를 설치하여야 하는 특정소방대상물의 연면적 기준은 33m² 이상이다.

**02** 옥내소화전설비에 관한 설명으로 옳지 않은 것은?

[16년 1회, 21년 2회]

① 옥내소화전방수구는 바닥으로부터의 높이가 1.5m 이하가 되도록 설치한다.
② 옥내소화전설비의 송수구는 소방차가 쉽게 접근할 수 있는 잘 보이는 장소에 설치한다.
③ 전동기에 따른 펌프를 이용하는 가압송수장치를 설치하는 경우, 펌프는 전용으로 하는 것이 원칙이다.
④ 당해 층의 옥내소화전을 동시에 사용할 경우 각 소화전의 노즐선단에서의 방수압력은 최소 0.7MPa 이상이 되어야 한다.

[해설]
옥내소화전의 노즐 방수압력은 최소 0.17MPa 이상, 최대 0.7MPa 이하이다.

**03** 다음의 옥내소화전설비에 관한 설명 중 ( ) 안에 알맞은 것은?

[16년 4회]

> 옥내소화전 방수구는 특정소방대상물의 층마다 설치하되, 해당 특정소방대상물의 각 부분으로부터 하나의 옥내소화전 방수구까지의 수평거리가 ( )m 이하가 되도록 할 것

① 25  ② 30
③ 35  ④ 40

[해설]
옥내소화전 설비는 해당 특정소방대상물의 각 부분으로부터 하나의 옥내소화전 방수구까지의 수평거리가 25m 이하가 되게 한다.

**04** 옥내소화전설비의 설치기준으로 옳지 않은 것은?

[20년 4회 문제변형]

① 방수구는 바닥으로부터의 높이가 1.5m 이하가 되도록 한다.
② 연결송수관설비의 배관과 겸용할 경우의 주배관은 구경 100mm 이상으로 한다.
③ 특정소방대상물의 각 부분으로부터 하나의 옥내소화전 방수구까지의 수평거리가 30m 이하가 되도록 한다.
④ 수원은 그 저수량이 옥내소화전의 설치개수가 가장 많은 층의 설치개수(2개 이상 설치된 경우에는 2개)에 2.6m³를 곱한 양 이상이 되도록 한다.

[해설]
옥내소화전 설비는 해당 특정소방대상물의 각 부분으로부터 하나의 옥내소화전 방수구까지의 수평거리가 25m 이하가 되게 한다.

정답  01 ③  02 ④  03 ①  04 ③

# 09 소방시설 / 가스설비

## 4 스프링클러(Sprinkler)설비

### (1) 종류

| 폐쇄형 | | 폐쇄형 설비 타입은 헤드 끝이 막혀 있고 배관 내에는 항상 물이나 압축 공기가 차 있어 용융편이 녹으면 곧바로 방사됨 |
|---|---|---|
| | 습식 | • 수원에서 헤드까지 전 배관에 물이 항상 채워져 있어 화재가 발생하여 용융편이 녹자마자 곧바로 살수 가능<br>• 동파 및 누수의 우려가 있음(겨울에는 얼지 않도록 보온이 요구) |
| | 건식 | • 관 내에 공기가 채워져 있다가 화재 시 공기가 빠지고 살수됨<br>• 동파 및 누수의 우려가 없음 |
| 개방형 | | • 폐쇄형 스프링클러로는 효과가 없거나 접근이 어려운 장소에 적용(천장이 높은 무대 위나 공장, 창고 위험물 저장소 등에서 수동으로 작동시키는 방식)<br>• 개방된 헤드를 설치하고 감지용 스프링클러 헤드에 의해 작동시키거나 또는 소방차 송수구와 연결하여 소화하는 방식<br>• 개방형 헤드를 사용할 경우 하나의 송수 구역당 살수헤드는 최대 10개 이하가 되도록 설치 |

### (2) 스프링클러 설비의 계통흐름

주배관 → 교차배관 → 가지배관 → 스프링클러 헤드

| ① 주배관 | 각층을 수직으로 관통하는 수직배관 |
|---|---|
| ② 교차배관 | 수직배관을 통하여 가지배관의 물을 공급하는 배관 |
| ③ 가지배관 | 스프링클러 헤드가 설치되어 있는 배관 |
| ④ 스프링클러 헤드 | 물의 분사 - 물분사 시 세분시키는 역할은 헤드 내(內) 디플렉터에서 진행 |

### (3) 설치간격

| 건물의 구조 | 반경(m) | 헤드 간의 간격(m) | 방호면적($m^2$) |
|---|---|---|---|
| 극장, 준위험물, 특별가연물 | 1.7 | 2.4 | 5.78 |
| 준내화건축 | 2.1 | 3.0 | 8.76 |
| 내화건축 | 2.3 | 3.2 | 10.56 |

### (4) 용도별 스프링클러 헤드 설치 기준 개수

| 아파트 | 10개 |
|---|---|
| 판매시설, 복합상가 및 11층 이상인 소방대상물 | 30개 |

---

**✚ 스프링클러 설비의 목적**

화재 시 열이 헤드에 전달되면 72℃ 내외에서 용융편이 자동적으로 녹음과 동시에 물을 분출시켜 소화를 하며, 초기 화재 시 97% 이상을 진화시키는 설비이다.

**스프링클러 헤드의 구조**
• 스프링클러 헤드는 프레임, 반사판(디플렉터), 가용편, 레버 등으로 구성되어 있다.
• 가용편 : 용융온도 72℃ 내외
• 디플렉터(Deflector) : 방수구에서 유출되는 물을 세분하여 확산시키는 작용을 하는 부분

**스프링클러 설비 기준**
• 헤드방수압력 : 0.1MPa 이상
• 표준방수량 : 80L/min(20분간 방수 필요)
• 헤드 1개의 소화면적 : $10m^2$
• 지관 1개에 설치하는 헤드 수 : 8개 이하
• 수원수량 : 80L/min×20분×헤드 10개 (11층 이상은 30개)

## 과년도 기출문제

건축 / 기사 / 필기

**01** 물과 오리피스가 분리되어 동파를 방지할 수 있는 스프링클러 헤드로 정의되는 것은? [15년 2회]

① 조기반응형 헤드
② 건식 스프링클러 헤드
③ 폐쇄형 스프링클러 헤드
④ 개방형 스프링클러 헤드

[해설]

건식 스프링클러 헤드
평소에 관 내에 공기가 채워져 있다가 화재 시 공기가 빠지고 살수가 되는 방식으로서, 평소에 관 내에 물이 없어서 동파를 방지할 수 있다는 장점이 있다.

**02** 스프링클러 설치 장소가 아파트인 경우, 스프링클러 헤드의 기준 개수는?(단, 폐쇄형 스프링클러 헤드를 사용하는 경우) [14년 4회, 19년 1회]

① 10개     ② 20개
③ 30개     ④ 40개

[해설]

용도별 스프링클러 헤드 설치 기준 개수

| 용도 | 설치 개수 |
| --- | --- |
| 아파트 | 10개 |
| 판매시설, 복합상가 및 11층 이상인 소방대상물 | 30개 |

**03** 아파트의 각 세대에 스프링클러 헤드를 30개 설치한 경우, 스프링클러설비의 수원의 저수량은 최소 얼마 이상이 되도록 하여야 하는가?(단, 폐쇄형 스프링클러 헤드를 사용한 경우) [20년 4회]

① 12m³     ② 24m³
③ 36m³     ④ 48m³

[해설]

스프링클러의 수원의 저수량
스프링클러는 초기 화재 진화를 위하여 사용되는 설비로서, 헤드마다 분당 80L의 물을 20분간 분사할 수 있는 수원을 확보하고 있어야 한다.
80L/min×20min×30(헤드 수) = 48,000L = 48m³

**04** 다음의 스프링클러설비의 화재안전기준 내용 중 ( ) 안에 알맞은 것은? [17년 2회, 22년 1회]

전동기에 따른 펌프를 이용하는 가압송수장치의 송수량은 0.1MPa의 방수압력 기준으로 ( ) 이상의 방수성능을 가진 기준 개수의 모든 헤드로부터의 방수량을 충족시킬 수 있는 양 이상으로 할 것

① 80L/min     ② 90L/min
③ 110L/min    ④ 130L/min

[해설]

스프링클러는 초기 화재 진화를 위하여 사용되는 설비로서, 헤드마다 분당 80L의 물을 20분간 분사할 수 있는 수원을 확보하고 있어야 한다.

**05** 정상 상태에서 방수구를 막고 있는 감열체가 일정 온도에서 자동적으로 파괴·용해 또는 이탈됨으로써 방수구가 개방되는 스프링클러 헤드는? [13년 2회]

① 건식 스프링클러 헤드
② 개방형 스프링클러 헤드
③ 폐쇄형 스프링클러 헤드
④ 측벽형 스프링클러 헤드

[해설]

폐쇄형 설비 타입은 헤드 끝이 막혀 있고 배관 내에는 항상 물이나 압축 공기가 차 있어 용융편이 높으면 곧바로 방사된다.

**정답** 01 ②  02 ①  03 ④  04 ①  05 ③

# 09 소방시설 / 가스설비

## ⑤ 자동화재탐지기

| 열감지기 | 정온식 | 주변온도가 일정온도에 달하였을 때 감지한다. |
|---|---|---|
| | 차동식 | 주변온도의 일정한 온도상승에 의해 감지한다. |
| | 보상식 | 정온식과 차동식의 성능을 가진 열감지기이다. |
| 연기감지기 | 광전식 | 연기에 의해 반응하는 것으로 광전효과를 이용하여 감지한다. |
| | 이온화식 | 연기에 의해 이온농도가 변화되는 것으로 감지한다. |

**✚ 수신기**
감지기 또는 발신기에서 보내온 신호를 수신하여 화재의 발생을 당해 건물의 관계자에게 램프 표시 및 음향장치 등으로 알려주는 것으로서, 종류로는 P형(1급, 2급), R형, M형이 있다.

## ⑥ 소화활동설비

| 목적 | 소화설비는 화재 발생의 초기 진압을 목적으로 한다. |
|---|---|
| 연결송수관 설비(Siamese connection) | • 고층건물의 화재 시 소방차에 연결하여 소방차의 물을 건물 내로 공급하는 설비이다.<br>• 방수구 방수압력 : 0.35MPa 이상/표준방수량 : 450L/min<br>• 방수구 설치 : 3층 이상의 계단실, 비상승강기의 로비 부근 등에 방수구를 중심으로 50m 이내(설치높이 : 바닥으로부터 0.5~1m)<br>• 송수구, 방수구 구경 : 65mm |
| 연결살수설비 | • 화재 시 유독가스와 연기 때문에 소방관의 진입이 어려운 지하층 등에서 스프링클러와 유사한 개방형 헤드를 설치하고 소방대 전용 송수구를 통해 실내로 물을 공급, 살수하여 화재를 진압하는 설비이다.<br>• 소방펌프 자동차가 쉽게 접근할 수 있고 노출된 장소에 설치해야 한다.<br>• 송수구 구경 : 65mm 쌍구형 |
| 비상콘센트 설비 | • 화재로 인해 소방관이 화재 진압을 위해 실내로 진입할 경우, 소화활동에 필요한 전기의 공급(조명 등)을 위해 설치되는 콘센트설비이다.<br>• 11층 이상의 각 층마다 어느 부분에서도 1개의 비상콘센트까지의 수평거리(유효반경)는 50m 이하로 한다.<br>• 바닥면에서 0.8~1.5m의 높이에 설치한다.<br>• 1회선에 접속되는 콘센트의 수는 10개 이하로 한다. |
| 제연설비 | 제연설비는 연기를 제거시켜 피난과 소화활동을 원활하게 할 수 있도록 하는 설비이다. |

**✚ 송수구**
• 표준형

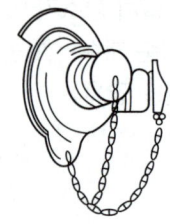

• 스탠드형

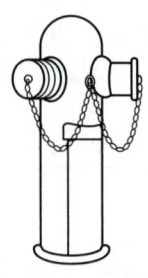

**비상콘센트설비의 설치대상**
• 지하층을 포함하는 층수가 11층 이상인 소방대상물의 11층 이상의 층
• 지하 3층 이상이고 지하층의 바닥면적의 합계가 1,000m² 이상인 지하층의 전층

---

**개념이해**

**01** 다음 중 열감지기의 종류에 속하지 않는 것은? [14년 2회]
① 정온식  ② 광전식
③ 차동식  ④ 보상식

➡ 광전식은 연기에 의해 반응하는 것으로 광전효과를 이용하는 감지기이다.

답 ②

# 과년도 기출문제

**01** 자동화재탐지설비의 감지기 중 주위의 온도가 일정한 온도 이상이 되었을 때 작동하는 것은?
[15년 2회, 17년 1회, 17년 4회, 20년 3회, 21년 2회]

① 차동식 감지기  ② 정온식 감지기
③ 광전식 감지기  ④ 이온화식 감지기

[해설]
① 차동식 : 주변온도의 일정한 온도상승에 의한 감지
② 정온식 : 주변온도가 일정 온도에 달하였을 때 감지
③ 광전식 : 연기에 의해 반응하는 것으로 광전효과를 이용하여 감지
④ 이온화식 : 연기에 의해 이온농도가 변화되는 것으로 감지

**02** 주위온도가 일정 온도 이상으로 되면 동작하는 자동화재탐지설비의 감지기는? [16년 4회]

① 이온화식 감지기
② 차동식 스폿 감지기
③ 정온식 스폿 감지기
④ 광전식 스폿 감지기

[해설]
① 이온화식 : 연기에 의해 이온농도가 변화되는 것으로 감지
② 차동식 : 주변온도의 일정한 온도상승에 의한 감지
③ 정온식 : 주변온도가 일정 온도에 달하였을 때 감지
④ 광전식 : 연기에 의해 반응하는 것으로 광전효과를 이용하여 감지

**03** 자동화재탐지설비의 감지기 중 설치된 감지기의 주변온도가 일정한 온도상승률 이상으로 되었을 경우에 작동하는 것은? [18년 4회]

① 차동식  ② 정온식
③ 광전식  ④ 이온화식

[해설]
① 차동식 : 주변온도의 일정한 온도상승에 의한 감지
② 정온식 : 주변온도가 일정 온도에 달하였을 때 감지
③ 광전식 : 연기에 의해 반응하는 것으로 광전효과를 이용하여 감지
④ 이온화식 : 연기에 의해 이온농도가 변화되는 것으로 감지

**04** 연결송수관설비의 방수구에 관한 설명으로 옳지 않은 것은? [17년 1회]

① 방수구의 위치표시는 표시등 또는 축광식 표지로 한다.
② 호스접결구는 바닥으로부터 0.5m 이상 1m 이하의 위치에 설치한다.
③ 개폐기능을 가진 것으로 설치하여야 하며, 평상시 닫힌 상태를 유지하도록 한다.
④ 연결송수관설비의 전용 방수구 또는 옥내소화전 방수구로서 구경 50mm의 것으로 설치한다.

[해설]
연결송수관설비의 전용 방수구 또는 옥내소화전 방수구로서 구경 65mm의 것으로 설치한다.

**05** 비상콘센트설비에 관한 설명으로 옳지 않은 것은? [16년 4회]

① 층수가 6층 이상인 특정소방대상물의 전층에 설치하여야 한다.
② 전원회로는 각 층에 있어서 2 이상이 되도록 설치하는 것을 원칙으로 한다.
③ 비상콘센트는 바닥으로부터 높이 0.8m 이상 1.5m 이하의 위치에 설치한다.
④ 소방시설 중 화재를 진압하거나 인명구조활동을 위하여 사용하는 소화활동설비에 속한다.

[해설]
비상콘센트 설치대상
• 지하층을 포함하는 층수가 11층 이상인 소방대상물의 11층 이상의 층
• 지하 3층 이상이고 지하층의 바닥면적의 합계가 1,000m² 이상인 지하층의 전층

**정답**  01 ②  02 ③  03 ①  04 ④  05 ①

# 09 소방시설 / 가스설비

## 7 도시가스 및 액화석유가스

| 도시가스 | • LNG, LPG, 나프타 등을 혼합하여 제조하며, 최근에는 LNG의 조성 비율이 높아 LNG의 일반적 특성을 띠고 있다.<br>• 메탄($CH_4$)을 주성분으로 한다.<br>• 무공해, 무독성으로 열량이 높은 편이다.<br>• 공기보다 가벼워 창문으로 배기 가능하며, LPG보다 안전하다.<br>• 누설감지기는 천정 30cm 이내에 설치한다.<br>• 도시가스는 LNG는 가스공급을 위해 대규모 저장 시설 및 배관 등의 설치가 필요하므로 큰 초기 투자비용이 들어간다. |
|---|---|
| 액화석유가스<br>(LPG, Liquefied Petroleum Gas) | • 프로판과 부탄 등을 액화한 것으로 주성분은 프로판으로서, 프로판 가스라고도 한다.<br>• 공기보다 무겁기 때문에 누설 시 위험성이 크다.<br>• 누설 시 무색무취이므로, 감지를 위해 부취제(멜캅탄 등)를 첨가한다. |

✚ **LPG 용기(봄베) 설치 시 주의사항**
• 옥외에 설치한다.
• 화기와는 2m 이상 이격한다.
• 통풍이 잘 되는 그늘진 곳에 설치한다.
• 온도는 40℃ 이하가 되도록 보관한다.
• 충격을 금하며, 습기로 인한 부식을 고려한다.

## 8 도시가스 공급압력

| 분류 | 공급압력 |
|---|---|
| 저압 | 0.1MPa 이하 |
| 중압 | 0.1MPa 이상~1.0MPa 미만 |
| 고압 | 1.0MPa 이상 |

✚ **도시가스 공급과정**
가스 제조 → 압송설비 → 저장설비 → 압력조정기 → 도관 → 수용가

**거버너(압력조정기, 정압기, Governor)**
각 건물에서 사용되는 가스기기에서 필요한 가스 압력이 서로 다를 경우에는 높은 압력으로 공급을 받아서 그대로 사용하거나 기기에 따라서는 필요한 압력으로 낮추어서 사용하기도 하는데, 이때 압력을 조정하는데 사용하는 기기를 말한다.

---

**개념이해**

**01** 액화천연가스(LNG)에 관한 설명으로 옳지 않은 것은?

[16년 1회, 19년 4회]

① 공기보다 가볍다.
② 무공해, 무독성이다.
③ 프로필렌, 부탄, 에탄이 주성분이다.
④ 대규모의 저장시설을 필요로 하며, 공급은 배관을 통하여 이루어진다.

◯ LNG의 주성분은 메탄($CH_4$)이다.

답 ③

## 과년도 기출문제

**01** LPG에 관한 설명으로 옳지 않은 것은?

[17년 4회, 20년 1·2회 통합]

① 비중이 공기보다 작다.
② 액화석유가스를 말한다.
③ 액화하면 그 체적은 약 1/250로 된다.
④ 상압에서는 기체이지만 압력을 가하면 액화된다.

[해설]

LPG는 공기보다 비중이 높아 누설 시, 환기가 잘 되지 않고 바닥에 가라앉게 되어 폭발의 위험성이 높다.

**02** 압력에 따른 도시가스의 분류에서 중압의 인력 범위로 옳은 것은? [19년 1회]

① 0.1MPa 이상 1MPa 미만
② 0.1MPa 이상 10MPa 미만
③ 0.5MPa 이상 5MPa 미만
④ 0.5MPa 이상 10MPa 미만

[해설]

공급압력에 따른 도시가스의 분류

| 분류 | 공급압력 |
|---|---|
| 저압 | 0.1MPa 이하 |
| 중압 | 0.1MPa 이상~1.0MPa 미만 |
| 고압 | 1.0MPa 이상 |

**03** 가스 설비에 사용되는 거버너(Governor)에 관한 설명으로 옳은 것은? [13년 2회, 17년 2회, 21년 2회]

① 실내에서 발생되는 배기가스를 외부로 배출시키는 장치
② 연소가 원활히 이루어지도록 외부로부터 공기를 받아들이는 장치
③ 가스가 누설되거나 지진이 발생했을 때 가스 공급을 긴급히 차단하는 장치
④ 가스 공급 회사로부터 공급받은 가스를 건물에서 사용하기에 적합한 압력으로 조정하는 장치

[해설]

건물에서 공급을 받을 때 중압으로 받은 후 필요에 따라 압력조정을 해서 각 가스기기에 공급하게 되는데, 이 역할을 하는 기기를 압력조정기(정압기, 거버너, Governor)라 한다.

정답 01 ① 02 ① 03 ③

# 09 소방시설 / 가스설비

## 9  가스배관 시공 시 주의사항 및 가스계량기 설치기준

| 가스배관 시공 시 주의사항 | • 건물에서의 가스배관은 관리, 검사가 용이하도록 노출배관을 원칙으로 하되 동관, 스테인리스관으로 이음매 없이 매립배관할 수 있다.<br>• 전선, 상하수도관 등과 같이 매립할 때에는 이들 관보다 아래에 매립한다 (매립깊이는 0.6~1.2m 이상).<br>• 관 재료의 기밀시험은 최고사용압력의 1.1배 이상의 압력으로 진행한다.<br>• 배관재료는 노출관인 경우 강관나사이음이나 용접이음이 주로 이용되고, 지하매립인 경우 폴리에틸렌피복강관 또는 폴리에틸렌관을 사용한다. |
|---|---|
| 가스계량기 설치기준 | • 전기계량기, 전기개폐기, 전기안전기에서 60cm 이상 이격 설치<br>• 전기점멸기(스위치), 전기콘센트, 굴뚝과는 30cm 이상 이격 설치<br>• 저압전선에서 15cm 이상 이격 설치<br>• 설치높이는 바닥(지면)에서 1.6~2.0m 내 설치<br>• 계량기는 화기와 2m 이상의 우회거리 유지 및 양호한 환기 처리 필요 |

**가스배관의 표면색상**

| 지상배관 | 황색 |
|---|---|
| 매설배관 | • 최고사용압력이 저압인 경우 : 황색<br>• 최고사용압력이 중압인 경우 : 적색 |

**가스의 연소성(웨버지수, Webbe Index, WI)**

• 웨버지수는 가스연료의 단위시간당 방출되는 에너지를 정의하기 위한 변수, 즉 가스의 연소성을 나타내는 변수이다.
• 동일한 노즐압력에서 동일한 WI를 갖는 가스를 사용하면 동일한 출력을 얻을 수 있다.

### 개념이해

**01** 가스 사용 시설에서 가스계량기의 설치에 관한 설명으로 옳지 않은 것은?  [17년 1회, 20년 1·2회 통합]

① 전기접속기와의 거리가 최소 30cm 이상이 되도록 한다.
② 전기점멸기와의 거리가 최소 60cm 이상이 되도록 한다.
③ 전기개폐기와의 거리가 최소 60cm 이상이 되도록 한다.
④ 전기계량기와의 거리가 최소 60cm 이상이 되도록 한다.

▶ 가스계량기와 전기점멸기(스위치)는 최소 30cm 이상 이격해서 설치하여야 한다.
**답 ②**

## 과년도 기출문제

**01** 도시가스 사용 시설의 시설기준에 관한 설명으로 옳지 않은 것은? [12년 1회]

① 건축물 안의 배관은 매설하여 시공하는 것을 원칙으로 한다.
② 가스계량기와 전기계량기의 거리는 60cm 이상 유지하여야 한다.
③ 지상배관은 부식방지도장 후 표면색상을 황색으로 도색하는 것이 원칙이다.
④ 가스계량기는 보호상자 안에 설치할 경우 직사광선이나 빗물을 받을 우려가 있는 곳에 설치할 수 있다.

[해설]
건축물 안의 가스배관은 관리, 검사가 용이하도록 노출 배관을 원칙으로 하되 동관, 스테인리스관으로 이음매 없이 매립 배관할 수 있다.

**02** 가스 사용 시설의 가스계량기에 관한 설명으로 옳지 않은 것은? [14년 4회]

① 공동주택의 경우 가스계량기는 일반적으로 대피공간이나 주방에 설치된다.
② 가스계량기와 전기계량기와의 거리는 60cm 이상 유지하여야 한다.
③ 가스계량기와 전기개폐기와의 거리는 60cm 이상 유지하여야 한다.
④ 가스계량기와 화기(그 시설 안에서 사용하는 자체 화기는 제외) 사이에 유지하여야 하는 거리는 2m 이상이어야 한다.

[해설]
가스 계량기는 화기와의 거리 유지가 중요하다. 이에 화기를 쓰는 주방 등에 적용하는 것은 옳지 않다.

**03** 가스 사용 시설의 지상배관은 어떤 색으로 도색하는 것이 원칙인가? [18년 4회]

① 백색  ② 황색
③ 적색  ④ 청색

[해설]
가스배관의 표면색상은 지상배관은 황색으로, 매설배관은 최고사용압력이 저압인 경우에는 황색, 중압인 배관은 적색으로 한다.

**04** 가스의 연소성을 나타내는 것은? [16년 2회]

① 비열비  ② 가버너
③ 웨버지수  ④ 단열지수

[해설]
웨버지수(Webbe Index, WI)
- 웨버지수는 가스연료의 단위시간당 방출되는 에너지를 정의하기 위한 변수, 즉 가스의 연소성을 나타내는 변수이다.
- 동일한 노즐압력에서 동일한 WI를 갖는 가스를 사용하면 동일한 출력을 얻을 수 있다.

정답 01 ① 02 ① 03 ② 04 ③

# 10 공기조화설비 일반사항

## 1 습공기선도의 구성

습공기선도

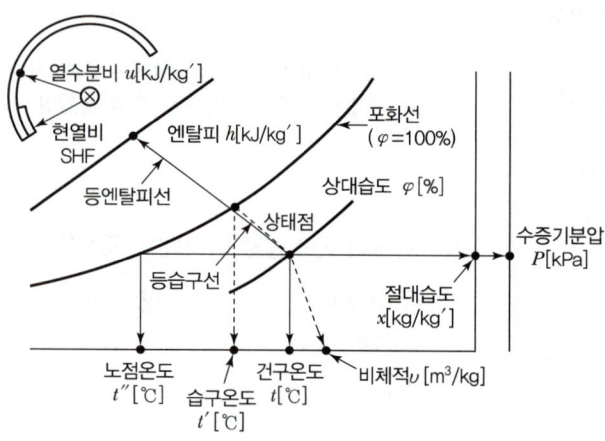

| 건구온도(DB ; Dry Bulb temperature, $t$)[℃] | 보통의 온도계로 측정한 온도이다. |
|---|---|
| 습구온도(WB ; Wet Bulb temperature, $t'$)[℃] | • 온도계의 감온부를 물에 젖은 천으로 감싸고 바람이 부는 상태에서 측정한 온도이다.<br>• 습구온도는 대기 중의 수증기량과 관계가 있으며, 수증기량이 많으면 젖은 천의 증발속도가 느려져 건구온도보다 온도가 낮게 된다. |
| 노점온도(DP ; Dew Point temperature, $t''$)[℃] | • 노점온도는 결로가 발생하기 시작하는 온도로서, 어떠한 상태의 공기가 결로상태가 되면, 노점온도, 습구온도, 건구온도는 같은 값을 갖게 된다.<br>• 결로발생 시를 제외하고 건구온도 > 습구온도 > 노점온도 순으로 수치가 높다. |
| 절대습도(SH ; Specific Humidity, AH ; Absolute Humidity, $x$) | 건조공기 1kg 중에 포함되어 있는 수증기의 양이다.<br>절대습도$(x) = \dfrac{수증기량(kg)}{건조공기의 중량(kg')}$ [kg/kg′, kg/kg(DA)] |
| 상대습도(RH ; Relative Humidity, $\phi$)[%] | 현재 공기 수증기량(수증기압)과 동일 온도에서의 포화공기 수증기량(수증기압)의 비이다.<br>상대습도$(\phi) = \dfrac{현포화공기의 수증기량}{포화공기의 수증기량} \times 100(\%)$ |
| 수증기분압(VP ; Vapour Pressure, $P$)[kPa] | 습공기 속에서 수증기가 갖는 압력으로 수증기압이라고도 한다. |

**습공기선도의 일반사항**
- 습공기의 상태를 표시한 그래프를 습공기선도라고 한다.
- 습공기 상태값인 건구온도, 습구온도, 노점온도, 절대습도, 상대습도, 수증기분압, 엔탈피, 비체적 등의 관련성을 나타낸 것이다.
- 위의 8가지 습공기 상태값 중에서 두 가지의 상태값을 알게 되면 그 습공기의 다른 상태값들을 알 수 있다.

**엔탈피(Enthalpy, $h$, $i$)[kJ/kg]의 산출**
$$h = h_a + xh_v$$
$$= C_p \cdot t + x(r + C_{vp} \cdot t)$$
$$= 1.01t + x(2,501 + 1.85t)$$

여기서, $C_p$ : 건공기 정압비열
$\quad\quad\quad\quad (1.01 \text{kJ/kg} \cdot \text{K})$
$\quad\quad t$ : 건공기의 온도(℃)
$\quad\quad x$ : 습공기의 절대습도(kg/kg′)
$\quad\quad r$ : 0℃에서 포화수의
$\quad\quad\quad\quad 증발잠열(2,501\text{kJ/kg})$
$\quad\quad C_{pv}$ : 수증기의 정압비열
$\quad\quad\quad\quad (1.85\text{kJ/kg} \cdot \text{K})$

| | |
|---|---|
| 엔탈피(Enthalpy, $h$, $i$) [kJ/kg] | 엔탈피는 전열량을 의미하며, 건공기의 엔탈피($h_a$)와 수증기의 엔탈피($h_v$)의 합이다. 이는 현열과 잠열의 합을 의미한다. |
| 비체적(SV ; Specific Volume, 비용적) | 습공기 중에 포함되어 있는 건공기 1kg에 대한 습공기의 체적<br>$$비체적(v) = \frac{습공기\ 체적(m^2)}{건공기\ 질량(kg)}[m^2/kg]$$ |
| 현열비 | 전열량에 대한 현열량의 비를 말한다.<br>$$현열비(SHF) = \frac{현열부하}{전열부하} = \frac{현열부하}{현열부하 + 전열부하}$$ |
| 열수분비 | 공기의 상태 변화 시의 엔탈피 변화량과 절대습도의 변화량의 비를 말한다.<br>$$열수분비(u) = \frac{엔탈피의\ 변화량}{절대습도의\ 변화량}$$ |

## ② 습공기선도의 해석

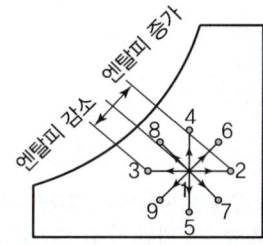

1→2 : 현열가열(Sensible Heating)
1→3 : 현열냉각(Sensible Cooling)
1→4 : 가습(Humidification)
1→5 : 감습(Dehumidification)
1→6 : 가열 가습(Heating and Humidifying)
1→7 : 가열 감습(Heating and Dehumidifying)
1→8 : 냉각 가습(Cooling and Humidifying)
1→9 : 냉각 감습(Cooling and Dehumidifying)

**상태점의 변화에 따른 해석**

- 공기를 냉각하면 상대습도는 높아지고, 공기를 가열하면 상대습도는 낮아진다.
- 공기를 냉각 또는 가열하여도 절대습도는 변하지 않는다.
- 습구온도와 건구온도가 같다는 것은 상대습도가 100%인 포화공기임을 뜻한다.
- 결로 발생 시를 제외하고는 습구온도가 건구온도보다 높을 수는 없다.

+ **바이패스 팩터(BF, Bypass Factor)**

공기조화기에서 냉·온수코일의 통과 공기 중 냉·온수코일과 접촉하지 않고 통과하는 공기의 비율을 의미한다. 이와 반대로 접촉하고 통과하는 비율을 컨택트 팩트(CF, Contact Factor)라고 하며 바이패스 팩트와 컨택트 팩트의 합은 1이 된다.

# 과년도 기출문제

**01** 습공기의 건구온도와 습구온도를 알 때 습공기선도를 사용하여 구할 수 있는 상태값이 아닌 것은?
[16년 2회, 20년 4회]

① 엔탈피　　② 비체적
③ 기류속도　④ 절대습도

[해설]
기류속도는 습공기선도상에서 구할 수 없는 값이다.

**02** 공기의 건구온도와 상대습도를 알고 있을 때 습공기선도를 통해 구할 수 없는 것은? [15년 4회]

① 엔탈피　　② 절대습도
③ 습구온도　④ 탄산가스 함유량

[해설]
탄산가스함유량은 습공기선도상 표기되지 않는 사항이다.

**03** 습공기가 냉각되어 포함되어 있던 수증기가 응축되기 시작하는 온도를 의미하는 것은? [17년 4회]

① 노점온도　② 습구온도
③ 건구온도　④ 절대온도

[해설]
노점온도는 수증기가 응축되기 시작하는 온도를 의미하며, 일상에서 볼 수 있는 결로가 시작되는 온도이기도 하다.

**04** 다음 중 상대습도(RH) 100%에서 그 값이 같지 않은 온도는? [17년 1회]

① 건구온도　② 효과온도
③ 습구온도　④ 노점온도

[해설]
효과온도(Operative Temperature)
작용온도라고도 하며, 기온·기류 및 주위벽 복사열 등의 종합적 효과를 나타낸 것으로 쾌적정도 등 체감도를 나타내는 척도이다.

**05** 습공기의 엔탈피를 가장 올바르게 표현한 것은?
[16년 1회]

① 공기 1m³의 중량
② 건공기에 포함된 수증기의 중량
③ 건공기와 수증기에 포함된 열량
④ 공기 중의 수분량과 포화수증기량의 비율

[해설]
습공기 엔탈피(전열) = 건공기에 포함된 열량 + 수증기에 포함된 열량

**06** 다음 중 습공기를 가열할 경우 상태값이 변하지 않는 것은? [13년 2회, 18년 4회]

① 엔탈피
② 절대습도
③ 상대습도
④ 습구온도

[해설]
습공기의 가열은 현열가열을 의미하므로, 절대습도에 대한 변화는 없다. 단, 상대습도는 현열가열 시 감소하게 된다.

**07** 어떤 상태의 습공기를 절대습도의 변화없이 건구온도만 상승시킬 때, 습공기의 상태변화로 옳은 것은? [15년 1회, 20년 1·2회 통합]

① 엔탈피는 증가한다.
② 비체적은 감소한다.
③ 노점온도는 낮아진다.
④ 상대습도는 증가한다.

[해설]
현열변화 시 엔탈피 증가, 비체적 증가, 노점온도는 변화없으며, 상대습도는 감소한다.

**정답** 01 ③　02 ④　03 ①　04 ②　05 ③　06 ②　07 ①

## 과년도 기출문제

건축 / 기사 / 필기

**08** 습공기의 상태변화에 관한 설명으로 옳지 않은 것은?   [16년 4회, 19년 2회]

① 가열하면 엔탈피는 증가한다.
② 냉각하면 비체적은 감소한다.
③ 가열하면 절대습도는 증가한다.
④ 냉각하면 습구온도는 감소한다.

**[해설]**
가열은 현열변화로서, 절대습도의 변화를 가져오지 않는다. 절대습도는 일정하다.

**09** 건구온도 30℃, 상대습도 60%인 공기를 냉수코일에 통과시켰을 때 공기의 상태변화로 옳은 것은?(단, 코일 입구수온 5℃, 코일 출구수온 10℃)   [17년 2회]

① 건구온도는 낮아지고 절대습도는 높아진다.
② 건구온도는 높아지고 절대습도는 낮아진다.
③ 건구온도는 높아지고 상대습도는 높아진다.
④ 건구온도는 낮아지고 상대습도는 높아진다.

**[해설]**
냉수코일을 통과시켰으므로 이론상 냉각의 현열변화이다. 냉각의 현열변화 시 건구온도는 낮아지고, 상대습도는 올라가게 된다. 절대습도는 변함 없다.

**10** 공기조화기 설계에서 사용되는 바이패스 팩터(Bypass Factor)의 의미로 옳은 것은?   [17년 2회]

① 급기팬을 통과하는 공기 중 건공기의 비율
② 공기조화기의 도입 외기와 환기(Return Air)의 비율
③ 실내로부터의 환기(Return Air) 중 공기조화기로 도입되는 공기의 비율
④ 냉·온수코일의 통과 공기 중 냉·온수코일과 접촉하지 않고 통과하는 공기의 비율

**[해설]**
바이패스 팩터(BF, Bypass Factor)
공기조화기에서 냉·온수코일의 통과 공기 중 냉·온수코일과 접촉하지 않고 통과하는 공기의 비율을 의미한다. 이와 반대로 접촉하고 통과하는 비율을 컨택트 팩트(CF, Contact Factor)라고 하며 바이패스 팩트와 컨택트 팩트의 합은 1이 된다.

**정답** 08 ③  09 ④  10 ④

# 10 공기조화설비 일반사항

## 3 냉방부하의 종류

| 구분 | | 세부사항 | 열 종류 |
|---|---|---|---|
| 실부하 | 외피부하 | • 전열부하(온도차에 의하여 외벽, 천장, 유리, 바닥 등을 통한 관류열량)<br>• 일사에 의한 부하<br>• 틈새바람에 의한 부하 | 현열<br><br>현열<br>현열, 잠열 |
| | 내부부하 | • 조명기구 발생열<br>• 인체 발생열 | 현열<br>현열, 잠열 |
| 장치부하 | | • 환기부하(신선 외기에 의한 부하)<br>• 송풍 시 부하<br>• 덕트의 열손실<br>• 재열부하<br>• 혼합손실(이중덕트의 냉온풍 혼합손실) | 현열, 잠열<br>현열<br>현열<br>현열<br>현열 |
| 열원부하 | | • 배관열손실<br>• 펌프에서의 열취득 | 현열<br>현열 |

**＋ 상당외기온도차**
- 벽체 또는 지붕은 일사가 표면에 닿아 표면온도가 상승하는데 이를 상당외기온도라 하며 실내온도와의 차를 상당외기온도차(ETD, Equivalent Temperature Difference)라고 한다.
- 냉방부하의 외피부하 중 유리관류열량을 제외한 외피부하에는 실내외온도차가 아닌 상당외기온도차를 적용한다.

### 개념이해

**01** 냉방부하의 종류 중 현열만을 포함하고 있는 것은?  [16년 2회]
① 인체의 발생열량
② 유리로부터의 취득열량
③ 극간풍에 의한 취득열량
④ 외기의 도입으로 인한 취득열량

▶ 유리로부터의 취득열량은 관류 및 일사에 의한 취득열량으로서, 현열부하만 해당이 된다.
**답** ②

**02** 다음 중 냉방부하 계산 시 현열만을 고려하는 것은?  [20년 2회]
① 인체의 발생열량
② 벽체로부터의 취득열량
③ 극간풍에 의한 취득열량
④ 외기의 도입으로 인한 취득열량

▶ 벽체로부터의 취득열은 온도변화에만 관여하는 현열부하이다. 잠열을 고려해야 하는 경우는 습기의 발생 및 유출입이 있을 경우이다.
**답** ②

## 4 난방부하의 종류

| 구분 | 개념 | 열 종류 |
|---|---|---|
| 외부부하 | 구조체 관류에 의한 손실열량 | 현열 |
| | 틈새바람에 의한 손실열량 | 현열·잠열 |
| 장치부하 | 덕트 등에서 손실되는 열량 | 현열 |
| 환기부하(외기부하) | 환기로 인한 손실열량 | 현열·잠열 |

### 개념이해

**01** 공조부하 계산 시 현열과 잠열이 동시에 발생하는 것은? [14년 4회]

① 인체의 발생열량
② 벽체로부터의 취득열량
③ 유리로부터의 취득열량
④ 덕트로부터의 취득열량

➡ 인체는 복사열 등의 현열과 땀 등에 의한 수증기에 의한 증발 잠열 등이 복합적 발생한다.

답 ①

**02** 냉난방 부하에 관한 설명으로 옳지 않은 것은? [18년 1회]

① 틈새바람부하에는 현열부하 요소와 잠열부하 요소가 있다.
② 최대부하를 계산하는 것은 장치의 용량을 구하기 위한 것이다.
③ 냉방부하 중 실부하란 전열부하, 일사에 의한 부하 등을 말한다.
④ 인체 발생열과 조명기구 발생열은 난방부하를 증가시키므로 난방부하 계산에 포함시킨다.

➡ 인체 발생열과 조명기구 발생열은 실질적으로 난방부하를 일부 감소시키는 효과가 있으나, 난방부하 계산에는 포함시키지 않는다.

답 ④

# 10 공기조화설비 일반사항

## 5 공기조화계산식

| 혼합공기의 온도 산출 | 혼합공기의 온도(℃) $= \dfrac{t_1 \times m_1 + t_2 \times m_2}{m_1 + m_2}$<br>여기서, $t_1, t_2$ : 공기의 온도(℃)<br>$m_1, m_2$ : 공기의 부피 혹은 질량($m^3$ 혹은 kg) |
|---|---|
| 현열비의 산출 | 현열비($SHF$) $= \dfrac{현열부하}{전열부하} = \dfrac{현열부하}{현열부하 + 잠열부하}$ |
| 현열부하의 산출 | $q = Q \cdot \rho \cdot Cp \cdot \Delta t$<br>여기서, $q$ : 실내 발열량(현열부하)(kJ/h)<br>$Q$ : 틈새바람에 의한 침기량($m^3$/h)<br>$\rho$ : 공기의 밀도 $1.2 kg/m^3$<br>$Cp$ : 공기의 정압 비 열 $1.01 kJ/kgK$<br>$\Delta t$ : 실내외 온도차(℃) |
| 침입외기량 산출방법 | • 창 면적에 의한 방법<br>• 환기 횟수에 의한 방법<br>• 창문의 틈새 길이에 의한 방법 |

> **개념이해**

**01** 35℃의 공기 300$m^3$와 27℃의 공기 700$m^3$를 단열혼합하였을 경우, 혼합공기의 온도는?  [16년 1회]

① 28.2℃   ② 29.4℃
③ 30.6℃   ④ 32.6℃

혼합공기의 온도(℃)
$= \dfrac{35 \times 300 + 27 \times 700}{300 + 700} = 29.4℃$

답 ②

## 과년도 기출문제

**01** 건구온도 26℃인 실내공기 8,000m³/h와 건구온도 32℃인 외부공기 2,000m³/h를 단열혼합하였을 때 혼합공기의 건구온도는? [13년 2회, 19년 2회]

① 27.2℃
② 27.6℃
③ 28.0℃
④ 29.0℃

[해설]

혼합공기의 온도(℃) = $\dfrac{26 \times 8,000 + 32 \times 2,000}{8,000 + 2,000}$ = 27.2℃

**02** 건구온도가 25℃인 실내공기 8,000m³/h와 건구온도 31℃인 외부공기 2,000m³/h를 단열혼합하였을 때 혼합공기의 건구온도는? [17년 1회]

① 24.8℃
② 26.2℃
③ 27.5℃
④ 29.8℃

[해설]

혼합공기의 온도(℃) = $\dfrac{25 \times 8,000 + 31 \times 2,000}{8,000 + 2,000}$ = 26.2℃

**03** 냉방부하 계산 결과 현열부하가 620W, 잠열부하가 155W일 경우 현열비는? [14년 1회, 19년 1회]

① 0.2
② 0.25
③ 0.4
④ 0.8

[해설]

현열비 = $\dfrac{현열부하}{현열부하 + 잠열부하}$
= $\dfrac{620W}{620W + 155W}$ = 0.8

**04** 다음과 같은 조건에 있는 실의 틈새 바람에 의한 현열부하는? [14년 2회, 17년 2회, 18년 4회, 20년 3회, 21년 2회]

[조건]
- 실의 체적 : 400m³
- 환기 횟수 : 0.5회/h
- 실내 온도 : 20℃, 외기 온도 : 0℃
- 공기의 밀도 : 1.2kg/m³, 비열 : 1.01kJ/kg·K

① 약 654W
② 약 972W
③ 약 1,347W
④ 약 1,654W

[해설]

$q = Q \cdot \rho \cdot C_p \cdot \Delta t$

여기서, $q$ : 실내 발열량(현열부하)(kJ/h)
$Q$ : 틈새바람에 의한 침기량(m³/h)
$\rho$ : 공기의 밀도 1.2kg/m³
$C_p$ : 공기의 정압 비열 1.01kJ/kgK
$\Delta t$ : 실내외 온도차(℃)

$q = 400 \times 0.5 \times 1.2 \times 1.01 \times (20-0) = 4,848$kJ/h
= 1,347W

정답  01 ①  02 ②  03 ④  04 ③

# 11 환기 및 배연설비 / 난방설비

## 1 필요환기량 산출

| | |
|---|---|
| $CO_2$ 농도 제거 | $$Q = \frac{M}{C_i - C_o}$$ 여기서, $Q$ : 필요환기량($m^3/h$) <br> $M$ : 실내에서 발생한 $CO_2$량($m^3/h$) <br> $C_i$ : 실내 $CO_2$ 허용농도($m^3/m^3$) <br> $C_o$ : 실외 신선외기 $CO_2$ 농도($m^3/m^3$) |
| 발열량 제거 | $$Q = \frac{H_s}{C_p \cdot \rho \cdot (t_i - t_o)}$$ 여기서, $Q$ : 필요환기량($m^3/h$) <br> $H_s$ : 발열량(현열)(kJ/h) <br> $C_p$ : 정압비열(kJ/kg·K) <br> $\rho$ : 공기의 밀도(kg/$m^3$) <br> $t_i$ : 실내 허용온도(℃) <br> $t_o$ : 실외 신선외기 온도(℃) |

**+ 이산화탄소($CO_2$)**
- 우리나라 실내 $CO_2$허용농도는 1,000 ppm 이하이다.
- 일반적으로 $CO_2$의 농도변화는 다른 오염물질의 농도변화와 유사한 패턴을 가지고 있어, 환기량 등의 산출 시 오염물질들을 대표하여 적용된다.

**환기 횟수**
$$n = \frac{Q}{V}$$
여기서, $Q$ : 필요환기량($m^3/h$)
$n$ : 환기 횟수(회/h)
$V$ : 실체적($m^3$)

## 2 환기방식의 종류

### (1) 자연환기

| 풍력환기 | 바람에 의한 환기로서, 풍력환기에 의한 환기량은 유량계수와 통기율, 유출부와 유입부 간의 압력차 등에 비례한다. |
|---|---|
| 중력환기 | • 공기의 온도차에 의해 발생하는 밀도차에 의한 환기현상이다. <br> • 연돌효과(Stack Effect)라고도 한다. <br> • 실내외 온도차가 커지면, 실내외 압력차도 커지므로 환기량은 커지게 된다. |

### (2) 기계환기

| 1종 환기 | • 송풍기와 배풍기를 사용하여 환기하는 방식으로 실내는 일정압을 갖는다. <br> • 일반공조, 보일러실, 변전실 등에 적용한다. |
|---|---|
| 2종 환기 | • 급기구에 송풍기를 설치하여 강제급기를 하고, 배기는 자연배기한다. <br> • 실내압을 정압(+)으로 유지하여 유해물질의 유입이 방지되어야 하는 곳(수술실 등)에 적용한다. |
| 3종 환기 | • 급기는 자연급기하고, 배기구에 배풍기를 설치하여 강제배기를 한다. <br> • 실내압을 부압(-)으로 유지하여 실내의 오염물질이 외부로 배출되지 말아야 하는 곳(화장실, 조리장, 음압격리병실 등)에 적용한다. |

**+ 기계환기**
- 1종 환기

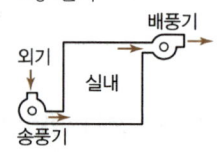

- 2종 환기

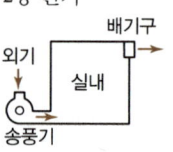

- 3종 환기

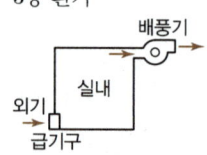

## 과년도 기출문제

건축 / 기사 / 필기

**01** 100명을 수용하고 있는 회의실에서 1인당 $CO_2$ 배출량이 17L/h일 때 실내의 $CO_2$ 농도를 1,000ppm 이하로 유지시키기 위한 필요환기량은?(단, 외기의 $CO_2$ 농도는 300ppm이다.) [15년 4회]

① 약 $1,120m^3/h$  ② 약 $1,750m^3/h$
③ 약 $2,140m^3/h$  ④ 약 $2,430m^3/h$

[해설]

$Q$(필요환기량, $m^3/h$)

$$= \frac{CO_2 \text{ 발생량}(m^3)}{C_i(\text{실내 허용 } CO_2 \text{ 농도}) - C_O(\text{신선 외기 } CO_2 \text{ 농도})}$$

$Q = \frac{100 \times 0.017}{0.001 - 0.0003} = 2,428.6 ≒ 2,430(m^3/h)$

**02** 900명을 수용하는 극장에서 실내 $CO_2$량을 0.1%로 유지하기 위해 필요한 환기량은?(단, 외기 $CO_2$량은 0.04%, 1인당 $CO_2$ 토출량은 18L/h이다.) [14년 4회, 18년 1회]

① $27,000m^3/h$  ② $30,000m^3/h$
③ $60,000m^3/h$  ④ $66,000m^3/h$

[해설]

$Q$(필요환기량, $m^3/h$) $= \frac{CO_2 \text{ 발생량}(m^3)}{C_i - C_O}$

여기서, $C_i$ : 실내 허용 $CO_2$ 농도
$C_O$ : 신선 외기 $CO_2$ 농도

∴ $Q = \frac{900 \times 0.018}{0.001 - 0.0004} = 27,000(m^3/h)$

**03** 2,000명을 수용하는 극장에서 실온을 20℃로 유지하기 위한 필요환기량은?[단, 외기온도 10℃, 1인당 발열량(현열) = 60W, 공기의 정압비열 = 1.01kJ/kg·K, 공기의 밀도 = $1.2kg/m^3$, 전등 및 기타 부하는 무시한다.] [15년 1회, 21년 1회]

① $11,110m^3/h$  ② $21,222m^3/h$
③ $30,444m^3/h$  ④ $35,644m^3/h$

[해설]

$Q = \frac{q}{\rho \, Cp \, \Delta t}$

여기서, $Q$ : 필요환기량($m^3/h$)
$q$ : 실내 발열량(kJ/h)
$\rho$ : 공기의 밀도 $1.2kg/m^3$
$Cp$ : 공기의 정압 비열 $1.01kJ/kgK$
$\Delta t$ : 실내외 온도차(℃)

$Q = \frac{2,000 \times 60 \times 3,600}{1,000 \times 1.2 \times 1.01 \times (20-10)} = 35,644(m^3/h)$

**04** 일반적으로 실내 환기량의 기준이 되는 것은? [17년 2회]

① 공기 온도  ② $NO_2$ 농도
③ $CO_2$ 농도  ④ $SO_2$ 농도

[해설]

$CO_2$ 농도는 실내에서 발생할 수 있는 여러 유해물질의 농도 상승 시 함께 상승하는 특징이 있어, $CO_2$ 농도를 기준으로 실내 환기량을 설정한다.

**05** 환기에 관한 설명으로 옳지 않은 것은? [17년 1회]

① 외부풍속이 커지면 환기량은 많아진다.
② 실내·외의 온도차가 크면 환기량은 작아진다.
③ 중성대란 중력환기에서 실내·외의 압력이 같아지는 위치이다.
④ 자연 환기량은 중성대로부터 공기유입구 또는 유출구까지의 높이가 클수록 많아진다.

[해설]

실내·외 온도차가 커지면, 실내·외 압력차도 커지므로 환기량은 커지게 된다(고온 측이 저기압, 저온 측이 고기압의 특성을 갖음).

**06** 실내에서 발생하는 취기와 수증기 등이 다른 공간으로 유출되지 않도록 실내가 부압이 되도록 하는 환기 방식은? [14년 2회]

① 자연환기
② 급기팬과 배기팬의 조합
③ 급기팬과 자연배기의 조합
④ 자연급기와 배기팬의 조합

[해설]

3종 환기(실내 부압) – 자연급기와 배기팬의 조합

정답  01 ④  02 ①  03 ④  04 ③  05 ②  06 ④

# 11 환기 및 배연설비 / 난방설비

## ③ 증기난방

### (1) 특징

| | |
|---|---|
| 장점 | • 증기순환이 빠르고 열의 운반능력이 크다.<br>• 예열시간이 온수난방에 비해 짧다.<br>• 방열면적과 관경을 온수난방보다 작게 할 수 있다.<br>• 설비비 및 유지비가 저렴하다.<br>• 한랭지에서 동결의 우려가 적다. |
| 단점 | • 외기온도 변화에 따른 방열량 조절이 곤란하다.<br>• 방열기 표면온도가 높아 화상의 우려가 있다.<br>• 대류작용으로 먼지가 상승하여 쾌감도가 낮다.<br>• 응축수의 환수관 내 부식으로 장치의 수명이 짧다.<br>• 열용량이 작아서 지속난방보다는 간헐난방에 사용한다. |

### (2) 증기트랩의 분류

| 구분 | 응축수 회수원리 | 종류 |
|---|---|---|
| 기계식 트랩 | 증기와 응축수의 비중차 이용 | 플로트트랩, 버킷트랩 |
| 열동식 트랩 | 증기와 응축수의 온도차 이용 | 바이메탈식 트랩, 벨로스트랩 |
| 열역학적 트랩 | 증기와 응축수의 열역학적 특성인 운동에너지 차이 이용 | 디스크트랩, 피스톤, 오리피스, Y형 트랩 |

### (3) 증기난방의 배관방법

| | |
|---|---|
| 냉각다리<br>(Cooling Leg, 냉각테) | • 증기주관에 생긴 증기나 응축수를 냉각시킨다.<br>• 완전한 응축수를 트랩에 보내는 역할을 한다.<br>• 노출배관하고 보온피복을 하지 않는다.<br>• 증기주관보다 한 치수 작게 한다.<br>• 냉각면적을 넓히기 위해 최소 1.5m 이상의 길이로 한다. |
| 리프트이음<br>(Lift Fitting) | • 진공환수식 난방장치에 사용한다.<br>• 환수주관보다 높은 위치로 응축수를 끌어올릴 때 사용하는 배관법이다.<br>• 흡상높이는 1.5m 이내로 한다. |
| 하트퍼드접속법<br>(Hartford Connection) | • 저압증기난방장치에서 환수주관이 보일러 하단에 위치하여 환수하면 보일러 수면이 낮아져 보일러가 빈불때기가 되고, 이는 사고위험이 있으므로 이것을 방지하여 주는 일종의 안전장치이다.<br>• 보일러 수면이 안전수위 이하로 내려가지 않게 하기 위해 안전수면보다 높은 위치에 환수관을 접속하는 방법이다. |
| 스팀헤더<br>(Steam Header) | 증기를 각 계통별로 필요한 만큼 송기하는 설비이다. |

---

**증기난방 일반사항**
- 증기난방은 기계실에 설치한 증기보일러에서 증기를 발생시켜 이것을 배관을 통해 각 실에 설치된 방열기에 공급한다.
- 증기난방에서는 주로 증기가 갖고 있는 잠열(潛熱), 즉 증발열을 이용하므로 방열기 출구에는 거의 증기트랩이 설치된다.

**증기트랩**
증기와 응축수를 공학적 원리 및 내부구조에 의해 구별하여 응축수만을 자동적으로 배출하는 일종의 자동조절밸브이다.

**냉각레그배관법**

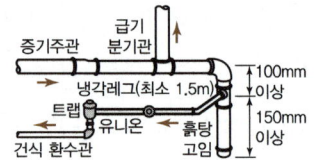

**리프트이음**

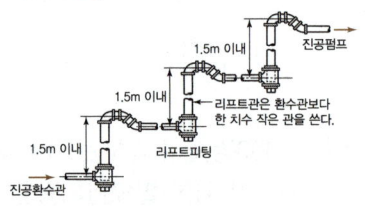

**하트퍼드 배관접속관**

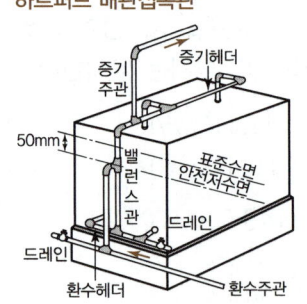

# 과년도 기출문제

건 축 / 기 사 / 필 기

**01** 증기난방에 관한 설명으로 옳지 않은 것은?

[14년 4회]

① 계통별 용량 제어가 곤란하다.
② 응축수 환수관 내에 부식이 발생하기 쉽다.
③ 방열기를 바닥에 설치하므로 복사난방에 비해 실내 바닥의 유효면적이 줄어든다.
④ 온수난방에 비해 예열 시간이 길어서 충분한 난방감을 느끼는데 시간이 걸린다.

[해설]

증기난방(Steam Heating System)은 온수난방에 비해 예열시간이 짧아 실내 목표온도에 빨리 도달할 수 있다.

**02** 증기난방에 관한 설명으로 옳지 않은 것은?

[15년 1회]

① 스팀 해머를 발생할 수 있다.
② 예열시간이 길고, 간헐운전에 사용할 수 있다.
③ 온수난방에 비하여 배관경이나 방열기가 작아진다.
④ 증기의 유량 제어가 어려우므로 실온 조절이 곤란하다.

[해설]

증기난방은 예열시간이 짧아 간헐운전에 사용할 수 있다.

**03** 증기난방에 관한 설명으로 옳지 않은 것은?

[17년 2회, 18년 1회, 19년 4회]

① 계통별 용량 제어가 곤란하다.
② 한랭지에서 동결의 우려가 적다.
③ 예열시간이 온수난방에 비하여 짧다.
④ 부하변동에 따른 실내방열량의 제어가 용이하다.

[해설]

증기난방은 잠열에 의한 난방을 하기 때문에 부하변동에 따른 방열량 조절이 온수난방에 비해 난해하다.

**04** 온수난방과 비교한 증기난방의 설명으로 옳은 것은?

[17년 4회, 21년 1회]

① 예열시간이 길다.
② 한랭지에서 동결의 우려가 있다.
③ 부하변동에 따른 방열량 제어가 용이하다.
④ 열매온도가 높으므로 방열기의 방열면적이 작아진다.

[해설]

증기난방은 증기를 열매로 함으로, 열매온도 및 표준방열량이 높아 방열기의 방열면적이 작아진다.

**05** 증기난방에 관한 설명으로 옳지 않은 것은?

[13년 4회]

① 예열 시간이 짧다.
② 계통별 용량 제어가 곤란하다.
③ 온수난방에 비해 한랭지에서 동결의 우려가 적다.
④ 온수난방에 비해 부하변동에 따른 실내 방열량의 제어가 용이하다.

[해설]

증기난방(Steam Heating System)은 잠열을 활용하기 때문에 열량의 변동폭이 크며, 이에 따라 부하변동에 따른 실내 방열량의 정밀한 제어가 온수난방에 비해 난해하다.

정답  01 ④  02 ②  03 ④  04 ④  05 ④

# 11 환기 및 배연설비 / 난방설비

## 4 온수난방

### (1) 특징

| | |
|---|---|
| 장점 | • 난방부하의 변동에 대한 온도조절이 용이하다.<br>• 열용량이 크므로 보일러를 정지시켜도 실온은 급변하지 않는다.<br>• 실내의 쾌감도는 실내공기의 상하 온도차가 작아 증기난방보다 좋다.<br>• 환수배관의 부식이 적고, 수명이 길다.<br>• 소음이 작다. |
| 단점 | • 열용량이 크므로 온수의 순환시간과 예열에 장시간이 필요하고, 연료소비량도 많다.<br>• 증기난방에 비해 방열면적과 관경이 커진다.<br>• 증기난방과 비교하여 설비비가 높아진다.<br>• 한랭지에서는 난방 정지 시 동결의 우려가 있다.<br>• 일반 저온수용 보일러는 사용압력에 제한이 있으므로 고층건물에는 부적당하다. |

**➕ 온수난방 일반사항**
- 온수난방은 온수보일러에서 만들어진 65~85℃ 정도의 온수를 배관을 통해 실내의 방열기에 공급하여 열을 방산(放散)시키고, 온수의 온도강하에 수반하는 현열을 이용하여 실내를 난방하는 방식이다.
- 온수난방장치의 배관 내에는 항상 만수되어 있으므로 물의 온도상승에 따른 체적팽창량을 흡수하기 위해 최상부에 팽창탱크를 설치한다.

### (2) 온수온도에 따른 분류

| | |
|---|---|
| 저온수식 | • 100℃ 이하(보통 80℃ 이하)의 온수를 사용한다.<br>• 개방형 팽창탱크를 설치한다. |
| 고온수식 | • 100℃ 이상의 고온수를 사용한다.<br>• 밀폐식 팽창탱크를 설치한다. |

### (3) 온수순환방식에 따른 분류

| | |
|---|---|
| 중력순환식<br>(Gravity Circulation System) | • 온수의 온도차에 의해서 생기는 대류작용으로 자연순환시키는 방식이다.<br>• 방열기는 보일러보다 높은 위치에 설치한다. |
| 강제(기계)순환식<br>(Forced Circulation System) | • 환수주관 보일러 측 말단에 순환펌프를 설치하여 강제로 순환시킨다.<br>• 온수순환이 신속하며 균등하게 이루어진다.<br>• 방열기 설치위치에 제한을 받지 않는다.<br>• 강제순환식은 직접환수식과 역환수방식으로 구분된다. |

**➕ 직접환수방식과 역환수방식**
- 직접환수방식

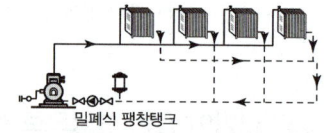
밀폐식 팽창탱크

- 역환수방식

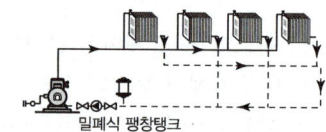
밀폐식 팽창탱크

### (4) 팽창탱크

| | |
|---|---|
| 필요성 | 팽창탱크는 온수난방 시 온수의 체적팽창을 흡수하며 배관계 내의 수온의 포화증기압 유지, 대기압 이하로 되지 않게 정수두 확보를 위하여 사용한다. |
| 적용 | • 보통온수식 : 100℃ 이하의 온수 - 개방형 팽창탱크<br>• 고온수식 : 100℃ 이상 고온수 - 밀폐형 팽창탱크 |

# 과년도 기출문제

**01** 온수난방에 관한 설명으로 옳지 않은 것은?

[16년 4회]

① 증기난방에 비하여 예열 시간이 짧다.
② 온수의 현열을 이용하여 난방하는 방식이다.
③ 한랭지에서 운전 정지 중에 동결의 우려가 있다.
④ 온수의 순환방식에 따라 중력식과 강제식으로 구분할 수 있다.

[해설]
열용량 관점에서 증기난방은 열용량이 낮은 증기 이용, 온수난방은 열용량이 상대적으로 높은 온수를 이용한다. 즉, 열용량이 크다는 것은 적정 온도까지 예열하는데 많은 시간과 부하가 걸린다는 것을 의미한다. 반대로 난방을 끄더라도 열기가 식는데 많은 시간이 소요된다고 볼 수 있다.

**02** 증기난방과 비교한 온수난방의 특징으로 옳지 않은 것은?

[16년 1회]

① 열용량이 크다.
② 예열부하가 적다.
③ 유량 제어가 용이하다.
④ 배관부식의 우려가 적다.

[해설]
열용량 관점에서 증기난방은 열용량이 낮은 증기 이용, 온수난방은 열용량이 상대적으로 높은 온수를 이용한다. 즉, 열용량이 크다는 것은 적정 온도까지 예열하는데 많은 시간과 부하가 걸린다는 것을 의미한다. 반대로 난방을 끄더라도 열기가 식는데 많은 시간이 소요된다고 볼 수 있다.

**03** 온수난방방식에 관한 설명으로 옳지 않은 것은?

[21년 2회]

① 예열 시간이 짧아 간헐운전에 주로 이용된다.
② 한랭지에서 운전 정지 중에 동결의 위험이 있다.
③ 증기난방 방식에 의해 난방부하 변동에 따른 온도 조절이 용이하다.
④ 보일러 정지 후에도 여열이 남아 있어 실내 난방이 어느 정도 지속된다.

[해설]
온수난방 방식은 예열 시간이 길어 지속운전에 주로 이용된다.

**04** 증기난방과 비교한 온수난방의 특징으로 옳지 않은 것은?

[20년 4회]

① 소요 방열면적이 작아 설비비가 낮다.
② 열용량이 커서 예열 시간이 길게 소요된다.
③ 한랭지에서 장시간 운전정지 시 동결우려가 있다.
④ 방열면의 온도가 낮아서 비교적 높은 쾌감도를 얻을 수 있다.

[해설]
온수난방은 소요 방열면적과 관경이 커서, 초기 설비비가 많이 들어간다.

**05** 온수난방에 관한 설명으로 옳지 않은 것은?

[19년 1회]

① 증기난방에 비해 보일러의 취급이 비교적 쉽고 안전하다.
② 동일 방열량인 경우 증기난방보다 관지름을 작게 할 수 있다.
③ 증기난방에 비해 난방부하의 변동에 따른 온도조절이 용이하다.
④ 보일러 정지 후에도 여열이 남아있어 실내 난방이 어느 정도 지속된다.

[해설]
온수난방은 소요 방열면적과 관경이 커서, 초기 설비비가 많이 들어간다.

정답  01 ①  02 ②  03 ①  04 ①  05 ②

# 11 환기 및 배연설비 / 난방설비

## 5 복사난방의 특징

| 장점 | 단점 |
|---|---|
| • 방열기가 필요치 않아 바닥의 이용도가 높음<br>• 실내의 수직적 온도분포가 균등하여 천장고가 높은 방의 난방에 유리(쾌감도 양호)<br>• 동일 방열량에 대하여 손실열량이 적음<br>• 방을 개방상태로 놓아도 난방열의 손실이 적음<br>• 대류가 적으므로 바닥의 먼지가 상승하지 않음 | • 배관매설에 따른 시공 시 주의 요망<br>• 외기온도 급변에 따른 방열량 조절이 난해<br>• 열손실을 막기 위한 단열층 필요<br>• 유지·보수 불편<br>• 설비비가 고가 |

➕ **복사난방의 개념**
복사난방은 건축물 구조체(천장, 바닥, 벽 등)에 Coil을 매설하고, Coil에 열매를 공급하여 가열면의 온도를 높여서 복사열에 의해 난방하는 방식이다.

## 6 지역난방의 특징

| 장점 | 단점 |
|---|---|
| • 에너지의 이용효율 상승<br>• 도시환경 개선효과<br>• 인력 및 공간 절약<br>• 세대별 보일러, 냉동기 등의 설치 불필요<br>• 방화(防火)효과 증대<br>• 설비비 경감 | • 배관이 길어져 열손실이 큼<br>• 초기의 시설투자비가 고가<br>• 열원기기의 용량 제어 난해<br>• 고도의 숙련된 기술자 필요<br>• 지역의 사용량이 적을수록 한 세대가 분담해야 할 기본요금 상승<br>• 시간적·계절적 변동이 큼 |

➕ **지역난방의 개념**
일정지역 내에 대규모 중앙열원플랜트에서 생산한 열매(증기, 고온수)를 배관을 통해 지역 내의 여러 건물에 공급하여 난방하는 방식

### 개념이해

**01** 바닥복사난방에 관한 설명으로 옳지 않은 것은? [17년 1회]

① 천장이 높은 실의 난방에는 사용할 수 없다.
② 실내의 온도분포가 비교적 균등하고 쾌감도가 높다.
③ 예열시간이 길어 일시적인 난방에는 바람직하지 않다.
④ 방열기를 설치하지 않아 실내 바닥면의 이용도가 높다.

▶ 실내의 수직적 온도분포가 균등하여 천장고가 높은 방의 난방에 유리하다.
답 ①

**02** 지역난방 방식에 관한 설명으로 옳지 않은 것은? [18년 4회]

① 열원설비의 집중화로 관리가 용이하다.
② 설비의 고도화로 대기오염 등 공해를 방지할 수 있다.
③ 각 건물의 이용시간차를 이용하면 보일러의 용량을 줄일 수 있다.
④ 고온수난방을 채용할 경우 감압장치가 필요하며 응축수 트랩이나 환수관이 복잡해 진다.

▶ 고온수난방은 온수난방의 일종으로서, 증기난방에 필요한 응축수 트랩 등의 설비가 최소화 되어, 배관의 설계가 증기난방 방식에 비해 비교적 간단해 진다.
답 ④

# 과년도 기출문제

건축 / 기사 / 필기

**01** 복사난방 방식에 관한 설명으로 옳지 않은 것은?
[15년 2회, 19년 2회]

① 열용량이 커서 예열 시간이 짧다.
② 대류난방에 비하여 설비비가 비싸다.
③ 방을 개방상태로 하여도 난방효과가 있다.
④ 수직온도분포가 균일하고 실내가 쾌적하다.

[해설]
복사난방 방식은 일반적으로 수배관을 매립하여 난방하므로, 열용량이 크다. 열용량이 클 경우 예열 시간이 길어지며, 이에 따라 지속난방을 하는 장소에 적합한 난방방식이다.

**02** 복사난방에 관한 설명으로 옳지 않은 것은?
[13년 3회, 19년 2회, 20년 3회]

① 열용량이 작아 간헐난방에 적합하다.
② 매립코일이 고장나면 수리가 어렵다.
③ 외기침입이 있는 곳에서도 난방감을 얻을 수 있다.
④ 실내에 방열기를 설치하지 않으므로 바닥을 유용하게 이용할 수 있다.

[해설]
복사난방은 열용량이 커서 지속난방에 적합한 난방방식이다.

**03** 구조체를 가열하는 복사난방에 관한 설명으로 옳지 않은 것은?
[18년 1회]

① 복사열에 의하므로 쾌적성이 좋다.
② 바닥, 벽체, 천장 등을 방열면으로 할 수 있다.
③ 예열시간이 길고 일시적인 난방에는 바람직하지 않다.
④ 방열기의 설치로 인해 실의 바닥면적의 이용도가 낮다.

[해설]
증기난방의 경우 방열기를 바닥에 설치하므로 복사난방에 비해 실내 바닥의 유효면적이 줄어든다.

**04** 난방방식에 관한 설명으로 옳지 않은 것은?
[20년 3회]

① 증기난방은 잠열을 이용한 난방이다.
② 온수난방은 온수의 현열을 이용한 난방이다.
③ 온풍난방은 온습도 조절이 가능한 난방이다.
④ 복사난방은 열용량이 작으므로 간헐난방에 적합하다.

[해설]
복사난방은 바닥의 열용량이 크므로 지속난방에 적합하다.

**05** 고온수난방 방식에 관한 설명으로 옳지 않은 것은?
[20년 1·2회 통합]

① 장치의 열용량이 크므로 예열시간이 길게 된다.
② 공급과 환수의 온도차를 크게 할 수 있으므로 열 수송량이 크다.
③ 공업용과 같이 고압증기를 다량으로 필요로 할 경우에는 부적당하다.
④ 지역난방에는 이용할 수 없으며 높이가 높고 건축면적이 넓은 단일 건물에 주로 이용된다.

[해설]
고온수난방은 100℃ 이상의 온수를 이용한 난방 방식으로서 지역난방에서 주로 채용하는 난방 방식이다.

정답 01 ① 02 ① 03 ④ 04 ④ 05 ④

## 11 환기 및 배연설비 / 난방설비

### 7 보일러의 종류 및 특징

| 원통형 (둥근) 보일러 | 수직형(입형) 보일러 | • 수직으로 세운 드럼 내에 연관 또는 수관이 있는 소규모의 패키지형으로 되어 있다.<br>• 설치면적이 작고 취급이 용이하다. |
|---|---|---|
| | 노통 연관 보일러 | • 횡형 원통 내부에 파형노통의 연소실과 다수의 연관(Smoke Tube)을 조합한 내분식 보일러이다.<br>• 보유 수량이 많아 부하변동에 대한 대응력이 좋다. |
| 수관식 보일러 | | • 복사열이 크게 전달되도록 상부는 기수드럼, 하부는 물 드럼 및 여러 개의 수관으로 구성된 외분식 보일러이다.<br>• 크기에 비해 전열면적이 크다.<br>• 열효율이 좋다.<br>• 증기 발생이 빠르고 대용량이다.<br>• 보유수량이 적어 급수에 대한 수위 변동이 크고, 수위조절이 용이하지 못하다.<br>• 고도의 수처리가 필요하다. |
| 관류식 보일러 | | • 급수가 드럼 없이 긴 관을 통과할 동안 예열, 증발, 과열되어 소요의 과열증기를 발생시키는 초고압용 외분식 보일러이다.<br>• 가동시간이 짧고 증기발생속도가 빠르다.<br>• 보일러 효율이 매우 높다. |
| 주철제 보일러 | | • 주물로 제작된 섹션(Section, 쪽수)을 조립하여 본체를 구성한 저압용 보일러이다.<br>• 조립식 구조로서 분할 반입이 용이하며, 용량 증감이 간편하다.<br>• 충격에 약하고 취성의 특성이 있어 대용량, 고압에는 부적당하다. |

### 개념이해

**01** 보일러 하부의 물드럼과 상부의 기수드럼을 연결하는 다수의 관을 연소실 주위에 배치한 구조로 상부 기수드럼 내의 증기를 사용하는 보일러는?

[17년 4회]

① 수관 보일러
② 관류 보일러
③ 주철제 보일러
④ 노통 연관 보일러

◯ 수관 보일러의 특징
• 대규모 건물, 상업용 등에 적용된다.
• 보유수량이 적어 증기 발생이 빠르고 대용량이다.
• 드럼 속의 관 내에 물을 흐르게 하여 가열한다.

답 ①

**02** 각종 보일러에 관한 설명으로 옳은 것은? [16년 1회]

① 관류 보일러는 보유수량이 많아 예열 시간이 길다.
② 주철제 보일러는 사용 내압이 높아 고압용으로 주로 사용되며 용량도 크다.
③ 수관 보일러는 소용량으로 소규모 건물에 적합하며 지역난방으로는 사용이 불가능하다.
④ 노통 연관 보일러는 부하변동에 잘 적응되며, 보유수면이 넓어서 급수용량 제어가 쉽다.

◯ ① 관류 보일러는 보유수량이 적어, 예열 시간이 짧은 특징이 있다.
② 주철제 보일러는 내압, 충격에 약해 대용량, 고압에 부적합하다.
③ 수관 보일러는 보유수량이 적어 증기 발생이 빠르고 대용량이며, 대규모 건물에 주로 적용한다.

답 ④

## 과년도 기출문제

**01** 다음 설명에 알맞은 보일러의 종류는? [12년 1회]

- 수직으로 세운 드럼 내에 연관 또는 수관이 있는 소규모의 패키지형으로 되어 있다.
- 규모가 작은 건물이나 일반 가정용 난방에 사용된다.

① 수관 보일러　　② 관류 보일러
③ 입형 보일러　　④ 주철제 보일러

[해설]

입형 보일러에 대한 설명이며, 입형 보일러의 특징은 다음과 같다.

| 장점 | 단점 |
| --- | --- |
| • 설치면적이 작아, 협소한 장소에 설치가 가능하다.<br>• 소용량 용도로 사용되며, 구조가 매우 간단하다. | • 전열면적이 작고, 전체적인 열효율이 낮다.<br>• 내부 청소가 까다롭다.<br>• 연소실이 작아서 불완전 연소의 우려가 있다. |

**02** 수관식 보일러에 관한 설명으로 옳지 않은 것은? [19년 1회]

① 사용압력이 연관식보다 낮다.
② 설치면적이 연관식보다 넓다.
③ 부하변동에 대한 추종성이 높다.
④ 대형 건물과 같이 고압증기를 다량 사용하는 곳이나 지역난방 등에 사용된다.

[해설]

수관식 보일러는 사용압력이 연관식보다 높으며, 고압증기를 다량 사용하는 곳에 적합한 방식이다.

**03** 다음 중 지역난방에 적용하기에 가장 적합한 보일러는? [21년 1회]

① 수관 보일러　　② 관류 보일러
③ 입형 보일러　　④ 주철제 보일러

[해설]

수관 보일러는 보유수량이 적어 증기 발생이 빠르고 대용량의 열량을 처리할 수 있어 지역난방이나 대규모 건축물에 주로 적용한다.

**04** 수관보일러에 관한 설명으로 옳지 않은 것은? [16년 4회]

① 지역난방에 사용이 가능하다.
② 보일러 상부와 하부에 드럼이 있다.
③ 노통 연관식보다 수처리가 용이하다.
④ 고압증기를 다량 사용하는 곳에 적합하다.

[해설]

수관식 보일러는 열효율이 좋으나 고도의 수처리가 필요하고, 수명이 짧으며 압력의 변화가 심하다는 단점이 있다.

**05** 주철제 보일러에 관한 설명으로 옳지 않은 것은? [16년 4회, 19년 4회]

① 재질이 약하여 고압으로는 사용이 곤란하다.
② 섹션(Section)으로 분할되므로 반입이 용이하다.
③ 재질이 주철이므로 내식성이 약하여 수명이 짧다.
④ 규모가 비교적 작은 건물의 난방용으로 사용된다.

[해설]

주철제 보일러는 내식성이 우수하고 수명이 긴 장점이 있으나, 대용량, 고압에 부적합하여, 소규모 주택에 주로 적용된다.

정답　01 ③　02 ①　03 ①　04 ④　05 ③

# 11 환기 및 배연설비 / 난방설비

## 8 보일러의 출력

| 정미 출력 | 난방부하+급탕부하 |
|---|---|
| 상용 출력 | 난방부하+급탕부하+배관부하 |
| 정격 출력 | 난방부하+급탕부하+배관부하+예열부하 |
| 과부하 출력 | 정격출력의 10~20% 정도 증가하여 운전할 때의 출력 |

## 9 방열기

| 표준방열량 | • 표준상태에서 방열면적 1m² 당 방열되는 방열량<br>• 온수난방 : 0.523kW/m²(표준상태 온수 80℃, 실온 18.5℃)<br>• 증기난방 : 0.756kW/m²(표준상태 증기 102℃, 실온 18.5℃) |
|---|---|
| 상당방열면적<br>(EDR, Equivalent<br>Direct Radiation) | • 보일러 방열기 면적을 계산하기 위한 방법 중 하나로, 보일러의 출력(능력, 전체발열량 등)을 방열기의 표준방열량으로 나누어 방열면적으로 환산한 것이다.<br>• 상당방열면적 산정공식<br>$$EDR(m^2) = \frac{\text{총 손실열량}(\text{전체발열량 또는 난방부하})(kW)}{\text{표준방열량}(kW/m^2)}$$<br>여기서, 표준방열량 : 증기난방(0.756kW/m²)<br>       온수난방(0.523kW/m²) |
| 방열기의 온수순환량 | $$G = \frac{q}{C\Delta t}$$<br>여기서, $G$ : 온수순환량(kg/h)<br>   $q$ : 방열기 방열량(난방부하)(kJ/h)<br>   $C$ : 물의 비열 4.2kJ/kgK<br>   $\Delta t$ : 온수 입출구 온도차(℃) |

**실내에 방열기 설치 시 고려사항**
- 응축수량이 적을 것
- 사용하는 열매 종류에 적합할 것
- 실내온도 분포가 균일하게 될 것
- 설치장소에 적합한 디자인과 견고성을 가질 것

---

**개념이해**

**01** 다음의 보일러 출력 표시 방법 중 그 값이 가장 큰 것은? [14년 2회]
① 정미 출력
② 정격 출력
③ 상용 출력
④ 과부하 출력

➡ 정격 출력의 10~20% 정도 증가하여 운전할 때의 출력을 과부하 출력이라 한다.
※ 값의 크기 : 과부하 출력>정격 출력>상용 출력>정미 출력

답 ④

## 과년도 기출문제

**01** 방열기의 용량표시와 관계되는 E.D.R이 의미하는 것은? [15년 4회]

① 중량
② 상당증발량
③ 실제증발량
④ 상당방열면적

[해설]

상당방열면적(EDR: Equivalent of Direct Radiation, $m^2$)
보일러 방열기 면적을 계산하기 위한 방법 중 하나로, 보일러의 출력을 방열기의 표준방열량으로 나누어 방열면적으로 환산한 것이다.

**02** 다음과 같은 조건에서 난방부하가 3,500W인 실을 온수난방으로 할 때 방열기의 온수순환수량은? [15년 4회]

[조건]
- 방열기의 입구 수온 : 90℃
- 방열기의 출구 수온 : 85℃
- 물의 비열 : 4.2kJ/kg·K

① 300kg/h
② 600kg/h
③ 900kg/h
④ 1,200kg/h

[해설]

방열기의 온수순환량

$G = \dfrac{q}{C \Delta t}$

여기서, $G$ : 온수순환량(kg/h)
$q$ : 방열기 방열량(난방부하)(kJ/h)
$C$ : 물의 비열 4.2kJ/kgK
$\Delta t$ : 온수 입출구 온도차(℃)

$Q = \dfrac{3,500 \times 3,600}{1,000 \times 4.2 \times (90-85)} = 600(kg/h)$

**03** 방열기의 입구수온이 90℃이고 출구수온이 80℃이다. 난방부하가 3,000W인 방을 온수난방할 경우 방열기의 온수순환량은?(단, 물의 비열은 4.2kJ/kg·K로 한다.) [18년 4회]

① 143kg/h
② 257kg/h
③ 368kg/h
④ 455kg/h

[해설]

방열기의 온수순환량

$G = \dfrac{q}{C \Delta t}$

여기서, $G$ : 온수순환량(kg/h)
$q$ : 방열기 방열량(난방부하)(kJ/h)
$C$ : 물의 비열 4.2kJ/kgK
$\Delta t$ : 온수 입출구 온도차(℃)

$G = \dfrac{3,000 \times 3,600}{1,000 \times 4.2 \times (90-80)} = 257(kg/h)$

정답 01 ④ 02 ② 03 ②

# 12 공기조화기기 / 공기조화방식

## 1 고성능 공기여과기의 분류

| HEPA Filter<br>(High Efficiency Particulate Air Filter) | 직경 0.3㎛인 입자에 대해 99.97%의 포집효율을 갖는 고성능 필터이다. |
| --- | --- |
| ULPA Filter<br>(Ultra Low Particulate Air Filter) | 직경 0.1㎛인 입자에 대해 99.9995%의 포집효율을 갖는 초고성능 필터이다. |

## 2 덕트의 풍속에 따른 분류

| 구분 | 저속덕트 | 고속덕트 |
| --- | --- | --- |
| 풍속 | 15m/s 이하 | 15~25m/s |
| 소음 | 적음 | 크다(소음장치 필요) |
| 용도 | 일반건물용, 공조용, 환기용 | 송풍용, 분체, 분진 이송 |
| 형상 | 주로 각형 덕트를 사용 | 주로 원형 덕트를 사용 |

**+ 덕트의 개념**
송풍기와 연결하여 공기를 흐르게 하는 풍도

**+ 덕트의 압력**
덕트 내 압력은 정압과 동압으로 이루어져 있으며, 정압과 동압의 합을 전압이라고 한다.

## 3 덕트의 치수결정 방식

| 정압법<br>(Equal Friction Method) | • 등마찰손실법이라고도 하며 선도나 덕트 설계용 계산치(Duct Measure)를 이용하여 덕트의 크기를 결정한다.<br>• 공조덕트 설계의 대부분이 정압법에 의해 이루어지며, 각형 및 저속덕트 설계 시 적용된다. |
| --- | --- |
| 정압재취득법<br>(Static Pressure Regain Method) | 베르누이 정리에 의하여 풍속이 감소하면 그 동압의 차만큼 정압이 상승하기 때문에 정압의 상승분을 다음 구간의 덕트 압력손실에 재이용하는 방법이다. |
| 등속법<br>(Equal Velocity Method) | 덕트의 주관이나 분기관의 풍속을 권장 풍속치 내로 정하여 덕트치수를 결정하며 주로 분체, 분진의 이송 등에 사용되고 원형 및 고속덕트 설계 시 적용된다. |
| 전압법<br>(Total Pressure Method) | 각 취출구까지의 전압력손실이 같아지도록 덕트의 단면을 결정하는 방식이다. |

**+ 설계 시 고려사항**
- 일반적으로 공조기가 단열공간 외부에 있을 때, 급기·환기 덕트에 단열을 실시하며 외기의 급기덕트, 배기덕트에는 결로의 우려가 없을 경우에는 단열하지 않아도 된다.
- 덕트의 종횡비(Aspect Ratio)는 최대 8 : 1 이상을 넘지 않도록 하고 가능한 4 : 1 이하로 한다.
- 덕트의 분기부에는 풍량조절댐퍼를 설치한다.

**덕트의 소음방지 대책**
- 덕트에 흡음재를 부착한다.
- 송풍기 출구 부근에 소음 챔버(Chamber)를 장치한다.
- 덕트의 적당한 장소에 소음을 위한 흡음장치를 설치한다.
- 댐퍼 취출구에 흡음재를 부착한다.

**풍량분배용 댐퍼(스플릿 댐퍼, Split Damper)**
덕트 분기부에서 풍량조절에 사용

# 과년도 기출문제

**01** 고속덕트에 관한 설명으로 옳지 않은 것은?

[13년 4회, 19년 1회]

① 원형덕트의 사용이 불가능하다.
② 동일한 풍량을 송풍할 경우 저속덕트에 비해 송풍기 동력이 많이 든다.
③ 공장이나 창고 등과 같이 소음이 별로 문제가 되지 않는 곳에서 사용한다.
④ 동일한 풍량을 송풍할 경우 저속덕트에 비해 덕트의 단면 치수가 작아도 된다.

[해설]

- 고속덕트(풍속 20~25m/s) : 원형덕트 적용
- 저속덕트(풍속 10~15m/s) : 각형(장방형)덕트 적용

**02** 공기조화설비에서 사용되는 고속덕트에 관한 설명으로 옳은 것은?

[16년 4회]

① 소음 및 진동이 발생하지 않는다.
② 공기혼합상자를 설치하여야 한다.
③ 덕트설치 공간을 적게 할 수 있다.
④ 공장이나 창고에는 적용할 수 없다.

[해설]

$Q$(풍량) $= A$(단면적)$\times V$(속도), 동일 풍량에 대해 속도가 커지면 덕트의 단면적은 작아져도 된다. 즉, 고속덕트를 적용하면 덕트 설치공간을 작게 할 수 있다.

**03** 덕트의 치수 결정방법에 속하지 않는 것은?

[17년 4회]

① 균등법    ② 등속법
③ 등마찰법  ④ 정압재취득법

[해설]

덕트의 치수 결정법
- 정압법(Equal Friction Method)
- 등마찰법, 등마찰손실법
- 정압재취득법(Static Pressure Regain Method)
- 등속법(Equal Velocity Method)
- 전압법(Total Pressure Method) 등

**04** 덕트 설비에 관한 설명으로 옳은 것은? [20년 3회]

① 고속덕트에는 소음상자를 사용하지 않는 것이 원칙이다.
② 고속덕트는 관마찰저항을 줄이기 위하여 일반적으로 장방형 덕트를 사용한다.
③ 등마찰손실법은 덕트 내의 풍속을 일정하게 유지할 수 있도록 덕트 치수를 결정하는 방법이다.
④ 같은 양의 공기가 덕트를 통해 송풍될 때 풍속을 높게 하면 덕트의 단면치수를 작게 할 수 있다.

[해설]

① 고속덕트에는 소음을 줄이기 위해 소음상자를 사용할 수 있다.
② 고속덕트는 관마찰저항을 줄이기 위해 일반적으로 원형덕트를 사용한다.
③ 등속법에 대한 설명이며, 등마찰손실법은 덕트 내 마찰손실이 구간별로 일정하게 하는 덕트설계법이다.

**05** 덕트의 분기부에 설치하여 풍량 조절용으로 사용되는 댐퍼는? [13년 4회, 16년 2회, 22년 1회]

① 스플릿 댐퍼    ② 평행익형 댐퍼
③ 대향익형 댐퍼  ④ 버터플라이 댐퍼

[해설]

덕트의 분기점에서 풍량을 조절하는 댐퍼는 스플릿 댐퍼(Split Damper)이다.

**06** 공조 시스템의 소음방지 대책으로 옳지 않은 것은?

[14년 1회]

① 덕트의 도중에 댐퍼를 설치한다.
② 덕트의 내부에 흡음재를 부착한다.
③ 송풍기의 출구 부근에 플리넘 체임버를 설치한다.
④ 덕트의 적당한 장소에 셀형이나 플레이트형의 흡음장치를 설치한다.

[해설]

덕트 도중에 댐퍼를 설치할 경우, 공기 흐름 유동에 대한 댐퍼 제어에 따른 소음 등의 유발이 가중된다.

정답  01 ①  02 ③  03 ①  04 ④  05 ①  06 ①

## 12 공기조화기기 / 공기조화방식

### 4 냉동기

| 개념 | 냉동기(Refrigerator)란 냉매에 의하여 저온을 얻어 액체를 냉각 또는 냉동시키는 기계이다. |
|---|---|
| 압축식 냉동기 | • 압축식 냉동기는 전기에너지를 압축기에서 기계적 에너지로 전환하여 냉동효과를 얻는 방식이다.<br>• 압축식 냉동사이클 : 압축기 → 응축기 → 팽창밸브 → 증발기<br>• 원심식(터보식) : 임펠러의 고속회전에 의해 압축<br>• 왕복(동)식 : 피스톤의 왕복운동에 의해 압축<br>• 회전식 : 로터의 회전에 의해 압축 |
| 흡수식 냉동기 | • 흡수식 냉동기는 저온상태에서는 서로 용해되는 두 물질을 고온에서 분리시켜 그중 한 물질이 냉매작용을 하여 냉동하는 방식을 말한다.<br>• 흡수식의 재생기(발생기)는 원심식의 압축기 역할로, 가스로 가열하여 냉매물질($H_2O$)과 흡수액(LiBr)을 분리시킨다(열에너지를 활용한 냉동효과 구현).<br>• 냉매 : 물($H_2O$)<br>• 흡수액 : 리튬브로마이트 용액(LiBr)<br>• 흡수식 냉동사이클 : 흡수기 → 재생기(발생기) → 응축기 → 증발기<br>• 2중 효용 흡수식 냉동기는 발생기를 저온 발생기와 고온 발생기로 구성한 것을 말하며, 단효용 흡수식에 비해 높은 효율을 나타내는 것이 특징이다. |

### 개념이해

**01** 압축식 냉동기의 냉동사이클로 옳은 것은? [17년 4회, 21년 1회]

① 압축 → 응축 → 팽창 → 증발
② 압축 → 팽창 → 응축 → 증발
③ 응축 → 증발 → 팽창 → 압축
④ 팽창 → 증발 → 응축 → 압축

• 압축식 냉동기 : 압축 → 응축 → 팽창 → 증발
• 흡수식 냉동기 : 발생기(재생기) → 응축기 → 증발기 → 흡수기

답 ①

**02** 다음의 냉동기 중 기계적 에너지가 아닌 열에너지에 의해 냉동 효과를 얻는 것은? [13년 2회, 15년 4회]

① 원심식 냉동기
② 흡수식 냉동기
③ 스크류식 냉동기
④ 왕복동식 냉동기

원심식, 스크류식, 왕복동식은 압축식 냉동기로서 전기에너지를 압축기에서의 기계적 에너지로의 전환을 통한 냉동 효과를 얻는 방식이고, 흡수식 냉동기는 열에너지를 통해 냉동 효과를 얻는 방식이다. 이에 흡수식 냉동기는 압축식 냉동기에 비해 COP 값이 상대적으로 열세하지만, 전기에너지가 아닌 열에너지를 적용하므로, 전기사용 절감을 위해 권장되고 있다.

답 ②

# 과년도 기출문제

건 축 / 기 사 / 필 기

**01** 압축식 냉동기의 주요 구성요소에 속하지 않는 것은? [18년 2회]

① 흡수기　　② 응축기
③ 증발기　　④ 팽창밸브

**[해설]**

흡수기는 흡수식 냉동기에 적용되는 구성요소이다.

**02** 다음 중 압축기가 필요 없는 냉동기는? [15년 2회]

① 흡수식 냉동기　　② 원심식 냉동기
③ 회전식 냉동기　　④ 왕복동식 냉동기

**[해설]**

압축기가 필요한 냉동방식을 압축식이라 하며, 원심식, 회전식, 왕복동식은 압축식 냉동기에 속한다. 흡수식은 압축기가 필요 없으며, 증발기, 흡수기, 재생기, 응축기로 구성된다.

**03** 흡수식 냉동기에 관한 설명으로 옳지 않은 것은? [16년 2회]

① 열에너지가 아닌 기계적 에너지에 의해 냉동효과를 얻는다.
② 증발기, 흡수기, 재생기(발생기), 응축기 등으로 구성되어 있다.
③ 냉방용의 흡수식 냉동기는 물과 브롬화리튬의 혼합용액을 사용한다.
④ 2중 효용 흡수식 냉동기는 단효용 흡수식 냉동기보다 에너지 절약적이다.

**[해설]**

터보식, 스크류식, 왕복동식은 압축식 냉동기로서 전기에너지를 압축기에서의 기계적 에너지로의 전환을 통한 냉동 효과를 얻는 방식이고, 흡수식 냉동기는 열에너지를 통해 냉동 효과를 얻는 방식이다.
이에 흡수식 냉동기는 압축식 냉동기에 비해 COP 값이 상대적으로 열세하지만, 전기에너지가 아닌 열에너지를 적용하므로, 전기사용 절감을 위해 권장되고 있다.

**04** 2중 효용 흡수식 냉동기에 관한 설명으로 옳은 것은? [14년 4회]

① 냉매로서 LiBr 수용액을 사용한다.
② LiBr 수용액의 농축을 위하여 증발기를 사용한다.
③ 발생기, 압축기, 흡수기, 증발기로 구성되어 있다.
④ 발생기는 저온 발생기와 고온 발생기로 구성되어 있다.

**[해설]**

① 냉매로서 물을 사용한다.
② LiBr 수용액의 농축을 위하여 발생기를 사용한다.
③ 흡수식 냉동기는 발생기(재생기) → 응축기 → 증발기 → 흡수기로 구성된다.

**정답**　01 ①　02 ①　03 ①　04 ④

## 12 공기조화기기 / 공기조화방식

### 5 기타 열원기기

| | | |
|---|---|---|
| 냉각탑 | | 냉각탑은 응축기용 냉각수를 재사용하기 위해 대기와 접속시켜 물을 냉각하는 장치이다. |
| 히트펌프(Heat Pump, 열펌프) | | • 펌프가 물을 낮은 위치에서 높은 위치로 퍼 올리는 기계라는 의미와 마찬가지로 히트펌프는 열을 온도가 낮은 곳에서 높은 곳으로 이동시킬 수 있는 장치라는 의미이다.<br>• 냉동기는 저온 측으로부터 열을 흡열하는 것(증발기의 냉각효과)을 이용해 냉방에 쓰이고, 히트펌프는 고온 측에 방열하는 것(응축기의 방열)을 동시에 이용해 냉난방이 가능하다. |
| 축열시스템 | 수(水)축열 시스템 | 야간에 심야전력(오후 11시~오전 9시)으로 냉동기를 가동하여 냉수를 생성한 뒤 축열 및 저장하였다가 주간에 이 냉수를 이용하여 건물의 냉방에 활용하는 방식이다. |
| | 빙(氷)축열 시스템 | 야간에 심야전력(오후 11시~오전 9시)으로 냉동기를 가동하여 얼음을 생성한 뒤 축열 및 저장하였다가 주간에 이 얼음을 녹여서 건물의 냉방에 활용하는 방식이다. |
| 전열교환기 | | • 외기(OA) 덕트와 배기(EA) 덕트에 설치하여 외기와 배기가 간접접촉하게 함으로써 전열(현열+잠열)을 교환한다.<br>• 전열교환기는 전열을 교환하는 것으로서 현열뿐만 아니라 잠열교환이 가능하다. |

### 개념이해

**01** 응축기용 냉각수를 재사용하기 위하여 대기와 접촉시켜서 물을 냉각시키는 장치는? [15년 1회]

① 냉동기  ② 냉각기
③ 냉각탑  ④ 냉각코일

**냉각탑(Cooling Tower)**
냉각탑은 냉동기의 냉각수를 재활용하기 위해, 응축기의 응축열을 대기 중에 방출하여 냉각시키는 장치이다.

답 ③

## 과년도 기출문제

**01** 냉각탑에 관한 설명으로 옳은 것은?
[17년 1회, 20년 4회]

① 고압의 액체냉매를 증발시켜 냉동효과를 얻게 하는 설비이다.
② 증발기에서 나온 수증기를 냉각시켜 물이 되도록 하는 설비이다.
③ 대기 중에서 기체냉매를 냉각시켜 액체냉매로 응축하기 위한 설비이다.
④ 냉매를 응축시키는 데 사용된 냉각수를 재사용하기 위하여 냉각시키는 설비이다.

[해설]
냉각탑(Cooling Tower)
냉각탑은 냉동기의 냉각수를 재활용하기 위해, 응축기의 응축열을 대기 중에 방출하여 냉각시키는 장치이다.

**02** 공기조화설비의 에너지 절약방법 중 배열을 회수하여 이용하는 방식은?
[17년 1회]

① 변유량 방식
② 외기냉방 방식
③ 전열교환 방식
④ 전력수요제어 방식

[해설]
전열교환기
- 목적 : 공조기의 환기에 의한 열손실을 최소화
- 방법 : 외기(OA) 덕트와 배기(EA) 덕트에 설치하여 외기와 배기가 간접 접촉하게 함으로서 전열(현열+잠열)을 교환시킨다.

**03** 공조시스템의 전열교환기에 관한 설명으로 옳지 않은 것은?
[19년 1회]

① 공기 대 공기의 열교환기로서 현열만 교환이 가능하다.
② 공조기는 물론 보일러나 냉동기의 용량을 줄일 수 있다.
③ 공기방식의 중앙공조시스템이나 공장 등에서 환기에서의 에너지회수방식으로 사용된다.
④ 전열교환기를 사용한 공조시스템에서 중간기(봄, 가을)를 제외한 냉방기와 난방기의 열회수량은 실내·외의 온도차가 클수록 많다.

[해설]
전열교환기는 전열을 교환하는 것으로서 현열뿐만 아니라 잠열교환이 가능하다.

정답 01 ④ 02 ③ 03 ①

## 12 공기조화기기 / 공기조화방식

### 6 공기조화방식의 분류

| 공조기의 설치방법 | 열(냉)매 | 공기조화방식 |
|---|---|---|
| 중앙식 | 전공기방식 | 단일덕트정풍량방식, 단일덕트변풍량방식, 이중덕트방식, 멀티존유닛방식, 바닥급기공조방식 |
| | 공기-수방식 | 각층유닛방식, 유인유닛방식, 덕트병용 팬코일유닛(FCU)방식, 복사냉난방방식 |
| | 전수방식 | 팬코일유닛방식 |
| 개별식 | 냉매방식 | 패키지유닛방식 |

### 7 전공기방식

| 정의 | 공기만을 열매로 해서 실내 유닛으로 공기를 냉각·가열하는 방식 |
|---|---|
| 장점 | • 온·습도 및 공기청정 제어 용이<br>• 실내 기류분포 좋음<br>• 공조되는 실내에 수배관이 필요 없어 누수 우려 없음<br>• 외기냉방이 가능하고, 폐열회수 용이<br>• 공조되는 실내에 설치되는 기기가 없으므로 실 유효면적 증가<br>• 운전 및 유지관리 집중화 가능<br>• 동계 가습이 용이하고, 자동적인 계절전환 가능 |
| 단점 | • 존마다 공기 밸런스를 장착하지 않으면 공기 밸런스가 잘 맞지 않음<br>• 덕트 스페이스가 커짐<br>• 송풍동력이 커서 다른 방식에 비해 반송동력이 많이 소요됨<br>• 공조기계실 스페이스가 많이 필요함 |
| 용도 | 사무소 건물, 병원의 수술실, 극장 |
| 종류 | **단일덕트 정풍량 방식**<br>(CAV, Constant Air Volume System) — 송풍량은 항상 일정하게 하고, 실내의 열부하에 따라 송풍의 온·습도를 변화시켜, 1대의 공조기에 1개의 덕트를 통해서 건물 전체에 냉·온풍을 송풍하는 방식이다.<br><br>**단일덕트 변풍량 방식**<br>(VAV, Variable Air Volume System) — 송풍온도는 일정하게 하고 실내부하의 변동에 따라 송풍량을 변화시키는 방식으로 여러 방식 중 가장 에너지가 절약되는 방식이다.<br><br>**이중덕트방식** — 1대의 공조기에 의해 냉풍과 온풍을 각각의 덕트로 보낸 후 말단의 혼합상자에서 혼합하여 각 실에 송풍하는 방식이다.<br><br>**멀티존유닛방식** — 공조기 1대로 냉·온풍을 동시에 만들어 공급하고 공조기 출구에서 각 존마다 필요한 냉·온풍을 혼합하여 각각의 덕트로 송풍하는 방식이다. |

## 8 전수방식(All Water System) – 팬코일유닛방식

| 정의 | • 물만을 열매로 해서 실내 유닛으로 공기를 냉각·가열하는 방식이다.<br>• 냉온수 코일 및 필터가 구비된 소형 유닛을 각 실에 설치하고 중앙기계실에서 냉수 또는 온수를 공급받아 공기조화를 하는 방식이다. |
|---|---|
| 장점 | • 각 유닛마다의 조절, 운전이 가능하고, 개별 제어를 할 수 있다.<br>• 덕트면적이 필요하지 않다.<br>• 열운반동력이 적게 든다.<br>• 나중에 부하가 증가해도 유닛을 증설하여 대처할 수 있다.<br>• 1차 공기를 사용하는 경우에는 페리미터 방식이 가능하다. |
| 단점 | • 공급 외기량이 적으므로 실내공기가 오염되기 쉽다.<br>• 필터를 매월 1회 정도 세정, 교체해야 한다.<br>• 외기냉방이 곤란하고, 실내 수배관이 필요하다.<br>• 실내배관에 의한 누수의 염려가 있다.<br>• 실내 유닛의 방음이나 방진에 유의해야 한다. |
| 용도 | 여관, 주택, 경비실 등 극간풍에 의한 외기침입이 가능한 건물 |

### 개념이해

**01** 공기조화방식 중 전공기방식에 관한 설명으로 옳지 않은 것은?
[15년 2회]

① 중간기에 외기냉방이 가능하다.
② 실의 유효스페이스가 증대된다.
③ 실내공기의 질을 높일 수 있는 가능성이 크다.
④ 수방식에 비해 열의 운송동력이 적게 소요된다.

▶ 전공기방식은 공기를 통해 열을 반송하므로, 반송동력이 크게 작용한다.
답 ④

**02** 공기조화방식 중 2중 덕트 방식에 관한 설명으로 옳지 않은 것은?
[13년 4회]

① 전공기식 방식이다.
② 덕트가 2개의 계통이므로 설비비가 많이 든다.
③ 부하 특성이 다른 다수의 실이나 존에도 적용할 수 있다.
④ 냉풍과 온풍을 혼합하는 혼합상자가 필요 없으므로 소음과 진동도 적다.

▶ 이중덕트방식(Double Duct System)
1대의 공조기에 의해 냉풍과 온풍을 각각의 덕트로 보낸 후 말단의 혼합상자에서 혼합하여 각 실에 송풍하는 방식이다.
답 ④

# 과년도 기출문제

**01** 공기조화방식 중 전공기방식에 속하지 않는 것은?
[16년 1회, 18년 2회]

① 이중덕트방식
② 팬코일유닛방식
③ 멀티존유닛방식
④ 변풍량 단일덕트방식

[해설]

팬코일유닛방식은 적용 방법에 따라 수-공기방식 또는 전수방식에 해당하는 공기조화방식이다.

**02** 공기조화방식 중 전공기방식에 속하는 것은?
[17년 2회]

① 패키지방식
② 이중덕트방식
③ 유인유닛방식
④ 팬코일유닛방식

[해설]

이중덕트방식(Double Duct System)
1대의 공조기에 의해 냉풍과 온풍을 각각의 덕트로 보낸 후 말단의 혼합상자에서 혼합하여 각 실에 송풍하는 전공기방식의 공기조화방식이다.

**03** 공기조화방식 중 전수방식에 속하는 것은?
[20년 4회]

① 단일덕트방식
② 2중덕트방식
③ 멀티존유닛방식
④ 팬코일유닛방식

[해설]

①, ②, ③은 전공기방식에 해당한다.

**04** 공기조화방식 중 단일덕트방식에 관한 설명으로 옳지 않은 것은?
[15년 4회]

① 전공기방식의 특성이 있다.
② 냉·온풍의 혼합손실이 없다.
③ 각 실이나 존의 부하변동에 즉시 대응할 수 있다.
④ 2중덕트방식에 비해 덕트 스페이스를 적게 차지한다.

[해설]

단일덕트방식은 온풍과 냉풍을 하나의 덕트를 통해 공급함에 따라, 온풍과 냉풍을 각각의 덕트를 통해 송풍하여 혼합하는 2중덕트방식에 비해 각 실이나 존의 부하변동에 즉각 대응하는 능력이 떨어진다.

**05** 급기온도를 일정하게 하고 송풍량을 변화시켜서 실내온도를 조절하는 공기조화방식은?
[17년 4회]

① FCU 방식
② 이중덕트방식
③ 정풍량 단일덕트방식
④ 변풍량 단일덕트방식

[해설]

단일덕트방식
• 정풍량 방식(CAV 방식) : 풍량을 고정하고, 온도를 가변하는 방식
• 변풍량 방식(VAV 방식) : 풍량을 가변하고, 온도를 고정하는 방식

**06** 공기조화방식 중 단일 덕트변풍량 방식에 관한 설명으로 옳지 않은 것은?
[14년 4회]

① 전공기방식의 특성이 있다.
② 각 실이나 존의 온도를 개별 제어할 수 있다.
③ 단일덕트 정풍량 방식보다 설비비가 적게 든다.
④ 실내 부하가 작아지면 송풍량을 줄일 수 있으므로 에너지 절감 효과가 크다.

**정답** 01 ② 02 ② 03 ④ 04 ③ 05 ④ 06 ③

## 과년도 기출문제

건 축 / 기 사 / 필 기

[해설]

단일덕트 변풍량 방식은 말단에서의 풍량 변화에 대한 제어 설비 등이 별도로 필요하며, 정풍량 방식에 비해서 초기 설비비가 많이 들어간다. 단, 유지 관리 시 에너지 절감 측면에서는 변풍량 방식이 유리하다.

**07** 이중덕트방식에 관한 설명으로 옳은 것은?  [17년 1회]

① 부하감소에 따라 송풍량이 감소된다.
② 부하변동에 따른 적응속도가 느리다.
③ 혼합손실로 인한 에너지 소비량이 크다.
④ 부하특성이 다른 여러 실에 적용하기 곤란하다.

[해설]

2중덕트방식의 특징
- 1대의 공조기에 의해 냉풍과 온풍을 각각의 덕트로 보낸 후 말단의 혼합상자에서 혼합하여 각 실에 송풍하는 방식이다. 이때 혼합손실이 발생하게 된다.
- 에너지 과소비형 공조방식이다.
- 고층건축물, 회의실, 병원식당 등 냉·난방부하 분포가 복잡한 건물에 사용한다.

**08** 다음 중 서로 상이한 실에 냉난방을 동시에 해야 하는 경우 가장 적절한 공조방식은?  [15년 2회]

① VAV 방식
② CAV 방식
③ 유인유닛방식
④ 멀티존유닛방식

[해설]

멀티존유닛방식
- 공조기 1대로 냉·온풍을 동시에 만들어 공급하고 공조기 출구에서 각 존마다 필요한 냉·온풍을 혼합하여 각각의 덕트로 송풍하는 방식이다.
- 중간규모 이하의 건물에 사용한다(서로 상이한 실에 냉난방을 동시에 해야 하는 경우 적합).

**09** 공기조화방식 중 팬코일유닛방식에 관한 설명으로 옳지 않은 것은?  [16년 4회]

① 전수방식에 속한다.
② 덕트 샤프트와 스페이스가 반드시 필요하다.
③ 각 실에 수배관으로 인한 누수의 우려가 있다.
④ 각 실의 유닛은 수동으로도 제어할 수 있고, 개별 제어가 쉽다.

[해설]

팬코일유닛방식은 적용 방식에 따라 수-공기 방식 또는 전수방식으로 적용된다. 이에 전공기 방식의 필수 요건인 덕트 샤프트와 스페이스가 반드시 필요한 것은 아니다.

**10** 공조방식 중 팬코일유닛방식에 관한 설명으로 옳지 않은 것은?  [21년 4회]

① 유닛의 개별제어가 용이하다.
② 수배관이 없어 누수의 우려가 없다.
③ 덕트 샤프트나 스페이스가 필요 없다.
④ 덕트방식에 비해 유닛의 위치변경이 용이하다.

[해설]

팬코일유닛방식은 수방식으로서 수배관이 실내에 설치되는 공조방식이다.

**11** 공기조화방식 중 팬코일유닛방식에 관한 설명으로 옳지 않은 것은?  [19년 4회]

① 각 실에 수배관으로 인한 누수의 우려가 있다.
② 덕트 샤프트나 스페이스가 필요없거나 작아도 된다.
③ 각 실의 유닛은 수동으로도 제어할 수 있고, 개별 제어가 쉽다.
④ 유닛을 창문 밑에 설치하면 콜드 드래프트(Cold Draft)가 발생할 우려가 높다.

[해설]

팬코일 유닛을 창문 밑에 두어, 창가에서 발생할 수 있는 콜드 드래프트(Colod Draft)현상을 최소화 할 수 있다.

**정답** 07 ③  08 ④  09 ②  10 ②  11 ④

# 13 승강설비

## ① 엘리베이터의 종류

| 구분 | 운행속도 | 구동방식 | 용도 |
|---|---|---|---|
| 저속도 | 45m/min 이하 | 교류1단, 교류2단 | 소규모 아파트 |
| 중속도 | 60~105m/min | 교류2단, 직류기어 | 중건물 상업용, 병원 |
| 고속도 | 120m/min 이상 | 직류기어리스 | 대형 사무실, 백화점 등 |

## ② 엘리베이터의 각종 안전장치

| 조속기(Governor) | 엘리베이터의 정격속도가 120%를 초과하였을 때 동작하는 것으로서, 권상기의 전원을 끊어지게 하는 것이다. |
|---|---|
| 비상멈춤장치 | 엘리베이터가 정격속도의 130%를 초과하였을 때, 조속기의 동작에 따라 레일을 움켜잡아 카의 낙하를 방지한다. |
| 완충기(Buffer) | 비상 멈춤이 동작되지 않고 카가 미끄러져 떨어진다든지, 초과 부하로 브레이크가 듣지 않고 카가 미끄러질 때 승강로 저부에서 충돌하는 것을 방지한다. |
| 제한 스위치 | 종점 스위치가 고장났을 때를 대비하는 것으로 카를 자동으로 급정지시킨다. |
| 안전 스위치 | 카 위에 위치하며, 보수점검 시 사용한다. |
| 파이널(최종) 리미트 스위치 | 과승강 방지장치로서, 카가 최상층이나 최하층에서 정상 운행위치를 벗어나 그 이상으로 운행하는 것을 방지한다. |

## ③ 엘리베이터 기계실 설치기기

| 권상기(Traction Machine) | 전동기의 회전력을 로프에 전달하는 기기이다. |
|---|---|
| 전동기(Motor) | 교류와 직류가 이용되며, 90m/min 이상에서는 직류용이 사용된다. |
| 제동기 | 엘리베이터에 제동을 거는 장치이다. |
| 감속기 | 속도를 조절하는 것으로서 무음, 무충격을 요한다. |
| 견인구차 | 로프(Rope)를 감는 차바퀴로 로프의 마찰력을 크게 하고, 미끄럼을 방지하기 위해 V형과 U형 홈을 파서 사용한다. |
| 균형추(Counter Weight) | 기계실의 권상기부하를 줄이고, 전기의 절약을 위해서 사용되는 장치이다. |
| 로프(Rope) | 내구성면에서 안전율을 20 이상 적용한다. |

+ **권상형태에 의한 분류**

| 로프식 | 로프식 엘리베이터는 로프와 도르래의 마찰력에 의해 카(Car)를 승강시키는 방식으로서 기계실이 상부에 위치한다. |
|---|---|
| 유압식 | 유압식 엘리베이터는 유압펌프에서 토출된 작동유로 플런저를 작동시켜 카(Car)를 승강시키는 방식으로서 기계실이 하부에 위치한다. |

**승합 전자동식 운전방식**
- 승객 자신이 운전하는 엘리베이터로 목적 버튼이나 승강장으로부터 호출신호로 시동, 정지를 이루는 조작방식
- 누른 순서에 관계없이 각 호출에 응하여 자동적으로 정지하는 방식

+ **전자 브레이크(Magnetic Brake)**
전동기의 토크(Torque) 손실 시 엘리베이터를 정지시킨다.

**종점 스위치**
최상, 최하층에서 카 정지 스위치를 잊은 경우 자동 정지시키는 장치이다.

## 과년도 기출문제

건축 / 기사 / 필기

**01** 다음 중 운행속도가 가장 높은 엘리베이터 방식은? [15년 2회]

① 교류 1단　② 교류 2단
③ 직류 기어드　④ 직류 기어레스

[해설]

엘리베이터 운행속도 순서
직류 기어레스 > 직류 기어드 > 교류 2단 > 교류 1단

**02** 유압식 엘리베이터에 관한 설명으로 옳지 않은 것은? [15년 2회]

① 오버헤드가 작다.
② 기계실의 위치가 자유롭다.
③ 큰 적재량으로 승강행정이 짧은 경우에는 적용할 수 없다.
④ 지하주차장 엘리베이터와 같이 지하층만 운전하는 경우 적용할 수 있다.

[해설]

유압으로 플런저를 밀어 올려 카를 승강시키는 방식으로서, 행정거리와 속도에 대해 한계가 있다. 이에 행정이 긴 경우에는 적용이 어렵다. 행정이 긴 경우에는 로프식 엘리베이터의 적용이 필요하다.

**03** 엘리베이터의 조작 방식 중 무운전원 방식으로 다음과 같은 특징을 갖는 것은? [16년 1회, 19년 1회]

> 승객 스스로 운전하는 전자동 엘리베이터로, 승강장으로부터의 호출 신호로 기동, 정지를 이루는 조작 방식이며, 누른 순서에 상관없이 각 호출에 응하여 자동적으로 정지한다.

① 단식 자동방식　② 키 스위치 방식
③ 승합 전자동 방식　④ 시그널 콘트롤 방식

[해설]

승합 전자동식
승객이 직접 운전하는 전자동 엘리베이터로서, 목적층 버튼이나 승강장의 호출 산호로 시동·정지하는 방식으로, 누른 순서와는 관계없이 각 호출에 반응하여 자동적으로 정지한다.

**04** 엘리베이터의 안전장치 중 일정 이상의 속도가 되었을 때 브레이크 등을 작동시키는 기능을 하는 것은? [17년 4회, 20년 1·2회 통합]

① 조속기　② 권상기
③ 완충기　④ 가이드 슈

[해설]

조속기는 엘리베이터의 안전장치 중 하나로서 속도가 일정 이상이 되었을 때, 브레이크나 안전장치를 작동시키는 기능을 하는 장치이다.

**05** 엘리베이터 카(Car)가 최상층이나 최하층에서 정상 운행위치를 벗어나 그 이상으로 운행하는 것을 방지하기 위해 설치하는 전기적 안전장치는? [14년 4회, 16년 4회, 17년 2회, 20년 4회]

① 조속기　② 가이드 레인
③ 전자 브레이크　④ 최종 리밋 스위치

[해설]

최종(파이널) 리밋 스위치
스토핑 스위치가 작동하지 않을 때 제2단의 작동으로 주회로를 차단하는 것으로서, 카(Car)가 최상층이나 최하층에서 정상 운행 위치를 벗어나 그 이상으로 운행하는 것을 방지하기 위한 안전장치로 적용되고 있으며, 제한 스위치라고도 한다.

**06** 엘리베이터의 기계실에 있는 주요설비에 속하지 않는 것은? [16년 2회]

① 조속기　② 권상기
③ 완충기　④ 전자 브레이크

[해설]

완충기(Buffer)는 안전장치로서 카가 미끄러질 때 승강로 저부에서 충돌을 방지 장치이다.

**07** 엘리베이터의 안전 장치에 속하지 않는 것은? [14년 2회, 21년 2회]

① 균형추　② 완충기
③ 조속기　④ 전자 브레이크

[해설]

균형추(Counter Weight)는 기계실의 권상기 부하를 줄이고, 전기의 절약을 위해서 사용되는 장치이다.

정답　01 ④　02 ③　03 ③　04 ①　05 ④　06 ③　07 ①

## 13 승강설비

### 4 에스컬레이터의 구조

| 설치규정 | • 사람 또는 물건이 시설의 부분 사이에 끼거나 부딪치지 않도록 안전한 구조로 설치<br>• 경사도는 30° 이하로 설치할 것(단, 공칭속도가 0.5m/s 이하인 경우에는 경사도를 35°까지 증가시킬 수 있음)<br>• 디딤바닥 양측에 난간을 설치하고, 난간 상부가 디딤바닥과 동일한 속도로 움직일 수 있는 구조일 것<br>• 에스컬레이터 디딤바닥의 정격속도는 30m/min 이하로 할 것 |
|---|---|
| 에스컬레이터 폭에 따른 수송능력(시간당) | • 60(cm)형 : 4,000명/h<br>• 90(cm)형 : 6,000명/h<br>• 120(cm)형 : 8,000명/h |

**에스컬레이터의 장단점**

| 장점 | • 수송력에 비해 점유면적이 작다.<br>• 방문객을 기다리게 하지 않는다. |
|---|---|
| 단점 | • 설비비가 고가이다.<br>• 구조계획 시 층높이 및 보간격에 주의가 필요하다. |

**밀도율**
- 에스컬레이터 대수는 밀도율로 판정할 수 있다.
- 밀도율($R$)
$$= \frac{2층 이상 바닥 면적 합계(m^2) \times 11}{1시간당 수송능력}$$
- 밀도율($R$) 값이 20~25이면 양호하고 그 이상이면 불량하다고 판정한다.

### 개념이해

**01** 에스컬레이터의 경사도는 최대 얼마를 초과하지 않도록 하여야 하는가?(단, 공칭속도가 0.5m/s를 초과하는 경우이며 기타 조건은 무시)

[13년 2회, 18년 4회]

① 25°　　② 30°
③ 35°　　④ 40°

→ 에스컬레이터의 설치 규정
- 사람 또는 물건이 시설의 부분 사이에 끼거나 부딪치지 않도록 안전한 구조로 설치
- 경사도는 30° 이하로 설치할 것(단, 공칭 속도가 0.5m/s 이하인 경우에는 경사도를 35°까지 증가시킬 수 있음)
- 디딤 바닥 양측에 난간을 설치하고, 난간 상부가 디딤 바닥과 동일한 속도로 움직일 수 있는 구조일 것
- 에스컬레이터의 디딤 바닥의 정격 속도는 30m/min 이하로 할 것

**답** ②

**02** 에스컬레이터에 관한 설명으로 옳지 않은 것은? [16년 4회]

① 수송량에 비해 점유면적이 작다.
② 수송능력이 엘리베이터보다 작다.
③ 대기시간이 없고 연속적인 수송설비이다.
④ 연속 운전되므로 전원설비가 부담이 적다.

→ 에스컬레이터는 단시간에 많은 인원을 수용하는 수송설비로서, 엘리베이터보다 수송능력이 크다.

**답** ②

## 과년도 기출문제

**01** 에스컬레이터에 관한 설명으로 옳지 않은 것은?

[15년 1회]

① 엘리베이터에 비해 수송능력이 크다.
② 대기시간이 없고 연속적인 수송설비이다.
③ 건축적으로 점유면적이 크고, 건물에 걸리는 하중이 집중된다는 단점이 있다.
④ 에스컬레이터의 수송은 공칭 수송능력의 80% 정도를 설계 수송능력으로 하여 계산한다.

[해설]
에스컬레이터는 점유면적이 적고, 기계실이 필요 없으며 피트가 간단하다는 특징을 가지고 있다.

**02** 1,200형 에스컬레이터의 공칭 수송능력은?

[15년 4회, 16년 2회]

① 4,800인/h  ② 6,000인/h
③ 7,200인/h  ④ 9,000인/h

[해설]
에스컬레이터 1,200형은 난간유효너비가 1.2m로서, 설계 수송능력은 7,200인/h, 공칭 수송능력은 9,000인/h이다.

**03** 백화점에서의 밀도율 산정방법으로 옳은 것은?
[단, $A$ : 2층 이상 매장면적 합계(m²), $C_{TU}$ : 수송능력 합계(엘리베이터, 에스컬레이터 총 수송능력)(인/h)이다]

[16년 1회]

① $C_{TU}/A$  ② $A/C_{TU}$
③ $C_{TU}/(A+C_{TU})$  ④ $(A+C_{TU})/C_{TU}$

[해설]
• 밀도율 $(R) = \dfrac{A}{C_{TU}} = \dfrac{2층 이상 바닥 면적 합계(m^2) \times 11}{1시간당 수송 능력}$
• $R$의 값이 20~25이면 양호하고 그 이상이면 불량하다고 판정한다.
• 밀도율이 높을수록 서비스 수준은 불량한 것으로 판단한다.

**04** 수송 설비에 사용되는 밀도율에 관한 설명으로 옳지 않은 것은?

[14년 4회]

① 건물 내 수송 설비에 의한 서비스 등급을 판정하는데 사용된다.
② 밀도율이 높을수록 서비스 수준이 양호하다는 것을 나타낸다.
③ 백화점과 같이 승객의 서비스를 주목적으로 하는 건축물에 사용된다.
④ 1시간의 수송 능력에 대한 2층 이상의 유효 바닥 면적의 비율로 산정한다.

[해설]
• 밀도율 $(R) = \dfrac{2층 이상 바닥 면적 합계(m^2) \times 11}{1시간당 수송 능력}$
• $R$의 값이 20~25이면 양호하고 그 이상이면 불량하다고 판정한다.
• 밀도율이 높을수록 서비스 수준은 불량한 것으로 판단한다.

정답  01 ③  02 ④  03 ②  04 ②

# 13 승강설비

## 5 에스컬레이터의 안전장치

| 비상정지버튼과 조작스위치<br>(E-Stop Run Switch) | 에스컬레이터를 운행시키거나 즉시 정지시켜야 할 경우에 사용한다. |
|---|---|
| 구동체인안전장치 | 구동체인이 파손되면 즉시 모터의 작동을 정지시켜 주는 장치이다. |
| 핸드레일인입안전장치 | 핸드레일인입구에 이물질이 들어가는 것을 방지하는 장치로 손 또는 이물질이 끼었을 경우 즉시 작동하여 에스컬레이터를 정지시키는 역할을 한다. |
| 스텝체인안전장치 | 스텝체인이 파손되거나 과도하게 늘어날 때 즉시 작동하여 에스컬레이터를 정지시키는 장치이다. |
| 이상속도안전장치 | 스텝과 스텝 사이에 이물질이 낀 경우나 스텝의 이상주행 시 에스컬레이터를 정지시키는 장치이다. |

- 스텝체인은 에스컬레이터의 좌우에 설치되어, 스텝을 주행시키는 역할을 한다.

## 6 기타 수송설비

| 덤웨이터(Dumb Waiter) | 사람은 타지 않고 물품만을 승강시키는 장치이다. |
|---|---|
| 이동보도 | • 승객을 수평으로 수송하는 데 사용되며 주로 역이나 공항 등에 이용된다.<br>• 수평에 대하여 경사 10~15°의 범위 내에서 승객을 수평방향으로 수송하는 장치이다. |
| 컨베이어 | 백화점, 공장, 물류창고 등에서 동력을 이용하여 연속으로 물품 등을 운반하는 장치이다. |

## 과년도 기출문제

**01** 에스컬레이터의 안전장치에 속하지 않는 것은?
[16년 1회]

① 리타이어링 캠
② 비상정지스위치
③ 구동체인안전장치
④ 핸드레일인입안전장치

[해설]

리타이어링 캠(Retiring Cam)
엘리베이터 승강도어의 인터록을 풀어주는 가동 캠

**02** 에스컬레이터의 좌우에 설치되어 있으며, 스텝을 주행시키는 역할을 하는 것은? [17년 1회]

① 스텝체인
② 핸드레일
③ 스커트 가드
④ 가이드레일

[해설]

스텝체인은 에스컬레이터의 좌우에 설치되어, 스텝을 주행시키는 역할을 한다.

**03** 다음 중 엘리베이터의 안전장치와 가장 관계가 먼 것은? [19년 4회]

① 조속기
② 핸드레일
③ 종점 스위치
④ 전자 브레이크

[해설]

핸드레일은 에스컬레이터의 구성요소로서 가이드 측면과 만나고 난간의 상부 커버를 형성하는 난간의 가로 요소는 난간데크이다.

**04** 이동식 보도에 관한 설명으로 옳지 않은 것은?
[18년 2회]

① 속도는 60~70m/min이다.
② 주로 역이나 공항 등에 이용된다.
③ 승객을 수평으로 수송하는데 사용된다.
④ 수평으로부터 10° 이내의 경사로 되어 있다.

[해설]

이동보도의 경우 속도는 용도와 이동거리에 따라 30, 35, 40m/min 정도로 설정된다.

정답  01 ①  02 ①  03 ②  04 ①

# 건축법규

CHAPTER 05

ENGINEER ARCHITECTURE

01 총칙
02 건축물의 건축
03 건축물의 대지와 도로
04 건축물의 구조 및 재료 등
05 지역 및 지구의 건축물
06 건축설비
07 특별건축구역
08 보칙
09 주차장법
10 국토의 계획 및 이용에 관한 법률

# 01 총칙

## 1 주요 정의

| | |
|---|---|
| 대지 | • 공간정보의 구축 및 관리 등에 관한 법률에 따라 각 필지(筆地)로 나눈 토지<br>• 다만, 대통령령으로 정하는 토지는 둘 이상의 필지를 하나의 대지로 하거나 하나 이상 필지의 일부를 하나의 대지로 할 수 있음 |
| 도로 | • 보행과 자동차 통행이 가능한 너비 4m 이상의 도로<br>• 막다른 도로의 너비 확보<br><br>\| 막다른 도로의 길이 \| 도로의 너비 확보 \|<br>\|---\|---\|<br>\| 10m 미만 \| 2m 이상 \|<br>\| 10m 이상 35m 미만 \| 3m 이상 \|<br>\| 35m 이상 \| 6m 이상(도시지역이 아닌 읍·면 지역은 4m 이상) \| |
| 건축물 | • 토지에 정착하는 공작물 중 지붕과 기둥 또는 벽이 있는 것과 이것에 딸린 시설물(대문 담장 등)<br>• 지하나 고가(高架)의 공작물에 설치하는 사무소, 공연장, 점포, 차고, 창고 등 |
| (초)고층 건축물 | • 고층 건축물 : 층수가 30층 이상이거나 높이가 120m 이상인 건축물<br>• 초고층 건축물 : 층수가 50층 이상이거나 높이가 200m 이상인 건축물<br>• 준초고층 건축물 : 고층 건축물 중 초고층 건축물이 아닌 것 |
| 지하층 | 건축물의 바닥이 지표면 아래에 있는 층으로서 바닥에서 지표면까지의 평균높이가 당해 층높이의 2분의 1 이상인 것 |
| 거실 | 건축물 안에서 거주, 집무, 작업, 집회, 오락, 기타 이와 유사한 목적을 위하여 사용되는 방 |
| 발코니 | • 건축물의 내부와 외부를 연결하는 완충공간<br>• 전망·휴식 등의 목적으로 건축물 외벽에 접하여 부가적으로 설치되는 공간<br>• 필요에 따라 거실, 침실, 창고 등 다양한 용도로 사용됨 |
| 건축 | 건축물을 신축·증축·개축·재축(再築)하거나 건축물을 이전하는 것 |
| 주요 구조부 | 기둥(사이기둥 제외), 바닥(최하층 바닥 제외), 보(작은 보 제외), 주계단, 내력벽, 지붕틀 |

### ✚ 건축법의 목적

건축물의 대지·구조·설비 기준 및 용도 등을 정하여 건축물의 안전·기능·환경 및 미관을 향상시킴으로써 공공복리의 증진에 이바지하는 것

• 필지는 구분되는 경계를 가지는 토지의 등록단위이다.

### 건축의 범위

| | |
|---|---|
| 신축 | • 건축물이 없는 대지에 새로 건축물을 축조하는 행위<br>• 기존 건축물이 철거 또는 멸실된 대지에 새로 건축물을 축조하는 행위<br>• 부속 건축물만 있는 대지에 새로 주된 건축물을 축조하는 행위 |
| 증축 | • 기존 건축물이 있는 대지에서 건축물의 건축면적, 연면적, 층수 또는 높이를 증가시키는 것<br>• 기존 건축물의 일부를 철거(멸실) 후 종전 규모보다 크게 건축물을 축조하는 행위<br>• 주된 건축물이 있는 대지에 새로 부속 건축물을 축조하는 행위 |
| 개축 | 기존 건축물의 전부 또는 일부(내력벽, 기둥, 보, 지붕틀 중 3가지 이상 포함)를 철거하고 그 대지 안에 종전과 동일한 규모의 범위 안에서 건축물을 다시 축조하는 것 |
| 재축 | 건축물이 천재지변이나 그 밖의 재해(災害)로 멸실된 경우 그 대지에 종전과 같은 규모의 범위에서 다시 축조하는 것 |
| 이전 | 건축물의 주요 구조부를 해체하지 아니하고 같은 대지의 다른 위치로 옮기는 것 |

### 건축법 적용 예외 건축물

• 「문화유산의 보존 및 활용에 관한 법률」에 따른 지정문화유산이나 임시지정문화유산
• 철도 또는 궤도의 선로부지 안에 있는 운전보안시설, 철도 선로의 위나 아래를 가로지르는 보행시설, 플랫폼, 해당 철도 또는 궤도사업용 급수(給水)·급탄(給炭) 및 급유(給油) 시설
• 고속도로 통행료 징수시설
• 컨테이너를 이용한 간이창고(공장의 용도로만 사용되는 건축물의 대지에 설치하는 것으로서 이동이 쉬운 것)

| | | | |
|---|---|---|---|
| 대수선 | 건축물의 기둥, 보, 내력벽, 주계단 등의 구조나 외부 형태를 수선·변경하거나 증설하는 것으로 증축·개축 또는 재축에 해당하지 않는 것 | | |
| | 내력벽 | | 증설·해체하거나 벽면적 30m² 이상 수선·변경하는 것 |
| | 기둥, 보, 지붕틀(한옥은 지붕틀 범위에서 서까래 제외) | | 증설·해체하거나 각각 3개 이상 수선·변경하는 것 |
| | 방화벽, 방화구획을 위한 바닥 또는 벽 | | 증설·해체하거나 수선·변경하는 것 |
| | 주계단, 피난계단, 특별피난계단 | | |
| | 다가구주택의 가구 간 경계벽, 다세대주택의 세대 간 경계벽 | | |
| | 건축물 외벽에 사용하는 마감재료 | | 증설 또는 해체하거나 벽면적 30m² 이상 수선 또는 변경하는 것 |
| 리모델링 | 건축물의 노후화 억제 또는 기능 향상 등을 위하여 대수선 또는 일부를 증축하는 행위 | | |
| 내화구조 | 화재에 견딜 수 있는 성능을 가진 구조 | | |
| | 부위 | 구조방식 | 최소 두께 |
| | 벽(내력벽) | 철근·철골철근콘크리트조 | 10cm |
| | | 철재로 보강된 콘크리트블록조·벽돌조 또는 석조로서 철재에 덮은 콘크리트블록 등 | 5cm |
| | | 벽돌조 | 19cm |
| | 기둥, 지붕, 보, 계단 | 철근·철골철근콘크리트조, 철골조 | 두께 무관 |
| | 바닥 | 철근·철골철근콘크리트조 | 10cm |
| 방화구조 | 화염의 확산을 막을 수 있는 성능을 가진 구조 | | |
| | 구조방식 | | 최소 두께 |
| | 철망모르타르 | | 바름 두께가 2cm 이상 |
| | • 석고판 위에 시멘트모르타르 또는 회반죽을 바른 것<br>• 시멘트모르타르 위에 타일을 붙인 것 | | 두께의 합계가 2.5cm 이상 |
| | 심벽에 흙으로 맞벽치기 한 것 | | 두께 무관 |
| | 산업표준화법에 따른 한국산업표준이 정하는 바에 따라 시험한 결과 방화 2급 이상 | | |
| 건축재료 | • 내수재료 : 벽돌, 자연석, 인조석, 콘크리트, 아스팔트, 도자기질 재료, 유리, 기타 이와 유사한 내수성 건축재료<br>• 불연재료 : 불에 타지 아니하는 성질을 가진 재료<br>• 준불연재료 : 불연재료에 준하는 성질을 가진 재료<br>• 난연재료 : 불에 잘 타지 아니하는 성능을 가진 재료 | | |
| 특수구조 건축물 | • 한쪽 끝은 고정되고 다른 끝은 지지(支持)되지 아니한 구조로 된 보·차양 등이 외벽(외벽이 없는 경우에는 외곽 기둥)의 중심선으로부터 3m 이상 돌출된 건축물<br>• 기둥과 기둥 사이의 거리(기둥의 중심선 사이의 거리, 기둥이 없는 경우에는 내력벽과 내력벽의 중심선 사이의 거리)가 20m 이상인 건축물<br>• 특수한 설계·시공·공법 등이 필요한 건축물 | | |

**＋ 리모델링에 대비한 특례**

리모델링이 쉬운 구조의 공동주택의 건축을 촉진하기 위하여 공동주택을 대통령령으로 정하는 구조로 하여 건축허가를 신청하면 제56조(건축물의 용적률), 제60조(건축물의 높이 제한) 및 제61조(일조 등의 확보를 위한 건축물의 높이 제한)에 따른 기준을 100분의 120의 범위에서 대통령령으로 정하는 비율로 완화하여 적용할 수 있다.

**리모델링이 쉬운 구조 요건**
- 각 세대는 인접한 세대와 수직 또는 수평 방향으로 통합하거나 분할할 수 있어야 한다.
- 구조체에서 건축설비, 내부 마감재료 및 외부 마감재료를 분리할 수 있어야 한다.
- 개별 세대 안에서 구획된 실(室)의 크기, 개수 또는 위치 등을 변경할 수 있어야 한다.

**관계전문기술자**

건축물의 구조·설비 등 건축물과 관련된 전문기술자격을 보유하고 설계 및 공사감리에 참여하여 설계자 및 공사감리자와 협력하는 사람

**특별건축구역**

조화롭고 창의적인 건축물의 건축을 통하여 도시경관의 창출, 건설기술수준 향상 및 건축 관련 제도 개선을 도모하기 위하여 이 법 또는 관계법령에 따라 일부 규정을 적용하지 아니 하거나 완화 또는 통합하여 적용할 수 있도록 특별히 지정하는 구역

**환기시설물 등 대통령령으로 정하는 구조물**

급기(給氣) 및 배기(排氣)를 위한 건축구조물의 개구부(開口部)인 환기구를 말한다.

## 과년도 기출문제

건축 / 기사 / 필기

**01** 막다른 도로의 길이가 15m일 때 이 도로가 건축법령상 도로이기 위한 최소 폭은? [17년 4회, 22년 1회]

① 2m  ② 3m
③ 4m  ④ 6m

[해설]

막다른 도로의 너비 확보

| 막다른 도로의 길이 | 도로의 너비 확보 |
| --- | --- |
| 10m 미만 | 2m 이상 |
| 10m 이상 35m 미만 | 3m 이상 |
| 35m 이상 | 6m 이상(도시지역이 아닌 읍·면 지역은 4m 이상) |

**02** 다음은 건축법령상 지하층의 정의 내용이다. ( ) 안에 알맞은 것은? [16년 4회, 20년 3회]

"지하층"이란 건축물의 바닥이 지표면 아래에 있는 층으로서 바닥에서 지표면까지의 평균높이가 당해 층높이의 (  ) 이상인 것을 말한다.

① 2분의 1  ② 3분의 1
③ 3분의 2  ④ 4분의 1

[해설]

지하층
건축물의 바닥이 지표면 아래에 있는 층으로서 바닥에서 지표면까지의 평균높이가 당해 층높이의 2분의 1 이상인 것을 말한다.

**03** 건축법령상 고층 건축물의 정의로 옳은 것은?
[15년 2회, 17년 1회, 17년 4회]

① 층수가 30층 이상이거나 높이가 90m 이상인 건축물
② 층수가 30층 이상이거나 높이가 120m 이상인 건축물
③ 층수가 50층 이상이거나 높이가 150m 이상인 건축물
④ 층수가 50층 이상이거나 높이가 200m 이상인 건축물

[해설]

- 고층 건축물 : 층수가 30층 이상이거나 높이가 120m 이상인 건축물
- 초고층 건축물 : 층수가 50층 이상이거나 높이가 200m 이상인 건축물
- 준초고층 건축물 : 고층 건축물 중 초고층 건축물이 아닌 것

**04** 다음 중 건축에 속하지 않는 것은? [19년 1회]

① 이전  ② 증축
③ 개축  ④ 대수선

[해설]

건축의 범위
신축, 증축, 개축, 재축, 이전

**05** 기존 건축물의 내력벽, 기둥, 보를 철거하고 그 대지에 종전과 같은 규모의 범위에서 건축물을 다시 축조하는 건축행위는? [15년 2회]

① 신축  ② 증축
③ 재축  ④ 개축

[해설]

① 신축 : 건축물이 없는 대지에 새로 건축물을 축조하는 행위
② 증축 : 기존 건축물이 있는 대지에서 건축물의 건축면적·연면적·층수 또는 높이를 증가시키는 것
③ 재축 : 건축물이 천재지변이나 그 밖의 재해(災害)로 멸실된 경우 그 대지에 종전과 같은 규모의 범위에서 다시 축조하는 것

**06** 다음 중 건축법이 적용되는 건축물은? [19년 1회]

① 역사(驛舍)
② 고속도로 통행료 징수시설
③ 철도의 선로 부지에 있는 플랫폼
④ 「문화유산의 보호 및 활용에 관한 법률」에 따른 임시지정문화재

[해설]

건축법 적용 예외 건축물
- 「문화유산의 보존 및 활용에 관한 법률」에 따른 지정문화유

정답  01 ②  02 ①  03 ②  04 ④  05 ④  06 ①

## 과년도 기출문제

건축 / 기사 / 필기

산이나 임시지정문화유산
- 철도 또는 궤도의 선로부지 안에 있는 운전보안시설, 철도 선로의 위나 아래를 가로지르는 보행시설, 플랫폼, 해당 철도 또는 궤도사업용 급수(給水)·급탄(給炭) 및 급유(給油) 시설
- 고속도로 통행료 징수시설
- 컨테이너를 이용한 간이창고(공장의 용도로만 사용되는 건축물의 대지에 설치하는 것으로서 이동이 쉬운 것)

**07** 다음은 건축법상 리모델링에 대비한 특례 등에 관한 내용이다. 밑줄 친 기준 내용에 속하지 않는 것은? [15년 1회]

> 모델링이 쉬운 구조의 공동주택의 건축을 촉진하기 위하여 공동주택을 대통령령으로 정하는 구조로 하여 건축허가를 신청하면 <u>제56조, 제60조 및 제61조에 따른 기준</u>을 100분의 120의 범위에서 대통령령으로 정하는 비율로 완화하여 적용할 수 있다.

① 건축물의 건폐율
② 건축물의 용적률
③ 건축물의 높이 제한
④ 일조 등의 확보를 위한 건축물의 높이 제한

[해설]
건축법
- 제56조 : 건축물의 용적률
- 제60조 : 건축물의 높이 제한
- 제61조 : 일조 등의 확보를 위한 건축물의 높이 제한

**08** 다음은 건축법상 리모델링에 대비한 특례 등에 관한 내용이다. (   ) 안에 알맞은 것은? [16년 2회]

> 리모델링이 쉬운 구조의 공동주택의 건축을 촉진하기 위하여 공동주택을 대통령령으로 정하는 구조로 하여 건축허가를 신청하면 제56조, 제60조 및 제61조에 따른 기준을 (     )의 범위에서 대통령령으로 정하는 비율로 완화하여 적용할 수 있다.

① 100분의 110
② 100분의 120
③ 100분의 140
④ 100분의 150

[해설]
리모델링에 대비한 특례
리모델링이 쉬운 구조의 공동주택의 건축을 촉진하기 위하여 공동주택을 대통령령으로 정하는 구조로 하여 건축허가를 신청하면 제56조, 제60조 및 제61조에 따른 기준을 100분의 120의 범위에서 대통령령으로 정하는 비율로 완화하여 적용할 수 있다.

**09** 건축법령에 따른 리모델링이 쉬운 구조에 속하지 않는 것은? [17년 1회, 21년 4회]

① 구조체가 철골구조로 구성되어 있을 것
② 구조체에서 건축설비, 내부 마감재료 및 외부 마감재료를 분리할 수 있을 것
③ 개별 세대 안에서 구획된 실의 크기, 개수 또는 위치 등을 변경할 수 있을 것
④ 각 세대는 인접한 세대와 수직 또는 수평방향으로 통합하거나 분할할 수 있을 것

[해설]
리모델링이 쉬운 구조 요건
- 각 세대는 인접한 세대와 수직 또는 수평 방향으로 통합하거나 분할할 수 있어야 한다.
- 구조체에서 건축설비, 내부 마감재료 및 외부 마감재료를 분리할 수 있어야 한다.
- 개별 세대 안에서 구획된 실(室)의 크기, 개수 또는 위치 등을 변경할 수 있어야 한다.

**10** 다음 중 내화구조에 해당하지 않는 것은? [21년 2회]

① 벽의 경우 철재로 보강된 콘크리트블록조·벽돌조 또는 석조로서 철재에 덮은 콘크리트블록 등의 두께가 3cm 이상인 것
② 기둥의 경우 철근콘크리트조로서 그 작은 지름이 25cm 이상인 것
③ 바닥의 경우 철근콘크리트조로서 두께가 10cm 이상인 것
④ 철근콘크리트조로 된 보

정답  07 ①  08 ②  09 ①  10 ①

## 과년도 기출문제

[해설]
철재로 보강된 콘크리트블록조·벽돌조 또는 석조로서 철재에 덮은 콘크리트블록 등의 두께가 5센티미터 이상인 것이 해당한다.

**11** 다음 중 철골조로 하였을 경우, 피복과 관계없이 그 자체만으로 내화구조에 속하는 것은? [15년 1회]

① 벽  ② 기둥
③ 지붕  ④ 계단

[해설]
계단의 내화구조(두께 및 별도 내화피복 관계없이 아래의 구조로 설치)
- 철근콘크리트조 또는 철골철근콘크리트조
- 무근콘크리트조·콘크리트블록조·벽돌조 또는 석조
- 철재로 보강된 콘크리트블록조·벽돌조 또는 석조
- 철골조

**12** 다음 중 두께에 관계없이 방화구조에 해당되는 것은? [18년 1회]

① 심벽에 흙으로 맞벽치기한 것
② 석고판 위에 회반죽을 바른 것
③ 시멘트모르타르 위에 타일을 붙인 것
④ 석고판 위에 시멘트모르타르를 바른 것

[해설]
방화구조

| 구조방식 | 최소 두께 |
| --- | --- |
| 철망모르타르 | 바름 두께가 2cm 이상 |
| • 석고판 위에 시멘트모르타르 또는 회반죽을 바른 것<br>• 시멘트모르타르 위에 타일을 붙인 것 | 두께의 합계가 2.5cm 이상 |
| 심벽에 흙으로 맞벽치기 한 것 | 두께 무관 |

산업표준화법에 따른 한국산업표준이 정하는 바에 따라 시험한 결과 방화 2급 이상

**13** 다음 중 방화구조의 기준으로 틀린 것은? [20년 3회]

① 시멘트모르타르 위에 타일을 붙인 것으로서 그 두께의 합계가 2.5cm 이상인 것
② 석고판 위에 회반죽을 바른 것을 서 그 두께의 합계가 2.5cm 이상인 것
③ 철망모르타르로서 바름 두께가 1.5cm 이상인 것
④ 심벽에 흙으로 맞벽치기한 것

[해설]
방화구조

| 구조방식 | 최소 두께 |
| --- | --- |
| 철망모르타르 | 바름 두께가 2cm 이상 |
| • 석고판 위에 시멘트모르타르 또는 회반죽을 바른 것<br>• 시멘트모르타르 위에 타일을 붙인 것 | 두께의 합계가 2.5cm 이상 |
| 심벽에 흙으로 맞벽치기 한 것 | 두께 무관 |

산업표준화법에 따른 한국산업표준이 정하는 바에 따라 시험한 결과 방화 2급 이상

**14** 건축법령상 다음과 같이 정의되는 용어는? [16년 4회, 19년 2회]

> 건축물의 건축·대수선·용도변경, 건축설비의 설치 또는 공작물의 축조에 관한 공사를 발주하거나 현장 관리인을 두어 스스로 그 공사를 하는 자

① 건축주  ② 건축사
③ 설계자  ④ 공사시공자

[해설]
건축주란 건축물의 건축·대수선·용도변경, 건축설비의 설치 또는 공작물의 축조에 관한 공사를 발주하거나 현장 관리인을 두어 스스로 그 공사를 하는 자를 말한다.

정답  11 ④  12 ①  13 ③  14 ①

# MEMO

# 01 총칙

## 2 건축물의 용도 분류

### (1) 단독주택

| 종류 | 요건 |
|---|---|
| 단독주택 | – |
| 다중주택 | • 학생 또는 직장인 등 여러 사람이 장기간 거주할 수 있는 구조로 되어 있는 것<br>• 독립된 주거의 형태를 갖추지 아니한 것(각 실별로 욕실은 설치할 수 있으나, 취사시설은 설치하지 아니한 것)<br>• 1개동의 주택으로 쓰이는 바닥면적의 합계가 660m² 이하(부설 주차장 면적은 제외)이고 층수가 3층 이하인 것 |
| 다가구주택<br>(공동주택에<br>해당하지 않는 것) | • 주택으로 쓰는 층수가 3개 층 이하일 것(지하층 제외)<br>• 1개 동의 주택으로 쓰이는 바닥면적의 합계가 660m² 이하인 것(부설 주차장 면적은 제외)<br>• 19세대 이하가 거주할 수 있을 것 |
| 공관 | – |

**+ 다가구주택의 필로티 층수 산정방법**
1층 바닥면적 1/2 이상을 필로티 구조로 하여 주차장으로 사용하고 나머지 부분을 주택 외의 용도로 쓰는 경우에는 해당 층을 주택의 층수에서 제외

### (2) 공동주택

| 종류 | 요건 |
|---|---|
| 아파트 | 주택으로 쓰는 층수가 5개 층 이상인 주택 |
| 연립주택 | 주택으로 쓰는 1개 동의 바닥면적 합계가 660m²를 초과하고, 층수가 4개 층 이하인 주택(2개 이상의 동을 지하주차장으로 연결 하는 경우에는 각각의 동으로 봄) |
| 다세대주택 | 주택으로 쓰는 1개 동의 바닥면적 합계가 660m² 이하이고, 층수가 4개 층 이하인 주택(2개 이상의 동을 지하주차장으로 연결하는 경우에는 각각의 동으로 봄) |
| 기숙사 | • 일반기숙사 : 학교 또는 공장 등의 학생 또는 종업원 등을 위하여 사용하는 것으로서 해당 기숙사의 공동취사시설 이용 세대 수가 전체 세대 수의 50% 이상인 것(학생복지주택 포함)<br>• 임대형기숙사 : 공공주택사업자 또는 임대사업자가 임대사업에 사용하는 것으로서 임대 목적으로 제공하는 실이 20실 이상이고 해당 기숙사의 공동취사시설 이용 세대 수가 전체 세대 수의 50% 이상인 것 |

**+ 공동주택 층수 산정방법**

| | |
|---|---|
| 아파트,<br>연립주택 | 1층 전부를 필로티 구조로 하여 주차장으로 사용하는 경우에는 필로티 부분을 층수에서 제외 |
| 다세대<br>주택 | 1층의 바닥면적 1/2 이상을 필로티 구조로 하여 주차장으로 사용하고 나머지 부분을 주택 외의 용도로 쓰는 경우에는 해당 층을 주택의 층수에서 제외 |
| 지하층 | 주택의 층수에서 제외 |

### (3) 제1종 근린생활시설

| 제1종 근린생활시설 | 해당 용도<br>바닥면적 합계 |
|---|---|
| 식품·잡화·의류·완구·서적·건축자재·의약품·의료기기 등 일용품을 판매하는 소매점(하나의 대지에 두 동 이상의 건축물이 있는 경우에는 이를 같은 건축물로 봄) | 1천m² 미만 |
| 휴게음식점, 제과점 등 음료·차(茶)·음식·빵·떡·과자 등을 조리하거나 제조하여 판매하는 시설 | 300m² 미만 |

| 제1종 근린생활시설 | 해당 용도 바닥면적 합계 |
|---|---|
| 이용원, 미용원, 목욕장, 세탁소 등 사람의 위생관리나 의류 등을 세탁·수선하는 시설(세탁소의 경우 공장에 부설되는 것과 대기환경보전법, 수질 및 수생태계 보전에 관한 법률 또는 소음·진동관리법에 따른 배출시설의 설치 허가 또는 신고대상은 제외) | - |
| 의원, 치과의원, 한의원, 침술원, 접골원(接骨院), 조산원, 안마원, 산후조리원 등 주민의 진료·치료 등을 위한 시설 | - |
| 탁구장, 체육도장 | 500m² 미만 |
| 지역자치센터, 파출소, 지구대, 소방서, 우체국, 방송국, 보건소, 공공도서관, 건강보험공단 사무소 등 공공업무시설 | 1천m² 미만 |
| 마을회관, 마을공동작업소, 마을공동구판장, 공중화장실, 대피소, 지역아동센터(단독주택과 공동주택에 해당하는 것은 제외) 등 주민이 공동으로 이용하는 시설 | - |
| 변전소, 도시가스배관시설, 정수장, 양수장 등 주민생활에 필요한 에너지 공급이나 급수·배수 관련 시설 | - |
| 금융업소, 사무소, 부동산중개사무소, 결혼상담소 등 소개업소, 출판사 등 일반업무시설 | 30m² 미만 |
| 전기자동차 충전소 | 1,000m² 미만 |
| 동물병원, 동물미용실 및 동물위탁관리업을 위한 시설 | 300m² 미만 |

### (4) 제2종 근린생활시설

| 제2종 근린생활시설 | 해당 용도 바닥면적 합계 |
|---|---|
| 공연장(극장, 영화관, 연예장, 음악당, 서커스장, 비디오물감상실, 비디오 물 소극장, 그 밖에 이와 비슷한 것) | 500m² 미만 |
| 종교집회장[교회, 성당, 사찰, 기도원, 수도원, 수녀원, 제실(祭室), 사당, 그 밖에 이와 비슷한 것] | |
| 자동차영업소 | 1천m² 미만 |
| 서점(제1종 근린생활시설에 해당하지 않는 것) | - |
| 총포판매소 | - |
| 사진관, 표구점 | - |
| 청소년게임제공업소, 복합유통게임제공업소, 인터넷컴퓨터게임시설제공업소, 가상현실체험 제공업소, 그 밖에 이와 비슷한 게임 및 체험 관련 시설 | 500m² 미만 |
| 휴게음식점, 제과점 등 음료·차(茶)·음식·빵·떡·과자 등을 조리하거나 제조하여 판매하는 시설 | 300m² 이상 |
| 일반음식점 | - |

# 01 총칙

| 제2종 근린생활시설 | 해당 용도 바닥면적 합계 |
|---|---|
| 장의사, 동물병원, 동물미용실, 동물위탁관리업을 위한 시설, 그 밖에 이와 유사한 것(제1종 근린생활시설에 해당하는 것은 제외) | – |
| 학원(자동차학원 및 무도학원 및 정보통신기술 활용 제외), 교습소(자동차 교습 및 무도 교습 원격 교습 제외), 직업훈련소(운전·정비 관련 직업훈련소는 제외) | 500m² 미만 |
| 독서실, 기원 | – |
| 테니스장, 체력단련장, 에어로빅장, 볼링장, 당구장, 실내낚시터, 골프연습장, 놀이형 시설(관광진흥법에 따른 기타유원시설업의 시설) 등 주민 체육활동을 위한 시설 | |
| 금융업소, 사무소, 부동산중개사무소, 결혼상담소 등 소개업소, 출판사 등 일반업무시설 | |
| 다중생활시설(다중이용업소의 안전관리에 관한 특별법에 따른 다중이용업 중 고시원업의 시설로서 독립된 주거의 형태를 갖추지 않은 것) | 500m² 미만 |
| 제조업소, 수리점 등 물품의 제조·가공·수리 등을 위한 시설로서 다음 요건 중 어느 하나에 해당하는 것<br>• 대기환경보전법, 물환경보전법 또는 소음·진동관리법에 따른 배출시설의 설치 허가 또는 신고의 대상이 아닌 것<br>• 물환경보전법에 따라 폐수배출시설의 설치 허가를 받거나 신고해야 하는 시설로서 발생되는 폐수를 전량 위탁처리하는 것 | |
| 단란주점 | 150m² 미만 |
| 안마시술소, 노래연습장 | – |
| 물류시설의 개발 및 운영에 관한 법률에 따른 주문배송시설 | 500m² 미만 |

## (5) 문화 및 집회시설

| 종류 | 요건 |
|---|---|
| 공연장 | 제2종 근린생활시설에 해당하지 않는 것 |
| 집회장[예식장, 공회당, 회의장, 마권(馬券) 장외 발매소, 마권 전화 투표소] | |
| 관람장(경마장, 경륜장, 경정장, 자동차경기장, 체육관 및 운동장) | 관람석 바닥면적 합계 1천m² 이상 |
| 전시장(박물관, 미술관, 과학관, 문화관, 체험관, 기념관, 산업전시장, 박람회장) | – |
| 동·식물원(동물원, 식물원, 수족관) | – |

## (6) 종교시설
종교집회장, 종교집회장에 설치하는 봉안당 등

## (7) 판매시설
도매시장, 소매시장, 상점 등

## (8) 운수시설
여객자동차터미널, 철도시설, 공항시설, 항만시설 등

## (9) 의료시설

| 시설 | 종류 |
|---|---|
| 병원 | 종합병원, 병원, 치과병원, 한방병원, 정신병원, 요양병원 |
| 격리병원 | 전염병원, 마약진료소 |

## (10) 교육연구시설

| 시설 | 종류 |
|---|---|
| 학교 | 유치원, 초등학교, 중학교, 고등학교, 전문대학, 대학, 대학교, 그 밖에 이에 준하는 각종 학교 |
| 교육원 | 연수원, 그 밖에 이와 비슷한 것을 포함 |
| 직업훈련소 | 운전 및 정비 관련 직업훈련소는 제외 |
| 학원 | 자동차학원 및 무도학원 및 정보통신기술 활용 원격 교습 제외 |
| 교습소 | 자동차교습, 무도교습 및 정보통신기술 활용 원격 교습 제외 |
| 연구소 | 연구소에 준하는 시험소와 계측계량소를 포함 |
| 도서관 | – |

## (11) 노유자시설(노유자 : 노인 및 어린이)

| 시설 | 종류 |
|---|---|
| 아동 관련 시설 | 어린이집, 아동복지시설, 그 밖에 이와 비슷한 것으로서 단독주택, 공동주택 및 제1종 근린생활시설에 해당하지 아니한 것 |
| 노인복지시설 | 단독주택과 공동주택에 해당하지 아니한 것 |
| 사회복지시설 | 그 밖에 다른 용도로 분류되지 아니한 것 |
| 근로복지시설 | |

# 01 총칙

### (12) 수련시설

| 시설 | 종류 |
|---|---|
| 생활권 수련시설 | 청소년수련관, 청소년문화의 집, 청소년특화시설 |
| 자연권 수련시설 | 청소년수련원, 청소년야영장 |
| 유스호스텔 | – |
| 야영장시설 | 제29호에 해당하지 않는 시설 |

### (13) 운동시설

| 종류 | 요건 |
|---|---|
| 탁구장, 체육도장, 테니스장, 체력단련장, 에어로빅장, 볼링장, 당구장, 실내낚시터, 골프연습장, 놀이형 시설, 그 밖에 이와 비슷한 것 | 제1종 근린생활시설 및 제2종 근린생활시설에 해당하지 않는 것 |
| 체육관 | 관람석이 없거나 관람석 바닥면적 합계 1천m² 미만인 것 |
| 운동장(육상장, 구기장, 볼링장, 수영장, 스케이트장, 롤러스케이트장, 승마장, 사격장, 궁도장, 골프장 등과 이에 딸린 건축물) | |

### (14) 업무시설

| 시설 | 종류 |
|---|---|
| 공공업무시설 | 국가 또는 지방자치단체의 청사와 외국공간의 건축물로서 제1종 근린생활시설에 해당하지 아니하는 것 |
| 일반업무시설 | 다음 요건을 갖춘 업무시설<br>• 금융업소, 사무소, 결혼상담소 등 소개업소, 출판사, 신문사, 그 밖에 이와 비슷한 것으로서 제1종 및 제2종 근린생활시설에 해당하지 않는 것<br>• 오피스텔(업무를 주로 하며, 분양하거나 임대하는 구획 중 일부 구획에서 숙식을 할 수 있도록 한 건축물로서 국토교통부장관이 고시하는 기준에 적합한 것) |

### (15) 숙박시설

| 시설 | 종류 |
|---|---|
| 일반숙박시설 및 생활숙박시설 | – |
| 관광숙박시설 | 관광호텔, 수상관광호텔, 한국전통호텔, 가족호텔, 호스텔, 소형호텔, 의료관광호텔 및 휴양 콘도미니엄 |
| 다중생활시설 | 제2종 근린생활시설에 해당하지 아니하는 것 |
| 그 밖에 위의 시설과 비슷한 것 | |

### (16) 위락시설
단란주점, 유흥주점, 유원시설업의 시설, 무도장, 무도학원, 카지노 영업소 등

### (17) 공장

| 종류 | 요건 |
|---|---|
| 물품의 제조·가공[염색·도장(塗裝)·표백·재봉·건조·인쇄 등을 포함] 또는 수리에 계속적으로 이용되는 건축물 | 제1종 근린생활시설, 제2종 근린생활시설, 위험물 저장 및 처리시설, 자동차 관련 시설, 자원순환 관련 시설 등으로 따로 분류되지 아니한 것 |

### (18) 창고시설(위험물 저장 및 처리 시설 또는 그 부속용도에 해당하는 것은 제외)
창고(일반창고와 냉장 및 냉동 창고 포함), 하역장, 물류터미널, 집배송 시설

### (19) 위험물 저장 및 처리시설
- 주유소(기계식 세차설비 포함) 및 석유 판매소
- 액화석유가스 충전소·판매소·저장소(기계식 세차설비 포함)
- 위험물 제조소·저장소·취급소
- 액화가스 취급소·판매소
- 유독물 보관·저장·판매시설
- 고압가스 충전소·판매소·저장소
- 도료류 판매소
- 도시가스 제조시설
- 화약류 저장소
- 위의 시설과 비슷한 것

### (20) 자동차 관련 시설(건설기계 관련 시설 포함)
주차장, 세차장, 폐차장, 검사장, 매매장, 정비공장, 운전학원 및 정비학원(운전 및 정비 관련 직업훈련시설 포함), 여객자동차 운수사업법, 화물자동차 운수사업법 및 건설기계관리법에 따른 차고 및 주기장, 전기자동차 충전소

### (21) 동물 및 식물 관련 시설
축사, 가축시설, 도축장, 도계장, 작물 재배사, 종묘배양시설, 화초 및 분재 등의 온실, 동물 또는 식물과 관련된 위의 시설과 비슷한 것(동·식물원은 제외)

# 01 총칙

### (22) 자원순환 관련 시설
하수 등 처리시설, 고물상, 폐기물 재활용시설, 폐기물 처분시설, 폐기물 감량화시설

### (23) 교정 및 군사시설
- 교정시설(보호감호소, 구치소 및 교도소)
- 갱생보호시설, 그 밖에 범죄자의 갱생·보육·교육·보건 등의 용도로 쓰는 시설
- 소년원 및 소년분류심사원
- 국방·군사시설

### (24) 방송통신시설
방송국(방송프로그램 제작시설 및 송신·수신·중계시설 포함), 전신전화국, 촬영소, 통신용 시설, 데이터센터

### (25) 발전시설
발전소(집단에너지 공급시설 포함)로 사용되는 건축물로서 제1종 근린생활시설에 해당하지 아니하는 것

### (26) 묘지 관련 시설
화장시설, 봉안당(종교시설에 해당하는 것은 제외), 묘지와 자연장지에 부수되는 건축물, 동물화장시설, 동물건조장시설 및 동물 전용의 납골시설

### (27) 관광휴게시설
야외음악당, 야외극장, 어린이회관, 관망탑, 휴게소, 공원·유원지 또는 관광지에 부수되는 시설

### (28) 장례식장
장례식장(의료시설의 부수시설에 해당하는 것은 제외), 동물 전용의 장례식장

### (29) 야영장시설
야영장시설로서 관리동, 화장실, 샤워실, 대피소, 취사시설 등의 용도로 쓰는 바닥면적의 합계가 300m² 미만인 것

## 과년도 기출문제

건축 / 기사 / 필기

**01** 건축법령상 공동주택에 속하지 않는 것은?
[16년 2회, 21년 4회]

① 기숙사　② 연립주택
③ 다가구주택　④ 다세대주택

[해설]

다가구주택은 단독주택에 속한다.

**02** 건축법령상 아파트의 정의로 옳은 것은?
[16년 1회, 19년 4회]

① 주택으로 쓰는 층수가 3개 층 이상인 주택
② 주택으로 쓰는 층수가 4개 층 이상인 주택
③ 주택으로 쓰는 층수가 5개 층 이상인 주택
④ 주택으로 쓰는 층수가 6개 층 이상인 주택

[해설]

아파트는 주택으로 쓰는 층수가 5개 층 이상인 주택이다.

**03** 건축법령상 연립주택의 정의로 알맞은 것은?
[18년 1회]

① 주택으로 쓰는 층수가 5개 층 이상인 주택
② 주택으로 쓰는 1개 동의 바닥면적 합계가 660m² 이하이고, 층수가 4개 층 이하인 주택
③ 주택으로 쓰는 1개 동의 바닥면적 합계가 660m²를 초과하고, 층수가 4개 층 이하인 주택
④ 1개 동의 주택으로 쓰이는 바닥면적의 합계가 330m² 이하이고 주택으로 쓰는 층수가 3개 층 이하인 주택

[해설]

연립주택
주택으로 쓰는 1개 동의 바닥면적 합계가 660m²를 초과하고, 층수가 4개 층 이하인 주택(2개 이상의 동을 지하주차장으로 연결하는 경우에는 각각의 동으로 봄)

**04** 다음은 건축법령상 다세대주택의 정의이다. ( ) 안에 알맞은 것은?
[18년 4회]

주택으로 쓰는 1개 동의 바닥면적 합계가 ( ㉠ ) 이하이고, 층수가 ( ㉡ ) 이하인 주택(2개 이상의 동을 지하주차장으로 연결하는 경우에는 각각의 동으로 본다)

① ㉠ 330m², ㉡ 3개 층
② ㉠ 330m², ㉡ 4개 층
③ ㉠ 660m², ㉡ 3개 층
④ ㉠ 660m², ㉡ 4개 층

[해설]

다세대주택
주택으로 쓰는 1개 동의 바닥면적 합계가 660m² 이하이고, 층수가 4개 층 이하인 주택(2개 이상의 동을 지하주차장으로 연결하는 경우에는 각각의 동으로 봄)

**05** 건축법령상 제2종 근린생활시설에 속하는 것은?
[16년 4회]

① 도서관　② 미술관
③ 한의원　④ 일반음식점

[해설]

① 도서관 : 교육연구시설
② 미술관 : 문화 및 집회시설
③ 한의원 : 제1종 근린생활시설

**06** 용도별 건축물의 종류가 옳지 않은 것은?
[17년 1회]

① 판매시설 : 소매시장
② 의료시설 : 치과병원
③ 문화 및 집회시설 : 수족관
④ 제1종 근린생활시설 : 동물병원

[해설]

동물병원은 제2종 근린생활시설이다.

정답　01 ③　02 ③　03 ③　04 ④　05 ④　06 ④

## 과년도 기출문제

**07** 건축법령상 건축물과 해당 건축물의 용도가 옳게 연결된 것은? [15년 1회, 20년 1·2회 통합]

① 의원 – 의료시설
② 도매시장 – 판매시설
③ 유스호스텔 – 숙박시설
④ 장례식장 – 묘지 관련 시설

[해설]

① 의원 – 제1종 근린생활시설
③ 유스호스텔 – 수련시설
④ 장례식장 – 장례식장
※ 묘지 관련 시설에는 화장시설, 봉안당(종교시설에 해당하는 것은 제외), 묘지와 자연장지에 부수되는 건축물, 동물화장시설, 동물건조장시설 및 동물 전용의 납골시설이 해당한다.

**08** 다음 중 건축법령상 용도에 따른 건축물의 종류가 옳지 않은 것은? [17년 4회]

① 교육연구시설 – 유치원
② 묘지 관련 시설 – 장례식장
③ 관광휴게시설 – 어린이회관
④ 문화 및 집회시설 – 수족관

[해설]

장례식장은 장례식장 용도에 해당한다.

**09** 다음 중 건축물의 용도분류상 문화 및 집회시설에 속하는 것은? [18년 1회]

① 야외극장
② 산업전시장
③ 어린이회관
④ 청소년 수련원

[해설]

① 야외극장 : 관광휴게시설
③ 어린이회관 : 관광휴게시설
④ 청소년 수련원 : 수련시설

**10** 건축물과 해당 건축물의 용도의 연결이 옳지 않은 것은? [19년 2회, 22년 2회]

① 주유소 – 자동차 관련 시설
② 야외음악당 – 관광휴게시설
③ 치과의원 – 제1종 근린생활시설
④ 일반음식점 – 제2종 근린생활시설

[해설]

주유소는 위험물 저장 및 처리시설에 속한다.

**11** 건축법령상 제2종 근린생활시설에 속하지 않는 것은? [15년 4회]

① 독서실
② 유치원
③ 동물병원
④ 노래연습장

[해설]

유치원은 교육연구시설에 속한다.

정답  07 ②  08 ③  09 ②  10 ①  11 ②

MEMO

# 01 총칙

### 3 건축물의 면적산정

#### (1) 대지면적

| 원칙 | 대지의 수평투영면적으로 한다. |
|---|---|
| 대지면적 제외 부분 | • 예정도로의 부분<br>• 대지에 건축선이 정하여진 경우 그 건축선과 도로 사이의 대지면적<br>• 대지에 도시·군계획시설인 도로·공원 등이 있는 경우 : 도시·군계획시설에 포함되는 대지면적 |

#### (2) 건축면적

| 원칙 | • 건축물 외벽의 중심선으로 둘러싸인 부분의 수평투영면적을 말한다.<br>• 외벽이 없는 경우에는 외곽 부분의 기둥을 기준으로 한다. |
|---|---|
| 태양열 주택, 외단열공법 건축물의 건축면적 산정방법 | 태양열을 주된 에너지원으로 이용하는 주택, 창고 중 물품을 입출고하는 부위의 상부에 한쪽 끝은 고정되고 다른 쪽 끝은 지지되지 아니한 구조로 설치된 돌출차양, 단열재를 구조체의 외기 측에 설치하는 단열공법으로 건축된 건축물을 건축물의 외벽 중 내측 내력벽의 중심선을 기준으로 한다. |
| 건축면적 제외 부분 | • 지표면으로부터 1m 이하에 있는 부분(창고 중 물품을 입출고하기 위하여 차량을 접안시키는 부분의 경우에는 지표면으로부터 1.5m 이하에 있는 부분)<br>• 건축물 지상층에 일반인이나 차량이 통행할 수 있도록 설치한 보행통로나 차량통로<br>• 지하주차장의 경사로<br>• 건축물 지하층의 출입구 상부(출입구 너비에 상당하는 규모의 부분)<br>• 생활폐기물 보관함(음식물쓰레기, 의류 등의 수거함)<br>• 장애인·노인·임산부 등의 편의증진 보장에 관한 법률에 따른 장애인용 승강기, 장애인용 에스컬레이터, 휠체어리프트, 경사로 또는 승강장<br>• 매장문화유산 보호 및 조사에 관한 법률 시행령에 따른 현지보존 및 이전 보존을 위하여 매장문화유산 보호 및 전시에 전용되는 부분<br>• 가축분뇨의 관리 및 이용에 관한 법률에 따른 처리시설 |

## (3) 바닥면적

| 원칙 | 건축물의 각 층 또는 그 일부로서 벽, 기둥 등의 구획의 중심선으로 둘러싸인 부분의 수평투영면적이다. |
|---|---|
| 특이조건 | • 단열재를 구조체의 외기 측에 설치하는 단열공법으로 건축된 건축물의 경우 단열재가 설치된 외벽 중 내측 내력벽의 중심선을 기준으로 산정한 면적을 말한다.<br>• 벽·기둥의 구획이 없는 건축물 : 지붕 끝 부분으로부터 수평거리 1m를 후퇴한 선으로 둘러싸인 수평투영면적이다.<br>• 주택의 발코니 등 건축물의 노대 기타 이와 유사한 것의 바닥 : 난간 등의 설치 여부에 관계없이 노대 등의 면적에서 노대 등이 접한 가장 긴 외벽에 접한 길이에 1.5m를 곱한 값을 뺀 면적이다. |
| 바닥면적 제외 부분 | • 필로티, 기타 이와 유사한 구조의 부분이 공중의 통행 또는 차량의 통행, 주차 전용 용도, 공동주택으로 쓰이는 경우<br>• 승강기탑·계단탑·장식탑·다락<br>• 건축물의 외부 또는 내부에 설치하는 굴뚝·더스트슈트·설비덕트 등<br>• 옥상·옥외 또는 지하에 설치하는 물탱크·기름탱크·냉각탑·정화조·도시가스정압기 그 밖에 이와 비슷한 것을 설치하기 위한 구조물<br>• 공동주택으로서 지상층에 설치한 기계실·전기실·어린이놀이터·조경시설 및 생활폐기물 보관함<br>• 건축물을 리모델링하는 경우로서 미관 향상, 열의 손실 방지 등을 위하여 외벽에 부가하여 마감재 등을 설치하는 부분<br>• 장애인·노인·임산부 등의 편의증진 보장에 관한 법률 시행령에 따른 장애인용 승강기, 장애인용 에스컬레이터, 휠체어리프트, 경사로 또는 승강장<br>• 매장문화유산 보호 및 조사에 관한 법률 시행령에 따른 현지보존 및 이전보존을 위하여 매장문화유산 보호 및 전시에 전용되는 부분 |

➕ **노대 등의 면적**
외벽의 중심선으로부터 노대 등의 끝부분 까지의 면적

**필로티**
벽면적의 1/2 이상이 당해 층의 바닥면에서 위층 바닥 아랫면까지 공간으로 된 것에 한한다.

**다락**
층고(層高)가 1.5m, 경사진 형태의 지붕인 경우에는 1.8m 이하로 한다.

## (4) 연면적

| 기본산출방식 | • 하나의 건축물 각 층 바닥면적의 합계<br>• 동일 대지 안에 2동 이상의 건축물이 있는 경우에는 그 연면적의 합계 |
|---|---|
| 용적률 산정 시 연면적 | • 용적률 = $\dfrac{\text{연면적}}{\text{대지면적}} \times 100(\%)$<br>• 용적률 산정 시 제외 : 지하층의 면적, 지상층의 주차장으로 사용되는 면적(해당 건축물의 부속용도), 초고층 건축물과 준초고층 건축물에 설치하는 피난안전구역의 면적, 건축물의 경사지붕 아래에 설치하는 대피공간의 면적 |

# 과년도 기출문제

**01** 다음과 같은 직사각형 대지의 대지면적은?
[15년 4회]

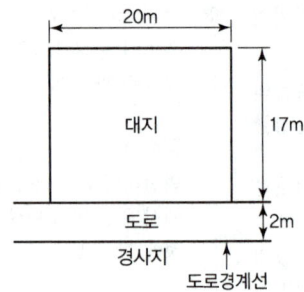

① 280m²  ② 300m²
③ 320m²  ④ 340m²

[해설]
전면도로는 4m로 확보되어야 하므로 도로 측 대지의 길이는 17m에서 15m가 되게 된다(2m는 도로).
∴ 20m×15m = 300m²

**02** 면적의 산정방법 중 건축물의 외벽(외벽이 없는 경우에는 외곽 부분의 기둥)의 중심선으로 둘러싸인 부분의 수평투영면적으로 하는 것은? [16년 2회]

① 연면적  ② 대지면적
③ 건축면적  ④ 거실면적

[해설]
건축면적의 산정원칙
• 건축물 외벽의 중심선으로 둘러싸인 부분의 수평투영면적을 말한다.
• 외벽이 없는 경우에는 외곽 부분의 기둥을 기준으로 한다.

**03** 다음은 건축면적에 산입하지 아니하는 경우에 관한 기준 내용이다. ( ) 안에 알맞은 것은?
[16년 1회]

다음의 경우에는 건축면적에 산입하지 아니한다.
1) 지표면으로부터 ( ㉠ ) 이하에 있는 부분(창고 중 물품을 입출고하기 위하여 차량을 접안시키는 부분의 경우에는 지표면으로부터 ( ㉡ ) 이하에 있는 부분

① ㉠ 1m, ㉡ 1.5m  ② ㉠ 1m, ㉡ 2m
③ ㉠ 1.2m, ㉡ 1.5m  ④ ㉠ 1.2m, ㉡ 2m

[해설]
건축면적 제외 부분
지표면으로부터 1m 이하에 있는 부분(창고 중 물품을 입출고하기 위하여 차량을 접안시키는 부분의 경우에는 지표면으로부터 1.5미터 이하에 있는 부분)

**04** 다음 중 건축면적에 산입하지 않는 대상 기준으로 틀린 것은? [20년 4회]

① 지하주차장의 경사로
② 지표면으로부터 1.8m 이하에 있는 부분
③ 건축물 지상층에 일반인이 통행할 수 있도록 설치한 보행통로
④ 건축물 지상층에 차량이 통행할 수 있도록 설치한 차량통로

[해설]
지표면으로부터 1.0m 이하에 있는 부분은 건축면적에 산입하지 않는다.

**05** 태양열을 주된 에너지원으로 이용하는 주택의 건축면적 산정 시 기준이 되는 것은? [15년 1회, 15년 4회, 18년 2회, 18년 4회, 20년 1·2회 통합, 20년 3회]

① 건축물 외벽의 외곽선
② 건축물의 외벽 중 내측 내력벽의 중심선
③ 건축물의 외벽 중 외측 비내력벽의 중심선
④ 건축물 외벽의 내력벽과 비내력벽의 경계선

[해설]
태양열 주택, 외단열공법 건축물의 건축면적 산정방법
태양열을 주된 에너지원으로 이용하는 주택, 창고 중 물품을 입출고하는 부위의 상부에 한쪽 끝은 고정되고 다른 쪽 끝은 지지되지 아니한 구조로 설치된 돌출차양, 단열재를 구조체의 외기 측에 설치하는 단열공법으로 건축된 건축물을 건축물의 외벽 중 내측 내력벽의 중심선을 기준으로 한다.

정답 01 ②  02 ③  03 ①  04 ②  05 ②

## 과년도 기출문제

**06** 다음은 바닥면적의 산정과 관련된 기준 내용이다. ( ) 안에 알맞은 것은? [15년 1회, 15년 4회]

> 벽·기둥의 구획이 없는 건축물은 그 지붕 끝부분으로부터 수평거리 ( )를 후퇴한 선으로 둘러싸인 수평투영면적으로 한다.

① 0.5m　　② 1m
③ 1.5m　　④ 2m

[해설]
바닥면적 산정의 원칙은 건축물의 각 층 또는 그 일부로서 벽, 기둥 등의 구획의 중심선으로 둘러싸인 부분의 수평투영면적으로 하며, 벽·기둥의 구획이 없는 건축물의 경우는 지붕 끝 부분으로부터 수평거리 1m를 후퇴한 선으로 둘러싸인 수평투영면적을 바닥면적으로 한다.

**07** 용적률 산정에 사용되는 연면적에 포함되는 것은? [19년 2회]

① 지하층의 면적
② 층고가 2.1m인 다락의 면적
③ 준초고층 건축물에 설치하는 피난안전구역의 면적
④ 건축물의 경사지붕 아래에 설치하는 대피 공간의 면적

[해설]
층고가 1.5m 이하인 경우에 한해 바닥면적에 산입하지 않으므로 층고가 2.1m인 경우는 연면적 계산 시 바닥면적에 포함된다.

**08** 건축물의 필로티 부분을 건축법령상의 바닥면적에 산입하는 경우에 속하는 것은? [17년 1회]

① 공중의 통행에 전용되는 경우
② 차량의 주차에 전용되는 경우
③ 업무시설의 휴식공간으로 전용되는 경우
④ 공동주택의 놀이공간으로 전용되는 경우

[해설]
바닥면적 제외 부분
필로티, 기타 이와 유사한 구조의 부분이 공중의 통행 또는 차량의 통행, 주차 전용 용도, 공동주택으로 쓰이는 경우

**09** 다음은 건축법령상 바닥면적 산정에 관한 기준 내용이다. ( ) 안에 포함되지 않는 것은? [17년 2회]

> 공동주택으로서 지상층에 설치한 ( )의 면적은 바닥면적에 산입하지 아니한다.

① 기계실　　② 탁아소
③ 조경시설　④ 어린이놀이터

[해설]
바닥면적 산입 제외 시설
공동주택으로서 지상층에 설치한 기계실·전기실·어린이놀이터·조경 시설 및 생활폐기물 보관함

**10** 건축물의 면적, 높이 및 층수 산정의 기본원칙으로 옳지 않은 것은? [15년 2회, 18년 2회, 20년 1·2회 통합]

① 대지면적은 대지의 수평투영면적으로 한다.
② 연면적은 하나의 건축물 각 층의 거실면적의 합계로 한다.
③ 건축면적은 건축물의 외벽(외벽이 없는 경우에는 외곽 부분의 기둥)의 중심선으로 둘러싸인 부분의 수평투영면적으로 한다.
④ 바닥면적은 건축물의 각 층 또는 그 일부로서 벽, 기둥 기타 이와 유사한 구획의 중심선으로 둘러싸인 부분의 수평투영면적으로 한다.

[해설]
연면적은 하나의 건축물 각 층의 바닥면적의 합계로 한다.

정답　06 ②　07 ②　08 ③　09 ②　10 ②

## 과년도 기출문제

**11** 면적 등의 산정방법에 대한 기본 원칙으로 옳지 않은 것은? [17년 4회]

① 대지면적은 대지의 수평투영면적으로 한다.
② 건축면적은 건축물의 외벽의 중심선으로 둘러싸인 부분의 수평투영면적으로 한다.
③ 바닥면적은 건축물의 각 층 또는 그 일부로서 벽, 기둥, 그 밖에 이와 비슷한 구획의 중심선으로 둘러싸인 부분의 수평투영면적으로 한다.
④ 용적률 산정 시 적용하는 연면적은 지하층을 포함하여 하나의 건축물 각 층의 바닥면적의 합계로 한다.

[해설]

용적률 산정 시 연면적

- 용적률 = $\dfrac{\text{연면적}}{\text{대지면적}} \times 100(\%)$
- 용적률 산정 시 제외 : 지하층의 면적, 지상층의 주차장으로 사용되는 면적(해당 건축물의 부속용도), 초고층 건축물과 준초고층 건축물에 설치하는 피난안전구역의 면적, 건축물의 경사지붕 아래에 설치하는 대피공간의 면적

**12** 건축물의 면적, 높이 및 층수 등의 산정 방법에 관한 설명으로 옳은 것은? [20년 3회]

① 건축물의 높이 산정 시 건축물의 대지에 접하는 전면 도로의 노면에 고저차가 있는 경우에는 그 건축물이 접하는 범위의 전면 도로부분의 수평거리에 따라 가중평균한 높이의 수평면을 전면도로면으로 본다.
② 용적률 산정 시 연면적에는 지하층의 면적과 지상층의 주차용으로 쓰는 면적을 포함시킨다.
③ 건축면적은 건축물의 내벽의 중심선으로 둘러싸인 부분의 수평투영면적으로 한다.
④ 건축물의 층수는 지하층을 포함하여 산정하는 것이 원칙이다.

[해설]

② 용적률 산정 시 연면적에는 지하층의 면적과 지상층의 주차용으로 쓰는 면적은 제외된다.
③ 건축면적은 건축물의 외벽의 중심선으로 둘러싸인 부분의 수평투영면적으로 한다.
④ 건축물의 층수는 지하층을 제외하고 산정하는 것이 원칙이다.

정답 11 ④ 12 ①

# MEMO

# 01 총칙

## 4 건축물의 높이 산정

### (1) 원칙
지표면으로부터 건축물 상단까지의 높이를 산정한다.

### (2) 지표면 산정

| | |
|---|---|
| 일반사항 | • 건축물의 면적·높이·층수 산정 시 기준이다.<br>• 지하층의 지표면과 층의 주위가 접하는 각 지표면 부분의 높이를 그 지표면 부분의 수평거리에 따라 가중평균한 높이의 수평면을 지표면으로 산정한다.<br>• 건축물의 면적·높이 및 층수 등을 산정할 때 지표면에 고저차가 있는 경우에는 건축물의 주위가 접하는 각 지표면 부분의 높이를 그 지표면 부분의 수평거리에 따라 가중평균한 높이의 수평면을 지표면으로 본다. 이 경우 그 고저차가 3m를 넘는 경우에는 그 고저차 3m 이내의 부분마다 그 지표면을 정한다. |
| 전면도로에 의한 건축물의 높이 산정 시 지표면 | • 전면도로 중심선에서 건축물 상단까지의 높이이다.<br>• 전면도로 노면에 고저차가 있는 경우의 전면도로면 : 건축물이 접하는 범위의 전면도로 부분의 수평거리에 따라 가중평균한 높이의 수평면<br>• 건축물 대지의 지표면이 전면도로면보다 높은 경우 전면도로면 : 도로면에서 고저차의 1/2 높이만큼 올라온 위치 |
| 일조 확보를 위한 건축물의 높이 제한의 경우 지표면 산정 | • 당해 건축물 대지의 지표면과 인접대지의 지표면 간에 고저차가 있는 경우 그 지표면의 평균 수평면을 지표면으로 본다.<br>• 공동주택의 채광방향 일조 확보를 위한 높이 제한 적용 시 해당 대지가 인접대지보다 낮은 경우 그 대지의 지표면으로 한다.<br>• 전용주거지역, 일반주거지역이 아닌 지역에서 공동주택을 다른 용도와 복합하며 건축하는 경우는 공동주택의 가장 낮은 부분을 지표면으로 본다. |

**필로티 완화**
- 가로구역별 최고높이 제한, 전면도로에 의한 높이 제한, 공동주택의 채광방향 및 하나의 대지에 두 동 이상 건축물의 높이 제한 적용 시
- 건축물 1층 전체에 필로티(경비실, 계단실, 승강기실 등 포함)를 설치한 경우 필로티 층고 제외

(a) 경사도로면에 고저차가 있는 경우　　(b) 경사도로가 낮은 경우의 높이 산정

**전면도로에 의한 건축물의 높이 산정 시 지표면**

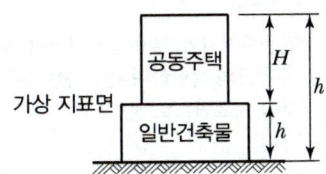

전용주거, 일반주거지역 외에 공동주택과 다른
용도가 복합한 경우(※ 공동주택의 높이 : H)

**일조 확보를 위한 지표면 산정**

### (3) 건축물 옥상 부분의 높이 산정

| 건축물 높이에 산입 | 건축물의 옥상에 설치되는 승강기탑, 계단탑, 망루, 장식탑, 옥탑 등으로서 그 수평투영면적의 합계가 당해 건축물의 건축면적의 1/8(공동주택 중 세대별 전용면적이 85m² 이하인 경우에는 1/6) 이하인 경우로서 그 부분의 높이가 12m를 넘는 경우에는 그 넘는 부분 |
|---|---|
| 건축물 높이에 산입 제외 | 지붕마루장식, 굴뚝, 방화벽의 옥상돌출부, 기타 이와 유사한 옥상돌출물과 난간벽(그 벽면적의 1/2 이상이 공간으로 되어 있는 것) |

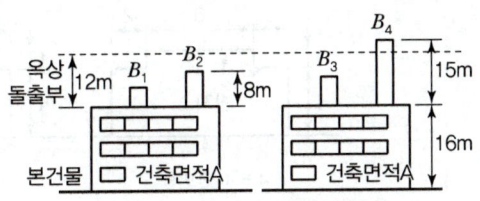

**건축물 옥상 부분의 높이 산정**

### (4) 처마높이와 반자높이

| 처마높이 | 지표면으로부터 건축물의 지붕틀 또는 이와 비슷한 수평재를 지지하는 벽·깔도리 또는 기둥의 상단까지의 높이 |
|---|---|
| 반자높이 | • 방의 바닥면으로부터 반자까지의 높이<br>• 한 방에서 반자높이가 다를 경우 각 부분 반자면적으로 가중평균한 높이 |

**➕ 처마높이와 반자높이**

• 처마높이

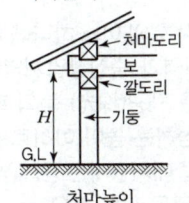

처마높이

• 반자높이

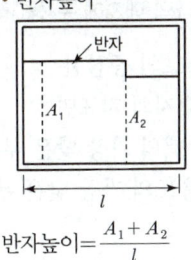

반자높이 $= \dfrac{A_1 + A_2}{l}$

# 과년도 기출문제

**01** 건축법령상 다음과 같은 건축물의 높이는?(단, 가로구역에서의 건축물의 높이 제한과 관련된 건축물의 높이) [17년 1회]

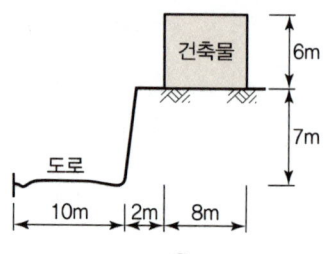

① 6m  ② 9m
③ 9.5m  ④ 13.5m

[해설]

건축물 대지의 지표면이 전면도로면보다 높은 경우 전면도로면의 경우 도로면에서 고저차의 1/2 높이만큼 올라온 위치에서부터 높이를 산정한다. 본 건축물의 경우 건축물 대지의 지표면과 전면도로 사이에 중간 높이가 3.5m이고, 건축물의 높이가 6m이므로 전체높이는 9.5m가 된다.

**02** 건축법 제61조 제2항에 따른 높이를 산정할 때, 공동주택을 다른 용도와 복합하여 건축하는 경우 건축물의 높이 산정을 위한 지표면 기준은? [19년 1회]

> 건축법 제61조(일조 등의 확보를 위한 건축물의 높이 제한)
> ② 다음 각 호의 어느 하나에 해당하는 공동주택(일반상업지역과 중심상업지역에 건축하는 것은 제외한다)은 채광(採光) 등의 확보를 위하여 대통령령으로 정하는 높이 이하로 하여야 한다.
>   1. 인접 대지경계선 등의 방향으로 채광을 위한 창문 등을 두는 경우
>   2. 하나의 대지에 두 동(棟) 이상을 건축하는 경우

① 전면도로의 중심선
② 인접 대지의 지표면
③ 공동주택의 가장 낮은 부분
④ 다른 용도의 가장 낮은 부분

[해설]

전용주거지역, 일반주거지역이 아닌 지역에서 공동주택을 다른 용도와 복합하며 건축하는 경우는 공동주택의 가장 낮은 부분을 지표면으로 본다.

**03** 그림과 같은 거실의 평균 반자높이는?(단, 단위는 m) [16년 4회]

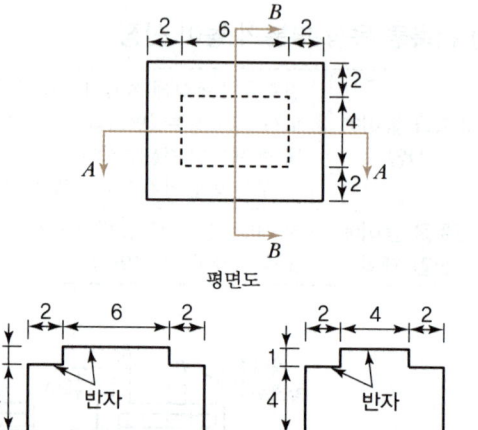

① 4.3m  ② 4.6m
③ 4.9m  ④ 5.2m

[해설]

가중평균하여 반자높이를 산정한다.
- 가운데 부분 반자높이 5m, 외곽 부분 반자높이 4m
- 가운데 부분 면적 : $6 \times 4 = 24m^2$
- 외곽 부분 면적 : 전체 − 가운데 $= 10 \times 8 - 6 \times 4 = 56m^2$

∴ 반자높이

$$= \frac{\text{가운데 면적} \times \text{가운데 높이} + \text{외곽 면적} \times \text{외곽 높이}}{\text{가운데 면적} + \text{외곽 면적}}$$

$$= \frac{24 \times 5 + 56 \times 4}{24 + 56} = 4.3m$$

정답  01 ③  02 ③  03 ①

# MEMO

# 01 총칙

## 5 건축물의 층고 및 층수 산정

### (1) 층고
① 바닥 구조체 윗면으로부터 위층 바닥 구조체 윗면까지의 높이
② 한 방에서 층 높이가 다를 경우 각 부분 높이에 따른 면적으로 가중평균한 높이

### (2) 층수 산정

| | |
|---|---|
| 층수 산정 원칙 | • 층의 구분이 명확하지 아니한 건축물 : 높이 4m마다 하나의 층으로 산정한다.<br>• 건축물이 부분에 따라 그 층수가 다른 경우 : 가장 많은 층수가 그 건축물의 층수이다. |
| 층수 산정 제외 | • 지하층<br>• 승강기탑, 계단탑, 망루, 장식탑, 옥탑, 그 밖에 이와 비슷한 건축물의 옥상 부분으로서 그 수평투영면적의 합계가 해당 건축물 건축면적의 1/8 이하(사업계획승인 대상인 공동주택 중 세대별 전용면적이 85m² 이하인 경우에는 1/6 이하) |

## 6 건축물의 범죄예방(범죄예방 건축기준 고시)

| | | |
|---|---|---|
| 범죄예방 적용대상 | | • 공동주택 중 세대수가 500세대 이상인 아파트<br>• 제1종 근린생활시설 중 일용품을 판매하는 소매점<br>• 제2종 근린생활시설 중 다중생활시설<br>• 문화 및 집회시설(동·식물원은 제외)<br>• 교육연구시설(연구소 및 도서관은 제외)<br>• 노유자시설, 수련시설, 업무시설 중 오피스텔<br>• 숙박시설 중 다중생활시설, 단독주택 중 다가구주택 |
| 설계 반영 사항 | 자연적 감시 | 도로 등 공공 공간에 대하여 시각적인 접근과 노출이 최대화되도록 건축물의 배치, 조경, 조명 등을 통하여 감시를 강화하는 것 |
| | 접근통제 | 출입문, 담장, 울타리, 조경, 안내판, 방범시설 등(접근통제시설)을 설치하여 외부인의 진·출입을 통제하는 것 |
| | 영역성 확보 | 공간배치와 시설물 설치를 통해 공적공간과 사적공간의 소유권 및 관리와 책임 범위를 명확히 하는 것 |
| | 활동의 활성화 | 일정한 지역에 대한 자연적 감시를 강화하기 위하여 대상 공간 이용을 활성화시킬 수 있는 시설물 및 공간계획을 하는 것 |

## 과년도 기출문제

**01** 한 방에서 층의 높이가 다른 부분이 있는 경우 층고 산정방법으로 옳은 것은? [19년 1회]

① 가장 낮은 높이로 한다.
② 가장 높은 높이로 한다.
③ 각 부분 높이에 따른 면적에 따라 가중평균 한 높이로 한다.
④ 가장 낮은 높이와 가장 높은 높이의 산술평균 한 높이로 한다.

[해설]
층고
- 바닥 구조체 윗면으로부터 위층 바닥 구조체 윗면까지의 높이
- 한 방에서 층 높이가 다를 경우 각 부분 높이에 따른 면적으로 가중평균 한 높이

**02** 건축물의 층수 산정에 관한 기준 내용으로 옳지 않은 것은? [18년 1회, 22년 1회]

① 지하층은 건축물의 층수에 산입하지 아니한다.
② 층의 구분이 명확하지 아니한 건축물은 그 건축물의 높이 4m마다 하나의 층으로 보고 그 층수를 산정한다.
③ 건축물이 부분에 따라 그 층수가 다른 경우에는 바닥면적에 따라 가중평균한 층수를 그 건축물의 층수로 본다.
④ 계단탑으로서 그 수평투영면적의 합계가 해당 건축물 건축면적의 8분의 1 이하인 것은 건축물의 층수에 산입하지 아니한다.

[해설]
건축물이 부분에 따라 그 층수가 다른 경우 가장 많은 층수가 그 건축물의 층수이다.

**03** 범죄예방 기준에 따라 건축하여야 하는 대상 건축물에 속하지 않는 것은? [16년 2회]

① 수련시설
② 업무시설 중 오피스텔
③ 숙박시설 중 일반숙박시설
④ 공동주택 중 세대수가 500세대인 아파트

[해설]
숙박시설 중 다중생활시설이 해당한다.

**04** 국토교통부장관이 정한 범죄예방 기준에 따라 건축하여야 하는 대상 건축물에 속하지 않는 것은? [16년 4회]

① 수련시설
② 공동주택 중 연립주택
③ 업무시설 중 오피스텔
④ 숙박시설 중 다중생활시설

[해설]
공동주택 중 세대수가 500세대 이상인 아파트가 해당한다.

**정답** 01 ③  02 ③  03 ③  04 ②

## 01 총칙

### 7 건축법 적용 제외

- 「문화유산의 보호 및 활용에 관한 법률」에 따른 지정문화유산이나 임시지정문화재 또는 「자연유산의 보존 및 활용에 관한 법률」에 따라 지정된 천연기념물 등이나 임시지정천연기념물, 임시지정명승, 임시지정시·도자연유산, 임시자연유산자료
- 철도 또는 궤도의 선로부지 안에 있는 운전보안시설, 철도 선로의 위나 아래를 가로지르는 보행시설, 플랫폼, 해당 철도 또는 궤도사업용 급수(給水)·급탄(給炭) 및 급유(給油) 시설
- 고속도로 통행료 징수시설
- 컨테이너를 이용한 간이창고(공장의 용도로만 사용되는 건축물의 대지에 설치하는 것으로서 이동이 쉬운 것)
- 하천구역 내의 수문조작실

### 8 건축위원회

| 구분 | 중앙건축위원회 | 지방건축위원회 |
|---|---|---|
| 구성 의무자 | 국토교통부장관 | • 특별시장·광역시장·특별자치 시장·도지사·특별자치도지사<br>• 시장·군수·구청장 |
| 설치부서 | 국토교통부 | 특별시·광역시·도·특별자치도 및 시·군·구 |
| 위원 | 위원장 및 본위원장 각 1명 포함 70명 이내(관계 공무원과 건축에 관한 학식 또는 경험이 풍부한 사람 중에서 국토교통부장관이 임명하거나 위촉) | 위원장 및 부위원장 각 1명 포함 25명 이상 150명 이하(시·도지사 및 시장·군수·구청장이 임명하거나 위촉하는 도시계획 및 건축 관계 공무원, 도시계획 및 건축 등에서 학식과 경험이 풍부한 사람) |
| 임기 | 2년(공무원을 제외하고 연임 가능) | 공무원이 아닌 위원 임기는 3년 이내 |

➕ 지방건축위원회의 심의사항[건축법 시행령 제5조의 5]
- 건축선(建築線)의 지정에 관한 사항
- 다중이용 건축물 및 특수구조 건축물의 구조안전에 관한 사항

### 9 다중이용건축물

다음의 조건 중 하나 이상에 해당하면 다중이용건축물로 간주한다.

| 조건 | 용도 |
|---|---|
| 16층 이상 건축물 | – |
| 해당 용도로 쓰이며 바닥면적의 합계가 5,000m² 이상인 건축물 | • 문화 및 집회시설(동·식물원 제외)·종교시설<br>• 판매시설·운수시설 중 여객용 시설<br>• 의료시설 중 종합병원·숙박시설 중 관광숙박시설 |

## 과년도 기출문제

**01** 지방건축위원회의 심의사항에 속하지 않는 것은?
[15년 2회, 20년 4회]

① 건축선의 지정에 관한 사항
② 다중이용건축물의 구조안전에 관한 사항
③ 특수구조건축물의 구조안전에 관한 사항
④ 경관지구 내의 건축물의 건축에 관한 사항

[해설]
지방건축위원회의 심의사항[건축법 시행령 제5조의 5]
- 건축선(建築線)의 지정에 관한 사항
- 다중이용 건축물 및 특수구조 건축물의 구조안전에 관한 사항

**02** 건축법령상 다중이용건축물에 해당되지 않는 것은?(단, 해당하는 용도로 쓰는 바닥면적의 합계가 5,000m²인 건축물인 경우) [15년 1회, 18년 2회]

① 종교시설
② 판매시설
③ 업무시설
④ 의료시설 중 종합병원

[해설]
다중이용건축물
다음의 ㉠ 또는 ㉡의 조건 중 하나 이상에 해당하면 다중이용건축물로 간주한다.
㉠ 16층 이상 건축물
㉡ 아래 용도로 쓰이며 바닥면적의 합계가 5,000m² 이상인 건축물
- 문화 및 집회시설(동·식물원 제외)·종교시설
- 판매시설·운수시설 중 여객용 시설
- 의료시설 중 종합병원·숙박시설 중 관광숙박시설

**03** 건축법령상 다중이용건축물에 속하지 않는 것은?
[17년 1회]

① 층수가 16층인 판매시설
② 층수가 20층인 관광숙박시설
③ 종합병원으로 쓰는 바닥면적의 합계가 3,000m²인 건축물
④ 종교시설로 쓰는 바닥면적의 합계가 5,000m²인 건축물

[해설]
층수가 16층 이상이 아니면, 연면적 5,000m² 이상이어야 한다.

정답 01 ④ 02 ③ 03 ③

# 02 건축물의 건축

## 1 건축허가

| | |
|---|---|
| 허가권자 | • 원칙 : 특별자치시장·특별자치도지사 또는 시장·군수·구청장<br>• 특별시장 또는 광역시장의 허가를 받아야 하는 대상 : 21층 이상이거나 연면적의 합계가 10만m² 이상인 건축물의 건축(연면적의 3/10 이상을 증축하여 층수가 21층 이상으로 되거나 연면적의 합계가 10만m² 이상으로 되는 경우 포함) |
| 허가대상 | 건축 또는 대수선 |
| 허가 시 제출 설계도서 | 건축계획서, 배치도, 평면도, 입면도, 단면도, 구조도(구조안전 확인 또는 내진설계 대상 건축물), 구조계산서(구조안전 확인 또는 내진설계 대상 건축물), 소방설비도 |
| 건축허가의 취소 | 허가를 받은 날부터 1년 이내에 공사를 착수하지 않은 경우 |

**＋ 건축계획서에 표시해야 할 사항[건축법 시행규칙 별표2]**
- 개요(위치·대지면적 등)
- 지역·지구 및 도시계획사항
- 건축물의 규모(건축면적·연면적·높이·층수 등)
- 건축물의 용도별 면적
- 주차장 규모
- 에너지절약계획서(해당건축물에 한함)
- 노인 및 장애인 등을 위한 편의시설 설치계획서(관계법령에 의하여 설치의무가 있는 경우에 한함)

**건축위원회 심의 효력 상실**
심의 결과를 통지받은 날부터 2년 이내에 건축허가를 신청하지 않은 경우

---

### 개념이해

**01** 다음 중 특별시나 광역시에 건축할 경우, 특별시장이나 광역시장의 허가를 받아야 하는 대상 건축물은? [17년 1회]

① 층수가 20층인 호텔
② 층수가 25층인 사무소
③ 연면적이 150,000m²인 공장
④ 연면적이 50,000m²인 공동주택

**특별시장 또는 광역시장의 허가를 받아야 하는 대상**
21층 이상이거나 연면적의 합계가 10만m² 이상인 건축물의 건축(연면적의 3/10 이상을 증축하여 층수가 21층 이상으로 되거나 연면적의 합계가 10만m² 이상으로 되는 경우 포함)

답 ②

## 과년도 기출문제

건축 / 기사 / 필기

**01** 건축허가신청에 필요한 설계도서에 속하지 않는 것은? [16년 1회, 19년 4회 문제변형]

① 조감도　② 건축계획서
③ 단면도　④ 건축설비도

[해설]

허가 시 제출 설계도서
건축계획서, 배치도, 평면도, 입면도, 단면도, 구조도(구조안전 확인 또는 내진설계 대상 건축물), 구조계산서(구조안전 확인 또는 내진설계 대상 건축물), 소방설비도

**02** 건축허가신청에 필요한 설계도서에 해당하지 않는 것은? [20년 4회 문제변형]

① 배치도　② 투시도
③ 건축계획서　④ 건축설비도

[해설]

허가시 제출 설계도서
건축계획서, 배치도, 평면도, 입면도, 단면도, 구조도(구조안전 확인 또는 내진설계 대상 건축물), 구조계산서(구조안전 확인 또는 내진설계 대상 건축물), 소방설비도

**03** 건축허가신청에 필요한 설계도서 중 건축계획서에 표시하여야 할 사항에 속하지 않는 것은? [15년 2회, 16년 4회]

① 주차장 규모
② 건축물의 층수
③ 건축물의 용도별 면적
④ 공개공지 및 조경계획

[해설]

건축계획서에 표시해야 할 사항[건축법 시행규칙 별표2]
• 개요(위치·대지면적 등)
• 지역·지구 및 도시계획사항
• 건축물의 규모(건축면적·연면적·높이·층수 등)
• 건축물의 용도별 면적
• 주차장 규모
• 에너지절약계획서(해당건축물에 한함)
• 노인 및 장애인 등을 위한 편의시설 설치계획서(관계법령에 의하여 설치의무가 있는 경우에 한함)

**04** 건축허가신청에 필요한 설계도서의 종류 중 건축계획서에 표시하여야 할 사항이 아닌 것은? [17년 2회]

① 주차장 규모
② 대지의 종·횡 단면도
③ 건축물의 용도별 면적
④ 지역·지구 및 도시계획사항

[해설]

건축계획서에 표시해야 할 사항[건축법 시행규칙 별표2]
• 개요(위치·대지면적 등)
• 지역·지구 및 도시계획사항
• 건축물의 규모(건축면적·연면적·높이·층수 등)
• 건축물의 용도별 면적
• 주차장 규모
• 에너지절약계획서(해당건축물에 한함)
• 노인 및 장애인 등을 위한 편의시설 설치계획서(관계법령에 의하여 설치의무가 있는 경우에 한함)

**05** 건축허가신청에 필요한 설계도서 중 평면도에 표시하여야 할 사항에 속하지 않은 것은? [15년 4회]

① 주차장 규모
② 승강기의 위치
③ 기둥·벽·창문 등의 위치
④ 방화구획 및 방화문의 위치

[해설]

주차장 규모는 건축계획서에 표시할 사항이다.

**정답** 01 ①　02 ②　03 ④　04 ②　05 ①

## 02 건축물의 건축

### 2 건축신고대상

| | |
|---|---|
| 증축·개축 또는 재축 | • 바닥면적 합계 85m² 이내<br>• 단, 3층 이상 건축물인 경우에는 증축·개축 또는 재축하려는 부분의 바닥면적의 합계가 건축물 연면적의 1/10 이내인 경우로 한정 |
| 관리지역, 농림지역 또는 자연환경보전지역에서 건축 | 연면적 200m² 미만이고 3층 미만인 건축물(지구단위계획구역, 방재지구 등 재해취약지역으로서 대통령령으로 정하는 구역은 제외) |
| 대수선 | 연면적이 200m² 미만이고 3층 미만인 건축물의 대수선 |
| 수선<br>(주요 구조부의 해체가 없는 경우) | • 내력벽의 면적을 30m² 이상 수선<br>• 기둥을 세 개 이상 수선<br>• 보를 세 개 이상 수선<br>• 지붕틀을 세 개 이상 수선<br>• 방화벽 또는 방화구획을 위한 바닥 또는 벽을 수선<br>• 주계단·피난계단 또는 특별피난계단을 수선 |
| 소규모 건축물의 건축 | • 연면적의 합계가 100m² 이하인 건축물<br>• 건축물의 높이를 3m 이하의 범위에서 증축하는 건축물 |
| 표준설계도서에 따라 건축하는 건축물 | 용도 및 규모가 주위환경이나 미관에 지장이 없다고 인정하여 건축조례로 정하는 건축물 |
| 공장 | 공업지역, 지구단위계획구역(산업·유통형) 및 산업단지에서 건축하는 2층 이하이고 연면적 합계 500m² 이하의 공장 |
| 농업이나 수산업을 경영하기 위한 읍·면지역 | • 연면적 200m² 이하의 창고<br>• 연면적 400m² 이하의 축사·작물재배사(특별자치도지사·시장·군수가 지역계획 또는 도시·군계획에 지장이 있다고 지정·공고한 구역은 제외) |

**건축신고의 효력상실**

신고를 한 자가 신고일부터 1년 이내에 공사에 착수하지 아니하면 그 신고의 효력은 없어진다.

**공작물을 축조할 때 신고를 하여야 하는 대상 공작물 기준[건축법 시행령 제118조]**
- 높이 6미터를 넘는 굴뚝
- 높이 4미터를 넘는 장식탑, 기념탑, 첨탑, 광고탑, 광고판, 그 밖에 이와 비슷한 것
- 높이 8미터를 넘는 고가수조나 그 밖에 이와 비슷한 것
- 높이 2미터를 넘는 옹벽 또는 담장
- 바닥면적 30제곱미터를 넘는 지하대피호
- 높이 6미터를 넘는 골프연습장 등의 운동시설을 위한 철탑, 주거지역·상업지역에 설치하는 통신용 철탑, 그 밖에 이와 비슷한 것
- 높이 8미터(위험을 방지하기 위한 난간의 높이는 제외) 이하의 기계식주차장 및 철골 조립식주차장(바닥면이 조립식이 아닌 것을 포함)으로서 외벽이 없는 것
- 건축조례로 정하는 제조시설, 저장시설(시멘트사일로를 포함), 유희시설, 그 밖에 이와 비슷한 것
- 건축물의 구조에 심대한 영향을 줄 수 있는 중량물로서 건축조례로 정하는 것
- 높이 5미터를 넘는 「신에너지 및 재생에너지 개발·이용·보급 촉진법」에 따른 태양에너지를 이용하는 발전설비와 그 밖에 이와 비슷한 것

# 과년도 기출문제

**01** 허가대상 건축물이라 하더라도 미리 특별자치시장·특별자치도지사 또는 시장·군수·구청장에게 국토교통부령으로 정하는 바에 따라 신고를 하면 건축허가를 받은 것으로 보는 경우에 속하지 않는 것은?(단, 층수가 2층인 건축물의 경우)

[15년 2회, 17년 2회]

① 바닥면적의 합계가 85m² 이내의 신축
② 바닥면적의 합계가 85m² 이내의 증축
③ 바닥면적의 합계가 85m² 이내의 개축
④ 연면적이 200m² 미만인 건축물의 대수선

[해설]

건축신고대상
- 바닥면적 합계 85m² 이내. 다만, 3층 이상 건축물인 경우에는 증축·개축 또는 재축하려는 부분의 바닥면적의 합계가 건축물 연면적의 1/10 이내인 경우로 한정
- 연면적이 200m² 미만이고 3층 미만인 건축물의 대수선

**02** 다음 중 허가대상 건축물이라 하더라도 건축신고를 하면 건축허가를 받는 것으로 보는 경우에 속하지 않는 것은?

[18년 4회]

① 건축물의 높이를 4m 증축하는 건축물
② 연면적의 합계가 80m²인 건축물의 건축
③ 연면적이 150m²이고 2층인 건물의 대수선
④ 2층 건축물로서 바닥면적의 합계 80m²를 증축하는 건축물

[해설]

건축물의 높이를 3m 이하의 범위에서 증축하는 건축물이 해당한다.

**03** 공작물을 축조할 때 특별자치시장·특별자치도지사 또는 시장·군수·구청장에게 신고를 하여야 하는 대상 공작물 기준으로 옳지 않은 것은?

[15년 2회, 18년 1회]

① 높이 2m를 넘는 담장
② 높이 4m를 넘는 굴뚝
③ 높이 4m를 넘는 광고탑
④ 높이 6m를 넘는 장식탑

[해설]

높이 6m를 넘는 굴뚝이 해당한다.

**04** 건축물의 건축 시 허가대상 건축물이라 하더라도 미리 특별 자치시장·특별자치도지사 또는 시장·군수·구청장에게 국토교통부령으로 정하는 바에 따라 신고를 하면 건축허가를 받은 것으로 보는 소규모 건축물의 연면적 기준은?

[18년 1회, 21년 1회]

① 연면적의 합계가 100m² 이하인 경우
② 연면적의 합계가 150m² 이하인 경우
③ 연면적의 합계가 200m² 이하인 경우
④ 연면적의 합계가 300m² 이하인 경우

[해설]

소규모 건축물
- 연면적의 합계가 100m² 이하인 건축물
- 건축물의 높이를 3m 이하의 범위에서 증축하는 건축물

정답 01 ① 02 ① 03 ② 04 ①

## 02 건축물의 건축

### ③ 용도변경

#### (1) 용도변경 행위 구분

| 허가대상 | 상위군(오름차순)에 해당하는 용도로 변경하는 경우 |
|---|---|
| 신고대상 | 하위군(내림차순)에 해당하는 용도로 변경하는 경우 |
| 건축물대장 기재내용 변경신청 | 같은 시설군 내에서 용도를 변경하는 경우 |
| 기재사항 변경신청 없이 용도변경 | • 용도별 건축물의 분류의 같은 호에 속하는 건축물 상호 간의 용도변경<br>• 국토의 계획 및 이용에 관한 법률이나 그 밖의 관계 법령에서 정하는 용도제한에 적합한 범위에서 제1종 근린생활시설과 제2종 근린생활시설 상호 간의 용도변경 |

#### (2) 시설군별 건축물 용도

| 시설군 | 건축물 용도 | 행위 구분 |
|---|---|---|
| 자동차 관련 시설군 | 자동차 관련 시설 | 신고 ↑ |
| 산업 등의 시설군 | 운수시설, 창고시설, 공장, 위험물저장 및 처리시설, 자원순환 관련 시설, 묘지 관련 시설, 장례식장 | |
| 전기통신시설군 | 방송통신시설, 발전시설 | |
| 문화집회시설군 | 문화 및 집회시설, 종교시설, 위락 시설, 관광휴게시설 | |
| 영업시설군 | 판매시설, 운동시설, 숙박시설, 제2종 근린생활시설 중 다중생활시설 | |
| 교육 및 복지시설군 | 의료시설, 교육연구시설, 노유자시설, 수련시설, 야영장시설 | |
| 근린생활시설군 | 제1종 근린생활시설, 제2종 근린생활시설(다중생활시설 제외) | |
| 주거업무시설군 | 단독주택, 공동주택, 업무시설, 교정 및 군사시설 | |
| 그 밖의 시설군 | 동물 및 식물 관련 시설 | ↓ 허가 |

## 과년도 기출문제

**01** 건축물의 용도변경 시 분류된 시설군에 속하지 않는 것은? [16년 1회]

① 영업시설군
② 공업시설군
③ 주거업무시설군
④ 문화 및 집회시설군

[해설]
시설군의 분류
자동차 관련 시설군, 산업 등의 시설군, 전기통신시설군, 문화집회시설군, 영업시설군, 교육 및 복지시설군, 근린생활시설군, 주거업무시설군, 그 밖의 시설군

**02** 건축물의 용도변경과 관련된 시설군 중 산업 등 시설군에 속하는 건축물의 용도가 아닌 것은? [15년 2회, 17년 4회]

① 장례식장
② 발전시설
③ 창고시설
④ 자원순환 관련 시설

[해설]
발전시설은 전기통신시설군에 해당한다.

**03** 다음 중 허가대상에 속하는 용도변경은? [18년 2회]

① 영업시설군에서 근린생활시설군으로의 용도변경
② 교육 및 복지시설군에서 영업시설군으로의 용도변경
③ 근린생활시설군에서 주거업무시설군으로의 용도변경
④ 산업 등의 시설군에서 전기통신시설군으로의 용도변경

[해설]
교육 및 복지시설군에서 영업시설군으로의 용도변경은 상위 시설군으로의 용도변경이므로 허가대상에 속한다.

**04** 다음 중 신고대상에 속하는 용도변경은? [16년 2회]

① 영업시설군에서 문화 및 집회시설군으로 용도변경
② 근린생활시설군에서 주거업무시설군으로 용도변경
③ 산업 등의 시설군에서 자동차관련시설군으로 용도변경
④ 교육 및 복지시설군에서 전기통신시설군으로 용도변경

[해설]
근린생활시설군에서 주거업무시설군으로의 용도변경은 하위 시설군으로의 용도변경이므로 신고대상에 속한다.

정답  01 ②  02 ②  03 ②  04 ②

## 02 건축물의 건축

### 4 가설건축물

**(1) 허가대상 가설건축물(특별자치도지사·시장·군수·구청장이 허가)**

| 지역 | 허가대상 가설건축물 |
|---|---|
| 도시·군 계획시설 및 도시·군 계획시설 예정지 | • 3층 이하로서 철근콘크리트조 또는 철골철근콘크리트조가 아닐 것<br>• 존치기간은 3년 이내일 것(도시·군계획사업이 시행될 때까지 연장 가능)<br>• 전기·수도·가스 등 새로운 간선 공급설비의 설치를 필요로 하지 아니할 것<br>• 공동주택·판매시설·운수시설 등으로서 분양을 목적으로 건축하는 건축물이 아닐 것 |

**(2) 가설건축물 존치기간 및 연장**

| 존치기간 | 2년 이내 |
|---|---|
| 존치기간의 연장 | • 존치기간을 연장하려는 가설건축물의 건축주는 허가를 신청하거나 신고하여야 함<br>• 허가대상 가설건축물 : 존치기간 만료일 14일 전까지 허가 신청<br>• 신고대상 가설건축물 : 존치기간 만료일 7일 전까지 신고 |

### 5 착공신고

건축허가·건축신고 또는 가설건축물의 건축허가를 한 건축물의 공사를 착수하려는 건축주는 허가권자에게 그 공사계획을 신고하여야 한다.

### 6 허용오차 기준

| 구분 | | 허용되는 오차 범위 |
|---|---|---|
| 대지 | 건축선 후퇴 거리 | 3% 이내 |
| | 인접대지 경계선과의 거리 | |
| | 인접 건축물과의 거리 | |
| | 건폐율 | 0.5% 이내(건축면적 5m²를 초과할 수 없음) |
| | 용적률 | 1% 이내(연면적 30m²를 초과할 수 없음) |
| 건축물 | 건축물의 높이 | 2% 이내(1m를 초과할 수 없음) |
| | 평면길이 | 2% 이내(건축물 전체 길이는 1m를 초과할 수 없고, 벽으로 구획된 각 실의 경우는 10cm를 초과할 수 없음) |
| | 출구너비, 반자높이 | 2% 이내 |
| | 벽체 두께, 바닥판 두께 | 3% 이내 |

---

**＋ 설계설명서에 표시하여야 할 사항[건축법 시행규칙 별표3]**
- 공사개요 : 위치·대지면적·공사기간·공사금액 등
- 사전조사사항 : 지반고·기후·동결심도·수용인원·상하수와 주변지역을 포함한 지질 및 지형, 인구, 교통, 지역, 지구, 토지이용현황, 시설물현황 등
- 건축계획 : 배치·평면·입면계획·동선계획·개략조경계획·주차계획 및 교통처리계획 등
- 시공방법, 개략공정계획, 주요설비계획, 주요자재 사용계획, 기타 필요한 사항

**＋ 건축물의 사용승인**
건축주가 허가를 받았거나 신고를 한 건축물의 건축공사를 완료한 후 그 건축물을 사용하려면 공사감리자가 작성한 감리완료보고서와 국토교통부령으로 정하는 공사완료도서를 첨부하여 허가권자에게 사용승인을 신청하여야 한다.

# 과년도 기출문제

건 축 / 기 사 / 필 기

**01** 다음 중 건축물 관련 건축기준의 허용되는 오차의 범위(%)가 가장 큰 것은? [16년 2회, 22년 1회]

① 평면길이
② 출구너비
③ 반자높이
④ 바닥판 두께

[해설]

① 평면길이 : 2% 이내
② 출구너비 : 2% 이내
③ 반자높이 : 2% 이내
④ 바닥판 두께 : 3% 이내

**02** 건축물 관련 건축기준의 허용오차 범위 기준이 2% 이내가 아닌 것은? [21년 1회]

① 출구너비
② 반자높이
③ 평면길이
④ 벽체 두께

[해설]

벽체 두께는 3% 이내이다.

**03** 다음은 건축물의 사용승인에 관한 기준 내용이다. ㉠과 ㉡에 들어갈 말로 적합한 것은? [16년 4회, 20년 4회]

> 건축주가 허가를 받았거나 신고를 한 건축물의 건축 공사를 완료한 후 그 건축물을 사용하려면 공사감리 자가 작성한 ( ㉠ )와 국토교통부령으로 정하는 ( ㉡ )를 첨부하여 허가권자에게 사용승인을 신청하여야 한다.

① ㉠ 설계도서, ㉡ 시방서
② ㉠ 시방서, ㉡ 설계도서
③ ㉠ 감리완료보고서, ㉡ 공사완료도서
④ ㉠ 공사완료도서, ㉡ 감리완료보고서

[해설]

건축물의 사용승인
건축주가 허가를 받았거나 신고를 한 건축물의 건축공사를 완료한 후 그 건축물을 사용하려면 공사감리자가 작성한 감리완료보고서와 국토교통부령으로 정하는 공사완료도서를 첨부하여 허가권자에게 사용승인을 신청하여야 한다.

정답  01 ④  02 ④  03 ③

# 03 건축물의 대지와 도로

## 1 대지의 조경

① 면적이 200제곱미터 이상인 대지에 건축을 하는 건축주는 용도지역 및 건축물의 규모에 따라 해당 지방자치단체의 조례로 정하는 기준에 따라 대지에 조경이나 그 밖에 필요한 조치를 해야 한다.
② 옥상부분 조경면적의 3분의 2에 해당하는 면적을 대지의 조경면적으로 산정할 수 있다. 이 경우 조경면적으로 산정하는 면적은 조경면적의 100분의 50을 초과할 수 없다.

**＋ 조경 설치 의무 예외 건축물**
- 녹지지역에 건축하는 건축물
- 면적 5천 제곱미터 미만인 대지에 건축하는 공장
- 연면적의 합계가 1천500제곱미터 미만인 공장
- 산업단지의 공장
- 대지에 염분이 함유되어 있는 경우 또는 건축물 용도의 특성상 조경 등의 조치를 하기가 곤란하거나 조경 등의 조치를 하는 것이 불합리한 경우로서 건축조례로 정하는 건축물
- 축사, 가설건축물
- 연면적의 합계가 1천500제곱미터 미만인 물류시설(주거지역 또는 상업지역에 건축하는 것은 제외)
- 자연환경보전지역·농림지역 또는 관리지역의 건축물
- 관광단지에 설치하는 관광시설
- 전문휴양업의 시설 또는 같은 호 나목에 따른 종합휴양업의 시설
- 관광·휴양형 지구단위계획구역에 설치하는 관광시설
- 골프장

## 2 대지의 안전

| | |
|---|---|
| 기본사항 | • 대지는 인접한 도로면보다 낮아서는 안 된다. 단, 대지의 배수에 지장이 없거나 건축물의 용도상 방습(防濕)의 필요가 없는 경우에는 인접한 도로면보다 낮아도 된다.<br>• 습한 토지, 물이 나올 우려가 많은 토지, 쓰레기, 그 밖에 이와 유사한 것으로 매립된 토지에 건축물을 건축하는 경우에는 성토(盛土), 지반 개량 등 필요한 조치를 해야 한다.<br>• 대지에는 빗물과 오수를 배출하거나 처리하기 위하여 필요한 하수관, 하수구, 저수탱크, 그 밖에 이와 유사한 시설을 해야 한다.<br>• 손궤(損潰, 무너져 내림)의 우려가 있는 토지에 대지를 조성하려면 국토교통부령으로 정하는 바에 따라 옹벽을 설치하거나 그 밖에 필요한 조치를 해야 한다. |
| 옹벽의 설치 | • 성토 또는 절토하는 부분의 경사도가 1:1.5 이상으로서 높이가 1미터 이상인 부분에는 옹벽을 설치할 것<br>• 옹벽의 높이가 2미터 이상인 경우에는 이를 콘크리트구조로 할 것<br>• 옹벽의 외벽면에는 이의 지지 또는 배수를 위한 시설외의 구조물이 밖으로 튀어 나오지 않게 할 것<br>• 옹벽의 윗가장자리로부터 안쪽으로 2미터 이내에 묻는 배수관은 주철관, 강관 또는 흡관으로 하고, 이음부분은 물이 새지 않도록 할 것<br>• 옹벽에는 3제곱미터마다 하나 이상의 배수구멍을 설치해야 하고, 옹벽의 윗가장자리로부터 안쪽으로 2미터 이내에서의 지표수는 지상으로 또는 배수관으로 배수하여 옹벽의 구조상 지장이 없도록 할 것<br>• 성토부분의 높이는 대지의 안전 등에 지장이 없는 한 인접대지의 지표면보다 0.5미터 이상 높게 하지 않을 것 |

# 과년도 기출문제

건 축 / 기 사 / 필 기

**01** 다음은 대지의 조경에 관한 기준 내용이다. ( ) 안에 알맞은 것은? [17년 4회, 19년 2회, 19년 4회]

> 면적이 ( ) 이상인 대지에 건축을 하는 건축주는 용도지역 및 건축물의 규모에 따라 해당 지방자치단체의 조례로 정하는 기준에 따라 대지에 조경이나 그 밖에 필요한 조치를 하여야 한다.

① $100m^2$　　② $200m^2$
③ $300m^2$　　④ $500m^2$

[해설]
대지의 조경
면적이 200제곱미터 이상인 대지에 건축을 하는 건축주는 용도지역 및 건축물의 규모에 따라 해당 지방자치단체의 조례로 정하는 기준에 따라 대지에 조경이나 그 밖에 필요한 조치를 하여야 한다.

**02** 대지면적이 $1,000m^2$인 건축물의 옥상에 조경면적을 $90m^2$ 설치한 경우, 대지에 설치하여야 하는 최소 조경면적은?(단, 조경설치기준은 대지면적의 10%) [18년 2회]

① $10m^2$　　② $40m^2$
③ $50m^2$　　④ $100m^2$

[해설]
조경설치기준이 대지면적의 10%이므로, 조경 필요면적은 대지면적 $1,000m^2$의 10%인 $100m^2$이다.
그리고 옥상의 조경면적 중 3분의 2에 해당하는 면적(90 × 2/3)인 $60m^2$를 대지의 조경으로 인정할 수 있으나, 최대 인정가능 면적이 필요 조경면적의 50%이므로, $100m^2$의 50%인 $50m^2$ 만이 대지조경면적으로 인정되게 된다.
그러므로 대지에 설치하여야 하는 최소 조경면적은 $100m^2$ 중 옥상조경을 통해 인정된 $50m^2$를 제외한 나머지 $50m^2$이다.

**03** 건축물의 옥상에 $60m^2$의 옥상조경을 설치하고 대지에 $100m^2$의 조경을 설치한 경우 조경면적으로 산정받을 수 있는 전체 조경면적은?(단, 이 건축물에 설치하여야 하는 조경면적은 $100m^2$이다.) [16년 1회]

① $130m^2$　　② $140m^2$
③ $150m^2$　　④ $160m^2$

[해설]
• 대지조경면적 : $100m^2$
• 옥상 조경 인정면적 : 옥상의 조경면적 중 3분의 2에 해당하는 면적(60×2/3)인 $40m^2$를 대지의 조경으로 인정할 수 있으며, 최대 인정가능 면적은 필요 조경면적의 50%($100m^2$×0.5=$50m^2$) 이내 이므로, 옥상 조경 인정면적은 $40m^2$이다.
∴ 100 + 40=$140m^2$

**04** 건축법령상 건축을 하는 경우 조경 등의 조치를 하지 아니할 수 있는 건축물 기준으로 옳지 않은 것은?(단, 면적이 $200m^2$ 이상인 대지에 건축을 하는 경우) [16년 4회, 22년 1회]

① 축사
② 녹지지역에 건축하는 건축물
③ 연면적의 합계가 $2,000m^2$ 미만인 공장
④ 면적 $5,000m^2$ 미만인 대지에 건축하는 공장

[해설]
연면적의 합계가 1천500제곱미터 미만인 공장이 해당한다.

**05** 손궤의 우려가 있는 토지에 대지를 조성하는 경우 설치하는 옹벽에 관한 기준 내용으로 옳지 않은 것은? [15년 4회]

① 옹벽에는 $3m^2$마다 하나 이상의 배수구멍을 설치해야 한다.
② 옹벽의 높이가 2m 이상인 경우에는 이를 콘크리트 구조로 하는 것이 원칙이다.
③ 옹벽의 외벽면에 설치하는 배수를 위한 시설은 밖으로 튀어 나오지 않도록 해야 한다.
④ 옹벽의 윗가장자리로부터 안쪽으로 2m 이내에 묻는 배수관은 주철관, 강관 또는 흉관으로 하고, 이음부분은 물이 새지 않도록 해야 한다.

[해설]
옹벽의 외벽면에는 이의 지지 또는 배수를 위한 시설 외의 구조물이 밖으로 튀어 나오지 않게 해야 한다.

정답　01 ②　02 ③　03 ②　04 ③　05 ③

# 03 건축물의 대지와 도로

## 3 공개공지의 확보

| 구분 | 내용 |
|---|---|
| 공개공지의 확보 대상 | • 문화 및 집회시설, 종교시설, 판매시설(농수산물유통시설은 제외), 운수시설(여객용 시설만 해당), 업무시설 및 숙박시설로서 해당 용도로 쓰는 바닥면적의 합계가 5천m² 이상인 건축물<br>• 그 밖에 다중이 이용하는 시설로서 건축조례로 정하는 건축물 |
| 공개공지의 면적 | 공개공지 등의 면적은 대지면적의 10/100 이하의 범위에서 건축조례로 정함 |
| 공개공지 설치에 따른 인센티브(완화 적용) | • 용적률은 해당 지역에 적용하는 용적률의 1.2배 이하<br>• 높이제한은 해당 건축물에 적용하는 높이기준의 1.2배 이하 |
| 공개공지 내에서 제한되는 행위 | • 공개공지 등의 일정 공간을 점유하여 영업을 하는 행위<br>• 공개공지 등에 허용된 시설 외의 시설물을 설치하는 행위<br>• 공개공지 등에 물건을 쌓아 놓는 행위<br>• 울타리나 담장 등의 시설을 설치하거나 출입구를 폐쇄하는 등 공개공지 등의 출입을 차단하는 행위<br>• 공개공지 등과 그에 설치된 편의시설을 훼손하는 행위 |

**＋ 공개공지**

쾌적한 지역 환경을 위해 사적인 대지 내에 조성토록 하는 공적 공간이다(일반인들 이용 가능).

**공개공지 확보 필요 대상 지역**
• 일반주거지역, 준주거지역
• 상업지역
• 준공업지역

• 공개공지는 필로티의 구조로 할 수 있으며, 울타리를 설치하는 등 공개공지 등의 활용을 저해하는 행위를 해서는 안 됨

• 공개공지 등의 면적은 대지면적의 10/100 이하의 범위에서 건축조례로 정하며, 이 경우 조경면적을 공개공지 등의 면적으로 할 수 있음

• 공개공지 등에는 일정 기간(연간 60일 이내) 동안 건축조례로 정하는 바에 따라 주민들을 위한 문화행사를 열거나 판촉활동을 할 수 있음

## 4 대지와 도로의 관계

① 건축물의 대지는 2m 이상이 도로(자동차만의 통행에 사용되는 도로는 제외한다)에 접하여야 한다.
② 연면적의 합계가 2천m²(공장인 경우에는 3천m²) 이상인 건축물(축사, 작물 재배사, 그 밖에 이와 비슷한 건축물로서 건축조례로 정하는 규모의 건축물은 제외한다)의 대지는 너비 6m 이상의 도로에 4m 이상 접하여야 한다.

---

**개념이해**

**01** 건축물의 대지는 원칙적으로 최소 얼마 이상이 도로에 접하여야 하는가?(단, 자동차만의 통행에 사용되는 도로는 제외)

[15년 2회, 16년 4회, 17년 2회, 21년 2회]

① 1m  ② 2m
③ 3m  ④ 4m

**대지와 도로의 관계**
건축물의 대지는 2m 이상이 도로(자동차만의 통행에 사용되는 도로는 제외한다)에 접하여야 한다.

답 ②

## 과년도 기출문제

건축 / 기사 / 필기

**01** 건축법령상 건축물의 대지에 공개공지 또는 공개공간을 확보하여야 하는 대상 건축물에 속하지 않는 것은?(단, 해당 용도로 쓰는 바닥면적의 합계가 5,000m²인 건축물의 경우) [18년 2회]

① 종교시설  ② 의료시설
③ 업무시설  ④ 숙박시설

[해설]

공개공지의 확보 대상
- 문화 및 집회시설, 종교시설, 판매시설(농수산물유통시설은 제외), 운수시설(여객용시설만 해당), 업무시설 및 숙박시설로서 해당 용도로 쓰는 바닥면적의 합계가 5천m² 이상인 건축물
- 그 밖에 다중이 이용하는 시설로서 건축조례로 정하는 건축물

**02** 건축법령상 일반주거지역, 준주거지역, 상업지역 또는 준공업지역의 환경을 쾌적하게 조성하기 위하여 대지에 공개공지 또는 공개공간을 확보하여야 하는 대상 건축물에 속하지 않는 것은?(단, 건축조례로 정하는 건축물 제외) [16년 1회]

① 숙박시설로서 해당 용도로 쓰는 바닥면적의 합계가 5,000m² 이상인 건축물
② 의료시설로서 해당 용도로 쓰는 바닥면적의 합계가 5,000m² 이상인 건축물
③ 업무시설로서 해당 용도로 쓰는 바닥면적의 합계가 5,000m² 이상인 건축물
④ 종교시설로서 해당 용도로 쓰는 바닥면적의 합계가 5,000m² 이상인 건축물

[해설]

공개공지의 확보 대상
- 문화 및 집회시설, 종교시설, 판매시설(농수산물유통시설은 제외), 운수시설(여객용시설만 해당), 업무시설 및 숙박시설로서 해당 용도로 쓰는 바닥 면적의 합계가 5천m² 이상인 건축물
- 그 밖에 다중이 이용하는 시설로서 건축조례로 정하는 건축물

**03** 대통령령으로 정하는 용도와 규모의 건축물에 대해 일반이 사용할 수 있도록 소규모 휴식시설 등의 공개공지 또는 공개공간을 설치하여야 하는 대상 지역에 속하지 않는 것은? [18년 1회]

① 준주거지역  ② 준공업지역
③ 일반주거지역  ④ 전용주거지역

[해설]

공개공지 확보 필요 대상 지역
- 일반주거지역, 준주거지역
- 상업지역
- 준공업지역

**04** 다음의 대지와 도로의 관계에 관한 기준 내용 중 ( ) 안에 알맞은 것은? [17년 1회, 18년 4회, 20년 3회]

> 연면적의 합계가 2천 제곱미터(공장인 경우에는 3천 제곱미터) 이상인 건축물(축사, 작물 재배사, 그 밖에 이와 비슷한 건축물로서 건축조례로 정하는 규모의 건축물은 제외한다)의 대지는 너비 ( ㉠ ) 이상의 도로에 ( ㉡ ) 이상 접하여야 한다.

① ㉠ 4m, ㉡ 2m  ② ㉠ 6m, ㉡ 4m
③ ㉠ 8m, ㉡ 6m  ④ ㉠ 8m, ㉡ 4m

[해설]

대지와 도로의 관계[건축법 시행령 제28조]
연면적의 합계가 2천m²(공장인 경우에는 3천m²) 이상인 건축물(축사, 작물 재배사, 그 밖에 이와 비슷한 건축물로서 건축조례로 정하는 규모의 건축물은 제외한다)의 대지는 너비 6m 이상의 도로에 4m 이상 접하여야 한다.

정답  01 ②  02 ②  03 ④  04 ②

# 03 건축물의 대지와 도로

## 5 건축선의 지정

| 건축선의 개념 | 도로와 접한 부분에 건축물을 건축할 수 있는 선으로 대지와 도로의 경계선 |
|---|---|
| 소요 너비에 못 미치는 너비의 도로의 건축선 | • 소요 너비에 못 미치는 너비의 도로 중심선으로부터 각각 양쪽으로 그 소요 너비의 1/2 수평거리만큼 물러난 선이다.<br>• 도로의 반대쪽에 경사지, 하천, 철도, 선로부지, 그 밖에 이와 유사한 것이 있는 경우에는 경사지 등이 있는 쪽의 도로경계선에서 소요 너비에 해당하는 수평거리의 선이다.<br>• 너비 8m 미만인 도로의 모퉁이 부분 건축선(가각전제)의 경우 그 대지에 접한 도로경계선의 교차점으로부터 도로경계선에 따라 다음의 표에 따른 거리를 각각 후퇴한 두 점을 연결한 선이다(이 경우 도로 모퉁이의 가각전제된 부분의 대지는 대지면적과 건폐율 산정 및 용적률 산정에서는 제외). |

| 도로의 교차각 | 당해 도로의 너비 | | 교차되는 도로의 너비 |
|---|---|---|---|
| | 4m 이상 6m 미만 | 6m 이상 8m 미만 | |
| 90° 미만 | 3m | 4m | 6m 이상 8m 미만 |
| | 2m | 3m | 4m 이상 6m 미만 |
| 90° 이상 120° 미만 | 2m | 3m | 6m 이상 8m 미만 |
| | 2m | 2m | 4m 이상 6m 미만 |

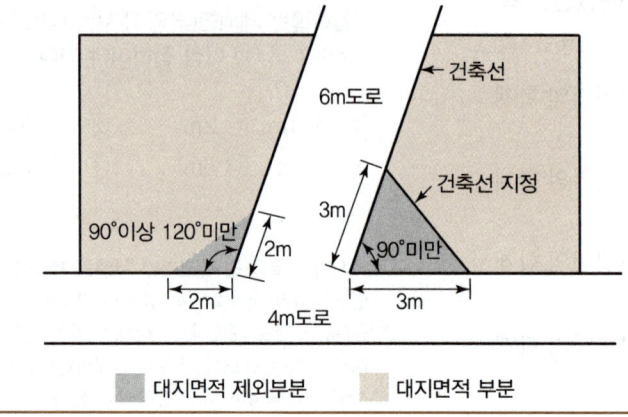

■ 대지면적 제외부분  ■ 대지면적 부분

+ **특별자치시장·특별자치도지사 또는 시장·군수·구청장이 건축선 지정**

시가지 안에서 건축물의 위치나 환경을 정비하기 위하여 필요하다고 인정하면 도시지역에는 4m 이하의 범위에서 건축선을 따로 지정할 수 있다.

• 건축물과 담장은 건축선의 수직면(垂直面)을 넘어서는 아니 된다. 다만, 지표(地表) 아래 부분은 그러하지 아니하다.

• 도로면으로부터 높이 4.5m 이하에 있는 출입구, 창문, 그 밖에 이와 유사한 구조물은 열고 닫을 때 건축선의 수직면을 넘지 아니하는 구조로 하여야 한다.

# 과년도 기출문제

**01** 너비 8m 미만인 도로의 모퉁이에 위치한 대지의 도로 모퉁이 부분의 건축선은 그 대지에 접한 도로 경계선의 교차점으로부터 도로경계선에 따라 다음의 표에 따른 거리를 각각 후퇴한 두 점을 연결한 선으로 한다. ( ) 안의 숫자로 옳은 것은?(단, 도로의 교차각 90° 미만인 경우) [16년 4회]

| 당해 도로의 너비 | 교차되는 도로의 너비 |
|---|---|
| 6m 이상 8m 미만 | |
| ( ㉠ )m | 6m 이상 8m 미만 |
| ( ㉡ )m | 4m 이상 6m 미만 |

① ㉠ 2, ㉡ 2
② ㉠ 3, ㉡ 2
③ ㉠ 3, ㉡ 3
④ ㉠ 4, ㉡ 3

[해설]

너비 8m 미만인 도로의 모퉁이 부분 건축선(가각전제)의 경우 그 대지에 접한 도로경계선의 교차점으로부터 도로경계선에 따라 다음의 표에 따른 거리를 각각 후퇴한 두 점을 연결한 선이다.

| 도로의 교차각 | 당해 도로의 너비 | | 교차되는 도로의 너비 |
|---|---|---|---|
| | 4m 이상 6m 미만 | 6m 이상 8m 미만 | |
| 90° 미만 | 3m | 4m | 6m 이상 8m 미만 |
| | 2m | 3m | 4m 이상 6m 미만 |
| 90° 이상 120° 미만 | 2m | 3m | 6m 이상 8m 미만 |
| | 2m | 2m | 4m 이상 6m 미만 |

**02** 그림과 같은 대지의 도로 모퉁이 부분의 건축선으로서 도로경계선의 교차점에서의 거리 "A"로 옳은 것은? [19년 1회]

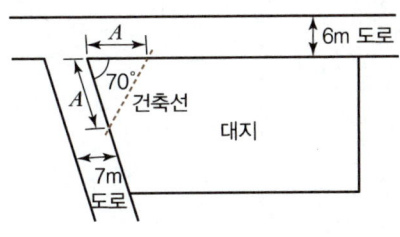

① 1m
② 2m
③ 3m
④ 4m

[해설]

두 도로 모두 6m 이상 8m 미만이고, 도로의 교차각이 90° 미만이므로 A는 4m이다.

건축선 후퇴거리

| 도로의 교차각 | 당해 도로의 너비 | | 교차되는 도로의 너비 |
|---|---|---|---|
| | 4m 이상 6m 미만 | 6m 이상 8m 미만 | |
| 90° 미만 | 3m | 4m | 6m 이상 8m 미만 |
| | 2m | 3m | 4m 이상 6m 미만 |
| 90° 이상 120° 미만 | 2m | 3m | 6m 이상 8m 미만 |
| | 2m | 2m | 4m 이상 6m 미만 |

**03** 시장·군수·구청장이 국토의 계획 및 이용에 관한 법률에 따른 도시지역에서 건축선을 따로 지정할 수 있는 최대 범위는? [20년 3회]

① 2m
② 3m
③ 4m
④ 6m

[해설]

특별자치시장·특별자치도지사 또는 시장·군수·구청장이 건축선 지정
시가지 안에서 건축물의 위치나 환경을 정비하기 위하여 필요하다고 인정하면 도시지역에는 4m 이하의 범위에서 건축선을 따로 지정할 수 있다.

**04** 다음은 건축선에 따른 건축제한에 관한 기준 내용이다. ( ) 안에 알맞은 것은? [19년 2회, 21년 4회]

> 도로면으로부터 높이 ( ) 이하에 있는 출입구, 창문, 그 밖에 이와 유사한 구조물은 열고 닫을 때 건축선의 수직면을 넘지 아니하는 구조로 하여야 한다.

① 3m
② 4.5m
③ 6m
④ 10m

[해설]

도로면으로부터 높이 4.5m 이하에 있는 출입구, 창문, 그 밖에 이와 유사한 구조물은 열고 닫을 때 건축선의 수직면을 넘지 아니하는 구조로 하여야 한다.

정답 01 ④  02 ④  03 ③  04 ②

# 04 건축물의 구조 및 재료 등

### 1 내진능력 공개 대상물(건축물의 설계자 구조안전 확인이 필요한 건축물)

- 층수가 2층(주요 구조부인 기둥과 보를 설치하는 건축물로서 그 기둥과 보가 목재인 목구조 건축물의 경우에는 3층) 이상인 건축물
- 연면적이 200m²(목구조 건축물의 경우에는 500m²) 이상인 건축물
- 높이가 13m 이상인 건축물
- 처마높이가 9m 이상인 건축물
- 기둥과 기둥 사이의 거리가 10m 이상인 건축물
- 건축물의 용도 및 규모를 고려한 중요도가 높은 건축물로서 국토교통부령으로 정하는 건축물
- 국가적 문화유산으로 보존할 가치가 있는 건축물로서 국토교통부령으로 정하는 것
- 특수구조 건축물
- 단독주택 및 공동주택

#### 특수구조 건축물
- 한쪽 끝은 고정되고 다른 끝은 지지(支持)되지 아니한 구조로 된 보·차양 등이 외벽(외벽이 없는 경우에는 외곽 기둥)의 중심선으로부터 3m 이상 돌출된 건축물
- 기둥과 기둥 사이의 거리(기둥의 중심선 사이의 거리, 기둥이 없는 경우에는 내력벽과 내력벽의 중심선 사이의 거리)가 20m 이상인 건축물

#### 건축물 안전영향평가 대상 건축물
- 초고층 건축물
- 연면적이 10만m² 이상이고, 16층 이상인 건축물

## 과년도 기출문제

**01** 사용승인을 받는 즉시 건축물의 내진능력을 공개하여야 하는 대상 건축물의 층수 기준은?(단, 목구조 건축물의 경우이며 기타의 경우는 고려하지 않는다.) [22년 1회]

① 2층 이상
② 3층 이상
③ 6층 이상
④ 16층 이상

[해설]

층수가 2층(주요 구조부인 기둥과 보를 설치하는 건축물로서 그 기둥과 보가 목재인 목구조 건축물의 경우에는 3층) 이상인 건축물
※ 예외 조건을 물어본 것에 유의해야 한다.

**02** 건축물의 건축주가 착공신고를 할 때, 해당 건축물의 설계자로부터 받은 구조안전의 확인서류를 허가권자에게 제출하여야 하는 대상 건축물 기준으로 옳지 않은 것은?(단, 허가대상 건축물인 경우) [16년 2회 문제변형]

① 높이가 11m 이상인 건축물
② 처마높이가 9m 이상인 건축물
③ 건축물의 용도 및 규모를 고려한 중요도가 높은 건축물로서 국토교통부령으로 정하는 건축물
④ 기둥과 기둥 사이의 거리가 10m 이상인 건축물

[해설]

높이가 13m 이상인 건축물이 해당한다.

**03** 건축허가를 하기 전에 건축물의 구조안전과 인접 대지의 안전에 미치는 영향 등을 평가하는 건축물 안전영향평가를 실시하여야 하는 대상 건축물 기준으로 옳은 것은? [19년 2회]

① 층수가 6층 이상으로 연면적 1만m² 이상인 건축물
② 층수가 6층 이상으로 연면적 10만m² 이상인 건축물
③ 층수가 16층 이상으로 연면적 1만m² 이상인 건축물
④ 층수가 16층 이상으로 연면적 10만m² 이상인 건축물

[해설]

건축물 안전영향평가 대상 건축물
• 초고층 건축물
• 연면적이 10만m² 이상이고, 16층 이상인 건축물

정답  01 ②  02 ①  03 ④

# 04 건축물의 구조 및 재료 등

## 2 건축물의 피난시설 및 용도제한

### (1) 피난층의 설치
- 직접 지상으로 통하는 출입구가 있는 층
- 초고층 건축물의 피난안전구역

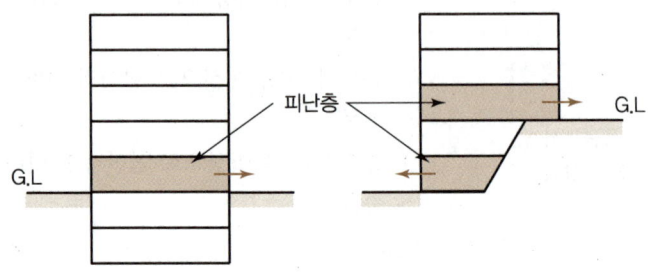

### (2) 보행거리에 의한 직통계단 설치

| 구분 | 거실 각 부분으로부터 계단에 이르는 보행거리 |
|---|---|
| 원칙 | 30m 이하 |
| 주요 구조부가 내화구조나 불연재료인 경우(지하층에 설치한 바닥면적 합계가 300m² 이상인 공연장·집회장·관람장 및 전시장 제외) | 50m 이하 (16층 이상 공동주택 : 40m) |
| 자동화 생산시설에 스프링클러 등 자동식 소화설비를 설치한 반도체 및 디스플레이 패널을 제조하는 공장 | 75m 이하 (무인화 공장 : 100m 이하) |

## (3) 직통계단을 2개소 이상 설치하여야 하는 건축물(피난층 이외 층)

| 건축물의 용도 | 해당 부분 | 바닥면적 |
|---|---|---|
| • 문화 및 집회시설(전시장 및 동·식물원 제외)<br>• 장례식장<br>• 위락시설 중 주점영업<br>• 종교시설 | 그 층의 관람석 또는 집회실의 바닥면적 합계 | 200m² 이상 |
| • 다중주택·다가구주택<br>• 정신과의원(입원실 있는 경우)<br>• 인터넷컴퓨터게임시설제공업소(바닥면적의 합계 300m² 이상)·학원·독서실, 판매시설, 운수시설(여객용 시설), 의료시설(입원실 없는 치과병원 제외)<br>• 아동 관련 시설·노인복지시설·장애인 거주시설(장애인 거주시설 중 국토교통부령으로 정하는 시설) 및 장애인 의료재활시설<br>• 유스호스텔 또는 숙박시설 | 3층 이상의 층으로서 그 층의 해당 용도로 쓰이는 거실 바닥면적 합계 | 200m² 이상 |
| 지하층 | 그 층의 거실 바닥면적의 합계 | |
| • 공동주택(층당 4세대 이하는 제외)<br>• 업무시설 중 오피스텔<br>• 공연장, 종교집회장 | 그 층의 당해 용도에 쓰이는 거실 바닥면적의 합계 | 300m² 이상 |
| 위의 규정된 용도에 해당하지 않는 용도 | 3층 이상의 층으로 그 층의 거실 바닥면적의 합계 | 400m² 이상 |

**지하층과 피난층 사이의 개방공간 설치**
바닥면적의 합계가 3천m² 이상인 공연장·집회장·관람장 또는 전시장을 지하층에 설치하는 경우에는 각 실에 있는 자가 지하층 각 층에서 건축물 밖으로 피난하여 옥외 계단 또는 경사로 등을 이용하여 피난층으로 대피할 수 있도록 천장이 개방된 외부 공간을 설치해야 한다.

• 11층 이하의 건축물에는 국토교통부령으로 정하는 기준에 따라 소방관이 진입할 수 있는 곳을 정하여 외부에서 주·야간 식별할 수 있는 표시를 하여야 한다.

**복합건축물의 피난시설 등[건축물의 피난·방화구조 등의 기준에 관한 규칙 제14조의2]**
• 같은 건축물 안에 공동주택 등과 위락시설 등을 함께 설치하고자 하는 경우, 공동주택 등의 출입구와 위락시설 등의 출입구는 서로 그 보행거리가 30m 이상이 되도록 설치해야 한다.
• 공동주택 등과 위락시설 등은 서로 이웃하지 아니하도록 배치해야 한다.

# 과년도 기출문제

건축 / 기사 / 필기

**01** 건축물의 피난층 외의 층에서 피난층 또는 지상으로 통하는 직통계단을 거실의 각 부분으로부터 계단에 이르는 보행거리가 최대 얼마 이내가 되도록 설치하여야 하는가?(단, 건축물의 주요 구조부는 내화구조이고 층수는 15층으로 공동주택이 아닌 경우)                    [21년 2회]

① 30m   ② 40m
③ 50m   ④ 60m

[해설]
주요 구조부가 내화구조나 불연재료인 경우
거실 각 부분으로부터 계단에 이르는 보행거리는 50m 이하(16층 이상 공동주택 : 40m)로 한다.

**02** 주요 구조부가 내화구조 또는 불연재료로 된 층수가 16층 이상인 공동주택의 경우, 피난층 외의 층에서 피난층 또는 지상으로 통하는 직통계단을 거실의 각 부분으로부터 보행거리가 최대 얼마 이하가 되도록 설치하여야 하는가?(단, 계단은 거실로부터 가장 가까운 거리에 있는 계단을 말한다.)                    [15년 4회, 20년 3회]

① 30m   ② 40m
③ 50m   ④ 75m

[해설]
주요 구조부가 내화구조나 불연재료인 경우
거실 각 부분으로부터 계단에 이르는 보행거리는 50m 이하(16층 이상 공동주택 : 40m)로 한다.

**03** 다음의 직통계단의 설치에 관한 기준 내용 중 밑줄 친 "다음 각 호의 어느 하나에 해당하는 용도 및 규모의 건축물"의 기준 내용으로 옳지 않은 것은?                    [17년 4회, 20년 4회]

법 제49조 제1항에 따라 피난층 외의 층이 <u>다음 각 호의 어느 하나에 해당하는 용도 및 규모의 건축물</u>에는 국토교통부령으로 정하는 기준에 따라 피난층 또는 지상으로 통하는 직통계단을 2개소 이상 설치하여야 한다.

① 지하층으로서 그 층 거실의 바닥면적의 합계가 200m² 이상인 것
② 종교시설의 용도로 쓰는 층으로서 그 층에서 해당 용도로 쓰는 바닥면적의 합계가 200m² 이상인 것
③ 숙박시설의 용도로 쓰는 3층 이상의 층으로서 그 층의 해당 용도로 쓰는 거실의 바닥면적의 합계가 200m² 이상인 것
④ 업무시설 중 오피스텔의 용도로 쓰는 층으로서 그 층의 해당 용도로 쓰는 거실의 바닥면적의 합계가 200m² 이상인 것

[해설]
업무시설 중 오피스텔의 용도로 쓰는 층으로서 그 층의 해당 용도로 쓰는 거실의 바닥면적의 합계가 300m² 이상인 것이 해당한다.

**04** 다음은 지하층과 피난층 사이의 개방공간 설치에 관한 기준 내용이다. (    ) 안에 알맞은 것은?                    [18년 1회, 21년 2회]

바닥면적의 합계가 (    ) 이상인 공연장·집회장·관람장 또는 전시장을 지하층에 설치하는 경우에는 각 실에 있는 자가 지하층 각 층에서 건축물 밖으로 피난하여 옥외 계단 또는 경사로 등을 이용하여 피난층으로 대피할 수 있도록 천장이 개방된 외부 공간을 설치하여야 한다.

① 1,000m²   ② 2,000m²
③ 3,000m²   ④ 4,000m²

[해설]
지하층과 피난층 사이의 개방공간 설치[건축법 시행령 제37조]
바닥면적의 합계가 3천m² 이상인 공연장·집회장·관람장 또는 전시장을 지하층에 설치하는 경우에는 각 실에 있는 자가 지하층 각 층에서 건축물 밖으로 피난하여 옥외 계단 또는 경사로 등을 이용하여 피난층으로 대피할 수 있도록 천장이 개방된 외부 공간을 설치하여야 한다.

정답  01 ③   02 ②   03 ④   04 ③

## 과년도 기출문제

**05** 같은 건축물 안에 공동주택과 위락시설을 함께 설치하고자 하는 경우, 공동주택의 출입구와 위락시설의 출입구는 서로 그 보행거리가 최소 얼마 이상이 되도록 설치하여야 하는가? [17년 2회]

① 10m  ② 20m
③ 30m  ④ 50m

[해설]

복합건축물의 피난시설 등[건축물의 피난·방화구조 등의 기준에 관한 규칙 제14조의2]
공동주택 등의 출입구와 위락시설 등의 출입구는 서로 그 보행거리가 30m 이상이 되도록 설치해야 한다.

**06** 같은 건축물 안에 공동주택과 위락시설을 함께 설치하고자 하는 경우에 관한 기준 내용으로 옳지 않은 것은? [19년 2회]

① 건축물의 주요 구조부를 내화구조로 할 것
② 공동주택과 위락시설은 서로 이웃하도록 배치할 것
③ 공동주택과 위락시설은 내화구조로 된 바닥 및 벽으로 구획하여 서로 차단할 것
④ 공동주택의 출입구와 위락시설의 출입구는 서로 그 보행거리가 30m 이상이 되도록 설치 할 것

[해설]

복합건축물의 피난시설 등[건축물의 피난·방화구조 등의 기준에 관한 규칙 제14조의2]
공동주택 등과 위락시설 등은 서로 이웃하지 아니하도록 배치해야 한다.

정답  05 ③  06 ②

## 04 건축물의 구조 및 재료 등

### ③ 고층 건축물의 피난 및 안전관리

| 일반사항 | 고층 건축물에는 대통령령으로 정하는 바에 따라 피난안전구역을 설치하거나 대피공간을 확보한 계단을 설치하여야 한다. |
|---|---|
| 피난안전구역 | • 건축물의 피난·안전을 위하여 건축물 중간층에 설치하는 대피공간으로 피난층 또는 지상으로 통하는 직통계단과 직접 연결되는 곳<br>• 초고층 건축물 : 최대 30개층마다 1개소 이상 설치<br>• 준초고층 건축물 : 해당 건축물 전체 층수의 1/2에 해당하는 층으로부터 상하 5개층 이내에 1개소 이상 설치 |
| 피난안전구역의 구조 및 설비기준 | • 피난안전구역의 바로 아래층 및 위층은 건축물의 설비기준 등에 관한 규칙에 적합한 단열재를 설치한다. 이 경우 아래층은 최상층에 있는 거실이 반자 또는 지붕 기준을 준용하고, 위층은 최하층에 있는 거실의 바닥 기준을 준용한다.<br>• 피난안전구역의 내부마감재료는 불연 재료로 설치한다.<br>• 건축물의 내부에서 피난안전구역으로 통하는 계단은 특별피난계단의 구조로 설치한다.<br>• 비상용 승강기는 피난안전구역에서 승하차할 수 있는 구조로 설치한다.<br>• 피난안전구역에는 식수공급을 위한 급수전을 1개소 이상 설치하고 예비전원에 의한 조명설비를 설치한다.<br>• 관리사무소 또는 방재센터 등과 긴급연락이 가능한 경보 및 통신시설을 설치한다.<br>• 피난안전구역의 면적 산정기준에서 정하는 기준에 따라 산정한 면적 이상으로 한다. → (피난안전구역 위층의 재실자 수×0.5)×0.28$m^2$<br>• 피난안전구역의 높이는 2.1m 이상이어야 한다.<br>• 건축물의 설비기준 등에 관한 규칙에 따른 배연설비를 설치해야 한다.<br>• 그 밖에 소방방재청장이 정하는 소방 등 재난관리를 위한 설비를 갖추어야 한다. |

**➕ 준초고층 건축물**

고층 건축물 중 초고층 건축물이 아닌 것 (층수 30층 이상 50층 미만이거나, 높이 120m 이상 200m 미만인 건축물)

## 4 피난계단의 설치 대상

### (1) 피난계단 및 특별피난계단 설치 대상

| 구분 | 대상 | 예외 |
|---|---|---|
| 피난계단 또는 특별피난계단 | 5층 이상의 층으로부터 피난층 또는 지상으로 통하는 직통계단(지하 1층인 건축물의 경우에는 5층 이상의 층으로부터 피난층 또는 지상으로 통하는 직통계단과 직접 연결된 지하 1층의 계단을 포함) | 건축물의 주요 구조부가 내화구조 또는 불연재료로 되어 있고 다음 중 하나에 해당하는 경우<br>• 5층 이상의 바닥면적 합계가 $200m^2$ 이하인 경우<br>• 5층 이상의 바닥면적 $200m^2$ 이내마다 방화구획이 되어 있는 경우 |
| | 지하 2층 이하의 층으로부터 피난층 또는 지상으로 통하는 직통계단 | |
| | 판매시설의 용도에 쓰이는 층으로부터의 직통계단은 1개소 이상을 특별피난계단으로 설치하여야 함 | |
| | 5층 이상인 층으로서 문화 및 집회시설 중 전시장 또는 동·식물원, 판매시설, 운수시설(여객용 시설만 해당), 운동시설, 위락시설, 관광휴게시설(다중이 이용하는 시설만 해당) 또는 수련시설 중 생활권 수련시설의 용도로 쓰는 층에는 직통계단 외에 그 층의 해당 용도로 쓰는 바닥면적의 합계가 2천$m^2$를 넘는 경우에는 그 넘는 2천$m^2$ 이내마다 1개소 설치(4층 이하의 층에는 쓰지 아니하는 피난계단 또는 특별피난계단만 해당) | |
| 특별피난계단 | 11층(공동주택은 16층) 이상의 층으로부터 피난층 또는 지상으로 통하는 직통계단 | • 갓복도식 공동주택<br>• 해당 층의 바닥면적이 $400m^2$ 미만인 층 |
| | 지하 3층 이하인 층으로부터 피난층 또는 지상으로 통하는 직통계단 | |

### (2) 옥외피난계단 설치

| 일반사항 | 건축물의 3층 이상인 층(피난층 제외)으로서 다음의 어느 하나에 해당하는 용도로 쓰는 층에는 직통계단 외에 그 층으로부터 지상으로 통하는 옥외피난계단을 따로 설치하여야 한다. |
|---|---|
| 용도별 설치대상 | • 제2종 근린생활시설 중 공연장(해당 용도로 쓰는 바닥면적의 합계가 $300m^2$ 이상), 문화 및 집회시설 중 공연장, 위락시설 중 주점영업의 용도로 쓰는 층으로서 그 층 거실 바닥면적의 합계가 $300m^2$ 이상인 것<br>• 문화 및 집회시설 중 집회장의 용도로 쓰는 층으로서 그 층 거실의 바닥면적의 합계가 1천$m^2$ 이상인 것 |

## 04 건축물의 구조 및 재료 등

### 5 피난계단의 구조

#### (1) 건축물의 내부에 설치하는 피난계단

| 계단실 벽 | 당해 건축물의 다른 부분과 내화구조의 벽으로 구획할 것(창문 등 제외) |
|---|---|
| 계단실 마감 | 바닥 및 반자 등 실내에 면한 모든 부분은 불연재료로 할 것(마감을 위한 바탕 포함) |
| 조명설비 | 예비전원에 의한 조명설비를 할 것 |
| 외부와 접하는 창문 | 당해 건축물의 다른 부분에 설치하는 창문으로부터 2m 이상의 거리를 두고 설치할 것(망이 들어 있는 유리의 붙박이창으로서 그 면적이 각각 1m² 이하인 것 제외) |
| 내부와 접하는 창문 | 망이 들어 있는 유리의 붙박이창으로서 그 면적이 각각 1m² 이하로 할 것(출입구 제외) |
| 내부에서 계단실로 통하는 출입구 | • 유효너비 0.9m 이상<br>• 그 출입구에는 피난의 방향으로 열 수 있는 것으로서 언제나 닫힌 상태를 유지하거나 화재로 인한 연기, 온도, 불꽃 등을 가장 신속하게 감지하여 자동적으로 닫히는 구조로 된 60+ 방화문 또는 60분 방화문을 설치할 것 |
| 구조 | 내화구조 |
| 동선 | 피난층 또는 지상까지 직접 연결되도록 할 것 |

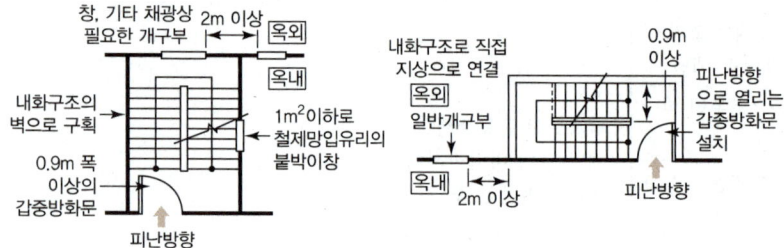

피난계단의 구조

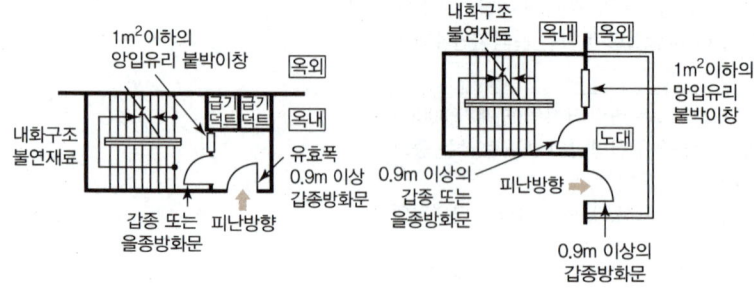

특별피난계단의 구조

## (2) 건축물의 바깥쪽에 설치하는 피난계단

| 계단실 위치 | 계단은 그 계단으로 통하는 출입구 외의 창문 등으로부터 2m 이상의 거리를 두고 설치할 것(망이 들어 있는 유리의 붙박이창으로서 그 면적이 각각 1m² 이하인 것 제외) |
|---|---|
| 출입문 | 건축물의 내부에서 계단으로 통하는 출입구에는 60+ 방화문 또는 60분 방화문을 설치할 것 |
| 계단 유효너비 | 0.9m 이상 |
| 구조 | 내화구조 |
| 동선 | 지상까지 직접 연결되도록 할 것 |

## (3) 특별피난계단

| 노대 또는 부속실 | 건축물의 내부와 계단실 연결<br>• 노대를 통하여 연결(바닥으로부터 1m 이상의 높이에 설치한 것)<br>• 면적 3m² 이상인 부속실을 통하여 연결(외부를 향해 열 수 있는 면적 1m² 이상인 창문 또는 배연설비가 있는 것) |
|---|---|
| 계단실·노대·부속실의 벽 | 창문 등을 제외하고는 내화구조의 벽으로 각각 구획할 것(비상용 승강기의 승강장을 겸용하는 부속실을 포함) |
| 계단실·부속실의 마감 | 바닥 및 반자 등 실내에 면한 모든 부분의 마감은 불연재료로 할 것(마감을 위한 바탕을 포함) |
| 계단실 조명 | 예비전원에 의한 조명설비를 할 것 |
| 외부와 접하는 창문 | 계단실·노대 또는 부속실에 설치하는 건축물의 바깥쪽에 접하는 창문 등은 계단실·노대 또는 부속실 외의 당해 건축물의 다른 부분에 설치하는 창문 등으로 부터 2m 이상의 거리를 두고 설치할 것(망이 들어 있는 유리의 붙박이창으로서 그 면적이 각각 1m² 이하인 것은 제외) |
| 내부와 접하는 창문 설치 금지 | 노대 또는 부속실에 접하는 부분 외에는 건축물의 내부와 접하는 창문 등을 설치하지 아니할 것 |
| 노대·부속실에 접하는 창문 | • 계단실의 노대 또는 부속실에 접하는 창문 등은 망이 들어 있는 유리의 붙박이창으로서 그 면적을 각각 1m² 이하로 할 것(출입구 제외)<br>• 노대 및 부속실에는 계단실 외의 건축물의 내부와 접하는 창문 등을 설치하지 아니할 것(출입구 제외) |
| 건축물의 내부에서 노대 또는 부속실로 통하는 출입구 | 60+ 방화문 또는 60분 방화문을 설치할 것 |
| 노대 또는 부속실로부터 계단실로 통하는 출입구 | 60+ 방화문 또는 60분 방화문 또는 30분 방화문을 설치할 것(60+ 방화문 또는 60분 방화문 또는 30분 방화문은 언제나 닫힌 상태를 유지하거나 화재로 인한 연기, 온도, 불꽃 등을 가장 신속하게 감지하여 자동적으로 닫히는 구조로 하여야 함) |
| 출입구 유효너비 | 0.9m 이상(피난의 방향으로 열 수 있을 것) |
| 계단의 구조 | 내화구조(피난층 또는 지상까지 직접 연결되도록 할 것) |

**특별피난계단에 설치하는 배연설비**
- 배연구가 외기에 접하지 아니하는 경우에는 배연기를 설치해야 한다.
- 배연구는 평상시 닫힌 상태를 유지하고, 열린 경우에는 배연에 의한 기류로 인해 닫히지 않도록 해야 한다.
- 배연구에 설치하는 자동개방장치는 열 혹은 연기감지기에 의해서 작동되는 것으로, 수동으로는 열고 닫을 수 있도록 해야 한다.
- 배연기에는 예비전원을 설치해야 한다.

**방화문**
- 60+ 방화문 또는 60분 방화문(기본 비차열 1시간 이상, 60+ 방화문의 경우 차열 30분 이상 성능도 확보 필요)
- 30분 방화문(비차열 30분 이상 확보)

## 과년도 기출문제

건축 / 기사 / 필기

**01** 다음은 건축법령상 직통계단의 설치에 관한 기준 내용이다. ( ) 안에 알맞은 것은?
[18년 1회, 22년 1회]

> 초고층 건축물에는 피난층 또는 지상으로 통하는 직통계단과 직접 연결되는 피난안전구역(건축물의 피난·안전을 위하여 건축물 중간층에 설치하는 대피공간)을 지상층으로부터 최대 ( ) 층마다 1개소 이상 설치하여야 한다.

① 10개
② 20개
③ 30개
④ 40개

[해설]

피난안전구역
- 건축물의 피난·안전을 위하여 건축물 중간층에 설치하는 대피공간으로 피난층 또는 지상으로 통하는 직통계단과 직접 연결되는 곳
- 초고층 건축물 : 최대 30개층마다 1개소 이상 설치
- 준초고층 건축물 : 해당 건축물 전체 층수의 1/2에 해당하는 층으로부터 상하 5개층 이내에 1개소 이상 설치

**02** 피난안전구역의 구조 및 설비에 관한 기준 내용으로 옳지 않은 것은?
[15년 2회, 18년 1회]

① 피난안전구역의 높이는 2.1m 이상일 것
② 피난안전구역의 내부마감재료는 불연재료로 설치할 것
③ 비상용 승강기는 피난안전구역에서 승하차할 수 있는 구조로 설치할 것
④ 건축물의 내부에서 피난안전구역으로 통하는 계단은 피난계단의 구조로 설치할 것

[해설]

건축물의 내부에서 피난안전구역으로 통하는 계단은 특별피난계단의 구조로 설치한다.

**03** 다음의 피난계단의 설치에 관한 기준 내용 중 ( ) 안에 알맞은 것은?
[17년 2회, 20년 1·2회 통합]

> 5층 이상 또는 지하 2층 이하인 층에 설치하는 직통계단은 피난계단 또는 특별피난계단으로 설치하여야 하는데, ( )의 용도로 쓰는 층으로부터 직통계단은 그 중 1개소 이상을 특별피난계단으로 설치하여야 한다.

① 의료시설
② 숙박시설
③ 판매시설
④ 교육연구시설

[해설]

피난계단 설치 대상
- 5층 이상의 층으로부터 피난층 또는 지상으로 통하는 직통계단
- 지하 2층 이하의 층으로부터 피난층 또는 지상으로 통하는 직통계단(단, 판매시설의 용도에 쓰이는 층으로부터의 직통계단은 1개소 이상을 특별피난계단으로 설치하여야 함)

**04** 건축물의 내부에 설치하는 피난계단의 구조에 관한 기준 내용으로 옳지 않은 것은?
[16년 4회]

① 계단은 내화구조로 하고 피난층 또는 지상까지 직접 연결되도록 할 것
② 계단실의 실내에 접하는 부분의 마감은 불연재료 또는 준불연재료로 할 것
③ 건축물의 내부에서 계단실로 통하는 출입구의 유효 너비는 0.9m 이상으로 할 것
④ 계단실은 창문·출입구 기타 개구부를 제외한 당해 건축물의 다른 부분과 내화구조의 벽으로 구획할 것

[해설]

바닥 및 반자 등 실내에 면한 모든 부분은 불연재료로 해야 한다.

정답  01 ③  02 ④  03 ③  04 ②

## 과년도 기출문제

건축 / 기사 / 필기

**05** 건축물의 바깥쪽에 설치하는 피난계단의 구조에서 피난층으로 통하는 직통계단의 최소유효 너비 기준으로 옳은 것은? [20년 1·2회 통합]

① 0.7m 이상
② 0.8m 이상
③ 0.9m 이상
④ 1.0m 이상

[해설]

건축물의 바깥쪽에 설치하는 피난계단의 유효너비는 0.9m 이상으로 한다.

**06** 특별피난계단의 구조에 관한 기준 내용으로 옳지 않은 것은? [17년 1회, 22년 1회 문제변형]

① 계단은 내화구조로 하되, 피난층 또는 지상까지 직접 연결되도록 한다.
② 계단실 및 부속실의 실내에 접하는 부분의 마감은 불연재료로 한다.
③ 출입구의 유효너비는 0.9m 이상으로 하고 피난의 방향으로 열 수 있도록 한다.
④ 건축물의 내부에서 노대 또는 부속실로 통하는 출입구에는 60분 방화문 또는 60+ 방화문 또는 30분 방화문을 설치하고, 노대 또는 부속실로부터 계단실로 통하는 출입구에는 60분 방화문 또는 60+ 방화문을 설치하도록 한다.

[해설]

건축물의 내부에서 노대 또는 부속실로 통하는 출입구에는 60분 방화문 또는 60+ 방화문을 설치하고, 노대 또는 부속실로부터 계단실로 통하는 출입구에는 60분 방화문 또는 60+ 방화문 또는 30분 방화문을 설치하도록 한다.

**07** 특별피난계단의 구조에 관한 기준 내용으로 옳지 않은 것은? [22년 2회]

① 계단실에는 예비전원에 의한 조명설비를 할 것
② 계단은 내화구조로 하되, 피난층 또는 지상까지 직접 연결되도록 할 것
③ 출입구의 유효너비는 0.9m 이상으로 하고 피난의 방향으로 열 수 있을 것
④ 계단실의 노대 또는 부속실에 접하는 창문은 그 면적을 각각 3m² 이하로 할 것

[해설]

계단실의 노대 또는 부속실에 접하는 창문 등은 망이 들어 있는 유리의 붙박이창으로서 그 면적을 각각 1m² 이하로 해야 한다(출입구 제외).

정답  05 ③  06 ④  07 ④

# 04 건축물의 구조 및 재료 등

## 6 계단의 설치기준 및 용도별 계단치수

### (1) 계단의 설치기준

| 계단참 | 계단높이 3m 이상 | 계단높이 3m 이내마다 너비 1.2m 이상의 계단참 설치 |
|---|---|---|
| 난간 | 계단높이 1m 이상 | 양옆에 난간 설치(벽 또는 이에 대치되는 것 포함) |
| 중간난간 | 계단너비 3m 이상 | 계단 중간에 너비 3m 이내마다 난간 설치(단높이가 15cm 이하이고, 단너비가 30cm 이상인 경우 제외) |
| 계단의 유효높이 | | 2.1m 이상(계단바닥 마감면부터 상부 구조체 하부 마감면까지 연직방향 높이) |

### (2) 용도별 계단치수

| 용도구분 | | 계단 및 계단참 너비 (옥내계단에 한함) | 단 너비 | 단 높이 |
|---|---|---|---|---|
| 초등학교 | | 150cm 이상 | 26cm 이상 | 16cm 이하 |
| 중·고등학교 | | 150cm 이상 | 26cm 이상 | 18cm 이하 |
| • 문화 및 집회시설 : 공연장, 집회장, 관람장<br>• 판매시설 : 도·소매시장, 상점<br>• 바로 위층의 바닥면적 합계가 200m² 이상<br>• 거실바닥면적 합계가 100m² 이상인 지하층 | | 120cm 이상 | - | - |
| 준초고층 건축물 | 공동주택 | 120cm 이상 | - | - |
| | 공동주택 외 | 150cm 이상 | - | - |
| 기타 계단 | | 60cm 이상 | - | - |

**+ 돌음계단의 단 너비**
돌음계단의 단 너비는 좁은 폭 끝부분으로부터 30cm 위치에서 측정한다.

### 개념이해

**01** 다음 중 옥내계단 너비의 최소 설치기준으로 적합하지 않는 것은?

[21년 4회]

① 관람장의 용도에 쓰이는 건축물의 계단의 너비 120cm 이상
② 중학교 용도에 쓰이는 건축물의 계단의 너비 150cm 이상
③ 거실의 바닥면적의 합계가 100m² 이상인 지하층의 계단의 너비 120cm 이상
④ 바로 윗층의 거실의 바닥면적의 합계가 200m² 이상인 층의 계단의 너비 150cm 이상

○ 바로 위층의 바닥면적 합계가 200m² 이상인 층의 계단의 너비는 120cm 이상이어야 한다.

답 ④

## 7 공동주택 등의 난간, 바닥마감 등

| 난간·벽 등의 손잡이와 바닥마감 기준 | • 손잡이는 최대지름이 3.2cm 이상 3.8cm 이하인 원형 또는 타원형의 단면<br>• 손잡이는 벽 등으로부터 5cm 이상 떨어지고, 계단으로부터의 높이는 85cm<br>• 계단이 끝나는 수평부분에서의 손잡이는 바깥쪽으로 30cm 이상 나오도록 설치 |
|---|---|
| 경사로 기준 | • 경사도는 1 : 8을 넘지 않게 함<br>• 표면을 거친 면으로 하거나 미끄러지지 아니하는 재료로 마감<br>• 경사로의 직선 및 굴절 부분의 유효너비는 장애인·노인·임산부 등의 편의증진보장에 관한 법률이 정하는 기준에 적합해야 함<br>• 난간, 참, 유효높이는 계단 기준을 준용 |
| 피난층 또는 지상으로 통하는 직통계단을 설치하는 경우 계단 및 계단참의 너비 | • 공동주택 : 120cm 이상<br>• 공동주택이 아닌 건축물 : 150cm 이상 |

**+ 안전유리**

건축물의 바깥쪽으로 나가는 출입문에 유리를 사용하는 경우에는 안전유리를 사용하여야 한다.

• 오피스텔에 거실 바닥으로부터 높이 1.2m 이하 부분에 여닫을 수 있는 창문을 설치하는 경우에는 국토교통부령으로 정하는 기준에 따라 추락 방지를 위한 안전시설을 설치하여야 한다.

---

**개념이해**

**01** 계단 및 복도의 설치기준에 관한 설명으로 틀린 것은? [21년 2회]

① 높이가 3m를 넘은 계단에는 높이 3m 이내마다 유효너비 120cm 이상의 계단참을 설치할 것
② 거실 바닥면적의 합계가 100m² 이상인 지하층에 설치하는 계단인 경우 계단 및 계단참의 유효너비는 120cm 이상으로 할 것
③ 계단을 대체하여 설치하는 경사로의 경사도는 1 : 6을 넘지 아니할 것
④ 문화 및 집회시설 중 공연장의 개별 관람실(바닥면적이 300m² 이상인 경우)의 바깥쪽에는 그 양쪽 및 뒤쪽에 각각 복도를 설치할 것

➡ 계단을 대체하여 설치하는 경사로의 경사도는 1 : 8을 넘지 말아야 한다.

**답** ③

# 04 건축물의 구조 및 재료 등

## 8 복도의 너비 및 설치기준

### (1) 복도의 유효너비

| 용도구분 | 양옆에 거실이 있는 복도 | 기타의 복도 |
| --- | --- | --- |
| 유치원, 초등학교, 중·고등학교 | 2.4m 이상 | 1.8m 이상 |
| 공동주택·오피스텔 | 1.8m 이상 | 1.2m 이상 |
| 당해 층 거실의 바닥면적의 합계가 200m² 이상인 경우 | 1.5m 이상 (의료시설의 복도는 1.8m 이상) | 1.2m 이상 |
| 공연장·집회장·관람장·전시장, 종교집회장, 아동 관련 시설·노인복지시설, 생활권 수련시설, 유흥주점, 장례식장의 관람실 또는 집회실과 접하는 복도 | 500m² 미만 | 1.5m 이상 |
| | 500m² 이상 1,000m² 미만 | 1.8m 이상 |
| | 1,000m² 이상 | 2.4m 이상 |

### (2) 문화 및 집회시설 중 공연장에 설치하는 복도의 설치기준

| 관람석 | 바닥면적 | 설치위치 |
| --- | --- | --- |
| 공연장 개별 관람석 | 300m² 이상 | 양측 및 뒤쪽에 각각 복도 설치 |
| 하나의 층에 관람석을 2개소 이상 연속하여 설치하는 경우 | 300m² 미만 | 전·후방에 복도 설치 |

## 9 관람석 등으로부터의 출구설치

| 일반사항 | 건축물의 관람석 또는 집회실로부터 바깥쪽으로의 출구로 쓰이는 문은 안여닫이로 해서는 안 됨 |
| --- | --- |
| 설치대상 | • 제2종 근린생활시설 중 공연장·종교집회장(해당 용도로 쓰는 바닥면적의 합계가 각각 300m² 이상)<br>• 문화 및 집회시설(전시장 및 동·식물원은 제외)<br>• 종교시설, 위락시설, 장례식장 |
| 공연장 개별 관람석의 출구 설치기준(바닥면적 300m² 이상인 것에 한함) | • 관람석별로 2개소 이상 설치할 것<br>• 각 출구의 유효너비는 1.5m 이상일 것<br>• 개별 관람석 출구의 유효너비의 합계=[개별 관람석의 면적(m²)/100m²]×0.6m(이상) |

# 과년도 기출문제

**01** 오피스텔에 설치하는 복도의 유효너비는 최소 얼마 이상이어야 하는가?(단, 건축물의 연면적은 300제곱미터이며, 양옆에 거실이 있는 복도의 경우이다.) [20년 3회]

① 1.2m  ② 1.8m
③ 2.4m  ④ 2.7m

[해설]

복도의 유효너비

| 용도구분 | 양옆에 거실이 있는 복도 | 기타의 복도 |
|---|---|---|
| 유치원, 초등학교, 중·고등학교 | 2.4m 이상 | 1.8m 이상 |
| 공동주택·오피스텔 | 1.8m 이상 | 1.2m 이상 |
| 당해 층 거실의 바닥면적의 합계가 200m² 이상인 경우 | 1.5m 이상 (의료시설의 복도는 1.8m 이상) | 1.2m 이상 |

**02** 건축물의 관람석 또는 집회실로부터 바깥쪽으로의 출구로 쓰이는 문을 안여닫이로 하여서는 안되는 건축물은? [17년 1회, 21년 1회]

① 위락시설
② 수련시설
③ 문화 및 집회시설 중 전시장
④ 문화 및 집회시설 중 동·식물원

[해설]

설치대상
- 제2종 근린생활시설 중 공연장·종교집회장(해당 용도로 쓰는 바닥면적의 합계가 각각 300m² 이상)
- 문화 및 집회시설(전시장 및 동·식물원은 제외)
- 종교시설, 위락시설, 장례식장

**03** 문화 및 집회시설 중 공연장의 개별관람석의 출구에 관한 설명으로 옳지 않은 것은?(단, 개별관람석의 바닥면적은 500m²인 경우) [15년 2회]

① 각 출구의 유효너비는 0.9m 이상으로 한다.
② 출구는 관람석별로 2개소 이상 설치하여야 한다.
③ 개별관람석 출구의 유효너비의 합계는 3.0m 이상이어야 한다.
④ 바깥쪽으로의 출구로 쓰이는 문을 안여닫이로 하여서는 아니 된다.

[해설]

각 출구의 유효너비는 1.5m 이상으로 한다.

**04** 문화 및 집회시설 중 공연장의 개별관람석 바닥면적이 2,000m²일 경우 개별관람석의 출구는 최소 몇 개소 이상 설치하여야 하는가?(단, 각 출구의 유효너비를 2m로 하는 경우) [17년 4회]

① 3개소  ② 4개소
③ 5개소  ④ 6개소

[해설]

개별관람석 출구 유효너비 합계 = (2,000/100)×0.6 = 12m
출구 설치 개소 = 출구 유효너비/각 출구의 유효너비 = 12/2 = 6개소

**05** 문화 및 집회시설 중 공연장의 개별관람석에 다음과 같이 출구를 설치하였을 경우 옳은 것은?(단, 개별관람석의 바닥면적은 900m²이다.) [16년 2회]

① 출구를 1개소 설치하였다.
② 각 출구의 유효너비를 2.4m로 하였다.
③ 출구로 쓰이는 문을 안여닫이로 하였다.
④ 출구의 유효너비의 합계를 5.0m로 하였다.

[해설]

① 관람석별로 2개소 이상 설치해야 한다.
② 각 출구의 유효너비는 1.5m 이상으로 한다.
③ 건축물의 관람석 또는 집회실로부터 바깥쪽으로의 출구로 쓰이는 문은 안여닫이로 하여서는 아니 된다.
④ 개별 관람석 출구의 유효너비의 합계
= [개별 관람석의 면적(m²)/100m²]×0.6m (이상)
= (900/100)×0.6 = 5.4m

**정답** 01 ② 02 ① 03 ① 04 ④ 05 ②

# 04 건축물의 구조 및 재료 등

## 10 건축물의 바깥쪽으로의 출구 설치

| | |
|---|---|
| 설치 대상 | • 제2종 근린생활시설 중 공연장·종교집회장·인터넷컴퓨터게임시설제공업소(해당 용도로 쓰는 바닥면적의 합계가 각각 300m² 이상)<br>• 문화 및 집회시설(전시장 및 동·식물원은 제외)<br>• 종교시설<br>• 판매시설<br>• 업무시설 중 국가 또는 지방자치단체의 청사<br>• 위락시설<br>• 연면적이 5천m² 이상인 창고시설<br>• 교육연구시설 중 학교<br>• 장례식장<br>• 승강기를 설치하여야 하는 건축물 |
| 출구에 이르는 보행거리 | • 건축물의 바깥쪽으로 나가는 출구를 설치하는 경우 피난층의 계단으로부터 건축물의 바깥쪽으로의 출구에 이르는 보행거리(가장 가까운 출구와의 보행거리)는 직통계단의 규정에 의한 거리 이하로 한다.<br>• 거실(피난에 지장이 없는 출입구가 있는 것을 제외)의 각 부분으로부터 건축물의 바깥쪽으로의 출구에 이르는 보행거리는 직통계단의 규정에 의한 거리의 2배 이하로 하여야 한다. |
| 출구문의 방향 | 건축물의 바깥쪽으로 나가는 출구를 설치하는 건축물 중 문화 및 집회시설(전시장 및 동·식물원을 제외), 종교시설, 장례식장 또는 위락시설의 용도에 쓰이는 건축물의 바깥쪽으로의 출구로 쓰이는 문은 안여닫이로 하여서는 아니 된다. |
| 보조출구와 비상구의 설치 | 건축물의 바깥쪽으로 나가는 출구를 설치하는 경우 관람석의 바닥면적의 합계가 300m² 이상인 집회장 및 공연장에 있어서는 주된 출구 외에 보조 출구 또는 비상구를 2개 이상 설치하여야 한다. |

➕ **판매시설(도매시장·소매시장 및 상점)의 피난층에 설치하는 출구 유효폭**

피난층에 설치하는 건축물 바깥쪽으로의 출구는 당해 용도에 쓰이는 바닥면적 100m²마다 0.6m의 비율로 산정한 너비 이상으로 한다.

※ 출구 유효폭
= [당해 용도 최대층의 바닥면적(m²)/100m²]×0.6m(이상)

### 개념이해

**01** 건축물로부터 바깥쪽으로 나가는 출구를 국토교통부령으로 정하는 기준에 따라 설치하여야 하는 대상 건축물에 속하지 않는 것은? [16년 1회]

① 종교시설
② 의료시설 중 종합병원
③ 교육연구시설 중 학교
④ 문화 및 집회시설 중 관람장

▶ 의료시설은 해당하지 않는다.

답 ②

## 11 회전문 설치기준

① 계단이나 에스컬레이터로부터 2m 이상의 거리를 두어야 한다.
② 회전문과 문틀 사이 및 바닥 사이는 간격(회전문과 문틀 사이는 5cm 이상, 회전문과 바닥 사이는 3cm 이하)을 확보하고 틈 사이를 고무와 고무펠트의 조합체 등을 사용하여 신체나 물건 등에 손상이 없도록 할 것
③ 출입에 지장이 없도록 일정한 방향으로 회전하는 구조로 해야 한다.
④ 회전문의 중심축에서 회전문과 문틀 사이의 간격을 포함한 회전문 날개 끝부분까지의 길이는 140cm 이상이 되도록 해야 한다.
⑤ 회전문의 회전속도는 분당 회전수가 8회를 넘지 않도록 해야 한다.
⑥ 자동회전문은 충격이 가해지거나 사용자가 위험한 위치에 있는 경우에는 전자감지장치 등을 사용하여 정지하는 구조로 해야 한다.

### 개념이해

**01** 건축물의 출입구에 설치하는 회전문은 계단이나 에스컬레이터로부터 최소 얼마 이상의 거리를 두어야 하는가? [15년 4회, 18년 2회]

① 1m
② 1.5m
③ 2m
④ 2.5m

→ 계단이나 에스컬레이터로부터 2m 이상의 거리를 두어야 한다.

답 ③

**02** 건축물의 출입구에 설치하는 회전문의 설치기준으로 틀린 것은? [20년 1·2회 통합]

① 계단이나 에스컬레이터로부터 2m 이상의 거리를 둘 것
② 회전문의 회전속도는 분당 회전수가 15회를 넘지 아니하도록 할 것
③ 출입에 지장이 없도록 일정한 방향으로 회전하는 구조로 할 것
④ 회전문의 중심축에서 회전문과 문틀 사이의 간격을 포함한 회전문 날개 끝부분까지의 길이는 140m 이상이 되도록 할 것

→ 회전문의 회전속도는 분당 회전수가 8회를 넘지 않도록 하여야 한다.

답 ②

# 04 건축물의 구조 및 재료 등

## 12 옥상광장의 설치

| 난간 | • 설치 위치 : 옥상광장, 2층 이상인 층에 있는 노대(露臺), 그 밖에 이와 비슷한 것의 주위<br>• 높이 : 1.2m 이상(노대 등에 출입할 수 없는 구조인 경우 제외) |
|---|---|
| 옥상광장<br>설치대상 | 5층 이상의 층이 다음 용도의 시설에는 피난 용도로 쓸 수 있는 광장을 옥상에 설치하여야 한다.<br>• 제2종 근린생활시설 중 공연장·종교집회장·인터넷컴퓨터게임시설제공업소(해당 용도로 쓰는 바닥면적의 합계가 각각 300m² 이상)<br>• 문화 및 집회시설(전시장 및 동·식물원은 제외)<br>• 종교시설, 판매시설, 위락시설 중 주점영업, 장례식장 |

## 13 헬리포트 설치기준

| 기준 | 11층 이상 건축물로서 11층 이상 층의 바닥면적 합계가 1만m² 이상인 옥상을 평지붕으로 하는 경우 헬리포트를 설치하거나 헬리콥터를 통하여 인명 등을 구조할 수 있는 공간을 설치한다. |
|---|---|
| 크기 | 22m×22m(15m×15m까지 축소 가능) |
| 헬리포트 주위 한계선 | 너비 38cm의 백색 선 |
| 헬리포트 중앙부분<br>"Ⓗ" 표지 | • 지름 8m 백색 선<br>• 'H' 표지의 선의 너비 : 38cm<br>• 'O' 표지의 선의 너비 : 60cm |
| 기타사항 | • 중심반경 12m 이내 장애물 설치금지(건축물, 공작물, 조경시설 또는 난간 등)<br>• 헬리콥터를 통하여 인명 등을 구조할 수 있는 공간을 설치하는 경우에는 직경 10m 이상의 구조공간을 확보한다. |

✚ 헬리포트 평면 기준

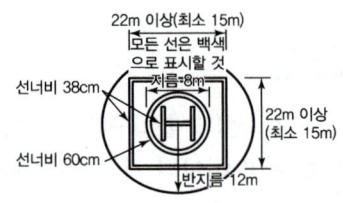

## 14 경사지붕의 대피공간 설치기준

| 대상 | 11층 이상 건축물로서 11층 이상 층의 바닥면적 합계가 1만m² 이상의 경사지붕 아래에는 대피공간을 설치한다. |
|---|---|
| 설치기준 | • 대피공간의 면적은 지붕 수평투영면적의 1/10 이상<br>• 특별피난계단 또는 피난계단과 연결되도록 할 것<br>• 출입구·창문을 제외한 부분은 해당 건축물의 다른 부분과 내화구조의 바닥 및 벽으로 구획할 것<br>• 출입구는 유효너비 0.9m 이상으로 하고, 그 출입구에는 60+ 방화문 또는 60분 방화문을 설치할 것<br>• 내부마감재료는 불연재료로 할 것<br>• 예비전원으로 작동하는 조명설비를 설치할 것<br>• 관리사무소 등과 긴급 연락이 가능한 통신시설을 설치할 것 |

## 과년도 기출문제

**01** 다음의 옥상광장 등의 설치에 관한 기준 내용 중 ( ) 안에 알맞은 것은? [15년 1회, 18년 2회, 21년 4회]

> 옥상광장 또는 2층 이상인 층에 있는 노대나 그 밖에 이와 비슷한 것의 주위에는 높이 ( ) 이상의 난간을 설치하여야 한다. 다만, 노대 등에 출입할 수 없는 구조인 경우에는 그러하지 아니한다.

① 1.0m  ② 1.2m
③ 1.5m  ④ 1.8m

[해설]

옥상광장의 난간의 높이
1.2m 이상(노대 등에 출입할 수 없는 구조인 경우 제외)

**02** 피난 용도로 쓸 수 있는 광장을 옥상에 설치하여야 하는 대상에 속하지 않는 것은? [16년 1회]

① 5층 이상인 층이 종교시설의 용도로 쓰이는 경우
② 5층 이상인 층이 판매시설의 용도로 쓰이는 경우
③ 5층 이상인 층이 장례식장의 용도로 쓰이는 경우
④ 5층 이상인 층이 문화 및 집회시설 중 전시장의 용도로 쓰이는 경우

[해설]

문화 및 집회시설 중 전시장 및 동·식물원은 대상에서 제외된다.

**03** 피난 용도로 쓸 수 있는 광장을 옥상에 설치하여야 하는 대상 기준으로 옳지 않은 것은? [21년 2회]

① 5층 이상인 층이 종교시설의 용도로 쓰는 경우
② 5층 이상인 층이 업무시설의 용도로 쓰는 경우
③ 5층 이상인 층이 판매시설의 용도로 쓰는 경우
④ 5층 이상인 층이 장례식장의 용도로 쓰는 경우

[해설]

5층 이상의 층이 다음 용도의 시설에는 피난 용도로 쓸 수 있는 광장을 옥상에 설치하여야 한다.

- 제2종 근린생활시설 중 공연장·종교집회장·인터넷컴퓨터게임시설제공업소(해당 용도로 쓰는 바닥면적의 합계가 각각 300㎡ 이상)
- 문화 및 집회시설(전시장 및 동·식물원은 제외)
- 종교시설, 판매시설, 위락시설 중 주점영업, 장례식장

**04** 건축법령에 따라 건축물의 경사지붕 아래에 설치하는 대피공간에 관한 기준 내용으로 옳지 않은 것은? [17년 4회]

① 특별피난계단 또는 피난계단과 연결되도록 할 것
② 관리사무소 등과 긴급 연락이 가능한 통신 시설을 설치할 것
③ 대피공간의 면적은 지붕 수평투영면적의 20분의 1 이상일 것
④ 출입구는 유효너비 0.9m 이상으로 하고, 그 출입구에는 60+ 방화문 또는 60분 방화문을 설치할 것

[해설]

대피공간의 면적은 지붕 수평투영면적의 1/10 이상이어야 한다.

**정답** 01 ② 02 ④ 03 ② 04 ③

# 04 건축물의 구조 및 재료 등

## 15 건축물 거실의 반자 높이

| 구분 | 높이 | |
|---|---|---|
| 원칙 | 2.1m 이상 | |
| 문화 및 집회시설(전시장 및 동·식물원 제외), 장례식장, 유흥주점<br>* 단, 기계적인 환기장치가 되어 있는 경우 제외 | 바닥면적의 합계가 200m² 이상인 관람석 또는 집회실 | 4m 이상 |
| | 노대 아랫부분의 높이 | 2.7m 이상 |
| 공장, 창고시설, 위험물 저장 및 처리시설 | • 동·식물 관련 시설<br>• 자원순환 관련 시설<br>• 묘지 관련 시설 | 제외 |

## 16 거실의 채광 및 환기기준

| 채광 및 환기 시설의 적용대상 | 창문 등의 면적 | 제외 |
|---|---|---|
| • 주택(단독, 공동)의 거실<br>• 학교의 교실<br>• 의료시설의 병실<br>• 숙박시설의 객실 | 채광시설 : 거실 바닥면적의 1/10 이상 | 기준 조도 이상의 조명장치 설치 시 |
| | 환기시설 : 거실 바닥면적의 1/20 이상 | 기계환기장치 및 중앙관리방식의 공기조화설비 설치 시 |

## 과년도 기출문제

**01** 거실의 반자설치와 관련된 기준 내용 중, ( ) 안에 들어갈 수 있는 건축물의 용도는? [21년 1회]

( )의 용도에 쓰이는 건축물의 관람실 또는 집회실로서 그 바닥면적이 200m² 이상인 것의 반자의 높이는 4m(노대의 아랫부분의 높이는 2.7m) 이상이어야 한다. 다만, 기계환기장치를 설치하는 경우에는 그렇지 않다.

① 장례식장
② 교육 및 연구시설
③ 문화 및 집회시설 중 동물원
④ 문화 및 집회시설 중 전시장

[해설]

건축물 거실의 반자 높이

| 구분 | 높이 | |
|---|---|---|
| 원칙 | 2.1m 이상 | |
| 문화 및 집회시설(전시장 및 동·식물원 제외), 장례식장, 유흥주점<br>* 단, 기계적인 환기장치가 되어 있는 경우 제외 | 바닥면적의 합계가 200m² 이상인 관람석 또는 집회실 | 4m 이상 |
| | 노대 아랫부분의 높이 | 2.7m 이상 |
| 공장, 창고시설, 위험물 저장 및 처리시설 | • 동·식물 관련 시설<br>• 자원순환 관련 시설<br>• 묘지 관련 시설 | 제외 |

**02** 국토교통부령으로 정하는 기준에 따라 채광 및 환기를 위한 창문 등이나 설비를 설치하여야 하는 대상에 속하지 않는 것은? [22년 2회]

① 의료시설의 병실
② 숙박시설의 객실
③ 업무시설 중 사무소의 사무실
④ 교육연구시설 중 학교의 교실

[해설]

채광 및 환기 시설의 적용대상
• 주택(단독, 공동)의 거실
• 학교의 교실
• 의료시설의 병실
• 숙박시설의 객실

**03** 거실의 채광 및 환기에 관한 규정으로 옳은 것은? [20년 4회]

① 교육연구시설 중 학교의 교실에는 채광 및 환기를 위한 창문 등이나 설비를 설치하여야 한다.
② 채광을 위하여 거실에 설치하는 창문 등의 면적은 그 거실의 바닥면적의 20분의 1 이상이어야 한다.
③ 환기를 위하여 거실에 설치하는 창문 등의 면적은 그 거실의 바닥면적 10분의 1 이상이어야 한다.
④ 채광 및 환기를 위한 창문 등의 면적에 관한 규정을 적용함에 있어서 수시로 개방할 수 있는 미닫이로 구획된 2개의 거실은 이를 2개의 거실로 본다.

[해설]

② 채광을 위하여 거실에 설치하는 창문 등의 면적은 그 거실의 바닥면적의 10분의 1 이상이어야 한다.
③ 환기를 위하여 거실에 설치하는 창문 등의 면적은 그 거실의 바닥면적 20분의 1 이상이어야 한다.
④ 채광 및 환기를 위한 창문 등의 면적에 관한 규정을 적용함에 있어서 수시로 개방할 수 있는 미닫이로 구획된 2개의 거실은 이를 1개의 거실로 본다.

정답  01 ①  02 ③  03 ①

## 04 건축물의 구조 및 재료 등

### 17 거실 용도에 따른 조도기준

| 거주 | 독서·식사·조리 | 150lux |
|---|---|---|
| | 기타 | 70lux |
| 집무 | 설계·제도·계산 | 700lux |
| | 일반사무 | 300lux |
| | 기타 | 150lux |
| 작업 | 검사·시험·정밀검사·수술 | 700lux |
| | 일반작업·제조·판매 | 300lux |
| | 포장·세척 | 150lux |
| | 기타 | 70lux |
| 집회 | 회의 | 300lux |
| | 집회 | 150lux |
| | 공연·관람 | 70lux |
| 오락 | 오락일반 | 150lux |
| | 기타 | 30lux |
| 기타 | | 거실, 집무, 작업, 집회, 오락 중 가장 유사한 용도에 관한 기준을 적용 |

**개념이해**

**01** 다음 중 거실의 용도에 따른 조도기준이 가장 낮은 것은?(단, 바닥에서 85센티미터의 높이에 있는 수평면의 조도 기준) [21년 4회]

① 독서
② 회의
③ 판매
④ 일반사무

① 독서 : 150lux
② 회의 : 300lux
③ 판매 : 300lux
④ 일반사무 : 300lux

답 ①

## 18 거실의 방습

| 방습조치 대상 | • 건축물의 최하층에 있는 거실(바닥이 목조인 경우만 해당)<br>• 제1종 근린생활시설 중 목욕장의 욕실과 휴게음식점 및 제과점의 조리장<br>• 제2종 근린생활시설 중 일반음식점, 휴게음식점 및 제과점의 조리장과 숙박시설의 욕실 |
|---|---|
| 최하층에 있는 거실바닥의 높이 | 건축물의 최하층에 있는 거실바닥의 높이는 지표면으로부터 45cm 이상으로 해야 함. 단, 지표면을 콘크리트바닥으로 설치하는 등 방습을 위한 조치를 하는 경우에는 그렇지 않음 |
| 바닥과 그 바닥으로부터 높이 1m까지의 안벽의 마감-내수재료 | • 제1종 근린생활시설 중 목욕장의 욕실과 휴게음식점의 조리장<br>• 제2종 근린생활시설 중 일반음식점 및 휴게음식점의 조리장과 숙박시설의 욕실 |

### 개념이해

**01** 바닥으로부터 높이 1m까지의 안벽의 마감을 내수재료로 하지 않아도 되는 것은? [18년 2회]

① 아파트의 욕실
② 숙박시설의 욕실
③ 제1종 근린생활시설 중 휴게음식점의 조리장
④ 제2종 근린생활시설 중 일반음식점의 조리장

▶ 바닥과 그 바닥으로부터 높이 1m까지의 안벽의 마감-내수재료
• 제1종 근린생활시설 중 목욕장의 욕실과 휴게음식점의 조리장
• 제2종 근린생활시설 중 일반음식점 및 휴게음식점의 조리장과 숙박시설의 욕실

답 ①

# 04 건축물의 구조 및 재료 등

## 19 방화구획

### (1) 방화구획 방법

① 주요 구조부가 내화구조 또는 불연재료로 된 건축물로 연면적이 $1,000m^2$가 넘는 것은 다음과 같이 내화구조의 바닥, 벽 및 60+ 방화문 또는 60분 방화문(자동셔터 포함)으로 구획하여야 한다.

| 규모 | 구획기준 | |
|---|---|---|
| 기본적용<br>(3층 이상의 층, 지하층) | 층마다 구획(지하 1층에서 지상으로 직접 연결하는 경사로 부위는 제외) | |
| 10층 이하 | 바닥면적 $1,000m^2$ 이내마다 구획($3,000m^2$) | |
| 11층 이상 | 실내마감이 불연재료 ○ | 바닥면적 $500m^2$마다 구획($1,500m^2$) |
| | 실내마감이 불연재료 × | 바닥면적 $200m^2$마다 구획($600m^2$) |

단, 스프링클러 등 자동식 소화설비가 되어 있는 경우 3배까지 함["( )" 괄호 부분]

② 필로티 그 밖에 이와 비슷한 구조의 부분을 주차장으로 사용하는 경우 그 부분은 건축물의 다른 부분과 구획하여야 한다.

### (2) 대피공간의 설치

① 대피공간은 바깥의 공기와 접할 것
② 대피공간은 실내의 다른 부분과 방화구획으로 구획될 것
③ 대피공간의 바닥면적은 인접세대와 공동으로 설치하는 경우에는 $3m^2$ 이상, 각 세대별로 설치하는 경우에는 $2m^2$ 이상일 것
④ 국토교통부장관이 정하는 기준에 적합할 것

---

✚ 방화와 관련하여 같은 건축물에 함께 설치할 수 없는 용도[건축법 시행령 제47조]
- 노유자시설 중 아동 관련 시설 또는 노인복지시설과 판매시설 중 도매시장 또는 소매시장
- 단독주택(다중주택, 다가구주택에 한정), 공동주택, 제1종 근린생활시설 중 조산원 또는 산후조리원과 제2종 근린생활시설 중 다중생활시설

# 과년도 기출문제

**01** 주요 구조부가 내화구조 또는 불연재료로 된 건축물로서 국토교통부령으로 정하는 기준에 따라 내화구조로 된 바닥·벽 및 60+ 방화문 또는 60분 방화문으로 구획하여야 하는 연면적 기준은?

[20년 4회 문제변형]

① 400m² 초과
② 500m² 초과
③ 1,000m² 초과
④ 1,500m² 초과

[해설]

**방화구획 방법**
주요 구조부가 내화구조 또는 불연재료로 된 건축물로 연면적이 1,000m²가 넘는 것은 다음과 같이 내화구조의 바닥, 벽 및 60+ 방화문 또는 60분 방화문(자동셔터 포함)으로 구획하여야 한다.

**02** 다음은 대피공간의 설치에 관한 기준 내용이다. 밑줄 친 요건 내용으로 옳지 않은 것은? [19년 2회]

> 공동주택 중 아파트로서 4층 이상인 층의 각 세대가 2개 이상의 직통계단을 사용할 수 없는 경우에는 발코니에 인접 세대와 공동으로 또는 각 세대별로 다음 각호의 요건을 모두 갖춘 대피공간을 하나 이상 설치하여야 한다.

① 대피공간은 바깥의 공기와 접하지 않을 것
② 대피공간은 실내의 다른 분과 방화구획으로 구획될 것
③ 대피공간의 바닥면적은 각 세대별로 설치하는 경우에는 2m² 이상일 것
④ 대피공간의 바닥면적은 인접 세대와 공동으로 설치하는 경우에는 3m² 이상일 것

[해설]
대피공간은 바깥의 공기와 접해야 한다.

**03** 방화와 관련하여 같은 건축물에 함께 설치할 수 없는 것은? [20년 1·2회 통합]

① 의료시설과 업무시설 중 오피스텔
② 위험물 저장 및 처리시설과 공장
③ 위락시설과 문화 및 집회시설 중 공연장
④ 공동주택과 제2종 근린생활시설 중 다중생활시설

[해설]

방화와 관련하여 같은 건축물에 함께 설치할 수 없는 용도[건축법 시행령 제47조]
- 노유자시설 중 아동 관련 시설 또는 노인복지시설과 판매시설 중 도매시장 또는 소매시장
- 단독주택(다중주택, 다가구주택에 한정), 공동주택, 제1종 근린생활시설 중 조산원 또는 산후조리원과 제2종 근린생활시설 중 다중생활시설

**정답** 01 ③  02 ①  03 ④

# 04 건축물의 구조 및 재료 등

## 20 건축물의 내화구조

| 주요 구조부를 내화구조로 해야 하는 건축물 | | 해당 용도 바닥면적 합계 |
|---|---|---|
| • 문화 및 집회시설(전시장 및 동·식물원은 제외)<br>• 종교시설<br>• 위락시설 중 주점영업<br>• 장례식장 | 관람석 또는 집회실 | 200m² 이상<br>(옥외관람석 : 1천m²) |
| 제2종 근린생활시설 중 공연장·종교집회장 | | 300m² 이상 |
| • 문화 및 집회시설 중 전시장<br>• 동·식물원, 판매시설, 운수시설<br>• 교육연구시설에 설치하는 체육관·강당, 수련시설<br>• 운동시설 중 체육관·운동장<br>• 위락시설(주점영업의 용도로 쓰는 것은 제외)<br>• 창고시설<br>• 위험물저장 및 처리시설<br>• 자동차 관련 시설<br>• 방송통신시설 중 방송국·전신전화국·촬영소<br>• 묘지 관련 시설 중 화장시설·동물화장시설<br>• 관광휴게시설 | | 500m² 이상 |
| 공장(화재의 위험이 적은 공장으로서 주요 구조부가 불연재료로 되어 있는 2층 이하의 공장은 제외) | | 2,000m² 이상 |
| 건축물의 2층이<br>• 단독주택 중 다중주택 및 다가구주택<br>• 공동주택<br>• 제1종 근린생활시설(의료의 용도로 쓰는 시설만 해당)<br>• 제2종 근린생활시설 중 다중생활시설, 의료시설<br>• 노유자시설 중 아동 관련 시설 및 노인복지시설<br>• 수련시설 중 유스호스텔, 업무시설 중 오피스텔<br>• 숙박시설<br>• 장례식장 | | 400m² 이상 |
| 3층 이상인 건축물 및 지하층이 있는 건축물(2층 이하인 건축물은 지하층 부분만 해당) | | 면적관계 없이 적용 |

## 과년도 기출문제

**01** 주요 구조부를 내화구조로 하여야 하는 대상 건축물 기준으로 옳은 것은?(단, 판매시설의 용도로 쓰는 건축물의 경우) [15년 4회]

① 해당 용도로 쓰는 바닥면적의 합계가 200m² 이상인 건축물
② 해당 용도로 쓰는 바닥면적의 합계가 500m² 이상인 건축물
③ 해당 용도로 쓰는 바닥면적의 합계가 1,000m² 이상인 건축물
④ 해당 용도로 쓰는 바닥면적의 합계가 2,000m² 이상인 건축물

[해설]
판매시설은 해당 용도로 쓰는 바닥면적의 합계가 500m² 이상인 경우 해당한다.

**02** 건축물의 주요 구조부를 내화구조로 하여야 하는 대상 건축물에 속하지 않는 것은?
[16년 2회, 19년 4회, 22년 2회]

① 공장의 용도로 쓰는 건축물로서 그 용도로 쓰는 바닥면적 합계가 500m²인 건축물
② 판매시설의 용도로 쓰는 건축물로서 그 용도로 쓰는 바닥면적 합계가 500m²인 건축물
③ 창고시설의 용도로 쓰는 건축물로서 그 용도로 쓰는 바닥면적 합계가 500m²인 건축물
④ 문화 및 집회시설 중 전시장의 용도로 쓰는 건축물로서 그 용도로 쓰는 바닥면적 합계가 500m²인 건축물

[해설]
공장의 용도로 쓰는 건축물로서 그 용도로 쓰는 바닥면적 합계가 2,000m² 이상인 건축물이 해당한다.

**03** 주요 구조부를 내화구조로 해야 하는 대상 건축물 기준으로 옳은 것은? [18년 2회]

① 장례시설의 용도로 쓰는 건축물로서 집회실의 바닥면적의 합계가 150m² 이상인 건축물
② 판매시설의 용도로 쓰는 건축물로서 그 용도로 쓰는 바닥면적의 합계가 300m² 이상인 건축물
③ 운수시설의 용도로 쓰는 건축물로서 그 용도로 쓰는 바닥면적의 합계가 400m² 이상인 건축물
④ 문화 및 집회시설 중 전시장의 용도로 쓰는 건축물로서 그 용도로 쓰는 바닥면적의 합계가 500m² 이상인 건축물

[해설]
① 장례시설의 용도로 쓰는 건축물로서 집회실의 바닥면적의 합계가 200m² 이상인 건축물
② 판매시설의 용도로 쓰는 건축물로서 그 용도로 쓰는 바닥면적의 합계가 500m² 이상인 건축물
③ 운수시설의 용도로 쓰는 건축물로서 그 용도로 쓰는 바닥면적의 합계가 500m² 이상인 건축물

[정답] 01 ② 02 ① 03 ④

# 04 건축물의 구조 및 재료 등

## 21 방화벽의 구조기준

| 방화벽의 구조 | • 내화구조로서 홀로 설 수 있는 구조<br>• 방화벽의 양쪽 끝과 위쪽 끝을 위쪽 벽면 및 지붕면으로부터 0.5m 이상 튀어나오게 할 것 |
|---|---|
| 방화벽에 설치하는 출입문 | • 60+ 방화문 또는 60분 방화문<br>• 너비 및 높이 : 각 2.5m 이하<br>• 언제나 닫힌 상태를 유지함<br>• 연기, 온도, 불꽃 등을 가장 신속하게 감지하여 자동적으로 닫히는 구조 |

➕ **대규모 건축물의 방화벽**
연면적 1천m² 이상인 건축물은 방화벽으로 구획하되, 각 구획된 바닥면적의 합계는 1천m² 미만이어야 한다.

## 22 방화지구 내 건축물

| 방화지구 내 건축물의 주요 구조부와 외벽 | 방화지구 내 건축물의 주요 구조부와 외벽을 내화구조로 해야 함 |
|---|---|
| 방화지구 내 공작물 | 간판, 광고탑, 그 밖에 대통령령으로 정하는 공작물 중 건축물의 지붕 위에 설치하는 공작물이나 높이 3m 이상의 공작물은 주요부를 불연(不燃)재료로 해야 함 |
| 방화지구 내 지붕·방화문 및 외벽에 설치하는 창문 | • 지붕 : 방화지구 내 건축물의 지붕으로서 내화구조가 아닌 것은 불연재료로 해야 함<br>• 방화문 : 60+ 방화문 또는 60분 방화문<br>• 외벽에 설치하는 창문 : 드랜처 설비, 환기구멍에 설치하는 불연재료로 된 방화커버 또는 그물눈이 2mm 이하인 금속망 |

## 23 건축물의 마감재료

| 내부마감재료 | 방화에 지장이 없는 재료 |
|---|---|
| 외벽에 사용하는 마감재료 | 방화에 지장이 없는 재료 |
| 욕실, 화장실, 목욕장 등의 바닥 마감재료 | 미끄럼 방지기준에 적합한 것 |

## 24 지하층

### (1) 지하층 구조 기준

| 구조 기준 | 바닥면적 규모 |
|---|---|
| 직통계단 외에 피난층 또는 지상으로 통하는 비상탈출구 및 환기통 설치(예외 : 직통계단 2개소 이상 설치 시) | 거실 바닥면적 50m² 이상인 층 |
| 직통계단 2개소 이상 설치 | • 제2종 근린생활시설 중 공연장·단란주점·당구장·노래연습장<br>• 문화 및 집회시설 중 예식장·공연장<br>• 수련시설 중 생활권 수련시설·자연권 수련시설<br>• 숙박시설 중 여관·여인숙<br>• 위락시설 중 단란주점·유흥주점<br>• 다중이용업의 용도에 쓰이는 층의 거실 바닥면적의 합계가 50m² 이상 |
| 피난층 또는 지상으로 통하는 직통계단이 방화구획으로 구획되는 각 부분마다 1개소 이상의 피난계단 또는 특별피난계단 설치 | 바닥면적 1,000m² 이상인 층 |
| 환기설비 설치 | |
| 급수전 1개소 이상 설치 | 바닥면적 300m² 이상인 층 |

### (2) 비상탈출구의 구조

| 크기 | • 유효너비 : 0.75m 이상<br>• 유효높이 : 1.5m 이상 |
|---|---|
| 열리는 방향 등 | 문은 피난 방향으로 열리도록 하고, 실내에서 항상 열 수 있는 구조, 내부 및 외부에는 비상탈출구 표시 |
| 출입구로부터 | 3m 이상 떨어진 곳에 설치 |
| 지하층의 바닥으로부터 비상탈출구의 아랫부분까지의 높이가 1.2m 이상 시 | 벽체에 발판의 너비가 20cm 이상인 사다리 설치 |
| 피난통로의 유효너비 | 0.75m 이상 |
| 피난통로의 실내에 접하는 부분의 마감과 그 바탕 | 불연재료 |

# 과년도 기출문제

**01** 다음의 대규모 건축물의 방화벽에 관한 기준 내용 중 ( ) 안에 공통으로 들어갈 내용은? [19년 1회]

> 연면적 ( ) 이상인 건축물은 방화벽으로 구획하되, 각 구획된 바닥면적의 합계는 ( ) 미만이어야 한다.

① 500m²  ② 1,000m²
③ 1,500m²  ④ 3,000m²

[해설]
대규모 건축물의 방화벽
연면적 1천m² 이상인 건축물은 방화벽으로 구획하되, 각 구획된 바닥면적의 합계는 1천m² 미만이어야 한다.

**02** 건축물에 설치하는 지하층의 구조 및 설비에 관한 기준 내용으로 옳지 않은 것은? [15년 4회, 19년 1회]

① 거실의 바닥면적의 합계가 1,000m² 이상인 층에는 환기설비를 설치할 것
② 거실의 바닥면적이 30m² 이상인 층에는 피난층으로 통하는 비상탈출구를 설치할 것
③ 지하층의 바닥면적이 300m² 이상인 층에는 식수공급을 위한 급수전을 1개소 이상 설치할 것
④ 문화 및 집회시설 중 공연장의 용도에 쓰이는 층으로서 그 층 거실 바닥면적의 합계가 50m² 이상인 건축물에는 직통계단을 2개소 이상 설치할 것

[해설]
거실의 바닥면적이 50m² 이상인 층에는 직통계단 외에 피난층 또는 지상으로 통하는 비상탈출구 및 환기통 설치하여야 한다.

**03** 건축물에 설치하는 지하층의 구조 및 설비에 관한 기준 내용으로 옳지 않은 것은? [17년 2회]

① 거실의 바닥면적의 합계가 1,000m² 이상인 층에는 환기설비를 설치할 것
② 지하층의 바닥면적이 300m² 이상인 층에는 식수공급을 위한 급수전을 1개소 이상 설치할 것

③ 거실의 바닥면적이 30m² 이상인 층에는 직통계단 외에 피난층 또는 지상으로 통하는 비상탈출구 및 환기통을 설치할 것
④ 바닥면적이 1,000 이상인 층에는 피난층 또는 지상으로 통하는 직통계단을 관련 규정에 의한 방화구획으로 구획되는 각 부분마다 1개소 이상 설치하되, 이를 피난계단 또는 특별피난계단의 구조로 할 것

[해설]
거실의 바닥면적이 50m² 이상인 층에는 직통계단 외에 피난층 또는 지상으로 통하는 비상탈출구 및 환기통 설치하여야 한다.

**04** 건축물의 지하층에 비상탈출구를 설치하여야 하는 경우, 설치되는 비상탈출구에 관한 기준 내용으로 옳지 않은 것은?(단, 주택이 아닌 경우)
[16년 1회]

① 비상탈출구의 유효너비는 0.75m 이상으로 할 것
② 비상탈출구의 유효높이는 1.5m 이상으로 할 것
③ 비상탈출구는 출입구로부터 3m 이상 떨어진 곳에 설치할 것
④ 비상탈출구의 문은 피난 방향으로 열리도록 하고, 실내에서 비상시에만 열 수 있는 구조로 할 것

[해설]
비상탈출구의 문은 피난 방향으로 열리도록 하고, 실내에서 항상 열 수 있는 구조로 해야 한다.

**정답** 01 ② 02 ② 03 ③ 04 ④

# MEMO

# 05 지역 및 지구의 건축물

## ❶ 건축물의 대지가 지역·지구 또는 구역에 걸치는 경우의 조치

① 대지가 「건축법」이나 다른 법률에 따른 지역·지구(녹지지역과 방화지구는 제외) 또는 구역에 걸치는 경우 : 그 건축물과 대지의 전부에 대하여 대지의 과반(過半)이 속하는 지역·지구 또는 구역 안의 건축물 및 대지 등에 관한 「건축법」의 규정을 적용한다.
② 하나의 건축물이 방화지구와 그 밖의 구역에 걸치는 경우 : 그 전부에 대하여 방화지구 안의 건축물에 관한 「건축법」의 규정을 적용한다. 다만, 건축물의 방화지구에 속한 부분과 그 밖의 구역에 속한 부분의 경계가 방화벽으로 구획되는 경우 그 밖의 구역에 있는 부분에 대하여는 그러하지 아니하다.

## ❷ 일조 등의 확보를 위한 건축물의 높이 제한

| | |
|---|---|
| 정북(正北) 사선제한 | 전용주거지역이나 일반주거지역에서 건축물을 건축하는 경우에는 건축물의 각 부분을 정북(正北) 방향으로의 인접 대지 경계선으로부터 다음의 범위에서 건축조례로 정하는 거리 이상을 띄어 건축하여야 한다.<br>• 높이 10m 이하인 부분 : 인접 대지 경계선으로부터 1.5m 이상<br>• 높이 10m를 초과하는 부분 : 인접 대지 경계선으로부터 해당 건축물 각 부분 높이의 2분의 1 이상 |
| 공동주택 적용 기준 | • 건축물(기숙사는 제외)의 각 부분의 높이는 그 부분으로부터 채광을 위한 창문 등이 있는 벽면에서 직각 방향으로 인접 대지 경계선까지의 수평거리의 2배(근린상업지역 또는 준주거지역의 건축물은 4배) 이하로 해야 한다.<br>• 같은 대지에서 두 동(棟) 이상의 건축물이 서로 마주보고 있는 경우에는 일정 거리 이상 띄어 건축한다. 다만, 그 대지의 모든 세대가 동지(冬至)를 기준으로 9시에서 15시 사이에 2시간 이상을 계속하여 일조(日照)를 확보할 수 있는 거리 이상으로 할 수 있다. |

## 과년도 기출문제

건 축 / 기 사 / 필 기

**01** 전용주거지역이나 일반주거지역에서 건축물을 건축하는 경우에는 건축물의 각 부분을 정북 방향으로의 인접 대지 경계선으로부터 일정 거리 이상을 띄어 건축하여야 하는데, 높이 10m 이하인 부분은 원칙적으로 인접 대지 경계선으로부터 최소 얼마 이상 띄어야 하는가?

[15년 1회, 16년 4회, 17년 4회 문제변형]

① 0.5m      ② 1.0m
③ 1.5m      ④ 2.0m

**[해설]**

일조 등의 확보를 위한 건축물의 높이 제한
전용주거지역이나 일반주거지역에서 건축물을 건축하는 경우에는 건축물의 각 부분을 정북(正北) 방향으로의 인접 대지 경계선으로부터 다음의 범위에서 건축조례로 정하는 거리 이상을 띄어 건축하여야 한다.
- 높이 10m 이하인 부분 : 인접 대지 경계선으로부터 1.5m 이상
- 높이 10m를 초과하는 부분 : 인접 대지 경계선으로부터 해당 건축물 각 부분 높이의 2분의 1 이상

**02** 다음은 일조 등의 확보를 위한 건축물의 높이 제한에 관한 기준 내용이다. ( ) 안의 내용으로 옳은 것은?

[16년 1회, 21년 1회 문제변형]

> 전용주거지역이나 일반주거지역에서 건축물을 건축하는 경우에는 건축물의 각 부분을 정북(正北) 방향으로의 인접 대지 경계선으로부터 다음의 범위에서 건축조례로 정하는 거리 이상을 띄어 건축하여야 한다.
> 1. 높이 10m 이하인 부분 : 인접 대지 경계선으로부터 ( ㉠ ) 이상
> 2. 높이 10m를 초과하는 부분 : 인접 대지 경계선으로부터 해당 건축물 각 부분 높이의 ( ㉡ ) 이상

① ㉠ 1m      ② ㉠ 1.5m
③ ㉡ 3분의1      ④ ㉡ 3분의2

**[해설]**

일조 등의 확보를 위한 건축물의 높이 제한
전용주거지역이나 일반주거지역에서 건축물을 건축하는 경우에는 건축물의 각 부분을 정북(正北) 방향으로의 인접 대지 경계선으로부터 다음의 범위에서 건축조례로 정하는 거리 이상을 띄어 건축하여야 한다.
- 높이 10m 이하인 부분 : 인접 대지 경계선으로부터 1.5m 이상
- 높이 10m를 초과하는 부분 : 인접 대지 경계선으로부터 해당 건축물 각 부분 높이의 2분의 1 이상

**03** 다음은 일조 등의 확보를 위한 건축물의 높이 제한과 관련된 기준 내용이다. ( ) 안에 알맞은 것은?

[15년 4회, 17년 2회]

> ( ) 안에서 건축하는 건축물의 높이는 일조 등의 확보를 위하여 정북 방향의 인접 대지 경계선으로부터의 거래에 따라 대통령령으로 정하는 높이 이하로 하여야 한다.

① 전용주거지역과 준주거지역
② 일반주거지역과 준주거지역
③ 일반상업지역과 준주거지역
④ 전용주거지역과 일반주거지역

**[해설]**

일조등의 확보를 위한 정북(正北) 사선제한
전용주거지역이나 일반주거지역에서 건축물을 건축하는 경우에는 건축물의 각 부분을 정북(正北) 방향으로의 인접 대지 경계선으로부터 다음의 범위에서 건축조례로 정하는 거리 이상을 띄어 건축하여야 한다.
- 높이 10m 이하인 부분 : 인접 대지 경계선으로부터 1.5m 이상
- 높이 10m를 초과하는 부분 : 인접 대지 경계선으로부터 해당 건축물 각 부분 높이의 2분의 1 이상

**정답** 01 ③   02 ②   03 ④

# 06 건축설비

## 1 건축설비의 원칙

| 방송 공동수신설비 설치 건축물 | • 공동주택<br>• 바닥면적의 합계가 5천m² 이상으로서 업무시설이나 숙박시설의 용도로 쓰는 건축물 |
|---|---|
| 전기설비 설치 공간 | 연면적이 500m² 이상인 건축물의 대지에는 전기사업자가 전기를 배전(配電)하는 데 필요한 전기설비를 설치할 수 있는 공간을 확보해야 한다. |
| 우편수취함 | 건축물에 설치하여야 하는 우편수취함은 3층 이상의 고층 건물로서 그 전부 또는 일부를 주택·사무소 또는 사업소로 사용하는 건축물에는 대통령령으로 정하는 바에 따라 우편수취함을 설치하여야 한다. |

+ • 건축물에 설치하는 급수·배수·냉방·난방·환기·피뢰 등 건축설비의 설치에 관한 기술적 기준은 국토교통부령으로 정하되, 에너지 이용 합리화와 관련한 건축설비의 기술적 기준에 관하여는 산업통상자원부장관과 협의해야 한다.

## 2 승강기 설비

### (1) 설치대상

6층 이상으로서 연면적 2,000m² 이상인 건축물(단, 대통령령으로 정하는 건축물은 제외)

### (2) 승용승강기 설치기준

| 건축물의 용도 | 6층 이상 거실 바닥면적의 합계(A) | |
|---|---|---|
| | 3,000m² 이하 | 3,000m² 초과 |
| • 문화 및 집회시설(공연·집회·관람장)<br>• 판매시설<br>• 의료시설(병원·격리병원) | 2대 | 2대에 3,000m²를 초과하는 2,000m²마다 1대를 더한 대수<br>$2 + \dfrac{A - 3,000\text{m}^2}{2,000\text{m}^2}$ |
| • 문화 및 집회시설(전시장 및 동·식물원)<br>• 위락시설<br>• 숙박시설<br>• 업무시설 | 1대 | 1대에 3,000m²를 초과하는 2,000m²마다 1대를 더한 대수<br>$1 + \dfrac{A - 3,000\text{m}^2}{2,000\text{m}^2}$ |
| • 공동주택<br>• 교육연구시설<br>• 노유자시설<br>• 그 밖의 시설 | 1대 | 1대에 3,000m²를 초과하는 3,000m²마다 1대를 더한 대수<br>$1 + \dfrac{A - 3,000\text{m}^2}{3,000\text{m}^2}$ |

+ **승강기 설비설치 예외 건축물(대통령령으로 정하는 경우)**

"대통령령으로 정하는 건축물"이란 층수가 6층인 건축물로서 각 층 거실의 바닥면적 300m² 이내마다 1개소 이상의 직통계단을 설치한 건축물을 말한다.

## 과년도 기출문제

건 축 / 기 사 / 필 기

**01** 방송 공동수신설비를 설치하여야 하는 대상 건축물에 속하지 않는 것은? [17년 4회]

① 다가구주택
② 다세대주택
③ 바닥면적의 합계가 5,000m²으로서 업무시설의 용도로 쓰는 건축물
④ 바닥면적의 합계가 5,000m²으로서 숙박시설의 용도로 쓰는 건축물

[해설]

방송 공동수신설비 설치 건축물
• 공동주택
• 바닥면적의 합계가 5천m² 이상으로서 업무시설이나 숙박시설의 용도로 쓰는 건축물

**02** 각 층의 거실면적이 1,000m²이며, 층수가 15층인 다음 건축물 중 설치하여야 하는 승용승강기의 최소 대수가 가장 많은 것은?(단, 8인승 승용승강기인 경우) [17년 1회]

① 위락시설
② 업무시설
③ 교육연구시설
④ 문화 및 집회시설 중 집회장

[해설]

건축물 용도별 기본 설치 대수

| 건축물의 용도 | 기본 설치 대수 |
|---|---|
| • 문화 및 집회시설(공연·집회·관람장)<br>• 판매시설<br>• 의료시설(병원·격리병원) | 2대 |
| • 문화 및 집회시설(전시장 및 동·식물원)<br>• 위락시설<br>• 숙박시설<br>• 업무시설 | 1대 |
| • 공동주택<br>• 교육연구시설<br>• 노유자시설<br>• 그 밖의 시설 | 1대 |

**03** 층수가 15층이며, 6층 이상의 거실면적의 합계가 15,000m²인 종합병원에 설치하여야 하는 승용승강기의 최소 대수는?(단, 8인승 승용승강기의 경우) [19년 4회]

① 6대
② 7대
③ 8대
④ 9대

[해설]

의료시설의 승용승강기 설치 대수
6층 이상의 거실면적에 대하여 기본 3,000m²에 2대, 추가 2,000m²마다 1대 추가

$$N = 기본설치대수 + \frac{6층 이상의 거실면적 - 기본설치면적}{추가설치면적}$$

$$= 2 + \frac{15,000 - 3,000}{2,000} = 8대$$

※ 승강기대수는 특별한 조건이 없는 한 소수점 첫째자리에서 올림한다.

**04** 6층 이상의 거실면적의 합계가 3,000m²인 경우, 건축물의 용도별 설치하여야 하는 승용승강기의 최소 대수로 옳은 것은?(단, 15인승 승강기의 경우) [18년 1회]

① 업무시설 - 2대
② 의료시설 - 2대
③ 숙박시설 - 2대
④ 위락시설 - 2대

[해설]

건축물 용도별 기본 설치 대수를 물어보는 문제이다.
② 의료시설(기본 대수 2대)을 제외하고 모두 기본 대수는 1대이다.

정답 01 ① 02 ④ 03 ③ 04 ②

# 과년도 기출문제

건축 / 기사 / 필기

건축물 용도별 기본 설치 대수

| 건축물의 용도 | 기본 설치 대수 |
|---|---|
| • 문화 및 집회시설(공연·집회·관람장)<br>• 판매시설<br>• 의료시설(병원·격리병원) | 2대 |
| • 문화 및 집회시설(전시장 및 동·식물원)<br>• 위락시설<br>• 숙박시설<br>• 업무시설 | 1대 |
| • 공동주택<br>• 교육연구시설<br>• 노유자시설<br>• 그 밖의 시설 | 1대 |

**05** 업무시설로서 6층 이상의 거실면적의 합계가 10,000m²인 경우, 설치하여야 하는 승용승강기의 최소 대수는?(단, 8인승 승용승강기를 사용하는 경우) [15년 1회]

① 3대　　② 4대
③ 5대　　④ 6대

[해설]
업무시설의 승용승강기 설치 대수
6층 이상의 거실면적에 대하여 기본 3,000m²에 1대, 추가 2,000m²마다 1대 추가

$N = 기본설치대수 + \dfrac{6층\ 이상의\ 거실면적 - 기본설치면적}{추가설치면적}$

$= 1 + \dfrac{10,000 - 3,000}{2,000} = 4.5 = 5대$

※ 승강기대수는 특별한 조건이 없는 한 소수점 첫째자리에서 올림한다.

**06** 6층 이상의 거실면적 합계가 9,000m²인 층수가 10층인 업무시설에 설치하여야 하는 승용승강기의 최소대수는?(단, 8인승 승강기의 경우) [16년 2회]

① 2대　　② 3대
③ 4대　　④ 5대

[해설]
업무시설의 승용승강기 설치 대수
6층 이상의 거실면적에 대하여 기본 3,000m²에 1대, 추가 2,000m²마다 1대 추가

$N = 기본설치대수 + \dfrac{6층\ 이상의\ 거실면적 - 기본설치면적}{추가설치면적}$

$= 1 + \dfrac{9,000 - 3,000}{2,000} = 4대$

※ 승강기대수는 특별한 조건이 없는 한 소수점 첫째자리에서 올림한다.

**07** 각 층의 바닥면적이 5,000m²이고 각 층의 거실면적이 3,000m²인 14층 숙박시설에 설치하여야 하는 승용승강기의 최소 대수는?(단, 24인승 승용승강기를 설치하는 경우) [17년 2회]

① 6대　　② 7대
③ 12대　　④ 13대

[해설]
숙박시설의 승용승강기 설치 대수
6층 이상의 거실면적에 대하여 기본 3,000m²에 1대, 추가 2,000m²마다 1대 추가

$N = 기본설치대수 + \dfrac{6층\ 이상의\ 거실면적 - 기본설치면적}{추가설치면적}$

$= 1 + \dfrac{3,000 \times 9 - 3,000}{2,000} = 13대$

∴ 13/2 = 6.5 = 7대(24인승이므로 1대 설치 시 2대로 간주)

※ 승강기대수 16인승 이상은 승강기 1대를 2대 설치로 간주한다.
※ 승강기대수는 특별한 조건이 없는 한 소수점 첫째자리에서 올림한다.

**08** 층수가 12층이고 6층 이상의 거실면적의 합계가 12,000m²인 교육연구시설에 설치하여야 하는 8인승 승용승강기의 최소 대수는? [18년 2회]

① 2대　　② 3대
③ 4대　　④ 5대

정답　05 ③　06 ③　07 ②　08 ③

## 과년도 기출문제

건 축 / 기 사 / 필 기

[해설]

교육연구시설의 승용승강기 설치 대수
6층 이상의 거실면적에 대하여 기본 3,000m²에 1대, 추가 3,000m²마다 1대 추가

$N = 기본설치대수 + \dfrac{6층 이상의 거실면적 - 기본설치면적}{추가설치면적}$

$= 1 + \dfrac{12,000 - 3,000}{3,000} = 4대$

$N = 기본설치대수 + \dfrac{6층 이상의 거실면적 - 기본설치면적}{추가설치면적}$

※ 승강기대수는 특별한 조건이 없는 한 소수점 첫째자리에서 올림한다.

**09** 다음은 승용 승강기의 설치에 관한 기준 내용이다. 밑줄 친 "대통령령으로 정하는 건축물"에 대한 기준 내용으로 옳은 것은? [17년 4회, 22년 1회]

> 건축주는 6층 이상으로서 연면적이 2,000m² 이상인 건축물(대통령령으로 정하는 건축물은 제외한다.)을 건축하려면 승강기를 설치하여야 한다.

① 층수가 6층인 건축물로서 각 층 거실의 바닥면적 300m² 이내마다 1개소 이상의 직통계단을 설치한 건축물
② 층수가 6층인 건축물로서 각 층 거실의 바닥면적 500m² 이내마다 1개소 이상의 직통계단을 설치한 건축물
③ 층수가 10층인 건축물로서 각 층 거실의 바닥면적 300m² 이내마다 1개소 이상의 직통계단을 설치한 건축물
④ 층수가 10층인 건축물로서 각 층 거실의 바닥면적 500m² 이내마다 1개소 이상의 직통계단을 설치한 건축물

[해설]

대통령령으로 정하는 건축물[건축법 시행령 제89조]
"대통령령으로 정하는 건축물"이란 층수가 6층인 건축물로서 각 층 거실의 바닥면적 300m² 이내마다 1개소 이상의 직통계단을 설치한 건축물을 말한다.

정답 09 ①

# 06 건축설비

## 3 비상용 승강기 설치

### (1) 설치대상
높이 31m가 넘는 건축물(비상용 승강기의 승강장 및 승강로 포함)

### (2) 비상용 승강기 설치기준

| 높이 31m를 넘는 각 층의 바닥면적 중 최대면적(A) | 설치 대수 |
|---|---|
| 500m² 초과 1,500m² 이하 | 1대 이상 |
| 1,500m² 초과 | 1대에 1,500m²를 넘는 3,000m² 이내 마다 1대씩 더한 대수 이상 $1 + \dfrac{A - 1{,}500\text{m}^2}{3{,}000\text{m}^2}$ |

### (3) 비상용 승강기의 구조

| | |
|---|---|
| 비상용 승강기 승강장의 구조 | • 승강장의 창문·출입구 기타 개구부를 제외한 부분은 당해 건축물의 다른 부분과 내화구조의 바닥 및 벽으로 구획할 것. 다만, 공동주택의 경우에는 승강장과 특별피난계단의 부속실과의 겸용부분을 특별피난계단의 계단실과 별도로 구획하는 때에는 승강장을 특별피난계단의 부속실과 겸용할 수 있다.<br>• 승강장은 각 층의 내부와 연결될 수 있도록 하되, 그 출입구(승강로의 출입구는 제외)에는 60분+ 방화문 또는 60분 방화문을 설치할 것. 다만, 피난층에는 60분+ 방화문 또는 60분 방화문을 설치하지 아니할 수 있다.<br>• 노대 또는 외부를 향하여 열 수 있는 창문이나 배연설비를 설치할 것<br>• 벽 및 반자가 실내에 접하는 부분의 마감재료(마감을 위한 바탕을 포함)는 불연재료로 할 것<br>• 채광이 되는 창문이 있거나 예비전원에 의한 조명설비를 할 것<br>• 승강장의 바닥면적은 비상용 승강기 1대에 대하여 6m² 이상으로 할 것. 다만, 옥외에 승강장을 설치하는 경우에는 그러하지 아니하다.<br>• 피난층이 있는 승강장의 출입구(승강장이 없는 경우에는 승강로의 출입구)로부터 도로 또는 공지(공원·광장 기타 이와 유사한 것으로서 피난 및 소화를 위한 당해 대지에의 출입에 지장이 없는 것)에 이르는 거리가 30m 이하일 것<br>• 승강장 출입구 부근의 잘 보이는 곳에 당해 승강기가 비상용 승강기임을 알 수 있는 표지를 할 것 |
| 비상용 승강기의 승강로의 구조 | • 승강로는 당해 건축물의 다른 부분과 내화구조로 구획할 것<br>• 각 층으로부터 피난층까지 이르는 승강로를 단일구조로 연결하여 설치할 것 |

## 과년도 기출문제

건축 / 기사 / 필기

**01** 높이 31m를 넘는 각 층의 바닥면적 중 최대 바닥면적이 5,000m²인 건축물에 원칙적으로 설치하여야 하는 비상용 승강기의 최소 대수는? [21년 4회]

① 1대　　② 2대
③ 3대　　④ 4대

[해설]

높이 31m를 넘는 각 층 중 바닥면적이 최대인 층의 바닥면적에 대해 1,500m²까지 기본 1대 설치, 추가 3,000m²마다 1대를 추가한다.

$$N = 기본대수 + \frac{적용바닥면적 - 기본면적}{추가면적}$$

$$= 1 + \frac{5,000 \times 1,500}{3,000} = 2.17 = 3대$$

※ 특별한 조건이 없으면 소수점 첫째자리에서 올림하여 구한다.

**02** 비상용 승강기 승강장의 구조 기준에 관한 내용으로 틀린 것은? [20년 1·2회 통합 문제변형]

① 승강장은 각 층의 내부와 연결될 수 있도록 한다.
② 벽 및 반자가 실내에 접하는 부분의 마감재료는 불연재료로 하여야 한다.
③ 피난층에 있는 승강장의 경우 내부와 연결되는 출입구에는 60분+ 방화문 또는 60분 방화문을 반드시 설치하여야 한다.
④ 옥내에 설치하는 승강장의 바닥면적은 비상용 승강기 1대에 대하여 6m² 이상으로 하여야 한다.

[해설]

승강장은 각 층의 내부와 연결될 수 있도록 하되, 그 출입구(승강로의 출입구는 제외)에는 60분+ 방화문 또는 60분 방화문을 설치할 것. 다만, 피난층에는 60분+ 방화문 또는 60분 방화문을 설치하지 아니할 수 있다.

**03** 비상용 승강기 승강장의 바닥면적은 비상용 승강기 1대에 대하여 최소 얼마 이상으로 하여야 하는가?(단, 옥내 승강장인 경우) [21년 1회]

① 3m²　　② 4m²
③ 5m²　　④ 6m²

[해설]

옥내 승강장의 바닥면적은 비상용 승강기 1대에 대하여 6m² 이상으로 해야 한다.

**04** 비상용 승강기의 승강장 및 승강로의 구조에 관한 기준 내용으로 옳지 않은 것은? [16년 1회, 19년 4회]

① 승강장은 각 층의 내부와 연결될 수 있도록 할 것
② 각 층으로부터 피난층까지 이르는 승강로는 단일구조로 연결하여 설치할 것
③ 옥내 승강장의 바닥면적은 비상용 승강기 1대에 대하여 6m² 이상으로 할 것
④ 피난층이 있는 승강장의 출입구로부터 도로 또는 공지에 이르는 거리가 50m 이하일 것

[해설]

피난층이 있는 승강장의 출입구(승강장이 없는 경우에는 승강로의 출입구)로부터 도로 또는 공지(공원·광장 기타 이와 유사한 것으로서 피난 및 소화를 위한 당해 대지에의 출입에 지장이 없는 것)에 이르는 거리가 30m 이하이어야 한다.

**05** 비상용 승강기 승강장의 구조에 관한 기준 내용으로 옳지 않은 것은? [18년 4회]

① 승강장은 각 층의 내부와 연결될 수 있도록 할 것
② 벽 및 반자가 실내에 접하는 부분의 마감재료는 준불연재료로 할 것
③ 옥내에 설치하는 승강장의 바닥면적은 비상용 승강기 1대에 대하여 6m² 이상으로 할 것
④ 피난층이 있는 승강장의 출입구로부터 도로 또는 공지에 이르는 거리가 30m 이하일 것

[해설]

벽 및 반자가 실내에 접하는 부분의 마감재료(마감을 위한 바탕을 포함)는 불연재료로 해야 한다.

**정답**　01 ③　02 ③　03 ④　04 ④　05 ②

# 06 건축설비

## 4 온돌의 설치기준

### (1) 온수온돌

| 온수온돌 | • 보일러 또는 그 밖의 열원으로부터 생성된 온수를 바닥에 설치된 배관을 통하여 흐르게 하여 난방을 하는 방식<br>• 바탕층, 단열층, 채움층, 배관층(방열관을 포함) 및 마감층 등으로 구성 |
|---|---|
| 구들온돌 | • 연탄 또는 그 밖의 가연물질이 연소할 때 발생하는 연기와 연소열에 의하여 가열된 공기를 바닥 하부로 통과시켜 난방을 하는 방식<br>• 아궁이, 환기구, 공기흡입구, 고래, 굴뚝 및 굴뚝목 등으로 구성 |

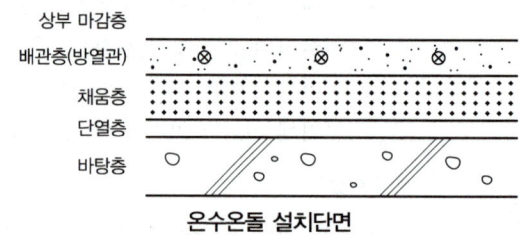

온수온돌 설치단면

## 5 개별난방설비 – 공동주택, 오피스텔의 개별난방기준

| 보일러실의 위치 | • 거실 이외의 곳에 설치<br>• 보일러실과 거실 사이 경계벽은 내화구조의 벽으로 구획(출입구 제외) |
|---|---|
| 보일러실의 환기 | • 윗부분에 0.5m² 이상의 환기창 설치<br>• 보일러실의 윗부분과 아랫부분에는 각각 지름 10cm 이상의 공기흡입구 및 배기구를 항상 열려 있는 상태로 바깥공기에 접하도록 설치할 것(전기보일러는 예외) |
| 보일러실과 거실 사이의 출입구 | 출입구가 닫힌 경우 가스가 거실 등에 들어갈 수 없는 구조로 할 것 |
| 기름 저장소 | 보일러실 외의 곳에 설치할 것 |
| 오피스텔 난방구획 | 난방구획을 방화구획으로 할 것 |
| 보일러실 연도 | 내화구조로서 공동연도를 설치할 것 |
| CO 검지기 | 보일러실에는 CO 검지기를 설치할 수 있음(권고사항) |

가스보일러에 의한 난방설비를 설치하고 가스를 중앙집중공급방식으로 공급하는 경우에는 가스 관계 법령이 정하는 기준에 의하되, 오피스텔의 경우에는 난방구획을 방화구획으로 구획하여야 한다.

## 과년도 기출문제

**01** 공동주택의 난방설비를 개별난방방식으로 하는 경우에 관한 기준 내용으로 옳지 않은 것은?

[17년 1회]

① 보일러의 연도는 내화구조로서 공동연도로 설치할 것
② 보일러실 윗부분에는 그 면적이 최소 1.0m² 이상인 환기창을 설치할 것
③ 기름보일러를 설치하는 경우에는 기름저장소를 보일러실 외의 다른 곳에 설치할 것
④ 보일러를 설치하는 곳과 거실 사이의 경계벽은 출입구를 제외하고는 내화구조의 벽으로 구획할 것

[해설]
보일러실의 윗부분에는 그 면적이 최소 0.5m² 이상인 환기창을 설치해야 한다.

**02** 공동주택과 오피스텔의 난방설비를 개별난방방식으로 하는 경우에 관한 기준 내용으로 틀린 것은?

[20년 4회, 22년 1회]

① 보일러는 거실 외의 곳에 설치할 것
② 보일러실의 윗부분에는 그 면적이 0.5m² 이상인 환기창을 설치할 것
③ 보일러실과 거실 사이의 출입구는 그 출입구가 닫힌 경우에는 보일러가스가 거실에 들어갈 수 없는 구조로 할 것
④ 보일러의 연도는 내화구조로서 개별연도로 설치할 것

[해설]
보일러의 연도는 내화구조로서 공동연도로 설치해야 한다.

**03** 공동주택과 오피스텔 난방설비를 개별난방방식으로 하는 경우에 관한 기준 내용으로 틀린 것은?

[21년 1회, 21년 2회]

① 보일러의 연도는 내화구조로서 공동연도로 설치할 것
② 보일러실의 윗부분에는 그 면적이 0.5m² 이상인 환기창을 설치할 것
③ 오피스텔의 경우에는 난방구획을 방화구획으로 구획할 것
④ 보일러는 거실 외의 곳에 설치하되, 보일러를 설치하는 곳과 거실 사이의 경계벽은 출입구를 제외하고는 방화구조의 벽으로 구획할 것

[해설]
보일러를 설치하는 곳과 거실 사이의 경계벽은 출입구를 제외하고는 내화구조의 벽으로 구획하여야 한다.

정답 01 ② 02 ④ 03 ④

## 06 건축설비

### 6 건축물의 냉방설비

**(1) 상업지역 및 주거지역에서 건축물에 설치하는 냉방시설 및 환기시설의 배기구와 배기장치의 설치기준**
  ① 배기구는 도로면으로부터 2m 이상의 높이에 설치한다.
  ② 배기장치에서 나오는 열기가 인근 건축물의 거주자나 보행자에게 직접 닿지 아니하도록 한다.

**(2) 냉방설비의 설치대상 및 설비규모**

| 용도분류 | 해당 용도 바닥면적의 합계 | 건축행위 |
|---|---|---|
| • 제1종 근린생활시설 중 목욕장<br>• 운동시설 중 수영장(실내에 설치되는 것) | 1천m² 이상 | 신축, 개축, 재축,<br>별동으로 증축 |
| • 공동주택 중 기숙사<br>• 의료시설<br>• 수련시설 중 유스호스텔<br>• 숙박시설 | 2천m² 이상 | |
| • 판매시설<br>• 교육연구시설 중 연구소<br>• 업무시설 | 3천m² 이상 | |
| • 문화 및 집회시설(동·식물원은 제외)<br>• 종교시설<br>• 교육연구시설(연구소는 제외)<br>• 장례식장 | 1만m² 이상 | |

**＋ 주거용 건축물 급수관의 지름**

| 가구 또는<br>세대수 | 1 | 2~3 | 4~5 | 6~8 | 9~16 | 17<br>이상 |
|---|---|---|---|---|---|---|
| 급수관<br>지름의<br>최소기준<br>(mm) | 15 | 20 | 25 | 32 | 40 | 50 |

---

**개념이해**

**01** 주거지역에서 건축물에 설치하는 냉방시설의 배기구는 도로면으로부터 최소 얼마 이상의 높이에 설치하여야 하는가? [15년 1회, 16년 2회]

① 1m  ② 1.8m
③ 2m  ④ 2.4m

▶ 배기구는 도로면으로부터 2m 이상의 높이에 설치하고, 배기장치에서 나오는 열기가 인근 건축물의 거주자나 보행자에게 직접 닿지 아니하도록 한다.

**답** ③

## 과년도 기출문제

**01** 주거용 건축물 급수관의 지름 산정에 관한 기준 내용으로 틀린 것은? [20년 1·2회 통합]

① 가구 또는 세대수가 1일 때 급수관 지름의 최소기준은 15mm이다.
② 가구 또는 세대수가 7일 때 급수관 지름의 최소기준은 25mm이다.
③ 가구 또는 세대수가 18일 때 급수관 지름의 최소기준은 50mm이다.
④ 가구 또는 세대의 구분이 불분명한 건축물에 있어서는 주거에 쓰이는 바닥면적의 합계가 85m² 초과 150m² 이하인 경우는 3가구로 산정한다.

[해설]
가구 또는 세대수가 7일 때 급수관 지름의 최소기준은 32mm이다.

주거용 건축물 급수관의 지름

| 가구 또는 세대수 | 1 | 2~3 | 4~5 | 6~8 | 9~16 | 17 이상 |
|---|---|---|---|---|---|---|
| 급수관 지름의 최소기준(mm) | 15 | 20 | 25 | 32 | 40 | 50 |

**02** 주거에 쓰이는 바닥면적의 합계가 200m²인 주거용 건축물에 설치하는 음용수용 급수관의 최소 지름 기준은? [21년 1회]

① 25mm
② 32mm
③ 40mm
④ 50mm

[해설]
주거에 쓰이는 바닥면적의 합계가 200m²일 경우 5가구로 간주하므로 25mm가 최소 관지름이 된다.

주거용 건축물 급수관의 지름

| 가구 또는 세대수 | 1 | 2~3 | 4~5 | 6~8 | 9~16 | 17 이상 |
|---|---|---|---|---|---|---|
| 급수관 지름의 최소기준(mm) | 15 | 20 | 25 | 32 | 40 | 50 |

정답 01 ② 02 ①

## 06 건축설비

### 7 공동주택 및 다중이용시설의 환기설비기준

**(1) 자연환기설비 또는 기계환기설비 설치대상**

신축 또는 리모델링하는 다음 어느 하나에 해당하는 주택 또는 건축물은 시간당 0.5회 이상의 환기가 이루어질 수 있도록 자연환기설비 또는 기계환기설비를 설치하여야 한다.
① 30세대 이상의 공동주택
② 주택을 주택 외의 시설과 동일 건축물로 건축하는 경우로서 주택이 30세대 이상인 건축물

**(2) 기계환기설비의 구조 및 설치 준수사항**

① 다중이용시설의 기계환기설비 용량기준은 시설이용 인원당 환기량을 원칙으로 산정한다.
② 바깥공기를 공급하는 공기공급체계 또는 바깥공기가 도입되는 공기흡입구는 공기여과기 또는 집진기(集塵機) 등을 갖출 것
③ 공기여과기의 경우 한국산업표준(KS B 6141)에 따른 입자 포집률을 계수법으로 측정하였을 때 60% 이상이도록 한다.

**(3) 환기구의 안전기준**

환기구[건축물의 환기설비에 부속된 급기(給氣) 및 배기(排氣)를 위한 건축 구조물의 개구부]는 보행자 및 건축물 이용자의 안전이 확보되도록 바닥으로부터 2m 이상의 높이에 설치하여야 한다.

---

**➕ 물막이설비[건축물의 설비기준 등에 관한 규칙 제17조의2]**

방재지구와 자연재해위험지구 중 어느 하나에 해당하는 지역에서 연면적 1만 m² 이상의 건축물을 건축하려는 자는 빗물 등의 유입으로 건축물이 침수되지 않도록 해당 건축물의 지하층 및 1층의 출입구(주차장의 출입구 포함)에 물막이판 등 해당 건축물의 침수를 방지할 수 있는 설비(물막이설비)를 설치해야 한다. 다만, 허가권자가 침수의 우려가 없다고 인정하는 경우에는 그렇지 않다.

---

### 개념이해

**01** 다음은 공동주택의 환기설비에 관한 기준 내용이다. ( ) 안에 알맞은 것은? [19년 1회]

> 신축 또는 리모델링하는 100세대 이상의 공동주택에는 시간당 ( ) 이상의 환기가 이루어질 수 있도록 자연환기설비 또는 기계환기설비를 설치하여야 한다.

① 0.5회  ② 1회
③ 1.5회  ④ 2회

🔘 자연환기설비 또는 기계환기설비 설치대상 신축 또는 리모델링하는 다음 어느 하나에 해당하는 주택 또는 건축물은 시간당 0.5회 이상의 환기가 이루어질 수 있도록 자연환기설비 또는 기계환기설비를 설치하여야 한다.
• 30세대 이상의 공동주택
• 주택을 주택 외의 시설과 동일 건축물로 건축하는 경우로서 주택이 30세대 이상인 건축물

답 ①

## 8 배연설비의 설치대상

**(1) 6층 이상의 건축물 중 다음 용도**
① 제2종 근린생활시설 중 공연장, 종교집회장, 인터넷컴퓨터게임시설제공업소 및 다중생활시설(공연장, 종교집회장 및 인터넷컴퓨터게임시설제공업소는 해당 용도로 쓰는 바닥면적의 합계가 각각 300m² 이상인 경우만 해당한다)
② 문화 및 집회시설, 종교시설, 판매시설, 운수시설
③ 의료시설(요양병원 및 정신병원은 제외한다), 교육연구시설 중 연구소
④ 노유자시설 중 아동 관련 시설, 노인복지시설(노인요양시설은 제외한다)
⑤ 수련시설 중 유스호스텔, 운동시설, 업무시설, 숙박시설, 위락시설
⑥ 관광휴게시설, 장례시설

**(2) 다음의 용도의 건축물**
① 의료시설 중 요양병원 및 정신병원
② 노유자시설 중 노인요양시설·장애인 거주시설 및 장애인 의료재활시설

## 9 피뢰설비의 설치대상

높이 20m 이상의 건축물 및 공작물

## 10 건축기계설비기술사 또는 공조냉동기계기술사의 협력을 받아야 하는 대상 건축물

| 용도 | 면적기준 |
|---|---|
| 냉동냉장시설·항온항습시설 또는 특수청정시설 | 500m² 이상 |
| 아파트 및 연립주택 | 면적 무관 |
| 목욕장, 물놀이형시설(실내설치), 수영장(실내설치) | 500m² 이상 |
| 기숙사, 의료시설, 유스호스텔, 숙박시설 | 2,000m² 이상 |
| 판매시설, 연구소, 업무시설 | 3,000m² 이상 |
| 문화 및 집회시설, 종교시설, 교육연구시설(연구소 제외), 장례식장 | 10,000m² 이상 |

## 과년도 기출문제

**01** 신축공동주택 등의 기계환기설비의 설치 기준으로 옳지 않은 것은? [22년 2회]

① 세대의 환기량 조절을 위하여 환기설비의 정격풍량을 3단계 또는 그 이상으로 조절할 수 있는 체계를 갖추어야 한다.
② 적정 단계의 필요환기량은 신축공동주택 등의 세대를 시간당 0.3회로 환기할 수 있는 풍량을 확보하여야 한다.
③ 기계환기설비에서 발생하는 소음의 측정은 한국산업규격(KS B 6361)에 따르는 것을 원칙으로 한다.
④ 기계환기설비는 주방 가스대 위의 공기배출장치, 화장실의 공기배출 송풍기 등 급속 환기 설비와 함께 설치할 수 있다.

[해설]
적정 단계의 필요환기량은 신축공동주택 등의 세대를 시간당 0.5회로 환기할 수 있는 풍량을 확보하여야 한다.

**02** 다음은 차수설비의 설치에 관한 기준 내용이다. ( ) 안에 알맞은 것은? [19년 4회]

> 「국토의 계획 및 이용에 관한 법률」에 따른 방재지구에서 연면적 ( ) 이상의 건축물을 건축하려는 자는 빗물 등의 유입으로 건축물이 침수되지 아니하도록 해당 건축물의 지하층 및 1층의 출입구(주차장의 출입구를 포함한다)에 차수설비를 설치하여야 한다. 다만, 법 제5조 제1항에 따른 허가권자가 침수의 우려가 없다고 인정하는 경우에는 그러하지 아니하다.

① 3,000m²  ② 5,000m²
③ 10,000m²  ④ 20,000m²

[해설]
물막이설비[건축물의 설비기준 등에 관한 규칙 제17조의2]
방재지구와 자연재해위험지구 중 어느 하나에 해당하는 지역에서 연면적 1만m² 이상의 건축물을 건축하려는 자는 빗물 등의 유입으로 건축물이 침수되지 않도록 해당 건축물의 지하층 및 1층의 출입구(주차장의 출입구 포함)에 물막이판 등 해당 건축물의 침수를 방지할 수 있는 설비(물막이설비)를 설치해야 한다. 다만, 허가권자가 침수의 우려가 없다고 인정하는 경우에는 그렇지 않다.

**03** 건축물의 거실에 국토교통부령으로 정하는 기준에 따라 배연설비를 하여야 하는 대상 건축물에 속하지 않는 것은?(단, 피난층의 거실은 제외하며, 6층 이상인 건축물의 경우) [21년 2회, 22년 2회]

① 종교시설  ② 판매시설
③ 위락시설  ④ 방송통신시설

[해설]
건축법 시행령 제51조에 따르면 방송통신시설은 해당되지 않는다.

**04** 다음 중 피난층이 아닌 거실에 배연설비를 설치하여야 하는 대상 건축물에 속하지 않는 것은?(단, 6층 이상인 건축물의 경우) [16년 1회, 20년 4회]

① 판매시설
② 종교시설
③ 교육연구시설 중 학교
④ 운수시설

[해설]
6층 이상의 건축물로서 배연시설을 설치해야 하는 대상
- 제2종 근린생활시설 중 공연장, 종교집회장, 인터넷컴퓨터게임시설제공업소 및 다중생활시설(공연장, 종교집회장 및 인터넷컴퓨터게임시설제공업소는 해당 용도로 쓰는 바닥면적의 합계가 각각 300m² 이상인 경우만 해당한다)
- 문화 및 집회시설, 종교시설, 판매시설, 운수시설
- 의료시설(요양병원 및 정신병원은 제외한다), 교육연구시설 중 연구소
- 노유자시설 중 아동 관련 시설, 노인복지시설(노인요양시설은 제외한다)
- 수련시설 중 유스호스텔, 운동시설, 업무시설, 숙박시설, 위락시설
- 관광휴게시설, 장례시설

**정답** 01 ② 02 ③ 03 ④ 04 ③

## 과년도 기출문제

**05** 건축물의 거실(피난층의 거실 제외)에 국토교통부령으로 정하는 기준에 따라 배연설비를 설치하여야 하는 대상 건축물에 속하지 않는 것은?

[18년 2회]

① 6층 이상인 건축물로서 종교시설의 용도로 쓰는 건축물
② 6층 이상인 건축물로서 판매시설의 용도로 쓰는 건축물
③ 6층 이상인 건축물로서 방송통신시설 중 방송국의 용도로 쓰는 건축물
④ 6층 이상인 건축물로서 교육연구시설 중 연구소의 용도로 쓰는 건축물

[해설]
6층 이상의 건축물로서 배연시설을 설치해야 하는 대상
- 제2종 근린생활시설 중 공연장, 종교집회장, 인터넷컴퓨터게임시설제공업소 및 다중생활시설(공연장, 종교집회장 및 인터넷컴퓨터게임시설제공업소는 해당 용도로 쓰는 바닥면적의 합계가 각각 300m² 이상인 경우만 해당한다)
- 문화 및 집회시설, 종교시설, 판매시설, 운수시설
- 의료시설(요양병원 및 정신병원은 제외한다), 교육연구시설 중 연구소
- 노유자시설 중 아동 관련 시설, 노인복지시설(노인요양시설은 제외한다)
- 수련시설 중 유스호스텔, 운동시설, 업무시설, 숙박시설, 위락시설

**06** 건축물에 가스, 급수, 배수, 환기설비를 설치하는 경우 건축기계설비기술사 또는 공조냉동기계기술사의 협력을 받아야 하는 대상 건축물에 속하지 않는 것은?

[15년 2회]

① 기숙사로서 해당 용도에 사용되는 바닥면적의 합계가 2,000m²인 건축물
② 판매시설로서 해당 용도에 사용되는 바닥면적의 합계가 2,000m²인 건축물
③ 의료시설로서 해당 용도에 사용되는 바닥면적의 합계가 2,000m²인 건축물
④ 숙박시설로서 해당 용도에 사용되는 바닥면적의 합계가 2,000m²인 건축물

[해설]
판매시설은 해당 용도에 사용되는 바닥면적의 합계가 3,000m² 이상인 건축물이 해당한다.

**07** 급수, 배수, 환기, 난방 설비를 건축물에 설치하는 경우, 건축기계설비기술사 또는 공조냉동기계기술사의 협력을 받아야 하는 대상 건축물에 속하지 않는 것은?

[17년 2회]

① 아파트
② 연립주택
③ 기숙사로서 해당 용도에 사용되는 바닥면적의 합계가 2,000m²인 건축물
④ 업무시설로서 해당 용도에 사용되는 바닥면적의 합계가 2,000m²인 건축물

[해설]
업무시설은 해당 용도에 사용되는 바닥면적의 합계가 3,000m² 이상인 건축물이 해당한다.

정답  05 ③  06 ②  07 ④

# 07 특별건축구역

## 1 특별건축구역

| 정의 | 조화롭고 창의적인 건축물의 건축을 통하여 도시경관의 창출, 건설기술 수준향상 및 건축 관련 제도개선을 도모하기 위하여 이 법 또는 관계 법령에 따라 일부 규정을 적용하지 아니하거나 완화 또는 통합하여 적용할 수 있도록 특별히 지정하는 구역 |
|---|---|
| 지정 불가 지역·구역 | 개발제한구역, 자연공원, 접도구역, 보전산지 |
| 특별건축구역 특례사항적용 건축물 | • 국가 또는 지방자치단체가 건축하는 건축물<br>• 한국토지주택공사, 한국수자원공사, 한국도로공사, 한국철도공사, 국가철도공단, 한국관광공사, 한국농어촌공사에서 건축하는 건축물 |

## 2 결합건축

| 정의 | 용적률을 개별 대지마다 적용하지 아니하고, 2개 이상의 대지를 대상으로 통합적용하여 건축물을 건축하는 것 |
|---|---|
| 결합건축 대상지 조건 | • 대지간의 최단거리가 100m 이내<br>• 2개의 대지 모두가 동일한 지역에 속할 것<br>• 2개의 대지 모두가 너비 12m 이상인 도로로 둘러싸인 하나의 구역 안에 있을 것. 이 경우 그 구역 안에 너비 12m 이상인 도로로 둘러싸인 더 작은 구역이 있어서는 안 됨 |
| 특별건축구역 특례사항적용 건축물 | • 국가 또는 지방자치단체가 건축하는 건축물<br>• 한국토지주택공사, 한국수자원공사, 한국도로공사, 한국철도공사, 국가철도공단, 한국관광공사, 한국농어촌공사에서 건축하는 건축물 |

### 개념이해

**01** 다음 중 특별건축구역으로 지정할 수 있는 사업구역에 속하지 않는 것은?

[16년 2회, 19년 2회, 20년 1·2회 통합]

① 「도로법」에 따른 접도구역
② 「도시개발법」에 따른 도시개발구역
③ 「택지개발촉진법」에 따른 택지개발사업구역
④ 「공공기관 지방이전에 따른 혁신도시 건설 및 지원에 관한 특별법」에 따른 혁신도시의 사업구역

> 특별건축구역의 지정 불가 지역·구역
> 개발제한구역, 자연공원, 접도구역, 보전산지
>
> 답 ①

# 08 보칙

## 1 권한의 위임과 위탁

① 국토교통부장관은 이 법에 따른 권한의 일부를 시·도지사에게 위임할 수 있다.
② 시·도지사는 이 법에 따른 권한의 일부를 시장·군수·구청장에게 위임할 수 있다.
③ 시장·군수·구청장은 이 법에 따른 권한의 일부를 구청장(자치구가 아닌 구의 구청장)·동장·읍장 또는 면장에게 위임할 수 있다.
④ 국토교통부장관은 건축허가 업무 등을 효율적으로 처리하기 위하여 구축하는 전자정보처리 시스템의 운영을 대통령령으로 정하는 기관 또는 단체에 위탁할 수 있다.

## 2 건축분쟁위원회 조정 대상

① 건축관계자와 해당 건축물의 건축 등으로 피해를 입은 인근주민 간의 분쟁
② 관계전문기술자와 인근주민 간의 분쟁
③ 건축관계자와 관계전문기술자 간의 분쟁
④ 건축관계자 간의 분쟁
⑤ 인근주민 간의 분쟁
⑥ 관계전문기술자 간의 분쟁

# 09 주차장법

## 1 정의

| 주차장 | | 자동차의 주차를 위한 시설로서 다음의 어느 하나에 해당하는 종류의 것을 말한다. |
|---|---|---|
| | 노상주차장<br>(路上駐車場) | 도로의 노면 또는 교통광장(교차점광장만 해당, 이하 같음)의 일정한 구역에 설치된 주차장으로서 일반(一般)의 이용에 제공되는 것 |
| | 노외주차장<br>(路外駐車場) | 도로의 노면 및 교통광장 외의 장소에 설치된 주차장으로서 일반의 이용에 제공되는 것 |
| | 부설주차장 | 건축물, 골프연습장, 그 밖에 주차수요를 유발하는 시설에 부대(附帶)하여 설치된 주차장으로서 해당 건축물·시설의 이용자 또는 일반의 이용에 제공되는 것 |
| 기계식<br>주차장치 | | 노외주차장 및 부설주차장에 설치하는 주차설비로서 기계장치에 의하여 자동차를 주차할 장소로 이동시키는 설비 |
| 기계식주차장 | | 기계식주차장치를 설치한 노외주차장 및 부설주차장 |

**조사 구역 설정 기준[시행규칙 제1조의 2]**
- 사각형 또는 삼각형 형태로 조사 구역을 설정하되 조사 구역 바깥 경계선의 최대거리가 300m를 넘지 않도록 할 것
- 각 조사 구역은 도로를 경계로 구분할 것
- 아파트단지와 단독주택단지가 섞여 있는 지역 또는 주거기능과 상업·업무기능이 섞여 있는 지역의 경우에는 주차시설 수급의 적정성, 지역적 특성 등을 고려하여 같은 특성을 가진 지역별로 조사 구역을 설정할 것

**실태조사 방법 및 주기[시행규칙 제1조의 2]**
수급실태조사 및 안전관리실태조사의 주기는 3년으로 한다.

## 2 주차장의 주차단위구획

### (1) 평행주차형식의 경우

| 구분 | 너비 | 길이 |
|---|---|---|
| 경형 | 1.7m 이상 | 4.5m 이상 |
| 일반형 | 2.0m 이상 | 6.0m 이상 |
| 보도와 차도의 구분이 없는 주거지역의 도로 | 2.0m 이상 | 5.0m 이상 |
| 이륜자동차 전용 | 1.0m 이상 | 2.3m 이상 |

### (2) 평행주차형식 외의 경우

| 구분 | 너비 | 길이 |
|---|---|---|
| 경형 | 2.0m 이상 | 3.6m 이상 |
| 일반형 | 2.5m 이상 | 5.0m 이상 |
| 확장형 | 2.6m 이상 | 5.2m 이상 |
| 장애인 전용 | 3.3m 이상 | 5.0m 이상 |
| 이륜자동차 전용 | 1.0m 이상 | 2.3m 이상 |

- 주차단위구획은 흰색 실선(경형자동차 전용주차구획의 주차단위구획은 파란색 실선)으로 표시해야 한다.

# 과년도 기출문제

건축 / 기사 / 필기

**01** 주차법령상 다음과 같이 정의되는 주차장의 종류는? [16년 4회, 17년 4회]

> 도로의 노면 또는 교통광장(교차점광장만 해당, 이하 같음)의 일정한 구역에 설치된 주차장으로서 일반(一般)의 이용에 제공되는 것

① 노외주차장  ② 노상주차장
③ 부설주차장  ④ 기계식주차장

[해설]
① 노외주차장 : 도로의 노면 및 교통광장 외의 장소에 설치된 주차장으로서 일반의 이용에 제공되는 것
③ 부설주차장 : 건축물, 골프연습장, 그 밖에 주차수요를 유발하는 시설에 부대(附帶)하여 설치된 주차장으로서 해당 건축물·시설의 이용자 또는 일반의 이용에 제공되는 것
④ 기계식주차장 : 기계식주차장치를 설치한 노외주차장 및 부설주차장

**02** 주차장의 수급 실태를 조사하려는 경우, 조사 구역의 설정 기준으로 옳지 않은 것은? [17년 4회]

① 원형 형태로 조사 구역을 설정한다.
② 각 조사 구역은 「건축법」에 따른 도로를 경계로 구분한다.
③ 조사 구역 바깥 경계선의 최대거리가 300m를 넘지 아니하도록 한다.
④ 주거기능과 상업·업무기능이 섞여 있는 지역의 경우에는 주차시설 수급의 적정성, 지역적 특성 등을 고려하여 같은 특성을 가진 지역별로 조사 구역을 설정한다.

[해설]
조사 구역 설정 기준[주차장법 시행규칙 제1조의 2]
• 사각형 또는 삼각형 형태로 조사 구역을 설정하되 조사 구역 바깥 경계선의 최대거리가 300m를 넘지 않도록 할 것
• 각 조사 구역은 도로를 경계로 구분할 것
• 아파트단지와 단독주택단지가 섞여 있는 지역 또는 주거기능과 상업·업무기능이 섞여 있는 지역의 경우에는 주차시설 수급의 적정성, 지역적 특성 등을 고려하여 같은 특성을 가진 지역별로 조사 구역을 설정할 것

**03** 주차장의 수급 실태조사에 관한 설명으로 옳지 않은 것은? [19년 1회]

① 실태조사의 주기는 5년으로 한다.
② 조사 구역은 사각형 또는 삼각형 형태로 설정한다.
③ 조사 구역 바깥 경계선의 최대거리가 300m를 넘지 않도록 한다.
④ 각 조사 구역은 「건축법」에 따른 도로를 경계로 구분한다.

[해설]
수급실태조사 및 안전관리실태조사의 주기는 3년으로 한다.

**04** 주차장의 주차단위구획 기준으로 옳은 것은?(단, 평행주차형식으로 일반형인 경우) [15년 1회, 19년 2회]

① 너비 1.0m 이상, 길이 2.3m 이상
② 너비 1.7m 이상, 길이 4.5m 이상
③ 너비 2.0m 이상, 길이 6.0m 이상
④ 너비 2.3m 이상, 길이 5.0m 이상

[해설]
주차장의 주차단위 구획(평행주차형식의 경우)

| 구분 | 너비 | 길이 |
| --- | --- | --- |
| 경형 | 1.7m 이상 | 4.5m 이상 |
| 일반형 | 2.0m 이상 | 6.0m 이상 |
| 보도와 차도의 구분이 없는 주거지역의 도로 | 2.0m 이상 | 5.0m 이상 |
| 이륜자동차 전용 | 1.0m 이상 | 2.3m 이상 |

**05** 경형 자동차용 주차단위구획의 최소 크기는?(단, 평행주차형식 외의 경우) [15년 4회]

① 너비 1.7m, 길이 4.5m
② 너비 2.0m, 길이 5.0m
③ 너비 2.0m, 길이 3.6m
④ 너비 2.3m, 길이 5.0m

정답  01 ②  02 ①  03 ①  04 ③  05 ③

[ 해설 ]

주차장의 주차단위 구획(평행주차형식 외의 경우)

| 구분 | 너비 | 길이 |
|---|---|---|
| 경형 | 2.0m 이상 | 3.6m 이상 |
| 일반형 | 2.5m 이상 | 5.0m 이상 |
| 확장형 | 2.6m 이상 | 5.2m 이상 |
| 장애인 전용 | 3.3m 이상 | 5.0m 이상 |
| 이륜자동차 전용 | 1.0m 이상 | 2.3m 이상 |

[ 해설 ]

주차장의 주차단위 구획(평행주차형식 외의 경우)

| 구분 | 너비 | 길이 |
|---|---|---|
| 경형 | 2.0m 이상 | 3.6m 이상 |
| 일반형 | 2.5m 이상 | 5.0m 이상 |
| 확장형 | 2.6m 이상 | 5.2m 이상 |
| 장애인 전용 | 3.3m 이상 | 5.0m 이상 |
| 이륜자동차 전용 | 1.0m 이상 | 2.3m 이상 |

**06** 주차장 주차단위구획의 최소 크기로 옳지 않은 것은?(단, 평행주차형식 외의 경우)  [18년 1회 문제변형]

① 경형 : 너비 2.0m, 길이 3.6m
② 일반형 : 너비 2.0m, 길이 6.0m
③ 확장형 : 너비 2.6m, 길이 5.2m
④ 장애인 전용 : 너비 3.3m, 길이 5.0m

[ 해설 ]

주차장의 주차단위 구획(평행주차형식 외의 경우)

| 구분 | 너비 | 길이 |
|---|---|---|
| 경형 | 2.0m 이상 | 3.6m 이상 |
| 일반형 | 2.5m 이상 | 5.0m 이상 |
| 확장형 | 2.6m 이상 | 5.2m 이상 |
| 장애인 전용 | 3.3m 이상 | 5.0m 이상 |
| 이륜자동차 전용 | 1.0m 이상 | 2.3m 이상 |

**07** 주차장의 장애인 전용 주차단위구획 기준으로 옳은 것은?(단, 평행주차형식 외의 경우) [16년 1회]

① 너비 2.3m 이상, 길이 5m 이상
② 너비 2.3m 이상, 길이 6m 이상
③ 너비 3.3m 이상, 길이 5m 이상
④ 너비 3.3m 이상, 길이 6m 이상

정답  06 ②  07 ③

MEMO

## 09 주차장법

### 3 노상주차장의 구조·설비기준

| 너비 기준 | • 너비 6m 미만의 도로에 설치하여서는 안 된다.<br>• 단, 보행자의 통행이나 연도(沿道, 옆길)의 이용에 지장이 없는 경우로서 해당 지방자치단체의 조례로 따로 정하는 경우는 제외한다. |
|---|---|
| 종단 경사도 기준 | • 종단경사도(자동차 진행방향의 기울기)가 4%를 초과하는 도로에 설치하여서는 안 된다.<br>• 단, 다음의 경우는 예외로 한다.<br>　- 종단경사도가 6% 이하인 도로로서 보도와 차도가 구별되어 있고, 그 차도의 너비가 13m 이상인 도로에 설치하는 경우<br>　- 종단경사도가 6% 이하인 도로로서 해당 시장·군수 또는 구청장이 안전에 지장이 없다고 인정하는 도로에 노상주차장을 설치하는 경우 |
| 장애인 전용 주차구획 | • 노상주차장에는 장애인 전용주차구획을 설치하여야 한다.<br>• 주차대수 규모가 20대 이상 50대 미만인 경우 : 한 면 이상<br>• 주차대수 규모가 50대 이상인 경우 : 주차대수의 2%부터 4%까지의 범위에서 장애인의 주차수요를 고려하여 해당 지방자치단체의 조례로 정하는 비율 이상 |
| 기타사항 | • 주간선도로에 설치하여서는 안 된다. 단, 분리대나 그 밖에 도로의 부분으로서 도로교통에 크게 지장을 주지 아니하는 부분은 제외한다.<br>• 고속도로, 자동차전용도로 또는 고가도로에 설치하여서는 안 된다.<br>• 도로의 너비 또는 교통 상황 등을 고려하여 그 도로를 이용하는 자동차의 통행에 지장이 없도록 설치하여야 한다. |

### 개념이해

**01** 노상주차장의 구조 및 설비에 관한 기준 내용으로 옳은 것은?

[17년 2회]

① 너비 6m 이상의 도로에 설치하여서는 아니 된다.
② 종단경사도가 3퍼센트를 초과하는 도로에 설치하여서는 아니 된다.
③ 고속도로, 자동차전용도로 또는 고가도로에 설치하여서는 아니 된다.
④ 주차대수 규모가 20대인 경우, 장애인 전용주차구획을 최소 2면 이상 설치하여야 한다.

① 너비 6m 미만의 도로에 설치하여서는 아니 된다.
② 종단경사도가 4%를 초과하는 도로에 설치하여서는 아니 된다.
④ 주차대수 규모가 20대인 경우, 장애인 전용주차구획을 최소 1면 이상 설치하여야 한다.

답 ③

## 4 노외주차장의 구조·설비기준

### (1) 출구 부분 구조
노외주차장의 출구 부근의 구조는 해당 출구로부터 2m(이륜자동차전용 출구의 경우에는 1.3m)를 후퇴한 노외주차장의 차로의 중심선상 1.4m의 높이에서 도로의 중심선에 직각으로 향한 왼쪽·오른쪽 각각 60°의 범위에서 해당 도로를 통행하는 자를 확인할 수 있도록 하여야 한다.

### (2) 차로 설치 기준

| | |
|---|---|
| 공통사항 | • 주차구획선의 긴 변과 짧은 변 중 한 변 이상이 차로에 접해야 한다.<br>• 차로의 너비는 주차형식 및 출입구의 개수에 따라 다음 구분에 따른 기준 이상으로 해야 한다.<br>　― 이륜자동차전용 노외주차장<br><br>| 주차형식 | 차로의 너비 ||<br>|---|---|---|<br>| | 출입구가 2개 이상인 경우 | 출입구가 1개인 경우 |<br>| 평행주차 | 2.25m | 3.5m |<br>| 직각주차 | 4.0m | 4.0m |<br>| 45도 대향(對向)주차 | 2.3m | 3.5m |<br><br>　― 이륜자동차전용 외의 노외주차장<br><br>| 주차형식 | 차로의 너비 ||<br>|---|---|---|<br>| | 출입구가 2개 이상인 경우 | 출입구가 1개인 경우 |<br>| 평행주차 | 3.3m | 5.0m |<br>| 직각주차 | 6.0m | 6.0m |<br>| 60도 대향주차 | 4.5m | 5.5m |<br>| 45도 대향주차 | 3.5m | 5.0m |<br>| 교차주차 | 3.5m | 5.0m | |
| 지하식<br>또는<br>건축물식 | • 높이는 주차바닥면으로부터 2.3m 이상으로 해야 한다.<br>• 곡선 부분은 자동차가 6m(같은 경사로를 이용하는 주차장의 총 주차대수가 50대 이하인 경우에는 5m, 이륜자동차 전용 노외주차장의 경우에는 3m) 이상의 내변반경으로 회전할 수 있도록 해야 한다.<br>• 경사로의 차로 너비는 직선형인 경우에는 3.3m 이상(2차로의 경우에는 6m 이상)으로 하고, 곡선형인 경우에는 3.6m 이상(2차로의 경우에는 6.5m 이상)으로 하며, 경사로의 양쪽 벽면으로부터 30cm 이상의 지점에 높이 10cm 이상 15cm 미만의 연석(沿石, 경계석)을 설치해야 한다. 이 경우 연석 부분은 차로의 너비에 포함되는 것으로 본다.<br>• 경사로의 종단경사도는 직선 부분에서는 17%를 초과해서는 안 되며, 곡선 부분에서는 14%를 초과해서는 안 된다.<br>• 경사로의 노면은 거친면으로 하여야 한다.<br>• 주차대수 규모가 50대 이상인 경우의 경사로는 너비 6m 이상인 2차로를 확보하거나 진입차로와 진출차로를 분리해야 한다. |

+ • 자동차용 승강기로 운반된 자동차가 주차구획까지 자주식으로 들어가는 노외주차장의 경우에는 주차대수 30대마다 1대의 자동차용 승강기를 설치해야 한다.

• 노외주차장에서 주차에 사용되는 부분의 높이는 주차바닥면으로부터 2.1m 이상으로 해야 한다.

# 09 주차장법

### (3) 출입구 설치

노외주차장의 출입구 너비는 3.5m 이상으로 해야 하며, 주차대수 규모가 50대 이상인 경우에는 출구와 입구를 분리하거나 너비 5.5m 이상의 출입구를 설치하여 소통이 원활하도록 하여야 한다.

### (4) 주차장의 이산화탄소 농도와 조도

| 이산화탄소 농도 | 노외주차장 내부 공간의 일산화탄소 농도는 주차장을 이용하는 차량이 가장 빈번한 시각의 앞뒤 8시간의 평균치가 50ppm 이하(다중이용시설 등의 실내주차장은 25ppm 이하)로 유지되어야 한다. |
|---|---|
| 조도 | 자주식주차장으로서 지하식 또는 건축물식 노외주차장에는 벽면에서 부터 50cm 이내를 제외한 바닥면의 최소 조도(照度)와 최대 조도를 다음과 같이 한다. |

| 구분 | 최소 조도 | 최대 조도 |
|---|---|---|
| 주차구획 및 차로 | 10lux 이상 | 최소 조도의 10배 이내 |
| 주차장 출구 및 입구 | 300lux 이상 | 없음 |
| 사람이 출입하는 통로 | 50lux 이상 | 없음 |

### (5) 기타사항

① 노외주차장에는 확장형 주차단위구획을 주차 단위구획 총수(평행주차 형식의 주차단위구획 수는 제외)의 30% 이상 설치하여야 한다.
② 특별시장·광역시장, 시장·군수 또는 구청장이 설치하는 노외주차장의 주차대수 규모가 50대 이상인 경우에는 주차대수의 2~4%까지의 범위에서 장애인의 주차수요를 고려하여 지방자치단체의 조례로 정하는 비율 이상의 장애인 전용주차구획을 설치하여야 한다.
③ 환경친화적 자동차의 전용주차구획을 총 주차대수의 5/100 이상 설치하 여야 한다.
④ 주차대수 400대를 초과하는 규모의 노외주차장의 경우 과속방지턱, 차량의 일시정지선 등 보행안전을 위한 시설을 설치하여야 한다.

## 과년도 기출문제

**01** 주차장법령상 노외주차장의 구조 및 설비기준에 관한 아래 설명에서, ⓐ~ⓒ에 들어갈 내용이 모두 옳은 것은? [21년 2회]

> 노외주차장의 출구 부근의 구조는 해당 출구로부터 ( ⓐ )m(이륜자동차전용 출구의 경우에는 1.3m)를 후퇴한 노외주차장의 차로의 중심선상 ( ⓑ )m의 높이에서 도로의 중심선에 직각으로 향한 왼쪽·오른쪽 각각 ( ⓒ )도의 범위에서 해당도로를 통행하는 자를 확인할 수 있도록 하여야 한다.

① ⓐ 1, ⓑ 1.2, ⓒ 45
② ⓐ 2, ⓑ 1.4, ⓒ 60
③ ⓐ 3, ⓑ 1.6, ⓒ 60
④ ⓐ 2, ⓑ 1.2, ⓒ 45

**[해설]**

**출구 부분 구조**
노외주차장의 출구 부근의 구조는 해당 출구로부터 2m(이륜자동차전용 출구의 경우에는 1.3m)를 후퇴한 노외주차장의 차로의 중심선상 1.4m의 높이에서 도로의 중심선에 직각으로 향한 왼쪽·오른쪽 각각 60°의 범위에서 해당 도로를 통행하는 자를 확인할 수 있도록 하여야 한다.

**02** 출입구의 개소에 관계없이 노외주차장의 차로의 너비를 최소 6m 이상으로 하여야 하는 주차형식은?(단, 이륜자동차전용 외의 노외주차장의 경우) [16년 2회]

① 평행주차  ② 직각주차
③ 교차주차  ④ 45도 대향주차

**[해설]**

차로의 너비(이륜자동차전용 외 노외주차장)

| 주차형식 | 차로의 너비 | |
|---|---|---|
| | 출입구가 2개 이상인 경우 | 출입구가 1개인 경우 |
| 평행주차 | 3.3m | 5.0m |
| 직각주차 | 6.0m | 6.0m |
| 60도 대향주차 | 4.5m | 5.5m |
| 45도 대향주차 | 3.5m | 5.0m |
| 교차주차 | 3.5m | 5.0m |

**03** 노외주차장의 출입구가 2개인 경우 주차형식에 따른 차로의 최소 너비가 옳지 않은 것은?(단, 이륜자동차전용 외의 노외주차장의 경우) [19년 4회]

① 직각주차 : 6.0m
② 평행주차 : 3.3m
③ 45도 대향주차 : 3.5m
④ 60도 대향주차 : 5.0m

**[해설]**

60도 대향주차의 경우 4.5m가 최소 차로 너비이다.

차로의 너비(이륜자동차전용 외 노외주차장)

| 주차형식 | 차로의 너비 | |
|---|---|---|
| | 출입구가 2개 이상인 경우 | 출입구가 1개인 경우 |
| 평행주차 | 3.3m | 5.0m |
| 직각주차 | 6.0m | 6.0m |
| 60도 대향주차 | 4.5m | 5.5m |
| 45도 대향주차 | 3.5m | 5.0m |
| 교차주차 | 3.5m | 5.0m |

**04** 노외주차장의 구조·설비에 관한 기준 내용으로 옳지 않은 것은? [15년 1회]

① 주차구획선의 긴 변과 짧은 변 중 한 변 이상이 차로에 접하여야 한다.
② 주차대수 규모가 50대 미만인 노외주차장의 출입구 너비는 3.5m 이상으로 하여야 한다.
③ 노외주차장에서 주차에 사용되는 부분의 높이는 주차바닥면으로부터 2.1m 이상으로 하여야 한다.
④ 지하식 또는 건축물식 노외주차장의 차로의 높이는 주차바닥면으로부터 2.1m 이상으로 하여야 한다.

**[해설]**

지하식 또는 건축물식 노외주차장의 차로의 높이는 주차바닥면으로부터 2.3m 이상으로 하여야 한다.

**정답** 01 ② 02 ② 03 ④ 04 ④

## 과년도 기출문제

건축 / 기사 / 필기

**05** 지하식 또는 건축물식 노외주차장에서 경사로가 직선형인 경우, 경사로의 차로 너비는 최소 얼마 이상으로 하여야 하는가?(단, 2차로인 경우)

[17년 1회]

① 5m
② 6m
③ 7m
④ 8m

[해설]

경사로의 차로 너비는 직선형인 경우에는 3.3m 이상(2차로의 경우에는 6m 이상)으로 하고, 곡선형인 경우에는 3.6m 이상(2차로의 경우에는 6.5m 이상)으로 하며, 경사로의 양쪽 벽면으로부터 30cm 이상의 지점에 높이 10cm 이상 15cm 미만의 연석(沿石, 경계석)을 설치하여야 한다. 이 경우 연석 부분은 차로의 너비에 포함되는 것으로 본다.

**06** 지하식 또는 건축물식 노외주차장의 차로에 관한 기준 내용으로 옳지 않은 것은?

[15년 2회, 18년 4회, 21년 4회]

① 높이는 주차바닥면으로부터 2.3m 이상으로 하여야 한다.
② 경사로의 종단경사도는 직선부분에서는 17%를 초과 하여서는 아니 된다.
③ 곡선 부분은 자동차가 4m 이상의 내변반경으로 회전할 수 있도록 하여야 한다.
④ 주차대수 규모가 50대 이상인 경우의 경사로는 너비 6m 이상인 2차로를 확보하거나 진입차로와 진출차로를 분리하여야 한다.

[해설]

곡선 부분은 자동차가 6m(같은 경사로를 이용하는 주차장의 총 주차대수가 50대 이하인 경우에는 5m, 이륜자동차전용 노외주차장의 경우에는 3m) 이상의 내변반경으로 회전할 수 있도록 하여야 한다.

**07** 지하식 또는 건축물식 노외주차장의 차로에 관한 기준 내용으로 틀린 것은?

[20년 4회]

① 경사로의 노면은 거친면으로 하여야 한다.
② 높이는 주차바닥면으로부터 2.3m 이상으로 하여야 한다.
③ 경사로의 종단경사도는 직선 부분에서는 14%를 초과하여서는 아니 된다.
④ 주차대수 규모가 50대 이상인 경우의 경사로는 너비 6m 이상인 2차로를 확보하거나 진입차로와 진출차로를 분리하여야 한다.

[해설]

경사로의 종단경사도는 직선 부분에서는 17%를 초과하여서는 안 되며, 곡선 부분에서는 14%를 초과하여서는 안 된다.

**08** 다음 노외주차장의 구조 및 설비기준에 관한 내용 중 ( ) 안에 알맞은 것은?

[22년 1회]

> 자동차용 승강기로 운반된 자동차가 주차구획까지 자주식으로 들어가는 노외주차장의 경우에는 주차대수 ( )마다 1대의 자동차용 승강기를 설치하여야 한다.

① 10대
② 20대
③ 30대
④ 40대

[해설]

자동차용 승강기로 운반된 자동차가 주차구획까지 자주식으로 들어가는 노외주차장의 경우에는 주차대수 30대마다 1대의 자동차용 승강기를 설치하여야 한다.

정답  05 ②  06 ③  07 ③  08 ③

## 과년도 기출문제

**09** 노외주차장의 구조·설비에 관한 기준 내용으로 옳지 않은 것은? [19년 2회]

① 출입구의 너비는 3.0m 이상으로 하여야 한다.
② 주차구획선의 긴 변과 짧은 변 중 한 변 이상이 차로에 접하여야 한다.
③ 지하식인 경우 차로의 높이는 주차바닥면으로부터 2.3m 이상으로 하여야 한다.
④ 주차에 사용되는 부분의 높이는 주차바닥면으로부터 2.1m 이상으로 하여야 한다.

[해설]

출입구 설치
노외주차장의 출입구 너비는 3.5m 이상으로 하여야 하며, 주차대수 규모가 50대 이상인 경우에는 출구와 입구를 분리하거나 너비 5.5m 이상의 출입구를 설치하여 소통이 원활하도록 하여야 한다.

**10** 노외주차장의 설치에 관한 계획기준 내용 중 ( ) 안에 알맞은 것은? [21년 4회]

주차대수 400대를 초과하는 규모의 노외주차장의 경우에는 노외주차장의 출구와 입구를 각각 따로 설치하여야 한다. 다만, 출입구의 너비의 합이 ( )m 이상으로서 출구와 입구가 차선 등으로 분리되는 경우에는 함께 설치할 수 있다.

① 4.5
② 5.0
③ 5.5
④ 6.0

[해설]

출입구 설치
노외주차장의 출입구 너비는 3.5m 이상으로 하여야 하며, 주차대수 규모가 50대 이상인 경우에는 출구와 입구를 분리하거나 너비 5.5m 이상의 출입구를 설치하여 소통이 원활하도록 하여야 한다.

**11** 노외주차장 내부 공간의 일산화탄소 농도는 주차장을 이용하는 차량이 가장 빈번한 시각의 앞뒤 8시간의 평균치가 몇 ppm 이하로 유지되어야 하는가? [20년 1·2회 통합]

① 80ppm
② 70ppm
③ 60ppm
④ 50ppm

[해설]

일산화탄소 농도
노외주차장 내부 공간의 일산화탄소 농도는 주차장을 이용하는 차량이 가장 빈번한 시각의 앞뒤 8시간의 평균치가 50ppm 이하(다중이용시설 등의 실내주차장은 25ppm 이하)로 유지되어야 한다.

**12** 다음은 노외주차장의 설치에 관한 계획기준 내용이다. ( ) 안에 알맞은 것은? [15년 2회]

특별시장·광역시장, 시장·군수 또는 구청장이 설치하는 노외주차장에 주차대수 규모가 ( ㉠ ) 이상인 경우에는 주차대수의 ( ㉡ )의 범위 안에서 장애인의 주차 수요를 고려하여 지방자치단체의 조례로 정하는 비율 이상의 장애인 전용주차구획을 설치하여야 한다.

① ㉠ 50대, ㉡ 1%부터 3%까지
② ㉠ 50대, ㉡ 2%부터 4%까지
③ ㉠ 100대, ㉡ 1%부터 3%까지
④ ㉠ 100대, ㉡ 2%부터 4%까지

[해설]

노외주차장의 설치에 대한 계획기준(시행규칙 제5조)
특별시장·광역시장, 시장·군수 또는 구청장이 설치하는 노외주차장의 주차대수 규모가 50대 이상인 경우에는 주차대수의 2~4%까지의 범위에서 장애인의 주차수요를 고려하여 지방자치단체의 조례로 정하는 비율 이상의 장애인 전용주차구획을 설치하여야 한다.

정답 09 ① 10 ③ 11 ④ 12 ②

## 09 주차장법

### 5 노외주차장의 출구 및 입구의 설치 금지 구역

① 교차로·횡단보도·건널목이나 보도와 차도가 구분된 도로의 보도(노상주차장은 제외)
② 교차로의 가장자리나 도로의 모퉁이로부터 5m 이내인 곳
③ 안전지대가 설치된 도로에서는 그 안전지대의 사방으로부터 각각 10m 이내인 곳
④ 버스여객자동차의 정류지임을 표시하는 기둥이나 표지판 또는 선이 설치된 곳으로부터 10m 이내인 곳. 단, 버스여객자동차의 운전자가 그 버스여객자동차의 운행시간 중에 운행노선에 따르는 정류장에서 승객을 태우거나 내리기 위해 차를 정차하거나 주차하는 경우에는 그렇지 않음
⑤ 건널목의 가장자리로부터 10m 이내인 곳
⑥ 터널 안 및 다리 위
⑦ 도로공사를 하고 있는 경우 그 공사 구역의 양쪽 가장자리로 5m 이내인 곳
⑧ 다중이용업소의 영업장이 속한 건축물로 소방본부장의 요청에 의하여 시·도 경찰청장이 지정한 곳으로부터 5m 이내인 곳
⑨ 시·도 경찰청장이 도로에서의 위험을 방지하고 교통의 안전과 원활한 소통을 확보하기 위해 필요하다고 인정하여 지정한 곳
⑩ 횡단보도(육교 및 지하횡단보도 포함)로부터 5m 이내에 있는 도로의 부분
⑪ 너비 4m 미만의 도로(주차대수 200대 이상인 경우에는 너비 6m 미만의 도로)와 종단 기울기가 10%를 초과하는 도로
⑫ 유아원, 유치원, 초등학교, 특수학교, 노인복지시설, 장애인복지시설 및 아동전용시설 등의 출입구로부터 20m 이내에 있는 도로의 부분

## 6 노외주차장에 설치할 수 있는 부대시설

① 관리사무소, 휴게소 및 공중화장실
② 간이매점, 자동차 장식품 판매점 및 전기자동차 충전시설, 태양광 발전시설, 집배송시설
③ 주유소
④ 노외주차장의 관리·운영상 필요한 편의시설
⑤ 특별자치도·시·군 또는 자치구의 조례로 정하는 이용자 편의시설

• 부대시설은 주차장 총 면적의 20% 이하 설치 가능하며, 면적 산정 시 전기차 충전시설은 부대시설 면적에서 제외한다.

### 개념이해

**01** 다음 중 노외주차장의 출구 및 입구를 설치할 수 있는 장소는?
[19년 1회]

① 육교로부터 4m 거리에 있는 도로의 부분
② 지하횡단보도에서 10m 거리에 있는 도로의 부분
③ 초등학교 출입구로부터 15m 거리에 있는 도로의 부분
④ 장애인 복지시설 출입구로부터 15m 거리에 있는 도로의 부분

① 육교로부터 5m 이내 거리에 있는 도로의 부분은 불가
② 지하횡단보도에서 5m 이내 거리에 있는 도로의 부분은 불가하지만 10m 이므로 설치 가능함
③ 초등학교 출입구로부터 20m 거리에 있는 도로의 부분은 불가
④ 장애인 복지시설 출입구로부터 20m 거리에 있는 도로의 부분은 불가

답 ②

**02** 노외주차장에 설치하는 부대시설의 총 면적은 주차장 총 시설면적의 최대 얼마를 초과하여서는 아니 되는가?
[21년 1회]

① 5%
② 10%
③ 20%
④ 30%

부대시설은 주차장 총 면적의 20% 이하 설치 가능하며, 면적 산정 시 전기차 충전시설은 부대시설 면적에서 제외한다.

답 ③

## 09 주차장법

### 7 주차전용건축물

| 정의 | • 건축물의 연면적 중 주차장으로 사용되는 부분의 비율이 95% 이상인 것<br>• 단, 주차장 외의 용도로 사용되는 부분이 단독주택, 공동주택, 제1종 근린생활시설, 제2종 근린생활시설, 문화 및 집회시설, 종교시설, 판매시설, 운수시설, 운동시설, 업무시설 또는 자동차 관련 시설인 경우에는 주차장으로 사용되는 부분의 비율이 70% 이상인 것 |
|---|---|
| 건축제한 기준 | • 건축물의 연면적 중 주차장으로 사용되는 부분의 비율이 95% 이상<br>• 건폐율 : 90% 이하<br>• 용적률 : 1,500% 이하<br>• 대지면적 최소한도 : 45m² 이상<br>• 대지가 너비 12m 미만의 도로에 접하는 경우 높이 제한 : 건축물 각 부분의 높이는 그 부분으로부터 대지에 접한 도로의 반대쪽 경계선까지의 수평거리의 3배 이하 |

**개념이해**

**01** 노외주차장인 주차전용건축물의 건폐율, 용적률, 대지면적의 최소한도 및 높이 제한에 관한 기준 내용으로 옳지 않은 것은? [16년 2회]

① 건폐율 : 100분의 90 이하
② 용적률 : 1,500% 이하
③ 대지면적의 최소한도 : 45m² 이상
④ 높이 제한(대지가 너비 12m 미만의 도로에 접하는 경우) : 건축물의 각 부분의 높이는 그 부분으로부터 대지에 접한 도로의 반대쪽 경계선까지의 수평거리의 4배

◎ 대지가 너비 12m 미만의 도로에 접하는 경우 높이 제한
건축물의 각 부분의 높이는 그 부분으로부터 대지에 접한 도로의 반대쪽 경계선까지의 수평거리의 3배 이하

답 ④

## 과년도 기출문제

건 축 / 기 사 / 필 기

**01** 주차전용건축물이란 건축물의 연면적 중 주차장으로 사용되는 부분의 비율이 최소 얼마 이상인 건축물을 말하는가?(단, 주차장 외의 용도가 자동차 관련시설인 경우) [17년 1회, 20년 3회]

① 70%
② 80%
③ 90%
④ 95%

[해설]

**주차전용건축물**
건축물의 연면적 중 주차장으로 사용되는 부분의 비율이 95% 이상인 것을 말한다. 다만, 주차장 외의 용도로 사용되는 부분이 단독주택, 공동주택, 제1종 근린생활시설, 제2종 근린생활시설, 문화 및 집회시설, 종교시설, 판매시설, 운수시설, 운동시설, 업무시설 또는 자동차 관련 시설인 경우에는 주차장으로 사용되는 부분의 비율이 70% 이상인 것을 말한다.
※ 예외 조항에 대한 사항이므로 주의하여 답을 하여야 한다.

**02** 건축물의 연면적 중 주차장으로 사용되는 비율이 70%인 경우, 주차전용건축물로 볼 수 있는 주차장 외의 용도에 속하지 않는 것은? [17년 2회]

① 의료시설
② 운동시설
③ 제1종 근린생활시설
④ 제2종 근린생활시설

[해설]

**주차전용건축물**
건축물의 연면적 중 주차장으로 사용되는 부분의 비율이 95% 이상인 것을 말한다. 다만, 주차장 외의 용도로 사용되는 부분이 단독주택, 공동주택, 제1종 근린생활시설, 제2종 근린생활시설, 문화 및 집회시설, 종교시설, 판매시설, 운수시설, 운동시설, 업무시설 또는 자동차 관련 시설인 경우에는 주차장으로 사용되는 부분의 비율이 70% 이상인 것을 말한다.

**03** 주차장의 용도와 판매시설이 복합한 연면적 20,000m²인 건축물이 주차전용건축물로 인정받기 위해서는 주차장으로 사용되는 부분의 면적이 최소 얼마 이상이어야 하는가? [22년 1회]

① 6,000m²
② 10,000m²
③ 14,000m²
④ 19,500m²

[해설]

판매시설의 경우 주차장으로 사용되는 면적 비율이 70% 이상일 경우 인정받으므로 20,000 × 0.7 = 14,000m² 이상 주차장으로 사용되어야 한다.

**정답** 01 ④ 02 ① 03 ③

# 09 주차장법

## 8 부설주차장 설치기준

### (1) 부설주차장의 구조·설비기준(총 주차대수 규모가 8대 이하인 경우)

① 차로의 너비는 2.5m 이상으로 한다. 다만, 주차단위구획과 접하여 있는 차로의 너비는 주차형식에 따라 다음 표에 따른 기준 이상으로 하여야 한다.

| 주차형식 | 차로의 너비 |
|---|---|
| 평행주차 | 3.0m |
| 직각주차 | 6.0m |
| 60도 대향주차 | 4.0m |
| 45도 대향주차 | 3.5m |
| 교차주차 | 3.5m |

② 보도와 차도의 구분이 없는 너비 12m 미만의 도로에 접하여 있는 부설주차장은 그 도로를 차로로 하여 주차단위구획을 배치할 수 있다. 이 경우 차로의 너비는 도로를 포함하여 6m 이상(평행주차형식인 경우에는 도로를 포함하여 4m 이상)으로 하며, 도로의 포함 범위는 중앙선까지로 하되, 중앙선이 없는 경우에는 도로 반대쪽 경계선까지로 한다.

③ 보도와 차도의 구분이 있는 12m 이상의 도로에 접하여 있고 주차대수가 5대 이하인 부설주차장은 그 주차장의 이용에 지장이 없는 경우만 그 도로를 차로로 하여 직각주차형식으로 주차단위구획을 배치할 수 있다.

④ 주차대수 5대 이하의 주차단위구획은 차로를 기준으로 하여 세로로 2대까지 접하여 배치할 수 있다.

⑤ 출입구의 너비는 3m 이상으로 한다. 다만, 막다른 도로에 접하여 있는 부설주차장으로서 시장·군수 또는 구청장이 차량의 소통에 지장이 없다고 인정하는 경우에는 2.5m 이상으로 할 수 있다.

⑥ 보행인의 통행로가 필요한 경우에는 시설물과 주차단위구획 사이에 0.5m 이상의 거리를 두어야 한다.

### (2) 부설주차장의 시설물 부지 인근 설치

| 허용규모 | 주차대수 300대 규모 이하 시 시설물의 부지 인근에 단독 또는 공동으로 부설주차장을 설치할 수 있음 |
|---|---|
| 시설물의 부지 인근의 범위 | • 해당 부지의 경계선으로부터 부설주차장의 경계선까지의 직선거리 300m 이내 또는 도보거리 600m 이내<br>• 해당 시설물이 있는 동·리(행정동·리, 이하 같음) 및 그 시설물과의 통행여건이 편리하다고 인정되는 인접 동·리 |

## (3) 부설주차장의 설치기준

| 시설물 | 설치기준 |
|---|---|
| 위락시설 | 시설면적 100m²당 1대(시설면적/100m²) |
| 문화 및 집회시설(관람장 제외), 종교시설, 판매시설, 운수시설, 의료시설(정신병원·요양병원 및 격리병원 제외), 운동시설(골프장·골프연습장 및 옥외수영장 제외), 업무시설(외국공관 및 오피스텔 제외), 방송통신시설 중 방송국, 장례식장 | 시설면적 150m²당 1대(시설면적/150m²) |
| 제1종 근린생활시설[건축법 시행령 별표1 제3호 바목 및 사목(공중화장실, 대피소, 지역아동센터 제외) 제외], 제2종 근린생활시설, 숙박시설 | 시설면적 200m²당 1대(시설면적/200m²) |
| 단독주택(다가구주택 제외) | • 시설면적 50m² 초과 150m² 이하 : 1대<br>• 시설면적 150m² 초과 : 1대에 150m²를 초과하는 100m²당 1대를 더한 대수[1+(시설면적−150m²)/100m²] |
| 다가구주택, 공동주택(기숙사 제외), 업무시설 중 오피스텔 | 「주택건설기준 등에 관한 규정」 제27조제1항에 따라 산정된 주차대수. 이 경우 다가구주택 및 오피스텔의 전용면적은 공동주택의 전용면적 산정방법을 따른다. |
| 골프장, 골프연습장, 옥외수영장, 관람장 | • 골프장 : 1홀당 10대(홀의 수×10)<br>• 골프연습장 : 1타석당 1대(타석의 수×1)<br>• 옥외수영장 : 정원 15명당 1대(정원/15명)<br>• 관람장 : 정원 100명당 1대(정원/100명) |
| 수련시설, 공장(아파트형 제외), 발전시설 | 시설면적 350m²당 1대(시설면적/350m²) |
| 창고시설 | 시설면적 400m²당 1대(시설면적/400m²) |
| 학생용 기숙사, 방송통신시설 중 데이터센터 | 시설면적 400m²당 1대(시설면적/400m²) |
| 그 밖의 건축물 | 시설면적 300m²당 1대(시설면적/300m²) |

## 9 기계식주차장

| | |
|---|---|
| 설치기준 | 도로에서 기계식주차장치 출입구까지의 차로(진입로) 또는 전면공지와 접하는 장소에 자동차가 대기할 수 있는 장소(정류장)를 설치하여야 한다. 이 경우 주차대수 20대를 초과하는 20대마다 한 대분의 정류장을 확보하여야 한다. |
| 안전기준 | • 기계식주차장치 출입구의 크기는 중형 기계식주차장의 경우에는 너비 2.3m 이상, 높이 1.6m 이상으로 하여야 하고, 대형 기계식주차장의 경우에는 너비 2.4m 이상, 높이 1.9m 이상으로 하여야 한다. 다만, 사람이 통행하는 기계식주차장치 출입구의 높이는 1.8m 이상으로 한다.<br>• 기계식주차장치 안에서 자동차를 입출고하는 사람이 출입하는 통로의 크기는 너비 50cm 이상, 높이 1.8m 이상으로 하여야 한다. |

**조도기준**

- 벽면으로부터 50cm 이내를 제외한 바닥면의 최소조도를 의미한다.
- 주차구획의 최소조도 : 50lux 이상
- 출입구의 최소조도 : 150lux 이상

## 과년도 기출문제

건축 / 기사 / 필기

**01** 부설주차장의 총 주차대수 규모가 8대 이하인 자주식주차장의 구조 및 설비에 관한 기준 내용으로 옳지 않은 것은? [15년 4회]

① 차로의 너비는 2.5m 이상으로 한다.
② 출입구의 너비는 3m 이상으로 하는 것이 원칙이다.
③ 주차대수 6대 이하의 주차단위구획은 차로를 기준으로 하여 세로를 2대까지 접하여 배치할 수 있다.
④ 보행인의 통행로가 필요한 경우에는 시설물과 주차단위구획 사이에 0.5m 이상의 거리를 두어야 한다.

[해설]
주차대수 5대 이하의 주차단위구획은 차로를 기준으로 하여 세로로 2대까지 접하여 배치할 수 있다.

**02** 다음의 부설주차장의 설치에 관한 기준 내용 중 밑줄 친 "대통령령으로 정하는 규모"로 옳은 것은? [17년 2회]

> 부설주차장이 대통령령으로 정하는 규모 이하이면 시설물의 부지 인근에 단독 또는 공동으로 부설주차장을 설치할 수 있다.

① 주차대수 100대의 규모
② 주차대수 200대의 규모
③ 주차대수 300대의 규모
④ 주차대수 400대의 규모

[해설]
부설주차장의 시설물 부지 인근 설치의 허용규모(대통령령으로 정하는 규모)
주차대수 300대 규모 이하 시 시설물의 부지 인근에 단독 또는 공동으로 부설주차장을 설치할 수 있다.

**03** 시설물의 부지 인근에 부설주차장을 설치하는 경우, 해당 부지의 경계선으로부터 부설주차장의 경계선까지의 거리 기준으로 옳은 것은? [18년 2회]

① 직선거리 300m 이내
② 도보거리 800m 이내
③ 직선거리 500m 이내
④ 도보거리 1,000m 이내

[해설]
부설주차장의 시설물 부지 인근 범위
• 해당 부지의 경계선으로부터 부설주차장의 경계선까지의 직선거리 300m 이내 또는 도보거리 600m 이내
• 해당 시설물이 있는 동·리(행정동·리, 이하 같음) 및 그 시설물과의 통행여건이 편리하다고 인정되는 인접 동·리

**04** 부설주차장 설치대상 시설물이 판매시설인 경우 부설주차장 설치기준으로 옳은 것은? [18년 2회]

① 시설면적 100m²당 1대
② 시설면적 150m²당 1대
③ 시설면적 200m²당 1대
④ 시설면적 400m²당 1대

[해설]
판매시설은 시설면적 150m²당 1대(시설면적/150m²)를 기준으로 한다.

**05** 부설주차장의 설치대상 시설물의 종류에 따른 설치기준이 옳지 않은 것은?

[15년 2회, 15년 4회, 19년 1회, 20년 1·2회 통합]

① 골프장-1홀당 10대
② 위락시설-시설면적 150m²당 1대
③ 판매시설-시설면적 150m²당 1대
④ 숙박시설-시설면적 200m²당 1대

[해설]
위락시설 – 시설면적 100m²당 1대

정답  01 ③  02 ③  03 ①  04 ②  05 ②

## 과년도 기출문제

**06** 부설주차장 설치대상 시설물로서 시설면적이 1,400m²인 제2종 근린생활시설에 설치하여야 하는 부설주차장의 최소 대수는? [17년 4회]

① 7대　　② 9대
③ 10대　　④ 14대

[해설]
제2종 근린생활시설 시설면적 200m²당 1대(시설면적/200m²)
∴ 1,400/200=7대

**07** 부설주차장 설치대상 시설물이 문화 및 집회시설 중 예식장으로서 시설면적이 1,200m²인 경우, 설치하여야 하는 부설주차장의 최소 대수는? [18년 1회]

① 8대　　② 10대
③ 15대　　④ 20대

[해설]
예식장은 문화 및 집회시설 중 집회실에 해당하므로 시설면적 150m²당 1대(시설면적/150m²)로 부설주차장 규모를 산출한다.
∴ 1,200/150=8대

**08** 부설주차장을 설치하여야 하는 최소 규모(설치대수)의 크기 관계가 옳은 것은? [16년 1회]

㉠ 시설면적이 600m²인 위락시설
㉡ 시설면적이 800m²인 민박시설
㉢ 타석 수가 5타석인 골프연습장
㉣ 시설면적이 900m²인 판매시설

① ㉠=㉣>㉢>㉡　　② ㉠>㉣=㉢>㉡
③ ㉢>㉣>㉠>㉡　　④ ㉢>㉣=㉠>㉡

[해설]
㉠ 시설면적이 600m²인 위락시설 : 위락시설은 100m²당 1대 → 6대
㉡ 시설면적이 800m²인 민박시설 : 숙박시설은 200m²당 1대 → 4대
㉢ 타석 수가 5타석인 골프연습장 : 골프연습장은 1타석당 1대 → 5대
㉣ 시설면적이 900m²인 판매시설 : 판매시설은 150m²당 1대 → 6대
∴ ㉠ = ㉣ > ㉢ > ㉡

**09** 주차장법령상 건축 및 설치 시 부설주차장을 설치하지 않을 수 있는 시설물은? [16년 1회]

① 종교시설 중 교회　　② 종교시설 중 성당
③ 종교시설 중 사찰　　④ 종교시설 중 수녀원

[해설]
종교시설 중 수도원·수녀원·제실(祭室) 및 사당은 부설주차장을 설치하지 않을 수 있다.

**10** 주차대수가 300대인 기계식주차장의 진입로 또는 전면공지와 접하는 장소에 확보하여야 하는 정류장의 최소 규모는? [17년 1회]

① 12대　　② 13대
③ 14대　　④ 15대

[해설]
기계식주차장에는 도로에서 기계식주차장치 출입구까지의 차로(진입로) 또는 전면공지와 접하는 장소에 자동차가 대기할 수 있는 장소(정류장)를 설치하여야 한다. 이 경우 주차대수 20대를 초과하는 20대마다 한 대분의 정류장을 확보하여야 한다.
∴ 300/20 − 1 = 14
20대를 초과하는 경우 1대를 최초 설치하므로 20으로 나눈 후 1을 빼준다.

**11** 주차장법령의 기계식주차장치의 안전기준과 관련하여, 중형 기계식주차장의 주차장치 출입구 크기 기준으로 옳은 것은?(단, 사람이 통행하지 않는 기계식주차장치인 경우) [21년 2회]

① 너비 2.3m 이상, 높이 1.6m 이상
② 너비 2.3m 이상, 높이 1.8m 이상
③ 너비 2.4m 이상, 높이 1.6m 이상
④ 너비 2.4m 이상, 높이 1.9m 이상

[해설]
기계식주차장치 출입구의 크기는 중형 기계식주차장의 경우에는 너비 2.3m 이상, 높이 1.6m 이상으로 하여야 하고, 대형 기계식주차장의 경우에는 너비 2.4m 이상, 높이 1.9m 이상으로 하여야 한다. 다만, 사람이 통행하는 기계식주차장치 출입구의 높이는 1.8m 이상으로 한다.

정답　06 ①　07 ①　08 ①　09 ④　10 ③　11 ①

# 10 국토의 계획 및 이용에 관한 법률

## 1 광역도시계획

| 수립권자 | 국토교통부장관, 시·도지사, 시장 또는 군수 |
|---|---|
| 광역도시 계획의 내용 | • 광역계획권의 공간 구조와 기능 분담에 관한 사항<br>• 광역계획권의 녹지관리체계와 환경 보전에 관한 사항<br>• 광역시설의 배치·규모·설치에 관한 사항<br>• 경관계획에 관한 사항<br>• 그 밖에 광역계획권에 속하는 특별시·광역시·특별자치시·특별자치도·시 또는 군 상호 간의 기능 연계에 관한 사항으로서 대통령령으로 정하는 사항 |

**+ 광역도시계획의 수립권자[제11조]**
국가계획과 관련된 광역도시계획의 수립이 필요한 경우나 광역계획권을 지정한 날부터 3년이 지날 때까지 관할 시·도지사로부터 광역도시계획의 승인 신청이 없는 경우 국토교통부장관이 수립한다.

**광역도시계획의 승인[제16조]**
시장 또는 군수는 광역도시계획을 수립하거나 변경하려면 도지사의 승인을 받아야 한다.

## 2 도시·군 기본계획

| 일반사항 | • 특별시·광역시·특별자치시·특별자치도·시 또는 군의 관할구역에 대하여 기본적인 공간구조와 장기발전방향을 제시하는 종합계획으로서 도시·군 관리계획 수립의 지침이 되는 계획<br>• 도시 기본계획의 목표연도는 계획수립시점으로부터 20년 |
|---|---|
| 수립권자 | 특별시장·광역시장·특별자치시장·특별자치도지사·시장 또는 군수 |
| 수립 대상 예외지역 | 수도권에 속하지 아니하고 광역시와 경계를 같이하지 아니한 시 또는 군으로서 인구 10만 명 이하인 시 또는 군 |
| 도시·군 기본계획의 정비 | 특별시장·광역시장·특별자치시장·특별자치도지사·시장 또는 군수는 5년마다 관할구역의 도시·군 기본계획에 대하여 그 타당성 여부를 전반적으로 재검토하여 정비해야 함 |
| 도시·군 기본계획의 내용 | ① 지역적 특성 및 계획의 방향·목표에 관한 사항<br>② 공간구조, 생활권의 설정 및 인구의 배분에 관한 사항<br>③ 토지의 이용 및 개발에 관한 사항<br>④ 토지의 용도별 수요 및 공급에 관한 사항<br>⑤ 환경의 보전 및 관리에 관한 사항<br>⑥ 기반시설에 관한 사항<br>⑦ 공원·녹지에 관한 사항<br>⑧ 경관에 관한 사항<br>⑨ 기후변화 대응 및 에너지절약에 관한 사항<br>⑩ 방재 및 안전에 관한 사항<br>⑪ ②부터 ⑧까지, ⑨ 및 ⑩에 규정된 사항의 단계별 추진에 관한 사항<br>⑫ 그 밖에 대통령령으로 정하는 사항 |
| 도시·군 기본계획의 승인 | 시장 또는 군수는 도시·군 기본계획을 수립하거나 변경하려면 대통령령으로 정하는 바에 따라 도지사의 승인을 받아야 한다. |

## 과년도 기출문제

**01** 광역도시계획의 수립권자 기준에 대한 내용으로 틀린 것은? [20년 4회]

① 광역계획권이 같은 도의 관할 구역에 속하여 있는 경우, 관할 시장 또는 군수가 공동으로 수립한다.
② 국가계획과 관련된 광역도시계획의 수립이 필요한 경우 국토교통부장관이 수립한다.
③ 광역계획권을 지정한 날부터 2년이 지날 때까지 관할 시장 또는 군수로부터 광역도시계획의 승인 신청이 없는 경우 국토교통부장관이 수립한다.
④ 광역계획권이 둘 이상의 시·도의 관할 구역에 걸쳐 있는 경우, 관할 시·도지사가 공동으로 수립한다.

[해설]
광역도시계획의 수립권자[제11조]
국가계획과 관련된 광역도시계획의 수립이 필요한 경우나 광역계획권을 지정한 날부터 3년이 지날 때까지 관할 시·도지사로부터 광역도시계획의 승인 신청이 없는 경우 국토교통부장관이 수립한다.

**02** 광역도시계획에 관한 내용으로 틀린 것은? [20년 3회]

① 인접한 둘 이상의 특별시·광역시·특별자치시·특별자치도·시 또는 군의 관할 구역 전부 또는 일부를 광역계획권으로 지정할 수 있다.
② 군수가 광역도시계획을 수립하는 경우 도지사의 승인을 생략한다.
③ 광역계획권의 공간 구조와 기능 분담에 관한 정책 방향이 포함되어야 한다.
④ 광역도시계획을 공동으로 수립하는 시·도지사는 그 내용에 관하여 서로 협의가 되지 아니하면 공동이나 단독으로 국토교통부장관에게 조정을 신청할 수 있다.

[해설]
광역도시계획의 승인[제16조]
시장 또는 군수는 광역도시계획을 수립하거나 변경하려면 도지사의 승인을 받아야 한다.

**03** 특별시장·광역시장·특별자치시장·특별자치도지사·시장 또는 군수가 관할 구역의 도시·군기본계획에 대하여 타당성을 전반적으로 재검토하여 정비하여야 하는 기간의 기준은? [22년 1회]

① 5년  ② 10년
③ 15년  ④ 20년

[해설]
도시·군 기본계획의 정비
특별시장·광역시장·특별자치시장·특별자치도지사·시장 또는 군수는 5년마다 관할구역의 도시·군 기본계획에 대하여 그 타당성 여부를 전반적으로 재검토하여 정비해야 한다.

정답  01 ③  02 ②  03 ①

# 10 국토의 계획 및 이용에 관한 법률

## ③ 도시·군 관리계획

| | |
|---|---|
| 일반사항 | • 특별시·광역시·특별자치시·특별자치도·시 또는 군의 개발·정비 및 보전을 위하여 수립하는 토지 이용, 교통, 환경, 경관, 안전, 산업, 정보통신, 보건, 복지, 안보, 문화 등에 관한 계획<br>• 도시·군 관리계획의 입안에 관하여 주민의 의견을 청취하고자 하는 때에는 도시·군 관리계획안을 최소 14일 이상 일반이 열람할 수 있도록 해야 함 |
| 도시·군 관리계획의 범위 | • 용도지역의 지정, 용도지구의 지정, 개발제한구역의 지정<br>• 도시자연공원구역의 지정, 시가화조정구역의 지정<br>• 수산자원보호구역의 지정, 입지규제 최소 구역의 지정<br>• 도시·군 계획시설의 설치·관리, 공동구의 설치·관리·운영<br>• 지구단위계획의 지정·내용·건축, 공동구의 설치·관리·운영 |
| 타당성 여부 재검토 기간 | 5년 주기 |

+ **도시·군 관리계획도서 및 계획설명서의 작성기준 등[시행령 제18조]**
도시·군 관리계획도서 중 계획도는 축척 1천 분의 1 또는 축척 5천 분의 1(축척 1천 분의 1 또는 축척 5천 분의 1의 지형도가 간행되어 있지 아니한 경우에는 축척 2만 5천 분의 1)의 지형도(수치지형도를 포함)에 도시·군 관리계획사항을 명시한 도면으로 작성하여야 한다. 다만, 지형도가 간행되어 있지 아니한 경우에는 해도·해저지형도 등의 도면으로 지형도에 갈음할 수 있다.

## ④ 지구단위계획

| | |
|---|---|
| 일반사항 | • 도시·군 계획수립 대상지역의 일부에 대하여 토지이용을 합리화하고 그 기능을 증진시키며 미관을 개선하고 양호한 환경을 확보하며, 그 지역을 체계적·계획적으로 관리하기 위하여 수립하는 도시·군관리계획<br>• 지구단위계획구역 및 지구단위계획은 도시·군 관리계획으로 결정하며, 국토교통부장관, 시·도지사, 시장 또는 군수는 지구단위계획구역을 지정할 수 있음 |
| 지구 단위계획의 내용 | 지구단위계획구역의 지정목적을 이루기 위하여 지구단위계획에는 다음의 사항 중 ③과 ⑥의 사항을 포함한 둘 이상의 사항이 포함되어야 한다. 다만, ②를 내용으로 하는 지구단위계획의 경우에는 해당하지 않는다.<br>① 용도지역이나 용도지구를 대통령령으로 정하는 범위에서 세분하거나 변경하는 사항<br>② 기존의 용도지구를 폐지하고 그 용도지구에서의 건축물이나 그 밖의 시설의 용도·종류 및 규모 등의 제한을 대체하는 사항<br>③ 대통령령으로 정하는 기반시설의 배치와 규모<br>④ 도로로 둘러싸인 일단의 지역 또는 계획적인 개발·정비를 위하여 구획된 일단의 토지의 규모와 조성계획<br>⑤ 건축물의 용도제한, 건축물의 건폐율 또는 용적률, 건축물 높이의 최고한도 또는 최저한도<br>⑥ 건축물의 배치·형태·색채 또는 건축선에 관한 계획<br>⑦ 환경관리계획 또는 경관계획<br>⑧ 교통처리계획<br>⑨ 그 밖에 토지이용의 합리화, 도시나 농·산·어촌의 기능 증진 등에 필요한 사항으로서 대통령령으로 정하는 사항 |

+ • 지구단위계획은 향후 10년에 걸쳐 나타날 시·군의 성장·발전 등의 여건변화와 향후 5년에 개발이 예상되는 일단의 토지 또는 지역과 그 주변 지역의 미래 모습을 상정하여 수립하는 계획이다.

+ • 지구단위계획구역의 지정에 관한 도시·군 관리계획 결정의 고시일부터 3년 이내에 그 지구단위계획구역에 관한 지구단위계획이 결정·고시되지 아니하면 그 3년이 되는 날의 다음 날에 그 지구단위계획구역의 지정에 관한 도시·군 관리계획 결정은 효력을 잃는다.

# 과년도 기출문제

건축 / 기사 / 필기

**01** 국토의 계획 및 이용에 관한 법률에 따른 도시·군 관리계획의 내용에 속하지 않은 것은?
[15년 4회, 16년 1회, 18년 4회, 19년 1회]

① 광역계획권의 장기발전방향에 관한 계획
② 도시개발사업이나 정비사업에 관한 계획
③ 기반시설의 설치·정비 또는 개량에 관한 계획
④ 용도지역·용도지구의 지정 또는 변경에 관한 계획

[해설]

도시·군 관리계획의 범위
- 용도지역의 지정, 용도지구의 지정, 개발제한구역의 지정
- 도시자연공원구역의 지정, 시가화조정구역의 지정
- 수산자원보호구역의 지정, 입지규제 최소 구역의 지정
- 도시·군 계획시설의 설치·관리, 공동구의 설치·관리·운영
- 지구단위계획의 지정·내용·건축, 공동구의 설치·관리·운영

**02** 다음은 도시·군 관리계획도서 중 계획도에 관한 기준 내용이다. ( ) 안에 알맞은 것은?(단, 모든 축척의 지형도가 간행되어 있는 경우) [17년 1회]

> 도시·군 관리계획도서 중 계획도는 ( )의 지형도(수치지형도를 포함)에 도시·군관리계획사항을 명시한 도면으로 작성하여야 한다.

① 축척 100 분의 1또는 축척 500 분의 1
② 축척 500 분의 1또는 축척 2천 분의 1
③ 축척 1천 분의 1또는 축척 5천 분의 1
④ 축척 3천 분의 1또는 축척 1만 분의 1

[해설]

도시·군 관리계획도서 및 계획설명서의 작성기준 등[시행령 제18조]
도시·군 관리계획도서 중 계획도는 축척 1천 분의 1 또는 축척 5천 분의 1(축척 1천 분의 1 또는 축척 5천 분의 1의 지형도가 간행되어 있지 아니한 경우에는 축척 2만 5천 분의 1)의 지형도(수치지형도를 포함)에 도시·군 관리계획사항을 명시한 도면으로 작성하여야 한다. 다만, 지형도가 간행되어 있지 아니한 경우에는 해도·해저지형도 등의 도면으로 지형도에 갈음할 수 있다.

**03** 도시·군 계획 수립 대상지역의 일부에 대하여 토지 이용을 합리화하고 그 기능을 증진시키며 미관을 개선하고 양호한 환경을 확보하며, 그 지역을 체계적·계획적으로 관리하기 위하여 수립하는 도시·군 관리계획은? [18년 2회, 22년 2회]

① 광역도시계획
② 지구단위계획
③ 지구경관계획
④ 택지개발계획

[해설]

지구단위계획
- 도시·군 계획수립 대상지역의 일부에 대하여 토지이용을 합리화하고 그 기능을 증진시키며 미관을 개선하고 양호한 환경을 확보하며, 그 지역을 체계적·계획적으로 관리하기 위하여 수립하는 도시·군 관리계획을 말한다.
- 지구단위계획구역 및 지구단위계획은 도시·군 관리계획으로 결정하며, 국토교통부장관, 시·도지사, 시장 또는 군수는 지구단위계획구역을 지정할 수 있다.

**04** 지구단위계획구역의 지정목적을 이루기 위하여 지구단위계획에 포함될 수 있는 내용이 아닌 것은? [20년 3회]

① 용도지역이나 용도지구를 대통령령으로 정하는 범위에서 세부하거나 변경하는 사항
② 건축물 높이의 최고한도 또는 최저한도
③ 도시·군 관리계획 중 정비사업에 관한 계획
④ 대통령령으로 정하는 기반시설의 배치와 규모

[해설]

도시·군 관리계획 중 정비사업에 관한 계획은 지구단위계획에 포함되지 않는다.

정답 01 ① 02 ③ 03 ② 04 ③

# 10 국토의 계획 및 이용에 관한 법률

## 5 용도지역

### (1) 도시지역

① 주거지역

| 전용 주거지역 | 제1종 전용주거지역 | 단독주택 중심의 양호한 주거환경을 보호하기 위하여 필요한 지역 |
|---|---|---|
| | 제2종 전용주거지역 | 공동주택 중심의 양호한 주거환경을 보호하기 위하여 필요한 지역 |
| 일반 주거지역 | 제1종 일반주거지역 | 저층 주택을 중심으로 편리한 주거환경을 조성하기 위하여 필요한 지역 |
| | 제2종 일반주거지역 | 중층 주택을 중심으로 편리한 주거환경을 조성하기 위하여 필요한 지역 |
| | 제3종 일반주거지역 | 중고층 주택을 중심으로 편리한 주거환경을 조성하기 위하여 필요한 지역 |
| 준주거지역 | | 주거기능을 위주로 이를 지원하는 일부 상업기능 및 업무기능을 보완하기 위하여 필요한 지역 |

② 상업지역

| 중심상업지역 | 도심·부도심의 상업기능 및 업무기능의 확충을 위하여 필요한 지역 |
|---|---|
| 일반상업지역 | 일반적인 상업기능 및 업무기능을 담당하게 하기 위하여 필요한 지역 |
| 근린상업지역 | 근린지역에서의 일용품 및 서비스의 공급을 위하여 필요한 지역 |
| 유통상업지역 | 도시 내 및 지역 간 유통기능의 증진을 위하여 필요한 지역 |

③ 공업지역

| 전용공업지역 | 주로 중화학공업, 공해성 공업 등을 수용하기 위하여 필요한 지역 |
|---|---|
| 일반공업지역 | 환경을 저해하지 아니하는 공업의 배치를 위하여 필요한 지역 |
| 준공업지역 | 경공업 그 밖의 공업을 수용하되, 주거기능·상업기능 및 업무기능의 보완이 필요한 지역 |

② 녹지지역

| 보전녹지지역 | 도시의 자연환경·경관·산림 및 녹지공간을 보전할 필요가 있는 지역 |
|---|---|
| 생산녹지지역 | 주로 농업적 생산을 위하여 개발을 유보할 필요가 있는 지역 |
| 자연녹지지역 | 도시의 녹지공간의 확보, 도시확산의 방지, 장래 도시용지의 공급 등을 위하여 보전할 필요가 있는 지역으로서 불가피한 경우에 한하여 제한적인 개발이 허용되는 지역 |

**➕ 전용주거지역**
양호한 주거환경을 보호하기 위하여 필요한 지역

**일반주거지역**
편리한 주거환경을 조성하기 위하여 필요한 지역

**제2종 전용주거지에서 건축할 수 있는 건축물**
- 단독주택, 공동주택
- 제1종 근린생활시설로서 당해 용도에 쓰이는 바닥면적의 합계가 1천m² 미만인 것
- 제2종 근린생활시설 중 종교집회장, 문화 및 집회시설 중 박물관, 미술관, 체험관(한옥으로 건축하는 것만 해당) 및 기념관에 해당하는 것으로서 그 용도에 쓰이는 바닥면적의 합계가 1천m² 미만인 것
- 종교시설에 해당하는 것으로서 그 용도에 쓰이는 바닥면적의 합계가 1천m² 미만인 것
- 교육연구시설 중 유치원·초등학교·중학교 및 고등학교
- 노유자시설, 자동차 관련 시설 중 주차장

**제2종 일반주거지역에서 건축할 수 있는 건축물**
단독주택, 공동주택, 제1종 근린생활시설, 제2종 근린생활시설(단란주점 및 안마시술소 제외), 종교시설, 교육연구시설 중 유치원·초등학교·중학교 및 고등학교, 노유자시설, 문화 및 집회시설(관람장 제외)

## (2) 관리지역

① 도시지역의 인구와 산업을 수용하기 위하여 도시지역에 준하여 체계적으로 관리할 필요가 있는 지역이다.
② 농림업의 진흥, 자연환경 또는 산림의 보전을 위하여 농림지역 또는 자연환경보전지역에 준하여 관리할 필요가 있는 지역이다.
③ 분류

| | |
|---|---|
| 보전관리 지역 | 자연환경 보호, 산림 보호, 수질오염 방지, 녹지공간 확보 및 생태계 보전 등을 위하여 보전이 필요하나, 주변 용도지역과의 관계 등을 고려할 때 자연환경보전지역으로 지정하여 관리하기가 곤란한 지역 |
| 생산관리 지역 | 농업·임업·어업 생산 등을 위하여 관리가 필요하나, 주변 용도지역과의 관계 등을 고려할 때 농림지역으로 지정하여 관리하기가 곤란한 지역 |
| 계획관리 지역 | 도시지역으로의 편입이 예상되는 지역이나 자연환경을 고려하여 제한적인 이용·개발을 하려는 지역으로서 계획적·체계적인 관리가 필요한 지역 |

## (3) 농림지역

도시지역에 속하지 않는 지역으로서 농림업을 진흥하고 산림을 보전하기 위하여 필요한 지역이다(농지법에 따른 농업진행지역, 산지관리법에 따른 보전산지 등에 적용).

## (4) 자연환경보전지역

자연 생태계 및 국가유산의 보전과 수산자원의 보호·육성 등을 위하여 필요한 지역이다.

---

**아파트 건축이 가능한 용도지역**
제2종 전용주거지역, 제2종 일반주거지역, 제3종 일반주거지역, 준주거지역

**용도지역에 따른 건폐율 및 용적률 최대 한도(도시지역)**

| 용도지역 | 건폐율 | 용적률 |
|---|---|---|
| 주거지역 | 70% 이하 | 500% 이하 |
| 상업지역 | 90% 이하 | 1,500% 이하 |
| 공업지역 | 70% 이하 | 400% 이하 |
| 녹지지역 | 20% 이하 | 100% 이하 |

---

### 개념이해

**01** 주거지역 중 단독주택 중심의 양호한 주거환경을 보호하기 위하여 지정하는 지역은?  [16년 2회, 21년 4회]

① 제1종 전용주거지역
② 제2종 전용주거지역
③ 제1종 일반주거지역
④ 제2종 일반주거지역

② 제2종 전용주거지역 : 공동주택 중심의 양호한 주거환경을 보호하기 위하여 필요한 지역
③ 제1종 일반주거지역 : 저층 주택을 중심으로 편리한 주거환경을 조성하기 위하여 필요한 지역
④ 제2종 일반주거지역 : 중층 주택을 중심으로 편리한 주거환경을 조성하기 위하여 필요한 지역

답 ①

# 과년도 기출문제

건축 / 기사 / 필기

**01** 공동주택 중심의 양호한 주거환경을 보호하기 위하여 주거지역을 세분하여 지정하는 지역은?

[15년 2회]

① 제1종 전용주거지역  ② 제2종 전용주거지역
③ 제1종 일반주거지역  ④ 제2종 일반주거지역

[해설]
① 제1종 전용주거지역 : 단독주택 중심의 양호한 주거환경을 보호하기 위하여 필요한 지역
③ 제1종 일반주거지역 : 저층 주택을 중심으로 편리한 주거환경을 조성하기 위하여 필요한 지역
④ 제2종 일반주거지역 : 중층 주택을 중심으로 편리한 주거환경을 조성하기 위하여 필요한 지역

**02** 주거지역의 세분 중 중층 주택을 중심으로 편리한 주거환경을 조성하기 위하여 필요한 지역은?

[16년 4회, 22년 1회]

① 제1종 일반주거지역  ② 제2종 일반주거지역
③ 제1종 전용주거지역  ④ 제2종 전용주거지역

[해설]
① 제1종 일반주거지역 : 저층 주택을 중심으로 편리한 주거환경을 조성하기 위하여 필요한 지역
③ 제1종 전용주거지역 : 단독주택 중심의 양호한 주거환경을 보호하기 위하여 필요한 지역
④ 제2종 전용주거지역 : 공동주택 중심의 양호한 주거환경을 보호하기 위하여 필요한 지역

**03** 중고층 주택을 중심으로 편리한 주거환경을 조성하기 위하여 지정하는 용도지역은? [21년 1회]

① 제1종 일반주거지역  ② 제2종 일반주거지역
③ 제3종 일반주거지역  ④ 제4종 일반주거지역

[해설]
① 제1종 일반주거지역 : 저층 주택을 중심으로 편리한 주거환경을 조성하기 위하여 필요한 지역
② 제2종 일반주거지역 : 중층 주택을 중심으로 편리한 주거환경을 조성하기 위하여 필요한 지역
④ 제4종 일반주거지역 : 법적 구분 없음

**04** 주거기능을 위주로 이를 지원하는 일부 상업기능 및 업무 기능을 보완하기 위하여 지정하는 주거지역의 세분은? [15년 1회, 17년 4회, 18년 4회, 20년 4회]

① 준주거지역       ② 제1종 전용주거지역
③ 제1종 일반주거지역  ④ 제2종 일반주거지역

[해설]
② 제1종 전용주거지역 : 단독주택 중심의 양호한 주거환경을 보호하기 위하여 필요한 지역
③ 제1종 일반주거지역 : 저층 주택을 중심으로 편리한 주거환경을 조성하기 위하여 필요한 지역
④ 제2종 일반주거지역 : 중층 주택을 중심으로 편리한 주거환경을 조성하기 위하여 필요한 지역

**05** 상업지역의 세분에 속하지 않는 것은? [17년 4회]

① 중심상업지역   ② 근린상업지역
③ 유통상업지역   ④ 전용상업지역

[해설]
상업지역
중심상업지역, 일반상업지역, 근린상업지역, 유통상업지역

**06** 국토의 계획 및 이용에 관한 법령상 제2종 전용주거지역 안에서 건축할 수 있는 건축물에 속하지 않은 것은? [17년 2회]

① 공동주택
② 판매시설
③ 노유자시설
④ 교육연구시설 중 고등학교

[해설]
제2종 전용주거지에서 건축할 수 있는 건축물
- 단독주택, 공동주택
- 제1종 근린생활시설로서 당해 용도에 쓰이는 바닥면적의 합계가 1천m² 미만인 것
- 제2종 근린생활시설 중 종교집회장, 문화 및 집회시설 중 박물관, 미술관, 체험관(한옥으로 건축하는 것만 해당) 및 기념관에 해당하는 것으로서 그 용도에 쓰이는 바닥면적의 합계가 1천m² 미만인 것

정답  01 ②  02 ②  03 ③  04 ①  05 ④  06 ②

## 과년도 기출문제

- 종교시설에 해당하는 것으로서 그 용도에 쓰이는 바닥면적의 합계가 1천m² 미만인 것
- 교육연구시설 중 유치원·초등학교·중학교 및 고등학교
- 노유자시설, 자동차관련시설 중 주차장

**07** 다음 중 제2종 일반주거지역 안에서 건축할 수 있는 건축물에 속하지 않는 것은? [18년 4회, 22년 2회]

① 종교시설 ② 운수시설
③ 노유자시설 ④ 제1종 근린생활시설

[해설]

제2종 일반주거지역에서 건축할 수 있는 건축물
단독주택, 공동주택, 제1종 근린생활시설, 제2종 근린생활시설(단란주점 및 안마시술소 제외), 종교시설, 교육연구시설 중 유치원·초등학교·중학교 및 고등학교, 노유자시설, 문화 및 집회시설(관람장 제외)

**08** 다음 중 아파트를 건축할 수 없는 용도지역은? [15년 2회, 19년 1회]

① 준주거지역 ② 제1종 일반주거지역
③ 제2종 전용주거지역 ④ 제3종 일반주거지역

[해설]

아파트 건축이 가능한 용도지역
제2종 전용주거지역, 제2종 일반주거지역, 제3종 일반주거지역, 준주거지역

**09** 다음 중 제1종 전용주거지역 안에서 건축할 수 있는 건축물에 속하지 않는 것은?(단, 도시·군 계획 조례가 정하는 바에 의하여 건축할 수 있는 건축물 포함) [16년 1회, 19년 4회]

① 노유자시설
② 공동주택 중 아파트
③ 교육연구시설 중 고등학교
④ 제2종 근린생활시설 중 종교집회장

[해설]

아파트 건축이 가능한 용도지역
제2종 전용주거지역, 제2종 일반주거지역, 제3종 일반주거지역, 준주거지역

**10** 제1종 일반주거지역 안에서 건축할 수 있는 건축물에 속하지 않은 것은? [15년 4회, 18년 1회]

① 노유자시설
② 제1종 근린생활시설
③ 공동주택 중 아파트
④ 교육연구시설 중 고등학교

[해설]

아파트 건축이 가능한 용도지역
제2종 전용주거지역, 제2종 일반주거지역, 제3종 일반주거지역, 준주거지역

**11** 준주거지역에서 건축할 수 없는 건축물은? [16년 2회]

① 위락시설
② 종교시설
③ 공동주택 중 아파트
④ 문화 및 집회시설 중 전시장

[해설]

준주거지역 안에서 건축할 수 없는 건축물
근린생활시설 중 단란주점, 판매시설 중 일반게임제공업의 시설, 의료시설 중 격리병원, 숙박시설, 위락시설, 공장위험물 저장 및 처리 시설 중 시내버스차고지 외의 지역에 설치하는 액화석유가스 충전소 및 고압가스 충전소·저장소(「환경친화적 자동차의 개발 및 보급 촉진에 관한 법률」의 수소연료공급시설은 제외), 자동차 관련 시설 중 폐차장, 자원순환 관련 시설, 묘지 관련 시설

정답 07 ② 08 ② 09 ② 10 ③ 11 ①

# 과년도 기출문제

**12** 준주거지역 안에서 건축할 수 없는 건축물에 속하지 않는 것은? [17년 4회]

① 위락시설
② 자원순환 관련 시설
③ 의료시설 중 격리병원
④ 문화 및 집회시설 중 공연장

[해설]

준주거지역 안에서 건축할 수 없는 건축물
근린생활시설 중 단란주점, 판매시설 중 일반게임제공업의 시설, 의료시설 중 격리병원, 숙박시설, 위락시설, 공장위험물 저장 및 처리 시설 중 시내버스차고지 외의 지역에 설치하는 액화석유가스 충전소 및 고압가스 충전소·저장소(「환경친화적 자동차의 개발 및 보급 촉진에 관한 법률」의 수소연료공급시설은 제외), 자동차 관련 시설 중 폐차장, 자원순환 관련 시설, 묘지 관련 시설

**13** 국토의 계획 및 이용에 관한 법령상 일반상업지역에서 건축할 수 있는 건축물은? [16년 4회, 20년 1·2회 통합]

① 묘지 관련 시설
② 자원순환 관련 시설
③ 의료시설 중 요양병원
④ 자동차 관련 시설 중 폐차장

[해설]

일반상업지역 안에서 건축할 수 없는 건축물[시행령 별표9]
- 숙박시설 중 일반숙박시설 및 생활숙박시설
- 위락시설, 공장
- 위험물 저장 및 처리 시설 중 시내버스차고지 외의 지역에 설치하는 액화석유가스 충전소 및 고압가스 충전소·저장소
- 자동차 관련 시설 중 폐차장
- 자원순환 관련 시설
- 묘지 관련 시설

**14** 용도지역에 따른 건폐율의 최대한도가 옳지 않은 것은?(단, 도시지역의 경우) [15년 1회, 17년 4회]

① 녹지지역 : 30% 이하
② 주거지역 : 70% 이하
③ 공업지역 : 70% 이하
④ 상업지역 : 90% 이하

[해설]

용도지역에 따른 건폐율 최대한도(도시지역)

| 용도지역 | 건폐율 최대한도 |
|---|---|
| 주거지역 | 70% 이하 |
| 상업지역 | 90% 이하 |
| 공업지역 | 70% 이하 |
| 녹지지역 | 20% 이하 |

**15** 국토의 계획 및 이용에 관한 법률에 따른 용도지역에서의 용적률 최대 한도 기준이 옳지 않은 것은? (단, 도시지역의 경우) [15년 2회, 16년 1회, 18년 4회, 21년 4회]

① 주거지역 : 500% 이하
② 녹지지역 : 100% 이하
③ 공업지역 : 400% 이하
④ 상업지역 : 1,000% 이하

[해설]

용도지역에 따른 용적률 최대한도(도시지역)

| 용도지역 | 용적률 |
|---|---|
| 주거지역 | 500% 이하 |
| 상업지역 | 1,500% 이하 |
| 공업지역 | 400% 이하 |
| 녹지지역 | 100% 이하 |

정답 12 ④ 13 ③ 14 ① 15 ④

**MEMO**

# 10 국토의 계획 및 이용에 관한 법률

## 6 용도구역

| 개발제한<br>구역 | • 도시의 무질서한 확산을 방지하고 도시주변의 자연환경을 보전하여 도시민의 건전한 생활환경을 확보하기 위하여 도시의 개발을 제한할 필요가 있거나 보안상 도시의 개발을 제한할 필요가 있는 경우에 지정하는 용도구역을 말한다.<br>• 개발제한구역에서는 법이 정한 건축활동을 할 수 있다. |
|---|---|
| 시가화<br>조정구역 | • 도시지역과 그 주변지역의 무질서한 시가화를 방지하고 계획적·단계적인 개발을 도모하기 위하여 대통령령으로 정하는 기간 동안 시가화를 유보할 필요가 있다고 인정되면 시가화조정구역의 지정 또는 변경을 도시·군 관리계획으로 결정할 수 있다.<br>• 대통령령으로 정하는 기간이란 5년 이상 20년 이내의 기간을 말한다. |
| 도시자연<br>공원구역 | 도시의 자연환경 및 경관을 보호하고, 도시지역 안에서 식생(植生)이 양호한 산지(山地)의 개발을 제한할 필요가 있다고 인정되는 구역을 말한다. |
| 수산자원<br>보호구역 | 수산자원을 보호·육성하기 위하여 수산자원보호 구역의 지정 또는 변경이 필요한 구역을 말한다. |
| 개발밀도<br>관리구역 | 주거·상업 또는 공업지역에서의 개발행위로 기반시설(도시·군 계획시설을 포함한다)의 처리·공급 또는 수용능력이 부족할 것으로 예상되는 지역 중 기반시설의 설치가 곤란한 지역을 개발밀도관리구역으로 지정할 수 있다. |
| 입지규제<br>최소구역 | 도시·군 관리계획의 결정권자는 도시지역에서 복합적인 토지이용을 증진시켜 도시 정비를 촉진하고 지역 거점을 육성할 필요가 있다고 인정되는 지역을 대상으로 입지규제최구역을 지정할 수 있다. |
| 기반시설<br>부담구역 | 개발밀도관리구역 외의 지역으로서 개발로 인하여 도로, 공원, 녹지 등의 기반시설의 설치가 필요한 지역을 대상으로 기반시설을 설치하거나 그에 필요한 용지를 확보하기 위하여 지정·고시하는 구역을 말한다. |

• 입지규제 최소구역에 대한 사항은 해당 법규에서 삭제됨 〈2024. 02. 06〉

### 개념이해

**01** 시가화조정구역에서 시가화유보기간으로 정하는 기간 기준은?

[22년 1회]

① 1년 이상 5년 이내
② 3년 이상 10년 이내
③ 5년 이상 20년 이내
④ 10년 이상 30년 이내

▶ 시가화조정구역의 지정[시행령 제32조]
시가화 유보기간(대통령령으로 정하는 기간)이란 5년 이상 20년 이내의 기간을 말한다.

답 ③

## 과년도 기출문제

**01** 다음의 시가화조정구역 지정과 관련된 기준 내용 중 밑줄 친 '대통령령으로 정하는 기간'으로 옳은 것은? [15년 4회, 20년 4회]

> 시·도지사는 직접 또는 관계 행정기관의 장의 요청을 받아 도시지역과 그 주변지역의 무질서한 시가화를 방지하고 계획적·단계적인 개발을 도모하기 위하여 <u>대통령령으로 정하는 기간</u> 동안 시가화를 유보할 필요가 있다고 인정되면 시가화조정구역의 지정 또는 변경을 도시·군 관리계획으로 결정할 수 있다.

① 5년 이상 10년 이내의 기간
② 5년 이상 20년 이내의 기간
③ 7년 이상 10년 이내의 기간
④ 7년 이상 20년 이내의 기간

[해설]

시가화조정구역의 지정[시행령 제32조]
대통령령으로 정하는 기간이란 5년 이상 20년 이내의 기간을 말한다.

**02** 국토의 계획 및 이용에 관한 법령상 다음과 같이 정의되는 용어는? [16년 4회, 18년 1회, 20년 3회]

> 개발로 인하여 기반시설이 부족할 것으로 예상되나 기반시설을 설치하기 곤란한 지역을 대상으로 건폐율이나 용적률을 강화하여 적용하기 위하여 지정하는 구역

① 시가화조정구역
② 개발밀도관리구역
③ 기반시설부담구역
④ 지구단위계획구역

[해설]

개발밀도관리구역
주거·상업 또는 공업지역에서의 개발행위로 기반시설(도시·군 계획시설을 포함한다)의 처리·공급 또는 수용능력이 부족할 것으로 예상되는 지역 중 기반시설의 설치가 곤란한 지역을 개발밀도관리구역으로 지정할 수 있다.

**03** 도시지역에서 복합적인 토지이용을 증진시켜 도시 정비를 촉진하고 지역 거점을 육성할 필요가 있다고 인정되는 지역을 대상으로 지정하는 용도구역은? [17년 2회, 19년 4회]

① 개발제한구역
② 시가화조정구역
③ 입지규제최소구역
④ 도시자연공원구역

[해설]

입지규제최소구역
도시·군 관리계획의 결정권자는 도시지역에서 복합적인 토지 이용을 증진시켜 도시 정비를 촉진하고 지역 거점을 육성할 필요가 있다고 인정되는 지역을 대상으로 입지규제최구역을 지정할 수 있다.
〈2024. 02. 06〉 해당 법령 삭제됨

정답 01 ② 02 ② 03 ③

# 10 국토의 계획 및 이용에 관한 법률

## 7 용도지구

### (1) 경관지구

경관의 보전·관리 및 형성을 위하여 필요한 지구이다.

| 자연<br>경관지구 | 산지·구릉지 등 자연경관을 보호하거나 유지하기 위하여 필요한 지구 |
|---|---|
| 시가지<br>경관지구 | 지역 내 주거지, 중심지 등 시가지의 경관을 보호 또는 유지하거나 형성하기 위하여 필요한 지구 |
| 특화<br>경관지구 | 지역 내 주요 수계의 수변 또는 문화적 보존가치가 큰 건축물 주변의 경관 등 특별한 경관을 보호 또는 유지하거나 형성하기 위하여 필요한 지구 |

### (2) 고도지구

쾌적한 환경 조성 및 토지의 효율적 이용을 위하여 건축물 높이의 최고한도를 규제할 필요가 있는 지구이다.

### (3) 방화지구

화재의 위험을 예방하기 위하여 필요한 지구이다.

### (4) 방재지구

풍수해, 산사태, 지반의 붕괴, 그 밖의 재해를 예방하기 위하여 필요한 지구이다.

| 시가지<br>방재지구 | 건축물·인구가 밀집되어 있는 지역으로서 시설 개선 등을 통하여 재해 예방이 필요한 지구 |
|---|---|
| 자연<br>방재지구 | 토지의 이용도가 낮은 해안변, 하천변, 급경사지 주변 등의 지역으로서 건축 제한 등을 통하여 재해 예방이 필요한 지구 |

### (5) 보호지구

국가유산, 중요 시설물(항만, 공항 등) 및 문화적·생태적으로 보존가치가 큰 지역의 보호와 보존을 위하여 필요한 지구이다.

| 역사문화환경<br>보호지구 | 국가유산·전통사찰 등 역사·문화적으로 보존가치가 큰 시설 및 지역의 보호와 보존을 위하여 필요한 지구 |
|---|---|
| 중요시설물<br>보호지구 | 중요시설물의 보호와 기능의 유지 및 증진 등을 위하여 필요한 지구 |
| 생태계보호지구 | 야생동식물서식처 등 생태적으로 보존가치가 큰 지역의 보호와 보존을 위하여 필요한 지구 |

### (6) 취락지구

녹지지역·관리지역·농림지역·자연환경보전지역·개발제한구역 또는 도시자연공원구역의 취락을 정비하기 위한 지구이다.

| 자연취락지구 | 녹지지역·관리지역·농림지역 또는 자연환경보전지역 안의 취락을 정비하기 위하여 필요한 지구 |
|---|---|
| 집단취락지구 | 개발제한구역 안의 취락을 정비하기 위하여 필요한 지구 |

### (7) 개발진흥지구

주거기능·상업기능·공업기능·유통물류기능·관광기능·휴양기능 등을 집중적으로 개발·정비할 필요가 있는 지구이다.

| 주거개발<br>진흥지구 | 주거기능을 중심으로 개발·정비할 필요가 있는 지구 |
|---|---|
| 산업·유통개발<br>진흥지구 | 공업기능 및 유통·물류기능을 중심으로 개발·정비할 필요가 있는 지구 |
| 관광·휴양개발<br>진흥지구 | 관광·휴양기능을 중심으로 개발·정비할 필요가 있는 지구 |
| 복합개발<br>진흥지구 | 주거기능, 공업기능, 유통·물류기능 및 관광·휴양기능 중 2가지 이상의 기능을 중심으로 개발·정비할 필요가 있는 지구 |
| 특정개발<br>진흥지구 | 주거기능, 공업기능, 유통·물류기능 및 관광·휴양기능 외의 기능을 중심으로 특정한 목적을 위하여 개발·정비할 필요가 있는 지구 |

### (8) 특정용도제한지구

주거 및 교육 환경 보호나 청소년 보호 등의 목적으로 오염물질 배출시설, 청소년 유해시설 등 특정시설의 입지를 제한할 필요가 있는 지구이다.

### (9) 복합용도지구

지역의 토지이용 상황, 개발 수요 및 주변 여건 등을 고려하여 효율적이고 복합적인 토지이용을 도모하기 위하여 특정시설의 입지를 완화할 필요가 있는 지구이다.

# 과년도 기출문제

**01** 국토의 계획 및 이용에 관한 법률에 따른 용도지구의 종류에 속하지 않는 것은? [16년 1회]

① 취락지구
② 고도지구
③ 주차장정비지구
④ 특정용도제한지구

[해설]

**용도지구의 분류**
경관지구, 고도지구, 방화지구, 방재지구, 보호지구, 취락지구, 개발진흥지구, 특정용도제한지구, 복합용도지구

**02** 국토의 계획 및 이용에 관한 법령에 따른 용도지구에 속하지 않는 것은? [16년 4회 문제변형]

① 고도지구
② 취락지구
③ 시설용지지구
④ 특정용도제한지구

[해설]

**용도지구의 분류**
경관지구, 고도지구, 방화지구, 방재지구, 보호지구, 취락지구, 개발진흥지구, 특정용도제한지구, 복합용도지구

**03** 경관의 보전·관리 및 형성을 위하여 필요한 용도지구인 경관지구에 속하지 않는 것은? [15년 4회 문제변형]

① 자연경관지구
② 시가지경관지구
③ 특화경관지구
④ 역사문화경관지구

[해설]

**경관지구**
경관의 보전·관리 및 형성을 위하여 필요한 지구이다.
• 자연경관지구
• 시가지경관지구
• 특화경관지구

**04** 건축물·인구가 밀집되어 있는 지역으로서 시설 개선 등을 통하여 재해 예방이 필요한 용도지구는? [16년 2회 문제변형]

① 방화지구
② 중요시설물보호지구
③ 자연방재지구
④ 시가지방재지구

[해설]

① 방화지구 : 화재의 위험을 예방하기 위하여 필요한 지구이다.
② 중요시설물보호지구 : 중요시설물의 보호와 기능의 유지 및 증진 등을 위하여 필요한 지구이다.
③ 자연방재지구 : 토지의 이용도가 낮은 해안변, 하천변, 급경사지 주변 등의 지역으로서 건축 제한 등을 통하여 재해 예방이 필요한 지구 이다.

**05** 국토의 계획 및 이용에 관한 법령에 따른 보호지구에 속하지 않는 것은? [15년 1회 문제변형]

① 역사문화환경보호지구
② 학교시설보호지구
③ 생태계보호지구
④ 중요시설물보호지구

[해설]

**보호지구**
국가유산, 중요 시설물(항만, 공항 등) 및 문화적·생태적으로 보존가치가 큰 지역의 보호와 보존을 위하여 필요한 지구이다.
• 역사문화환경보호지구
• 중요시설물보호지구
• 생태계보호지구

**정답** 01 ③  02 ③  03 ④  04 ④  05 ②

# MEMO

# 10 국토의 계획 및 이용에 관한 법률

## 8 기반시설

| 공간시설 | 광장, 공원, 시설녹지, 유원지, 공공공지 |
|---|---|
| 공공문화<br>체육시설 | 학교, 도서관, 운동장, 공공청사, 체육시설, 문화시설, 연구시설, 사회복지시설, 청소년수련시설, 공공직업훈련시설 |
| 교통시설 | 도로·철도·항만·공항·주차장·자동차정류장·궤도·차량 검사 및 면허시설 |
| 유통·공급시설 | 수도, 전기, 가스, 열공급설비, 유류저장 및 송유설비, 방송·통신시설, 공동구, 시장, 유통업무 설비 |
| 보건위생시설 | 공동묘지, 장례식장, 화장장, 납골시설, 도축장, 종합의료시설 |
| 환경기초시설 | 하수도, 수질오염방지시설, 폐기물처리시설, 폐차장 |
| 방재시설 | 하천, 유수지, 저수지, 방화·방풍·방수·방조, 사방설비 |

**도로·자동차정류장 및 광장의 세분**

| 도로 | 일반도로, 자동차전용도로, 보행자전용도로, 보행자우선도로, 자전거전용도로, 고가도로, 지하도로 |
|---|---|
| 자동차<br>정류장 | 여객자동차터미널, 물류터미널, 공영차고지, 공동차고지, 화물자동차 휴게소, 복합환승센터, 환승센터 |
| 광장 | 교통광장, 일반광장, 경관광장, 지하광장, 건축물부설광장 |

### 개념이해

**01** 국토의 계획 및 이용에 관한 법령에 따른 기반시설 중 공간시설에 속하지 않는 것은? [20년 1·2회 통합]

① 녹지
② 유원지
③ 유수지
④ 공공공지

➡ 유수지는 방재시설에 속한다.
답 ③

**02** 국토의 계획 및 이용에 관한 법령상 기반시설 중 광장의 세분에 해당하지 않는 것은? [19년 4회]

① 옥상광장
② 일반광장
③ 지하광장
④ 건축물부설광장

➡ 광장의 세분
교통광장, 일반광장, 경관광장, 지하광장, 건축물부설광장
답 ①

## 과년도 기출문제

건축 / 기사 / 필기

**01** 국토의 계획 및 이용에 관한 법령상 광장·공원·녹지·유원지·공공공지가 속하는 기반시설은?  
[16년 2회, 19년 2회]

① 교통시설
② 공간시설
③ 환경기초시설
④ 보건위생시설

[해설]

기반시설

| 공간시설 | 광장, 공원, 시설녹지, 유원지, 공공공지 |
|---|---|
| 공공문화 체육시설 | 학교, 도서관, 운동장, 공공청사, 체육시설, 문화시설, 연구시설, 사회복지시설, 청소년수련시설, 공공직업훈련시설 |
| 교통시설 | 도로, 주차장, 철도, 궤도, 삭도, 항만, 운하, 공항, 자동차 및 건설기계검사시설, 운전학원 |
| 유통·공급시설 | 수도, 전기, 가스, 열공급설비, 유류저장 및 송유설비, 방송·통신시설, 공동구, 시장, 유통업무 설비 |
| 보건 위생시설 | 공동묘지, 장례식장, 화장장, 납골시설, 도축장, 종합의료시설 |
| 환경 기초시설 | 하수도, 수질오염방지시설, 폐기물처리시설, 폐차장 |
| 방재시설 | 하천, 유수지, 저수지, 방화·방풍·방수·방조, 사방설비 |

**02** 국토의 계획 및 이용에 관한 법령상 기반시설 중 도로의 세분에 속하지 않는 것은? [18년 1회]

① 고가도로
② 보행자우선도로
③ 자전거우선도로
④ 자동차전용도로

[해설]

도로
일반도로, 자동차전용도로, 보행자전용도로, 보행자우선도로, 자전거전용도로, 고가도로, 지하도로

**03** 국토의 계획 및 이용에 관한 법령에 따른 기반시설 중 자동차 정류장의 세분에 속하지 않는 것은?  
[17년 1회]

① 고속터미널
② 화물터미널
③ 공영차고지
④ 여객자동차터미널

[해설]

자동차정류장의 세분
여객자동차터미널, 물류터미널, 공영차고지, 공동차고지, 화물자동차 휴게소, 복합환승센터, 환승센터

정답 01 ② 02 ③ 03 ①

# 부록

APPENDIX

## CBT 실전모의고사

ENGINEER ARCHITECTURE

- 01 제1회 CBT 실전모의고사
- 02 제2회 CBT 실전모의고사
- 03 제3회 CBT 실전모의고사
- 04 제4회 CBT 실전모의고사
- 05 제5회 CBT 실전모의고사
- 06 제6회 CBT 실전모의고사
- 07 제7회 CBT 실전모의고사
- 08 제8회 CBT 실전모의고사
- 09 제9회 CBT 실전모의고사
- 10 제10회 CBT 실전모의고사
- 11 제11회 CBT 실전모의고사
- 12 제12회 CBT 실전모의고사
- 13 제13회 CBT 실전모의고사
- 14 제14회 CBT 실전모의고사
- 15 제15회 CBT 실전모의고사

# 01 제1회 CBT 실전모의고사

## 1과목 건축계획

**01** 건축물의 에너지절약을 위한 계획 내용으로 옳지 않은 것은?

① 공동주택은 인동간격을 넓게 하여 저층부의 일사 수열량을 증대시킨다.
② 건축물의 체적에 대한 외피면적의 비 또는 연면적에 대한 외피면적의 비는 가능한 크게 한다.
③ 건축물은 대지의 향, 일조 및 주 풍향 등을 고려하여 배치하며, 남향 또는 남동향 배치를 한다.
④ 거실의 층고 및 반자 높이는 실의 용도와 기능에 지장을 주지 않는 범위 내에서 가능한 낮게 한다.

[해설]
전열량 산출식에 따라 건축물의 체적에 대한 외피면적의 비 또는 연면적에 대한 외피면적의 비는 가능한 작게 하여야 한다.

전열량 산출식 $q = k \times A \times \Delta t$

여기서, $q$ : 전열량
 $k$ : 열관류율
 $A$ : 외피면적
 $\Delta t$ : 실내외 온도차

외피면적 $A$를 작게 할 경우 실내에서 실외로 빠져나가는, 혹은 들어오는 전열량을 줄일 수 있다.

**02** 다음 설명에 알맞은 국지도로의 유형은?

> 불필요한 차량 진입이 배제되는 이점을 살리면서 우회도로가 없는 Cul-De-Sac형의 결점을 개량하여 만든 패턴으로서 보행자의 안전성 확보가 가능하다.

① Loop형  ② 격자형
③ T자형  ④ 간선분리형

[해설]
Loop형은 불필요한 차량 진입이 배제되는 이점을 살리면서 우회도로가 없는 쿨데삭(Cul-De-Sac)형의 결점을 개량하여 만든 형식이다.

**03** 주거단지 내의 공동시설에 관한 설명으로 옳지 않은 것은?

① 중심을 형성할 수 있는 곳에 설치한다.
② 이용 빈도가 높은 건물은 이용거리를 길게 한다.
③ 확장 또는 증설을 위한 용지를 확보하는 것이 좋다.
④ 이용성, 기능상의 인접성, 토지이용의 효율성에 따라 인접하여 배치한다.

[해설]
이용 빈도가 높을수록 이용 거리를 짧게 해야 공동시설에 편리하게 접근할 수 있다.

**04** 다음 설명에 알맞은 도서관의 자료 출납시스템 유형은?

> 이용자가 직접 서고 내의 서가에서 도서자료의 제목 정도는 볼 수 있지만 내용을 열람하고자 할 경우 관원에게 대출을 요구해야 하는 형식

① 폐가식  ② 반개가식
③ 자유 개가식  ④ 안전 개가식

[해설]
반개가식(Semi Open Access)
• 열람자가 직접 서가에서 책의 표제 정도는 볼 수 있으나, 그 내용을 보려면 관원에게 대출을 요구해야 한다.
• 신간 서적 코너 등에 적용되며, 다량의 도서에는 적합하지 않다.
• 특징
 - 출납 시설이 필요하다.
 - 서가의 열람이나 감시가 필요하지 않다.

**05** 다음 중 연면적에 대한 숙박부분의 비율이 가장 높은 호텔은?

① 커머셜 호텔  ② 리조트 호텔
③ 클럽 하우스  ④ 아파트먼트 호텔

[해설]
연면적에 대한 숙박관계부분의 면적비 순서
커머셜 호텔 > 리조트 호텔 > 아파트먼트 호텔 > 레지덴셜 호텔

**정답** 01 ② 02 ① 03 ② 04 ② 05 ①

## 06 사무실 내의 책상배치의 유형 중 좌우대향형에 관한 설명으로 옳은 것은?

① 대향형과 동향형의 양쪽 특성을 절충한 형태로 커뮤니케이션의 형성에 불리하다.
② 4개의 책상이 맞물려 십자를 이루도록 배치하는 형식으로 그룹작업을 요하는 업무에 적합하다.
③ 책상이 서로 마주보도록 하는 배치로 면적효율은 좋으나 대면 시선에 의해 프라이버시가 침해당하기 쉽다.
④ 낮은 칸막이로 한 사람의 작업 활동을 위한 공간이 주어지는 형태로 독립성을 요하는 전문직에 적합한 배치이다.

[해설]

**좌우대향형**
- 대향형과 동향형의 절충형이다.
- 조직관리가 용이하고, 정보처리, 업무의 효율이 높다.
- 배치에 따른 면적 손실이 크며, 의사전달(커뮤니케이션의 형성)이 불리하다.
- 생산관리업무, 서류, 전표처리 등 독립성이 있는 자료처리 업무에 좋다.

## 07 교학건축인 성균관의 구성에 속하지 않는 것은?

① 동재 ② 존경각
③ 천추전 ④ 명륜당

[해설]

천추전은 경복궁 사정전에 부속된 전각이며, 왕의 편전(便殿)으로서 왕과 신하가 학문을 토론하던 장소이다.

## 08 극장의 평면형식 중 아레나(Arena)형에 관한 설명으로 옳지 않은 것은?

① 관객이 무대를 360°로 둘러싼 형식이다.
② 무대의 장치나 소품은 주로 낮은 기구들로 구성된다.
③ 픽쳐 프레임 스테이지(Picture Frame Stage)형이라고도 한다.
④ 가까운 거리에서 관람하면서 많은 관객을 수용할 수 있다.

[해설]

**픽쳐 프레임 스테이지(Proscenium Stage, 프로시니엄 스테이지)**
- 프로시니어(Proscenia) 벽에 의해 연기공간이 분리되어 관객이 프로시니엄 아치(Proscenium Arch)의 개구부를 통해서 무대를 보는 가장 일반적인 형식이다.
- 연기자가 제한된 방향으로만 관객을 대하게 된다.

## 09 각 사찰에 관한 설명으로 옳지 않은 것은?

① 부석사의 가람배치는 누하진입 형식을 취하고 있다.
② 화엄사는 경사된 지형을 수단(數段)으로 나누어서 정지(整地)하여 건물을 적절히 배치하였다.
③ 통도사는 산지에 위치하나 산지가람처럼 건물들을 불규칙하게 배치하지 않고 직교식으로 배치하였다.
④ 봉정사 가람배치는 대지가 3단으로 나누어져 있으며 상단부분에 대웅전과 극락전 등 중요한 건물들이 배치되어 있다.

[해설]

통도사는 평지에 위치하여 평지가람형(平地伽藍型)으로 배치된 사찰이다.

## 10 극장 무대에서 그리드 아이언(Grid Iron)이란 무엇인가?

① 조명 조작 등을 위해 무대 주위 벽에 6~9m의 높이로 설치되는 좁은 통로
② 조명 기구, 연기자 또는 음향 반사판을 매달기 위해 무대 천정 밑에 설치되는 시설
③ 하늘이나 구름 등 자연 현상을 나타내기 위한 무대 배경용 벽
④ 무대와 객석의 경계를 이루는 곳으로 액자와 같은 시각적 효과를 갖게 하는 시설

정답  06 ① 07 ③ 08 ③ 09 ③ 10 ②

[해설]
① 플라이 갤러리(Fly Gallery)
③ 사이클로라마(Cyclorama 혹은 Kupplel Horizont)
④ 프로시니엄 아치(Proscenium Arch)

**11** 공장 건축의 레이아웃 계획에 관한 설명으로 옳지 않은 것은?

① 플랜트 레이아웃은 공장건축의 기본설계와 병행하여 이루어진다.
② 고정식 레이아웃은 조선소와 같이 제품이 크고 수량이 적을 경우에 적용된다.
③ 다품종 소량생산이나 주문생산 위주의 공장에는 공정 중심의 레이아웃이 적합하다.
④ 레이아웃 계획은 작업장 내의 기계설비 배치에 관한 것으로 공장규모변화에 따른 융통성은 고려대상이 아니다.

[해설]
공장의 건축적 배치 및 평면 검토 시 공장 구성요소의 레이아웃을 고려하여 계획하여야 하며, 레이아웃은 공장의 장래 확장 등 규모의 변화에 대응한 융통성을 반영하여 설정되어야 한다.

**12** 다음 중 상점계획에서 파사드 구성에 요구되는 소비자 구매심리 5단계(AIDMA 법칙)에 속하지 않는 것은?

① 흥미(Interest)  ② 욕망(Desire)
③ 기억(Memory)  ④ 유인(Attraction)

[해설]
상점의 파사드 구성상 필요한 다섯 가지 광고 요소(AIDMA 법칙)
• A(Attention : 주의) : 주목시키는 배려
• I(Interest : 흥미) : 공감을 주는 호소력
• D(Desire : 욕망) : 욕구를 일으키는 연상
• M(Memory : 기억) : 인상적인 변화
• A(Action : 행동) : 들어가기 쉬운 구성

**13** 한국전통건축의 지붕양식에 관한 설명으로 옳은 것은?

① 팔작지붕은 원초적인 지붕형태로 원시움집에서부터 사용되었다.
② 모임지붕은 용마루와 내림마루가 있고 추녀마루만 없는 형태이다.
③ 맞배지붕은 용마루와 추녀마루로만 구성된 지붕으로 주로 다포식 건물에 사용되었다.
④ 우진각지붕은 네 면에 모두 지붕면이 있으며 전후 지붕면은 사다리꼴이고 양측 지붕면은 삼각형이다.

[해설]
① 팔작지붕은 우진각지붕 위에 맞배지붕을 올려놓은 것과 같은 형태의 지붕으로서 조선 시대 다포식 건축물에 많이 적용되었다. 원초적인 지붕형태로 원시움집에서부터 사용된 것은 우진각지붕에 대한 설명이다.
② 모임지붕은 용마루 없이 하나의 꼭짓점에서 지붕골이 만나는 지붕형태로서 용마루와 내림마루가 없고 추녀마루만으로 구성된 지붕의 형태를 띤다.
③ 맞배지붕은 건물의 앞뒤에서만 지붕면이 보이고 용마루와 내림마루로만으로 구성되었으며 주로 주심포식 건축물에 적용되었다.

**14** 바실리카식 교회당의 각부 명칭과 관계없는 것은?

① 아일(Aisle)
② 파일론(Pylon)
③ 나르텍스(Narthex)
④ 트란셉트(Transept)

[해설]
파일론(Pylon)은 이집트 신전건축의 정문에 있는 탑문을 의미한다.

정답  11 ④  12 ④  13 ④  14 ②

**15** 사무소 건축의 중심코어 형식에 관한 설명으로 옳은 것은?

① 구조코어로서 바람직한 형식이다.
② 유효율이 낮아 임대 사무소 건축에는 부적합하다.
③ 일반적으로 기준층 바닥면적이 작은 경우에 주로 사용된다.
④ 2방향 피난에는 이상적인 관계로 방재·피난상 가장 유리한 형식이다.

[해설]
② 유효율이 높아 임대 사무소 건축에 적합하다.
③ 일반적으로 기준층 바닥면적이 큰 경우에 주로 사용된다.
④ 양단코어형에 대한 설명이다.

**16** 백화점의 에스컬레이터 배치형식에 관한 설명으로 옳은 것은?

① 직렬식 배치는 승객의 시야도 좋고 점유면적도 작다.
② 병렬연속식 배치는 연속적으로 승강할 수 없다는 단점이 있다.
③ 교차식 배치는 점유면적이 작으며 연속 승강이 가능하다는 장점이 있다.
④ 병렬단속식 배치는 승객의 시야는 안 좋으나 점유면적이 작아 고층 백화점에 주로 사용된다.

[해설]
① 직렬식 배치는 승객의 시야가 가장 넓은 장점이 있으나, 점유면적이 넓은 단점이 있다.
② 병렬연속식 배치는 오르기와 내리기를 연속적으로 할 수 있으며, 많은 스페이스를 필요로 한다.
④ 병렬단속식 배치는 승객의 시야가 좋은 장점이 있으나, 많은 스페이스를 차지하여 고층 백화점에는 일반적으로 채용하지 않는다. 백화점에서는 점유면적이 작은 교차식 배치를 주로 적용한다.

**17** 전시공간의 특수전시기법에 관한 설명으로 옳지 않은 것은?

① 파노라마 전시는 전체의 맥락이 중요하다고 생각될 때 사용된다.
② 하모니카 전시는 동일 종류의 전시물을 반복하여 전시할 경우에 유리하다.
③ 디오라마 전시는 하나의 사실 또는 주제의 시간 상황을 고정시켜 연출하는 기법이다.
④ 아일랜드 전시는 벽면 전시 기법으로 전체 벽면의 일부만을 사용하며 그림과 같은 미술품 전시에 주로 사용된다.

[해설]
아일랜드 전시는 벽면이나 천장을 직접 이용하지 않고 주로 입체 전시물을 중심으로 하여 공간적인 전시공간을 만들어 내는 기법을 말한다.

**18** 동일한 대지조건, 동일한 단위주호 면적을 가진 편복도형 아파트가 홀형 아파트에 비해 유리한 점은?

① 피난에 유리하다.
② 공용면적이 작다.
③ 엘리베이터 이용효율이 높다.
④ 채광, 통풍을 위한 개구부가 넓다.

[해설]
편복도형(갓복도형)은 연속된 긴 복도에 의해 각 주호로 출입하는 형식으로서, 엘리베이터 1대당 단위 주거를 많이 둘 수 있어 엘리베이터의 이용효율이 높다.

**19** 학교 건축에서 단층교사에 관한 설명으로 옳지 않은 것은?

① 재해 시 피난이 유리하다.
② 학습활동을 실외에 연장할 수 있다.
③ 부지의 이용률이 높으며 설비의 배선, 배관을 집약할 수 있다.
④ 개개의 교실에서 밖으로 직접 출입할 수 있으므로 복도가 혼잡하지 않다.

[해설]
단층교사는 저층으로서 구조계획이 단순하며, 내진·내풍구조가 용이하지만, 부지 이용률이 낮고 설비의 배선, 배관의 집약이 난해한 단점을 가지고 있다.

정답 15 ① 16 ③ 17 ④ 18 ③ 19 ③

**20** 종합병원의 건축형식 중 분관식(Pavilion Type)에 관한 설명으로 옳지 않은 것은?

① 평면 분산식이다.
② 채광 및 통풍 조건이 좋다.
③ 일반적으로 3층 이하의 저층건물로 구성된다.
④ 재난 시 환자의 피난이 어려우며 공사비가 높다.

[해설]
분관식(Pavilion Type, 분동식)은 건축물이 저층으로 분산된 형태를 의미하며, 재난 시 환자의 피난이 용이하다.

## 2 과목 건축시공

**21** 콘크리트의 크리프에 관한 설명으로 옳지 않은 것은?

① 습도가 높을수록 크리프는 크다.
② 물-시멘트 비가 클수록 크리프는 크다.
③ 콘크리트의 배합과 골재의 종류는 크리프에 영향을 끼친다.
④ 하중이 제거되면 크리프 변형은 일부 회복된다.

[해설]
콘크리트 크리프는 습도가 낮을수록 크다.

**22** 웰 포인트 공법에 관한 설명으로 옳지 않은 것은?

① 흙파기 밑면의 토질 약화를 예방한다.
② 진공펌프를 사용하여 토중의 지하수를 강제적으로 집수한다.
③ 지하수 저하에 따른 인접지반과 공동매설물 침하에 주의가 필요하다.
④ 사질지반보다 점토층지반에서 효과적이다.

[해설]
웰 포인트 공법은 점토층지반보다 사질토 지반에서 효과적이다.

**23** 목재의 무늬와 바탕의 재질을 잘 보이게 하는 도장 방법은?

① 유성 페인트 도장
② 에나멜페인트 도장
③ 합성수지 페인트 도장
④ 클리어 래커 도장

[해설]
클리어 래커 도장은 투명 도장에 일종으로 목재의 무늬와 바탕의 재질을 잘 보이게 하는 도장방법이다.

**24** 콘크리트 블록(Block)벽체의 크기가 3×5m일 때 쌓기 모르타르의 소요량으로 옳은 것은?(단, 블록의 치수는 390×190×190mm, 재료량은 할증이 포함되었으며, 모르타르 배합비는 1 : 3)

① 0.10$m^3$  ② 0.12$m^3$
③ 0.15$m^3$  ④ 0.18$m^3$

[해설]

블록 쌓기 1$m^2$당 모르타르 필요량

| 구분 | 단위 | 수량(블럭규격) | | |
|---|---|---|---|---|
| | | 390×190×190 | 390×190×150 | 390×190×100 |
| 모르타르 | $m^3$ | 0.010 | 0.009 | 0.006 |

벽체면적 3×5=15$m^2$
면적 1$m^2$당 0.010$m^3$이므로,
0.010×15=0.15$m^3$

**25** 건설공사현장에서 보통콘크리트를 KS 규격품인 레미콘으로 주문할 때의 요구항목이 아닌 것은?

① 잔골재의 조립률
② 굵은 골재의 최대 치수
③ 호칭강도
④ 슬럼프

[해설]
레미콘 주문 시 호칭규격을 요구한다.
※ 호칭규격의 의미(예 : 25-24-150)
25(굵은 골재 최대치수 mm)-24(호칭강도 MPa)-150(슬럼프치 mm)

**26** 공사 진행의 일반적인 순서로 가장 알맞은 것은?

① 가설공사 → 공사 착공 준비 → 토공사 → 구조체 공사 → 지정 및 기초공사
② 공사 착공 준비 → 가설공사 → 토공사 → 지정 및 기초공사 → 구조체 공사
③ 공사 착공 준비 → 토공사 → 가설공사 → 구조체 공사 → 지정 및 기초공사
④ 공사 착공 준비 → 지정 및 기초공사 → 토공사 → 가설공사 → 구조체 공사

[해설]
공사 진행의 일반적인 순서
공사 착공 준비 → 가설공사 → 토공사 → 지정 및 기초공사 → 구조체 공사 → 외장 및 마감공사

**27** 공사관리방법 중 CM계약방식에 관한 설명으로 옳지 않은 것은?

① 대리인형 CM(CM for Fee)인 경우 공사품질에 책임을 지며, 품질 문제 발생 시 책임소재가 명확하다.
② 프로젝트의 전 과정에 걸쳐 공사비, 공기 및 시공성에 대한 종합적인 평가 및 설계변경에 대한 효율적인 평가가 가능하여 발주자의 의사결정에 도움이 된다.
③ 설계과정에서 설계가 시공에 미치는 영향을 예측할 수 있어 설계도서의 현실성을 향상시킬 수 있다.
④ 단계적 발주 및 시공의 적용이 가능하다.

[해설]
①은 책임자형 CM(CM at Risk)에 대한 설명이며, 대리인형 CM(CM for Fee)의 경우는 프로젝트의 전반에 걸쳐 일정 수수료(용역비용)를 받고 발주자의 컨설턴트 역할만을 수행하는 계약방식이다.

**28** 건축재료별 수량 산출 시 적용하는 할증률로 옳지 않은 것은?

① 유리 : 1%  ② 단열재 : 5%
③ 붉은 벽돌 : 3%  ④ 이형철근 : 3%

[해설]
단열재는 10%의 할증률을 갖는다.

**29** ALC 패널의 설치공법이 아닌 것은?

① 수직철근 공법  ② 슬라이드 공법
③ 커버 플레이트 공법  ④ 피치 공법

[해설]
피치는 결합재 간의 간격을 의미하는 것으로서, 용접이나 고력볼트 등 철골 구조에서 쓰이는 용어이다.

**30** 다음에서 설명하고 있는 도장결함은?

> 도료를 겹칠하였을 때 하도의 색이 상도막 표면에 떠올라 상도의 색이 변하는 현상

① 번짐  ② 색 분리
③ 주름  ④ 핀홀

[해설]
보기는 하도가 상도로 번지는 결함인 번짐에 대한 설명이다.

**31** 유동화 콘크리트에 관한 설명으로 옳지 않은 것은?

① 높은 유동성을 가지면서도 단위수량은 보통콘크리트보다 적다.
② 일반적으로 유동성을 높이기 위하여 화학혼화제를 사용한다.
③ 동일한 단위시멘트양을 갖는 보통콘크리트에 비하여 압축강도가 매우 높다.
④ 일반적으로 건조수축은 묽은 비빔 콘크리트보다 작다.

정답  26 ②  27 ①  28 ②  29 ④  30 ①  31 ③

[해설]
유동화 콘크리트는 압축강도를 유사하게 유지하면서 유동성의 향상에 초점이 맞추어져 있는 특수콘크리트이다.

**32** 계약방식 중 단가계약제도에 관한 설명으로 옳지 않은 것은?

① 실시수량의 확정에 따라서 차후 정산하는 방식이다.
② 긴급공사 시 또는 수량이 불명확할 때 간단히 계약할 수 있다.
③ 설계변경에 의한 수량의 증감이 용이하다.
④ 공사비를 절감할 수 있으며, 복잡한 공사에 적용하는 것이 좋다.

[해설]
물품의 단가에 수량을 곱한 방식으로 계약하는 것으로서 공사의 진행 시 변수에 따라 물량 등의 변동으로 공사비는 증감될 수 있으며, 간단한 공사에 적용하는 것이 좋다.

**33** 콘크리트용 골재의 품질에 관한 설명으로 옳지 않은 것은?

① 골재는 청정, 견경하고 유해량의 먼지, 유기불순물이 포함되지 않아야 한다.
② 골재의 입형은 콘크리트의 유동성을 갖도록 한다.
③ 골재는 예각으로 된 것을 사용하도록 한다.
④ 골재의 강도는 콘크리트 내 경화한 시멘트 페이스트의 강도보다 커야 한다.

[해설]
골재는 둔각으로 된 것을 사용하도록 한다.

**34** 창호철물과 창호의 연결로 옳지 않은 것은?

① 도어 체크(Door Check) – 미닫이문
② 플로어 힌지(Floor Hinge) – 자재 여닫이문
③ 크리센트(Crescent) – 오르내리창
④ 레일(Rail) – 미서기창

[해설]
도어 체크는 자동으로 문이 닫히게 하는 장치로서 여닫이문에 사용하는 철물이다.

**35** 목구조재료로 사용되는 침엽수의 특징에 해당하지 않는 것은?

① 직선부재의 대량생산이 가능하다.
② 단단하고 가공이 어려우나 미관이 좋다.
③ 병충해에 약하여 방부 및 방충처리를 하여야 한다.
④ 수고(樹高)가 높으며 통직하다.

[해설]
침엽수는 활엽수에 비해 경도가 낮고 가공이 용이하며, 미관을 위해 활용하기 보다는 주로 구조적 용도로 적용된다.

**36** 대안입찰제도의 특징에 관한 설명으로 옳지 않은 것은?

① 공사비를 절감할 수 있다.
② 설계상 문제점의 보완이 가능하다.
③ 신기술의 개발 및 축적을 기대할 수 있다.
④ 입찰기간이 단축된다.

[해설]
대안입찰제도는 건축주가 제시한 원안보다 비용이 저렴하고 공기가 단축될 수 있는 대안을 도급자가 제시하고, 이를 평가하여 선정하는 입찰제도로서, 대안을 마련하는 과정에서 시간이 소모되므로 입찰기간이 길어질 수 있다.

**37** 잔류유(찌꺼기)를 저온으로 장시간 증류한 것으로 응집력이 크고 온도에 의한 변화가 적으며 연화점이 높고 안전하여 방수공사에 많이 사용되는 것은?

① 아스팔트 펠트
② 블로운 아스팔트
③ 아스팔타이트
④ 레이크 아스팔트

[해설]

블로운 아스팔트는 연질의 스트레이트 아스팔트를 가열·가공한 아스팔트로서 단단하고 연화점이 높으며 온도에 대한 변화가 작아 루핑, 방수공사 등에 사용한다.

**38** 지표 재하 하중으로 흙막이 저면 흙이 붕괴되고 바깥에 있는 흙이 안으로 밀려 볼록하게 되어 파괴되는 현상은?

① 히빙(Heaving) 파괴
② 보일링(Boiling) 파괴
③ 수동토압(Passive Earth Pressure) 파괴
④ 전단(Shearing) 파괴

[해설]

히빙(Heaving) 파괴(융기현상)
연약점토지반에서 흙막이 바깥에 있는 흙의 중량과 지표면의 적재하중으로 인하여 흙막이 저면으로 흙막이 바깥에 있는 흙이 안으로 밀려 들어와 볼록하게 되는 현상

**39** 블록조 벽체에 와이어 메시를 가로줄눈에 묻어 쌓기도 하는데 이에 관한 설명으로 옳지 않은 것은?

① 전단작용에 대한 보강이다.
② 수직하중을 분산시키는 데 유리하다.
③ 블록과 모르타르의 부착성능의 증진을 위한 것이다.
④ 교차부의 균열을 방지하는 데 유리하다.

[해설]

와이어 메시는 블록과 모르타르의 부착성능 증진이 아닌, 균열 등에 대한 보강을 위해 적용한다.

**40** 건축물 외부에 설치하는 커튼월에 관한 설명으로 옳지 않은 것은?

① 커튼월이란 외벽을 구성하는 비내력벽 구조이다.
② 커튼월의 조립은 대부분 외부에 대형 발판이 필요하므로 비계공사가 필수적이다.
③ 공장에서 생산하여 반입하는 프리패브 제품이다.
④ 일반적으로 콘크리트나 벽돌 등의 외장재에 비하여 경량이어서 건물의 전체 무게를 줄이는 역할을 한다.

[해설]

대부분 공장 생산 및 현장 조립하고, 크레인 혹은 곤돌라로 승강, 인양하여 외면에 부착하므로, 비계발판 등의 비계 공사가 불필요하다.

## 3 과목 건축구조

**41** 그림과 같은 정정구조의 CD 부재에서 C, D점의 휨모멘트 값 중 옳은 것은?

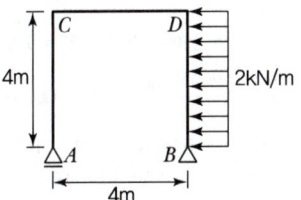

① C점 : 0, D점 : 16kN·m
② C점 : 16kN·m, D점 : 16kN·m
③ C점 : 0, D점 : 32kN·m
④ C점 : 32kN·m, D점 : 32kN·m

[해설]

휨모멘트 산출
• C, D 모두 해당 지점의 좌측을 통해 산출한다.
• $V_A$ 산출
  $\sum M_B = 0$
  $\sum M_B = V_A \times 4 - (2 \times 4) \times 2 = 0$
  $V_A = 4\text{kN}$
∴ C = 0, D = 4 × 4 = 16kN·m

**42** 그림과 같은 단면에 전단력 50kN이 가해진 경우 중립축에서 상방향으로 100mm 떨어진 지점의 전단응력은?(단, 전체 단면의 크기는 200×300mm임)

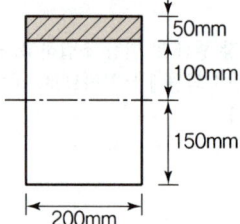

① 0.85MPa   ② 0.79MPa
③ 0.73MPa   ④ 0.69MPa

[해설]

전단응력($\sigma_\tau$) 산출

- $\sigma_\tau = \dfrac{VQ_x}{Ib}$
- $Q_x = A \times y_o = (200 \times 50) \times 125 = 1,250,000 \text{mm}^3$
- $I_o = \dfrac{bh^3}{12} = \dfrac{200 \times 300^3}{12} = 450,000,000 \text{mm}^3$
- $\therefore \sigma_\tau = \dfrac{VQ_x}{Ib} = \dfrac{50 \times 10^3 \times 1.25 \times 10^6}{4.5 \times 10^8 \times 200} = 0.69\text{MPa}$

**43** 등가정적해석법에 의한 건축물의 내진설계 시 고려해야 할 사항이 아닌 것은?

① 지역계수
② 노풍도계수
③ 지반종류
④ 반응수정계수

[해설]

노풍도계수는 바람의 흐름을 막는 정도를 계수로 나타낸 것으로서 풍하중 산출 시 활용한다.

**44** 다음 두 보의 최대 처짐량이 같기 위한 등분포하중의 비로 옳은 것은?(단, 부재의 재질과 단면은 동일하며 A부재의 길이는 B부재 길이의 2배임)

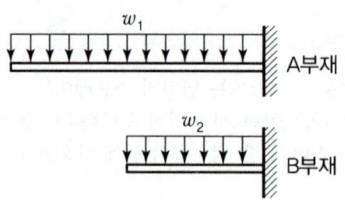

① $w_2 = 2w_1$   ② $w_2 = 4w_1$
③ $w_2 = 8w_1$   ④ $w_2 = 16w_1$

[해설]

등변분포하중의 최대처짐($\delta_{max}$)

- $\delta_{max} = \dfrac{wL^4}{8EI}$
- $\delta_A = \delta_B$

$\dfrac{w_1(2L)^4}{8EI} = \dfrac{w_2(L)^4}{8EI}$

$w_2 = \dfrac{(2L)^4}{L^4} w_1 = \left(\dfrac{2L}{L}\right)^4 w_1 = 2^4 w_1 = 16w_1$

**45** 그림과 같은 트러스에서 (가) 및 (나) 부재의 부재력을 옳게 구한 것은?[단, (−)는 압축력, (+)는 인장력을 의미한다.]

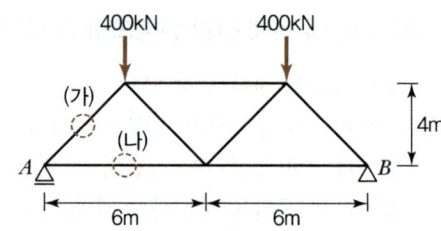

① (가) −500kN, (나) 300kN
② (가) −500kN, (나) 400kN
③ (가) −400kN, (나) 300kN
④ (가) −400kN, (나) 400kN

[해설]

트러스 부재력 산출

산출 시 (가), (나) 부재로 구성된 삼각트러스를 수직으로 나눠 작은 삼각형을 만든 뒤 피타고라스 정리에 의해 (가) : (나) : 수직부재 = 5 : 4 : 3의 비율로 부재력이 가해지는 것을 이용한다. 또한 수직재 (가)는 압축(−), 수평재 (나)는 처짐에 의한 인장(+)을 받는다.

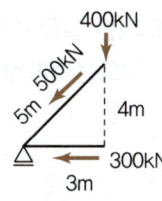

- $V_A$ 산출 : A, B 양측이 동일한 반력을 가지므로 $V_A$는 전체 작용하중(400+400=800)의 1/2 인 400kN의 반력을 갖는다.
- (가) 산출 : $\Sigma V=0$, $\Sigma V= V_A + (가) \times \frac{4}{5} = 0$
  (가) = -500kN
- (나) 산출 : $\Sigma H=0$, $\Sigma H = (나) + (가) \times \frac{3}{5} = 0$
  (나) = 300kN

**46** 철근콘크리트 구조설계 시 고려하는 강도설계법에 관한 설명으로 옳지 않은 것은?

① 보의 압축 측의 응력분포는 사다리꼴, 포물선 등의 형태로 본다.
② 규정된 허용하중이 초과될지도 모를 가능성을 예측하여 하중계수를 사용한다.
③ 재료의 변화, 시공오차 등의 기술적인 면을 고려하여 강도감소계수를 사용한다.
④ 이 설계방법은 탄성이론하에서 이루어진 설계법이다.

[해설]

강도설계법은 소성이론에 의해 철근콘크리트를 소성체로 보고 그 부재의 계수강도를 알아내 안전성을 확보하는 설계법으로, 소성설계법이라고도 한다.
탄성이론하에서 이루어진 설계법은 허용응력설계법(WSD, Working Stress Design method)이다.

**47** 일반 또는 경량콘크리트 휨부재의 크리프와 건조수축에 의한 추가 장기처짐 산정과 관련하여 5년 이상일 때 지속하중에 대한 시간경과계수 $\xi$는 얼마인가?

① 2.4  ② 2.2
③ 2.0  ④ 1.4

[해설]

시간경과계수($\xi$)는 3개월 1.0, 6개월 1.2, 1년 1.4, 2년 이상 2.0의 값으로 산정한다.

**48** 그림과 같은 앵글(Angle)의 유효단면적으로 옳은 것은?(단, Ls-50×50×6 사용, $a=5.644cm^2$, $d=1.7cm$)

① $8.0cm^2$
② $8.5cm^2$
③ $9.0cm^2$
④ $9.25cm^2$

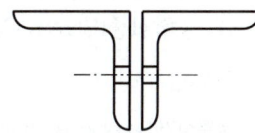

[해설]

앵글 유효단면적($A_e$) 산출
$A_e = A_n = A_g - ndt$
$= (5.644 \times 2) - (1 \times 1.7 \times 0.6 \times 2) = 9.248cm^2$

감소계수(전단지연계수)가 주어지지 않았으므로, 순단면적($A_g$)이 유효단면적($A_e$)이 된다.

**49** 3힌지 전단 포물선 아치에 그림과 같이 등분포 하중이 가해졌을 경우 단면상에 나타나는 부재력의 종류는?

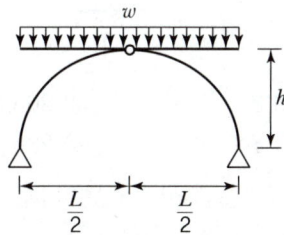

① 전단력, 휨모멘트
② 축방향력, 전단력, 휨모멘트
③ 축방향력, 전단력
④ 축방향력

[해설]

3힌지(3회전단) 포물선 아치의 경우 등분포하중 작용 시 축방향력만 작용하고 전단력과 휨모멘트는 작용하지 않는다.

정답 46 ④  47 ③  48 ④  49 ④

**50** 강재의 응력-변형도 시험에서 인장력을 가해 소성상태에 들어선 강재를 다시 반대 방향으로 압축력을 작용하였을 때의 압축항복점이 소성상태에 들어서지 않은 강재의 압축항복점에 비해 낮은 것을 볼 수 있는데 이러한 현상을 무엇이라 하는가?

① 루더선(Luder's Line)
② 소성흐름(Plastic Flow)
③ 바우싱거 효과(Baushinger's Effect)
④ 응력집중(Stress Concentration)

[해설]
바우싱거(Baushinger) 효과
소성변형을 일으킨 재료를 역방향으로 변형시킬 경우 응력 및 변형률 곡선의 비례한도가 현저하게 저하되는 현상이다.

**51** 그림과 같은 압축재에 $V-V$ 축의 세장비 값으로 옳은 것은?(단, $A=10\text{cm}^2$, $I_v=36\text{cm}^4$)

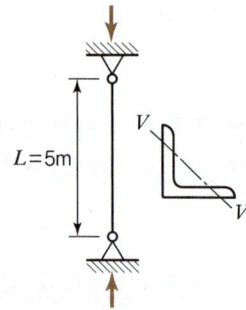

① 270.3  ② 263.5
③ 254.8  ④ 236.4

[해설]
$V-V$축의 세장비($\lambda$) 산출

$$\lambda = \frac{KL}{r} = \frac{KL}{\sqrt{\frac{I}{A}}} = \frac{1.0 \times 500}{\sqrt{\frac{36}{10}}} = 263.52$$

여기서, 양단힌지이므로, $K=1$이 되게 된다.

**52** 강도설계법에 의한 철근콘크리트 보에서 콘크리트만의 설계전단강도는 얼마인가?(단, $f_{ck}=24\text{MPa}$, $\lambda=1$)

① 31.5kN
② 75.8kN
③ 110.2kN
④ 145.6kN

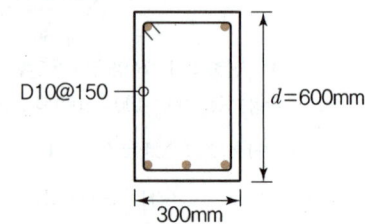

[해설]
콘크리트가 부담하는 전단강도
$$V_c = \phi \frac{1}{6} \lambda \sqrt{f_{ck}} b_w d = 0.75 \times \frac{1}{6} \times 1 \times \sqrt{24} \times 300 \times 600$$
$$= 110,227\text{N} = 110.2\text{kN}$$

**53** 스터럽으로 보강된 휨 부재의 최외단 인장철근의 순인장 변형률 $\varepsilon_t$가 0.004일 경우 강도감소계수 $\phi$로 옳은 것은?(단, $f_y=400\text{MPa}$)

① 0.65      ② 0.717
③ 0.783    ④ 0.817

[해설]
• 철근의 인장항복강도 400MPa 이하(SD400 이하)이면서, $\varepsilon_t < 0.005$이므로 변화구간단면이다.
• 이때의 강도감소계수 $\phi = 0.65 + \frac{200}{3}(\varepsilon_t - 0.002) = 0.65 + \frac{200}{3}(0.004 - 0.002) = 0.783$이 되게 된다.

**54** 다음 용어 중 서로 관련이 가장 적은 것은?

① 기둥 – 메탈터치(Metal Touch)
② 인장가새 – 턴버클(Turn Buckle)
③ 주각부 – 거셋 플레이트(Gusset Plate)
④ 중도리 – 새그로드(Sag Rod)

정답  50 ③  51 ②  52 ③  53 ③  54 ③

[해설]

거셋 플레이트(Gusset Plate)는 트러스 보에서 현재와 사재 간의 접합 등 부재 간 접합부에 적용하는 것이므로 기둥과 기초를 연결하는 부분인 주각부와는 거리가 멀다.

**55** 건축물의 기초구조 설계 시 말뚝재료별 구조세칙으로 옳지 않은 것은?

① 나무말뚝을 타설할 때 그 중심간격은 말뚝머리지름의 2.5배 이상 또한 600mm 이상으로 한다.
② 기성콘크리트말뚝을 타설할 때 그 중심간격은 말뚝머리지름의 2.5배 이상 또한 1,100mm 이상으로 한다.
③ 강재말뚝을 타설할 때 그 중심간격은 말뚝머리의 지름 또는 폭의 2.0배 이상(다만, 폐단강관 말뚝에 있어서 2.5배) 또한 750mm 이상으로 한다.
④ 현장타설콘크리트말뚝을 배치할 때 그 중심간격은 말뚝머리지름의 2.0배 이상 또한 말뚝머리 지름에 1,000mm를 더한 값으로 한다.

[해설]

기성콘크리트말뚝을 타설할 때 그 중심간격은 말뚝머리지름의 2.5배 이상 또한 750mm 이상으로 한다.

**56** 다음 중 한계상태설계법에서 강도 한계상태를 구성하는 요소가 아닌 것은?

① 바닥재의 진동
② 기둥의 좌굴
③ 골조의 불안정성
④ 취성파괴

[해설]

바닥재의 진동은 사용 한계상태에 해당한다.

※ 한계상태의 종류
  • 사용한계상태 : 처짐, 균열, 피로, 진동 등
  • 극한(강도)한계상태 : 재료강도 초과, 부재의 피로파괴, 좌굴 등

**57** 볼트의 기계적 등급을 나타내기 위해 표시하는 F8T, F10T, F11T에서 가운데 숫자는 무엇을 의미하는가?

① 휨강도
② 인장강도
③ 압축강도
④ 전단강도

[해설]

가운데 숫자는 인장강도를 나타내며, 예를 들어 F8T라면 해당 등급의 인장강도는 800~1,000MPa에 해당한다.

**58** 그림에서 절점 $D$는 이동을 하지 않으며, $A$, $B$, $C$는 고정단일 때 $C$단의 모멘트는?(단, $k$는 부재의 강비임)

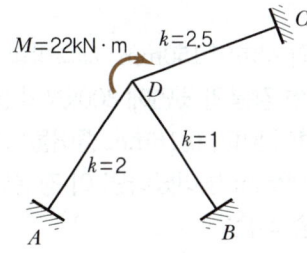

① 4.0kN · m
② 4.5kN · m
③ 5.0kN · m
④ 5.5kN · m

[해설]

$C$단 모멘트($M_C$) 산출

㉠ 분배모멘트 산출

$$M_{DC} = \frac{K_{DC}}{\Sigma K} \times M = \frac{2.5}{(1+2+2.5)} \times 22 = 10\text{kN} \cdot \text{m}$$

㉡ 도달모멘트 산출

$$M_C = \frac{M_{DC}}{2} = \frac{10}{2} = 5\text{kN} \cdot \text{m}$$

**59** 콘크리트 구조 설계 시 철근간격제한에 관한 내용으로 옳지 않은 것은?

① 벽체 또는 슬래브에서 휨 주철근의 간격은 벽체나 슬래브 두께의 3배 이하로 하여야 하고, 또한 450mm 이하로 하여야 한다.

정답  55 ②  56 ①  57 ②  58 ③  59 ③

② 상단과 하단에 2단 이상으로 배치된 경우 상하 철근은 동일 연직면 내에 배치하여야 하고, 이때 상하 철근의 순간격은 25mm 이상으로 하여야 한다.
③ 나선철근 또는 띠철근이 배근된 압축부재에서 축방향 철근의 순간격은 25mm 이상, 또한 철근 공칭 지름의 2.5배 이상으로 하여야 한다.
④ 2개 이상의 철근을 묶어서 사용하는 다발철근은 이형철근으로 그 개수는 4개 이하이어야 하며, 이들은 스터럽이나 띠철근으로 둘러싸여져야 한다.

[해설]
나선철근 또는 띠철근이 배근된 압축부재에서 축방향 철근의 순간격은 40mm 이상, 또한 철근 공칭 지름의 1.5배 이상으로 하여야 한다.

**60** 단면의 지름이 150mm, 재축방향 길이가 300mm인 원형 강봉의 윗면에 300kN의 힘이 작용하여 재축방향 길이가 0.16mm 줄어들었고, 단면의 지름이 0.02mm 늘어났다면 이 강봉의 탄성계수 E와 푸아송 비는?

① 31,830MPa, 0.25
② 31,830MPa, 0.125
③ 39,630MPa, 0.25
④ 39,630MPa, 0.125

[해설]
탄성계수($E$)와 푸아송 비($v$) 산출
㉠ 탄성계수($E$) 산출
$$E = \frac{P \cdot L}{\Delta L \cdot A} = \frac{300 \times 10^3 \times 300}{0.16 \times \frac{\pi \times 150^2}{4}} = 31,830\text{MPa}$$
㉡ 푸아송 비($v$) 산출
$$v = \frac{\frac{\Delta d}{d}}{\frac{\Delta L}{L}} = \frac{\frac{0.02}{150}}{\frac{0.16}{300}} = 0.25$$

## 4과목 건축설비

**61** 다음 중 변전실 면적 결정 시 영향을 주는 요소와 가장 거리가 먼 것은?

① 수전전압  ② 수전방식
③ 발전기 용량  ④ 큐비클의 종류

[해설]
변전실의 면적 산정 시 고려 요소에는 변압기 용량, 수전전압, 수전방식 및 큐비클의 종류 등이 있다.

**62** 가스사용시설에서 가스계량기의 설치에 관한 설명으로 옳지 않은 것은?

① 전기접속기와의 거리가 최소 30cm 이상이 되도록 한다.
② 전기점멸기와의 거리가 최소 60cm 이상이 되도록 한다.
③ 전기개폐기와의 거리가 최소 60cm 이상이 되도록 한다.
④ 전기계량기와의 거리가 최소 60cm 이상이 되도록 한다.

[해설]
가스계량기와 전기점멸기(스위치)는 최소 30cm 이상 이격해서 설치하여야 한다.

**63** 엘리베이터의 안전장치 중 일정 이상의 속도가 되었을 때 브레이크 등을 작동시키는 기능을 하는 것은?

① 조속기  ② 권상기
③ 완충기  ④ 가이드 슈

[해설]
조속기
조속기는 엘리베이터의 안전장치 중 하나로서 속도가 일정 이상이 되었을 때, 브레이크나 안전장치를 작동시키는 기능을 하는 장치이다.

**64** 흡음 및 차음에 관한 설명으로 옳지 않은 것은?

① 벽의 차음성능은 투과손실이 클수록 높다.
② 차음성능이 높은 재료는 흡음성능도 높다.
③ 벽의 차음성능은 사용재료의 면밀도에 크게 영향을 받는다.
④ 벽의 차음성능은 동일 재료에서도 두께와 시공법에 따라 다르다.

[해설]
차음은 음을 차단하는 것으로서, 주로 밀도가 높은 중량 구조물의 형태가 많고, 흡음은 음을 흡수하는 것으로서, 다공질을 띄고 있는 저항형 단열재를 많이 사용하고 있다. 차음은 음의 반사, 흡음은 음의 흡수를 주로 하므로 차음이 커질 경우 흡수량이 줄어들 가능성이 높다.

**65** 다음 설명에 알맞은 화재의 종류는?

나무, 섬유, 종이, 고무, 플라스틱류와 같은 일반 가연물이 타고 나서 재가 남는 화재

① A급 화재        ② B급 화재
③ C급 화재        ④ K급 화재

[해설]
② 유류 화재
③ 전기 화재
④ 주방기름(식용유 등)에 의한 화재

**66** 전기설비에서 다음과 같이 정의되는 장치는?

지락전류를 영상변류기로 검출하는 전류 동작형으로 지락전류가 미리 정해 놓은 값을 초과할 경우, 설정된 시간 내에 회로나 회로의 일부의 전원을 자동으로 차단하는 장치

① 퓨즈
② 누전차단기
③ 단로스위치
④ 절환스위치

[해설]
누전차단기
전동기계기구가 접속되어 있는 전로(電路)에서 누전에 의한 감전위험을 방지하기 위해 사용되는 기기로서, 전원을 자동으로 차단하는 장치이다.

**67** 급수방식 중 고가수조방식에 관한 설명으로 옳은 것은?

① 급수압력이 일정하다.
② 2층 정도의 건물에만 적용이 가능하다.
③ 위생성 측면에서 가장 바람직한 방식이다.
④ 저수조가 없으므로 단수 시에 급수가 불가능하다.

[해설]
②, ③, ④는 수도직결방식에 대한 설명이다.

**68** 실내 $CO_2$ 발생량이 17L/h, 실내 $CO_2$ 허용농도가 0.1%, 외기의 $CO_2$ 농도가 0.04%일 경우 필요환기량은?

① 약 $28.3m^3/h$       ② 약 $35.0m^3/h$
③ 약 $40.3m^3/h$       ④ 약 $42.5m^3/h$

[해설]
$Q$(필요환기량, $m^3/h$)

$= \dfrac{CO_2 \text{ 발생량}(m^3/h)}{C_i(\text{실내허용 } CO_2 \text{농도}) - C_o(\text{실선외기 } CO_2 \text{농도})}$

$Q = \dfrac{17L/h \div 1,000}{0.001 - 0.0004} = 28.33 m^3/h ≒ 28.3 m^3/h$

**69** 급수설비에서 펌프의 실양정이 의미하는 것은? (단, 물을 높은 곳으로 보내는 경우)

① 배관계의 마찰손실에 해당하는 높이
② 흡수면에서 토출수면까지의 수직거리
③ 흡수면에서 펌프축 중심까지의 수직거리
④ 펌프축 중심에서 토출수면까지의 수직거리

정답  64 ②  65 ①  66 ②  67 ①  68 ①  69 ②

[해설]

양정 중 실양정은 높이에 따라 발생하는 양정으로서, 물의 표면인 흡수면에서부터 펌프가 물을 토출하는 토출수면까지의 높이, 즉 수직거리를 의미한다.

**70** 다음과 같은 조건에 있는 양수펌프의 축동력은?

[조건]
- 양수량 : 490L/min
- 전양정 : 30m
- 펌프의 효율 : 60%

① 약 3kW  ② 약 4kW
③ 약 5kW  ④ 약 6kW

[해설]

펌프의 축동력(kW) $= \dfrac{QH}{102E}$

- 양수량 $Q(\text{L/s})$ : 490L/min → 8.17L/s
- 전양정 $H(\text{mAq})$ : 30m
- 효율 $E$ : 0.60

∴ 펌프의 축동력(kW) $= \dfrac{8.17 \times 30}{102 \times 0.60} = 4.01\text{kW} ≒ 4\text{kW}$

**71** 다음 중 실내를 부압으로 유지하며 실내의 냄새나 유해물질을 다른 실로 흘려 보내지 않으므로 욕실, 화장실 등에 사용되는 환기 방식은?

①    ②

③    ④

[해설]

3종 환기
- 급기 측은 자연급기, 배기 측에는 배풍기(배기팬)를 설치하여 강제배기하는 방식(화장실, 조리장 등 오염물질 배출이 되지 말아야 하는 곳에 적용)
- 실내압을 부압(−)으로 유지

**72** 자연환기에 관한 설명으로 옳지 않은 것은?

① 외부 풍속이 커지면 환기량은 많아진다.
② 실내외의 온도차가 크면 환기량은 적어진다.
③ 중력환기는 실내외의 온도차에 의한 공기의 밀도차가 원동력이 된다.
④ 자연환기량은 중성대로부터 공기유입구 또는 유출구까지의 높이가 클수록 많아진다.

[해설]

실내·외 온도차가 커지면, 실내·외 압력차도 커지므로 환기량은 커지게 된다(고온 측이 저기압, 저온 측이 고기압의 특성을 갖는다).

**73** 고온수 난방방식에 관한 설명으로 옳지 않은 것은?

① 장치의 열용량이 크므로 예열시간이 길게 된다.
② 공급과 환수의 온도차를 크게 할 수 있으므로 열수송량이 크다.
③ 공업용과 같이 고압증기를 다량으로 필요로 할 경우에는 부적당하다.
④ 지역난방에는 이용할 수 없으며 높이가 높고 건축면적이 넓은 단일 건물에 주로 이용된다.

[해설]

고온수 난방은 100℃ 이상의 온수를 이용한 난방방식으로서 지역난방에서 주로 채용하는 난방방식이다.

**74** 국소식 급탕방식에 관한 설명으로 옳지 않은 것은?

① 배관의 열손실이 적다.
② 급탕개소와 급탕량이 많은 경우에 유리하다.
③ 급탕개소마다 가열기의 설치 스페이스가 필요하다.
④ 건물 완공 후에도 급탕 개소의 증설이 비교적 쉽다.

[해설]

국소식 급탕방식은 급탕개소가 적을 경우, 배관 길이를 최소화하고 수요에 직접적으로 대응하기 위해 사용된다. 하지만 급탕개소와 급탕량이 많을 경우에는 유지관리 측면에서 매우 곤란하고, 높은 효율을 기대할 수 없다.

정답   70 ②   71 ②   72 ②   73 ④   74 ②

**75** 어떤 상태의 습공기를 절대습도의 변화 없이 건구온도만 상승시킬 때, 습공기의 상태변화로 옳은 것은?

① 엔탈피는 증가한다.
② 비체적은 감소한다.
③ 노점온도는 낮아진다.
④ 상대습도는 증가한다.

[해설]
현열변화 시 엔탈피 증가, 비체적 증가, 노점온도는 변화없으며, 상대습도는 감소한다.

**76** 다음 중 옥내의 노출된 건조한 장소에 시설할 수 없는 배선 방법은?(단, 사용전압이 400V 미만인 경우)

① 금속관 배선
② 버스덕트 배선
③ 가요전선관 배선
④ 플로어덕트 배선

[해설]
플로어덕트 배선 공사는 옥내의 건조한 노출 장소에 설치할 수 없는 특징을 가지고 있다.

**77** 다음과 같은 조건에서 실내에 500W의 열을 발산하는 기기가 있을 때, 이 열을 제거하기 위한 필요환기량은?

[조건]
- 실내온도 : 20℃
- 환기온도 : 10℃
- 공기의 정압비열 : 1.01kJ/kh·K
- 공기의 밀도 : 1.2kg/m³

① 41.3m³/h
② 148.5m³/h
③ 413m³/h
④ 1,485m³/h

[해설]
$$Q = \frac{q}{\rho \, Cp \, \Delta t}$$

여기서, $Q$ : 필요환기량(m³/h)
$q$ : 실내 발열량(kJ/h)
$\rho$ : 공기의 밀도 1.2kg/m³
$Cp$ : 공기의 정압비열 1.01kJ/kgK
$\Delta t$ : 실내외 온도차(℃)

$$Q = \frac{500 \times 3,600}{1,000 \times 1.2 \times 1.01 \times (20-10)} = 148.51 \text{m}^3/\text{h}$$

**78** 전기샤프트(ES)에 관한 설명으로 옳지 않은 것은?

① 각 층마다 같은 위치에 설치한다.
② 전력용과 정보통신용은 공용으로 사용해서는 안 된다.
③ 전기샤프트의 면적은 보, 기둥 부분을 제외하고 산정한다.
④ 현재 장비 이외에 장래의 배선 등에 대한 여유성을 고려한 크기로 한다.

[해설]
코어상의 Shaft 면적에 한계가 있을 경우 전력용과 정보통신용을 공용으로 사용할 수 있다.

**79** 조명설비의 광원 중 할로겐램프에 관한 설명으로 옳지 않은 것은?

① 휘도가 낮다.
② 백열전구에 비해 수명이 길다.
③ 연색성이 좋고 설치가 용이하다.
④ 흑화가 거의 일어나지 않고 광속이나 색온도의 저하가 극히 적다.

[해설]
할로겐램프는 휘도가 높고 연색성이 좋은 특징을 갖는다.

정답  75 ①  76 ④  77 ②  78 ②  79 ①

**80** 다음 중 냉방부하 계산 시 현열만을 고려하는 것은?

① 인체의 발생열량
② 벽체로부터의 취득열량
③ 극간풍에 의한 취득열량
④ 외기의 도입으로 인한 취득열량

[해설]
벽체로부터의 취득열은 온도변화에만 관여하는 현열부하이다. 잠열을 고려해야 하는 경우는 습기의 발생 및 유출입이 있을 경우이다.

## 5과목 건축법규

**81** 다음의 피난계단의 설치에 관한 기준 내용 중 ( ) 안에 들어갈 내용으로 옳은 것은?

> 5층 이상 또는 지하 2층 이하인 층에 설치하는 직통계단은 피난계단 또는 특별피난계단으로 설치하여야 하는데, ( )의 용도로 쓰는 층으로부터의 직통계단은 그 중 1개소 이상을 특별피난계단으로 설치하여야 한다.

① 의료시설
② 숙박시설
③ 판매시설
④ 교육연구시설

[해설]
피난계단 설치 대상
• 5층 이상의 층으로부터 피난층 또는 지상으로 통하는 직통계단
• 지하 2층 이하의 층으로부터 피난층 또는 지상으로 통하는 직통계단(단, 판매시설의 용도에 쓰이는 층으로부터의 직통계단은 1개소 이상을 특별피난계단으로 설치하여야 함)

**82** 200m²인 대지에 10m²의 조경을 설치하고 나머지는 건축물의 옥상에 설치하고자 할 때 옥상에 설치하여야 하는 최소 조경면적은?(단, 조경설치기준은 대지면적의 10%)

① 10m²  ② 15m²
③ 20m²  ④ 30m²

[해설]
• 조경설치기준이 대지면적의 10%이므로 조경설치필요면적은 200×0.1=20m²이다.
• 이 중 대지에 10m²를 설치하였으므로 나머지 10m²를 옥상에 설치하여야 한다.
• 옥상의 경우 설치면적의 2/3를 인정하므로 10m²를 인정받으려면 15m²(15×2/3=10)를 설치해야 한다.

**83** 공동주택을 리모델링이 쉬운 구조로 하여 건축허가를 신청할 경우 100분의 120의 범위에서 완화하여 적용받을 수 없는 것은?

① 대지의 분할 제한
② 건축물의 용적률
③ 건축물의 높이 제한
④ 일조 등의 확보를 위한 건축물의 높이 제한

[해설]
건축법상 완화적용부분
• 제56조 : 건축물의 용적률
• 제60조 : 건축물의 높이 제한
• 제61조 : 일조 등의 확보를 위한 건축물의 높이 제한

**84** 방화와 관련하여 같은 건축물에 함께 설치할 수 없는 것은?

① 의료시설과 업무시설 중 오피스텔
② 위험물 저장 및 처리시설과 공장
③ 위락시설과 문화 및 집회시설 중 공연장
④ 공동주택과 제2종 근린생활시설 중 다중생활시설

정답  80 ②  81 ③  82 ②  83 ①  84 ④

[해설]

방화와 관련하여 같은 건축물에 함께 설치할 수 없는 용도[건축법 시행령 제47조]
- 노유자시설 중 아동 관련 시설 또는 노인복지시설과 판매시설 중 도매시장 또는 소매시장
- 단독주택(다중주택, 다가구주택에 한정), 공동주택, 제1종 근린생활시설 중 조산원 또는 산후조리원과 제2종 근린생활시설 중 다중생활시설

**85** 노외주차장 내부 공간의 일산화탄소 농도는 주차장을 이용하는 차량이 가장 빈번한 시각의 앞뒤 8시간의 평균치가 몇 ppm 이하로 유지되어야 하는가?

① 80ppm
② 70ppm
③ 60ppm
④ 50ppm

[해설]

이산화탄소 농도
노외주차장 내부 공간의 일산화탄소 농도는 주차장을 이용하는 차량이 가장 빈번한 시각의 앞뒤 8시간의 평균치가 50ppm 이하(다중이용시설 등의 실내주차장은 25ppm 이하)로 유지되어야 한다.

**86** 두 도로의 너비가 각각 6m이고 교차각이 90°인 도로의 모퉁이에 위치한 대지의 도로 모퉁이 부분의 건축선은 그 대지에 접한 도로경계선의 교차점으로부터 도로경계선에 따라 각각 얼마를 후퇴한 두 점을 연결한 선으로 하는가?

① 후퇴하지 아니한다.
② 2m
③ 3m
④ 4m

[해설]

두 도로의 너비가 각각 6m이므로, 두 도로 모두 6m 이상 8m 미만이고, 도로의 교차각이 90°로서 90° 이상이므로 후퇴거리는 3m이다.

※ 건축선 후퇴거리

| 도로의 교차각 | 당해 도로의 너비 | | 교차되는 도로의 너비 |
|---|---|---|---|
| | 4m 이상 6m 미만 | 6m 이상 8m 미만 | |
| 90° 미만 | 3m | 4m | 6m 이상 8m 미만 |
| | 2m | 3m | 4m 이상 6m 미만 |
| 90° 이상 120° 미만 | 2m | 3m | 6m 이상 8m 미만 |
| | 2m | 2m | 4m 이상 6m 미만 |

**87** 국가유산·전통사찰 등 역사·문화적으로 보존가치가 큰 시설 및 지역의 보호와 보존을 위하여 필요한 지구는?

① 생태계보호지구
② 특화경관지구
③ 중요시설물보호지구
④ 역사문화환경보호지구

[해설]

① 생태계보호지구 : 야생동식물서식처 등 생태적으로 보존가치가 큰 지역의 보호와 보존을 위하여 필요한 지구이다.
② 특화경관지구 : 지역 내 주요 수계의 수변 또는 문화적 보존가치가 큰 건축물 주변의 경관 등 특별한 경관을 보호 또는 유지하거나 형성하기 위하여 필요한 지구이다.
③ 중요시설물보호지구 : 중요시설물의 보호와 기능의 유지 및 증진 등을 위하여 필요한 지구이다.

**88** 건축물의 바깥쪽에 설치하는 피난계단의 구조에서 피난층으로 통하는 직통계단의 최소유효 너비 기준이 옳은 것은?

① 0.7m 이상
② 0.8m 이상
③ 0.9m 이상
④ 1.0m 이상

[해설]

건축물의 바깥쪽에 설치하는 피난계단의 유효너비는 0.9m 이상으로 한다.

정답 85 ④  86 ③  87 ④  88 ③

**89** 상업지역 및 주거지역에서 건축물에 설치하는 냉방시설 및 환기시설의 배기구를 설치하는 높이 기준으로 옳은 것은?

① 도로면으로부터 1.5m 이상
② 도로면으로부터 2.0m 이상
③ 건축물 1층 바닥에서 1.5m 이상
④ 건축물 1층 바닥에서 2.0m 이상

[해설]
상업지역 및 주거지역에서 건축물에 설치하는 냉방시설 및 환기시설의 배기구와 배기장치의 설치기준
- 배기구는 도로면으로부터 2m 이상의 높이에 설치한다.
- 배기장치에서 나오는 열기가 인근 건축물의 거주자나 보행자에게 직접 닿지 아니하도록 한다.

**90** 국토의 계획 및 이용에 관한 법령에 따른 기반시설 중 공간시설에 속하지 않는 것은?

① 녹지   ② 유원지
③ 유수지   ④ 공공공지

[해설]
유수지는 방재시설에 속한다.

**91** 태양열을 주된 에너지원으로 이용하는 주택의 건축면적 산정의 기준이 되는 것은?

① 외벽 중 내측 내력벽의 중심선
② 외벽 중 외측 비내력벽의 중심선
③ 외벽 중 내측 내력벽의 외측 외곽선
④ 외벽 중 외측 비내력벽의 외측 외곽선

[해설]
태양열 주택, 외단열공법 건축물의 건축면적 산정방법
태양열을 주된 에너지원으로 이용하는 주택, 창고 중 물품을 입출고하는 부위의 상부에 한쪽 끝은 고정되고 다른 쪽 끝은 지지되지 아니한 구조로 설치된 돌출차양, 단열재를 구조체의 외기 측에 설치하는 단열공법으로 건축된 건축물을 건축물의 외벽 중 내측 내력벽의 중심선을 기준으로 한다.

**92** 건축법령상 건축물과 해당 건축물의 용도가 바르게 연결된 것은?

① 의원 – 의료시설
② 도매시장 – 판매시설
③ 유스호스텔 – 숙박시설
④ 장례식장 – 묘지관련시설

[해설]
① 의원 – 제1종 근린생활시설
③ 유스호스텔 – 수련시설
④ 장례식장 – 장례식장
※ 묘지관련시설에는 화장시설, 봉안당(종교시설에 해당하는 것은 제외), 묘지와 자연장지에 부수되는 건축물이 해당한다.

**93** 건축물의 면적·높이 및 층수 등의 산정 기준으로 틀린 것은?

① 대지면적은 대지의 수평투영면적으로 한다.
② 건축면적은 건축물의 외벽의 중심선으로 둘러싸인 부분의 수평투영면적으로 한다.
③ 바닥면적은 건축물의 각 층 또는 그 일부로서 벽, 기둥, 그 밖에 이와 비슷한 구획의 중심선으로 둘러싸인 부분의 수평투영면적으로 한다.
④ 연면적은 하나의 건축물 각 층의 거실면적의 합계로 한다.

[해설]
연면적은 하나의 건축물 각 층의 바닥면적의 합계로 한다.

**94** 건축물의 출입구에 설치하는 회전문의 설치기준으로 틀린 것은?

① 계단이나 에스컬레이터로부터 2m 이상의 거리를 둘 것
② 회전문의 회전속도는 분당 회전수가 15회를 넘지 아니하도록 할 것
③ 출입에 지장이 없도록 일정한 방향으로 회전하는 구조로 할 것

정답  89 ②  90 ③  91 ①  92 ②  93 ④  94 ②

④ 회전문의 중심축에서 회전문과 문틀 사이의 간격을 포함한 회전문 날개 끝부분까지의 길이는 140m 이상이 되도록 할 것

[해설]
회전문의 회전속도는 분당 회전수가 8회를 넘지 아니하도록 하여야 한다.

**95** 국토의 계획 및 이용에 관한 법령상 개발행위 허가를 받지 아니하여도 되는 경미한 행위 기준으로 틀린 것은?

① 지구단위계획구역에서 무게 100t 이하, 부피 50m³ 이하, 수평투영면적 25m² 이하인 공작물의 설치
② 조성이 완료된 기존 대지에 건축물이나 그 밖의 공작물을 설치하기 위한 토지의 형질 변경(절토 및 성토 제외)
③ 지구단위계획구역에서 채취면적이 25m² 이하인 토지에서의 부피 50m³ 이하의 토석 채취
④ 녹지지역에서 물건을 쌓아놓는 면적이 25m² 이하인 토지에 전체 무게 50t 이하, 전체 부피 50m³ 이하로 물건을 쌓아놓는 행위

[해설]
지구단위계획구역에서 무게 50t 이하, 부피 50m³ 이하, 수평투영면적 50m² 이하인 공작물의 설치의 경우가 경미한 행위 기준이다.

**96** 특별건축구역의 지정과 관련한 아래의 내용에서 밑줄 친 부분에 해당하지 않는 것은?

> 국토교통부장관 또는 시·도지사는 다음 각 호의 구분에 따라 도시나 지역의 일부가 특별건축구역으로 특례 적용이 필요하다고 인정하는 경우에는 특별건축구역을 지정할 수 있다.
> 1. 국토교통부장관이 지정하는 경우
>   가. 국가가 국제행사 등을 개최하는 도시 또는 지역의 사업구역

> 나. 관계법령에 따른 국가정책사업으로서 대통령령으로 정하는 사업구역

① 「도로법」에 따른 접도구역
② 「도시개발법」에 따른 도시개발구역
③ 「택지개발촉진법」에 따른 택지개발사업구역
④ 「혁신도시 조성 및 발전에 관한 특별법」에 따른 혁신도시의 사업구역

[해설]
특별건축구역의 지정 불가 지역·구역
개발제한구역, 자연공원, 접도구역, 보전산지

**97** 주거용 건축물 급수관의 지름 산정에 관한 기준 내용으로 틀린 것은?

① 가구 또는 세대수가 1일 때 급수관 지름의 최소기준은 15mm이다.
② 가구 또는 세대수가 7일 때 급수관 지름의 최소기준은 25mm이다.
③ 가구 또는 세대수가 18일 때 급수관 지름의 최소기준은 50mm이다.
④ 가구 또는 세대의 구분이 불분명한 건축물에 있어서는 주거에 쓰이는 바닥면적의 합계가 85m² 초과 150m² 이하인 경우는 3가구로 산정한다.

[해설]
가구 또는 세대수가 7일 때 급수관 지름의 최소기준은 32mm이다.

※ 주거용 건축물 급수관의 지름

| 가구 또는 세대수 | 1 | 2~3 | 4~5 | 6~8 | 9~16 | 17 이상 |
|---|---|---|---|---|---|---|
| 급수관 지름의 최소기준(mm) | 15 | 20 | 25 | 32 | 40 | 50 |

**98** 국토의 계획 및 이용에 관한 법령상 일반상업지역 안에서 건축할 수 있는 건축물은?

① 묘지 관련 시설
② 자원순환 관련 시설
③ 의료시설 중 요양병원
④ 자동차 관련 시설 중 폐차장

[해설]

일반상업지역 안에서 건축할 수 없는 건축물[국토의 계획 및 이용에 관한 법률 시행령 별표9]
- 숙박시설 중 일반숙박시설 및 생활숙박시설
- 위락시설, 공장
- 위험물 저장 및 처리 시설 중 시내버스차고지 외의 지역에 설치하는 액화석유가스 충전소 및 고압가스 충전소·저장소
- 자동차 관련 시설 중 폐차장
- 자원순환 관련 시설
- 묘지 관련 시설

**99** 비상용 승강기 승강장의 구조 기준에 관한 내용으로 틀린 것은?

① 승강장은 각층의 내부와 연결될 수 있도록 한다.
② 벽 및 반자가 실내에 접하는 부분의 마감재료는 불연재료로 하여야 한다.
③ 피난층에 있는 승강장의 경우 내부와 연결되는 출입구에는 60분+ 방화문 또는 60분 방화문을 반드시 설치하여야 한다.
④ 옥내에 설치하는 승강장의 바닥면적은 비상용 승강기 1대에 대하여 6m² 이상으로 하여야 한다.

[해설]

승강장은 각층의 내부와 연결될 수 있도록 하되, 그 출입구(승강로의 출입구는 제외)에는 60분+ 방화문 또는 60분 방화문을 설치할 것. 다만, 피난층에는 60분+ 방화문 또는 60분 방화문을 설치하지 아니할 수 있다.

**100** 부설주차장의 설치대상 시설물 종류에 따른 설치기준이 틀린 것은?

① 골프장 – 1홀당 10대
② 위락시설 – 시설면적 80m²당 1대
③ 판매시설 – 시설면적 150m²당 1대
④ 숙박시설 – 시설면적 200m²당 1대

[해설]

② 위락시설 – 시설면적 100m²당 1대

정답  98 ③  99 ③  100 ②

# 02 제2회 CBT 실전모의고사

## 1과목 건축계획

**01** 극장의 평면형식에 관한 설명으로 옳지 않은 것은?

① 아레나형에서 무대 배경은 주로 낮은 가구로 구성된다.
② 프로시니엄형은 픽쳐 프레임 스테이지형이라고도 불린다.
③ 오픈 스테이지형은 관객석이 무대의 대부분을 둘러싸고 있는 형식이다.
④ 프로시니엄형은 가까운 거리에서 관람하게 되며, 가장 많은 관객을 수용할 수 있다.

[해설]
④는 아레나(Arena)형에 대한 설명이다.

**02** 주택의 평면과 각 부위의 치수 및 기준척도에 관한 설명으로 옳지 않은 것은?

① 치수 및 기준척도는 안목치수를 원칙으로 한다.
② 거실 및 침실의 평면 각 변의 길이는 10cm를 단위로 한 것을 기준척도로 한다.
③ 거실 및 침실의 층높이는 2.4m 이상으로 하되, 5cm를 단위로 한 것을 기준척도로 한다.
④ 계단 및 계단참의 평면 각 변의 길이 또는 너비는 5cm를 단위로 한 것을 기준척도로 한다.

[해설]
건물 평면상의 길이는 3m(30cm)의 배수가 되도록 한다.

**03** 종합병원의 외래진료부를 클로즈드 시스템(Closed System)으로 계획할 경우 고려할 사항으로 가장 부적절한 것은?

① 1층에 두는 것이 좋다.
② 부속 진료시설을 인접하게 한다.
③ 약국, 회계 등은 정면출입구 근처에 설치한다.
④ 외과 계통은 소진료실을 다수 설치하도록 한다.

[해설]
외과 계통의 각 과는 1실에서 다수의 환자를 볼 수 있도록 대실(大室) 형태로 계획한다.

**04** 공장의 지붕형태에 관한 설명으로 옳은 것은?

① 솟음지붕은 채광 및 환기에 적합한 방법이다.
② 샤렌구조는 기둥이 많이 소요된다는 단점이 있다.
③ 뽀족지붕은 직사광선이 완전히 차단된다는 장점이 있다.
④ 톱날지붕은 남향으로 할 경우 하루 종일 변함없는 조도를 가진 약광선을 받아들일 수 있다.

[해설]
② 샤렌구조는 기둥이 적게 소요된다는 장점이 있다.
③ 뽀족지붕은 직사광선을 완전히 차단할 수 없다는 단점이 있다.
④ 톱날지붕은 북향으로 할 경우 하루 종일 변함없는 조도를 가진 약광선을 받아들일 수 있다.

**05** 레드번(Radburn) 주택단지계획에 관한 설명으로 옳지 않은 것은?

① 중앙에는 대공원 설치를 계획하였다.
② 주거구는 슈퍼블록 단위로 계획하였다.
③ 보행자의 보도와 차도를 분리하여 계획하였다.
④ 주거지 내의 통과교통으로 간선도로를 계획하였다.

[해설]
레드번 설계의 주된 특성은 자동차와 보행자의 분리로서, 주거지 내의 통과교통을 최소화할 수 있도록 하였다. 간선도로는 근린주구의 외곽을 구성하는 도로이다.

**정답** 01 ④ 02 ② 03 ④ 04 ① 05 ④

**06** 공포형식 중 다포형식에 관한 설명으로 옳지 않은 것은?

① 출목은 2출목 이상으로 전개된다.
② 수덕사 대웅전이 대표적인 건물이다.
③ 내부 천장구조는 대부분 우물천장이다.
④ 기둥 상부 이외에 기둥 사이에도 공포를 배열한 형식이다.

[해설]

수덕사 대웅전은 주심포식 건축물이다.

**07** 탑상형 공동주택에 관한 설명으로 옳지 않은 것은?

① 각 세대에 시각적인 개방감을 준다.
② 각 세대의 거주 조건 및 환경이 균등하다.
③ 도심지 내의 랜드마크적인 역할이 가능하다.
④ 건축물 외면의 4개의 입면성을 강조한 유형이다.

[해설]

탑상형(Tower Type)은 판상형 아파트에 비해 외관 및 조망 부분을 향상시킬 수 있으나, 일부 세대(북서향 방향의 세대 등)의 경우 일조와 채광이 충분치 못하게 되는 단점이 발생할 수 있다.

**08** 학교의 운영방식에 관한 설명으로 옳지 않은 것은?

① 플래툰형은 교과교실형보다 학생의 이동이 많다.
② 종합교실형은 초등학교 저학년에 가장 권장할 만한 형식이다.
③ 달톤형은 규모 및 시설이 다른 다양한 형태의 교실이 요구된다.
④ 일반 및 특별교실형은 우리나라 중학교에서 일반적으로 사용되는 방식이다.

[해설]

플래툰형은 전 학급을 2분단으로 나누고 한편이 일반교실을 사용할 때 다른 한편은 특별교실을 이용하는 방식으로서, 일반교실을 이용하는 편은 이동이 없으므로 교과교실형에 비해 전체적인 이동량은 적다.

**09** 사무소 건축에서 오피스 랜드스케이핑(Office Landscaping)에 관한 설명으로 옳지 않은 것은?

① 프라이버시 확보가 용이하여 업무의 효율성이 증대된다.
② 커뮤니케이션의 융통성이 있고 장애요인이 거의 없다.
③ 실내에 고정된 칸막이를 설치하지 않으며 공간을 절약할 수 있다.
④ 변화하는 작업의 패턴에 따라 조절이 가능하며 신속하고 경제적으로 대처할 수 있다.

[해설]

오피스 랜드스케이핑(Office Landscaping)의 특징

| | |
|---|---|
| 장점 | • 공사비를 절감할 수 있다(칸막이벽, 공조설비, 소화설비, 조명설비 등의 Zoning 최소화에 따른 공사비 절감).<br>• 고정 칸막이가 없어 평면 구성이 자유롭다.<br>• 전 면적을 유용하게 이용할 수 있다. |
| 단점 | • 소음문제가 발생한다.<br>• 독립성(프라이버시)이 결핍된다. |

**10** 엘리베이터의 설계 시 고려사항으로 옳지 않은 것은?

① 군 관리운전의 경우 동일 군 내의 서비스 층은 같게 한다.
② 승객의 층별 대기시간은 평균 운전간격 이하가 되게 한다.
③ 건축물의 출입층이 2개 층이 되는 경우는 각각의 교통수요량 이상이 되도록 한다.
④ 백화점과 같은 대규모 매장에는 일반적으로 승객 수송의 70~80%를 분담하도록 계획한다.

[해설]

방문객의 75~80%는 에스컬레이터를 이용하므로 엘리베이터(Elevator)는 보조적 역할을 한다.

정답 06 ② 07 ② 08 ① 09 ① 10 ④

**11** 극장 건축과 관련된 용어 설명으로 옳지 않은 것은?

① 플라이 갤러리(Fly Gallery) : 무대 주위의 벽에 설치되는 좁은 통로이다.
② 사이클로라마(Cyclorama) : 무대의 제일 뒤에 설치되는 무대 배경용 벽이다.
③ 그린룸(Green Room) : 연기자가 분장 또는 화장을 하고 의상을 갈아입는 곳이다.
④ 그리드 아이언(Grid Iron) : 무대 천장 밑에 설치한 것으로 배경이나 조명 기구 등이 매달린다.

[해설]
③은 분장실에 대한 설명이며, 그린룸(Green Room)은 출연자 대기실을 의미한다.

**12** 숑바르 드 로브의 주거면적기준으로 옳은 것은?

① 병리 기준 : $6m^2$, 한계 기준 : $12m^2$
② 병리 기준 : $6m^2$, 한계 기준 : $14m^2$
③ 병리 기준 : $8m^2$, 한계 기준 : $12m^2$
④ 병리 기준 : $8m^2$, 한계 기준 : $14m^2$

[해설]
숑바르 드 로브(Chombard de Lawve, 사회학자)의 기준
• 병리 기준 : $8m^2$/인 이하이면, 거주자의 신체적 및 정신적인 건강에 나쁜 영향을 끼친다.
• 한계 기준 : $14m^2$/인 이하이면, 개인 및 가족적인 거주의 융통성을 보장할 수 없다.
• 표준 기준 : $16m^2$/인

**13** 미술관 전시실의 순회형식에 관한 설명으로 옳지 않은 것은?

① 연속순회형식은 전시 벽면이 최대화되고 공간절약 효과가 있다.
② 연속순회형식은 한 실을 폐쇄하면 다음 실로의 이동이 불가능하다.
③ 갤러리 및 복도형식은 관람자가 전시실을 자유롭게 선택하여 관람할 수 있다.
④ 중앙홀형식에서 중앙홀이 크면 장래의 확장에는 용이하나 동선의 혼잡이 심해진다.

[해설]
중앙홀형식은 중앙홀이 크면 동선의 혼란은 없으나 장래의 확장에 많은 무리를 가지고 있다.

**14** 경복궁의 궁궐 배치는 전조공간과 후침공간으로 이루어져 있다. 다음 중 전조공간의 구성에 속하지 않는 것은?

① 근정전   ② 만춘전
③ 천추전   ④ 강녕전

[해설]
• 강녕전 : 경복궁의 후침공간에 해당하는 곳으로서, 왕이 일상을 보내는 거처였으며 침전으로 사용하였다.
• 전조후침 : 앞에는 조정(朝廷, 왕이 정치를 하는 곳)을 두고 뒤에는 침전(寢殿, 왕의 거처)을 두는 배치방식

**15** 도서관 건축에 관한 설명으로 옳지 않은 것은?

① 캐럴(Carrel)은 서고 내에 설치된 소연구실이다.
② 서고의 내부는 자연채광을 하지 않고 인공조명을 사용한다.
③ 일반 열람실의 면적은 $0.25 \sim 0.5m^2$/인 정도의 규모로 계획한다.
④ 서고면적 $1m^2$당 $150 \sim 250$권 정도의 수장능력을 갖도록 계획한다.

[해설]
일반 열람실의 면적은 성인 1인을 기준으로 $1.5 \sim 2.0m^2$ 정도의 규모로 계획한다.

**16** 호텔건축에 관한 설명으로 옳지 않은 것은?

① 커머셜 호텔은 가급적 저층으로 한다.
② 아파트먼트 호텔은 장기 체류용 호텔이다.
③ 리조트 호텔은 자연 경관이 좋은 곳을 선택한다.
④ 터미널 호텔은 교통기관의 발착지점에 위치한다.

정답  11 ③  12 ④  13 ④  14 ④  15 ③  16 ①

[해설]
커머셜 호텔(Commercial Hotel)은 교통이 편리한 도시 중심지에 위치하며, 도시 중심지의 부지 제한에 따른 고층화 특성을 가진다.

**17** 공동주택 단위주거의 단면구성 형태에 관한 설명으로 옳지 않은 것은?

① 플랫형은 주거단위가 동일층에 한하여 구성되는 형식이다.
② 스킵 플로어형은 통로 및 공용면적이 적은 반면에 전체적으로 유효면적이 높다.
③ 복층형(메조네트형)은 플랫형에 비해 엘리베이터의 정지 층수를 적게할 수 있다.
④ 트리플렉스형은 듀플렉스형보다 프라이버시의 확보율이 낮고 통로면적이 많이 필요하다.

[해설]
트리플렉스형은 3개 층이 하나의 주호로 구성되어진 형태로, 독립성(프라이버시)과 실면적을 2개 층으로 구성된 듀플렉스보다 높게 확보할 수 있다.

**18** 다음 중 건축요소와 해당 건축요소가 사용된 건축양식의 연결이 옳지 않은 것은?

① 장미창(Rose Window) – 고딕
② 러스티케이션(Rustication) – 르네상스
③ 첨두아치(Pointed Arch) – 로마네스트
④ 펜덴티브 돔(Pendentive Dome) – 비잔틴

[해설]
첨두아치(Pointed Arch)는 고딕 건축양식의 주요 건축요소이다.

**19** 은행건축계획에 관한 설명으로 옳지 않은 것은?

① 고객과 직원과의 동선이 중복되지 않도록 계획한다.
② 대규모 은행일 경우 고객의 출입구는 되도록 1개소로 계획한다.
③ 이중문을 설치할 경우 바깥문은 바깥 여닫이 또는 자재문으로 계획한다.
④ 어린이의 출입이 많은 경우에는 주출입구에 회전문을 설치하는 것이 좋다.

[해설]
어린이나 노약자에게는 회전문이 불편하고 위험할 수 있다.

**20** 다음 중 백화점 기둥 간격의 결정요소와 가장 거리가 먼 것은?

① 지하주차장의 주차방법
② 진열대의 치수와 배열법
③ 엘리베이터의 배치 방법
④ 각 층별 매장의 상품구성

[해설]
백화점 기둥 간격의 결정 요소
• 진열대의 치수와 배치방법, 주위 통로의 폭
• 엘리베이터, 에스컬레이터의 배치
• 지하주차장의 주차방식과 폭

정답 17 ④  18 ③  19 ④  20 ④

## 2과목 건축시공

**21** 아래 그림의 형태를 가진 흙막이의 명칭은?

① H-말뚝 토류판
② 슬러리월
③ 소일콘크리트 말뚝
④ 시트파일

[해설]
보기의 형태를 가진 흙막이는 강판을 절곡하여 만든 시트파일이다.

**22** 다음 중 통계적 품질관리기법의 종류에 해당되지 않는 것은?

① 히스토그램   ② 특성요인도
③ 브레인스토밍 ④ 파레토도

[해설]
QC(Quality Control) 활동 도구 7가지
산점도, 히스토그램, 특성요인도, 파레토도, 체크시트, 층별, 그래프

**23** 도장공사에 필요한 가연성 도료를 보관하는 창고에 관한 설명으로 옳지 않은 것은?

① 독립한 단층건물로서 주위 건물에서 1.5m 이상 떨어져 있게 한다.
② 건물 내의 일부를 도료의 저장장소로 이용할 때는 내화구조 또는 방화구조로 구획된 장소를 선택한다.
③ 바닥에는 침투성이 없는 재료를 깐다.
④ 지붕은 불연재료로 하고, 적정한 높이의 천장을 설치한다.

[해설]
지붕은 불연재료로 마감해야 한다. 그리고 화재 시 유독성 가스의 농도를 낮추기 위해 내부 공간을 크게 형성할 필요가 있어, 천장(반자)을 설치하지 않는다.

**24** 철근콘크리트 구조물에서 철근 조립순서로 옳은 것은?

① 기초철근 → 기둥철근 → 보철근 → 슬래브철근 → 계단철근 → 벽철근
② 기초철근 → 기둥철근 → 벽철근 → 보철근 → 슬래브철근 → 계단철근
③ 기초철근 → 벽철근 → 기둥철근 → 보철근 → 슬래브철근 → 계단철근
④ 기초철근 → 벽철근 → 보철근 → 기둥철근 → 슬래브철근 → 계단철근

[해설]
철근 조립순서는 기초 → 수직부재 → 수평부재 → 계단철근 순으로 진행하며, 그것을 구체화하면 기초철근 → 기둥철근(수직부재) → 벽철근(수직부재) → 보철근(수평부재) → 슬래브철근(수평부재) → 계단철근의 순이 된다.

**25** 건설사업자원 통합 전산망으로 건설 생산활동 전 과정에서 건설 관련 주체가 전산망을 통해 신속히 교환·공유할 수 있도록 지원하는 통합 정보시스템을 지칭하는 용어는?

① 건설 CIC(Computer Integrated Construction)
② 건설 CALS(Continuous Acquisition & Life Cycle Support)
③ 건설 EC(Engineering Construction)
④ 건설 EVMS(Earned Value Management System)

[해설]
건설 CALS(Continuous Acquisition & Life Cycle Support)는 건설 생산활동 전과정[생애(Life)]의 건설정보통합전산망을 구축한 건설사업정보시스템을 의미한다.

정답  21 ④  22 ③  23 ④  24 ②  25 ②

① 건설 CIC(Computer Integrated Construction) : 건설 통합관리시스템
③ 건설 EC(Engineering Construction) : 설계·시공 통합의 업역 형태
④ 건설 EVMS(Earned Value Management System) : 통합공정관리기법

**26** 타일의 흡수율 크기의 대소관계로 옳은 것은?

① 석기질 > 도기질 > 자기질
② 도기질 > 석기질 > 자기질
③ 자기질 > 석기질 > 도기질
④ 석기질 > 자기질 > 도기질

[해설]

타일의 종류에 따른 흡수율

| 소지 | 흡수성 |
| --- | --- |
| 토기 | 20~30% |
| 도기 | 15~20% |
| 석기 | 8% 이하 |
| 자기 | 1% 이하 |

**27** MCX(Minimum Cost Expediting)기법에 의한 공기단축에서 아무리 비용을 투자해도 그 이상 공기를 단축할 수 없는 한계점을 무엇이라 하는가?

① 표준점
② 포화점
③ 경제 속도점
④ 특급점

[해설]

MCX(Minimum Cost Expediting)기법은 1일 공기를 단축할 때 필요한 비용이 최소인 것부터 공정을 단축하는 기법으로서, 비용을 아무리 많이 투자해도 공기가 단축되지 않는 점을 특급점이라고 한다.

**28** 콘크리트에 사용되는 혼화재 중 플라이애시의 사용에 따른 이점으로 볼 수 없는 것은?

① 유동성의 개선
② 수화열의 감소
③ 수밀성의 향상
④ 초기강도의 증진

[해설]

플라이애시는 장기강도 증진에 효과적이다.

**29** 다음 중 공사시방서에 기재하지 않아도 되는 사항은?

① 건물 전체의 개요
② 공사비 지급방법
③ 시공방법
④ 사용재료

[해설]

공사비 지급방법은 도급 계약서에 기재되어 있다.

**30** 방수공사용 아스팔트의 종류 중 표준용융온도가 가장 낮은 것은?

① 1종
② 2종
③ 3종
④ 4종

[해설]

아스팔트 표준용융 온도
1종(220~230℃) < 2종(240~250℃) < 3종과 4종(260~270℃)

**31** 외부 조적벽의 방습, 방열, 방한, 방서 등을 위해서 설치하는 쌓기법은?

① 내쌓기
② 기초쌓기
③ 공간쌓기
④ 엇모쌓기

[해설]

① 내쌓기 : 내밀어 쌓는 방식을 의미하며, 일반적으로 한켜 (1/8B) 내쌓기, 두켜(1/4B) 내쌓기 등이 많이 적용된다.
② 기초쌓기 : 기초 콘크리트 판 위에 쌓는 방식을 의미한다.
④ 엇모쌓기 : 벽돌쌓기 중 담 또는 처마부분에서 내쌓기를 할 때에 벽돌을 45° 각도로 모서리가 면에 돌출되도록 쌓는 방식(장식적 벽돌담)을 말한다.

정답 26 ② 27 ④ 28 ④ 29 ② 30 ① 31 ③

**32** 칠공사에 사용되는 희석제의 분류가 잘못 연결된 것은?

① 송진건류품 – 테레빈유
② 석유건류품 – 휘발유, 석유
③ 콜타르 증류품 – 미네랄 스피릿
④ 송근건류품 – 송근유

[해설]

콜타르 증류품은 벤졸, 솔벤트 나프터 등을 희석제로 사용하고, 미네랄 스피릿은 석유 건류품의 희석제로 사용된다.

**33** 토공사에 쓰이는 굴착용 기계 중 기계가 서 있는 지반면보다 위에 있는 흙의 굴착에 적합한 장비는?

① 파워 셔블(Power Shovel)
② 드래그 라인(Drag Line)
③ 드래그 셔블(Drag Shovel)
④ 클램셸(Clamshell)

[해설]

② 드래그 라인(Drag Line) : 지면보다 낮은 곳
③ 드래그 셔블(Drag Shovel) : 지면보다 낮은 곳
④ 클램셸(Clamshell) : 좁고 깊은 굴착(지하연속벽 굴착 등)

**34** 바깥방수와 비교한 안방수의 특징에 관한 설명으로 옳지 않은 것은?

① 공사가 간단하다.
② 공사비가 비교적 싸다.
③ 보호누름이 없어도 무방하다.
④ 수압이 작은 곳에 이용된다.

[해설]

안방수는 보호누름이 필요하고, 바깥방수는 보호누름이 필요 없다.

**35** 한중 콘크리트에 관한 설명으로 옳은 것은?

① 한중 콘크리트는 공기연행 콘크리트를 사용하는 것을 원칙으로 한다.
② 타설할 때의 콘크리트 온도는 구조물의 단면 치수, 기상조건 등을 고려하여 최소 25℃ 이상으로 한다.
③ 물-결합재 비는 50% 이하로 하고, 단위수량은 소요의 워커빌리티를 유지할 수 있는 범위 내에서 되도록 크게 정하여야 한다.
④ 콘크리트를 타설한 직후에 찬바람이 콘크리트 표면에 닿도록 하여 초기양생을 실시한다.

[해설]

② 타설할 때의 콘크리트 온도는 구조물의 단면 치수, 기상조건 등을 고려하여 최소 25℃ 이하(보통 약 10~20℃)로 한다.
③ 물-결합재 비는 60% 이하로 하고, 단위수량은 소요의 워커빌리티를 유지할 수 있는 범위 내에서 되도록 작게 정하여야 한다.
④ 콘크리트를 타설한 직후에 찬바람이 콘크리트 표면에 닿지 않도록 하여 초기양생을 실시한다.

**36** 네트워크(Network) 공정표의 장점으로 볼 수 없는 것은?

① 작업 상호 간의 관련성을 알기 쉽다.
② 공정계획의 초기 작성시간이 단축된다.
③ 공사의 진척 관리를 정확히 할 수 있다.
④ 공기 단축 가능 요소의 발견이 용이하다.

[해설]

네트워크(Network) 공정표는 공정계획의 초기 작성시간이 길어지는 단점이 있다.

**37** 일반 콘크리트의 내구성에 관한 설명으로 옳지 않은 것은?

① 콘크리트에 사용하는 재료는 콘크리트의 소요 내구성을 손상시키지 않는 것이어야 한다.

정답  32 ③  33 ①  34 ③  35 ①  36 ②  37 ④

② 굳지 않은 콘크리트 중의 전 염소이온량은 원칙적으로 0.3kg/m³ 이하로 하여야 한다.
③ 콘크리트는 원칙적으로 공기연행 콘크리트로 하여야 한다.
④ 콘크리트의 물-결합재 비는 원칙적으로 50% 이하이어야 한다.

[해설]

콘크리트의 물-결합재 비는 원칙적으로 60% 이하이어야 한다.

**38** 철근콘크리트 공사에서 철근조립에 관한 설명으로 옳지 않은 것은?

① 황갈색의 녹이 발생한 철근은 그 상태가 경미하더라도 사용이 불가하다.
② 철근의 피복두께를 정확하게 확보하기 위해 적절한 간격으로 고임재 및 간격재를 배치하여야 한다.
③ 거푸집에 접하는 고임재 및 간격재는 콘크리트 제품 또는 모르타르 제품을 사용하여야 한다.
④ 철근을 조립한 다음 장기간 경과한 경우에는 콘크리트를 타설 전에 다시 조립검사를 하고 청소하여야 한다.

[해설]

황갈색의 녹이 발생한 철근은 그 상태가 경미할 경우 사용이 가능하다.

**39** 다음 중 유리의 주성분으로 옳은 것은?

① $Na_2O$    ② $CaO$
③ $SiO_2$    ④ $K_2O$

[해설]

이산화규소($SiO_2$)는 유리의 주성분으로서 유리 성분의 약 71~73% 정도를 차지하고 있다.

**40** 8개월간 공사하는 현장에 필요한 시멘트량이 2,397포이다. 이 공사현장에 필요한 시멘트 창고 필요면적으로 적당한 것은?(단, 쌓기단수는 13단)

① $24.6m^2$    ② $54.2m^2$
③ $73.8m^2$    ④ $98.5m^2$

[해설]

$$필요면적(A) = 0.4 \times \frac{N}{n} = 0.4 \times \frac{2,397 \times (1/3)}{13}$$
$$= 24.58 = 24.6m^2$$

여기서, $n$ : 최고 쌓기 단수(특별한 조건이 없으면 13단)
$N$ : 저장 포대수(특별한 조건이 없으면 600포 미만일 경우 전량, 600포 이상일 경우 전량의 1/3)

## 3과목 건축구조

**41** 다음 중 지진에 의하여 발생되는 현상이 아닌 것은?

① 동상현상    ② 해일
③ 지반의 액상화    ④ 단층의 이동

[해설]

동상현상은 지반 동결에 따른 지반의 부피팽창 현상이다.

**42** 철근콘크리트 보의 사인장 균열에 관한 설명으로 옳지 않은 것은?

① 전단력 및 비틀림에 의하여 발생한다.
② 보의 축과 약 45°의 각도를 이룬다.
③ 주인장응력도의 방향과 사인장 균열의 방향은 일치한다.
④ 보의 단부에 주로 발생한다.

[해설]

주인장응력도의 방향과 사인장 균열의 방향은 서로 직각이다.

**43** 다음 그림과 같은 띠철근 기둥의 설계축하중 ($\phi P_n$) 값으로 옳은 것은?[단, $f_{ck}$=24MPa, $f_y$=400MPa, 주근 단면적($A_{st}$) : 3,000mm²]

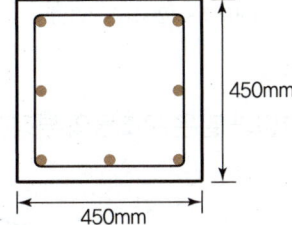

① 2,740kN   ② 2,952kN
③ 3,335kN   ④ 3,359kN

[해설]

설계축하중 $\phi P_n$ 산출
$\phi P_n = \phi 0.80[0.85 f_{ck}(A_g - A_{st}) + f_y A_{st}]$
$= 0.65 \times 0.80[0.85 \times 24(450 \times 450 - 3,000) + 400 \times 3,000]$
$= 2,740,296\text{N} = 2,740\text{kN}$

**44** 연약한 지반에 대한 대책 중 상부구조의 조치사항으로 옳지 않은 것은?

① 건물의 수평길이를 길게 한다.
② 건물을 경량화 한다.
③ 건물의 강성을 높여준다.
④ 건물의 인동간격을 멀리한다.

[해설]

건물의 수평길이를 길게 할 경우 부동침하가 가중되게 된다.

**45** 그림과 같은 단면에서 $x$축에 대한 단면2차모멘트는?

① 1,420cm⁴
② 1,520cm⁴
③ 1,620cm⁴
④ 1,720cm⁴

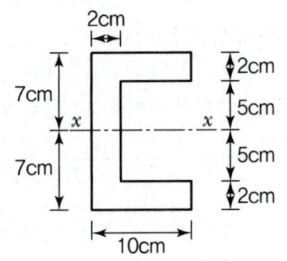

[해설]

$x$축에 대한 단면2차모멘트($I_x$) 산출
$I_x = \dfrac{BH^3}{12} - \dfrac{bh^3}{12} = \dfrac{10 \times 14^3}{12} - \dfrac{8 \times 10^3}{12} = 1,620\text{cm}^4$

**46** 철골조의 가새에 관한 설명으로 옳지 않은 것은?

① 트러스의 절점 또는 기둥의 절점을 각각 대각선 방향으로 연결하여 구조체의 변형을 방지하는 부재이다.
② 풍하중, 지진력 등의 수평하중에 저항하는 것으로 부재에는 인장응력만 발생한다.
③ 보통 단일형강재 또는 조립재를 쓰지만 응력이 작은 지붕가새에는 봉강을 사용한다.
④ 수평가새는 지붕트러스의 지붕면(경사면)에 설치한다.

[해설]

풍하중, 지진력 등의 수평하중에 저항하는 것으로 부재에는 인장응력 또는 압축응력이 발생한다.

**47** 절점 $B$에 외력 $M$=200kN·m가 작용하고 각 부재의 강비가 그림과 같을 경우 $M_{AB}$는?

① 20kN·m
② 40kN·m
③ 60kN·m
④ 80kN·m

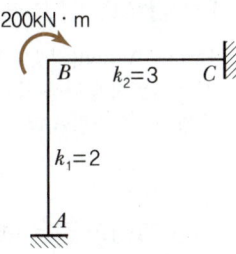

[해설]

- 강비에 따른 분배율 : $DF_{BA} = \dfrac{k_1}{\sum k} = \dfrac{2}{5}$
- 분배모멘트($M_{BA}$) 산출
  $M_{BA} = M \times DF_{BA} = 200\text{kN·m} \times \dfrac{2}{5} = 80\text{kN·m}$
- 전달모멘트($M_{AB}$) 산출
  $M_{AB} = \dfrac{1}{2} M_{BA} = \dfrac{1}{2} \times 80\text{kN·m} = 40\text{kN·m}$

정답  43 ①   44 ①   45 ③   46 ②   47 ②

**48** 그림과 같은 모살용접의 유효용접길이는?(단, 유효용접길이는 1면에 대해서만 산정)

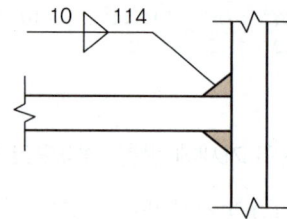

① 10mm  ② 94mm
③ 107mm  ④ 114mm

[해설]

유효용접길이($l_e$) 산출
$l_e = L - 2s = 114 - 2 \times 10 = 94\text{mm}$

**49** 강구조에서 하중점과 볼트, 접합된 부재의 반력 사이에서 지렛대와 같은 거동에 의해 볼트에 작용하는 인장력이 증폭되는 현상을 무엇이라 하는가?

① Slip-Critical Action
② Bearing Action
③ Prying Action
④ Buckling Action

[해설]

Prying Action(지렛대 작용)에 따라 기둥과 보의 접합 등에서는 플랜지에 작용하는 인장력과 더불어 추가적으로 볼트에 발생하는 인장력을 고려해야 한다.

**50** 다음 그림과 같은 보에서 고정단에 생기는 휨모멘트는?

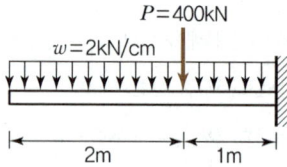

① 500kN·m  ② 900kN·m
③ 1,300kN·m  ④ 1,500kN·m

[해설]

고정단의 $M$ 산출
고정단에 발생하는 Moment는 반력이므로 (−)로 산출식을 정리한다.
$M = -[-400 \times 1 - (200 \times 3) \times 1.5] = 1,300\text{kN·m}$

**51** 다음 그림과 같은 구조물의 부정정차수로 옳은 것은?

① 정정
② 1차 부정정
③ 2차 부정정
④ 3차 부정정

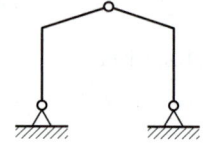

[해설]

라멘 구조물의 판별
• 변형이나 이동이 없으므로 안정상태이다.
• 부정정차수 산출
  $N$ = 반력수 + 부재수 + 강절점수 − 2×절점수
  = 4 + 4 + 2 − 2×5 = 0 → 정정구조물

**52** 다음과 같은 볼트군의 $x_0$부터의 도심위치 $x$를 구하면?(단, 그림의 단위는 mm)

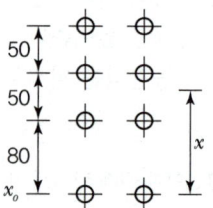

① 80mm  ② 89.5mm
③ 90mm  ④ 97.5mm

[해설]

도심위치 $x$ 산출
• $x_0$로부터 도심위치 $x$를 구하라는 것은, $x$축으로부터 도심까지의 거리를 의미하는 $y_o$를 구하라는 의미이다.
• $y_0 = \dfrac{G_x}{A} = \dfrac{A_1 y_1 + A_2 y_2 + A_3 y_3 + \ldots A_n y_n}{A_1 + A_2 + A_3 + \ldots A_n}$
  $= \dfrac{A \times 80 \times 2 + A \times 130 \times 2 + A \times 180 \times 2}{8A} = 97.5\text{mm}$

정답  48 ②  49 ③  50 ③  51 ①  52 ④

**53** 압축이형철근의 정착길이에 관한 기준으로 옳지 않은 것은?

① 계산된 정착길이는 항상 200mm 이상이어야 한다.
② 기본정착길이는 최소 $0.043d_b f_y$ 이상이어야 한다.
③ 해석결과 요구되는 철근량을 초과하여 배치한 경우 (소요철근량/배근철근량)을 곱하여 보정한다.
④ 전경량콘크리트를 사용한 경우 기본정착길이에 0.85배하여 정착길이를 산정한다.

[해설]

전경량콘크리트를 사용한 경우 기본정착길이에 0.75배하여 정착길이를 산정한다.

**54** 다음 그림과 같은 압축재 H-200×200×8×12가 부재의 중앙지점에서 약축에 대해 휨변형이 구속되어 있다. 이 부재의 탄성좌굴응력도를 구하면? (단, 단면적 $A=63.53\times10^2 mm^2$, $I_x=4.72\times10^7 mm^4$, $I_y=1.60\times10^7 mm^4$, $E=205,000MPa$)

① $252N/mm^2$
② $186N/mm^2$
③ $132N/mm^2$
④ $108N/mm^2$

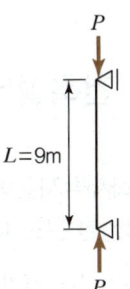

[해설]

탄성좌굴응력도($\sigma_b$)

• $\sigma_b = \dfrac{\pi^2 E}{\lambda^2}$

• 세장비($\lambda$) 산출 : $x$축과 $y$축에 대하여 산출하며, 산출 값 중 큰 값을 탄성좌굴응력도 계산 시 활용한다.

$\lambda_x = \dfrac{kL}{r} = \dfrac{kL}{\sqrt{\dfrac{I}{A}}} = \dfrac{1.0\times 9\times 10^3}{\sqrt{\dfrac{4.72\times 10^7}{63.53\times 10^2}}} = 104.4mm$

$\lambda_y = \dfrac{1.0\times 4.5\times 10^3}{\sqrt{\dfrac{1.60\times 10^7}{63.53\times 10^2}}} = 89.67mm$

∴ $\sigma_b = \dfrac{\pi^2 E}{\lambda^2} = \dfrac{\pi^2 \times 205\times 10^3}{(104.4)^2} = 185.6 N/mm^2$

**55** 철근콘크리트 보에서 콘크리트를 이어붓기 할 때 그 이음의 위치로 가장 적당한 것은?

① 전단력이 최소인 부분
② 휨모멘트가 최소인 부분
③ 큰 보와 작은 보가 접합되는 단면이 변화되는 부분
④ 보의 단부

[해설]

이어치기 할 경우 보의 축방향과 수직으로 경계가 발생하고 이에 따라 전단이 크게 작용할 수 있다. 그러므로 전단력이 최소인 부분에서 이음을 해야 한다.

**56** 그림과 같이 양단이 고정된 강재 부재에 온도가 $\Delta T=30℃$ 증가될 때 이 부재에 발생되는 압축응력은 얼마인가?(단, 강재의 탄성계수 $E_s=2.0\times 10^5 MPa$, 부재단면적은 $5,000mm^2$, 선팽창 계수 $\alpha=1.2\times 10^{-5}/℃$이다.)

① 25MPa
② 48MPa
③ 64MPa
④ 72MPa

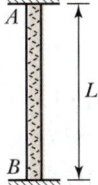

[해설]

온도응력($\sigma_t$) 산출
$\sigma_t = E\cdot\alpha\cdot\Delta t = 2.0\times 10^5 \times 1.2\times 10^{-5}\times 30 = 72MPa$

**57** 철근콘크리트 보의 장기처짐을 구할 때 적용되는 5년 이상 지속하중에 대한 시간경과계수 $\xi$의 값은?

① 2.4
② 2.0
③ 1.2
④ 1.0

[해설]

시간경과계수(ξ)는 3개월 1.0, 6개월 1.2, 1년 1.4, 2년 이상 2.0의 값으로 산정한다.

**58** 강도설계법에서 휨 또는 휨과 축력을 동시에 받는 부재의 콘크리트 압축연단에서 극한변형률은 얼마로 가정하는가?(단, $f_{ck}$가 40MPa 이하인 경우)

① 0.002
② 0.0033
③ 0.005
④ 0.0075

[해설]

콘크리트의 극한변형률($\varepsilon_{cu}$)
콘크리트 설계강도 $f_{ck}$가 40MPa 이하일 경우 0.0033, 40MPa 초과 시 매 10MPa 증가에 0.0001씩 감소, 90MPa 초과 시에는 성능실험값을 적용한다.

**59** 그림과 같은 캔틸레버 보에서 $B$점의 처짐을 구하면?

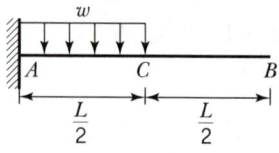

① $\dfrac{WL^4}{128EI}$
② $\dfrac{3WL^4}{128EI}$
③ $\dfrac{3WL^4}{384EI}$
④ $\dfrac{7WL^4}{384EI}$

[해설]

캔틸레버 보에서 지점으로부터 반만큼의 구간에 등분포하중이 작용할 때, 캔틸레버 연단($B$)의 처짐량은 $\dfrac{7wL^4}{384EI}$이다.

**60** 그림과 같은 구조물에서 기둥에 발생하는 휨모멘트가 0이 되려면 등분포하중 $w$는?

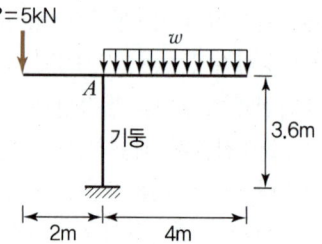

① 2.5kN/m
② 0.8kN/m
③ 1.25kN/m
④ 1.75kN/m

[해설]

등분포하중 $w$ 산출
$A$점을 기준으로 좌우 모멘트가 같으면 기둥부재에는 휨모멘트가 발생하지 않는다.
$5 \times 2 = (w \times 4) \times 2$
$w = \dfrac{5 \times 2}{8} = 1.25\text{kN/m}$

## 4 과목 건축설비

**61** 자동화재탐지설비의 감지기 중 감지기 주위의 온도가 일정한 온도 이상이 되었을 때 작동하는 것은?

① 차동식 감지기
② 정온식 감지기
③ 광전식 감지기
④ 이온화식 감지기

[해설]

① 차동식 : 주변온도의 일정한 온도상승에 의한 감지
② 정온식 : 주변온도가 일정 온도에 달하였을 때 감지
③ 광전식 : 연기에 의해 반응하는 것으로 광전효과 이용하여 감지
④ 이온화식 : 연기에 의해 이온농도가 변화되는 것으로 감지

**62** 급탕설비에 관한 설명으로 옳은 것은?

① 팽창탱크는 반드시 개방식으로 해야 한다.
② 리버스 리턴(Reverse-return)방식은 전 계통의 탕의 순환을 촉진하는 방식이다.
③ 직접가열식 중앙급탕법은 보일러 안에 스케일 부착이 없어 내부에 방식처리가 불필요하다.
④ 간접가열식 중앙급탕법은 저탕조와 보일러를 직결하여 순환가열하는 것으로 고압용 보일러가 주로 사용된다.

[해설]
① 팽창탱크는 보일러 용량이 클 경우는 밀폐식으로 하는 경우가 많다.
③ 간접가열식 중앙급탕법에 대한 설명이다.
④ 직접가열식 중앙급탕법에 대한 설명이다.

**63** 난방방식에 관한 설명으로 옳지 않은 것은?

① 증기난방은 잠열을 이용한 난방이다.
② 온수난방은 온수의 현열을 이용한 난방이다.
③ 온풍난방은 온습도 조절이 가능한 난방이다.
④ 복사난방은 열용량이 작으므로 간헐난방에 적합하다.

[해설]
복사난방은 바닥의 열용량이 크므로 지속난방에 적합하다.

**64** 알칼리 축전지에 관한 설명으로 옳지 않은 것은?

① 고율방전특성이 좋다.
② 공칭전압은 2V/셀이다.
③ 기대수명이 10년 이상이다.
④ 부식성의 가스가 발생하지 않는다.

[해설]
알칼리 축전지의 공칭전압은 1.2V/셀이다.

**65** 덕트 설비에 관한 설명으로 옳은 것은?

① 고속덕트에는 소음상자를 사용하지 않는 것이 원칙이다.
② 고속덕트는 관마찰저항을 줄이기 위하여 일반적으로 장방형 덕트를 사용한다.
③ 등마찰손실법은 덕트 내의 풍속을 일정하게 유지할 수 있도록 덕트 치수를 결정하는 방법이다.
④ 같은 양의 공기가 덕트를 통해 송풍될 때 풍속을 높게 하면 덕트의 단면치수를 작게 할 수 있다.

[해설]
① 고속덕트에는 소음을 줄이기 위해 소음상자를 사용할 수 있다.
② 고속덕트는 관마찰저항을 줄이기 위해 일반적으로 원형덕트를 사용한다.
③ 등속법에 대한 설명이며, 등마찰손실법은 덕트 내 마찰손실이 구간별로 일정하게 하는 덕트설계법이다.

**66** 사무소 건물에서 다음과 같이 위생기구를 배치하였을 때 이들 위생기구 전체로부터 배수를 받아들이는 배수수평지관의 관경으로 가장 알맞은 것은?

| 기구종류 | 바닥배수 | 소변기 | 대변기 |
|---|---|---|---|
| 배수부하단위 | 2 | 4 | 8 |
| 기구수 | 2 | 8 | 2 |

| 관경(mm) | 배수수평지관의 배수부하단위 |
|---|---|
| 75 | 14 |
| 100 | 96 |
| 125 | 216 |
| 150 | 372 |

① 75mm   ② 100mm
③ 125mm  ④ 150mm

[해설]
- 기구수와 배수부하단위의 곱의 합 = 2×2+4×8+8×2 = 52
- 배수수평지관의 배수부하단위와 관경 표에서 52는 14와 96에 있으므로, 큰 값 96을 선택하고 그 때의 관경 100mm로 배수수평지관의 관경을 결정한다.

정답 62 ② 63 ④ 64 ② 65 ④ 66 ②

**67** 다음 중 건물 실내에 표면결로 현상이 발생하는 원인과 가장 거리가 먼 것은?

① 실내외 온도차
② 구조재의 열적 특성
③ 실내 수증기 발생량 억제
④ 생활 습관에 의한 환기 부족

[해설]
실내 수증기 발생량을 억제할 경우 절대습도 하강에 따른 상대습도의 저하로서 결로 현상의 발생 가능성이 낮아진다.

**68** 양수량이 $1m^3/min$, 전양정이 50m인 펌프에서 회전수를 1.2배 증가시켰을 때 양수량은?

① 1.2배 증가   ② 1.44배 증가
③ 1.73배 증가   ④ 2.4배 증가

[해설]
양수량은 회전수 증가에 비례하므로 1.2배가 증가하게 된다.

**69** 높이 30m의 고가수조에 매분 $1m^3$의 물을 보내려고 할 때 필요한 펌프의 축동력은?(단, 마찰손실수두 6m, 흡입양정 1.5m, 펌프효율 50%인 경우)

① 약 2.5kW   ② 약 9.8kW
③ 약 12.3kW   ④ 약 16.7kW

[해설]
펌프의 축동력[kW] = $\dfrac{QH}{102E}$

- 양수량 $Q(L/s)$ : 1,000L/min → 16.67L/s
- 전양정 $H(mAq)$ : 높이(30m) + 마찰손실수두(6m) + 흡입양정(1.5m) = 37.5m
- 효율 $E$ : 0.50

∴ 펌프의 축동력[kW] = $\dfrac{16.67 \times 37.5}{102 \times 0.50}$
= 12.26kW ≒ 12.3kW

**70** 전기설비가 어느 정도 유효하게 사용되는가를 나타내며, 최대수용전력에 대한 부하의 평균 전력의 비로 표현되는 것은?

① 부하율   ② 부등률
③ 수용율   ④ 유효율

[해설]
부하율
부하율이 클수록 부하에 대한 전력공급설비가 유효하게 사용되었음을 의미하며, 공급가능한 최대수요전력과 실제 사용된 평균전력의 비율을 나타낸 것이다.

부하율 = $\dfrac{\text{부하의 평균전력[kW]}}{\text{합성 최대수요전력[kW]}} \times 100[\%]$

**71** 각 층마다 옥내소화전이 2개씩 설치되어 있는 건물에서 옥내소화전설비의 수원의 저수량은 최소 얼마 이상이 되도록 하여야 하는가?

① $5.2m^3$   ② $7.2m^3$
③ $7.5m^3$   ④ $7.8m^3$

[해설]
옥내소화전 설비 수원의 저수량(L)
= 130L/min × 20min × N(개)
= 130L/min × 20min × 2개 = 5,200L = $5.2m^3$

**72** 통기방식에 관한 설명으로 옳지 않은 것은?

① 신정통기방식에서는 통기수직관을 설치하지 않는다.
② 루프통기방식은 각 기구의 트랩마다 통기관을 설치하고 각각을 통기 수평지관에 연결하는 방식이다.
③ 신정통기방식은 배수수직관의 상부를 연장하여 신정통기관으로 사용하는 방식으로, 대기 중에 개구한다.
④ 각개통기방식은 트랩마다 통기되기 때문에 가장 안정도가 높은 방식으로, 자기사이폰작용의 방지에도 효과가 있다.

정답 67 ③  68 ①  69 ③  70 ①  71 ①  72 ②

[해설]
②는 각개통기방식에 대한 설명이다. 루프통기방식은 2개 이상의 기구트랩에 공통으로 하나의 통기관을 설치하는 통기방식이다.

**73** 습공기를 가열하였을 경우 상태량이 변하지 않는 것은?

① 엔탈피　　② 비체적
③ 절대습도　④ 상대습도

[해설]
절대습도는 습공기를 가열하였을 때 상태량이 변하지 않는다. 단, 상대습도의 경우는 가열하였을 경우 낮아지게 된다.

**74** 어느 점광원에서 1m 떨어진 곳의 직각면 조도가 200lx일 때, 이 광원에서 2m 떨어진 곳의 직각면 조도는?

① 25lx　　② 50lx
③ 100lx　④ 200lx

[해설]
조도는 광도에 비례하고, 거리의 제곱에 반비례한다.
$$조도(E) = \frac{광도(I)}{거리(D)^2}$$
이에 광원과의 거리가 1m에서 2m로 2배 멀어졌기 때문에 조도는 1/4배(200lx → 50lx)로 감소하게 된다.

**75** 공기조화방식 중 전수방식에 관한 설명으로 옳지 않은 것은?

① 각 실의 제어가 용이하다.
② 실내 배관에 의한 누수의 우려가 있다.
③ 극장의 관객석과 같이 많은 풍량을 필요로 하는 곳에 주로 사용된다.
④ 열매체가 증기 또는 냉·온수이므로 열의 운송동력이 공기에 비해 적게 소요된다.

[해설]
일반적으로 전수방식은 실내 공기의 순환방식을 쓰기 때문에 극장 관객석과 같이 많은 잠열이 발생하여 외부공기를 순환시켜줘야 하는 공간에는 적합하지 않다. 극장의 관객석과 같은 경우는 전공기 방식을 채택하는 것이 일반적이다.

**76** 터보 냉동기에 관한 설명으로 옳지 않은 것은?

① 왕복동식에 비하여 진동이 적다.
② 흡수식에 비해 소음 및 진동이 심하다.
③ 임펠러 회전에 의한 원심력으로 냉매가스를 압축한다.
④ 일반적으로 대용량에는 부적합하며 비례 제어가 불가능하다.

[해설]
터보 냉동기는 대용량 적용 시 압축 효율이 좋고 비례 제어가 가능하다는 특징이 있다.

**77** 가스배관 경로 선정 시 주의하여야 할 사항으로 옳지 않은 것은?

① 장래의 증설 및 이설 등을 고려한다.
② 주요구조부를 관통하지 않도록 한다.
③ 옥내배관은 매립하는 것을 원칙으로 한다.
④ 손상이나 부식 및 전식을 받지 않도록 한다.

[해설]
옥내배관의 경우 배관 시 관리 검사가 용이하도록 노출배관을 원칙으로 한다.

**78** 다음과 같은 특징을 갖는 배선 방법은?

- 열적영향이나 기계적 외상을 받기 쉬운 곳이 아니면 금속관 배선과 같이 광범위하게 사용 가능하다.
- 관 자체가 절연체이므로 감전의 우려가 없으며 시공이 용이하다.

① 금속덕트 배선　② 버스덕트 배선
③ 플로어덕트 배선　④ 합성수지관 배선

정답　73 ③　74 ②　75 ③　76 ④　77 ③　78 ④

[해설]

합성수지관 공사
- 열적영향이나 기계적 외상을 받기 쉬운 곳이 아니면 금속배관과 같이 광범위하게 사용 가능하다.
- 관자체가 절연체이므로 감전의 우려가 없으며 시공이 쉬운 게 장점이며, 화학공장 등 간단히 배선을 요할 때 적합하다.

**79** 엘리베이터의 일주 시간 구성 요소에 속하지 않는 것은?

① 주행시간  ② 도어개폐시간
③ 승객출입시간  ④ 승객대기시간

[해설]

T(평균 일주 시간, sec)
= 승객 출입 시간 + 문의 개폐 시간 + 주행 시간

**80** 다음과 같은 조건에 있는 실의 틈새바람에 의한 현열부하량은?

[조건]
- 실의 체적 : 400m³
- 환기 횟수 : 0.5회/h
- 실내공기 건구온도 : 20℃
- 외기 건구온도 : 0℃
- 공기의 밀도 : 1.2kg/m³
- 공기의 비열 : 1.01kJ/kg·K

① 986W  ② 1,124W
③ 1,347W  ④ 1,542W

[해설]

$q = Q \cdot \rho \cdot Cp \cdot \Delta t$

여기서, $q$ : 실내 발열량(현열부하)(kJ/h)
$Q$ : 틈새바람에 의한 침기량(m³/h)
$\rho$ : 공기의 밀도 1.2kg/m³
$Cp$ : 공기의 정압비열 1.01kJ/kgK
$\Delta t$ : 실내외 온도차(℃)

$q = 400 \times 0.5 \times 1.2 \times 1.01 \times (20-0)$
$= 4,848$ kJ/h $= 1,347$ W

## 5과목 건축법규

**81** 지구단위계획구역의 지정목적을 이루기 위하여 지구단위계획에 포함될 수 있는 내용이 아닌 것은?

① 용도지역이나 용도지구를 대통령령으로 정하는 범위에서 세부하거나 변경하는 사항
② 건축물 높이의 최고한도 또는 최저한도
③ 도시·군 관리계획 중 정비사업에 관한 계획
④ 대통령령으로 정하는 기반시설의 배치와 규모

[해설]

지구단위계획의 내용
지구단위계획구역의 지정목적을 이루기 위하여 지구단위계획에는 다음의 사항 중 ㉢와 ㉤의 사항을 포함한 둘 이상의 사항이 포함되어야 한다. 다만, ㉡을 내용으로 하는 지구단위계획의 경우에는 해당하지 않는다.
㉠ 용도지역이나 용도지구를 대통령령으로 정하는 범위에서 세분하거나 변경하는 사항
㉡ 기존의 용도지구를 폐지하고 그 용도지구에서의 건축물이나 그 밖의 시설의 용도·종류 및 규모 등의 제한을 대체하는 사항
㉢ 대통령령으로 정하는 기반시설의 배치와 규모
㉣ 도로로 둘러싸인 일단의 지역 또는 계획적인 개발·정비를 위하여 구획된 일단의 토지의 규모와 조성계획
㉤ 건축물의 용도제한, 건축물의 건폐율 또는 용적률, 건축물 높이의 최고한도 또는 최저한도
㉥ 건축물의 배치·형태·색채 또는 건축선에 관한 계획
㉦ 환경관리계획 또는 경관계획
㉧ 교통처리계획
㉨ 그 밖에 토지이용의 합리화, 도시나 농·산·어촌의 기능 증진 등에 필요한 사항으로서 대통령령으로 정하는 사항

**82** 시장·군수·구청장이 국토의 계획 및 이용에 관한 법률에 따른 도시지역에서 건축선을 따로 지정할 수 있는 최대 범위는?

① 2m  ② 3m
③ 4m  ④ 6m

정답 79 ④  80 ③  81 ③  82 ③

[해설]
특별자치시장·특별자치도지사 또는 시장·군수·구청장이 건축선 지정
시가지 안에서 건축물의 위치나 환경을 정비하기 위하여 필요하다고 인정하면 도시지역에는 4m 이하의 범위에서 건축선을 따로 지정할 수 있다.

**83** 주차전용건축물이란 건축물의 연면적 중 주차장으로 사용되는 부분의 비율이 최소 얼마 이상인 건축물을 말하는가?(단, 주차장 외의 용도로 사용되는 부분이 자동차 관련 시설인 건축물의 경우)

① 70%  ② 80%
③ 90%  ④ 95%

[해설]
주차전용건축물은 건축물의 연면적 중 주차장으로 사용되는 부분의 비율이 95% 이상인 것을 말한다. 다만, 주차장 외의 용도로 사용되는 부분이 단독주택, 공동주택, 제1종 근린생활시설, 제2종 근린생활시설, 문화 및 집회시설, 종교시설, 판매시설, 운수시설, 운동시설, 업무시설 또는 자동차 관련 시설인 경우에는 주차장으로 사용되는 부분의 비율이 70% 이상인 것을 말한다.
※ 예외 조항에 대한 사항이므로 주의하여 답을 하여야 한다.

**84** 건축물의 면적, 높이 및 층수 등의 산정 방법에 관한 설명으로 옳은 것은?

① 건축물의 높이 산정 시 건축물의 대지에 접하는 전면 도로의 노면에 고저차가 있는 경우에는 그 건축물이 접하는 범위의 전면 도로부분의 수평거리에 따라 가중평균한 높이의 수평면을 전면도로면으로 본다.
② 용적률 산정 시 연면적에는 지하층의 면적과 지상층의 주차용으로 쓰는 면적을 포함시킨다.
③ 건축면적은 건축물의 내벽의 중심선으로 둘러싸인 부분의 수평투영면적으로 한다.
④ 건축물의 층수는 지하층을 포함하여 산정하는 것이 원칙이다.

[해설]
② 용적률 산정 시 연면적에는 지하층의 면적과 지상층의 주차용으로 쓰는 면적은 제외된다.
③ 건축면적은 건축물의 외벽의 중심선으로 둘러싸인 부분의 수평투영면적으로 한다.
④ 건축물의 층수는 지하층을 제외하고 산정하는 것이 원칙이다.

**85** 건축물을 건축하는 경우 해당 건축물의 설계자가 국토교통부령으로 정하는 구조기준 등에 따라 그 구조의 안전을 확인할 때, 건축구조기술사의 협력을 받아야 하는 대상 건축물 기준으로 틀린 것은?

① 다중이용 건축물
② 6층 이상인 건축물
③ 3층 이상의 필로티형식 건축물
④ 기둥과 기둥 사이의 거리가 20m 이상인 건축물

[해설]
건축구조기술사 협력 필요 건축물[건축법 시행령 제91조의3]
1. 6층 이상인 건축물
2. 특수구조 건축물
3. 다중이용 건축물
4. 준다중이용 건축물
5. 3층 이상의 필로티형식 건축물
6. 특수구조건축물(캔틸레버형으로서 3m 이상 돌출된 경우, 기둥과 기둥 사이가 20m 이상)

**86** 대형건축물의 건축허가 사전승인신청 시 제출도서 중 설계설명서에 표시하여야 할 사항에 속하지 않는 것은?

① 시공방법  ② 동선계획
③ 개략공정계획  ④ 각부 구조계획

[해설]
설계설명서에 표시하여야 할 사항[건축법 시행규칙 별표3]
• 공사개요 : 위치·대지면적·공사기간·공사금액 등
• 사전조사사항 : 지반고·기후·동결심도·수용인원·상하수와 주변지역을 포함한 지질 및 지형, 인구, 교통, 지역, 지구, 토지이용현황, 시설물현황 등

정답 83 ① 84 ① 85 정답 없음 86 ④

- 건축계획 : 배치 · 평면 · 입면계획 · 동선계획 · 개략조경계획 · 주차계획 및 교통처리계획 등
- 시공방법, 개략공정계획, 주요설비계획, 주요자재 사용계획, 기타 필요한 사항

**87** 비상용 승강기의 승강장 및 승강로 구조에 관한 기준 내용으로 틀린 것은?

① 옥내 승강장의 바닥면적은 비상용 승강기 1대에 대하여 6m² 이상으로 한다.
② 각 층으로부터 피난층까지 이르는 승강로를 단일구조로 연결하여 설치하여야 한다.
③ 피난층이 있는 승강장의 출입구로부터 도로 또는 공지에 이르는 거리는 30m 이하로 한다.
④ 승강장에는 배연설비를 설치하여야 하며, 외부를 향하여 열 수 있는 창문 등을 설치하여서는 안 된다.

[해설]
노대 또는 외부를 향하여 열 수 있는 창문이나 배연설비를 설치해야 한다.

**88** 국토의 계획 및 이용에 관한 법령상 다음과 같이 정의되는 용어는?

> 개발로 인하여 기반시설이 부족할 것으로 예상되나 기반시설을 설치하기 곤란한 지역을 대상으로 건폐율이나 용적률을 강화하여 적용하기 위하여 지정하는 구역

① 시가화조정구역
② 개발밀도관리구역
③ 기반시설부담구역
④ 지구단위계획구역

[해설]
개발밀도관리구역
주거 · 상업 또는 공업지역에서의 개발행위로 기반시설(도시 · 군계획시설을 포함한다)의 처리 · 공급 또는 수용능력이 부족할 것으로 예상되는 지역 중 기반시설의 설치가 곤란한 지역을 개발밀도관리구역으로 지정할 수 있다.

**89** 다음 중 방화구조의 기준으로 틀린 것은?

① 시멘트모르타르 위에 타일을 붙인 것으로서 그 두께의 합계가 2.5cm 이상인 것
② 석고판 위에 회반죽을 바른 것으로서 그 두께의 합계가 2.5cm 이상인 것
③ 철망모르타르로서 바름 두께가 1.5cm 이상인 것
④ 심벽에 흙으로 맞벽치기한 것

[해설]
방화구조

| 구조방식 | 최소 두께 |
|---|---|
| 철망모르타르 | 바름 두께가 2cm 이상 |
| • 석고판 위에 시멘트모르타르 또는 회반죽을 바른 것<br>• 시멘트모르타르 위에 타일을 붙인 것 | 두께의 합계가 2.5cm 이상 |
| 심벽에 흙으로 맞벽치기 한 것 | 두께 무관 |

산업표준화법에 따른 한국산업표준이 정하는 바에 따라 시험한 결과 방화 2급 이상

**90** 부설주차장의 설치대상 시설물 종류와 설치기준의 연결이 옳은 것은?

① 판매시설 – 시설면적 100m²당 1대
② 위락시설 – 시설면적 150m²당 1대
③ 종교시설 – 시설면적 200m²당 1대
④ 숙박시설 – 시설면적 200m²당 1대

[해설]
① 판매시설 : 시설면적 150m²당 1대
② 위락시설 : 시설면적 100m²당 1대
③ 종교시설 : 시설면적 150m²당 1대

**91** 다음은 건축법령상 지하층의 정의 내용이다. ( ) 안에 알맞은 것은?

> "지하층"이란 건축물의 바닥이 지표면 아래에 있는 층으로서 바닥에서 지표면까지의 평균높이가 당해 층높이의 ( ) 이상인 것을 말한다.

정답 87 ④ 88 ② 89 ③ 90 ④ 91 ①

① 2분의 1　　② 3분의 1
③ 3분의 2　　④ 4분의 3

**[해설]**

지하층
건축물의 바닥이 지표면 아래에 있는 층으로서 바닥에서 지표면까지의 평균높이가 당해 층높이의 2분의 1 이상인 것을 말한다.

**92** 오피스텔에 설치하는 복도의 유효너비는 최소 얼마 이상이어야 하는가?(단, 건축물의 연면적은 300m²이며, 양옆에 거실이 있는 복도의 경우이다.)

① 1.2m　　② 1.8m
③ 2.4m　　④ 2.7m

**[해설]**

복도의 유효너비

| 용도구분 | 양옆에 거실이 있는 복도 | 기타의 복도 |
|---|---|---|
| 유치원, 초등학교, 중·고등학교 | 2.4m 이상 | 1.8m 이상 |
| 공동주택·오피스텔 | 1.8m 이상 | 1.2m 이상 |
| 당해 층 거실의 바닥면적의 합계가 200m² 이상인 경우 | 1.5m 이상 (의료시설의 복도는 1.8m 이상) | 1.2m 이상 |

**93** 광역도시계획에 관한 내용으로 틀린 것은?

① 인접한 둘 이상의 특별시·광역시·특별자치시·특별자치도·시 또는 군의 관할 구역 전부 또는 일부를 광역계획권으로 지정할 수 있다.
② 군수가 광역도시계획을 수립하는 경우 도지사의 승인을 생략한다.
③ 광역계획권의 공간 구조와 기능 분담에 관한 정책 방향이 포함되어야 한다.
④ 광역도시계획을 공동으로 수립하는 시·도지사는 그 내용에 관하여 서로 협의가 되지 아니하면 공동이나 단독으로 국토교통부장관에게 조정을 신청할 수 있다.

**[해설]**

광역도시계획의 승인[국토의 계획 및 이용에 관한 법률 제16조]
시장 또는 군수는 광역도시계획을 수립하거나 변경하려면 도지사의 승인을 받아야 한다.

**94** 다음 중 건축물의 용도 분류가 옳은 것은?

① 식물원 – 동물 및 식물관련시설
② 동물병원 – 의료시설
③ 유스호스텔 – 수련시설
④ 장례식장 – 묘지관련시설

**[해설]**

① 식물원 : 문화 및 집회시설
② 동물병원 : 제2종 근린생활시설
④ 장례식장 : 장례식장

**95** 다음 중 국토의 계획 및 이용에 관한 법령상 공공(公共)시설에 속하지 않는 것은?

① 광장　　② 공동구
③ 유원지　　④ 사방설비

**[해설]**

공공(公共)시설[국토의 계획 및 이용에 관한 법률 제2조, 시행령 제4조]
도로·공원·철도·수도·항만·공항·광장·녹지·공공공지·공동구·하천·유수지·방화설비·방풍설비·방수설비·사방설비·방조설비·하수도·구거(溝渠 : 도랑)

**96** 태양열을 주된 에너지원으로 이용하는 주택의 건축면적 산정 시 이용하는 중심선의 기준으로 옳은 것은?

① 건축물의 외벽 경계선
② 건축물 기둥 사이의 중심선
③ 건축물의 외벽 중 내측 내력벽의 중심선
④ 건축물의 외벽 중 외측 내력벽의 중심선

**정답** 92 ②　93 ②　94 ③　95 ③　96 ③

[해설]

**태양열 주택, 외단열공법 건축물의 건축면적 산정방법**
태양열을 주된 에너지원으로 이용하는 주택, 창고 중 물품을 입출고하는 부위의 상부에 한쪽 끝은 고정되고 다른 쪽 끝은 지지되지 아니한 구조로 설치된 돌출차양, 단열재를 구조체의 외기 측에 설치하는 단열공법으로 건축된 건축물을 건축물의 외벽 중 내측 내력벽의 중심선을 기준으로 한다.

**97** 다음의 대지와 도로의 관계에 관한 기준 내용 중 ( ) 안에 알맞은 것은?

> 연면적의 합계가 2천m²(공장인 경우에는 3천m²) 이상인 건축물(축사, 작물 재배사, 그 밖에 이와 비슷한 건축물로서 건축조례로 정하는 규모의 건축물은 제외한다)의 대지는 너비 ( ㉠ ) 이상의 도로에 ( ㉡ ) 이상 접하여야 한다.

① ㉠ : 4m, ㉡ : 2m
② ㉠ : 6m, ㉡ : 4m
③ ㉠ : 8m, ㉡ : 6m
④ ㉠ : 8m, ㉡ : 4m

[해설]

**대지와 도로의 관계[건축법 시행령 제28조]**
연면적의 합계가 2천m²(공장인 경우에는 3천m²) 이상인 건축물(축사, 작물 재배사, 그 밖에 이와 비슷한 건축물로서 건축조례로 정하는 규모의 건축물은 제외한다)의 대지는 너비 6m 이상의 도로에 4m 이상 접하여야 한다.

**98** 다음 방화구획의 설치에 관한 기준을 적용하지 아니하거나 그 사용에 지장이 없는 범위에서 완화하여 적용할 수 있는 건축물의 부분에 해당되지 않는 것은?

① 복층형 공동주택의 세대별 층간 바닥 부분
② 주요구조부가 내화구조 또는 불연재료로 된 주차장
③ 계단실 부분·복도 또는 승강기의 승강로 부분으로서 그 건축물의 다른 부분과 방화구획으로 구획된 부분
④ 문화 및 집회시설 중 동물원의 용도로 쓰는 거실로서 시선 및 활동공간의 확보를 위하여 불가피한 부분

[해설]

문화 및 집회시설의 용도로 쓰는 거실로서 시선 및 활동공간의 확보를 위하여 불가피한 부분이 해당되나 문화 및 집회시설 중 동물원 및 식물원은 제외된다. [건축법 시행령 제46조]

**99** 오피스텔의 난방설비를 개별난방방식으로 하는 경우에 관한 기준 내용으로 틀린 것은?

① 보일러의 연도는 내화구조로서 공동연도로 설치할 것
② 보일러는 거실 외의 곳에 설치할 것
③ 보일러실의 윗부분에는 그 면적이 0.5m² 이상인 환기창을 설치할 것
④ 기름보일러를 설치하는 경우에는 기름저장소를 보일러실에 설치할 것

[해설]

기름보일러를 설치하는 경우에는 기름저장소를 보일러실 외의 다른 곳에 설치해야 한다.

**100** 주요구조부가 내화구조 또는 불연재료로 된 층수가 16층 이상인 공동주택의 경우, 피난층 외의 층에서는 피난층 또는 지상으로 통하는 직통계단을 거실의 각 부분으로부터 계단에 이르는 보행거리가 최대 얼마 이하가 되도록 설치하여야 하는가? (단, 계단은 거실로부터 가장 가까운 거리에 있는 1개소의 계단을 말한다.)

① 30m  ② 40m
③ 50m  ④ 75m

[해설]

**주요 구조부가 내화구조나 불연재료인 경우**
거실 각 부분으로부터 계단에 이르는 보행거리는 50m 이하(16층 이상 공동주택 : 40m)로 한다.

정답  97 ②  98 ④  99 ④  100 ②

# 03 제3회 CBT 실전모의고사

## 1과목 건축계획

**01** 기업체가 자사제품의 홍보, 판매 촉진 등을 위해 제품 및 기업에 관한 자료를 소비자들에게 직접 호소하여 제품의 우위성을 인식시키는 전시공간은?

① 쇼룸  ② 런드리
③ 프로시니엄  ④ 인포메이션

[해설]
쇼룸(Showroom)
각종 제품을 전시·공개하는 장소로서, 기업체가 자사제품의 제조 공정 설명, 제품 상담, 클레임 처리 등을 하는 곳이며, 제품 및 기업의 PR을 하는 것이 공간의 주요 목적이다.

**02** 사무소 건축의 실단위 계획 중 개실 시스템에 관한 설명으로 옳지 않은 것은?

① 공사비가 저렴하다.
② 독립성과 쾌적감이 높다.
③ 방 길이에 변화를 줄 수 있다.
④ 방 깊이에 변화를 줄 수 없다.

[해설]
개실 배치(Individual Room System)복도를 통해 각 층의 여러 부분으로 들어가는 방법으로 유럽에서 널리 쓰인다.

| 장점 | 단점 |
|---|---|
| • 독립성과 쾌적감의 이점이 있다.<br>• 자연채광의 조건이 좋다. | • 공사비가 비교적 높다.<br>• 방 길이에는 변화를 줄 수 있으나 연속된 긴 복도 때문에 방 깊이에 변화를 줄 수 없다. |

**03** 도서관의 출납 시스템 유형 중 이용자가 자유롭게 도서를 꺼낼 수 있으나 열람석으로 가기 전에 관원의 검열을 받는 형식은?

① 폐가식  ② 반개가식
③ 자유 개가식  ④ 안전 개가식

[해설]
안전 개가식(Safe Guarded Open Access)
열람자는 자유롭게 책을 꺼낼 수 있으나 좌석으로 가기 전에 관원의 체크를 받는 형식이다.

**04** 주택단지계획에서 보차분리의 형태 중 평면분리에 해당하지 않는 것은?

① T자형
② 루프(Loop)
③ 쿨데삭(Cul-de-Sac)
④ 오버브리지(Overbridge)

[해설]
오버브리지(Overbridge)는 보도 위에 설치한 건물이나 가대로 고가도로로서, 평면분리가 아닌 입체분리 방식에 해당한다.

**05** 단독주택에서 다음과 같은 실들을 각각 직상층 및 직하층에 배치할 경우 가장 바람직하지 않은 것은?

① 상층 : 침실, 하층 : 침실
② 상층 : 부엌, 하층 : 욕실
③ 상층 : 욕실, 하층 : 침실
④ 상층 : 욕실, 하층 : 부엌

[해설]
상층이 욕실이고, 하층이 침실일 경우에는 상층의 욕실에서 나오는 배수음 등이 침실로 전달되어 수면 및 휴식에 방해가 될 수 있다.

**06** 다음 중 백화점 매장의 기둥 간격 결정 요소와 가장 거리가 먼 것은?

① 엘리베이터의 배치방법
② 진열장의 치수와 배치방법
③ 지하주차장 주차방식과 주차 폭
④ 층별 매장 구성과 예상 이용 인원

정답  01 ①  02 ①  03 ④  04 ④  05 ③  06 ④

[해설]

기둥 간격(Span)의 결정 요소
- 진열대의 치수와 배치방법, 주위 통로 폭
- 엘리베이터, 에스컬레이터의 배치
- 지하주차장의 주차방식과 폭

**07** 학교 운영방식에 관한 설명으로 옳지 않은 것은?
① 종합교실형은 초등학교 저학년에 권장되는 방식이다.
② 교과교실형은 교실의 이용률은 높으나 순수율은 낮다.
③ 달톤형은 학급과 학년을 없애고 각자의 능력에 따라 교과를 선택하는 방식이다.
④ 플라툰형은 전 학급을 2분단으로 나누어 한 쪽이 일반교실을 사용할 때, 다른 쪽은 특별교실을 사용한다.

[해설]

교과교실형은 순수율이 높은 형태이며, 사용 방식에 따라 이용률이 결정된다.

**08** 공장건축의 레이아웃(Layout)에 관한 설명으로 옳지 않은 것은?
① 제품 중심의 레이아웃은 대량생산에 유리하며 생산성이 높다.
② 레이아웃은 장래 공장규모의 변화에 대응한 융통성이 있어야 한다.
③ 공정 중심의 레이아웃은 다품종 소량생산이나 주문생산에 적합한 형식이다.
④ 고정식 레이아웃은 기능이 동일하거나 유사한 공정, 기계를 접합하여 배치하는 방식이다.

[해설]

고정식 레이아웃은 주가 되는 재료나 조립 부품이 고정된 장소에 있고, 사람이나 기계가 이동하며 작업하는 방식으로서, 선박, 건축과 같은 제품이 크고, 수가 적을 경우에 적합하다. 기능이 동일하거나 유사한 공정, 기계를 집합하여 배치하는 방식은 공정 중심의 레이아웃(기계설비 중심) 방식이다.

**09** 종합병원에서 클로즈드 시스템(Closed System)의 외래진료부에 관한 설명으로 옳지 않은 것은?
① 내과는 소규모 진료실을 다수 설치하도록 한다.
② 환자의 이용이 편리하도록 1층 또는 2층 이하에 둔다.
③ 중앙주사실, 회계, 약국 등 정면출입구 근처에 설치한다.
④ 전체 병원에 대한 외래진료부의 면적비율은 40~45% 정도로 한다.

[해설]

전체 병원에 대한 외래부의 면적비율은 10~15% 정도로 한다.

**10** 극장건축의 관련 제실에 관한 설명으로 옳지 않은 것은?
① 앤티룸(Anti Room)은 출연자들이 출연 바로 직전에 기다리는 공간이다.
② 그린룸(Green Room)은 출연자 대기실을 말하며 주로 무대 가까운 곳에 배치한다.
③ 배경제작실의 위치는 무대에 가까울수록 편리하며, 제작 중의 소음을 고려하여 차음설비가 요구된다.
④ 의상실은 실의 크기가 1인당 최소 8m²가 필요하며, 그린룸이 있는 경우 무대와 동일한 층에 배치하여야 한다.

[해설]

의상실은 1인당 최소 4~5m²가 필요하며, 그린룸에 포함되어 있는 경우 무대와 동일한 층에 배치하여야 한다.

**11** 건축공간의 치수계획에서 '압박감을 느끼지 않을 만큼의 천장 높이 결정'은 다음 중 어디에 해당하는가?
① 물리적 스케일   ② 생리적 스케일
③ 심리적 스케일   ④ 입면적 스케일

정답  07 ②  08 ④  09 ④  10 ④  11 ③

[해설]
압박감은 개인 심리와 연관된 것으로서 심리적 스케일이라고 볼 수 있다.

**12** 상점의 동선계획에 관한 설명으로 옳지 않은 것은?

① 고객동선은 가능한 길게 한다.
② 직원동선은 가능한 짧게 한다.
③ 상품동선과 직원동선은 동일하게 처리한다.
④ 고객 출입구와 상품 반입·출 출입구는 분리하는 것이 좋다.

[해설]
상품동선
- 상품의 반입, 보관, 포장, 발송과 같은 작업이 필요한 공간의 동선을 의미한다.
- 고객 및 직원들의 동선과 가급적 분리하는 것이 좋다.

**13** 고대 로마 건축물 중 판테온(Pantheon)에 관한 설명으로 옳지 않은 것은?

① 로툰다 내부는 드럼과 돔 두 부분으로 구성된다.
② 직사각형의 입구 공간은 외부와 내부 사이의 전이 공간으로 사용된다.
③ 드럼 하부는 깊은 니치와 독립된 도리아식 기둥들로 동적인 공간을 구현한다.
④ 거대한 돔을 얹은 로툰다와 대형 열주 현관이라는 2가지 주된 구성 요소로 이루어진다.

[해설]
로마의 판테온은 코린트식 기둥으로 이루어져 있다.

**14** 조선 시대 田자형 주택으로 대별되는 서민주택의 지방 유형은?

① 서울지방형   ② 남부지방형
③ 중부지방형   ④ 함경도지방형

[해설]
함경도지방은 지역 특성상 추운 지방의 기후적인 조건을 만족시키기 위한 건축양식이 발달되었다. 그것이 정주간과 방의 일부가 '田'자형으로 구성된 '田자형 주택'이다.

**15** 극장의 평면형식 중 오픈 스테이지(Open Stage)형에 관한 설명으로 옳은 것은?

① 연기자가 남측 방향으로만 관객을 대하게 된다.
② 강연, 음악회, 독주, 연극 공연에 가장 적합한 형식이다.
③ 가장 일반적인 극장의 형식으로 어떠한 배경이라도 창출이 가능하다.
④ 무대와 객석이 동일공간에 있는 것으로 관객석이 무대의 대부분을 둘러싸고 있다.

[해설]
①, ②, ③은 프로시니엄 스테이지(Proscenium Stage, 픽처 프레임 스테이지)에 대한 설명이다.

**16** 다음 중 호텔의 성격상 연면적에 대한 숙박면적의 비가 가장 큰 것은?

① 리조트 호텔   ② 커머셜 호텔
③ 클럽 하우스   ④ 레지덴셜 호텔

[해설]
연면적에 대한 숙박 관계 부분의 면적비는 커머셜 호텔 – 리조트 호텔 – 아파트먼트 호텔 – 레지덴셜 호텔 순이다.

**17** 다음 설명에 알맞은 사무소 건축의 코어 유형은?

- 코어와 일체로 한 내진구조가 가능한 유형이다.
- 유효율이 높으며, 임대 사무소로서 경제적인 계획이 가능하다.

① 편심형   ② 독립형
③ 분리형   ④ 중심형

**정답** 12 ③  13 ③  14 ④  15 ④  16 ②  17 ④

[해설]

중심형(중심코어형, 중앙코어형)
- 바닥면적이 큰 경우 많이 사용한다.
- 유효율이 높으며, 임대 사무소로서 경제적인 계획이 가능하다.
- 내부공간이 획일적이며 동선이 한 곳에 집중되므로 화재 시에 불리하다.
- 내력벽 및 내진구조가 가능하므로 구조적으로 바람직한 유형이다.

**18** 메조넷형(Maisonette Type) 아파트에 관한 설명으로 옳지 않은 것은?

① 설비, 구조적인 해결이 유리하며 경제적이다.
② 통로가 없는 층의 평면은 프라이버시 확보에 유리하다.
③ 통로가 없는 층의 평면은 화재 발생 시 대피상 문제점이 발생할 수 있다.
④ 엘리베이터 정지층 및 통로 면적의 감소로 전용면적의 극대화를 도모할 수 있다

[해설]

단층이 아닌 복층으로 계획해야 하는 특성상 단면, 구조, 설비가 복잡하며 설계상 어려움이 있다.

**19** 고딕 성당에 관한 설명으로 옳지 않은 것은?

① 중앙집중식 배치를 지배적으로 사용하였다.
② 건축 형태에서 수직성을 강하게 강조하였다.
③ 고딕 성당으로는 랭스 성당, 아미앵 성당 등이 있다.
④ 수평 방향으로 통일되고 연속적인 공간을 만들었다.

[해설]

중앙집중식 배치를 지배적으로 사용한 건축 양식은 비잔틴 양식으로, 대표적인 건축물에는 성 소피아 성당 등이 있다.

**20** 단독주택의 평면계획에 관한 설명으로 옳지 않은 것은?

① 거실은 평면계획상 통로나 홀로 사용하지 않는 것이 좋다.
② 현관의 위치는 대지의 형태, 도로와의 관계 등에 의하여 결정된다.
③ 부엌은 주택의 서측이나 동측이 좋으며 남향은 피하는 것이 좋다.
④ 노인침실은 일조가 충분하고 전망이 좋은 조용한 곳에 면하게 하고 식당, 욕실 등에 근접시킨다.

[해설]

부엌은 사용 시간이 길고 부패하기 쉬운 물건을 많이 수장하는 곳이므로 서향은 피하는 것이 좋고, 가급적 북향으로 위치하는 것이 좋다.

## 2 과목 건축시공

**21** 벽두께 1.0B, 벽면적 30m² 쌓기에 소요되는 벽돌의 정미량은?(단, 벽돌은 표준형을 사용한다.)

① 3,900매
② 4,095매
③ 4,470매
④ 4,604매

[해설]

- 벽돌은 표준형(190×90×57mm)을 적용하고 있고, 별도 할증이 없는 정미량(매)을 구하라 하였으므로, 벽두께 1.0B에는 149매/m²가 필요하게 된다.
- 벽돌의 정미량 = 149매/m² × 30m² = 4,470매

**22** 석재의 일반적 성질에 관한 설명으로 옳지 않은 것은?

① 석재의 비중은 조암광물의 성질·비율·공극의 정도 등에 따라 달라진다.
② 석재의 강도에서 인장강도는 압축강도에 비해 매우 작다.
③ 석재의 공극률이 클수록 흡수율이 크고 동결융해 저항성은 떨어진다.
④ 석재의 강도는 조성결정형이 클수록 크다.

[해설]
석재의 강도는 조성결정형이 작을수록(입자가 작을수록) 크다.

**23** Power Shovel의 1시간당 추정 굴착 작업량을 다음 조건에 따라 구하면?

- $Q = 1.2m^3$
- $f = 1.28$
- $E = 0.9$
- $K = 0.9$
- $C_m = 60초$

① $67.2m^3/h$
② $74.7m^3/h$
③ $82.2m^3/h$
④ $89.6m^3/h$

[해설]
시간당 굴착 작업량 = 1회 작업량 × 시간당 작업횟수
- 1회 작업량 = $Q \times f \times E \times K = 1.2 \times 1.28 \times 0.9 \times 0.9$
  $= 1.24416$
- 시간당 작업횟수 = 3,600초 ÷ $C_m$ = 3,600 ÷ 60 = 60회
- ∴ 시간당 굴착 작업량 = 1회 작업량 × 시간당 작업횟수
  $= 1.24416 \times 60$
  $= 74.65 ≒ 74.7m^3/h$

**24** 도장작업 시 주의사항으로 옳지 않은 것은?

① 도료의 적부를 검토하여 양질의 도료를 선택한다.
② 도료량을 표준량보다 두껍게 바르는 것이 좋다.
③ 저온 다습 시에는 작업을 피한다.
④ 피막은 각 층마다 충분히 건조 경화한 후 다음 층을 바른다.

[해설]
도료량을 두껍게 바를 경우 양생 불균일 현상이 나타날 수 있으므로 적정량을 바르는 것이 좋다.

**25** 콘크리트의 내화, 내열성에 관한 설명으로 옳지 않은 것은?

① 콘크리트의 내화, 내열성은 사용한 골재의 품질에 크게 영향을 받는다.
② 콘크리트는 내화성이 우수해서 600℃ 정도의 화열을 장시간 받아도 압축강도는 거의 저하하지 않는다.
③ 철근콘크리트 부재의 내화성을 높이기 위해서는 철근의 피복두께를 충분히 하면 좋다.
④ 화재를 입은 콘크리트의 탄산화 속도는 그렇지 않은 것에 비하여 크다.

[해설]
콘크리트는 500℃에서의 강도가 상온에 비해 약 35%까지 저하되므로, 600℃ 정도에서의 압축강도는 상당히 저하된다고 볼 수 있다.

**26** 아스팔트 방수공사에서 아스팔트 프라이머를 사용하는 가장 중요한 이유는?

① 콘크리트 면의 습기 제거
② 방수층의 습기 침입 방지
③ 콘크리트면과 아스팔트 방수층의 접착
④ 콘크리트 밑바닥의 균열방지

[해설]
아스팔트 프라이머는 구조체 아스팔트 방수공사 시 가장 먼저 하는 공정으로서, 구조체(콘크리트면 등)에 시공하여 구조체와 아스팔트 방수층의 접착이 용이하게 하는 역할을 한다.

정답 22 ④ 23 ② 24 ② 25 ② 26 ③

**27** 콘크리트 배합에 직접적으로 영향을 주는 요소가 아닌 것은?

① 단위수량  ② 물-결합재 비
③ 철근의 품질  ④ 골재의 입도

[해설]
철근의 품질은 콘크리트 배합과정에 직접적 영향을 미치지 않는다. 배합과정에서 영향을 미치는 인자는 콘크리트의 구성요소인 시멘트(결합재), 골재(모래, 자갈), 물, 혼화재료 등이 있다.

**28** 철근, 볼트 등 건축용 강재의 재료시험 항목에서 일반적으로 제외되는 항목은?

① 압축강도시험  ② 인장강도시험
③ 굽힘시험  ④ 연신율시험

[해설]
철근, 볼트 등은 인장재에 해당하는 것으로서 압축강도시험은 행하지 않는다.

**29** 발주자에 의한 현장관리로 볼 수 없는 것은?

① 착공신고  ② 하도급계약
③ 현장회의 운영  ④ 클레임 관리

[해설]
하도급 업체는 원도급 시공사(일반적으로 종합건설사)와 계약을 체결하는 업체로서, 발주자에 의한 관리가 아니라 원도급 시공사에 의해 현장관리를 받게 된다.

**30** 어스앵커 공법에 관한 설명으로 옳지 않은 것은?

① 버팀대가 없어 굴착공간을 넓게 활용할 수 있다.
② 인접한 구조물의 기초나 매설물이 있는 경우 효과가 크다.
③ 대형기계의 반입이 용이하다.
④ 시공 후 검사가 어렵다.

[해설]
어스앵커 공법은 앵커를 삽입해야 하므로 인접 구조물의 기초나 매설물이 없어야 한다.

**31** 단순조적 블록쌓기에 관한 설명으로 옳지 않은 것은?

① 살두께가 큰 편을 아래로 하여 쌓는다.
② 특별한 지정이 없으면 줄눈은 10mm가 되게 한다.
③ 하루의 쌓기 높이는 1.5m 이내를 표준으로 한다.
④ 줄눈 모르타르는 쌓은 후 줄눈누르기 및 줄눈파기를 한다.

[해설]
단순조적 블록쌓기에서는 살두께가 큰 편을 위로 하여 쌓는다.

**32** 다음 중 QC활동의 도구가 아닌 것은?

① 특성요인도  ② 파레토그램
③ 층별  ④ 기능계통도

[해설]
QC(Quality Control) 활동 도구 7가지
산점도, 히스토그램, 특성요인도, 파레토도, 체크시트, 층별, 그래프

**33** 철근의 가스압접에 관한 설명으로 옳지 않은 것은?

① 이음공법 중 접합강도가 극히 크고 성분원소의 조직변화가 적다.
② 압접공은 작업 대상과 압접 장치에 관하여 충분한 경험과 지식을 가진 자로 책임기술자 승인을 받아야 한다.
③ 가스압접할 부분은 직각으로 자르고 절단면을 깨끗하게 한다.
④ 접합되는 철근의 항복점 또는 강도가 다른 경우에 주로 사용한다.

정답  27 ③  28 ①  29 ②  30 ②  31 ①  32 ④  33 ④

[해설]
철근의 가스압접의 경우 접합되는 철근의 항복점 또는 강도가 다른 경우는 사용할 수 없으며, 해당 물성이 동일해야 사용 가능하다.

**34** 용제형(Solvent) 고무계 도막방수공법에 관한 설명으로 옳지 않은 것은?

① 용제는 인화성이 강하므로 부근의 화기는 엄금한다.
② 한 층의 시공이 완료되면 1.5~2시간 경과 후 다음 층의 작업을 시작하여야 한다.
③ 완성된 도막은 외상(外傷)에 매우 강하다.
④ 합성고무를 휘발성 용제에 녹인 일종의 고무도료를 칠하여 두께 0.5~0.8mm의 방수피막을 형성하는 것이다.

[해설]
용제형(Solvent) 고무계 도막방수공법의 완성된 도막은 외상(外傷)에 의해 흠 등이 발생할 수 있다.

**35** 공사계약제도 중 공사관리방식(CM)의 단계별 업무내용 중 비용의 분석 및 VE기법의 도입 시 가장 효과적인 단계는?

① Pre-Design 단계
② Design 단계
③ Pre-Construction 단계
④ Construction 단계

[해설]
VE 기법의 적용 시 가장 효과적인 단계는 설계(Design) 단계이다.

**36** 커튼월(Curtain Wall)의 외관 형태별 분류에 해당하지 않는 방식은?

① Unit 방식      ② Mullion 방식
③ Spandrel 방식  ④ Sheath 방식

[해설]
Unit 방식은 커튼월의 공급제작방식으로서 공장에서 제작하고 현장에서 설치하는 방식을 말한다. 이와 대별되는 공급제작방식으로는 Stick 방식이 있으며, Stick 방식은 현장에서 제작하고 현장에서 설치하는 방식을 말한다.

**37** 고층건축물 공사의 반복작업에서 각 작업조의 생산성을 기울기로 하는 직선으로 각 반복작업의 진행을 표시하여 전체 공사를 도식화하는 기법은?

① CPM      ② PERT
③ PDM      ④ LOB

[해설]
LOB(Line Of Balance)
반복되는 각 작업들의 상호관계를 명확하게 나타낼 수 있어 도로나 고층빌딩골조와 같은 반복되는 공사에 주로 사용된다.

**38** 수밀콘크리트의 시공에 관한 설명으로 옳지 않은 것은?

① 수밀콘크리트는 누수 원인이 되는 건조수축균열의 발생이 없도록 시공하여야 하며, 0.1mm 이상의 균열 발생이 예상되는 경우 누수를 방지하기 위한 방수를 검토하여야 한다.
② 거푸집의 긴결재로 사용한 볼트, 강봉, 세퍼레이터 등의 아래쪽에는 블리딩 수가 고여서 콘크리트가 경화한 후 물의 통로를 만들어 누수를 일으킬 수 있으므로 누수에 대하여 나쁜 영향이 없는 재질의 것을 사용하여야 한다.
③ 소요 품질을 갖는 수밀콘크리트를 얻기 위해서는 전체 구조부가 시공이음 없이 설계되어야 한다.
④ 수밀성의 향상을 위한 방수제를 사용하고자 할 때에는 방수제의 사용방법에 따라 배처플랜트에서 충분히 혼합하여 현장으로 반입시키는 것을 원칙으로 한다.

정답  34 ③  35 ②  36 ①  37 ④  38 ③

[해설]

타설두께 제한으로 시공이음이 발생하게 되며, 이 경우 지수판(Water stop) 등을 활용하여 철저한 수밀·방수 시공이 필요하다.

**39** 철골공사 접합 중 용접에 관한 주의사항으로 옳지 않은 것은?

① 현장용접을 하는 부재는 그 용접 부위에 얇은 에나멜페인트를 칠하되, 이 밖에 다른 칠을 해서는 안 된다.
② 용접봉의 교환 또는 다층용접일 때에는 먼저 슬래그를 제거하고 청소한 후 용접한다.
③ 용접할 소재는 용접에 의한 수축변형이 생기고, 또 마무리 작업도 고려해야 하므로 치수에 여분을 두어야 한다.
④ 용접이 완료되면 슬래그 및 스패터를 제거하고 청소한다.

[해설]

용접접합부위에는 도장작업은 해서는 안 되며, 에나멜페인트도 예외는 아니다.

**40** 기성말뚝 세우기 공사 시 말뚝의 연직도나 경사도는 얼마 이내로 하여야 하는가?

① 1/50　② 1/75
③ 1/80　④ 1/100

[해설]

기성말뚝 세우기 공사 시 말뚝의 연직도(경사도)의 제한범위는 말뚝길이의 1/100이다.

## 3과목 건축구조

**41** 강도설계법에 따른 철근콘크리트 단근보에서 $f_{ck}=27$MPa, $f_y=400$MPa, 균형철근비($\rho_b$) = 0.0293일 때 최대철근비는?

① 0.0258　② 0.0220
③ 0.0209　④ 0.0188

[해설]

철근의 인장강도 $f_y$가 400MPa일 경우 최대철근비($\rho_{max}$) 산출
$\rho_{max} = 0.714\rho_b = 0.714 \times 0.0293 = 0.0209$

**42** 그림과 같은 구조물에서 $C$점에 발생되는 모멘트는?

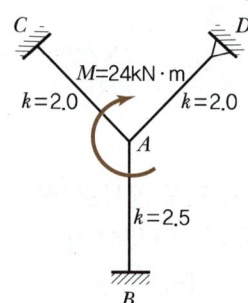

① 4.0kN·m　② 3.5kN·m
③ 3.0kN·m　④ 2.5kN·m

[해설]

$C$단 모멘트($M_C$) 산출
• 분배모멘트 산출
$$M_{CA} = \frac{K_{CA}}{\sum K} \times M = \frac{2.0}{\left(2+2\times\frac{3}{4}+2.5\right)} \times 24 = 8\text{kN} \cdot \text{m}$$

• 도달모멘트 산출
$$M_C = \frac{M_{CA}}{2} = \frac{8}{2} = 4\text{kN} \cdot \text{m}$$

정답　39 ①　40 ④　41 ③　42 ①

**43** 온통기초에 관한 설명으로 옳지 않은 것은?

① 연약지반에 주로 사용된다.
② 독립기초에 비하여 구조해석 및 설계가 매우 단순하다.
③ 부동침하에 대하여 유리하다.
④ 지하수가 높은 지반에서도 유효한 기초방식이다.

[해설]

온통기초는 모든 기둥을 하나의 기초판으로 지지하도록 만든 기초형식으로서 독립기초에 비하여 구조해석 및 설계가 까다롭다.

**44** 1방향 철근콘크리트 슬래브에서 철근의 설계기준 항복강도가 500MPa인 경우 콘크리트 전체 단면적에 대한 수축·온도 철근비는 최소 얼마 이상이어야 하는가?(단, KDS기준, 이형철근 사용)

① 0.0015
② 0.0016
③ 0.0018
④ 0.0020

[해설]

수축·온도 철근비($\rho$) 산출

$\rho = 0.0020 \times \dfrac{400}{f_y} = 0.002 \times \dfrac{400}{500} = 0.0016$

**45** 길이 8m의 단순보가 100kN/m의 등분포 활하중을 받을 때 위험단면에서 전단철근이 부담해야 하는 공칭전단력($V_s$)는 얼마인가?(단, 구조물 자중에 의한 $w_D = 6.72$kN/m, $f_{ck} = 24$MPa, $f_y = 300$MPa, $\lambda = 1$, $b_w = 400$mm, $d = 600$mm, $h = 700$mm)

① 424.43kN
② 530.53kN
③ 565.91kN
④ 571.40kN

[해설]

공칭 전단력($V_s$) 산출

• $\phi V_s = V_{u,d} - \phi V_c$

$V_s = \dfrac{V_{ud} - \phi V_c}{\phi}$

• 위험단면에서의 전단 $V_{u,d}$ 산출
$V_{u,d} = V_u - w_u \times d = 672.24 - 168.06 \times 0.6 = 571.4$kN

여기서, 지점에서의 전단력 $V_u = \dfrac{168.06 \times 8}{2} = 672.24$kN,

극한하중 $w_u = 1.2D + 1.6L = 1.2 \times 6.72 + 1.6 \times 100$
$= 168.06$kN/m

• 콘크리트의 설계전단강도 $\phi V_c$ 산출

$\phi V_s = \phi \left[ \dfrac{1}{6} \lambda \sqrt{f_{ck}} b \cdot d \right]$

$= 0.75 \left[ \dfrac{1}{6} 1.0 \sqrt{24} \times 400 \times 600 \right] \times 10^{-3} = 146.97$kN

∴ $V_s = \dfrac{V_{u,d} - \phi V_c}{\phi} = \dfrac{571.4 - 146.97}{0.75} = 565.9$kN

**46** 다음 그림과 같은 보에서 A점의 수직반력을 구하면?

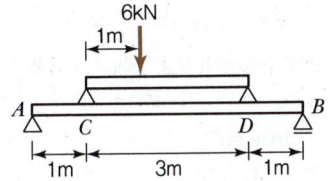

① 2.4kN
② 3.6kN
③ 4.8kN
④ 6.0kN

[해설]

A점의 수직반력 산출
• 상부보의 하중을 분할하면 C지점에는 4kN, D지점에는 2kN의 반력이 작용하게 된다. 작용반작용에 의해 C지점에는 수직력 4kN, D지점에는 수직력 2kN이 작용하게 된다.
• $R_A$ 산출
$\Sigma M_B = 0$
$\Sigma M_B = R_A \times 5 - 4 \times 4 - 2 \times 1 = 0$
$R_A = 3.6$kN

**47** 단일 압축재에서 세장비를 구할 때 필요하지 않은 것은?

① 유효좌굴길이
② 단면적
③ 탄성계수
④ 단면2차모멘트

정답 43 ② 44 ② 45 ③ 46 ② 47 ③

[해설]

세장비 산출

$$\lambda = \frac{KL}{r_{min}} = \frac{KL}{\sqrt{\frac{I_{min}}{A}}}$$

여기서, $KL$ : 유효좌굴길이
$r_{min}$ : 단면2차반경
$I_{min}$ : 단면2차모멘트
$A$ : 단면적

**48** 모살치수 8mm, 용접길이 500mm인 양면모살용접 전체의 유효단면적은 약 얼마인가?

① 2,100mm²   ② 3,221mm²
③ 4,300mm²   ④ 5,421mm²

[해설]

필릿(모살) 용접부의 유효면적($A_w$) 산출
$A_w = a \cdot l_e = 0.7s \times (l - 2s) = 0.7 \times 8 \times (500 - 2 \times 8)$
$= 2,710.4 \text{mm}^2$
∴ 양면이므로 $2,710.4 \times 2 = 5,420.8 ≒ 5,421 \text{mm}^2$

**49** 압축이형철근(D19)의 기본정착길이를 구하면?(단, 보통콘크리트 사용, D19의 단면적 : 287mm², $f_{ck}$ = 21MPa, $f_y$ = 400MPa)

① 674mm   ② 570mm
③ 482mm   ④ 415mm

[해설]

다음 중 큰 값을 기본정착길이로 산정한다.

• $l_{db} = \frac{0.25 d_b f_y}{\lambda \sqrt{f_{ck}}} = \frac{0.25 \times 19 \times 400}{1 \times \sqrt{21}} = 414.6 ≒ 415 \text{mm}$

• $l_{db} = 0.043 d_b f_y = 0.043 \times 19 \times 400 = 326.8 \text{mm}$

∴ 둘 중 큰 값인 415mm가 기본 정착길이가 된다.

**50** 기초 설계 시 인접대지를 고려하여 편심기초를 만들고자 한다. 이때 편심기초의 지내력이 균등해지도록 하기 위한 가장 타당한 방법은?

① 지중보를 설치한다.
② 기초 면적을 넓힌다.
③ 기둥의 단면적을 크게 한다.
④ 기초 두께를 두껍게 한다.

[해설]

지중보는 기초와 주각부를 연결하는 수평보로서 기초에 중심축 하중을 유도하여 건축물의 부등침하를 억제한다.

**51** 바람의 난류로 인해 발생되는 구조물의 동적 거동 성분을 나타내는 것으로 평균변위에 대한 최대변위의 비를 통계적인 값으로 나타낸 계수는?

① 활하중저감계수   ② 중요도계수
③ 가스트영향계수   ④ 지역계수

[해설]

가스트영향계수는 바람의 난류로 인해 발생되는 구조물의 동적 거동 성분이다.

**52** 독립기초에 $N$ = 20kN, $M$ = 10kN·m가 작용할 때 접지압이 압축력만 발생하도록 하기 위한 기초 저면의 최소길이는?(단, 직사각형 단면의 기초이다.)

① 2m   ② 3m
③ 4m   ④ 5m

[해설]

기초저면의 최소길이 $l$ 산출

• 직사각형 단면일 경우 편심길이 $e = \frac{l}{6} \rightarrow l = 6 \times e$

• 모멘트 $M = N \times e$ 이므로 $e = \frac{M}{N} = \frac{10}{20} = 0.5$

∴ $l = 6 \times e = 6 \times 0.5 = 3 \text{m}$

**53** 다음 그림과 같은 내민보에서 휨모멘트가 0이 되는 두 개의 반곡점 위치를 구하면?(단, 반곡점 위치는 $A$점으로부터의 거리임)

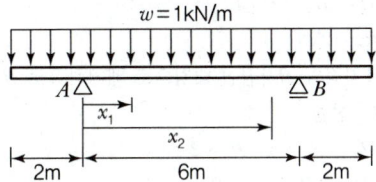

① $x_1 = 0.765\text{m}, \ x_2 = 5.235\text{m}$
② $x_1 = 0.785\text{m}, \ x_2 = 5.215\text{m}$
③ $x_1 = 0.805\text{m}, \ x_2 = 5.195\text{m}$
④ $x_1 = 0.825\text{m}, \ x_2 = 5.175\text{m}$

[해설]

반곡점 위치 산출
반곡점은 $M$이 0이 되는 지점이다.
- $M_x = 0$
  $M_x = V_A \times x - w \times (2+x) \times \dfrac{2+x}{2} = 0$
  $M_x = V_A \times x - \dfrac{w(2+x)^2}{2} = 0$
- $V_A$ 산출 : $A$와 $B$가 대칭 위치에 있으므로 전체 하중을 반반씩 나눠서 지지한다.
  $V_A = 5\text{kN}$
- $M_x = V_A \times x - \dfrac{w(2+x)^2}{2} = 5x - \dfrac{1 \times (2+x)^2}{2}$
  $= -0.5x^2 + 3x - 2 = 0$
  ∴ $x_1 = 0.765\text{m}, \ x_2 = 5.235\text{m}$

**54** 그림과 같은 철근 콘크리트보의 균열모멘트($M_{cr}$) 값은?(단, 보통중량콘크리트 사용, $f_{ck} = 24\text{MPa}$, $f_y = 400\text{MPa}$)

① $21.5\text{kN} \cdot \text{m}$
② $33.6\text{kN} \cdot \text{m}$
③ $42.8\text{kN} \cdot \text{m}$
④ $55.6\text{kN} \cdot \text{m}$

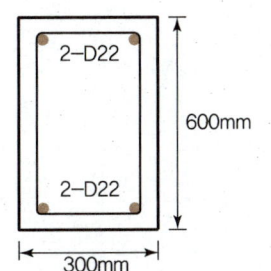

[해설]

균열모멘트($M_{cr}$) 산출
$M_{cr} = Z \cdot f_r = \left(\dfrac{bh^2}{6}\right) \times (0.63 \times \gamma \times \sqrt{f_{ck}})$
$= \left(\dfrac{300 \times 600^2}{6}\right) \times (0.63 \times 1 \times \sqrt{24})$
$= 55,554,427\text{N} \cdot \text{mm}^2 \times 10^{-6} = 55.55\text{kN} \cdot \text{m}$

여기서, $\lambda$ : 콘크리트 중량 계수(보통중량일 경우 1)

**55** 강구조에서 용접선 단부에 붙인 보조판으로 아크의 시작이나 종단부의 크레이터 등의 결함을 방지하기 위해 붙이는 판은?

① 엔드탭        ② 스티프너
③ 윙플레이트     ④ 커버플레이트

[해설]

앤드탭(End Tab)
용접선의 단부에 붙인 보조판으로 아크의 시작이나 종단부의 크레이터 등의 결함을 방지하기 위해 사용하고 용접 후 제거한다.

**56** 강구조의 소성설계와 관계없는 항목은?

① 소성힌지      ② 안전율
③ 붕괴기구      ④ 하중계수

[해설]

소성설계법은 강재의 인성과 구조물의 부정 정도를 효과적으로 이용하여 강재의 경제성을 높이기 위한 설계방법으로 계수하중(하중계수)을 사용하는 방법이다. 안전율은 허용응력설계법에 적용되는 항목이다.

**57** 다음 캔틸레버보의 자유단의 처짐각은?(단, 탄성계수 $E$, 단면 2차모멘트 $I$)

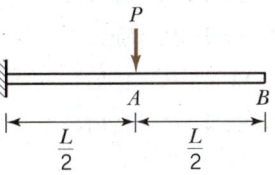

정답  53 ①  54 ④  55 ①  56 ②  57 ④

① $\dfrac{PL^2}{2EI}$   ② $\dfrac{PL^2}{3EI}$

③ $\dfrac{PL^2}{6EI}$   ④ $\dfrac{PL^2}{8EI}$

[해설]

캔틸레버보 중앙 집중하중 작용 시 처짐각은 $\dfrac{PL^2}{8EI}$이다.

**58** 그림과 같은 구조물의 부정정차수는?

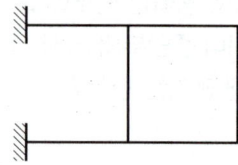

① 3차 부정정   ② 4차 부정정
③ 5차 부정정   ④ 6차 부정정

[해설]

부정정차수 산출
N = 반력수 + 부재수 + 강절점수 − 2 × 절점수
  = 6 + 6 + 6 − 2 × 6 = 6 → 6차 부정정

**59** 다음 그림은 각 구간에서 직선적으로 변화하는 단순보의 모멘트도이다. $C$점과 $D$점에 동일한 힘 $P_1$이 작용하고 보의 중앙점 $E$에 $P_2$가 작용할 때 $P_1$과 $P_2$의 절대값은?

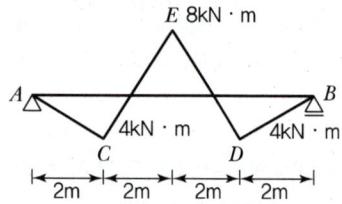

① $P_1 = 4\text{kN}$, $P_2 = 6\text{kN}$
② $P_1 = 4\text{kN}$, $P_2 = 8\text{kN}$
③ $P_1 = 8\text{kN}$, $P_2 = 10\text{kN}$
④ $P_1 = 8\text{kN}$, $P_2 = 12\text{kN}$

[해설]

$P_1$과 $P_2$의 절대값 산출
- $R_A$ 산출
  $M_C = R_A \times 2 = 4$
  $R_A = 2\text{kN}$
  $A$지점과 $B$지점이 대칭으로 배치하므로 $R_B = R_A = 2\text{kN}$
- $P_1$ 산출
  $M_E = R_A \times 4 - P_1 \times 2 = -8$
  $2 \times 4 - P_1 \times 2 = -8$
  $P_1 = 8\text{kN}$
- $P_2$ 산출
  $M_O = R_A \times 6 - 8 \times 4 + P_2 \times 2 = 4$
  $2 \times 6 - 8 \times 4 + P_2 \times 2 = 4$
  $P_2 = 12\text{kN}$

**60** 한계상태설계법에 따라 강구조물을 설계할 때 고려되는 강도한계상태가 아닌 것은?

① 기둥의 좌굴
② 접합부 파괴
③ 바닥재의 진동
④ 피로 파괴

[해설]

바닥재의 진동은 사용 한계상태에 해당한다.

※ 한계상태의 종류
- 사용한계상태 : 처짐, 균열, 피로, 진동 등
- 극한(강도)한계상태 : 재료강도 초과, 부재의 피로파괴, 좌굴 등

정답  58 ④  59 ④  60 ③

## 4과목 건축설비

**61** 겨울철 실내 유리창 표면에 발생하기 쉬운 결로의 방지 방법과 가장 거리가 먼 것은?

① 실내공기의 움직임을 억제한다.
② 실내에서 발생하는 수증기를 억제한다.
③ 이중유리로 하여 유리창의 단열성능을 높인다.
④ 난방기기를 이용하여 유리창 표면온도를 높인다.

[해설]
겨울철 결로를 예방하기 위해서는, 환기 등을 통해 낮은 습도를 가진 실외 공기를 유입하여, 실내 공기와 외기를 순환(움직임을 촉진)시킬 필요가 있다.

**62** 엘리베이터의 안전장치 중에서 카(Car)가 최상층이나 최하층에서 정상 운행위치를 벗어나 그 이상으로 운행하는 것을 방지하는 것은?

① 완충기(Butter)
② 조속기(Governor)
③ 리미트 스위치(Limit Switch)
④ 카운터 웨이트(Counter Weight)

[해설]
리미트 스위치(Limit Switch)
스토핑 스위치가 작동하지 않을 때 제2단의 작동으로 주회로를 차단하는 것으로서, 카(Car)가 최상층이나 최하층에서 정상 운행 위치를 벗어나 그 이상으로 운행하는 것을 방지하기 위한 안전장치로 적용되고 있으며, 제한 스위치라고도 한다.

**63** 도시가스 설비에서 도시가스 압력을 사용처에 맞게 낮추는 감압 기능을 갖는 기기는?

① 기화기
② 정압기
③ 압송기
④ 가스홀더

[해설]
정압기
건물에서 공급을 받을 때 중압으로 받은 후 필요에 따라 압력 조정을 해서 각 가스기기에 공급하게 되는데, 이 역할을 하는 기기를 정압기라고 하며, 이를 압력조정기 또는 거버너(Governor)라고도 한다.

**64** 공기조화방식 중 전수방식에 속하는 것은?

① 단일 덕트 방식
② 2중 덕트 방식
③ 멀티존 유니트 방식
④ 팬 코일 유니트 방식

[해설]
①, ②, ③은 전공기방식에 해당한다.

**65** 몰드 변압기에 관한 설명으로 옳지 않은 것은?

① 내진성이 우수하다.
② 내습성이 우수하다.
③ 반입, 반출이 용이하다.
④ 옥외 설치 및 대용량 제작이 용이하다.

[해설]
몰드 변압기(Molded Transformer, Castcoil Dry Transformer)는 권선 부분을 에폭시수지로 굳혀 절연한 건식 변압기로서, 내약품성 및 내열성, 내습성, 내진성능이 좋고, 반출입이 용이한 특성을 가지고 있으나 옥외설치 및 대용량 제작이 어렵다는 단점이 있다.

**66** 간선의 배선 방식 중 평행식에 관한 설명으로 옳은 것은?

① 설비비가 가장 저렴하다.
② 배선자재의 소요가 가장 적다.
③ 사고의 영향을 최소화할 수 있다.
④ 전압이 안정되나 부하의 증가에 적응할 수 없다.

정답  61 ①  62 ③  63 ②  64 ④  65 ④  66 ③

[해설]
평행식은 각 분전반마다 배전반으로부터 1 : 1 단독으로 배선되어, 사고 발생 시 그 범위를 좁힐 수 있다.

**67** 다음 설명에 알맞은 유체역학의 기본 원리는?

> 에너지 보존의 법칙을 유체의 흐름에 적용한 것으로서 유체가 갖고 있는 운동에너지, 중력에 의한 위치에너지 및 압력에너지의 총합은 흐름 내 어디에서나 일정하다.

① 사이펀 작용
② 파스칼의 원리
③ 뉴턴의 점성법칙
④ 베르누이의 정리

[해설]
베르누이의 정리
- 정상류, 비점성, 비압축성의 유체가 유선운동을 할 때 같은 유선상의 각 지점에서의 압력수두, 속도수두, 위치수두의 합은 일정하다는 법칙이다.
- 베르누이 방정식

압력수두 + 속도수두 + 위치수두 = $\dfrac{P}{\rho} + \dfrac{V^2}{2} + Zg$ = 일정

**68** 전기설비용 시설공간(실)의 계획에 관한 설명으로 옳지 않은 것은?

① 변전실은 부하의 중심에 설치한다.
② 변전실은 외부로부터 전력의 수전이 용이해야 한다.
③ 중앙감시실은 일반적으로 방재센터와 겸하도록 한다.
④ 발전기실은 변전실에서 최소 10m 이상 떨어진 위치에 배치한다.

[해설]
발전기실은 변전실과 가깝게 설치하는 것이 좋다.

**69** 급수 및 급탕설비에 사용되는 슬리브(Sleeve)에 관한 설명으로 옳은 것은?

① 사이펀 작용에 의한 트랩의 봉수 파괴 방지를 위해 사용한다.
② 스케일 부착 및 이물질 투입에 의한 관 폐쇄를 방지하기 위해 사용한다.
③ 가열장치 내의 압력이 설정압력을 넘는 경우에 압력을 도피시키기 위해 사용한다.
④ 배관 시 차후의 교체, 수리를 편리하게 하고 관의 신축에 무리가 생기지 않도록 하기 위해 사용한다.

[해설]
벽에 슬리브(Sleeve)를 설치하고 그 속으로 배관을 관통시킬 경우, 구조체와 배관을 분리(이격)시켜, 관의 설치 및 수리, 교체를 용이하게 할 수 있다.

**70** 아파트의 각 세대에 스프링클러헤드를 30개 설치한 경우, 스프링클러설비의 수원의 저수량은 최소 얼마 이상이 되도록 하여야 하는가?(단, 폐쇄형 스프링클러헤드를 사용한 경우)

① 12m³   ② 24m³
③ 36m³   ④ 48m³

[해설]
스프링클러의 수원의 저수량
스프링클러는 초기 화재 진화를 위하여 사용되는 설비로서, 헤드마다 분당 80L의 물을 20분간 분사할 수 있는 수원을 확보하고 있어야 한다.

80L/min × 20min × 30(헤드 수) = 48,000L = 48m³

**71** 평균 BOD 150ppm인 가정오수 1,000m³/d가 유입되는 오수정화조의 1일 유입 BOD량은?

① 150kg/d   ② 300kg/d
③ 45,000kg/d   ④ 150,000kg/d

[해설]

1일 유입 BOD(kg/d)
= 오수 유입량(kg/d) × 평균 BOD(ppm)
= 1,000m³/d × 150ppm
= 150,000ppm/d
= 0.15m³/d = 150kg/d

**72** 습공기를 가열할 경우 감소하는 상태값은?

① 엔탈피   ② 비체적
③ 상대습도   ④ 건구온도

[해설]

- 습공기를 가열할 경우, 상대습도는 낮아지게 된다.
- 겨울철 난방부하 제거를 위해 습공기를 가열할 경우, 상대습도가 낮아져 가습하여 실내로 취출하는 것이 일반적이다.

**73** 냉각탑에 관한 설명으로 옳은 것은?

① 고압의 액체냉매를 증발시켜 냉동효과를 얻게 하는 설비이다.
② 증발기에서 나온 수증기를 냉각시켜 물이 되도록 하는 설비이다.
③ 대기 중에서 기체냉매를 냉각시켜 액체냉매로 응축하기 위한 설비이다.
④ 냉매를 응축시키는 데 사용된 냉각수를 재사용하기 위하여 냉각시키는 설비이다.

[해설]

냉각탑(Cooling Tower)
냉각탑은 냉동기의 냉각수를 재활용하기 위해, 응축기의 응축열을 대기 중에 방출하여 냉각시키는 장치이다.

**74** 온수난방의 일반적인 특징에 관한 설명으로 옳지 않은 것은?

① 한랭지에서는 운전정지 중에 동결의 위험이 있다.
② 난방을 정지하여도 난방 효과가 어느 정도 지속된다.
③ 증기난방에 비하여 난방부하 변동에 따른 온도조절이 용이하다.
④ 증기난방에 비하여 소요방열면적과 배관경이 작게 되므로 설비비가 적게 든다.

[해설]

온수난방은 증기난방에 비하여 소요 방열면적과 관경이 커서, 초기 설비비가 많이 들어간다.

**75** 다음 중 냉방부하 계산 시 현열과 잠열 모두 고려하여야 하는 요소는?

① 덕트로부터의 취득열량
② 유리로부터의 취득열량
③ 벽체로부터의 취득열량
④ 극간풍에 의한 취득 열량

[해설]

극간풍은 의도치 않은 외기도입(환기)으로서, 현열의 전달뿐만 아니라, 습의 유입에 따른 잠열부하의 증감을 가져오게 된다.

**76** 면적이 100m²인 어느 강당의 야간 소요 평균 조도가 300lx이다. 1개당 광속이 2,000lm인 형광등을 사용할 경우 소요 형광등 수는?(단, 조명률은 60%이고 감광보상률은 1.5이다.)

① 25개   ② 29개
③ 34개   ④ 38개

[해설]

소요 전등(형광등)의 수($N$)

$$N = \frac{E(\text{조도}) \cdot A(\text{면적}) \cdot D(\text{감광보상률})}{F(\text{램프 1개의 광속}) \cdot U(\text{조명률})}$$

$$= \frac{300 \times 100 \times 1.5}{2,000 \times 0.6}$$

$$= 37.5 ≒ 38개$$

정답  72 ③  73 ④  74 ④  75 ④  76 ④

**77** 다음 중 방송공동수신 설비의 구성 기기에 속하지 않는 것은?

① 혼합기  ② 모시계
③ 컨버터  ④ 증폭기

[해설]
모시계는 전기시계설비의 구성 기기로서 대규모 시설에 주로 이용되는 타입이다.

**78** 급수방식 중 고가수조방식에 관한 설명으로 옳은 것은?

① 대규모의 급수 요인에 쉽게 대응할 수 있다.
② 저수조가 없으므로 단수 시에 급수할 수 없다.
③ 수도 본관의 영향을 그대로 받아 수압 변화가 심하다.
④ 위생 및 유지·관리 측면에서 가장 바람직한 방식이다.

[해설]
②, ③, ④는 수도직결방식에 대한 설명이다.

**79** 습공기의 건구온도와 습구온도를 알 때 습공기선도에서 구할 수 있는 상태값이 아닌 것은?

① 엔탈피  ② 비체적
③ 기류속도  ④ 절대습도

[해설]
습공기선도는 임의의 습공기의 열적상태를 나타내는 선도로서, 기류속도는 습공기선도상에 표기되어 있지 않다.

**80** 변풍량 단일덕트방식에서 송풍량 조절의 기준이 되는 것은?

① 실내 청정도  ② 실내 기류속도
③ 실내 현열부하  ④ 실내 잠열부하

[해설]
송풍량의 조절은 실내온도와 송풍기취출점온도 간의 온도차를 반영하여 실내 현열부하를 기준으로 산출한다.

## 5과목 건축법규

**81** 건축물의 대지 및 도로에 관한 설명으로 틀린 것은?

① 손궤의 우려가 있는 토지에 대지를 조성하고자 할 때 옹벽의 높이가 2m 이상인 경우에는 이를 콘크리트구조로 하여야 한다.
② 면적이 100m² 이상인 대지에 건축을 하는 건축주는 대지에 조경이나 그 밖에 필요한 조치를 하여야 한다.
③ 연면적의 합계가 2천m²(공장인 경우 3천m²) 이상인 건축물(축사, 작물 재배사, 그 밖에 이와 비슷한 건축물로서 건축조례로 정하는 규모의 건축물은 제외)의 대지는 너비 6m 이상의 도로에 4m 이상 접하여야 한다.
④ 도로면으로부터 높이 4.5m 이하에 있는 창문은 열고 닫을 때 건축선의 수직면을 넘지 아니하는 구조로 하여야 한다.

[해설]
대지의 조경
면적이 200m² 이상인 대지에 건축을 하는 건축주는 용도지역 및 건축물의 규모에 따라 해당 지방자치단체의 조례로 정하는 기준에 따라 대지에 조경이나 그 밖에 필요한 조치를 하여야 한다.

**82** 건축허가신청에 필요한 설계도서에 해당하지 않는 것은?

① 배치도  ② 투시도
③ 건축계획서  ④ 건축설비도

정답  77 ②  78 ①  79 ③  80 ③  81 ②  82 ②

[해설]
허가 시 제출 설계도서
건축계획서, 배치도, 평면도, 입면도, 단면도, 구조도(구조안전 확인 또는 내진설계 대상 건축물), 구조계산서(구조안전 확인 또는 내진설계 대상 건축물), 소방설비도

**83** 직통계단의 설치에 관한 기준 내용 중 밑줄 친 "다음 각 호의 어느 하나에 해당하는 용도 및 규모의 건축물"의 기준 내용으로 틀린 것은?

> 법 제49조제1항에 따라 피난층 외의 층이 <u>다음 각 호의 어느 하나에 해당하는 용도 및 규모</u>의 건축물에는 국토교통부령으로 정하는 기준에 따라 피난층 또는 지상으로 통하는 직통계단을 2개소 이상 설치하여야 한다.

① 지하층으로서 그 층 거실의 바닥면적의 합계가 200m² 이상인 것
② 종교시설의 용도로 쓰는 층으로서 그 층에서 해당 용도로 쓰는 바닥면적의 합계가 200m² 이상인 것
③ 숙박시설의 용도로 쓰는 3층 이상의 층으로서 그 층의 해당 용도로 쓰는 거실의 바닥면적의 합계가 200m² 이상인 것
④ 업무시설 중 오피스텔의 용도로 쓰는 층으로서 그 층의 해당 용도로 쓰는 거실의 바닥면적의 합계가 200m² 이상인 것

[해설]
업무시설 중 오피스텔의 용도로 쓰는 층으로서 그 층의 해당 용도로 쓰는 거실의 바닥면적의 합계가 300m² 이상인 것이 해당한다.

**84** 거실의 채광 및 환기에 관한 규정으로 옳은 것은?

① 교육연구시설 중 학교의 교실에는 채광 및 환기를 위한 창문 등이나 설비를 설치하여야 한다.
② 채광을 위하여 거실에 설치하는 창문 등의 면적은 그 거실의 바닥면적의 20분의 1 이상이어야 한다.
③ 환기를 위하여 거실에 설치하는 창문 등의 면적은 그 거실의 바닥면적 10분의 1 이상이어야 한다.
④ 채광 및 환기를 위한 창문 등의 면적에 관한 규정을 적용함에 있어서 수시로 개방할 수 있는 미닫이로 구획된 2개의 거실은 이를 2개의 거실로 본다.

[해설]
② 채광을 위하여 거실에 설치하는 창문 등의 면적은 그 거실의 바닥면적의 10분의 1 이상이어야 한다.
③ 환기를 위하여 거실에 설치하는 창문 등의 면적은 그 거실의 바닥면적 20분의 1 이상이어야 한다.
④ 채광 및 환기를 위한 창문 등의 면적에 관한 규정을 적용함에 있어서 수시로 개방할 수 있는 미닫이로 구획된 2개의 거실은 이를 1개의 거실로 본다.

**85** 다음 중 건축면적에 산입하지 않는 대상 기준으로 틀린 것은?

① 지하주차장의 경사로
② 지표면으로부터 1.8m 이하에 있는 부분
③ 건축물 지상층에 일반인이 통행할 수 있도록 설치한 보행통로
④ 건축물 지상층에 차량이 통행할 수 있도록 설치한 차량통로

[해설]
지표면으로부터 1.0m 이하에 있는 부분은 건축면적에 산입하지 않는다.

**86** 시가화조정구역의 지정과 관련된 기준 내용 중 밑줄 친 "대통령령으로 정하는 기간"으로 옳은 것은?

> 시·도지사는 직접 또는 관계 행정기관의 장의 요청을 받아 도시지역과 그 주변 지역의 무질서한 시가화를 방지하고 계획적·단계적인 개발을 도모하기 위하여 <u>대통령령으로 정하는 기간</u> 동안 시가화를 유보할 필요가 있다고 인정되면 시가화 조정구역의 지정 또는 변경을 도시·군 관리계획으로 결정할 수 있다.

① 5년 이상 10년 이내의 기간
② 5년 이상 20년 이내의 기간
③ 7년 이상 10년 이내의 기간
④ 7년 이상 20년 이내의 기간

정답  83 ④  84 ①  85 ②  86 ②

[해설]
시가화조정구역의 지정[국토의 계획 및 이용에 관한 법률 시행령 제32조]
"대통령령으로 정하는 기간"이란 5년 이상 20년 이내의 기간을 말한다.

**87** 지방건축위원회의가 심의 등을 하는 사항에 속하지 않는 것은?

① 건축선의 지정에 관한 사항
② 다중이용 건축물의 구조안전에 관한 사항
③ 특수구조 건축물의 구조안전에 관한 사항
④ 경관지구 내의 건축물의 건축에 관한 사항

[해설]
지방건축위원회의 심의사항[건축법 시행령 제5조의 5]
• 건축선(建築線)의 지정에 관한 사항
• 다중이용 건축물 및 특수구조 건축물의 구조안전에 관한 사항

**88** 위락시설의 시설면적이 $1,000m^2$일 때 주차장법령에 따라 설치해야 하는 부설주차장의 설치 기준은?

① 10대   ② 13대
③ 15대   ④ 20대

[해설]
위락시설 시설면적 $100m^2$당 1대(시설면적/$100m^2$)
∴ 1,000/100 = 10대

**89** 공동주택과 오피스텔의 난방설비를 개별난방 방식으로 하는 경우에 관한 기준 내용으로 틀린 것은?

① 보일러는 거실 외의 곳에 설치할 것
② 보일러실의 윗부분에는 그 면적이 $0.5m^2$ 이상인 환기창을 설치할 것
③ 보일러실과 거실 사이의 출입구는 그 출입구가 닫힌 경우에는 보일러가스가 거실에 들어갈 수 없는 구조로 할 것

④ 보일러의 연도는 내화구조로서 개별연도로 설치할 것

[해설]
보일러의 연도는 내화구조로서 공동연도로 설치해야 한다.

**90** 다음 중 국토의 계획 및 이용에 관한 법령상 공공시설에 속하지 않는 것은?

① 공동구   ② 방풍설비
③ 사방설비   ④ 쓰레기 처리장

[해설]
공공(公共)시설[국토의 계획 및 이용에 관한 법률 제2조, 시행령 제4조]
도로·공원·철도·수도·항만·공항·광장·녹지·공공공지·공동구·하천·유수지·방화설비·방풍설비·방수설비·사방설비·방조설비·하수도·구거(溝渠: 도랑)

**91** 6층 이상의 거실면적의 합계가 $5,000m^2$인 경우, 다음 중 승용승강기를 가장 많이 설치해야 하는 것은?(단, 8인승 승용승강기를 설치하는 경우)

① 위락시설   ② 숙박시설
③ 판매시설   ④ 업무시설

[해설]
건축물 용도별 기본 설치 대수를 물어보는 문제이다.
①, ②, ④는 2대, ③은 1대이다.

※ 건축물 용도별 기본 설치 대수

| 건축물의 용도 | 기본 설치 대수 |
| --- | --- |
| • 문화 및 집회시설(공연·집회·관람장)<br>• 판매시설<br>• 의료시설(병원·격리병원) | 2대 |
| • 문화 및 집회시설(전시장 및 동·식물원)<br>• 위락시설<br>• 숙박시설<br>• 업무시설 | 1대 |
| • 공동주택<br>• 교육연구시설<br>• 노유자시설<br>• 그 밖의 시설 | 1대 |

정답  87 ④  88 ①  89 ④  90 ④  91 ③

**92** 지하식 또는 건축물식 노외주차장의 차로에 관한 기준 내용으로 틀린 것은?

① 경사로의 노면은 거친 면으로 하여야 한다.
② 높이는 주차바닥면으로부터 2.3m 이상으로 하여야 한다.
③ 경사로의 종단경사도는 직선 부분에서는 14%를 초과하여서는 아니 된다.
④ 주차대수 규모가 50대 이상인 경우의 경사로는 너비 6m 이상인 2차로를 확보하거나 진입차로와 진출차로를 분리하여야 한다.

[해설]
경사로의 종단경사도는 직선 부분에서는 17%를 초과하여서는 안 되며, 곡선 부분에서는 14%를 초과하여서는 안 된다.

**93** 다음은 건축물의 사용승인에 관한 기준 내용이다. ( ) 안에 알맞은 것은?

> 건축주가 허가를 받았거나 신고를 한 건축물의 건축공사를 완료한 후 그 건축물을 사용하려면 공사 감리자가 작성한 ( ㉠ )와 국토교통부령으로 정하는 ( ㉡ )를 첨부하여 허가권자에게 사용승인을 신청하여야 한다.

① ㉠ 설계도서, ㉡ 시방서
② ㉠ 시방서, ㉡ 설계도서
③ ㉠ 감리완료보고서, ㉡ 공사완료도서
④ ㉠ 공사완료도서, ㉡ 감리완료보고서

[해설]
건축물의 사용승인
건축주가 허가를 받았거나 신고를 한 건축물의 건축공사를 완료한 후 그 건축물을 사용하려면 공사감리자가 작성한 감리완료보고서와 국토교통부령으로 정하는 공사완료도서를 첨부하여 허가권자에게 사용승인을 신청하여야 한다.

**94** 공사감리자의 업무에 속하지 않는 것은?

① 시공계획 및 공사관리의 적정여부의 확인
② 상세 시공도면의 검토·확인
③ 설계변경의 적정여부의 검토·확인
④ 공정표 및 현장설계도면 작성

[해설]
공정표 및 현장설계도면의 작성은 공사시공자의 업무이다.

**95** 제2종 일반주거지역 안에서 건축할 수 있는 건축물에 속하지 않는 것은?

① 아파트
② 노유자시설
③ 종교시설
④ 문화 및 집회시설 중 관람장

[해설]
제2종 일반주거지역에서 건축할 수 있는 건축물
단독주택, 공동주택, 제1종 근린생활시설, 제2종 근린생활시설(단란주점 및 안마시술소는 제외), 종교시설, 교육연구시설 중 유치원·초등학교·중학교 및 고등학교, 노유자시설, 문화 및 집회시설(관람장은 제외)

**96** 주거기능을 위주로 이를 지원하는 일부 상업기능 및 업무기능을 보완하기 위하여 지정하는 주거지역의 세분은?

① 준주거지역
② 제1종 전용주거지역
③ 제1종 일반주거지역
④ 제2종 일반주거지역

[해설]
② 제1종 전용주거지역 : 단독주택 중심의 양호한 주거환경을 보호하기 위하여 필요한 지역
③ 제1종 일반주거지역 : 저층 주택을 중심으로 편리한 주거환경을 조성하기 위하여 필요한 지역
④ 제2종 일반주거지역 : 중층 주택을 중심으로 편리한 주거환경을 조성하기 위하여 필요한 지역

정답  92 ③  93 ③  94 ④  95 ④  96 ①

**97** 다음 중 피난층이 아닌 거실에 배연설비를 설치하여야 하는 대상 건축물에 속하지 않는 것은?(단, 6층 이상인 건축물의 경우)

① 판매시설
② 종교시설
③ 교육연구시설 중 학교
④ 운수시설

[해설]

6층 이상의 건축물로서 배연시설을 설치해야 하는 대상
- 제2종 근린생활시설 중 공연장, 종교집회장, 인터넷컴퓨터게임시설제공업소 및 다중생활시설(공연장, 종교집회장 및 인터넷컴퓨터게임시설제공업소는 해당 용도로 쓰는 바닥면적의 합계가 각각 $300m^2$ 이상인 경우만 해당한다)
- 문화 및 집회시설, 종교시설, 판매시설, 운수시설
- 의료시설(요양병원 및 정신병원은 제외한다), 교육연구시설 중 연구소
- 노유자시설 중 아동 관련 시설, 노인복지시설(노인요양시설은 제외한다)
- 수련시설 중 유스호스텔, 운동시설, 업무시설, 숙박시설, 위락시설

**98** 다음 거실의 반자높이와 관련된 기준 내용 중 (   ) 안에 해당되지 않는 건축물의 용도는?

> (    )의 용도에 쓰이는 건축물의 관람실 또는 집회실로서 그 바닥면적이 $200m^2$ 이상인 것의 반자의 높이는 4m(노대의 아랫부분의 높이는 2.7m) 이상이어야 한다. 다만, 기계환기장치를 설치하는 경우에는 그렇지 않다.

① 문화 및 집회시설 중 동·식물원
② 장례식장
③ 위락시설 중 유흥주점
④ 종교시설

[해설]

문화 및 집회시설 중 전시장 및 동·식물원은 제외한다.

**99** 대통령령으로 정하는 용도와 규모의 건축물이 소규모 휴식시설 등의 공개 공지 또는 공개 공간을 설치하여야 하는 대상 지역에 해당되지 않는 곳은?

① 준공업지역
② 일반공업지역
③ 일반주거지역
④ 준주거지역

[해설]

공개공지 확보 필요 대상 지역
- 일반주거지역, 준주거지역
- 상업지역
- 준공업지역

**100** 주요구조부가 내화구조 또는 불연재료로 된 건축물로서 국토교통부령으로 정하는 기준에 따라 내화구조로 된 바닥·벽 및 60+ 방화문 또는 60분 방화문으로 구획하여야 하는 연면적 기준은?

① $400m^2$ 초과
② $500m^2$ 초과
③ $1,000m^2$ 초과
④ $1,500m^2$ 초과

[해설]

방화구획 방법
주요 구조부가 내화구조 또는 불연재료로 된 건축물로 연면적이 $1,000m^2$가 넘는 것은 다음과 같이 내화구조의 바닥, 벽 및 60+ 방화문 또는 60분 방화문(자동셔터 포함)으로 구획하여야 한다.

정답  97 ③  98 ①  99 ②  100 ③

# 04 제4회 CBT 실전모의고사

## 1과목 건축계획

**01** 쇼핑센터의 몰(Mall)의 계획에 관한 설명으로 옳지 않은 것은?

① 전문점들과 중심상점의 주출입구는 몰에 면하도록 한다.
② 몰에는 자연광을 끌어들여 외부공간과 같은 성격을 갖게 하는 것이 좋다.
③ 다층으로 계획할 경우, 시야의 개방감을 적극적으로 고려하는 것이 좋다.
④ 중심상점들 사이의 몰의 길이는 10m를 초과하지 않아야 하며, 길이 40~50m마다 변화를 주는 것이 바람직하다.

[해설]
쇼핑센터 몰(Mall)의 계획
- 몰의 길이는 점포의 필요 면적과 점포의 수에 따라서 결정되나, 일반적으로 20~30m 정도가 적당하다.
- 그 이상의 경우에는 어느 정도의 길이를 단위로 하여, 변화를 주거나 다층화하여 단조롭지 않게 하는 것이 필요하다.

**02** 연속적인 주제를 선(線)적으로 관계성 깊게 표현하기 위하여 전경(全景)으로 펼쳐지도록 연출하는 것으로 맥락이 중요시될 때 사용되는 특수전시기법은?

① 아일랜드 전시
② 파노라마 전시
③ 하모니카 전시
④ 디오라마 전시

[해설]
파노라마(Panorama) 전시
- 파노라마란 전경(全景)이라는 뜻으로, 실내에서 관객에게 실제 경관을 보듯, 전경으로 펼쳐지도록 연출하는 전시기법이다.
- 배경으로는 흔히 회화, 사진, 그래픽 패턴 등이 사용된다.

**03** 다음 설명에 알맞은 극장 건축의 평면형식은?

- 가까운 거리에서 관람하면서 가장 많은 관객을 수용할 수 있다.
- 객석과 무대가 하나의 공간에 있으므로 양자의 일체감이 높다.
- 무대의 배경을 만들지 않으므로 경제성이 있다.

① 아레나(Arena)형
② 가변형(Adaptable Stage)
③ 프로시니엄(Proscenium)형
④ 오픈 스테이지(Open Stage)형

[해설]
아레나(Arena)형에 대한 설명이다. 위 보기에서의 장점과 더불어 연기 도중 다른 연기자를 가리는 단점을 갖고 있는 타입이다.

**04** 아파트 형식에 관한 설명으로 옳지 않은 것은?

① 계단실형은 거주의 프라이버시가 높다.
② 편복도형 복도에서 각 세대로 진입하는 형식이다.
③ 메조넷형은 평면구성의 제약이 적어 소규모 주택에 주로 이용된다.
④ 플랫형은 각 세대의 주거단위가 동일한 층에 배치 구성된 형식이다.

[해설]
메조넷형(Maisonette Type) 아파트의 경우 소규모 주택($50m^2$ 이하)에서는 비경제적이다.

**05** 학교운영방식에 관한 설명으로 옳지 않은 것은?

① 종합교실형은 각 학급마다 가정적인 분위기를 만들 수 있다.
② 교과교실형은 초등학교 저학년에 대해 가장 권장되는 방식이다.
③ 플래툰형은 미국의 초등학교에서 과밀을 해소하기 위해 실시한 것이다.

정답  01 ④  02 ②  03 ①  04 ③  05 ②

④ 달톤형은 학급, 학년 구분을 없애고 학생들은 각자의 능력에 따라 교과를 선택하고 일정한 교과를 끝내면 졸업하는 방식이다.

[해설]

교과교실형은 일반교실이 없고, 모든 교실이 특별교실로 이루어져 있어 학생의 이동이 매우 빈번하게 되어 초등학교 저학년에는 적합하지 않은 방식이다. 초등학교 저학년의 경우는 학생의 이동이 최소화 되는 종합교실형이 적합한 형식이다.

**06** 다음 중 단독주택의 현관 위치 결정에 가장 주된 영향을 끼치는 것은?

① 방위
② 주택의 층수
③ 거실의 위치
④ 도로와의 관계

[해설]

현관의 위치를 결정하는 조건
• 도로의 위치(가장 주된 영향)
• 건축 및 대지의 형태
• 대문의 위치

**07** 도서관의 열람실 및 서고계획에 관한 설명으로 옳지 않은 것은?

① 서고 안에 캐럴(Carrel)을 둘 수도 있다.
② 서고면적 1m²당 150~250권의 수장능력으로 계획한다.
③ 열람실은 성인 1인당 3.0~3.5m²의 면적으로 계획한다.
④ 서고실은 모듈러 플래닝(Modular Planning)이 가능하다.

[해설]

열람실은 성인 1인당 1.5~2.0m²의 면적으로 계획한다(통로 포함 시 2.5m²/인).

**08** 다음 중 건축계획에서 말하는 미의 특성 중 변화 또는 다양성을 얻는 방식과 가장 거리가 먼 것은?

① 억양(Accent)
② 대비(Contrast)
③ 균제(Proportion)
④ 대칭(Symmetry)

[해설]

대칭은 점이나 직선 또는 평면의 양쪽에 있는 부분이 똑같은 형태로 배치되어 있는 것으로서, 변화 혹은 다양성을 얻는 방식과는 거리가 멀다.

**09** 공장건축의 레이아웃(Layout)에 관한 설명으로 옳지 않은 것은?

① 제품 중심의 레이아웃은 대량생산에 유리하며 생산성이 높다.
② 레이아웃이란 생산품의 특성에 따른 공장의 건축면적 결정 방식을 말한다.
③ 공정 중심의 레이아웃은 다종 소량생산으로 표준화가 행해지기 어려운 경우에 적합하다.
④ 고정식 레이아웃은 조선소와 같이 조립부품이 고정된 장소에 있고 사람과 기계를 이동시키며 작업을 행하는 방식이다.

[해설]

레이아웃이란 공장 건축의 평면 요소 간 위치 관계를 결정하는 것을 말한다.

**10** 주택단지 도로의 유형 중 쿨데삭(Cul-de-sac)형에 관한 설명으로 옳은 것은?

① 단지 내 통과교통의 배제가 불가능하다.
② 교차로가 +자형이므로 자동차의 교통처리에 유리하다.
③ 우회도로가 없기 때문에 방재상 불리하다는 단점이 있다.
④ 주행속도 감소를 위해 도로의 교차방식을 주로 T자 교차로 한 형태이다.

[해설]
① 쿨데삭은 막다른 도로 형태를 사용함으로서 단지 내 통과교통을 배재할 수 있다.
② 교차로가 +자형으로서 자동차의 교통처리에 유리한 방식은 격자형 도로 형식이다.
④ 쿨데삭형은 외곽도로에서 각 주택으로 연결되는 막다른 도로의 형태로서 교차로를 두지 않는 특성이 있다.

## 11 사무소 건축의 실단위 계획에 관한 설명으로 옳지 않은 것은?

① 개실 시스템은 독립성과 쾌적감의 이점이 있다.
② 개방식 배치는 전면적을 유용하게 이용할 수 있다.
③ 개방식 배치는 개실 시스템보다 공사비가 저렴하다.
④ 개실 시스템은 연속된 긴 복도로 인해 방 깊이에 변화를 주기가 용이하다.

[해설]
개실 배치(Individual Room System)
복도를 통해 각 층의 여러 부분으로 들어가는 방법으로 유럽에서 널리 쓰인다.

| 장점 | 단점 |
| --- | --- |
| • 독립성과 쾌적감의 이점이 있다.<br>• 자연채광의 조건이 좋다. | • 공사비가 비교적 높다.<br>• 방 길이에는 변화를 줄 수 있으나 연속된 긴 복도 때문에 방 깊이에 변화를 줄 수 없다. |

## 12 미술관 전시실의 순회형식 중 연속 순회형식에 관한 설명으로 옳은 것은?

① 각 전시실에 바로 들어갈 수 있다는 장점이 있다.
② 연속된 전시실의 한 쪽 복도에 의해서 각 실을 배치한 형식이다.
③ 중심부에 하나의 큰 홀을 두고 그 주위에 각 전시실을 배치한 형식이다.
④ 전시실을 순서별로 통해야 하고, 한 실을 폐쇄하면 전체 동선이 막히게 된다.

[해설]
연속 순로(순회) 형식
• 사각형 또는 다각형의 각 전시실을 연속적으로 연결한 형식
• 단순하고 공간이 절약되는 이점이 있으나, 여러 실을 순서별로 통해야 하는 불편이 있다.
• 많은 실을 순서별로 통해야 하고 하나의 실을 폐문시키면 전체 동선이 막히게 되는 단점이 있다.
• 소규모의 전시실에 적합하다.
※ 대규모의 미술관 전시실의 순회 형식으로는 부적합하다.

## 13 사무소 건축의 코어 유형에 관한 설명으로 옳지 않은 것은?

① 편심코어형은 기준층 바닥면적이 작은 경우에 적합하다.
② 독립코어형은 코어를 업무공간에서 별도로 분리시킨 형식이다.
③ 중심코어형은 코어가 중앙에 위치한 유형으로 유효율이 높은 계획이 가능하다.
④ 양단코어형은 수직동선이 양 측면에 위치한 관계로 피난에 불리하다는 단점이 있다.

[해설]
양단코어형은 수직동선이 양 측면에 위치해 있어 양 방향으로 대피가 가능하여 피난에 유리하다는 장점이 있다.

## 14 비잔틴 건축에 관한 설명으로 옳지 않은 것은?

① 사라센 문화의 영향을 받았다.
② 도저렛(Dosseret)이 사용되었다.
③ 펜덴티브 돔(Pendentive Dome)이 사용되었다.
④ 평면은 주로 장축형 평면(라틴십자가)이 사용되었다.

[해설]
장축형 평면(라틴십자가)이 사용되었던 것은 로마네스크 양식의 특징이다.

정답  11 ④  12 ④  13 ④  14 ④

15 다음과 같은 특징을 갖는 에스컬레이터 배치 유형은?

> - 점유면적이 다른 유형에 비해 작다.
> - 연속적으로 승강이 가능하다.
> - 승객의 시야가 좋지 않다.

① 교차식 배치
② 직렬식 배치
③ 병렬 단속식 배치
④ 병렬 연속식 배치

[해설]
에스컬레이터의 배치유형

| 교차식 배치 | • 점유면적이 작다.<br>• 연속적으로 승강할 수 있다.<br>• 손님의 시계가 좋지 않다.<br>• 에스컬레이터 측면이 매장의 전망을 나쁘게 한다. |
|---|---|
| 직렬식 배치 | • 승객의 시야가 가장 넓다.<br>• 점유면적이 넓다.<br>• 손님의 시선이 한 방향으로 고정된다. |
| 병렬 단속식 배치 | • 승객의 시계가 좋다.<br>• 연속적으로 승강할 수 없고 걸어야 한다. |
| 병렬 연속식 배치 | • 승객의 시계가 좋다.<br>• 오르기와 내리기를 연속적으로 할 수 있다.<br>• 많은 스페이스를 필요로 한다. |

16 클로즈드 시스템(Closed System)의 종합병원에서 외래진료부 계획에 관한 설명으로 옳지 않은 것은?

① 환자의 이용이 편리하도록 2층 이하에 두도록 한다.
② 부속 진료시설을 인접하게 하여 이용이 편리하게 한다.
③ 중앙주사실, 약국은 정면 출입구에서 멀리 떨어진 곳에 둔다.
④ 외과 계통 각 과는 1실에서 여러 환자를 볼 수 있도록 대실로 한다.

[해설]
중앙주사실, 회계, 약국 등은 정면 출입구 근처에 설치한다.

17 다음 중 다포식(多包式) 건축으로 가장 오래된 것은?

① 창경궁 명정전
② 전등사 대웅전
③ 불국사 극락전
④ 심원사 보광전

[해설]
① 창경궁 명정전(조선 시대)
② 전등사 대웅전(조선 시대)
③ 불국사 극락전(조선 시대)
④ 심원사 보광전(고려 시대)

18 다음 중 시티 호텔에 속하지 않는 것은?

① 비치 호텔
② 터미널 호텔
③ 커머셜 호텔
④ 아파트먼트 호텔

[해설]
비치 호텔(Beach Hotel, 해변 호텔)은 리조트 호텔(Resort Hotel)에 속한다.

19 고대 그리스의 기둥 양식에 속하지 않는 것은?

① 도리아식
② 코린트식
③ 컴포지트식
④ 이오니아식

[해설]
컴포지트 오더(Composite Order)는 고대 로마시대 건축의 기둥 양식에 속한다.

20 주택의 동선계획에 관한 설명으로 옳지 않은 것은?

① 동선은 가능한 굵고 짧게 계획하는 것이 바람직하다.
② 동선의 3요소 중 속도는 동선의 공간적 두께를 의미한다.
③ 개인, 사회, 가사노동권의 3개 동선은 상호 간 분리하는 것이 좋다.
④ 화장실, 현관 등과 같이 사용빈도가 높은 공간은 동선을 짧게 처리하는 것이 중요하다.

정답 15 ① 16 ③ 17 ④ 18 ① 19 ③ 20 ②

[해설]
- 동선계획에서 속도는 얼마나 빠르게 이동할 수 있는가의 정도를 말하므로, 동선의 공간적 두께와는 관계없다.
- 빈도는 얼마나 많이(빈번히) 통행하느냐의 정도, 하중은 동선을 따라 통행 또는 이동하는 것에 대한 무게감의 정도를 의미한다.

## 2과목 건축시공

**21** 건축공사에서 VE(Value Engineering)의 사고방식으로 옳지 않은 것은?

① 기능분석  ② 제품 위주의 사고
③ 비용절감  ④ 조직적 노력

[해설]
VE는 개별 제품이 아닌 전체 프로젝트 관점에서 검토·분석을 실시하여 대상을 도출한다.

**22** 다음 중 도장공사를 위한 목부 바탕 만들기 공정으로 옳지 않은 것은?

① 오염, 부착물의 제거
② 송진의 처리
③ 옹이땜
④ 바니시칠

[해설]
바니시칠은 바탕공정이 아닌 상도 공정에 적용되는 상부칠 공법이다.

**23** 방부력이 약하고 도포용으로만 쓰이며, 상온에서 침투가 잘 되지 않고 흑색이므로 사용 장소가 제한되는 유성방부제는?

① 캐로신  ② PCP
③ 염화아연 4% 용액  ④ 콜타르

[해설]
방부력이 약하고 도포용으로만 쓰이는 것은 콜타르이며, 보기 중 방부력이 가장 우수한 방부제는 PCP이다.

**24** 달성가치(Earned Value)를 기준으로 원가관리를 시행할 때, 실제투입원가와 계획된 일정에 근거한 진행성과 차이를 의미하는 용어는?

① CV(Cost Variance)
② SV(Schedule Variance)
③ CPI(Cost Performance Index)
④ SP(Schedule Performance Index)

[해설]
비용편차를 찾는 문제이며, 비용편차를 의미하는 것은 CV(Cost Variance)이다.
② SV(Schedule Variance) : 공정편차
③ CPI(Cost Performance Index) : 비용생산성지수
④ SP(Schedule Performance Index) : 공정생산성지수

**25** 벽돌조 건물에서 벽량이란 해당 층의 바닥면적에 대한 무엇의 비를 말하는가?

① 벽면적의 총합계
② 내력벽 길이의 총합계
③ 높이
④ 벽두께

[해설]
$$\text{벽량}(\text{cm}/\text{m}^2) = \frac{\text{해당층 내력벽 길이의 합}(\text{cm})}{\text{해당층 바닥면적}(\text{m}^2)}$$

**26** 시멘트 200포를 사용하여 배합비가 1 : 3 : 6의 콘크리트를 비벼 냈을 때의 전체 콘크리트량은? (단, 물-시멘트비는 60%이고 시멘트 1포대는 40kg이다.)

① 25.25m³  ② 36.36m³
③ 39.39m³  ④ 44.44m³

정답  21 ②  22 ④  23 ④  24 ①  25 ②  26 ②

[해설]
- 1 : 3 : 6 배합의 경우, 콘크리트 1m³당 시멘트 220kg(5.5포 ×40kg), 모래 0.47m³, 자갈 : 0.94m³이다(시멘트 220kg일 때, 콘크리트 1m³).
- 시멘트 200포 일 경우, 시멘트는 200포×40kg=8,000kg이다.
- 다음의 비례식을 통해 전체 콘크리트량($x$)을 산정한다.
  220kg : 1m³ = 8,000kg : $x$
  ∴ $x$ = 36.36m³

**27** 시멘트, 모래, 잔자갈, 안료 등을 섞어 이긴 것을 바탕마름이 마르기 전에 뿌려 붙이거나 또는 바르는 것으로 일종의 인조석바름으로 볼 수 있는 것은?

① 회반죽
② 경석고 플라스터
③ 혼합석고 플라스터
④ 라프 코트

[해설]
표면을 거칠게 마감하는 방식인 라프 코트(Rough Coat)에 대한 설명이다.

**28** 철근의 가공 및 조립에 관한 설명으로 옳지 않은 것은?

① 철근의 가공은 철근상세도에 표시된 형상과 치수가 일치하고 재질을 해치지 않는 방법으로 이루어져야 한다.
② 철근상세도에 철근의 구부리는 내면 반지름이 표시되어 있지 않은 때에는 KS D에 규정된 구부림의 최소 내면 반지름 이상으로 철근을 구부려야 한다.
③ 경미한 녹이 발생한 철근이라 하더라도 일반적으로 콘크리트와의 부착성능을 매우 저하시키므로 사용이 불가하다.
④ 철근은 상온에서 가공하는 것을 원칙으로 한다.

[해설]
경미한 녹은 부착성능에 큰 영향을 주지 않으므로 사용이 가능하다.

**29** PMIS(프로젝트관리정보시스템)의 특징에 관한 설명으로 옳지 않은 것은?

① 합리적인 의사결정을 위한 프로젝트용 정보관리 시스템이다.
② 협업관리체계를 지원하며 정보의 공유와 축적을 지원한다.
③ 공정 진척도는 구체적으로 측정할 수 없으므로 별도 관리한다.
④ 조직 및 월간업무 현황 등을 등록하고 관리한다.

[해설]
PMIS는 프로젝트 연관 참여자들에 공유, 이용되는 프로젝트 관리 정보시스템으로서, 공정 진척 사항도 함께 관리 및 공유가 가능하다.

**30** 용접작업 시 용착금속 단면에 생기는 작은 은색의 점을 무엇이라 하는가?

① 피시 아이(Fish Eye)
② 블로 홀(Blow Hole)
③ 슬래그 함입(Slag Inclusion)
④ 크레이터(Crater)

[해설]
② 블로 홀(Blow Hole) : 용접금속 내부에 존재하는 공기가 표면으로 부상하여 발생하는 표면의 작은 구멍
③ 슬래그 함입(Slag Inclusion) : 용융금속이 급속하게 냉각되면 슬래그의 일부분이 달아나지 못하고 용착금속 내에 혼입되는 것
④ 크레이터(Crater) : 용접전류의 과대에 따라 발생하는 용접결함

**31** 건축주 자신이 특정의 단일 상태를 선정하여 발주하는 방식으로서, 특수공사나 기밀보장이 필요한 경우, 또 긴급을 요하는 공사에서 주로 채택되는 것은?

① 공개경쟁입찰
② 제한경쟁입찰
③ 지명경쟁입찰
④ 특명입찰

[해설]
① 공개경쟁입찰 : 입찰 참가자를 공모하여 유자격자는 모두 참여시켜 입찰하는 방식
② 제한경쟁입찰 : 업체 자격에 제한을 가하여 입찰에 참가시키는 방식(지역제한경쟁입찰 등)
③ 지명경쟁입찰 : 건축주가 해당공사에 적격하다고 인정되는 수개의 도급업자를 선정하여 입찰시키는 방식

**32** 건축용 목재의 일반적인 성질에 관한 설명으로 옳지 않은 것은?

① 섬유포화점 이하에서는 목재의 함수율이 증가함에 따라 강도는 감소한다.
② 기건상태의 목재의 함수율은 15% 정도이다.
③ 목재의 심재는 변재보다 건조에 의한 수축이 적다.
④ 섬유포화점 이상에서는 목재의 함수율이 증가함에 따라 강도는 증가한다.

[해설]
섬유포화점 이상에서는 목재의 함수율이 증가해도 강도는 변하지 않는다.

**33** 문 윗틀과 문짝에 설치하여 문이 자동적으로 닫히게 하며, 개폐압력을 조절할 수 있는 장치는?

① 도어 체크(Door Check)
② 도어 홀더(Door Holder)
③ 피벗 힌지(Pivot Hinge)
④ 도어 체인(Door Chain)

[해설]
자동으로 문이 닫히는 장치인 도어 체크(Door Check)에 대한 설명이다.

**34** 건축 석공사에 관한 설명으로 옳지 않은 것은?

① 건식쌓기 공법의 경우 시공이 불량하면 백화현상 등의 원인이 된다.
② 석재 물갈기 마감 공정의 종류는 거친갈기, 물갈기, 본갈기, 정갈기가 있다.
③ 시공 전에 설계도에 따라 돌나누기 상세도, 원척도를 만들고 석재의 치수, 형상, 마감방법 및 철물 등에 의한 고정방법을 정한다.
④ 마감면에 오염의 우려가 있는 경우에는 폴리에틸렌 시트 등으로 보양한다.

[해설]
백화현상은 '물' 성분이 원인이므로, 건식이 아닌 습식 공법의 경우 시공이 불량하면 백화현상 등의 원인이 된다.

**35** 콘크리트 거푸집용 박리제 사용 시 주의사항으로 옳지 않은 것은?

① 거푸집 종류에 상응하는 박리제를 선택·사용한다.
② 박리제 도포 전에 거푸집면의 청소를 철저히 한다.
③ 거푸집뿐만 아니라 철근에도 도포하도록 한다.
④ 콘크리트 색조에 영향이 없는지를 시험한다.

[해설]
철근에 박리제를 도포하면 콘크리트와의 부착력이 저하될 수 있다.

**36** 타일공사에서 시공 후 타일 접착력 시험에 관한 설명으로 옳지 않은 것은?

① 타일의 접착력 시험은 600$m^2$당 한 장씩 시험한다.
② 시험할 타일은 먼저 줄눈 부분을 콘크리트면까지 절단하여 주위의 타일과 분리시킨다.
③ 시험은 타일 시공 후 4주 이상일 때 행한다.
④ 시험결과의 판정은 타일 인장 부착강도가 10MPa 이상이어야 한다.

[해설]
시험결과의 판정은 타일 인장 부착강도가 0.4MPa 이상이어야 한다.

정답 32 ④ 33 ① 34 ① 35 ③ 36 ④

**37** 시멘트 600포대를 저장할 수 있는 시멘트 창고의 최소 필요면적으로 옳은 것은?(단, 시멘트 600포대 전량을 저장할 수 있는 면적으로 산정)

① 18.46m²  ② 21.64m²
③ 23.25m²  ④ 25.84m²

[해설]

필요면적(A) = $0.4 \times \dfrac{N}{n} = 0.4 \times \dfrac{600}{13} = 18.46m^2$

여기서, $n$ : 최고 쌓기 단수(특별한 조건이 없으면 13단)
$N$ : 저장 포대수(특별한 조건이 없으면 600포 미만일 경우 전량, 600포 이상일 경우 전량의 1/3)

**38** 창면적이 클 때에는 스틸바(Steel Bar)만으로는 부족하고, 또한 여닫을 때의 진동으로 유리가 파손될 우려가 있으므로 이것을 보강하고 외관을 꾸미기 위하여 강판을 중공형으로 접어 가로 또는 세로로 대는 것을 무엇이라 하는가?

① Mullion      ② Ventilator
③ Gallery      ④ Pivot

[해설]

멀리언(Mullion)에 대한 설명이며, 멀리언은 풍압 및 층간변위 등에 견딜 수 있는 사양으로 적용되어야 한다.

**39** 벤치마크(Bench Mark)에 관한 설명으로 옳지 않은 것은?

① 적어도 2개소 이상 설치하도록 한다.
② 이동 또는 소멸 우려가 없는 곳에 설치한다.
③ 건축물 기초의 너비 또는 길이 등을 표시하기 위한 것이다.
④ 공사 완료 시까지 존치시켜야 한다.

[해설]

건축물 기초의 너비 또는 길이 등을 표시하기 위한 것은 수평규준틀이다.

**40** 수직굴삭, 수중굴삭 등에 사용되는 깊은 흙파기용 기계이며, 연약지반에 사용하기에 적당한 기계는?

① 드래그 셔블      ② 클램셸
③ 모터 그레이더    ④ 파워 셔블

[해설]

① 드래그 셔블(라인) : 장비보다 낮은 곳 굴착
③ 모터 그레이더 : 옆도랑 파기 등의 정지 작업용
④ 파워 셔블 : 장비보다 높은 곳 굴착

## 3 과목 건축구조

**41** 다음 그림과 같이 D16 철근이 90° 표준갈고리로 정착되었다면 이 갈고리의 소요정착길이($l_{hb}$)는 약 얼마인가?

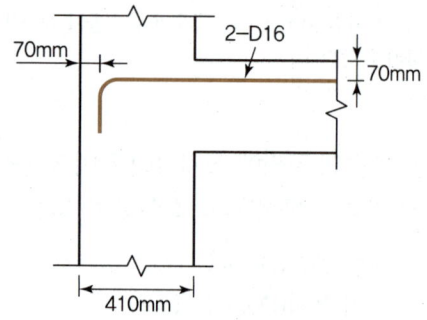

- $l_{hb} = \dfrac{0.24 \beta d_b f_y}{\lambda \sqrt{f_{ck}}}$
- 철근도막계수 : 1
- 경량콘크리트 계수 : 1
- D16의 공칭지름 : 15.9mm
- $f_{ck}$ : 21MPa
- $f_y$ : 400MPa

① 233mm  ② 243mm
③ 253mm  ④ 263mm

[해설]

정착길이 산출

$l_{dh}$ (정착길이) = 기본정착길이 × 보정계수

- $l_{hb} = \dfrac{0.24\beta d_b f_y}{\lambda \sqrt{f_{ck}}} = \dfrac{0.24 \times 1.0 \times 15.9 \times 400}{1.0 \times \sqrt{21}} = 333.09$

- 보정계수 : D35 이하에서 90° 표준갈고리에 대하여 갈고리를 넘어선 부분의 철근 피복 두께가 50mm를 넘는 경우 보정계수 0.7을 적용한다.

∴ $l_{dh}$ (정착길이) = 기본정착길이 × 보정계수
  = 333.09 × 0.7 = 233.16mm

**42** 연약한 지반에서 기초의 부동침하를 감소시키기 위한 상부구조에 대한 대책으로 옳지 않은 것은?

① 건물을 경량화 할 것
② 강성을 크게 할 것
③ 이웃 건물과의 거리를 멀게 할 것
④ 폭이 일정한 경우 건물의 길이를 길게 할 것

[해설]

폭이 일정한 경우 건물의 길이를 길게 하게 되면 부동침하가 가중되게 된다.

**43** 그림과 같은 라멘 구조물의 판별은?

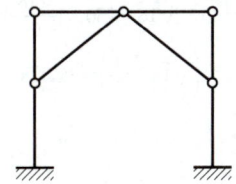

① 불안정 구조물
② 안정이며, 정정구조물
③ 안정이며, 1차 부정정구조물
④ 안정이며, 2차 부정정구조물

[해설]

라멘 구조물의 판별
- 변형이나 이동이 없으므로 안정상태이다.
- 부정정차수 산출
  $N$ = 반력수 + 부재수 + 강절점수 − 2 × 절점수
  = 6 + 8 + 0 − 2 × 7 = 0 → 정정구조물

**44** 그림과 같이 양단이 회전단인 부재의 좌굴축에 대한 세장비는?

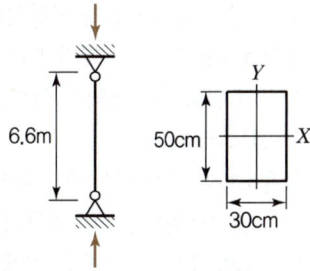

① 76.21
② 84.28
③ 94.64
④ 103.77

[해설]

- 약축 판별
  긴 변을 따라 약축이 형성되므로 $b$ : 50cm, $h$ : 30cm가 된다.
- 양단힌지이므로, $K = 1$이 되게 된다.
- 세장비($\lambda$) 산출

$\lambda = \dfrac{KL}{r} = \dfrac{KL}{\sqrt{\dfrac{I}{A}}} = \dfrac{KL}{\sqrt{\dfrac{bh^3}{12}/bh}} = \dfrac{1.0 \times 6.6 \times 10^2 \text{(cm)}}{\sqrt{\dfrac{50 \times 30^3}{12}/50 \times 30}}$

= 76.21

**45** 강구조 용접에서 용접 개시점과 종료점에 용착금속에 결함이 없도록 임시로 부착하는 것은?

① 엔드탭(End Tap)
② 오버랩(Overlap)
③ 뒷댐재(Backing Strip)
④ 언더컷(Under Cut)

[해설]

앤드탭(End Tab)
용접선의 단부에 붙인 보조판으로 아크의 시작부나 종단부의 크레이터 등의 결함을 방지하기 위해 사용하고 용접 후 제거한다.

정답  42 ④  43 ②  44 ①  45 ①

**46** 다음 각 구조시스템에 관한 정의로 옳지 않은 것은?

① 모멘트골조방식 : 수직하중과 횡력을 보와 기둥으로 구성된 라멘골조가 저항하는 구조방식
② 연성모멘트골조방식 : 횡력에 대한 저항능력을 증가시키기 위하여 부재와 접합부의 연성을 증가시킨 모멘트골조방식
③ 이중골조방식 : 횡력의 25% 이상을 부담하는 전단벽이 연성모멘트골조와 조합되어 있는 구조방식
④ 건물골조방식 : 수직하중은 입체골조가 저항하고 지진하중은 전단벽이나 가새골조가 저항하는 구조방식

[해설]

이중골조방식
횡력(지진력)의 25% 이상을 부담하는 연성모멘트골조가 전단벽이나 가새골조와 조합되어 있는 구조방식

**47** 그림과 같은 콘크리트 슬래브에서 합성보 $A$의 슬래브 유효폭 $b_e$를 구하면?(단, 그림의 단위는 mm임)

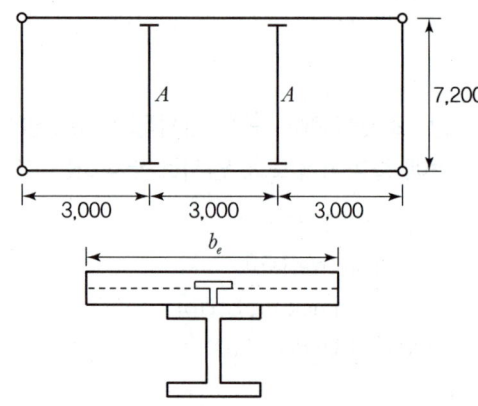

① 1,500mm ② 1,800mm
③ 2,000mm ④ 2,250mm

[해설]

다음의 ㉠과 ㉡ 중 작은 값을 유효폭으로 산정한다.
㉠ 양측 슬래브의 중심 간 거리 : 3,000mm
㉡ 보 스팬 $\times \frac{1}{4} = 7,200 \times \frac{1}{4} = 1,800$mm
∴ 유효폭($b_e$) = 1,800mm

**48** 그림과 같은 등변분포하중이 작용하는 단순보의 최대휨모멘트 $M_{max}$는?

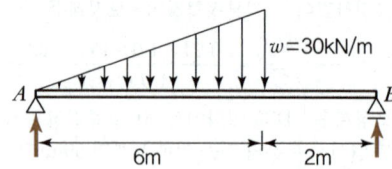

① $25\sqrt{3}$ kN·m ② $25\sqrt{2}$ kN·m
③ $90\sqrt{3}$ kN·m ④ $90\sqrt{2}$ kN·m

[해설]

㉠ 최대 휨모멘트 $M_{max}$에서 전단력은 0이다.
㉡ 반력산출($R_A, R_B$)
- $R_A$ 산출 : $\sum M_B = R_A \times 8 - (30 \times 6 \times \frac{1}{2}) \times 4 = 0$

$$R_A = \frac{30 \times 6 \times \frac{1}{2} \times 4}{8} = 45\text{kN}$$

- $R_B$ 산출 : $\sum V = R_A + R_B - (30 \times 6 \times \frac{1}{2}) = 0$

$R_B = 45$kN

㉢ 지점 $A$로부터 전단력이 0인 지점간의 거리($x$) 산출

$$S_0 = 45 - (30 \times \frac{x}{6} \times x \times \frac{1}{2}) = 0$$

$$\frac{5}{2}x^2 = 45, \ x = \sqrt{18}$$

㉣ $M_{max}$ 산출 → 전단력이 0인 지점을 기준으로 좌측 산출

$$M_{max} = 45 \times \sqrt{18} - \left(30 \times \frac{\sqrt{18}}{6} \times \sqrt{18} \times \frac{1}{2}\right)$$
$$\times \left(\sqrt{18} \times \frac{1}{3}\right) = 127.28 = 90\sqrt{2}$$

**49** 보의 재질과 단면의 크기가 같을 때 (A)보의 최대 처짐은 (B)보의 몇 배인가?

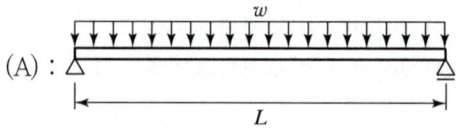

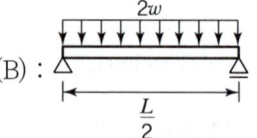

정답 46 ③  47 ②  48 ④  49 ③

① 2배   ② 4배
③ 8배   ④ 16배

[해설]

등변분포하중의 최대처짐($\delta_{max}$)

- $\delta_{max} = \dfrac{5wL^4}{384EI}$

- $\delta_A : \delta_B = \dfrac{5wL^4}{384EI} : \dfrac{5 \times 2w\left(\dfrac{L}{2}\right)^4}{384EI} = 1 : \dfrac{1}{8} = 8 : 1$

**50** 그림과 같은 원통단면의 핵반경은?

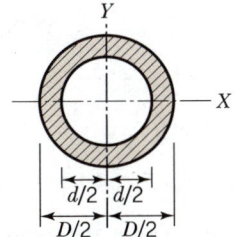

① $(D+d)/6$   ② $D/8$
③ $(D+d)/8$   ④ $(D^2+d^2)/8D$

[해설]

원통단면 핵반경 산출식
$(D^2+d^2)/8D$

여기서, $D$ : 외경, $d$ : 내경

**51** 다음 그림에서 파단선 A-B-F-C-D의 인장재 순단면적은?(단, 볼트구멍지름 $d$ : 22mm, 인장재 두께는 6mm)

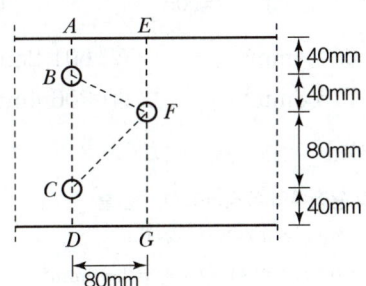

① $1,164mm^2$   ② $1,364mm^2$
③ $1,564mm^2$   ④ $1,764mm^2$

[해설]

엇모배치일 경우 순단면적($A_n$) 산출

$A_n = A_g - ndt + \Sigma\left(\dfrac{s^2}{4g} \times t\right)$
$= (40+40+80+40) \times 6 - (3 \times 22 \times 6)$
$+ \left(\dfrac{80^2}{4 \times 40} \times 6 + \dfrac{80^2}{4 \times 80} \times 6\right) = 1,164mm^2$

여기서, $A_g$ : 강재의 종단면적
$n$ : 파단선에 있는 구멍의 개수
$d$ : 구멍의 직경
$t$ : 인장재의 직경
$s$ : 볼트 간 중심간격(수평)
$g$ : 볼트 간 중심간격(수직)

**52** 그림과 같은 독립기초에 $N=480kN$, $M=96 kN \cdot m$가 작용할 때 기초저면에 발생하는 최대 지반반력은?

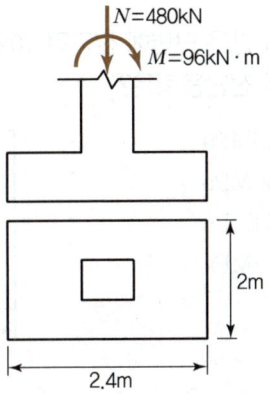

① $15kN/m^2$   ② $150kN/m^2$
③ $20kN/m^2$   ④ $200kN/m^2$

[해설]

최대 지반반력($\sigma_{max}$) 산출

$\sigma_{max} = \dfrac{P}{A} + \dfrac{M}{Z} = \dfrac{480kN}{2 \times 2.4} + \dfrac{96kN \cdot m}{\dfrac{2 \times 2.4^2}{6}} = 150kN/m^2$

정답  50 ④  51 ①  52 ②

**53** 그림과 같은 트러스에서 $a$부재의 부재력은 얼마인가?

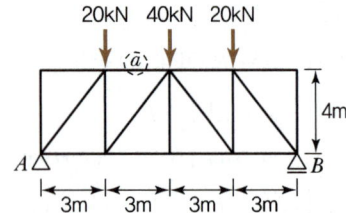

① 20kN(인장)  ② 30kN(압축)
③ 40kN(인장)  ④ 60kN(압축)

[해설]

- 반력($R_A$) 산출
  $R_A = 40$kN
- $M_C = 0$ ($A$ 지점으로부터 우측 첫 번째 아래 힌지접합부를 C로 놓고 산출한다)
  $M_C = a \times 4 + 40 \times 3 = 0$
  $\therefore a = \dfrac{-40 \times 3}{4} = -30$kN $= 30$kN(압축)

**54** 그림과 같은 단면에 전단력 40kN이 작용할 때 $A$점에서 전단응력은?

① 0.28MPa
② 0.56MPa
③ 0.84MPa
④ 1.12MPa

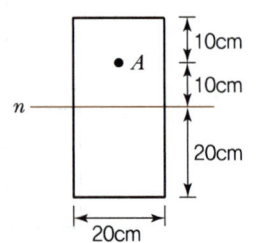

[해설]

중립축에서 $y$만큼 떨어진 위치의 전단응력($\tau_y$)

$\tau_y = \dfrac{SG}{Ib} = \dfrac{S \times (면적 \times 도심까지의 거리)}{\dfrac{bh^3}{12} \times b}$

$= \dfrac{40 \times 10^3 (\text{N}) \times (200 \times 100 \times 150)}{\dfrac{200 \times 400^3}{12} \times 200} = 0.56$MPa(N/mm²)

여기서, $G = A$(면적)$\times y$(도심까지의 거리)
도심까지의 거리 : $A$점 위 단면의 중앙부분까지의 거리로 산정
면적 : $A$ 윗부분으로 산정

**55** 그림과 같이 O점에 모멘트가 작용할 때 OB부재와 OC부재에 분배되는 모멘트가 같게 하려면 OC부재의 길이를 얼마로 해야 하는가?

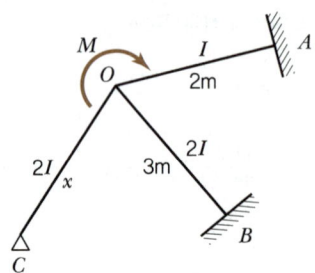

① 2/3m  ② 3/2m
③ 9/4m  ④ 3m

[해설]

강비($k$) 관계로 산출

- $k_{OB} = \dfrac{2I}{3\text{m}}$, $k_{OC} = \dfrac{3}{4} \cdot \dfrac{2I}{x}$

  여기서, 힌지($OC$)의 경우 강비에 $\dfrac{3}{4}$ 계수 적용

- $k_{OB} = k_{OC}$, $\dfrac{2I}{3\text{m}} = \dfrac{3}{4} \cdot \dfrac{2I}{x}$

$\therefore x = \dfrac{3}{4} \times 3 = \dfrac{9}{4}$m

**56** 다음 그림과 같은 필릿용접부의 유효면적은?

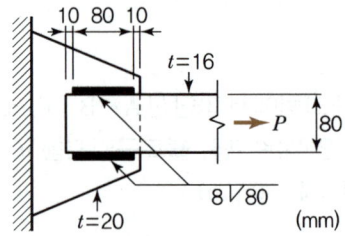

① 614.4mm²  ② 691.2mm²
③ 716.8mm²  ④ 806.4mm²

[해설]

필릿 용접부의 유효면적($A_w$) 산출

$A_w = a \cdot l_e = 0.7s \times (l - 2s)$
$= 0.7 \times 8 \times (80 - 2 \times 8) = 358.4$mm²
$\therefore$ 양면이므로 $358.4 \times 2 = 716.8$mm²

정답  53 ②  54 ②  55 ③  56 ③

**57** 강도설계법에서 철근콘크리트 부재 중 콘크리트의 공칭전단강도($V_c$)가 40kN, 전단철근에 의한 공칭전단강도($V_s$)가 20kN일 때, 이 부재의 설계전단강도($\phi V_n$)는?(단, 강도감소계수는 0.75 적용)

① 60kN  ② 48kN
③ 52kN  ④ 45kN

[해설]
설계전단강도($\phi V_n$) 산출
설계전단강도 = 강도감소계수×(콘크리트 공칭전단강도 + 철근의 공칭전단강도)
= 0.75×(40+20) = 45kN

**58** 지진계에 기록된 진폭을 진원의 깊이와 진앙까지의 거리 등을 고려하여 지수로 나타낸 것으로 장소에 관계없는 절대적 개념의 지진 크기를 말하는 것은?

① 규모  ② 진도
③ 진원시  ④ 지진동

[해설]
② 진도 : 상대적 개념의 지진 크기
③ 진원시 : 지진파가 처음 발생한 시각
④ 지진동 : 지진파가 지표에 도달하여 관측되는 표면층의 진동

**59** 철근 콘크리트 단순보에서 순간탄성처짐이 0.9mm이었다면 1년 뒤 이 부재의 총처짐량을 구하면?(단, 시간경과계수 $\xi$=1.4, 압축철근비 $\rho'$=0.01071)

① 1.52mm  ② 1.72mm
③ 1.92mm  ④ 2.12mm

[해설]
총처짐량 산출
총처짐량 = 순간탄성처짐 + 장기추가처짐
= 순간탄성처짐 + (순간탄성처짐 × $\frac{시간경과계수}{1+50×압축철근비}$)
= 0.9 + (0.9 × $\frac{1.4}{1+50×0.01071}$) = 1.72mm

**60** 철근콘크리트 압축부재의 철근량 제한 조건에 따라 사각형이나 원형 띠철근으로 둘러싸인 경우 압축부재의 축방향 주철근의 최소 개수는 얼마인가?

① 2개  ② 3개
③ 4개  ④ 6개

[해설]
축방향 주철근의 최소 개수
• 직사각형, 원형단면 : 4개 이상
• 삼각형 단면 : 3개 이상

## 4과목 건축설비

**61** 다음과 같은 조건에서 2,000명을 수용하는 극장의 실온을 20℃로 유지하기 위한 필요환기량은?

[조건]
• 외기온도 : 10℃
• 1인당 발열량(현열) : 60W
• 공기의 정압비열 : 1.01kJ/kg·K
• 공기의 밀도 : 1.2kg/m³
• 전등 및 기타 부하는 무시한다.

① 11,110m³/h  ② 21,222m³/h
③ 30,444m³/h  ④ 35,644m³/h

[해설]
$Q = \frac{q}{\rho C_p \Delta t}$

여기서, $Q$ : 필요환기량(m³/h)
$q$ : 실내 발열량(kJ/h)
$\rho$ : 공기의 밀도 1.2kg/m³
$C_p$ : 공기의 정압비열 1.01kJ/kgK
$\Delta t$ : 실내외 온도차(℃)

$Q = \frac{2,000×60×3,600}{1,000×1.2×1.01×(20-10)} = 35,644$m³/h

**62** 광원으로부터 일정거리 떨어진 수조면의 조도에 관한 설명으로 옳지 않은 것은?

① 광원의 광도에 비례한다.
② $\cos\theta$(입사각)에 비례한다.
③ 거리의 제곱에 반비례한다.
④ 측정점의 반사율에 반비례한다.

[해설]
조도와 측정점의 반사율과는 관계가 없다.

조도의 산출식
$$조도(E) = \frac{광도(I)}{거리(D)^2} \times \cos\theta(입사각)$$

**63** 화재안전기준에 따라 소화기구를 설치하여야 하는 특정소방대상물의 연면적 기준은?

① $10m^2$ 이상
② $25m^2$ 이상
③ $33m^2$ 이상
④ $50m^2$ 이상

[해설]
화재안전기준에 따라 소화기구를 설치하여야 하는 특정소방대상물의 연면적 기준은 $33m^2$ 이상이다.

**64** 다음과 같은 공식을 통해 산출되는 값으로 전기 설비가 어느 정도 유효하게 사용되는가를 나타내는 것은?

$$\frac{부하의 \ 평균전력}{최대수용전력} \times 100[\%]$$

① 부하율
② 보상률
③ 부등률
④ 수용률

[해설]
부하율
부하율이 클수록 부하에 대한 전력공급설비가 유효하게 사용되었음을 의미하며, 공급 가능한 최대수요전력과 실제 사용된 평균전력의 비율을 나타낸 것이다.

**65** 음의 세기가 $10^{-9} W/m^2$일 때 음의 세기 레벨은? (단, 기준음의 세기 $I_o = 10^{-12} W/m^2$이다.)

① 3dB
② 30dB
③ 0.3dB
④ 0.03dB

[해설]
음압 세기 레벨(Sound Intensity Level : $IL$)
$$IL = 10\log\frac{I}{I_0} = 10\log\frac{10^{-9}}{10^{-12}} = 10\log 10^3 = 30dB$$

여기서, $I$ : 음의 세기($W/m^2$)
$I_0$ : 기준음의 세기($W/m^2$)

음압 세기 레벨은 기준음의 세기에 대비하여 음의 세기가 몇 배의 세기를 나타내는가를 대수로서 표시한 것이다.

**66** 급탕설비 중 개별식 급탕방식에 관한 설명으로 옳지 않은 것은?

① 배관길이가 길어 배관 중의 열손실이 크다.
② 건물 완공 후에도 급탕 개소의 증설이 비교적 쉽다.
③ 급탕개소마다 가열기의 설치 스페이스가 필요하다.
④ 용도에 따라 필요한 개소에서 필요한 온도의 탕을 비교적 간단하게 얻을 수 있다.

[해설]
개별식 급탕방식은 배관길이가 짧아 배관 중의 열손실이 작은 특징을 갖고 있다.

**67** 플러시 밸브식 대변기에 관한 설명으로 옳은 것은?

① 대변기의 연속 사용이 가능하다.
② 급수관경과 급수압력에 제한이 없다.
③ 우리나라에서는 일반 주택을 중심으로 널리 채용되고 있다.
④ 탱크에 저장된 물의 낙차에 의한 수압으로 대변기를 세척하는 방식이다.

정답 62 ④ 63 ③ 64 ① 65 ② 66 ① 67 ①

[해설]

플러시 밸브식(Flush Valve System, 세정 밸브식)
• 한 번 밸브를 누르면 일정량의 물이 나오고 잠긴다.
• 소음이 크고, 연속 사용이 가능하다.
• 급수관의 최소관경 : 25A 이상, 최소 수압 : 0.07MPa 이상

**68** 공기조화방식 중 2중덕트방식에 관한 설명으로 옳지 않은 것은?

① 전공기방식에 속한다.
② 냉·온풍의 혼합으로 인한 혼합손실이 있어 에너지 소비량이 많다.
③ 단일덕트방식에 비해 덕트 샤프트 및 덕트 스페이스를 크게 차지한다.
④ 부하 특성이 다른 여러 개의 실이나 존이 있는 건물에는 적용할 수 없다.

[해설]

2중 덕트 방식은 1대의 공조기에 의해 냉풍과 온풍을 각각의 덕트로 보낸 후 말단의 혼합상자에서 혼합하여 각 실에 송풍하는 방식으로서 부하 특성이 다른 여러 개의 실이나 존이 있는 건물에는 적용이 용이하다.

**69** 다음과 같은 특징을 갖는 간선배선방식은?

• 사고 발생 때 타부하에 파급효과를 최소한으로 억제할 수 있어 다른 부하에 영향을 미치지 않는다.
• 경제적이지 못하다.

① 평행식
② 나뭇가지식
③ 네트워크식
④ 나뭇가지 평행 병용식

[해설]

간선배전방식

| 구분 | 특징 |
| --- | --- |
| 평행식<br>(개별방식) | 각 분전반마다 배전반에서 단독으로 배선되며, 전압 강하가 적고 사고 발생 시 범위가 좁으나 설비비가 많이 소요되어 대규모 건물에 적합하다. |
| 나무가지식 | • 한 개의 간선이 각 분전반을 거쳐가며 공급된다.<br>• 말단 분전반에서 전압 강하가 커질 수 있다.<br>• 중소 규모에 이용된다.<br>• 경제적이나 1개소의 사고가 전체에 영향을 미친다.<br>• 각 분전반별로 동일전압을 유지할 수 없다. |
| 병용식 | 평행식과 나뭇가지식을 병용한 것으로 전압 강하도 크지 않고 설비비도 줄일 수 있어 가장 많이 사용된다. |

**70** 압축식 냉동기의 냉동사이클로 옳은 것은?

① 압축 → 응축 → 팽창 → 증발
② 압축 → 팽창 → 응축 → 증발
③ 응축 → 증발 → 팽창 → 압축
④ 팽창 → 증발 → 응축 → 압축

[해설]

• 압축식 냉동기 : 압축 → 응축 → 팽창 → 증발
• 흡수식 냉동기 : 발생기(재생기) → 응축기 → 증발기 → 흡수기

**71** 온수난방과 비교한 증기난방의 설명으로 옳은 것은?

① 예열시간이 길다.
② 한랭지에서 동결의 우려가 있다.
③ 부하변동에 따른 방열량 제어가 용이하다.
④ 열매온도가 높으므로 방열기의 방열면적이 작아진다.

[해설]

증기난방(Steam Heating System)은 열매온도가 높으므로 방열기의 방열면적이 작아진다.

정답  68 ④  69 ①  70 ①  71 ④

**72** 바닥면적이 50m²인 사무실이 있다. 32W 형광등 20개를 균등하게 배치할 때 사무실의 평균 조도는?(단, 형광등 1개의 광속은 3,300lm, 조명율은 0.5, 보수율은 0.76이다.)

① 약 350lx　② 약 400lx
③ 약 450lx　④ 약 500lx

[해설]

$E(조도)$
$= \dfrac{F(광속) \times U(조명률) \times M(보수율) \times N(전등개수)}{A(사무실 면적)}$
$= \dfrac{3,300 \times 0.5 \times 0.76 \times 20}{50} = 501.6\,lx$

∴ 약 500lx

**73** 배수트랩에서 봉수깊이에 관한 설명으로 옳지 않은 것은?

① 봉수깊이는 50~100mm로 하는 것이 보통이다.
② 봉수깊이가 너무 낮으면 봉수를 손실하기 쉽다.
③ 봉수깊이를 너무 깊게 하면 통수능력이 감소된다.
④ 봉수깊이를 너무 깊게 하면 유수의 저항이 감소된다.

[해설]

유효봉수깊이를 너무 깊게 하면 유수의 저항이 증가되고 통수능력이 감소된다.

**74** 카(Car)가 최상층이나 최하층에서 정상 운행 위치를 벗어나 그 이상으로 운행하는 것을 방지하는 엘리베이터 안전장치는?

① 완충기　② 가이드 레일
③ 리미트 스위치　④ 카운터 웨이트

[해설]

리미트 스위치(Limit Switch)
스토핑 스위치가 작동하지 않을 때 제2단의 작동으로 주회로를 차단하는 것으로서, 카(Car)가 최상층이나 최하층에서 정상 운행 위치를 벗어나 그 이상으로 운행하는 것을 방지하기 위한 안전장치로 적용되고 있으며, 제한 스위치라고도 한다.

**75** 전기설비에서 경질 비닐관 공사에 관한 설명으로 옳은 것은?

① 절연성과 내식성이 강하다.
② 자성체이며 금속관보다 시공이 어렵다.
③ 온도 변화에 따라 기계적 강도가 변하지 않는다.
④ 부식성 가스가 발생하는 곳에는 사용할 수 없다.

[해설]

경질비닐관 공사(합성수지관 공사)
• 우수한 절연성 보유
• 경량이고 시공이 용이
• 내식성 우수
• 내열성이 약하고, 기계적 강도가 낮음

**76** 변전실에 관한 설명으로 옳지 않은 것은?

① 부하의 중심에 설치한다.
② 외부로부터 전력의 수전이 용이해야 한다.
③ 발전기실과 가능한 한 거리를 두고 설치한다.
④ 간선의 배선과 점검·유지보수가 용이한 장소에 설치한다.

[해설]

발전기실은 변전실과 인접하도록 배치한다.

**77** 환기에 관한 설명으로 옳지 않은 것은?

① 화장실은 송풍기(급기팬)와 배풍기(배기팬)를 설치하는 것이 일반적이다.
② 기밀성이 높은 주택의 경우 잦은 기계환기를 통해 실내공기의 오염을 낮추는 것이 바람직하다.
③ 병원의 수술실은 오염공기가 실내로 들어오는 것을 방지하기 위해 실내압력을 주변공간보다 높게 설정한다.
④ 공기의 오염농도가 높은 도로에 면해 있는 건물의 경우, 공기조화설비 계통의 외기도입구를 가급적 높은 위치에 설치한다.

정답  72 ④  73 ④  74 ③  75 ①  76 ③  77 ①

[해설]
화장실은 3종 환기로서 화장실 공간을 음압(-)으로 만들어 밖으로 냄새가 나가지 않도록 하기 위해, 자연급기(급기팬 없음)와 배풍기(배기팬)를 활용한 강제배기의 조합으로 설치하는 것이 일반적이다.

**78** 액화천연가스(LNG)에 관한 설명으로 옳지 않은 것은?

① 메탄이 주성분이다.
② 무공해, 무독성이다.
③ 비중이 공기보다 크다.
④ 일반적으로 배관을 통해 공급한다.

[해설]
액화천연가스(LNG)는 공기보다 가벼운 특징을 갖고 있다.
※ 액화석유가스(LPG)는 공기보다 무거움

**79** 다음 중 지역난방에 적용하기에 가장 적합한 보일러는?

① 수관 보일러  ② 관류 보일러
③ 입형 보일러  ④ 주철제 보일러

[해설]
수관 보일러는 보유 수량이 적어 증기 발생이 빠르고 대용량의 열량을 처리할 수 있어 지역난방이나 대규모 건축물에 주로 적용한다.

**80** 다음 중 급탕설비에서 온수 순환 펌프로 주로 이용되는 것은?

① 사류 펌프  ② 원심식 펌프
③ 왕복식 펌프  ④ 회전식 펌프

[해설]
원심식 펌프의 특징
- 급수, 급탕, 배수 등에 주로 사용함
- 고속도 운전에 적합함
- 진동이 적고, 장치가 간단함
- 전체의 형이 적고, 운전상의 성능이 우수함
- 양수량의 조절이 용이하고, 송수압의 변동이 적음

## 5 과목 건축법규

**81** 건축물의 관람실 또는 집회실로부터 바깥쪽으로의 출구로 쓰이는 문을 안여닫이로 해서는 안 되는 건축물은?

① 위락시설
② 수련시설
③ 문화 및 집회시설 중 전시장
④ 문화 및 집회시설 중 동·식물원

[해설]
관람석 등으로부터의 출구설치 : 설치대상
- 제2종 근린생활시설 중 공연장·종교집회장(해당 용도로 쓰는 바닥면적의 합계가 각각 300m² 이상)
- 문화 및 집회시설(전시장 및 동·식물원은 제외)
- 종교시설, 위락시설, 장례식장

**82** 다음은 대지의 조경에 관한 기준 내용이다. ( ) 안에 알맞은 것은?

> 면적이 ( ) 이상인 대지에 건축을 하는 건축주는 용도지역 및 건축물의 규모에 따라 해당 지방자치단체의 조례로 정하는 기준에 따라 대지에 조경이나 그 밖에 필요한 조치를 하여야 한다.

① 100m²  ② 200m²
③ 300m²  ④ 500m²

[해설]
대지의 조경
면적이 200m² 이상인 대지에 건축을 하는 건축주는 용도지역 및 건축물의 규모에 따라 해당 지방자치단체의 조례로 정하는 기준에 따라 대지에 조경이나 그 밖에 필요한 조치를 하여야 한다.

정답  78 ③  79 ①  80 ②  81 ①  82 ②

**83** 노외주차장에 설치하는 부대시설의 총 면적은 주차장 총 시설면적의 최대 얼마를 초과하여서는 아니 되는가?

① 5%  ② 10%
③ 20%  ④ 30%

[해설]
부대시설은 주차장 총 면적의 20% 이하 설치 가능하며, 면적 산정 시 전기차 충전시설은 부대시설 면적에서 제외한다.

**84** 노외주차장에 설치하여야 하는 차로의 최소 너비가 가장 작은 주차형식은?(단, 출입구가 2개 이상이며, 이륜자동차전용 외의 노외주차장의 경우)

① 평행주차  ② 교차주차
③ 직각주차  ④ 45° 대향주차

[해설]
차로의 너비(이륜자동차전용 외 노외주차장)

| 주차형식 | 차로의 너비 | |
|---|---|---|
| | 출입구가 2개 이상인 경우 | 출입구가 1개인 경우 |
| 평행주차 | 3.3m | 5.0m |
| 직각주차 | 6.0m | 6.0m |
| 60° 대향(對向)주차 | 4.5m | 5.5m |
| 45° 대향(對向)주차 | 3.5m | 5.0m |
| 교차주차 | 3.5m | 5.0m |

**85** 국토교통부령으로 정하는 바에 따라 방화구조로 하거나 불연재료로 하여야 하는 목조 건축물의 최소 연면적 기준은?

① 500m² 이상  ② 1,000m² 이상
③ 1,500m² 이상  ④ 2,000m² 이상

[해설]
대규모 목조 건축물의 외벽 등[건축물의 피난·방화구조 등의 기준에 관한 규칙 제22조]
연면적이 1천m² 이상인 목조의 건축물은 그 외벽 및 처마 밑의 연소할 우려가 있는 부분을 방화구조로 하되, 그 지붕은 불연재료로 하여야 한다.

**86** 거실의 반자 설치와 관련된 기준 내용 중 (  ) 안에 들어갈 수 있는 건축물의 용도는?

> (  )의 용도에 쓰이는 건축물의 관람실 또는 집회실로서 그 바닥면적이 200m² 이상인 것의 반자의 높이는 4m(노대의 아랫부분의 높이는 2.7m) 이상이어야 한다. 다만, 기계환기장치를 설치하는 경우에는 그렇지 않다.

① 장례식장
② 교육 및 연구시설
③ 문화 및 집회시설 중 동물원
④ 문화 및 집회시설 중 전시장

[해설]
건축물 거실의 반자 높이

| 원칙 | 2.1m 이상 | |
|---|---|---|
| 문화 및 집회시설(전시장 및 동·식물원 제외), 장례식장, 유흥주점 ※ 단, 기계적인 환기장치가 되어 있는 경우 제외 | 바닥면적의 합계가 200m² 이상인 관람석 또는 집회실 | 4m 이상 |
| | 노대 아랫부분의 높이 | 2.7m 이상 |
| 공장, 창고시설, 위험물 저장 및 처리시설 | • 동·식물 관련 시설<br>• 자원순환 관련 시설<br>• 묘지 관련 시설 | 제외 |

**87** 건축물의 건축 시 허가 대상 건축물이라 하더라도 미리 특별자치시장·특별자치도지사 또는 시장·군수·구청장에게 국토교통부령으로 정하는 바에 따라 신고를 하면 건축허가를 받은 것으로 보는 소규모 건축물의 연면적 기준은?

① 연면적의 합계가 100m² 이하인 건축물
② 연면적의 합계가 150m² 이하인 건축물
③ 연면적의 합계가 200m² 이하인 건축물
④ 연면적의 합계가 300m² 이하인 건축물

[해설]
소규모 건축물
• 연면적의 합계가 100m² 이하인 건축물
• 건축물의 높이를 3m 이하의 범위에서 증축하는 건축물

정답  83 ③  84 ①  85 ②  86 ①  87 ①

**88** 광역도시계획의 수립권자 기준에 대한 내용으로 틀린 것은?

① 광역계획권이 같은 도의 관할 구역에 속하여 있는 경우, 관할 시장 또는 군수가 공동으로 수립한다.
② 국가계획과 관련된 광역도시계획의 수립이 필요한 경우 국토교통부장관이 수립한다.
③ 광역계획권을 지정한 날부터 2년이 지날 때까지 관할 시장 또는 군수로부터 광역도시계획의 승인 신청이 없는 경우 국토교통부장관이 수립한다.
④ 광역계획권이 둘 이상의 시·도의 관할 구역에 걸쳐 있는 경우, 관할 시·도지사가 공동으로 수립한다.

[해설]
광역도시계획의 수립권자[국토의 계획 및 이용에 관한 법률 제11조]
국가계획과 관련된 광역도시계획의 수립이 필요한 경우나 광역계획권을 지정한 날부터 3년이 지날 때까지 관할 시·도지사로부터 광역도시계획의 승인 신청이 없는 경우 국토교통부장관이 수립한다.

**89** 지구단위계획 중 관계 행정기관의 장과의 협의, 국토교통부장관과의 협의 및 중앙도시계획위원회·지방도시계획위원회 또는 공동위원회의 심의를 거치지 않고 변경할 수 있는 사항에 관한 기준 내용으로 옳은 것은?

① 건축선의 2m 이내의 변경인 경우
② 획지면적의 30% 이내의 변경인 경우
③ 가구면적의 20% 이내의 변경인 경우
④ 건축물 높이의 30% 이내의 변경인 경우

[해설]
① 건축선의 1m 이내의 변경인 경우
③ 가구면적의 10% 이내의 변경인 경우
④ 건축물 높이의 20% 이내의 변경인 경우

**90** 공동주택과 오피스텔 난방설비를 개별난방방식으로 하는 경우에 관한 기준 내용으로 틀린 것은?

① 보일러의 연도는 내화구조로서 공동연도로 설치할 것
② 보일러실의 윗부분에는 그 면적이 $0.5m^2$ 이상인 환기창을 설치할 것
③ 오피스텔의 경우에는 난방구획을 방화구획으로 구획할 것
④ 보일러는 거실 외의 곳에 설치하되, 보일러를 설치하는 곳과 거실 사이의 경계벽은 출입구를 제외하고는 방화구조의 벽으로 구획할 것

[해설]
보일러를 설치하는 곳과 거실 사이의 경계벽은 출입구를 제외하고는 내화구조의 벽으로 구획하여야 한다.

**91** 대형건축물의 건축허가 사전승인신청 시 제출 도서의 종류 중 설계설명서에 표시하여야 할 사항이 아닌 것은?

① 공사금액
② 개략공정계획
③ 교통처리계획
④ 각부 구조계획

[해설]
설계설명서에 표시하여야 할 사항[건축법 시행규칙 별표3]
• 공사개요 : 위치·대지면적·공사기간·공사금액 등
• 사전조사사항 : 지반고·기후·동결심도·수용인원·상하수와 주변지역을 포함한 지질 및 지형, 인구, 교통, 지역, 지구, 토지이용현황, 시설물현황 등
• 건축계획 : 배치·평면·입면계획·동선계획·개략조경계획·주차계획 및 교통처리계획 등
• 시공방법, 개략공정계획, 주요설비계획, 주요자재 사용계획, 기타 필요한 사항

정답 88 ③ 89 ② 90 ④ 91 ④

**92** 주거에 쓰이는 바닥면적의 합계가 200m²인 주거용 건축물에 설치하는 음용수용 급수관의 최소 지름 기준은?

① 25mm   ② 32mm
③ 40mm   ④ 50mm

[해설]

주거에 쓰이는 바닥면적의 합계가 200m²일 경우 5가구로 간주하므로 25mm가 최소 관지름이 된다.

※ 주거용 건축물 급수관의 지름

| 가구 또는 세대수 | 1 | 2·3 | 4·5 | 6~8 | 9~16 | 17 이상 |
|---|---|---|---|---|---|---|
| 급수관 지름의 최소기준(mm) | 15 | 20 | 25 | 32 | 40 | 50 |

**93** 건축법령상 건축물의 대지에 공개 공지 또는 공개 공간을 확보하여야 하는 대상 건축물에 해당하지 않는 것은?(단, 해당 용도로 쓰는 바닥면적의 합계가 5,000m²인 건축물의 경우로, 건축조례로 정하는 다중이 이용하는 시설의 경우는 고려하지 않는다.)

① 종교시설   ② 업무시설
③ 숙박시설   ④ 교육연구시설

[해설]

공개 공지의 확보 대상
- 문화 및 집회시설, 종교시설, 판매시설(농수산물유통시설은 제외), 운수시설(여객용 시설만 해당), 업무시설 및 숙박시설로서 해당 용도로 쓰는 바닥면적의 합계가 5천m² 이상인 건축물
- 그 밖에 다중이 이용하는 시설로서 건축조례로 정하는 건축물

**94** 국토의 계획 및 이용에 관한 법령상 건폐율의 최대 한도가 가장 높은 용도지역은?

① 준주거지역   ② 생산관리지역
③ 중심상업지역   ④ 전용공업지역

[해설]

① 준주거지역 : 70% 이하
② 생산관리지역 : 20% 이하
③ 중심상업지역 : 90% 이하
④ 전용공업지역 : 70% 이하

**95** 중고층주택을 중심으로 편리한 주거환경을 조성하기 위하여 지정하는 용도지역은?

① 제1종 일반주거지역
② 제2종 일반주거지역
③ 제3종 일반주거지역
④ 제4종 일반주거지역

[해설]

① 제1종 일반주거지역 : 저층 주택을 중심으로 편리한 주거환경을 조성하기 위하여 필요한 지역
② 제2종 일반주거지역 : 중층 주택을 중심으로 편리한 주거환경을 조성하기 위하여 필요한 지역
④ 제4종 일반주거지역 : 법적 구분 없음

**96** 대지의 분할 제한과 관련한 아래 내용에서, 밑줄 친 부분에 해당하는 규모의 기준이 틀린 것은?

건축물이 있는 대지는 <u>대통령령으로 정하는 범위</u>에서 해당 지방자치단체의 조례로 정하는 면적에 못 미치게 분할할 수 없다.

① 주거지역 : 60m² 이상
② 상업지역 : 100m² 이상
③ 공업지역 : 150m² 이상
④ 녹지지역 : 200m² 이상

[해설]

상업지역은 150m² 이상을 범위로 한다.

정답 92 ① 93 ④ 94 ③ 95 ③ 96 ②

**97** 일조 등의 확보를 위한 건축물의 높이 제한 기준 중 ㉠과 ㉡에 해당하는 내용이 옳은 것은?

> 전용주거지역이나 일반주거지역에서 건축물을 건축하는 경우에는 건축물의 각 부분을 정북(正北) 방향으로의 인접 대지경계선으로부터 다음의 범위에서 건축조례로 정하는 거리 이상을 띄어 건축하여야 한다.
> 1. 높이 10m 이하인 부분 : 인접 대지경계선으로부터 ( ㉠ ) 이상
> 2. 높이 10m를 초과하는 부분 : 인접 대지경계선으로부터 해당 건축물 각 부분 높이의 ( ㉡ ) 이상

① ㉠ 1m   ② ㉠ 1.5m
③ ㉡ 3분의 1   ④ ㉡ 3분의 2

[해설]
일조 등의 확보를 위한 건축물의 높이 제한
전용주거지역이나 일반주거지역에서 건축물을 건축하는 경우에는 건축물의 각 부분을 정북(正北) 방향으로의 인접 대지경계선으로부터 다음의 범위에서 건축조례로 정하는 거리 이상을 띄어 건축하여야 한다.
• 높이 10m 이하인 부분 : 인접 대지경계선으로부터 1.5m 이상
• 높이 10m를 초과하는 부분 : 인접 대지경계선으로부터 해당 건축물 각 부분 높이의 2분의 1 이상

**98** 건축물 관련 건축기준의 허용오차 범위 기준이 2% 이내가 아닌 것은?

① 출구 너비   ② 반자 높이
③ 평면 길이   ④ 벽체 두께

[해설]
벽체 두께는 3% 이내이다.

**99** 다음 중 승용승강기를 가장 많이 설치해야 하는 건축물의 용도는?(단, 6층 이상의 거실면적의 합계가 10,000m²이며, 8인승 승강기를 설치하는 경우)

① 의료시설   ② 위락시설
③ 숙박시설   ④ 공동주택

[해설]
건축물 용도별 기본 설치 대수를 물어보는 문제이다.
보기에서는 의료시설(기본대수 2대)을 제외하고 모두 기본대수는 1대이다.

※ 건축물 용도별 기본 설치 대수

| 건축물의 용도 | 기본 설치 대수 |
|---|---|
| • 문화 및 집회시설(공연·집회·관람장)<br>• 판매시설<br>• 의료시설(병원·격리병원) | 2대 |
| • 문화 및 집회시설(전시장 및 동·식물원)<br>• 위락시설<br>• 숙박시설<br>• 업무시설 | 1대 |
| • 공동주택<br>• 교육연구시설<br>• 노유자시설<br>• 그 밖의 시설 | 1대 |

**100** 비상용 승강기 승강장의 바닥면적은 비상용 승강기 1대에 대하여 최소 얼마 이상으로 하여야 하는가? (단, 옥내 승강장인 경우)

① 3m²   ② 4m²
③ 5m²   ④ 6m²

[해설]
옥내 승강장의 바닥면적은 비상용 승강기 1대에 대하여 6m² 이상으로 해야 한다.

정답  97 ②  98 ④  99 ①  100 ④

# 05 제5회 CBT 실전모의고사

## 1과목 건축계획

**01** 주택의 부엌 작업대 배치유형 중 ㄷ자형에 관한 설명으로 옳은 것은?

① 두 벽면을 따라 작업이 전개되는 전통적인 형태이다.
② 평면계획상 외부로 통하는 출입구의 설치가 곤란하다.
③ 작업동선이 길고 조리면적은 좁지만 다수의 인원이 함께 작업할 수 있다.
④ 가장 간결하고 기본적인 설계형태로 길이가 4.5m 이상이 되면 동선이 비효율적이다.

[해설]

부엌의 유형

| 형태 | 장점 | 단점 |
|---|---|---|
| U자형 (ㄷ자형) | • 수납공간을 넓게 둘 수 있다.<br>• 작업공간이 넓다. | 외부로 통하는 출입구의 위치 설정이 곤란하다. |

**02** 호텔에 관한 설명으로 옳지 않은 것은?

① 커머셜 호텔은 일반적으로 고밀도의 고층형이다.
② 터미널 호텔에는 공항 호텔, 부두 호텔, 철도역 호텔 등이 있다.
③ 리조트 호텔의 건축 형식은 주변 조건에 따라 자유롭게 이루어진다.
④ 레지덴셜 호텔은 여행자의 장기간 체재에 적합한 호텔로서, 각 객실에는 주방 설비를 갖추고 있다.

[해설]

④는 아파트먼트 호텔(Apartment Hotel)에 대한 설명이다.
※ 레지덴셜 호텔(Residential Hotel) : 사업상의 여행자나 관광객 등이 단기로 체재하는 호텔

**03** 다음 설명에 알맞은 공장건축의 레이아웃(Layout) 형식은?

• 생산에 필요한 모든 공정, 기계기구를 제품의 흐름에 따라 배치한다.
• 대량생산에 유리하며 생산성이 높다.

① 혼성식 레이아웃
② 고정식 레이아웃
③ 제품 중심의 레이아웃
④ 공정 중심의 레이아웃

[해설]

제품 중심의 레이아웃(연속 작업식)
• 생산에 필요한 모든 공정과 기계기구류를 제품의 흐름에 따라 배치하는 형식이다.
• 대량생산이 가능하며 생산단가가 싸다.
• 공정 간에 시간적, 수량적 밸런스가 좋다.
• 생산성이 높고 공정시간이 단축된다.
• 사용자의 조건이 무시된다.
• 주문생산 및 소량, 다품종 생산이 무시된다.

**04** 주심포 형식에 관한 설명으로 옳지 않은 것은?

① 공포를 기둥 위에만 배열한 형식이다.
② 장혀는 긴 것을 사용하고 평방이 사용된다.
③ 봉정사 극락전, 수덕사 대웅전 등에서 볼 수 있다.
④ 맞배지붕이 대부분이며 천장을 특별히 가설하지 않아 서까래가 노출되어 보인다.

[해설]

주심포의 경우 장혀는 짧은 것(단장혀)을 사용하고 평방은 사용되지 않는다. ②는 다포 형식의 특징이다.

**05** 다음 설명에 알맞은 사무소 건축의 코어 유형은?

• 코어를 업무공간에서 분리시킨 관계로 업무공간의 융통성이 높은 유형이다.
• 설비 덕트나 배관을 코어로부터 업무공간으로 연결하는 데 제약이 많다.

정답 01 ② 02 ④ 03 ③ 04 ② 05 ①

① 외코어형　　② 편단코어형
③ 양단코어형　　④ 중앙코어형

[해설]

**독립 코어형(외코어형)**
- 코어와 관계없이 자유롭게 사무실 공간을 만들 수 있다.
- 코어를 업무공간에서 분리시킴으로써, 업무공간의 융통성을 높인 유형이다.
- 코어와 업무공간 간의 설비 덕트나 배관 연결이 어렵다.
- 편심 코어형과 같은 성격을 띠고 있으며, 구조상 내진구조에는 불리하다.

**06** 건축계획단계에서의 조사방법에 관한 설명으로 옳지 않은 것은?

① 설문조사를 통하여 생활과 공간 간의 대응관계를 규명하는 것은 생활행동 행위의 관찰에 해당된다.
② 이용 상황이 명확하게 기록되어 있는 시설의 자료 등을 활용하는 것은 기존자료를 통한 조사에 해당된다.
③ 건물의 이용자를 대상으로 설문을 작성하여 조사하는 방식은 생활과 공간의 대응관계 분석에 유효하다.
④ 주거단지에서 어린이들의 행동특성을 조사하기 위해서는 생활행동 행위 관찰방식이 일반적으로 적절하다.

[해설]

설문조사 방법은 관찰의 방법이 아니다.

**07** 학교운용방식에 관한 설명으로 옳지 않은 것은?

① 종합교실형은 교실의 이용률이 높지만 순수율은 낮다.
② 일반교실 및 특별교실형은 우리나라 중학교에서 주로 사용되는 방식이다.
③ 교과교실형에서는 모든 교실이 특정교과를 위해 만들어지고, 일반교실이 없다.
④ 플라톤형은 학년과 학급을 없애고 학생들은 각자의 능력에 따라 교과를 선택하고 일정한 교과가 끝나면 졸업을 한다.

[해설]

플라톤형은 각 학급을 2분단으로 나누어 운영하는 방식이다.
④는 달톤형에 대한 설명이다.

**08** 페리(C. A. Perry)의 근린주구에 관한 설명으로 옳지 않은 것은?

① 경계 : 4면의 간선도로에 의해 구획
② 공공시설용지 : 지구 전체에 분산하여 배치
③ 오픈 스페이스 : 주민의 일상생활 요구를 충족시키기 위한 소공원과 위락공간체계
④ 지구 내 가로체계 : 내부 가로망은 단지 내의 교통량을 원활히 처리하고 통과 교통을 방지

[해설]

공공시설 용지는 지구 중심에 배치하도록 한다.

**09** 다음 중 백화점의 기둥 간격 결정 요소와 가장 거리가 먼 것은?

① 매장의 연면적
② 진열장의 배치방법
③ 지하주차장의 주차방식
④ 에스컬레이터의 배치방법

[해설]

**기둥 간격(Span)의 결정 요소**
- 진열대의 치수와 배치방법, 주위 통로 폭
- 엘리베이터, 에스컬레이터의 배치
- 지하주차장의 주차방식과 폭

**10** 고딕양식의 건축물에 속하지 않는 것은?

① 아미앵 성당　　② 노트르담 성당
③ 샤르트르 성당　　④ 성 베드로 성당

**정답** 06 ①　07 ④　08 ②　09 ③　10 ④

[해설]
성 베드로 성당은 초기 그리스도교(기독교) 건축에 해당한다.

**11** 도서관 건축 계획에서 장래에 증축을 반드시 고려해야 할 부분은?

① 서고
② 대출실
③ 사무실
④ 휴게실

[해설]
서고 안의 책의 수장 권수에 의해 도서관의 기둥 간격이 결정되며, 책의 수장 권수가 늘어날 것에 대비하여 장래 증축을 반드시 고려하여야 한다.

**12** 병원건축형식 중 분관식(Pavillion Type)에 관한 설명으로 옳은 것은?

① 대지가 협소할 경우 주로 적용된다.
② 보행길이가 짧아져 관리가 용이하다.
③ 각 병실의 일조, 통풍 환경을 균일하게 할 수 있다.
④ 급수, 난방 등의 배관 길이가 짧아져 설비비가 적게 된다.

[해설]
분관식(Pavilion Type, 분동식)
- 각 병실을 남향으로 할 수 있으므로 일조, 통풍 조건이 좋다 (각 실의 채광을 균등히 할 수 있다).
- 넓은 대지가 필요하므로 도시 지역에 불리하며 설비가 분산되고 보행 거리가 길다.

**13** 단독주택의 리빙 다이닝 키친에 관한 설명으로 옳지 않은 것은?

① 공간의 이용률이 높다.
② 소규모 주택에 주로 사용된다.
③ 주부의 동선이 짧아 노동력이 절감된다.
④ 거실과 식당이 분리되어 각 실의 분위기 조성이 용이하다.

[해설]
리빙 다이닝 키친(LDK 형식, Living Dining Kitchen)
거실, 식사실, 부엌을 겸용한 것을 의미하며, 거실과 식당이 통합되어 있다.

**14** 사무소 건축의 실단위 계획에 있어서 개방식 배치에 관한 설명으로 옳지 않은 것은?

① 독립성과 쾌적감 확보에 유리하다.
② 공사비가 개실시스템보다 저렴하다.
③ 방의 길이나 깊이에 변화를 줄 수 있다.
④ 전면적을 유효하게 이용할 수 있어 공간 절약상 유리하다.

[해설]
개방식 배치(Open System)
개방된 큰 방을 기본적으로 설계하고 중역들을 위해 분리된 작은 방을 두는 방법이다.

| 장점 | 단점 |
| --- | --- |
| • 전 면적을 유용하게 이용할 수 있다.<br>• 칸막이벽이 없어서 공사비가 낮다.<br>• 방의 길이나 깊이에 변화를 줄 수 있다. | • 소음이 들리고 독립성이 결핍된다.<br>• 인공 조명이 필요하다. |

**15** 아파트의 평면형식 중 계단실형에 관한 설명으로 옳은 것은?

① 대지에 대한 이용률이 가장 높은 유형이다.
② 통행을 위한 공용면적이 크므로 건물의 이용도가 낮다.
③ 각 세대가 양쪽으로 개구부를 계획할 수 있는 관계로 통풍이 양호하다.
④ 엘리베이터를 공용으로 사용하는 세대수가 많으므로 엘리베이터의 효율이 높다.

정답  11 ①  12 ③  13 ④  14 ①  15 ③

[해설]

홀형(계단실형)
계단실 혹은 엘리베이터 홀로부터 단위 주호(세대)로 들어가는 형식으로서 특징은 아래와 같다.

| 장점 | 단점 |
| --- | --- |
| • 프라이버시 양호<br>• 통행부 면적이 작아서 건물의 이용도가 높음<br>• 각 단위 주거가 자연 조건 등에 균등한 방향으로 배치되어 일조, 통풍에 유리(각 세대가 양쪽으로 개구부 계획 가능) | • 엘리베이터 이용율이 낮음<br>• 고층 아파트일 경우 각 계단실(홀)마다 엘리베이터를 설치해야 하므로 시설비가 많이 듦 |

**16** 르네상스 건축에 관한 설명으로 옳은 것은?

① 건축 비례와 미적 대칭 등을 중시하였다.
② 첨탑과 플라잉 버트레스가 처음 도입되었다.
③ 펜덴티브 돔이 창안되어 실내 공간의 자유도가 높아졌다.
④ 강렬한 극적효과를 추구하며 관찰자의 주관적 감흥을 중시하였다.

[해설]

② 첨탑은 이슬람(사라센) 건축에서 처음 도입되었으며, 플라잉 버트레스는 고딕 건축에서 처음 도입되었다. 이러한 첨탑과 플라잉 버트레스의 활용을 통한 건축이 발달된 것은 고딕 건축이다.
③ 비잔틴 건축의 특징이다.
④ 바로크 건축의 특징이다.

**17** 미술관 전시실의 전시기법에 관한 설명으로 옳지 않은 것은?

① 하모니카 전시는 동일 종류의 전시물을 반복하여 전시할 경우에 유리하다.
② 아일랜드 전시는 실물을 직접 전시할 수 없는 경우 영상매체를 사용하여 전시하는 방법이다.
③ 파노라마 전시는 연속적인 주제를 연관성 있게 표현하기 위해 선형의 파노라마로 연출하는 전시기법이다.
④ 디오라마 전시는 하나의 사실 또는 주제의 시간 상황을 고정시켜 연출하는 것으로 현장에 임한 느낌을 주는 기법이다.

[해설]

아일랜드(Island) 전시는 벽이나 천장을 직접 이용하지 않고 전시물 또는 전시 장치를 배치하여 전시공간을 만들어내는 전시기법이다. ②는 영상전시에 대한 설명이다.

**18** 미술관의 전시실 순회형식에 관한 설명으로 옳지 않은 것은?

① 갤러리 및 코리도 형식에서는 복도 자체도 전시공간으로 이용이 가능하다.
② 중앙홀 형식에서 중앙홀이 크면 동선의 혼란은 많으나 장래의 확장에는 유리하다.
③ 연속순회 형식은 전시 중에 하나의 실을 폐쇄하면 동선이 단절된다는 단점이 있다.
④ 갤러리 및 코리도 형식은 복도에서 각 전시실에 직접 출입할 수 있으며 필요시에 자유로이 독립적으로 폐쇄할 수가 있다.

[해설]

중앙홀형식은 중앙홀이 크면 동선의 혼란은 없으나 장래의 확장에 많은 무리를 가지고 있다.

**19** 쇼핑센터의 몰(Mall)에 관한 설명으로 옳은 것은?

① 전문점과 핵상점의 주 출입구는 몰에 면하도록 한다.
② 쇼핑체류시간을 늘릴 수 있도록 방향성이 복잡하게 계획한다.
③ 몰은 고객의 통과동선으로서 부속시설과 서비스 기능의 출입이 이루어지는 곳이다.
④ 일반적으로 공기조화에 의해 쾌적한 실내 기후를 유지할 수 있는 오픈 몰(Open Mall)이 선호된다.

정답  16 ①  17 ②  18 ②  19 ①

[해설]
몰(Mall) 고객의 주 보행 동선으로 핵상점과 각 전문점에서 출입이 이루어지는 곳이므로, 전문점들과 중심 상점의 주 출입구는 몰에 면하여 구성되어야 한다.

**20** 극장건축에서 무대의 제일 뒤에 설치되는 무대 배경용의 벽을 나타내는 용어는?

① 프로시니엄
② 사이클로라마
③ 플라이 로프트
④ 그리드 아이언

[해설]
사이클로라마(Cyclorama 혹은 Kuppel Horizont)
무대의 제일 뒤에 설치되는 무대 배경용의 벽으로서 프로시니엄 높이의 3배이다.

## 2과목 건축시공

**21** 공동도급방식(Joint Venture)에 관한 설명으로 옳은 것은?

① 2명 이상의 수급자가 어느 특정 공사에 대하여 협동으로 공사계약을 체결하는 방식이다.
② 발주자, 설계자, 공사관리자의 세 전문집단에 의하여 공사를 수행하는 방식이다.
③ 발주자와 수급자가 상호신뢰를 바탕으로 팀을 구성하여 공동으로 공사를 수행하는 방식이다.
④ 공사수행방식에 따라 설계/시공(D/B)방식과 설계/관리(D/M)방식으로 구분한다.

[해설]
공동도급(Joint Venture)
공동도급은 대규모 공사에서 수 개의 건설회사가 공동으로 출자하여 한 회사의 입장에서 공사를 수주하고 연대책임으로 시공하는 방식이다.

**22** 다음 설명에서 의미하는 공법은?

> 구조물 하중보다 더 큰 하중을 연약지반(점성토) 표면에 프리로딩하여 압밀침하를 촉진시킨 뒤 하중을 제거하여 지반의 전단강도를 증대하는 공법

① 고결안정공법
② 치환공법
③ 재하공법
④ 탈수공법

[해설]
재하공법은 하중을 표면에 가중하여 토질을 밀실하게 만드는 방법이다.

**23** 보강 블록공사에 관한 설명으로 옳지 않은 것은?

① 벽의 세로근은 구부리지 않고 설치한다.
② 벽의 세로근은 밑창 콘크리트 윗면에 철근을 배근하기 위한 먹매김을 하여 기초판 철근 위의 정확한 위치에 고정시켜 배근한다.
③ 벽 가로근 배근 시 창 및 출입구 등의 모서리 부분에 가로근의 단부를 수평방향으로 정착할 여유가 없을 때에는 갈고리로 하여 단부 세로근에 걸고 결속선으로 결속한다.
④ 보강 블록조와 라멘 구조가 접하는 부분은 라멘 구조를 먼저 시공하고 보강 블록조를 나중에 쌓는 것이 원칙이다.

[해설]
보강 블록조와 라멘 구조가 접하는 부분은 보강 블록조를 먼저 시공하고 라멘 구조를 나중에 시공하는 것이 원칙이다.

**24** 기술제안입찰제도의 특징에 관한 설명으로 옳지 않은 것은?

① 공사비 절감방안의 제안은 불가하다.
② 기술제안서 작성에 추가비용이 발생된다.
③ 제안된 기술의 지적재산권 인정이 미흡하다.
④ 원안 설계에 대한 공법, 품질 확보 등이 핵심 제안 요소이다.

정답 20 ② 21 ① 22 ③ 23 ④ 24 ①

[해설]
기술제안입찰은 신기술 등을 활용한 공사비 절감방안 등의 제안이 가능하다.

**25** 계측관리 항목 및 기기에 관한 설명으로 옳지 않은 것은?

① 흙막이벽의 응력은 변형계(Strain Gauge)를 이용한다.
② 주변 건물의 경사는 건물경사계(Tiltmeter)를 이용한다.
③ 지하수의 간극수압은 지하수위계(Water Level Meter)를 이용한다.
④ 버팀보, 앵커 등의 축하중 변화 상태의 측정은 하중계(Load Cell)를 이용한다.

[해설]
지하수의 간극수압은 피에조미터(Piezo Meter)로 계측하고, 지하수위계(Water Level Meter)는 지하수위 계측에 이용한다.

**26** 철근의 정착 위치에 관한 설명으로 옳지 않은 것은?

① 지중보의 주근은 기초 또는 기둥에 정착한다.
② 기둥 철근은 큰 보 혹은 작은 보에 정착한다.
③ 큰 보의 주근은 기둥에 정착한다.
④ 작은 보의 주근은 큰 보에 정착한다.

[해설]
작은 보의 주근은 큰 보에 정착하고 큰 보의 주근은 기둥에 정착한다.

**27** 목재의 접착제로 활용되는 수지와 가장 거리가 먼 것은?

① 요소 수지
② 멜라민 수지
③ 폴리스티렌 수지
④ 역청질 도료

[해설]
폴리스티렌 수지는 열가소성 수지로서 열을 받으면 연화되므로 접착제로는 부적합하다.

**28** 칠공사에 관한 설명으로 옳지 않은 것은?

① 한랭 시나 습기를 가진 면은 작업을 하지 않는다.
② 초벌부터 정벌까지 같은 색으로 도장해야 한다.
③ 강한 바람이 불 때는 먼지가 묻게 되므로 외부 공사를 하지 않는다.
④ 야간은 색을 잘못 칠할 염려가 있으므로 작업을 하지 않는 것이 좋다.

[해설]
도장 횟수를 확인할 수 있도록 약간 다른 색으로 도장하는 것이 좋다.

**29** 석재에 관한 설명으로 옳은 것은?

① 인장강도는 압축강도에 비하여 10배 정도 크다.
② 석재는 불연성이긴 하나 화열에 닿으면 화강암과 같이 균열이 생기거나 파괴되는 경우도 있다.
③ 장대재를 얻기에 용이하다.
④ 조직이 치밀하여 가공성이 매우 뛰어나다.

[해설]
① 압축강도는 인장강도에 비하여 10배 정도 크다.
③ 장대재를 얻기가 어렵다.
④ 조직이 치밀하여 비중이 크고 가공성이 좋지 않다.

**30** 아파트 온돌바닥미장용 콘크리트로서 고층적용 실적이 많고, 배합을 조닝별로 다르게 하며, 타설 바탕면에 따라 배합비 조정이 필요한 것은?

① 경량기포 콘크리트
② 중량콘크리트
③ 수밀 콘크리트
④ 유동화 콘크리트

정답  25 ③  26 ②  27 ③  28 ②  29 ②  30 ①

[해설]
경량기포 콘크리트를 통해 소정의 단열성능을 확보가 가능하며, 온돌 배관층 아래에 타설 적용된다.

**31** 토공사에 적용되는 체적환산계수 $L$의 정의로 옳은 것은?

① $\dfrac{\text{흐트러진 상태의 체적}(m^3)}{\text{자연상태의 체적}(m^3)}$

② $\dfrac{\text{자연상태의 체적}(m^3)}{\text{흐트러진 상태의 체적}(m^3)}$

③ $\dfrac{\text{다져진 상태의 체적}(m^3)}{\text{자연상태의 체적}(m^3)}$

④ $\dfrac{\text{자연상태의 체적}(m^3)}{\text{다져진 상태의 체적}(m^3)}$

[해설]

체적환산계수$(L) = \dfrac{\text{흐트러진 상태의 체적}(m^3)}{\text{자연상태의 체적}(m^3)}$

**32** 백화현상에 관한 설명으로 옳지 않은 것은?

① 시멘트는 수산화칼슘의 주성분인 생석회(CaO)의 다량 공급원으로서 백화의 주된 요인이다.
② 백화현상은 미장 표면뿐만 아니라 벽돌벽체, 타일 및 착색 시멘트 제품 등의 표면에도 발생한다.
③ 겨울철보다 여름철의 높은 온도에서 백화 발생 빈도가 높다.
④ 배합수 중에 용해되는 가용 성분이 시멘트 경화체의 표면건조 후 나타나는 현상이다.

[해설]
표면결로발생 등에 따른 표면수분 증가로 인해 여름철보다 겨울철 낮은 온도에서 백화 발생 빈도가 높다.

**33** 돌로마이트 플라스터 바름에 관한 설명으로 옳지 않은 것은?

① 정벌바름용 반죽은 물과 혼합한 후 12시간 정도 지난 다음 사용하는 것이 바람직하다.
② 바름 두께가 균일하지 못하면 균열이 발생하기 쉽다.
③ 돌로마이트 플라스터는 수경성이므로 해초풀을 적당한 비율로 배합해서 사용해야 한다.
④ 시멘트와 혼합하여 2시간 이상 경과한 것은 사용할 수 없다.

[해설]
돌로마이트 플라스터는 기경성이고, 교착력이 우수하여 해초풀 배합 없이 바를 수 있다.

**34** 철골부재의 용접 시 이음 및 접합부위의 용접선의 교차로 재 용접된 부위가 열 영향을 받아 취약해짐을 방지하기 위하여 모재에 부채꼴 모양으로 모따기를 한 것은?

① Blow Hole    ② Scallop
③ End Tap    ④ Crater

[해설]

스캘럽(Scallop)
용접접합부에 있어서 용접이음새나 받침쇠의 관통을 위해 또는 용접이음새끼리 교차를 피하기 위하기 위해 설치한 원호상의 구멍을 말한다.

**35** 재료별 할증률을 표기한 것으로 옳은 것은?

① 시멘트벽돌 : 3%
② 강관 : 7%
③ 단열재 : 7%
④ 봉강 : 5%

[해설]

① 시멘트벽돌 : 5%
② 강관 : 5%
③ 단열재 : 10%

**36** 사질토의 상대밀도를 측정하는 방법으로 가장 적합한 것은?

① 표준관입시험(Standard Penetration Test)
② 베인 테스트(Vane Test)
③ 깊은 우물(Deep Well) 공법
④ 아일랜드 공법

[해설]

② 베인 테스트(Vane Test) : 점토질 점착력 측정
③ 깊은 우물(Deep Well) 공법 : 강제 배수 공법의 일종
④ 아일랜드 공법 : 흙파기 방식의 일종

**37** 녹막이 칠에 사용하는 도료와 가장 거리가 먼 것은?

① 광명단
② 크레오소트유
③ 아연분말 도료
④ 역청질 도료

[해설]

녹막이 칠은 금속표면 녹방지에 대한 사항인 반면, 크레오소트유는 목부재 방식도료이다.

**38** 석고플라스터 바름에 관한 설명으로 옳지 않은 것은?

① 보드용 플라스터는 초벌바름, 재벌바름의 경우 물을 가한 후 2시간 이상 경과한 것은 사용할 수 없다.
② 실내온도가 10℃ 이하일 때는 공사를 중단하거나 난방하여 10℃ 이상으로 유지한다.
③ 바름작업 중에는 될 수 있는 한 통풍을 방지한다.
④ 바름작업이 끝난 후 실내를 밀폐하지 않고 가열과 동시에 환기하여 바름면이 서서히 건조되도록 한다.

[해설]

실내온도가 2℃ 이하일 때는 공사를 중단하거나 난방하여 5℃ 이상으로 유지한다.

**39** 공급망관리(Supply Chain Management)의 필요성이 상대적으로 가장 적은 공종은?

① PC(Precast Concrete)공사
② 콘크리트공사
③ 커튼월공사
④ 방수공사

[해설]

공급망관리(Supply Chain Management)
물량의 제조 → 운반 → 설치의 일련의 과정을 관리하는 것을 의미한다. 보기 중 방수공사의 경우는 다른 보기의 공사에 비해 적용 재료의 수와 무게 등이 상대적으로 적고 설치 관점이 아닌 도포, 마감의 관점이므로, 다른 보기에 비해 공급망 관리의 필요성이 상대적으로 적다.

**40** 멤브레인 방수에 속하지 않는 방수공법은?

① 시멘트 액체방수
② 합성고분자 시트방수
③ 도막방수
④ 아스팔트 방수

[해설]

멤브레인 방수
막을 형성하는 방수로서 막방수라고도 불리며 시트방수, 도막방수, 아스팔트 방수 등이 있다. 시멘트 액체방수는 막을 형성하는 방수가 아닌, 시멘트와 방수제가 혼합된 재료를 타설하는 방식의 방수공법이다.

정답  36 ①  37 ②  38 ②  39 ④  40 ①

## 3 과목 건축구조

**41** 합성보에서 강재보와 철근콘크리트 또는 합성슬래브 사이의 미끄러짐을 방지하기 위하여 설치하는 것은?

① 스터드 볼트  ② 퍼린
③ 윈드칼럼  ④ 턴버클

[해설]
전단연결재(Shear Connector)
- 합성보에서 바닥슬래브와 강재보를 일체화시켜 그 접합부에 발생되는 미끄러짐을 방지하고, 수평전단력을 부담시키기 위한 연결재이다.
- 스터드, C형강, 나선 철근 등이 있다.

**42** 다음 중 내진 I등급 구조물의 허용층간변위로 옳은 것은?(단, KDS기준, $h_{sx}$는 $x$층 층고)

① $0.005h_{sx}$  ② $0.010h_{sx}$
③ $0.015h_{sx}$  ④ $0.020h_{sx}$

[해설]
내진등급에 따른 허용층간변위($\Delta_a$)
- 내진 특등급 : $0.010h_{sx}$
- 내진 I 등급 : $0.015h_{sx}$
- 내진 II 등급 : $0.020h_{sx}$
여기서, $h_{sx}$는 $x$층의 층고이다.

**43** 그림과 같은 단순보에서 반력 $R_A$의 값은?

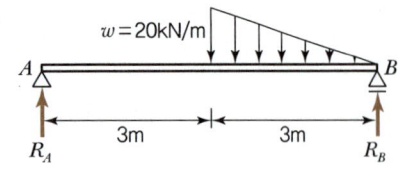

① 5kN  ② 10kN
③ 20kN  ④ 25kN

[해설]
반력 $R_A$ 산출
$\sum M_B = 0$
$\sum M_B = R_A \times 6 - \left(20 \times 3 \times \frac{1}{2}\right) \times 2 = 0$
$R_A = \dfrac{\left(20 \times 3 \times \frac{1}{2}\right) \times 2}{6} = 10\text{kN}$

**44** 등분포하중을 받는 4변 고정 2방향 슬래브에서 모멘트양이 일반적으로 가장 크게 나타나는 곳은?

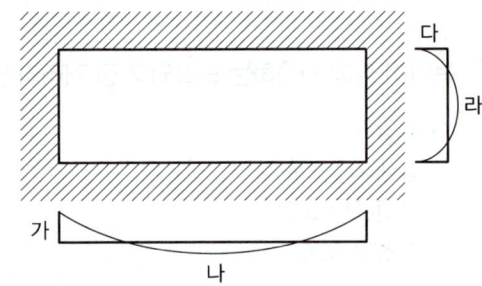

① 가  ② 나
③ 다  ④ 라

[해설]
등분포하중을 받는 4변 고정 2방향 슬래브에서는 단변 부분 단부에서 가장 큰 모멘트를 받게 된다.

**45** 강도설계법에서 양단 연속 1방향 슬래브의 스팬이 3,000mm일 때 처짐을 계산하지 않는 경우 슬래브의 최소 두께를 계산한 값으로 옳은 것은?(단, 단위중량 $w_c = 2,300\text{kg/m}^3$의 보통콘크리트 및 $f_y = 400\text{MPa}$ 철근 사용)

① 107.1mm  ② 124.3mm
③ 132.1mm  ④ 145.5mm

[해설]
양단연속 1방향 슬래브의 최소 두께($h$) 산출
$h = \dfrac{l}{28} = \dfrac{3,000}{28} = 107.1\text{mm}$

정답  41 ①  42 ③  43 ②  44 ③  45 ①

**46** 다음 구조용 강재의 명칭에 관한 내용으로 옳지 않은 것은?

① SM : 용접구조용 압연강재(KS D 3515)
② SS : 일반구조용 압연강재(KS D 3503)
③ SN : 건축구조용 각형 탄소강관(KS D 3864)
④ SGT : 일반구조용 탄소강관(KS D 3566)

[해설]
- SN은 건축구조용 강재의 기호이다.
- 건축구조용 각형 탄소강관은 SNRT로 표기한다.

**47** 다음 그림과 같은 단순 인장접합부의 강도한계 상태에 따른 고력볼트의 설계전단강도를 구하면? [단, 강재의 재질은 SS275이며 고력볼트는 M22(F10T), 공칭전단강도 $F_{nv} = 500$MPa, $\phi = 0.75$]

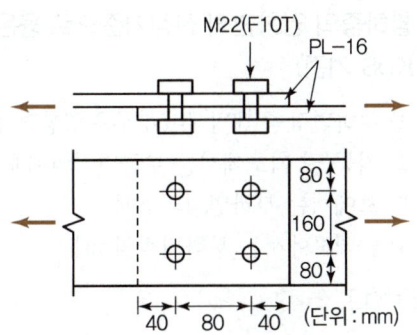

① 500kN  ② 530kN
③ 550kN  ④ 570kN

[해설]
설계전단강도 산출
설계전단강도 = 강도감소계수×공칭전단강도×볼트 단면적
(볼트 1개의 단면적×개수)
$= 0.75 \times 500 \text{N/mm}^2 \times \dfrac{\pi \times (22\text{mm})^2}{4} \times 4$
$= 570,199\text{N} \approx 570\text{kN}$

**48** 그림과 같이 스팬이 8,000mm이며, 보 중심 간격이 3,000mm인 합성보 H-588×300×12×20의 강재에 콘크리트 두께 150mm로 합성보를 설계하고자 한다. 합성보 B의 슬래브 유효폭을 구하면?(단, 스터드 전단연결재가 설치됨)

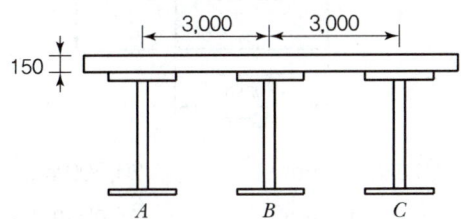

① 1,500mm  ② 2,000mm
③ 3,000mm  ④ 4,000mm

[해설]
다음의 ㉠과 ㉡ 중 작은 값을 유효폭으로 산정한다.
㉠ 양측 슬래브의 중심 간 거리 : 3,000mm
㉡ 보 스팬 × $\dfrac{1}{4}$ = 8,000 × $\dfrac{1}{4}$ = 2,000mm
∴ 유효폭($b_e$) = 2,000mm

**49** 철근콘크리트 보 설계 시 적용되는 경량콘크리트 계수 중 모래경량콘크리트의 경우에 적용되는 계수값은 얼마인가?

① 0.65  ② 0.75
③ 0.85  ④ 1.0

[해설]
경량콘크리트 계수($\lambda$)
- 일반중량콘크리트 : 1.0
- 모래경량콘크리트 : 0.85
- 전경량콘크리트 : 0.75

정답  46 ③  47 ④  48 ②  49 ③

**50** 도심축에 대한 빗줄(사선)친 부분의 단면계수 값은?

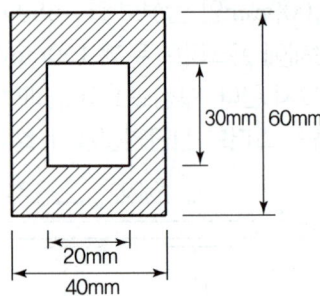

① 19,000mm³  ② 20,500mm³
③ 21,000mm³  ④ 22,500mm³

[해설]

단면계수($Z$) 산출
- $Z = \dfrac{I_X}{y}$
- $I_X = \dfrac{BH^3}{12} - \dfrac{bh^3}{12} = \dfrac{40 \times 60^3}{12} - \dfrac{20 \times 30^3}{12} = 675,000$
- $y = \dfrac{60}{2} = 30$

∴ $Z = \dfrac{I_X}{y} = \dfrac{675,000}{30} = 22,500\text{mm}^3$

**51** 다음 그림과 같은 단순보에서 부재 길이가 2배로 증가할 때 보의 중앙점 최대 처짐은 몇 배로 증가되는가?

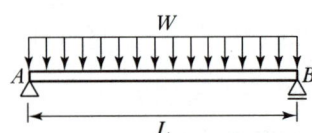

① 2배  ② 4배
③ 8배  ④ 16배

[해설]

단순보의 등분포하중일 때 최대처짐은 $\delta_{max} = \dfrac{5wL^4}{384EI}$ 로서, $L$의 4제곱에 비례하므로 부재 길이가 2배 늘어나면 최대 처짐은 $2^4 = 16$배가 늘어나게 된다.

**52** 다음과 같은 구조물의 판별로 옳은 것은?(단, 그림의 하부지점은 고정단임)

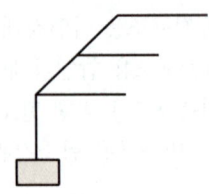

① 불안정  ② 정정
③ 1차부정정  ④ 2차부정정

[해설]

- 변형이나 이동이 없으므로 안정상태이다.
- 부정정차수 산출
  $N = $ 반력수 + 부재수 + 강절점수 $- 2 \times$ 절점수
  $= 3 + 6 + 5 - 2 \times 7 = 0 \rightarrow$ 정정구조물

**53** 활하중의 영향면적 산정기준으로 옳은 것은?(단, KDS 기준)

① 부하면적 중 캔틸레버 부분은 영향면적에 단순합산
② 기둥 및 기초에서는 부하면적의 6배
③ 보에서는 부하면적의 5배
④ 슬래브에서는 부하면적의 2배

[해설]

② 기둥 및 기초에서는 부하면적의 4배
③ 보에서는 부하면적의 2배
④ 슬래브에서는 부하면적의 1배(단순합산)

**54** 인장력을 받는 원형단면 강봉의 지름을 4배로 하면 수직응력도(Normal Stress)는 기존 응력도의 얼마로 줄어드는가?

① $\dfrac{1}{2}$  ② $\dfrac{1}{4}$
③ $\dfrac{1}{8}$  ④ $\dfrac{1}{16}$

정답  50 ④  51 ④  52 ②  53 ①  54 ④

[해설]

원형단면을 갖는 강봉의 수직응력 $\sigma = \dfrac{P}{A} = \dfrac{P}{\dfrac{\pi d^2}{4}}$ 이므로,

지름 $d$를 4배로 할 경우 $4^2$배만큼 수직응력이 감소하게 된다.

∴ $\dfrac{1}{16}$ 만큼 감소

**55** 보통중량콘크리트를 사용한 그림과 같은 보의 단면에서 외력에 의해 휨 균열을 일으키는 균열모멘트($M_{cr}$) 값으로 옳은 것은?(단, $f_{ck}=27\text{MPa}$, $f_y=400\text{MPa}$, 철근은 개략적으로 도시되었음)

① 29.5kN · m
② 34.7kN · m
③ 40.9kN · m
④ 52.4kN · m

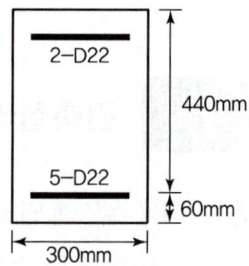

[해설]

균열모멘트($M_{cr}$) 산출

$M_{cr} = Z(\text{단면계수}) \cdot f_r (\text{파괴계수})$

$= \dfrac{bh^2}{6} \times 0.63\lambda \sqrt{f_{ck}}$

$= \dfrac{300 \times 500^2}{6} \times 0.63 \times 1.0 \times \sqrt{27}$

$= 40,919,700\text{N} \cdot \text{mm} = 40.9\text{kN} \cdot \text{m}$

여기서, $\lambda$ : 콘크리트 중량 계수(보통중량일 경우 1)

**56** 그림과 같은 부정정 라멘에서 $A$점의 $M_{AB}$는?

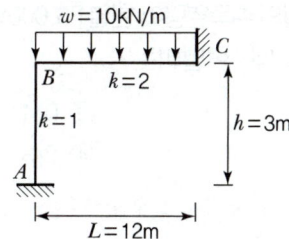

① 0
② 20kN · m
③ 40kN · m
④ 60kN · m

[해설]

- $DF_{BA} = \dfrac{k}{\sum k} = \dfrac{1}{1+2} = \dfrac{1}{3}$
- $DF_{BC} = \dfrac{k}{\sum k} = \dfrac{1}{3}$
- $M_B = \dfrac{wL^2}{12} = \dfrac{10 \times 12^2}{12} = 120$
- $M_{BA} = 120 \times \dfrac{1}{3} = 40$
- $M_{AB} = 40 \times \dfrac{1}{2} = 20\text{kN} \cdot \text{m}$

**57** 그림과 같은 부정정 라멘의 BMD에서 $P$값을 구하면?

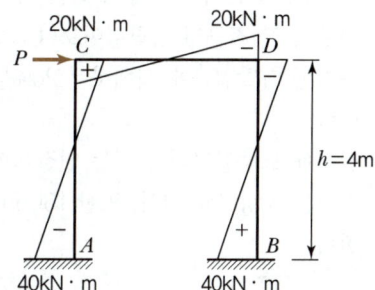

① 20kN
② 30kN
③ 50kN
④ 60kN

[해설]

층방정식을 활용하여 산출한다.

$P = \dfrac{\text{재단모멘트의 합}}{\text{층고}} = \dfrac{40+20+20+40}{4} = 30\text{kN}$

여기서, 재단모멘트는 부재의 끝 부분에서 그 부재를 굽히려고 작용하는 모멘트를 말한다.

**58** KDS에서 철근콘크리트 구조의 최소 피복두께를 규정하는 이유로 보기 어려운 것은?

① 철근이 부식되지 않도록 보호
② 철근의 화해(火害) 방지

③ 철근의 부착력 확보
④ 콘크리트의 동결융해 방지

[해설]
콘크리트의 동결융해는 골재 등에 함유된 수분의 동결에 의해 발생되는 현상이므로 최소 피복두께 규정 이유와 거리가 멀다.

**59** 인장이형철근 및 압축이형철근의 정착길이($l_d$)에 관한 기준으로 옳지 않은 것은?(단, KDS 기준)

① 계산에 의하여 산정한 인장이형철근의 정착길이는 항상 200mm 이상이어야 한다.
② 계산에 의하여 산정한 압축이형철근의 정착길이는 항상 200mm 이상이어야 한다.
③ 인장 또는 압축을 받는 하나의 다발철근 내에 있는 개개 철근의 정착길이 $l_d$는 다발철근이 아닌 경우의 각 철근의 정착길이보다 3개의 철근으로 구성된 다발철근에 대해서는 20%를 증가시켜야 한다.
④ 단부에 표준갈고리가 있는 인장이형철근의 정착길이는 항상 8db 이상, 또한 150mm 이상이어야 한다.

[해설]
계산에 의하여 산정한 인장이형철근의 정착길이는 항상 300mm 이상이어야 한다.

**60** 그림과 같은 구조물에 힘 $P$가 작용할 때 휨모멘트가 0이 되는 곳은 모두 몇 개인가?

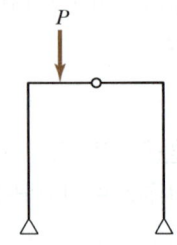

① 2개   ② 3개
③ 4개   ④ 5개

[해설]
라멘구조의 휨모멘트(BMD)에 따라 휨모멘트가 0이 되는 곳은 4개이다.

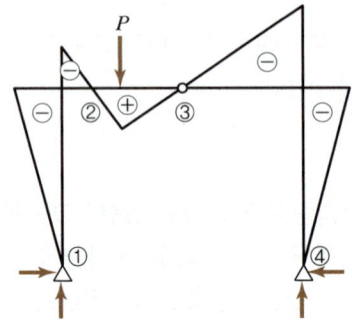

## 4 과목 건축설비

**61** 다음 설명에 알맞은 통기방식은?

- 회로통기방식이라고도 한다.
- 2개 이상의 기구트랩에 공통으로 하나의 통기관을 설치하는 방식이다.

① 공용통기방식   ② 루프통기방식
③ 신정통기방식   ④ 결합통기방식

[해설]
루프(회로, 환상)통기방식
2개 이상의 기구트랩에 공통으로 하나의 통기관을 설치하는 통기방식으로서, 루프통기 1개당 최대 담당 기구 수는 8개 이내(세면기 기준)이며 통기 수직관까지는 7.5m 이내가 되게 한다.

**62** 어떤 실의 취득열량이 현열 35,000W, 잠열 15,000W이었을 때, 현열비는?

① 0.3   ② 0.4
③ 0.7   ④ 2.3

[해설]
$$현열비 = \frac{현열부하}{현열부하+잠열부하} = \frac{35,000}{35,000+15,000} = 0.7$$

정답  59 ①  60 ③  61 ②  62 ③

**63** 다음과 같은 조건에 있는 실의 틈새바람에 의한 현열부하는?

[조건]
- 실의 체적 : 400m³
- 환기횟수 : 0.5회/h
- 실내온도 : 20℃, 외기온도 : 0℃
- 공기의 밀도 : 1.2kg/m²
- 공기의 정압비열 : 1.01kJ/kg · K

① 약 654W  ② 약 972W
③ 약 1,347W  ④ 약 1,654W

[해설]

$q = Q \cdot \rho \cdot Cp \cdot \Delta t$

여기서, $q$ : 실내 발열량(현열부하)(kJ/h)
$Q$ : 틈새바람에 의한 침기량(m³/h)
$\rho$ : 공기의 밀도 1.2kg/m³
$Cp$ : 공기의 정압비열 1.01kJ/kgK
$\Delta t$ : 실내외 온도차(℃)

$q = 400 \times 0.5 \times 1.2 \times 1.01 \times (20-0)$
$= 4,848$kJ/h $= 1,347$W

**64** 다음 중 건축물 실내공간의 잔향시간에 가장 큰 영향을 주는 것은?

① 실의 용적  ② 음원의 위치
③ 벽체의 두께  ④ 음원의 음압

[해설]

잔향시간은 실의 형태와는 무관하며, 실의 용적에 밀접한 관계가 있으며 실의 용적이 클수록 길어진다.

**65** 자연환기에 관한 설명으로 옳지 않은 것은?

① 풍력환기량은 풍속이 높을수록 증가한다.
② 중력환기량은 개구부 면적이 클수록 증가한다.
③ 중력환기량은 실내외 온도차가 클수록 감소한다.
④ 중력환기는 실내외의 온도차에 의한 공기의 밀도차가 원동력이 된다.

[해설]

중력환기에서 실내외 온도차가 커지면, 실내외 압력차도 커지므로 환기량은 커지게 된다.

**66** 단일덕트 변풍량 방식에 관한 설명으로 옳지 않은 것은?

① 전공기방식의 특성이 있다.
② 각 실이나 존의 온도를 개별 제어할 수 있다.
③ 일사량 변화가 심한 페리미터 존에 적합하다.
④ 정풍량 방식에 비해 설비비는 낮아지나 운전비가 증가한다.

[해설]

단일덕트 변풍량 방식은 말단에서의 풍량 변화에 대한 제어 설비 등이 별도로 필요하며, 정풍량 방식에 비해서 초기 설비비가 많이 들어간다. 단, 유지관리 시 에너지 절감 측면에서는 변풍량 방식이 유리하다.

**67** 다음 중 조명률에 영향을 끼치는 요소와 가장 거리가 먼 것은?

① 광원의 높이
② 마감재의 반사율
③ 조명기구의 배광방식
④ 글레어(Glare)의 크기

[해설]

조명률(U)은 광원에서 방사된 빛이 작업면에 도달하는 양을 백분율로 나타낸 비율로서, 해당 작업면(피조면)의 눈부심의 정도를 의미하는 글레어(Glare)의 크기와는 직접적인 연관성이 없다.

**68** 간접가열식 급탕방식에 관한 설명으로 옳지 않은 것은?

① 저압보일러를 써도 되는 경우가 많다.
② 직접가열식에 비해 소규모 급탕설비에 적합하다.

정답 63 ③ 64 ① 65 ③ 66 ④ 67 ④ 68 ②

③ 급탕용 보일러는 난방용 보일러와 겸용할 수 있다.
④ 직접가열식에 비해 보일러 내면에 스케일이 발생할 염려가 적다.

[해설]

간접가열식의 특징
- 난방 보일러로 동시에 급탕이 가능하다.
- 건물 높이에 따른 수압이 보일러에 작용하지 않으므로 저압 보일러로도 가능하다.
- 대규모 설비에 적합하다.

**69** 자동화재탐지설비의 열감지기 중 주위온도가 일정온도 이상일 때 작동하는 것은?

① 차동식　　② 정온식
③ 광전식　　④ 이온화식

[해설]

- 차동식 : 주변온도의 일정한 온도상승에 의한 감지
- 정온식 : 주변온도가 일정 온도에 달하였을 때 감지
- 광전식 : 연기에 의해 반응하는 것으로 광전효과 이용하여 감지
- 이온화식 : 연기에 의해 이온농도가 변화되는 것으로 감지

**70** 온열 감각에 영향을 미치는 물리적 온열 4요소에 속하지 않는 것은?

① 기온　　② 습도
③ 일사량　　④ 복사열

[해설]

물리적 온열 환경 4요소
기온, 습도, 기류, 복사열

**71** 옥내소화전설비에 관한 설명으로 옳지 않은 것은?

① 옥내소화전방수구는 바닥으로부터의 높이가 1.5m 이하가 되도록 설치한다.
② 옥내소화전설비의 송수구는 구경 65mm의 쌍구형 또는 단구형으로 한다.

③ 전동기에 따른 펌프를 이용하는 가압송수장치를 설치하는 경우, 펌프는 전용으로 하는 것이 원칙이다.
④ 어느 한 층의 옥내소화전을 동시에 사용할 경우 각 소화전의 노즐선단에서의 방수압력은 최소 0.7MPa 이상이 되어야 한다.

[해설]

옥내소화전설비의 노즐의 방수압력은 최소 0.17MPa 이상, 최대 0.7MPa 이하이다.

**72** 다음 설명에 알맞은 접지의 종류는?

> 기능상 목적이 서로 다르거나 동일한 목적의 개별접지들을 전기적으로 서로 연결하여 구현한 접지

① 단독접지　　② 공통접지
③ 통합접지　　④ 종별접지

[해설]

통합접지
전기기기뿐만 아니라 수도관, 가스관, 철근, 철골 등과 같이 전기와 무관한 도체도 모두 함께 접지하여, 그들 간에 전위차가 없도록 함으로서 사람의 감전 우려를 최소화 하는 접지방식

**73** 온수난방방식에 관한 설명으로 옳지 않은 것은?

① 예열시간이 짧아 간헐운전에 주로 이용된다.
② 한랭지에서 운전 정지 중에 동결의 위험이 있다.
③ 증기난방방식에 의해 난방부하 변동에 따른 온도조절이 용이하다.
④ 보일러 정지 후에도 여열이 남아 있어 실내 난방이 어느 정도 지속된다.

[해설]

온수난방방식은 예열시간이 길어 지속운전에 주로 이용된다.

정답  69 ②  70 ③  71 ④  72 ③  73 ①

**74** 흡수식 냉동기의 주요 구성부분에 속하지 않는 것은?

① 응축기　② 압축기
③ 증발기　④ 재생기

[해설]
흡수식 냉동기는 발생기(재생기) - 응축기 - 증발기 - 흡수기로 구성된다.
② 압축기는 압축식 냉동기의 구성요소이다.

**75** 다음 설명에 알맞은 급수 방식은?

- 위생성 측면에서 가장 바람직한 방식이다.
- 정전으로 인한 단수의 염려가 없다.

① 수도직결방식
② 고가수조방식
③ 압력수조방식
④ 펌프직송방식

[해설]
수도직결방식은 상수도에서 공급받은 수원을 저수과정 없이 직접 세대(부하측)으로 공급하므로 수질 오염 가능성이 가장 낮으며, 또한 급수를 위한 별도의 펌프 등의 전원 소요가 없으므로 정전으로 인한 단수의 염려가 없다.

**76** 가스설비에 사용되는 거버너(Govermor)에 관한 설명으로 옳은 것은?

① 실내에서 발생되는 배기가스를 외부로 배출시키는 장치
② 연소가 원활히 이루어지도록 외부로부터 공기를 받아들이는 장치
③ 가스가 누설되거나 지진이 발생했을 때 가스공급을 긴급히 차단하는 장치
④ 가스공급회사로부터 공급받은 가스를 건물에서 사용하기에 적합한 압력으로 조정하는 장치

[해설]
거버너(압력조정기, 정압기, Governor)
각 건물에서 사용되는 가스기기에서 필요한 가스 압력이 서로 다를 경우에는 높은 압력으로 공급을 받아서 그대로 사용하거나 기기에 따라서는 필요한 압력으로 낮추어서 사용하기도 하는데, 이때 압력을 조정하는데 사용하는 기기를 말하며, 정압기라고도 한다.

**77** 엘리베이터의 안전장치에 속하지 않는 것은?

① 균형추　② 완충기
③ 조속기　④ 전자브레이크

[해설]
균형추(Counter Weight)
기계실의 권상기 부하를 줄이고, 전기의 절약을 위해서 사용되는 장치이다.
※ 권상기(Traction Machine) : 전동기의 회전력을 로프에 전달하는 기기

**78** 어느 점광원에서 1m 떨어진 곳의 직각면 조도가 200lx일 때, 이 광원에서 2m 떨어진 곳의 직각면 조도는?

① 25lx　② 50lx
③ 100lx　④ 200lx

[해설]
- 조도는 광도에 비례하고, 거리의 제곱에 반비례한다.
  $$조도(E) = \frac{광도(I)}{거리(D)^2}$$
- 이에 광원과의 거리가 1m → 2m로 2배 멀어졌기 때문에 조도는 1/4배(200lx → 50lx)로 감소하게 된다.

**79** 전기설비의 배선공사에 관한 설명으로 옳지 않은 것은?

① 금속관 공사는 외부적 응력에 대해 전선보호의 신뢰성이 높다.
② 합성수지관 공사는 열적 영향이나 기계적 외상을 받기 쉬운 곳에서는 사용이 곤란하다.

③ 금속덕트 공사는 다수회선의 절연전선이 동일 경로에 부설되는 간선 부분에 사용된다.
④ 플로어덕트 공사는 옥내의 건조한 콘크리트 바닥면에 매입 사용되나 강·약전을 동시에 배선할 수 없다.

[해설]
플로어덕트 공사는 옥내의 은폐장소로서 건조한 콘크리트 바닥면에 매입 사용되는 것으로, 사무용 건물 등에 채용되는 배선방법이다. 강·약전을 동시에 배선할 수 있고, 이때 강전과 약전의 교차점에는 접속함을 사용하여 전선끼리 접촉하지 않도록 해야 한다.

**80** 급수설비에서 역류를 방지하여 오염으로부터 상수계통을 보호하기 위한 방법으로 옳지 않은 것은?

① 토수구 공간을 둔다.
② 각개통기관을 설치한다.
③ 역류방지밸브를 설치한다.
④ 가압식 진공브레이커를 설치한다.

[해설]
각개통기관은 배수를 원활히 하기 위해 각 위생기구마다 통기관을 접속하는 통기방식으로서, 급수설비의 역류방지와는 상관없다.

## 5과목 건축법규

**81** 계단 및 복도의 설치기준에 관한 설명으로 틀린 것은?

① 높이가 3m를 넘은 계단에는 높이 3m 이내마다 유효너비 120cm 이상의 계단참을 설치할 것
② 거실 바닥면적의 합계가 100m² 이상인 지하층에 설치하는 계단인 경우 계단 및 계단참의 유효너비는 120cm 이상으로 할 것
③ 계단을 대체하여 설치하는 경사로의 경사도는 1:6을 넘지 아니할 것
④ 문화 및 집회시설 중 공연장의 개별 관람실(바닥면적이 300m² 이상인 경우)의 바깥쪽에는 그 양쪽 및 뒤쪽에 각각 복도를 설치할 것

[해설]
계단을 대체하여 설치하는 경사로의 경사도는 1:8을 넘지 말아야 한다.

**82** 면적 등의 산정방법과 관련한 용어의 설명 중 틀린 것은?

① 대지면적은 대지의 수평 투영면적으로 한다.
② 건축면적은 건축물의 외벽의 중심선으로 둘러싸인 부분의 수평 투영면적으로 한다.
③ 용적률을 산정할 때에는 지하층의 면적을 포함하여 연면적을 계산한다.
④ 건축물의 높이는 지표면으로부터 그 건축물의 상단까지의 높이로 한다.

[해설]
용적률 산정 시에는 지하층의 면적을 제외하고 연면적을 계산한다.

정답  80 ②  81 ③  82 ③

**83** 세대의 구분이 불분명한 건축물로 주거에 쓰이는 바닥면적의 합계가 300m²인 주거용 건축물의 음용수용 급수관 지름의 최소기준은?

① 20mm  ② 25mm
③ 32mm  ④ 40mm

[해설]

주거에 쓰이는 바닥면적의 합계가 300m²일 경우 5가구로 간주하므로 25mm가 최소 관지름이 된다.

※ 주거용 건축물 급수관의 지름

| 가구 또는 세대수 | 1 | 2·3 | 4·5 | 6~8 | 9~16 | 17 이상 |
|---|---|---|---|---|---|---|
| 급수관 지름의 최소기준(mm) | 15 | 20 | 25 | 32 | 40 | 50 |

**84** 다음 중 내화구조에 해당하지 않는 것은?

① 벽의 경우 철재로 보강된 콘크리트블록조·벽돌조 또는 석조로서 철재에 덮은 콘크리트블록 등의 두께가 3cm 이상인 것
② 기둥의 경우 철근콘크리트조로서 그 작은 지름이 25cm 이상인 것
③ 바닥의 경우 철근콘크리트조로서 두께가 10cm 이상인 것
④ 철근콘크리트조로 된 보

[해설]

철재로 보강된 콘크리트블록조·벽돌조 또는 석조로서 철재에 덮은 콘크리트블록 등의 두께가 5센티미터 이상인 것이 해당한다.

**85** 국토의 계획 및 이용에 관한 법령상 아래와 같이 정의되는 것은?

> 도시·군계획 수립 대상지역의 일부에 대하여 토지이용을 합리화하고 그 기능을 증진시키며 미관을 개선하고 양호한 환경을 확보하며, 그 지역을 체계적·계획적으로 관리하기 위하여 수립하는 도시·군관리계획

① 광역도시계획
② 지구단위계획
③ 도시·군기본계획
④ 입지규제최소구역계획

[해설]

지구단위계획
- 도시·군 계획수립 대상지역의 일부에 대하여 토지이용을 합리화하고 그 기능을 증진시키며 미관을 개선하고 양호한 환경을 확보하며, 그 지역을 체계적·계획적으로 관리하기 위하여 수립하는 도시·군관리계획을 말한다.
- 지구단위계획구역 및 지구단위계획은 도시·군 관리계획으로 결정하며, 국토교통부장관, 시·도지사, 시장 또는 군수는 지구단위계획구역을 지정할 수 있다.

**86** 다음 중 건축법상 건축물의 용도 구분에 속하지 않는 것은?(단, 대통령령으로 정하는 세부 용도는 제외)

① 공장  ② 교육시설
③ 묘지 관련 시설  ④ 자원순환 관련 시설

[해설]

교육시설이 아닌 교육연구시설로 구분한다.

**87** 주차장법령의 기계식주차장치의 안전기준과 관련하여, 중형 기계식주차장의 주차장치 출입구 크기 기준으로 옳은 것은?(단, 사람이 통행하지 않는 기계식주차장치인 경우)

① 너비 2.3m 이상, 높이 1.6m 이상
② 너비 2.3m 이상, 높이 1.8m 이상
③ 너비 2.4m 이상, 높이 1.6m 이상
④ 너비 2.4m 이상, 높이 1.9m 이상

[해설]

기계식주차장치 출입구의 크기는 중형 기계식주차장의 경우에는 너비 2.3m 이상, 높이 1.6m 이상으로 하여야 하고, 대형 기계식주차장의 경우에는 너비 2.4m 이상, 높이 1.9m 이상으로 하여야 한다. 다만, 사람이 통행하는 기계식주차장치 출입구의 높이는 1.8m 이상으로 한다.

정답  83 ②  84 ①  85 ②  86 ②  87 ①

**88** 주차장법령상 노외주차장의 구조 및 설비기준에 관한 아래 설명에서, ⓐ~ⓒ에 들어갈 내용이 모두 옳은 것은?

> 노외주차장의 출구 부근의 구조는 해당 출구로부터 ( ⓐ )m(이륜자동차전용 출구의 경우에는 1.3m)를 후퇴한 노외주차장의 차로의 중심선상 ( ⓑ )m의 높이에서 도로의 중심선에 직각으로 향한 왼쪽·오른쪽 각각 ( ⓒ )도의 범위에서 해당 도로를 통행하는 자를 확인할 수 있도록 하여야 한다.

① ⓐ 1, ⓑ 1.2, ⓒ 45
② ⓐ 2, ⓑ 1.4, ⓒ 60
③ ⓐ 3, ⓑ 1.6, ⓒ 60
④ ⓐ 2, ⓑ 1.2, ⓒ 45

[해설]
출구 부분 구조
노외주차장의 출구 부근의 구조는 해당 출구로부터 2m(이륜자동차전용 출구의 경우에는 1.3m)를 후퇴한 노외주차장의 차로의 중심선상 1.4m의 높이에서 도로의 중심선에 직각으로 향한 왼쪽·오른쪽 각각 60°의 범위에서 해당 도로를 통행하는 자를 확인할 수 있도록 하여야 한다.

**89** 건축물의 거실에 국토교통부령으로 정하는 기준에 따라 배연설비를 하여야 하는 대상 건축물에 속하지 않는 것은?(단, 피난층의 거실은 제외하며, 6층 이상인 건축물의 경우)

① 종교시설
② 판매시설
③ 위락시설
④ 방송통신시설

[해설]
건축법 시행령 제51조에 따르며 방송통신시설은 해당되지 않는다.

**90** 피난 용도로 쓸 수 있는 광장을 옥상에 설치하여야 하는 대상 기준으로 옳지 않은 것은?

① 5층 이상인 층이 종교시설의 용도로 쓰는 경우
② 5층 이상인 층이 업무시설의 용도로 쓰는 경우
③ 5층 이상인 층이 판매시설의 용도로 쓰는 경우
④ 5층 이상인 층이 장례식장의 용도로 쓰는 경우

[해설]
5층 이상의 층이 다음 용도의 시설에는 피난 용도로 쓸 수 있는 광장을 옥상에 설치하여야 한다.
- 제2종 근린생활시설 중 공연장·종교집회장·인터넷컴퓨터게임시설제공 업소(해당 용도로 쓰는 바닥면적의 합계가 각각 300m² 이상)
- 문화 및 집회시설(전시장 및 동·식물원은 제외)
- 종교시설, 판매시설, 위락시설 중 주점영업, 장례식장

**91** 건축물의 대지는 원칙적으로 최소 얼마 이상이 도로에 접하여야 하는가?(단, 자동차만의 통행에 사용되는 도로는 제외)

① 1.5m
② 2m
③ 3m
④ 4m

[해설]
대지와 도로의 관계
건축물의 대지는 2m 이상이 도로(자동차만의 통행에 사용되는 도로는 제외한다)에 접하여야 한다.

**92** 다음 설명에 알맞은 용도지구의 세분은?

> 건축물·인구가 밀집되어 있는 지역으로서 시설개선 등을 통하여 재해 예방이 필요한 지구

① 일반방재지구
② 시가지방재지구
③ 중요시설물보호지구
④ 역사문화환경보호지구

[해설]
① 일반방재지구 : 법적 구분 없음
③ 중요시설물보호지구 : 중요시설물의 보호와 기능의 유지 및 증진 등을 위하여 필요한 지구이다.
④ 역사문화환경보호지구 : 국가유산·전통사찰 등 역사·문화적으로 보존가치가 큰 시설 및 지역의 보호와 보존을 위하여 필요한 지구이다.

정답 88 ② 89 ④ 90 ② 91 ② 92 ②

**93** 건축지도원에 관한 설명으로 틀린 것은?

① 허가를 받지 아니하고 건축하거나 용도변경한 건축물의 단속 업무를 수행한다.
② 건축지도원은 시장, 군수, 구청장이 지정할 수 있다.
③ 건축지도원의 자격과 업무 범위는 국토교통부령으로 정한다.
④ 건축신고를 하고 건축 중에 있는 건축물의 시공지도와 위법 시공 여부의 확인·지도 및 단속 업무를 수행한다.

[해설]

건축지도원[건축법 제37조]
건축지도원의 자격과 업무 범위 등은 대통령령으로 정한다.
※ 명령이나 처분에 위반되는 건축물의 발생을 예방하고 건축물을 적법하게 유지·관리하도록 지도하기 위하여 건축지도원을 지정한다.

**94** 하나 이상의 필지의 일부를 하나의 대지로 할 수 있는 토지 기준에 해당하지 않는 것은?

① 도시·군계획시설이 결정·고시된 경우 그 결정·고시된 부분의 토지
② 농지법에 따른 농지전용허가를 받은 경우 그 허가받은 부분의 토지
③ 국토의 계획 및 이용에 관한 법률에 따른 지목변경 허가를 받은 경우 그 허가받은 부분의 토지
④ 산지관리법에 따른 산지전용허가를 받은 경우 그 허가받은 부분의 토지

[해설]

하나 이상의 필지의 일부를 하나의 대지로 할 수 있는 토지 기준 [건축법 시행령 제3조]
• 도시·군계획시설이 결정·고시된 경우 그 결정·고시된 부분의 토지
• 농지법에 따른 농지전용허가를 받은 경우 그 허가받은 부분의 토지
• 산지관리법에 따른 산지전용허가를 받은 경우 그 허가받은 부분의 토지
• 국토계획법에 의한 개발행위 허가를 받은 부분의 토지
• 건축법에 의한 사용승인을 신청할 때 필지를 나눌 것을 조건으로 건축허가를 하는 경우 그 필지가 나누어지는 토지

**95** 다음은 지하층과 피난층 사이의 개방공간 설치와 관련된 기준 내용이다. ( ) 안에 알맞은 것은?

> 바닥면적의 합계가 ( ) 이상인 공연장·집회장·관람장 또는 전시장을 지하층에 설치하는 경우에는 각 실에 있는 자가 지하층 각 층에서 건축물 밖으로 피난하여 옥외 계단 또는 경사로 등을 이용하여 피난층으로 대피할 수 있도록 천장이 개방된 외부 공간을 설치하여야 한다.

① 5백$m^2$　② 1천$m^2$
③ 2천$m^2$　④ 3천$m^2$

[해설]

지하층과 피난층 사이의 개방공간 설치[건축법 시행령 제37조]
바닥면적의 합계가 3천$m^2$ 이상인 공연장·집회장·관람장 또는 전시장을 지하층에 설치하는 경우에는 각 실에 있는 자가 지하층 각 층에서 건축물 밖으로 피난하여 옥외 계단 또는 경사로 등을 이용하여 피난층으로 대피할 수 있도록 천장이 개방된 외부 공간을 설치하여야 한다.

**96** 다음 중 국토의 계획 및 이용에 관한 법령에 따른 용도지역 안에서의 건폐율 최대 한도가 가장 높은 것은?

① 준주거지역
② 중심상업지역
③ 일반상업지역
④ 유통상업지역

[해설]

용도지역 안에서의 건폐율[국토의 계획 및 이용에 관한 법률 시행령 제84조]
• 준주거지역 : 70퍼센트 이하
• 중심상업지역 : 90퍼센트 이하
• 일반상업지역 : 80퍼센트 이하
• 유통상업지역 : 80퍼센트 이하

정답　93 ③　94 ③　95 ④　96 ②

**97** 건축물의 피난층 외의 층에서 피난층 또는 지상으로 통하는 직통계단을 거실의 각 부분으로부터 계단에 이르는 보행거리가 최대 얼마 이내가 되도록 설치하여야 하는가?(단, 건축물의 주요구조부는 내화구조이고 층수는 15층으로 공동주택이 아닌 경우)

① 30m   ② 40m
③ 50m   ④ 60m

[해설]
주요 구조부가 내화구조나 불연재료인 경우
거실 각 부분으로부터 계단에 이르는 보행거리는 50m 이하 (16층 이상 공동주택 : 40m)로 한다.

**98** 공동주택과 오피스텔의 난방설비를 개별난방방식으로 하는 경우 설치기준과 거리가 먼 것은?

① 보일러실의 윗부분에는 그 면적이 $0.5m^2$ 이상인 환기창을 설치할 것
② 보일러를 설치하는 곳과 거실 사이의 경계벽은 출입구를 포함하여 방화구조의 벽으로 구획할 것
③ 보일러의 연도는 내화구조로서 공동연도로 설치할 것
④ 기름보일러를 설치하는 경우에는 기름저장소를 보일러실 외의 다른 곳에 설치할 것

[해설]
보일러를 설치하는 곳과 거실 사이의 경계벽은 출입구를 제외하고는 내화구조의 벽으로 구획하여야 한다.

**99** 국토의 계획 및 이용에 관한 법령상 지구단위계획의 내용에 포함되지 않는 것은?

① 건축물의 배치·형태·색채에 관한 계획
② 건축물의 안전 및 방재에 대한 계획
③ 기반시설의 배치와 규모
④ 교통처리계획

[해설]
지구단위계획의 내용
지구단위계획구역의 지정목적을 이루기 위하여 지구단위계획에는 다음의 사항 중 ⓒ와 ⓜ의 사항을 포함한 둘 이상의 사항이 포함되어야 한다. 다만, ⓛ을 내용으로 하는 지구단위계획의 경우에는 해당하지 않는다.
㉠ 용도지역이나 용도지구를 대통령령으로 정하는 범위에서 세분하거나 변경하는 사항
㉡ 기존의 용도지구를 폐지하고 그 용도지구에서의 건축물이나 그 밖의 시설의 용도·종류 및 규모 등의 제한을 대체하는 사항
㉢ 대통령령으로 정하는 기반시설의 배치와 규모
㉣ 도로로 둘러싸인 일단의 지역 또는 계획적인 개발·정비를 위하여 구획된 일단의 토지의 규모와 조성계획
㉤ 건축물의 용도제한, 건축물의 건폐율 또는 용적률, 건축물 높이의 최고한도 또는 최저한도
㉥ 건축물의 배치·형태·색채 또는 건축선에 관한 계획
㉦ 환경관리계획 또는 경관계획
㉧ 교통처리계획
㉨ 그 밖에 토지이용의 합리화, 도시나 농·산·어촌의 기능 증진 등에 필요한 사항으로서 대통령령으로 정하는 사항

**100** 다음 중 건축물의 용도변경 시 허가를 받아야 하는 경우에 해당하지 않는 것은?

① 주거업무시설군에 속하는 건축물의 용도를 근린생활시설군에 해당하는 용도로 변경하는 경우
② 문화 및 집회시설군에 속하는 건축물의 용도를 영업시설군에 해당하는 용도로 변경하는 경우
③ 전기통신시설군에 속하는 건축물의 용도를 산업 등의 시설군에 해당하는 용도로 변경하는 경우
④ 교육 및 복지시설군에 속하는 건축물의 용도를 문화 및 집회시설군에 해당하는 용도로 변경하는 경우

[해설]
문화 및 집회시설군에서 영업시설군으로의 용도변경은 하위시설군으로의 용도변경이므로 신고대상에 속한다.

정답  97 ③  98 ②  99 ②  100 ②

# 06 제6회 CBT 실전모의고사

## 1과목 건축계획

**01** 상점 건축의 진열장 배치에 관한 설명으로 옳은 것은?

① 손님 쪽에서 상품이 효과적으로 보이도록 계획한다.
② 들어오는 손님과 종업원의 시선이 정면으로 마주치도록 계획한다.
③ 도난을 방지하기 위하여 손님에게 감시한다는 인상을 주도록 계획한다.
④ 동선이 원활하여 다수의 손님을 수용하고 가능한 다수의 종업원으로 관리하게 한다.

[해설]
② 들어오는 손님과 종업원의 시선이 정면으로 마주치지 않도록 계획한다.
③ 손님을 감시한다는 느낌을 주면 손님이 편하게 상품을 보기 어렵다.
④ 다수의 손님을 최소한의 종업원으로 관리할 수 있도록 동선계획을 한다.

**02** 호텔의 퍼블릭 스페이스(Public Space) 계획에 관한 설명으로 옳지 않은 것은?

① 로비는 개방성과 다른 공간과의 연계성이 중요하다.
② 프론트 데스크 후방에 프론트 오피스를 연속시킨다.
③ 주 식당은 외래객이 편리하게 이용할 수 있도록 출입구를 별도로 설치한다.
④ 프론트 오피스는 기계화된 설비보다는 많은 사람을 고용함으로써 고객의 편의와 능률을 높여야 한다.

[해설]
프론트 오피스에 최소한의 인력을 두도록 합리적인 동선계획을 수립하는 것이 경영상 효율적인 방안이다.

**03** 다음 중 도서관에 있어 모듈 계획(Module Plan)을 고려한 서고 계획 시 결정 및 선행되어야 할 요소와 가장 거리가 먼 것은?

① 엘리베이터의 위치
② 서가 선반의 배열 깊이
③ 서고 내의 주요 통로 및 교차 통로의 폭
④ 기둥의 크기와 방향에 따른 서가의 규모 및 배열의 길이

[해설]
책을 보관하는 서고에서 모듈 계획 시 중요한 고려사항 및 결정사항은 책의 보관 및 이동 통로 등과 같은 사항이며, 엘리베이터의 설치 위치는 모듈 계획의 주요 고려사항이 아니다.

**04** 아파트에서 친교공간 형성을 위한 계획 방법으로 옳지 않은 것은?

① 아파트에서의 통행을 공동 출입구로 집중시킨다.
② 별도의 계단실과 입구 주위에 집합단위를 만든다.
③ 큰 건물로 설계하고, 작은 단지는 통합하여 큰 단지로 만든다.
④ 공동으로 이용되는 서비스 시설을 현관에 인접하여 통행의 주된 흐름에 약간 벗어난 곳에 위치시킨다.

[해설]
아파트 단지에서 친교공간은 주변인들과의 친목도모에 관한 사항으로서 단지 곳곳에 소규모로 형성하는 것이 좋다. 예를 들어, 쉬고 이야기할 수 있는 정자, 벤치 등을 곳곳에 두는 방법 등이 해당된다.

**05** 다음과 같은 특징을 갖는 건축양식은?

- 사라센 문화의 영향을 받았다.
- 도서렛(Dosseret)과 펜덴티브 돔(Pendentive Dome)이 사용되었다.

① 로마 건축
② 이집트 건축
③ 비잔틴 건축
④ 로마네스크 건축

정답 01 ① 02 ④ 03 ① 04 ③ 05 ③

[해설]

비잔틴 건축
- 동서 로마로 분리되어 콘스탄티노플로 천도한 이후의 동로마 제국 건축으로서, 사라센 문화의 영향을 받았다.
- 외양은 단조롭고, 내부는 화려하게 장식하였으며, 평면의 각 부분은 정사각형으로 계획하였다.
- 도서렛(Dosseret) 및 펜던티브 돔(Pendentive Dome)이 사용되었다.

**06** 오토 바그너(Otto Wagner)가 주장한 근대 건축의 설계지침 내용으로 옳지 않은 것은?

① 경제적인 구조
② 그리스 건축양식의 복원
③ 시공재료의 적당한 선택
④ 목적을 정확히 파악하고 완전히 충족시킬 것

[해설]

오토 바그너(Otto Wagner)는 과거 양식과의 분리와 해방을 주창하는 비인 분리파(Wien Sezession)로 활동하였다.

**07** 공동주택의 단면형식에 관한 설명으로 옳지 않은 것은?

① 트리플렉스형은 듀플렉스형보다 공용면적이 크게 된다.
② 메조넷형에서 통로가 없는 층은 채광 및 통풍 확보가 양호하다.
③ 플랫형은 평면구성의 제약이 적으며, 소규모의 평면계획도 가능하다.
④ 스킵 플로어형은 동일한 주거동에서 각기 다른 모양의 세대 배치가 가능하다.

[해설]

트리플렉스형은 3개 층이 하나의 주호로 구성된 형태로 공용면적을 작게 할 수 있고, 2개 층으로 구성된 듀플렉스보다 높은 독립성(프라이버시)과 큰 유효 실면적을 확보할 수 있다.

**08** 공연장의 객석 계획에서 잘 보이는 동시에 실제적으로 관객을 수용해야 하는 공연장에서 큰 무리가 없는 거리인 제1차 허용거리의 한도는?

① 15m ② 22m
③ 38m ④ 52m

[해설]

1차 허용한도 거리
실제 극장에서는 잘 보여야 되는 것과 동시에 될수록 많은 관객을 수용해야 하는 요구가 있으며, 이에 따라 22m까지가 1차 허용한도가 되고, 현대극, 소규모의 국악, 실내악 등은 이 범위 내에 객석을 두어야 한다.

**09** 우리나라의 현존하는 목조 건축물 중 가장 오래된 것은?

① 부석사 무량수전
② 부석사 조사당
③ 봉정사 극락전
④ 수덕사 대웅전

[해설]

안동 봉정사 극락전은 고려 시대 건축물로 주심포식 양식을 적용하였으며, 현존하는 목조 건축물 중 가장 오래되었다.

**10** 열람자가 서가에서 책을 자유롭게 선택하나 관원의 검열을 받고 열람하는 도서관 출납 시스템은?

① 폐가식
② 반개가식
③ 안전 개가식
④ 자유 개가식

[해설]

안전 개가식(Safe Guarded Open Access)
열람자는 자유롭게 책을 꺼낼 수 있으나 좌석으로 가기 전에 체크를 받는 형식이다.

정답  06 ②  07 ①  08 ②  09 ③  10 ③

**11** 테라스 하우스에 관한 설명으로 옳지 않은 것은?

① 각 호마다 전용의 뜰(정원)을 갖는다.
② 각 세대의 깊이는 7.5m 이상으로 하여야 한다.
③ 진입방식에 따라 하향식과 상향식으로 나눌 수 있다.
④ 시각적인 인공테라스형은 위층으로 갈수록 건물의 내부면적이 작아지는 형태이다.

[해설]
테라스 하우스의 경우 지형을 최대한 이용하는 특성을 갖고 있어, 단위 층의 후면의 벽이 외부가 아닌 흙과 면하는 특성을 갖고 있다. 그러므로 후면 쪽에서는 채광이 어렵고 전면에서 채광을 해야 한다. 이 경우 세대 평면이 너무 깊게 형성되면 전면의 채광이 후면까지 가기 어려우므로 일반적으로 세대 평면의 깊이를 7.5m 이하로 설정하는 것이 일반적이다.

**12** 학교 교사의 배치 형식에 관한 설명으로 옳지 않은 것은?

① 분산 병렬형은 넓은 부지를 필요로 한다.
② 폐쇄형은 일조, 통풍 등 환경조건이 불균등하다.
③ 집합형은 이동 동선이 길어지고 물리적 환경이 나쁘다.
④ 분산 병렬형은 구조계획이 간단하고 생활환경이 좋아진다.

[해설]
집합형은 코어를 중심으로 실들이 모여 있는 경우로서, 실로의 이동 동선이 짧은 장점이 있는 반면, 일조, 통풍 등 환경적 측면이 열악한 단점이 있다.

**13** 사무소 건물의 엘리베이터 배치 시 고려사항으로 옳지 않은 것은?

① 교통동선의 중심에 설치하여 보행거리가 짧도록 배치한다.
② 대면배치에서 대면거리는 동일 군 관리의 경우 3.5~4.5m로 한다.
③ 여러 대의 엘리베이터를 설치하는 경우, 그룹별 배치와 군 관리 운전방식으로 한다.
④ 일렬 배치는 6대를 한도로 하고, 엘리베이터 중심 간 거리는 10m 이하가 되도록 한다.

[해설]
엘리베이터의 직선(직선형) 배치는 4대 이하로 한다.

**14** 사무소 건축의 코어 형식 중 편심형 코어에 관한 설명으로 옳지 않은 것은?

① 고층인 경우 구조상 불리할 수 있다.
② 각 층 바닥면적이 소규모인 경우에 사용된다.
③ 바닥면적이 커지면 코어 이외에 피난시설 등이 필요해 진다.
④ 내진구조상 유리하며 구조 코어로서 가장 바람직한 형식이다.

[해설]
내진구조상 가장 유리한 코어형식은 중심코어형이다.

**15** 공장건축의 레이아웃에 관한 설명으로 옳지 않은 것은?

① 장래 공장 규모의 변화에 대응한 융통성이 있어야 한다.
② 제품 중심의 레이아웃은 생산에 필요한 모든 공정, 기계기구를 제품의 흐름에 따라 배치한다.
③ 이동식 레이아웃은 사람이나 기계가 이동하여 작업하는 방식으로 제품이 크고, 수량이 적을 때 사용된다.
④ 레이아웃은 공장 생산성에 미치는 영향이 크므로 공장의 배치계획, 평면계획은 이것에 부합되는 건축계획이 되어야 한다.

[해설]
③은 고정식 레이아웃에 대한 설명이다.

정답  11 ②  12 ③  13 ④  14 ④  15 ③

**16** 병원건축에 있어서 파빌리온 타입(Pavilion Type)에 관한 설명으로 옳은 것은?

① 대지 이용의 효율성이 높다.
② 고층 집약식 배치형식을 갖는다.
③ 각 실의 채광을 균등히 할 수 있다.
④ 도심지에서 주로 적용되는 형식이다.

[해설]

①, ②, ④는 병원건축형식 중 집중식(Block Type)에 대한 설명이다.

**17** 전시공간의 특수전시기법 중 하나의 사실이나 주제의 시간상황을 고정시켜 연출함으로써 현장에 임한 듯한 느낌을 가지고 관찰할 수 있는 기법은?

① 알코브 전시
② 아일랜드 전시
③ 디오라마 전시
④ 하모니카 전시

[해설]

디오라마(Diorama) 전시
- 전시물을 부각시켜 관객에게 현장감을 부여하는 입체적인 전시기법이다.
- 하나의 사실 또는 주제의 시간 상황을 고정시켜 연출하는 하는 것으로, 현장에 있는 듯한 느낌을 가지고 관찰할 수 있는 전시기법이다.

**18** 지속가능한(Sustainable) 공동주택의 설계개념으로 적절하지 않은 것은?

① 환경친화적 설계
② 지형순응형 배치
③ 가변적 구조체의 확대 적용
④ 규격화, 동일화된 단위평면

[해설]

지속가능한(Sustainable) 공동주택은 친환경적 및 자연친화적 특성, 장수명화, 리모델링 용이 등의 특성을 갖고 있다. 이 중 친환경적 및 자연친화적 특성에 따라 다양한 자연지형을 최대한 이용하므로 입면, 평면이 규격화되지 않고 융통성 있게 구성될 수 있는 특징을 갖고 있다.

**19** 백화점 매장의 배치 유형에 관한 설명으로 옳지 않은 것은?

① 직각배치는 매장 면적의 이용률을 최대로 확보할 수 있다.
② 직각배치는 고객의 통행량에 따라 통로폭을 조절하기 용이하다.
③ 사행배치는 많은 고객이 매장공간의 코너까지 접근하기 용이한 유형이다.
④ 사행배치는 Main 통로를 직각배치하며, Sub 통로를 45° 정도 경사지게 배치하는 유형이다.

[해설]

직각배치(Rectangular System, 직각배치법)
- 매장면적의 이용률을 최대로 확보할 수 있으며, 진열대의 규격화가 가능하지만, 단조롭다.
- 통로폭을 조절하기 어려워 국부적인 혼란을 일으키기 쉽다.
- 단조롭고, 고객의 흐름이 빠르다.
- 일반적으로 많이 사용하는 방식이다.

**20** 래드번(Radburn) 계획의 5가지 기본원리로 옳지 않은 것은?

① 기능에 따른 4가지 종류의 도로 구분
② 보도망 형성 및 보도와 차도의 평면적 분리
③ 자동차 통과도로 배제를 위한 슈퍼블록 구성
④ 주택단지 어디로나 통할 수 있는 공동 오픈 스페이스 조성

[해설]

보도와 차도 명확한 분리를 기하기 위해 평면적 분리가 아닌, 입체적 분리를 추구하였다.

정답  16 ③  17 ③  18 ④  19 ② 20 ②

## 2과목 건축시공

**21** 표준시방서에 따른 시스템비계에 관한 기준으로 옳지 않은 것은?

① 수직재와 수직재의 연결은 전용의 연결조인트를 사용하여 견고하게 연결하고, 연결 부위가 탈락 또는 꺾어지지 않도록 하여야 한다.
② 수평재는 수직재에 연결핀 등의 결합방법에 의해 견고하게 결합되어 흔들리거나 이탈되지 않도록 하여야 한다.
③ 대각으로 설치하는 가새는 비계의 외면으로 수평면에 대해 40~60° 방향으로 설치하며 수평재 및 수직재에 결속한다.
④ 시스템 비계 최하부에 설치하는 수직재는 받침 철물의 조절너트와 밀착되도록 설치하여야 하며, 수직과 수평을 유지하여야 한다. 이때 수직재와 받침 철물의 겹침길이는 받침 철물 전체길이의 5분의 1 이상이 되도록 하여야 한다.

[해설]
시스템 비계 최하부에 설치하는 수직재는 받침 철물의 조절너트와 밀착되도록 설치하여야 하며, 수직과 수평을 유지하여야 한다. 이때 수직재와 받침철물의 겹침길이는 받침철물 전체 길이의 3분의 1 이상이 되도록 하여야 한다.

**22** 공정관리에서 공기단축을 시행할 경우에 관한 설명으로 옳지 않은 것은?

① 특별한 경우가 아니면 공기단축 시행 시 간접비는 상승한다.
② 비용구배가 최소인 작업을 우선 단축한다.
③ 주공정선상의 작업을 먼저 대상으로 단축한다.
④ MCX(Minimum Cost Expediting)법은 대표적인 공기단축방법이다.

[해설]
특별한 경우가 아니면 공기단축 시행 시 간접비는 감소하고, 직접비는 상승하게 된다.

**23** 콘크리트의 건조수축 영향인자에 관한 설명으로 옳지 않은 것은?

① 시멘트의 화학성분이나 분말도에 따라 건조수축량이 변화한다.
② 골재 중에 포함된 미립분이나 점토, 실트는 일반적으로 건조수축을 증대시킨다.
③ 바다모래에 포함된 염분은 그 양이 많으면 건조수축을 증대시킨다.
④ 단위수량이 증가할수록 건조수축량은 작아진다.

[해설]
단위수량이 증가할수록 건조수축량을 증가하게 되며, 이러한 단위수량은 소요의 워커빌리티를 유지할 수 있는 범위 내에서 되도록 작게 정하여야 한다.

**24** 지내력을 갖춘 지반으로 만들기 위한 배수공법 또는 탈수공법이 아닌 것은?

① 샌드 드레인 공법   ② 웰 포인트 공법
③ 페이퍼 드레인 공법  ④ 베노토 공법

[해설]
베노토 공법은 기계굴삭방법을 활용하는 제자리콘크리트 말뚝 형성 공법 중 하나이다.

**25** 페인트칠의 경우 초벌과 재벌 등을 도장할 때마다 색을 약간씩 다르게 하는 주된 이유는?

① 희망하는 색을 얻기 위하여
② 색이 진하게 되는 것을 방지하기 위하여
③ 착색안료를 낭비하지 않고 경제적으로 사용하기 위하여
④ 초벌, 재벌 등 페인트칠 횟수를 구별하기 위하여

[해설]
도장할 때마다 페인트 색을 약간 다르게 하는 이유는 초벌의 실시 여부, 재벌의 실시 여부를 파악하여 불필요한 추가 시공을 방지하고, 필요한 도장 횟수 및 요구도막두께 준수를 위함이다.

정답  21 ④  22 ①  23 ④  24 ④  25 ④

**26** 개념설계에서 유지관리단계에까지 건물의 전 수명주기 동안 다양한 분야에서 적용되는 모든 정보를 생산하고 관리하는 기술을 의미하는 용어는?

① ERP(Enterprise Resource Planning)
② SOA(Service Oriented Architecture)
③ BIM(Building Information Modeling)
④ CIC(Computer Integrated Construction)

[해설]
건물 정보 모델링(BIM : Building Information Modeling)은 설계사항을 3D로 표현하고 각종 자재들의 속성을 반영하여 시각화가 용이하고 공정, 적산 등 다양한 공사 과정에 활용되고 있는 기법을 말하며, 동시에 개념설계에서 유지관리단계에까지 건물의 전 수명주기 동안 다양한 분야에서 적용되는 모든 정보를 생산하고 관리하는 기술을 의미한다.

**27** 벽돌벽의 균열원인과 가장 거리가 먼 것은?

① 문꼴의 불균형 배치
② 벽돌벽의 공간쌓기
③ 기초의 부동침하
④ 하중의 불균등분포

[해설]
벽돌벽의 공간쌓기는 방습, 방열, 방한, 방서 등의 목적을 가진 쌓기 방식이다.

**28** 쇄석 콘크리트에 관한 설명으로 옳지 않은 것은?

① 모래의 사용량은 보통콘크리트에 비해서 많아진다.
② 쇄석은 각이 둔각인 것을 사용한다.
③ 보통콘크리트에 비해 시멘트 페이스트의 부착력이 떨어진다.
④ 깬자갈 콘크리트라고도 한다.

[해설]
쇄석 콘크리트는 깬자갈을 활용한 콘크리트로서, 보통콘크리트에 적용되는 골재(자갈)에 비해 표면적이 넓은 깬자갈을 활용함으로서 시멘트 페이스트 부착력을 크게 할 수 있다.

**29** 실비정산 보수가산계약제도의 특징이 아닌 것은?

① 설계와 시공의 중첩이 가능한 단계별 시공이 가능하다.
② 복잡한 변경이 예상되거나 긴급을 요하는 공사에 적합하다.
③ 계약체결 시 공사비용의 최댓값을 정하는 최대보증한도 실비정산 보수가산계약이 일반적으로 사용된다.
④ 공사금액을 구성하는 물량 또는 단위공사 부분에 대한 단가만을 확정하고 공사 완료 시 실시수량의 확정에 따라 정산하는 방식이다.

[해설]
④의 계약방식은 단가계약(단가도급)에 대한 설명이다.

**30** 합성수지 중 건축물의 천장재, 블라인드 등을 만드는 열가소성수지는?

① 알키드 수지
② 요소 수지
③ 폴리스티렌 수지
④ 실리콘 수지

[해설]
폴리스티렌 수지
- 유기용제에 침해되고 취약하며, 내수, 내화학약품성, 전기절연성, 가공성이 우수
- 건축벽 타일, 천장재, 블라인드, 도료 등에 사용되며, 특히 발포제품은 저온단열재로 쓰임

**31** 프리패브 콘크리트(Prefab Concrete)에 관한 설명으로 옳지 않은 것은?

① 제품의 품질을 균일화 및 고품질화할 수 있다.
② 작업의 기계화로 노무 절약을 기대할 수 있다.
③ 공장생산으로 부재의 규격을 다양하고 쉽게 변경할 수 있다.
④ 자재를 규격화하여 표준화 및 대량생산을 할 수 있다.

[해설]

프리패브 콘크리트는 규격화(단일규격 혹은 종류 최소화)를 통해 표준화 및 대량생산을 하는 것을 특징으로 하므로, 규격을 다양화 하고, 쉽게 변경하는 것과는 거리가 멀다.

**32** 철근콘크리트 공사에 사용되는 거푸집 중 갱 폼(Gang Form)의 특징으로 옳지 않은 것은?

① 기능공의 기능도에 따라 시공 정밀도가 크게 좌우된다.
② 대형장비가 필요하다.
③ 초기 투자비가 높은 편이다.
④ 거푸집의 대형화로 이음부위가 감소한다.

[해설]

갱 폼(Gang Form)은 시스템 거푸집의 일종으로, 미리 짜여진 대형 폼을 활용하므로, 기능공들의 시공소요가 적고, 그에 따라 기능공의 기능도의 영향을 덜 받게 된다.

**33** 건축물 외벽공사 중 커튼월 공사의 특징으로 옳지 않은 것은?

① 외벽의 경량화
② 공업화 제품에 따른 품질 제고
③ 가설비계의 증가
④ 공기단축

[해설]

대부분 공장 생산 및 현장 조립하고, 크레인 혹은 곤돌라로 승강하여 인양하여 외면에 부착하므로, 비계 발판 등의 가설 비계 공사가 불필요하다.

**34** 철근콘크리트 PC 기둥을 8ton 트럭으로 운반하고자 한다. 차량 1대에 최대로 적재 가능한 PC 기둥의 수는?(단, PC 기둥의 단면크기는 30cm×60cm, 길이는 3m임)

① 1개　　② 2개
③ 4개　　④ 6개

[해설]

PC 기둥 무게를 구한 후 최대 적재 가능정도를 파악해야 한다. PC 기둥 무게를 구할 때, PC 기둥의 비중 $2.4t/m^3$를 숙지하고 있어야 한다.
- PC 기둥 1개의 무게(ton)
  = PC의 부피($m^3$)×PC 기둥의 비중(ton/$m^3$)
  = (0.3m×0.6m×3)×2.4ton/$m^3$
  = 1.296ton
- 차량 1대에 최대 적재 가능한 PC 기둥의 수
  = 트럭 1대당 적재 가능 무게÷PC 기둥 1개의 무게(ton)
  = 8÷1.296
  = 6.7 = 6개
※ 차량 1대에 최대로 적재 가능한 PC 기둥의 수는 특별한 조건이 없는 한 소수점 첫째자리에서 내림하여 구한다.

**35** 콘크리트를 타설하면서 거푸집을 수직방향으로 이동시켜 연속작업을 할 수 있게 한 것으로 사일로 등의 건설공사에 적합한 것은?

① Euro Form
② Sliding Form
③ Air Tube Form
④ Traveling Form

[해설]

슬라이딩 폼(Sliding Form)은 수직부재를 끊김 없이 연속타설할 수 있는 거푸집 공법으로 콘크리트의 일체성 확보가 용이하다.

**36** 신축할 건축물의 높이의 기준이 되는 주요 가설물로 이동의 위험이 없는 인근 건물의 벽 또는 담장에 설치하는 것은?

① 줄띄우기　　② 벤치마크
③ 규준틀　　　④ 수평보기

[해설]

벤치마크에 대한 설명이며, 벤치마크 설치 시에는 다음과 같은 사항에 유의하여야 한다.
- 적어도 2개소 이상 설치하도록 한다.
- 이동 또는 소멸 우려가 없는 곳에 설치한다.
- 공사 완료 시까지 존치시켜야 한다.

정답　32 ①　33 ③　34 ④　35 ②　36 ②

**37** 수경성 마무리 재료로 가장 적합하지 않은 것은?

① 돌로마이트 플라스터
② 혼합 석고 플라스터
③ 시멘트 모르타르
④ 경석고 플라스터

[해설]
돌로마이트 플라스터는 기체 중(공기 중)에서 경화되는 기경성 재료이다.

**38** 보통 창유리의 특성 중 투과에 관한 설명으로 옳지 않은 것은?

① 투사각이 0도일 때 투명하고 청결한 창유리는 약 90%의 광선을 투과한다.
② 보통의 창유리는 많은 양의 자외선을 투과시키는 편이다.
③ 보통 창유리도 먼지가 부착되거나 오염되면 투과율이 현저하게 감소한다.
④ 광선의 파장이 길고 짧음에 따라 투과율이 다르게 된다.

[해설]
보통의 창유리는 자외선에 비하여 가시광선 및 적외선을 많이 투과시키는 특성이 있다.

**39** 가치공학(Value Engineering) 수행계획 4단계로 옳은 것은?

① 정보(Informative) – 제안(Proposal) – 고안(Speculative) – 분석(Analytical)
② 정보(Informative) – 고안(Speculative) – 분석(Analytical) – 제안(Proposal)
③ 분석(Analytical) – 정보(Informative) – 제안(Proposal) – 고안(Speculative)
④ 제안(Proposal) – 정보(Informative) – 고안(Speculative) – 분석(Analytical)

[해설]
가치공학(Value Engineering) 수행계획
정보(Informative) 수집 → 고안(Speculative, 아이디어 발상) → 분석(Analytical) → 제안(Proposal)

**40** 시멘트 광물질의 조성 중에서 발열량이 높고 응결시간이 가장 빠른 것은?

① 알루민산 삼석회
② 규산 삼석회
③ 규산 이석회
④ 알루민산철 사석회

[해설]
응결속도, 수화열(발열량), 조기강도 및 수축률 크기
알루민산 삼석회 > 규산삼석회 > 규산 이석회
※ 알루민산철 사석회는 색상과 관계된 성분이다.

## 3과목 건축구조

**41** 강도설계법에서 처짐을 계산하지 않는 경우 스팬이 8.0m인 단순지지된 보의 최소 두께로 옳은 것은?(단, 보통중량콘크리트와 $f_y = 400$MPa 철근을 사용한 경우)

① 380mm
② 430mm
③ 500mm
④ 600mm

[해설]
단순지지보의 최소 두께($h$) 산출
$$h = \frac{l}{16} = \frac{8,000}{16} = 500\,\text{mm}$$

정답  37 ①  38 ②  39 ②  40 ①  41 ③

**42** 그림과 같이 캔틸레버 보가 상수 $k$을 가지는 스프링에 의해 지지되어 있으며 집중하중 $P$가 작용하고 있다. 스프링에 걸리는 힘은?

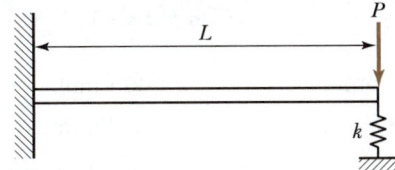

① $PL^3k/(2EI+kL^3)$
② $PL^3k/(3EI+kL^3)$
③ $PL^3k/(6EI+kL^3)$
④ $PL^3k/(8EI+kL^3)$

[해설]

스프링에 걸리는 힘($P_s$) 산출
구조물이 균형을 유지하려면 하중 $P$에 의한 보의 변위($\delta_b$)와 스프링의 변위($\delta_s$)는 같아야 한다.

$\delta_b = \dfrac{PL^3}{3EI} - \dfrac{P_s L^3}{3EI}$

$\delta_s = \dfrac{P_s}{k}$

$\delta_b = \delta_s$ 이므로, $\dfrac{PL^3}{3EI} - \dfrac{P_s L^3}{3EI} = \dfrac{P_s}{k}$

$P_s$ 로 정리하면, $P_s = \dfrac{PL^3 k}{3EI + kL^3}$

**43** 전단과 휨만을 받는 철근콘크리트 보에서 콘크리트만으로 지지할 수 있는 전단강도 $V_c$는?(단, 보통중량콘크리트 사용, $f_{ck}=28\text{MPa}$, $b_w=100\text{mm}$, $d=300\text{mm}$)

① 26.5kN  ② 53.0kN
③ 79.3kN  ④ 158.7kN

[해설]

전단과 휨만을 받는 철근콘크리트 보에서 콘크리트가 부담하는 전단강도

$V_c = \dfrac{1}{6}\lambda\sqrt{f_{ck}}\, b_w d = \dfrac{1}{6} \times 1 \times \sqrt{28} \times 100 \times 300$

$= 26,457.5\text{N} = 26.46\text{kN}$

**44** 보의 유효깊이 $d=550\text{mm}$, 보의 폭 $b_w=300\text{mm}$인 보에서 스터럽이 부담할 전단력 $V_s=200\text{kN}$일 경우, 적용 가능한 수직 스터럽의 간격으로 옳은 것은?(단, $A_v=142\text{mm}^2$, $f_{yt}=400\text{MPa}$, $f_{ck}=24\text{MPa}$)

① 150mm  ② 180mm
③ 200mm  ④ 250mm

[해설]

전단철근(수직스터럽)의 간격 산출

$s = \dfrac{A_v f_{yt} d}{V_s} = \dfrac{142\text{mm}^2 \times 400\text{MPa} \times 550\text{mm}}{200\text{kN} \times 10^3}$

$= 156.2\text{mm}$ 이하

∴ 약 150mm

**45** 고력볼트 F10T-M24의 현장시공을 위한 본조임의 조임력($T$)은 얼마인가?(단, 토크계수는 0.13, F10T-M24볼트의 설계볼트장력은 200kN이며 표준볼트장력은 설계볼트장력에 10%를 할증한다.)

① 568,573N · mm
② 686,400N · mm
③ 799,656N · mm
④ 892,638N · mm

[해설]

조임력 $T$ 산출
• $T = k \cdot d_1 \cdot N$
  여기서, $k$ : 토크계수(0.11~0.19)
  $d_1$ : 고력볼트 축부의 공칭직경(mm)
  $N$ : 고력볼트의 축력(표준볼트장력)

• 표준볼트장력($N$) 산출
  $N = 1.1 T_0 = 1.1 \times 200\text{kN} = 220\text{kN}$
  여기서, $T_0$ : 설계볼트장력

∴ $T = k \cdot d_1 \cdot N = 0.13 \times 24 \times 220 = 686.4\text{N} \cdot \text{mm}$

정답  42 ②  43 ①  44 ①  45 ②

**46** 강구조 고장력볼트 마찰접합의 특징에 관한 설명으로 옳지 않은 것은?

① 시공이 용이하여 공기가 절약된다.
② 접합부의 강성과 강도가 크다.
③ 품질관리가 용이하다.
④ 국부적인 응력집중이 발생한다.

[해설]

고장력볼트는 유효단면적당 응력이 작으며, 피로강도가 큰 특징을 갖는다.

**47** 그림과 같은 단면의 단순보에서 보의 중앙점 $C$단면에 생기는 휨응력 $\sigma_b$와 전단응력 $v$의 값은?

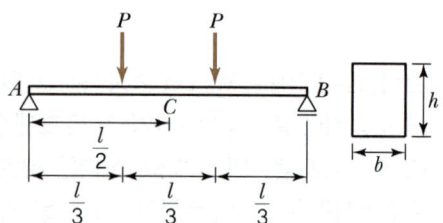

① $\sigma_b = \dfrac{Pl}{bh^2}$, $v = \dfrac{3Pl}{2bh}$

② $\sigma_b = \dfrac{2Pl}{bh^2}$, $v = 0$

③ $\sigma_b = \dfrac{2Pl}{bh^2}$, $v = \dfrac{3Pl}{2bh}$

④ $\sigma_b = \dfrac{Pl}{bh^2}$, $v = 0$

[해설]

$C$점에서 $\sigma_b$는 최대가 되며 이때의 전단력 $v$는 0이 된다.

$\sigma_b = \dfrac{M}{Z} = \dfrac{\frac{Pl}{3}}{\frac{bh^2}{6}} = \dfrac{2Pl}{bh^2}$

$\therefore \sigma_b = \dfrac{2Pl}{bh^2}$, $v = 0$

**48** 다음과 같은 조건에서의 필릿용접의 최소 치수(mm)는 얼마인가?(단, 하중저항계수설계법 기준)

| 접합부의 두꺼운 쪽 소재 두께($t$, mm) |
|:---:|
| $6 \leq t < 13$ |

① 5mm  ② 6mm
③ 7mm  ④ 8mm

[해설]

모살용접의 최소·최대사이즈(치수, mm)

| 접합부의 얇은 쪽 모재두께($t$) | 모살용접의 최소 사이즈 | 모살용접의 최대 사이즈 |
|:---:|:---:|:---:|
| $t \leq 6$ | 3 | $t < 6$mm일 때, $s = t$ |
| $6 < t \leq 13$ | 5 | |
| $13 < t \leq 19$ | 6 | $t \geq 6$mm일 때, $s = t - 2$ |
| $t > 19$ | 8 | |

**49** 그림과 같은 보에서 $C$점의 처짐은?(단, $EI$는 전 경간에 걸쳐 일정하다.)

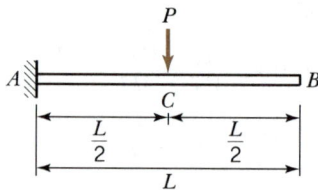

① $\dfrac{PL^3}{12EI}$  ② $\dfrac{PL^3}{24EI}$

③ $\dfrac{PL^3}{48EI}$  ④ $\dfrac{PL^3}{96EI}$

[해설]

캔틸레버보에 집중하중($P$)이 작용할 경우 중앙부($C$점)의 최대처짐

$\delta_{\max} = \dfrac{PL^3}{24EI}$

정답 46 ④  47 ②  48 ①  49 ②

**50** 다음 그림과 같이 단면적이 같은 4개의 단면을 보 부재로 각각 사용할 경우 $X$축에 대한 처짐에 가장 유리한 단면은?

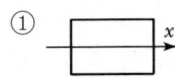 

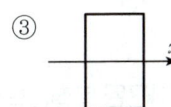 

[해설]

단면2차모멘트가 클 경우 처짐은 작아지므로, 보기 중 단면2차모멘트가 가장 큰 값을 찾는 문제이다. 보기 중 단면적이 같을 경우 단면2차 모멘트가 가장 큰 것은 높이($h$, 축과 직각 방향)가 큰 ③이 되게 된다.

**51** 그림과 같은 단면을 가진 압축재에서 유효좌굴길이 $KL=250$mm일 때 Euler의 좌굴하중 값은? (단, $E=210,000$MPa이다.)

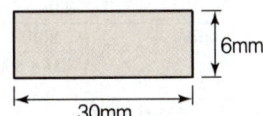

① 17.9kN  ② 43.0kN
③ 52.9kN  ④ 64.7kN

[해설]

좌굴하중(임계하중)

$$P_b = \frac{\pi^2 EI}{(KL)^2} = \frac{\pi^2 \times 210,000 \times \frac{30 \times 6^3}{12}}{250^2}$$
$$= 17,907.41\text{N} = 17.9\text{kN}$$

여기서, $E$ : 탄성계수
$I$ : 단면2차모멘트($\frac{bh^3}{12}$)
$KL$ : 유효좌굴길이

**52** 철골구조와 비교한 철근콘크리트구조의 특징으로 옳지 않은 것은?

① 진동이 적고 소음이 덜 난다.
② 시공 시 동절기 기후의 영향을 받을 수 있다.
③ 내화성이 크다.
④ 구조의 개조나 보강이 쉽다.

[해설]

철근콘크리트는 일체식 구조로서 시공 후 구조의 개조나 보강이 난해하다.

**53** 주철근으로 사용된 D22 철근 180° 표준갈고리의 구부림 최소 내면 반지름으로 옳은 것은?

① $1d_b$  ② $2d_b$
③ $2.5d_b$  ④ $3d_b$

[해설]

최소 구부림의 내면 반지름

| 철근의 크기 | 최소 내면 반지름 |
|---|---|
| D10~D25 | $3d_b$ |
| D29~D35 | $4d_b$ |
| D38 이상 | $5d_b$ |

**54** 그림과 같은 구조물의 부정정 차수는?

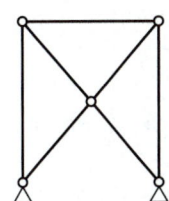

① 1차  ② 2차
③ 3차  ④ 4차

[해설]

부정정차수 산출
$N=$ 반력수 + 부재수 + 강절점수 $-2\times$절점수
$= 4+7+0-2\times 5 = 1 \rightarrow$ 1차 부정정

정답 50 ③  51 ①  52 ④  53 ④  54 ①

**55** 각 지반의 허용지내력의 크기가 큰 것부터 순서대로 올바르게 나열된 것은?

| A. 자갈 | B. 모래 |
| C. 연암반 | D. 경암반 |

① B>A>C>D  ② A>B>C>D
③ D>C>A>B  ④ D>C>B>A

[해설]

지반의 허용지내력 크기 : 경암반 > 연암반 > 자갈 > 모래

**56** 그림과 같은 정정라멘에서 BD부재의 축방향력으로 옳은 것은?(단, + : 인장력, - : 압축력)

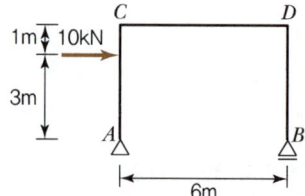

① 5kN  ② -5kN
③ 10kN  ④ -10kN

[해설]

정정라멘에서 BD의 축방향력($N_{BD}$) 산출
- BD의 축방향력($N_{BD}$)은 부재의 균형을 위해 B점의 반력($R_B$)과 반대 방향으로 동일한 크기로 작용한다.
  $N_{BD} = -R_B$
- 반력 $R_B$ 산출
  $\Sigma M_A = 0$
  $\Sigma M_A = 10 \times 3 - R_B \times 6 = 0$
  $R_B = 5kN$
∴ $N_{BD} = -R_B = -5kN$

**57** 강구조의 볼트접합 구성에 관한 일반적인 설명으로 옳지 않은 것은?

① 볼트의 중심 사이의 간격을 게이지라인이라고 한다.
② 볼트는 가공정밀도에 따라 상볼트, 중볼트, 흑볼트로 나뉜다.
③ 게이지라인과 게이지라인과의 거리를 게이지라고 한다.
④ 배치방식은 정렬배치와 엇모배치가 있다.

[해설]

볼트 중심 사이의 간격은 피치(Pitch)라고 한다. 게이지라인(Gauge Line)은 볼트의 중심선을 연결한 선을 의미한다.

**58** 압축철근 $A_s' = 2,400mm^2$로 배근된 복철근보의 탄성처짐이 15mm라 할 때 지속하중에 의해 발생되는 5년 후 장기처짐은?(단, $b=300mm$, $d=400mm$, 5년 후 지속하중 재하에 따른 계수 $\xi=2.0$)

① 9mm  ② 12mm
③ 15mm  ④ 30mm

[해설]

장기처짐($\delta_l$) 산출
- 장기처짐($\delta_l$) = 탄성처짐($\delta_i$) × 장기 추가처짐계수($\lambda_\Delta$)
- 장기 추가처짐계수($\lambda_\Delta$) 산출
  $\lambda_\Delta = \dfrac{\xi}{1+50\rho'} = \dfrac{2.0}{1+50\left(\dfrac{2,400}{300\times 400}\right)} = 1$

  여기서, $\rho'$ : 압축철근비$\left(=\dfrac{A_s'}{bd}\right)$

  $\xi$ : 시간경과계수(3개월 1.0, 6개월 1.2, 1년 1.4, 2년 이상 2.0)

∴ 장기처짐($\delta_l$) = 탄성처짐($\delta_i$) × 장기 추가처짐계수($\lambda_\Delta$)
= 15 × 1 = 15mm

**59** 연약지반에 대한 안전확보 대책으로 옳지 않은 것은?

① 지반개량공법을 실시한다.
② 말뚝기초를 적용한다.
③ 독립기초를 적용한다.
④ 건물을 경량화한다.

[해설]

독립기초보다는 복합기초, 온통기초를 적용하여 기초 간의 응력의 차이를 최소화한다.

정답 55 ③  56 ②  57 ①  58 ③  59 ③

**60** 다음 그림과 같이 수평하중 30kN이 작용하는 라멘구조에서 $E$점에서의 휨모멘트 값(절대값)은?

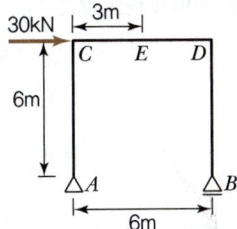

① 40kN·m  ② 45kN·m
③ 60kN·m  ④ 90kN·m

[해설]
- $E$를 중심으로 우측을 통해 산출
- $V_B$ 산출
  $\Sigma M_A = 0$
  $\Sigma M_A = 30 \times 6 - V_A \times 6 = 0$
  $V_B = 30\text{kN}(\uparrow)$
- $M_E = -30 \times 3 = -90\text{kN·m}$
∴ 절대값이므로 90kN·m

## 4과목 건축설비

**61** 유압식 엘리베이터에 관한 설명으로 옳지 않은 것은?

① 오버헤드가 작다.
② 기계실의 위치가 자유롭다.
③ 큰 적재량으로 승강행정이 짧은 경우에는 적용할 수 없다.
④ 지하주차장 엘리베이터와 같이 지하층에만 운전하는 경우 적용할 수 있다.

[해설]
유압식 엘리베이터
행정거리와 속도에 한계가 있다. 이에 행정이 긴 경우에는 적용이 어려우며, 행정이 긴 경우에는 로프식 엘리베이터의 적용이 필요하다.

**62** 온수난방에 관한 설명으로 옳지 않은 것은?

① 증기난방에 비해 예열시간이 길다.
② 온수의 잠열을 이용하여 난방하는 방식이다.
③ 한랭지에서는 운전정지 중에 동결의 우려가 있다.
④ 증기난방에 비해 난방부하변동에 따른 온도조절이 비교적 용이하다.

[해설]
온수난방은 온수의 현열을 이용하여 난방하는 방식이다.

**63** 중앙식 급탕방식에 관한 설명으로 옳지 않은 것은?

① 온수를 사용하는 개소마다 가열장치를 설치한다.
② 상향 또는 하향순환식 배관에 의해 필요개소에 온수를 공급한다.
③ 국소식에 비해 기기가 집중되어 있으므로 설비의 유지관리가 용이하다.
④ 호텔이나 병원 등과 같이 급탕개소가 많고 사용량이 많은 건물 등에 채용된다.

[해설]
온수를 사용하는 개소마다 가열장치가 설치되는 것은 국소식(개별식) 급탕방식이다.

**64** 건구온도 30℃, 상대습도 60%인 공기를 냉수코일에 통과시켰을 때 공기의 상태변화로 옳은 것은? (단, 코일 입구수온은 5℃, 코일 출구수온은 10℃)

① 건구온도는 낮아지고 절대습도는 높아진다.
② 건구온도는 높아지고 절대습도는 낮아진다.
③ 건구온도는 높아지고 상대습도는 높아진다.
④ 건구온도는 낮아지고 상대습도는 높아진다.

[해설]
습공기가 냉수코일을 통과할 경우 냉각감습이 일어나게 된다. 이 경우 건구온도와 절대습도는 낮아지고, 상대습도는 높아지는 특성을 갖게 된다.

정답 60 ④  61 ③  62 ②  63 ①  64 ④

**65** 터보식 냉동기에 관한 설명으로 옳지 않은 것은?

① 임펠러의 원심력에 의해 냉매가스를 압축한다.
② 대용량에서는 압축효율이 좋고 비례제어가 가능하다.
③ 대 · 중형 규모의 중앙식 공조에서 냉방용으로 사용된다.
④ 기계적 에너지가 아닌 열에너지에 의해 냉동효과를 얻는다.

[해설]
기계적 에너지가 아닌 열에너지에 의해 냉동효과를 얻는 방식은 흡수식 냉동기이다.

**66** 연결송수관설비의 방수구에 관한 설명으로 옳지 않은 것은?

① 방수구의 위치표시는 표시등 또는 축광식 표지로 한다.
② 호스접결구는 바닥으로부터 0.5m 이상 1m 이하의 위치에 설치한다.
③ 개폐기능을 가진 것으로 설치하여야 하며, 평상시 닫힌 상태를 유지하도록 한다.
④ 연결송수관설비의 전용방수구 또는 옥내소화전방수구로서 구경 50mm의 것으로 설치한다.

[해설]
연결송수관설비의 전용방수구 또는 옥내소화전방수구로서 구경 65mm의 것으로 설치한다.

**67** 엔탈피변화량에 대한 현열변화량의 비를 의미하는 것은?

① 현열비         ② 잠열비
③ 유인비         ④ 열수분비

[해설]
엔탈피는 전열(현열+잠열)을 의미하며, 이러한 현열+잠열의 변화량에 대하여 현열량의 변화량 비율을 현열비라고 한다.

**68** 의복의 단열성을 나타내는 단위로서, 그 값이 클수록 인체에서 발생하는 열이 주위공기로 적게 발산하는 것을 의미하는 것은?

① clo          ② dB
③ NC          ④ MRT

[해설]
clo
의복의 열저항치를 나타낸 것으로 1clo의 보온력이란 온도 21.2℃, 습도 50% 이하, 기류 0.1m/s의 실내에서 의자에 앉아 안정하고 있는 성인남자가 쾌적하면서 평균피부온도를 33℃로 유지할 수 있는 착의의 보온력을 말한다.

**69** 양수펌프의 회전수를 원래보다 20% 증가시켰을 경우 양수량의 변화로 옳은 것은?

① 20% 증가      ② 44% 증가
③ 73% 증가      ④ 100% 증가

[해설]
펌프의 양수량은 펌프의 회전수에 비례하므로 회전수를 20% 증가시킬 경우 양수량도 비례적으로 20%가 증가하게 된다.

**70** 다음과 같은 조건에서 사무실의 평균조도를 800lx로 설계하고자 할 경우, 광원의 필요수량은?

- 광원 1개의 광속 : 2,000lm
- 실의 면적 : 10m²
- 감광보상률 : 1.5
- 조명률 : 0.6

① 3개          ② 5개
③ 8개          ④ 10개

[해설]

소요광원의 수$(N) = \dfrac{E(조도) \cdot A(면적) \cdot D(감광보상률)}{F(램프1개의 광속) \cdot U(조명률)}$

$= \dfrac{800 \times 10 \times 1.5}{2,000 \times 0.6} = 10$개

**정답** 65 ④  66 ④  67 ①  68 ①  69 ①  70 ④

**71** 공조부하 중 현열과 잠열이 동시에 발생하는 것은?

① 인체의 발생열량
② 벽체로부터의 취득열량
③ 유리로부터의 취득열량
④ 덕트로부터의 취득열량

[해설]
②, ③, ④는 현열만 발생하게 된다.

**72** 다음과 같이 정의되는 통기관의 종류는?

> 오배수수직관 내의 압력변동을 방지하기 위하여 오배수 수직관 상향으로 통기수직관에 연결하는 통기관

① 결합통기관　② 공용통기관
③ 각개통기관　④ 반송통기관

[해설]
결합통기관
고층건물에서 원활한 통기를 목적으로 5개 층마다 통기수직관과 입상 오배수관에 연결된 통기관이다.

**73** 공조방식 중 팬코일유닛방식에 관한 설명으로 옳지 않은 것은?

① 유닛의 개별제어가 용이하다.
② 수배관이 없어 누수의 우려가 없다.
③ 덕트샤프트나 스페이스가 필요 없다.
④ 덕트방식에 비해 유닛의 위치변경이 용이하다.

[해설]
팬코일유닛방식은 수방식으로서 수배관이 실내에 설치되는 공조방식이다.

**74** 다음 설명에 알맞은 전기설비 관련 용어는?

> 최대수요전력을 구하기 위한 것으로 최대수요전력의 총 부하설비용량에 대한 비율이다.

① 역률　② 부등률
③ 부하율　④ 수용률

[해설]
수용률(수요율)
설비기기의 전용량에 대하여 실제 사용하고 있는 부하의 최대전력비율을 나타낸 계수로서 설비용량을 이용하여 최대수요전력을 결정할 때 사용한다.

$$수용률 = \frac{최대수요전력[\text{kW}]}{부하설비용량[\text{kW}]} \times 100(\%)$$

**75** 다음 중 급수계통의 오염원인과 가장 거리가 먼 것은?

① 급수로의 배수역류
② 저수탱크에 유해물질 침입
③ 수격작용(Water Hammering)
④ 크로스 커넥션(Cross Connection)

[해설]
수격작용은 급수관 내 유속의 급격한 변화에 의해 일어나는 충격파현상으로서 급수계통의 오염원인과는 거리가 멀다.

**76** 220V, 200W 전열기를 110V에서 사용하였을 경우 소비전력은?

① 50W　② 100W
③ 200W　④ 400W

[해설]
220V, 200W 전열기에서의 저항을 구한 후, 소비전력을 산출하는 문제이다.

- 저항 산출 : $P = \dfrac{V^2}{R} \Leftrightarrow R = \dfrac{V^2}{P} = \dfrac{220^2}{200} = 242\Omega$
- 소비전력 산출 : $P = \dfrac{V^2}{R} = \dfrac{110^2}{242} = 50\text{W}$

**77** 덕트의 분기부에 설치하여 풍량조절용으로 사용하는 댐퍼는?

① 스플릿 댐퍼　② 평행익형 댐퍼
③ 대향익형 댐퍼　④ 버터플라이댐퍼

**정답** 71 ① 72 ① 73 ② 74 ④ 75 ③ 76 ① 77 ①

[해설]
덕트의 분기점에서 풍량을 조절하는 댐퍼는 스플릿 댐퍼(Split Damper)이다.

**78** 다음 중 변전실면적에 영향을 주는 요소와 가장 거리가 먼 것은?

① 출입문의 높이
② 건축물의 구조적 여건
③ 수전전압 및 수전방식
④ 설치기기와 큐비클의 종류 및 시방

[해설]
변전실의 면적은 수평적인 요소로서, 수직적인 높이인 출입문의 높이는 면적산정 시 고려사항이 되지 않는다.

**79** 3상동력과 단상전등부하를 동시에 사용할 수 있는 방식으로 대형빌딩이나 공장 등에서 사용하는 것은?

① 단상 3선식 220/110V
② 3상 2선식 220V
③ 3상 3선식 220V
④ 3상 4선식 380/220V

[해설]
3상 4선식
3상동력과 단상전등부하를 동시에 공급할 수 있어 대규모 건물에 적합하다.

**80** 개방형 헤드를 사용하는 연결살수설비에 있어서 하나의 송수구역에 설치하는 살수헤드의 수는 최대 얼마 이하가 되도록 하여야 하는가?

① 10개   ② 20개
③ 30개   ④ 40개

[해설]
개방형 헤드를 사용할 경우 하나의 송수구역당 살수헤드는 최대 10개 이하가 되도록 설치한다.

## 5 과목 건축법규

**81** 건축법령에 따른 리모델링이 쉬운 구조에 속하지 않는 것은?

① 구조체가 철골구조로 구성되어 있을 것
② 구조체에서 건축설비, 내부 마감재료 및 외부 마감재료를 분리할 수 있을 것
③ 개별 세대 안에서 구획된 실의 크기, 개수 또는 위치 등을 변경할 수 있을 것
④ 각 세대는 인접한 세대와 수직 또는 수평 방향으로 통합하거나 분할할 수 있을 것

[해설]
리모델링이 쉬운 구조 요건
- 각 세대는 인접한 세대와 수직 또는 수평 방향으로 통합하거나 분할할 수 있어야 한다.
- 구조체에서 건축설비, 내부 마감재료 및 외부 마감재료를 분리할 수 있어야 한다.
- 개별 세대 안에서 구획된 실(室)의 크기, 개수 또는 위치 등을 변경할 수 있어야 한다.

**82** 국토교통부장관이 정한 범죄 예방 기준에 따라 건축하여야 하는 대상 건축물에 속하지 않는 것은?

① 수련시설
② 교육연구시설 중 도서관
③ 업무시설 중 오피스텔
④ 숙박시설 중 다중생활시설

[해설]
교육연구시설 중 연구소 및 도서관은 제외된다.

정답  78 ①  79 ④  80 ①  81 ①  82 ②

**83** 지하식 또는 건축물식 노외주차장의 차로에 관한 기준 내용으로 옳지 않은 것은?(단, 이륜자동차전용 노외주차장이 아닌 경우)

① 높이는 주차바닥면으로부터 2.3m 이상으로 하여야 한다.
② 경사로의 종단경사도는 직선 부분에서는 17%를 초과하여서는 아니 된다.
③ 곡선 부분은 자동차가 4m 이상의 내변반경으로 회전할 수 있도록 하여야 한다.
④ 주차대수 규모가 50대 이상인 경우의 경사로는 너비 6m 이상인 2차로를 확보하거나 진입차로와 진출차로를 분리하여야 한다.

[해설]

곡선 부분은 자동차가 6m(같은 경사로를 이용하는 주차장의 총주차 대수가 50대 이하인 경우에는 5m, 이륜자동차 전용 노외주차장의 경우에는 3m) 이상의 내변반경으로 회전할 수 있도록 하여야 한다.

**84** 피난용 승강기의 설치에 관한 기준 내용으로 옳지 않은 것은?

① 예비전원으로 작동하는 조명설비를 설치할 것
② 승강장의 바닥면적은 승강기 1대당 5m² 이상으로 할 것
③ 각 층으로부터 피난층까지 이르는 승강로를 단일구조로 연결하여 설치할 것
④ 승강장의 출입구 부근의 잘 보이는 곳에 해당 승강기가 피난용 승강기임을 알리는 표지를 설치할 것

[해설]

승강장의 바닥면적은 비상용 승강기 1대에 대하여 6m² 이상으로 해야 한다.

**85** 대지의 조경에 있어 조경 등의 조치를 하지 아니할 수 있는 건축물 기준으로 옳지 않은 것은?

① 면적 5천m² 미만인 대지에 건축하는 공장
② 연면적의 합계가 1천500m² 미만인 공장
③ 연면적의 합계가 2천m² 미만인 물류시설
④ 녹지지역에 건축하는 건축물

[해설]

연면적의 합계가 1천 5백m² 미만인 물류시설이 해당한다.

**86** 건축허가신청에 필요한 설계도서 중 건축계획서에 표시하여야 할 사항으로 옳지 않은 것은?

① 주차장 규모
② 토지형질변경계획
③ 건축물의 용도별 면적
④ 지역·지구 및 도시계획사항

[해설]

건축계획서에 표시해야 할 사항[건축법 시행규칙 별표2]
• 개요(위치·대지면적 등)
• 지역·지구 및 도시계획사항
• 건축물의 규모(건축면적·연면적·높이·층수 등)
• 건축물의 용도별 면적
• 주차장 규모
• 에너지절약계획서(해당건축물에 한함)
• 노인 및 장애인 등을 위한 편의시설 설치계획서(관계법령에 의하여 설치의무가 있는 경우에 한함)

**87** 국토의 계획 및 이용에 관한 법률상 용도지역에서의 용적률 최대 한도 기준이 옳지 않은 것은?(단, 도시지역의 경우)

① 주거지역 : 500퍼센트 이하
② 녹지지역 : 100퍼센트 이하
③ 공업지역 : 400퍼센트 이하
④ 상업지역 : 1,000퍼센트 이하

[해설]

용도지역에 따른 용적율 최대한도(도시지역)

| 용도지역 | 용적률 |
|---|---|
| 주거지역 | 500% 이하 |
| 상업지역 | 1,500% 이하 |
| 공업지역 | 400% 이하 |
| 녹지지역 | 100% 이하 |

정답  83 ③  84 ②  85 ③  86 ②  87 ④

**88** 건축물이 있는 대지의 분할 제한 최소 기준이 옳은 것은?(단, 상업지역의 경우)

① 100m²   ② 150m²
③ 200m²   ④ 250m²

[해설]

대지의 분할 제한 최소 기준
- 주거지역 : 60m² 이상
- 상업지역 : 150m² 이상
- 공업지역 : 150m² 이상
- 녹지지역 : 200m² 이상

**89** 허가권자가 가로구역별로 건축물의 높이를 지정·공고할 때 고려하지 않아도 되는 사항은?

① 도시·군관리계획의 토지이용계획
② 해당 가로구역에 접하는 대지의 너비
③ 도시 미관 및 경관계획
④ 해당 가로구역의 상수도 수용능력

[해설]

가로구역별 높이를 지정·공고할 때 고려사항[건축법 시행령 제82조]
- 도시·군관리계획 등의 토지이용계획
- 해당 가로구역이 접하는 도로의 너비
- 해당 가로구역의 상·하수도 등 간선시설의 수용능력
- 도시 미관 및 경관계획
- 해당 도시의 장래 발전계획

**90** 다음 중 거실의 용도에 따른 조도기준이 가장 낮은 것은?(단, 바닥에서 85cm의 높이에 있는 수평면의 조도 기준)

① 독서   ② 회의
③ 판매   ④ 일반사무

[해설]

- 독서 : 150lux
- 회의 : 300lux
- 판매 : 300lux
- 일반사무 : 300lux

**91** 다음의 옥상광장 등의 설치에 관한 기준 내용 중 ( ) 안에 알맞은 것은?

> 옥상광장 또는 2층 이상인 층에 있는 노대나 그 밖에 이와 비슷한 것의 주위에는 높이 ( ) 이상의 난간을 설치하여야 한다. 다만, 그 노대 등에 출입할 수 없는 구조인 경우에는 그러하지 아니한다.

① 1.0m   ② 1.2m
③ 1.5m   ④ 1.8m

[해설]

옥상광장의 난간의 높이
1.2m 이상(노대 등에 출입할 수 없는 구조인 경우 제외)

**92** 국토의 계획 및 이용에 관한 법령상 제1종 일반주거지역 안에서 건축할 수 있는 건축물에 속하지 않는 것은?

① 아파트
② 단독주택
③ 노유자시설
④ 교육연구시설 중 고등학교

[해설]

아파트 건축이 가능한 용도지역
제2종 전용주거지역, 제2종 일반주거지역, 제3종 일반주거지역, 준주거지역

**93** 노외주차장의 설치에 관한 계획기준 내용 중 ( ) 안에 알맞은 것은?

> 주차대수 400대를 초과하는 규모의 노외주차장의 경우에는 노외주차장의 출구와 입구를 각각 따로 설치하여야 한다. 다만, 출입구의 너비의 합이 ( )m 이상으로서 출구와 입구가 차선 등으로 분리되는 경우에는 함께 설치할 수 있다.

① 4.5   ② 5.0
③ 5.5   ④ 6.0

**정답**  88 ②  89 ②  90 ①  91 ②  92 ①  93 ③

[해설]

출입구 설치
노외주차장의 출입구 너비는 3.5m 이상으로 하여야 하며, 주차대수 규모가 50대 이상인 경우에는 출구와 입구를 분리하거나 너비 5.5m 이상의 출입구를 설치하여 소통이 원활하도록 하여야 한다.

**94** 건축법령상 공동주택에 해당하지 않는 것은?

① 기숙사  ② 연립주택
③ 다가구주택  ④ 다세대주택

[해설]

다가구주택은 단독주택에 속한다.

**95** 다음은 건축선에 따른 건축제한에 관한 기준 내용이다. (    ) 안에 알맞은 것은?

> 도로면으로부터 높이 (    ) 이하에 있는 출입구, 창문, 그 밖에 이와 유사한 구조물은 열고 닫을 때 건축선의 수직면을 넘지 아니하는 구조로 하여야 한다.

① 1.5m  ② 2.5m
③ 3.5m  ④ 4.5m

[해설]

도로면으로부터 높이 4.5m 이하에 있는 출입구, 창문, 그 밖에 이와 유사한 구조물은 열고 닫을 때 건축선의 수직면을 넘지 아니하는 구조로 하여야 한다.

**96** 다음 중 옥내계단 너비의 최소 설치기준으로 적합하지 않는 것은?

① 관람장의 용도에 쓰이는 건축물의 계단의 너비 120cm 이상
② 중학교 용도에 쓰이는 건축물의 계단의 너비 150cm 이상
③ 거실의 바닥면적의 합계가 100m² 이상인 지하층의 계단의 너비 120cm 이상
④ 바로 윗층의 거실의 바닥면적의 합계가 200m² 이상인 층의 계단의 너비 150cm 이상

[해설]

바로 위층의 바닥면적 합계가 200m² 이상인 층의 계단의 너비는 120cm 이상이어야 한다.

**97** 국토의 계획 및 이용에 관한 법률상 주거지역의 세분에서 단독주택 중심의 양호한 주거환경을 보호하기 위하여 필요한 지역에 대해 지정하는 용도지역은?

① 제1종 전용주거지역
② 제1종 특별주거지역
③ 제1종 일반주거지역
④ 제3종 일반주거지역

[해설]

② 제1종 특별주거지역 : 법적 구분 없음
③ 제1종 일반주거지역 : 저층 주택을 중심으로 편리한 주거환경을 조성하기 위하여 필요한 지역
④ 제3종 일반주거지역 : 중고층 주택을 중심으로 편리한 주거환경을 조성하기 위하여 필요한 지역

**98** 건축물의 출입구에 설치하는 회전문의 구조에 대한 설명으로 옳지 않은 것은?

① 계단이나 에스컬레이터로부터 2m 이상의 거리를 둘 것
② 틈 사이를 고무와 고무펠트의 조합체 등을 사용하여 신체나 물건 등에 손상이 없도록 할 것
③ 출입에 지장이 없도록 일정한 방향으로 회전하는 구조로 할 것
④ 회전문의 회전속도는 분당 회전수가 10회를 넘지 아니하도록 할 것

[해설]

회전문의 회전속도는 분당 회전수가 8회를 넘지 아니하도록 하여야 한다.

정답 94 ③  95 ④  96 ④  97 ①  98 ④

**99** 높이 31m를 넘는 각 층의 바닥면적 중 최대 바닥면적이 5,000m²인 건축물에 원칙적으로 설치하여야 하는 비상용 승강기의 최소 대수는?

① 1대  ② 2대
③ 3대  ④ 4대

[해설]

높이 31m를 넘는 각 층의 바닥면적에 대하여 최대 바닥면적 중 1,500m²까지 기본 1대 설치, 추가 3,000m²마다 1대를 추가한다.

$$N = 기본대수 + \frac{적용 바닥면적 - 기본면적}{추가면적}$$
$$= 1 + \frac{5,000 - 1,500}{3,000} = 2.17 = 3대$$

※ 특별한 조건이 없으면 소수점 첫째짜리에서 올림하여 구한다.

**100** 국토의 계획 및 이용에 관한 법률상 용도지역의 구분이 모두 옳은 것은?

① 도시지역, 관리지역, 농림지역, 자연환경보전지역
② 도시지역, 개발관리지역, 농림지역, 보전지역
③ 도시지역, 관리지역, 생산지역, 녹지지역
④ 도시지역, 개발제한지역, 생산지역, 보전지역

[해설]

국토의 계획 및 이용에 관한 법률상 용도지역은 도시지역, 관리지역, 농림지역, 자연환경보전지역으로 구분한다.

정답 99 ③  100 ①

# 07 제7회 CBT 실전모의고사

## 1과목 건축계획

**01** 특수전시기법에 관한 설명으로 옳지 않은 것은?

① 하모니카 전시는 동일 종류의 전시물을 반복 전시하는 경우에 사용된다.
② 파노라마 전시는 연속적인 주제를 연관성 있게 표현하기 위해 선형의 파노라마로 연출하는 기법이다.
③ 디오라마 전시는 하나의 사실 또는 주제의 시간 상황을 고정시켜 연출하는 것으로 현장에 임한 느낌을 준다.
④ 아일랜드 전시는 실물을 직접 전시할 수 없거나 오브제 전시만의 한계를 극복하기 위해 영상매체를 사용하여 전시하는 기법이다.

[해설]
아일랜드(Island) 전시는 벽이나 천장을 직접 이용하지 않고 전시물 또는 전시 장치를 배치하여 전시공간을 만들어내는 전시기법이다. ④는 영상전시에 대한 설명이다.

**02** 병원건축의 병동배치방법 중 분관식(Pavilion Type)에 관한 설명으로 옳은 것은?

① 각종 설비 시설의 배관길이가 짧아진다.
② 대지의 크기와 관계없이 적용이 용이하다.
③ 각 병실을 남향으로 할 수 있어 일조와 통풍 조건이 좋다.
④ 병동부는 5층 이상의 고층으로 하며 환자는 엘리베이터로 운송된다.

[해설]
분관식(Pavilion Type, 분동식)
- 각 병실을 남향으로 할 수 있으므로 일조, 통풍 조건이 좋다 (각 실의 채광을 균등히 할 수 있다).
- 넓은 대지가 필요하므로 도시 지역에 불리하며 설비가 분산되고 보행거리가 길다.

**03** 전시실의 순회형식에 관한 설명으로 옳지 않은 것은?

① 중앙홀 형식은 각 실에 직접 들어갈 수 없다는 단점이 있다.
② 연속순회 형식은 많은 실을 순서별로 통하여야 하는 불편이 있다.
③ 갤러리 및 코리도 형식에서는 복도 자체도 전시공간으로 이용할 수 있다.
④ 갤러리 및 코리도 형식은 각 실에 직접 들어갈 수 있으며, 필요시 독립적으로 폐쇄할 수 있다.

[해설]
중앙홀 형식은 중심부에 큰 홀을 두고 그 주위에 각 전시실이 배치되어 있어 각 전시실에 직접 들어갈 수 있는 순회형식이다.

**04** 공동주택의 단지계획에서 보차분리를 위한 방식 중 평면분리에 해당하는 방식은?

① 시간제 차량통행
② 쿨드삭(Cul-De-Sac)
③ 오버브리지(Overbridge)
④ 보행자 안전참(Pedestrian Safecross)

[해설]
쿨드삭(Cul-De-Sac)은 차량의 흐름을 한정시켜 차량과 보행자를 평면적으로 분리할 수 있다.
① 시간제 차량통행은 차량과 보행자의 통행 시간을 분리하는 방법이다.
③ 오버브리지(Overbridge)는 입체적으로 차량과 보행자를 분리하는 방법이다.
④ 보행자 안전참(Pedestrian Safecross)은 보행자의 안전을 위한 공간을 확보하는 것으로서, 면적(공간)을 통한 보행자와 차량을 분리하는 개념이다.

**05** 다음 중 터미널 호텔의 종류에 속하지 않는 것은?

① 해변 호텔
② 부두 호텔
③ 공항 호텔
④ 철도역 호텔

**정답** 01 ④  02 ③  03 ①  04 ②  05 ①

[해설]
해변 호텔(Beach Hotel, 비치 호텔)은 리조트 호텔(Resort Hotel)에 속한다.

**06** 레이트 모던(Late Modern) 건축양식에 관한 설명으로 옳지 않은 것은?

① 기호학적 분절을 추구하였다.
② 퐁피두 센터는 이 양식에 부합되는 건축물이다.
③ 공업기술을 바탕으로 기술적 이미지를 강조하였다.
④ 대표적 건축가로는 시저 펠리, 노만 포스터 등이 있다.

[해설]
레이트 모던 건축은 근대 건축 이념의 지속적인 계승과 발전을 추구한 건축 양식으로서 기호학적 분절 등을 시도하는 건축양식과는 거리가 멀다.

**07** 다음 중 백화점 건물의 기둥 간격 결정요소와 가장 거리가 먼 것은?

① 진열장의 치수
② 고객 동선의 길이
③ 에스컬레이터의 배치
④ 지하주차장의 주차방식

[해설]
고객 동선의 길이는 백화점 건물의 기둥 간격(Span) 결정요소와 거리가 멀다.

※ 백화점의 기둥 간격(Span)의 결정 요소
 • 진열대의 치수와 배치방법, 주위 통로 폭
 • 엘리베이터, 에스컬레이터의 배치
 • 지하주차장의 주차방식과 폭

**08** 주택의 부엌에서 작업 순서에 따른 작업대 배열로 가장 알맞은 것은?

① 냉장고 – 싱크대 – 조리대 – 가열대 – 배선대
② 싱크대 – 조리대 – 가열대 – 냉장고 – 배선대
③ 냉장고 – 조리대 – 가열대 – 배선대 – 싱크대
④ 싱크대 – 냉장고 – 조리대 – 배선대 – 가열대

[해설]
부엌의 작업 순서
• 부엌의 작업 순서는 왼쪽에서 오른쪽으로 이동할 수 있도록 계획한다.
• 준비 → 냉장고 → 개수대(싱크대, Sink) → 조리대(요리) → 가열대(레인지) → 배선대 → 해치(Hatch) → 식탁

**09** 도서관 출납 시스템에 관한 설명으로 옳지 않은 것은?

① 자유 개가식은 책 내용의 파악 및 선택이 자유롭다.
② 자유 개가식은 서가의 정리가 잘 안되면 혼란스럽게 된다.
③ 안전 개가식은 서가열람이 가능하여 책을 직접 뽑을 수 있다.
④ 폐가식은 서가와 열람실에서 감시가 필요하나 대출절차가 간단하여 관원의 작업량이 적다.

[해설]
폐가식(Closed Access)은 열람자가 제출한 목록에 의해 관원이 책을 꺼내 주는 방식으로 열람자는 서가에 접근할 수 없다. 그러므로 열람자가 책을 볼 동안 감시할 필요가 없다.

**10** 르 꼬르뷔지에가 주장한 근대 건축 5원칙에 속하지 않는 것은?

① 필로티
② 옥상정원
③ 유기적 공간
④ 자유로운 평면

[해설]
근대 건축의 5원칙
필로티, 옥상정원, 자유로운 평면, 자유로운 입면(Facade), 수평 띠장

정답 06 ① 07 ② 08 ① 09 ④ 10 ③

**11** 다음 중 사무소 건축에서 기준층 평면형태의 결정 요소와 가장 거리가 먼 것은?

① 동선상의 거리
② 구조상 스팬의 한도
③ 사무실 내의 책상 배치 방법
④ 덕트, 배선, 배관 등 설비시스템상의 한계

[해설]
평면형태 결정 시에는 구조상 스팬의 한도 및 자연채광의 유입 관련사항, 그리고 방화구획상 면적, 피난동선 및 거리 등이 고려되며, 사무실 내의 책상 배치 방법은 스팬이 결정된 후에 하는 것으로서, 구조적 스팬의 결정사항에 고려되는 요소는 아니다.

**12** 다음 설명에 알맞은 학교운영방식은?

> 각 학급을 2분단으로 나누어 한 쪽이 일반교실을 사용할 때, 다른 한 쪽은 특별교실을 사용한다.

① 달톤형      ② 플래툰형
③ 개방 학교    ④ 교과교실형

[해설]
플래툰형은 전 학급을 2분단으로 나누고 한편이 일반교실을 사용할 때 다른 한편은 특별교실을 이용하는 방식으로서, 교과 담임제와 학급 담임제를 병용할 수 있는 형식이다.

**13** 주택 부엌의 가구 배치 유형 중 병렬형에 관한 설명으로 옳은 것은?

① 연속된 두 벽면을 이용하여 작업대를 배치한 형식이다.
② 폭이 길이에 비해 넓은 부엌의 형태에 적당한 유형이다.
③ 작업면이 가장 넓은 배치 유형으로 작업효율이 좋다.
④ 좁은 면적 이용에 효과적이므로 소규모 부엌에 주로 이용된다.

[해설]
병렬형은 폭이 길이에 비해 넓은 부엌의 형태에 적당한 유형으로서, 좁은 면적의 부엌에서 동선을 단축시킬 수 있으나, 몸을 돌려가며 작업을 해야 하는 단점이 있다.

**14** 극장 무대 주위의 벽에 6~9m 높이로 설치되는 좁은 통로로, 그리드 아이언에 올라가는 계단과 연결되는 것은?

① 록 레일        ② 사이클로라마
③ 플라이 갤러리    ④ 슬라이딩 스테이지

[해설]
플라이 갤러리(Fly Gallery)
그리드 아이언으로 올라가는 계단과 연결되게 무대 주위의 벽에 6~9m 높이로 설치되는 좁은 통로(폭은 1.2~2.0m 정도)이다.

**15** 다음 중 다포식(多包式) 건물에 속하지 않는 것은?

① 서울 동대문     ② 창덕궁 돈화문
③ 전등사 대웅전   ④ 봉정사 극락전

[해설]
안동 봉정사 극락전은 고려시대 건축물로 주심포식 양식을 적용하였으며, 현존하는 목조 건축물 중 가장 오래되었다.

**16** 이슬람(사라센) 건축 양식에서 미나렛(Minaret)이 의미하는 것은?

① 이슬람교의 신학원 시설
② 모스크의 상징인 높은 탑
③ 메카 방향으로 설치된 실내 제단
④ 열주나 아케이드로 둘러싸인 중정

[해설]
이슬람 예배당(모스크, Mosque)의 건축요소 중 뾰족한 첨탑을 미나렛(Minaret)이라고 하며, 적용된 대표적인 건축물에는 알함브라 궁전, 인도 타지마할(Taj Mahal)의 분묘, 코르도바(Cordoba) 사원 등이 있다.

정답  11 ③  12 ②  13 ②  14 ③  15 ④  16 ②

**17** 기계공장에서 지붕의 형식을 톱날지붕으로 하는 가장 주된 이유는?

① 소음을 작게 하기 위하여
② 빗물의 배수를 충분히 하기 위하여
③ 실내 온도를 일정하게 유지하기 위하여
④ 실내의 주광조도를 일정하게 하기 위하여

[해설]

톱날 지붕형태일 경우 채광창은 북향으로 하여, 종일 균일한 조도를 얻을 수 있다.

**18** 아파트의 단면형식 중 메조넷 형식(Maisonnette Type)에 관한 설명으로 옳지 않은 것은?

① 하나의 주거단위가 복층 형식을 취한다.
② 양면 개구부에 의한 통풍 및 채광이 좋다.
③ 주택 내의 공간의 변화가 없으며 통로에 의해 유효면적이 감소한다.
④ 거주성, 특히 프라이버시는 높으나 소규모 주택에는 비경제적이다.

[해설]

메조넷형(Maisonette Type) 아파트는 복도가 없는 층의 경우 통로 면적이 감소되므로, 전체적으로 전용면적이 증가한다.

**19** 상점 정면(Facade)구성에 요구되는 5가지 광고 요소(AIDMA 법칙)에 속하지 않는 것은?

① Attention(주의)   ② Identity(개성)
③ Desire(욕구)      ④ Memory(기억)

[해설]

상점의 파사드 구성상 필요한 다섯 가지 광고 요소(AIDMA 법칙)
• A(Attention, 주의) : 주목시키는 배려
• I(Interest, 흥미) : 공감을 주는 호소력
• D(Desire, 욕망) : 욕구를 일으키는 연상
• M(Memory, 기억) : 인상적인 변화
• A(Action, 행동) : 들어가기 쉬운 구성

**20** 사무소 건축의 오피스 랜드스케이핑(Office Landscaping)에 관한 설명으로 옳지 않은 것은?

① 의사전달, 작업흐름의 연결이 용이하다.
② 일정한 기하학적 패턴에서 탈피한 형식이다.
③ 작업단위에 의한 그룹(Group)배치가 가능하다.
④ 개인적 공간으로의 분할로 독립성 확보가 용이하다.

[해설]

오피스 랜드스케이핑(Office Landscaping)

| | |
|---|---|
| 장점 | • 공사비를 절감할 수 있다(칸막이벽, 공조설비, 소화설비, 조명설비 등의 Zoning 최소화).<br>• 고정 칸막이가 없어 평면 구성이 자유롭다.<br>• 전 면적을 유용하게 이용할 수 있다. |
| 단점 | • 소음문제가 발생한다.<br>• 독립성이 결핍된다. |

## 2과목 건축시공

**21** 건축물에 사용되는 금속자재와 그 용도가 바르게 연결되지 않은 것은?

① 경량철골 M-BAR : 경량벽체 시공을 위한 구조용 지지틀
② 코너비드 : 벽, 기둥 등의 모서리에 대는 보호용 철물
③ 논슬립 : 계단에 사용하는 미끄럼 방지 철물
④ 조이너 : 천장, 벽 등의 이음새 감추기용 철물

[해설]

경량철골 M-BAR는 경량 천장 시공을 위한 구조용 지지틀이다.

정답  17 ④  18 ③  19 ②  20 ④  21 ①

**22** 네트워크 공정표에서 작업의 상호관계만을 도시하기 위하여 사용하는 화살선을 무엇이라 하는가?

① Event
② Dummy
③ Activity
④ Critical Path

[해설]
① Event : 화살표형 네트워크의 작업과 작업을 결합하는 점 및 개시점 · 종료점
③ Activity : 프로젝트를 구성하는 작업단위
④ Critical Path : 개시 결합점에서 종료 결합점에 이르는 가장 긴 패스

**23** 건축용 석재 사용 시 주의사항으로 옳지 않은 것은?

① 석재를 구조재로 사용 시 압축강도가 큰 것을 선택하여 사용할 것
② 석재를 다듬어 쓸 때는 석질이 균일한 것을 사용할 것
③ 동일 건축물에는 다양한 종류 및 다양한 산지의 석재를 사용할 것
④ 석재를 마감재로 사용 시 석리와 색채가 우아한 것을 선택하여 사용할 것

[해설]
동일 건축물에는 가급적 동일한 종류의 석재를 활용해야 한다. 다양한 석재를 혼용할 경우 석재들 간의 팽창률 차이로 파손 등이 우려될 수 있고, 각각 석재의 접착 등에 사용되는 부자재들이 다양해짐에 따라 공사비 및 시공 난이도 상승을 초래할 수 있다.

**24** 린건설(Lean Construction)에서의 관리 방법으로 옳지 않은 것은?

① 변이관리
② 당김생산
③ 대량생산
④ 흐름생산

[해설]
린건설은 불필요한 낭비 없이 효율적 생산을 하고자 하는 것으로서, 자재의 적재 등을 최소화하는 방식이다. 대량생산을 할 경우 잉여자재의 발생 확률이 높아지고, 그에 따라 적재 발생요소가 증가하므로 린건설이 추구하는 관리 방법과는 거리가 멀다.

**25** 건축공사 시 직접공사비 구성 항목으로 옳게 짝지어진 것은?

① 재료비, 노무비, 장비비, 간접공사비
② 재료비, 노무비, 외주비, 간접공사비
③ 재료비, 노무비, 일반관리비, 경비
④ 재료비, 노무비, 외주비, 경비

[해설]
직접공사비 구성항목
재료비, 노무비, 경비, 외주비, 장비비 등

**26** 벽돌쌓기 시 벽면적 1m²당 소요되는 벽돌(190×90×57mm)의 정미량(매)과 모르타르량(m³)으로 옳은 것은?(단, 벽두께 1.0B, 모르타르의 재료량은 할증이 포함된 것이며, 배합비는 1 : 3이다.)

① 벽돌매수 : 224매, 모르타르량 : 0.078m³
② 벽돌매수 : 224매, 모르타르량 : 0.049m³
③ 벽돌매수 : 149매, 모르타르량 : 0.078m³
④ 벽돌매수 : 149매, 모르타르량 : 0.049m³

[해설]
• 벽돌은 표준형(190×90×57mm)을 적용하고 있고, 벽두께 1.0B에는 149매/m²가 필요하게 된다.
• 모르타르량 = $\dfrac{\text{벽돌의 정미량}}{1{,}000} \times 단위수량$
  $= \dfrac{149}{1{,}000} \times 0.33 = 0.049\text{m}^3$

여기서, 1.0B 표준형 벽돌의 모르타르 단위수량 : 0.33m³

정답  22 ②  23 ③  24 ③  25 ④  26 ④

**27** 금속커튼월의 성능시험 관련 항목과 가장 거리가 먼 것은?

① 내동해성 시험
② 구조시험
③ 기밀시험
④ 정압수밀시험

[해설]

내동해성은 콘크리트에서의 동해(동결) 관련된 특성으로, 금속커튼월 성능시험과는 거리가 멀다.

**28** 석재 설치 공법 중 오픈조인트공법의 특징으로 옳지 않은 것은?

① 등압이론 방식을 적용한 수밀방식이다.
② 압력차에 의해서 빗물을 차단할 수 있다.
③ 실링재가 많이 소요된다.
④ 층간변위에도 유동적으로 변위를 흡수할 수 있으므로 파손 확률이 적어진다.

[해설]

오픈조인트공법은 실링재 적용을 최소화 한 것이다. 실링을 통해 조인트를 하는 것을 클로즈 조인트 시스템이라고 한다.

**29** 웰 포인트 공법에 관한 설명으로 옳지 않은 것은?

① 중력배수가 유효하지 않은 경우에 주로 쓰인다.
② 지하수위를 저하시키는 공법이다.
③ 인접지반과 공동매설물 침하에 주의가 필요한 공법이다.
④ 점토질의 투수성이 나쁜 지질에 적합하다.

[해설]

웰 포인트 공법은 주로 사질토에 적용하는 대표적인 강제배수 공법이다.

**30** 타일크기가 10cm×10cm이고 가로세로 줄눈을 6mm로 할 때 면적 1m²에 필요한 타일의 정미수량은?

① 94매　② 92매
③ 89매　④ 85매

[해설]

$$\text{타일매수} = \frac{\text{시공면적}}{\text{줄눈 포함 타일 1장 면적}}$$
$$= \frac{1\text{m}^2}{(0.10+0.006) \times (0.10+0.006)} = 89\text{매}$$

**31** 콘크리트의 압축강도를 시험하지 않을 경우 다음과 같은 조건에서의 거푸집널 해체시기로 옳은 것은?

- 기초, 보, 기둥 및 벽의 측면의 경우
- 평균기온 20℃ 이상
- 조강 포틀랜드 시멘트 사용

① 1일　② 2일
③ 3일　④ 4일

[해설]

평균기온이 10℃ 이상인 경우는 콘크리트 재령이 아래 표의 재령 이상 경과하면 압축강도시험을 하지 않고도 해체할 수 있다.

| 평균기온 | 콘크리트의 재령 | |
|---|---|---|
|  | 20℃ 이상 | 20℃ 미만 10℃ 이상 |
| 조강 포틀랜드 시멘트 | 3 | 2 |
| 보통 포틀랜드 시멘트, 고로슬래그 시멘트(1종), 플라이애시 시멘트(1종), 포틀랜드 포졸란 시멘트(A종) | 4 | 3 |
| 고로슬래그 시멘트(2종), 플라이애시 시멘트(2종), 포틀랜드 포졸란 시멘트(B종) | 6 | 4 |

정답　27 ①　28 ③　29 ④　30 ③　31 ②

**32** 건축공사의 도급계약서 내용에 기재하지 않아도 되는 항목은?

① 공사의 착수시기
② 재료의 시험에 관한 내용
③ 계약에 관한 분쟁 해결방법
④ 천재 및 그 외의 불가항력에 의한 손해 부담

[해설]

재료의 시험에 관한 내용과 같이 기술적 사항에 대한 구체적 사항까지 도급계약서 내용에 기재할 필요는 없다.

**33** 지질조사를 통한 주상도에서 나타나는 정보가 아닌 것은?

① N치
② 투수계수
③ 토층별 두께
④ 토층의 구성

[해설]

주상도는 지층의 단면을 그린 그림으로서, 지하수위, N치(표준관입시험결과), 토층별 두께, 토층의 구성 등은 표현하고 있으나, 투수계수에 대한 정보는 나타내지 않는다.

**34** 레디믹스트 콘크리트 발주 시 호칭규격인 25-24-150에서 알 수 없는 것은?

① 염화물 함유량
② 슬럼프(Slump)
③ 호칭강도
④ 굵은 골재의 최대치수

[해설]

호칭규격의 의미
25(굵은 골재 최대치수 mm) - 24(호칭강도 MPa) - 150(슬럼프치 mm)

**35** Top-Down공법(역타공법)에 관한 설명으로 옳지 않은 것은?

① 지하와 지상작업을 동시에 한다.
② 주변지반에 대한 영향이 적다.
③ 수직부재 이음부 처리에 유리한 공법이다.
④ 1층 슬래브의 형성으로 작업공간이 확보된다.

[해설]

Top-Down공법은 지상을 먼저 건립하고 지하를 건립하는 방법으로서, 지상과 지하 간 수직 구조부재의 이음 처리가 난해한 특징을 갖고 있다.

**36** 도장공사 시 유의사항으로 옳지 않은 것은?

① 도장마감은 도막이 너무 두껍지 않도록 얇게 몇 회로 나누어 실시한다.
② 도장을 수회 반복할 때에는 칠의 색을 동일하게 하여 혼동을 방지해야 한다.
③ 칠하는 장소에서 저온, 다습하고 환기가 충분하지 못할 때는 도장작업을 금지해야 한다.
④ 도장 후 기름, 산, 수지, 알칼리 등의 유해물이 배어 나오거나 녹아 나올 때에는 재시공한다.

[해설]

도장을 수회 반복할 때에는 칠의 색을 다르게 하게 하여 혼동을 방지해야 한다.

**37** 철골부재용접 시 겹침이음, T자이음 등에 사용되는 용접으로 목두께의 방향이 모재의 면과 45° 또는 거의 45°의 각을 이루는 것은?

① 필릿용접
② 완전용입 맞댐용접
③ 부분용입 맞댐용접
④ 다층용접

[해설]

필릿용접(Fillet Welding, 모살용접, 겹대기용접)
2장의 판재를 겹쳐서 목두께의 방향이 모재의 면과 45°가 되게 하는 용접으로, 용접되는 부재의 교차되는 면 사이에 일반적으로 삼각형의 단면이 만들어지며, 전면 또는 측면 필렛용접, T자형, +자형 필렛용접이 있다.

**정답** 32 ② 33 ② 34 ① 35 ③ 36 ② 37 ①

**38** 타일 붙임 공법에 쓰이는 용어 중 거푸집에 전용 시트를 붙이고, 콘크리트 표면에 요철을 부여하여 모르타르가 파고 들어가는 것에 의해 박리를 방지하는 공법은?

① 개량압착 붙임 공법
② MCR 공법
③ 마스크 붙임 공법
④ 밀착 붙임 공법

[해설]
적절한 모르타르 줄눈을 형성하여 박리를 방지하는 공법인 MCR(Micro Concrete Roofing)에 대한 설명이다.

**39** 아래 설명은 어느 방식에 해당되는가?

> 도급자가 대상계획의 기업, 금융, 토지조달, 설계, 시공, 기계·기구설치, 시운전 및 조업지도까지 주문자가 필요로 하는 모든 것을 조달하여 주문자에게 인도하는 방식으로, 산업기술의 고도화, 전문화와 건축물의 고층화, 대형화에 따라 계속 증가 추세인 것

① 프로젝트관리방식(PM)
② 공사관리방식(CM)
③ 파트너링방식
④ 턴키방식

[해설]
턴키도급(Turn-key)방식은 모든 요소(대상 계획의 기업, 금융, 토지조달, 설계, 시공, 기계기구 설치, 시운전 및 조업지도 등)를 포함한 도급계약방식으로 주문자가 필요로 하는 모든 것을 조달하여 주문자에게 인도하는 방식이다.

**40** 아스팔트 방수재료에 관한 설명으로 옳지 않은 것은?

① 아스팔트 컴파운드는 블로운 아스팔트에 동식물성 섬유를 혼합한 것이다.
② 아스팔트 프라이머는 아스팔트 싱글을 용제로 녹인 것이다.
③ 아스팔트 펠트는 섬유원지에 스트레이트 아스팔트를 가열용해하여 흡수시킨 것이다.
④ 아스팔트 루핑은 원지에 스트레이트 아스팔트를 침투 시키고 양면에 컴파운드를 피복한 후 광물질 분말을 살포시킨 것이다.

[해설]
아스팔트 프라이머는 블로운 아스팔트에 휘발성 용제를 넣어 묽게 한 것이다.

## 3 과목 건축구조

**41** 그림과 같은 단순보의 양단 수직반력을 구하면?

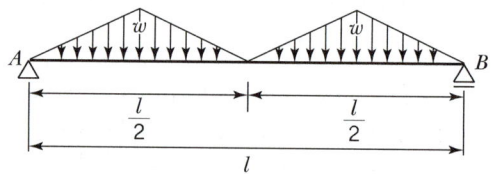

① $R_A = R_B = \dfrac{wl}{2}$
② $R_A = R_B = \dfrac{wl}{4}$
③ $R_A = R_B = \dfrac{wl}{6}$
④ $R_A = R_B = \dfrac{wl}{8}$

[해설]
하중이 좌우 대칭으로 균등하게 적용되므로 양단의 수직반력은 전체 작용하중의 1/2 값을 갖게 된다.

전체작용하중 $= w \times \dfrac{l}{2} \times \dfrac{1}{2} \times 2 = \dfrac{wl}{2}$

∴ 양단 수직반력 = 전체작용하중 $\times \dfrac{1}{2} = \dfrac{wl}{4}$

**42** 강도설계법으로 설계된 보에서 스터럽이 부담하는 전단력이 $V_s = 265\text{kN}$일 경우 수직 스터럽의 적절한 간격은?[단, $A_v = 2 \times 127\text{mm}^2$(U형 2-D13), $f_{yt} = 350\text{MPa}$, $b_w \times d = 300 \times 450\text{mm}$]

① 120mm   ② 150mm
③ 180mm   ④ 210mm

[해설]

전단철근(수직스터럽)의 간격 산출

$$s = \frac{A_v f_{yt} d}{V_s}$$

$$= \frac{2 \times 127\text{mm}^2 \times 350\text{MPa} \times 450\text{mm}}{265\text{kN} \times 10^3} = 150.96\text{mm}$$

∴ 약 150mm

**43** 부동침하의 원인과 가장 거리가 먼 것은?

① 건물이 경사지반에 근접되어 있을 경우
② 건물이 이질지반에 걸쳐 있을 경우
③ 이질의 기초구조를 적용했을 경우
④ 건물의 강도가 불균등할 경우

[해설]

기초의 강도(강성)이 불균등할 때 발생하며 건물의 강도와는 관계가 없다.

**44** 바람의 난류로 인해서 발생되는 구조물의 동적 거동 성분을 나타내는 것으로 평균변위에 대한 최대변위의 비를 통계적인 값으로 나타낸 계수는?

① 지형계수
② 가스트영향계수
③ 풍속고도분포계수
④ 풍력계수

[해설]

가스트영향계수는 바람의 난류로 인해 발생되는 구조물의 동적 거동 성분이다.

**45** 다음 용접기호에 대한 옳은 설명은?

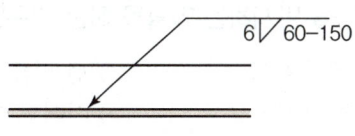

① 맞댐용접이다.
② 용접되는 부위는 화살의 반대쪽이다.
③ 유효목두께는 6mm이다.
④ 용접길이는 60mm이다.

[해설]

① 모살(필릿)용접이다.
② 기선 밑에 표시하였으므로 용접되는 부위는 화살표 방향이다.
③ 모살(필릿)사이즈는 6mm이다.

**46** 그림과 같은 강접골조에 수평력 $P = 10\text{kN}$이 작용하고 기둥의 강비 $k = \infty$인 경우, 기둥의 모멘트가 최대가 되는 위치 $h_0$는?(단, 괄호 안의 기호는 강비이다.)

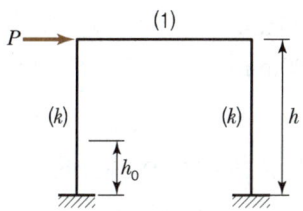

① 0           ② 0.5h
③ (4/7)h     ④ h

[해설]

$P$가 작용하는 강절점이 거리가 0이므로 최소 모멘트가 되고, 거리가 가장 크게 작용하는 반력 지점이 최대 모멘트가 된다. 그러므로 최소 모멘트는 높이 $h_0 = 0$인 반력지점이 된다.

정답  42 ②  43 ④  44 ②  45 ④  46 ①

**47** 강구조에서 기초콘크리트에 매입되어 주각부의 이동을 방지하는 역할을 하는 것은?

① 앵커 볼트  ② 턴 버클
③ 클립 앵글  ④ 사이드 앵글

[해설]

앵커 볼트는 강구조를 기초콘크리트에 고정시키는 역할을 하는 것으로서, 기초콘크리트에 매입되어 강성을 통해 주각부의 이동을 방지하게 된다.

**48** 그림에서 파단선 $a-1-2-3-d$의 인장재의 순단면적은?(단, 판두께는 10mm, 볼트 구멍지름은 22mm)

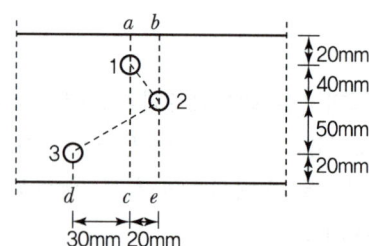

① 690mm²  ② 790mm²
③ 890mm²  ④ 990mm²

[해설]

엇모배치일 경우 순단면적($A_n$) 산출

$$A_n = A_g - ndt + \sum\left(\frac{s^2}{4g} \times t\right)$$
$$= (20+40+50+20) \times 10 - (3 \times 22 \times 10)$$
$$+ \left(\frac{20^2}{4 \times 40} \times 10 + \frac{50^2}{4 \times 50} \times 10\right)$$
$$= 790\text{mm}^2$$

여기서, $A_g$ : 강재의 총단면적
  $n$ : 파단선에 있는 구멍의 개수
  $d$ : 구멍의 직경
  $t$ : 인장재의 직경
  $s$ : 볼트 간 중심간격(수평)
  $g$ : 볼트 간 중심간격(수직)

**49** 다음과 같은 조건의 단면을 가진 부재의 균열모멘트 $M_{cr}$을 구하면?

- 단면의 중립축에서 인장연단까지의 거리 $y_t = 420$mm
- 총 단면 2차모멘트 $I_R = 1.0 \times 10^{10}$mm⁴
- 보통중량콘크리트 설계기준압축강도 $f_{ck} = 21$MPa

① 50.6kN·m  ② 53.3kN·m
③ 62.5kN·m  ④ 68.8kN·m

[해설]

균열모멘트($M_{cr}$) 산출

$M_{cr} = Z$(단면계수) · $f_r$(파괴계수)
$= \dfrac{I_g}{y_t} \times 0.63\lambda\sqrt{f_{ck}}$
$= \dfrac{1.0 \times 10^{10}\text{mm}^4}{420} \times 0.63 \times 1.0 \times \sqrt{21}$
$= 68,738,635$N·mm $= 68.8$kN·m

여기서, $\lambda$ : 콘크리트 중량 계수(보통중량일 경우 1)

**50** 강도설계법에서 직접설계법을 이용한 콘크리트 슬래브 설계 시 적용조건으로 옳지 않은 것은?

① 각 방향으로 3경간 이상 연속되어야 한다.
② 슬래브 판들은 단변 경간에 대한 장변 경간의 비가 2 이하인 직사각형이어야 한다.
③ 각 방향으로 연속한 받침부 중심간 경간 차이는 긴 경간의 1/3 이하이어야 한다.
④ 모든 하중은 슬래브판의 특정지점에 작용하는 집중하중이어야 하며 활하중은 고정하중의 3배 이하이어야 한다.

[해설]

모든 하중은 슬래브판의 특정지점에 작용하는 집중하중이어야 하며 활하중은 고정하중의 2배 이하이어야 한다.

**51** 인장을 받는 이형철근의 정착길이($l_d$)는 기본정착길이($l_{ab}$)에 보정계수를 곱하여 산정한다. 다음 중 이러한 보정계수에 영향을 미치는 사항이 아닌 것은?

① 하중계수
② 경량콘크리트 계수
③ 에폭시 도막 계수
④ 철근배치 위치계수

[해설]
- 하중계수는 강도설계법에서 사용하중에 곱해주는 계수이다.
- 경량콘크리트 계수($\lambda$), 에폭시 도막 계수($\beta$), 철근배치 위치계수($\alpha$)는 철근의 정착길이 관계 요소이다.

**52** 직경($D$) 30mm, 길이($L$) 4m인 강봉에 90kN의 인장력이 작용할 때 인장응력($\sigma_t$)과 늘어난 길이($\Delta L$)는 약 얼마인가?(단, 강봉의 탄성계수 $E$ = 200,000MPa)

① $\sigma_t$ = 127.5MPa, $\Delta L$ = 1.43mm
② $\sigma_t$ = 127.5MPa, $\Delta L$ = 2.55mm
③ $\sigma_t$ = 132.5MPa, $\Delta L$ = 1.43mm
④ $\sigma_t$ = 132.5MPa, $\Delta L$ = 2.55mm

[해설]
- $\Delta L$ 산출
$$\Delta L = \frac{PL}{EA} = \frac{90 \times 10^3 (\text{N}) \times 4 \times 10^3}{200,000 \text{N/mm}^2 \times \frac{\pi \times 30^2}{4}} = 2.55\text{mm}$$

- $\sigma_t$ 산출
$$E = \frac{\sigma_t}{\varepsilon} \Leftrightarrow \sigma_t = E \cdot \varepsilon = E \cdot \frac{\Delta L}{L}$$
$$= 2 \times 10^5 \times \frac{2.55}{4 \times 10^3} = 127.5\text{MPa}$$

**53** 동일재료를 사용한 캔틸레버 보에서 작용하는 집중하중의 크기가 $P_1 = P_2$일 때, 보의 단면이 그림과 같다면 최대처짐 $y_1 : y_2$의 비는?

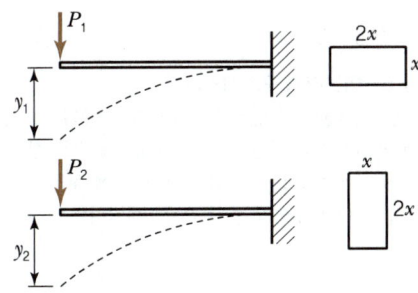

① 2 : 1  ② 4 : 1
③ 8 : 1  ④ 16 : 1

[해설]
- 캔틸레버의 처짐 기본식을 갖고 산출한다.
$$y = \frac{PL^3}{EI}$$
- $P_1$과 $P_2$가 같고, 길이 $L$이 같으며, 동일재료이므로 탄성계수 $E$도 같다.
- 분모에 있는 단면2차모멘트 $I$를 비교하여 산출한다.
$$y_1 : y_2 = \frac{1}{I_1} : \frac{1}{I_2} = \frac{1}{\frac{2x \cdot x^3}{12}} : \frac{1}{\frac{x \cdot (2x)^3}{12}} = 4 : 1$$

**54** 인장시험을 통하여 얻어진 탄소강의 응력−변형도 곡선에서 변형도 경화영역의 최대응력을 의미하는 것은?

① 인장강도  ② 항복강도
③ 탄성강도  ④ 비례한도

[해설]
인장강도는 인장시험에서 시험편이 받을 수 있는 최대응력을 의미한다.

**55** 고층건물의 구조형식 중에서 건물의 중간층에 대형 수평부재를 설치하여 횡력을 외곽기둥이 분담할 수 있도록 한 형식은?

① 트러스 구조
② 골조 아웃리거 구조
③ 튜브 구조
④ 스페이스 프레임 구조

정답  51 ①  52 ②  53 ②  54 ①  55 ②

[해설]

**골조 – 아웃리거 구조시스템**
고층 건축물에서 횡하중을 부담하는 중앙부의 전단벽 코어에서 캔틸레버와 같은 형식(Outrigger)으로 뻗어 나와 외곽부 기둥이나 벨트 트러스(Belt Truss)에 직접 연결하여 주변 구조를 코어에 묶어주는 구조시스템이다.

**56** 그림과 같은 기둥단면이 300mm×300mm인 사각형 단주에서 기둥에 발생하는 최대압축응력은? (단, 부재의 재질은 균등한 것으로 본다.)

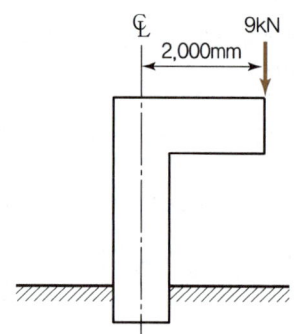

① −2.0MPa    ② −2.6MPa
③ −3.1MPa    ④ −4.1MPa

[해설]

최대압축응력($\sigma_{max}$) 산출

$$\sigma_{max} = -\frac{P}{A} - \frac{M}{Z}$$
$$= -\frac{9 \times 10^3 (\text{N})}{300 \times 300} - \frac{9 \times 10^3 \times 2,000}{\frac{300 \times 300^2}{6}} = -4.1\text{MPa}$$

**57** 다음 그림과 같은 트러스의 반력 $R_A$와 $R_B$는?

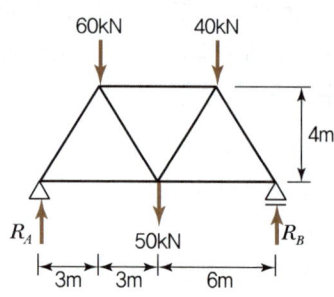

① $R_A$=60kN, $R_B$=90kN
② $R_A$=70kN, $R_B$=80kN
③ $R_A$=80kN, $R_B$=70kN
④ $R_A$=100kN, $R_B$=50kN

[해설]

- $R_B$ 산출
  $\sum M_A = 0$
  $\sum M_A = 60 \times 3 + 5 \times 6 + 40 \times 9 - R_B \times 12 = 0$
  ∴ $R_B = 70$kN
- $R_A$ 산출
  $\sum V = 0$
  $\sum V = R_A - 60 - 40 - 50 + 70 = 0$
  ∴ $R_A = 80$kN

**58** 점 $A$에 작용하는 두 개의 힘 $P_1$과 $P_2$의 합력을 구하면?

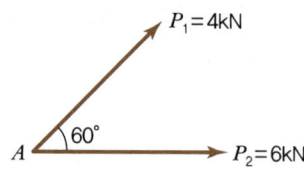

① $\sqrt{72}$ kN    ② $\sqrt{74}$ kN
③ $\sqrt{76}$ kN    ④ $\sqrt{78}$ kN

[해설]

합력($R$)산출
$$R = \sqrt{P_1^2 + P_2^2 + 2P_1 P_2 \cos\theta}$$
$$= \sqrt{4^2 + 6^2 + 2 \times 4 \times 6 \times \cos 60°} = \sqrt{76}\text{kN}$$

**59** 표준갈고리를 갖는 인장 이형철근(D13)의 기본정착길이는?(단, D13의 공칭지름 : 12.7mm, $f_{ck}$ = 27MPa, $f_y$ = 400MPa, $\beta$ = 1.0, $m_c$ = 2,300 kg/m³)

① 190mm    ② 205mm
③ 220mm    ④ 235mm

정답  56 ④  57 ③  58 ③  59 ④

[해설]

표준갈고리를 갖는 이형철근의 정착길이($l_{hb}$) 산출

$$l_{hb} = \frac{0.24\beta d_b f_y}{\lambda\sqrt{f_{ck}}} = \frac{0.24 \times 1.0 \times 12.7 \times 400}{1.0\sqrt{27}}$$
$$= 234.64 \text{mm} = 235 \text{mm}$$

**60** H형강이 사용된 압축재의 양단이 핀으로 지지되고 부재 중간에서 $x$축 방향으로만 이동할 수 없도록 지지되어 있다. 부재의 전 길이가 4m일 때 세장비는?(단, $r_x = 8.62$cm, $r_y = 5.02$cm임)

① 26.4
② 36.4
③ 46.4
④ 56.4

[해설]

$x$축과 $y$축의 세장비를 구하고, 큰 값을 세장비로 산정한다.
(여기서, $K$는 양단 힌지이므로 1.0을 적용한다)

• $\lambda_x = \dfrac{KL_x}{r_x} = \dfrac{1.0 \times 400 \text{cm}}{8.62 \text{cm}} = 46.4$

• $\lambda_y = \dfrac{KL_y}{r_y} = \dfrac{1.0 \times 200 \text{cm}}{5.02 \text{cm}} = 39.8$

∴ 세장비는 둘 중 큰 값인 46.4가 된다.

## 4과목 건축설비

**61** 실내에 4,500W를 발열하고 있는 기기가 있다. 이 기기의 발열로 인해 실내 온도상승이 생기지 않도록 환기를 하려고 할 때, 필요한 최소 환기량은? (단, 공기의 밀도 1.2kg/m³, 비열 1.01kJ/kgK, 실내온도 20℃, 외기온도 0℃이다.)

① 약 452m³/h
② 약 668m³/h
③ 약 856m³/h
④ 약 928m³/h

[해설]

$$Q = \frac{q}{\rho C p \Delta t}$$

여기서, $Q$ : 필요환기량(m³/h)
$q$ : 실내 발열량(kJ/h)
$\rho$ : 공기의 밀도 1.2kg/m³
$Cp$ : 공기의 정압비열 1.0kJ/kgK
$\Delta t$ : 실내외 외기(환기) 온도차(℃)

$$Q = \frac{4,500 \times 3,600}{1,000 \times 1.2 \times 1.01 \times (20-0)} = 668.317 \text{m}^3/\text{h}$$

**62** 주위 온도가 일정 온도 이상으로 되면 동작하는 자동화재탐지설비의 감지기는?

① 이온화식 감지기
② 차동식 스폿형 감지기
③ 정온식 스폿형 감지기
④ 광전식 스폿형 감지기

[해설]

• 차동식 : 주변온도의 일정한 온도상승에 의한 감지
• 정온식 : 주변온도가 일정 온도에 달하였을 때 감지
• 광전식 : 연기에 의해 반응하는 것으로 광전효과 이용하여 감지
• 이온화식 : 연기에 의해 이온농도가 변화되는 것으로 감지

**63** 습공기의 엔탈피에 관한 설명으로 옳은 것은?

① 건구온도가 높을수록 커진다.
② 절대습도가 높을수록 작아진다.
③ 수증기의 엔탈피에서 건공기의 엔탈피를 뺀 값이다.
④ 습공기를 냉각·가습할 경우, 엔탈피는 항상 감소한다.

[해설]

② 절대 습도가 높을수록 잠열이 커지므로, 엔탈피는 증가한다.
③ 습공기의 엔탈피는 수증기의 엔탈피와 건공기의 엔탈피를 더한 값이다.
④ 습공기를 냉각할 경우 엔탈피는 작아지고, 가습할 경우 엔탈피는 증기분무 가습의 경우 커지게 된다(다른 가습 방식의 경우 순환수 분무는 등엔탈피 변화, 온수분무의 경우는 열수분비에 따라 엔탈피 증가 및 감소 판단 가능).

정답 60 ③ 61 ② 62 ③ 63 ①

**64** 조명기구의 배광에 따른 분류 중 직접조명형에 관한 설명으로 옳은 것은?

① 상향광속과 하향광속이 거의 동일하다.
② 천장을 주광원으로 이용하므로 천장의 색에 대한 고려가 필요하다.
③ 매우 넓은 면적이 광원으로서의 역할을 하기 때문에 직사 눈부심이 없다.
④ 작업면에 고조도를 얻을 수 있으나 심한 휘도차 및 짙은 그림자가 생긴다.

[해설]
① 직접조명방식은 하향(방향)광속 90% 이상을 차지하는 방식이다.
② 천장을 주광원으로 이용하는 방식은 간접조명방식이다.
③ 직접조명방식은 광원의 면적이 작고, 효율이 좋으나 직사 눈부심이 발생할 수 있다는 특징이 있다.

**65** 다음 중 건축물 실내공간의 잔향시간에 가장 큰 영향을 주는 것은?

① 실의 용적   ② 음원의 위치
③ 벽체의 두께   ④ 음원의 음압

[해설]
샤빈의 잔향식에 따라 잔향에 직접적인 영향을 주는 것은 실의 체적(용적)과 실의 흡음 면적이다.

**샤빈의 잔향식**

잔향시간($T$) = $0.163 \dfrac{V}{A}$

여기서, $V$ : 실의 체적
       $A$ : 실의 흡음 면적

**66** 다음 설명에 알맞은 통기관의 종류는?

> 기구가 반대방향(좌우분기) 또는 병렬로 설치된 기구배수관의 교점에 접속하여 입상하며, 그 양기구의 트랩 봉수를 보호하기 위한 1개의 통기관을 말한다.

① 공용통기관   ② 결합통기관
③ 각개통기관   ④ 신정통기관

[해설]
공용통기관은 트랩이 달린 2개의 위생기구를 동시에 통기하는 통기관을 의미한다.

**67** 습공기가 냉각되어 포함되어 있던 수증기가 응축되기 시작하는 온도를 의미하는 것은?

① 노점온도   ② 습구온도
③ 건구온도   ④ 절대온도

[해설]
노점온도는 수증기가 응축되기 시작하는 온도를 의미하며, 일상에서 볼 수 있는 결로가 시작되는 온도이기도 하다.

**68** 변전실에 관한 설명으로 옳지 않은 것은?

① 건축물의 최하층에 설치하는 것이 원칙이다.
② 용량의 증설에 대비한 면적을 확보할 수 있는 장소로 한다.
③ 사용부하의 중심에 가깝고, 간선의 배선이 용이한 곳으로 한다.
④ 변전실의 높이는 바닥의 케이블트렌치 및 무슨 콘크리트 설치 여부 등을 고려한 유효 높이로 한다.

[해설]
변전실은 습기가 적고, 채광 통풍이 양호한 곳에 설치해야 하므로, 건축물의 최하층은 피하는 것이 좋다.

**69** 10Ω의 저항 10개를 직렬로 접속할 때의 합성저항은 병렬로 접속할 때의 합성저항의 몇 배가 되는가?

① 5배   ② 10배
③ 50배   ④ 100배

[해설]
저항의 연결 방식에 따른 합
- 직렬연결 : $R(총저항) = R_1 + R_2 + ... + R_{10} = 100Ω$
- 병렬연결 : $R(총저항) = \dfrac{1}{\left(\dfrac{1}{R_1} + \dfrac{1}{R_2} + ... + \dfrac{1}{R_{10}}\right)} = 1Ω$

∴ 직렬연결과 병렬연결 시 저항의 비는 100배이다.

**정답** 64 ④  65 ①  66 ①  67 ①  68 ①  69 ④

## 70 증기난방에 관한 설명으로 옳지 않은 것은?

① 응축수 환수관 내에 부식이 발생하기 쉽다.
② 동일 방열량인 경우 온수난방에 비해 방열기의 방열면적이 작아도 된다.
③ 방열기를 바닥에 설치하므로 복사난방에 비해 실내바닥의 유효면적이 줄어든다.
④ 온수난방에 비해 예열시간이 길어서 충분한 난방감을 느끼는데 시간이 걸린다.

[해설]
증기난방(Steam Heating System)은 온수난방에 비해 예열시간이 짧아 실내 목표온도에 빨리 도달할 수 있다.

## 71 건구온도 26℃인 실내공기 8,000m³/h와 건구온도 32℃인 외부공기 2,000m³/h를 단열혼합하였을 때 혼합공기의 건구온도는?

① 27.2℃
② 27.6℃
③ 28.0℃
④ 29.0℃

[해설]
혼합공기의 온도(℃) = $\dfrac{26 \times 8,000 + 32 \times 2,000}{8,000 + 2,000}$ = 27.2℃

## 72 다음의 스프링클러설비의 화재안전기준 내용 중 ( ) 안에 알맞은 것은?

전동기에 따른 펌프를 이용하는 가압송수장치의 송수량은 0.1MPa의 방수압력 기준으로 ( ) 이상의 방수성능을 가진 기준 개수의 모든 헤드로부터의 방수량을 충족시킬 수 있는 양 이상으로 할 것

① 80L/min
② 90L/min
③ 110L/min
④ 130L/min

[해설]
스프링클러는 초기 화재 진화를 위하여 사용되는 설비로서, 헤드마다 분당 80L의 물을 20분간 분사할 수 있는 수원을 확보하고 있어야 한다.

## 73 다음 설명에 알맞은 요운전원 엘리베이터 조작방식은?

기동은 운전원의 버튼 조작으로 하며, 정지는 목적층 단추를 누르는 것과 승강장의 호출신호로 층의 순서대로 자동 정지한다.

① 카 스위치 방식
② 전자동군관리방식
③ 레코드 컨트롤 방식
④ 시그널 컨트롤 방식

[해설]
① 카 스위치 방식 : 시동·정지를 운전원이 조작반의 스타트 버튼을 조작하는 방식으로서, 정지에는 운전원의 판단으로서 이루어지는 수동착상 방식과 정지층 앞에서의 조작을 통해 자동적으로 착상하는 자동착상 방식이 있다.
② 전자동 군 관리방식 : 이용 패턴이 빈번히 바뀌는 용도의 건축물에 적용하는 것으로서, 이용 패턴에 따라 엘리베이터의 수송계획을 시간대에 맞춰 자동적으로 제어하는 방식을 말한다.
③ 레코드 컨트롤 방식 : 운전원이 승객이 내리고자 하는 목적층과 승강장으로부터의 호출신호를 파악하여, 운전원이 승하차를 위해 조작반의 버튼을 누르면 순차적으로 해당층에 자동으로 정지하는 방식을 말한다.

## 74 가스설비에서 LPG에 관한 설명으로 옳지 않은 것은?

① 공기보다 무겁다.
② LNG에 비해 발열량이 작다.
③ 순수한 LPG는 무색, 무취이다.
④ 액화하면 체적이 1/250 정도가 된다.

[해설]
LPG는 LNG에 비해 발열량이 크고, 동시에 비중도 큰 특성을 갖고 있어 누설 시 폭발의 위험이 큰 특징을 갖고 있다.

정답 70 ④ 71 ① 72 ① 73 ④ 74 ②

**75** 각종 급수방식에 관한 설명으로 옳지 않은 것은?

① 수도직결방식은 정전으로 인한 단수의 염려가 없다.
② 압력수조방식은 단수 시에 일정량의 급수가 가능하다.
③ 수도직결방식은 위생 및 유지·관리 측면에서 가장 바람직한 방식이다.
④ 고가수조방식은 수도 본관의 영향에 따라 급수압력의 변화가 심하다.

[해설]
④는 수도직결방식에 대한 설명이다.

**76** 길이 20m, 지름 400mm의 덕트에 평균속도 12m/s로 공기가 흐를 때 발생하는 마찰저항은?(단, 덕트의 마찰저항계수는 0.02, 공기의 밀도는 1.2kg/m³이다.)

① 7.3Pa  ② 8.6Pa
③ 73.2Pa  ④ 86.4Pa

[해설]
덕트의 마찰저항
$$\Delta P = f \cdot \frac{l}{d} \cdot \frac{v^2}{2} \cdot \rho$$
$$= 0.02 \cdot \frac{20}{0.4} \cdot \frac{12^2}{2} \cdot 1.2 = 86.4 Pa$$

여기서, $\Delta P$ : 덕트의 마찰저항(Pa)
$f$ : 덕트의 마찰저항계수
$d$ : 관의 지름(m)
$l$ : 관의 길이(m)
$v$ : 공기의 이동속도(m/s)
$\rho$ : 공기의 밀도(kg/m³)

**77** 압축식 냉동기의 냉동사이클을 옳게 나타낸 것은?

① 압축 → 응축 → 팽창 → 증발
② 압축 → 팽창 → 응축 → 증발
③ 응축 → 증발 → 팽창 → 압축
④ 팽창 → 증발 → 응축 → 압축

[해설]
• 압축식 냉동기 : 압축 → 응축 → 팽창 → 증발
• 흡수식 냉동기 : 발생기(재생기) → 응축기 → 증발기 → 흡수기

**78** 다음 중 급수배관계통에서 공기빼기밸브를 설치하는 가장 주된 이유는?

① 수격작용을 방지하기 위하여
② 배관 내면의 부식을 방지하기 위하여
③ 배관 내 유체의 흐름을 원활하게 하기 위하여
④ 배관 표면에 생기는 결로를 방지하기 위하여

[해설]
급수배관계통에서는 공기가 정체하지 않도록 해야 하며, 이를 위해 공기정체가 일어날 것으로 예상되는 곳에 공기빼기밸브를 설치하여 배관 내 유체의 흐름을 원활하게 해 줄 수 있다.

**79** 배수트랩의 봉수파괴 원인 중 통기관을 설치함으로써 봉수파괴를 방지할 수 있는 것이 아닌 것은?

① 분출작용  ② 모세관작용
③ 자기사이펀작용  ④ 유도사이펀작용

[해설]
모세관 현상에 의한 봉수 파괴는 트랩에 걸레조각이나 머리카락이 낀 경우 모세관 현상에 의하여 봉수가 빠져 나가는 것으로, 배수 시의 압력 조절을 하는 통기관의 역할과는 연관이 없다.

**80** 저압옥내 배선공사 중 직접 콘크리트에 매설할 수 있는 공사는?

① 금속관 공사  ② 금속덕트 공사
③ 버스덕트 공사  ④ 금속몰드 공사

[해설]
금속관 공사
• 건물의 종류와 장소에 구애받지 않고 시공이 가능하다.
• 주로 콘크리트의 매입 배선에 사용한다.
• 화재에 대한 위험성이 적고 전선의 기계적 손상이 적다.
• 전선 교체가 용이하다.
• 전선은 접속점이 없는 절연전선 사용

정답  75 ④  76 ④  77 ①  78 ③  79 ②  80 ①

## 5과목 건축법규

**81** 판매시설 용도이며 지상 각 층의 거실면적이 2,000m²인 15층의 건축물에 설치하여야 하는 승용승강기의 최소 대수는?(단, 16인승 승강기이다.)

① 2대  ② 4대
③ 6대  ④ 8대

[해설]
판매시설의 승용승강기 설치 대수
- 6층 이상의 거실면적에 대하여 기본 3,000m²에 2대, 추가 2,000m²마다 1대 추가

$$N = 기본설치대수 + \frac{6층\ 이상의\ 거실면적 - 기본설치면적}{추가설치면적}$$

$$= 2 + \frac{2,000 \times 10 - 3,000}{2,000} = 10.5 = 11대$$

- 16인승은 1대 설치 시 2대로 간주하므로 11대/2=5.5=6대를 설치한다.
※ 승강기대수는 특별한 조건이 없는 한 소수점 첫째자리에서 올림한다.

**82** 다음 중 건축물 관련 건축기준의 허용되는 오차 범위(%)가 가장 큰 것은?

① 평면 길이
② 출구 너비
③ 반자 높이
④ 바닥판 두께

[해설]
- 평면 길이 : 2% 이내
- 출구 너비 : 2% 이내
- 반자 높이 : 2% 이내
- 바닥판 두께 : 3% 이내

**83** 다음 중 내화구조에 해당하지 않는 것은?(단, 외벽 중 비내력벽인 경우)

① 철근콘크리트조로서 두께가 7cm인 것
② 무근콘크리트조로서 두께가 7cm인 것
③ 골구를 철골조로 하고 그 양면을 두께 3cm의 철망모르타르로 덮은 것
④ 철재로 보강된 콘크리트블록조로서 철재에 덮은 콘크리트블록의 두께가 3cm인 것

[해설]
외벽 중 비내력벽인 경우이므로 철재로 보강된 콘크리트블록조·벽돌조 또는 석조로서 철재에 덮은 콘크리트블록 등의 두께가 4cm 이상인 것이 해당한다.

**84** 중앙도시계획위원회에 관한 설명으로 틀린 것은?

① 위원장·부위원장 각 1명을 포함한 25명 이상 30명 이하의 위원으로 구성한다.
② 위원장은 국토교통부장관이 되고, 부위원장은 위원 중 국토교통부장관이 임명한다.
③ 공무원이 아닌 위원의 수는 10명 이상으로 하고, 그 임기는 2년으로 한다.
④ 도시·군계획에 관한 조사·연구 업무를 수행한다.

[해설]
중앙도시계획위원회의 조직[국토의 계획 및 이용에 관한 법률 제107조]
중앙도시계획위원회의 위원장과 부위원장은 위원 중에서 국토교통부장관이 임명하거나 위촉한다.

**85** 다음은 건축법령상 직통계단의 설치에 관한 기준 내용이다. ( ) 안에 알맞은 것은?

> 초고층 건축물에는 피난층 또는 지상으로 통하는 직통계단과 직접 연결되는 피난안전구역(건축물의 피난·안전을 위하여 건축물 중간층에 설치하는 대피공간)을 지상층으로부터 최대 ( )층마다 1개소 이상 설치하여야 한다.

① 10개  ② 20개
③ 30개  ④ 40개

정답  81 ③  82 ④  83 ④  84 ②  85 ③

[해설]

피난안전구역
- 건축물의 피난·안전을 위하여 건축물 중간층에 설치하는 대피공간으로 피난층 또는 지상으로 통하는 직통계단과 직접 연결되는 곳
- 초고층 건축물 : 최대 30개 층마다 1개소 이상 설치
- 준초고층 건축물 : 해당 건축물 전체 층수의 1/2에 해당하는 층으로부터 상하 5개 층 이내에 1개소 이상 설치

**86** 다음은 승용 승강기의 설치에 관한 기준 내용이다. 밑줄 친 "대통령령으로 정하는 건축물"에 대한 기준 내용으로 옳은 것은?

> 건축주는 6층 이상으로서 연면적이 2천 m² 이상인 건축물(대통령령으로 정하는 건축물은 제외한다)을 건축하려면 승강기를 설치하여야 한다.

① 층수가 6층인 건축물로서 각 층 거실의 바닥면적 300m² 이내마다 1개소 이상의 직통계단을 설치한 건축물
② 층수가 6층인 건축물로서 각 층 거실의 바닥면적 500m² 이내마다 1개소 이상의 직통계단을 설치한 건축물
③ 층수가 10층인 건축물로서 각 층 거실의 바닥면적 300m² 이내마다 1개소 이상의 직통계단을 설치한 건축물
④ 층수가 10층인 건축물로서 각 층 거실의 바닥면적 500m² 이내마다 1개소 이상의 직통계단을 설치한 건축물

[해설]

대통령령으로 정하는 건축물[건축법 시행령 제89조]
"대통령령으로 정하는 건축물"이란 층수가 6층인 건축물로서 각 층 거실의 바닥면적 300m² 이내마다 1개소 이상의 직통계단을 설치한 건축물을 말한다.

**87** 주차장의 용도와 판매시설이 복합한 연면적 20,000m²인 건축물이 주차전용건축물로 인정받기 위해서는 주차장으로 사용되는 부분의 면적이 최소 얼마 이상이어야 하는가?

① 6,000m²   ② 10,000m²
③ 14,000m²  ④ 19,500m²

[해설]

판매시설의 경우 주차장으로 사용되는 면적 비율이 70% 이상일 경우 인정받으므로 20,000 × 0.7 = 14,000m² 이상이 주차장으로 사용되어야 한다.

**88** 건축법령상 건축을 하는 경우 조경 등의 조치를 하지 아니할 수 있는 건축물 기준으로 틀린 것은? (단, 옥상 조경 등 대통령령으로 따로 기준을 정하는 경우는 고려하지 않는다.)

① 축사
② 녹지지역에 건축하는 건축물
③ 연면적의 합계가 2,000m² 미만인 공장
④ 면적 5,000m² 미만인 대지에 건축하는 공장

[해설]

연면적의 합계가 1천500m² 미만인 공장이 해당한다.

**89** 시가화조정구역에서 시가화유보기간으로 정하는 기간 기준은?

① 1년 이상 5년 이내
② 3년 이상 10년 이내
③ 5년 이상 20년 이내
④ 10년 이상 30년 이내

[해설]

시가화조정구역의 지정[국토의 계획 및 이용에 관한 법률 시행령 제32조]
시가화 유보기간(대통령령으로 정하는 기간)이란 5년 이상 20년 이내의 기간을 말한다.

정답  86 ①  87 ③  88 ③  89 ③

**90** 공동주택과 오피스텔의 난방설비를 개별난방방식으로 하는 경우의 기준으로 틀린 것은?

① 보일러실의 윗부분에는 그 면적이 0.5m² 이상인 환기창을 설치할 것
② 보일러는 거실외의 곳에 설치하되, 보일러를 설치하는 곳과 거실 사이의 경계벽은 출입구를 제외하고는 내화구조의 벽으로 구획할 것
③ 보일러의 연도는 방화구조로서 개별연도로 설치할 것
④ 기름보일러를 설치하는 경우 기름 저장소를 보일러실 외의 다른 곳에 설치할 것

[해설]
보일러의 연도는 내화구조로서 공동연도로 설치해야 한다.

**91** 건축물의 층수 산정에 관한 기준이 틀린 것은?

① 지하층은 건축물의 층수에 산입하지 아니한다.
② 층의 구분이 명확하지 아니한 건축물은 그 건축물의 높이 4m마다 하나의 층으로 보고 그 층수를 산정한다.
③ 건축물이 부분에 따라 그 층수가 다른 경우에는 바닥면적에 따라 가중평균한 층수를 그 건축물의 층수로 본다.
④ 계단탑으로서 그 수평투영면적의 합계가 해당 건축물 건축면적의 8분의 1 이하인 것은 건축물의 층수에 산입하지 아니한다.

[해설]
건축물이 부분에 따라 그 층수가 다른 경우 가장 많은 층수가 그 건축물의 층수이다.

**92** 특별시장·광역시장·특별자치시장·특별자치도지사·시장 또는 군수가 관할 구역의 도시·군 기본계획에 대하여 타당성을 전반적으로 재검토하여 정비하여야 하는 기간의 기준은?

① 5년       ② 10년
③ 15년      ④ 20년

[해설]
도시·군 기본계획의 정비
특별시장·광역시장·특별자치시장·특별자치도지사·시장 또는 군수는 5년마다 관할구역의 도시·군 기본계획에 대하여 그 타당성 여부를 전반적으로 재검토하여 정비하여야 한다.

**93** 국토의 계획 및 이용에 관한 법령상 주거지역의 세분 중 중층주택을 중심으로 편리한 주거환경을 조성하기 위하여 지정하는 용도지역은?

① 제1종 일반주거지역
② 제2종 일반주거지역
③ 제1종 전용주거지역
④ 제2종 전용주거지역

[해설]
① 제1종 일반주거지역 : 저층 주택을 중심으로 편리한 주거환경을 조성하기 위하여 필요한 지역
③ 제1종 전용주거지역 : 단독주택 중심의 양호한 주거환경을 보호하기 위하여 필요한 지역
④ 제2종 전용주거지역 : 공동주택 중심의 양호한 주거환경을 보호하기 위하여 필요한 지역

**94** 사용승인을 받는 즉시 건축물의 내진능력을 공개하여야 하는 대상 건축물의 층수 기준은?(단, 목구조 건축물의 경우이며 기타의 경우는 고려하지 않는다.)

① 2층 이상      ② 3층 이상
③ 6층 이상      ④ 16층 이상

[해설]
층수가 2층(주요 구조부인 기둥과 보를 설치하는 건축물로서 그 기둥과 보가 목재인 목구조 건축물의 경우에는 3층) 이상인 건축물
※ 예외 조건을 물어본 것에 유의해야 한다.

**정답** 90 ③  91 ③  92 ①  93 ②  94 ②

**95** 특별피난계단의 구조에 관한 기준 내용으로 틀린 것은?

① 계단은 내화구조로 하되, 피난층 또는 지상까지 직접 연결되도록 한다.
② 계단실 및 부속실의 실내에 접하는 부분의 마감은 불연재료로 한다.
③ 출입구의 유효너비는 0.9m 이상으로 하고 피난의 방향으로 열 수 있도록 한다.
④ 건축물의 내부에서 노대 또는 부속실로 통하는 출입구에는 30분 방화문을 설치하고, 노대 또는 부속실로부터 계단실로 통하는 출입구에는 60분 방화문을 설치하도록 한다.

[해설]
건축물의 내부에서 노대 또는 부속실로 통하는 출입구에는 60분 방화문 또는 60+ 방화문을 설치하고, 노대 또는 부속실로부터 계단실로 통하는 출입구에는 60분 방화문 또는 30분 방화문을 설치하도록 한다.

**96** 건축허가 대상 건축물이라 하더라도 건축신고를 하면 건축허가를 받은 것으로 보는 경우에 속하지 않는 것은?(단, 층수가 2층인 건축물의 경우)

① 바닥면적의 합계가 75m²의 증축
② 바닥면적의 합계가 75m²의 재축
③ 바닥면적의 합계가 75m²의 개축
④ 연면적이 250m²인 건축물의 대수선

[해설]
연면적이 200m² 미만이고 3층 미만인 건축물의 대수선이 해당한다.

**97** 건축지도원에 관한 내용으로 틀린 것은?

① 건축지도원은 특별자치시·특별자치도 또는 시·군·구에 근무하는 건축직렬의 공무원과 건축에 관한 학식이 풍부한 자 중에서 지정한다.
② 건축지도원의 자격과 업무 범위는 건축조례로 정한다.
③ 건축설비가 법령 등에 적합하게 유지·관리되고 있는지 확인·지도 및 단속한다.
④ 허가를 받지 아니하거나 신고를 하지 아니하고 건축하거나 용도 변경한 건축물을 단속한다.

[해설]
건축지도원[건축법 제37조]
건축지도원의 자격과 업무 범위 등은 대통령령으로 정한다.
※ 명령이나 처분에 위반되는 건축물의 발생을 예방하고 건축물을 적법하게 유지·관리하도록 지도하기 위하여 건축지도원을 지정한다.

**98** 다음 노외주차장의 구조 및 설비기준에 관한 내용 중 ( ) 안에 알맞은 것은?

> 자동차용 승강기로 운반된 자동차가 주차구획까지 자주식으로 들어가는 노외주차장의 경우에는 주차대수 ( )마다 1대의 자동차용 승강기를 설치하여야 한다.

① 10대　　② 20대
③ 30대　　④ 40대

[해설]
자동차용 승강기로 운반된 자동차가 주차구획까지 자주식으로 들어가는 노외주차장의 경우에는 주차대수 30대마다 1대의 자동차용 승강기를 설치하여야 한다.

**99** 비상용 승강기의 승강장에 설치하는 배연설비의 구조에 관한 기준 내용으로 틀린 것은?

① 배연구 및 배연풍도는 불연재료로 할 것
② 배연구는 평상시에는 열린 상태를 유지할 것
③ 배연구가 외기에 접하지 아니하는 경우에는 배연기를 설치할 것
④ 배연기는 배연구의 열림에 따라 자동적으로 작동하고, 충분한 공기배출 또는 가압능력이 있을 것

[해설]
배연구는 평상시에는 닫힌 상태를 유지하고, 연 경우에는 배연에 의한 기류로 인하여 닫히지 않도록 해야 한다.

정답　95 ④　96 ④　97 ②　98 ③　99 ②

**100** 막다른 도로의 길이가 15m일 때, 이 도로가 건축법령상 도로이기 위한 최소 폭은?

① 2m
② 3m
③ 4m
④ 6m

[해설]

막다른 도로의 너비 확보

| 막다른 도로의 길이 | 도로의 너비 확보 |
| --- | --- |
| 10m 미만 | 2m 이상 |
| 10m 이상 35m 미만 | 3m 이상 |
| 35m 이상 | 6m 이상 (도시지역이 아닌 읍·면 지역은 4m 이상) |

정답 100 ②

# 08 제8회 CBT 실전모의고사

## 1과목 건축계획

**01** 장애인·노인·임산부 등의 편의증진 보장에 관한 법령에 따른 편의시설 중 매개시설에 속하지 않는 것은?

① 주 출입구 접근로
② 유도 및 안내설비
③ 장애인 전용주차구역
④ 주 출입구 높이 차이 제거

[해설]
지방자치단체의 청사에 의무적으로 장애인 등의 편의시설을 설치하여야 하는 시설
- 매개시설 : 장애인 전용주차구역, 주 출입구 접근로, 높이 차이가 제거된 건축물 출입구
- 내부시설 : 출입구(문), 복도, 계단 또는 승강기
- 위생시설 : 화장실(대변기, 소변기, 세면대)
- 안내시설 : 점자블럭, 유도 및 안내설비, 경보 및 피난설비
- 그 밖에 시설 : 접수대 및 작업대

**02** 다음 중 사무소 건축의 기둥 간격 결정 요소와 가장 거리가 먼 것은?

① 책상배치의 단위
② 주차배치의 단위
③ 엘리베이터의 설치 대수
④ 채광상 층높이에 의한 깊이

[해설]
엘리베이터의 설치 대수는 연면적에 따라 결정되는 요소로서 기둥 간격 결정과는 거리가 멀다.

※ 기둥 간격(Span) 결정요소
 • 책상 배치 단위
 • 채광상 층고에 의한 안 깊이
 • 주차 배치 단위(지하주차장의 주차 간격 계획)

**03** 우리나라 전통 한식주택에서 문꼴부분(개구부)의 면적이 큰 이유로 가장 적합한 것은?

① 겨울의 방한을 위해서
② 하절기 고온다습을 견디기 위해서
③ 출입하는데 편리하게 하기 위해서
④ 상부의 하중을 효과적으로 지지하기 위해서

[해설]
우리나라 전통 한식주택에서 문꼴(개구부)을 크게 한 이유는 여름철 남쪽에서 불어오는 바람을 최대한 받아들여 바람에 의한 증발냉각 효과(땀이 증발하면서 시원해지는 효과)를 거두기 위함이었다.

**04** 공장건축의 레이아웃(Layout)에 관한 설명으로 옳지 않은 것은?

① 제품 중심의 레이아웃은 대량생산에 유리하며 생산성이 높다.
② 레이아웃이란 공장건축의 평면요소 간의 위치 관계를 결정하는 것을 말한다.
③ 고정식 레이아웃은 조선소와 같이 제품이 크고 수량이 적은 경우에 행해진다.
④ 중화학 공업, 시멘트 공업 등 장치공업 등은 시설의 융통성이 크기 때문에 신설 시 장래성에 대한 고려가 필요 없다.

[해설]
공장의 장래 확장 등 규모의 변화에 대응한 융통성을 반영하여 레이아웃이 설정되어야 한다. 특히, 중화학 공업 등 장치공업은 레이아웃의 유연성이 크지 않으므로, 장래의 확장성을 고려하여 계획하는 것이 필요하다.

**05** 메조넷형 아파트에 관한 설명으로 옳지 않은 것은?

① 다양한 평면구성이 가능하다.
② 소규모 주택에서는 비경제적이다.
③ 통로면적이 감소되며 유효면적이 증대된다.
④ 복도와 엘리베이터홀은 각 층마다 계획된다.

정답  01 ②  02 ③  03 ②  04 ④  05 ④

[해설]

메조넷형(Maisonette Type) 아파트은 복층형으로서 매층이 아닌, 두 개 층(듀플렉스 형) 또는 세 개 층(트리플렉스 형) 마다 한 번씩 복도 및 엘리베이터 홀을 두게 된다.

**06** 고층 밀집형 병원에 관한 설명으로 옳지 않은 것은?

① 병동에서 조망을 확보할 수 있다
② 대지를 효과적으로 이용할 수 있다.
③ 각종 방재대책에 대한 비용이 높다.
④ 병원의 확장 등 성장변화에 대한 대응이 용이하다.

[해설]

고층 밀집형 병원은 집중식(Block Type, 개형식)을 의미하며, 집중식은 일반적으로 도심의 제한된 대지에 한 동의 대규모 건물로 건립하는 방식이기 때문에, 대지의 제약 등으로 확장이 용이하지 않은 특징이 있다.

**07** 주당 평균 40시간을 수업하는 어느 학교에서 음악실에서의 수업이 총 20시간이며 이중 15시간은 음악시간으로, 나머지 5시간은 학급 토론시간으로 사용되었다면 이 음악실의 이용률과 순수율은?

① 이용률 37.5%, 순수율 75%
② 이용률 50%, 순수율 75%
③ 이용률 75%, 순수율 37.5%
④ 이용률 75%, 순수율 50%

[해설]

- 이용률 = $\dfrac{\text{교실이 사용되고 있는 시간}}{\text{1주간의 평균 수업 시간}} \times 100(\%)$

  $= \dfrac{20}{40} \times 100(\%) = 50\%$

- 순수율 = $\dfrac{\text{일정한 교과를 위해 사용되는 시간}}{\text{그 교실이 사용되는 시간}} \times 100(\%)$

  $= \dfrac{20-5}{20} \times 100(\%) = 75\%$

**08** 극장건축에서 무대의 제일 뒤에 설치되는 무대 배경용의 벽을 의미하는 것은?

① 사이클로라마
② 플라이 로프트
③ 플라이 갤러리
④ 그리드 아이언

[해설]

사이클로라마(Cyclorama 혹은 Kupplel Horizont)
무대의 제일 뒤에 설치되는 무대 배경용의 벽으로서 프로시니엄 높이의 3배이다.

**09** 도서관의 출납시스템 중 자유 개가식에 관한 설명으로 옳은 것은?

① 도서의 유지 관리가 용이하다.
② 책의 내용 파악 및 선택이 자유롭다.
③ 대출절차가 복잡하고 관원의 작업량이 많다.
④ 열람자는 직접 서가에 면하여 책의 표지 정도는 볼 수 있으나 내용은 볼 수 없다.

[해설]

자유 개가식(Free Open System)
- 보통 1실형(서고와 열람실이 통합)이고, 10,000권 이하의 서적 보관과 열람에 적당하다.
- 열람자가 자유로이 서가에서 책을 꺼내 체크를 받지 않고 열람하는 형식이다.

**10** 미술관 전시실의 순회형식 중 연속순로 형식에 관한 설명으로 옳은 것은?

① 각 실을 필요시에는 자유로이 독립적으로 폐쇄할 수 있다.
② 평면적인 형식으로 2, 3개 층의 입체적인 방법은 불가능하다.
③ 많은 실을 순서별로 통하여야 하는 불편이 있으나 공간절약의 이점이 있다.
④ 중심부에 하나의 큰 홀을 두고 그 주위에 각 전시실을 배치하여 자유로이 출입하는 형식이다.

정답  06 ④  07 ②  08 ①  09 ②  10 ③

[해설]

연속 순로(순회) 형식
- 사각형 또는 다각형의 각 전시실을 연속적으로 연결한 형식
- 단순하고 공간이 절약되는 이점이 있으나, 여러 실을 순서별로 통해야 하는 불편이 있다.
- 많은 실을 순서별로 통해야 하고 하나의 실을 폐문시키면 전체 동선이 막히게 되는 단점이 있다.
- 소규모의 전시실에 적합하다.
- ※ 대규모의 미술관 전시실의 순회 형식으로는 부적합하다.

**11** 서양 건축양식의 역사적인 순서가 옳게 배열된 것은?

① 로마 → 로마네스크 → 고딕 → 르네상스 → 바로크
② 로마 → 고딕 → 로마네스크 → 르네상스 → 바로크
③ 로마 → 로마네스크 → 고딕 → 바로크 → 르네상스
④ 로마 → 고딕 → 로마네스크 → 바로크 → 르네상스

[해설]

서양 건축 양식의 발달 순서
이집트 → 그리스 → 로마 → 초기기독교 → 비잔틴 → 로마네스크 → 고딕 → 르네상스 → 바로크 → 로코코

**12** 르네상스 교회 건축양식의 일반적 특징으로 옳은 것은?

① 타원형 등 곡선평면을 사용하여 동적이고 극적인 공간연출을 하였다.
② 수평을 강조하며 정사각형, 원 등을 사용하여 유심적 공간구성을 하였다.
③ 직사각형의 평면구성으로 볼트구조의 지붕을 구성하며 종탑을 설치하였다.
④ 로마네스크 건축의 반원아치를 발전시킨 첨두형 아치를 주로 사용하였다.

[해설]

르네상스 교회건축의 경우 수평선을 외장의 주요소로 하여 인본주의의 이념을 많이 표현하였다.

**13** 아파트의 평면형식에 관한 설명으로 옳지 않은 것은?

① 홀형은 통행부 면적이 작아서 건물의 이용도가 높다.
② 중복도형은 대지 이용률이 높으나, 프라이버시가 좋지 않다.
③ 집중형은 채광·통풍 조건이 좋아 기계적 환경조절이 필요하지 않다.
④ 홀형은 계단실 또는 엘리베이터 홀로부터 직접 주거 단위로 들어가는 형식이다.

[해설]

집중형(코어형)은 코어(엘리베이터, 계단실, 설비)를 중앙에 배치하고, 그 주위에 각 주호를 집중시키는 방식으로서 토지의 이용률이 높은 장점이 있으나, 통풍과 채광이 나빠서 이상적인 형은 못 되며, 기호조건에 따라 기계적 환경조절이 필요한 형이다.

**14** 페리의 근린주구이론의 내용으로 옳지 않은 것은?

① 주민에게 적절한 서비스를 제공하는 1~2개소 이상의 상점가를 주요도로의 결절점에 배치하여야 한다.
② 내부 가로망은 단지 내의 교통량을 원활히 처리하고 통과교통에 사용되지 않도록 계획되어야 한다.
③ 근린주구의 단위는 통과교통이 내부를 관통하지 않고 용이하게 우회할 수 있는 충분한 넓이의 간선도로에 의해 구획되어야 한다.
④ 근린주구는 하나의 중학교가 필요하게 되는 인구에 대응하는 규모를 가져야 하고, 그 물리적 크기는 인구밀도에 의해 결정되어야 한다.

[해설]

근린주구는 하나의 초등학교가 필요하게 되는 인구에 대응하는 규모를 가져야 하고, 그 물리적 크기는 인구밀도에 의해 결정된다.

정답  11 ①  12 ②  13 ③  14 ④

**15** 다음 설명에 알맞은 백화점 진열장 배치방법은?

> • Main 통로를 직각배치하며, Sub 통로를 45° 정도 경사지게 배치하는 유형이다.
> • 많은 고객이 매장공간의 코너까지 접근하기 용이하지만, 이형의 진열장이 많이 필요하다.

① 직각배치  ② 방사배치
③ 사행배치  ④ 자유유선배치

[해설]
사행배치(Inclined System, 사교배치법)에 대한 설명이다.
• 직각 배치(Rectangular System, 직각배치법)
 – 매장면적의 이용률을 최대로 확보할 수 있으며, 진열대의 규격화가 가능하지만 단조롭다.
 – 통로 폭을 조절하기 어려워 국부적인 혼란을 일으키기 쉽다.
 – 단조롭고, 고객의 흐름이 빠르다.
 – 일반적으로 많이 사용하는 방식이다.
• 방사배치(Radiated System)
 – 판매장의 통로를 방사 형식으로 배치한 형식이다.
 – 이상적인 판매방식이나, 동선이 중앙에 집중되므로 사용하기가 곤란하다.
• 자유유선배치(Free Flow System, 자유유동법)
 – 고객의 흐름에 따라 자유로운 곡선으로 진열대를 배치한 형식을 말한다.
 – 상품의 성격이나 판매장의 종류에 따라 진열대의 배치가 자유롭다.
 – 유기적인 계획이 가능하며, 판매장의 특수성을 살릴 수 있다.
 – 매장의 변경이나 이동이 곤란하다.
 – 개성있는 성격을 매장에 부여할 수 있으나, 진열대 제작비가 많아지는 단점이 있다.

**16** 다음 중 주심포식 건물이 아닌 것은?

① 강릉 객사문  ② 서울 남대문
③ 수덕사 대웅전  ④ 무위사 극락전

[해설]
서울의 남대문(숭례문)은 다포식으로서 조선 초기의 건축물이다.

**17** 극장건축의 음향계획에 관한 설명으로 옳지 않은 것은?

① 음향계획에 있어서 발코니의 계획은 될 수 있는 한 피하는 것이 좋다.
② 음의 반복 반사 현상을 피하기 위해 가급적 원형에 가까운 평면형으로 계획한다.
③ 무대에 가까운 벽은 반사체로 하고 멀어짐에 따라서 흡음재의 벽을 배치하는 것이 원칙이다.
④ 오디토리움 양쪽의 벽은 무대의 음을 반사에 의해 객석 뒷부분까지 이르도록 보강해 주는 역할을 한다.

[해설]
음의 반복 반사 현상을 피하기 위해 가급적 무대쪽으로 갈수록 좁은 부채꼴형의 평면이 음의 전달상 좋다.

**18** 쇼핑센터의 특징적인 요소인 페데스트리언 지대(Pedestrian Area)에 관한 설명으로 옳지 않은 것은?

① 고객에게 변화감과 다채로움, 자극과 흥미를 제공한다.
② 바닥면의 고저차를 많이 두어 지루함을 주지 않도록 한다.
③ 바닥면에 사용하는 재료는 주위 상황과 조화시켜 계획한다.
④ 사람들의 유동적 동선이 방해되지 않는 범위에서 나무나 관엽식물을 둔다.

[해설]
바닥면의 고저차를 둘 경우 보행 시 불편이 가중될 수 있어, 가급적 피하는 것이 좋다.

**19** 그리스 건축의 오더 중 도릭 오더의 구성에 속하지 않는 것은?

① 볼류트(Volute)  ② 프리즈(Frieze)
③ 아바쿠스(Abacus)  ④ 에키누스(Echinus)

정답 15 ③  16 ②  17 ②  18 ②  19 ①

[해설]
볼류트(Volute)는 이오니아식 오더의 주두에 쓰이는 회오리형의 장식이다.

**20** 오피스 랜드스케이프(Office Landscape)에 관한 설명으로 옳지 않은 것은?

① 외부조경면적이 확대된다.
② 작업의 폐쇄성이 저하된다.
③ 사무능률의 향상을 도모한다.
④ 공간의 효율적 이용이 가능하다.

[해설]
오피스 랜드스케이핑(Office Landscaping)은 전체를 개방한 배치로 사무공간에서 직위 서열보다 의사전달과 업무의 흐름, 작업 성격을 중시한 능률적 배치를 추구하는 방법으로서, 외부 조경면적 확대와는 관계가 없다.

## 2 과목 건축시공

**21** 목공사에 사용되는 철물에 관한 설명으로 옳지 않은 것은?

① 감잡이쇠는 큰 보에 걸쳐 작은 보를 받게 하고, 안장쇠는 평보를 대공에 달아매는 경우 또는 평보와 ㅅ자보의 밑에 쓰인다.
② 못의 길이는 박아대는 재두께의 2.5배 이상이며, 마구리 등에 받는 것은 3.0배 이상으로 한다.
③ 볼트 구멍은 볼트지름보다 3mm 이상 커서는 안 된다.
④ 듀벨은 볼트와 같이 사용하여 듀벨에는 전단력, 볼트에는 인장력을 분담시킨다.

[해설]
안장쇠는 큰 보에 걸쳐 작은 보를 받게 하고, 감잡이쇠는 평보를 대공에 달아매는 경우 또는 평보와 ㅅ자보의 밑에 쓰인다.

**22** 지명경쟁입찰을 택하는 이유 중 가장 중요한 것은?

① 공사비의 절감
② 양질의 시공 결과 기대
③ 준공기일의 단축
④ 공사 감리의 편리

[해설]
지명경쟁입찰은 공사에 가장 적격한 업체 3~7개 정도의 시공회사를 재산, 신용, 기술경력에 의해 선정하여 입찰시키는 방식으로서 양질의 시공을 결과를 얻고자 시행하는 입찰방식이다.

**23** 실의 크기 조절이 필요한 경우 칸막이 기능을 하기 위해 만든 병풍 모양의 문은?

① 여닫이문
② 자재문
③ 미서기문
④ 홀딩 도어

[해설]
홀딩 도어(Folding Door)는 문짝이 접히거나 펼쳐지는 형식(병풍 모양)으로 개폐되는 문으로서 실의 크기 조절 및 칸막이 조절이 용이한 문의 형식이다.

**24** 강제 배수 공법의 대표적인 공법으로 인접 건축물과 토류판 사이에 케이싱 파이프를 삽입하여 지하수를 펌프 배수하는 공법은?

① 집수정 공법
② 웰 포인트 공법
③ 리버스 서큘레이션 공법
④ 전기 삼투 공법

[해설]
웰 포인트 공법은 주로 사질토에 적용하는 대표적인 강제 배수 공법이다.

정답  20 ①  21 ①  22 ②  23 ④  24 ②

**25** 기계가 위치한 곳보다 높은 곳의 굴착에 가장 적당한 건설기계는?

① Dragline   ② Back Hoe
③ Power Shovel   ④ Scraper

[해설]
Dragline과 Back Hoe는 기계가 위치하는 곳보다 낮은 곳의 굴착에 적합한 장비이며, Scraper는 굴착기계가 아닌 지정장비이다.

**26** 건축공사 스프레이 도장방법에 관한 설명으로 옳지 않은 것은?

① 도장거리는 스프레이 도장면에서 300mm를 표준으로 한다.
② 매 회의 에어스프레이는 붓도장과 동등한 정도의 두께로 하고, 2회분의 도막 두께를 한 번에 도장하지 않는다.
③ 각 회의 스프레이 방향은 전회의 방향에 평행으로 진행한다.
④ 스프레이할 때는 항상 평행이동하면서 운행의 한 줄마다 스프레이 너비의 1/3 정도를 겹쳐 뿜는다.

[해설]
각 회의 스프레이 방향은 전회의 방향에 수직으로 진행한다.

**27** 철근콘크리트공사 시 벽체 거푸집 또는 보 거푸집에서 거푸집판을 일정한 간격으로 유지시켜 주는 동시에 콘크리트의 측압을 최종적으로 지지하는 역할을 하는 부재는?

① 인서트   ② 컬럼밴드
③ 폼타이   ④ 턴버클

[해설]
벽체 거푸집의 고정 및 측압 버팀대 용도로 적용되는 것은 폼타이이며, 기둥 거푸집의 고정 및 측압 버팀대 용도로 적용되는 것은 컬럼밴드이다.

**28** 커튼월(Curtain Wall)에 관한 설명으로 옳지 않은 것은?

① 주로 내력벽에 사용된다.
② 공장생산이 가능하다.
③ 고층건물에 많이 사용된다.
④ 용접이나 볼트조임으로 구조물에 고정시킨다.

[해설]
커튼월은 힘을 받지 않는 외장 비구조재로 주로 적용된다.

**29** TQC를 위한 7가지 도구 중 다음 설명에 해당하는 것은?

> 모집단에 대한 품질 특성을 알기 위하여 모집단의 분포상태, 분포의 중심위치, 분포의 산포 등을 쉽게 파악할 수 있도록 막대 그래프 형식의 작성한 도수분포도를 말한다.

① 히스토그램   ② 특성요인도
③ 파레토도   ④ 체크시트

[해설]
② 특성요인도 : 결과에 원인이 어떻게 관계하고 있는가를 한눈에 알아보기 위하여 작성하는 것이다(체계적 정리, 원인 발견).
③ 파레토도 : 불량, 결점, 고장 등의 발생건수를 분류항목별로 나누어 크기 순서대로 나열해 놓은 것이다(불량항목과 원인의 중요성 발견).
④ 체크시트 : 계수치의 데이터가 분류항목별 어디에 집중되어 있는가를 알아보기 쉽게 나타낸 것이다(불량항목 발생, 상황 파악데이터의 사실 파악).

**30** 건설현장에서 근무하는 공사감리자의 업무에 해당되지 않는 것은?

① 공사시공자가 사용하는 건축자재가 관계법령에 의한 기준에 적합한 건축자재인지 여부의 확인
② 상세시공도면의 작성
③ 공사현장에서의 안전관리지도
④ 품질시험의 실시여부 및 시험성과의 검토·확인

정답  25 ③  26 ③  27 ③  28 ①  29 ①  30 ②

[해설]
상세시공도면은 시공을 위한 도면으로서 시공사가 작성하게 된다.

**31** 석고 플라스터에 관한 설명으로 옳지 않은 것은?

① 석고 플라스터는 경화지연제를 넣어서 경화시간을 너무 빠르지 않게 한다.
② 경화·건조 시 치수 안정성과 내화성이 뛰어나다.
③ 석고 플라스터는 공기 중의 탄산가스를 흡수하여 표면부터 서서히 경화한다.
④ 시공 중에는 될 수 있는 한 통풍을 피하고 경화 후에는 적당한 통풍을 시켜야 한다.

[해설]
석고 플라스터는 수분에 의해 경화되는 수경성재료이고, 공기 중의 탄산가스를 흡수하여 표면부터 서서히 경화하는 것은 기경성 재료의 특징이다.

**32** 미장 공사에서 균열을 방지하기 위하여 고려해야 할 사항 중 옳지 않은 것은?

① 바름면은 바람 또는 직사광선 등에 의한 급속한 건조를 피한다.
② 2회의 바름 두께는 가급적 얇게 한다.
③ 쇠 흙손질을 충분히 한다.
④ 모르타르 바름의 정벌바름은 초벌바름보다 부배합으로 한다.

[해설]
바탕에 가까울수록 부배합, 정벌(상도)에 가까울수록 빈배합으로 한다.

**33** 고강도 콘크리트에 관한 내용으로 옳지 않은 것은?

① 설계기준압축강도는 보통 또는 중량골재콘크리트에서 40MPa 이상인 것으로 한다.
② 고성능 감수제의 단위량은 소요 강도 및 작업에 적합한 워커빌리티를 얻도록 시험에 의해서 결정하여야 한다.
③ 단위수량은 소요의 워커빌리티를 얻을 수 있는 범위 내에서 가능한 한 작게 하여야 한다.
④ 기상의 변화나 동결융해 발생 여부에 관계없이 공기연행제를 사용하는 것을 원칙으로 한다.

[해설]
공기연행제는 적용 시 강도저하의 원인이 될 수 있으므로 필요 시 적용하는 것이 합리적이다.

**34** 건축공사에서 활용되는 견적방법 중 가장 상세한 공사비의 산출이 가능한 견적방법은?

① 개산견적    ② 명세견적
③ 입찰견적    ④ 실행견적

[해설]
명세견적은 설계도서(도면, 시방서), 현장설명서, 구조 계산서 등에 의거하여 가장 정확하고 정밀하게 공사비를 산출하는 방법을 말한다.

**15** 벽돌에 생기는 백화를 방지하기 위한 방법으로 옳지 않은 것은?

① 10% 이하의 흡수율을 가진 양질의 벽돌을 사용한다.
② 벽돌면 상부에 빗물막이를 설치한다.
③ 파라핀 도료를 발라 염류가 나오는 것을 방지한다.
④ 줄눈 모르타르에 석회를 넣어 바른다.

[해설]
백화는 수분과 석회 그리고 이산화탄소 간의 반응으로서, 석회가 첨가할 경우 백화현상이 심화될 수 있다.

**36** 주문받은 건설업자가 대상계획의 기업, 금융, 토지조달, 설계, 시공 기타 모든 요소를 포괄하여 발주하는 도급계약 방식은?

① 실비청산 보수가산 도급
② 정액도급
③ 공동도급
④ 턴키도급

정답  31 ③  32 ④  33 ④  34 ②  35 ④  36 ④

[해설]

턴키도급(Turn-key)방식은 모든 요소(대상 계획의 기업, 금융, 토지조달, 설계, 시공, 기계기구 설치, 시운전 및 조업지도 등)를 포함한 도급계약방식으로 주문자가 필요로 하는 모든 것을 조달하여 주문자에게 인도하는 방식이다.

**37** 서로 다른 종류의 금속재가 접촉하는 경우 부식이 일어나는 경우가 있는데 부식성이 큰 금속 순으로 옳게 나열된 것은?

① 알루미늄 > 철 > 주석 > 구리
② 주석 > 철 > 알루미늄 > 구리
③ 철 > 주석 > 구리 > 알루미늄
④ 구리 > 철 > 알루미늄 > 주석

[해설]

이온화경향이 큰 순서대로 연결된 것을 찾는 문제이다.
알루미늄 > 철 > 주석 > 구리

**38** 프리스트레스트 콘크리트에 관한 설명으로 옳은 것은?

① 진공매트 또는 진공펌프 등을 이용하여 콘크리트로부터 수화에 필요한 수분과 공기를 제거한 것이다.
② 고정시설을 갖춘 공장에서 부재를 철재거푸집에 의하여 제작한 기성제품 콘크리트(PC)이다.
③ 포스트텐션 공법은 미리 강선을 압축하여 콘크리트에 인장력으로 작용시키는 방법이다.
④ 장스팬 구조물에 적용할 수 있으며, 단위부재를 작게 할 수 있어 자중이 경감되는 특징이 있다.

[해설]

① 진공 콘크리트에 대한 설명이다.
② 프리캐스트 콘크리트에 대한 설명이다.
③ 미리 강선을 압축하여 콘크리트에 인장력으로 작용시키는 방법은 프리텐션공법이다.

**39** 다음 그림과 같은 건물에서 $G_1$과 같은 보가 8개 있다고 할 때 보의 총 콘크리트량을 구하면?(단, 보의 단면상 슬래브와 겹치는 부분은 제외하며, 철근량은 고려하지 않는다.)

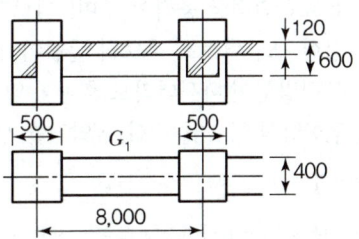

① $11.52m^3$
② $12.23m^3$
③ $13.44m^3$
④ $15.36m^3$

[해설]

㉠ 보 높이 : $0.6 - 0.12 = 0.48m$
㉡ 보 폭 : $0.4m$
㉢ 길이 : $8 - 0.5 = 0.75m$

∴ 보의 총 콘크리트량 = ㉠×㉡×㉢×개수
= $0.48 × 0.4 × 0.75 × 8$개
= $11.52m^3$

**40** 포틀랜드시멘트 화학성분 중 1일 이내 수화를 지배하며 응결이 가장 빠른 것은?

① 알루민산 3석회
② 알루민산철 4석회
③ 규산 3석회
④ 규산 2석회

[해설]

응결속도, 수화열, 조기강도 및 수축률 크기
알루민산 3석회 > 규산3석회 > 규산 2석회
※ 알루민산철 4석회는 색상과 관계된 성분이다.

정답  37 ①  38 ④  39 ①  40 ①

## 3과목 건축구조

**41** 고장력볼트접합에 관한 설명으로 옳지 않은 것은?

① 유효단면적당 응력이 크며, 피로강도가 작다.
② 강한 조임력으로 너트의 풀림이 생기지 않는다.
③ 응력방향이 바뀌더라도 혼란이 일어나지 않는다.
④ 접합방식에는 마찰접합, 지압접합, 인장접합이 있다.

[해설]
고장력볼트는 유효단면적당 응력이 작으며, 피로강도가 큰 특징을 갖는다.

**42** 지진에 대응하는 기술 중 하나인 제진(製震)에 관한 설명으로 옳지 않은 것은?

① 기존 건물의 구조형식에 좌우되지 않는다.
② 지반 종류에 의한 제약을 받지 않는다.
③ 소형 건물에 일반적으로 많이 적용된다.
④ 댐퍼 등을 사용하여 흔들림을 효과적으로 제어한다.

[해설]
제진은 감쇠기 등 제진 관련 설비가 들어갈 공간이 필요하므로 주로 대형 건축물에 적용하게 된다.

**43** 콘크리트구조의 내구성설계기준에 따른 보수·보강 설계에 관한 설명으로 옳지 않은 것은?

① 손상된 콘크리트 구조물에서 안전성, 사용성, 내구성, 미관 등의 기능을 회복시키기 위한 보수는 타당한 보수설계에 근거하여야 한다.
② 보수·보강 설계를 할 때는 구조체를 조사하여 손상 원인, 손상 정도, 저항내력 정도를 파악한다.
③ 책임구조기술자는 보수·보강 공사에서 품질을 확보하기 위하여 공정별로 품질관리검사를 시행하여야 한다.
④ 보강설계를 할 때에는 사용성과 내구성 등의 성능은 고려하지 않고, 보강 후의 구조내하력 증가만을 반영한다.

[해설]
보강설계를 할 때에는 사용성과 내구성 등의 성능도 고려해야 한다.

**44** 그림과 같은 직사각형 단면을 가지는 보에 최대 휨모멘트 $M=20\text{kN}\cdot\text{m}$가 작용할 때 최대 휨응력은?

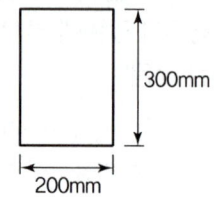

① 3.33MPa  ② 4.44MPa
③ 5.56MPa  ④ 6.67MPa

[해설]
보의 최대 휨응력($\sigma_{max}$) 산출
$$\sigma_{max} = \frac{M}{Z} = \frac{PL}{bh^2/6} = \frac{20\text{kN}\cdot\text{m}\times 10^6}{\frac{200\times 300^2}{6}} = 6.67\text{MPa}$$

**45** 그림과 같은 복근보에서 전단보강철근이 부담하는 전단력 $V_s$를 구하면?(단, $f_{ck}=24\text{MPa}$, $f_y=400\text{MPa}$, $f_{yt}=300\text{MPa}$, $A_v=71\text{mm}^2$)

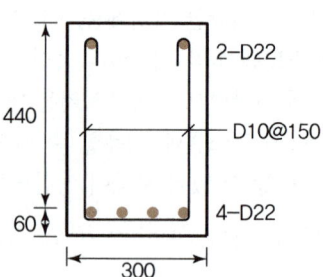

① 약 110kN  ② 약 115kN
③ 약 120kN  ④ 약 125kN

**정답** 41 ① 42 ③ 43 ④ 44 ④ 45 ④

[해설]

전단력($V_s$) 산출

기본식 $V_s = \dfrac{A_v f_{yt} d}{s}$

여기서, $A_v$ : $s$거리 내(전단보강근의 간격 내)의 전단보강근의 단면적(mm²)

$s$ : 전단 보강근의 간격(mm)

$f_{yt}$ : 전단 보강철근의 항복강도(MPa)

U자형 보강근의 경우 보강근의 경우 철근단면적의 2배를 하여 산출한다.

$V_s = \dfrac{2 A_v f_{yt} d}{s} = \dfrac{2 \times 71 \times 300 \times 440}{150} = 124,960\text{N} = 125\text{kN}$

**46** 강도설계법에서 단근직사각형 보의 $c$(압축연단에서 중립축까지 거리)값으로 옳은 것은?(단, $f_{ck} = 24\text{MPa}$, $f_y = 400\text{MPa}$, $b = 300\text{mm}$, $A_s = 1,161\text{mm}^2$, 포물선-직선 형상의 응력-변형률 관계 이용)

① 92.65mm  ② 94.85mm
③ 96.65mm  ④ 98.85mm

[해설]

보의 $c$(압축연단에서 중립축까지 거리)값 산출

• 등가직사각형 응력 블록 깊이 $a = \beta_1 c \Leftrightarrow c = \dfrac{a}{\beta_1}$

• $f_{ck} \leq 40\text{MPa}$ 이하일 경우 $\beta_1 = 0.80$

• $a = \dfrac{A_s \times f_y}{0.85 f_{ck} \times b} = \dfrac{1,161 \times 400}{0.85 \times 24 \times 300} = 75.88\text{mm}$

$\therefore c = \dfrac{a}{\beta_1} = \dfrac{75.88}{0.80} = 94.85\text{mm}$

**47** 그림의 용접 기호와 관련된 내용으로 옳은 것은?

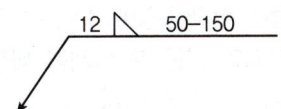

① 양면용접에 용접 길이 50mm
② 용접 간격 100mm
③ 용접 치수 12mm
④ 맞댐(개선) 용접

[해설]

① 단면용접에 용접 길이 50mm
② 용접 간격 150mm
④ 모살(필릿)용접

**48** 그림과 같은 3회전단 구조물의 반력은?

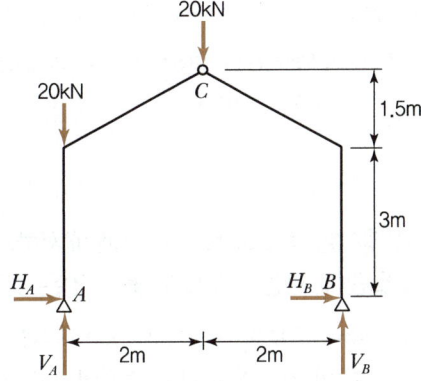

① $H_A = 4.44\text{kN}$, $V_A = 30\text{kN}$
   $H_B = -4.44\text{kN}$, $V_B = 10\text{kN}$

② $H_A = 0$, $V_A = 30\text{kN}$
   $H_B = 0$, $V_B = 10\text{kN}$

③ $H_A = -4.44\text{kN}$, $V_A - 30\text{kN}$
   $H_B = 4.44\text{kN}$, $V_B = 10\text{kN}$

④ $H_A = 4.44\text{kN}$, $V_A = 50\text{kN}$
   $H_B = -4.44\text{kN}$, $V_B = -10\text{kN}$

[해설]

• 수평력 $\Sigma H = 0 \Leftrightarrow \Sigma H = H_A + H_B = 0$
  $\Rightarrow H_A = -H_B$

• $\Sigma M_B = 0$
  $\Sigma M_B = V_A \times 4 - 20 \times 4 - 20 \times 2 = 0$
  $V_A = 30\text{kN}$, $V_B = 10\text{kN}$

• $M_C = 0$
  $M_C$(좌측 계산) $= V_A \times 2 - H_A \times 4.5 - 20 \times 2 = 0$
  $H_A = 4.44\text{kN}$

• $H_A = -H_B$이므로 $H_B = -4.44\text{kN}$

정답  46 ②  47 ③  48 ①

**49** 그림과 같은 양단 고정보에서 $B$단의 휨모멘트 값은?

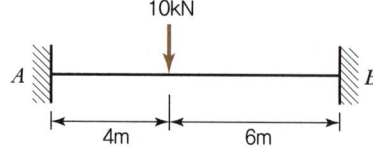

① $2.4\text{kN}\cdot\text{m}$
② $9.6\text{kN}\cdot\text{m}$
③ $14.4\text{kN}\cdot\text{m}$
④ $24.8\text{kN}\cdot\text{m}$

[해설]

집중하중이 작용하는 양단고정보 한쪽 끝단의 휨모멘트($M_B$) 산출

$$M_B = -\frac{Pa^2b}{l^2} = -\frac{10\text{kN}\times 4^2\times 6}{10^2} = -9.6\text{kN}\cdot\text{m}$$

**50** 1방향 철근콘크리트 슬래브에 배치하는 수축·온도철근에 관한 기준으로 옳지 않은 것은?

① 수축·온도철근으로 배치되는 이형철근 및 용접철망의 철근비는 어떤 경우에도 0.0014 이상이어야 한다.
② 수축·온도철근으로 배치되는 설계기준항복강도가 400MPa을 초과하는 이형철근 또는 용접철망을 사용한 슬래브의 철근비는 $0.0020\times\dfrac{400}{f_y}$로 산정한다.
③ 수축·온도철근의 간격은 슬래브 두께의 6배 이하 또한 600mm 이하로 하여야 한다.
④ 수축·온도철근은 설계기준항복강도 $f_y$를 발휘할 수 있도록 정착되어야 한다.

[해설]

수축·온도철근의 간격은 슬래브 두께의 5배 이하 또한 450mm 이하로 하여야 한다.

**51** 다음 그림과 같은 인장재의 순단면적을 구하면? [단, F10T-M20볼트 사용(표준구멍), 판의 두께는 6mm임]

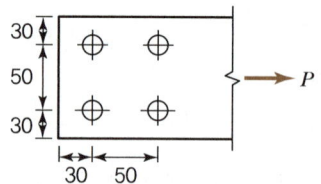

① $296\text{mm}^2$
② $396\text{mm}^2$
③ $426\text{mm}^2$
④ $536\text{mm}^2$

[해설]

일렬배치의 순단면적($A_n$) 산출
$A_n = A_g - ndt$
$= (30+50+30)\times 6 - 2\times 22\times 6 = 396\text{mm}^2$

여기서, M20 볼트 표준구멍은 22mm(20+2)이다.

**52** 그림과 같은 내민보에 집중하중이 작용할 때 $A$점의 처짐각 $\theta_A$를 구하면?

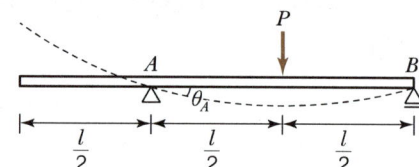

① $\dfrac{Pl^2}{4EI}$
② $\dfrac{Pl^2}{16EI}$
③ $\dfrac{Pl^2}{128EI}$
④ $\dfrac{Pl^2}{256EI}$

[해설]

내민보의 집중하중이 작용할 때 지점 $A$의 처짐각 $\theta_A$는 $\dfrac{Pl^2}{16EI}$이다.

**53** 양단 힌지인 길이 6m의 H-300×300×10×15의 기둥이 부재중앙에서 약축방향으로 가새를 통해 지지되어 있을 때 설계용 세장비는?(단, $r_x=131\text{mm}$, $r_y=75.1\text{mm}$)

① 39.9
② 45.8
③ 58.2
④ 66.3

[해설]

단면2차반경이 적은 $y$축을 약축으로 보고 계산한다.
$$\lambda_y = \frac{KL_x}{r_x} = \frac{1.0 \times 6{,}000\mathrm{mm}}{75.1\mathrm{mm}} = 45.8$$
여기서, $K$는 양단 힌지이므로 1.0을 적용한다.

## 54 과도한 처짐에 의해 손상되기 쉬운 비구조 요소를 지지 또는 부착하지 않은 바닥구조의 활하중 $L$에 의한 순간처짐의 한계는?

① 1/180  ② 1/240
③ 1/360  ④ 1/480

[해설]

과도한 처짐에 의해 손상되기 쉬운 비구조 요소를 지지 또는 부착하지 않은 바닥구조로서 활하중 $L$에 의한 순간처짐의 처짐한계는 $\dfrac{l}{360}$이다.

## 55 다음과 같은 사다리꼴 단면의 도심 $y_0$ 값은?

① $\dfrac{h(2a+b)}{3(a+b)}$
② $\dfrac{h(a+b)}{3(2a+b)}$
③ $\dfrac{3h(2a+b)}{(a+b)}$
④ $\dfrac{h(a+2b)}{3(a+b)}$

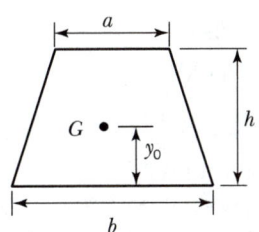

[해설]

도심($y_0$) 산출

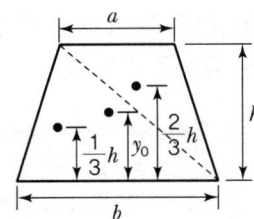

• $y_0 = \dfrac{G}{A}$

여기서, $G$ : 단면1차모멘트, $A$ : 면적

$$y_0 = \frac{\frac{1}{2}ah \cdot y_1 + \frac{1}{2}bh \cdot y_2}{\frac{1}{2}ah + \frac{1}{2}bh} = \frac{\frac{1}{2}ah \cdot \frac{2}{3}h + \frac{1}{2}bh \cdot \frac{1}{3}h}{\frac{1}{2}ah + \frac{1}{2}bh}$$

$$= \frac{\frac{2}{6}ah^2 + \frac{bh^2}{6}}{\frac{1}{2}h(a+b)} = \frac{\frac{1}{6}h^2(2a+b)}{\frac{1}{2}h(a+b)} = \frac{h(2a+b)}{3(a+b)}$$

## 56 그림과 같은 라멘에 있어서 $A$점의 모멘트는 얼마인가?(단, $k$는 강비이다.)

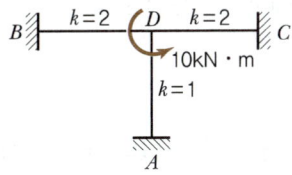

① $1\mathrm{kN \cdot m}$  ② $2\mathrm{kN \cdot m}$
③ $3\mathrm{kN \cdot m}$  ④ $4\mathrm{kN \cdot m}$

[해설]

$A$점의 도달모멘트($M_A$) 산출

• 분배모멘트 산출
$$M_{AD} = \frac{K_{AD}}{\sum K} = \frac{1}{5} \times 10 = 2\mathrm{kN \cdot m}$$

• 도달모멘트 산출
$$M_A = \frac{M_{AD}}{2} = \frac{2}{2} = 1\mathrm{kN \cdot m}$$

## 57 연약한 지반에 대한 대책 중 하부구조의 조치사항으로 옳지 않은 것은?

① 동일 건물의 기초에 이질 지정을 둔다.
② 경질지반에 기초판을 지지한다.
③ 지하실을 설치한다.
④ 경질지반이 깊을 때는 마찰말뚝을 사용한다.

[해설]

동일 건물의 기초에 이질 지정을 둘 경우 부동침하의 원인이 될 수 있다.

**58** 프리스트레스하지 않는 부재의 현장치기 콘크리트 중 흙에 접하여 콘크리트를 친 후 영구히 흙에 묻혀 있는 콘크리트의 최소 피복두께 기준으로 옳은 것은?

① 100mm
② 75mm
③ 50mm
④ 40mm

[해설]
피복두께 규정(프리스트레스하지 않은 부재의 현장치기 콘크리트의 경우)
흙에 접하여 콘크리트를 친 후 영구히 흙에 묻혀 있는 콘크리트 : 75mm

**59** 그림과 같은 구조물의 부정정 차수는?

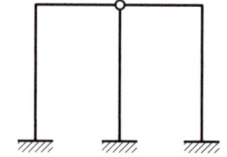

① 1차 부정정
② 2차 부정정
③ 3차 부정정
④ 4차 부정정

[해설]
부정정차수 산출
$N$ = 반력수 + 부재수 + 강절점수 − 2×절점수
= 9 + 5 + 2 − 2×6 = 4 → 4차 부정정

**60** 철골구조 주각부의 구성요소가 아닌 것은?

① 커버 플레이트
② 앵커볼트
③ 리브 플레이트
④ 베이스 플레이트

[해설]
커버 플레이트는 플랜지 상단에 적용하여 휨내력을 보강하는 부재이다.

# 4과목 건축설비

**61** 배수관의 관경과 구배에 관한 설명으로 옳지 않은 것은?

① 배관구배를 완만하게 하면 세정력이 저하된다.
② 배관관경을 크게 하면 할수록 배수능력은 향상된다.
③ 배관구배를 너무 급하게 하면 흐름이 빨라 고형물이 남는다.
④ 배관구배를 너무 급하게 하면 관로의 수류에 의한 파손 우려가 높아진다.

[해설]
동일 유량을 배수할 때, 배관관경을 크게 할 경우 유속이 저하되어 배수능력이 저하될 수 있어 적절한 배관관경을 적용하는 것이 필요하다.

**62** 한 시간당 급탕량이 5m³일 때 급탕부하는 얼마인가?(단, 물의 비열은 4.2kJ/kg · K, 급탕온도는 70℃, 급수온도는 10℃이다.)

① 35kW
② 126kW
③ 350kW
④ 1,260kW

[해설]
급탕부하(kW)
= 급탕량×비열×온도차(급탕온도 − 급수온도)
= 5m³/h×1,000÷3,600×4.2kJ/kg · K×(70 − 10)
= 350kW

**63** 엘리베이터의 조작 방식 중 무운전원 방식으로 다음과 같은 특징을 갖는 것은?

> 승객 스스로 운전하는 전자동 엘리베이터로, 승강장으로부터의 호출 신호로 기동, 정지를 이루는 조작 방식이며, 누른 순서에 상관없이 각 호출에 반응하여 자동적으로 정지한다.

① 단식자동방식
② 카 스위치방식
③ 승합 전자동방식
④ 시그널 콘트롤 방식

[해설]

승합 전자동식
승객이 직접 운전하는 전자동 엘리베이터로서, 목적층 버튼이나 승강장의 호출 신호로 시동·정지하는 방식으로, 누른 순서와는 관계없이 각 호출에 반응하여 자동적으로 정지한다.

**64** 전기샤프트(ES)의 계획 시 고려사항으로 옳지 않은 것은?

① 각 층마다 같은 위치에 설치한다.
② 기기의 배치와 유지보수에 충분한 공간으로 하고, 건축적인 마감을 실시한다.
③ 점검구는 유지보수 시 기기의 반출입이 가능하도록 하여야 하며, 점검구 문의 폭은 최소 300mm 이상으로 한다.
④ 공급대상 범위의 배선거리, 전압강하 등을 고려하여 가능한 한 공급 대상설비 시설 위치의 중심부에 위치하도록 한다.

[해설]

점검구는 유지보수 시 기기의 반출입이 가능하도록 하여야 하며, 점검구 문의 폭은 최소 600mm 이상으로 한다.

**65** 다음 중 변전실 면적에 영향을 주는 요소와 가장 거리가 먼 것은?

① 발전기실의 면적
② 변전설비 변압방식
③ 수전전압 및 수전방식
④ 설치 기기와 큐비클의 종류

[해설]

변전실의 면적 산정 시 고려 요소에는 변압기 용량, 수전 전압, 수전 방식 및 큐비클의 종류 등이 있다.

**66** 배수트랩의 봉수가 파손되는 것을 방지하기 위한 방법으로 옳지 않은 것은?

① 자기사이펀 작용에 의한 봉수파괴를 방지하기 위하여 S트랩을 설치한다.
② 유도사이펀 작용에 의한 봉수파괴를 방지하기 위하여 도피통기관을 설치한다.
③ 증발현상에 의한 봉수파괴를 방지하기 위하여 트랩 봉수 보급수 장치를 설치한다.
④ 역압에 의한 분출작용을 방지하기 위하여 배수 수직관의 하단부에 통기관을 설치한다.

[해설]

S트랩을 설치할 경우 자기사이펀 작용에 의한 봉수파괴 현상이 가중될 수 있어, S트랩이 아닌 P트랩을 설치하여 자기사이펀 작용에 의한 봉수파괴를 방지할 필요가 있다.

**67** 다음의 간선배전방식 중 분전반에서 사고가 발생했을 때 그 파급 범위가 가장 좁은 것은?

① 평행식
② 방사선식
③ 나뭇가지식
④ 나뭇가지 평행식

[해설]

간선배전방식

| 구분 | 특징 |
|---|---|
| 평행식 | 각 분전반마다 배전반에서 단독으로 배선되며, 전압 강하가 적고 사고 발생 시 범위가 좁으나 설비비가 많이 소요되어 대규모 건물에 적합하다. |
| 나뭇가지식 | 한 개의 간선이 각 분전반을 거쳐가며 공급된다. 말단 분전반에서 전압 강하가 커질 수 있다. 중소 규모에 이용된다. |
| 병용식 | 평행식과 나뭇가지식을 병용한 것으로 전압 강하도 크지 않고 설비비도 줄일 수 있어 가장 많이 사용된다. |

**68** 스프링클러설비를 설치하여야 하는 특정소방 대상물의 최대 방수구역에 설치된 개방형스프링클러헤드의 개수가 30개일 경우, 스프링클러 설비의 수원의 저수량은 최소 얼마 이상으로 하여야 하는가?

정답  64 ③  65 ①  66 ①  67 ①  68 ③

① $16m^3$ ② $32m^3$
③ $48m^3$ ④ $56m^3$

[해설]

**스프링클러의 수원의 저수량**
스프링클러는 초기 화재 진화를 위하여 사용되는 설비로서, 헤드마다 분당 80L의 물을 20분간 분사할 수 있는 수원을 확보하고 있어야 한다.
80L/min×20min×30(헤드 수)=48,000L=$48m^3$

**69** 열관류율 $K=2.5W/m^2 \cdot K$인 벽체의 양쪽 공기 온도가 각각 20℃와 0℃일 때, 이 벽체 $1m^2$당 이 동열량은?

① 25W ② 50W
③ 100W ④ 200W

[해설]

$q = KA\Delta T$

여기서, $q$ : 전열량(이동열량)(W)
$K$ : 열관류율($W/m^2K$)
$A$ : 벽체면적($m^2$)
$\Delta T$ : 온도차(℃)

$q = KA\Delta T = 2.5 \times 1 \times (20-0) = 50W$

**70** 어느 점광원과 1m 떨어진 곳의 직각면 조도가 800lx일 때, 이 광원과 4m 떨어진 곳의 직각면 조도는?

① 50lx ② 100lx
③ 150lx ④ 200lx

[해설]

조도는 광도에 비례하고, 거리의 제곱에 반비례한다.

조도($E$) = $\dfrac{광도(I)}{거리(D)^2}$

이에 광원과의 거리가 1m → 4m로 4배 멀어졌기 때문에 조도는 1/16배(800lx → 50lx)로 감소하게 된다.

**71** 습공기를 가열했을 때 상태값이 변화하지 않는 것은?

① 엔탈피 ② 습구온도
③ 절대습도 ④ 상대습도

[해설]

습공기의 가열은 현열가열을 의미하므로, 절대습도에 대한 변화는 없다. 단, 상대습도는 현열가열 시 감소하게 된다.

**72** 증기난방에 관한 설명으로 옳지 않은 것은?

① 온수난방에 비해 예열시간이 짧다.
② 온수난방에 비해 한랭지에서 동결의 우려가 작다.
③ 운전 시 증기해머로 인한 소음을 일으키기 쉽다.
④ 온수난방에 비해 부하변동에 따른 실내방열량의 제어가 용이하다.

[해설]

증기난방은 온수난방에 비해 부하변동에 따른 실내방열량의 제어가 용이하지 않다.

※ 증기난방(Steam Heating System)
증기난방은 증기보일러에서 발생한 증기를 배관을 통해 각 실에 설치된 난방기기로 보내어 증기의 잠열로 난방한다.

| | |
|---|---|
| 장점 | • 예열시간이 짧음<br>• 열의 운반능력이 큼<br>• 방열면적과 환수관경이 작음<br>• 설비비와 유지비가 적음<br>• 동파의 우려가 없음 |
| 단점 | • 부하변동에 따른 방열량 조절이 곤란<br>• 방열기 표면온도가 높아 쾌감도가 좋지 않음<br>• 환수관의 부식이 비교적 심하여 수명이 짧음<br>• 시스템 가동 초기 스팀해머(Steam Hammer)에 의한 소음 발생<br>• 보일러 취급이 난해 |

**73** 공기조화방식 중 2중덕트방식에 관한 설명으로 옳지 않은 것은?

① 전공기 방식에 속한다.
② 덕트가 2개의 계통이므로 설비비가 많이 든다.
③ 부하특성이 다른 다수의 실이나 존에도 적용할 수 있다.
④ 냉풍과 온풍을 혼합하는 혼합상자가 필요없으므로 소음과 진동도 적다.

[해설]
2중 덕트방식은 냉풍과 온풍을 각각의 덕트로 보낸 후 말단의 혼합상자에서 혼합하여 각 실에 송풍하는 방식이다.

**74** 다음과 가장 관계가 깊은 것은?

> 에너지보존의 법칙을 유체의 흐름에 적용한 것으로서 유체가 갖고 있는 운동에너지, 중력에 의한 위치에너지 및 압력에너지의 총합은 흐름 내 어디에서나 일정하다.

① 뉴턴의 점성법칙   ② 베르누이의 정리
③ 보일-샤를의 법칙  ④ 오일러의 상태방정식

[해설]
베르누이의 정리
- 정상류, 비점성, 비압축성의 유체가 유선운동을 할 때 같은 유선상의 각 지점에서의 압력수두, 속도수두, 위치수두의 합은 일정하다는 법칙이다.
- 베르누이 방정식

압력수두 + 속도수두 + 위치수두 = $\dfrac{P}{\rho} + \dfrac{V^2}{2} + Zg$ = 일정

**75** 자연환기에 관한 설명으로 옳은 것은?

① 풍력환기에 의한 환기량은 풍속에 반비례한다.
② 풍력환기에 의한 환기량은 유량계수에 비례한다.
③ 중력환기에 의한 환기량은 공기의 입구와 출구가 되는 두 개구부의 수직거리에 반비례한다.
④ 중력환기에서 실내온도가 외기온도보다 높을 경우 공기는 건물 상부의 개구부에서 실내로 들어와서 하부의 개구부로 나간다.

[해설]
풍력환기는 바람에 의한 환기로서, 풍력환기에 의한 환기량은 유량계수와 통기율, 유출부와 유입부 간의 압력차 등에 비례한다.
① 풍력환기에 의한 환기량은 풍속에 비례한다.
③ 중력환기에 의한 환기량은 공기의 입구와 출구가 되는 두 개구부의 수직거리에 비례한다.
④ 중력환기에서 실내온도가 외기온도보다 높을 경우 공기는 건물 하부의 개구부에서 실내로 들어와서 상부의 개구부로 나간다.

**76** 실내 음환경의 잔향시간에 관한 설명으로 옳은 것은?

① 실의 흡음력이 높을수록 잔향시간은 길어진다.
② 잔향시간을 길게 하기 위해서는 실내공간의 용적을 작게 하여야 한다.
③ 잔향시간은 음향청취를 목적으로 하는 공간이 음성전달을 목적으로 하는 공간보다 짧아야 한다.
④ 잔향시간은 실내가 확장음장이라고 가정하여 구해진 개념으로 원리적으로는 음원이나 수음점의 위치에 상관없이 일정하다.

[해설]
잔향시간은 실내가 확장음장(확산음장)이라고 가정하여 구해진 개념이다. 원리적으로 잔향시간의 값은 음원이나 수음점의 위치, 실의 형상, 흡음재의 배치 등에 의하지 않고 일정하게 된다.
① 실의 흡음력이 높을수록 잔향시간은 짧아진다.
② 잔향시간을 길게 하기 위해서는 실내공간의 용적을 크게 하여야 한다.
③ 잔향시간은 음향청취를 목적으로 하는 공간이 음성전달을 목적으로 하는 공간보다 길어야 한다.

**77** 발전기에 적용되는 법칙으로 유도기전력의 방향을 알기 위하여 사용되는 법칙은?

① 오옴의 법칙
② 키르히호프의 법칙
③ 플레밍의 왼손의 법칙
④ 플레밍의 오른손의 법칙

정답  73 ④  74 ②  75 ②  76 ④  77 ④

[해설]
- 발전기의 원리 : 플레밍의 오른손의 법칙
- 전동기의 원리 : 플레밍의 왼손 법칙

**78** 압력에 따른 도시가스의 분류에서 고압 기준으로 옳은 것은?(단, 게이지압력)

① 0.1MPa 이상  ② 1MPa 이상
③ 10MPa 이상  ④ 100MPa 이상

[해설]
공급압력에 따른 도시가스의 분류

| 분류 | 공급압력 |
| --- | --- |
| 저압 | 0.1MPa 이하 |
| 중압 | 0.1MPa 이상 1.0MPa 미만 |
| 고압 | 1.0MPa 이상 |

**79** 냉방부하 계산 결과 현열부하가 620W, 잠열부하가 155W일 경우, 현열비는?

① 0.2  ② 0.25
③ 0.4  ④ 0.8

[해설]

$$현열비 = \frac{현열부하}{현열부하 + 잠열부하} = \frac{620}{620+155} = 0.8$$

**80** 다음의 냉동기 중 기계적 에너지가 아닌 열에너지에 의해 냉동효과를 얻는 것은?

① 원심식 냉동기  ② 흡수식 냉동기
③ 스크루식 냉동기  ④ 왕복동식 냉동기

[해설]
터보식, 스크루식, 왕복동식은 압축식 냉동기로서 전기에너지를 압축기에서의 기계적 에너지로의 전환을 통한 냉동 효과를 얻는 방식이고, 흡수식 냉동기는 열에너지를 통해 냉동 효과를 얻는 방식이다. 이에 흡수식 냉동기는 압축식 냉동기에 비해 COP 값이 상대적으로 열세하지만, 전기에너지가 아닌 열에너지를 적용하므로, 전기사용 절감을 위해 권장되고 있다.

## 5과목 건축법규

**81** 막다른 도로의 길이가 30m인 경우, 이 도로가 건축법상 도로이기 위한 최소 너비는?

① 2m  ② 3m
③ 4m  ④ 6m

[해설]
막다른 도로의 너비 확보

| 막다른 도로의 길이 | 도로의 너비 확보 |
| --- | --- |
| 10m 미만 | 2m 이상 |
| 10m 이상 35m 미만 | 3m 이상 |
| 35m 이상 | 6m 이상 (도시지역이 아닌 읍·면 지역은 4m 이상) |

**82** 신축공동주택 등의 기계환기설비의 설치 기준으로 옳지 않은 것은?

① 세대의 환기량 조절을 위하여 환기설비의 정격풍량을 3단계 또는 그 이상으로 조절할 수 있는 체계를 갖추어야 한다.
② 적정 단계의 필요환기량은 신축공동주택 등의 세대를 시간당 0.3회로 환기할 수 있는 풍량을 확보하여야 한다.
③ 기계환기설비에서 발생하는 소음의 측정은 한국산업규격(KS B 6361)에 따르는 것을 원칙으로 한다.
④ 기계환기설비는 주방 가스대 위의 공기배출장치, 화장실의 공기배출 송풍기 등 급속 환기 설비와 함께 설치할 수 있다.

[해설]
적정 단계의 필요환기량은 신축공동주택 등의 세대를 시간당 0.5회로 환기할 수 있는 풍량을 확보하여야 한다.

정답 78 ② 79 ④ 80 ② 81 ② 82 ②

**83** 주차전용건축물의 주차면적비율과 관련한 아래 내용에서 (  ) 안에 들어갈 수 없는 것은?

> 주차전용건축물이란 건축물의 연면적 중 주차장으로 사용되는 부분의 비율이 95퍼센트 이상인 것을 말한다. 다만, 주차장 외의 용도로 사용되는 부분이 「건축법 시행령」 별표 1에 따른 (  )인 경우에는 주차장으로 사용되는 부분의 비율이 70퍼센트 이상인 것을 말한다.

① 종교시설  ② 운동시설
③ 업무시설  ④ 숙박시설

[해설]
주차전용건축물은 건축물의 연면적 중 주차장으로 사용되는 부분의 비율이 95% 이상인 것을 말한다. 다만, 주차장 외의 용도로 사용되는 부분이 단독주택, 공동주택, 제1종 근린생활시설, 제2종 근린생활시설, 문화 및 집회시설, 종교시설, 판매시설, 운수시설, 운동시설, 업무시설 또는 자동차 관련 시설인 경우에는 주차장으로 사용되는 부분의 비율이 70% 이상인 것을 말한다.

**84** 건축물과 분리하여 공작물을 축조할 때 특별자치시장·특별자치도지사 또는 시장·군수·구청장에게 신고를 해야 하는 대상 공작물 기준으로 옳지 않은 것은?

① 높이 2m를 넘는 옹벽
② 높이 2m를 넘는 굴뚝
③ 높이 6m를 넘는 골프연습장 등의 운동시설을 위한 철탑
④ 높이 8m를 넘는 고가수조

[해설]
높이 6m를 넘는 굴뚝이 해당한다.

**85** 다음 중 제2종 일반주거지역 안에서 건축할 수 없는 건축물은?(단, 도시·군계획 조례가 정하는 바에 따라 건축할 수 있는 경우는 고려하지 않는다.)

① 종교시설  ② 운수시설
③ 노유자시설  ④ 제1종 근린생활시설

[해설]
제2종 일반주거지역에서 건축할 수 있는 건축물
단독주택, 공동주택, 제1종 근린생활시설, 제2종 근린생활시설(단란주점 및 안마시술소는 제외), 종교시설, 교육연구시설 중 유치원·초등학교·중학교 및 고등학교, 노유자시설, 문화 및 집회시설(관람장은 제외)

**86** 높이가 31m를 넘는 각 층의 바닥면적 중 최대바닥면적이 4,500m²인 건축물에 원칙적으로 설치하여야 하는 비상용 승강기의 최소 대수는?

① 1대  ② 2대
③ 3대  ④ 5대

[해설]
높이 31m를 넘는 각 층의 바닥면적에 대하여 최대 바닥면적 중 1,500m²까지 기본 1대 설치, 추가 3,000m²마다 1대를 추가한다.

$$N = 기본대수 + \frac{적용\ 바닥면적 - 기본면적}{추가면적}$$
$$= 1 + \frac{4,500 - 1,500}{3,000} = 2대$$

**87** 다음 중 대지에 조경 등의 조치를 아니할 수 있는 대상 건축물에 속하지 않는 것은?

① 축사
② 녹지지역에 건축하는 건축물
③ 연면적의 합계가 1,000m²인 공장
④ 면적이 5,000m²인 대지에 건축하는 공장

[해설]
연면적의 합계가 1천500m² 미만인 공장이 해당한다.

**88** 건축물의 바닥면적 산정 기준에 대한 설명으로 옳지 않은 것은?

① 공동주택으로서 지상층에 설치한 어린이놀이터의 면적은 바닥면적에 산입하지 않는다.
② 필로티는 그 부분이 공중의 통행이나 차량의 통행 또는 주차에 전용되는 경우에는 바닥면적에 산입

정답  83 ④  84 ②  85 ②  86 ②  87 ④  88 ③

하지 아니한다.
③ 벽·기둥의 구획이 없는 건축물은 그 지붕 끝부분으로부터 수평거리 1.5m를 후퇴한 선으로 둘러싸인 수평투영면적을 바닥면적으로 한다.
④ 단열재를 구조체의 외기측에 설치하는 단열공법으로 건축된 건축물의 경우에는 단열재가 설치된 외벽 중 내측 내력벽의 중심선을 기준으로 산정한 면적을 바닥면적으로 한다.

[해설]
벽·기둥의 구획이 없는 건축물은 그 지붕 끝부분으로부터 수평거리 1m를 후퇴한 선으로 둘러싸인 수평투영면적을 바닥면적으로 한다.

## 89 특별피난계단의 구조에 관한 기준 내용으로 옳지 않은 것은?

① 계단실에는 예비전원에 의한 조명설비를 할 것
② 계단은 내화구조로 하되, 피난층 또는 지상까지 직접 연결되도록 할 것
③ 출입구의 유효너비는 0.9m 이상으로 하고 피난의 방향으로 열 수 있을 것
④ 계단실의 노대 또는 부속실에 접하는 창문은 그 면적을 각각 3m² 이하로 할 것

[해설]
계단실의 노대 또는 부속실에 접하는 창문 등은 망이 들어 있는 유리의 붙박이창으로서 그 면적을 각각 1m² 이하로 해야 한다(출입구 제외).

## 90 국토의 계획 및 이용에 관한 법령상 용도지구에 속하지 않는 것은?

① 경관지구    ② 미관지구
③ 방재지구    ④ 취락지구

[해설]
용도지구의 분류
경관지구, 고도지구, 방화지구, 방재지구, 보호지구, 취락지구, 개발진흥지구, 특정용도제한지구, 복합용도지구

## 91 도시·군계획 수립 대상지역의 일부에 대하여 토지 이용을 합리화하고 그 기능을 증진시키며 미관을 개선하고 양호한 환경을 확보하며, 그 지역을 체계적·계획적으로 관리하기 위하여 수립하는 도시·군관리계획은?

① 지구단위계획    ② 도시·군성장계획
③ 광역도시계획    ④ 개발밀도관리계획

[해설]
지구단위계획
• 도시·군 계획수립 대상지역의 일부에 대하여 토지이용을 합리화하고 그 기능을 증진시키며 미관을 개선하고 양호한 환경을 확보하며, 그 지역을 체계적·계획적으로 관리하기 위하여 수립하는 도시·군관리계획을 말한다.
• 지구단위계획구역 및 지구단위계획은 도시·군 관리계획으로 결정하며, 국토교통부장관, 시·도지사, 시장 또는 군수는 지구단위계획구역을 지정할 수 있다.

## 92 지하층에 설치하는 비상탈출구의 유효너비 및 유효높이 기준으로 옳은 것은?(단, 주택이 아닌 경우)

① 유효너비 0.5m 이상, 유효높이 1.0m 이상
② 유효너비 0.5m 이상, 유효높이 1.5m 이상
③ 유효너비 0.75m 이상, 유효높이 1.0m 이상
④ 유효너비 0.75m 이상, 유효높이 1.5m 이상

[해설]
비상탈출구의 구조
• 유효너비 : 0.75m 이상
• 유효높이 : 1.5m 이상

## 93 지역의 환경을 쾌적하게 조성하기 위하여 대통령령으로 정하는 용도와 규모의 건축물에 대해 일반이 사용할 수 있도록 대통령령으로 정하는 기준에 따라 공개공지 등을 설치하여야 하는 대상 지역에 속하지 않는 것은?(단, 특별자치시장·특별자치도지사 또는 시장·군수·구청장이 따로 지정·공고하는 지역의 경우는 고려하지 않는다.)

정답  89 ④  90 ②  91 ①  92 ④  93 ④

① 준공업지역   ② 준주거지역
③ 일반주거지역  ④ 전용주거지역

[해설]
① 준공업지역 : 경공업 그 밖의 공업을 수용하되, 주거기능·상업기능 및 업무기능의 보완이 필요한 지역
② 준주거지역 : 주거기능을 위주로 이를 지원하는 일부 상업기능 및 업무기능을 보완하기 위하여 필요한 지역
③ 일반주거지역 : 편리한 주거환경을 조성하기 위하여 필요한 지역

**94** 건축물의 거실(피난층의 거실 제외)에 국토교통부령으로 정하는 기준에 따라 배연설비를 설치하여야 하는 대상 건축물 용도에 속하지 않는 것은? (단, 6층 이상인 건축물의 경우)

① 종교시설
② 판매시설
③ 방송통신시설 중 방송국
④ 교육연구시설 중 연구소

[해설]
건축법 시행령 제51조에 따르며 방송통신시설은 해당되지 않는다.

**95** 건축물과 해당 건축물의 용도의 연결이 옳지 않은 것은?

① 주유소 : 자동차 관련 시설
② 야외음악당 : 관광휴게시설
③ 치과의원 : 제1종 근린생활시설
④ 일반음식점 : 제2종 근린생활시설

[해설]
주유소는 위험물 저장 및 처리시설에 속한다.

**96** 건축법령상 용어의 정의로 옳지 않은 것은?

① 초고층 건축물이란 층수가 50층 이상이거나 높이가 200m 이상인 건축물을 말한다.
② 증축이란 기존 건축물이 있는 대지에서 건축물의 건축면적, 연면적, 층수 또는 높이를 늘리는 것을 말한다.
③ 개축이란 건축물이 천재지변이나 그 밖의 재해로 멸실된 경우 그 대지에 종전과 같은 규모의 범위에서 다시 축조하는 것을 말한다.
④ 부속건축물이란 같은 대지에서 주된 건축물과 분리된 부속용도의 건축물로서 주된 건축물을 이용 또는 관리하는 데에 필요한 건축물을 말한다.

[해설]
③은 재축에 대한 설명이며, 개축은 기존 건축물의 전부 또는 일부(내력벽·기둥·보·지붕틀 중 3가지 이상 포함)를 철거하고 그 대지 안에 종전과 동일한 규모의 범위 안에서 건축물을 다시 축조하는 것을 말한다.

**97** 건축물의 주요구조부를 내화구조로 하여야 하는 대상 건축물에 속하지 않는 것은?

① 공장의 용도로 쓰는 건축물로서 그 용도로 쓰는 바닥면적의 합계가 500m$^2$인 건축물
② 판매시설의 용도로 쓰는 건축물로서 그 용도로 쓰는 바닥면적의 합계가 500m$^2$인 건축물
③ 창고시설의 용도로 쓰는 건축물로서 그 용도로 쓰는 바닥면적의 합계가 500m$^2$인 건축물
④ 문화 및 집회시설 중 전시장의 용도로 쓰는 건축물로서 그 용도로 쓰는 바닥면적의 합계가 500m$^2$인 건축물

[해설]
공장의 용도로 쓰는 건축물로서 그 용도로 쓰는 바닥면적 합계가 2,000m$^2$ 이상인 건축물이 해당한다.

정답  94 ③  95 ①  96 ③  97 ①

**98** 기반시설부담구역에서 기반시설 설치비용의 부과대상인 건축행위의 기준으로 옳은 것은?

① 100m²(기존 건축물의 연면적 포함)를 초과하는 건축물의 신축·증축
② 100m²(기존 건축물의 연면적 제외)를 초과하는 건축물의 신축·증축
③ 200m²(기존 건축물의 연면적 포함)를 초과하는 건축물의 신축·증축
④ 200m²(기존 건축물의 연면적 제외)를 초과하는 건축물의 신축·증축

[해설]
200m²(기존 건축물의 연면적 포함)를 초과하는 건축물의 신축·증축일 경우 기반시설설치비용의 부과대상이 된다.

**99** 국토교통부령으로 정하는 기준에 따라 채광 및 환기를 위한 창문 등이나 설비를 설치하여야 하는 대상에 속하지 않는 것은?

① 의료시설의 병실
② 숙박시설의 객실
③ 업무시설 중 사무소의 사무실
④ 교육연구시설 중 학교의 교실

[해설]
채광 및 환기 시설의 적용대상
• 주택(단독, 공동)의 거실
• 학교의 교실
• 의료시설의 병실
• 숙박시설의 객실

**100** 부설주차장 설치대상 시설물이 문화 및 집회시설(관람장 제외)인 경우, 부설주차장 설치기준으로 옳은 것은?(단, 지방자치단체의 조례로 따로 정하는 사항은 고려하지 않는다.)

① 시설면적 50m²당 1대
② 시설면적 100m²당 1대
③ 시설면적 150m²당 1대
④ 시설면적 200m²당 1대

[해설]
문화 및 집회시설(관람장 제외)은 시설면적 150m²당 1대(시설면적/150m²)를 기준으로 한다.

**정답** 98 ③  99 ③  100 ③

# 09 제9회 CBT 실전모의고사

## 1과목 건축계획

**01** 병원건축의 병동배치방법 중 분관식(Pavilion Type)에 관한 설명으로 옳은 것은?

① 각종 설비 시설의 배관길이가 짧아진다.
② 대지의 크기와 관계없이 적용이 용이하다.
③ 각 병실을 남향으로 할 수 있어 일조와 통풍 조건이 좋다.
④ 병동부는 5층 이상의 고층으로 하며 환자는 엘리베이터로 운송된다.

[해설]

분관식(Pavilion Type, 분동식)
- 각 병실을 남향으로 할 수 있으므로 일조, 통풍 조건이 좋다(각 실의 채광을 균등히 할 수 있다).
- 넓은 대지가 필요하므로 도시 지역에 불리하며 설비가 분산되고 보행거리가 길다.

**02** 지속가능한(Sustainable) 공동주택의 설계개념으로 적절하지 않은 것은?

① 환경친화적 설계
② 지형순응형 배치
③ 가변적 구조체의 확대 적용
④ 규격화, 동일화된 단위평면

[해설]

지속가능한(Sustainable) 공동주택은 친환경적 및 자연친화적 특성, 장수명화, 리모델링 용이 등의 특성을 갖고 있다. 이 중 친환경적 및 자연친화적 특성에 따라 다양한 자연지형을 최대한 이용하므로 입면, 평면이 규격화되지 않고 융통성 있게 구성될 수 있는 특징을 갖고 있다.

**03** 다음과 같은 특징을 갖는 그리스 건축의 오더는?

- 주두는 에키누스와 아바쿠스로 구성된다.
- 육중하고 엄정한 모습을 지니는 남성적인 오더이다.

① 코린트 오더
② 도리스 오더
③ 이오니아 오더
④ 컴포지트 오더

[해설]

도리스 오더(도리아식, Doric Order)
- 단순하고 장중하며 남성적이다.
- 신체 비례 기준을 적용한다.
- 초석이 없다.
- 엔타시스가 있다.
- 대표적 건축물 : 파르테논 신전, 포세이돈 신전, 헤라이온 신전 등

**04** 학교 운영방식에 관한 설명으로 옳지 않은 것은?

① 종합교실형은 초등학교 저학년에 권장되는 방식이다.
② 교과교실형은 교실의 이용률은 높으나 순수율은 낮다.
③ 달톤형은 학급과 학년을 없애고 각자의 능력에 따라 교과를 선택하는 방식이다.
④ 플라툰형은 전 학급을 2분단으로 나누어 한 쪽이 일반교실을 사용할 때, 다른 쪽은 특별교실을 사용한다.

[해설]

교과교실형은 순수율이 높은 형태이며, 사용 방식에 따라 이용률이 결정된다.

**05** 래드번(Radburn) 계획의 5가지 기본원리로 옳지 않은 것은?

① 기능에 따른 4가지 종류의 도로 구분
② 자동차 통과도로 배제를 위한 슈퍼블록 구성
③ 보도망 형성 및 보도와 차도의 평면적 분리
④ 주택단지 어디로나 통할 수 있는 공동 오픈 스페이스 조성

[해설]

보도와 차도의 평면적 분리가 아닌, 입체적 분리를 추구하였다.

**정답** 01 ③  02 ④  03 ②  04 ②  05 ③

## 06 POE(Post-Occupancy Evaluation)의 의미로 가장 알맞은 것은?

① 건축물 사용자를 찾는 것이다.
② 건축물을 사용해 본 후에 평가하는 것이다.
③ 건축물의 사용을 염두에 두고 계획하는 것이다.
④ 건축물모형을 만들어 설계의 적정성을 평가하는 것이다.

[해설]

거주 후 평가(POE, Post Occupancy Evaluation)
건축물이 완공된 후 건물 본래의 기능을 제대로 하고 있는지 현지답사, 관찰 등을 통하여 거주 후 사용자들의 반응을 연구하는 과정을 말한다.

## 07 아파트의 평면형식에 관한 설명으로 옳지 않은 것은?

① 중복도형은 모든 세대의 향을 동일하게 할 수 없다.
② 편복도형은 각 세대의 거주성이 균일한 배치 구성이 가능하다.
③ 홀형은 각 세대가 양쪽으로 개구부를 계획할 수 있는 관계로 일조와 통풍이 양호하다.
④ 집중형은 공용 부분이 오픈되어 있으므로, 공용 부분에 별도의 기계적 설비계획이 필요없다.

[해설]

집중형(코어형)은 코어(엘리베이터, 계단실, 설비)를 중앙에 배치하고, 그 주위에 각 주호를 집중시키는 방식으로서 공용 부분이 오픈되어 있지 않다. 그러므로 공용부분에 기후조건에 따라 기계적 설비계획이 필요한 타입이다.

## 08 관학인 향교의 배치 방법 중 평지에 지어지고 대성전을 앞에 배치한 것은?

① 전조후침(前朝後寢)
② 전조후시(前朝後市)
③ 전묘후학(前廟後學)
④ 전학후묘(前學後廟)

[해설]

전묘후학(前廟後學)
향교는 공부를 하는 강학공간과 공자 및 제사를 지내는 배향공간으로 이루어져 있다. 전묘후학 향교의 배치 형식으로서 평지나 지형의 특성상 앞쪽에 배향 공간이 있고 뒤쪽에 강학공간이 있을 경우의 배치 형식을 일컫는다.

## 09 능률적인 작업용량으로서 10만 권을 수장할 도서관 서고의 면적으로 가장 알맞은 것은?

① 350m²   ② 500m²
③ 800m²   ④ 950m²

[해설]

서고의 면적에 따른 수용 능력
- 서고 면적 1m²당 150~250권(평균 200권/m²)
- 100,000권÷200권/m²=500m²(m²당 평균 200권을 적용하여 산출)

## 10 공장건축의 레이아웃(Layout)에 관한 설명으로 옳지 않은 것은?

① 제품 중심의 레이아웃은 대량생산에 유리하며 생산성이 높다.
② 레이아웃이란 생산품의 특성에 따른 공장의 건축면적 결정방식을 말한다.
③ 공정 중심의 레이아웃은 다종 소량 생산으로 표준화가 행해지기 어려운 주문생산에 적합하다.
④ 고정식 레이아웃은 조선소와 같이 조립부품이 고정된 장소에 있고 사람과 기계를 이동시키며 작업을 행하는 방식이다.

[해설]

레이아웃이란 공장 건축의 평면 요소 간 위치 관계를 결정하는 것을 말한다.

정답  06 ②  07 ④  08 ③  09 ②  10 ②

**11** 숑바르 드 로브의 주거면적 기준으로 옳은 것은?

① 병리 기준 : 6m², 한계 기준 : 12m²
② 병리 기준 : 6m², 한계 기준 : 14m²
③ 병리 기준 : 8m², 한계 기준 : 12m²
④ 병리 기준 : 8m², 한계 기준 : 14m²

[해설]

숑바르 드 로브(Chombard de Lawve, 사회학자)의 기준
- 병리 기준 : 8m²/인 이하이면, 거주자의 신체적 및 정신적 건강에 나쁜 영향을 끼친다.
- 한계 기준 : 14m²/인 이하이면, 개인 및 가족적인 거주의 융통성을 보장할 수 없다.
- 표준 기준 : 16m²/인

**12** 단독주택의 현관에 관한 설명으로 옳지 않은 것은?

① 거실, 계단, 화장실과 가까이 위치하는 것이 좋다.
② 거실의 일부를 현관으로 만드는 것은 지양하도록 한다.
③ 현관의 위치는 도로의 위치와 대지의 형태에 영향을 받는다.
④ 주택 측면에 현관을 배치할 경우 동선처리가 편리하고 복도길이가 짧아진다.

[해설]

주택 측면에 현관을 배치할 경우 대문으로부터의 동선이 길어져 불편하게 되고, 정면 배치에 비해 복도길이가 길어지는 단점이 있다.

**13** 원합리주의로 분류되며 "장식은 죄악이다."라는 표현을 남긴 근대 건축가는?

① 오토 바그너    ② 아돌프 로스
③ 르 꼬르뷔지에   ④ 미스 반 데 로에

[해설]

빈 분리파(세제션)로서 슈타이너 주택을 설계한 아돌프 로스(Adolf Loss)이다.

**14** 연속적인 주제를 선(線)적으로 관계성 깊게 표현하기 위하여 전경(全景)으로 펼쳐지도록 연출하는 것으로 맥락이 중요시될 때 사용되는 특수전시 기법은?

① 아일랜드 전시
② 파노라마 전시
③ 하모니카 전시
④ 디오라마 전시

[해설]

파노라마(Panorama) 전시
- 파노라마란 전경(全景)이라는 뜻으로, 실내에서 관객에게 실제 경관을 보듯, 전경으로 펼쳐지도록 연출하는 전시기법이다.
- 배경으로는 흔히 회화, 사진, 그래픽 패턴 등이 사용된다.

**15** 사무소 건축의 실단위계획에 관한 설명으로 옳지 않은 것은?

① 개실 시스템은 독립성과 쾌적감의 이점이 있다.
② 개방식 배치는 전면적을 유용하게 이용할 수 있다.
③ 개방식 배치는 개실 시스템보다 공사비가 저렴하다.
④ 개실 시스템은 연속된 긴 복도로 인해 방깊이에 변화를 주기가 용이하다.

[해설]

개실 배치(Individual Room System)
복도를 통해 각 층의 여러 부분으로 들어가는 방법으로 유럽에서 널리 쓰인다.

| 장점 | 단점 |
| --- | --- |
| • 독립성과 쾌적감의 이점이 있다.<br>• 자연채광의 조건이 좋다. | • 공사비가 비교적 높다.<br>• 방 길이에는 변화를 줄 수 있으나 연속된 긴 복도 때문에 방 깊이에 변화를 줄 수 없다. |

정답  11 ④  12 ④  13 ②  14 ②  15 ④

**16** 건축물의 에너지절약을 위한 계획 내용으로 옳지 않은 것은?

① 공동주택은 인동간격을 넓게 하여 저층부의 일사 수열량을 증대시킨다.
② 건축물의 체적에 대한 외피면적의 비 또는 연면적에 대한 외피면적의 비는 가능한 크게 한다.
③ 건축물은 대지의 향, 일조 및 주 풍향 등을 고려하여 배치하며, 남향 또는 남동향 배치를 한다.
④ 거실의 층고 및 반자 높이는 실의 용도와 기능에 지장을 주지 않는 범위 내에서 가능한 낮게 한다.

[해설]

- 전전열량 산출식에 따라 건축물의 체적에 대한 외피면적의 비 또는 연면적에 대한 외피면적의 비는 가능한 작게 하여야 한다.
  전열량 산출식 $q = k \times A \times \Delta t$
  여기서, $q$ : 전열량
  　　　　$k$ : 열관류율
  　　　　$A$ : 외피면적
  　　　　$\Delta t$ : 실내외 온도차
- 외피면적 $A$를 작게 할 경우 실내에서 실외로 빠져나가는 혹은 들어오는 전열량을 줄일 수 있다.

**17** 상점의 매장 및 정면 구성에서 요구되는 AIDMA 법칙의 내용으로 옳지 않은 것은?

① Memory
② Interest
③ Attention
④ Attraction

[해설]

상점의 파사드 구성상 필요한 다섯 가지 광고 요소(AIDMA 법칙)
- A(Attention : 주의) – 주목시키는 배려
- I(Interest : 흥미) – 공감을 주는 호소력
- D(Desire : 욕망) – 욕구를 일으키는 연상
- M(Memory : 기억) – 인상적인 변화
- A(Action : 행동) – 들어가기 쉬운 구성

**18** 주택의 부엌 작업대 배치유형 중 ㄷ자형에 관한 설명으로 옳은 것은?

① 두 벽면을 따라 작업이 전개되는 전통적인 형태이다.
② 평면계획상 외부로 통하는 출입구의 설치가 곤란하다.
③ 작업동선이 길고 조리면적은 좁지만 다수의 인원이 함께 작업할 수 있다.
④ 가장 간결하고 기본적인 설계형태로 길이가 4.5m 이상이 되면 동선이 비효율적이다.

[해설]

부엌의 유형

| 형태 | 장점 | 단점 |
| --- | --- | --- |
| U자형 (ㄷ자형) | • 수납공간을 넓게 둘 수 있다.<br>• 작업공간이 넓다. | 외부로 통하는 출입구의 위치 설정이 곤란하다. |

**19** 극장 무대 주위의 벽에 6~9m 높이로 설치되는 좁은 통로로, 그리드 아이언에 올라가는 계단과 연결되는 것은?

① 그린룸　　　② 록 레일
③ 플라이 갤러리　④ 슬라이딩 스테이지

[해설]

플라이 갤러리(Fly Gallery)
그리드 아이언으로 올라가는 계단과 연결되게 무대 주위의 벽에 6~9m 높이로 설치되는 좁은 통로(폭은 1.2~2.0m 정도)로, 조명 또는 눈이 내리는 장면을 위해 사용된다.

**20** 고대 이집트의 분묘 건축 형태에 속하지 않는 것은?

① 인슐라　　② 피라미드
③ 암굴분묘　④ 마스타바

[해설]

인슐라는 고대 로마의 건축물로서, 서민들이 살던 일종의 아파트와 같은 건축물이다.

정답　16 ②　17 ④　18 ②　19 ③　20 ①

# 2과목 건축시공

**21** 지름 100mm, 높이 200mm인 원주 공시체로 콘크리트의 압축강도를 시험하였더니 200kN에서 파괴되었다면 이 콘크리트의 압축강도는?

① 12.89MPa  ② 17.48MPa
③ 25.46MPa  ④ 50.9MPa

[해설]

압축강도(MPa, N/mm²)
$= \dfrac{P(\text{압축하중})}{A(\text{작용 단면적})} = \dfrac{200\text{kN} \times 10^3}{\pi d^2/4} = \dfrac{200\text{kN} \times 10^3}{\pi (100\text{mm})^2/4}$
$= 25.46 \text{N/mm}^2 (\text{MPa})$

**22** 건설공사현장에서 보통콘크리트를 KS 규격품인 레미콘으로 주문할 때의 요구항목이 아닌 것은?

① 잔골재의 조립률
② 굵은 골재의 최대 치수
③ 호칭강도
④ 슬럼프

[해설]

레미콘 주문 시에 호칭규격을 요구한다.
※ 호칭규격의 의미(예 : 25 – 24 – 150)
　25(굵은골재 최대치수 mm)
　24(호칭강도 MPa)
　150(슬럼프치 mm)

**23** 그림과 같은 네트워크 공정표에서 주공정선(Critical Path)은?

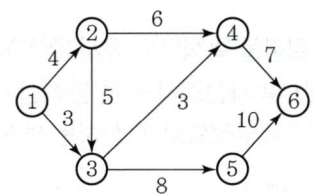

① ① → ③ → ⑤ → ⑥
② ① → ② → ④ → ⑥
③ ① → ② → ③ → ④ → ⑥
④ ① → ② → ③ → ⑤ → ⑥

[해설]

가장 긴 경로를 찾는다.
① ① → ③ → ⑤ → ⑥ : 3+8+10=21일
② ① → ② → ④ → ⑥ : 4+6+7=17일
③ ① → ② → ③ → ④ → ⑥ : 4+5+3+7=19일
④ ① → ② → ③ → ⑤ → ⑥ : 4+5+8+10=27일

**24** 한중 콘크리트에 관한 설명으로 옳은 것은?

① 한중 콘크리트는 공기연행 콘크리트를 사용하는 것을 원칙으로 한다.
② 타설할 때의 콘크리트 온도는 구조물의 단면 치수, 기상조건 등을 고려하여 최소 25℃ 이상으로 한다.
③ 물–결합재비는 50% 이하로 하고, 단위수량은 소요의 워커빌리티를 유지할 수 있는 범위 내에서 되도록 크게 정하여야 한다.
④ 콘크리트를 타설한 직후에 찬바람이 콘크리트 표면에 닿도록 하여 초기양생을 실시한다.

[해설]

② 타설할 때의 콘크리트 온도는 구조물의 단면 치수, 기상조건 등을 고려하여 최소 25℃ 이하(보통 약 10~20℃으)로 한다.
③ 물-결합재비는 60% 이하로 하고, 단위수량은 소요의 워커빌리티를 유지할 수 있는 범위 내에서 되도록 작게 정하여야 한다.
④ 콘크리트를 타설한 직후에 찬바람이 콘크리트 표면에 닿지 않도록 하여 초기양생을 실시한다.

**25** Low-E 유리의 특징으로 틀린 것은?

① 가시광선 투과율은 맑은 유리와 비교할 때 큰 차이가 난다.
② 근적외선 영역의 열선 투과율은 현저히 낮다.
③ 색유리를 사용했을 때보다 실내는 훨씬 밝아진다.
④ 실외의 물체들이 자연색 그대로 실내로 전달된다.

[해설]
Low-E 유리는 열적외선을 반사하는 은소재 도막으로 코팅하여 방사율과 열관류율이 낮고 가시광선 투과율이 높다.

**26** 철골부재의 용접 시 이음 및 접합부위의 용접선의 교차로 재 용접된 부위가 열 영향을 받아 취약해짐을 방지하기 위하여 모재에 부채꼴 모양으로 모따기를 한 것은?

① Blow Hole
② Scallop
③ End Tap
④ Crater

[해설]
스캘럽(Scallop)
용접접합부에 있어서 용접이음새나 받침쇠의 관통을 위해 또는 용접이음새끼리 교차를 피하기 위하기 위해 설치한 원호상의 구멍이다.

**27** 다음 조건에 따라 바닥재로 화강석을 사용할 경우 소요되는 화강석의 재료량(할증률 고려)으로 옳은 것은?

- 바닥면적 : 300m²
- 화강석 판의 두께 : 40mm
- 정형돌
- 습식공법

① 315m²
② 321m²
③ 330m²
④ 345m²

[해설]
화강석 재료는 바닥면적에 할증율을 곱하여 산출한다. 할증률은 10%이다.
화강석 재료량(m²) = 시공 바닥면적×할증
= 300×1.1 = 330m²

**28** 석재 설치 공법 중 오픈조인트공법의 특징으로 옳지 않은 것은?

① 등압이론 방식을 적용한 수밀방식이다.
② 압력차에 의해서 빗물을 차단할 수 있다.
③ 실링재가 많이 소요된다.
④ 층간변위에도 유동적으로 변위를 흡수할 수 있으므로 파손 확률이 적어진다.

[해설]
오픈조인트공법은 실링재 적용을 최소화 한 것이다. 실링을 통해 조인트를 하는 것을 클로즈 조인트 시스템이라고 한다.

**29** 건축물의 터파기 공사 시 실시하는 계측의 항목과 계측기를 연결한 것으로 옳지 않은 것은?

① 지하수의 수압 - 트랜싯
② 흙막이벽의 측압, 수동토압 - 토압계
③ 흙막이벽의 중간부 변형 - 경사계
④ 흙막이벽의 응력 - 변형계

[해설]
지하수의 수압은 지하수의 수위(Level)에 따라 달라지므로, 지하수위를 측정하는 지하수위계(Water Level Meter)로 측정한다. 트랜싯(Transit)은 각도를 측정할 때 사용되는 것으로서 측량 등을 할 때 적용되는 장비이다.

**30** 원가 절감을 목적으로 공사계약 후 당해 공사의 현장여건 및 사전조사 등을 분석한 이후 공사수행을 위하여 세부적으로 작성하는 예산은?

① 추경예산
② 변경예산
③ 실행예산
④ 도급예산

정답 25 ① 26 ② 27 ③ 28 ③ 29 ① 30 ③

[해설]
실행예산
공사현장의 제반조건(자연조건, 공사장 내외 제 조건, 측량결과 등)과 공사시공의 제반조건(계약내역서, 설계도, 시방서, 계약조건 등) 등에 대한 조사결과를 검토, 분석한 후 계약내역과 별도로 시공사의 경영방침에 입각하여 당해 공사의 완공까지 필요한 실제 소요공사비를 말한다.

**31** 건설공사 기획부터 설계, 입찰 및 구매, 시공, 유지관리의 전 단계에 있어 업무절차의 전자화를 추구하는 종합건설정보망체계를 의미하는 것은?

① CALS  ② BIM
③ SCM   ④ B2B

[해설]
CALS(Continuous Acquisition & Life Cycle Support)
건설사업정보시스템(생애 조달 건설정보 통합 전산망)

**32** 다음 중 QC활동의 도구가 아닌 것은?

① 특성요인도  ② 파레토그램
③ 층별        ④ 기능계통도

[해설]
QC(Quality Control) 활동 도구 7가지
산점도, 히스토그램, 특성요인도, 파레토도, 체크시트, 층별, 그래프

**33** 사질 지반 굴착 시 벽체 배면의 토사가 흙막이 틈새 또는 구멍으로 누수가 되어 흙막이 벽 배면에 공극이 발생하여 물의 흐름이 점차 커져 결국에는 주변 지반을 함몰시키는 현상을 일컫는 것은?

① 보일링 현상  ② 히빙 현상
③ 액상화 현상  ④ 파이핑 현상

[해설]
① 보일링 현상(분사현상) : 투수성이 좋은 사질지반에서 흙막이 벽 뒷면의 수위가 높아서 지하수가 흙막이벽을 돌아서 모래와 같이 솟아오르는 현상

② 히빙 현상(융기현상) : 점토지반에서 하부지반이 연약할 때 흙막이 바깥에 있는 흙의 중량과 지표면의 적재 하중으로 인하여 저면 흙이 붕괴되어 흙막이 바깥에 있는 흙이 안으로 밀려 들어와 볼록하게 되는 현상
③ 액상화 현상 : 흙막이벽을 이용하여 지하수위 이하의 사질토 지반을 굴착하는 경우에 생기는 현상으로 사질토 속을 상승하는 물의 침투압에 의해 모래가 입자 사이의 평형을 잃고 액상화되어 분출되는 현상

**34** 창호의 기능검사 항목과 가장 거리가 먼 것은?

① 내동해성  ② 내풍압성
③ 기밀성    ④ 수밀성

[해설]
창호는 알루미늄 혹은 플라스틱 등 건식재료를 사용하므로 물이 얼어 팽창하는 것에 견디는 등의 성능을 평가하는 내동해성은 기능검사 항목에 속하지 않는다.

**35** 미장공사에서 나타나는 결함의 유형과 가장 거리가 먼 것은?

① 균열  ② 부식
③ 탈락  ④ 백화

[해설]
부식은 주로 금속재료에서 나타내는 현상이다.

**36** 아래 그림의 형태를 가진 흙막이의 명칭은?

① H-말뚝 토류판
② 슬러리월
③ 소일콘크리트 말뚝
④ 시트파일

[해설]
보기의 형태를 가진 흙막이는 강판을 절곡하여 만든 시트파일이다.

정답  31 ①  32 ④  33 ④  34 ①  35 ②  36 ④

**37** 준관입시험에서 상대밀도의 정도가 중간(Medium)에 해당될 때의 사질지반의 N값으로 옳은 것은?

① 0~4  ② 4~10
③ 10~30  ④ 30~50

[해설]

N값에 따른 모래의 지반의 상태(상대밀도)

| N값 | 지반의 상태 |
|---|---|
| 0~4 | 몹시 느슨함 |
| 4~10 | 느슨함 |
| 10~30 | 중간(보통) |
| 50 이상 | 다진 상태 |

**38** 조적식 구조의 기초에 관한 설명으로 옳지 않은 것은?

① 내력벽의 기초는 연속기초로 한다.
② 기초판은 철근콘크리트 구조로 할 수 있다.
③ 기초판은 무근콘크리트 구조로 할 수 있다.
④ 기초벽의 두께는 최하층의 벽체 두께와 같게 하되, 250mm 이하로 하여야 한다.

[해설]

조적식 구조의 기초벽 두께는 최하층의 벽체 두께와 같게 하되, 200mm 이상으로 하여야 한다.

**39** 일반경쟁입찰의 업무순서에 따라 보기의 항목을 옳게 나열한 것은?

| A. 입찰공고 | B. 입찰등록 |
|---|---|
| C. 견적 | D. 참가등록 |
| E. 입찰 | F. 현장설명 |
| G. 개찰 및 낙찰 | H. 계약 |

① A→B→F→D→C→E→G→H
② A→D→F→C→B→E→G→H
③ A→B→C→F→D→G→E→H
④ A→D→C→F→E→G→B→H

[해설]

입찰경쟁의 업무순서
입찰공고 → 참가등록 → 현장설명 → 견적 → 입찰등록 → 입찰 → 개찰 및 낙찰 → 계약

**40** 스프레이 도장방법에 관한 설명으로 옳지 않은 것은?

① 도장거리는 스프레이 도장면에서 150mm를 표준으로 하고 압력에 따라 가감한다.
② 스프레이할 때에는 매끈한 평면을 얻을 수 있도록 하고, 항상 평행이동하면서 운행의 한 줄마다 스프레이 너비의 1/3 정도를 겹쳐 뿜는다.
③ 각 회의 스프레이 방향은 전회의 방향에 직각으로 한다.
④ 에어리스 스프레이 도장은 1회 도장에 두꺼운 도막을 얻을 수 있고 짧은 시간에 넓은 면적을 도장할 수 있다.

[해설]

도장거리는 스프레이 도장면에서 300mm를 표준으로 하고 압력에 따라 가감한다.

## 3 과목 건축구조

**41** 바람의 난류로 인해 발생되는 구조물의 동적 거동 성분을 나타내는 것으로 평균변위에 대한 최대변위의 비를 통계적인 값으로 나타낸 계수는?

① 활하중저감계수  ② 중요도계수
③ 가스트영향계수  ④ 지역계수

[해설]

가스트영향계수는 바람의 난류로 인해 발생되는 구조물의 동적 거동 성분이다.

정답 37 ③  38 ④  39 ②  40 ①  41 ③

**42** 그림과 같은 단순보의 일부 구간으로부터 떼어낸 자유물체도에서 각 좌우측면(가, 나면)에 작용하는 전단력의 방향과 그 값으로 옳은 것은?

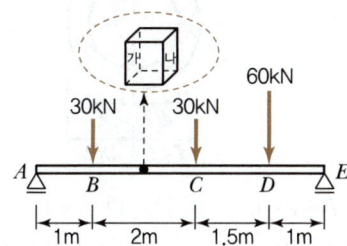

① 가 : 19.1kN(↑), 나 : 19.1kN(↓)
② 가 : 19.1kN(↓), 나 : 19.1kN(↑)
③ 가 : 16.1kN(↑), 나 : 16.1kN(↓)
④ 가 : 16.1kN(↓), 나 : 16.1kN(↑)

[해설]

전단력(S) 크기와 방향 산출
- $R_A$ 반력의 산출
  $\sum M_E = 0$
  $\sum M_E = R_A \times 5.5 - 30 \times 4.5 - 30 \times 2.5 - 60 \times 1 = 0$
  $R_A = 49.09$kN
- $S_{가}$, $S_{나}$ 산출
  $S_{가} = 49.09 - 30 = 19.09 = 19.1$kN(↑)
  $S_{나}$는 $S_{가}$의 우력(크기는 같고 방향이 반대인 힘)이므로
  $S_{나} = 19.1$(↓)이다.

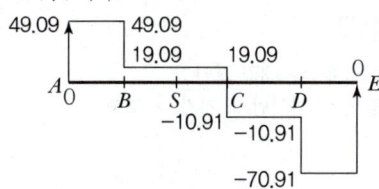

**43** 다음 그림과 같이 용접을 할 때, 용접의 목두께(a)를 구하는 식으로 옳은 것은?

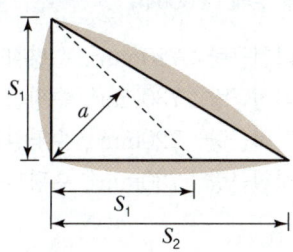

① $a = \sqrt{2S_1}$   ② $a = \sqrt{2S_2}$
③ $a = 0.7S_1$   ④ $a = 0.7S_2$

[해설]

용접의 목두께($a$)는 짧은 변을 기준으로 다음과 같이 산정한다.
$a = 0.7S_1$

**44** 다음 중 내진 I등급 구조물의 허용층간변위로 옳은 것은?(단, KDS 기준, $h_{sx}$는 $x$층 층고)

① $0.005h_{sx}$   ② $0.010h_{sx}$
③ $0.015h_{sx}$   ④ $0.020h_{sx}$

[해설]

내진등급에 따른 허용층간변위($\Delta_a$)
- 내진 특등급 : $0.010h_{sx}$
- 내진 I 등급 : $0.015h_{sx}$
- 내진 II 등급 : $0.020h_{sx}$

여기서, $h_{sx}$는 $x$층의 층고이다.

**45** 고력볼트 1개의 인장파단 한계상태에 대한 설계인장 강도는?(단, 볼트의 등급 및 호칭은 F10T, M24, $\phi = 0.75$)

① 254kN   ② 284kN
③ 304kN   ④ 324kN

[해설]

설계인장강도 산출($\phi_t P_n$)
$\phi_t P_n = \phi F_{nt} A_e = \phi(0.75 F_u) A_e$
$= 0.75(0.75 \times 1,000) \dfrac{\pi \times 24^2}{4}$
$= 254,469\text{N} = 254\text{kN}$

여기서, $F_u$ : 인장강도(MPa, N/mm²)
$A_e$ : 유효순단면적(mm²)

정답  42 ①  43 ③  44 ③  45 ①

**46** 다음 그림과 같은 띠철근 기둥의 설계 축하중($\phi P_n$) 값으로 옳은 것은?[단, $f_{ck}=24$MPa, $f_y=400$MPa, 주근 단면적($A_{st}$) : 3,000mm²]

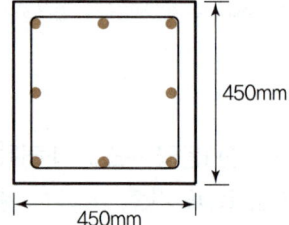

① 2,740kN  ② 2,952kN
③ 3,335kN  ④ 3,359kN

[해설]

설계축하중 $\phi P_n$ 산출
$\phi P_n = \phi 0.80[0.85f_{ck}(A_g - A_{st}) + f_y A_{st}]$
$= 0.65 \times 0.80[0.85 \times 24(450 \times 450 - 3,000) + 400 \times 3,000]$
$= 2,740,296\text{N} = 2,740\text{kN}$

**47** 다음 그림과 같이 단면적이 같은 4개의 단면을 보 부재로 각각 사용할 경우 $X$축에 대한 처짐에 가장 유리한 단면은?

① 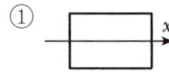  ②

③ 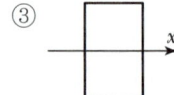  ④

[해설]

단면2차모멘트가 클 경우 처짐은 작아지므로, 단면2차모멘트가 가장 큰 값을 찾는 문제이다. 보기 중 단면적이 같을 경우 단면2차 모멘트가 가장 큰 것은 높이($h$, 축과 직각 방향)가 큰 ③이 되게 된다.

**48** 그림과 같은 원통단면의 핵반경은?

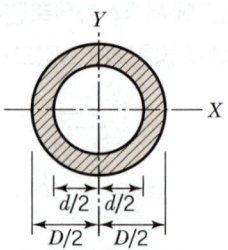

① $(D+d)/6$  ② $D/8$
③ $(D+d)/8$  ④ $(D^2+d^2)/8D$

[해설]

원통단면 핵반경 산출식
$(D^2+d^2)/8D$

여기서, $D$ : 외경, $d$ : 내경

**49** 각 지반의 허용지내력의 크기가 큰 것부터 순서대로 올바르게 나열된 것은?

| A. 자갈 | B. 모래 |
| C. 연암반 | D. 경암반 |

① B>A>C>D  ② A>B>C>D
③ D>C>A>B  ④ D>C>B>A

[해설]

지반의 허용지내력 크기
경암반 > 연암반 > 자갈 > 모래

**50** 다음 조건을 만족하는 철근콘크리트 벽체의 최소 수직철근량과 최소 수평철근량은 얼마인가?

| • 벽체 길이 : 3,000mm | • 벽체 높이 : 2,600mm |
| • 벽체 두께 : 200mm | • $f_y = 400$MPa, D16 |

① 수직철근량 : 720mm², 수평철근량 : 1,020mm²
② 수직철근량 : 730mm², 수평철근량 : 1,020mm²
③ 수직철근량 : 720mm², 수평철근량 : 1,040mm²
④ 수직철근량 : 730mm², 수평철근량 : 1,040mm²

정답  46 ①  47 ③  48 ④  49 ③  50 ③

[해설]

벽체의 최소철근량 산출
- 설계기준항복강도 400MPa 이상으로서 D16 이하의 이형철근이므로 최소 수직 철근비는 0.0012, 최소 수평 철근비는 0.0020이다.
- 최소 수직 철근량 = 벽체 길이 × 벽의 두께 × 최소 수직 철근비
  = 3,000 × 200 × 0.0012 = 720mm²
- 최소 수평 철근량 = 벽체 높이 × 벽의 두께 × 최소 수직 철근비
  = 2,600 × 200 × 0.0020 = 1,040mm²

**51** 그림과 같은 모살용접의 유효용접길이는?(단, 유효용접길이는 1면에 대해서만 산정)

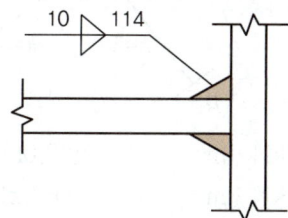

① 10mm   ② 94mm
③ 107mm  ④ 114mm

[해설]

유효용접길이($l_e$) 산출
$l_e = L - 2S = 114 - 2 \times 10 = 94\,\text{mm}$

**52** 강구조에 사용하는 강재에 대한 설명으로 틀린 것은?

① SN재는 건축물의 내진성능을 확보하기 위하여 항복점의 상한치를 제한하는 강재이다.
② TMCP 강재는 판 두께 증가에 따른 항복강도의 저감이 크게 나타난다.
③ SMA는 내후성을 높인 강재이다.
④ SM 490 B 강재의 기호 B는 충격흡수에너지를 제한하는 값에 대한 기호이다.

[해설]

TMCP 강은 용접성과 내진성이 뛰어난 극후판(두꺼운 판)의 고강도 강재로서 판 두께 증가에 따른 항복강도의 저감이 크지 않은 특성을 갖는다.

**53** 그림과 같은 단순보의 양단 수직반력을 구하면?

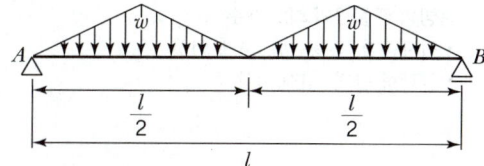

① $R_A = R_B = \dfrac{wl}{2}$   ② $R_A = R_B = \dfrac{wl}{4}$
③ $R_A = R_B = \dfrac{wl}{6}$   ④ $R_A = R_B = \dfrac{wl}{8}$

[해설]

하중이 좌우 대칭으로 균등하게 적용되므로 양단의 수직반력은 전체 작용하중의 1/2 값을 갖게 된다.

전체작용하중 $= w \times \dfrac{l}{2} \times \dfrac{1}{2} \times 2 = \dfrac{wl}{2}$

∴ 양단 수직반력 = 전체작용하중 × $\dfrac{1}{2} = \dfrac{wl}{4}$

**54** 일반 또는 경량콘크리트 휨부재의 크리프와 건조수축에 의한 추가 장기처짐 산정과 관련하여 5년 이상일 때 지속하중에 대한 시간경과계수 ξ는 얼마인가?

① 2.4   ② 2.2
③ 2.0   ④ 1.4

[해설]

시간경과계수(ξ)는 3개월 1.0, 6개월 1.2, 1년 1.4, 2년 이상 2.0의 값으로 산정한다.

정답  51 ②  52 ②  53 ②  54 ③

**55** 철근콘크리트 압축부재의 철근량 제한 조건에 따라 사각형이나 원형 띠철근으로 둘러싸인 경우 압축부재의 축방향 주철근의 최소 개수는 얼마인가?

① 2개　　　② 3개
③ 4개　　　④ 6개

[해설]

축방향 주철근의 최소 개수
- 직사각형, 원형단면 : 4개 이상
- 삼각형 단면 : 3개 이상

**56** 레티스형식 조립압축재에 관한 설명으로 옳지 않은 것은?

① 단일 래티스 부재의 세장비 $L/r$은 140 이하로 한다.
② 단일 래티스 부재의 부재축에 대한 기울기는 60° 이상으로 한다.
③ 복 래티스 부재의 세장비 $L/r$은 180 이하로 한다.
④ 복 래티스 부재의 부재축에 대한 기울기는 45° 이상으로 한다.

[해설]

복 래티스 부재의 세장비 $L/r$은 200 이하로 한다.

**57** 그림과 같은 구조물에 있어 AB부재의 재단모멘트 $M_{AB}$는?

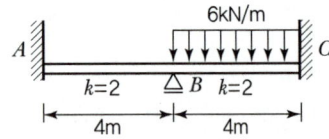

① $0.5\text{kN}\cdot\text{m}$　　　② $1\text{kN}\cdot\text{m}$
③ $1.5\text{kN}\cdot\text{m}$　　　④ $2\text{kN}\cdot\text{m}$

[해설]

AB부재의 재단모멘트($M_{AB}$) 산출
- $B$점의 불균형 모멘트(U.B.M) 산출

$$M_B = \frac{wl^2}{12} = \frac{6\times 4^2}{12} = 8\text{kN}\cdot\text{m}$$

- 분배모멘트 산출

$$M_{BA} = \frac{K_{BA}}{\Sigma K} = \frac{2}{4}\times 8 = 4\text{kN}\cdot\text{m}$$

- 도달모멘트 산출

$$M_{AB} = \frac{M_{BA}}{2} = \frac{4}{2} = 2\text{kN}\cdot\text{m}$$

**58** 그림에서 B점에 도달되는 모멘트는 얼마인가?

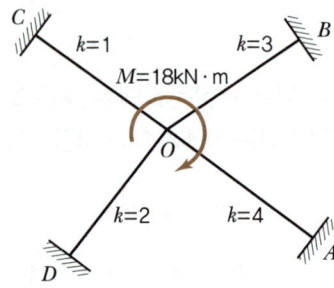

① $2.7\text{kN}\cdot\text{m}$　　　② $3.0\text{kN}\cdot\text{m}$
③ $5.4\text{kN}\cdot\text{m}$　　　④ $6.0\text{kN}\cdot\text{m}$

[해설]

B단 발생모멘트($M_B$) 산출
- 분배모멘트 산출

$$M_{OB} = \frac{K_{OB}}{\Sigma K}\times M = \frac{3}{(4+3+1+2)}\times 18 = 5.4\text{kN}\cdot\text{m}$$

- 도달(발생)모멘트 산출

$$M_B = \frac{M_{OB}}{2} = \frac{5.4}{2} = 2.7\text{kN}\cdot\text{m}$$

**59** 폭이 $b=100\text{mm}$, 높이가 $h=200\text{mm}$인 단면에 전단력 4kN이 작용할 때 최대전단응력을 구하면?

① $0.3\text{MPa}$　　　② $0.4\text{MPa}$
③ $0.5\text{MPa}$　　　④ $0.6\text{MPa}$

[해설]

최대전단응력도($V_{\max}$) 산출

$$V_{\max} = k\cdot\frac{P}{A} = \frac{3}{2}\times\frac{4\times 10^3(N)}{100\times 200} = 0.3\text{N/mm}^2 = 0.3\text{MPa}$$

여기서, 직사각형 단면일 경우 $k = \frac{3}{2}$

정답　55 ③　56 ③　57 ④　58 ①　59 ①

**60** 그림과 같은 양단고정 보에서 A점의 휨모멘트는 얼마인가?(단, 두께는 일정)

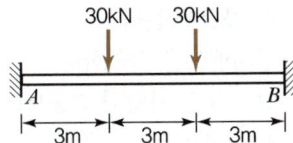

① −40kN·m  ② −50kN·m
③ −60kN·m  ④ −70kN·m

[해설]
부정정 휨모멘트 해석법에 따라 다음과 같이 산출한다.
$M_A = -\dfrac{2PL}{9} = -\dfrac{2 \times 30 \times 9}{9} = -60\text{kN} \cdot \text{m}$

## 4 과목  건축설비

**61** 건구온도 26℃인 실내공기 8,000m³/h와 건구온도 32℃인 외부공기 2,000m³/h를 단열혼합하였을 때 혼합공기의 건구온도는?

① 27.2℃  ② 27.6℃
③ 28.0℃  ④ 29.0℃

[해설]
혼합공기의 온도(℃) = $\dfrac{26 \times 8{,}000 + 32 \times 2{,}000}{8{,}000 + 2{,}000} = 27.2℃$

**62** 공동주택에서의 결로 방지방법으로 옳지 않은 것은?

① 주방벽 근처의 공기를 순환시킨다.
② 실내 세탁을 할 경우 수증기 발생을 고려하여 적절히 환기한다.
③ 발코니 측벽의 경우 열손실이 많으므로 물건 등을 쌓아서 막아 둔다.
④ 실내 공기의 포화수증기량은 온도가 높을수록 많으므로 난방을 하여 상대 습도를 낮춘다.

[해설]
발코니 측벽의 경우 물건을 쌓아둘 경우 환기가 불량해져 결로현상이 심화된다.

**63** 가스설비에 사용되는 거버너(Governor)에 관한 설명으로 옳은 것은?

① 실내에서 발생되는 배기가스를 외부로 배출시키는 장치
② 연소가 원활히 이루어지도록 외부로부터 공기를 받아들이는 장치
③ 가스가 누설되거나 지진이 발생했을 때 가스공급을 긴급히 차단하는 장치
④ 가스공급회사로부터 공급받은 가스를 건물에서 사용하기에 적합한 압력으로 조정하는 장치

[해설]
거버너(Governor)
각 건물에서 사용되는 가스기기에서 필요한 가스 압력이 서로 다를 경우에는 높은 압력으로 공급을 받아서 그대로 사용하거나 기기에 따라서는 필요한 압력으로 낮추어서 사용하기도 하는데, 이때 압력을 조정하는데 사용하는 기기를 말한다.

**64** 엘리베이터의 조작 방식 중 무운전원 방식으로 다음과 같은 특징을 갖는 것은?

> 승객 스스로 운전하는 전자동 엘리베이터로, 승강장으로부터의 호출 신호로 기동, 정지를 이루는 조작 방식이며, 누른 순서에 상관없이 각 호출에 응하여 자동적으로 정지한다.

① 단식자동방식  ② 키 스위치방식
③ 승합 전자동방식  ④ 시그널 컨트롤 방식

[해설]
승합 전자동식
승객이 직접 운전하는 전자동 엘리베이터로서, 목적층 버튼이나 승강장의 호출 신호로 시동·정지하는 방식으로, 누른 순서와는 관계없이 각 호출에 반응하여 자동적으로 정지한다.

정답  60 ③  61 ①  62 ③  63 ④  64 ③

**65** 소방시설은 소화설비, 경보설비, 피난구조설비, 소화용수설비, 소화활동설비로 구분할 수 있다. 다음 중 소화활동설비에 속하는 것은?

① 제연설비
② 비상방송설비
③ 스프링클러설비
④ 자동화재탐지설비

[해설]

② 비상방송설비 – 경보설비
③ 스프링클러설비 – 소화설비
④ 자동화재탐지설비 – 경보설비

**66** 대기압하에서 0℃의 물이 0℃의 얼음으로 될 경우의 체적변화에 관한 설명으로 옳은 것은?

① 체적이 4% 팽창한다.
② 체적이 4% 감소한다.
③ 체적이 9% 팽창한다.
④ 체적이 9% 감소한다.

[해설]

0℃ 물 → 0℃ 얼음 : 9% 팽창
이것은 얼음의 체적이 팽창하면서, 물보다 가벼워진다는 것을 의미한다. 이로서 얼음의 9%만큼이 물에 뜨게 되며, 북극 등에서 볼 수 있는 빙산을 생각하면 된다(빙산의 일각).

**67** 플러시 밸브식 대변기에 관한 설명으로 옳은 것은?

① 대변기의 연속사용이 가능하다.
② 급수관경과 급수압력에 제한이 없다.
③ 우리나라에서는 일반 주택을 중심으로 널리 채용되고 있다.
④ 탱크에 저장된 물의 낙차에 의한 수압으로 대변기를 세척하는 방식이다.

[해설]

플러시 밸브식(Flush Valve System, 세정 밸브식)
• 한 번 밸브를 누르면 일정량의 물이 나오고 잠긴다.
• 소음이 크고, 연속 사용이 가능하다.
• 급수관의 최소관경 : 25A 이상, 최소 수압 : 0.07MPa 이상

**68** 다음 중 역류를 방지하여 오염으로부터 상수계통을 보호하기 위한 방법과 가장 거리가 먼 것은?

① 토수구 공간을 둔다.
② 역류방지밸브를 설치한다.
③ 대기압식 또는 가압식 진공브레이커를 설치한다.
④ 플렉시블 조인트를 설치하거나 스위블 이음으로 배관한다.

[해설]

플랙시블 조인트와 스위블 이음은 관의 신축에 대응하기 위한 배관 방식으로서, 역류 방지 부분과는 무관하다.

**69** 다음 설명에 알맞은 유체역학의 기본 원리는?

에너지 보존의 법칙을 유체의 흐름에 적용한 것으로서 유체가 갖고 있는 운동에너지, 중력에 의한 위치에너지 및 압력에너지의 총합은 흐름 내 어디에서나 일정하다.

① 사이펀 작용
② 파스칼의 원리
③ 뉴턴의 점성법칙
④ 베르누이의 정리

[해설]

베르누이의 정리
• 정상류, 비점성, 비압축성의 유체가 유선운동을 할 때 같은 유선상의 각 지점에서의 압력수두, 속도수두, 위치수두의 합은 일정하다는 법칙이다.
• 베르누이 방정식

$$압력수두 + 속도수두 + 위치수두 = \frac{P}{\rho} + \frac{V^2}{2} + Zg = 일정$$

**70** 피뢰시스템에 관한 설명으로 옳지 않은 것은?

① 피뢰시스템은 보호성능 정도에 따라 등급을 구분한다.
② 피뢰시스템의 등급은 Ⅰ, Ⅱ, Ⅲ의 3등급으로 구분된다.
③ 수뢰부시스템은 보호범위 산정방식(보호각, 회전구체법, 메시법)에 따라 설치한다.

정답  65 ①  66 ③  67 ①  68 ④  69 ④  70 ②

④ 피보호건축물에 적용하는 피뢰시스템의 등급 및 보호에 관한 사항은 한국산업표준의 낙뢰 리스크 평가에 의한다.

[해설]

피뢰 시스템의 등급 분류(4개 등급으로 분류)

| 등급 | 시스템의 효율 |
| --- | --- |
| I | 0.98 |
| II | 0.95 |
| III | 0.90 |
| IV | 0.80 |

**71** 다음 중 서로 상이한 실에 냉난방을 동시에 해야 하는 경우 가장 적절한 공조방식은?

① VAV방식
② CAV방식
③ 유인유닛방식
④ 멀티존유닛방식

[해설]

멀티존유닛방식
- 공조기 1대로 냉·온풍을 동시에 만들어 공급하고 공조기 출구에서 각 존마다 필요한 냉·온풍을 혼합하여 각각의 덕트로 송풍하는 방식이다.
- 중간규모 이하의 건물에 사용한다(서로 상이한 실에 냉난방을 동시에 해야 하는 경우 적합).

**72** 이산화탄소의 실내공기질 유지기준으로 옳은 것은?(단, 다중이용시설 중 실내주차장의 경우)

① 200ppm 이하
② 500ppm 이하
③ 1,000ppm 이하
④ 2,000ppm 이하

[해설]

다중이용시설 중 실내주차장뿐만 아니라, 다중이용시설 전 부분에서 이산화탄소의 실내공기질 유지기준은 1,000ppm 이하이다.

**73** 전기 샤프트(ES)에 관한 설명으로 옳지 않은 것은?

① 전기 샤프트(ES)는 각 층마다 같은 위치에 설치한다.
② 전기 샤프트(ES)의 면적은 보, 기둥 부분을 제외하고 산정한다.
③ 전기 샤프트(ES)는 전력용(EPS)과 정보통신용(TPS)을 공용으로 설치하는 것이 원칙이다.
④ 전기 샤프트(ES)의 점검구는 유지보수 시 기기의 반입 및 반출이 가능하도록 하여야 한다.

[해설]

전기 샤프트(ES, Electrical Shaft)는 용도별로 전력용(EPS)과 정보통신용(TPS)으로 구분하여 설치하는 것이 원칙이다. 다만, 각 용도의 설치 장비 및 배선이 적은 경우는 공용으로도 사용이 가능하다.

**74** 변전실의 위치에 관한 설명으로 옳지 않은 것은?

① 습기와 먼지가 적은 곳일 것
② 전기 기기의 반·출입이 용이한 곳일 것
③ 가능한 한 부하의 중심에서 먼 곳일 것
④ 외부로부터 전원의 인입이 쉬운 곳일 것

[해설]

변전실은 가능한 한 부하의 중심에서 가까운 곳에 설치한다.

**75** 고가수조 급수방식에서 물 공급 순서로 옳은 것은?

① 상수도 → 저수조 → 펌프 → 고가수조 → 위생기구
② 상수도 → 고가수조 → 펌프 → 저수조 → 위생기구
③ 상수도 → 고가수조 → 저수조 → 펌프 → 위생기구
④ 상수도 → 저수조 → 고가수조 → 펌프 → 위생기구

[해설]

고가수조 급수방식의 물 공급순서는 상수도 → 저수조 → 펌프 → 고가수조 → 위생기구이다.

정답 71 ④  72 ③  73 ③  74 ③  75 ①

**76** 급수설비에서 역류를 방지하여 오염으로부터 상수계통을 보호하기 위한 방법으로 옳지 않은 것은?

① 토수구 공간을 둔다.
② 각개통기관을 설치한다.
③ 역류방지밸브를 설치한다.
④ 가압식 진공브레이커를 설치한다.

[해설]
각개통기관은 배수를 원활히 하기 위해 각 위생기구마다 통기관을 접속하는 통기방식으로서, 급수설비의 역류방지와는 상관없다.

**77** 급기온도를 일정하게 하고 송풍량을 변화시켜서 실내온도를 조절하는 공기조화방식은?

① FCU 방식
② 이중덕트방식
③ 정풍량 단일덕트방식
④ 변풍량 단일덕트방식

[해설]
단일덕트방식
- 정풍량 방식(CAV 방식) : 풍량을 고정하고, 온도를 가변하는 방식
- 변풍량 방식(VAV 방식) : 풍량을 가변하고, 온도를 고정하는 방식

**78** 스프링클러설비를 설치하여야 하는 특정소방대상물의 최대 방수구역에 설치된 개방형스프링클러헤드의 개수가 30개일 경우, 스프링클러 설비의 수원의 저수량은 최소 얼마 이상으로 하여야 하는가?

① $16m^3$
② $32m^3$
③ $48m^3$
④ $56m^3$

[해설]
스프링클러의 수원의 저수량
스프링클러는 초기 화재 진화를 위하여 사용되는 설비로서, 헤드마다 분당 80L의 물을 20분간 분사할 수 있는 수원을 확보하고 있어야 한다.
80L/min×20min×30(헤드 수)=48,000L=$48m^3$

**79** 조명설비의 광원 중 할로겐램프에 관한 설명으로 옳지 않은 것은?

① 휘도가 낮다.
② 백열전구에 비해 수명이 길다.
③ 연색성이 좋고 설치가 용이하다.
④ 흑화가 거의 일어나지 않고 광속이나 색온도의 저하가 극히 적다.

[해설]
할로겐램프는 휘도가 높고 연색성이 좋은 특징을 갖는다.

**80** 광속이 2,000lm인 백열전구로부터 2m 떨어진 책상에서 조도를 측정하였더니 200lx이었다. 이 책상을 백열전구로부터 4m 떨어진 곳에 놓고 측정하였을 때 조도는?

① 50lx
② 100lx
③ 150lx
④ 200lx

[해설]
조도는 광도에 비례하고, 거리의 제곱에 반비례한다.
$$조도(E)=\frac{광도(I)}{거리(D)^2}$$
이에 광원과의 거리가 2m → 4m로 2배 멀어졌기 때문에 조도는 1/4배(200lx → 50lx)로 감소하게 된다.

## 5과목 건축법규

**81** 다음 중 신고대상에 속하는 용도변경은?

① 영업시설군에서 문화 및 집회시설군으로 용도변경
② 근린생활시설군에서 주거업무시설군으로 용도변경
③ 산업 등의 시설군에서 자동차관련시설군으로 용도변경
④ 교육 및 복지시설군에서 전기통신시설군으로 용도변경

[해설]

근린생활시설군에서 주거업무시설군으로의 용도변경은 하위 시설군으로의 용도변경이므로 신고대상에 속한다.

**82** 주차장법 시행규칙상 노외주차장의 출구 및 입구를 설치하여서는 아니 되는 장소 기준으로 옳지 않은 것은?

① 횡단보도로부터 5m 이내에 있는 도로의 부분
② 「도로교통법」의 관련 규정에 해당하는 도로의 부분
③ 너비 8m 미만이고 종단 기울기가 8%를 초과하는 도로
④ 유치원, 초등학교 등의 출입구로부터 20m 이내에 있는 도로의 부분

[해설]

노외주차장의 설치에 대한 계획기준(「주차장법 시행규칙」 제5조) 주차대수 400대를 초과하는 규모의 노외주차장의 경우에는 노외주차장의 출구와 입구를 각각 따로 설치하여야 한다. 다만, 출입구의 너비의 합이 5.5m 이상으로서 출구와 입구가 차선 등으로 분리되는 경우에는 함께 설치할 수 있다.

**83** 높이가 31m를 넘는 각 층의 바닥면적 중 최대바닥면적이 4,500m²인 건축물에 원칙적으로 설치하여야 하는 비상용 승강기의 최소 대수는?

① 1대   ② 2대
③ 3대   ④ 5대

[해설]

높이 31m를 넘는 각 층의 바닥면적에 대하여 최대 바닥면적 중 1,500m²까지 기본 1대 설치, 추가 3,000m²마다 1대를 추가한다.

$$N = 기본대수 + \frac{적용\ 바닥면적 - 기본면적}{추가면적}$$
$$= 1 + \frac{4,500 - 1,500}{3,000} = 2대$$

**84** 다음 설명에 알맞은 용도지구의 세분은?

건축물·인구가 밀집되어 있는 지역으로서 시설 개선 등을 통하여 재해 예방이 필요한 지구

① 일반방재지구
② 시가지방재지구
③ 중요시설물보호지구
④ 역사문화환경보호지구

[해설]

시가지방재지구
건축물·인구가 밀집되어 있는 지역으로서 시설 개선 등을 통하여 재해 예방이 필요한 지구이다.

**85** 국토의 계획 및 이용에 관한 법률상 다음과 같이 정의되는 것은?

도시·군 계획수립 대상지역의 일부에 대하여 토지이용을 합리화하고 그 기능을 증진시키며 미관을 개선하고 양호한 환경을 확보하며, 그 지역을 체계적·계획적으로 관리하기 위하여 수립하는 도시·군 관리계획

① 광역도시계획
② 지구단위계획
③ 도시·군기본계획
④ 입지규제최소구역계획

정답   81 ②   82 ③   83 ②   84 ②   85 ②

[해설]

지구단위계획
- 도시·군 계획수립 대상지역의 일부에 대하여 토지이용을 합리화하고 그 기능을 증진시키며 미관을 개선하고 양호한 환경을 확보하며, 그 지역을 체계적·계획적으로 관리하기 위하여 수립하는 도시·군 관리계획을 말한다.
- 지구단위계획구역 및 지구단위계획은 도시·군 관리계획으로 결정하며, 국토교통부장관, 시·도지사, 시장 또는 군수는 지구단위계획구역을 지정할 수 있다.

**86** 다음은 주차장 수급 실태 조사의 조사 구역에 관한 설명이다. (　) 안에 알맞은 것은?

> 사각형 또는 삼각형 형태로 조사 구역을 설정하되 조사구역 바깥 경계선의 최대거리가 (　)를 넘지 아니하도록 한다.

① 100m　　② 200m
③ 300m　　④ 400m

[해설]

조사 구역 설정 기준[주차장법 시행규칙 제1조의 2]
- 사각형 또는 삼각형 형태로 조사 구역을 설정하되 조사 구역 바깥 경계선의 최대거리가 300m를 넘지 않도록 할 것
- 각 조사 구역은 도로를 경계로 구분할 것
- 아파트단지와 단독주택단지가 섞여 있는 지역 또는 주거기능과 상업·업무기능이 섞여 있는 지역의 경우에는 주차시설 수급의 적정성, 지역적 특성 등을 고려하여 같은 특성을 가진 지역별로 조사 구역을 설정할 것

**87** 건축법령상 고층건축물의 정의로 옳은 것은?

① 층수가 30층 이상이거나 높이가 90m 이상인 건축물
② 층수가 30층 이상이거나 높이가 120m 이상인 건축물
③ 층수가 50층 이상이거나 높이가 150m 이상인 건축물
④ 층수가 50층 이상이거나 높이가 200m 이상인 건축물

[해설]

- 고층 건축물 : 층수가 30층 이상이거나 높이가 120m 이상인 건축물
- 초고층 건축물 : 층수가 50층 이상이거나 높이가 200m 이상인 건축물
- 준초고층 건축물 : 고층 건축물 중 초고층 건축물이 아닌 것

**88** 다음 중 건축물 관련 건축기준의 허용되는 오차 범위(%)가 가장 큰 것은?

① 평면 길이
② 출구 너비
③ 반자 높이
④ 바닥판 두께

[해설]

- 평면 길이 : 2% 이내
- 출구 너비 : 2% 이내
- 반자 높이 : 2% 이내
- 바닥판 두께 : 3% 이내

**89** 공작물을 축조할 때 특별자치시장·특별자치도지사 또는 시장·군수·구청장에게 신고를 하여야 하는 다생 공작물 기준으로 옳지 않은 것은?(단, 건축물과 분리하여 축조하는 경우)

① 높이 6m를 넘는 굴뚝
② 높이 4m를 넘는 광고탑
③ 높이 3m를 넘는 장식탑
④ 높이 2m를 넘는 옹벽 또는 담장

[해설]

높이 4m를 넘는 장식탑을 기준으로 한다.

정답　86 ③　87 ②　88 ④　89 ③

**90** 태양열을 주된 에너지원으로 이용하는 주택의 건축면적 산정 시 기준이 되는 것은?

① 건축물 외벽의 외곽선
② 건축물의 외벽 중 내측 내력벽의 중심선
③ 건축물의 외벽 중 외측 비내력벽의 중심선
④ 건축물 외벽의 내력벽과 비내력벽의 경계선

[해설]
**태양열 주택, 외단열공법 건축물의 건축면적 산정방법**
태양열을 주된 에너지원으로 이용하는 주택, 창고 중 물품을 입출고하는 부위의 상부에 한쪽 끝은 고정되고 다른 쪽 끝은 지지되지 아니한 구조로 설치된 돌출차양, 단열재를 구조체의 외기 측에 설치하는 단열공법으로 건축된 건축물을 건축물의 외벽 중 내측 내력벽의 중심선을 기준으로 한다.

**91** 다음의 옥상광장 등의 설치에 관한 기준 내용 중 ( ) 안에 알맞은 것은?

> 옥상광장 또는 2층 이상인 층에 있는 노대나 그 밖에 이와 비슷한 것의 주위에는 높이 ( ) 이상의 난간을 설치하여야 한다. 다만, 그 노대 등에 출입할 수 없는 구조인 경우에는 그러하지 아니한다.

① 1.0m  ② 1.2m
③ 1.5m  ④ 1.8m

[해설]
옥상광장의 난간의 높이
1.2m 이상(노대 등에 출입할 수 없는 구조인 경우 제외)

**92** 건축물과 해당 건축물 용도의 연결이 옳지 않은 것은?

① 주유소 - 자동차관련시설
② 야외음악당 - 관광휴게시설
③ 치과의원 - 제1종 근린생활시설
④ 일반음식점 - 제2종 근린생활시설

[해설]
주유소는 위험물 저장 및 처리시설에 속한다.

**93** 문화 및 집회시설 중 공연장의 개별관람석에 다음과 같이 출구를 설치하였을 경우 옳은 것은?(단, 개별관람석의 바닥면적은 900m²이다.)

① 출구를 1개소 설치하였다.
② 각 출구의 유효너비를 2.4m로 하였다.
③ 출구로 쓰이는 문을 안여닫이로 하였다.
④ 출구의 유효너비의 합계를 5.0m로 하였다.

[해설]
- 관람석별로 2개소 이상 설치해야 한다.
- 각 출구의 유효너비는 1.5m 이상으로 한다.
- 건축물의 관람석 또는 집회실로부터 바깥쪽으로의 출구로 쓰이는 문은 안여닫이로 하여서는 아니 된다.
- 개별관람석 유효너비 합계 = (900/100)×0.6 = 5.4m
- ※ 개별 관람석 출구의 유효너비의 합계
  [개별 관람석의 면적(m²)/100m²]×0.6m(이상)

**94** 세대의 구분이 불분명한 건축물로 주거에 쓰이는 바닥면적의 합계가 300m²인 주거용 건축물의 음용수용 급수관 지름의 최소 기준은?

① 20mm
② 25mm
③ 32mm
④ 40mm

[해설]
주거에 쓰이는 바닥면적의 합계가 300m²일 경우 5가구로 간주하므로 25mm가 최소 관지름이 된다.

※ 주거용 건축물 급수관의 지름

| 가구 또는 세대수 | 1 | 2·3 | 4·5 | 6~8 | 9~16 | 17 이상 |
|---|---|---|---|---|---|---|
| 급수관 지름의 최소기준(mm) | 15 | 20 | 25 | 32 | 40 | 50 |

**정답** 90 ② 91 ② 92 ① 93 ② 94 ②

**95** 상업지역 및 주거지역에서 건축물에 설치하는 냉방시설 및 환기시설의 배기구를 설치하는 높이 기준으로 옳은 것은?

① 도로면으로부터 1.5m 이상
② 도로면으로부터 2.0m 이상
③ 건축물 1층 바닥에서 1.5m 이상
④ 건축물 1층 바닥에서 2.0m 이상

[해설]
상업지역 및 주거지역에서 건축물에 설치하는 냉방시설 및 환기시설의 배기구와 배기장치의 설치기준
- 배기구는 도로면으로부터 2m 이상의 높이에 설치한다.
- 배기장치에서 나오는 열기가 인근 건축물의 거주자나 보행자에게 직접 닿지 아니하도록 한다.

**96** 다음의 직통계단의 설치에 관한 기준 내용 중 밑줄 친 "다음 각 호의 어느 하나에 해당하는 용도 및 규모의 건축물"의 기준 내용으로 옳지 않은 것은?

> 법 제49조제1항에 따라 피난층 외의 층이 <u>다음 각 호의 어느 하나에 해당하는 용도 및 규모의 건축물</u>에는 국토교통부령으로 정하는 기준에 따라 피난층 또는 지상으로 통하는 직통계단을 2개소 이상 설치하여야 한다.

① 지하층으로서 그 층 거실의 바닥면적의 합계가 200m² 이상인 것
② 종교시설의 용도로 쓰는 층으로서 그 층에서 해당 용도로 쓰는 바닥면적의 합계가 200m² 이상인 것
③ 숙박시설의 용도로 쓰는 3층 이상의 층으로서 그 층의 해당 용도로 쓰는 거실의 바닥면적의 합계가 200m² 이상인 것
④ 업무시설 중 오피스텔의 용도로 쓰는 층으로서 그 층의 해당 용도로 쓰는 거실의 바닥면적의 합계가 200m² 이상인 것

[해설]
업무시설 중 오피스텔의 용도로 쓰는 층으로서 그 층의 해당 용도로 쓰는 거실의 바닥면적의 합계가 300m² 이상인 것이 해당한다.

**97** 주차장의 장애인전용 주차단위구획 기준으로 옳은 것은?(단, 평행주차형식 외의 경우)

① 너비 2.3m 이상, 길이 5m 이상
② 너비 2.3m 이상, 길이 6m 이상
③ 너비 3.3m 이상, 길이 5m 이상
④ 너비 3.3m 이상, 길이 6m 이상

[해설]
주차장의 주차단위 구획(평행주차형식 외의 경우)

| 구분 | 너비 | 길이 |
|---|---|---|
| 경형 | 2.0m 이상 | 3.6m 이상 |
| 일반형 | 2.5m 이상 | 5.0m 이상 |
| 확장형 | 2.6m 이상 | 5.2m 이상 |
| 장애인 전용 | 3.3m 이상 | 5.0m 이상 |
| 이륜자동차 전용 | 1.0m 이상 | 2.3m 이상 |

**98** 광역도시계획의 수립권자 기준에 대한 내용으로 틀린 것은?

① 광역계획권이 같은 도의 관할 구역에 속하여 있는 경우, 관할 시장 또는 군수가 공동으로 수립한다.
② 국가계획과 관련된 광역도시계획의 수립이 필요한 경우 국토교통부장관이 수립한다.
③ 광역계획권을 지정한 날부터 2년이 지날 때까지 관할 시장 또는 군수로부터 광역도시계획의 승인 신청이 없는 경우 국토교통부장관이 수립한다.
④ 광역계획권이 둘 이상의 시·도의 관할 구역에 걸쳐 있는 경우, 관할 시·도지사가 공동으로 수립한다.

[해설]
광역도시계획의 수립권자[국토의 계획 및 이용에 관한 법률 제11조]
국가계획과 관련된 광역도시계획의 수립이 필요한 경우나 광역계획권을 지정한 날부터 3년이 지날 때까지 관할 시·도지사로부터 광역도시계획의 승인 신청이 없는 경우 국토교통부장관이 수립한다.

정답  95 ②  96 ④  97 ③  98 ③

**99** 주요구조부가 내화구조 또는 불연재료로 된 건축물로서 국토교통부령으로 정하는 기준에 따라 내화구조로 된 바닥·벽 및 60+ 방화문 또는 60분 방화문으로 구획하여야 하는 연면적 기준은?

① 400m² 초과
② 500m² 초과
③ 1,000m² 초과
④ 1,500m² 초과

[해설]

**방화구획 방법**
주요 구조부가 내화구조 또는 불연재료로 된 건축물로 연면적이 1,000m²가 넘는 것은 다음과 같이 내화구조의 바닥, 벽 및 60+ 방화문 또는 60분 방화문(자동셔터 포함)으로 구획하여야 한다.

**100** 용도지역의 세분에 있어 주거기능을 위주로 이를 지원하는 일부 상업기능 및 업무기능을 보완하기 위하여 필요한 지역은?

① 준주거지역
② 전용주거지역
③ 일반주거지역
④ 유통상업지역

[해설]

② 전용주거지역 : 양호한 주거환경을 보호하기 위하여 필요한 지역
③ 일반주거지역 : 편리한 주거환경을 조성하기 위하여 필요한 지역
④ 유통상업지역 : 도시 내 및 지역 간 유통기능의 증진을 위하여 필요한 지역

정답 99 ③ 100 ①

# 10 제10회 CBT 실전모의고사

## 1과목 건축계획

**01** 다음 설명에 알맞은 공장건축의 레이아웃(Layout) 형식은?

> • 생산에 필요한 모든 공정, 기계기구를 제품의 흐름에 따라 배치한다.
> • 대량생산에 유리하며 생산성이 높다.

① 혼성식 레이아웃
② 고정식 레이아웃
③ 제품 중심의 레이아웃
④ 공정 중심의 레이아웃

[해설]

제품 중심의 레이아웃(연속 작업식)
• 생산에 필요한 모든 공정과 기계기구류를 제품의 흐름에 따라 배치하는 형식이다.
• 대량생산이 가능하며 생산단가가 싸다.
• 공정 간에 시간적, 수량적 밸런스가 좋다.
• 생산성이 높고 공정시간이 단축된다.
• 사용자의 조건이 무시된다.
• 주문생산 및 소량, 다품종 생산이 무시된다.

**02** 다음은 극장의 가시거리에 관한 설명이다. ( ) 안에 알맞은 것은?

> 연극 등을 감상하는 경우 연기자의 표정을 읽을 수 있는 가시한계는 ( ㉠ )m 정도이다. 그러나 실제적으로 극장에서는 잘 보여야 되는 동시에 많은 관객을 수용해야 하므로 ( ㉡ )m까지를 1차 허용한도로 한다.

① ㉠ 15, ㉡ 22
② ㉠ 20, ㉡ 35
③ ㉠ 22, ㉡ 35
④ ㉠ 22, ㉡ 38

[해설]

• 가시한계 거리
 – 연기자의 표정이나 세밀한 동작을 볼 수 있는 생리적 한도 구역으로서, 보통 15m 정도를 한도로 한다.
 – 아동극 또는 인형극 등 연기자의 표정이나 세밀한 동작을 파악해야 하는 경우 이 한도 내에서 관람석이 계획되어야 한다.

• 1차 허용한도 거리
 실제 극장에서는 잘 보여야 되는 것과 동시에 될수록 많은 관객을 수용해야 하는 요구가 있으며, 이에 따라 22m까지가 1차 허용한도가 되고, 현대극, 소규모의 국악, 실내악 등은 이 범위 내에 객석을 두어야 한다.

**03** 도서관 출납 시스템에 관한 설명으로 옳지 않은 것은?

① 자유 개가식은 책 내용의 파악 및 선택이 자유롭다.
② 자유 개가식은 서가의 정리가 잘 안 되면 혼란스럽게 된다.
③ 폐가식은 규모가 큰 도서관의 독립된 서고의 경우에 채용한다.
④ 폐가식은 서가나 열람실에서 감시가 필요하나 대출절차가 간단하여 관원의 작업량이 적다.

[해설]

폐가식(Closed Access)은 열람자가 제출한 목록에 의해 관원이 책을 꺼내 주는 방식으로 열람자는 서가에 접근할 수 없다. 그러므로 열람자가 책을 볼 동안 감시할 필요가 없다.

**04** 근린생활권의 위계 중에서 주민 간에 면식이 가능한 최소단위의 생활권이라 할 수 있고, 유치원·어린이공원 등을 공유하는 반경 약 250m가 설정 기준이 되는 것은?

① 인보구
② 근린기초구
③ 근린분구
④ 근린주구

[해설]

유치원과 어린이공원 등을 공유하는 생활권의 크기는 근린분구이다.

**05** 어느 학교의 1주간의 평균 수업 시간이 40시간인데 제도교실이 사용되는 시간은 20시간이다. 그 중 4시간은 다른 과목을 위해 사용된다. 제도교실의 이용율과 순수율은 각각 얼마인가?

정답  01 ③  02 ①  03 ④  04 ③  05 ③

① 이용율 20%, 순수율 50%
② 이용율 50%, 순수율 20%
③ 이용율 50%, 순수율 80%
④ 이용율 80%, 순수율 50%

[해설]

- 이용률 = $\dfrac{\text{교실이 사용되고 있는 시간}}{\text{1주간의 평균 수업 시간}} \times 100(\%)$

  = $\dfrac{20}{40} \times 100(\%) = 50\%$

- 순수율 = $\dfrac{\text{일정한 교과를 위해 사용되는 시간}}{\text{그 교실이 사용되는 시간}} \times 100(\%)$

  = $\dfrac{20-4}{20} \times 100(\%) = 80\%$

**06** 종합병원의 외래진료부를 클로즈드 시스템(Closed System)으로 계획할 경우 고려할 사항으로 가장 부적절한 것은?

① 1층에 두는 것이 좋다.
② 부속 진료시설을 인접하게 한다.
③ 약국, 회계 등은 정면출입구 근처에 설치한다.
④ 외과 계통은 소진료실을 다수 설치하도록 한다.

[해설]

외과 계통의 각 과는 1실에서 다수의 환자를 볼 수 있도록 대실(大室) 형태로 계획한다.

**07** 다음과 같은 특징을 갖는 부엌의 평면형은?

- 작업 시 몸을 앞뒤로 바꾸어야 하는 불편이 있다.
- 식당과 부엌이 개방되지 않고 외부로 통하는 출입구가 필요한 경우에 많이 쓰인다.

① 일렬형  ② ㄱ자형
③ 병렬형  ④ ㄷ자형

[해설]

**병렬형**

| 장점 | 단점 |
|---|---|
| 좁은 면적의 부엌에서 동선을 단축시킬 수 있다. | 몸을 돌려가며 작업을 해야 한다. |

**08** 아파트의 평면형식 중 계단실형에 관한 설명으로 옳은 것은?

① 대지에 대한 이용률이 가장 높은 유형이다.
② 통행을 위한 공용면적이 크므로 건물의 이용도가 낮다.
③ 각 세대가 양쪽으로 개구부를 계획할 수 있는 관계로 통풍이 양호하다.
④ 엘리베이터를 공용으로 사용하는 세대가 많으므로 엘리베이터의 효율이 높다.

[해설]

**홀형(계단실형)**
계단실 혹은 엘리베이터 홀로부터 단위 주호(세대)로 들어가는 형식으로서 특징은 아래와 같다.

| | |
|---|---|
| 장점 | • 프라이버시 양호<br>• 통행부 면적이 작아서 건물의 이용도가 높음<br>• 각 단위 주거가 자연 조건 등에 균등한 방향으로 배치되어 일조, 통풍에 유리(각 세대가 양쪽으로 개구부 계획 가능) |
| 단점 | • 엘리베이터 이용률이 낮음<br>• 고층 아파트일 경우 각 계단실(홀)마다 엘리베이터를 설치해야 하므로 시설비가 많이 듦 |

**09** 건축물의 에너지절약을 위한 계획 내용으로 옳지 않은 것은?

① 공동주택은 인동간격을 넓게 하여 저층부의 일사 수열량을 증대시킨다.
② 건축물의 체적에 대한 외피면적의 비 또는 연면적에 대한 외피면적의 비는 가능한 크게 한다.
③ 건축물은 대지의 향, 일조 및 주풍향 등을 고려하여 배치하며, 남향 또는 남동향 배치를 한다.
④ 거실의 층고 및 반자 높이는 실의 용도와 기능에 지장을 주지 않는 범위 내에서 가능한 낮게 한다.

[해설]

외피를 통한 에너지 손실이 많기 때문에, 가급적 외피면적비를 작게 하는 것이 에너지절약을 위한 계획에 유리하다.

**10** 오토 바그너(Otto Wagner)가 주장한 근대 건축의 설계지침 내용으로 옳지 않은 것은?

① 경제적인 구조
② 그리스 건축양식의 복원
③ 시공재료의 적당한 선택
④ 목적을 정확히 파악하고 완전히 충족시킬 것

[해설]
오토 바그너(Otto Wagner)는 과거 양식과의 분리와 해방을 주창하는 비인 분리파(Wien Sezession)로 활동하였다.

**11** 상점의 매장 및 정면구성에서 요구되는 AIDMA법칙의 내용으로 옳지 않은 것은?

① Memory      ② Interest
③ Attention    ④ Attraction

[해설]
상점의 파사드 구성상 필요한 다섯 가지 광고 요소(AIDMA 법칙)
• A(Attention, 주의) : 주목시키는 배려
• I(Interest, 흥미) : 공감을 주는 호소력
• D(Desire, 욕망) : 욕구를 일으키는 연상
• M(Memory, 기억) : 인상적인 변화
• A(Action, 행동) : 들어가기 쉬운 구성

**12** 학교 건축계획에서 그림과 같은 평면 유형을 갖는 학교운영방식은?

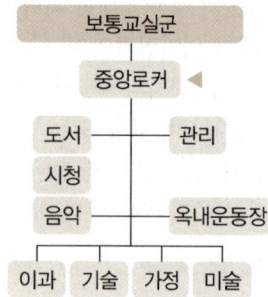

① 달톤형          ② 플래툰형
③ 교과교실형      ④ 종합교실형

[해설]
플래툰형은 전 학급을 2분단으로 나누고 한편이 일반교실을 사용 할 때 다른 한편은 특별교실을 이용하는 방식으로서, 일반교실을 이용하는 편은 이동이 없으므로 교과교실형에 비해 전체적인 이동량은 적다는 특징을 갖고 있다.

**13** 다음 설명에 알맞은 국지도로의 유형은?

> 불필요한 차량 진입이 배제되는 이점을 살리면서 우회도로가 없는 Cul-de-sac형의 결점을 개량하여 만든 패턴으로서 보행자의 안전성 확보가 가능하다.

① Loop형         ② 격자형
③ T자형          ④ 간선분리형

[해설]
Loop형은 불필요한 차량 진입이 배제되는 이점을 살리면서 우회도로가 없는 쿨데삭(Cul-de-sac)형의 결점을 개량하여 만든 형식이다.

**14** 연극을 감상하는 경우 배우의 표정이나 동작을 상세히 감상할 수 있는 시각 한계는?

① 3m            ② 5m
③ 10m           ④ 15m

[해설]
가시한계 거리(시각 한계)
• 연기자의 표정이나 세밀한 동작을 볼 수 있는 생리적 한도 구역으로서, 보통 15m 정도를 한도로 한다.
• 아동극 또는 인형극 등 연기자의 표정이나 세밀한 동작을 파악해야 하는 경우 이 한도 내에서 관람석이 계획되어야 한다.

**15** 다음 중 다포식(多包式) 건물에 속하지 않는 것은?

① 서울 동대문
② 창덕궁 돈화문
③ 전등사 대웅전
④ 봉정사 극락전

정답  10 ②  11 ④  12 ②  13 ①  14 ④  15 ④

[해설]

안동 봉정사 극락전은 고려시대 건축물로 주심포식 양식을 적용하였으며, 현존하는 목조 건축물 중 가장 오래되었다.

**16** 백화점 매장에 에스컬레이터를 설치할 경우 설치 위치로 가장 알맞은 곳은?

① 매장의 한쪽 측면
② 매장의 가장 깊은 곳
③ 백화점의 계단실 근처
④ 백화점의 주 출입구와 엘리베이터존의 중간

[해설]

에스컬레이터의 위치는 주 출입구와 엘리베이터의 중간에 설치하는 것이 좋으며, 매장의 중앙에 가까운 장소로서 매장 전체를 쉽게 볼 수 있어야 한다.

**17** 사무소 건축에서 3중지역 배치(Triple Zone Layout)에 관한 설명으로 옳지 않은 것은?

① 서비스부분을 중심에 위치하도록 한다.
② 고층사무소 건축의 전형적인 해결방식이다.
③ 부가적인 인공조명과 기계환기가 필요하다.
④ 대여사무실을 포함하는 건물에 가장 적합하다.

[해설]

3중 지역 배치(2중 복도식, Triple Zone Layout) 방식은 임대효율이 떨어지므로 전용 사무소에 적합하다.

※ 3중 지역 배치(2중 복도식, Triple Zone Layout)
- 고층 건물에 사용되며, 교통시설과 위생설비는 건물 내부 제3지역 또는 중심에 위치한다.
- 코어에 설비 종류를 집중시켜 실배치가 자유롭고, 경제적이며 구조적 이점이 있다.
- 임대효율이 떨어지므로 전용 사무소에 적합하다.
- 사무소 내의 인공조명 및 기계환기 등의 설비가 필요하다.

**18** 한국전통건축의 지붕양식에 관한 설명으로 옳은 것은?

① 팔작지붕은 원초적인 지붕형태로 원시움집에서부터 사용되었다.
② 모임지붕은 용마루와 내림마루가 있고 추녀마루만 없는 형태이다.
③ 맞배지붕은 용마루와 추녀마루로만 구성된 지붕으로 주로 다포식 건물에 사용되었다.
④ 우진각지붕은 네 면에 모두 지붕면이 있으며 전후 지붕면은 사다리꼴이고 양측 지붕면은 삼각형이다.

[해설]

① 팔작지붕은 우진각지붕 위에 맞배지붕을 올려놓은 것과 같은 형태의 지붕으로서 조선 시대 다포식 건축물에 많이 적용되었다. 원초적인 지붕형태로 원시움집에서부터 사용된 것은 우진각지붕에 대한 설명이다.
② 모임지붕은 용마루 없이 하나의 꼭짓점에서 지붕골이 만나는 지붕형태로서 용마루와 내림마루가 없고 추녀마루만으로 구성된 지붕의 형태를 띤다.
③ 맞배지붕은 건물의 앞뒤에서만 지붕면이 보이고 용마루와 내림마루로만으로 구성되었으며 주로 주심포식 건축물에 적용되었다.

**19** 다음 중 주거공간의 효율을 높이고 데드 스페이스(Dead Space)를 줄이는 방법과 가장 거리가 먼 것은?

① 유닛 가구를 활용한다.
② 가구와 공간의 치수체계를 통합한다.
③ 기능과 목적에 따라 독립된 실로 계획한다.
④ 침대, 계단 밑 등을 수납공간으로 활용한다.

[해설]

데드 스페이스(Dead Space)를 최대한 줄이기 위해서는 여러 가지 기능이 혼합된 실(室) 계획이 필요하다.

**20** 페리의 근린주구이론의 내용으로 옳지 않은 것은?

① 주민에게 적절한 서비스를 제공하는 1~2개소 이상의 상점가를 주요도로의 결절점에 배치하여야 한다.
② 내부 가로망은 단지 내의 교통량을 원활히 처리하고 통과교통에 사용되지 않도록 계획되어야 한다.
③ 근린주구의 단위는 통과교통이 내부를 관통하지 않고 용이하게 우회할 수 있는 충분한 넓이의 간선도로에 의해 구획되어야 한다.
④ 근린주구는 하나의 중학교가 필요하게 되는 인구에 대응하는 규모를 가져야 하고, 그 물리적 크기는 인구밀도에 의해 결정되어야 한다.

[해설]
근린주구는 하나의 초등학교가 필요하게 되는 인구에 대응하는 규모를 가져야 하고 그 물리적 크기는 인구밀도에 의해 결정된다.

## 2 과목 건축시공

**21** 표준관입시험(SPT)에 대한 설명으로 옳은 것은?

① 점토지반에서는 표준관입시험이 불가능하다.
② 추의 낙하높이는 100cm이다.
③ 모래지반의 상대밀도를 직접 측정하는 방법이다.
④ N값은 샘플러를 30cm 관입하는 데 소요되는 타격횟수이다.

[해설]
① 주로 사질지반에서 실시하지만, 점토지반에서도 표준관입시험의 실시가 가능하다.
② 추의 낙하높이는 76cm이다.
③ 모래지반의 상대밀도를 샘플러의 관입 정도를 통해 간접적으로 측정하는 방법이다.

**22** 금속 커튼월의 Mock Up Test에 있어 기본성능 시험의 항목에 해당되지 않는 것은?

① 정압수밀시험    ② 방재시험
③ 구조시험       ④ 기밀시험

[해설]
금속 커튼월의 Mock Up Test의 기본성능 시험 항목
예비시험, 기밀시험, 정압수밀시험, 동압수밀시험, 구조시험, 잔류변위시험, 층간변위시험, 결로저항성시험 등이 있다.

**23** 토공사를 수행할 경우 주의해야 할 현상으로 가장 거리가 먼 것은?

① 파이핑(Piping)      ② 보일링(Boiling)
③ 그라우팅(Grouting)  ④ 히빙(Heaving)

[해설]
그라우팅(Grouting)은 시멘트와 같은 충전재를 건축물의 틈새, 균열부위 등에 주입하는 공법을 말하므로, 토공사 수행 시 주의해야 할 사항과는 거리가 멀다.

**24** 다음 중 유리의 주성분으로 옳은 것은?

① $Na_2O$    ② $CaO$
③ $SiO_2$    ④ $K_2O$

[해설]
이산화규소($SiO_2$)는 유리의 주성분으로서 유리 성분의 약 71~73% 정도를 차지하고 있다.

**25** 건축공사에서 활용되는 견적방법 중 가장 상세한 공사비의 산출이 가능한 견적방법은?

① 개산견적    ② 명세견적
③ 입찰견적    ④ 실행견적

[해설]
명세견적은 설계도서(도면, 시방서), 현장설명서, 구조계산서 등에 의거하여 가장 정확하고 정밀하게 공사비를 산출하는 방법을 말한다.

정답  20 ④  21 ④  22 ②  23 ③  24 ③  25 ②

**26** 테라초(Terrazzo) 현장 바름 공사에 대한 내용으로 옳지 않은 것은?

① 줄눈 나누기는 최대 줄눈 간격을 2m 이하로 한다.
② 바닥 바름 두께의 표준은 접착공법(초벌바름)일 때 20mm 정도이다.
③ 갈기는 테라초를 바른 후 손갈기일 때 2일, 기계갈기일 때 3일 이상 경과한 후 경화 정도를 보아 실시한다.
④ 마감은 수산으로 중화 처리하여 때를 벗겨내고, 헝겊으로 문질러 손질한 후 왁스 등을 바른다.

[해설]
갈기는 테라초를 바른 후 시공시기, 배합에 따라 손갈기일 때는 1일 이상, 기계갈기일 때는 5~7일 이상 경과한 후 경화 정도를 보아 갈아내기를 한다.

**27** 네트워크 공정표에서 작업의 상호관계만을 도시하기 위하여 사용하는 화살선을 무엇이라 하는가?

① Event    ② Dummy
③ Activity    ④ Critical Path

[해설]
① Event : 화살표형 네트워크의 작업과 작업을 결합하는 점 및 개시점·종료점
③ Activity : 프로젝트를 구성하는 작업단위
④ Critical Path : 개시 결합점에서 종료 결합점에 이르는 가장 긴 패스

**28** 다음과 같은 원인으로 인하여 발생하는 용접결함의 종류는?

원인 : 도료, 녹, 밀 스케일, 모재의 수분

① 피트    ② 언더 컷
③ 오버 랩    ④ 엔드 탭

[해설]
피트는 표면에 생기는 작은 구멍으로서 도료, 녹, 밀 스케일, 모재의 수분에 의해 발생하는 용접결함이다.
② 언더 컷 : 용접상부에 모재가 녹아 용착금속이 채워지지 않고 홈으로 남게 된 부분
③ 오버 랩 : 용접금속과 모재가 융합되지 않고 겹쳐지는 것
④ 엔드 탭 : Blow Hole, Crater 등의 용접결함이 생기기 쉬운 용접 Bead의 시작과 끝지점에 용접을 하기 위해 용접 접합하는 모재의 양단에 부착하는 보조강판

**29** 무지보공 거푸집에 관한 설명으로 옳지 않은 것은?

① 하부공간은 넓게 하여 작업공간으로 활용할 수 있다.
② 슬래브(Slab) 동바리의 감소 또는 생략이 가능하다.
③ 트러스 형태의 빔(Beam)을 보거푸집 또는 벽체 거푸집에 걸쳐 놓고 바닥판 거푸집을 시공한다.
④ 층고가 높을 경우 적용이 불리하다.

[해설]
무지보공 거푸집은 동바리를 대지 않는 거푸집을 의미하며 기존 공법으로는 동바리 소요량이 많이 소모되는 높은 층고의 거푸집 시공 시 원가 및 공정상 유리한 측면을 갖는다.

**30** 건설클레임과 분쟁에 관한 설명으로 옳지 않은 것은?

① 클레임의 예방대책으로는 프로젝트의 모든 단계에서 시공의 기술과 경험을 이용한 시공성 검토가 있다.
② 작업범위 관련 클레임은 주로 예상치 못했던 지하구조물의 출현이나 지반 형태로 인해 시공자가 작업 수행을 위해 입찰 시 책정된 예정 가격을 초과 부담해야 할 경우에 발생한다.
③ 분쟁은 발주자와 계약자의 상호 이견 발생 시 조정, 중재, 소송의 개념으로 진행되는 것이다.
④ 클레임의 접근절차는 사전평가단계, 근거자료확보단계, 자료분석단계, 문서작성단계, 청구금액 산출단계, 문서제출단계 등으로 진행된다.

[해설]
②의 클레임은 현장조건 상이 클레임에 해당하며, 작업(공사)범위 관련 클레임은 기술적·기능적으로 수행해야 하는 작업(공사)의 범위에 대해 이해 당사자 간(발주자와 시공자 등) 견해 차이가 있을 경우의 클레임 유형이다.

정답  26 ③  27 ②  28 ①  29 ④  30 ②

**31** 어스앵커 공법에 관한 설명으로 옳지 않은 것은?

① 버팀대가 없어 굴착공간을 넓게 활용할 수 있다.
② 인접한 구조물의 기초나 매설물이 있는 경우 효과가 크다.
③ 대형기계의 반입이 용이하다.
④ 시공 후 검사가 어렵다.

[해설]

어스앵커 공법은 앵커를 삽입해야 하므로 인접 구조물의 기초나 매설물이 없어야 한다.

**32** 시멘트, 모래, 잔자갈, 안료 등을 섞어 이긴 것을 바탕마름이 마르기 전에 뿌려 붙이거나 또는 바르는 것으로 일종의 인조석바름으로 볼 수 있는 것은?

① 회반죽
② 경석고 플라스터
③ 혼합석고 플라스터
④ 라프 코트

[해설]

표면을 거칠게 마감하는 방식인 라프 코트(Rough Coat)에 대한 설명이다.

**33** 공기단축을 목적으로 공정에 따라 부분적으로 완성된 도면만을 가지고 각 분야별 전문가를 구성하여 패스트 트랙(Fast Track) 공사를 진행하기에 가장 적합한 조직구조는?

① 기능별 조직(Functional Organization)
② 매트릭스 조직(Matrix Organization)
③ 태스크포스 조직(Task Force Organization)
④ 라인스태프 조직(Line-Staff Organization)

[해설]

패스트 트랙(Fast Track) 공사를 진행을 위해서는 각 분야의 전문가들로 구성된 조직인 라인스태프 조직(Line-Staff Organization)이 적합하다.

① 기능별 조직(Functional Organization) : 직무를 기능별로 나누고 분할하여 복수의 책임자를 만들고, 각 책임자가 작업자에게 분담업무에 대해 지시하는 형태
② 매트릭스 조직(Matrix Organization) : 기능조직과 전담반 조직을 결합한 조직형태. 지하철, 공항, 발전소 등 대규모 복합사업에 적합함
③ 태스크포스 조직(Task Force Organization) : 다양한 기능조직으로부터 파견된 작업자들이 한시적으로 팀을 구성하여 주어진 임무를 수행하고 다시 본래의 조직으로 복귀하는 조직형태
④ 라인스태프 조직(Line-Staff Organization) : 직계식 조직에 전문적인 사업관리 지식을 갖춘 관리자(Staff)들의 지원을 받는 조직형태

**34** 다음 설명에서 의미하는 공법은?

> 구조물 하중보다 더 큰 하중을 연약지반(점성토) 표면에 프리로딩하여 압밀침하를 촉진시킨 뒤 하중을 제거하여 지반의 전단강도를 증대하는 공법

① 고결안정공법　　② 치환공법
③ 재하공법　　　　④ 탈수공법

[해설]

재하공법은 하중을 표면에 가중하여 토질을 밀실하게 만드는 방법이다.

**35** 타일 108mm 각으로, 줄눈을 5mm로 벽면 6m²를 붙일 때 필요한 타일의 장수는?(단, 정미량으로 계산)

① 350장　　② 400장
③ 470장　　④ 520장

[해설]

$$타일장수 = \frac{시공면적(m^2)}{줄눈 \ 포함 \ 타일 \ 1장 \ 면적(m^2)}$$
$$= \frac{시공면적(m^2)}{줄눈 \ 포함 \ 가로길이(m) \times 줄눈 \ 포함 \ 세로길이(m)}$$
$$= \frac{6m^2}{(0.108+0.005)m \times (0.108+0.005)m}$$
$$= 469.88 = 470장$$

정답  31 ②  32 ④  33 ④  34 ③  35 ③

**36** 페인트칠의 경우 초벌과 재벌 등을 도장할 때마다 색을 약간씩 다르게 하는 주된 이유는?

① 희망하는 색을 얻기 위하여
② 색이 진하게 되는 것을 방지하기 위하여
③ 착색안료를 낭비하지 않고 경제적으로 사용하기 위하여
④ 초벌, 재벌 등 페인트칠 횟수를 구별하기 위하여

[해설]
도장할 때마다 페인트 색을 약간 다르게 하는 이유는 초벌의 실시 여부, 재벌의 실시 여부를 파악하여 불필요한 추가 시공을 방지하고, 필요한 도장횟수 및 요구도막두께 준수를 위함이다.

**37** 창면적이 클 때에는 스틸바(Steel Bar)만으로는 부족하며, 또한 여닫을 때의 진동으로 유리가 파손될 우려가 있으므로 이것을 보강하고 외관을 꾸미기 위하여 강판을 중공형으로 접어 가로 또는 세로로 대는 것을 무엇이라 하는가?

① Mullion
② Ventilator
③ Gallery
④ Pivot

[해설]
멀리언(Mullion)에 대한 설명이며, 멀리언은 풍압 및 층간변위 등에 견딜 수 있는 사양으로 적용되어야 한다.

**38** 아래 공종 중 건설현장의 공사비 절감을 위해 집중 분석해야 하는 공종이 아닌 것은?

A. 공사비 금액이 큰 공종
B. 단가가 높은 공종
C. 시행실적이 많은 공종
D. 지하공사 등의 어려움이 많은 공종

① A
② B
③ C
④ D

[해설]
공사비 절감을 위해서는 공사비가 크거나 난이도가 높은 공정에 집중해야 한다.

**39** 보강 콘크리트블록조의 내력벽에 관한 설명으로 옳지 않은 것은?

① 사춤은 3켜 이내마다 한다.
② 통줄눈은 될 수 있는 한 피한다.
③ 사춤은 철근이 이동하지 않게 한다.
④ 벽량이 많아야 구조상 유리하다.

[해설]
보강 콘크리트 블록조는 철근을 삽입하는 경우가 있으므로 통줄눈 쌓기로 한다.

**40** 시멘트 종류에 따른 사용 용도를 나타낸 것으로 옳지 않은 것은?

① 조강 포틀랜드 시멘트 – 한중 콘크리트공사
② 중용열 포틀랜드 시멘트 – 매스 콘크리트 및 댐 공사
③ 고로 시멘트 – 타일 줄눈 시공 시
④ 내황산염 포틀랜드 시멘트 – 온천지대나 하수도 공사

[해설]
타일 줄눈 시공 시 적용하는 것은 백색 포틀랜드 시멘트이다. 고로 시멘트는 혼합 시멘트로서 내열성 및 내식성이 우수하고 높은 장기강도 발현이 필요할 때 적용한다.

정답 36 ④ 37 ① 38 ③ 39 ② 40 ③

## 3과목 건축구조

**41** 등분포하중을 받는 4변 고정 2방향 슬래브에서 모멘트양이 일반적으로 가장 크게 나타나는 곳은?

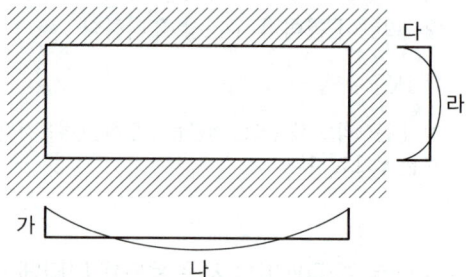

① 가   ② 나
③ 다   ④ 라

[해설]
등분포하중을 받는 4변 고정 2방향 슬래브에서는 단변 부분 단부에서 가장 큰 모멘트를 받게 된다.

**42** 등분포하중을 받는 그림과 같은 3회전단 아치에서 $C$점의 전단력을 구하면?

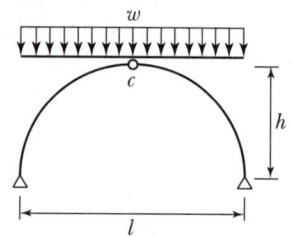

① 0   ② $wl/2$
③ $wh/4$   ④ $wl/8$

[해설]
3힌지(3회전단) 포물선 아치의 경우 등분포하중 작용 시 축방향력만 작용하고 전단력과 휨모멘트는 작용하지 않는다(전단력=0).

**43** 다음 구조물의 부정정 차수는?

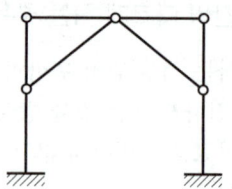

① 1차 부정정   ② 2차 부정정
③ 3차 부정정   ④ 4차 부정정

[해설]
부정정 차수 산출
$N$ = 반력수 + 부재수 + 강절점수 − 2×절점수
= 6 + 8 + 2 − 2×7 = 2 → 2차 부정정

**44** 그림과 같이 캔틸레버 보가 상수 $k$을 가지는 스프링에 의해 지지되어 있으며 집중하중 $P$가 작용하고 있다. 스프링에 걸리는 힘은?

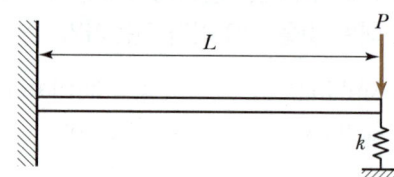

① $PL^3k/(2EI+kL^3)$
② $PL^3k/(3EI+kL^3)$
③ $PL^3k/(6EI+kL^3)$
④ $PL^3k/(8EI+kL^3)$

[해설]
스프링에 걸리는 힘($P_s$) 산출
구조물이 균형을 유지하려면 하중 $P$에 의한 보의 변위($\delta_b$)와 스프링의 변위($\delta_s$)는 같아야 한다.

$\delta_b = \dfrac{PL^3}{3EI} - \dfrac{P_s L^3}{3EI}$

$\delta_s = \dfrac{P_s}{k}$

$\delta_b = \delta_s$ 이므로, $\dfrac{PL^3}{3EI} - \dfrac{P_s L^3}{3EI} = \dfrac{P_s}{k}$

$P_s$ 로 정리하면, $P_s = \dfrac{PL^3 k}{3EI + kL^3}$

**45** 그림과 같은 단순 인장접합부의 강도한계상태에 따른 고장력볼트의 설계전단강도는?[단, 강재의 재질은 SS275, 고장력볼트 M22(F10T), 공칭전단강도 $F_{nv}=500\text{MPa}$, $\phi=0.75$]

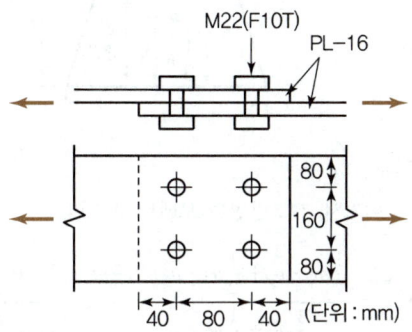

① 500kN  ② 530kN
③ 550kN  ④ 570kN

[해설]
설계전단강도 산출
설계전단강도 = 강도감소계수×공칭전단강도×볼트 단면적
(볼트 1개의 단면적×개수)
$= 0.75 \times 500\text{N/mm}^2 \times \dfrac{\pi \times (22\text{mm})^2}{4} \times 4$
$= 570,199\text{N} = 570\text{kN}$

**46** 트러스 해법의 기본가정으로 틀린 것은?

① 절점을 연결하는 직선은 재축과 일치한다.
② 외력은 모두 절점에 작용하는 것으로 한다.
③ 부재를 연결하는 절점은 강절점으로 간주한다.
④ 외력은 모두 트러스를 포함한 평면 안에 있는 것으로 한다.

[해설]
부재를 연결하는 절점은 회전을 허용하는 힌지(핀)로 연결되어 있다고 가정한다.

**47** 직경($D$) 30mm, 길이($L$) 4m인 강봉에 90kN의 인장력이 작용할 때 인장응력($\sigma_t$)과 늘어난 길이($\Delta L$)는 약 얼마인가?(단, 강봉의 탄성계수 $E=200,000\text{MPa}$)

① $\sigma_t = 127.5\text{MPa}$, $\Delta L = 1.43\text{mm}$
② $\sigma_t = 127.5\text{MPa}$, $\Delta L = 2.55\text{mm}$
③ $\sigma_t = 132.5\text{MPa}$, $\Delta L = 1.43\text{mm}$
④ $\sigma_t = 132.5\text{MPa}$, $\Delta L = 2.55\text{mm}$

[해설]
• $\Delta L$ 산출
$\Delta L = \dfrac{PL}{EA} = \dfrac{90 \times 10^3 (\text{N}) \times 4 \times 10^3}{200,000\text{N/mm}^2 \times \dfrac{\pi \times 30^2}{4}} = 2.55\text{mm}$

• $\sigma_t$ 산출
$E = \dfrac{\sigma_t}{\varepsilon} \Leftrightarrow \sigma_t = E \cdot \varepsilon = E \cdot \dfrac{\Delta L}{L}$
$= 2 \times 10^5 \times \dfrac{2.55}{4 \times 10^3} = 127.5\text{MPa}$

**48** 그림과 같은 강재가 전단력을 받아 점선과 같이 변형되었을 때 이 강재의 전단변형률은?

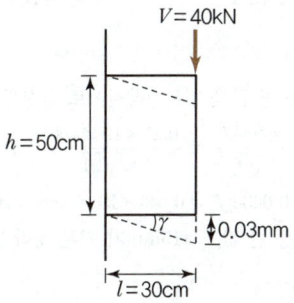

① 0.00006rad  ② 0.0001rad
③ 0.00125rad  ④ 0.00075rad

[해설]
전단변형률($\gamma_s$) 산출
$\gamma_s = \dfrac{\lambda}{l} = \dfrac{0.03\text{mm}}{300} = 0.0001\text{rad}$

**49** 다음 그림과 같은 보에서 $A$점의 수직반력을 구하면?

① 2.4kN
② 3.6kN
③ 4.8kN
④ 6.0kN

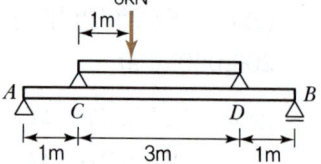

[해설]

$A$점의 수직반력 산출
- 상부보의 하중을 분할하면 $C$지점에는 4kN, $D$지점에는 2kN의 반력이 작용하게 된다. 작용반작용에 의해 $C$지점에는 수직력 4kN, $D$지점에는 수직력 2kN이 작용하게 된다.
- $R_A$ 산출
  $\Sigma M_B = 0$
  $\Sigma M_B = R_A \times 5 - 4 \times 4 - 2 \times 1 = 0$
  $R_A = 3.6$kN

**50** 압축이형철근(D19)의 기본정착길이를 구하면? (단, D19의 단면적 : 287mm², $f_{ck}=21$MPa, $f_y=400$MPa)

① 674mm  ② 570mm
③ 482mm  ④ 415mm

[해설]

다음 중 큰 값을 기본정착길이로 산정한다.
- $l_{db} = \dfrac{0.25 d_b f_y}{\lambda \sqrt{f_{ck}}} = \dfrac{0.25 \times 19 \times 400}{1 \times \sqrt{21}} = 414.6 = 415$mm
- $l_{db} = 0.043 d_b f_y = 0.043 \times 19 \times 400 = 326.8$mm

∴ 둘 중 큰 값인 415mm가 기본 정착길이가 된다.

**51** 다음과 같은 사다리꼴 단면의 도심 $y_0$ 값은?

① $\dfrac{h(2a+b)}{3(a+b)}$
② $\dfrac{h(a+b)}{3(2a+b)}$
③ $\dfrac{3h(2a+b)}{(a+b)}$
④ $\dfrac{h(a+2b)}{3(a+b)}$

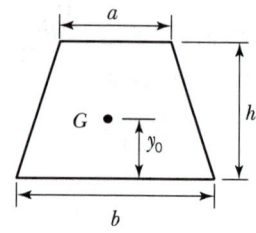

[해설]

도심($y_0$)산출

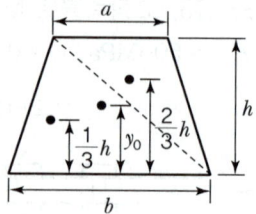

- $y_0 = \dfrac{G}{A}$

  여기서, $G$ : 단면1차모멘트, A : 면적

- $y_0 = \dfrac{\frac{1}{2}ah \cdot y_1 + \frac{1}{2}bh \cdot y_2}{\frac{1}{2}ah + \frac{1}{2}bh} = \dfrac{\frac{1}{2}ah \cdot \frac{2}{3}h + \frac{1}{2}bh \cdot \frac{1}{3}h}{\frac{1}{2}ah + \frac{1}{2}bh}$

  $= \dfrac{\frac{2}{6}ah^2 + \frac{bh^2}{6}}{\frac{1}{2}h(a+b)} = \dfrac{\frac{1}{6}h^2(2a+b)}{\frac{1}{2}h(a+b)} = \dfrac{h(2a+b)}{3(a+b)}$

**52** 다음 ( ) 안에 알맞은 숫자가 순서대로 옳게 짝지어진 것은?

현장타설콘크리트말뚝을 배치할 때 그 중심간격은 말뚝머리지름의 ( ㉠ )배 이상 또한 말뚝머리지름에 ( ㉡ )mm를 더한 값으로 한다.

① ㉠ 2.5, ㉡ 750    ② ㉠ 2.5, ㉡ 1,000
③ ㉠ 2.0, ㉡ 750    ④ ㉠ 2.0, ㉡ 1,000

[해설]

현장타설콘크리트말뚝을 배치할 때 그 중심간격은 말뚝머리지름의 2.0배 이상 또한 말뚝머리지름에 1,000mm를 더한 값으로 한다.

**53** 철근콘크리트 보에서 콘크리트를 이어붓기 할 때 그 이음의 위치로 가장 적당한 것은?

① 전단력이 최소인 부분
② 휨모멘트가 최소인 부분
③ 큰 보와 작은 보가 접합되는 단면이 변화되는 부분
④ 보의 단부

정답  49 ②  50 ④  51 ①  52 ④  53 ①

[해설]
이어치기 할 경우 보의 축방향과 수직으로 경계가 발생하고 이에 따라 전단이 크게 작용할 수 있다. 그러므로 전단력이 최소인 부분에서 이음을 해야 한다.

**54** 말뚝재료별 구조세칙에 관한 내용으로 옳지 않은 것은?

① 현장타설콘크리트말뚝을 배치할 때 그 중심간격은 말뚝머리지름의 1.5배 이상 또한 말뚝머리지름에 500mm를 더한 값 이상으로 한다.
② 나무말뚝은 갈라짐 등의 흠이 없는 생통나무 껍질을 벗긴 것으로 말뚝머리에서 끝마구리까지 대체로 균일하게 지름이 변화하고 끝마구리의 지름이 120mm 이상의 것을 사용한다.
③ 기성 콘크리트 말뚝을 타설할 때 그 중심간격은 말뚝머리지름의 2.5배 이상 또한 750mm 이상으로 한다.
④ 매입말뚝을 배치할 때 그 중심간격은 말뚝머리지름의 2배 이상으로 한다.

[해설]
현장타설콘크리트말뚝을 배치할 때 그 중심간격은 말뚝머리지름의 2.0배 이상 또한 말뚝머리지름에 1,000mm를 더한 값으로 한다.

**55** 다음 그림과 같은 인장재의 순단면적을 구하면? [단, F10T-M20 볼트 사용(표준구멍), 판의 두께는 6mm임]

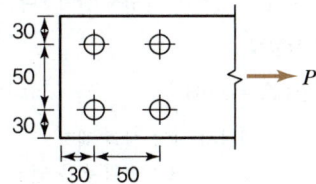

① 296mm²
② 396mm²
③ 426mm²
④ 536mm²

[해설]
일렬배치의 순단면적($A_n$) 산출
$A_n = A_g - ndt$
$= (30+50+30) \times 6 - 2 \times 22 \times 6 = 396\text{mm}^2$

여기서, M20 볼트 표준구멍은 22mm(20+2)이다.

| 지진구역 | I | II |
|---|---|---|
| 지진구역계수, $Z$ | 0.11 | 0.07 |

**56** 철근콘크리트 T형보의 유효폭 산정식에 관련된 사항과 거리가 먼 것은?

① 보의 폭
② 슬래브 중심 간 거리
③ 슬래브의 두께
④ 보의 춤

[해설]
다음 중 가장 작은 값을 유효폭으로 한다(대칭 T형보의 경우).
• $16t_f$(슬래브의 두께) + $b_w$(보의 폭)
• 슬래브 중심 간 거리
• 보 경간의 1/4

**57** 강구조에서 용접 선 단부에 붙인 보조판으로 아크의 시작이나 종단부의 크레이터 등의 결함을 방지하기 위해 붙이는 판은?

① 스티프너
② 엔드 탭
③ 윙플레이트
④ 커버플레이트

[해설]
앤드 탭(End Tab)
용접선의 단부에 붙인 보조판으로 아크의 시작부나 종단부의 크레이터 등의 결함을 방지하기 위해 사용하고 용접 후 제거한다.

**58** 그림과 같이 양단이 회전단인 부재의 좌굴축에 대한 세장비는?

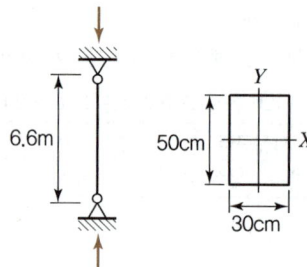

① 76.21
② 84.28
③ 94.64
④ 103.77

[해설]

- 약축 판별 : 긴 변을 따라 약축이 형성되므로 $b:50\text{cm}$, $h:30\text{cm}$가 된다.
- 양단힌지이므로, $K=1$이 되게 된다.
- 세장비($\lambda$) 산출

$$\lambda = \frac{KL}{r} = \frac{KL}{\sqrt{\frac{I}{A}}} = \frac{KL}{\sqrt{\frac{bh^3}{12}\bigg/bh}} = \frac{1.0 \times 6.6 \times 10^2 (\text{cm})}{\sqrt{\frac{50 \times 30^3}{12}\bigg/50 \times 30}}$$

$$= 76.21$$

**59** 단근보에서 하중이 재하됨과 동시에 순간처짐이 20mm가 발생되었다. 이 하중이 5년 이상 지속되는 경우 총처짐량은 얼마인가?(단, $\lambda = \frac{\xi}{1+50\rho'}$ 이고, 지속하중에 의한 시간경과계수 $\xi$는 2이다.)

① 30mm
② 40mm
③ 60mm
④ 80mm

[해설]

총처짐량 산출
총처짐량
= 순간탄성처짐 + 장기추가처짐
= 순간탄성처짐 + (순간탄성처짐×장치추가처짐계수($\lambda$))
= 순간탄성처짐 + $\left(\text{순간탄성처짐} \times \frac{\text{시간경과계수}(\xi)}{1+50 \times \text{압축철근비}(\rho')}\right)$
= $20 + \left(20 \times \frac{2}{1+50\times 0}\right) = 60\text{mm}$

**60** 내진설계에 있어서 밑면전단력 산정인자가 아닌 것은?

① 건물의 중요도 계수
② 반응수정계수
③ 진도계수
④ 유효건물중량

[해설]

밑면전단력의 산정

$$V = C_s W = \frac{S_{D1}}{\left(\frac{R}{I_E}\right)T} W$$

여기서, $C_s$ : 지진응답계수
$W$ : 고정하중을 포함한 유효 건물 중량
$I_E$ : 건축물의 중요도계수
$R$ : 반응수정계수
$S_{D1}$ : 주기 1초에서의 설계스펙트럼 가속도
$T$ : 건축물의 고유주기(초)

## 4 과목 건축설비

**61** 다음 중 건축물 실내공간의 잔향시간에 가장 큰 영향을 주는 것은?

① 실의 용적
② 음원의 위치
③ 벽체의 두께
④ 음원의 음압

[해설]

잔향시간은 실의 형태와는 무관하며, 실의 용적에 밀접한 관계가 있으며 실의 용적이 클수록 길어진다.

샤빈의 잔향식

잔향시간($T$) = $0.163 \frac{V}{A}$

여기서, $V$ : 실의 체적
$A$ : 실의 흡음 면적

**62** 900명을 수용하고 있는 극장에서 실내 $CO_2$ 농도를 0.1%로 유지하기 위해 필요한 환기량은?(단, 외기 $CO_2$ 농도는 0.04%, 1인당 $CO_2$ 배출량은 18L/h이다.)

① 27,000m³/h  ② 30,000m³/h
③ 60,000m³/h  ④ 66,000m³/h

[해설]

$Q$(필요환기량, m³/h)
$= \dfrac{CO_2\ 발생량(m^3)}{C_i(실내 허용\ CO_2\ 농도) - C_o(신선 외기\ CO_2\ 농도)}$
$= \dfrac{900 \times 0.018}{0.001 - 0.0004} = 27,000(m^3/h)$

**63** 자연환기에 관한 설명으로 옳지 않은 것은?

① 풍력환기는 건물의 외벽면에 가해지는 풍압이 원동력이 된다.
② 일반적으로 공기 유입구와 유출구 높이의 차가 클수록 중력환기량은 많아진다.
③ 자연환기량은 개구부의 위치와 관련이 있으며, 개구부의 면적에는 영향을 받지 않는다.
④ 바람이 있을 때에는 중력환기와 풍력환기가 경합하므로 양자가 서로 다른 것을 상쇄하지 않도록 개구부의 위치에 주의한다.

[해설]

자연환기량은 개구부의 위치와 관련이 있으며, 개구부의 면적에 영향을 받는다.

**64** 양수량 2m³/min, 전양정 50m, 효율이 60%인 펌프의 축동력은?(단, 유체의 밀도는 1,000kg/m³이다.)

① 2.77kW  ② 9.82kW
③ 16.33kW  ④ 27.22kW

[해설]

펌프의 축동력(kW) $= \dfrac{QH}{102E}$

• 양수량 $Q$(L/s) : 2m³/min → 33.33L/s
• 전양정 $H$(mAq) : 50m
• 효율 $E$ : 0.60

∴ 펌프의 축동력(kW) $= \dfrac{33.33 \times 50}{102 \times 0.60} = 22.23kW$

0.01 정도의 오차는 환산 과정에서 일어날 수 있는 오차이므로 가장 근접한 것을 답으로 선택하면 된다.

**65** 건구온도 30℃, 상대습도 60%인 공기를 냉수코일에 통과시켰을 때 공기의 상태변화로 옳은 것은? (단, 코일 입구수온은 5℃, 코일 출구수온은 10℃)

① 건구온도는 낮아지고 절대습도는 높아진다.
② 건구온도는 높아지고 절대습도는 낮아진다.
③ 건구온도는 높아지고 상대습도는 높아진다.
④ 건구온도는 낮아지고 상대습도는 높아진다.

[해설]

습공기가 냉수코일을 통과할 경우 냉각감습이 일어나게 된다. 이 경우 건구온도와 절대습도는 낮아지고, 상대습도는 높아지는 특성을 갖게 된다.

**66** 다음의 옥내소화전설비에 관한 설명 중 ( ) 안에 알맞은 것은?

옥내소화전방수구는 특정소방대상물의 층마다 설치하되, 해당 특정소방대상물의 각 부분으로부터 하나의 옥내소화전방수구까지의 수평거리가 ( )m 이하가 되도록 할 것

① 25  ② 30
③ 35  ④ 40

정답  62 ①  63 ③  64 ④  65 ④  66 ①

[해설]

옥내소화전 설비 설치기준
- 노즐의 방수압력 : 최소 0.17MPa 이상, 최대 0.7MPa 이하
- 표준방수량 : 130L/min
- 노즐의 구경 : 13mm
- 호스의 구경 : 40mm
- 호스의 길이 : 15m×2개
- 소화전의 높이 : 바닥에서 1.5m 이내
- 설치간격 : 각 층마다 설치하되 유효 반경 25m 이하가 되게 한다.
- 저수조 용량($Q$) : 소화전 1개 표준 방수량×20min×동시 사용개수
  여기서의 동시 사용개수는 각 층 소화전 수 중 가장 많은 수를 택한다. 단, 2개 이상일 때는 2개를 기준으로 한다.

**67** 덕트의 치수 결정방법에 속하지 않는 것은?

① 균등법  ② 등속법
③ 등마찰법  ④ 정압재취득법

[해설]

덕트의 치수 결정법에는 등속법(정속법), 등압법(등마찰법), 정압재취득법 등이 있다.

**68** 양수량이 1m³/min, 전양정이 50m인 펌프에서 회전수를 1.2배 증가시켰을 때 양수량은?

① 1.2배 증가  ② 1.44배 증가
③ 1.73배 증가  ④ 2.4배 증가

[해설]

양수량은 회전수 증가에 비례하므로 1.2배가 증가하게 된다.

**69** 평균 조도의 계산과 관련하여, 면적을 $A$, 사용 램프의 전광속을 $F$, 조명률을 $U$, 보수율을 $M$, 평균 조도를 $E$라고 할 때 성립하는 식은?

① $E = \dfrac{F \times U \times A}{M}$  ② $E = \dfrac{F \times U \times M}{A}$

③ $E = \dfrac{E \times U}{A \times M}$  ④ $E = \dfrac{A \times M}{F \times U}$

[해설]

일반적으로 평균 조도를 구하는 식은 다음과 같이 두 가지로 나눌 수 있다.
- 감광보상률($D$)이 주어질 경우
  평균 조도($E$) = $\dfrac{F \cdot U}{A \cdot D}$
- 보수율($M$)이 주어질 경우
  평균 조도($E$) = $\dfrac{F \cdot U \cdot M}{A}$

※ 감광보상률($D$)과 보수율($M$)은 역수의 관계 $\left(D = \dfrac{1}{M}\right)$에 있음에 유의하여 문제를 풀어야 한다.

**70** 압력에 따른 도시가스의 분류에서 고압 기준으로 옳은 것은?(단, 게이지압력)

① 0.1MPa 이상  ② 1MPa 이상
③ 10MPa 이상  ④ 100MPa 이상

[해설]

공급압력에 따른 도시가스의 분류

| 분류 | 공급압력 |
|---|---|
| 저압 | 0.1MPa 이하 |
| 중압 | 0.1MPa 이상 1.0MPa 미만 |
| 고압 | 1.0MPa 이상 |

**71** 다음의 저압 옥내배선방법 중 노출되고 습기가 많은 장소에 시설이 가능한 것은?(단, 400V 미만인 경우)

① 금속관배선  ② 금속몰드배선
③ 금속덕트배선  ④ 플로어덕트배선

[해설]

금속관 배선공사 특징
- 건물의 종류와 장소에 구애받지 않고 시공이 가능하다.
- 주로 콘크리트의 매입 배선에 사용한다.
- 화재에 대한 위험성이 적고 전선의 기계적 손상이 적다.
- 전선 교체가 용이하다.
- 전선은 접속점이 없는 절연전선을 사용한다.

정답  67 ①  68 ①  69 ②  70 ②  71 ①

**72** 불쾌지수의 결정 요소로만 구성된 것은?

① 기온, 습도  ② 습도, 기류
③ 기류, 복사열  ④ 기온, 복사열

[해설]

불쾌지수(Discomfort Index)
$DI = 0.72(t+t') + 40.6$
여기서 $t$는 건구온도, $t'$는 습구온도로서, 기온과 습도를 고려하여 사람의 온열 환경 중 특히 불쾌정도를 판단하는 수치이다.

**73** 면적이 100m²인 어느 강당의 야간 소요 평균 조도가 300lx이다. 1개당 광속이 2,000lm인 형광등을 사용할 경우 소요 형광등 수는?(단, 조명률은 60%이고 감광보상률은 1.5이다.)

① 25개  ② 29개
③ 34개  ④ 38개

[해설]

소요 전등(형광등)의 수($N$)
$N = \dfrac{E(조도) \cdot A(면적) \cdot D(감광보상률)}{F(램프1개의 광속) \cdot U(조명률)}$
$= \dfrac{300 \times 100 \times 1.5}{2,000 \times 0.6} = 37.5 ≒ 38개$

**74** 배수 배관에서 청소구(Clean Out)의 일반적 설치 장소에 속하지 않는 것은?

① 배수수직관의 최상부
② 배수수평지관의 기점
③ 배수수평주관의 기점
④ 배수관이 45°를 넘는 각도에서 방향을 전환하는 개소

[해설]

청소구(Clean Out) 설치 위치
• 가옥 배수관과 부지 하수관이 접속되는 곳
• 배수 수직관의 최하단부
• 수평지관의 최상단부
• 가옥배수 수평주관 기점

• 45° 이상 굴곡부
• 각종 트랩
• 수평관(관경 100mm 이하)의 직선거리 15m 이내마다, 100mm 초과의 관에서는 직선거리 30m 이내마다 설치

**75** 3상 대칭 성형(Y)결선에서 상전압이 220V일 때 선간전압은 얼마인가?

① 110V  ② 220V
③ 380V  ④ 440V

[해설]

3상 4선식에서 선간전압과 상전압 산출공식
$V_{ab} = \sqrt{3}\,E = \sqrt{3} \times 220V = 381.1V ≒ 380V$
여기서, $V_{ab}$ : 선간전압, $E$ : 상전압

**76** 1,200형 에스컬레이터의 공칭 수송능력은?

① 4,800인/h
② 6,000인/h
③ 7,200인/h
④ 9,000인/h

[해설]

에스컬레이터 1,200형은 난간유효너비가 1.2m로서, 설계 수송능력은 7,200인/h, 공칭 수송능력은 9,000인/h이다.

**77** 10Ω의 저항 10개를 직렬로 접속할 때의 합성저항은 병렬로 접속할 때의 합성저항의 몇 배가 되는가?

① 5배  ② 10배
③ 50배  ④ 100배

[해설]

저항의 연결 방식에 따른 합
• 직렬연결 : $R(총저항) = R_1 + R_2 + \cdots + R_{10} = 100Ω$
• 병렬연결 : $R(총저항) = \dfrac{1}{\left(\dfrac{1}{R_1} + \dfrac{1}{R_2} + \cdots + \dfrac{1}{R_{10}}\right)} = 1Ω$
∴ 직렬연결과 병렬연결 시 저항의 비는 100배이다.

정답  72 ①  73 ④  74 ①  75 ③  76 ④  77 ④

**78** 다음과 같은 조건에서 2,000명을 수용하는 극장의 실온을 20℃로 유지하기 위한 필요환기량은?

[조건]
- 외기온도 : 10℃
- 1인당 발열량(현열) : 60W
- 공기의 정압비열 : 1.01kJ/kg · K
- 공기의 밀도 : 1.2kg/m³
- 전등 및 기타 부하는 무시한다.

① 11,110m³/h  ② 21,222m³/h
③ 30,444m³/h  ④ 35,644m³/h

[해설]

$$Q = \frac{q}{\rho C p \Delta t}$$

여기서, $Q$ : 필요환기량(m³/h)
$q$ : 실내 발열량(kJ/h)
$\rho$ : 공기의 밀도 1.2kg/m³
$Cp$ : 공기의 정압비열 1.01kJ/kg · K
$\Delta t$ : 실내외 온도차(℃)

$$Q = \frac{2,000 \times 60 \times 3600}{1,000 \times 1.2 \times 1.01 \times (20-10)} = 35,644 \text{m}^3/\text{h}$$

**79** 터보식 냉동기에 관한 설명으로 옳지 않은 것은?

① 임펠러의 원심력에 의해 냉매가스를 압축한다.
② 대용량에서는 압축효율이 좋고 비례제어가 가능하다.
③ 대 · 중형 규모의 중앙식 공조에서 냉방용으로 사용된다.
④ 기계적 에너지가 아닌 열에너지에 의해 냉동효과를 얻는다.

[해설]
기계적 에너지가 아닌 열에너지에 의해 냉동효과를 얻는 방식은 흡수식 냉동기이다.

**80** 트랩의 필요조건으로 옳지 않은 것은?

① 가동부분이 있을 것
② 자정 작용이 가능할 것
③ 청소가 용이한 구조일 것
④ 봉수깊이는 50mm 이상 100mm 이하일 것

[해설]
트랩에 가동 부분이 있을 경우 봉수파괴의 원인이 된다.

## 5과목 건축법규

**81** 건축물의 출입구에 설치하는 회전문의 설치기준으로 틀린 것은?

① 계단이나 에스컬레이터로부터 2m 이상의 거리를 둘 것
② 회전문의 회전속도는 분당 회전수가 15회를 넘지 아니하도록 할 것
③ 출입에 지장이 없도록 일정한 방향으로 회전하는 구조로 할 것
④ 회전문의 중심축에서 회전문과 문틀 사이의 간격을 포함한 회전문 날개 끝부분까지의 길이는 140m 이상이 되도록 할 것

[해설]
회전문의 회전속도는 분당 회전수가 8회를 넘지 아니하도록 하여야 한다.

**82** 다음 중 건축법이 적용되는 건축물은?

① 역사(驛舍)
② 고속도로 통행료 징수시설
③ 철도의 선로 부지에 있는 플랫폼
④ 「문화유산의 보존 및 활용에 관한 법률」에 따른 임시지정문화유산

정답  78 ④  79 ④  80 ①  81 ②  82 ①

[해설]

건축법 적용 예외 건축물
- 문화유산의 보존 및 활용에 관한 법률에 따른 지정문화유산이나 임시지정문화유산
- 철도 또는 궤도의 선로부지 안에 있는 운전보안시설, 철도 선로의 위나 아래를 가로지르는 보행시설, 플랫폼, 해당 철도 또는 궤도사업용 급수(給水)·급탄(給炭) 및 급유(給油) 시설
- 고속도로 통행료 징수시설
- 컨테이너를 이용한 간이창고(공장의 용도로만 사용되는 건축물의 대지에 설치하는 것으로서 이동이 쉬운 것)

**83** 건축물의 주요구조부를 내화구조로 하여야 하는 대상 건축물에 속하지 않는 것은?

① 공장의 용도로 쓰는 건축물로서 그 용도로 쓰는 바닥면적의 합계가 500m²인 건축물
② 판매시설의 용도로 쓰는 건축물로서 그 용도로 쓰는 바닥면적의 합계가 500m²인 건축물
③ 창고시설의 용도로 쓰는 건축물로서 그 용도로 쓰는 바닥면적의 합계가 500m²인 건축물
④ 문화 및 집회시설 중 전시장의 용도로 쓰는 건축물로서 그 용도로 쓰는 바닥면적의 합계가 500m²인 건축물

[해설]

공장의 용도로 쓰는 건축물로서 그 용도로 쓰는 바닥면적 합계가 2,000m² 이상인 건축물이 해당한다.

**84** 지방건축위원회의 심의사항에 속하지 않는 것은?

① 건축선의 지정에 관한 사항
② 다중이용건축물의 구조안전에 관한 사항
③ 특수구조건축물의 구조안전에 관한 사항
④ 경관지구 내의 건축물의 건축에 관한 사항

[해설]

지방건축위원회의 심의사항[건축법 시행령 제5조의 5]
- 건축선(建築線)의 지정에 관한 사항
- 다중이용 건축물 및 특수구조 건축물의 구조안전에 관한 사항

**85** 거실의 반자설치와 관련된 기준 내용 중 ( ) 안에 들어갈 수 있는 건축물의 용도는?

( )의 용도에 쓰이는 건축물의 관람실 또는 집회실로서 그 바닥면적이 200m² 이상인 것의 반자의 높이는 4m(노대의 아랫부분의 높이는 2.7m) 이상이어야 한다. 다만, 기계환기장치를 설치하는 경우에는 그렇지 않다.

① 장례식장
② 교육 및 연구시설
③ 문화 및 집회시설 중 동물원
④ 문화 및 집회시설 중 전시장

[해설]

건축물 거실의 반자 높이

| 원칙 | 2.1m 이상 | |
|---|---|---|
| 문화 및 집회시설(전시장 및 동·식물원 제외), 장례식장, 유흥주점<br>※ 단, 기계적인 환기장치가 되어 있는 경우 제외 | 바닥면적의 합계가 200m² 이상인 관람석 또는 집회실 | 4m 이상 |
| | 노대 아랫부분의 높이 | 2.7m 이상 |
| 공장, 창고시설, 위험물 저장 및 처리시설 | • 동·식물 관련 시설<br>• 자원순환 관련 시설<br>• 묘지 관련 시설 | 제외 |

**86** 바닥으로부터 높이 1m까지의 안벽의 마감을 내수재료로 하지 않아도 되는 것은?

① 아파트의 욕실
② 숙박시설의 욕실
③ 제1종 근린생활시설 중 휴게음식점의 조리장
④ 제2종 근린생활시설 중 일반음식점의 조리장

[해설]

바닥과 그 바닥으로부터 높이 1m까지의 안벽의 마감(내수재료)
- 제1종 근린생활시설 중 목욕장의 욕실과 휴게음식점의 조리장
- 제2종 근린생활시설 중 일반음식점 및 휴게음식점의 조리장과 숙박시설의 욕실

정답 83 ① 84 ④ 85 ① 86 ①

**87** 국토의 계획 및 이용에 관한 법률상 용도지역의 구분이 모두 옳은 것은?

① 도시지역, 관리지역, 농림지역, 자연환경보전지역
② 도시지역, 개발관리지역, 농림지역, 보전지역
③ 도시지역, 관리지역, 생산지역, 녹지지역
④ 도시지역, 개발제한지역, 생산지역, 보전지역

[해설]
국토의 계획 및 이용에 관한 법률상 용도지역은 도시지역, 관리지역, 농림지역, 자연환경보전지역으로 구분한다.

**88** 대지면적이 600m²인 건축물의 옥상에 조경면적을 60m² 설치한 경우, 대지에 설치하여야 하는 최소 조경면적은?(단, 조경설치기준은 대지면적의 10%)

① 10m²  ② 20m²
③ 30m²  ④ 40m²

[해설]
조경설치기준이 대지면적의 10%이므로, 조경 필요면적은 대지면적 600m²의 10%인 60m²이다. 그리고 옥상의 조경면적 중 3분의 2에 해당하는 면적(60×2/3)인 40m²를 대지의 조경으로 인정할 수 있으나, 최대 인정가능 면적이 필요 조경면적의 50%이므로, 60m²의 50%인 30m²만이 대지조경면적으로 인정되게 된다. 그러므로 대지에 설치하여야 하는 최소 조경면적은 60m² 중 옥상조경을 통해 인정된 30m²를 제외한 나머지 30m²이다.

**89** 지구단위계획에 관한 아래 설명 중 밑줄 친 부분에 해당하는 내용으로만 옳게 나열된 것은?

> 지구단위계획은 도로, 상하수도 등 대통령령으로 정하는 도시·군계획시설의 처리·공급 및 수용능력이 지구단위계획구역에 있는 건축물의 연면적, 수용인구 등 개발밀도와 적절한 조화를 이룰 수 있도록 하여야 한다.

① 주차장, 공원, 공공공지
② 방송통신시설, 유수지, 시장
③ 공공청사, 대학교, 열공급설비
④ 고등학교, 공공직업훈련시설, 체육시설

[해설]
지구단위계획의 내용[국토의 계획 및 이용에 관한 법률 시행령 제45조]
"대통령령으로 정하는 도시·군계획시설"이란 도로·주차장·공원·녹지·공공공지, 수도·전기·가스·열공급설비, 학교(초등학교 및 중학교에 한한다)·하수도·폐기물처리 및 재활용시설을 말한다.

**90** 급·배수(配水)·배수(排水)·환기·난방 등의 건축설비를 건축물에 설치하는 경우, 건축기계설비기술사 또는 공조냉동기계기술사의 협력을 받아야 하는 대상 건축물에 속하지 않는 것은?

① 의료시설로서 해당 용도에 사용되는 바닥면적의 합계가 2,000m²인 건축물
② 업무시설로서 해당 용도에 사용되는 바닥면적의 합계가 2,000m²인 건축물
③ 숙박시설로서 해당 용도에 사용되는 바닥면적의 합계가 2,000m²인 건축물
④ 유스호스텔로서 해당 용도에 사용되는 바닥면적의 합계가 2,000m²인 건축물

[해설]
업무시설은 해당 용도에 사용되는 바닥면적의 합계가 3,000m² 이상인 건축물이 해당한다.

**91** 다음 중 국토의 계획 및 이용에 관한 법령상 공공(公共)시설에 속하지 않는 것은?

① 광장  ② 공동구
③ 유원지  ④ 사방설비

[해설]
공공(公共)시설[국토의 계획 및 이용에 관한 법률 제2조, 시행령 제4조]
도로·공원·철도·수도·항만·공항·광장·녹지·공공공지·공동구·하천·유수지·방화설비·방풍설비·방수설비·사방설비·방조설비·하수도·구거(溝渠 : 도랑)

정답 87 ① 88 ③ 89 ① 90 ② 91 ③

**92** 건축법령에 따른 고층 건축물의 정의로 옳은 것은?

① 층수가 30층 이상이거나 높이가 90m 이상인 건축물
② 층수가 30층 이상이거나 높이가 120m 이상인 건축물
③ 층수가 50층 이상이거나 높이가 150m 이상인 건축물
④ 층수가 50층 이상이거나 높이가 200m 이상인 건축물

[해설]
- 고층 건축물 : 층수가 30층 이상이거나 높이가 120m 이상인 건축물
- 초고층 건축물 : 층수가 50층 이상이거나 높이가 200m 이상인 건축물
- 준초고층 건축물 : 고층 건축물 중 초고층 건축물이 아닌 것

**93** 중앙도시계획위원회에 관한 설명으로 틀린 것은?

① 위원장·부위원장 각 1명을 포함한 25명 이상 30명 이하의 위원으로 구성한다.
② 위원장은 국토교통부장관이 되고, 부위원장은 위원 중 국토교통부장관이 임명한다.
③ 공무원이 아닌 위원의 수는 10명 이상으로 하고, 그 임기는 2년으로 한다.
④ 도시·군계획에 관한 조사·연구 업무를 수행한다.

[해설]
중앙도시계획위원회의 조직[국토의 계획 및 이용에 관한 법률 제107조]
중앙도시계획위원회의 위원장과 부위원장은 위원 중에서 국토교통부장관이 임명하거나 위촉한다.

**94** 국토의 계획 및 이용에 관한 법률에 따른 용도지구의 종류에 속하지 않는 것은?

① 취락지구  ② 고도지구
③ 주차장정비지구  ④ 특정용도제한지구

[해설]
용도지구의 분류
경관지구, 고도지구, 방화지구, 방재지구, 보호지구, 취락지구, 개발진흥지구, 특정용도제한지구, 복합용도지구

**95** 대통령령으로 정하는 용도와 규모의 건축물이 소규모 휴식시설 등의 공개 공지 또는 공개 공간을 설치하여야 하는 대상 지역에 해당되지 않는 곳은?

① 준공업지역
② 일반공업지역
③ 일반주거지역
④ 준주거지역

[해설]
공개공지 확보 필요 대상 지역
- 일반주거지역, 준주거지역
- 상업지역
- 준공업지역

**96** 건축법령에 따른 리모델링이 쉬운 구조에 속하지 않는 것은?

① 구조체가 철골구조로 구성되어 있을 것
② 구조체에서 건축설비, 내부 마감재료 및 외부 마감재료를 분리할 수 있을 것
③ 개별 세대 안에서 구획된 실의 크기, 개수 또는 위치 등을 변경할 수 있을 것
④ 각 세대는 인접한 세대와 수직 또는 수평방향으로 통합하거나 분할할 수 있을 것

[해설]
리모델링이 쉬운 구조 요건
- 각 세대는 인접한 세대와 수직 또는 수평 방향으로 통합하거나 분할할 수 있어야 한다.
- 구조체에서 건축설비, 내부 마감재료 및 외부 마감재료를 분리할 수 있어야 한다.
- 개별 세대 안에서 구획된 실(室)의 크기, 개수 또는 위치 등을 변경할 수 있어야 한다.

정답  92 ②  93 ②  94 ③  95 ②  96 ①

**97** 경형 자동차용 주차단위구획의 최소 크기는?(단, 평행주차형식 외의 경우)

① 너비 1.7m, 길이 4.5m
② 너비 2.0m, 길이 5.0m
③ 너비 2.0m, 길이 3.6m
④ 너비 2.3m, 길이 5.0m

[해설]

주차장의 주차단위 구획(평행주차형식 외의 경우)

| 구분 | 너비 | 길이 |
|---|---|---|
| 경형 | 2.0m 이상 | 3.6m 이상 |
| 일반형 | 2.5m 이상 | 5.0m 이상 |
| 확장형 | 2.6m 이상 | 5.2m 이상 |
| 장애인 전용 | 3.3m 이상 | 5.0m 이상 |
| 이륜자동차 전용 | 1.0m 이상 | 2.3m 이상 |

**98** 다음 중 기계식주차장의 세분에 속하지 않는 것은?

① 지하식   ② 지평식
③ 건축물식   ④ 공작물식

[해설]

주차장의 형태[주차장법 시행규칙 제2조]
- 자주식주차장 : 지하식·지평식(地平式) 또는 건축물식(공작물식을 포함)
- 기계식주차장 : 지하식·건축물식(공작물식을 포함)

**99** 높이 31m를 넘는 각 층의 바닥면적 중 최대 바닥면적이 5,000m²인 업무시설에 원칙적으로 설치하여야 하는 비상용 승강기의 최소 대수는?

① 1대   ② 2대
③ 3대   ④ 4대

[해설]

높이 31m를 넘는 각 층의 바닥면적에 대하여 최대 바닥면적 중 1,500m²까지 기본 1대 설치, 추가 3,000m²마다 1대를 추가한다.

$$N = 기본대수 + \frac{적용 바닥면적 - 기본면적}{추가면적}$$

$$= 1 + \frac{5,000 - 1,500}{3,000} = 2.17 = 3대$$

※ 특별한 조건이 없으면 소수점 첫째짜리에서 올림하여 구한다.

**100** 건축물의 거실(피난층의 거실 제외)에 국토교통부령으로 정하는 기준에 따라 배연설비를 설치하여야 하는 대상 건축물에 속하지 않는 것은?

① 6층 이상인 건축물로서 종교시설의 용도로 쓰는 건축물
② 6층 이상인 건축물로서 판매시설의 용도로 쓰는 건축물
③ 6층 이상인 건축물로서 방송통신시설 중 방송국의 용도로 쓰는 건축물
④ 6층 이상인 건축물로서 교육연구시설 중 연구소의 용도로 쓰는 건축물

[해설]

6층 이상의 건축물로서 배연시설을 설치해야 하는 대상
- 제2종 근린생활시설 중 공연장, 종교집회장, 인터넷컴퓨터게임시설제공업소 및 다중생활시설(공연장, 종교집회장 및 인터넷컴퓨터게임시설제공업소는 해당 용도로 쓰는 바닥면적의 합계가 각각 300m² 이상인 경우만 해당한다)
- 문화 및 집회시설, 종교시설, 판매시설, 운수시설
- 의료시설(요양병원 및 정신병원은 제외한다), 교육연구시설 중 연구소
- 노유자시설 중 아동 관련 시설, 노인복지시설(노인요양시설은 제외한다)
- 수련시설 중 유스호스텔, 운동시설, 업무시설, 숙박시설, 위락시설

정답  97 ③  98 ②  99 ③  100 ③

# 11 제11회 CBT 실전모의고사

## 1과목 건축계획

**01** 다음 중 건축가와 작품의 연결이 옳지 않은 것은?

① 르 꼬르뷔지에(Le Corbusier) — 롱샹 교회
② 월터 그로피우스(Walter Gropius) — 아테네 미국대사관
③ 프랭크 로이드 라이트(Frank Lloyd Wright) — 구겐하임 미술관
④ 미스 반 데르 로에(Mies Van der Rohe) — M.I.T 공대 기숙사

[해설]

M.I.T 공대 기숙사(1948)는 유기적인 자연재료(목재 등)와 현대의 인공재료(강철, 콘크리트)의 조화를 추구한 알바 알토(Alvar Aalto)의 작품이다.

**02** 극장의 평면형식 중 애리나(Arena)형에 관한 설명으로 옳지 않은 것은?

① 무대의 배경을 만들지 않으므로 경제성이 있다.
② 무대의 장치나 소품은 주로 낮은 기구들로 구성한다.
③ 가까운 거리에서 관람하면서 많은 관객을 수용할 수 있다.
④ 연기자가 일정한 방향으로만 관객을 대하므로 강연, 콘서트, 독주, 연극 공연에 가장 좋은 형식이다.

[해설]

④는 프로시니엄형에 대한 설명이다.

**03** 다음 건축물 중 익공식(翼工式)에 속하는 것은?

① 강릉 오죽헌
② 서울 동대문
③ 봉정사 대웅전
④ 무위사 극락전

[해설]

강릉 오죽헌은 조선 시대 건축물로서 익공식에 속한다.

**04** 척도조정(M.C)에 관한 설명으로 옳지 않은 것은?

① 설계작업이 단순해지고 간편해진다.
② 현장작업이 단순해지고 공기가 단축된다.
③ 건축물 형태의 다양성 및 창조성 확보가 용이하다.
④ 구성재의 상호조합에 의한 호환성을 확보할 수 있다.

[해설]

척도조정을 적용하여 계획할 경우 건축물의 형태가 단순해지기 때문에 개성이 없어지고 단조로워질 수 있다.

**05** 쇼핑센터의 몰(Mall)의 계획에 관한 설명으로 옳지 않은 것은?

① 전문점들과 중심상점의 주출입구는 몰에 면하도록 한다.
② 몰에는 자연광을 끌어들여 외부공간과 같은 성격을 갖게 하는 것이 좋다.
③ 다층으로 계획할 경우 시야의 개방감을 적극적으로 고려하는 것이 좋다.
④ 중심상점들 사이의 몰의 길이는 150m를 초과하지 않아야 하며, 길이 40~50m마다 변화를 주는 것이 바람직하다.

[해설]

쇼핑센터 몰(Mall)의 계획
- 몰의 길이는 점포의 필요 면적과 점포의 수에 따라서 결정되나, 일반적으로 20~30m 정도가 적당하다.
- 그 이상의 경우에는 어느 정도의 길이를 단위로 하여, 변화를 주거나 다층화하여 단조롭지 않게 하는 것이 필요하다.

정답  01 ④  02 ④  03 ①  04 ③  05 ④

**06** 극장 무대에서 그리드 아이언(Grid Iron)이란 무엇인가?

① 조명 조작 등을 위해 무대 주위 벽에 6~9m의 높이로 설치되는 좁은 통로
② 조명 기구, 연기자 또는 음향 반사판을 매달기 위해 무대 천정 밑에 설치되는 시설
③ 하늘이나 구름 등 자연 현상을 나타내기 위한 무대 배경용 벽
④ 무대와 객석의 경계를 이루는 곳으로 액자와 같은 시각적 효과를 갖게 하는 시설

[해설]
① 플라이 갤러리(Fly Gallery)
③ 사이클로라마(Cyclorama 혹은 Kupplel Horizont)
④ 프로시니엄 아치(Proscenium Arch)

**07** 공동주택을 건설하는 주택단지는 기간도로와 접하거나 기간도로로부터 당해 단지에 이르는 진입도로가 있어야 한다. 주택단지의 총세대수가 400세대인 경우 기간도로와 접하는 폭 또는 진입도로의 폭은 최소 얼마 이상이어야 하는가?(단, 진입도로가 1개이며, 원룸형 주택이 아닌 경우)

① 4m  ② 6m
③ 8m  ④ 12m

[해설]
총 세대수가 300세대 이상 500세대 미만인 경우 진입도로의 폭은 최소 8m 이상으로 한다.

※ 공동주택 내 기간도로와 접하는 폭 및 진입도로의 폭

| 주택단지의 총 세대수 | 기간도로와 접하는 폭 또는 진입도로의 폭 |
|---|---|
| 300세대 미만 | 6m 이상 |
| 300세대 이상 500세대 미만 | 8m 이상 |
| 500세대 이상 1천 세대 미만 | 12m 이상 |
| 1천 세대 이상 2천 세대 미만 | 15m 이상 |
| 2천 세대 이상 | 20m 이상 |

**08** 사무소 건축에서 오피스 랜드스케이핑(Office Landscaping)에 관한 설명으로 옳지 않은 것은?

① 프라이버시 확보가 용이하여 업무의 효율성이 증대된다.
② 커뮤니케이션의 융통성이 있고 장애요인이 거의 없다.
③ 실내에 고정된 칸막이를 설치하지 않으며 공간을 절약할 수 있다.
④ 변화하는 작업의 패턴에 따라 조절이 가능하며 신속하고 경제적으로 대처할 수 있다.

[해설]
오피스 랜드스케이핑(Office Landscaping)의 특징

| 장점 | • 공사비를 절감할 수 있다(칸막이벽, 공조설비, 소화설비, 조명설비 등의 Zoning 최소화에 따른 공사비 절감). <br> • 고정 칸막이가 없어 평면 구성이 자유롭다. <br> • 전 면적을 유용하게 이용할 수 있다. |
|---|---|
| 단점 | • 소음문제가 발생한다. <br> • 독립성(프라이버시)이 결핍된다. |

**09** 레드번(Radburn) 주택단지계획에 관한 설명으로 옳지 않은 것은?

① 중앙에는 대공원 설치를 계획하였다.
② 주거구는 슈퍼블록 단위로 계획하였다.
③ 보행자의 보도와 차도를 분리하여 계획하였다.
④ 주거지 내의 통과교통으로 간선도로를 계획하였다.

[해설]
레드번 설계의 주된 특성은 자동차와 보행자의 분리로서, 주거지 내의 통과교통을 최소화할 수 있도록 하였다. 간선도로는 근린주구의 외곽을 구성하는 도로이다.

정답 06 ② 07 ③ 08 ① 09 ④

**10** 사무소 건축의 엘리베이터 계획에 관한 설명으로 옳지 않은 것은?

① 군 관리운전의 경우 동일 군 내의 서비스 층은 같게 한다.
② 승객의 층별 대기시간은 평균 운전간격 이하가 되게 한다.
③ 실내공간의 확장을 용이하게 할 수 있도록 건축물의 한쪽 끝에 설치한다.
④ 초고층, 대규모 빌딩인 경우는 서비스 그룹을 분할(조닝)하는 것을 검토한다.

[해설]
엘리베이터는 사무소 재실인원의 이용이 편리할 수 있도록 건축물의 중앙부분에 설치하는 것이 효율적인 동선을 형성하는 데 유리하다.

**11** 다음과 같은 특징을 갖는 건축양식은?

- 사라센 문화의 영향을 받았다.
- 도서렛(Dosseret)과 펜던티브 돔(Pendentive Dome)이 사용되었다.

① 로마 건축    ② 이집트 건축
③ 비잔틴 건축  ④ 로마네스크 건축

[해설]
비잔틴 건축
- 동서 로마로 분리되어 콘스탄티노플로 천도한 이후의 동로마 제국 건축으로서, 사라센 문화의 영향을 받았다.
- 외양은 단조롭고, 내부는 화려하게 장식하였으며, 평면의 각 부분은 정사각형으로 계획하였다.
- 도서렛(Dosseret) 및 펜던티브 돔(Pendentive Dome)이 사용되었다.

**12** 한국건축의 가구법과 관련하여 칠량가에 속하지 않는 것은?

① 무위사 극락전   ② 수덕사 대웅전
③ 금산사 대적광전 ④ 지림사 대적광전

[해설]
칠량가(七樑架)는 목조 건축물의 골격 구조를 규모에 의해 분류한 것 중 하나로서, 규모별 분류는 그 크기에 따라 삼량가(三樑架), 오량가(五樑架), 칠량가(七樑架), 구량가(九樑架) 등으로 구분된다. 칠량가(七樑架)는 사찰이나 궁궐 등 큰 건축물에 주로 적용되었다. 수덕사 대웅전은 주심포 양식의 건축물로서, 구량가(九樑架) 가구법으로 분류된다.

**13** 사무소건축의 기준층 평면형태 결정요소와 가장 거리가 먼 것은?

① 방화구획상 면적
② 구조상 스팬의 한도
③ 대피상 최소 피난거리
④ 덕트, 배선, 배관 등 설비 시스템상의 한계

[해설]
대피상의 최소가 아닌 최대 피난거리가 고려된다.

**14** 건축계획단계에서의 조사방법에 관한 설명으로 옳지 않은 것은?

① 설문조사를 통하여 생활과 공간 간의 대응관계를 규명하는 것은 생활행동 행위의 관찰에 해당된다.
② 이용 상황이 명확하게 기록되어 있는 시설의 자료 등을 활용하는 것은 기존자료를 통한 조사에 해당된다.
③ 건물의 이용자를 대상으로 설문을 작성하여 조사하는 방식은 생활과 공간의 대응관계 분석에 유효하다.
④ 주거단지에서 어린이들의 행동특성을 조사하기 위해서는 생활행동 행위 관찰방식이 일반적으로 적절하다.

[해설]
설문조사 방법은 관찰의 방법이 아니다.

정답  10 ③  11 ③  12 ②  13 ③  14 ①

**15** 공동주택의 단지계획에서 보차분리를 위한 방식 중 평면분리에 해당하는 방식은?

① 시간제 차량통행
② 쿨드삭(Cul-de-sac)
③ 오버브리지(Overbridge)
④ 보행자 안전참(Pedestrian Safecross)

[해설]
쿨드삭(Cul-de-Sac)은 차량의 흐름을 한정시켜 차량과 보행자를 평면적으로 분리할 수 있다.
① 시간제 차량통행은 차량과 보행자의 통행 시간을 분리하는 방법이다.
③ 오버브리지(Overbridge)는 입체적으로 차량과 보행자를 분리하는 방법이다.
④ 보행자 안전참(Pedestrian Safecross)은 보행자의 안전을 위한 공간을 확보하는 것으로서, 면적(공간)을 통한 보행자와 차량을 분리하는 개념이다.

**16** 장애인·노인·임산부 등을 위한 편의시설은 매개시설, 내부시설, 위생시설, 안내시설 등으로 구분할 수 있다. 다음 중 매개시설에 속하는 것은?

① 점자블록
② 장애인 전용주차구역
③ 장애인 등의 통행이 가능한 복도
④ 시각 및 청각장애인 경보·피난설비

[해설]
매개시설
주출입구 접근로, 장애인 전용주차구역, 주출입구 높이 차이 제거

**17** 사무소 건축에서 개방식 배치의 한 형식으로 업무와 환경을 경영관리 및 환경적 측면에서 개선하여 배치를 의사전달과 작업 흐름의 실제적 패턴에 기초를 두는 것은?

① 아트리움(Atrium)
② 싱글 오피스(Single Office)
③ 스마트 시스템(Smart System)
④ 오피스 랜드스케이프(Office Landscape)

[해설]
오피스 랜드스케이프(Office Landscape)는 전체를 개방한 배치로 사무공간에서 직위 서열보다 의사전달과 업무의 흐름, 작업 성격을 중시한 능률적 배치를 추구하는 방법이다.

**18** 미술관 전시공간의 순회형식 중 갤러리 및 코리도 형식에 관한 설명으로 옳은 것은?

① 복도의 일부를 전시장으로 사용할 수 있다.
② 전시실 중 하나의 실을 폐쇄하면 동선이 단절된다는 단점이 있다.
③ 중앙에 커다란 홀을 계획하고 그 홀에 접하여 전시실을 배치한 형식이다.
④ 이 형식을 채용한 대표적인 건축물로는 뉴욕 근대 미술관과 프랭크 로이드 라이트의 구겐하임 미술관이 있다.

[해설]
갤러리(Gallery) 및 코리도(Corridor) 형식은 연속된 전시실의 한쪽 복도에 의해서 각 실을 배치한 형식으로서, 복도의 일부를 전시장으로 사용할 수 있고 각 실에 직접 들어갈 수 있는 점이 장점이다.

**19** 은행건축에 관한 설명으로 옳지 않은 것은?

① 금고실은 고객대기실에서 떨어진 위치에 둔다.
② 일반적으로 주출입문은 안여닫이로 함이 타당하다.
③ 영업실의 면적은 은행원 1인당 최소 20m² 이상 되어야 한다.
④ 은행실은 고객대기실과 영업실로 나누어지며 은행의 주체를 이루는 곳이다.

[해설]
은행의 영업장의 면적은 행원 수에 의해 결정되며, 행원 1인당 4~6m²가 필요하다.

정답 15 ② 16 ② 17 ④ 18 ① 19 ③

**20** 백화점의 에스컬레이터 배치에 관한 설명으로 옳지 않은 것은?

① 교차식 배치는 점유면적이 작다.
② 직렬식 배치는 점유면적이 크나 승객의 시야가 좋다.
③ 병렬식 배치는 백화점 매장 내부에 대한 시계가 양호하다.
④ 병렬 연속식 배치는 연속적으로 승강할 수 없다는 단점이 있다.

[해설]
병렬(복렬) 연속식 배치

| 단면도 | 특징 |
|---|---|
|  | • 승객의 시계가 좋다.<br>• 오르기와 내리기를 연속적으로 할 수 있다.<br>• 많은 스페이스를 필요로 한다. |

## 2과목 건축시공

**21** 와이어로프로 매단 비계 권상기에 의해 상하로 이동시킬 수 있는 공사용 비계의 명칭은?

① 시스템비계   ② 틀비계
③ 달비계       ④ 쌍줄비계

[해설]
① 시스템비계 : 수직재, 수평재, 가새재 등 각각의 부재를 공장에서 제작하고 현장에서 조립하여 사용하는 조립형 비계를 말한다.
② (강관)틀비계 : 비계의 구성부재를 미리 공장에서 생산하여 현장에서 조립하는 비계를 말하며, 조립 및 해체가 용이하다.
④ 쌍줄비계 : 발판이 놓여질 수 있도록 두 줄로 기둥을 설치한 비계를 말한다.

**22** 백화현상에 관한 설명으로 옳지 않은 것은?

① 시멘트는 수산화칼슘의 주성분인 생석회(CaO)의 다량 공급원으로서 백화의 주된 요인이다.
② 백화현상은 미장 표면뿐만 아니라 벽돌벽체, 타일 및 착색 시멘트 제품 등의 표면에도 발생한다.
③ 겨울철보다 여름철의 높은 온도에서 백화 발생 빈도가 높다.
④ 배합수 중에 용해되는 가용 성분이 시멘트 경화체의 표면건조 후 나타나는 현상이다.

[해설]
표면결로 발생 등에 따른 표면수분 증가로 인해 여름철보다 겨울철 낮은 온도에서 백화 발생 빈도가 높다.

**23** MCX(Minimum Cost Expediting)기법에 의한 공기단축에서 아무리 비용을 투자해도 그 이상 공기를 단축할 수 없는 한계점을 무엇이라 하는가?

① 표준점         ② 포화점
③ 경제 속도점    ④ 특급점

[해설]
MCX(Minimum Cost Expediting)기법은 1일 공기를 단축할 때 필요한 비용이 최소인 것부터 공정을 단축하는 기법으로서, 비용을 아무리 많이 투자해도 공기가 단축되지 않는 점을 특급점이라고 한다.

**24** 지반조사시험에서 서로 관련 있는 항목끼리 옳게 연결된 것은?

① 지내력 – 정량분석시험
② 연한점토 – 표준관입시험
③ 진흙의 점착력 – 베인시험(Vane Test)
④ 염분 – 신월샘플링(Thin Wall Sampling)

[해설]
베인시험(Vane Test)
보링구멍에 +자 날개형의 베인 테스터를 지반에 박고 회전시켜 그 저항력에 의하여 연약 점토지반의 점착력을 판별하는 방법이다.

정답  20 ④  21 ③  22 ③  23 ④  24 ③

**25** 목재의 접착제로 활용되는 수지로 가장 거리가 먼 것은?

① 요소 수지   ② 멜라민 수지
③ 폴리스티렌 수지   ④ 페놀 수지

[해설]
폴리스티렌 수지는 열가소성 수지로서 열을 받으면 연화되므로 접착제로는 부적합하다.

**26** Power Shovel의 1시간당 추정 굴착 작업량을 다음 조건에 따라 구하면?

- $Q = 1.2m^3$
- $E = 0.9$
- $C_m = 60초$
- $f = 1.28$
- $K = 0.9$

① $67.2m^3/h$   ② $74.7m^3/h$
③ $82.2m^3/h$   ④ $89.6m^3/h$

[해설]
시간당 굴착 작업량 = 1회 작업량 × 시간당 작업횟수
- 1회 작업량 = $Q \times f \times E \times K = 1.2 \times 1.28 \times 0.9 \times 0.9$
  = 1.24416
- 시간당 작업횟수 = 3,600초 ÷ $C_m$ = 3,600 ÷ 60 = 60회
∴ 시간당 굴착 작업량 = 1회 작업량 × 시간당 작업횟수
  = 1.24416 × 60
  = 74.65 ≒ $74.7m^3/h$

**27** 목공사에 사용되는 철물에 관한 설명으로 옳지 않은 것은?

① 감잡이쇠는 큰 보에 걸쳐 작은 보를 받게 하고, 안장쇠는 평보를 대공에 달아매는 경우 또는 평보와 ㅅ자보의 밑에 쓰인다.
② 못의 길이는 박아대는 재두께의 2.5배 이상이며, 마구리 등에 박는 것은 3.0배 이상으로 한다.
③ 볼트 구멍은 볼트지름보다 3mm 이상 커서는 안된다.
④ 듀벨은 볼트와 같이 사용하여 듀벨에는 전단력, 볼트에는 인장력을 분담시킨다.

[해설]
안장쇠는 큰 보에 걸쳐 작은 보를 받게 하고, 감잡이쇠는 평보를 대공에 달아매는 경우 또는 평보와 ㅅ자보의 밑에 쓰인다.

**28** 지명경쟁입찰을 택하는 이유 중 가장 중요한 것은?

① 양질의 시공 결과 기대
② 공사비의 절감
③ 준공기일의 단축
④ 공사 감리의 편리

[해설]
지명경쟁입찰은 공사에 가장 적격한 업체 3~7개 정도의 시공회사를 재산, 신용, 기술경력에 의해 선정하여 입찰시키는 방식으로서 양질의 시공을 결과를 얻고자 시행하는 입찰방식이다.

**29** 문 윗틀과 문짝에 설치하여 문이 자동적으로 닫히게 하며, 개폐압력을 조절할 수 있는 장치는?

① 도어 체크(Door Check)
② 도어 홀더(Door Holder)
③ 피벗 힌지(Pivot Hinge)
④ 도어 체인(Door Chain)

[해설]
자동으로 문이 닫히는 장치인 도어 체크(Door Check)에 대한 설명이다.

**30** 다음과 같은 철근 콘크리트조 건축물에서 외줄비계면적으로 옳은 것은?(단, 비계 높이는 건축물의 높이로 함)

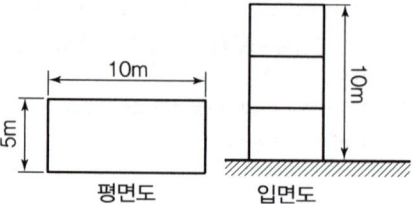

정답  25 ③  26 ②  27 ①  28 ①  29 ①  30 ②

① 300m² ② 336m²
③ 372m² ④ 400m²

[해설]
외줄비계면적(m²) = (∑l + 8×0.45)×H
= [(10+5+10+5)×8×0.45]×10
= 336m²

**31** 레디믹스트 콘크리트(Ready Mixed Concrete)를 사용하는 이유로 옳지 않은 것은?

① 시가지에서는 콘크리트를 혼합할 장소가 좁다.
② 현장에서는 균질한 품질의 콘크리트를 얻기 어렵다.
③ 콘크리트의 혼합이 충분하여 품질이 고르다.
④ 콘크리트의 운반거리 및 운반시간에 제한을 받지 않는다.

[해설]
레디믹스트 콘크리트(Ready Mixed Concrete)는 콘크리트 제조설비를 갖춘 공장(배처플랜트)으로부터 구입하여, 현장까지 운반 후 사용하는 것으로서 운반거리와 운반시간이 길 경우 콘크리트 경화도가 높아지고, 유동성이 저하되어 소요품질의 콘크리트를 얻기 어려우므로 운반거리 및 운반시간을 제한해야 한다.

**32** 철근 콘크리트에 사용하는 굵은 골재의 최대치수를 정하는 가장 중요한 이유는?

① 철근의 사용수량을 줄이기 위해서
② 타설된 콘크리트가 철근 사이를 자유롭게 통과 가능하도록 하기 위해서
③ 콘크리트의 인장강도 증진을 위해서
④ 사용골재를 줄이기 위해서

[해설]
골재의 치수가 너무 클 경우 철근과 철근 사이에 골재가 끼여, 낀 골재 밑으로 콘크리트 타설이 되지 않아 콘크리트 속에 텅 빈 공간이 생기게 된다. 이러한 현상을 방지하기 위해 굵은 골재에 대한 최대치수 규정을 설정하고 있다.

**33** 보통콘크리트용 부순 골재의 원석으로서 가장 적합하지 않은 것은?

① 현무암 ② 안산암
③ 화강암 ④ 응회암

[해설]
응회암은 다공질로서 강도가 낮아 콘크리트용 골재로의 사용은 부적합하다.

**34** 다음 그림과 같은 건물에서 $G_1$과 같은 보가 8개 있다고 할 때 보의 총 콘크리트량을 구하면?(단, 보의 단면상 슬래브와 겹치는 부분은 제외하며, 철근량은 고려하지 않는다.)

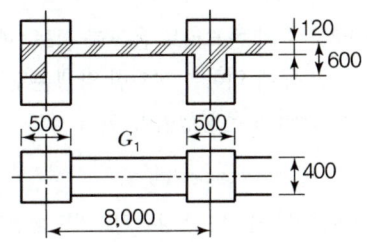

① 11.52m³ ② 12.23m³
③ 13.44m³ ④ 15.36m³

[해설]
- 보높이 : 0.6 − 0.12 = 0.48m
- 보폭 : 0.4m
- 길이 : 8 − 0.5 = 0.75m
∴ 보의 총 콘크리트량 = ㉠×㉡×㉢×개수
= 0.48×0.4×0.75×8개
= 11.52m³

**35** 건설현장에서 공사감리자로 근무하고 있는 A씨가 하는 업무로 옳지 않은 것은?

① 상세시공도면의 작성
② 공사시공자가 사용하는 건축자재가 관계법령에 의한 기준에 적합한 건축자재인지 여부의 확인
③ 공사현장에서의 안전관리지도
④ 품질시험의 실시 여부 및 시험성과의 검토, 확인

[해설]
상세시공도면은 시공을 위한 도면으로서 시공사가 작성하게 된다.

**36** 한중(寒中) 콘크리트의 양생에 관한 설명 중 옳지 않은 것은?

① 가열 보온양생을 실시할 경우 가열 중 살수를 금한다.
② 타설한 콘크리트는 어느 부분에서도 그 온도를 5℃ 이상으로 하여 초기양생을 실시한다.
③ 초기양생은 콘크리트의 압축강도가 5MPa 이상이 얻어진 것을 확인하고 담당원의 승인을 받아 중지한다.
④ 타설 후의 콘크리트 온도를 시트, 매트 및 단열 거푸집 등에 의하여 계획한 양생온도로 유지하는 것을 단열 보온양생이라 한다.

[해설]
가열 보온양생을 실시할 경우 콘크리트가 건조되지 않게 가열과 함께 살수를 하여야 한다.

**37** 공사 진행의 일반적인 순서로 가장 알맞은 것은?

① 가설공사 → 공사 착공 준비 → 토공사 → 구조체 공사 → 지정 및 기초공사
② 공사 착공 준비 → 가설공사 → 토공사 → 지정 및 기초공사 → 구조체 공사
③ 공사 착공 준비 → 토공사 → 가설공사 → 구조체 공사 → 지정 및 기초공사
④ 공사 착공 준비 → 지정 및 기초공사 → 토공사 → 가설공사 → 구조체 공사

[해설]
공사 진행의 일반적인 순서
공사 착공 준비 → 가설공사 → 토공사 → 지정 및 기초공사 → 구조체 공사 → 외장 및 마감공사

**38** 도장공사에서의 뿜칠에 관한 설명으로 옳지 않은 것은?

① 큰 면적을 균등하게 도장할 수 있다.
② 스프레이건과 뿜칠면 사이의 거리는 30cm를 표준으로 한다.
③ 뿜칠은 도막두께를 일정하게 유지하기 위해 겹치지 않게 순차적으로 이행한다.
④ 뿜칠 공기압은 2~4kg/cm²를 표준으로 한다.

[해설]
뿜칠은 뿜칠너비의 1/3 정도씩 겹쳐가면서 시공한다.

**39** 고층건축물 공사의 반복작업에서 각 작업조의 생산성을 기울기로 하는 직선으로 각 반복작업의 진행을 표시하여 전체 공사를 도식화하는 기법은?

① CPM          ② PERT
③ PDM          ④ LOB

[해설]
LOB(Line Of Balance)
반복되는 각 작업들의 상호관계를 명확하게 나타낼 수 있어 도로나 고층빌딩골조와 같은 반복되는 공사에 주로 사용된다.

**40** 고력볼트 접합에 관한 설명으로 옳지 않은 것은?

① 현대건축물의 고층화, 대형화 추세에 따라 소음이 심한 리벳은 현재 거의 사용하지 않고 볼트접합과 용접접합이 대부분을 차지하고 있다.
② 토크쉐어형 고력볼트는 조여서 소정의 축력을 얻으면 자동적으로 핀테일이 파단되는 구조로 되어 있다.
③ 고력볼트의 조임기구에는 토크렌치와 임팩트렌치 등이 있다.
④ 고력볼트의 접합형태는 모두 마찰접합이며, 마찰접합은 볼트가 하중이나 응력을 직접 부담하는 방식이다.

[해설]
고력볼트접합의 종류에는 마찰접합, 지압접합이 있다.

정답  36 ①  37 ②  38 ③  39 ④  40 ④

# 3과목 건축구조

**41** 프리스트레스하지 않는 부재의 현장치기 콘크리트에서 흙에 접하여 콘크리트를 친 후 영구히 흙에 묻혀 있는 콘크리트 부재의 최소 피복두께로 옳은 것은?

① 40mm  ② 55mm
③ 60mm  ④ 75mm

[해설]
피복두께 규정(프리스트레스하지 않은 부재의 현장치기 콘크리트의 경우)
흙에 접하여 콘크리트를 친 후 영구히 흙에 묻혀 있는 콘크리트 : 75mm

**42** 철근콘크리트 단근보를 강도설계법으로 설계 시 콘크리트의 전압축력으로 옳은 것은?(단, $f_{ck}$ = 24MPa, 보의 폭 300mm, 응력블록의 깊이 110mm)

① 750.6kN  ② 724.4kN
③ 673.2kN  ④ 650.8kN

[해설]
전압축력(C) 산출
$C = 0.85 f_{ck} ab = 0.85 \times 24 \times 110 \times 300$
$= 673,200N = 673.2kN$

**43** 1단은 고정, 1단은 자유인 길이 10m인 철골기둥에서 오일러의 좌굴하중은?(단, $A=6,000mm^2$, $I_x=4,000cm^4$, $I_y=2,000cm^4$, $E=205,000MPa$)

① 101.2kN  ② 168.4kN
③ 195.7kN  ④ 202.4kN

[해설]
좌굴하중(임계하중)
$P_b = \dfrac{\pi^2 EI}{(kl)^2} = \dfrac{\pi^2 \times 205,000 \times 2,000 \times 10^4}{(2 \times 10,000)^2}$
$= 101,163.45N = 101.2kN$

여기서, $E$ : 탄성계수
$I$ : 단면2차모멘트
$k$ : 지지형태에 따른 계수
$l$ : 부재의 비지지 길이

**44** 그림에서 파단선 a−1−2−3−d의 인장재의 순단면적은?(단, 판두께는 10mm, 볼트구멍지름은 22mm)

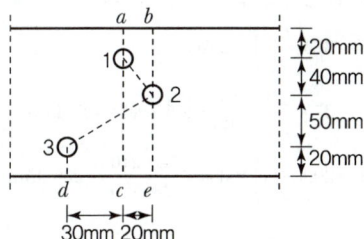

① 690mm²  ② 790mm²
③ 890mm²  ④ 990mm²

[해설]
엇모배치일 경우 순단면적($A_n$) 산출
$A_n = A_g - ndt + \sum\left(\dfrac{s^2}{4g} \times t\right)$
$= (20+40+50+20) \times 10 - (3 \times 22 \times 10)$
$+ \left(\dfrac{20^2}{4 \times 40} \times 10 + \dfrac{50^2}{4 \times 50} \times 10\right)$
$= 790mm^2$

여기서, $A_g$ : 강재의 총단면적
$n$ : 파단선에 있는 구멍의 개수
$d$ : 구멍의 직경
$t$ : 인장재의 직경
$s$ : 볼트 간 중심간격(수평)
$g$ : 볼트 간 중심간격(수직)

정답  41 ④  42 ③  43 ①  44 ②

**45** 다음과 같은 조건에서 철근콘크리트 보의 인장철근의 최대 허용 배근 간격은 얼마인가?(단, 철근은 보의 인장부에만 배근하고 피복두께는 40mm이다.)

- 일반환경 조건(210)
- $f_{ck} = 28\text{MPa}$
- $f_y = 400\text{MPa}$
- $f_s = (2/3)f_y$
- $A_s = 1,548.5\text{mm}^2 (4-D22)$

① 106.7mm ② 163.5mm
③ 195.3mm ④ 239.1mm

[해설]

다음 둘 중 작은 값을 인장철근 최대 허용 배근 간격으로 한다.

- $S = 375\left(\dfrac{k_{cr}}{f_s}\right) - 2.5C_c$
  $= 375 \times \dfrac{3 \times 210}{2 \times 400} - 2.5 \times 40 = 195.3\text{mm}$

- $S = 300\left(\dfrac{k_{cr}}{f_s}\right) = 300 \times \dfrac{3 \times 210}{2 \times 400} = 236.3\text{mm}$

**46** 동일재료를 사용한 캔틸레버 보에서 작용하는 집중하중의 크기가 $P_1 = P_2$일 때, 보의 단면이 그림과 같다면 최대처짐 $y_1 : y_2$의 비는?

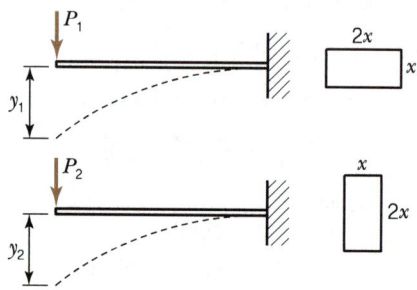

① 2 : 1 ② 4 : 1
③ 8 : 1 ④ 16 : 1

[해설]

- 캔틸레버의 처짐 기본식을 갖고 산출한다.
  $y = \dfrac{PL^3}{EI}$

- $P_1$과 $P_2$가 같고, 길이 $L$이 같으며, 동일재료이므로 탄성계수 $E$도 같다.
- 따라서, 분모에 있는 단면2차모멘트 $I$를 비교하여 산출한다.

$y_1 : y_2 = \dfrac{1}{I_1} : \dfrac{1}{I_2} = \dfrac{1}{\dfrac{2x \cdot x^3}{12}} : \dfrac{1}{\dfrac{x \cdot (2x)^3}{12}} = 4 : 1$

**47** 등분포하중을 받는 두 스팬 연속보인 $B_1$ RC보 부재에서 Ⓐ, Ⓑ, Ⓒ 지점의 보 배근에 관한 설명으로 옳지 않은 것은?

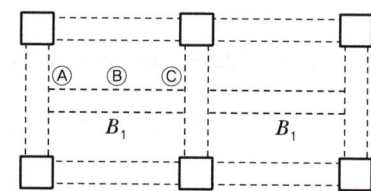

① Ⓐ단면에서는 하부근이 주근이다.
② Ⓑ단면에서는 하부근이 주근이다.
③ Ⓐ단면에서의 스터럽 배치간격은 Ⓑ단면에서의 경우보다 촘촘하다.
④ Ⓒ단면에서는 하부근이 주근이다.

[해설]

Ⓒ단면에서는 모멘트가 상부(-)로 작용하기 때문에 상부근이 주근이 된다.

**48** 인장을 받는 이형철근의 정착길이($l_d$)는 기본정착길이($l_{db}$)에 보정계수를 곱하여 구한다. 이 보정계수에 대한 설명 중 옳지 않은 것은?(단, KCI2012 기준)

① 철근배치 위치계수 $\alpha$ 상부철근일 경우 1.5이고, 기타 철근일 경우 1.0이다
② 철근크기계수 $\gamma$는 철근직경이 D22 이상인 경우 1.0이고, D19 이하일 경우 0.8이다.
③ 철근 도막계수 $\beta$는 도막되지 않은 철근일 경우 1.0이다.
④ 경량콘크리트계수 $\lambda$는 일반콘크리트인 경우 1.0이다.

정답 45 ③ 46 ② 47 ④ 48 ①

[해설]
철근배치 위치계수 α 상부철근일 경우 1.3이고, 기타 철근일 경우 1.0이다.

**49** 고력볼트 F10T-M24의 현장시공을 위한 본조임의 조임력($T$)은 얼마인가?(단, 토크계수는 0.13, F10T-M24볼트의 설계볼트장력은 200kN이며 표준볼트장력은 설계볼트장력에 10%를 할증한다.)

① 568,573N·mm
② 686,400N·mm
③ 799,656N·mm
④ 892,638N·mm

[해설]
조임력 $T$ 산출
- $T = k \cdot d_1 \cdot N$
  여기서, $k$ : 토크계수(0.11~0.19)
  $d_1$ : 고력볼트 축부의 공칭직경(mm)
  $N$ : 고력볼트의 축력(표준볼트장력)
- 표준볼트장력($N$) 산출
  $N = 1.1 T_0 = 1.1 \times 200\text{kN} = 220\text{kN}$
  여기서, $T_0$ : 설계볼트장력
∴ $T = k \cdot d_1 \cdot N = 0.13 \times 24 \times 220 = 686.4\text{N·mm}$

**50** 연약지반에서 부동침하를 줄이기 위한 가장 효과적인 기초의 종류는?

① 독립기초   ② 복합기초
③ 연속기초   ④ 온통기초

[해설]
온통(전면)기초
기초지반이 연약한 경우에 사용되는 기초로, 모든 기둥을 하나의 기초판으로 지지하도록 만듦으로 부동침하를 줄이는데 효과적이다. 매트(Mat)기초라고도 한다.

**51** 정방향 단면의 크기가 120mm×120mm이고, 길이 3m인 기둥의 세장비는 약 얼마인가?

① 67   ② 76
③ 87   ④ 95

[해설]
세장비($\lambda$) 산출
$$\lambda = \frac{KL}{r} = \frac{KL}{\sqrt{\frac{I}{A}}} = \frac{KL}{\sqrt{\frac{bh^3}{12}{bh}}} = \frac{1.0 \times 3{,}000\text{mm}}{\sqrt{\frac{120 \times 120^3}{12}{120 \times 120}}} = 86.6 = 87$$

여기서, 지지조건에 대한 조건이 없으므로 $K=1$로 간주한다.

**52** 그림과 같은 독립기초에 $N=480\text{kN}$, $M=96\text{kN·m}$가 작용할 때 기초저면에 발생하는 최대 지반반력은?

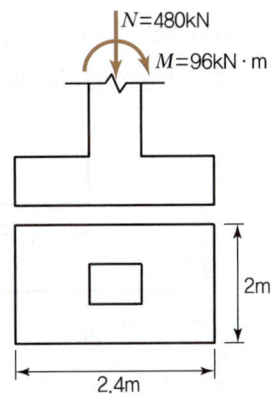

① $15\text{kN/m}^2$   ② $150\text{kN/m}^2$
③ $20\text{kN/m}^2$   ④ $200\text{kN/m}^2$

[해설]
최대 지반반력($\sigma_{max}$) 산출
$$\sigma_{max} = \frac{P}{A} + \frac{M}{Z} = \frac{480\text{kN}}{2 \times 2.4} + \frac{96\text{kN·m}}{\frac{2 \times 2.4^2}{6}} = 150\text{kN/m}^2$$

정답  49 ②  50 ④  51 ③  52 ②

**53** 다음 트러스 구조물에서 부재력이 0이 되는 부재의 개수는?

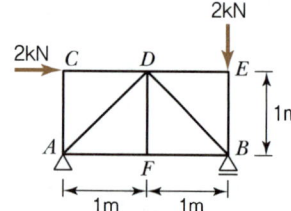

① 1개  ② 2개
③ 3개  ④ 4개

[해설]

부재력이 0이 되는 부재는 절점을 기준으로 좌우로 대칭되는 부재(힘이 적용될 경우 힘도 하나의 부재로 간주)가 있는 상태에서의 수직부재(3부재)인 $CA$, $FD$, $ED$ 부재이다.

**54** 다음 그림에서 동일한 처짐이 되기 위한 $P_1$, $P_2$의 값의 비로 옳은 것은?(단, 부재의 $EI$는 일정하다.)

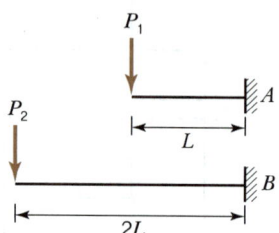

① $P_1 : P_2 = 2 : 1$  ② $P_1 : P_2 = 4 : 1$
③ $P_1 : P_2 = 6 : 1$  ④ $P_1 : P_2 = 8 : 1$

[해설]

캔틸레버 자유단에 집중하중 작용 시

최대처짐은 $\delta_{\max} = \dfrac{PL^3}{3EI}$ 이다.

$A = B$

$\dfrac{P_1 L^3}{3EI} = \dfrac{P_2 (2L)^3}{3EI}$

$P_1 = 8 P_2$

∴ $P_1 : P_2 = 8 : 1$

**55** 그림의 포물선 아치에서 중앙점($C$)의 휨모멘트 ($M_c$) 값으로 옳은 것은?

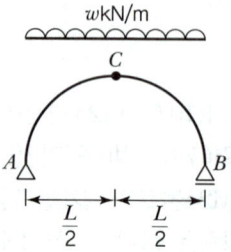

① $\dfrac{Wl^2}{16}$  ② $\dfrac{Wl^2}{8}$
③ $\dfrac{Wl^2}{4}$  ④ 0

[해설]

아치를 수평으로 쭉 펼쳤다고 보면 단순보와 같아지게 되며, 중앙부에는 단순보에 등분포하중이 작용할 때의 휨모멘트값인 $\dfrac{wl^2}{8}$ 이 작용하게 된다.

**56** 원형단면에 전단력 $S = 30$kN이 작용할 때 단면의 최대 전단응력도는?(단, 단면의 반경은 180mm이다.)

① 0.19MPa
② 0.24MPa
③ 0.39MPa
④ 0.44MPa

[해설]

최대전단응력도($V_{\max}$) 산출

$V_{\max} = k \cdot \dfrac{P}{A} = k \cdot \dfrac{P}{\pi r^2} = \dfrac{4}{3} \times \dfrac{30 \times 10^3 (\text{N})}{\pi \times 180^2}$

$= 0.393 \text{N/mm}^2 = 0.39 \text{MPa}$

여기서, 원형단면일 경우 $k = \dfrac{4}{3}$

정답  53 ③  54 ④  55 ②  56 ③

**57** 그림과 같은 단면을 가진 압축재에서 유효좌굴길이 $KL = 250$mm일 때 Euler의 좌굴하중 값은? (단, $E = 210,000$MPa이다.)

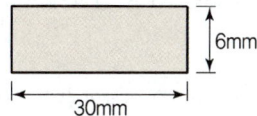

① 17.9kN   ② 43.0kN
③ 52.9kN   ④ 64.7kN

[해설]

좌굴하중(임계하중)

$$P_b = \frac{\pi^2 EI}{(KL)^2} = \frac{\pi^2 \times 210,000 \times \frac{30 \times 6^3}{12}}{250^2}$$
$$= 17,907.41\text{N} = 17.9\text{kN}$$

여기서, $E$ : 탄성계수
$I$ : 단면2차모멘트 ($\frac{bh^3}{12}$)
$KL$ : 유효좌굴길이

**58** 모살치수 8mm, 용접길이 500mm인 양면모살용접 전체의 유효단면적은 약 얼마인가?

① 2,100mm²   ② 3,221mm²
③ 4,300mm²   ④ 5,421mm²

[해설]

필릿(모살) 용접부의 유효면적($A_w$) 산출
$A_w = a \cdot l_e = 0.7s \times (l - 2s) = 0.7 \times 8 \times (500 - 2 \times 8)$
$= 2,710.4\text{mm}^2$
∴ 양면이므로 $2,710.4 \times 2 = 5,420.8 = 5,421\text{mm}^2$

**59** 볼트의 기계적 등급을 나타내기 위해 표시하는 F8T, F10T, F11T에서 가운데 숫자는 무엇을 의미하는가?

① 휨강도   ② 인장강도
③ 압축강도   ④ 전단강도

[해설]

가운데 숫자는 인장강도를 나타낸다. 예를 들어 F8T라면 해당 등급의 인장강도는 800~1,000MPa에 해당한다.

**60** 다음 그림과 같은 휨모멘트도를 통해 구조물에 작용하는 수평하중 $P$를 구하면?

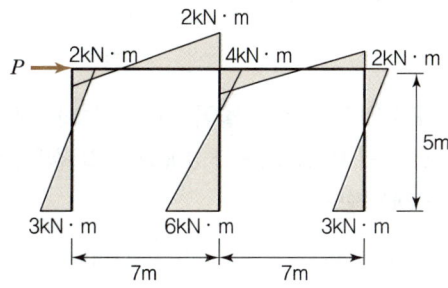

① 2kN   ② 3kN
③ 4kN   ④ 6kN

[해설]

층방정식을 활용하여 산출한다.
$$P = \frac{\text{재단 모멘트의 합}}{\text{층고}} = \frac{2+3+4+6+2+3}{5} = 4\text{kN}$$
여기서, 재단모멘트는 부재의 끝 부분에서 그 부재를 굽히려고 작용하는 모멘트를 말한다.

## 4 과목 건축설비

**61** 건구온도 26℃인 실내공기 8,000m³/h와 건구온도 32℃인 외부공기 2,000m³/h를 단열혼합하였을 때 혼합공기의 건구온도는?

① 27.2℃   ② 27.6℃
③ 28.0℃   ④ 29.0℃

[해설]

혼합공기의 온도(℃) $= \frac{26 \times 8,000 + 32 \times 2,000}{8,000 + 2,000} = 27.2℃$

정답  57 ①  58 ④  59 ②  60 ③  61 ①

**62** 알칼리 축전지에 관한 설명으로 옳지 않은 것은?

① 고율방전특성이 좋다.
② 공칭전압은 2V/셀이다.
③ 기대수명이 10년 이상이다.
④ 부식성의 가스가 발생하지 않는다.

[해설]

알칼리 축전지의 공칭전압은 1.2V/셀이다.

**63** 오수의 BOD 제거율이 95%인 정화조로 유입되는 오수의 BOD 농도가 300ppm일 경우, 방류수의 BOD 농도는?

① 15ppm　② 85ppm
③ 150ppm　④ 285ppm

[해설]

BOD 제거율(%) = $\dfrac{\text{유입수 BOD} - \text{유출수 BOD}}{\text{유입수 BOD}} \times 100(\%)$

$95 = \dfrac{300 - \text{유출수 BOD}}{300} \times 100(\%)$

상기식에서 유출수 BOD로 정리하여 산출하면, 유출수 BOD는 15ppm이 나온다.

**64** 엔탈피변화량에 대한 현열변화량의 비를 의미하는 것은?

① 현열비　② 잠열비
③ 유인비　④ 열수분비

[해설]

엔탈피는 전열(현열 + 잠열)을 의미하며, 이러한 현열 + 잠열의 변화량에 대하여 현열량의 변화량 비율을 현열비라고 한다.

**65** 고온수 난방방식에 관한 설명으로 옳지 않은 것은?

① 장치의 열용량이 크므로 예열시간이 길게 된다.
② 공급과 환수의 온도차를 크게 할 수 있으므로 열수송량이 크다.
③ 공업용과 같이 고압증기를 다량으로 필요로 할 경우에는 부적당하다.
④ 지역난방에는 이용할 수 없으며 높이가 높고 건축면적이 넓은 단일 건물에 주로 이용된다.

[해설]

고온수 난방은 100℃ 이상의 온수를 이용한 난방방식으로서 지역난방에서 주로 채용하는 난방방식이다.

**66** 도시가스에서 중압의 가스압력은?(단, 액화가스가 기화되고 다른 물질과 혼합되지 아니한 경우 제외)

① 0.05MPa 이상, 0.1MPa 미만
② 0.01MPa 이상, 0.1MPa 미만
③ 0.1MPa 이상, 1MPa 미만
④ 1MPa 이상, 10MPa 미만

[해설]

공급압력에 따른 도시가스의 분류

| 분류 | 공급압력 |
| --- | --- |
| 저압 | 0.1MPa 이하 |
| 중압 | 0.1MPa 이상 1.0MPa 미만 |
| 고압 | 1.0MPa 이상 |

**67** 간선의 배선 방식 중 평행식에 관한 설명으로 옳은 것은?

① 설비비가 가장 저렴하다.
② 배선자재의 소요가 가장 적다.
③ 사고의 영향을 최소화할 수 있다.
④ 전압이 안정되나 부하의 증가에 적응할 수 없다.

[해설]

평행식은 각 분전반마다 배전반으로부터 1 : 1 단독으로 배선되어, 사고 발생 시 그 범위를 좁힐 수 있다.

정답　62 ②　63 ①　64 ①　65 ④　66 ③　67 ③

**68** 사무소 건물에서 다음과 같이 위생기구를 배치하였을 때 이들 위생기구 전체로부터 배수를 받아들이는 배수수평지관의 관경으로 가장 알맞은 것은?

| 기구 종류 | 바닥배수 | 소변기 | 대변기 |
|---|---|---|---|
| 배수부하단위 | 2 | 4 | 8 |
| 기구수 | 2 | 8 | 2 |

| 관경(mm) | 배수수평지관의 배수부하단위 |
|---|---|
| 75 | 14 |
| 100 | 96 |
| 125 | 216 |
| 150 | 372 |

① 75mm  ② 100mm
③ 125mm  ④ 150mm

[해설]
- 기구수와 배수부하단위의 곱의 합 산출
  기구수와 배수부하단위의 곱의 합 = $2 \times 2 + 4 \times 8 + 8 \times 2 = 52$
- 배수수평지관의 배수부하단위와 관경 표에서 52는 14와 96에 있으므로, 큰 값 96을 선택하고 그때의 관경 100mm로 배수수평지관의 관경을 결정한다.

**69** TV 공청설비의 주요 구성기기에 속하지 않는 것은?

① 증폭기  ② 월패드
③ 컨버터  ④ 혼합기

[해설]
월패드(Wall-pad)
가정의 주방이나 거실 벽면에 부착된 형태로, 비디오 도어폰 기능뿐 아니라 조명 · 보일러 · 가전제품 등 가정 내 각종 기기를 제어할 수 있는 단말기를 말한다.

**70** 일사에 관한 설명으로 옳지 않은 것은?

① 일사에 의한 건물의 수열은 방위에 따라 차이가 있다.
② 추녀와 차양은 창면에서의 일사조절 방법으로 사용된다.
③ 블라인드, 루버, 롤스크린은 계절이나 시간, 실내의 사용상황에 따라 일사를 조절할 수 있다.
④ 일사조절의 목적은 일사에 의한 건물의 수열이나 흡열을 작게 하여 동계의 실내기후의 악화를 방지하는데 있다.

[해설]
일사조절의 목적은 건물의 수열이나 흡열을 작게하여 하계의 실내기후의 악화를 방지하는데 있다.

**71** 다음 설명에 알맞은 급수 방식은?

- 위생성 측면에서 가장 바람직한 방식이다.
- 정전으로 인한 단수의 염려가 없다.

① 수도직결방식  ② 고가수조방식
③ 압력수조방식  ④ 펌프직송방식

[해설]
수도직결방식은 상수도에서 공급받은 수원을 저수과정 없이 직접 세대(부하 측)로 공급하므로 수질 오염 가능성이 가장 낮으며, 또한 급수를 위한 별도의 펌프 등의 전원 소요가 없으므로 정전으로 인한 단수의 염려가 없다.

**72** 몰드 변압기에 관한 설명으로 옳지 않은 것은?

① 내진성이 우수하다.
② 내습성이 우수하다.
③ 반입, 반출이 용이하다.
④ 옥외 설치 및 대용량 제작이 용이하다.

[해설]
몰드 변압기(Molded Transformer, Castcoil Dry Transformer)는 권선 부분을 에폭시 수지로 굳혀 절연한 건식 변압기로서, 내약품성 및 내열성, 내습성, 내진성능이 좋고, 반출입이 용이한 특성을 가지고 있으나 옥외설치 및 대용량 제작이 어렵다는 단점이 있다.

**73** 전기설비의 전압구분에서 저압 기준으로 옳은 것은?

① 직류 400V 이하, 교류 400V 이하
② 직류 600V 이하, 교류 600V 이하
③ 직류 750V 이하, 교류 750V 이하
④ 직류 1,500V 이하, 교류 1,000V 이하

[해설]

전압의 분류

| 구분 | 교류 | 직류 |
|---|---|---|
| 저압 | 1,000V 이하 | 1,500V 이하 |
| 고압 | 1,000V 초과 7,000V 이하 | 1,500V 초과 7,000V 이하 |
| 특고압 | 7,000V 초과 | |

**74** 응축기용 냉각수를 재사용하기 위하여 대기와 접촉시켜서 물을 냉각시키는 장치는?

① 냉동기
② 냉각기
③ 냉각탑
④ 냉각코일

[해설]

냉각탑(Cooling Tower)
냉각탑은 냉동기의 냉각수를 재활용하기 위해, 응축기의 응축열을 대기 중에 방출하여 냉각시키는 장치이다.

**75** 크로스커넥션(Cross Connection)에 관한 설명으로 가장 알맞은 것은?

① 관로 내 유체의 이동이 급격히 변화하여 압력변화를 일으키는 것
② 상수의 급수 · 급탕계통과 그 외의 계통배관이 장치를 통하여 직접 접속되는 것
③ 겨울철 난방을 하고 있는 실내에서 창을 타고 차가운 공기가 하부로 내려오는 현상
④ 급탕 · 반탕관의 순환거리를 각 계통에 있어서 거의 같게 하여 전 계통의 탕의 순환을 촉진하는 방식

[해설]

크로스 커넥션(Cross Connection)
• 음용수의 오염현상으로서, 수돗물에 수돗물 이외의 물질이 혼입되어 오염이 발생하는 현상이다.
• 배관의 잘못된 연결에 의해 발생하므로, 각 계통마다 배관을 색깔로 구분하여 크로스 커넥션의 방지가 필요하다.

**76** 다음과 같은 조건에 있는 실의 틈새바람에 의한 현열부하는?

[조건]
• 실의 체적 : 400m³
• 환기 횟수 : 0.5회/h
• 실내온도 : 20℃, 외기온도 : 0℃
• 공기의 밀도 : 1.2kg/m³
• 공기의 정압비열 : 1.01kJ/kg · K

① 약 654W
② 약 972W
③ 약 1,347W
④ 약 1,654W

[해설]

$q = Q \cdot \rho \cdot Cp \cdot \Delta t$

여기서, $q$ : 실내 발열량(현열부하)(kJ/h)
$Q$ : 틈새바람에 의한 침기량(m³/h)
$\rho$ : 공기의 밀도 1.2kg/m³
$Cp$ : 공기의 정압비열 1.01kJ/kgK
$\Delta t$ : 실내외 온도차(℃)

$q = 400 \times 0.5 \times 1.2 \times 1.01 \times (20-0)$
$= 4,848 kJ/h = 1,347W$

**77** 실내의 탄산가스 허용농도가 1,000ppm, 외기의 탄산가스 농도가 400ppm일 때, 실내 1인당 필요한 환기량은?(단, 실내 1인당 탄산가스 배출량은 15L/h이다.)

① 15m³/h
② 20m³/h
③ 25m³/h
④ 30m³/h

정답 73 ④  74 ③  75 ②  76 ③  77 ③

[해설]

$Q$(필요환기량, m³/h)
$$= \frac{CO_2 \text{발생량}(m^3)}{C_i(\text{실내허용 } CO_2 \text{농도}) - C_o(\text{신선 외기 } CO_2 \text{농도})}$$

$Q = \dfrac{0.015}{0.001 - 0.0004} = 25 \text{m}^3/\text{h}$

**78** 엘리베이터 카(Car)가 최상층이나 최하층에서 정상 운행위치를 벗어나 그 이상으로 운행하는 것을 방지하기 위해 설치하는 전기적 안전장치는?

① 조속기
② 가이드 레인
③ 전자 브레이크
④ 최종 리밋 스위치

[해설]

최종 리밋 스위치
스토핑 스위치가 작동하지 않을 때 제2단의 작동으로 주회로를 차단하는 것으로서, 카(Car)가 최상층이나 최하층에서 정상 운행 위치를 벗어나 그 이상으로 운행하는 것을 방지하기 위한 안전장치로 적용되고 있으며, 제한 스위치라고도 한다.

**79** 광원으로부터 일정거리 떨어진 수조면의 조도에 관한 설명으로 옳지 않은 것은?

① 광원의 광도에 비례한다.
② $\cos \theta$(입사각)에 비례한다.
③ 거리의 제곱에 반비례한다.
④ 측정점의 반사율에 반비례한다.

[해설]

조도와 측정점의 반사율과는 관계가 없다.

조도의 산출식
조도$(E) = \dfrac{\text{광도}(I)}{\text{거리}(D)^2} \times \cos \theta$(입사각)

**80** 다음 중 병원의 수술실, 클린룸에 가장 바람직한 환기방식은?

① 동일한 풍량의 송풍기와 배풍기를 동시에 강제적으로 가동하는 방식
② 송풍기 및 배풍기를 설치하지 않고 자연적으로 환기를 실시하는 방식
③ 송풍기로 실내에 급기를 실시하고 배기구를 통하여 자연적으로 유출시키는 방식
④ 배풍기로 실내로부터 배기를 실시하고 급기구를 통하여 자연적으로 유입하는 방식

[해설]

클린룸은 오염공기가 침투되지 않도록 실내가 양압(+)이 형성되는 2종 환기[송풍기(강제) 급기, 배기구(자연) 배기]를 하여야 한다.

## 5 과목  건축법규

**81** 지구단위계획구역의 지정목적을 이루기 위하여 지구단위계획에 포함될 수 있는 내용이 아닌 것은?

① 용도지역이나 용도지구를 대통령령으로 정하는 범위에서 세분하거나 변경하는 사항
② 건축물 높이의 최고한도 또는 최저한도
③ 도시·군 관리계획 중 정비사업에 관한 계획
④ 대통령령으로 정하는 기반시설의 배치와 규모

[해설]

지구단위계획의 내용
지구단위계획구역의 지정 목적을 이루기 위하여 지구단위계획에는 다음의 사항 중 ⓒ와 ⑩의 사항을 포함한 둘 이상의 사항이 포함되어야 한다. 다만, ⓒ을 내용으로 하는 지구단위계획의 경우에는 해당하지 않는다.
㉠ 용도지역이나 용도지구를 대통령령으로 정하는 범위에서 세분하거나 변경하는 사항
㉡ 기존의 용도지구를 폐지하고 그 용도지구에서의 건축물이나 그 밖의 시설의 용도·종류 및 규모 등의 제한을 대체하는 사항

정답 78 ④  79 ④  80 ③  81 ③

ⓒ 대통령령으로 정하는 기반시설의 배치와 규모
ⓔ 도로로 둘러싸인 일단의 지역 또는 계획적인 개발·정비를 위하여 구획된 일단의 토지의 규모와 조성계획
ⓜ 건축물의 용도제한, 건축물의 건폐율 또는 용적률, 건축물 높이의 최고한도 또는 최저한도
ⓑ 건축물의 배치·형태·색채 또는 건축선에 관한 계획
ⓢ 환경관리계획 또는 경관계획
ⓞ 교통처리계획
ⓩ 그 밖에 토지이용의 합리화, 도시나 농·산·어촌의 기능 증진 등에 필요한 사항으로서 대통령령으로 정하는 사항

**82** 다음은 차수설비의 설치에 관한 기준 내용이다. ( ) 안에 알맞은 것은?

> 「국토의 계획 및 이용에 관한 법률」에 따른 방재지구에서 연면적 ( ) 이상의 건축물을 건축하려는 자는 빗물 등의 유입으로 건축물이 침수되지 아니하도록 해당 건축물의 지하층 및 1층의 출입구(주차장의 출입구를 포함한다)에 차수설비를 설치하여야 한다. 다만, 법 제5조제1항에 따른 허가권자가 침수의 우려가 없다고 인정하는 경우에는 그러하지 아니하다.

① 3,000m²  ② 5,000m²
③ 10,000m²  ④ 20,000m²

[해설]

물막이설비[건축물의 설비기준 등에 관한 규칙 제17조의2]
방재지구와 자연재해위험지구 중 어느 하나에 해당하는 지역에서 연면적 1만m² 이상의 건축물을 건축하려는 자는 빗물 등의 유입으로 건축물이 침수되지 않도록 해당 건축물의 지하층 및 1층의 출입구(주차장의 출입구 포함)에 물막이판 등 해당 건축물의 침수를 방지할 수 있는 설비(물막이설비)를 설치해야 한다. 다만, 허가권자가 침수의 우려가 없다고 인정하는 경우에는 그렇지 않다.

**83** 출입구의 개소에 관계없이 노외주차장의 차로의 너비를 최소 6m 이상으로 하여야 하는 주차형식은?(단, 이륜자동차전용 외의 노외주차장의 경우)

① 평행주차  ② 직각주차
③ 교차주차  ④ 45° 대향주차

[해설]

차로의 너비(이륜자동차전용 외 노외주차장)

| 주차형식 | 차로의 너비 ||
|---|---|---|
| | 출입구가 2개 이상인 경우 | 출입구가 1개인 경우 |
| 평행주차 | 3.3m | 5.0m |
| 직각주차 | 6.0m | 6.0m |
| 60° 대향(對向)주차 | 4.5m | 5.5m |
| 45° 대향(對向)주차 | 3.5m | 5.0m |
| 교차주차 | 3.5m | 5.0m |

**84** 한 방에서 층의 높이가 다른 부분이 있는 경우 층고 산정방법으로 옳은 것은?

① 가장 낮은 높이로 한다.
② 가장 높은 높이로 한다.
③ 각 부분 높이에 따른 면적에 따라 가중평균한 높이로 한다.
④ 가장 낮은 높이와 가장 높은 높이의 산술평균한 높이로 한다.

[해설]

층고
- 바닥 구조체 윗면으로부터 위층 바닥 구조체 윗면까지의 높이
- 한 방에서 층 높이가 다를 경우 각 부분 높이에 따른 면적으로 가중평균한 높이

**85** 건축물의 대지는 원칙적으로 최소 얼마 이상이 도로에 접하여야 하는가?

① 1m  ② 2m
③ 3m  ④ 4m

[해설]

대지와 도로의 관계
건축물의 대지는 2m 이상이 도로(자동차만의 통행에 사용되는 도로는 제외한다)에 접하여야 한다.

정답  82 ③  83 ②  84 ③  85 ②

86 평행주차형식으로 일반형인 경우 주차장의 주차단위구획의 크기 기준으로 옳은 것은?

① 너비 1.7m 이상, 길이 5.0m 이상
② 너비 1.7m 이상, 길이 6.0m 이상
③ 너비 2.0m 이상, 길이 5.0m 이상
④ 너비 2.0m 이상, 길이 6.0m 이상

[해설]

주차장의 주차단위 구획(평행주차형식의 경우)

| 구분 | 너비 | 길이 |
|---|---|---|
| 경형 | 1.7m 이상 | 4.5m 이상 |
| 일반형 | 2.0m 이상 | 6.0m 이상 |
| 보도와 차도의 구분이 없는 주거지역의 도로 | 2.0m 이상 | 5.0m 이상 |
| 이륜자동차 전용 | 1.0m 이상 | 2.3m 이상 |

87 다음 중 제1종 전용주거지역 안에서 건축할 수 있는 건축물에 속하지 않는 것은?(단, 도시·군계획 조례가 정하는 바에 의하여 건축할 수 있는 건축물 포함)

① 노유자시설
② 공동주택 중 아파트
③ 교육연구시설 중 고등학교
④ 제2종 근린생활시설 중 종교집회장

[해설]

아파트 건축이 가능한 용도지역
제2종 전용주거지역, 제2종 일반주거지역, 제3종 일반주거지역, 준주거지역

88 건축법 시행령에서 노유자시설 중 아동관련시설 또는 노인복지시설과 판매시설 중 도매시장 또는 소매시장을 같은 건축물 안에 함께 설치할 수 없도록 한 이유는?

① 방화에 장애가 되는 용도를 제한하기 위해서
② 설비설치 기준이 상이하므로
③ 차음, 소음 기준을 확보하기 위해서
④ 건축물의 구조안전을 위해서

[해설]

화재 시 피난 등에 장애를 일으킬 수 있으므로 같은 건축물 안에 설치할 수 없도록 용도를 제한한 것이다.

89 다음 중 도시·군관리계획에 포함되지 않는 것은?

① 도시개발사업이나 정비사업에 관한 계획
② 광역계획권의 장기발전방향을 제시하는 계획
③ 기반시설의 설치·정비 또는 개량에 관한 계획
④ 용도지역·용도지구의 지정 또는 변경에 관한 계획

[해설]

도시·군 관리계획의 범위
• 용도지역의 지정, 용도지구의 지정, 개발제한구역의 지정
• 도시자연공원구역의 지정, 시가화조정구역의 지정
• 수산자원보호구역의 지정, 입지규제 최소 구역의 지정
• 도시·군 계획시설의 설치·관리, 공동구의 설치·관리·운영
• 지구단위계획의 지정·내용·건축, 공동구의 설치·관리·운영

90 그림과 같은 거실의 평균 반자높이는?(단, 단위는 m)

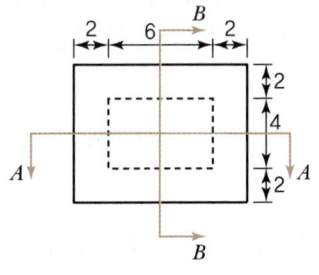

평면도

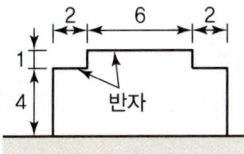  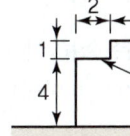

A-A 단면도    B-B 단면도

정답  86 ④  87 ②  88 ①  89 ②  90 ①

① 4.3m  ② 4.6m
③ 4.9m  ④ 5.2m

[해설]

가중평균하여 반자높이를 산정한다.
- 가운데 부분 반자높이 5m, 외곽 부분 반자높이 4m
- 가운데 부분 면적 : $6 \times 4 = 24m^2$
- 외곽 부분 면적 : 전체 − 가운데 = $10 \times 8 - 6 \times 4 = 56m^2$

$$\therefore 반자높이 = \frac{가운데면적 \times 가운데높이 + 외곽면적 \times 외곽높이}{가운데면적 + 외곽면적}$$

$$= \frac{24 \times 5 + 56 \times 4}{24 + 56} = 4.3m$$

**91** 다음은 대피공간의 설치에 관한 기준 내용이다. 밑줄 친 요건 내용으로 옳지 않은 것은?

> 공동주택 중 아파트로서 4층 이상인 층의 각 세대가 2개 이상의 직통계단을 사용할 수 없는 경우에는 발코니에 인접 세대와 공동으로 또는 각 세대별로 다음 각 호의 <u>요건</u>을 모두 갖춘 대피공간을 하나 이상 설치하여야 한다.

① 대피공간은 바깥의 공기와 접하지 않을 것
② 대피공간은 실내의 다른 분과 방화구획으로 구획될 것
③ 대피공간의 바닥면적은 각 세대별로 설치하는 경우에는 $2m^2$ 이상일 것
④ 대피공간의 바닥면적은 인접 세대와 공동으로 설치하는 경우에는 $3m^2$ 이상일 것

[해설]

대피공간은 바깥의 공기와 접해야 한다.

**92** 거실의 채광 및 환기에 관한 규정으로 옳은 것은?

① 교육연구시설 중 학교의 교실에는 채광 및 환기를 위한 창문 등이나 설비를 설치하여야 한다.
② 채광을 위하여 거실에 설치하는 창문 등의 면적은 그 거실의 바닥면적의 20분의 1 이상이어야 한다.
③ 환기를 위하여 거실에 설치하는 창문 등의 면적은 그 거실의 바닥면적 10분의 1 이상이어야 한다.
④ 채광 및 환기를 위한 창문 등의 면적에 관한 규정을 적용함에 있어서 수시로 개방할 수 있는 미닫이로 구획된 2개의 거실은 이를 2개의 거실로 본다.

[해설]

② 채광을 위하여 거실에 설치하는 창문 등의 면적은 그 거실의 바닥면적의 10분의 1 이상이어야 한다.
③ 환기를 위하여 거실에 설치하는 창문 등의 면적은 그 거실의 바닥면적 20분의 1 이상이어야 한다.
④ 채광 및 환기를 위한 창문 등의 면적에 관한 규정을 적용함에 있어서 수시로 개방할 수 있는 미닫이로 구획한 2개의 거실은 이를 1개의 거실로 본다.

**93** 용도변경과 관련된 시설군 중 교육 및 복지시설군에 속하지 않는 것은?

① 의료시설  ② 수련시설
③ 종교시설  ④ 노유자시설

[해설]

종교시설은 문화집회시설군에 속한다.

**94** 다음은 건축물의 사용승인에 관한 기준 내용이다. ㉠과 ㉡에 들어갈 말로 적합한 것은?

> 건축주가 허가를 받았거나 신고를 한 건축물의 건축공사를 완료한 후 그 건축물을 사용하려면 공사감리자가 작성한 ( ㉠ )와 국토교통부령으로 정하는 ( ㉡ )를 첨부하여 허가권자에게 사용승인을 신청하여야 한다.

① ㉠ 설계도서, ㉡ 시방서
② ㉠ 시방서, ㉡ 설계도서
③ ㉠ 감리완료보고서, ㉡ 공사완료도서
④ ㉠ 공사완료도서, ㉡ 감리완료보고서

정답  91 ①  92 ①  93 ③  94 ③

[해설]
**건축물의 사용승인**
건축주가 허가를 받았거나 신고를 한 건축물의 건축공사를 완료한 후 그 건축물을 사용하려면 공사감리자가 작성한 감리완료보고서와 국토교통부령으로 정하는 공사완료도서를 첨부하여 허가권자에게 사용승인을 신청하여야 한다.

**95** 건축물의 관람실 또는 집회실로부터 바깥쪽으로의 출구로 쓰이는 문을 안여닫이로 해서는 안 되는 건축물은?

① 위락시설
② 수련시설
③ 문화 및 집회시설 중 전시장
④ 문화 및 집회시설 중 동·식물원

[해설]
**관람석 등으로부터의 출구설치 : 설치대상**
- 제2종 근린생활시설 중 공연장·종교집회장(해당 용도로 쓰는 바닥면적의 합계가 각각 300m² 이상)
- 문화 및 집회시설(전시장 및 동·식물원은 제외)
- 종교시설, 위락시설, 장례식장

**96** 방송 공동수신설비를 설치하여야 하는 대상 건축물에 속하지 않는 것은?

① 다가구주택
② 다세대주택
③ 바닥면적의 합계가 5,000m²으로서 업무시설의 용도로 쓰는 건축물
④ 바닥면적의 합계기 5,000m²으로서 숙박시설의 용도로 쓰는 건축물

[해설]
**방송 공동수신설비 설치 건축물**
- 공동주택
- 바닥면적의 합계가 5천m² 이상으로서 업무시설이나 숙박시설의 용도로 쓰는 건축물

**97** 높이 31m를 넘는 각 층의 바닥면적 중 최대 바닥면적이 3,500m²인 종합병원에 설치하여야 할 비상용 승강기의 최소대수는?

① 1대
② 2대
③ 3대
④ 4대

[해설]
높이 31m를 넘는 각 층의 바닥면적에 대하여 최대 바닥면적 중 1,500m²까지 기본 1대 설치, 추가 3,000m²마다 1대를 추가한다.

$$N = 기본대수 + \frac{적용\ 바닥면적 - 기본면적}{추가면적}$$

$$= 1 + \frac{3,500 - 1,500}{3,000} = 1.67 = 2대$$

※ 특별한 조건이 없으면 소수점 첫째짜리에서 올림하여 구한다.

**98** 국토교통부령으로 정하는 기준에 따라 채광 및 환기를 위한 창문 등이나 설비를 설치하여야 하는 대상에 속하지 않는 것은?

① 의료시설의 병실
② 숙박시설의 객실
③ 업무시설 중 사무소의 사무실
④ 교육연구시설 중 학교의 교실

[해설]
**채광 및 환기 시설의 적용대상**
- 주택(단독, 공동)의 거실
- 학교의 교실
- 의료시설의 병실
- 숙박시설의 객실

**99** 건축지도원에 관한 설명으로 틀린 것은?

① 허가를 받지 아니하고 건축하거나 용도변경한 건축물의 단속 업무를 수행한다.
② 건축지도원은 시장, 군수, 구청장이 지정할 수 있다.
③ 건축지도원의 자격과 업무범위는 국토교통부령으로 정한다.
④ 건축신고를 하고 건축 중에 있는 건축물의 시공지도와 위법 시공 여부의 확인·지도 및 단속 업무를 수행한다.

정답 95 ① 96 ① 97 ② 98 ③ 99 ③

[해설]

건축지도원[건축법 제37조]
건축지도원의 자격과 업무 범위 등은 대통령령으로 정한다.

※ 명령이나 처분에 위반되는 건축물의 발생을 예방하고 건축물을 적법하게 유지·관리하도록 지도하기 위하여 건축지도원을 지정한다.

**100** 자연녹지지역으로서 노외주차장을 설치할 수 있는 지역에 속하지 않는 것은?

① 토지의 형질변경 없이 주차장의 설치가 가능한 지역
② 주차장 설치를 목적으로 토지의 형질변경 허가를 받은 지역
③ 택지개발사업 등의 단지조성사업 등에 따라 주차 수요가 많은 지역
④ 하천구역 및 공유수면으로서 주차장이 설치되어도 해당 하천 및 공유수면의 관리에 지장을 주지 아니하는 지역

[해설]

자연녹지지역으로서 노외주차장을 설치할 수 있는 지역[주차장 시행규칙 제5조]
- 하천구역 및 공유수면으로서 주차장이 설치되어도 해당 하천 및 공유수면의 관리에 지장을 주지 아니하는 지역
- 토지의 형질변경 없이 주차장 설치가 가능한 지역
- 주차장 설치를 목적으로 토지의 형질변경 허가를 받은 지역
- 특별시장·광역시장, 시장·군수 또는 구청장이 특히 주차장의 설치가 필요하다고 인정하는 지역

정답 100 ③

# 12 제12회 CBT 실전모의고사

## 1과목 건축계획

**01** 우리나라 전통 한식주택에서 문꼴부분(개구부)의 면적이 큰 이유로 가장 적합한 것은?

① 겨울의 방한을 위해서
② 하절기 고온다습을 견디기 위해서
③ 출입하는데 편리하게 하기 위해서
④ 상부의 하중을 효과적으로 지지하기 위해서

[해설]

우리나라 전통 한식주택에서 문꼴(개구부)을 크게 한 이유는 여름철 남쪽에서 불어오는 바람을 최대한 받아들여 바람에 의한 증발냉각 효과(땀이 증발하면서 시원해지는 효과)를 거두기 위함이었다.

**02** 이슬람(사라센) 건축 양식에서 미나렛(Minaret)이 의미하는 것은?

① 이슬람교의 신학원 시설
② 모스크의 상징인 높은 탑
③ 메카 방향으로 설치된 실내 제단
④ 열주나 아케이드로 둘러싸인 중정

[해설]

이슬람 예배당(모스크, Mosque)의 건축요소 중 뾰족한 첨탑을 미나렛(Minaret)이라고 하며, 적용된 대표적인 건축물에는 알함브라 궁전, 인도 타지마할(Taj Mahal)의 분묘, 코르도바(Cordoba) 사원 등이 있다.

**03** 상점 매장의 가구배치에 따른 평면 유형에 관한 설명으로 옳지 않은 것은?

① 직렬형은 부분별로 상품 진열이 용이하다.
② 굴절형은 대면판매 방식만 가능한 유형이다.
③ 환상형은 대면판매와 측면판매 방식을 병행할 수 있다.
④ 복합형은 서점, 패션점, 액세서리점 등의 상점에 적용이 가능하다.

[해설]

굴절배치형(굴절형)은 대면판매와 측면판매의 조합으로 이루어진 방식이다.

**04** 특수전시기법에 관한 설명으로 옳지 않은 것은?

① 하모니카 전시는 동일 종류의 전시물을 반복 전시하는 경우에 사용된다.
② 파노라마 전시는 연속적인 주제를 연관성 있게 표현하기 위해 선형의 파노라마로 연출하는 기법이다.
③ 디오라마 전시는 하나의 사실 또는 주제의 시간 상황을 고정시켜 연출하는 것으로 현장에 임한 느낌을 준다.
④ 아일랜드 전시는 실물을 직접 전시할 수 없거나 오브제 전시만의 한계를 극복하기 위해 영상매체를 사용하여 전시하는 기법이다.

[해설]

아일랜드(Island) 전시는 벽이나 천장을 직접 이용하지 않고 전시물 또는 전시 장치를 배치하여 전시공간을 만들어내는 전시기법이다. ④는 영상전시에 대한 설명이다.

**05** 극장 건축에서 그린룸(Green Room)의 역할로 가장 알맞은 것은?

① 의상실
② 배경제작실
③ 관리관계실
④ 출연대기실

[해설]

그린룸(Green Room)
출연 대기실로서 무대와 같은 층의 가까운 곳에 두고 크기는 $30m^2$ 이상으로 한다.

**06** 초등학교 저학년에 가장 권장되는 학교운영 방식은?

① 달톤형
② 플래툰형
③ 종합교실형
④ 교과교실형

정답 01 ② 02 ② 03 ② 04 ④ 05 ④ 06 ③

[해설]

종합교실형[U(A)형, Activity Type]
- 교실 수는 학급 수와 일치한다.
- 모든 교과를 자기의 교실 내에서만 행한다.
- 초등학교 저학년에 대해 가장 권장할 만한 형이다.

**07** 사무소 건축의 코어형식 중 편심형 코어에 관한 설명으로 옳지 않은 것은?

① 고층인 경우 구조상 불리할 수 있다.
② 각 층 바닥면적이 소규모인 경우에 사용된다.
③ 바닥면적이 커지면 코어 이외에 피난시설 등이 필요해진다.
④ 내진구조상 유리하며 구조코어로서 가장 바람직한 형식이다.

[해설]

내진구조상 가장 유리한 코어형식은 중심코어형이다.

**08** 일반주택의 동선계획에 관한 설명으로 옳지 않은 것은?

① 하중이 큰 가사노동의 동선은 길게 처리한다.
② 동선에는 공간이 필요하고 가구를 둘 수 없다.
③ 일반적으로 동선의 3요소라 함은 속도, 빈도, 하중을 의미한다.
④ 개인, 사회, 가사노동권의 3개 동선은 서로 분리하는 것이 바람직하다.

[해설]

하중이 큰 가사노동의 동선은 짧게 처리해야 한다.
- 동선의 3요소 : 속도, 빈도, 하중
- 동선의 계획 시 유의사항
  - 동선의 길이는 되도록 짧게 한다.
  - 동선은 단순 명쾌하게 한다.
  - 서로 다른 종류의 동선은 가능한 분리시켜 교차를 피한다.
  - 빈도가 높은 동선은 짧게 한다.
  - 동선에는 공간이 필요하며, 개인, 사회, 가사노동권은 서로 독립성을 유지해야 한다.

**09** 숑바르 드 로우(Chombard de Lawve)가 제시하는 1인당 주거면적의 병리 기준은?

① $6m^2$ ② $8m^2$
③ $10m^2$ ④ $12m^2$

[해설]

숑바르 드 로브(Chombard de Lawve, 사회학자)의 기준
- 병리 기준 : $8m^2/$인 이하이면, 거주자의 신체적 및 정신적인 건강에 나쁜 영향을 끼친다.
- 한계 기준 : $14m^2/$인 이하이면, 개인 및 가족적인 거주의 융통성을 보장할 수 없다.
- 표준 기준 : $16m^2/$인

**10** 종합병원계획에 관한 설명으로 옳지 않은 것은?

① 수술부는 외래와 병동 중간에 위치시킨다.
② 수술실의 바닥은 전기도체성 마감을 사용하는 것이 좋다.
③ 간호사 대기실은 되도록 계단이나 엘리베이터실 등에 인접하여 설치한다.
④ 평면계획 시 모듈을 적용하여 각 병실을 모두 동일한 크기로 하는 것이 좋다.

[해설]

병실은 1인실, 2인실, … 5인실, 6인실 등 다양한 크기로 계획한다.

**11** 다음 중 건축가와 그의 작품의 연결이 옳지 않은 것은?

① Marcel Breuer – 파리 유네스코본부
② Le Corbusier – 동경 국립서양미술관
③ Antonio Gaudi – 시드니 오페라하우스
④ Frank Lloyd Wright – 뉴욕 구겐하임 미술관

[해설]

시드니 오페라하우스는 덴마크의 건축가인 요른 우트존(Jorn Utzon)에 의해 설계되었다.

정답  07 ④  08 ①  09 ②  10 ④  11 ③

**12** 도서관의 출납시스템 중 자유 개가식에 관한 설명으로 옳지 않은 것은?

① 책의 마모, 망실의 우려가 크다.
② 서가의 정리가 잘 안 되면 혼란스럽게 된다.
③ 자유로이 책의 내용을 보고 필요한 책을 정확히 고를 수 있다.
④ 보통 2실형이고, 50,000권 이상의 서적 보관과 열람에 적당하다.

[해설]
자유 개가식(free open system)
- 보통 1실형(서고와 열람실이 통합)이고, 10,000권 이하의 서적 보관과 열람에 적당하다.
- 열람자가 자유로이 서가에서 책을 꺼내 체크를 받지 않고 열람하는 형식이다.

**13** 한국건축의 평면형식에 관한 설명으로 옳지 않은 것은?

① 쌍봉사 대웅전은 2칸 장방형 평면이다.
② 퇴 없이 측면이 단칸인 평면은 평안도 살림집에서 많이 나타난다.
③ 중부지방 민가에서는 ㄱ자형 평면이 많은데 이를 곱은자집이라고도 한다.
④ 다각형 평면으로는 육각과 팔각이 많이 사용되었는데 대개 정자에서 나타난다.

[해설]
쌍봉사 대웅전은 1984년 화재로 소실된 바 있으며, 3층의 정방형 단칸집으로 조선 시대 중기의 법당으로서 탑파형 건축물이다.

**14** 엘리베이터의 설계 시 고려사항으로 옳지 않은 것은?

① 군 관리운전의 경우 동일 군내의 서비스 층은 같게 한다.
② 승객의 층별 대기시간은 평균 운전간격 이하가 되게 한다.
③ 건축물의 출입층이 2개 층이 되는 경우는 각각의 교통수요량 이상이 되도록 한다.
④ 백화점과 같은 대규모 매장에는 일반적으로 승객 수송의 70~80%를 분담하도록 계획한다.

[해설]
방문객의 75~80%는 에스컬레이터를 이용하므로 엘리베이터(Elevator)는 보조적 역할을 한다.

**15** 다음의 호텔 중 연면적에 대한 숙박면적의 비가 일반적으로 가장 큰 것은?

① 커머셜 호텔   ② 클럽 하우스
③ 리조트 호텔   ④ 아파트먼트 호텔

[해설]
연면적에 대한 숙박 관계 부분의 면적비
커머셜 호텔 > 리조트 호텔 > 아파트먼트 호텔 > 레지덴셜 호텔

**16** 연극을 감상하는 경우 배우의 표정이나 동작을 감상할 수 있는 시각 한계는?

① 3m   ② 5m
③ 10m  ④ 15m

[해설]
가시한계 거리
- 연기자의 표정이나 세밀한 동작을 볼 수 있는 생리적 한도 구역으로서, 보통 15m 정도를 한도로 한다.
- 아동극 또는 인형극 등 연기자의 표정이나 세밀한 동작을 파악해야 하는 경우 이 한도 내에서 관람석이 계획되어야 한다.

**17** 공장건축에 관한 설명으로 옳은 것은?

① 계획 시부터 장래 증축을 고려하는 것이 필요하며 평면형은 가능한 요철이 많은 것이 유리하다.
② 재료반입과 제품반출 동선은 동일하게 하고 물품 동선과 사람 동선은 별도로 하는 것이 바람직하다.
③ 외부인 동선과 작업원 동선은 동일하게 하고, 견학자는 생산과 교차하지 않는 동선을 확보하도록 한다.
④ 자연환기방식의 경우 환기방법은 채광형식과 관련하여 건물형태를 결정하는 매우 중요한 요소가 된다.

정답  12 ④  13 ①  14 ④  15 ①  16 ④  17 ④

[해설]
공장의 경우 금속의 가루 및 먼지 등의 비산, 각종 화학약품이 실내에 체류하게 되므로 자연환기가 매우 중요하다. 따라서, 환기방법은 건물형태를 결정하는데 중요 요소가 된다.

**18** 오픈스페이스의 기능에 대한 설명으로 옳지 않은 것은?

① 시냇물·연못·동산 등과 같은 자연 경관적 요소들을 제공한다.
② 기존의 자연환경을 보전·향상시켜 줄 수 있는 수단을 제공한다.
③ 공기정화를 위한 순환통로의 기능을 수행함으로써 미기후의 형성에 영향을 준다.
④ 오픈스페이스의 적극적 확보를 위하여 평탄한 곳과 접근성이 뛰어난 곳을 우선 확보하여야 한다.

[해설]
오픈스페이스(Open Space)는 생태적, 사회적, 경관적 기능이 어우러진 자연적 공간으로서 평탄지형과 접근성보다는 자연지형을 그대로 살린 형태의 대지에 계획되는 것이 적당하다.

**19** 주택의 부엌에서 작업과정을 고려한 작업대의 배치순서로 가장 알맞은 것은?

① 레인지 → 싱크대 → 조리대 → 냉장고
② 조리대 → 싱크대 → 레인지 → 냉장고
③ 싱크대 → 냉장고 → 조리대 → 레인지
④ 냉장고 → 싱크대 → 조리대 → 레인지

[해설]
부엌의 작업순서
• 부엌의 작업순서는 왼쪽에서 오른쪽으로 이동할 수 있도록 계획한다.
• 준비대 → 냉장고 → 개수대(싱크대, Sink) → 조리대(요리) → 가열대(레인지) → 배선대 → 해치(Hatch) → 식탁

**20** 다음과 같은 특징을 갖는 에스컬레이터 배치 유형은?

• 점유면적이 다른 유형에 비해 작다.
• 연속적으로 승강이 가능하다.
• 승객의 시야가 좋지 않다.

① 교차식 배치
② 직렬식 배치
③ 병렬 단속식 배치
④ 병렬 연속식 배치

[해설]
에스컬레이터의 배치유형

| 구분 | 특징 |
| --- | --- |
| 교차식 배치 | • 점유면적이 작다.<br>• 연속적으로 승강할 수 있다.<br>• 손님의 시계가 좋지 않다.<br>• 에스컬레이터 측면이 매장의 전망을 나쁘게 한다. |
| 직렬식 배치 | • 승객의 시야가 가장 넓다.<br>• 점유면적이 넓다.<br>• 손님의 시선이 한 방향으로 고정된다. |
| 병렬 단속식 배치 | • 승객의 시계가 좋다.<br>• 연속적으로 승강할 수 없고 걸어야 한다. |
| 병렬 연속식 배치 | • 승객의 시계가 좋다.<br>• 오르기와 내리기를 연속적으로 할 수 있다.<br>• 많은 스페이스를 필요로 한다. |

## 2과목 건축시공

**21** 방부력이 약하고 도포용으로만 쓰이며, 상온에서 침투가 잘 되지 않고 흑색이므로 사용 장소가 제한되는 유성방부제는?

① 캐로신
② PCP
③ 염화아연 4% 용액
④ 콜타르

[해설]
방부력이 약하고 도포용으로만 쓰이는 것은 콜타르이며, 보기 중 방부력이 가장 우수한 방부제는 PCP이다.

**22** 굴착구멍 내 지하수위보다 2m 이상 높게 물을 채워 굴착함으로써 굴착 벽면에 2t/m² 이상의 정수압에 의해 벽면의 붕괴를 방지하면서 현장타설 콘크리트 말뚝을 형성하는 공법은?

① 베노토 파일
② 프랭키 파일
③ 리버스 서큘레이션 파일
④ 프리팩트 파일

[해설]

리버스 서큘레이션(Reverse Circulation Drill) 공법은 굴착에 있어 안정액(굴착벽면의 붕괴 방지를 위한 액체)으로 물을 사용하여, 물의 압력(정수압)으로 굴착벽면의 붕괴방지를 예방한다.

**23** 공정관리에서 공기단축을 시행할 경우에 관한 설명으로 옳지 않은 것은?

① 특별한 경우가 아니면 공기단축 시행 시 간접비는 상승한다.
② 비용구배가 최소인 작업을 우선 단축한다.
③ 주공정선상의 작업을 먼저 대상으로 단축한다.
④ MCX(Minimum Cost Expediting)법은 대표적인 공기단축방법이다.

[해설]

특별한 경우가 아니면 공기단축 시행 시 간접비는 감소하고, 직접비는 상승하게 된다.

**24** 네트워크(Network) 공정표의 장점으로 볼 수 없는 것은?

① 작업 상호 간의 관련성을 알기 쉽다.
② 공정계획의 초기 작성시간이 단축된다.
③ 공사의 진척 관리를 정확히 할 수 있다.
④ 공기 단축 가능 요소의 발견이 용이하다.

[해설]

네트워크(Network) 공정표는 공정계획의 초기 작성시간이 길어지는 단점이 있다.

**25** 지름 10cm, 높이 20cm인 원주공시체로 콘크리트의 압축강도를 시험하였더니 200kN에서 파괴되었다면 이 콘크리트의 압축강도는 약 얼마인가?

① 12.7MPa
② 17.8MPa
③ 25.5MPa
④ 50.9MPa

[해설]

$$압축강도(MPa, N/mm^2) = \frac{P(압축하중)}{A(작용\cdot단면적)}$$

$$= \frac{200kN \times 10^3}{\pi d^2/4}$$

$$= \frac{200kN \times 10^3}{\pi (100mm)^2/4}$$

$$= 25.46 = 25.5 N/mm^2 (MPa)$$

**26** 건축공사에서 VE(Value Engineering)의 사고방식으로 옳지 않은 것은?

① 기능분석
② 제품 위주의 사고
③ 비용절감
④ 조직적 노력

[해설]

VE는 개별 제품이 아닌 전체 프로젝트 관점에서 검토·분석을 실시하여 대상을 도출한다.

**27** 돌로마이트 플라스터 바름에 관한 설명으로 옳지 않은 것은?

① 실내온도가 5℃ 이하일 때는 공사를 중단하거나 난방하여 5℃ 이상으로 유지한다.
② 정벌바름용 반죽은 물과 혼합한 후 4시간 정도 지난 다음 사용하는 것이 바람직하다.
③ 초벌바름에 균열이 없을 때에는 고름질한 후 7일 이상 두어 고름질면의 건조를 기다린 후 균열이 발생하지 아니함을 확인한 다음 재벌바름을 실시한다.
④ 재벌바름이 지나치게 건조한 때는 적당히 물을 뿌리고 정벌바름한다.

**정답** 22 ③　23 ①　24 ②　25 ③　26 ②　27 ②

[해설]
정벌바름용 반죽은 물과 혼합한 후 12시간 정도 지난 다음 사용하는 것이 바람직하다.

**28** 목재에 사용하는 방부재에 해당되지 않는 것은?

① 클레오소트 유(Creosote Oil)
② 콜타르(Coal Tar)
③ 카세인(Casein)
④ P.C.P(Penta Chloro Phenol)

[해설]
카세인(Casein)은 수성페인트 제조 시 사용되는 재료 중 하나이다.

**29** 창호철물과 창호의 연결로 옳지 않은 것은?

① 도어 체크(Door Check) – 미닫이문
② 플로어 힌지(Floor Hinge) – 자재 여닫이문
③ 크리센트(Crescent) – 오르내리창
④ 레일(Rail) – 미서기창

[해설]
도어 체크는 자동으로 문이 닫히게 하는 장치로서 여닫이문에 사용하는 철물이다.

**30** 부순 골재를 사용하는 콘크리트의 배합설계에 관한 설명으로 옳지 않은 것은?

① 굵은 골재의 크기는 강자갈의 경우보다 조금 작은 편이 좋다.
② 잔골재는 특히 미립분이 부족하지 않도록 주의한다.
③ 모래는 강자갈 콘크리트의 경우보다 적게 사용한다.
④ 될 수 있는 한 AE제를 사용한다.

[해설]
배합설계 시 강자갈 사용의 경우와 비교해 모래량을 10% 증가시켜 배합한다.

**31** 용접작업 시 용착금속 단면에 생기는 작은 은색의 점을 무엇이라 하는가?

① 피시 아이(Fish Eye)
② 블로 홀(Blow Hole)
③ 슬래그 함입(Slag Inclusion)
④ 크레이터(Crater)

[해설]
② 블로 홀(Blow Hole) : 용접금속 내부에 존재하는 공기가 표면으로 부상하여 발생하는 표면의 작은 구멍
③ 슬래그 함입(Slag Inclusion) : 용융금속이 급속하게 냉각되면 슬래그의 일부분이 달아나지 못하고 용착금속 내에 혼입되는 것
④ 크레이터(Crater) : 용접전류의 과대에 따라 발생하는 용접결함

**32** 다음 설명이 의미하는 공법으로 옳은 것은?

> 미리 공장 생산한 기둥이나 보, 바닥판, 외벽, 내벽 등을 한 층씩 쌓아 올라가는 조립식으로 구체를 구축하고 이어서 마감 및 설비공사까지 포함하여 차례로 한 층씩 완성해 가는 공법

① 하프 PC합성바닥판공법
② 역타공법
③ 적층공법
④ 지하연속벽공법

[해설]
적층공법에 대한 설명이며, 적층공법은 공기단축, 시공 중의 안전성 확보, 동절기에도 공사 진행이 가능 등의 장점을 갖고 있다.

정답 28 ③ 29 ① 30 ③ 31 ① 32 ③

**33** 벽두께 1.0B, 벽면적 30m² 쌓기에 소요되는 벽돌의 정미량은?(단, 벽돌은 표준형을 사용한다.)

① 3,900매　② 4,095매
③ 4,470매　④ 4,604매

[해설]
- 벽돌은 표준형(190×90×57mm)을 적용하고 있고, 별도 할증이 없는 정미량(매)을 구하라 하였으므로, 벽두께 1.0B에는 149매/m²가 필요하게 된다.
- 벽돌의 정미량 = 149매/m² × 30m² = 4,470매

**34** 다음 중 건설공사의 입찰 순서로 옳은 것은?

| ⓐ 입찰통지 | ⓑ 계약 |
| ⓒ 입찰 | ⓓ 현장설명 |
| ⓔ 낙찰 | ⓕ 개찰 |

① ⓐ-ⓓ-ⓒ-ⓑ-ⓔ-ⓕ
② ⓐ-ⓑ-ⓔ-ⓕ-ⓒ-ⓓ
③ ⓐ-ⓔ-ⓑ-ⓒ-ⓓ-ⓕ
④ ⓐ-ⓓ-ⓒ-ⓕ-ⓔ-ⓑ

[해설]
입찰경쟁의 업무순서
입찰공고(입찰통지) → 참가등록 → 현장설명 → 견적 → 입찰등록 → 입찰 → 개찰 및 낙찰 → 계약

**35** 건설현장에서 공사감리자로 근무하고 있는 A씨가 하는 업무로 옳지 않은 것은?

① 상세시공도면의 작성
② 공사시공자가 사용하는 건축자재가 관계법령에 의한 기준에 적합한 건축자재인지 여부의 확인
③ 공사현장에서의 안전관리지도
④ 품질시험의 실시 여부 및 시험성과의 검토, 확인

[해설]
상세시공도면은 시공을 위한 도면으로서 시공사가 작성하게 된다.

**36** 클라이밍 폼의 특징에 대한 설명으로 옳지 않은 것은?

① 고소 작업 시 안전성이 높다.
② 거푸집 해체 시 콘크리트에 미치는 충격이 적다.
③ 초기 투자비가 적은 편이다.
④ 비계 설치가 불필요하다.

[해설]
클라이밍폼(Climing Form)은 거푸집과 비계를 인양시키면서 작업이 가능한 벽 전용 거푸집으로서 인양 관련 설비 등의 적용이 필요하므로 초기 투자비가 높은 편이다.

**37** 미장 공사에서 균열을 방지하기 위하여 고려해야 할 사항 중 옳지 않은 것은?

① 바름면은 바람 또는 직사광선 등에 의한 급속한 건조를 피한다.
② 2회의 바름 두께는 가급적 얇게 한다.
③ 쇠 흙손질을 충분히 한다.
④ 모르타르 바름의 정벌바름은 초벌바름보다 부배합으로 한다.

[해설]
바탕에 가까울수록 부배합, 정벌(상도)에 가까울수록 빈배합으로 한다.

**38** 철골공사에서 크롬산아연을 안료로 하고, 알키드 수지를 전색료로 한 것으로서 알루미늄 녹막이 초벌칠에 적당한 것은?

① 그래파이트 도료
② 징크로메이트 도료
③ 광명단
④ 알루미늄 도료

[해설]
징크로메이트(Zincromate)는 알루미늄, 아연철판의 녹막이 초벌용으로 적용되는 도료이다.

**39** 기성말뚝 세우기 공사 시 말뚝의 연직도나 경사도는 얼마 이내로 하여야 하는가?

① 1/50  ② 1/75
③ 1/80  ④ 1/100

[해설]
기성말뚝 세우기 공사 시 말뚝의 연직도(경사도)의 제한범위는 말뚝길이의 1/100이다.

**40** 점토벽돌에 관한 설명으로 옳지 않은 것은?

① 적색 또는 적갈색을 띠고 있는 것은 점토 내에 포함되어 있는 산화철에 의한 것이다.
② 1종 점토벽돌의 압축강도 기준은 14.70MPa 이상이다.
③ KS표준에 의한 점토벽돌의 모양에 따른 구분은 일반형과 유공형으로 나뉜다.
④ 2종 점토벽돌의 흡수율 기준은 15.0% 이하이다.

[해설]
1종 점토벽돌의 압축강도 기준은 24.50MPa 이상이다.

## 3 과목 건축구조

**41** 스팬이 $l$이고 양단이 고정인 보의 전체에 등분포하중 $w$가 작용할 때 중앙부의 최대 처짐은?

① $\dfrac{wl^4}{48EI}$  ② $\dfrac{5wl^4}{48EI}$
③ $\dfrac{wl^4}{384EI}$  ④ $\dfrac{5wl^4}{384EI}$

[해설]
양단 고정보에 등분포하중($w$)이 작용할 경우 최대 처짐
$\delta_{\max} = \dfrac{wl^4}{384EI}$

**42** 단근보에서 하중이 재하됨과 동시에 순간처짐이 20mm가 발생되었다. 이 하중이 5년 이상 지속되는 경우 총 처짐량은 얼마인가?(단, $\lambda = \dfrac{\xi}{1+50\rho'}$ 이고 지속하중에 의한 시간경과계수 $\xi$는 2이다.)

① 30mm  ② 40mm
③ 60mm  ④ 80mm

[해설]
총처짐량 산출
총처짐량
= 순간탄성처짐 + 장기추가처짐
= 순간탄성처짐 + [순간탄성처짐×장기추가처짐계수($\lambda$)]
= 순간탄성처짐 + $\left(\text{순간탄성처짐} \times \dfrac{\text{시간경과계수}(\xi)}{1+50\times\text{압축철근비}(\rho')}\right)$
= $20 + \left(20 \times \dfrac{2}{1+50\times 0}\right) = 60\text{mm}$

**43** 직사각형 단면의 탄성단면계수에 대한 소성단면계수의 비(比)는?

① 0.67  ② 1.20
③ 1.50  ④ 3.00

[해설]
• 직사각형의 탄성단면계수 $Z_1 = \dfrac{bh^2}{6}$
• 직사각형의 소성단면계수 $Z_2 = \dfrac{bh^2}{4}$
∴ $Z_1 : Z_2 = \dfrac{bh^2}{6} : \dfrac{bh^2}{4} = 2 : 3$이므로, 탄성단면계수에 대한 소성단면계수의 비는 1.5이다.

**44** 등가정적해석법에 의한 건축물의 내진설계 시 고려해야 할 사항이 아닌 것은?

① 지역계수  ② 노풍도계수
③ 지반종류  ④ 반응수정계수

[해설]
노풍도계수는 바람의 흐름을 막는 정도를 계수로 나타낸 것으로서 풍하중 산출 시 활용한다.

정답  39 ④  40 ②  41 ③  42 ③  43 ③  44 ②

**45** 그림과 같은 ㄷ형강(Channel)에서 전단중심(剪斷中心)의 대략적인 위치는?

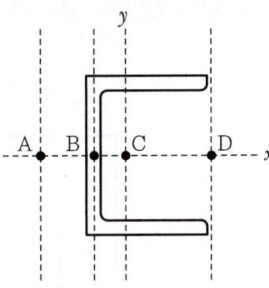

① A점   ② B점
③ C점   ④ D점

[해설]

ㄷ형강의 주축의 중심은 C이고, 전단의 중심은 A이다.

**46** 그림과 같은 $2L_s-90\times90\times7$ 조립압축재의 단면2차반경 $r_Y$는 얼마인가?(단, 개재의 중심축에 대한 단면2차반경 $r_y$는 27.6mm, $c_y$는 24.6mm이다.)

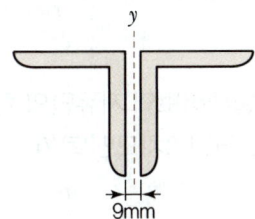

① 38.5mm   ② 40.1mm
③ 52.2mm   ④ 58mm

[해설]

조립 압축재의 2차 반경($r_Y$) 산출

$$r_Y = \sqrt{\frac{I}{A}} = \sqrt{r_Y^2 + \left(\frac{e}{2}\right)^2}$$
$$= \sqrt{27.6^2 + \left(\frac{2\times 24.6 + 9}{2}\right)^2} = 40.1\text{mm}$$

**47** 한 변의 길이가 a인 정사각형 단면을 가진 부재가 있다. 이 부재가 4kN의 인장력을 견딜 수 있는 a의 값으로 가장 적정한 것은?(단, 부재의 허용인장강도는 5MPa이다.)

① 15mm   ② 20mm
③ 25mm   ④ 30mm

[해설]

허용인장강도$(\sigma_a) \leq \dfrac{\text{작용하중(인장력)}}{\text{부재의 면적}(a^2)}$

$5\text{MPa}(\text{N/mm}^2) \geq \dfrac{4\text{kN}}{a^2} \Leftrightarrow 5\text{N/mm}^2 \geq \dfrac{4\times 10^3}{a^2}$

∴ $a \geq 28.28\text{mm} \rightarrow 30\text{mm}$

**48** 압축이형철근의 정착길이에 관한 기준으로 옳지 않은 것은?

① 계산된 정착길이는 항상 200mm 이상이어야 한다.
② 기본정착길이는 최소 $0.043d_bf_y$ 이상이어야 한다.
③ 해석결과 요구되는 철근량을 초과하여 배치한 경우 (소요철근량/배근철근량)을 곱하여 보정한다.
④ 전경량콘크리트를 사용한 경우 기본정착길이에 0.85배하여 정착길이를 산정한다.

[해설]

전경량콘크리트를 사용한 경우 기본정착길이에 0.75배하여 정착길이를 산정한다.

**49** 기초설계 시 장기 150kN(자중포함)의 하중을 받는 경우 장기허용지내력도 20kN/m²의 지반에서 필요한 기초판의 크기는?

① 1.6m×1.6m
② 2.0m×2.0m
③ 2.4m×2.4m
④ 2.8m×2.8m

정답  45 ①  46 ②  47 ④  48 ④  49 ④

[해설]

기초판의 크기($A$) 산출

$q_a \geq \dfrac{F}{A}$

$A \geq \dfrac{F}{q_a} = \dfrac{150}{20} = 7.5\text{m}^2$

∴ $A$는 7.5m² 이상이어야 하므로 2.8m×2.8m의 기초판 크기가 필요하다.

**50** 다음 그림과 같은 구조물의 판별로 옳은 것은?

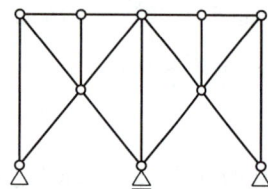

① 불안정  ② 정정
③ 1차 부정정  ④ 2차 부정정

[해설]

라멘 구조물의 판별
- 변형이나 이동이 없으므로 안정상태이다.
- 부정정차수 산출
  N = 반력수 + 부재수 + 강절점수 − 2×절점수
  = 5 + 17 + 0 − 2×10 = 2 → 2차 부정정

**51** 다음에서 설명하는 용어는?

> 포화사질토가 비배수상태에서 급속한 재하를 받게 되면 과잉간극수압의 발생과 동시에 유효응력이 감소하며, 이로 인해 전단저항이 크게 감소하는 현상

① 히빙  ② 액상화
③ 보일링  ④ 파이핑

[해설]

액상화(Liquefaction) 현상
사질지반이 진동 및 지진 등의 급속 하중에 의해 전단 저항력을 상실하고 마치 액체와 같이 거동하는 현상(포화사질토가 비배수상태에서 급속한 재하를 받아 과잉간극수압의 발생과 동시에 유효응력이 감소하는 현상)

**52** 그림과 같은 기둥단면이 300mm×300mm인 사각형 단주에서 기둥에 발생하는 최대압축응력은?(단, 부재의 재질은 균등한 것으로 본다.)

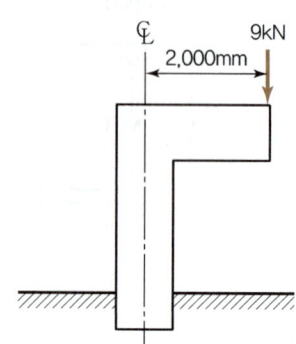

① −2.0MPa  ② −2.6MPa
③ −3.1MPa  ④ −4.1MPa

[해설]

최대압축응력($\sigma_{max}$) 산출

$\sigma_{max} = -\dfrac{P}{A} - \dfrac{M}{Z} = -\dfrac{9\times10^3(\text{N})}{300\times300} - \dfrac{9\times10^3\times2{,}000}{\dfrac{300\times300^2}{6}}$

$= -4.1\text{MPa}$

**53** 다음 캔틸레버보의 자유단의 처짐각은?(단, 탄성계수 $E$, 단면 2차모멘트 $I$)

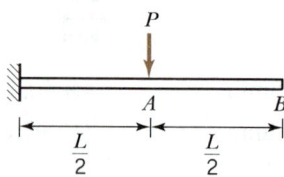

① $\dfrac{PL^2}{2EI}$  ② $\dfrac{PL^2}{3EI}$
③ $\dfrac{PL^2}{6EI}$  ④ $\dfrac{PL^2}{8EI}$

[해설]

캔틸레버보 중앙 집중하중 작용 시 처짐각은 $\dfrac{PL^2}{8EI}$이다.

정답  50 ④  51 ②  52 ④  53 ④

**54** 지진력저항시스템의 분류 중 이중골조시스템에 관한 설명으로 옳지 않은 것은?

① 모멘트골조가 최소한 설계지진력의 75%를 부담한다.
② 모멘트골조와 전단벽 또는 가새골조로 이루어져 있다.
③ 전체 지진력은 각 골조의 횡강성비에 비례하여 분배한다.
④ 일정 이상의 변형능력을 갖도록 연성상세설계가 되어야 한다.

[해설]
이중골조시스템은 (연성)모멘트골조가 최소한 설계지진력에 25% 이상을 부담하는 방식이다.

**55** 다음 H형강(H-440×300×10×20) 단면의 전소성 모멘트($M_p$)는 얼마인가?(단, $F_y = 330\text{MPa}$)

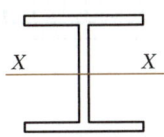

① 1,025kN·m   ② 963.6kN·m
③ 700.8kN·m   ④ 575kN·m

[해설]
전소성모멘트($M_p$) 산출

$M_p = Z \cdot F_y = \dfrac{bh^2}{4} \cdot F_y$

$= \left(\dfrac{300 \times 440^2}{4} - \dfrac{290 \times 400^2}{4}\right) \times 330$

$= 963,600,000\text{N} \cdot \text{mm} = 963.6\text{kN} \cdot \text{m}$

여기서, $Z$는 소성단면계수 적용

**56** 그루브용접부에서 A와 D 부위의 명칭으로 옳은 것은?

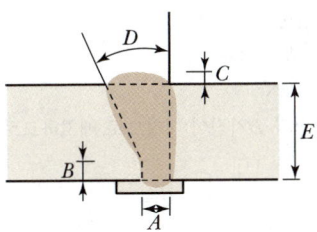

① A : 루트간격, D : 개선각
② A : 루트면, D : 유효목두께
③ A : 루트간격, D : 보강살높이
④ A : 루트면, D : 개선각

[해설]
- A : 루트간격
- B : 루트면
- C : 보강살높이
- D : 개선각

**57** 다음 그림은 각 구간에서 직선적으로 변화하는 단순보의 모멘트도이다. $C$점과 $D$점에 동일한 힘 $P_1$이 작용하고 보의 중앙점 $E$에 $P_2$가 작용할 때 $P_1$과 $P_2$의 절대값은?

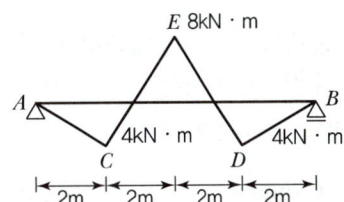

① $P_1 = 4\text{kN}, \ P_2 = 6\text{kN}$
② $P_1 = 4\text{kN}, \ P_2 = 8\text{kN}$
③ $P_1 = 8\text{kN}, \ P_2 = 10\text{kN}$
④ $P_1 = 8\text{kN}, \ P_2 = 12\text{kN}$

[해설]

$P_1$과 $P_2$의 절대값 산출

- $R_A$ 산출

  $M_C = R_A \times 2 = 4$

  $R_A = 2\text{kN}$

  $A$지점과 $B$지점이 대칭으로 배치하므로 $R_B = R_A = 2\text{kN}$

- $P_1$ 산출

  $M_E = R_A \times 4 - P_1 \times 2 = -8$

  $2 \times 4 - P_1 \times 2 = -8$

  $P_1 = 8\text{kN}$

- $P_2$ 산출

  $M_O = R_A \times 6 - 8 \times 4 + P_2 \times 2 = 4$

  $2 \times 6 - 8 \times 4 + P_2 \times 2 = 4$

  $P_2 = 12\text{kN}$

**58** 철골조 주각부분에 사용하는 보강재에 해당되지 않는 것은?

① 윙플레이트  ② 데크플레이트
③ 사이드앵글  ④ 클립앵글

[해설]

데크플레이트(Deck Plate)는 주로 합성보 또는 합성슬래브 구성 시 적용하는 얇은 철골판재이다.

**59** 강도설계법에서 D22 압축이형철근의 기본정착길이 $l_{db}$는?(단, 경량콘크리트 계수 $\lambda = 1.0$, $f_{ck} = 27\text{MPa}$, $f_y = 400\text{MPa}$)

① 200.5mm  ② 378.4mm
③ 423.4mm  ④ 604.6mm

[해설]

다음 중 큰 값을 기본정착길이로 산정한다.

- $l_{db} = \dfrac{0.25 d_b f_y}{\lambda \sqrt{f_{ck}}} = \dfrac{0.25 \times 22 \times 400}{1 \times \sqrt{27}} = 423.4\text{mm}$

- $l_{db} = 0.043 d_b f_y = 0.043 \times 22 \times 400 = 378.4\text{mm}$

∴ 둘 중 큰 값인 423.4mm가 기본정착길이가 된다.

**60** 다음과 같은 사다리꼴 단면의 도심 $\bar{y}$ 값은?

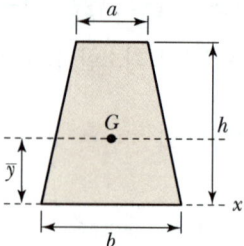

① $\dfrac{h(2a+b)}{3(a+b)}$  ② $\dfrac{h(a+b)}{3(2a+b)}$

③ $\dfrac{3h(a+b)}{3(a+b)}$  ④ $\dfrac{h(a+2b)}{3(a+b)}$

[해설]

도심($y_0$) 산출

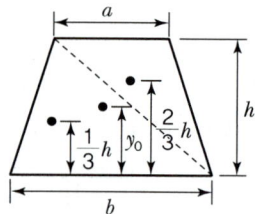

$y_0 = \dfrac{G}{A}$

여기서, $G$ : 단면1차 모멘트, $A$ : 면적

$y_0 = \dfrac{\frac{1}{2}ah \cdot y_1 + \frac{1}{2}bh \cdot y_2}{\frac{1}{2}ah + \frac{1}{2}bh} = \dfrac{\frac{1}{2}ah \cdot \frac{2}{3}h + \frac{1}{2}bh \cdot \frac{1}{3}h}{\frac{1}{2}ah + \frac{1}{2}bh}$

$= \dfrac{\frac{2}{6}ah^2 + \frac{bh^2}{6}}{\frac{1}{2}h(a+b)} = \dfrac{\frac{1}{6}h^2(2a+b)}{\frac{1}{2}h(a+b)} = \dfrac{h(2a+b)}{3(a+b)}$

정답  58 ②  59 ③  60 ①

## 4과목 건축설비

**61** 공기조화방식 중 팬코일 유닛방식에 관한 설명으로 옳지 않은 것은?

① 각 실에 수배관으로 인한 누수의 우려가 있다.
② 덕트 샤프트나 스페이스가 필요없거나 작아도 된다.
③ 각 실의 유닛은 수동으로도 제어할 수 있고, 개별 제어가 쉽다.
④ 유닛을 창문 밑에 설치하면 콜드 드래프트(Cold Draft)가 발생할 우려가 높다.

[해설]
팬코일 유닛을 창문 밑에 두어, 창가에서 발생할 수 있는 콜드 드래프트(Cold Draft)현상을 최소화 할 수 있다.

**62** 3상 동력과 단상 전등, 전열부하를 동시에 사용 가능한 방식으로 사무소 건물 등 대규모 건물에 많이 사용되는 구내 배전방식은?

① 단상 2선식   ② 단상 3선식
③ 3상 3선식   ④ 3상 4선식

[해설]
3상 4선식
동력과 전등 부하를 동시에 공급할 수 있어 대규모 건물에 적합하다.

**63** 냉방부하 계산 결과 현열부하가 620W, 잠열부하가 155W일 경우, 현열비는?

① 0.2   ② 0.25
③ 0.4   ④ 0.8

[해설]
현열비 $= \dfrac{\text{현열부하}}{\text{현열부하}+\text{잠열부하}} = \dfrac{620}{620+155} = 0.8$

**64** 급수방식 중 펌프직송방식에 관한 설명으로 옳지 않은 것은?

① 상향공급방식이 일반적이다.
② 전력공급이 중단되면 급수가 불가능하다.
③ 자동제어에 필요한 설비비가 적고, 유지관리가 간단하다.
④ 적절한 대수분할, 압력제어 등에 의해 에너지 절약을 꾀할 수 있다.

[해설]
펌프직송방식(탱크리스 부스터 펌프방식)은 수도 본관으로부터 저수탱크에 물을 받은 후 여러 대의 자동펌프를 이용하여 각 수전 또는 기구에 급수하는 방식이다. 본 방식은 설비비가 고가이며, 자동제어 시스템이어서 고장 시 수리가 어렵다는 단점이 있다.

**65** 다음 중 급수배관계통에서 공기빼기밸브를 설치하는 가장 주된 이유는?

① 수격작용을 방지하기 위하여
② 배관 내면의 부식을 방지하기 위하여
③ 배관 내 유체의 흐름을 원활하게 하기 위하여
④ 배관 표면에 생기는 결로를 방지하기 위하여

[해설]
급수배관계통에서는 공기가 정체하지 않도록 해야 하며, 이를 위해 공기정체가 일어날 것으로 예상되는 곳에 공기빼기밸브를 설치하여 배관 내 유체의 흐름을 원활하게 해 줄 수 있다.

**66** 가스사용시설에서 가스계량기의 설치에 관한 설명으로 옳지 않은 것은?

① 전기접속기와의 거리가 최소 30cm 이상이 되도록 한다.
② 전기점멸기와의 거리가 최소 60cm 이상이 되도록 한다.
③ 전기개폐기와의 거리가 최소 60cm 이상이 되도록 한다.
④ 전기계량기와의 거리가 최소 60cm 이상이 되도록 한다.

정답  61 ④  62 ④  63 ④  64 ③  65 ③  66 ②

[해설]

가스계량기와 전기점멸기(스위치)는 최소 30cm 이상 이격해서 설치하여야 한다.

**67** 트랩의 구비조건으로 옳지 않은 것은?

① 봉수깊이는 50mm 이상 100mm 이하일 것
② 오수에 포함된 오물 등이 부착 또는 침전하기 어려운 구조일 것
③ 봉수부에 이음을 사용하는 경우에는 금속제 이음을 사용하지 않을 것
④ 봉수부의 소제구는 나사식 플러그 및 적절한 가스켓을 이용한 구조일 것

[해설]

배수 트랩의 봉수부 이음 시 금속제 이음을 사용한다.

**68** 베르누이(Bernoulli)의 정리를 가장 올바르게 표현한 것은?

① 유체가 갖고 있는 운동에너지는 흐름 내 어디서나 일정하다.
② 유체가 갖고 있는 운동에너지, 중력에 의한 위치에너지의 총합은 흐름 내 어디서나 일정하다.
③ 유체가 갖고 있는 운동에너지, 중력에 의한 위치에너지의 총합은 흐름 내 어디서나 압력에너지와 같다.
④ 유체가 갖고 있는 운동에너지, 중력에 의한 위치에너지 및 압력에너지의 총합은 흐름 내 어디에서나 일정하다.

[해설]

베르누이의 정리
- 정상류, 비점성, 비압축성의 유체가 유선운동을 할 때 같은 유선상의 각 지점에서의 압력수두(압력에너지), 속도수두(운동에너지), 위치수두(위치에너지)의 합은 일정하다는 법칙이다.
- 베르누이 방정식

압력수두 + 속도수두 + 위치수두 = $\dfrac{P}{\rho} + \dfrac{V^2}{2} + Zg$ = 일정

**69** 유압식 엘리베이터에 관한 설명으로 옳지 않은 것은?

① 오버헤드가 작다.
② 기계실의 위치가 자유롭다.
③ 큰 적재량으로 승강행정이 짧은 경우에는 적용할 수 없다.
④ 지하주차장 엘리베이터와 같이 지하층에만 운전하는 경우 적용할 수 있다.

[해설]

유압식 엘리베이터
행정거리와 속도에 한계가 있다. 이에 행정이 긴 경우에는 적용이 어려우며, 행정이 긴 경우에는 로프식 엘리베이터의 적용이 필요하다.

**70** 다음 중 옥내의 노출된 건조한 장소에 시설할 수 없는 배선 방법은?(단, 사용전압이 400V 미만인 경우)

① 금속관 배선          ② 버스덕트 배선
③ 가요전선관 배선      ④ 플로어덕트 배선

[해설]

플로어덕트 배선 공사는 옥내의 건조한 노출 장소에 설치할 수 없는 특징을 가지고 있다.

**71** 의복의 단열성을 나타내는 단위로서, 그 값이 클수록 인체에서 발생하는 열이 주위공기로 적게 발산하는 것을 의미하는 것은?

① clo          ② dB
③ NC          ④ MRT

[해설]

clo
의복의 열저항치를 나타낸 것으로 1clo의 보온력이란 온도 21.2℃, 습도 50% 이하, 기류 0.1m/s의 실내에서 의자에 앉아 안정하고 있는 성인남자가 쾌적하면서 평균피부온도를 33℃로 유지할 수 있는 착의의 보온력을 말한다.

정답  67 ③  68 ④  69 ③  70 ④  71 ①

**72** 다음과 같은 조건에서 난방부하가 3,500W인 실을 온수난방으로 할 때 방열기의 온수 순환수량은?

[조건]
- 방열기의 입구 수온 : 90℃
- 방열기의 출구 수온 : 85℃
- 물의 비열 : 4.2kJ/kg · K

① 300kg/h  ② 600kg/h
③ 900kg/h  ④ 1,200kg/h

[해설]

$G = \dfrac{q}{C\Delta t}$

여기서, $G$ : 온수순환량(kg/h)
$q$ : 방열기 방열량(난방부하)(kJ/h)
$C$ : 물의 비열 4.2kJ/kgK
$\Delta t$ : 온수 입출구 온도차(℃)

$Q = \dfrac{3{,}500 \times 3{,}600}{1{,}000 \times 4.2 \times (90-85)} = 600\text{kg/h}$

**73** 다음과 같은 특징을 갖는 간선배선방식은?

- 사고 발생 때 타부하에 파급효과를 최소한으로 억제할 수 있어 다른 부하에 영향을 미치지 않는다.
- 경제적이지 못하다.

① 평행식
② 나뭇가지식
③ 네트워크식
④ 나뭇가지 평행 병용식

[해설]

간선배전방식

| 구분 | 특징 |
|---|---|
| 평행식 (개별방식) | 각 분전반마다 배전반에서 단독으로 배선되며, 전압 강하가 적고 사고 발생 시 범위가 좁으나 설비비가 많이 소요되어 대규모 건물에 적합하다. |
| 나뭇가지식 | • 한 개의 간선이 각 분전반을 거쳐가며 공급된다.<br>• 말단 분전반에서 전압 강하가 커질 수 있다.<br>• 중소 규모에 이용된다.<br>• 경제적이나 1개소의 사고가 전체에 영향을 미친다.<br>• 각 분전반별로 동일전압을 유지할 수 없다. |
| 병용식 | 평행식과 나뭇가지식을 병용한 것으로 전압 강하도 크지 않고 설비비도 줄일 수 있어 가장 많이 사용된다. |

**74** 다음 중 그 값이 클수록 안전한 것은?

① 접지저항  ② 도체저항
③ 접촉저항  ④ 절연저항

[해설]

절연저항
전기가 통하지 못하게 하는 저항을 의미하는 것으로서, 전기에 의한 감전 또는 기계적 사고의 발생을 방지하기 위해 도체 사이에 전기가 통하지 못하게 하는 것을 말한다.

**75** 다음 중 상대습도(RH) 100%에서 그 값이 같지 않은 온도는?

① 건구온도  ② 효과온도
③ 습구온도  ④ 노점온도

[해설]

효과온도(Operative Temperature)
작용온도라고도 하며, 기온·기류 및 주위벽 복사열 등의 종합적 효과를 나타낸 것으로 쾌적정도 등 체감도를 나타내는 척도이다.

**76** 다음과 같은 조건에 있는 실의 틈새바람에 의한 현열부하량은?

[조건]
- 실의 체적 : 400m³
- 환기 횟수 : 0.5회/h
- 실내온도 : 20℃
- 외기온도 : 0℃
- 공기의 밀도 : 1.2kg/m³
- 공기의 비열 : 1.01kJ/kg · K

① 654W  ② 972W
③ 1,347W  ④ 1,654W

정답  72 ②  73 ①  74 ④  75 ②  76 ③

[해설]

$q = Q \cdot \rho \cdot Cp \cdot \Delta t$

여기서, $q$ : 실내 발열량(현열부하)(kJ/h)
$Q$ : 틈새바람에 의한 침기량(m³/h)
$\rho$ : 공기의 밀도 1.2kg/m³
$Cp$ : 공기의 정압비열 1.01kJ/kgK
$\Delta t$ : 실내외 온도차(℃)

$q = 400 \times 0.5 \times 1.2 \times 1.01 \times (20-0)$
$= 4,848\text{kJ/h} = 1,347\text{W}$

**77** 통기방식에 관한 설명으로 옳지 않은 것은?

① 신정통기방식에서는 통기수직관을 설치하지 않는다.
② 루프통기방식은 각 기구의 트랩마다 통기관을 설치하고 각각을 통기 수평지관에 연결하는 방식이다.
③ 신정통기방식은 배수수직관의 상부를 연장하여 신정통기관으로 사용하는 방식으로, 대기중에 개구한다.
④ 각개통기방식은 트랩마다 통기되기 때문에 가장 안정도가 높은 방식으로, 자기사이폰작용의 방지에도 효과가 있다.

[해설]

②는 각개통기방식에 대한 설명이다. 루프통기방식은 2개 이상의 기구트랩에 공통으로 하나의 통기관을 설치하는 통기방식이다.

**78** 조명설비의 광원에 관한 설명으로 옳지 않은 것은?

① 형광램프는 점등장치를 필요로 한다.
② 고압나트륨램프는 할로겐전구에 비해 연색성이 좋다.
③ LED 램프는 수명이 길고 소비전력이 적다는 장점이 있다.
④ 고압수은램프는 광속이 큰 것과 수명이 긴 것이 특징이다.

[해설]

고압나트륨램프는 높은 효율을 가지나, 연색성 지수가 다른 광원에 비해 낮다.

**79** 아파트의 각 세대에 스프링클러헤드를 30개 설치한 경우, 스프링클러설비의 수원의 저수량은 최소 얼마 이상이 되도록 하여야 하는가?(단, 폐쇄형 스프링클러헤드를 사용한 경우)

① 12m³  ② 24m³
③ 36m³  ④ 48m³

[해설]

**스프링클러의 수원의 저수량**
스프링클러는 초기 화재 진화를 위하여 사용되는 설비로서, 헤드마다 분당 80L의 물을 20분간 분사할 수 있는 수원을 확보하고 있어야 한다.

80L/min × 20min × 30(헤드 수) = 48,000L = 48m³

**80** 다음과 같은 조건에서 사무실의 평균조도를 800lx로 설계하고자 할 경우, 광원의 필요수량은?

- 광원 1개의 광속 : 2,000lm
- 실의 면적 : 10m²
- 감광 보상률 : 1.5
- 조명률 : 0.6

① 3개  ② 5개
③ 8개  ④ 10개

[해설]

소요 전등의 수$(N) = \dfrac{E(\text{조도}) \cdot A(\text{면적}) \cdot D(\text{감광보상률})}{F(\text{램프 1개의 광속}) \cdot U(\text{조명률})}$

$= \dfrac{800 \times 10 \times 1.5}{2,000 \times 0.6} = 10$개

정답  77 ②  78 ②  79 ④  80 ④

# 5과목 건축법규

**81** 건축허가를 하기 전에 건축물의 구조안전과 인접대지의 안전에 미치는 영향 등을 평가하는 건축물 안전영향평가를 실시하여야 하는 대상 건축물 기준으로 옳은 것은?

① 층수가 6층 이상으로 연면적 1만m² 이상인 건축물
② 층수가 6층 이상으로 연면적 10만m² 이상인 건축물
③ 층수가 16층 이상으로 연면적 1만m² 이상인 건축물
④ 층수가 16층 이상으로 연면적 10만m² 이상인 건축물

[해설]
건축물 안전영향평가 대상 건축물
• 초고층 건축물
• 연면적이 10만m² 이상이고, 16층 이상인 건축물

**82** 국토의 계획 및 이용에 관한 법령상 기반시설 중 광장의 세분에 해당하지 않는 것은?

① 옥상광장
② 일반광장
③ 지하광장
④ 건축물부설광장

[해설]
광장의 세분
교통광장, 일반광장, 경관광장, 지하광장, 건축물부설광장

**83** 건축법령상 다음과 같은 건축물의 높이는?(단, 가로구역에서의 건축물의 높이 제한과 관련된 건축물의 높이)

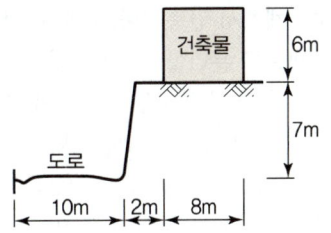

① 6m
② 9m
③ 9.5m
④ 13.5m

[해설]
건축물 대지의 지표면이 전면도로면보다 높은 경우 전면도로면의 경우 도로면에서 고저차의 1/2 높이만큼 올라온 위치에서부터 높이를 산정한다. 본 건축물의 경우 건축물 대지의 지표면과 전면도로 사이에 중간 높이가 3.5m이고, 건축물의 높이가 6m이므로 전체높이는 9.5m가 된다.

**84** 공동주택과 오피스텔의 난방설비를 개별난방 방식으로 하는 경우에 관한 기준 내용으로 틀린 것은?

① 보일러는 거실 외의 곳에 설치할 것
② 보일러실의 윗부분에는 그 면적이 0.5m² 이상인 환기창을 설치할 것
③ 보일러실과 거실 사이의 출입구는 그 출입구가 닫힌 경우에는 보일러가스가 거실에 들어갈 수 없는 구조로 할 것
④ 보일러의 연도는 내화구조로서 개별연도로 설치할 것

[해설]
보일러의 연도는 내화구조로서 공동연도로 설치해야 한다.

정답 81 ④  82 ①  83 ③  84 ④

**85** 건축법령에 따른 리모델링이 쉬운 구조에 속하지 않는 것은?

① 구조체가 철골구조로 구성되어 있을 것
② 구조체에서 건축설비, 내부 마감재료 및 외부 마감재료를 분리할 수 있을 것
③ 개별 세대 안에서 구획된 실의 크기, 개수 또는 위치 등을 변경할 수 있을 것
④ 각 세대는 인접한 세대와 수직 또는 수평 방향으로 통합하거나 분할할 수 있을 것

[해설]

리모델링이 쉬운 구조 요건
- 각 세대는 인접한 세대와 수직 또는 수평 방향으로 통합하거나 분할할 수 있어야 한다.
- 구조체에서 건축설비, 내부 마감재료 및 외부 마감재료를 분리할 수 있어야 한다.
- 개별 세대 안에서 구획된 실(室)의 크기, 개수 또는 위치 등을 변경할 수 있어야 한다.

**86** 다음 중 아파트를 건축할 수 없는 용도지역은?

① 준주거지역
② 제1종 일반주거지역
③ 제2종 전용주거지역
④ 제3종 일반주거지역

[해설]

아파트 건축이 가능한 용도지역
제2종 전용주거지역, 제2종 일반주거지역, 제3종 일반주거지역, 준주거지역

**87** 신축공동주택 등의 기계환기설비의 설치 기준이 옳지 않은 것은?

① 세대의 환기량 조절을 위하여 환기설비의 정격풍량을 3단계 또는 그 이상으로 조절할 수 있는 체계를 갖추어야 한다.
② 적정 단계의 필요환기량은 신축공동주택 등의 세대를 시간당 0.3회로 환기할 수 있는 풍량을 확보하여야 한다.
③ 기계환기설비에서 발생하는 소음의 측정은 한국산업규격(KS B 6361)에 따르는 것을 원칙으로 한다.
④ 기계환기설비는 주방 가스대 위의 공기배출장치, 화장실의 공기배출 송풍기 등 급속 환기 설비와 함께 설치할 수 있다.

[해설]

적정 단계의 필요환기량은 신축공동주택 등의 세대를 시간당 0.5회로 환기할 수 있는 풍량을 확보하여야 한다.

**88** 건축물의 구조기준 등에 관한 규칙에 따른 조적식 구조에 관한 기준으로 옳지 않은 것은?

① 조적식 구조인 내력벽의 기초는 연속기초로 하여야 한다.
② 조적식 구조인 건축물 중 2층 건축물에 있어서 2층 내력벽의 높이는 3m를 넘을 수 없다.
③ 조적식 구조인 내력벽의 길이는 10m를 넘을 수 없다.
④ 조적식 구조인 내력벽으로 둘러싸인 부분의 바닥면 적은 80m²를 넘을 수 없다.

[해설]

내력벽의 높이 및 길이[건축물의 구조기준 등에 관한 규칙 제31조]
- 조적식 구조인 건축물 중 2층 건축물에 있어서 2층 내력벽의 높이는 4m를 넘을 수 없다.
- 조적식 구조인 내력벽의 길이[대린벽(對隣壁 : 서로 직각으로 교차되는 벽)의 경우에는 그 접합된 부분의 각 중심을 이은 선의 길이를 말한다]는 10m를 넘을 수 없다.
- 조적식 구조인 내력벽으로 둘러싸인 부분의 바닥면적은 80m²를 넘을 수 없다.

**89** 건축허가신청에 필요한 기본설계도서 중 건축계획서에 표시하여야 할 사항으로 옳지 않은 것은?

① 주차장 규모
② 공개공지 및 조경계획
③ 건축물의 용도별 면적
④ 지역·지구 및 도시계획사항

정답  85 ①  86 ②  87 ②  88 ②  89 ②

[해설]

건축계획서에 표시해야 할 사항[건축법 시행규칙 별표2]
- 개요(위치·대지면적 등)
- 지역·지구 및 도시계획사항
- 건축물의 규모(건축면적·연면적·높이·층수 등)
- 건축물의 용도별 면적
- 주차장 규모
- 에너지절약계획서(해당건축물에 한함)
- 노인 및 장애인 등을 위한 편의시설 설치계획서(관계법령에 의하여 설치 의무가 있는 경우에 한함)

**90** 다음은 건축법령상 지하층의 정의 내용이다. ( ) 안에 알맞은 것은?

> "지하층"이란 건축물의 바닥이 지표면 아래에 있는 층으로서 바닥에서 지표면까지의 평균높이가 당해 층높이의 ( ) 이상인 것을 말한다.

① 2분의 1   ② 3분의 1
③ 3분의 2   ④ 4분의 1

[해설]

지하층
건축물의 바닥이 지표면 아래에 있는 층으로서 바닥에서 지표면까지의 평균높이가 당해 층높이의 2분의 1 이상인 것을 말한다.

**91** 노외주차장에 설치하여야 하는 차로의 최소 너비가 가장 작은 주차형식은?(단, 출입구가 2개 이상이며, 이륜자동차전용 외의 노외주차장의 경우)

① 평행주차   ② 교차주차
③ 직각주차   ④ 45° 대향주차

[해설]

차로의 너비(이륜자동차전용 외 노외주차장)

| 주차형식 | 차로의 너비 | |
|---|---|---|
| | 출입구가 2개 이상인 경우 | 출입구가 1개인 경우 |
| 평행주차 | 3.3m | 5.0m |
| 직각주차 | 6.0m | 6.0m |
| 60° 대향(對向)주차 | 4.5m | 5.5m |
| 45° 대향(對向)주차 | 3.5m | 5.0m |
| 교차주차 | 3.5m | 5.0m |

**92** 다음과 같은 직사각형 대지의 대지면적은?

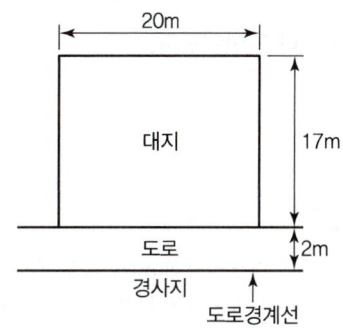

① 280m²   ② 300m²
③ 320m²   ④ 340m²

[해설]

전면도로는 4m로 확보되어야 하므로 도로 측 대지의 길이는 17m에서 15m가 되게 된다(2m는 도로).
∴ 20m×15m = 300m²

**93** 광역도시계획에 관한 내용으로 틀린 것은?

① 인접한 둘 이상의 특별시·광역시·특별자치시·특별자치도·시 또는 군의 관할 구역 전부 또는 일부를 광역계획권으로 지정할 수 있다.
② 군수가 광역도시계획을 수립하는 경우 도지사의 승인을 생략한다.
③ 광역계획권의 공간 구조와 기능 분담에 관한 정책 방향이 포함되어야 한다.
④ 광역도시계획을 공동으로 수립하는 시·도지사는 그 내용에 관하여 서로 협의가 되지 아니하면 공동이나 단독으로 국토교통부장관에게 조정을 신청할 수 있다.

[해설]

광역도시계획의 승인[국토의 계획 및 이용에 관한 법률 제16조]
시장 또는 군수는 광역도시계획을 수립하거나 변경하려면 도지사의 승인을 받아야 한다.

**94** 두 도로의 너비가 각각 6m이고 교차각이 90°인 도로의 모퉁이에 위치한 대지의 도로 모퉁이 부분의 건축선은 그 대지에 접한 도로경계선의 교차점으로부터 도로경계선에 따라 각각 얼마를 후퇴한 두 점을 연결한 선으로 하는가?

① 후퇴하지 아니한다.
② 2m
③ 3m
④ 4m

[해설]

두 도로의 너비가 각각 6m이므로, 두 도로 모두 6m 이상 8m 미만이고, 도로의 교차각이 90°로서 90° 이상이므로 후퇴거리는 3m이다.

※ 건축선 후퇴거리

| 도로의 교차각 | 당해 도로의 너비 | | 교차되는 도로의 너비 |
|---|---|---|---|
| | 4m 이상 6m 미만 | 6m 이상 8m 미만 | |
| 90° 미만 | 3m | 4m | 6m 이상 8m 미만 |
| | 2m | 3m | 4m 이상 6m 미만 |
| 90° 이상 120° 미만 | 2m | 3m | 6m 이상 8m 미만 |
| | 2m | 2m | 4m 이상 6m 미만 |

**95** 다음 중 철골조로 하였을 경우, 피복과 관계없이 그 자체만으로 내화구조에 속하는 것은?

① 벽
② 기둥
③ 지붕
④ 계단

[해설]

계단의 내화구조(두께 및 별도 내화피복 관계없이 아래의 구조로 설치)
• 철근콘크리트조 또는 철골철근콘크리트조
• 무근콘크리트조·콘크리트블록조·벽돌조 또는 석조
• 철재로 보강된 콘크리트블록조·벽돌조 또는 석조
• 철골조

**96** 직통계단의 설치에 관한 기준 내용 중 밑줄 친 '다음 각 호의 어느 하나에 해당하는 용도 및 규모의 건축물'의 기준 내용으로 틀린 것은?

법 제49조제1항에 따라 피난층 외의 층이 <u>다음 각 호의 어느 하나에 해당하는 용도 및 규모의 건축물</u>에는 국토교통부령으로 정하는 기준에 따라 피난층 또는 지상으로 통하는 직통계단을 2개소 이상 설치하여야 한다.

① 지하층으로서 그 층 거실의 바닥면적의 합계가 200m² 이상인 것
② 종교시설의 용도로 쓰는 층으로서 그 층에서 해당 용도로 쓰는 바닥면적의 합계가 200m² 이상인 것
③ 숙박시설의 용도로 쓰는 3층 이상의 층으로서 그 층의 해당 용도로 쓰는 거실의 바닥면적의 합계가 200m² 이상인 것
④ 업무시설 중 오피스텔의 용도로 쓰는 층으로서 그 층의 해당 용도로 쓰는 거실의 바닥면적의 합계가 200m² 이상인 것

[해설]

업무시설 중 오피스텔의 용도로 쓰는 층으로서 그 층의 해당 용도로 쓰는 거실의 바닥면적의 합계가 300m² 이상인 것이 해당한다.

**97** 다음의 시가화조정구역 지정과 관련된 기준 내용 중 밑줄 친 '대통령령으로 정하는 기간'으로 옳은 것은?

시·도지사는 직접 또는 관계 행정기관의 장의 요청을 받아 도시지역과 그 주변 지역의 무질서한 시가화를 방지하고 계획적·단계적인 개발을 도모하기 위하여 <u>대통령령으로 정하는 기간</u> 동안 시가화를 유보할 필요가 있다고 인정되면 시가화 조정구역의 지정 또는 변경을 도시·군관리계획으로 결정할 수 있다.

① 5년 이상 10년 이내의 기간
② 5년 이상 20년 이내의 기간
③ 7년 이상 10년 이내의 기간
④ 7년 이상 20년 이내의 기간

[해설]

시가화조정구역의 지정[국토의 계획 및 이용에 관한 법률 시행령 제32조]
'대통령령으로 정하는 기간'이란 5년 이상 20년 이내의 기간을 말한다.

**98** 주차장의 수급 실태를 조사하려는 경우, 조사 구역의 설정 기준으로 옳지 않은 것은?

① 원형 형태로 조사 구역을 설정한다.
② 각 조사 구역은 「건축법」에 따른 도로를 경계로 구분한다.
③ 조사 구역 바깥 경계선의 최대거리가 300m를 넘지 아니하도록 한다.
④ 주거기능과 상업·업무기능이 섞여 있는 지역의 경우에는 주차시설 수급의 적정성, 지역적 특성 등을 고려하여 같은 특성을 가진 지역별로 조사 구역을 설정한다.

[해설]

조사 구역 설정 기준[주차장법 시행규칙 제1조의 2]
• 사각형 또는 삼각형 형태로 조사 구역을 설정하되 조사 구역 바깥 경계선의 최대거리가 300m를 넘지 않도록 할 것
• 각 조사 구역은 도로를 경계로 구분할 것
• 아파트단지와 단독주택단지가 섞여 있는 지역 또는 주거기능과 상업·업무기능이 섞여 있는 지역의 경우에는 주차시설 수급의 적정성, 지역적 특성 등을 고려하여 같은 특성을 가진 지역별로 조사 구역을 설정할 것

**99** 국토의 계획 및 이용에 관한 법률상 용도지역에서의 용적률 기준이 옳지 않은 것은?(단, 도시지역의 경우)

① 주거지역 : 500% 이하
② 상업지역 : 1,200% 이하
③ 공업지역 : 400% 이하
④ 녹지지역 : 100% 이하

[해설]

용도지역에 따른 용적율 최대한도(도시지역)

| 용도지역 | 용적률 |
| --- | --- |
| 주거지역 | 500% 이하 |
| 상업지역 | 1,500% 이하 |
| 공업지역 | 400% 이하 |
| 녹지지역 | 100% 이하 |

**100** 다음 중 두께에 관계없이 방화구조에 해당되는 것은?

① 심벽에 흙으로 맞벽치기한 것
② 석고판 위에 회반죽을 바른 것
③ 시멘트모르타르 위에 타일을 붙인 것
④ 석고판 위에 시멘트모르타르를 바른 것

[해설]

방화구조

| 구조방식 | 최소 두께 |
| --- | --- |
| 철망모르타르 | 바름 두께가 2cm 이상 |
| • 석고판 위에 시멘트모르타르 또는 회반죽을 바른 것<br>• 시멘트모르타르 위에 타일을 붙인 것 | 두께의 합계가 2.5cm 이상 |
| 심벽에 흙으로 맞벽치기 한 것 | 두께 무관 |
| 산업표준화법에 따른 한국산업표준이 정하는 바에 따라 시험한 결과 방화 2급 이상 | |

정답 98 ① 99 ② 100 ①

# 13 제13회 CBT 실전모의고사

## 1과목 건축계획

**01** 주택단지계획에서 보차분리의 형태 중 평면분리에 해당하지 않는 것은?

① T자형
② 루프(Loop)
③ 쿨데삭(Cul-de-Sac)
④ 오버브리지(Overbridge)

[해설]
오버브리지(Overbridge)는 보도 위에 설치한 건물이나 가대로 고가도로로서, 평면분리가 아닌 입체분리 방식에 해당한다.

**02** 사무소 건축의 실단위 계획 중 개방식 배치에 관한 설명으로 옳지 않은 것은?

① 공사비를 줄일 수 있다.
② 실의 깊이나 길이에 변화를 줄 수 없다.
③ 시각차단이 없으므로 독립성이 적어진다.
④ 경영자의 입장에서는 전체를 통제하기가 쉽다.

[해설]
개방식 배치(Open System)란 개방된 큰 방을 기본적으로 설계하고 중역들을 위해 분리된 작은 방을 두는 방법이다.

| 장점 | 단점 |
| --- | --- |
| • 전 면적을 유용하게 이용할 수 있다.<br>• 칸막이벽이 없어서 공사비가 낮다.<br>• 방의 길이나 깊이에 변화를 줄 수 있다. | • 소음이 들리고, 독립성이 결핍된다.<br>• 인공조명이 필요하다. |

**03** 주당 평균 40시간을 수업하는 어느 학교에서 음악실에서의 수업이 총 20시간이며 이 중 15시간은 음악시간으로 나머지 5시간은 학급 토론시간으로 사용되었다면 이 음악실의 이용률과 순수율은?

① 이용률 37.5%, 순수율 75%
② 이용률 50%, 순수율 75%
③ 이용률 75%, 순수율 37.5%
④ 이용률 75%, 순수율 50%

[해설]
• 이용률 $= \dfrac{\text{교실이 사용되고 있는 시간}}{\text{1주간의 평균 수업 시간}} \times 100(\%)$
$= \dfrac{20}{40} \times 100(\%) = 50\%$

• 순수율 $= \dfrac{\text{일정한 교과를 위해 사용되는 시간}}{\text{그 교실이 사용되는 시간}} \times 100(\%)$
$= \dfrac{20-5}{20} \times 100(\%) = 75\%$

**04** 병원건축의 병동배치형식 중 집중식(Block Type)에 관한 설명으로 옳지 않은 것은?

① 재난 시 환자의 피난이 용이하다.
② 병동에서의 조망을 확보할 수 있다.
③ 대지를 효과적으로 이용할 수 있다.
④ 공조설비가 필요하게 되어 설비비가 높다.

[해설]
고층으로서 재난 시 환자의 피난이 용이하지 않다.

**05** 학교 교사의 배치 형식 중 분산 병렬형에 관한 설명으로 옳지 않은 것은?

① 구조계획이 간단하다.
② 일종의 핑거 플랜(Finger Plan)이다.
③ 교실의 환경조건을 균등하게 할 수 없다는 단점이 있다.
④ 각 교사 건축물 사이의 공간을 놀이터나 정원으로 이용할 수 있다.

[해설]
분산 병렬형은 일조, 통풍 등의 환경 조건이 균등하고 구조 계획이 간단하다.

정답  01 ④  02 ②  03 ②  04 ①  05 ③

## 06 현존하는 우리나라 목조 건축물 중 가장 오래된 것은?

① 봉정사 극락전
② 법주사 팔상전
③ 부석사 무량수전
④ 화엄사 보광대전

[해설]

안동 봉정사 극락전은 고려 시대 건축물로 주심포식 양식을 적용하였으며, 현존하는 목조 건축물 중 가장 오래되었다.

## 07 주택법상 주택 단지의 복리시설에 속하지 않는 것은?

① 경로당
② 관리사무소
③ 어린이놀이터
④ 주민운동시설

[해설]

복리시설의 범위[주택법 시행령 제7조]
1. 「건축법 시행령」 별표 1 제3호에 따른 제1종 근린생활시설
2. 「건축법 시행령」 별표 1 제4호에 따른 제2종 근린생활시설 (총포판매소, 장의사, 다중생활시설, 단란주점 및 안마시술소는 제외한다)
3. 「건축법 시행령」 별표 1 제6호에 따른 종교시설
4. 「건축법 시행령」 별표 1 제7호에 따른 판매시설 중 소매시장 및 상점
5. 「건축법 시행령」 별표 1 제10호에 따른 교육연구시설
6. 「건축법 시행령」 별표 1 제11호에 따른 노유자시설
7. 「건축법 시행령」 별표 1 제12호에 따른 수련시설
8. 「건축법 시행령」 별표 1 제14호에 따른 업무시설 중 금융업소
9. 「산업집적활성화 및 공장설립에 관한 법률」 제2조 제13호에 따른 지식산업센터
10. 「사회복지사업법」 제2조 제5호에 따른 사회복지관
11. 공동작업장
12. 주민공동시설
13. 도시·군계획시설인 시장
14. 그 밖에 제1호부터 제13호까지의 시설과 비슷한 시설로서 국토교통부령으로 정하는 공동시설 또는 사업계획승인권자(법 제15조제1항에 따른 사업계획승인권자를 말한다. 이하 같다)가 거주자의 생활복리 또는 편익을 위하여 필요하다고 인정하는 시설

## 08 호텔의 퍼블릭 스페이스(Public Space) 계획에 관한 설명으로 옳지 않은 것은?

① 로비는 개방성과 다른 공간과의 연계성이 중요하다.
② 프론트 데스크 후방에 프론트 오피스를 연속시킨다.
③ 주 식당은 외래객이 편리하게 이용할 수 있도록 출입구를 별도로 설치한다.
④ 프론트 오피스는 기계화된 설비보다는 많은 사람을 고용함으로써 고객의 편의와 능률을 높여야 한다.

[해설]

프론트 오피스에 최소한의 인력을 두도록 합리적인 동선계획을 수립하는 것이 경영상 효율적인 방안이다.

## 09 경복궁의 궁궐 배치는 전조공간과 후침공간으로 이루어져 있다. 다음 중 전조공간의 구성에 속하지 않는 것은?

① 근정전
② 만춘전
③ 천추전
④ 강녕전

[해설]

강녕전
• 경복궁의 후침공간에 해당하는 곳으로서, 왕이 일상을 보내는 거처였으며 침전으로 사용하였다.
• 전조후침: 앞에는 조정(朝廷, 왕이 정치를 하는 곳)을 두고 뒤에는 침전(寢殿, 왕의 거처)을 두는 배치방식

정답 06 ① 07 ② 08 ④ 09 ④

**10** 다음 설명에 알맞은 극장 건축의 평면형식은?

> • 가까운 거리에서 관람하면서 가장 많은 관객을 수용할 수 있다.
> • 객석과 무대가 하나의 공간에 있으므로 양자의 일체감이 높다.
> • 무대의 배경을 만들지 않으므로 경제성이 있다.

① 아레나(Arena)형
② 가변형(Adaptable Stage)
③ 프로시니엄(Proscenium)형
④ 오픈 스테이지(Open Stage)형

[해설]

아레나(Arena)형에 대한 설명이다. 위 보기에서의 장점과 더불어 연기 도중 다른 연기자를 가리는 단점을 갖고 있는 타입이다.

**11** 다음 각 공간의 관계가 주택평면계획 시 고려되는 인접의 원칙에 속하지 않는 것은?

① 거실 – 현관
② 식당 – 주방
③ 거실 – 식당
④ 침실 – 다용도실

[해설]

다용도실은 가사와 관련된 사항으로서 부엌과 인접하여 배치하는 것이 일반적이다.

**12** 전시실 순회방식에 관한 설명으로 옳지 않은 것은?

① 연속순회형식은 비교적 소규모 전시실에 적합하다.
② 중앙홀형식은 홀의 크기가 크면 중앙부 동선의 혼란이 있다.
③ 갤러리 및 코리도형식은 복도 자체도 전시공간으로 이용이 가능하다.
④ 갤러리 및 코리도형식은 각 실에 직접 들어갈 수 있는 점이 유리하다.

[해설]

중앙홀형식은 중앙홀이 크면 동선의 혼란은 없으나 장래의 확장에 많은 무리를 가지고 있다.

**13** "렌터블(Rentable)비가 높다."라는 표현의 의미로 가장 알맞은 것은?

① 서비스를 더 좋게 할 수 있다.
② 임대료 수입이 더 증가할 수 있다.
③ 주차장 공간을 더 많이 확보할 수 있다.
④ 코어부분의 면적을 더 많이 확보할 수 있다.

[해설]

유효율(렌터블비, Rentable Ratio, %)은 임대면적(대실면적)과 연면적의 비로서, 유효율이 높다는 것은 임대료 수입이 더 증가할 수 있다는 것을 의미한다.

$$유효율 = \frac{임대면적(m^2)}{연면적(m^2)} \times 100(\%)$$

**14** 다음 중 도서관에서 장서가 60만 권일 경우 능률적인 작업용량으로서 가장 적정한 서고의 면적은?

① $3,000m^2$
② $4,500m^2$
③ $5,000m^2$
④ $6,000m^2$

[해설]

서고의 면적에 따른 수용 능력
서고면적 $1m^2$당 150~250권(평균 200권/$m^2$)
600,000권 ÷ 200권/$m^2$ = $3,000m^2$($m^2$당 평균 200권을 적용하여 산출)

**15** 복층형(Maisonnette) 아파트에 관한 설명으로 옳지 않은 것은?

① 주택 내의 공간의 변화가 있다.
② 거주성, 특히 프라이버시가 높다.
③ 통로면적이 늘어나므로 유효면적이 줄어든다.
④ 엘리베이터 정지 층수가 적어지므로 운행면에서 경제적이고 효율적이다.

[해설]

복층형(메조넷형, Maisonette Type) 아파트의 경우 소규모 주택($50m^2$ 이하)에서는 비경제적이며, 복도가 없는 층의 경우 통로면적이 감소되므로, 전체적으로 전용면적이 증가한다. 또한 전용면적비가 크고 독립성이 우수하다.

정답  10 ①  11 ④  12 ②  13 ②  14 ①  15 ③

**16** 다음 중 터미널 호텔의 종류에 속하지 않는 것은?

① 해변 호텔
② 부두 호텔
③ 공항 호텔
④ 철도역 호텔

[해설]
해변 호텔(Beach Hotel, 비치 호텔)은 리조트 호텔(Resort Hotel)에 속한다.

**17** 건축양식의 시대적 순서가 가장 올바르게 나열된 것은?

```
㉠ 로마네스크    ㉡ 바로크
㉢ 고딕          ㉣ 르네상스
㉤ 비잔틴
```

① ㉠ → ㉢ → ㉣ → ㉡ → ㉤
② ㉠ → ㉢ → ㉣ → ㉤ → ㉡
③ ㉤ → ㉣ → ㉢ → ㉠ → ㉡
④ ㉤ → ㉠ → ㉢ → ㉣ → ㉡

[해설]
서양 건축 양식의 발달 순서
이집트 → 그리스 → 로마 → 초기기독교 → 비잔틴 → 로마네스크 → 고딕 → 르네상스 → 바로크 → 로코코

**18** 공장의 레이아웃 형식 중 생산에 필요한 모든 공정과 기계류를 제품의 흐름에 따라 배치하는 형식은?

① 고정식 레이아웃
② 혼성식 레이아웃
③ 제품 중심의 레이아웃
④ 공정 중심의 레이아웃

[해설]
제품 중심의 레이아웃은 생산에 필요한 모든 공정, 기계·기구를 제품의 흐름에 따라 재배치하여, 대량생산에 유리하며 생산성이 높다.

**19** 상점의 쇼윈도우에 관한 설명으로 옳지 않은 것은?

① 평형은 일반적으로 많이 사용되는 기본형으로 상점 내의 면적을 넓게 사용할 수 있다.
② 경사형은 유리면을 경사지게 처리하여 단조로움이 적게 되지만 유리면의 눈부심이 크다.
③ 상점의 전면이 넓지 않을 경우 일반적으로 쇼윈도우와 출입구는 비대칭적으로 처리하는 것이 좋다.
④ 곡면형은 곡면유리를 사용하여 쇼윈도우의 구성에 변화를 주어 일단 형태감에서 통행인의 시선을 자연스럽게 유도할 수 있다.

[해설]
경사형은 유리면을 경사지게 처리하여, 단조로움을 감소시켜 주며 동시에 유리면의 눈부심 현상을 감소시켜 준다.

**20** 주택의 평면과 각 부위의 치수 및 기준척도에 관한 설명으로 옳지 않은 것은?

① 치수 및 기준척도는 안목치수를 원칙으로 한다.
② 거실 및 침실의 평면 각 변의 길이는 10cm를 단위로 한 것을 기준척도로 한다.
③ 거실 및 침실의 층높이는 2.4m 이상으로 하되, 5cm를 단위로 한 것을 기준척도로 한다.
④ 계단 및 계단참의 평면 각 변의 길이 또는 너비는 5cm를 단위로 한 것을 기준척도로 한다.

[해설]
건물 평면상의 길이는 3m(30cm)의 배수가 되도록 한다.

정답  16 ①  17 ④  18 ③  19 ②  20 ②

## 2과목 건축시공

**21** 토공사에 적용되는 체적환산계수 $L$의 정의로 옳은 것은?

① $\dfrac{\text{흐트러진 상태의 체적}(m^3)}{\text{자연상태의 체적}(m^3)}$

② $\dfrac{\text{자연상태의 체적}(m^3)}{\text{흐트러진 상태의 체적}(m^3)}$

③ $\dfrac{\text{다져진 상태의 체적}(m^3)}{\text{자연상태의 체적}(m^3)}$

④ $\dfrac{\text{자연상태의 체적}(m^3)}{\text{다져진 상태의 체적}(m^3)}$

[해설]

체적환산계수$(L) = \dfrac{\text{흐트러진 상태의 체적}(m^3)}{\text{자연상태의 체적}(m^3)}$

**22** 타일공사의 바탕처리에 관한 설명으로 옳지 않은 것은?

① 타일을 붙이기 전에 바탕의 들뜸, 균열 등을 검사하여 불량부분은 보수한다.
② 여름에 외장타일을 붙일 경우에는 하루 전에 바탕면에 물을 적시는 행위를 금하도록 한다.
③ 타일붙임 바탕에는 뿜칠 또는 솔을 사용하여 물을 골고루 뿌린다.
④ 타일을 붙이기 전에 불순물을 제거한다.

[해설]

여름에 외장타일을 붙일 경우 하루 전에 바탕면에 물을 적셔, 외장타일을 시공할 때 접착제 등의 수분을 바탕면이 흡수하지 않도록 하여야 한다.

**23** 보통 포틀랜드시멘트 경화체의 성질에 관한 설명으로 옳지 않은 것은?

① 응결과 경화는 수화반응에 의해 진행된다.
② 경화체의 모세관수가 소실되면 모세관 장력이 작용하여 건조수축을 일으킨다.
③ 모세관 공극은 물시멘트비가 커지면 감소한다.
④ 모세관 공극에 있는 수분은 동결하면 팽창되고 이에 의해 내부압이 발생하여 경화체의 파괴를 초래한다.

[해설]

모세관 공극은 물시멘트비가 커지면 증가한다.

**24** 금속 커튼월 시공 시 구체 부착철물 설치위치의 연직방향 및 수평방향의 치수 허용차의 표준치로 옳은 것은?

① 연직방향 ±5mm, 수평방향 ±15mm
② 연직방향 ±10mm, 수평방향 ±25mm
③ 연직방향 ±15mm, 수평방향 ±25mm
④ 연직방향 ±25mm, 수평방향 ±25mm

[해설]

금속 커튼월은 설계 도서에 따라 부착철물을 구조물에 설치하되 허용오차의 표준치는 연직방향 ±10mm, 수평방향 ±25mm로 함을 원칙으로 한다.

**25** 가치공학(Value Engineering)기법에서 어떤 개선활동이나 계획을 세울 때 적용하는 것은?

① 기능설계         ② 원가 절감
③ 브레인스토밍     ④ 공기단축기법

[해설]

가치공학(Value Engineering)기법에서의 개선활동을 위해 적용되는 브레인스토밍은 "비판금지, 자유분방, 질보다 양, 결합과 개선"같은 4대 원칙을 지키면서 진행하여야 한다.

**26** 래디믹스트 콘크리트 발주 시 호칭규격인 25 – 24 – 150에서 알 수 없는 것은?

① 염화물 함유량
② 슬럼프(Slump)
③ 호칭강도
④ 굵은 골재의 최대치수

[해설]

호칭규격의 의미(예 : 25 – 24 – 150)
• 25(굵은 골재 최대치수 mm)
• 24(호칭강도 MPa)
• 150(슬럼프치 mm)

**27** 쇄석 콘크리트에 관한 설명으로 옳지 않은 것은?

① 모래의 사용량은 보통콘크리트에 비해서 많아진다.
② 쇄석은 각이 둔각인 것을 사용한다.
③ 보통콘크리트에 비해 시멘트 페이스트의 부착력이 떨어진다.
④ 깬자갈 콘크리트라고도 한다.

[해설]

쇄석 콘크리트는 깬자갈을 활용한 콘크리트로서, 보통콘크리트에 적용되는 골재(자갈)에 비해 표면적이 넓은 깬자갈을 활용함으로서 시멘트 페이스트 부착력을 크게 할 수 있다.

**28** TQC를 위한 7가지 도구 중 다음 설명에 해당하는 것은?

> 모집단에 대한 품질 특성을 알기 위하여 모집단의 분포상태, 분포의 중심위치, 분포의 산포 등을 쉽게 파악할 수 있도록 막대그래프 형식으로 작성한 도수분포도를 말한다.

① 히스토그램   ② 특성요인도
③ 파레토도    ④ 체크시트

[해설]

② 특성요인도 : 결과에 원인이 어떻게 관계하고 있는가를 한눈에 알아보기 위하여 작성하는 것이다(체계적 정리, 원인 발견).
③ 파레토도 : 불량, 결점, 고장 등의 발생건수를 분류항목별로 나누어 크기 순서대로 나열해 놓은 것이다(불량항목과 원인의 중요성 발견).
④ 체크시트 : 계수치의 데이터가 분류항목별 어디에 집중되어 있는가를 알아보기 쉽게 나타낸 것이다(불량항목 발생, 상황파악 데이터의 사실 파악).

**29** 건축재료의 수량 산출 시 적용하는 할증률로 옳지 않은 것은?

① 유리 : 1%       ② 단열재 : 5%
③ 붉은벽돌 : 3%   ④ 이형철근 : 3%

[해설]

② 단열재 : 10%

**30** 건설사업자원 통합 전산망으로 건설 생산활동 전 과정에서 건설 관련 주체가 전산망을 통해 신속히 교환·공유할 수 있도록 지원하는 통합 정보시스템을 지칭하는 용어는?

① 건설 CIC(Computer Integrated Construction)
② 건설 CALS(Continuous Acquisition & Life Cycle Support)
③ 건설 EC(Engineering Construction)
④ 건설 EVMS(Earned Value Management System)

[해설]

건설 CALS(Continuous Acquisition & Life Cycle Support)는 건설 생산활동 전과정[생애(Life)]의 건설정보통합전산망을 구축한 건설사업정보시스템을 의미한다.
① 건설 CIC(Computer Integrated Construction) : 건설 통합관리시스템
③ 건설 EC(Engineering Construction) : 설계·시공 통합의 업역 형태
④ 건설 EVMS(Earned Value Management System) : 통합공정관리기법

정답  26 ①  27 ③  28 ①  29 ②  30 ②

**31** 철골공사 용접작업의 용접자세를 표현하는 각 기호의 의미하는 바가 옳은 것은?

① F : 수평자세
② H : 수직자세
③ O : 상향자세
④ V : 하향자세

[해설]
① F(Flat Position) : 하향(아래보기)자세
② H(Horizontal Position) : 수평자세
③ O(Overhead Position) : 상향(위보기)자세
④ V(Vertical Position) : 수직자세

**32** CM(Construction Management)의 주요업무가 아닌 것은?

① 설계부터 공사관리까지 전반적인 지도, 조언, 관리업무
② 입찰 및 계약 관리업무와 원가관리업무
③ 현장 조직관리업무와 공정관리업무
④ 자재조달업무와 시공도 작성업무

[해설]
자재조달업무 및 시공을 위한 도면인 시공도 작성업무는 시공사가 진행하는 사항이다.

**33** 압연강재가 냉각할 때 표면에 생기는 산화철 표피를 무엇이라 하는가?

① 스패터
② 밀스케일
③ 슬래그
④ 비드

[해설]
① 스패터(Spatter) : 용접 시에 비산하는 슬래그 및 금속입자가 경화된 것
③ 슬래그(Slag) : 용접봉의 피복재 용해물인 회분(Slag)
④ 비드(Bead) : 용착금속이 모재 위에 열상을 이루고 이어지는 용접층

**34** 아스팔트 방수공사에서 아스팔트 프라이머를 사용하는 가장 중요한 이유는?

① 콘크리트 면의 습기 제거
② 방수층의 습기 침입 방지
③ 콘크리트면과 아스팔트 방수층의 접착
④ 콘크리트 밑바닥의 균열방지

[해설]
아스팔트 프라이머는 구조체 아스팔트 방수공사 시 가장 먼저 하는 공정으로서, 구조체(콘크리트면 등)에 시공하여 구조체와 아스팔트 방수층의 접착이 용이하게 하는 역할을 한다.

**35** 금속재료의 종류와 특성에 관한 설명으로 옳지 않은 것은?

① 구조용 특수강이란 강의 탄소량을 0.5% 이하로 하고 니켈, 망간, 규소, 크롬, 몰리브덴 등의 금속원소 1~2종을 약 5% 이하로 첨가한 것을 말한다.
② 스테인리스강은 공기 및 수중에서 잘 부식되지 않는 강을 말하며, 일반적으로 전기저항이 작고 열전도율이 높으며 경도에 비해 가공성이 우수하다.
③ 내후성 강은 대기 중에서의 내식성을 보통강보다 2~6배 증대시키면서 보통강과 동등 이상의 재질, 가공성, 용접성 등을 갖게 한 강재이다.
④ TMCP 강재는 탄소당량이 낮음에도 불구하고 용접성을 개선하여 용접성이 우수하며, 강재의 두께가 증가하더라도 항복강도의 저하가 없도록 한 것이다.

[해설]
스테인리스강은 공기 및 수중에서 잘 부식되지 않는 강을 말하며, 일반적으로 전기저항이 크고 다른 금속재료에 비해 열전도율이 낮으며 경도에 비해 가공성이 우수하다.

정답 31 ③ 32 ④ 33 ② 34 ③ 35 ②

**36** 다음 중 공사 진행의 일반적인 순서로 옳은 것은?

① 가설공사 → 공사 착공 준비 → 토공사 → 지정 및 기초공사 → 구조체 공사
② 공사 착공 준비 → 가설공사 → 토공사 → 지정 및 기초공사 → 구조체 공사
③ 공사 착공 준비 → 토공사 → 가설공사 → 구조체 공사 → 지정 및 기초공사
④ 공사 착공 준비 → 지정 및 기초공사 → 토공사 → 가설공사 → 구조체 공사

[해설]
공사진행의 일반적인 순서
공사 착공 준비 → 가설공사 → 토공사 → 지정 및 기초공사 → 구조체 공사 → 외장 및 마감공사

**37** Top-Down 공법(역타공법)에 관한 설명으로 옳지 않은 것은?

① 지하와 지상작업을 동시에 한다.
② 주변지반에 대한 영향이 적다.
③ 수직부재 이음부 처리에 유리한 공법이다.
④ 1층 슬래브의 형성으로 작업공간이 확보된다.

[해설]
Top-Down 공법은 지상을 먼저 건립하고 지하를 건립하는 방법으로서, 지상과 지하 간 수직 구조부재의 이음 처리가 난해한 특징을 갖고 있다.

**38** 토공사용 기계에 관한 설명 중 옳지 않은 것은?

① 파워셔블(Power Shovel)은 지반보다 낮은 곳을 깊게 팔 수 있는 기계로서 보통 약 5m까지 팔 수 있다.
② 드래그라인(Drag Line)은 기계를 설치한 지반보다 낮은 장소 또는 수중을 굴착하는 데 사용된다.
③ 불도저(Bull Dozer)는 일반적으로 흙의 표면을 밀면서 깎아 단거리 운반을 하거나 정지를 한다.
④ 클램셸(Clamshell)은 수직굴착 등 일반적으로 협소한 장소의 굴착에 적합한 것으로 자갈 등의 적재에도 사용된다.

[해설]
파워셔블(Power Shovel)은 기계가 서 있는 위치보다 높은 곳의 굴착에 적합한 장비이며, ①은 드래그셔블(백호)에 대한 설명이다.

**39** 실의 크기 조절이 필요한 경우 칸막이 기능을 하기 위해 만든 병풍 모양의 문은?

① 여닫이문   ② 자재문
③ 미서기문   ④ 홀딩 도어

[해설]
홀딩 도어(Folding Door)는 문짝이 접히거나 펼쳐지는 형식(병풍 모양)으로 개폐되는 문으로서 실의 크기 조절 및 칸막이 조절이 용이한 문의 형식이다.

**40** 시멘트 광물질의 조성 중에서 발열량이 높고 응결 시간이 가장 빠른 것은?

① 알루민산 삼석회
② 규산 삼석회
③ 규산 이석회
④ 알루민산철 사석회

[해설]
응결속도, 수화열(발열량), 조기강도 및 수축률 크기
알루민산 삼석회 > 규산삼석회 > 규산 이석회

※ 알루민산철 사석회는 색상과 관계된 성분이다.

정답  36 ②  37 ③  38 ①  39 ④  40 ①

# 3과목  건축구조

**41** 바람의 난류로 인해 발생되는 구조물의 동적 거동 성분을 나타내는 것으로 평균변위에 대한 최대변위의 비를 통계적인 값으로 나타낸 계수는?

① 지형계수
② 가스트영향계수
③ 풍속고도분포계수
④ 풍력계수

[해설]
가스트영향계수는 바람의 난류로 인해 발생되는 구조물의 동적 거동 성분이다.

**42** 스터럽으로 보강된 휨 부재의 최외단 인장철근의 순인장 변형률 $\varepsilon_t$가 0.004일 경우 강도감소계수 $\phi$로 옳은 것은?(단, $f_y = 400\text{MPa}$)

① 0.65
② 0.717
③ 0.783
④ 0.817

[해설]
- 철근의 인장항복강도 400MPa 이하(SD400 이하)이면서, $\varepsilon_t < 0.005$이므로 변화구간단면이다.
- 이때의 강도감소계수 $\phi = 0.65 + \dfrac{200}{3}(\varepsilon_t - 0.002) = 0.65 + \dfrac{200}{3}(0.004 - 0.002) = 0.783$이 되게 된다.

**43** 파단선 A-B-F-C-D의 인장재 순단면적은?(단, 볼트 구멍지름 $d = 22\text{mm}$, 인장재 두께는 6mm)

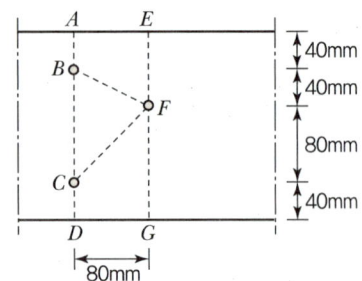

① 1,164mm²
② 1,364mm²
③ 1,564mm²
④ 1,764mm²

[해설]
엇모배치일 경우 순단면적($A_n$) 산출
$$A_n = A_g - ndt + \sum \left(\dfrac{s^2}{4g} \times t\right)$$
$$= (40 + 40 + 80 + 40) \times 6 - (3 \times 22 \times 6)$$
$$+ \left(\dfrac{80^2}{4 \times 40} \times 6 + \dfrac{80^2}{4 \times 80} \times 6\right)$$
$$= 1,164\text{mm}^2$$

여기서, $A_g$ : 강재의 종단면적
$n$ : 파단선에 있는 구멍의 개수
$d$ : 구멍의 직경
$t$ : 인장재의 직경
$s$ : 볼트 간 중심간격(수평)
$g$ : 볼트 간 중심간격(수직)

**44** 각 지반의 허용지내력의 크기가 큰 것부터 순서대로 올바르게 나열된 것은?

| A. 자갈 | B. 모래 |
| C. 연암반 | D. 경암반 |

① B > A > C > D
② A > B > C > D
③ D > C > A > B
④ D > C > B > A

[해설]
지반의 허용지내력 크기
경암반 > 연암반 > 자갈 > 모래

**45** 3힌지 전단 포물선 아치에 그림과 같이 등분포하중이 가해졌을 경우 단면상에 나타나는 부재력의 종류는?

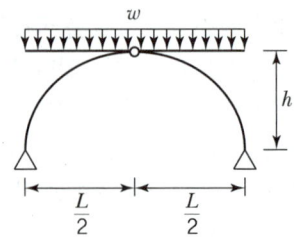

정답  41 ②  42 ③  43 ①  44 ③  45 ④

① 전단력, 휨모멘트
② 축방향력, 전단력, 휨모멘트
③ 축방향력, 전단력
④ 축방향력

[해설]
3힌지(3회전단) 포물선 아치의 경우 등분포하중 작용 시 축방향력만 작용하고 전단력과 휨모멘트는 작용하지 않는다.

**46** 용접 H형강 H-450×450×20×28의 플랜지 및 웨브에 대한 판폭두께비를 구하면?

① 플랜지 : 16.07, 웨브 : 14.07
② 플랜지 : 16.07, 웨브 : 19.7
③ 플랜지 : 8.04, 웨브 : 14.07
④ 플랜지 : 8.04, 웨브 : 19.7

[해설]
용접 H형강의 판폭두께비($\lambda$) 산출

- 플랜지 $\lambda_f = \dfrac{b}{t_f} = \dfrac{450 \div 2}{28} = 8.04$

  여기서, $b = B(\text{폭}) \div 2$

- 플랜지 $\lambda_f = \dfrac{h}{t_w} = \dfrac{H - 2t_f}{t_w} = \dfrac{450 - 2 \times 28}{20} = 19.7$

**47** 절점 B에 외력 $M = 200\text{kN} \cdot \text{m}$가 작용하고 각 부재의 강비가 그림과 같은 경우 $M_{AB}$는?

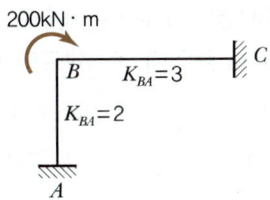

① 20kN·m    ② 40kN·m
③ 60kN·m    ④ 80kN·m

[해설]
㉠ 강비에 따른 분배율 $DF_{BA} = \dfrac{k}{\sum k} = \dfrac{2}{5}$

㉡ 분배모멘트($M_{BA}$) 산출

$M_{BA} = M \times DF_{BA} = 200\text{kN} \cdot \text{m} \times \dfrac{2}{5} = 80\text{kN} \cdot \text{m}$

㉢ 전달모멘트($M_{AB}$) 산출

$M_{AB} = \dfrac{1}{2} M_{BA} = \dfrac{1}{2} \times 80\text{kN} \cdot \text{m} = 40\text{kN} \cdot \text{m}$

**48** 다음 그림과 같은 띠철근 기둥의 설계축하중 ($\phi P_n$)값으로 옳은 것은?[단, $f_{ck} = 24\text{MPa}$, $f_y = 400\text{MPa}$, 주근 단면적($A_{st}$) : 3,000mm²]

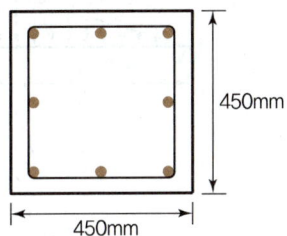

① 2,740kN    ② 2,952kN
③ 3,335kN    ④ 3,359kN

[해설]
설계축하중 $\phi P_n$ 산출
$\phi P_n = \phi 0.80 [0.85 f_{ck}(A_g - A_{st}) + f_y A_{st}]$
$= 0.65 \times 0.80 [0.85 \times 24 (450 \times 450 - 3,000) + 400 \times 3,000]$
$= 2,740,296\text{N} = 2,740\text{kN}$

**49** 말뚝기초에 관한 설명으로 옳지 않은 것은?

① 말뚝기초는 지반이 연약하고 기초상부의 하중을 직접 지반에 전달하며 주위 흙과의 마찰력은 고려하지 않는다.
② 지지말뚝은 굳은 지반까지 말뚝을 박아 하중을 직접 지반에 전달하며 주위 흙과의 마찰력은 고려하지 않는다.
③ 마찰말뚝은 주위 흙과의 마찰력으로 지지되며 $n$개를 박았을 때 그 지지력은 $n$배가 된다.
④ 동일 건물에서는 서로 다른 종류의 말뚝을 혼용하지 않는다.

정답  46 ④  47 ②  48 ①  49 ③

[해설]

마찰말뚝은 주위 흙과의 마찰력으로 지지되며 $n$개를 박았을 때 그 지지력은 $n$배보다 작다.

**50** 다음 그림과 같은 단순보에 변등분포 하중이 작용할 때 전단력이 0이 되는 점에 대하여 A점으로부터의 거리를 구하면?

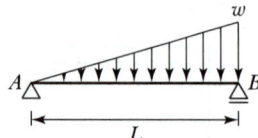

① $\dfrac{L}{\sqrt{2}}$   ② $\dfrac{L}{\sqrt{3}}$

③ $\dfrac{L}{\sqrt{4}}$   ④ $\dfrac{L}{\sqrt{5}}$

[해설]

• 단순보 등변삼각형일 때 양 지점의 반력

$R_A = \dfrac{wl}{6}$, $R_B = \dfrac{wl}{3}$

• A로부터 전단력이 0이 되는 점까지의 거리($x$)

$S_x = \dfrac{wl}{6} - x\left(\dfrac{wx}{L}\right)\dfrac{1}{2} = 0$

∴ $x = \dfrac{L}{\sqrt{3}}$

**51** 길이 8m의 단순보가 100kN/m의 등분포 활하중을 받을 때 위험단면에서 전단철근이 부담해야 하는 공칭전단력($V_s$)은 얼마인가?(단, 구조물 자중에 의한 $w_D = 6.72$kN/m, $f_{ck} = 24$MPa, $f_y = 300$MPa, $\lambda = 1$, $b_w = 400$mm, $d = 600$mm, $h = 700$mm)

① 424.43kN   ② 530.53kN
③ 565.91kN   ④ 571.40kN

[해설]

공칭전단력($V_s$) 산출

㉠ $\phi V_s = V_{u,d} - \phi V_c$

$V_s = \dfrac{V_{u,d} - \phi V_c}{\phi}$

㉡ 위험단면에서의 전단 $V_{u,d}$ 산출

$V_{u,d} = V_u - w_u \times d = 672.24 - 168.06 \times 0.6 = 571.4$kN

여기서, 지점에서의 전단력 $V_u = \dfrac{168.06 \times 8}{2} = 672.24$kN,

극한하중 $w_u = 1.2D + 1.6L = 1.2 \times 6.72 + 1.6 \times 100 = 168.06$kN/m

㉢ 콘크리트의 설계전단강도 $\phi V_c$ 산출

$\phi V_s = \phi \left[\dfrac{1}{6} \lambda \sqrt{f_{ck}} b \cdot d\right]$

$= 0.75 \left[\dfrac{1}{6} 1.0 \sqrt{24} \times 400 \times 600\right] \times 10^{-3} = 146.97$kN

∴ $V_s = \dfrac{V_{u,d} - \phi V_c}{\phi} = \dfrac{571.4 - 146.97}{0.75} = 565.9$kN

**52** 철근콘크리트 단근보에서 균형철근비를 계산한 결과 $\rho_b = 0.039$이었다. 최대철근비는?(단, $E = 20,000$MPa, $f_y = 400$MPa, $f_{ck} = 24$MPa)

① 0.01863
② 0.02256
③ 0.02607
④ 0.02785

[해설]

철근의 인장강도 $f_y$가 400MPa일 경우 최대철근비($\rho_{max}$) 산출

$\rho_{max} = 0.714 \rho_b = 0.714 \times 0.039 = 0.027846 = 0.02785$

**53** 직경 2.2cm, 길이 50cm의 강봉에 축방향 인장력을 작용시켰더니 길이는 0.04cm 늘어났고 직경은 0.0006cm 줄었다. 이 재료의 포아송 수는?

① 0.34       ② 2.93
③ 0.015      ④ 66.67

[해설]

포아송 수는 포아송 비의 역수로 나타낸다.

$m = \dfrac{\varepsilon}{\beta} = \dfrac{\dfrac{\Delta l}{l}}{\dfrac{\Delta d}{d}} = \dfrac{d \cdot \Delta l}{l \cdot \Delta d} = \dfrac{2.2\text{cm} \times 0.04\text{cm}}{50\text{cm} \times 0.0006\text{cm}} = 2.93$

정답  50 ②  51 ③  52 ④  53 ②

**54** 다음 그림과 같은 중공형 단면에 대한 단면2차반경 $r_x$ 는?

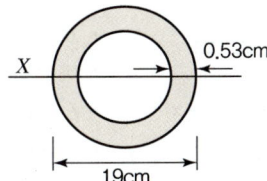

① 3.21cm  ② 4.62cm
③ 6.53cm  ④ 7.34cm

[해설]

중공형 단면의 2차반경($r_x$) 산출

$$r_x = \sqrt{\frac{I}{A}}$$

$$= \sqrt{\frac{\frac{\pi \cdot 19^4}{64} - \frac{\pi \cdot (19-0.53\times 2)^4}{64}}{\frac{\pi \cdot 19^2}{4} - \frac{\pi \cdot (19-0.53\times 2)^2}{4}}} = 6.53\text{mm}$$

**55** 다음 모살용접부의 유효 용접 면적은?

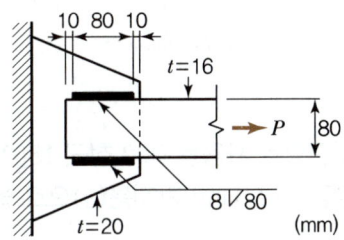

① 614.4mm²  ② 691.2mm²
③ 716.8mm²  ④ 806.4mm²

[해설]

필릿 용접부의 유효면적($A_w$) 산출

$A_w = a \cdot l_e$
$= 0.7s \times (l-2s)$
$= 0.7 \times 8 \times (80 - 2 \times 8) = 358.4\text{mm}^2$
∴ 양면이므로 $358.4 \times 2 = 716.8\text{mm}^2$

**56** 그림과 같은 내민보에 집중하중이 작용할 때 $A$점의 처짐각 $\theta_A$를 구하면?

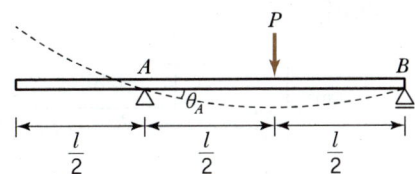

① $\dfrac{Pl}{4EI}$  ② $\dfrac{Pl^2}{16EI}$
③ $\dfrac{Pl^2}{128EI}$  ④ $\dfrac{Pl^2}{256EI}$

[해설]

내민보의 집중하중이 작용할 때 지점 $A$의 처짐각 $\theta_A$는 $\dfrac{Pl^2}{16EI}$ 이다.

**57** 밑면 전단력 산정 시 활용되는 지진응답계수를 구성하는 4가지 항목과 가장 거리가 먼 것은?

① 반응수정계수
② 건물의 중요도계수
③ 건물의 유효중량
④ 건물의 고유주기

[해설]

지진응답계수($C_s$)의 구성

$$C_s = \frac{S_{D1}}{\left[\dfrac{R}{I_E}\right]T}$$

여기서, $C_s$ : 지진응답계수
$I_E$ : 건축물의 중요도계수
$R$ : 반응수정계수
$S_{D1}$ : 주기 1초에서의 설계스팩트럼 가속도
$T$ : 건축물의 고유주기(초)

정답  54 ③  55 ③  56 ②  57 ③

**58** 다음 그림과 같이 D16철근이 90° 표준갈고리로 정착되었다면 이 갈고리의 소요정착길이($l_{hb}$)는 약 얼마인가?

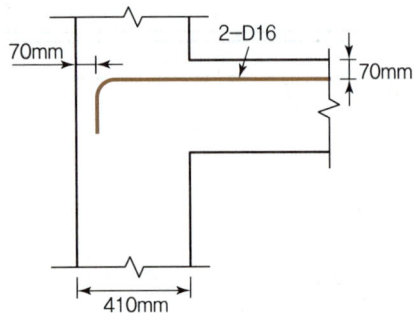

- $l_{hb} = \dfrac{0.24\beta d_b f_y}{\lambda \sqrt{f_{ck}}}$
- 철근도막계수 : 1
- 경량콘크리트 계수 : 1
- D16의 공칭지름 : 15.9mm
- $f_{ck}$ : 21MPa
- $f_y$ : 400MPa

① 233mm  ② 243mm
③ 253mm  ④ 263mm

[해설]

정착길이 산출
$l_{dh}$ (정착길이) = 기본정착길이×보정계수
$l_{hb}$ (기본정착길이) = $\dfrac{0.24\beta d_b f_y}{\lambda \sqrt{f_{ck}}}$
$= \dfrac{0.24 \times 1.0 \times 15.9 \times 400}{1.0 \times \sqrt{21}} = 333.09$

- 보정계수 : D35 이하에서 90° 표준갈고리에 대하여 갈고리를 넘어선 부분의 철근 피복 두께가 50mm를 넘는 경우 보정계수 0.7을 적용한다.
∴ $l_{dh}$ (정착길이) = 기본정착길이×보정계수
= 333.09×0.7 = 233.16mm

**59** 다음 그림과 같은 H형강 단면의 핵 면적을 구하면?

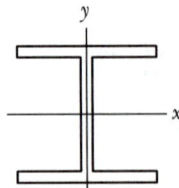

- $H-200 \times 200 \times 8 \times 12$
- $A_s = 6,350mm^2$
- $I_x = 4.72 \times 10^7 mm^4$
- $I_y = 1.60 \times 10^7 mm^4$

① 932.47mm²  ② 1864.93mm²
③ 2797.40mm²  ④ 3745.81mm²

[해설]

핵 면적($A_c$) 산정

- 핵 면적 $A_c = 2e_x \times 2e_y \times \dfrac{1}{2}$
- 핵 거리($e$) 산출

$e_x = \dfrac{I}{A_y} = \dfrac{4.72 \times 10^7}{6,350 \times 10^2} = 74.33mm$

$e_y = \dfrac{I}{A_x} = \dfrac{1.60 \times 10^7}{6,350 \times 10^2} = 25.20mm$

∴ 핵 면적 $A_c = 2e_x \times 2e_y \times \dfrac{1}{2}$
$= (2 \times 74.33) \times (2 \times 25.20) \times \dfrac{1}{2}$
$= 3,746.23mm^2$

**60** 주철근으로 사용된 D22 철근 180° 표준갈고리의 구부림 최소 내면 반지름($\gamma$)으로 옳은 것은?

① $\gamma = 1d_b$  ② $\gamma = 2d_b$
③ $\gamma = 2.5d_b$  ④ $\gamma = 3d_b$

[해설]

최소 구부림의 내면 반지름

| 철근의 크기 | 최소 내면 반지름 |
|---|---|
| D10~D25 | $3d_b$ |
| D29~D35 | $4d_b$ |
| D38 이상 | $5d_b$ |

정답  58 ①  59 ④  60 ④

## 4과목 건축설비

**61** 물의 경도에 관한 설명으로 옳지 않은 것은?

① 일반적으로 지표수는 연수, 지하수는 경수로 간주한다.
② 경도가 큰 물을 경수, 경도가 낮은 물을 연수라고 한다.
③ 경수를 보일러 용수로 사용하면 그 내면에 스케일이 생겨 전열효율이 감소된다.
④ 물의 경도는 물속에 녹아있는 칼슘, 마그네슘 등의 염류의 양을 탄산마그네슘의 농도로 환산하여 나타낸 것이다.

[해설]
탄산칼슘의 농도로 환산하여 물의 경도를 나타낼 때 적용한다.

※ 물의 경도 = $\dfrac{CaCO_3(탄산칼슘)}{Mg(마그네슘)} \times 1,000,000$

**62** 자동화재탐지설비의 감지기 중 주위의 온도가 일정한 온도 이상이 되었을 때 작동하는 것은?

① 차동식 감지기
② 정온식 감지기
③ 광전식 감지기
④ 이온화식 감지기

[해설]
① 차동식 : 주변온도의 일정한 온도상승에 의한 감지
② 정온식 : 주변온도가 일정 온도에 달하였을 때 감지
③ 광전식 : 연기에 의해 반응하는 것으로 광전효과를 이용하여 감지
④ 이온화식 연기에 의해 이온농도가 변화되는 것으로 감지

**63** 220V, 200W 전열기를 110V에서 사용하였을 경우 소비전력은?

① 50W
② 100W
③ 200W
④ 400W

[해설]
220V, 200W 전열기에서의 저항을 구한 후, 소비전력을 산출하는 문제이다.

㉠ 저항 산출 : $P = \dfrac{V^2}{R} \Leftrightarrow R = \dfrac{V^2}{P} = \dfrac{220^2}{200} = 242\Omega$

㉡ 소비전력 산출 : $P = \dfrac{V^2}{R} = \dfrac{110^2}{242} = 50W$

**64** 수도직결방식의 급수방식에서 수도 본관으로부터 8m 높이에 위치한 기구의 소요압이 70kPa이고 배관의 마찰손실이 20kPa인 경우, 이 기구에 급수하기 위해 필요한 수도 본관의 최소 압력은?

① 약 90kPa
② 약 98kPa
③ 약 170kPa
④ 약 210kPa

[해설]
수도 본관의 최저필요압력($P_0$)
$P_0 \geq P_1 + P_2 + 10h$

여기서, $P_1$ : 기구별 최저소요압력(kPa)
$P_2$ : 관내 마찰손실수두(kPa)
$h$ : 수전고(수도 본관과 최고층 수전까지의 높이)
(m) → 10h(kPa)

$P_0 \geq P_1 + P_2 + 10h = 70kPa + 20kPa + 10 \times 8m$
$= 170kPa$

**65** 비상콘센트설비에 관한 설명으로 옳지 않은 것은?

① 층수가 6층 이상인 특정소방대상물의 전층에 설치하여야 한다.
② 전원회로는 각 층에 있어서 2 이상이 되도록 설치하는 것을 원칙으로 한다.
③ 비상콘센트는 바닥으로부터 높이 0.8m 이상 1.5m 이하의 위치에 설치한다.
④ 소방시설 중 화재를 진압하거나 인명구조활동을 위하여 사용하는 소화활동설비에 속한다.

정답  61 ④  62 ②  63 ①  64 ③  65 ①

[해설]

비상콘센트 설치대상
- 지하층을 포함하는 층수가 11층 이상인 소방대상물의 11층 이상의 층
- 지하 3층 이상이고 지하층의 바닥면적의 합계가 1,000m² 이상인 지하층의 전층

**66** 엘리베이터의 안전장치 중에서 카(Car)가 최상층이나 최하층에서 정상 운행위치를 벗어나 그 이상으로 운행하는 것을 방지하는 것은?

① 완충기(Buffer)
② 조속기(Governor)
③ 리미트 스위치(Limit Switch)
④ 카운터 웨이트(Counter Weight)

[해설]

리미트 스위치(Limit Switch)
스토핑 스위치가 작동하지 않을 때 제2단의 작동으로 주회로를 차단하는 것으로서, 카(Car)가 최상층이나 최하층에서 정상 운행 위치를 벗어나 그 이상으로 운행하는 것을 방지하기 위한 안전장치로 적용되고 있으며, 제한 스위치라고도 한다.

**67** 열관류율 $K=2.5W/m^2 \cdot K$인 벽체의 양쪽 공기온도가 각각 20℃와 0℃일 때, 이 벽체 1m²당 이동열량은?

① 25W   ② 50W
③ 100W  ④ 200W

[해설]

$q = KA\Delta T$

여기서, $q$ : 전열량(이동열량)(W)
$K$ : 열관류율(W/m²K)
$A$ : 벽체면적(m²)
$\Delta T$ : 온도차(℃)

$q = KA\Delta T = 2.5 \times 1 \times (20-0) = 50W$

**68** 전력부하 산정에서 수용률 산정방법으로 옳은 것은?

① (부등률/설비용량)×100%
② (최대 수용전력/부등률)×100%
③ (최대 수용전력/설비용량)×100%
④ (부하 각개의 최대 수용전력합계/각 부하를 합한 최대 수용전력)×100%

[해설]

수용률이란 설비기기의 전 용량에 대하여 실제 사용하고 있는 부하의 최대 전력비율을 나타낸 계수로서 설비용량을 이용하여 최대수요전력을 결정할 때 사용한다.

**69** 다음 설명에 알맞은 대변기의 세정방식은?

> 바닥으로부터 1.6m 이상 높은 위치에 탱크를 설치하고, 볼탭을 통하여 공급된 일정량의 물을 저장하고 있다가 핸들 또는 레버의 조작으로 낙차에 의한 수압으로 대변기를 세정하는 방식

① 세출식     ② 세락식
③ 로탱크식   ④ 하이탱크식

[해설]

하이탱크식은 높은 위치에서 물을 공급하여, 물의 위치에너지를 이용한 세정방식이다.

**70** 길이 20m, 지름 400mm인 덕트에 평균속도 12m/s로 공기가 흐를 때 발생하는 마찰저항은? (단, 덕트의 마찰저항계수는 0.02, 공기의 밀도는 1.2kg/m³이다.)

① 7.3Pa    ② 8.6Pa
③ 73.2Pa   ④ 86.4Pa

[해설]

덕트의 마찰저항

$\Delta P = f \cdot \dfrac{l}{d} \cdot \dfrac{v^2}{2} \cdot \rho = 0.02 \times \dfrac{20}{0.4} \times \dfrac{12^2}{2} \times 1.2 = 86.4\,\text{Pa}$

여기서, $\Delta P$ : 덕트의 마찰저항(Pa)
 $f$ : 덕트의 마찰저항계수
 $d$ : 관의 지름(m)
 $l$ : 관의 길이(m)
 $v$ : 공기의 이동속도(m/s)
 $\rho$ : 공기의 밀도(kg/m³)

**71** 어떤 실의 취득열량이 현열 35,000W, 잠열 15,000W이었을 때, 현열비는?

① 0.3
② 0.4
③ 0.7
④ 2.3

[해설]

현열비 = $\dfrac{\text{현열부하}}{\text{현열부하} + \text{잠열부하}} = \dfrac{35,000}{35,000 + 15,000} = 0.7$

**72** 배수트랩의 구비조건으로 옳지 않은 것은?

① 가동 부분이 있을 것
② 자기세정 기능을 가지고 있을 것
③ 봉수깊이는 50mm 이상 100mm 이하일 것
④ 오수에 포함된 오물 등이 부착 또는 침전하기 어려운 구조일 것

[해설]

트랩에 가동 부분이 있을 경우 봉수파괴의 원인이 된다.

**73** 기온, 습도, 기류의 3요소의 조합에 의한 실내 온 열감각을 기온의 척도로 나타낸 것은?

① 작용온도
② 등가온도
③ 유효온도
④ 등온지수

[해설]

유효온도(실감온도, 감각온도, ET : Effective Temperature)
• 공기조화의 실내조건의 표준
• 기온(온도), 습도, 기류의 3요소로 환경 공기의 쾌적 조건을 표시한 것
• 실내의 쾌적대는 겨울철과 여름철이 다름
• 일반적인 실내의 쾌적한 상대습도는 40~60%임

**74** 1일 급탕량이 12,000L/d일 때 급탕부하는 얼마인가?(단, 급탕온도는 80℃, 급수온도는 10℃, 물의 비열은 4.2kJ/kg · K이다.)

① 35.6kW
② 40.8kW
③ 44.6kW
④ 48.2kW

[해설]

급탕부하(kW)
= 급탕량×비열×온도차(급탕온도 − 급수온도)
= 12,000L/d÷24÷3,600×4.2kJ/kg · K×(80 − 10)
= 40.83kW ≒ 40.8kW

**75** 액화천연가스(LNG)에 관한 설명으로 옳지 않은 것은?

① 메탄이 주성분이다.
② 무공해, 무독성이다.
③ 비중이 공기보다 크다.
④ 일반적으로 배관을 통해 공급한다.

[해설]

액화천연가스(LNG)는 공기보다 가벼운 특징을 갖고 있다.
※ 액화석유(LPG)는 공기보다 무겁다.

정답 71 ③ 72 ① 73 ③ 74 ② 75 ③

**76** 다음 설명에 알맞은 냉동기는?

> • 기계적 에너지가 아닌 열에너지에 의해 냉동효과를 얻는다.
> • 구조는 증발기, 흡수기, 재생기(발생기), 응축기 등으로 구성되어 있다.

① 터보식 냉동기 ② 흡수식 냉동기
③ 스크류식 냉동기 ④ 왕복동식 냉동기

[해설]

터보식, 스크류식, 왕복동식은 압축식 냉동기로서 전기에너지를 압축기에서의 기계적 에너지로의 전환을 통해 냉동 효과를 얻는 방식이고, 흡수식 냉동기는 열에너지를 통해 냉동 효과를 얻는 방식이다. 흡수식 냉동기는 압축식 냉동기에 비해 COP 값이 상대적으로 열세하지만, 전기에너지가 아닌 열에너지를 적용하므로, 전기 사용 절감을 위해 권장되고 있다.

**77** 다음의 어떤 수조면의 일사량을 나타낸 값 중 그 값이 가장 큰 것은?

① 전천일사량 ② 확산일사량
③ 천공일사량 ④ 반사일사량

[해설]

전천일사량은 직달일사량과 천공복사량을 합친 것을 의미하므로, 보기의 값 중 가장 큰 값을 갖는다.

**78** 다음 그림과 같은 형태를 갖는 간선의 배선 방식은?

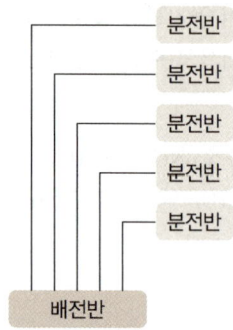

① 개별방식 ② 루프방식
③ 병용방식 ④ 나뭇가지방식

[해설]

개별방식(평행식)
• 큰 용량의 부하 또는 분산되어 있는 부하에 대하여 단독회선으로 배선하는 것이다.
• 배전반으로부터 각 분전반마다 단독 배선되므로 전압강하가 평균화된다.

**79** 높이 30m의 고가수조에 매분 1m³의 물을 보내려고 할 때 필요한 펌프의 축동력은?(단, 마찰손실수두 6m, 흡입양정 1.5m, 펌프효율 50%인 경우)

① 약 2.5kW ② 약 9.8kW
③ 약 12.3kW ④ 약 16.7kW

[해설]

펌프의 축동력[kW] = $\dfrac{QH}{102E}$

• 양수량 $Q$(L/s) : 1,000L/min → 16.67L/s
• 전양정 $H$(mAq) : 높이(30m) + 마찰손실수두(6m)
  + 흡입양정(1.5m) = 37.5m
• 효율 $E$ : 0.50

∴ 펌프의 축동력[kW] = $\dfrac{16.67 \times 37.5}{102 \times 0.50}$
    = 12.26kW ≒ 12.3kW

**80** 전기설비의 전압 구분에서 고압의 범위 기준으로 옳은 것은?(단, 교류의 경우)

① 300V 이상
② 600V 이상
③ 1,000V 초과 7,000V 이하
④ 1,500V 초과 7,000V 이하

[해설]

전압의 분류

| 구분 | 교류 | 직류 |
|---|---|---|
| 저압 | 1,000V 이하 | 1,500V 이하 |
| 고압 | 1,000V 초과 7,000V 이하 | 1,500V 초과 7,000V 이하 |
| 특고압 | 7,000V 초과 | |

정답 76 ② 77 ① 78 ① 79 ③ 80 ③

## 5과목 건축법규

**81** 다음은 대지의 조경에 관한 기준 내용이다. ( ) 안에 알맞은 것은?

> 면적이 ( ) 이상인 대지에 건축을 하는 건축주는 용도지역 및 건축물의 규모에 따라 지방자치단체의 조례로 정하는 기준에 따라 대지에 조경이나 그 밖에 필요한 조치를 하여야 한다.

① 100m²  ② 150m²
③ 200m²  ④ 300m²

[해설]
대지의 조경
면적이 200m² 이상인 대지에 건축을 하는 건축주는 용도지역 및 건축물의 규모에 따라 해당 지방자치단체의 조례로 정하는 기준에 따라 대지에 조경이나 그 밖에 필요한 조치를 하여야 한다.

**82** 건축법령상 다음과 같이 정의되는 용어는?

> 건축물의 건축 · 대수선 · 용도변경, 건축설비의 설치 또는 공작물의 축조에 관한 공사를 발주하거나 현장 관리인을 두어 스스로 그 공사를 하는 자

① 건축주  ② 건축사
③ 설계자  ④ 공사시공자

[해설]
"건축주"란 건축물의 건축 · 대수선 · 용도변경, 건축설비의 설치 또는 공작물의 축조에 관한 공사를 발주하거나 현장 관리인을 두어 스스로 그 공사를 하는 자를 말한다.

**83** 용도지역에 따른 건폐율을 최대한도로 옳지 않은 것은?(단, 도서지역의 경우)

① 녹지지역 : 30% 이하
② 주거지역 : 70% 이하
③ 공업지역 : 70% 이하
④ 상업지역 : 90% 이하

[해설]
용도지역에 따른 건폐율 최대한도(도시지역)

| 용도지역 | 건폐율 최대한도 |
|---|---|
| 주거지역 | 70% 이하 |
| 상업지역 | 90% 이하 |
| 공업지역 | 70% 이하 |
| 녹지지역 | 20% 이하 |

**84** 기존 건축물의 내력벽, 기둥, 보를 철거하고 그 대지에 종전과 같은 규모의 범위에서 건축물을 다시 축조하는 건축행위는?

① 신축  ② 증축
③ 재축  ④ 개축

[해설]
① 신축 : 건축물이 없는 대지에 새로 건축물을 축조하는 행위
② 증축 : 기존 건축물이 있는 대지에서 건축물의 건축면적 · 연면적 · 층수 또는 높이를 증가시키는 것
③ 재축 : 건축물이 천재지변이나 그 밖의 재해(災害)로 멸실된 경우 그 대지에 종전과 같은 규모의 범위에서 다시 축조하는 것

**85** 다음은 건축물의 사용승인에 관한 기준 내용이다. ( ) 안에 알맞은 것은?

> 건축주가 허가를 받았거나 신고를 한 건축물의 건축공사를 완료한 후 그 건축물을 사용하려면 공사감리자가 작성한 ( ㉠ )와 국토교통부령으로 정하는 ( ㉡ )를 첨부하여 허가권자에게 사용승인을 신청하여야 한다.

① ㉠ 설계도서, ㉡ 시방서
② ㉠ 시방서, ㉡ 설계도서
③ ㉠ 감리완료보고서, ㉡ 공사완료도서
④ ㉠ 공사완료도서, ㉡ 감리완료보고서

정답  81 ③  82 ①  83 ①  84 ④  85 ③

[해설]
건축물의 사용승인
건축주가 허가를 받았거나 신고를 한 건축물의 건축공사를 완료한 후 그 건축물을 사용하려면 공사감리자가 작성한 감리완료보고서와 국토교통부령으로 정하는 공사완료도서를 첨부하여 허가권자에게 사용승인을 신청하여야 한다.

86 다음 중 건축물의 용도변경 시 허가를 받아야 하는 경우에 해당하지 않는 것은?

① 주거업무시설군에 속하는 건축물의 용도를 근린생활시설군에 해당하는 용도로 변경하는 경우
② 문화 및 집회시설군에 속하는 건축물의 용도를 영업시설군에 해당하는 용도로 변경하는 경우
③ 전기통신시설군에 속하는 건축물의 용도를 산업 등의 시설군에 해당하는 용도로 변경하는 경우
④ 교육 및 복지시설군에 속하는 건축물의 용도를 문화 및 집회시설군에 해당하는 용도로 변경하는 경우

[해설]
문화 및 집회시설군에서 영업시설군으로의 용도변경은 하위시설군으로의 용도변경이므로 신고대상에 속한다.

87 다음과 같은 경우 연면적 1,000m²인 건축물의 대지에 확보하여야 하는 전기설비 설치공간의 면적 기준은?

㉠ 수전전압 : 저압
㉡ 전력수전 용량 : 200kW

① 가로 2.5m, 세로 2.8m
② 가로 2.5m, 세로 4.6m
③ 가로 2.8m, 세로 2.8m
④ 가로 2.8m, 세로 4.6m

[해설]
전기설비 설치공간 확보기준[건축물의 설비기준 등에 관한 규칙 별표 3의3]

| 수전전압 | 전력수전 용량 | 확보면적 |
|---|---|---|
| 특고압 또는 고압 | 100kW 이상 | 가로 2.8m, 세로 2.8m |
| 저압 | 75kW 이상 150kW 미만 | 가로 2.5m, 세로 2.8m |
| | 150kW 이상 200kW 미만 | 가로 2.8m, 세로 2.8m |
| | 200kW 이상 300kW 미만 | 가로 2.8m, 세로 4.6m |
| | 300kW 이상 | 가로 2.8m 이상, 세로 4.6m 이상 |

88 건축물과 해당 건축물 용도의 연결이 옳지 않은 것은?

① 주유소 - 자동차관련시설
② 야외음악당 - 관광휴게시설
③ 치과의원 - 제1종 근린생활시설
④ 일반음식점 - 제2종 근린생활시설

[해설]
주유소는 위험물 저장 및 처리시설에 속한다.

89 다음 중 국토교통부장관이 개발제한구역의 지정 및 해제를 도시관리계획으로 결정할 수 있는 경우와 가장 거리가 먼 것은?

① 도시의 무질서한 확산을 방지할 필요가 있을 때
② 도시민의 건전한 생활환경을 확보하기 위하여 도시의 개발을 제한할 필요가 있는 경우
③ 국방부장관의 요청으로 보안상 도시의 개발을 제한할 필요가 있는 경우
④ 올림픽 등 국제행사에 대비하여 대규모 자연공간을 확보할 필요가 있는 경우

정답  86 ②  87 ④  88 ①  89 ④

[해설]

개발제한구역의 지정[국토의 계획 및 이용에 관한 법률 제38조]
국토교통부장관은 도시의 무질서한 확산을 방지하고 도시 주변의 자연환경을 보전하여 도시민의 건전한 생활환경을 확보하기 위하여 도시의 개발을 제한할 필요가 있거나 국방부장관의 요청이 있어 보안상 도시의 개발을 제한할 필요가 있다고 인정되면 개발제한구역의 지정 또는 변경을 도시·군관리계획으로 결정할 수 있다.

**90** 전용주거지역이나 일반주거지역에서 건축물을 건축하는 경우에는 건축물의 각 부분을 정북 방향으로의 인접 대지경계선으로부터 일정 거리 이상을 띄어 건축하여야 하는데, 높이 10m 이하인 부분은 원칙적으로 인접 대지경계선으로부터 최소 얼마 이상 띄어야 하는가?

① 0.5m
② 1.0m
③ 1.5m
④ 2.0m

[해설]

일조 등의 확보를 위한 건축물의 높이 제한
전용주거지역이나 일반주거지역에서 건축물을 건축하는 경우에는 건축물의 각 부분을 정북(正北) 방향으로의 인접 대지경계선으로부터 다음의 범위에서 건축조례로 정하는 거리 이상을 띄어 건축하여야 한다.
- 높이 10m 이하인 부분 : 인접 대지경계선으로부터 1.5m 이상
- 높이 10m를 초과하는 부분 : 인접 대지경계선으로부터 해당 건축물 각 부분 높이의 2분의 1 이상

**91** 시가화조정구역에서 시가화유보기간으로 정하는 기간 기준은?

① 1년 이상 5년 이내
② 3년 이상 10년 이내
③ 5년 이상 20년 이내
④ 10년 이상 30년 이내

[해설]

시가화조정구역의 지정[국토의 계획 및 이용에 관한 법률 시행령 제32조]
시가화 유보기간(대통령령으로 정하는 기간)이란 5년 이상 20년 이내의 기간을 말한다.

**92** 도시·군계획 수립 대상지역의 일부에 대하여 토지 이용을 합리화하고 그 기능을 증진시키며 미관을 개선하고 양호한 환경을 확보하며, 그 지역을 체계적·계획적으로 관리하기 위하여 수립하는 도시·군관리계획은?

① 광역도시계획
② 지구단위계획
③ 지구경관계획
④ 택지개발계획

[해설]

지구단위계획
- 도시·군 계획수립 대상지역의 일부에 대하여 토지이용을 합리화하고 그 기능을 증진시키며 미관을 개선하고 양호한 환경을 확보하며, 그 지역을 체계적·계획적으로 관리하기 위하여 수립하는 도시·군관리계획을 말한다.
- 지구단위계획구역 및 지구단위계획은 도시·군 관리계획으로 결정하며, 국토교통부장관, 시·도지사, 시장 또는 군수는 지구단위계획구역을 지정할 수 있다.

**93** 6층 이상의 거실면적의 합계가 3,000$m^2$인 경우, 건축물의 용도별 설치하여야 하는 승용승강기의 최소 대수로 옳은 것은?(단, 15인승 승강기의 경우)

① 업무시설 - 2대
② 의료시설 - 2대
③ 숙박시설 - 2대
④ 위락시설 - 2대

[해설]

건축물 용도별 기본 설치 대수를 물어보는 문제이다. 보기에서 의료시설을 제외하고 모두 기본 대수는 1대이다.

정답 90 ③ 91 ③ 92 ② 93 ②

※ 건축물 용도별 기본 설치 대수

| 건축물의 용도 | 기본 설치 대수 |
|---|---|
| • 문화 및 집회시설(공연 · 집회 · 관람장)<br>• 판매시설<br>• 의료시설(병원 · 격리병원) | 2대 |
| • 문화 및 집회시설(전시장 및 동 · 식물원)<br>• 위락시설<br>• 숙박시설<br>• 업무시설 | 1대 |
| • 공동주택<br>• 교육연구시설<br>• 노유자시설<br>• 그 밖의 시설 | 1대 |

**94** 다음은 건축법상 리모델링에 대비한 특례 등에 관한 내용이다. ( ) 안에 알맞은 것은?

> 리모델링이 쉬운 구조의 공동주택의 건축을 촉진하기 위하여 공동주택을 대통령령으로 정하는 구조로 하여 건축허가를 신청하면 제56조, 제60조 및 제61조에 따른 기준을 ( )의 범위에서 대통령령으로 정하는 비율로 완화하여 적용할 수 있다.

① 100분의 110　② 100분의 120
③ 100분의 140　④ 100분의 150

[해설]
리모델링에 대비한 특례
리모델링이 쉬운 구조의 공동주택의 건축을 촉진하기 위하여 공동주택을 대통령령으로 정하는 구조로 하여 건축허가를 신청하면 제56조, 제60조 및 제61조에 따른 기준을 100분의 120의 범위에서 대통령령으로 정하는 비율로 완화하여 적용할 수 있다.

**95** 피난용 승강기의 설치에 관한 기준 내용으로 옳지 않은 것은?

① 예비전원으로 작동하는 조명설비를 설치할 것
② 승강장의 바닥면적은 승강기 1대당 5m² 이상으로 할 것
③ 각 층으로부터 피난층까지 이르는 승강로를 단일구조로 연결하여 설치할 것
④ 승강장의 출입구 부근의 잘 보이는 곳에 해당 승강기가 피난용 승강기임을 알리는 표지를 설치할 것

[해설]
승강장의 바닥면적은 비상용 승강기 1대에 대하여 6m² 이상으로 해야 한다.

**96** 주차대수가 300대인 기계식주차장의 진입로 또는 전면공지와 접하는 장소에 확보하여야 하는 정류장의 최소 규모는?

① 12대　② 13대
③ 14대　④ 15대

[해설]
기계식주차장에는 도로에서 기계식주차장치 출입구까지의 차로(진입로) 또는 전면공지와 접하는 장소에 자동차가 대기할 수 있는 장소(정류장)를 설치하여야 한다. 이 경우 주차대수 20대를 초과하는 20대마다 한 대분의 정류장을 확보하여야 한다.
∴ 300/20 − 1 = 14
※ 20대를 초과하는 경우 1대를 최초 설치하므로 20으로 나눈 후 1을 빼준다.

**97** 급수, 배수, 환기, 난방 설비를 건축물에 설치하는 경우, 건축기계설비기술사 또는 공조냉동기계기술사의 협력을 받아야 하는 대상 건축물에 속하지 않는 것은?

① 아파트
② 연립주택
③ 기숙사로서 해당 용도에 사용되는 바닥면적의 합계가 2,000m²인 건축물
④ 업무시설로서 해당 용도에 사용되는 바닥면적의 합계가 2,000m²인 건축물

[해설]
업무시설은 해당 용도에 사용되는 바닥면적의 합계가 3,000m² 이상인 건축물이 해당한다.

**정답** 94 ② 95 ② 96 ③ 97 ④

**98** 다음의 피난계단의 설치에 관한 기준 내용 중 ( ) 안에 알맞은 것은?

> 5층 이상 또는 지하 2층 이하인 층에 설치하는 직통계단은 피난계단 또는 특별피난계단으로 설치하여야 하는데, ( )의 용도로 쓰는 층으로부터의 직통계단은 그 중 1개소 이상을 특별피난계단으로 설치하여야 한다.

① 의료시설
② 숙박시설
③ 판매시설
④ 교육연구시설

[해설]

피난계단 설치 대상
- 5층 이상의 층으로부터 피난층 또는 지상으로 통하는 직통계단
- 지하 2층 이하의 층으로부터 피난층 또는 지상으로 통하는 직통계단(단, 판매시설의 용도에 쓰이는 층으로부터의 직통계단은 1개소 이상을 특별피난 계단으로 설치하여야 함)

**99** 국가유산·전통사찰 등 역사·문화적으로 보존가치가 큰 시설 및 지역의 보호와 보존을 위하여 필요한 지구는?

① 생태계보호지구
② 특화경관지구
③ 중요시설물보호지구
④ 역사문화환경보호지구

[해설]

① 생태계보호지구 : 야생동식물서식처 등 생태적으로 보존가치가 큰 지역의 보호와 보존을 위하여 필요한 지구이다.
② 특화경관지구 : 지역 내 주요 수계의 수변 또는 문화적 보존가치가 큰 건축물 주변의 경관 등 특별한 경관을 보호 또는 유지하거나 형성하기 위하여 필요한 지구이다.
③ 중요시설물보호지구 : 중요시설물의 보호와 기능의 유지 및 증진 등을 위하여 필요한 지구이다.

**100** 피난 용도로 쓸 수 있는 광장을 옥상에 설치하여야 하는 대상에 속하지 않는 것은?

① 5층 이상인 층이 종교시설의 용도로 쓰이는 경우
② 5층 이상인 층이 판매시설의 용도로 쓰이는 경우
③ 5층 이상인 층이 장례식장의 용도로 쓰이는 경우
④ 5층 이상인 층이 문화 및 집회시설 중 전시장의 용도로 쓰이는 경우

[해설]

5층 이상의 층이 다음 용도의 시설에는 피난 용도로 쓸 수 있는 광장을 옥상에 설치하여야 한다.
- 제2종 근린생활시설 중 공연장·종교집회장·인터넷컴퓨터게임시설제공 업소(해당 용도로 쓰는 바닥면적의 합계가 각각 300m² 이상)
- 문화 및 집회시설(전시장 및 동·식물원은 제외)
- 종교시설, 판매시설, 위락시설 중 주점영업, 장례식장

정답  98 ③  99 ④  100 ④

# 14 제14회 CBT 실전모의고사

## 1과목 건축계획

**01** 타운 하우스에 관한 설명으로 옳지 않은 것은?

① 각 세대마다 주차가 용이하다.
② 프라이버시 확보를 위한 경계벽 설치가 가능하다.
③ 단독주택의 장점을 고려한 형식으로 토지 이용의 효율성이 높다.
④ 일반적으로 1층은 침실 등 개인공간, 2층은 거실 등 생활공간으로 구성된다.

[해설]
일반적으로 1층에는 거실 등 생활공간, 2층에는 침실, 서재 등을 배치한다.

**02** 다음 설명에 알맞은 백화점 진열장 배치방법은?

- Main 통로를 직각배치하며, Sub 통로를 45° 정도 경사지게 배치하는 유형이다.
- 많은 고객이 매장 공간의 코너까지 접근하기 용이하지만, 이형의 진열장이 많이 필요하다.

① 직각배치
② 방사배치
③ 사행배치
④ 자유유선배치

[해설]
사행배치(Inclined System, 사교배치법)
- 주 통로를 직각으로 배치하고 부 통로를 주 통로에 45° 경사지게 배치하는 방법
- 많은 방문객이 매장의 구석까지 가기 쉬운 장점이 있으나, 이형의 진열대가 많이 필요하다.
- 상·하의 교통을 가깝게 연결할 수 있다.

**03** 전시공간의 특수전시기법 중 하나의 사실이나 주제의 시간상황을 고정시켜 연출함으로써 현장에 임한 듯한 느낌을 가지고 관찰할 수 있는 기법은?

① 알코브 전시
② 아일랜드 전시
③ 디오라마 전시
④ 하모니카 전시

[해설]
디오라마(Diorama) 전시
- 전시물을 부각시켜 관객에게 현장감을 부여하는 입체적인 전시기법이다.
- 하나의 사실 또는 주제의 시간 상황을 고정시켜 연출하는 하는 것으로, 현장에 있는 듯한 느낌을 가지고 관찰할 수 있는 전시기법이다.

**04** 다음 중 구조코어로서 가장 바람직한 코어형식으로 바닥면적이 큰 고층, 초고층사무소에 적합한 것은?

① 중심 코어형
② 편심 코어형
③ 독립 코어형
④ 양단 코어형

[해설]
중심 코어형(중앙 코어형)
- 바닥면적이 큰 경우 많이 사용한다.
- 유효율이 높으며, 임대 사무소로서 경제적인 계획이 가능하다.
- 내부공간이 획일적이며 동선이 한 곳에 집중되므로 화재 시 불리하다.
- 내력벽 및 내진구조가 가능하므로 구조적으로 바람직한 유형이다.

**05** 다음 설명에 알맞은 공장 건축의 레이아웃(Layout) 형식은?

- 생산에 필요한 모든 공정, 기계기구를 제품의 흐름에 따라 배치한다.
- 대량생산에 유리하며 생산성이 높다.

① 혼성식 레이아웃
② 고정식 레이아웃
③ 제품 중심의 레이아웃
④ 공정 중심의 레이아웃

[해설]
제품 중심의 레이아웃(연속 작업식)
- 생산에 필요한 모든 공정과 기계기구류를 제품의 흐름에 따라 배치하는 형식이다.
- 대량생산이 가능하며 생산단가가 싸다(생산성이 높다).

정답 01 ④ 02 ③ 03 ③ 04 ① 05 ③

- 공정 간에 시간적·수량적 밸런스가 좋다.
- 생산성이 높고 공정시간이 단축된다.
- 사용자의 조건이 무시된다.
- 주문생산 및 소량, 다품종 생산이 무시된다.

**06** 레이트 모던(Late Modern) 건축양식에 관한 설명으로 옳지 않은 것은?

① 기호학적 분절을 추구하였다.
② 퐁피두 센터는 이 양식에 부합되는 건축물이다.
③ 공업기술을 바탕으로 기술적 이미지를 강조하였다.
④ 대표적 건축가로는 시저 펠리, 노만 포스터 등이 있다.

[해설]
레이트 모던 건축은 근대 건축 이념의 지속적인 계승과 발전을 추구한 건축 양식으로서 기호학적 분절 등을 시도하는 건축양식과는 거리가 멀다.

**07** 교학건축인 성균관의 구성에 속하지 않는 것은?

① 동재　　② 존경각
③ 천추전　④ 명륜당

[해설]
천추전은 경복궁 사정전에 부속된 전각이며, 왕의 편전(便殿)으로서 왕과 신하가 학문을 토론하던 장소이다.

**08** 병원 계획에 관한 설명으로 옳지 않은 것은?

① 입원환자와 외래환자의 출입구는 분리시킨다.
② 환자 병상 수에 따라 병원의 시설규모가 결정된다.
③ 수술실 앞에는 홀이나 다른 통과교통이 없도록 한다.
④ 종합병원의 간호 단위는 60병상 정도로 하는 것이 바람직하다.

[해설]
1간호 단위
- 간호원 8~10명을 기준으로 한다.
- 병상 수는 25bed가 이상적이며, 보통 30~40bed 정도로 한다.
- 간호원 대기실은 병실의 중앙에 설치하며, 간호원의 보행거리가 24m 이내가 되도록 한다.

**09** 오피스 랜드스케이프(Office Landscape)에 관한 설명으로 옳지 않은 것은?

① 외부조경면적이 확대된다.
② 작업의 폐쇄성이 저하된다.
③ 사무능률의 향상을 도모한다.
④ 공간의 효율적 이용이 가능하다.

[해설]
오피스 랜드스케이핑(Office Landscaping)은 전체를 개방한 배치로 사무공간에서 직위 서열보다 의사전달과 업무의 흐름, 작업 성격을 중시한 능률적 배치를 추구하는 방법으로서, 외부조경면적 확대와는 관계가 없다.

**10** 탑상형 공동주택에 관한 설명으로 옳지 않은 것은?

① 각 세대에 시각적인 개방감을 준다.
② 각 세대의 거주 조건 및 환경이 균등하다.
③ 도심지 내의 랜드마크적인 역할이 가능하다.
④ 건축물 외면의 4개의 입면성을 강조한 유형이다.

[해설]
탑상형(Tower Type)은 판상형 아파트에 비해 외관 및 조망 부분을 향상시킬 수 있으나, 일부 세대(북서향 방향의 세대 등)의 경우 일조와 채광이 충분치 못하게 되는 단점이 발생할 수 있다.

**11** 페리(C.A. Perry)의 근린주구 이론에서 근린주구의 중심이 되는 시설은?

① 약국　　　② 대학교
③ 초등학교　④ 어린이놀이터

정답　06 ①　07 ③　08 ④　09 ①　10 ②　11 ③

[해설]
근린주구는 하나의 초등학교가 필요하게 되는 인구에 대응하는 규모를 가져야 하고 그 물리적 크기는 인구밀도에 의해 결정된다.

**12** 보행자 통행이 주이고 차량 통행이 부수적인 도로계획기법으로, 1970년 네덜란드 델프트시에서 처음 등장한 본엘프(Woonerf)가 대표적인 것은?

① 카프리존   ② 보차공존도로
③ 보차혼용도로   ④ 보행전용도로

[해설]
보차공존(도로)방식
- 보행자와 차를 동일한 공간에 배치하되 차량통행 억제의 다양한 기법을 사용하는 방식으로서 보행자 위주의 안전 확보, 주거환경 개선에 초점이 맞추어져 있으며, 차량통행을 부수적 목적으로 설정하였다.
- 주요 사례에는 네덜란드의 델프트시의 본엘프 도로(생활의 터), 일본의 커뮤니티 도로(보행환경개선 – 일방향통행), 독일의 보차공존구간(30~40m 간격으로 주행속도 억제시설 설치) 등이 있다.

**13** 극장건축에서 무대의 제일 뒤에 설치되는 무대 배경용의 벽을 나타내는 용어는?

① 프로시니엄   ② 사이클로라마
③ 플라이 로프트   ④ 그리드 아이언

[해설]
사이클로라마(Cyclorama 혹은 Kupplel Horizont)
무대의 제일 뒤에 설치되는 무대 배경용의 벽으로서 프로시니엄 높이의 3배이다.

**14** 건축공간의 치수계획에서 "압박감을 느끼지 않을 만큼의 천장 높이 결정"은 다음 중 어디에 해당하는가?

① 물리적 스케일   ② 생리적 스케일
③ 심리적 스케일   ④ 입면적 스케일

[해설]
압박감은 개인 심리와 연관된 것으로서 심리적 스케일이라고 볼 수 있다.

**15** 각 사찰에 관한 설명으로 옳지 않은 것은?

① 부석사의 가람배치는 누하진입 형식을 취하고 있다.
② 화엄사는 경사된 지형을 수단(數段)으로 나누어서 정지(整地)하여 건물을 적절히 배치하였다.
③ 통도사는 산지에 위치하나 산지가람처럼 건물들을 불규칙하게 배치하지 않고 직교식으로 배치하였다.
④ 봉정사 가람배치는 대지가 3단으로 나누어져 있으며 상단부분에 대웅전과 극락전 등 중요한 건물들이 배치되어 있다.

[해설]
통도사는 평지에 위치하여 평지가람형(平地伽藍型)으로 배치된 사찰이다.

**16** 다음 중 건축계획에서 말하는 미의 특성 중 변화 또는 다양성을 얻는 방식과 가장 거리가 먼 것은?

① 억양(Accent)
② 대비(Contrast)
③ 균제(Proportion)
④ 대칭(Symmetry)

[해설]
대칭은 점이나 직선 또는 평면의 양쪽에 있는 부분이 똑같은 형태로 배치되어 있는 것으로서, 변화 혹은 다양성을 얻는 방식과는 거리가 멀다.

**17** 다음 중 초등학교 저학년에 대해 가장 권장할 만한 학교운영방식은?

① 달톤형   ② 플라톤형
③ 종합교실형   ④ 교과교실형

정답  12 ②  13 ②  14 ③  15 ③  16 ④  17 ③

[해설]

종합교실형[U(A)형, Activity Type]
- 교실 수는 학급 수와 일치한다.
- 모든 교과를 자기의 교실 내에서만 행한다.
- 초등학교 저학년에 대해 가장 권장할 만한 형이다.

**18** 도서관의 출납시스템 중 열람자는 직접 서가에 면하여 책의 체제나 표지 정도는 볼 수 있으나 내용을 보려면 관원에게 요구하여 대출 기록을 남긴 후 열람하는 형식은?

① 폐가식
② 반개가식
③ 안전 개가식
④ 자유 개가식

[해설]

반개가식(Semi Open Access)
- 열람자는 직접 서가에 와서 책의 표제 정도는 볼 수 있으나 그 내용을 보려면 관원에게 대출을 요구해야 한다.
- 신간 서적 코너 등에 적용되며, 다량의 도서에는 적합하지 않다.
- 특징
  - 출납 시설이 필요하다.
  - 서가의 열람이나 감시가 필요하지 않다.

**19** 다음 중 사무소 건축에서 기둥 간격(Span)의 결정 요소와 가장 관계가 먼 것은?

① 건물의 외관
② 주차 배치의 단위
③ 책상 배치의 단위
④ 채광상 층고에 의한 안 깊이

[해설]

기둥 간격(Span) 결정요소
- 책상 배치 단위
- 채광상 층고에 의한 안 깊이
- 주차 배치 단위(지하주차장의 주차 간격 계획)

**20** 다음은 극장의 가시거리에 관한 설명이다. ( ) 안에 알맞은 것은?

> 연극 등을 감상하는 경우 연기자의 표정을 읽을 수 있는 가시한계는 ( ㉠ )m 정도이다. 그러나 실제적으로 극장에서는 잘 보여야 되는 동시에 많은 관객을 수용해야 하므로 ( ㉡ )m까지를 1차 허용한도로 한다.

① ㉠ 15, ㉡ 22
② ㉠ 20, ㉡ 35
③ ㉠ 22, ㉡ 35
④ ㉠ 22, ㉡ 38

[해설]

㉠ 가시한계 거리
- 연기자의 표정이나 세밀한 동작을 볼 수 있는 생리적 한도 구역으로서, 보통 15m 정도를 한도로 한다.
- 아동극 또는 인형극 등 연기자의 표정이나 세밀한 동작을 파악해야 하는 경우 이 한도 내에서 관람석이 계획되어야 한다.

㉡ 1차 허용한도 거리
실제 극장에서는 잘 보여야 되는 것과 동시에 될수록 많은 관객을 수용해야 하는 요구가 있으며, 이에 따라 22m까지가 1차 허용 한도가 되고, 현대극, 소규모의 국악, 실내악 등은 이 범위 내에 객석을 두어야 한다.

## 2과목 건축시공

**21** 린건설(Lean Construction)에서의 관리방법으로 옳지 않은 것은?

① 변이관리
② 당김생산
③ 대량생산
④ 흐름생산

[해설]

린건설은 불필요한 낭비없이 효율적 생산을 하고자 하는 것으로서, 자재의 적재 등을 최소화하는 방식이다. 대량생산을 할 경우 잉여자재의 발생확률이 높아지고, 그에 따라 적재 발생요소가 증가하므로 린건설이 추구하는 관리방법과는 거리가 멀다.

정답 18 ② 19 ① 20 ① 21 ③

**22** 주문받은 건설업자가 대상계획의 기업, 금융, 토지조달, 설계, 시공 기타 모든 요소를 포괄하여 발주하는 도급계약 방식은?

① 실비청산 보수가산 도급
② 정액도급
③ 공동도급
④ 턴키도급

[해설]
턴키도급(Turn-key)방식은 모든 요소(대상 계획의 기업, 금융, 토지조달, 설계, 시공, 기계기구 설치, 시운전 및 조업지도 등)를 포함한 도급계약방식으로 주문자가 필요로 하는 모든 것을 조달하여 주문자에게 인도하는 방식이다.

**23** 흙의 함수비에 관한 설명으로 옳지 않은 것은?

① 연약점토질 지반의 함수비를 감소시키기 위해 샌드드레인 공법을 사용할 수 있다.
② 함수비가 크면 흙의 전단강도가 작아진다.
③ 모래지반에서 함수비가 크면 내부마찰력이 감소된다.
④ 점토지반에서 함수비가 크면 점착력이 증가한다.

[해설]
점토지반에서 함수비가 크면 점착력은 감소한다.

**24** 칠공사에서 철제 계단(양면칠)의 소요면적 계산식으로 옳은 것은?

① 경사면적×1배
② 경사면적×1.5배
③ 경사면적×(2~2.5배)
④ 경사면적×(3~5배)

[해설]
양면칠을 하는 철제 계단의 경우 칠공사의 소요면적은 경사면적의 3~5배 정도를 하여 계산하게 된다.

**25** 목재제품에 관한 설명으로 옳지 않은 것은?

① 내수합판 제조 시 페놀수지 접착제가 쓰인다.
② 합판을 만들 때 단판(Veneer)을 홀수로 겹쳐 접착한다.
③ 집성목재는 보에 사용할 경우 응력크기에 따라 변단면재를 만들 수 있다.
④ 집성목재 제조 시 목재를 겹칠 때 섬유방향이 상호 직각이 되도록 한다.

[해설]
집성목재
1.5~5cm의 두께를 가진 단판을 섬유방향이 서로 평행하도록 겹쳐서 접착한 것이다.

**26** 철근콘크리트 PC 기둥을 8ton 트럭으로 운반하고자 한다. 차량 1대에 최대로 적재 가능한 PC 기둥의 수는?(단, PC 기둥의 단면크기는 30cm×60cm, 길이는 3m임)

① 1개
② 2개
③ 4개
④ 6개

[해설]
PC 기둥 무게를 구한 후 최대 적재 가능 정도를 파악해야 한다. PC 기둥 무게를 구할 때, PC 기둥의 비중 $2.4t/m^3$를 숙지하고 있어야 한다.
㉠ PC 기둥 1개의 무게(ton)
= PC의 부피($m^3$)×PC 기둥의 비중(ton/$m^3$)
= (0.3m×0.6m×3)×2.4ton/$m^3$
= 1.296ton
㉡ 차량 1대에 최대 적재 가능한 PC 기둥의 수
= 트럭 1대당 적재 가능 무게÷PC 기둥 1개의 무게(ton)
= 8÷1.296
= 6.7 = 6개
※ 차량 1대에 최대로 적재 가능한 PC 기둥의 수는 특별한 조건이 없는 한 소수점 첫째자리에서 내림하여 구한다.

정답  22 ④  23 ④  24 ④  25 ④  26 ④

**27** 통합품질관리 TQC(Total Quality Control)를 위한 도구에 관한 설명으로 옳지 않은 것은?

① 파레토도란 층별 요인이나 특성에 대한 불량점유율을 나타낸 그림으로서 가로축에는 층별 요인이나 특성을, 세로축에는 불량건수나 불량손실금액 등을 표시하여 그 점유율을 나타낸 불량해석도이다.
② 특성요인도란 문제로 하고 있는 특성 요인 간의 관계, 요인 간의 상호관계를 쉽게 이해할 수 있도록 화살표를 이용하여 나타낸 그림이다.
③ 히스토그램이란 모집단에 대한 품질특성을 알기 위하여 모집단의 분포상태, 분포의 중심위치, 분포의 산포 등을 쉽게 파악할 수 있도록 막대그래프 형식으로 작성한 도수분포도를 말한다.
④ 관리도란 통계적 요인이나 특성에 대한 두 변량 간의 상관관계를 파악하기 위한 그림으로서 두 변량을 각각 가로축과 세로축에 취하여 측정값을 타점하여 작성한다.

[해설]
④는 산점도(Scatter Diagram)에 대한 설명이며, 관리도는 품질관리에서 얻은 각종 자료를 알기 쉽게 정리한 그림으로 Data가 설정된 기준 내에 들어가는지 판정하는데 적용되는 품질관리도구이다.

**28** 용제형(Solvent) 고무계 도막방수공법에 관한 설명으로 옳지 않은 것은?

① 용제는 인화성이 강하므로 부근의 화기는 엄금한다.
② 한 층의 시공이 완료되면 1.5~2시간 경과 후 다음 층의 작업을 시작하여야 한다.
③ 완성된 도막은 외상(外傷)에 매우 강하다.
④ 합성고무를 휘발성 용제에 녹인 일종의 고무도료를 칠하여 두께 0.5~0.8mm의 방수피막을 형성하는 것이다.

[해설]
용제형(Solvent) 고무계 도막방수공법의 완성된 도막은 외상(外傷)에 의해 흠 등이 발생할 수 있다.

**29** 낙관적 시간 $a=4$, 개연적 시간 $m=7$, 비관적 시간 $b=8$이라고 할 때 PERT 기법에서 적용하는 예상시간은 얼마인가?(단, 단위는 주)

① 5.8주   ② 6.0주
③ 6.3주   ④ 6.7주

[해설]
$$평균예상시간(t_e) = \frac{낙관적\,시간(t_0) + 4 \times 개연적시간(정상시간\,t_m) + 비관적시간(t_p)}{6}$$
$$= \frac{4+4\times7+8}{6} = 6.67 = 6.7주$$

**30** 공급망관리(Supply Chain Management)의 필요성이 상대적으로 가장 적은 공종은?

① PC(Precast Concrete)공사
② 콘크리트공사
③ 커튼월공사
④ 방수공사

[해설]
공급망관리(Supply Chain Management)
물량의 제조 → 운반 → 설치의 일련의 과정을 관리하는 것을 의미한다.
방수공사의 경우는 다른 보기의 공사에 비해 적용 재료의 수와 무게 등이 상대적으로 적고 설치 관점이 아닌 도포, 마감의 관점이므로, 공급망 관리의 필요성이 상대적으로 적다.

**31** 조적벽 40m²를 쌓는 데 필요한 벽돌량은?(단, 표준형벽돌 0.5B 쌓기, 할증은 고려하지 않음)

① 2,850장   ② 3,000장
③ 3,150장   ④ 3,500장

[해설]
벽돌은 표준형(190×90×57mm)을 적용하고 있고, 별도 할증이 없는 정미량을 구하라 하였으므로, 벽두께 0.5B에는 75장/m²가 필요하게 된다.
∴ 벽돌의 정미량 = 75매/m² × 40m² = 3,000장

정답 27 ④  28 ③  29 ④  30 ④  31 ②

**32** 열적외선을 반사하는 은소재 도막으로 코팅하여 방사율과 연관류율을 낮추고 가시광선 투과율을 높인 유리는?

① 스팬드럴 유리　② 접합유리
③ 배강도유리　　 ④ 로이유리

[해설]
① 스팬드럴 유리 : 커튼월 건축물에서 슬래브 등 구조체를 가리기 위해 사용되는 유리
② 접합유리 : 2장 이상의 판유리를 투명한 합성수지로 겹붙여 댄 것
③ 배강도유리 : 일반유리 강도의 2배 정도로 강화된 유리(높은 강도가 요구되는 건축물의 입면에 주로 적용)

**33** 방수공사에서 안방수와 바깥방수를 비교한 설명으로 옳지 않은 것은?

① 바탕 만들기에서 안방수는 따로 만들 필요가 없으나 바깥방수는 따로 만들어야 한다.
② 경제성(공사비)에서 안방수는 비교적 저렴한 편인 반면 바깥방수는 고가인 편이다.
③ 공사시기에서 안방수는 본공사에 선행해야 하나 바깥방수는 자유로이 선택할 수 있다.
④ 안방수는 바깥방수에 비해 시공이 간편하다.

[해설]
공사시기에서 바깥방수는 본공사에 선행해야 하나 안방수는 자유로이 선택할 수 있다.

**34** 건축물 높낮이의 기준이 되는 벤치마크(Bench-mark)에 관한 설명으로 옳지 않은 것은?

① 이동 또는 소멸 우려가 없는 장소에 설치한다.
② 수직규준틀이라고도 한다.
③ 이동 등 훼손될 것을 고려하여 2개소 이상 설치한다.
④ 공사가 완료된 뒤라도 건축물의 침하, 경사 등의 확인을 위해 사용되기도 한다.

[해설]
수직규준틀은 조적공사에서 고저 및 수직면의 기준으로 사용되는 가설재를 말하며, 벤치마크(Bench-mark)는 공사 중에 높이의 기준을 삼고자 하는 것으로서 기준점이라고도 한다.

**35** 슬래브에서 4변 고정인 경우 철근배근을 가장 많이 하여야 하는 부분은?

① 단변방향의 주간대
② 단변방향의 주열대
③ 장변방향의 주간대
④ 장변방향의 주열대

[해설]
슬래브에서 장변과 단변 중 구조적으로 중요한 부분은 단변이다. 그리고 주열대는 고정지점(기둥 등)의 근처를 의미하고, 주간대는 이러한 주열대와 주열대 사이를 의미하므로, 고정지점 근처인 주열대가 구조적으로 중요한 부분이 된다. 그러므로 슬래브에서 4변 고정인 경우 철근배근을 가장 많이 하여야 하는 부분은 단변방향의 주열대이다.

**36** 수직굴삭, 수중굴삭 등에 사용되는 깊은 흙파기용 기계이며, 연약지반에 사용하기에 적당한 기계는?

① 드래그 셔블　② 클램셸
③ 모터 그레이더　④ 파워 셔블

[해설]
① 드래그 셔블(라인) : 장비보다 낮은 곳 굴착
③ 모터 그레이더 : 옆도랑 파기 등의 정지 작업용
④ 파워 셔블 : 장비보다 높은 곳 굴착

**37** 칠공사에 사용되는 희석제의 분류가 잘못 연결된 것은?

① 송진건류품 – 테레빈유
② 석유건류품 – 휘발유, 석유
③ 콜타르 증류품 – 미네랄 스피릿
④ 송근건류품 – 송근유

[해설]

콜타르 증류품은 벤졸, 솔벤트 나프타 등을 희석제로 사용하고, 미네랄 스피릿은 석유 건류품의 희석제로 사용된다.

**38** 경량형 강재의 특징에 관한 설명으로 옳지 않은 것은?

① 경량형 강재는 중량에 대한 단면 계수, 단면2차반경이 큰 것이 특징이다.
② 경량형 강재는 일반구조용 열간 압연한 일반형 강재에 비하여 단면형이 크다.
③ 경량형 강재는 판두께가 얇지만 판의 국부 좌굴이나 국부 변형이 생기지 않아 유리하다.
④ 일반구조용 열간 압연한 일반형 강재에 비하여 판두께가 얇고 강재량이 적으면서 휨강도는 크고 좌굴강도도 유리하다.

[해설]

경량형 강재는 판두께가 얇아 판의 국부좌굴이나 국부변형이 생길 가능성이 높아 적용 시 유의해야 한다.

**39** 8개월간 공사하는 어느 공사 현장에 필요한 시멘트량이 2,397포이다. 이 공사 현장에 필요한 시멘트 창고면적으로 적당한 것은?(단, 쌓기 단수는 13단)

① 24.6m²  ② 54.2m²
③ 73.8m²  ④ 98.5m²

[해설]

필요면적$(A) = 0.4 \times \dfrac{N}{n} = 0.4 \times \dfrac{2,397 \times (1/3)}{13}$
$= 24.58 = 24.6m^2$

여기서, $n$ : 최고 쌓기 단수(특별한 조건이 없으면 13단)
$N$ : 저장 포대 수(특별한 조건이 없으면 600포 미만일 경우 전량, 600포 이상일 경우 전량의 1/3)

**40** 콘크리트의 압축강도를 시험하지 않을 경우 다음과 같은 조건에서의 거푸집널 해체시기로 옳은 것은?

- 기초, 보, 기둥 및 벽의 측면의 경우
- 평균기온 20℃ 이상
- 조강 포틀랜드 시멘트 사용

① 1일  ② 2일
③ 3일  ④ 4일

[해설]

평균기온이 10℃ 이상인 경우는 콘크리트 재령이 아래 표의 재령 이상 경과하면 압축강도시험을 하지 않고도 해체할 수 있다.

| 평균기온 | 콘크리트의 재령 | |
|---|---|---|
| | 20℃ 미만 10℃ 이상 | 20℃ 이상 |
| 조강 포틀랜드 시멘트 | 3 | 2 |
| 보통 포틀랜드 시멘트, 고로슬래그 시멘트(1종), 플라이애시 시멘트(1종), 포틀랜드 포졸란 시멘트(A종) | 4 | 3 |
| 고로슬래그 시멘트(2종), 플라이애시 시멘트(2종), 포틀랜드 포졸란 시멘트(B종) | 6 | 4 |

## 3 과목 건축구조

**41** 양단 힌지인 길이 6m의 H-300×300×10×15의 기둥이 부재중앙에서 약축방향으로 가새를 통해 지지되어 있을 때 설계용 세장비는?(단, $r_x = 131mm$, $r_y = 75.1mm$)

① 39.9  ② 45.8
③ 58.2  ④ 66.3

[해설]

단면2차반경이 적은 $y$축을 약축으로 보고 계산한다.
$\lambda_y = \dfrac{KL_x}{r_x} = \dfrac{1.0 \times 6,000mm}{75.1mm} = 45.8$
여기서, $K$는 양단 힌지이므로 1.0을 적용한다.

**42** 고력볼트 F10T(M20) 1면전단일 때 볼트 한 개당 설계전단강도($\phi R_u$)를 구하면?(단, 고력볼트의 $F_u = 1,000$MPa, $\phi = 0.75$, $F_{nu} = 0.5F_u$임)

① 117.8kN   ② 94.2kN
③ 58.8kN    ④ 47.1kN

[해설]

설계전단강도 산출
설계전단강도 = 강도감소계수($\phi$)×공칭전단강도($0.5F_u$)
　　　　　　×볼트 단면적(볼트 1개의 단면적×개수)
　　　　　 = $0.75 \times 0.5 \times 1,000 \text{N/mm}^2 \times \dfrac{\pi \times (20\text{mm})^2}{4}$
　　　　　 = 117,809.72N = 117.8kN
※ 별도 개수 조건이 없을 경우에는 1개로 가정하고 계산한다.

**43** 다음 그림은 고력볼트 체결부의 명칭을 나타낸 것이다. 명칭이 틀린 것은?

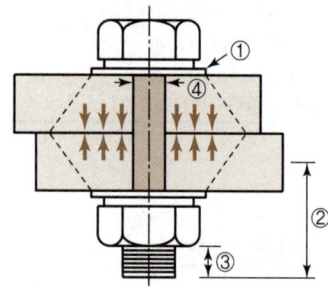

① 평와셔    ② 축부
③ 여유길이  ④ 볼트직경

[해설]

② : 나사부

**44** 과도한 처짐에 의해 손상되기 쉬운 비구조요소를 지지 또는 부착하지 않은 바닥구조의 활하중 $L$에 의한 순간처짐의 한계는?

① 1/180   ② 1/240
③ 1/360   ④ 1/480

[해설]

과도한 처짐에 의해 손상되기 쉬운 비구조 요소를 지지 또는 부착하지 않은 바닥구조로서 활하중 $L$에 의한 순간처짐의 처짐한계는 $\dfrac{l}{360}$이다.

**45** 다음 그림의 모살용접부의 유효목두께는?

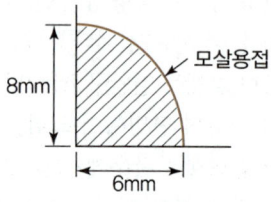

① 4.0mm   ② 4.2mm
③ 4.8mm   ④ 5.6mm

[해설]

유효목두께($a$) = 0.7×모살사이즈($s$) = 0.7×6 = 4.2mm

**46** 그림과 같은 내민보에서 $A$지점의 반력값은?

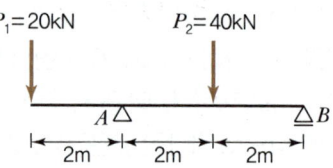

① 20kN   ② 30kN
③ 40kN   ④ 50kN

[해설]

반력 $R_A$ 산출
$\Sigma M_B = 0$
$\Sigma M_B = -20 \times 6 + R_A \times 4 - 40 \times 2 = 0$
$R_A = \dfrac{20 \times 6 + 40 \times 2}{4} = 50$kN

정답　42 ①　43 ②　44 ③　45 ②　46 ④

**47** 강도설계법에서 철근콘크리트 구조물 설계 시 고려해야 하는 하중조합으로 옳지 않은 것은?(단, $D$는 고정하중, $F$는 유체압 및 유기내용물하중, $L$은 활하중, $W$는 풍하중, $E$는 지진하중, $S$는 적설하중)

① $U = 1.4(D+F)$
② $U = 1.2D + 1.3W + 1.0L + 0.5S$
③ $U = 1.2D + 1.0E + 1.0L + 0.2S$
④ $U = 1.4D + 1.3L + 1.6S$

[해설]

고정하중($D$)과 활하중($L$), 적설하중($S$)을 적용할 경우 $U = 1.2D + 1.0L + 1.6S$과 $U = 1.2D + 1.6L + 0.5S$ 중 큰 값으로 조합하게 된다.

**48** 그림과 같은 3회전단 구조물의 반력은?

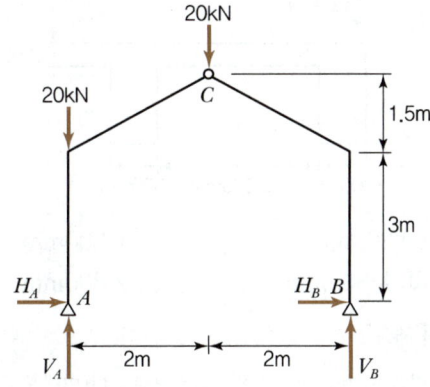

① $H_A = 4.44$kN, $V_A = 30$kN
   $H_B = -4.44$kN, $V_B = 10$kN
② $H_A = 0$, $V_A = 30$kN
   $H_B = 0$, $V_B = 10$kN
③ $H_A = -4.44$kN, $V_A = 30$kN
   $H_B = 4.44$kN, $V_B = 10$kN
④ $H_A = 4.44$kN, $V_A = 50$kN
   $H_B = -4.44$kN, $V_B = -10$kN

[해설]

• 수평력 $\Sigma H = 0 \Leftrightarrow \Sigma H = H_A + H_B = 0$
   $\Rightarrow H_A = -H_B$
• $\Sigma M_B = 0$
   $\Sigma M_B = V_A \times 4 - 20 \times 4 - 20 \times 2 = 0$
   $V_A = 30$kN, $V_B = 10$kN
• $M_C = 0$
   $M_C$(좌측계산) $= V_A \times 2 - H_A \times 4.5 - 20 \times 2 = 0$
   $H_A = 4.44$kN
• $H_A = -H_B$이므로 $H_B = -4.44$kN

**49** 다음 그림과 같이 수평하중 30kN이 작용하는 라멘구조에서 $E$점에서의 휨모멘트 값(절대값)은?

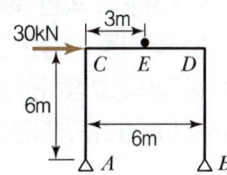

① 40kN·m    ② 45kN·m
③ 60kN·m    ④ 90kN·m

[해설]

$E$를 중심으로 우측을 통해 산출
㉠ $V_B$ 산출
   $\Sigma M_A = 0$
   $\Sigma M_A = 30 \times 6 - V_A \times 6 = 0$
   $V_B = 30$kN(↑)
㉡ $M_E = -30 \times 3 = -90$kN·m
∴ 절대값이므로 90kN·m

**50** 콘크리트 압축강도가 30MPa일 때 보통골재를 사용한 콘크리트의 탄성계수는?

① $2.62 \times 10^4$MPa
② $2.75 \times 10^4$MPa
③ $2.95 \times 10^4$MPa
④ $3.12 \times 10^4$MPa

정답  47 ④  48 ①  49 ④  50 ②

[해설]

콘크리트 탄성계수($E_c$) 산출
$E_c = 8,500\sqrt[3]{f_{cu}}$

여기서, $f_{cu} = f_{ck} + \Delta f$[MPa]이며,
$\Delta f$는
- $f_{ck} \leq 40$MPa인 경우 $\Delta f = 4$MPa
- $f_{ck} \geq 60$MPa인 경우 $\Delta f = 6$MPa
- 그 사이는 직선보간

$f_{cu} = f_{ck} + \Delta f = 30 + 4 = 34$MPa
$\therefore E_c = 8,500\sqrt[3]{f_{cu}} = 8,500\sqrt[3]{34} = 27,536.7 = 2.75$MPa

**51** 그림과 같은 지상 4층 건물에 기둥($C_1$)의 1층에 발생하는 계수하중에 의한 축력을 면적법으로 구하면?[단, 보 및 기둥 자중은 무시하며, 바닥하중(지붕하중 동일)의 고정하중은 5kN/m², 활하중은 3kN/m²이며 활하중 저감은 무시한다.]

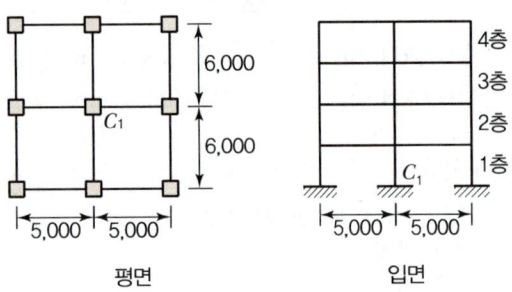

평면    입면

① 1,296kN   ② 1,364kN
③ 1,412kN   ④ 1,498kN

[해설]

계수하중 산출 후 면적법으로 산출한다.
㉠ 계수하중($w_u$) 산출
  $w_u = 1.2D + 1.6L = 1.2 \times 5 + 1.6 \times 3 = 10.8$kN/m²
㉡ 면적법을 통한 축력($P_c$) 산출
  $P_c = (2.5 \times 2) \times (3 \times 2) \times 4 \times 10.8 = 1,296$kN

**52** 부하면적 36m²인 콘크리트 기둥의 영향면적에 따른 활하중저감계수($C$)로 옳은 것은?
(단, $C = 0.3 + \dfrac{4.2}{\sqrt{A}}$, $A$는 영향면적)

① 0.25   ② 0.45
③ 0.65   ④ 1

[해설]

활하중저감계수($C$)산출
$C = 0.3 + \dfrac{4.2}{\sqrt{A}} = 0.3 + \dfrac{4.2}{\sqrt{36 \times 4}} = 0.65$

여기서, 기둥 및 기초의 영향면적($A$)은 부하면적의 4배를 주게 된다.

**53** 반T형보의 유효폭으로 옳은 것은?(단, 보 경간은 6m)

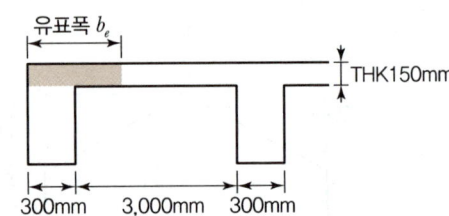

① 800mm   ② 1,200mm
③ 1,800mm   ④ 2,300mm

[해설]

다음 중 가장 작은 값을 유효폭으로 한다(반대칭 T형보의 경우).
㉠ $6t_f + b_w = 6 \times 150 + 300 = 1,200$mm
㉡ 인접보와 내측 거리의
  $1/2 + b_w = 3,000 \times \dfrac{1}{2} + 300 = 1,800$mm
㉢ 보 경간의 $1/12 + b_w = 6,000 \times \dfrac{1}{12} + 300 = 800$mm

**54** 기초 설계 시 인접대지를 고려하여 편심기초를 만들고자 한다. 이때 편심기초의 지내력이 균등해지도록 하기 위한 가장 타당한 방법은?

① 지중보를 설치한다.
② 기초 면적을 넓힌다.
③ 기둥의 단면적을 크게 한다.
④ 기초 두께를 두껍게 한다.

[해설]
지중보는 기초와 주각부를 연결하는 수평보로서 기초에 중심축 하중을 유도하여 건축물의 부등침하를 억제한다.

**55** 부동침하의 원인과 가장 거리가 먼 것은?

① 건물이 경사지반에 근접되어 있을 경우
② 건물이 이질지반에 걸쳐 있을 경우
③ 이질의 기초구조를 적용했을 경우
④ 건물의 강도가 불균등할 경우

[해설]
기초의 강도(강성)이 불균등할 때 발생하며 건물의 강도와는 관계가 없다.

**56** 그림과 같은 구조물에서 AE부재와 EB부재의 전단력의 차이는?

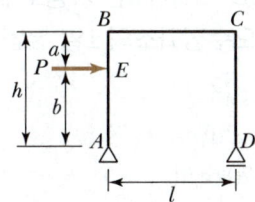

① $P_a/l$
② $P_b/l$
③ $P$
④ 0

[해설]
**AE부재와 EB부재의 전단력 차이**
단일 부재 내에 집중하중($P$)이 작용할 경우 해당 부재의 전단력의 차이는 적용하는 집중하중($P$)이 된다.

**57** 다음 그림과 같은 보에서 중앙점($C$점)의 휨모멘트($M_c$)를 구하면?

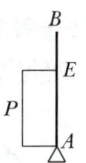

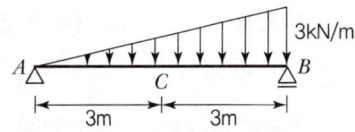

① $4.50kN \cdot m$
② $6.75kN \cdot m$
③ $8.00kN \cdot m$
④ $10.50kN \cdot m$

[해설]
중앙점($C$점)의 휨모멘트($M_c$) 산출
㉠ $V_A$ 산출
$\sum M_B = 0$
$\sum M_B = V_A \times 6 - \left(3 \times 6 \times \frac{1}{2}\right) \times \left(6 \times \frac{1}{3}\right) = 0$
$V_A = 3kN$
㉡ $M_C$ 산출
$M_C = 3 \times 3 - \left(3 \times 1.5 \times \frac{1}{2}\right) \times 1 = 6.75kN \cdot m$

**58** 철근콘크리트 독립기초를 설계할 때 수직압력만 받도록 하기 위한 방법으로 가장 효과적인 것은?

① 기초판의 크기를 증가시킨다.
② 기초판의 두께를 증가시킨다.
③ 기초 위 주각을 연결하는 지중보의 크기를 증가시킨다.
④ 기초 위의 기둥단면의 크기를 증가시킨다.

[해설]
수직압력만 받는다는 것은 편심에 의한 모멘트, 전단력 등의 요소를 최소화 한다는 것으로 이를 위해서는 지중보의 크기를 증가시키는 것이 효과적이다.

정답  54 ①  55 ④  56 ③  57 ②  58 ③

**59** 다음과 같은 구조물의 판별로 옳은 것은?(단, 그림의 하부지점은 고정단임)

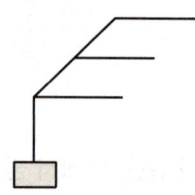

① 불안정  ② 정정
③ 1차 부정정  ④ 2차 부정정

[해설]
• 변형이나 이동이 없으므로 안정상태이다.
• 부정정차수 산출
  $N$ = 반력수 + 부재수 + 강절점수 − 2×절점수
     = 3 + 6 + 5 − 2×7 = 0 → 정정구조물

**60** 다음 중 지진에 의하여 발생되는 현상이 아닌 것은?

① 동상현상
② 해일
③ 지반의 액상화
④ 단층의 이동

[해설]
동상현상은 지반 동결에 따른 지반의 부피팽창 현상이다.

## 4과목 건축설비

**61** 다음과 같은 조건에 있는 양수펌프의 축동력은?

[조건]
• 양수량 : 490L/min
• 전양정 : 30m
• 펌프의 효율 : 60%

① 약 3kW  ② 약 4kW
③ 약 5kW  ④ 약 6kW

[해설]

펌프의 축동력[kW] = $\dfrac{QH}{102E}$

• 양수량 $Q$(L/s) : 490L/min → 8.17L/s
• 전양정 $H$(mAq) : 30m
• 효율 $E$ : 0.60

∴ 펌프의 축동력[kW] = $\dfrac{8.17 \times 30}{102 \times 0.60}$ = 4.01kW ≒ 4kW

**62** 여름철 실내 최고 온도는 외기온도가 가장 높은 시각 이후에 나타나는 것이 일반적이다. 이와 같은 현상은 벽체를 구성하고 있는 재료의 어떤 성능 때문인가?

① 축열성능
② 단열성능
③ 일사반사성능
④ 일사투과성능

[해설]
실내 최고 온도가 외기온도가 가장 높은 시각 이후에 나타나는 이유는 축열체에 의한 타임랙(Time-lag)현상 때문이다. 타임랙 현상은 축열체의 축열성능으로 인해 외기의 기온이 실내로 바로 전달되는 것이 아니고, 일정 시간 후에 실내로 전달되는 것을 의미하며, 이것을 시간지연효과라고도 한다.

**63** 평균 BOD 150ppm인 가정오수 1,000m³/d가 유입되는 오수정화조의 1일 유입 BOD량은?

① 150kg/d
② 300kg/d
③ 45,000kg/d
④ 150,000kg/d

[해설]
1일 유입 BOD(kg/d)
= 오수 유입량(kg/d)×평균 BOD(ppm)
= 1,000m³/d×150ppm
= 150,000ppm/d
= 0.15m³/d = 150kg/d

정답  59 ②  60 ①  61 ②  62 ①  63 ①

**64** 공기조화방식 중 2중덕트방식에 관한 설명으로 옳지 않은 것은?

① 전공기방식에 속한다.
② 냉·온풍의 혼합으로 인한 혼합손실이 있어 에너지 소비량이 많다.
③ 단일덕트방식에 비해 덕트 샤프트 및 덕트 스페이스를 크게 차지한다.
④ 부하특성이 다른 여러 개의 실이나 존이 있는 건물에는 적용할 수 없다.

[해설]

2중 덕트 방식은 1대의 공조기에 의해 냉풍과 온풍을 각각의 덕트로 보낸 후 말단의 혼합상자에서 혼합하여 각 실에 송풍하는 방식으로서 부하특성이 다른 여러 개의 실이나 존이 있는 건물에는 적용이 용이하다.

**65** 펌프에서 발생하는 공동현상(Cavitation)의 방지대책으로 가장 알맞은 것은?

① 펌프의 설치위치를 높인다.
② 펌프의 흡입양정을 낮춘다.
③ 펌프의 토출양정을 높인다.
④ 펌프의 토출구경을 확대한다.

[해설]

**공동현상(Cavitiation)**
• 발생원인
 - 해발이 높은 고지역에 대기압이 낮은 경우
 - 수온이 높아져 포화증기압 이하로 되었을 때
 - 배관이 좁아지는 부분(유속이 빨라지는 부분)
• 방지대책
 - 흡입양정을 낮춘다.
 - 펌프 흡입 측에 공기유입 방지
 - 수온상승 방지
 - 배관 내(흡입) 유속을 낮게 한다.

**66** 지역난방 방식에 관한 설명으로 옳지 않은 것은?

① 열원설비의 집중화로 관리가 용이하다.
② 설비의 고도화로 대기오염 등 공해를 방지할 수 있다.
③ 각 건물의 이용시간차를 이용하면 보일러의 용량을 줄일 수 있다.
④ 고온수난방을 채용할 경우 감압장치가 필요하며 응축수 트랩이나 환수관이 복잡해진다.

[해설]

고온수 난방은 온수난방의 일종으로서, 증기난방에 필요한 응축수 트랩 등의 설비가 최소화 되어, 배관의 설계가 증기난방 방식에 비해 비교적 간단해진다.

**67** 공기조화방식 중 팬코일 유닛 방식에 관한 설명으로 옳지 않은 것은?

① 전수방식에 속한다.
② 덕트 샤프트와 스페이스가 반드시 필요하다.
③ 각 실에 수배관으로 인한 누수의 우려가 있다.
④ 각 실의 유닛은 수동으로도 제어할 수 있고, 개별 제어가 쉽다.

[해설]

팬코일 유닛 방식은 적용 방식에 따라 수-공기 방식 또는 전수 방식으로 적용된다. 이에 전공기 방식의 필수 요건인 덕트 샤프트와 스페이스가 반드시 필요한 것은 아니다.

**68** 옥내소화전설비에 관한 설명으로 옳지 않은 것은?

① 옥내소화전방수구는 바닥으로부터의 높이가 1.5m 이하가 되도록 설치한다.
② 옥내소화전설비의 송수구는 구경 65mm의 쌍구형 또는 단구형으로 한다.
③ 전동기에 따른 펌프를 이용하는 가압송수장치를 설치하는 경우, 펌프는 전용으로 하는 것이 원칙이다.
④ 어느 한 층의 옥내소화전을 동시에 사용할 경우 각 소화전의 노즐선단에서의 방수압력은 최소 0.7MPa 이상이 되어야 한다.

정답  64 ④  65 ②  66 ④  67 ②  68 ④

[해설]
옥내소화전설비의 노즐의 방수압력은 최소 0.17MPa 이상, 최대 0.7MPa 이하이다.

**69** 다음 중 냉방부하 계산 시 현열과 잠열 모두 고려하여야 하는 요소는?

① 덕트로부터의 취득열량
② 유리로부터의 취득열량
③ 벽체로부터의 취득열량
④ 극간풍에 의한 취득 열량

[해설]
극간풍은 의도치 않은 외기도입(환기)으로서, 현열의 전달뿐만 아니라, 습의 유입에 따른 잠열부하의 증감을 가져오게 된다.

**70** 다음 그림과 같이 관경이 다른 관 내에 물이 흐를 경우에 관한 설명으로 옳은 것은?

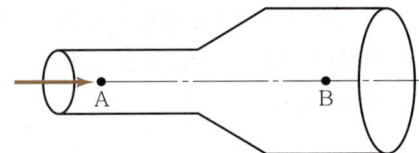

① 물의 속도는 A보다 B가 크며, 압력도 A보다 B가 크다.
② 물의 속도는 A보다 B가 크며, 압력은 B보다 A가 크다.
③ 물의 속도는 B보다 A가 크며, 압력은 A보다 B가 크다.
④ 물의 속도는 B보다 A가 크며, 압력도 B보다 A가 크다.

[해설]
유량, 속도, 압력과 관련한 공식인, $Q = A \cdot v$에서 동일 유량이 흐를 경우 단면적($A$)가 작아지면 속도($v$)는 커지게 된다. 압력의 경우는 베르누이 방정식에 의해 동일 유선을 흐르는 임의의점에서 위치수두 + 압력수두 + 속도수두의 합은 같으므로, 속도수두가 높아지면 상대적으로 압력수두가 낮아지게 된다.

그러므로, 물의 속도는 $Q = A \cdot v$ 공식에 의해 $A$가 $B$보다 크고, 압력은 베르누이 방정식에 의해 $B$가 $A$보다 크다.

**71** 음의 대소를 나타내는 감각량을 음의 크기라고 하는데 음의 크기의 단위는?

① dB        ② cd
③ Hz        ④ sone

[해설]
음의 크기를 나타내는 단위는 sone이고, dB은 음의 세기를 나타내는 것이다.

**72** 다음과 같은 조건에서 실의 현열부하가 7,000W인 경우 실내 취출풍량은?

- 실내온도 22℃
- 취출공기온도 12℃
- 공기의 비열 1.01kJ/kg·K
- 공기의 밀도 1.2kg/m³

① 1,042m³/h        ② 2,079m³/h
③ 3,472m³/h        ④ 6,944m³/h

[해설]
$q = Q\rho C p \Delta t \Leftrightarrow Q = \dfrac{q}{\rho C p \Delta t}$

여기서, $q$ : 열량, $Q$ : 풍량, $\rho$ : 밀도,
$Cp$ : 비열, $\Delta t$ : 실내온도와 취출공기온도의 차

$Q = \dfrac{7,000\text{W} \times 3,600\text{sec}}{1.2\text{kg/m}^3 \times 1.01\text{kJ/kgK} \times (22-12) \times 1,000}$
$= 2,079.21\text{m}^3/\text{h}$

**73** 가스의 연소성을 나타내는 것은?

① 비열비        ② 가버너
③ 웨버지수      ④ 단열지수

[해설]

웨버지수(Webbe Index, WI)
- 웨버지수는 가스연료의 단위시간당 방출되는 에너지를 정의하기 위한 변수, 즉 가스의 연소성을 나타내는 변수이다.
- 동일한 노즐압력에서 동일한 WI를 갖는 가스를 사용하면 동일한 출력을 얻을 수 있다.

**74** 직류 엘리베이터에 관한 설명으로 옳지 않은 것은?

① 임의의 기동 토크를 얻을 수 있다.
② 고속 엘리베이터용으로 사용이 가능하다.
③ 원활한 가감속이 가능하여 승차감이 좋다.
④ 교류 엘리베이터에 비하여 가격이 저렴하다.

[해설]

직류 엘리베이터
- 운행 속도 : 90m/min 이상
- 특징
  - 기동토크가 크다.
  - 속도를 임의적으로 선택, 제어가 가능하다.
  - 승강 시 기분이 좋다.
  - 가격이 고가이다.

**75** 인터폰설비의 통화망 구성방식에 속하지 않는 것은?

① 모자식       ② 상호식
③ 복합식       ④ 프레스토크식

[해설]

통화망 방식에 따른 분류

| 방식 | 내용 |
| --- | --- |
| 모자식 | • 1대의 모기에 2대 이상의 자기를 접속해서 모기와 자기가 서로 호출해서 통화하는 방식이다.<br>• 자기끼리의 통화는 모기를 통해서 한다. |
| 상호식 | • 설치하는 각 기기가 전부 구조와 사용법이 동일하다.<br>• 서로 어느 기기에서든지 임의의 다른 기기를 자유롭게 호출해서 통화할 수 있다.<br>• 통화중인 기기의 통화에는 혼선되지 않고 별도로 몇 쌍의 통화가 가능하다. |
| 복합식 | • 몇 대의 자기를 접속한 모기 그룹이 몇 개 있는 경우 모자 간은 모자식으로 모기끼리는 상호식으로 호출해서 통화한다.<br>• 모자식과 상호식의 조합에 의한 통화망이다. |

**76** 급탕배관에 관한 설명으로 옳지 않은 것은?

① 관의 신축을 고려하여 굽힘 부분에는 스위블 이음 등으로 접합한다.
② 관의 신축을 고려하여 건물의 벽관통 부분의 배관에는 슬리브를 사용한다.
③ 역구배나 공기 정체가 일어나기 쉬운 배관 등 온수의 순환을 방해하는 것은 피한다.
④ 배관재로 동관을 사용하는 경우 관내유속을 느리게 하면 부식되기 쉬우므로 2.5m/s 이상으로 하는 것이 바람직하다.

[해설]

관내 유속을 빠르게 하면 부식의 원인이 될 수 있다. 유속은 1.5m/s 이하로 제어되는 것이 부식 방지에 좋다.

**77** 건축화조명 중 천장 전면에 광원 또는 조명기구를 배치하고, 발광면을 확산투과성 플라스틱 판이나 루버 등으로 전면을 가리는 조명 방법은?

① 밸런스 조명       ② 광천장 조명
③ 코니스 조명       ④ 다운라이트 조명

[해설]

광천장 조명
- 확산투과성 플라스틱판이나 루버 등으로 천장을 마감하여 그 속에 전등을 넣는 방법
- 그림자 없는 쾌적한 빛을 얻을 수 있으며, 마감 재료의 설치 방법에 따라 변화 있는 인테리어 분위기를 연출할 수 있음

**78** 습공기의 엔탈피에 관한 설명으로 옳은 것은?

① 건구온도가 높을수록 커진다.
② 절대습도가 높을수록 작아진다.
③ 수증기의 엔탈피에서 건공기의 엔탈피를 뺀 값이다.
④ 습공기를 냉각·가습할 경우, 엔탈피는 항상 감소한다.

정답  74 ④  75 ④  76 ④  77 ②  78 ①

[해설]

② 절대습도가 높을수록 잠열이 커지므로, 엔탈피는 증가한다.
③ 습공기의 엔탈피는 수증기의 엔탈피와 건공기의 엔탈피를 더한 값이다.
④ 습공기를 냉각할 경우 엔탈피는 작아지고, 가습할 경우 엔탈피는 증기분무 가습의 경우 커지게 된다(다른 가습 방식의 경우 순환수분무는 등엔탈피 변화, 온수분무의 경우는 열수분비에 따라 엔탈피 증가 및 감소 판단 가능).

**79** 다음 중 축동력이 가장 적게 소요되는 송풍기 풍량 제어방법은?

① 회전수제어
② 토출댐퍼제어
③ 흡입댐퍼제어
④ 흡입베인제어

[해설]

송풍기 축동력의 소모량
토출댐퍼제어 > 흡입댐퍼제어 > 흡입베인제어 > 가변익축류제어 > 회전수제어

**80** 전기설비용량이 각각 80kW, 90kW, 100kW인 부하설비가 있다. 그 수용률이 70%인 경우 최대수요전력은?

① 63kW
② 70kW
③ 189kW
④ 270kW

[해설]

최대수요전력은 수용률 공식에서 산출할 수 있다.

$$수용률(\%) = \frac{최대수요전력(kW)}{부하설비용량(kW)} \times 100(\%)$$

최대수요전력(kW)
= 수용률(%) × 부하설비용량(kW) ÷ 100(%)
= 70 × (80 + 90 + 100) ÷ 100 = 189kW

## 5과목 건축법규

**81** 주차장법령상 주차장의 주차단위구획 설치기준에 대한 설명으로 옳지 않은 것은?

① 경형자동차 전용주차구획의 주차단위구획은 파란색 실선으로 표시하여야 한다.
② 평행주차형식 외이고 장애인전용인 경우, 주차단위구획의 길이는 5m 이상이다.
③ 평행주차형식 외이고 장애인전용인 경우, 주차구획의 너비는 3.3m 이상이다.
④ 평행주차형식이고 일반형인 경우, 주차단위구획의 길이는 6.5m 이상이다.

[해설]

평행주차형식이고 일반형인 경우, 주차단위구획의 길이는 6.0m 이상이다.

※ 주차장의 주차단위 구획(평행주차형식의 경우)

| 구분 | 너비 | 길이 |
| --- | --- | --- |
| 경형 | 1.7m 이상 | 4.5m 이상 |
| 일반형 | 2.0m 이상 | 6.0m 이상 |
| 보도와 차도의 구분이 없는 주거지역의 도로 | 2.0m 이상 | 5.0m 이상 |
| 이륜자동차 전용 | 1.0m 이상 | 2.3m 이상 |

**82** 다음 중 거실의 용도에 따른 조도기준이 가장 낮은 것은?(단, 바닥에서 85cm의 높이에 있는 수평면의 조도 기준)

① 독서
② 회의
③ 판매
④ 일반사무

[해설]

① 독서 : 150lux
② 회의 : 300lux
③ 판매 : 300lux
④ 일반사무 : 300lux

정답 79 ① 80 ③ 81 ④ 82 ①

**83** 건축법령상 용어의 정의로 옳지 않은 것은?

① 초고층 건축물이란 층수가 50층 이상이거나 높이가 200m 이상인 건축물을 말한다.
② 증축이란 기존 건축물이 있는 대지에서 건축물의 건축면적, 연면적, 층수 또는 높이를 늘리는 것을 말한다.
③ 개축이란 건축물이 천재지변이나 그 밖의 재해로 멸실된 경우 그 대지에 종전과 같은 규모의 범위에서 다시 축조하는 것을 말한다.
④ 부속건축물이란 같은 대지에서 주된 건축물과 분리된 부속용도의 건축물로서 주된 건축물을 이용 또는 관리하는 데에 필요한 건축물을 말한다.

[해설]
③은 재축에 대한 설명이다.
개축은 기존 건축물의 전부 또는 일부(내력벽·기둥·보·지붕틀 중 3가지 이상 포함)를 철거하고 그 대지 안에 종전과 동일한 규모의 범위 안에서 건축물을 다시 축조하는 것을 말한다.

**84** 문화 및 집회시설 중 공연장의 개별관람석의 출구에 관한 기준 내용으로 옳지 않은 것은?(단, 바닥면적이 300m² 이상인 개별관람석의 경우)

① 관람석별로 2개소 이상 설치할 것
② 각 출구의 유효너비는 1.2m 이상일 것
③ 바깥쪽으로의 출구로 쓰이는 문은 안여닫이로 하지 않을 것
④ 개별관람석 출구의 유효너비의 합계는 개별 관람석의 바닥면적 100m²마다 0.6m의 비율로 산정한 너비 이상으로 할 것

[해설]
각 출구의 유효너비는 1.5m 이상으로 한다.

**85** 국토의 계획 및 이용에 관한 법령상 지구단위계획의 내용에 포함되지 않는 것은?

① 건축물의 배치·형태·색채에 관한 계획
② 건축물의 안전 및 방재에 대한 계획
③ 기반시설의 배치와 규모
④ 교통처리계획

[해설]
지구단위계획의 내용
지구단위계획구역의 지정목적을 이루기 위하여 지구단위계획에는 다음의 사항 중 ⓒ과 ⓜ의 사항을 포함한 둘 이상의 사항이 포함되어야 한다. 다만, ⓛ을 내용으로 하는 지구단위계획의 경우에는 해당하지 않는다.
㉠ 용도지역이나 용도지구를 대통령령으로 정하는 범위에서 세분하거나 변경하는 사항
㉡ 기존의 용도지구를 폐지하고 그 용도지구에서의 건축물이나 그 밖의 시설의 용도·종류 및 규모 등의 제한을 대체하는 사항
㉢ 대통령령으로 정하는 기반시설의 배치와 규모
㉣ 도로로 둘러싸인 일단의 지역 또는 계획적인 개발·정비를 위하여 구획된 일단의 토지의 규모와 조성계획
㉤ 건축물의 용도제한, 건축물의 건폐율 또는 용적률, 건축물 높이의 최고한도 또는 최저한도
㉥ 건축물의 배치·형태·색채 또는 건축선에 관한 계획
㉦ 환경관리계획 또는 경관계획
㉧ 교통처리계획
㉨ 그 밖에 토지이용의 합리화, 도시나 농·산·어촌의 기능 증진 등에 필요한 사항으로서 대통령령으로 정하는 사항

**86** 방화와 관련하여 같은 건축물에 함께 설치할 수 없는 것은?

① 의료시설과 업무시설 중 오피스텔
② 위험물 저장 및 처리시설과 공장
③ 위락시설과 문화 및 집회시설 중 공연장
④ 공동주택과 제2종 근린생활시설 중 다중생활시설

정답  83 ③  84 ②  85 ②  86 ④

[해설]
방화와 관련하여 같은 건축물에 함께 설치할 수 없는 용도[건축법 시행령 제47조]
- 노유자시설 중 아동 관련 시설 또는 노인복지시설과 판매시설 중 도매시장 또는 소매시장
- 단독주택(다중주택, 다가구주택에 한정), 공동주택, 제1종 근린생활시설 중 조산원 또는 산후조리원과 제2종 근린생활시설 중 다중생활시설

**87** 건축법령에 따라 건축물의 경사지붕 아래에 설치하는 대피공간에 관한 기준 내용으로 옳지 않은 것은?

① 특별피난계단 또는 피난계단과 연결되도록 할 것
② 관리사무소 등과 긴급 연락이 가능한 통신 시설을 설치할 것
③ 대피공간의 면적은 지붕 수평투영면적의 20분의 1 이상 일 것
④ 출입구는 유효너비 0.9m 이상으로 하고, 그 출입구에는 갑종방화문을 설치할 것

[해설]
대피공간의 면적은 지붕 수평투영면적의 1/10 이상이어야 한다.

**88** 다음의 옥상광장 등의 설치에 관한 기준 내용 중 ( ) 안에 알맞은 것은?

> 옥상광장 또는 2층 이상인 층에 있는 노대나 그 밖에 이와 비슷한 것의 주위에는 높이 ( ) 이상의 난간을 설치하여야 한다. 다만, 그 노대 등에 출입할 수 없는 구조인 경우에는 그러하지 아니한다.

① 1.0m  ② 1.2m
③ 1.5m  ④ 1.8m

[해설]
옥상광장의 난간의 높이
1.2m 이상(노대 등에 출입할 수 없는 구조인 경우 제외)

**89** 다음 중 도시·군 관리계획에 포함되지 않는 것은?

① 도시개발사업이나 정비사업에 관한 계획
② 광역계획권의 장기발전방향을 제시하는 계획
③ 기반시설의 설치·정비 또는 개량에 관한 계획
④ 용도지역·용도지구의 지정 또는 변경에 관한 계획

[해설]
도시·군 관리계획의 범위
- 용도지역의 지정, 용도지구의 지정, 개발제한구역의 지정
- 도시자연공원구역의 지정, 시가화조정구역의 지정
- 수산자원보호구역의 지정, 입지규제 최소 구역의 지정
- 도시·군 계획시설의 설치·관리, 공동구의 설치·관리·운영
- 지구단위계획의 지정·내용·건축, 공동구의 설치·관리·운영

**90** 도시·군계획 수립 대상지역의 일부에 대하여 토지 이용을 합리화하고 그 기능을 증진시키며 미관을 개선하고 양호한 환경을 확보하며, 그 지역을 체계적·계획적으로 관리하기 위하여 수립하는 도시·군관리계획은?

① 지구단위계획
② 도시·군성장계획
③ 광역도시계획
④ 개발밀도관리계획

[해설]
지구단위계획
- 도시·군 계획수립 대상지역의 일부에 대하여 토지이용을 합리화하고 그 기능을 증진시키며 미관을 개선하고 양호한 환경을 확보하며, 그 지역을 체계적·계획적으로 관리하기 위하여 수립하는 도시·군 관리계획을 말한다.
- 지구단위계획구역 및 지구단위계획은 도시·군 관리계획으로 결정하며, 국토교통부장관, 시·도지사, 시장 또는 군수는 지구단위계획구역을 지정할 수 있다.

**정답** 87 ③  88 ②  89 ②  90 ①

**91** 오피스텔의 난방설비를 개별난방방식으로 하는 경우에 관한 기준 내용으로 틀린 것은?

① 보일러의 연도는 내화구조로서 공동연도로 설치할 것
② 보일러는 거실 외의 곳에 설치할 것
③ 보일러실의 윗부분에는 그 면적이 $0.5m^2$ 이상인 환기창을 설치할 것
④ 기름보일러를 설치하는 경우에는 기름저장소를 보일러실에 설치할 것

[해설]
기름보일러를 설치하는 경우에는 기름저장소를 보일러실 외의 다른 곳에 설치해야 한다.

**92** 건축법령상 고층 건축물의 정의로 옳은 것은?

① 층수가 30층 이상이거나 높이가 90m 이상인 건축물
② 층수가 30층 이상이거나 높이가 120m 이상인 건축물
③ 층수가 50층 이상이거나 높이가 150m 이상인 건축물
④ 층수가 50층 이상이거나 높이가 200m 이상인 건축물

[해설]
- 고층 건축물 : 층수가 30층 이상이거나 높이가 120m 이상인 건축물
- 초고층 건축물 : 층수가 50층 이상이거나 높이가 200m 이상인 건축물
- 준초고층 건축물 : 고층 건축물 중 초고층 건축물이 아닌 것

**93** 대형건축물의 건축허가 사전승인신청 시 제출도서 중 설계설명서에 표시하여야 할 사항에 속하지 않는 것은?

① 시공방법
② 동선계획
③ 개략공정계획
④ 각부 구조계획

[해설]
설계설명서에 표시하여야 할 사항[건축법 시행규칙 별표3]
- 공사개요 : 위치·대지면적·공사기간·공사금액 등
- 사전조사사항 : 지반고·기후·동결심도·수용인원·상하수와 주변지역을 포함한 지질 및 지형, 인구, 교통, 지역, 지구, 토지이용현황, 시설물현황 등
- 건축계획 : 배치·평면·입면계획·동선계획·개략조경계획·주차계획 및 교통처리계획 등
- 시공방법, 개략공정계획, 주요설비계획, 주요자재 사용계획, 기타 필요한 사항

**94** 국토의 계획 및 이용에 관한 법령상 다음과 같이 정의되는 용어는?

개발로 인하여 기반시설이 부족할 것으로 예상되나 기반시설을 설치하기 곤란한 지역을 대상으로 건폐율이나 용적률을 강화하여 적용하기 위하여 지정하는 구역

① 시가화조정구역
② 개발밀도관리구역
③ 기반시설부담구역
④ 지구단위계획구역

[해설]
개발밀도관리구역
주거·상업 또는 공업지역에서의 개발행위로 기반시설(도시·군계획시설을 포함한다)의 처리·공급 또는 수용능력이 부족할 것으로 예상되는 지역 중 기반시설의 설치가 곤란한 지역을 개발밀도관리구역으로 지정할 수 있다.

**95** 다음의 대지와 도로의 관계에 관한 기준 내용 중 ( ) 안에 알맞은 것은?

연면적의 합계가 2천$m^2$(공장인 경우에는 3천$m^2$) 이상인 건축물(축사, 작물 재배사, 그 밖에 이와 비슷한 건축물로서 건축조례로 정하는 규모의 건축물은 제외한다)의 대지는 너비 ( ㉠ ) 이상의 도로에 ( ㉡ ) 이상 접하여야 한다.

정답  91 ④  92 ②  93 ④  94 ②  95 ②

① ㉠ 4m, ㉡ 2m   ② ㉠ 6m, ㉡ 4m
③ ㉠ 8m, ㉡ 6m   ④ ㉠ 8m, ㉡ 4m

[해설]

대지와 도로의 관계[건축법 시행령 제28조]
연면적의 합계가 2천m²(공장인 경우에는 3천m²) 이상인 건축물(축사, 작물 재배사, 그 밖에 이와 비슷한 건축물로서 건축조례로 정하는 규모의 건축물은 제외한다)의 대지는 너비 6m 이상의 도로에 4m 이상 접하여야 한다.

**96** 다음 거실의 반자높이와 관련된 기준 내용 중 ( ) 안에 해당되지 않는 건축물의 용도는?

> ( )의 용도에 쓰이는 건축물의 관람실 또는 집회실로서 그 바닥면적이 200m² 이상인 것의 반자의 높이는 4m(노대의 아랫부분의 높이는 2.7m) 이상이어야 한다. 다만, 기계환기장치를 설치하는 경우에는 그렇지 않다.

① 문화 및 집회시설 중 동·식물원
② 장례식장
③ 위락시설 중 유흥주점
④ 종교시설

[해설]

문화 및 집회시설 중 전시장 및 동·식물원은 제외한다.

**97** 주거지역 중 단독주택 중심의 양호한 주거환경을 보호하기 위하여 지정하는 지역은?

① 제1종 전용주거지역
② 제2종 전용주거지역
③ 제1종 일반주거지역
④ 제2종 일반주거지역

[해설]

② 제2종 전용주거지역 : 공동주택 중심의 양호한 주거환경을 보호하기 위하여 필요한 지역
③ 제1종 일반주거지역 : 저층 주택을 중심으로 편리한 주거환경을 조성하기 위하여 필요한 지역
④ 제2종 일반주거지역 : 중층 주택을 중심으로 편리한 주거환경을 조성하기 위하여 필요한 지역

**98** 면적의 산정방법 중 건축물의 외벽(외벽이 없는 경우에는 외곽 부분의 기둥)의 중심선으로 둘러싸인 부분의 수평투영면적으로 하는 것은?

① 연면적
② 대지면적
③ 건축면적
④ 거실면적

[해설]

건축면적의 산정원칙
- 건축물 외벽의 중심선으로 둘러싸인 부분의 수평투영면적을 말한다.
- 외벽이 없는 경우에는 외곽 부분의 기둥을 기준으로 한다.

**99** 주차장 수급 실태 조사의 조사 구역 설정에 관한 기준 내용으로 옳지 않은 것은?

① 실태조사의 주기는 3년으로 한다.
② 사각형 또는 삼각형 형태로 조사 구역을 설정한다.
③ 각 조사 구역은 「건축법」에 따른 도로를 경계로 구분한다.
④ 조사 구역 바깥 경계선의 최대거리가 500m를 넘지 않도록 한다.

[해설]

조사 구역 설정 기준[주차장법 시행규칙 제1조의 2]
- 사각형 또는 삼각형 형태로 조사 구역을 설정하되 조사 구역 바깥 경계선의 최대거리가 300m를 넘지 않도록 할 것
- 각 조사 구역은 도로를 경계로 구분할 것
- 아파트단지와 단독주택단지가 섞여 있는 지역 또는 주거기능과 상업·업무기능이 섞여 있는 지역의 경우에는 주차시설 수급의 적정성, 지역적 특성 등을 고려하여 같은 특성을 가진 지역별로 조사 구역을 설정할 것

정답  96 ①  97 ①  98 ③  99 ④

**100** 건축법령상 다음과 같이 정의되는 용어는?

> 건축물의 건축·대수선·용도변경, 건축설비의 설치 또는 공작물의 축조에 관한 공사를 발주하거나 현장 관리인을 두어 스스로 그 공사를 하는 자

① 건축주
② 건축사
③ 설계자
④ 공사시공자

[해설]
건축주란 건축물의 건축·대수선·용도변경, 건축설비의 설치 또는 공작물의 축조에 관한 공사를 발주하거나 현장 관리인을 두어 스스로 그 공사를 하는 자를 말한다.

정답 100 ①

# 15 제15회 CBT 실전모의고사

## 1과목 건축계획

**01** 다음 중 다포식(多包式) 건축으로 가장 오래된 것은?

① 창경궁 명정전  ② 전등사 대웅전
③ 불국사 극락전  ④ 심원사 보광전

[해설]
① 창경궁 명정전(조선 시대)
② 전등사 대웅전(조선 시대)
③ 불국사 극락전(조선 시대)
④ 심원사 보광전(고려 시대)

**02** 학교 건축에서 단층 교사에 관한 설명으로 옳지 않은 것은?

① 재해 시 피난이 용이하다.
② 학습 활동을 실외로 연장할 수 있다.
③ 부지의 이용률이 높으며 설비의 배선, 배관을 집약할 수 있다.
④ 개개의 교실에서 밖으로 직접 출입할 수 있으므로 복도가 혼잡하지 않다.

[해설]
단층교사는 저층으로서 구조계획이 단순하며, 내진·내풍구조가 용이하지만, 부지 이용률이 낮고 설비의 배선, 배관의 집약이 난해한 단점을 가지고 있다.

**03** 공장건축형식 중 파빌리온 타입(Pavilion Type)에 관한 설명으로 옳지 않은 것은?

① 통풍, 채광이 좋다.
② 배수, 물홈통 설치가 불리하다.
③ 공장의 신설과 확장이 용이하다.
④ 공장건설을 병행할 수 있으므로 조기완성이 가능하다.

[해설]
분관식(파빌리온 타입, Pavilion Type)은 배수, 물홈통 설치가 용이하다.

**04** 다음의 공동주택 평면형식 중 각 주호의 프라이버시와 거주성이 가장 양호한 것은?

① 계단실형  ② 중복도형
③ 편복도형  ④ 집중형

[해설]
홀형(계단실형)
계단실 혹은 엘리베이터홀로부터 단위 주호(세대)로 들어가는 형식으로서, 프라이버시 확보가 양호한 특징을 갖고 있다.

| 장점 | 단점 |
|---|---|
| • 프라이버시 양호<br>• 통행부 면적이 작아서 건물의 이용도가 높음<br>• 각 단위 주거가 자연 조건 등에 균등한 방향으로 배치되어 일조, 통풍에 유리 | • 엘리베이터 이용률이 낮음<br>• 층 아파트일 경우 각 계단실(홀)마다 엘리베이터를 설치해야 하므로 시설비가 많이 듦 |

**05** 다음의 주요 사례에서 전시공간의 융통성을 가장 많이 부여하고 있는 것은?

① 과천 현대미술관
② 파리 퐁피두 센터
③ 파리 루브르 박물관
④ 뉴욕 구겐하임 미술관

[해설]
퐁피두 센터
영국인 건축가 리차드 로저스(Richard Rogers)와 이탈리아 건축가인 렌조 피아노(Renzo Piano)가 합작하여 설계한 건축물로서, 현대미술관, 연구도서관, 디자인센터, 음향 연구관 등 네 가지 전문영역으로 복합적으로 구성되어 전시공간의 융통성을 추구하였다.

**06** 다음 중 상업공간의 매장 내 진열장(Show Case) 배치를 계획할 때 가장 우선적으로 고려해야 할 사항은?

① 진열장의 수  ② 조명의 조도
③ 고객의 동선  ④ 바닥의 재질

정답  01 ④  02 ③  03 ②  04 ①  05 ②  06 ③

[해설]
진열장은 고객이 원활히 이동하여 각각의 상품을 볼 수 있도록 계획되어야 하므로, 진열장 배치 시 가장 우선적으로 고려해야 할 사항은 고객의 동선이다.

**07** 단지계획에 있어서 교통계획의 주요 착안사항으로 옳지 않은 것은?

① 통행량이 많은 고속도로는 근린주구단위를 분리시킨다.
② 근린주구단위 내부로의 자동차 통과진입을 최소화 한다.
③ 2차 도로체계는 주도로와 연결하고 통과도로를 이루게 한다.
④ 단지 내의 교통량을 줄이기 위하여 고밀도지역은 진입구 주변에 배치시킨다.

[해설]
단지계획에서의 도로체계
- 내부 가로망은 단지 내의 교통량을 원활히 처리하고 통과교통에 사용되지 않도록 계획되어야 한다.
- 근린주구의 단위는 통과교통이 내부를 관통하지 않고 용이하게 우회할 수 있는 충분한 넓이의 간선도로에 의해 구획되어야 한다.

**08** 자연형 테라스 하우스에 관한 설명으로 옳지 않은 것은?

① 각 세대마다 전용의 정원을 가질 수 있다.
② 하향식이나 상향식 모두 스플릿 레벨이 가능하다.
③ 하향식의 경우 각 세대의 규모를 동일하게 할 수 없다.
④ 일반적으로 후면에 창을 설치할 수 없으므로 각 세대 깊이가 너무 깊지 않도록 한다.

[해설]
자연형 테라스 하우스는 경사지를 이용하여 지형에 따라 건물을 축조한 것으로서, 하향식으로 할 경우 각 세대의 규모를 동일하게 할 수 있다.

**09** 초기 기독교건축의 바실리카식 교회의 실내 공간 구성에 속하지 않는 것은?

① 앱스(Apse)
② 아일(Aisle)
③ 네이브(Nave)
④ 아키트레이브(Architrave)

[해설]
아키트레이브(Architrave)는 그리스 건축의 기둥을 구성한 부재의 일부를 의미한다.

**10** 다음 중 백화점 기둥 간격의 결정요소와 가장 거리가 먼 것은?

① 지하주차장의 주차방법
② 진열대의 치수와 배열법
③ 엘리베이터의 배치방법
④ 각 층별 매장의 상품구성

[해설]
백화점 기둥 간격의 결정 요소
- 진열대의 치수와 배치방법, 주위 통로의 폭
- 엘리베이터, 에스컬레이터의 배치
- 지하주차장의 주차방식과 폭

**11** 건축계획에서 말하는 미의 특성 중 변화 혹은 다양성을 얻는 방식과 가장 거리가 먼 것은?

① 억양(Accent)
② 대비(Contrast)
③ 균제(Proportion)
④ 대칭(Symmetry)

[해설]
대칭은 점이나 직선 또는 평면의 양쪽에 있는 부분이 똑같은 형태로 배치되어 있는 것으로서, 변화 혹은 다양성을 얻는 방식과는 거리가 멀다.

정답  07 ③  08 ③  09 ④  10 ④  11 ④

**12** 불사건축의 진입방법에서 누하진입방식을 취한 것은?

① 부석사
② 통도사
③ 화엄사
④ 범어사

[해설]

누하진입방식은 경사지에 건물을 지어 자연스럽게 만들어지는 건물 하부를 통해 들어가는 진입부를 만드는 방식으로 고려시대 건축물인 부석사가 이 방식을 취하였다.

**13** 주택단지 안의 건축물에 설치하는 계단의 유효폭은 최소 얼마 이상이어야 하는가?(단, 공동으로 사용하는 계단의 경우)

① 90cm
② 120cm
③ 150cm
④ 180cm

[해설]

공동으로 사용하는 경우 계단의 유효폭은 1.2m(120cm) 이상으로 한다.

**14** 고대 로마 건축물 중 판테온(Pantheon)에 관한 설명으로 옳지 않은 것은?

① 로툰다 내부는 드럼과 돔 두 부분으로 구성된다.
② 직사각형의 입구 공간은 외부와 내부 사이의 전이 공간으로 사용된다.
③ 드럼 하부는 깊은 니치와 독립된 도리아식 기둥들로 동적인 공간을 구현한다.
④ 거대한 돔을 얹은 로툰다와 대형 열주 현관이라는 2가지 주된 구성 요소로 이루어진다.

[해설]

로마의 판테온은 코린트식 기둥으로 이루어져 있다.

**15** 주택 부엌의 작업 삼각형(Work Triangle)에 관한 설명으로 옳지 않은 것은?

① 3변의 길이 합은 7~8m 정도가 기능적이다.
② 삼각형의 한 변의 길이는 1.8m 이하가 바람직하다.
③ 냉장고, 개수대, 레인지의 중간 지점을 연결한 삼각형이다.
④ 삼각형의 한 변 길이가 너무 길어지면 동선이 길어지므로 기능상 좋지 않다.

[해설]

부엌의 작업 삼각형(개수대 – 냉장고 – 가열대)
• 삼각형 세 변 길이의 합이 짧을수록 효과적인 배치이다.
• 삼각형 세 변 길이의 합은 3.6~6.6m 사이가 적당하다.
• 냉장고와 싱크대, 싱크대와 조리대 사이는 동선이 짧아야 한다.

**16** 아파트에 의무적으로 설치하여야 하는 장애인·노인·임산부 등의 편의시설에 속하지 않는 것은?

① 점자블록
② 장애인전용주차구역
③ 높이 차이가 제거된 건축물 출입구
④ 장애인 등의 통행이 가능한 접근로

[해설]

점자블록은 아파트에 의무적으로 설치하는 장애인·노인·임산부 등의 편의시설에 속하지 않는 장애인·노인·임산부 등의 편의시설에 속하지 않는다.

**17** 다음 중 건축가와 작품의 연결이 옳지 않은 것은?

① 르 코르뷔지에 – 사보이주택
② 오스카 니마이어 – 브라질 국회의사당
③ 미스 반 데어 로에 – 뉴욕 레버하우스
④ 프랭크 로이드 라이트 – 뉴욕 구겐하임미술관

[해설]

고든 분샤프트(Gordon Bunshaft) – 레버하우스(Lever House, 1952)

정답  12 ①  13 ②  14 ③  15 ①  16 ①  17 ③

**18** 클로즈드 시스템(Closed System)의 종합병원에서 외래진료부 계획에 관한 설명으로 옳지 않은 것은?

① 환자의 이용이 편리하도록 2층 이하에 두도록 한다.
② 부속 진료시설을 인접하게 하여 이용이 편리하게 한다.
③ 중앙주사실, 약국은 정면 출입구에서 멀리 떨어진 곳에 둔다.
④ 외과 계통 각 과는 1실에서 여러 환자를 볼 수 있도록 대실로 한다.

[해설]
중앙주사실, 회계, 약국 등은 정면 출입구 근처에 설치한다.

**19** 다음 중 사무소 건축의 기준층 층고 결정 요소와 가장 거리가 먼 것은?

① 채광률
② 사용목적
③ 계단의 형태
④ 공조시스템의 유형

[해설]
층고계획 시 고려사항(층고 결정 요소)
• 건축물의 사용목적
• 채광(채광률) 및 실의 안깊이
• 경제성(공사비)
• 공조시스템

**20** 도서관의 출납시스템 중 열람자는 직접 서가에 면하여 책의 체제나 표지 정도는 볼 수 있으나 내용을 보려면 관원에게 요구하여 대출기록을 남긴 후 열람하는 형식은?

① 폐가식
② 반개가식
③ 안전 개가식
④ 자유 개가식

[해설]
반개가식(Semi Open Access)
• 열람자는 직접 서가에 와서 책의 표제 정도는 볼 수 있으나 그 내용을 보려면 관원에게 대출을 요구해야 한다.
• 신간 서적 코너 등에 적용되며, 다량의 도서에는 적합하지 않다.
• 특징
  – 출납 시설이 필요하다.
  – 서가의 열람이나 감시가 필요하지 않다.

## 2과목 건축시공

**21** 포틀랜드시멘트 화학성분 중 1일 이내 수화를 지배하며 응결이 가장 빠른 것은?

① 알루민산 3석회
② 알루민산철 4석회
③ 규산 3석회
④ 규산 2석회

[해설]
응결속도, 수화열, 조기강도 및 수축률 크기
알루민산 3석회 > 규산3석회 > 규산 2석회
※ 알루민산철 4석회는 색상과 관계된 성분이다.

**22** 다음 미장재료 중 기경성 재료로만 구성된 것은?

① 회반죽, 석고 플라스터, 돌로마이트 플라스터
② 시멘트 모르타르, 석고 플라스터, 회반죽
③ 석고 플라스터, 돌로마이트 플라스터, 진흙
④ 진흙, 회반죽, 돌로마이트 플라스터

[해설]
① 석고 플라스터 : 수경성
② 시멘트 모르타르, 석고 플라스터 : 수경성
③ 석고 플라스터 : 수경성

정답 18 ③  19 ③  20 ②  21 ①  22 ④

**23** 공동도급방식(Joint Venture)에 관한 설명으로 옳은 것은?

① 2명 이상의 수급자가 어느 특정 공사에 대하여 협동으로 공사계약을 체결하는 방식이다.
② 발주자, 설계자, 공사관리자의 세 전문집단에 의하여 공사를 수행하는 방식이다.
③ 발주자와 수급자가 상호 신뢰를 바탕으로 팀을 구성하여 공동으로 공사를 수행하는 방식이다.
④ 공사 수행방식에 따라 설계/시공(D/B)방식과 설계/관리(D/M)방식으로 구분한다.

[해설]

공동도급(Joint Venture)
공동도급은 대규모 공사에서 수 개의 건설회사가 공동으로 출자하여 한 회사의 입장에서 공사를 수주하고 연대책임으로 시공하는 방식이다.

**24** 콘크리트 배합에 직접적인 영향을 주는 요소가 아닌 것은?

① 시멘트 강도   ② 물-시멘트비
③ 철근의 품질   ④ 골재의 입도

[해설]

철근의 품질은 콘크리트 배합과정에 직접적 영향을 미치지 않는다. 배합과정에서 영향을 미치는 인자는 콘크리트의 구성요소인 시멘트(결합재), 골재(모래, 자갈), 물, 혼화재료 등이 있다.

**25** 철근, 볼트 등 건축용 강재의 재료시험 항목에서 일반적으로 제외되는 항목은?

① 압축강도시험
② 인장강도시험
③ 굽힘시험
④ 연신율시험

[해설]

철근, 볼트 등은 인장재에 해당하는 것으로서 압축강도시험은 행하지 않는다.

**26** 수경성 마무리 재료로 가장 적합하지 않은 것은?

① 돌로마이트 플라스터
② 혼합 석고 플라스터
③ 시멘트 모르타르
④ 경석고 플라스터

[해설]

돌로마이트 플라스터는 기체 중(공기 중)에서 경화되는 기경성 재료이다.

**27** 건설사업자원 통합 전산망으로 건설 생산활동 전 과정에서 건설 관련 주체가 전산망을 통해 신속히 교환·공유할 수 있도록 지원하는 통합 정보시스템의 용어로서 옳은 것은?

① 건설 CIC(Computer Intergrated Construction)
② 건설 CALS(Continuous Acquisition & Life Cycle Support)
③ 건설 EC(Engineering Construction)
④ 건설 EVMS(Earned Value Management System)

[해설]

건설 CALS(Continuous Acquisition & Life Cycle Support)는 건설 생산활동 전과정[생애(Life)]의 건설정보통합전산망을 구축한 건설사업정보시스템을 의미한다.
① 건설 CIC(Computer Integrated Construction) : 건설 통합관리시스템
③ 건설 EC(Engineering Construction) : 설계·시공 통합의 업역 형태
④ 건설 EVMS(Earned Value Management System) : 통합공정관리기법

**28** 금속커튼월의 성능시험 관련 항목과 가장 거리가 먼 것은?

① 내동해성 시험   ② 구조시험
③ 기밀시험        ④ 정압수밀시험

[해설]

내동해성은 콘크리트에서의 동해(동결) 관련된 특성으로, 금속커튼월 성능시험과는 거리가 멀다.

정답  23 ①  24 ③  25 ①  26 ①  27 ②  28 ①

**29** 철골부재 용접 시 겹침이음, T자이음 등에 사용되는 용접으로 목두께의 방향이 모재의 면과 45° 또는 거의 45°의 각을 이루는 것은?

① 완전용입 맞댐용접
② 모살용접
③ 부분용입 맞댐용접
④ 다층용접

[해설]
모살용접(Fillet Welding, 필릿용접, 겹대기용접)
2장의 판재를 겹쳐서 목두께의 방향이 모재의 면과 45°가 되게 하는 용접으로, 용접되는 부재의 교차되는 면 사이에 일반적으로 삼각형의 단면이 만들어지며, 전면 또는 측면 필렛용접, T자형, +자형 필렛용접이 있다.

**30** 유리에 관한 설명으로 옳지 않은 것은?

① 망입유리는 화재 시 개구부에서의 연소를 방지하는 효과가 있으며, 유리파편이 거의 튀지 않는다.
② 복층유리는 단판유리보다 단열효과가 우수하므로 냉난방부하를 경감시킬 수 있다.
③ 강화유리는 파손 시 파편이 작기 때문에 파편에 의한 손상사고를 줄일 수 있다.
④ 열선흡수유리는 유리 한 면에 열선반사막을 입힌 판유리로, 가시광선의 투과율이 30% 정도 낮아 외부로부터 시선을 차단할 수 있다.

[해설]
④는 열선반사유리에 대한 설명이다.

※ 열선흡수유리
단열유리라고도 불리며 태양광선 중 장파부분을 흡수하는 유리를 말한다.

**31** 시멘트 200포를 사용하여 배합비가 1 : 3 : 6의 콘크리트를 비벼 냈을 때의 전체 콘크리트 양은? (단, 물-시멘트 비는 60%이고 시멘트 1포대는 40kg이다.)

① $25.25m^3$
② $36.36m^3$
③ $39.39m^3$
④ $44.44m^3$

[해설]
㉠ 1 : 3 : 6 배합의 경우, 콘크리트 1m³당 시멘트 220kg(5.5포×40kg), 모래 0.47m³, 자갈 0.94m³이다(시멘트 220kg일 때, 콘크리트 1m³).
㉡ 시멘트 200포일 경우, 시멘트는 200포×40kg=8,000kg이다.
㉢ 다음의 비례식을 통해 전체 콘크리트량($x$)을 산정한다.
  220kg : 1m³ = 8,000kg : $x$
∴ $x = 36.36m^3$

**32** 창호철물 중 여닫이문에 사용하지 않는 것은?

① 도어 행거(Door Hanger)
② 도어 체크(Door Check)
③ 실린더 록(Cylinder Lock)
④ 플로어 힌지(Floor Hinge)

[해설]
도어 행거(Door Hanger)는 문을 위에서 메다는 것으로서 미닫이문이나 폴딩 도어 등에 사용한다.
② 도어 체크(Door Check) : 자동으로 문이 닫히는 장치
③ 실린더 록(Cylinder Lock) : 잠금장치의 일종
④ 플로어 힌지(Floor Hinge) : 여닫이문 바닥에 설치하는 힌지

**33** 건설현장에서 굳지 않은 콘크리트에 대해 실시하는 시험으로 옳지 않은 것은?

① 슬럼프(Slump) 시험
② 코어(Core) 시험
③ 염화물 시험
④ 공기량 시험

[해설]
코어(Core) 시험은 준공 후 하자 여부를 판단하고자 하는 것으로, 경화부 콘크리트를 부분 절취하여 실시하는 시험이다.

정답 29 ② 30 ④ 31 ② 32 ① 33 ②

## 34 네트워크(NetWork) 공정표의 장점이라고 볼 수 없는 것은?

① 작업 상호 간의 관련성 파악이 용이하다.
② 진도 관리를 명확하게 실시할 수 있으며 적절한 조치를 취할 수 있다.
③ 작업의 선후관계 및 소요일정 파악이 용이하다.
④ 작성 및 검사에 특별한 기능이 필요 없고, 경험이 없는 사람도 쉽게 작성할 수 있다.

[해설]
네트워크(Network) 공정표는 작성 및 검사에 특별한 기능이 요구되고, 작성 경험이 중요하므로, 공정계획의 초기 작성시간이 길어지는 단점이 있다.

## 35 기계가 위치한 곳보다 높은 곳의 굴착에 가장 적당한 건설기계는?

① Dragline   ② Back Hoe
③ Power Shovel   ④ Scraper

[해설]
Dragline과 Back Hoe는 기계가 위치하는 곳보다 낮은 곳의 굴착에 적합한 장비이며, Scraper는 굴착기계가 아닌 지정 장비이다.

## 36 벽돌조 건물에서 벽량이란 해당 층의 바닥면적에 대한 무엇의 비를 말하는가?

① 벽면적의 총합계
② 내력벽 길이의 총합계
③ 높이
④ 벽두께

[해설]
$$벽량(cm/m^2) = \frac{해당\ 층\ 내력벽\ 길이의\ 합(cm)}{해당\ 층\ 바닥면적(m^2)}$$

## 37 공사금액의 결정방법에 따른 도급방식이 아닌 것은?

① 정액도급   ② 공종별 도급
③ 단가도급   ④ 실비정산 보수가산도급

[해설]
공종별 도급은 공사실시방식에 따른 분류에 해당한다.

※ 계약방식

| 구분 | 계약방식 |
|---|---|
| 공사실시방식 | 일식도급, 분할도급, 공동도급 |
| 공사금액 지불방식 | 정액도급, 단가도급, 실비정산보수가산도급 |

## 38 건축물이 초고층화, 대형화됨에 따라 발생되는 기둥 축소량(Column Shortening)의 방지대책으로 적합하지 않은 것은?

① 구조설계 시 변위 발생량에 대해 여유 있게 산정한다.
② 전체 건물의 층을 몇 절(Tier)로 등분하여 변위차이를 최소화한다.
③ 가조립 시 위치별, 단면 크기별 등 변위를 충분히 발생시킨 후 본조립한다.
④ 시공 시 발생되는 변위를 최대한 보정한 후 실시한다.

[해설]
구조설계 시 발생이 예상되는 구간별로 변위량을 등분조절하여 각 구간별 기둥부재의 변위 발생량(변위 치수)을 최소화해야 한다.

## 39 기술제안입찰제도의 특징에 관한 설명으로 옳지 않은 것은?

① 공사비 절감방안의 제안은 불가하다.
② 기술제안서 작성에 추가 비용이 발생된다.
③ 제안된 기술의 지적재산권 인정이 미흡하다.
④ 원안 설계에 대한 공법, 품질 확보 등이 핵심 제안 요소이다.

정답 34 ④  35 ③  36 ②  37 ②  38 ①  39 ①

[해설]
기술제안입찰은 신기술 등을 활용한 공사비 절감방안 등의 제안이 가능하다.

**40** 콘크리트의 크리프에 관한 설명으로 옳지 않은 것은?

① 습도가 높을수록 크리프는 크다.
② 물-시멘트 비가 클수록 크리프는 크다.
③ 콘크리트의 배합과 골재의 종류는 크리프에 영향을 끼친다.
④ 하중이 제거되면 크리프 변형은 일부 회복된다.

[해설]
콘크리트 크리프는 습도가 낮을수록 크다.

## 3 과목 건축구조

**41** 다음 두 보의 최대 처짐량이 같기 위한 등분포하중의 비로 옳은 것은?(단, 부재의 재질과 단면은 동일하며 A부재의 길이는 B부재 길이의 2배임)

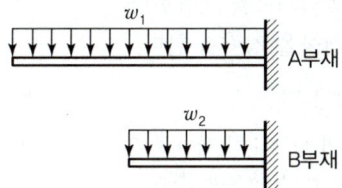

① $w_2 = 2w_1$  ② $w_2 = 4w_1$
③ $w_2 = 8w_1$  ④ $w_2 = 16w_1$

[해설]
등변분포하중의 최대처짐($\delta_{max}$)
- $\delta_{max} = \dfrac{wL^4}{8EI}$
- $\delta_A = \delta_B$

  $\dfrac{w_1(2L)^4}{8EI} = \dfrac{w_2(L)^4}{8EI}$

  $w_2 = \dfrac{(2L)^4}{L^4}w_1 = \left(\dfrac{2L}{L}\right)^4 w_1 = 2^4 w_1 = 16w_1$

**42** 그림과 같은 단면의 $x$축에 대한 단면계수 값으로서 옳은 것은?

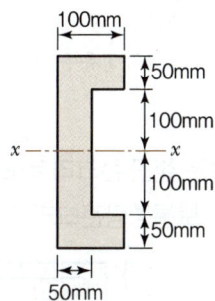

① $1.278 \times 10^6 \text{mm}^3$  ② $1.298 \times 10^6 \text{mm}^3$
③ $1.378 \times 10^6 \text{mm}^3$  ④ $1.398 \times 10^6 \text{mm}^3$

[해설]
단면계수($Z$) 산출
㉠ $Z = \dfrac{I_X}{y}$

㉡ $I_X = \dfrac{BH^3}{12} - \dfrac{bh^3}{12} = \dfrac{100 \times 300^3}{12} - \dfrac{50 \times 200^3}{12}$
  $= 191,666,666.7$

㉢ $y = \dfrac{300}{2} = 150$

∴ $Z = \dfrac{I_X}{y} = \dfrac{191,666,666.7}{150}$
  $= 1277777.778 = 1.28 \times 10^6 \text{mm}^3$

**43** 등가정적해석법에 따른 지진응답계수의 산정식과 가장 거리가 먼 것은?

① 가스트영향계수
② 반응수정계수
③ 주기 1초에서의 설계스펙트럼 가속도
④ 건축물의 고유주기

[해설]
지진응답계수($C_s$)의 구성

$C_s = \dfrac{S_{D1}}{\left[\dfrac{R}{I_E}\right]T}$

정답 40 ① 41 ④ 42 ① 43 ①

여기서, $C_s$ : 지진응답계수
$I_E$ : 건축물의 중요도계수
$R$ : 반응수정계수
$S_{D1}$ : 주기 1초에서의 설계스펙트럼 가속도
$T$ : 건축물의 고유주기(초)

**44** 그림과 같은 철근 콘크리트보의 균열모멘트($M_{cr}$) 값은?(단, 보통중량콘크리트 사용, $f_{ck}=24\text{MPa}$)

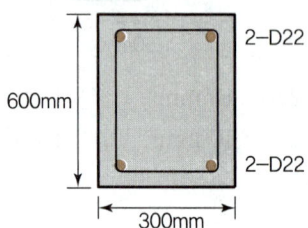

① 21.5kN·m  ② 33.6kN·m
③ 42.8kN·m  ④ 55.6kN·m

[해설]

균열모멘트($M_{cr}$) 산출
$M_{cr} = Z$(단면계수)·$f_r$(파괴계수)
$= \left(\dfrac{bh^2}{6}\right) \times (0.63 \times \lambda \times \sqrt{f_{ck}})$
$= \left(\dfrac{300 \times 600^2}{6}\right) \times (0.63 \times 1 \times \sqrt{24})$
$= 55,554,427\text{N·mm}^2 \times 10^{-6} = 55.55\text{kN·m}$

여기서, $\lambda$ : 콘크리트 중량 계수(보통중량일 경우 1)

**45** 강구조에서 기초콘크리트에 매입되어 주각부의 이동을 방지하는 역할을 하는 것은?

① 앵커 볼트
② 턴 버클
③ 클립 앵글
④ 사이드 앵글

[해설]

앵커 볼트는 강구조를 기초콘크리트에 고정시키는 역할을 하는 것으로서, 기초콘크리트에 매입되어 강성을 통해 주각부의 이동을 방지하게 된다.

**46** 그림과 같은 래티스보에서 $V=3\text{kN}$일 때 웨브재의 축방향력은?

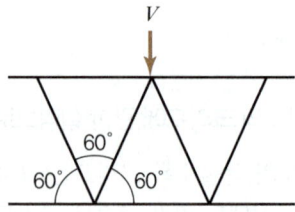

① 1.5kN  ② $\sqrt{3}$ kN
③ 2.0kN  ④ 3.0kN

[해설]

축방향력 산출
집중하중이 작용하는 절점을 기준으로
$\Sigma V = 0$
$2N\cos 30° = V$
$N = \dfrac{3}{\sqrt{3}} = \sqrt{3}\text{ kN}$

**47** 연약지반에 대한 대책으로 옳지 않은 것은?

① 지반개량공법을 실시한다.
② 말뚝기초를 적용한다.
③ 독립기초를 적용한다.
④ 건물을 경량화 한다.

[해설]

독립기초보다는 복합기초, 온통기초를 적용하여 기초 간의 응력의 차이를 최소화 한다.

**48** 그림과 같은 캔딜레버 보에서 $B$점의 처짐을 구하면?

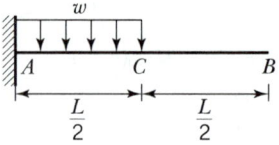

① $\dfrac{WL^4}{128EI}$  ② $\dfrac{3WL^4}{128EI}$
③ $\dfrac{3WL^4}{384EI}$  ④ $\dfrac{7WL^4}{384EI}$

[해설]

캔틸레버 보에서 지점으로부터 반만큼의 구간에 등분포하중이 작용할 때, 캔틸레버 연단(B)의 처짐량은 $\dfrac{7wL^4}{384EI}$이다.

**49** 강도설계법을 근거로 그림과 같은 단극직사각형 보의 최소 철근량을 구하면?(단, $f_{ck}=21$MPa, $f_y=400$MPa)

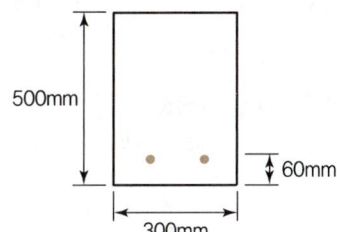

① 354mm²  ② 462mm²
③ 588mm²  ④ 643mm²

[해설]

㉠ 최소철근비의 산출
둘 중 큰 값으로 산정

$\rho_{\min} = \dfrac{0.25\sqrt{f_{ck}}}{f_y} = \dfrac{0.25\sqrt{21}}{400} = 0.00286$

$\rho_{\min} = \dfrac{1.4}{f_y} = \dfrac{1.4}{400} = 0.0035$

최소철근비($\rho_{\min}$)는 0.0035

㉡ 최소철근량($A_{s,\min}$) 산출

$A_{s,\min} = \rho_{\min} \cdot b_w \cdot d$
$= 0.0035 \times 300 \times (500-60) = 462\text{mm}^2$

**50** 그림과 같은 단면을 가진 압축재에서 유효좌굴길이 $KL=250$mm일 때 Euler의 좌굴하중 값은? (단, $E=210,000$MPa이다.)

① 17.9kN
② 43.0kN
③ 52.9kN
④ 64.7kN

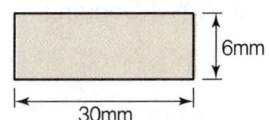

[해설]

좌굴하중(임계하중)

$P_b = \dfrac{\pi^2 EI}{(KL)^2} = \dfrac{\pi^2 \times 210,000 \times \dfrac{30 \times 6^3}{12}}{250^2}$
$= 17,907.41\text{N} = 17.9\text{kN}$

여기서, $E$ : 탄성계수
$I$ : 단면2차모멘트 ($\dfrac{bh^3}{12}$)
$KL$ : 유효좌굴길이

**51** 철근콘크리트 구조설계 시 고려하는 강도설계법에 관한 설명으로 옳지 않은 것은?

① 보의 압축 측의 응력분포는 사다리꼴, 포물선 등의 형태로 본다.
② 규정된 허용하중이 초과될지도 모를 가능성을 예측하여 하중계수를 사용한다.
③ 재료의 변화, 시공오차 등의 기술적인 면을 고려하여 강도감소계수를 사용한다.
④ 이 설계방법은 탄성이론하에서 이루어진 설계법이다.

[해설]

강도설계법은 소성이론에 의해 철근콘크리트를 소성체로 보고 그 부재의 계수강도를 알아내 안전성을 확보하는 설계법으로, 소성설계법이라고도 한다.
탄성이론하에서 이루어진 설계법은 허용응력설계법(WSD, Working Stress Design method)이다.

**52** 부재의 EI가 일정하고, 양단의 지지상태가 그림과 같은 경우, A기둥의 탄성좌굴하중은 B기둥의 탄성좌굴 하중의 몇 배인가?

① 4배
② 6배
③ 8배
④ 16배

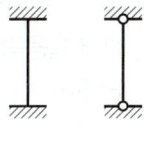

정답  49 ②  50 ①  51 ④  52 ①

[해설]

탄성좌굴하중의 산출식이 $P_b = \dfrac{\pi^2 EI}{(kl)^2}$ 이므로, 탄성좌굴하중은 지지상태를 나타내는 $k$(지지형태에 따른 유효길이계수)의 제곱에 반비례하게 된다.
㉠ A는 양단 고정지지로서 $k=0.5$
㉡ B는 양단 힌지지지로서 $k=1.0$
∴ 탄성좌굴하중은 $k$ 계수의 제곱에 반비례하므로 A가 B에 비하여 4배 만큼 탄성좌굴하중이 크다.
$$A : B = \dfrac{1}{0.5^2} : \dfrac{1}{1^2} = 4 : 1$$

**53** 그림과 같이 스팬이 8,000mm이며, 보 중심 간격이 3,000mm인 합성보 H-588×300×12×20의 강재에 콘크리트 두께 150mm로 합성보를 설계하고자 한다. 합성보 B의 슬래브 유효폭을 구하면?(단, 스터드 전단연결재가 설치됨)

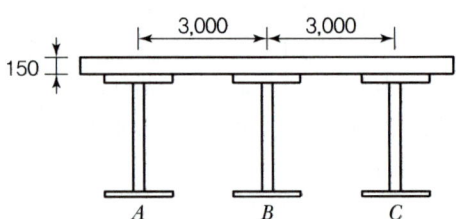

① 1,500mm  ② 2,000mm
③ 3,000mm  ④ 4,000mm

[해설]
다음의 ㉠과 ㉡ 중 작은 값을 유효폭으로 산정한다.
㉠ 양측 슬래브의 중심 간 거리 : 3,000mm
㉡ 보 스팬 $\times \dfrac{1}{4} = 8,000 \times \dfrac{1}{4} = 2,000$mm
∴ 유효폭($b_e$) = 2,000mm

**54** 그림과 같은 하중을 받는 단순보에서 단면에 생기는 최대 휨응력도는?(단, 목재는 결함이 없는 균질한 단면이다.)

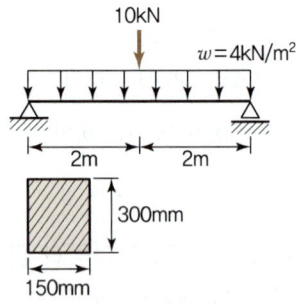

① 8MPa   ② 10MPa
③ 12MPa  ④ 15MPa

[해설]
최대 휨응력도($\sigma_{max}$) 산출
$$\sigma_{max} = \dfrac{M_{max}}{Z} = \dfrac{\dfrac{wL^2}{8} + \dfrac{PL}{4}}{\dfrac{bh^2}{6}}$$
$$= \dfrac{\dfrac{4 \times 4^2}{8} + \dfrac{10 \times 4}{4}}{\dfrac{0.15 \times 0.3^2}{6}} = 8{,}000\text{kN/m}^2$$
$$= 8{,}000{,}000\text{N/m}^2 = 8\text{N/mm}^2(\text{MPa})$$

**55** 경간이 4m인 1방향 슬래브에서 양단 연속일 경우 처짐을 계산하지 않은 슬래브의 최소 두께는?

① 112mm   ② 125mm
③ 143mm   ④ 156mm

[해설]
양단연속 1방향 슬래브의 최소 두께($h$) 산출
$h = \dfrac{l}{28} = \dfrac{4{,}000}{28} = 142.86 ≒ 143$mm

**56** 강구조 용접에서 용접결함에 속하지 않는 것은?

① 오버랩(Overlap)   ② 크랙(Crack)
③ 가우징(Gouging)   ④ 언더컷(Under Cut)

[해설]
가우징(Gouging)은 불량을 최소화하기 위한 용접 공정의 일종으로서 금속을 녹인 후 공기로 불어내는 내는 작업을 말한다.

**57** 그림과 같은 하중을 지지하는 단주의 단면에서 인장력을 발생시키지 않는 거리 $x$의 한계는?

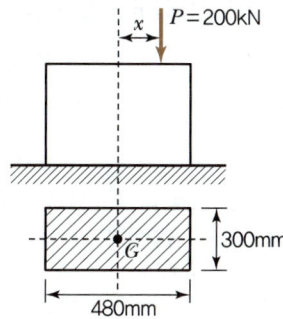

① 40mm  ② 60mm
③ 80mm  ④ 100mm

[해설]
핵거리($x$) 산출
$x = \dfrac{b}{6} = \dfrac{480}{6} = 80\text{mm}$

**58** 보 또는 보의 역할을 하는 리브나 지판이 없어 기둥으로 하중을 전달하는 2방향으로 철근이 배치된 콘크리트 슬래브는?

① 위플 슬래브(Waffle Slab)
② 플랫 플레이트(Flat Plate)
③ 플랫 슬래브(Flat Slab)
④ 데크플레이트 슬래브(Deck Plate Slab)

[해설]
플랫 플레이트(Flat Plate Slab, 평판 슬래브)
• 순수하게 기둥만으로 지지된 슬래브
• 받침판(지판)과 기둥머리가 없다.
• 하중이 크지 않거나 경간이 짧은 경우에 사용된다.

**59** 건축구조용 압연강이라 하며, 건축물의 내진성능을 확보하기 위하여 항복점의 상한치 제한 등에 의한 품질의 편차를 줄이고, 용접성 및 냉간 가공성을 향상시킨 강재는?

① SM강재  ② TMCP강재
③ SS강재  ④ SN강재

[해설]
SN재는 건축물의 내진성능을 확보하기 위하여 항복점의 상한치를 제한하는 강재이다.

**60** 독립기초에 $N=20\text{kN}$, $M=10\text{kN}\cdot\text{m}$가 작용할 때 접지압이 압축력만 발생하도록 하기 위한 기초저면의 최소길이는?(단, 직사각형 단면의 기초이다.)

① 2m  ② 3m
③ 4m  ④ 5m

[해설]
기초저면의 최소길이 $l$ 산출
• 직사각형 단면일 경우 편심길이 $e = \dfrac{l}{6} \rightarrow l = 6 \times e$
• 모멘트 $M = N \times e$이므로 $e = \dfrac{M}{N} = \dfrac{10}{20} = 0.5$
∴ $l = 6 \times e = 6 \times 0.5 = 3\text{m}$

## 4과목 건축설비

**61** 다음과 같은 조건에 있는 실의 틈새바람에 의한 현열부하량은?

[조건]
• 실의 체적 : 400m³
• 환기 횟수 : 0.5회/h
• 실내공기 건구온도 : 20℃
• 외기 건구온도 : 0℃
• 공기의 밀도 : 1.2kg/m³
• 공기의 비열 : 1.01kJ/kg·K

① 986W  ② 1,124W
③ 1,347W  ④ 1,542W

[해설]

$q = Q \cdot \rho \cdot Cp \cdot \Delta t$

여기서, $q$ : 실내 발열량(현열부하)(kJ/h)
$Q$ : 틈새바람에 의한 침기량(m³/h)
$\rho$ : 공기의 밀도 1.2kg/m³
$Cp$ : 공기의 정압비열 1.01kJ/kgK
$\Delta t$ : 실내외 온도차(℃)

$q = 400 \times 0.5 \times 1.2 \times 1.01 \times (20-0)$
$= 4,848$kJ/h $= 1,347$W

## 62 저압옥내 배선공사 중 직접 콘크리트에 매설할 수 있는 공사는?

① 금속관 공사
② 금속덕트 공사
③ 버스덕트 공사
④ 금속몰드 공사

[해설]

금속관 공사
- 건물의 종류와 장소에 구애받지 않고 시공이 가능하다.
- 주로 콘크리트의 매입 배선에 사용한다.
- 화재에 대한 위험성이 적고 전선의 기계적 손상이 적다.
- 전선 교체가 용이하다.
- 전선은 접속점이 없는 절연전선을 사용한다.

## 63 발전기에 적용되는 법칙으로 유도기전력의 방향을 알기 위하여 사용되는 법칙은?

① 오옴의 법칙
② 키르히호프의 법칙
③ 플레밍의 왼손의 법칙
④ 플레밍의 오른손의 법칙

[해설]

- 발전기의 원리 : 플레밍의 오른손의 법칙
- 전동기의 원리 : 플레밍의 왼손 법칙

## 64 압력탱크식 급수설비에서 탱크 내의 최고압력이 350kPa, 흡입양정이 5m인 경우, 압력탱크에 급수하기 위해 사용되는 급수펌프의 양정은?

① 약 3.5m
② 약 8.5m
③ 약 35m
④ 약 40m

[해설]

급수펌프 양정 = 탱크 내 최고 압력(350kPa)
　　　　　　 + 흡입양정(5m → 50kPa)
　　　　　　 = 400kPa
1m≒10kPa이므로, 40m의 양정을 갖는다.

## 65 다음 설명에 알맞은 전동기는?

- 구조와 취급이 간단하고 기계적으로 견고하다.
- 가격이 비교적 싸고 운전이 대체로 쉽다.
- 건축설비에서 가장 널리 사용되고 있다.

① 유도전동기
② 동기전동기
③ 직류전동기
④ 정류전동기

[해설]

우리나라에서의 배전은 교류 배전이므로 전동기도 보편적으로 교류전동기가 사용되고 있다. 그 중에서도 값이 싸고 구조가 간단하여 보수상의 문제가 적은 유도전동기가 가장 보편적으로 사용되고 있다. 직류전동기는 건축설비용으로는 직류 엘리베이터 구동용 등 극히 일부분에서만 사용되고 있다.

## 66 흡음 및 차음에 관한 설명으로 옳지 않은 것은?

① 벽의 차음성능은 투과손실이 클수록 높다.
② 차음성능이 높은 재료는 흡음성능도 높다.
③ 벽의 차음성능은 사용재료의 면밀도에 크게 영향을 받는다.
④ 벽의 차음성능은 동일 재료에서도 두께와 시공법에 따라 다르다.

정답　62 ①　63 ④　64 ④　65 ①　66 ②

[해설]

차음은 음을 차단하는 것으로서, 주로 밀도가 높은 중량 구조물의 형태가 많고, 흡음은 음을 흡수하는 것으로서, 다공질을 띠고 있는 저항형 단열재를 많이 사용하고 있다. 차음은 음의 반사, 흡음은 흠의 흡수를 주로 하므로 차음이 커질 경우 흡수량이 줄어들 가능성이 높다.

**67** 전기에 관한 기초사항으로 옳지 않은 것은?

① 전류는 발열작용, 화학작용, 자기작용을 한다.
② 병렬회로에서는 각각의 저항에 흐르는 전류의 값이 같다.
③ 오옴(Ohm)의 법칙은 전압, 전류, 저항 사이의 규칙적인 관계를 나타낸다.
④ 1W란 전압이 1V일 때 1A의 전류가 1s 동안에 하는 일을 말한다.

[해설]

병렬회로에서는 각각의 저항에 흐르는 전압의 값이 같으며, 직렬회로에서는 각각의 저항에 흐르는 전류의 값이 같다.

**68** 겨울철 실내 유리창 표면에 발생하기 쉬운 결로의 방지 방법과 가장 거리가 먼 것은?

① 실내공기의 움직임을 억제한다.
② 실내에서 발생하는 수증기를 억제한다.
③ 이중유리로 하여 유리창의 단열성능을 높인다.
④ 난방기기를 이용하여 유리창 표면온도를 높인다.

[해설]

겨울철 결로를 예방하기 위해서는 환기 등을 통해 낮은 습도를 가진 실외 공기를 유입하여, 실내 공기와 외기를 순환(움직임을 촉진)시킬 필요가 있다.

**69** 최대수요전력을 구하기 위한 것으로 총 부하설비용량에 대한 최대수요전력의 비율을 백분율로 나타낸 것은?

① 역률         ② 수용률
③ 부등률       ④ 부하율

[해설]

**수용률(수요율)**

$$수용률 = \frac{최대수요전력(kW)}{부하설비용량(kW)} \times 100(\%)$$

수용률이란 설비기기의 전 용량에 대하여 실제 사용하고 있는 부하의 최대 전력비율을 나타낸 계수로서 설비용량을 이용하여 최대수요전력을 결정할 때 사용한다.

**70** 100명을 수용하고 있는 회의실에서 1인당 $CO_2$ 배출량이 17L/h일 때 실내의 $CO_2$ 농도를 1,000ppm 이하로 유지시키기 위한 필요환기량은?(단, 외기의 $CO_2$ 농도는 300ppm이다.)

① 약 $1,120m^3/h$    ② 약 $1,750m^3/h$
③ 약 $2,140m^3/h$    ④ 약 $2,430m^3/h$

[해설]

$Q$(필요환기량, $m^3/h$)

$$= \frac{CO_2 \text{ 발생량}(m^3)}{C_i(\text{실내허용 } CO_2 \text{ 농도}) - C_o(\text{신선 외기 } CO_2 \text{농도})}$$

$$= \frac{100 \times 0.017}{0.001 - 0.0003} = 2,428.6 ≒ 2,430(m^3/h)$$

**71** 환기에 관한 설명으로 옳지 않은 것은?

① 화장실은 송풍기(급기팬)와 배풍기(배기팬)를 설치하는 것이 일반적이다.
② 기밀성이 높은 주택의 경우 잦은 기계환기를 통해 실내공기의 오염을 낮추는 것이 바람직하다.
③ 병원의 수술실은 오염공기가 실내로 들어오는 것을 방지하기 위해 실내압력을 주변공간보다 높게 설정한다.
④ 공기의 오염농도가 높은 도로에 면해 있는 건물의 경우, 공기조화설비 계통의 외기도입구를 가급적 높은 위치에 설치한다.

[해설]
화장실은 3종 환기로서 화장실 공간을 음압(-)으로 만들어 밖으로 냄새가 나가지 않도록 하기 위해, 자연급기(급기팬 없음)와 배풍기(배기팬)를 활용한 강제배기의 조합으로 설치하는 것이 일반적이다.

## 72 급수관에 워터해머(Water Hammer)가 생기는 가장 주된 원인은?

① 배관의 부식
② 배관 지름의 확대
③ 수원(水原)의 고갈
④ 배관 내 유수(流水)의 급정지

[해설]
수격현상(워터해머, Water Hammer) 현상은 관 속을 충만하게 흐르는 액체(물)의 속도를 정지시키는 등 물의 운동상태를 급격히 변화시켰을 때 일어나는 압력파 현상이다. 이에 배관 내의 압력변화가 수격작용의 가장 주된 요인이라 할 수 있다.

## 73 증기난방에 관한 설명으로 옳지 않은 것은?

① 계통별 용량제어가 곤란하다.
② 한랭지에서 동결의 우려가 적다.
③ 예열시간이 온수난방에 비하여 짧다.
④ 부하변동에 따른 실내방열량의 제어가 용이하다.

[해설]
증기난방(Steam Heating System)
증기난방은 증기보일러에서 발생한 증기를 배관을 통해 각 실에 설치된 난방기기로 보내어 증기의 잠열로 난방한다.

| | |
|---|---|
| 장점 | • 예열시간이 짧음<br>• 열의 운반능력이 큼<br>• 방열면적과 환수관경이 작음<br>• 설비비와 유지비가 적음<br>• 동파의 우려가 없음 |
| 단점 | • 부하변동에 따른 방열량 조절이 곤란<br>• 방열기 표면온도가 높아 쾌감도가 좋지 않음<br>• 환수관의 부식이 비교적 심하여 수명이 짧음<br>• 시스템 가동 초기 스팀해머(Steam Hammer)에 의한 소음 발생<br>• 보일러 취급이 난해 |

## 74 가스설비에 사용되는 거버너(Govermor)에 관한 설명으로 옳은 것은?

① 실내에서 발생되는 배기가스를 외부로 배출시키는 장치
② 연소가 원활히 이루어지도록 외부로부터 공기를 받아들이는 장치
③ 가스가 누설되거나 지진이 발생했을 때 가스공급을 긴급히 차단하는 장치
④ 가스공급회사로부터 공급받은 가스를 건물에서 사용하기에 적합한 압력으로 조정하는 장치

[해설]
거버너(압력조정기, 정압기, Governor)
각 건물에서 사용되는 가스기기에서 필요한 가스 압력이 서로 다를 경우에는 높은 압력으로 공급을 받아서 그대로 사용하거나 기기에 따라서는 필요한 압력으로 낮추어서 사용하기도 하는데, 이때 압력을 조정하는데 사용하는 기기를 말하며, 정압기라고도 한다.

## 75 다음과 같은 특징을 갖는 배선공사방식은?

• 열적영향이나 기계적 외상을 받기 쉬운 곳이 아니면 금속배관과 같이 광범위하게 사용 가능하다.
• 관자체가 절연체이므로 감전의 우려가 없으며 시공이 쉬운 게 장점이다.

① 버스덕트 공사
② 애자사용 공사
③ 합성수지관 공사
④ 플로어덕트 공사

[해설]
합성수지관 공사
• 열적영향이나 기계적 외상을 받기 쉬운 곳이 아니면 금속배관과 같이 광범위하게 사용 가능하다.
• 관자체가 절연체이므로 감전의 우려가 없고 시공이 쉬운 게 장점이며, 화학공장 등 간단히 배선을 요할 때 적합하다.

정답  72 ④  73 ④  74 ④  75 ③

**76** 대류난방과 바닥 복사난방의 비교 설명으로 옳지 않은 것은?

① 예열시간은 대류난방이 짧다.
② 실내 상하 온도차는 바닥 복사난방이 작다.
③ 거주자의 쾌적성은 대류난방이 우수하다.
④ 바닥 복사난방은 난방코일의 고장 시 수리가 어렵다.

[해설]
거주자의 쾌적성은 전체적인 실내 온도 분포가 균일하게 형성되는 바닥 복사난방이 대류난방보다 우수하다.

**77** 냉방부하 계산결과 현열부하가 620W, 잠열부하가 155W일 경우 현열비는?

① 0.2
② 0.25
③ 0.4
④ 0.8

[해설]
$$현열비 = \frac{현열부하}{현열부하 + 잠열부하}$$
$$= \frac{620W}{620W + 155W} = 0.8$$

**78** 양수펌프의 회전수를 원래보다 20% 증가시켰을 경우 양수량의 변화로 옳은 것은?

① 20% 증가
② 44% 증가
③ 73% 증가
④ 100% 증가

[해설]
펌프의 양수량은 펌프의 회전수에 비례하므로 회전수를 20% 증가시킬 경우 양수량도 비례적으로 20%가 증가하게 된다.

**79** 35℃의 공기 300m³와 27℃의 공기 700m³를 단열혼합하였을 경우, 혼합공기의 온도는?

① 28.2℃
② 29.4℃
③ 30.6℃
④ 32.6℃

[해설]
$$혼합공기의 온도(℃) = \frac{35 \times 300 + 27 \times 700}{300 + 700} = 29.4℃$$

**80** 연결송수관설비의 방수구에 관한 설명으로 옳지 않은 것은?

① 방수구의 위치표시는 표시등 또는 축광식 표지로 한다.
② 호스접결구는 바닥으로부터 0.5m 이상 1m 이하의 위치에 설치한다.
③ 개폐기능을 가진 것으로 설치하여야 하며, 평상시 닫힌 상태를 유지하도록 한다.
④ 연결송수관설비의 전용방수구 또는 옥내소화전 방수구로서 구경 50mm의 것으로 설치한다.

[해설]
연결송수관설비의 전용방수구 또는 옥내소화전방수구로서 구경 65mm의 것으로 설치한다.

## 5과목 건축법규

**81** 다음 중 내화구조에 해당하지 않는 것은?

① 벽의 경우 철재로 보강된 콘크리트블록조·벽돌조 또는 석조로서 철재에 덮은 콘크리트블록 등의 두께가 3cm 이상인 것
② 기둥의 경우 철근콘크리트조로서 그 작은 지름이 25cm 이상인 것
③ 바닥의 경우 철근콘크리트조로서 두께가 10cm 이상인 것
④ 철근콘크리트조로 된 보

[해설]
철재로 보강된 콘크리트블록조·벽돌조 또는 석조로서 철재에 덮은 콘크리트블록 등의 두께가 5cm 이상인 것이 해당한다.

정답  76 ③  77 ④  78 ①  79 ②  80 ④  81 ①

**82** 피난층 이외 층으로서 피난층 또는 지상으로 통하는 직통계단을 2개소 이상 설치하여야 하는 대상 기준으로 옳지 않은 것은?

① 지하층으로서 그 층 거실의 바닥면적의 합계가 200m² 이상인 것
② 종교시설의 용도로 쓰는 층으로서 그 층에서 해당 용도로 쓰는 바닥면적의 합계가 200m² 이상인 것
③ 판매시설의 용도로 쓰는 3층 이상의 층으로서 그 층의 해당 용도로 쓰는 거실의 바닥면적의 합계가 200m² 이상인 것
④ 업무시설 중 오피스텔의 용도로 쓰는 층으로서 그 층의 해당 용도로 쓰는 거실의 바닥면적의 합계가 200m² 이상인 것

[해설]
업무시설 중 오피스텔의 용도로 쓰는 층으로서 그 층의 해당 용도로 쓰는 거실의 바닥면적의 합계가 300m² 이상인 것이 해당한다.

**83** 부설주차장을 설치하여야 하는 최소 규모(설치대수)의 크기 관계가 옳은 것은?

㉠ 시설면적이 600m²인 위락시설
㉡ 시설면적이 800m²인 민박시설
㉢ 타석 수가 5타석인 골프연습장
㉣ 시설면적이 900m²인 판매시설

① ㉠=㉣>㉢>㉡
② ㉠>㉣=㉢>㉡
③ ㉢>㉣>㉠>㉡
④ ㉢>㉣=㉠>㉡

[해설]
㉠ 시설면적이 600m²인 위락시설 : 위락시설은 100m²당 1대 → 6대
㉡ 시설면적이 800m²인 민박시설 : 숙박시설은 200m²당 1대 → 4대
㉢ 타석 수가 5타석인 골프연습장 : 골프연습장은 1타석당 1대 → 5대
㉣ 시설면적이 900m²인 판매시설 : 판매시설은 150m²당 1대 → 6대
∴ ㉠=㉣>㉢>㉡

**84** 다음은 공동주택의 환기설비에 관한 기준 내용이다. ( ) 안에 알맞은 것은?

신축 또는 리모델링하는 100세대 이상의 공동주택에는 시간당 ( ) 이상의 환기가 이루어질 수 있도록 자연환기설비 또는 기계환기설비를 설치하여야 한다.

① 0.5회
② 1회
③ 1.5회
④ 2회

[해설]
자연환기설비 또는 기계환기설비 설치대상
신축 또는 리모델링하는 다음 어느 하나에 해당하는 주택 또는 건축물은 시간당 0.5회 이상의 환기가 이루어질 수 있도록 자연환기설비 또는 기계환기설비를 설치하여야 한다.
• 30세대 이상의 공동주택
• 주택을 주택 외의 시설과 동일 건축물로 건축하는 경우로서 주택이 30세대 이상인 건축물

**85** 문화 및 집회시설 중 공연장의 개별관람석 바닥면적이 2,000m²일 경우 개별관람석의 출구는 최소 몇 개소 이상 설치하여야 하는가?(단, 각 출구의 유효너비를 2m로 하는 경우)

① 3개소
② 4개소
③ 5개소
④ 6개소

[해설]
• 개별관람석 출구 유효너비 합계=(2,000/100)×0.6 =12m
• 출구 설치 개소=출구 유효너비/각 출구의 유효너비 =12/2=6개소

**86** 부설주차장의 설치대상 시설물 종류와 설치기준의 연결이 옳은 것은?

① 판매시설 – 시설면적 100m²당 1대
② 위락시설 – 시설면적 150m²당 1대
③ 종교시설 – 시설면적 200m²당 1대
④ 숙박시설 – 시설면적 200m²당 1대

정답  82 ④  83 ①  84 ①  85 ④  86 ④

[해설]
① 판매시설 : 시설면적 150m²당 1대
② 위락시설 : 시설면적 100m²당 1대
③ 종교시설 : 시설면적 150m²당 1대

**87** 건축물의 출입구에 설치하는 회전문은 계단이나 에스컬레이터로부터 최소 얼마 이상의 거리를 두어야 하는가?

① 1m　　② 1.5m
③ 2m　　④ 2.5m

[해설]
계단이나 에스컬레이터로부터 2m 이상의 거리를 두어야 한다.

**88** 중고층주택을 중심으로 편리한 주거환경을 조성하기 위하여 지정하는 용도지역은?

① 제1종 일반주거지역
② 제2종 일반주거지역
③ 제3종 일반주거지역
④ 제4종 일반주거지역

[해설]
① 제1종 일반주거지역 : 저층 주택을 중심으로 편리한 주거환경을 조성하기 위하여 필요한 지역
② 제2종 일반주거지역 : 중층 주택을 중심으로 편리한 주거환경을 조성하기 위하여 필요한 지역
④ 제4종 일반주거지역 : 법적 구분 없음

**89** 용도지역의 건폐율 기준으로 옳지 않은 것은?

① 주거지역 : 70% 이하
② 상업지역 : 90% 이하
③ 공업지역 : 70% 이하
④ 녹지지역 : 30% 이하

[해설]
용도지역에 따른 건폐율 최대한도(도시지역)

| 용도지역 | 건폐율 최대한도 |
|---|---|
| 주거지역 | 70% 이하 |
| 상업지역 | 90% 이하 |
| 공업지역 | 70% 이하 |
| 녹지지역 | 20% 이하 |

**90** 같은 건축물 안에 공동주택과 위락시설을 함께 설치하고자 하는 경우, 공동주택의 출입구와 위락시설의 출입구는 서로 그 보행거리가 최소 얼마 이상이 되도록 설치하여야 하는가?

① 10m　　② 20m
③ 30m　　④ 50m

[해설]
복합건축물의 피난시설 등[건축물의 피난·방화구조 등의 기준에 관한 규칙 제14조의2]
공동주택등의 출입구와 위락시설등의 출입구는 서로 그 보행거리가 30m 이상이 되도록 설치해야 한다.

**91** 다음은 대지의 조경에 관한 기준 내용이다. ( ) 안에 알맞은 것은?

> 면적이 ( ) 이상인 대지에 건축을 하는 건축주는 용도지역 및 건축물의 규모에 따라 해당 지방자치단체의 조례로 정하는 기준에 따라 대지에 조경이나 그 밖에 필요한 조치를 하여야 한다.

① 100m²　　② 200m²
③ 300m²　　④ 500m²

[해설]
대지의 조경
면적이 200m² 이상인 대지에 건축을 하는 건축주는 용도지역 및 건축물의 규모에 따라 해당 지방자치단체의 조례로 정하는 기준에 따라 대지에 조경이나 그 밖에 필요한 조치를 하여야 한다.

정답  87 ③　88 ③　89 ④　90 ③　91 ②

**92** 다음은 건축법상 리모델링에 대비한 특례 등에 관한 내용이다. 밑줄 친 기준 내용에 속하지 않는 것은?

> 리모델링이 쉬운 구조의 공동주택의 건축을 촉진하기 위하여 공동주택을 대통령령으로 정하는 구조로 하여 건축허가를 신청하면 제56조, 제60조 및 제61조에 따른 기준을 100분의 120의 범위에서 대통령령으로 정하는 비율로 완화하여 적용할 수 있다.

① 건축물의 건폐율
② 건축물의 용적률
③ 건축물의 높이 제한
④ 일조 등의 확보를 위한 건축물의 높이 제한

[해설]

건축법
- 제56조 : 건축물의 용적률
- 제60조 : 건축물의 높이 제한
- 제61조 : 일조 등의 확보를 위한 건축물의 높이 제한

**93** 공동주택과 오피스텔의 난방설비를 개별난방방식으로 하는 경우 설치기준과 거리가 먼 것은?

① 보일러실의 윗부분에는 그 면적이 $0.5m^2$ 이상인 환기창을 설치할 것
② 보일러를 설치하는 곳과 거실 사이의 경계벽은 출입구를 포함하여 방화구조의 벽으로 구획할 것
③ 보일러의 연도는 내화구조로서 공동연도로 설치할 것
④ 기름보일러를 설치하는 경우에는 기름저장소를 보일러실 외의 다른 곳에 설치할 것

[해설]

보일러를 설치하는 곳과 거실 사이의 경계벽은 출입구를 제외하고는 내화구조의 벽으로 구획하여야 한다.

**94** 건축물을 건축하거나 대수선하는 경우에 있어 국토교통부령으로 정하는 구조기준 등에 따라 구조 안전을 확인한 건축물 중 그 확인서류를 허가권자에게 제출하여야 하는 경우가 아닌 것은?

① 층수가 2층 이상인 건축물
② 창고, 축사, 작물 재배사 및 표준설계도서에 의하여 건축하는 건축물로 연면적 $400m^2$ 이상인 건축물
③ 기둥과 기둥 사이의 거리가 10m 이상인 건축물
④ 국가적 문화유산으로 보존할 가치가 있는 건축물로서 국토교통부령으로 정하는 것

[해설]

창고, 축사, 작물 재배사 및 표준설계도서에 의하여 건축하는 건축물은 해당 사항이 없다.

**95** 다음은 공사감리에 관한 기준 내용이다. 밑줄 친 "공사의 공정이 대통령령으로 정하는 진도에 다다른 경우"에 속하지 않는 것은?(단, 건축물의 구조가 철근콘크리트조인 경우)

> 공사감리자는 국토교통부령으로 정하는 바에 따라 감리일지를 기록·유지하여야 하고, 공사의 공정(工程)이 대통령령으로 정하는 진도에 다다른 경우에는 감리중간보고서를 작성하여 건축주에게 제출하여야 한다.

① 지붕슬래브배근을 완료한 경우
② 기초공사 시 철근배치를 완료한 경우
③ 기초공사에서 주춧돌의 설치를 완료한 경우
④ 지상 5개 층마다 상부 슬래브배근을 완료한 경우

[해설]

공사의 공정(工程)이 대통령령으로 정하는 진도에 다다른 경우
[건축법 시행령 제19조]
(단, 건축물의 구조가 철근콘크리트조인 경우)
- 기초공사 시 철근배치를 완료한 경우
- 지붕슬래브배근을 완료한 경우
- 지상 5개 층마다 상부 슬래브배근을 완료한 경우

정답  92 ①  93 ②  94 ②  95 ③

**96** 건축물·인구가 밀집되어 있는 지역으로서 시설 개선 등을 통하여 재해 예방이 필요한 용도지구는?

① 방화지구
② 중요시설물보호지구
③ 자연방재지구
④ 시가지방재지구

[해설]
① 방화지구 : 화재의 위험을 예방하기 위하여 필요한 지구이다.
② 중요시설물보호지구 : 중요시설물의 보호와 기능의 유지 및 증진 등을 위하여 필요한 지구이다.
③ 자연방재지구 : 토지의 이용도가 낮은 해안변, 하천변, 급경사지 주변 등의 지역으로서 건축 제한 등을 통하여 재해 예방이 필요한 지구이다.

**97** 시가화조정구역의 지정과 관련된 기준 내용 중 밑줄 친 "대통령령으로 정하는 기간"으로 옳은 것은?

> 시·도지사는 직접 또는 관계 행정기관의 장의 요청을 받아 도시지역과 그 주변 지역의 무질서한 시가화를 방지하고 계획적·단계적인 개발을 도모하기 위하여 <u>대통령령으로 정하는 기간</u> 동안 시가화를 유보할 필요가 있다고 인정되면 시가화 조정구역의 지정 또는 변경을 도시·군관리계획으로 결정할 수 있다.

① 5년 이상 10년 이내의 기간
② 5년 이상 20년 이내의 기간
③ 7년 이상 10년 이내의 기간
④ 7년 이상 20년 이내의 기간

[해설]
시가화조정구역의 지정[국토의 계획 및 이용에 관한 법률 시행령 제32조]
"대통령령으로 정하는 기간"이란 5년 이상 20년 이내의 기간을 말한다.

**98** 건축물에 가스, 급수, 배수, 환기설비를 설치하는 경우 건축기계설비기술사 또는 공조냉동기계기술사의 협력을 받아야 하는 대상 건축물에 속하지 않는 것은?

① 기숙사로서 해당 용도에 사용되는 바닥면적의 합계가 2,000m²인 건축물
② 판매시설로서 해당 용도에 사용되는 바닥면적의 합계가 2,000m²인 건축물
③ 의료시설로서 해당 용도에 사용되는 바닥면적의 합계가 2,000m²인 건축물
④ 숙박시설로서 해당 용도에 사용되는 바닥면적의 합계가 2,000m²인 건축물

[해설]
판매시설은 해당 용도에 사용되는 바닥면적의 합계가 3,000m² 이상인 건축물이 해당한다.

**99** 판매시설 용도이며 지상 각 층의 거실면적이 2,000m²인 15층의 건축물에 설치하여야 하는 승용승강기의 최소 대수는?(단, 16인승 승강기이다.)

① 2대
② 4대
③ 6대
④ 8대

[해설]
판매시설의 승용승강기 설치 대수
• 6층 이상의 거실면적에 대하여 기본 3,000m²에 2대, 추가 2,000m²마다 1대 추가

$$N = 기본설치대수 + \frac{6층\ 이상의\ 거실면적 - 기본설치면적}{추가설치면적}$$

$$= 2 + \frac{2,000 \times 10 - 3,000}{2,000} = 10.5 = 11대$$

• 16인승은 1대 설치 시 2대로 간주하므로 11대/2=5.5=6대를 설치한다.
※ 승강기대수는 특별한 조건이 없는 한 소수점 첫째자리에서 올림한다.

정답  96 ④  97 ②  98 ②  99 ③

**100** 국토교통부장관이 정한 범죄예방 기준에 따라 건축하여야 하는 대상 건축물에 속하지 않는 것은?

① 수련시설
② 교육연구시설 중 도서관
③ 업무시설 중 오피스텔
④ 숙박시설 중 다중생활시설

[해설]
교육연구시설 중 연구소 및 도서관은 제외된다.

정답 100 ②

# MEMO

# MEMO

### 한 권으로 끝내는
# 건축기사 필기

**발행일** | 2025. 1. 10  초판 발행
　　　　　2026. 1. 20  개정 1판1쇄

**저　자** | 이석훈
**발행인** | 정용수
**발행처** | 예문사

**주　소** | 경기도 파주시 직지길 460(출판도시) 도서출판 예문사
**T E L** | 031) 955-0550
**F A X** | 031) 955-0660
**등록번호** | 11-76호

- 이 책의 어느 부분도 저작권자나 발행인의 승인 없이 무단 복제하여 이용할 수 없습니다.
- 파본 및 낙장은 구입하신 서점에서 교환하여 드립니다.
- 예문사 홈페이지 http://www.yeamoonsa.com

정가 : 39,000원

ISBN 978-89-274-6028-2  13540